普通高等教育“十四五”系列教材

水力学（上册）

（第3版）

主　编　张志昌　李国栋　李治勤

中国水利水电出版社
www.waterpub.com.cn
·北京·

内 容 提 要

本书是在第二版的基础上修订完成的。全书分为上、下两册，共20章，其中上册10章，下册10章。上册内容为：绪论；水静力学；水动力学的基本原理；液流形态和水头损失；有压管道恒定流；有压管道非恒定流；液体三元流动基本理论；边界层理论基础；紊动射流与紊动扩散理论基础；波浪理论基础。下册内容为：明渠恒定均匀流；明渠恒定非均匀流；明渠恒定急变流——水跃和水跌；明渠非恒定流简介；堰顶溢流和孔流；泄水建筑物下游水流衔接与消能；渗流基础；动床水力学基础；计算水力学基础；高速水流简介。

本书在编写过程中，力求理论正确，概念准确，计算简单，通俗易懂，适应专业面广。

本书可作为高等学校水利类、热能动力类、土建类、环境工程类等专业本科生的教材，也可供高等职业大学、成人教育学院师生和有关工程技术人员参考。

图书在版编目（CIP）数据

水力学. 上册 / 张志昌, 李国栋, 李治勤主编. -- 3版. -- 北京 : 中国水利水电出版社, 2021.2
普通高等教育“十四五”系列教材
ISBN 978-7-5170-9465-4

Ⅰ. ①水… Ⅱ. ①张… ②李… ③李… Ⅲ. ①水力学-高等学校-教材 Ⅳ. ①TV13

中国版本图书馆CIP数据核字(2021)第042413号

书　名	普通高等教育“十四五”系列教材 **水力学（上册）**（第3版） SHUILIXUE
作　者	主编　张志昌　李国栋　李治勤
出版发行	中国水利水电出版社 （北京市海淀区玉渊潭南路1号D座　100038） 网址：www.waterpub.com.cn E-mail：sales@waterpub.com.cn 电话：(010) 68367658（营销中心）
经　售	北京科水图书销售中心（零售） 电话：(010) 88383994、63202643、68545874 全国各地新华书店和相关出版物销售网点
排　版	中国水利水电出版社微机排版中心
印　刷	天津嘉恒印务有限公司
规　格	184mm×260mm　16开本　29印张　706千字
版　次	2011年7月第1版第1次印刷 2021年2月第3版　2021年2月第1次印刷
印　数	0001—3000册
定　价	**69.00**元

第3版前言

本次第3版是在第二版的基础上修订的。修订的主要内容如下。

(1) 新增了3章内容。《水力学》(上册) 新增了紊动射流与紊动扩散理论基础和波浪理论基础，下册新增了高速水流简介。使得水力学教材的理论体系更加完整，适应的专业范围更加广泛。

(2) 对部分章节做了增补和完善。在《水力学》上册第1章新增了水力学发展简史及研究方法一节，以便读者了解水力学的发展历程、工程应用及研究方法。对下册第7章7.9节进行了改写，改写后的概念更加清晰，体系更加完整。

(3) 对部分内容做了修改和调整。对收缩断面水深的计算采用显式计算，对有些复杂的计算公式给出了迭代公式，摒弃了以往的试算方法。对个别章节的内容进行了调整，调整后的内容更加紧凑和连贯。

(4) 对全书的文字、符号、公式、图、表、例题和习题进行了校核和修正。

(5) 新增参考文献3篇。

水力学（上、下册）（第3版）仍由张志昌主编。李国栋、李治勤为上册副主编，魏炳乾、郝瑞霞为下册副主编。其中张志昌编写上册第1～5章、第8章、第9章和第10章，下册第2章、第5～6章、第9章和第10章；李国栋编写上册第6章和第7章；魏炳乾编写下册第3章和下册第8章；李治勤编写下册第1章和下册第4章；郝瑞霞编写下册第7章。

在本次修订中，吸收了国内外水力学教材的长处，征求了使用单位的意见和建议。使得水力学的有关概念更加准确、内容更加科学、水力计算更加简单、适应专业更加广泛、与工程实际结合更加紧密。但由于编者水平有限，书中缺点和错误在所难免，恳请读者批评指正。

编 者

2020年12月

第二版前言

2011年《水力学》（上、下册）出版了第一版。通过4年的教学实践以及对水力学教材中一些问题的深入研究，对本教材进行了以下方面的修订：

（1）对原教材中的章节顺序做了调整，新增加了计算水力学基础。修订后的内容顺序上册为：第1章绪论，第2章水静力学，第3章水动力学的基本原理，第4章液流形态和水头损失，第5章有压管道恒定流，第6章有压管道非恒定流，第7章液体三元流动基本理论，第8章边界层理论。下册为：第1章明渠恒定均匀流，第2章明渠恒定非均匀流，第3章明渠恒定急变流——水跃和水跌，第4章明渠非恒定流简介，第5章堰顶溢流和孔流，第6章泄水建筑物下游水流衔接与消能，第7章渗流基础，第8章动床水力学基础，第9章计算水力学基础。

（2）对部分内容进行了修订。主要包括：上册第1章对第1.3.1.7小节中的汽化、空化和空蚀重新做了改写，以使概念更加清楚；第2章将第2.6.1小节中的静水压强分布图放在第2.4.4小节，使得内容更加紧凑，增加了例题2.26；第3章在第3.13.6小节中增加了紊动阻力相似准则。下册第2章第2.7.3小节中的水力指数法计算公式部分由于查表计算繁琐而全部删除；第3章的第3.4.2小节中的梯形断面水跃共轭水深的计算、第3.6节中棱柱体水平明渠中水跃的长度计算、第3.9节中非棱柱体明渠水跃共轭水深的计算均应用了最新的简化计算公式；第6章的第6.3.1小节中的降低护坦高程所形成的消力池、第6.3.2小节中的在护坦末端修建消力坎形成的消力池、第6.3.3小节中的综合式消力池的水力计算均应用了最新的研究成果。

（3）对原文中的部分文字、公式、图表、例题、习题进行了校核和修正，新增参考文献12篇。

《水力学》（上、下册）（第二版）由张志昌主编，李国栋、李治勤为上册副主编，魏炳乾、郝瑞霞为下册副主编。其中张志昌编写上册第1章、第2～5章和第8章、下册第2章、第5～6章和第9章，李国栋编写上册第6～7章，魏炳乾编写下册第3章和第8章，李治勤编写下册第1章和第4章，郝瑞霞编写下册第7章。

本次修订内容由张志昌、魏炳乾、李国栋、李治勤、郝瑞霞等提出，由张志昌执笔。新增加的计算水力学基础由张志昌编写、李国栋和左娟莉审核。

本书的出版得到了陕西省国家重点学科建设专项基金的资助。

由于时间和水平所限，书中缺点和错误在所难免，恳请读者批评指正。

编 者

2015年7月

第一版前言

水力学是以水为主要对象研究液体运动规律以及应用这些规律解决实际工程问题的科学，是水利水电工程、热能动力工程、给排水工程、环境工程、航运海港工程的基础理论，同时也是土建工程、机械工程、化学工程的必修课程。

在教材编写中，注重应用国内外最新科研成果。例如在有压管道的非恒定流、明渠恒定急变流、边界层理论基础、泄水建筑物下游水流的衔接与消能中应用了国内的最新研究成果，在堰顶溢流和孔流中应用了国际标准和我国测流规范的成果，并首次详细地把边界层理论应用于明渠测流中。这也是本教材的一个显著特点。

《水力学》（上、下册）主要内容包括：绪论，水静力学，水动力学的基本概念、液流形态和水头损失，液体三元流动基本理论，有压管道恒定流，有压管道非恒定流，明渠恒定均匀流，明渠恒定非均匀流，明渠恒定急变流——水跃和水跌，边界层理论基础，堰顶溢流和孔流，泄水建筑物下游的水流衔接与消能，明渠非恒定流简介，渗流基础，动床水力学基础，同时，附有例题、习题和应用图表。

《水力学》（上、下册）由张志昌主编，李国栋、李治勤为上册副主编，魏炳乾、郝瑞霞为下册副主编。其中张志昌编写上册第1～4章、第6章、下册第1章、第3～5章，魏炳乾编写下册第2章和第8章，李国栋编写上册第5章和第7章，李治勤编写上册第8章和下册第6章，郝瑞霞编写下册第7章。

本书的出版得到了水力学课程国家教学团队建设资金、西安理工大学教材建设基金及陕西省国家重点学科建设专项基金的资助。

由于时间和水平所限，书中缺点和错误在所难免，恳请读者批评指正。

编 者

2011年3月

目录

第1章　绪　　论

水力学是研究液体平衡和机械运动规律及其实际应用的一门技术科学。它是力学的一个分支，是介于基础课和专业课之间的一门技术基础课。

水力学应用的范围包括水利工程、机械工程、冶金工程、采矿工程、化工、石油、交通运输和城市建筑工程。

1.1　水力学的问题和任务

为了利用水资源，常在河道上修建拦河坝以抬高水位，形成水库。利用水库即可以达到防洪、灌溉、发电、航运等目的。图 1.1 所示为水库溢流坝示意图，现以水库溢流坝为例，说明与溢流坝有关的水力学问题。

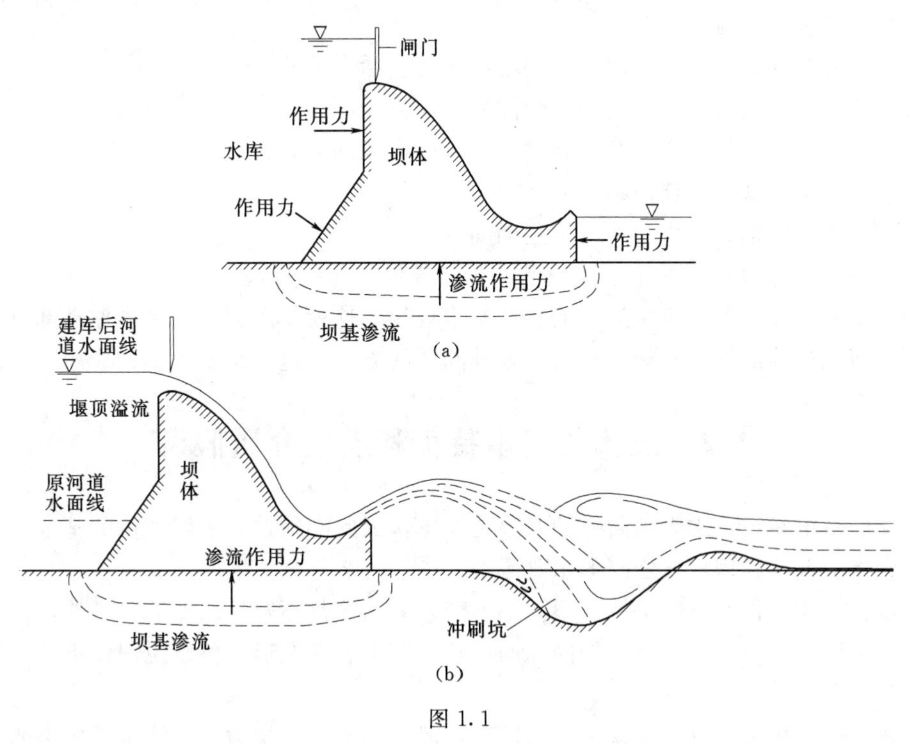

图 1.1

当水库蓄水时，溢流坝坝顶闸门关闭，如图 1.1（a）所示。为了计算闸门的强度，设计坝体断面和校核坝的稳定性，必须计算上、下游的水对闸门和坝体的作用力。

河道筑坝后，坝上游的水位沿河道相应抬高，可能淹没河道两岸的农田、乡村及城镇，并使两岸地下水位升高，影响作物生长。为了正确估计筑坝后水库的淹没范围，必须计算坝上游水位沿河道的变化。这就是河道水面曲线的计算问题。

当来洪水时，溢流坝上的闸门开启泄洪，首先必须根据泄洪流量来确定所需溢流坝的宽度。这就是溢流坝过水能力的计算问题。

溢流坝泄洪时，由于上、下游水位差一般较大，水库的水经溢流坝泄至下游时，往往具有较大的流速和动能，可能冲刷下游河床及岸坡，甚至危及坝体的安全。因此，必须采取措施消耗下泄水流的多余动能，以减轻其对下游河床的冲刷。这就是溢流坝下游水流的消能问题。

因水库水位高于坝的下游水位，水库中的水将通过坝基土壤或岩石中的缝隙向下游渗漏，这种流动称为渗流。校核坝体稳定性时，必须计算渗流对坝底的作用力，同时还应考虑渗流可能对坝基产生的破坏作用。

由以上对溢流坝工程的简单介绍可以看出，工程中的水力学问题可以归纳为以下五类。

（1）液体对建筑物的作用力问题。

（2）河道水面曲线的计算问题。

（3）建筑物的过流能力问题。

（4）建筑物下游水流的消能问题。

（5）建筑物的渗流问题。

除此以外，还有一些其他水力学问题，主要包括以下几点。

（1）流速和作用力等随时间而变化的非恒定流问题。

（2）高速水流中掺气、空蚀、脉动和急流冲击波问题。

（3）浑水中的挟沙水流问题。

（4）海洋、湖泊、水库中的波浪运动问题等。

水力学的任务包括以下几点。

（1）研究液体平衡和机械运动的各种基本规律，这就是水力学的基本原理部分。

（2）研究如何应用基本规律来解决各种问题的方法，这就是水力学的应用部分。

1.2　液体的基本特征和连续介质假设

液体的基本特征：水力学研究的对象是液体，因此必须首先了解液体的基本特征，即液体与固体、气体物理性质之间的主要区别。

固体：在压力作用下能保持体积大小不变，即固体是不容易压缩的。另外，固体在一定的拉力和切力作用下能保持比较固定的形状，即不容易变形。所以说固体不易压缩，不易变形。

液体：和固体一样具有不易压缩的性质，但却不能承受拉力（只能承受微小的表面张力），而且在任何微小的切力作用下都不能保持固定的形状而发生连续变形，即容易流动。所以说液体不易压缩，但却不能承受拉力，在切力作用下易变形。

气体：具有易流动性，容易压缩，没有固定的体积，其体积随所受压力而变化。

液体与固体、气体之间的关系：它们既有相似性，又有区别。液体是介于固体与气体之间的一种物质状态，但从易流动性这一性质而言，液体与气体均称为流体。

连续介质假设：液体是由无数进行着复杂的微观运动的液体分子所组成，而且分子之间存在着空隙。但水力学并不研究液体的微观运动，只研究液体的宏观机械运动规律。因为液体分子之间的空隙与所研究的液体范围相比要小得多，例如水的分子直径约为 3×10^{-8}cm，其分子间距与分子直径同数量级。因此，水力学不考虑液体分子间空隙的存在，把液体看作由无数没有微观运动的液体质点组成的没有空隙的连续体，并认为液体中各种物理量的变化也是连续的，这种假想的连续体称为连续介质。

把液体看作连续介质，既可以不考虑复杂的分子运动，又可以应用高等数学中的连续函数来表达液体中各种物理量之间的变化关系，为研究液体运动规律带来很大的方便。实践证明，在连续介质这一假设的条件下得到的结论具有足够的精度，完全能够满足工程实际的要求。对于水力学问题的研究，一般都是建立在连续介质的假设基础上，只有某些特殊的水力学问题，例如掺气水流或水流中局部压力降低而发生空化现象时，将使液流的连续性遭到破坏，连续介质的假设不能应用。

1.3 影响液体运动的因素

影响液体运动的因素有内因和外因两类：内因是指液体本身的物理性质；外因是指液体的边界条件。

1.3.1 液体的主要物理性质

液体的主要物理性质有质量和重量、易流动性、黏滞性、压缩性、表面张力、气化等。

1.3.1.1 惯性——质量和密度

惯性就是反映物体所具有的反抗改变原有运动状况的物理性质。惯性的度量就是质量，也就是物体中所含物质的多少。质量越大，惯性就越大。

当物体受其他物体的作用力而改变运动状态时，此物体反抗改变运动状态而作用于其他物体上的反作用力称为惯性力。设物体的质量为 m，加速度为 a，则惯性力可以表示为

$$F=-ma \tag{1.1}$$

式中：负号表示惯性力的方向与物体的加速度方向相反；质量 m 的单位为千克或公斤（kg)，加速度的单位为米/秒^2（m/s^2），则力 F 的单位在国际单位制中为牛顿（N）。

牛顿的力定义为：在 1 牛顿（N）力的作用下，质量为 1 千克（kg）的物体得到 $1m/s^2$ 的加速度，即 $1N=1kg\cdot m/s^2$。

液体单位体积内所具有的质量称为密度，用 ρ 表示，对于均质液体，设其体积为 V，质量为 m，则

$$\rho=\frac{m}{V} \tag{1.2}$$

对于非均质液体，根据连续介质的假设，有

$$\rho=\lim_{\Delta V\to 0}\frac{\Delta m}{\Delta V} \tag{1.3}$$

ρ 的单位在国际单位制中为千克/米³（kg/m^3）。

在一般情况下，液体的密度随压强和温度的变化而发生的变化甚微，故液体的密度可视为常数。

1.3.1.2　万有引力特性——重量和重度

物体之间相互具有吸引力的性质，即万有引力。万有引力的作用是企图改变物体原有运动状况而使其相互靠近。在液体运动中，一般只需考虑地球对液体的引力，这个引力就是重力，用重量 G 表示：

$$G=mg \tag{1.4}$$

式中：g 为重力加速度。

在国际单位制中，重力的单位为牛顿（N）。

液体单位体积内所具有的重量称为重度，或称容重、重率，用符号 γ 表示。对于均质液体：

$$\gamma=\frac{G}{V} \tag{1.5}$$

对于非均质液体，根据连续介质的假设，有

$$\gamma=\lim_{\Delta V\to 0}\frac{\Delta G}{\Delta V} \tag{1.6}$$

重度 γ 的单位在国际单位制中为牛顿/米³（N/m^3）。

由式（1.2）、式（1.4）和式（1.5）得

$$\gamma=\frac{G}{V}=\frac{mg}{V}=\frac{mg}{m/\rho}=\rho g \tag{1.7}$$

或

$$\rho=\frac{\gamma}{g} \tag{1.8}$$

液体的重度也随压强和温度而变化，但变化很小，在一般情况下可视为常数。水的重度常采用的数值是 $9800N/m^3$，不同温度下水的重度和密度可见表 1.1。

表 1.1　　不同温度下表示水的物理性质的数值

温度/℃	重度 γ/(kN/m^3)	密度 ρ/(kg/m^3)	动力黏滞系数 μ/($\times10^{-3}N\cdot s/m^2$)	运动黏滞系数 ν/($\times10^{-6}m^2/s$)	体积弹性系数 K/($\times10^{9}N/m^2$)	表面张力系数 σ/($\times10^{-2}N/m$)	蒸汽压强/(N/m^2)
0	9.806	999.9	1.792	1.792	2.04	7.62	0.588
5	9.807	1000.0	1.519	1.519	2.06	7.54	0.883
10	9.804	999.7	1.308	1.308	2.11	7.48	1.177
15	9.798	999.1	1.100	1.141	2.14	7.41	1.667
20	9.789	998.2	1.005	1.007	2.20	7.36	2.452
25	9.779	997.1	0.894	0.897	2.22	7.26	3.236
30	9.765	995.7	0.801	0.804	2.23	7.18	4.315
35	9.749	994.1	0.723	0.727	2.24	7.10	4.903
40	9.731	992.2	0.656	0.661	2.27	7.01	7.453

续表

温度/℃	重度 γ/(kN/m³)	密度 ρ/(kg/m³)	动力黏滞系数 μ/($\times10^{-3}$N·s/m²)	运动黏滞系数 ν/($\times10^{-6}$m²/s)	体积弹性系数 K/($\times10^{9}$N/m²)	表面张力系数 σ/($\times10^{-2}$N/m)	蒸汽压强/(N/m²)
45	9.711	990.2	0.599	0.605	2.29	6.92	9.611
50	9.690	988.1	0.549	0.556	2.30	6.82	12.356
55	9.666	985.7	0.506	0.513	2.31	6.74	15.789
60	9.642	983.2	0.469	0.477	2.28	6.68	19.908
65	9.616	980.6	0.436	0.444	2.26	6.58	25.105
70	9.589	977.8	0.406	0.415	2.25	6.50	31.381
75	9.561	974.9	0.380	0.390	2.23	6.40	38.834
80	9.530	971.8	0.357	0.367	2.21	6.30	47.660
85	9.499	968.6	0.336	0.347	2.17	6.20	58.153
90	9.467	965.3	0.317	0.328	2.16	6.12	70.412
95	9.433	961.9	0.299	0.311	2.11	6.02	84.533
100	9.399	958.4	0.284	0.296	2.07	5.94	101.303

1.3.1.3 液体的易流性

把液体盛于不同形状的容器中，它就具有不同的形状。把容器中的液体倒在地上，它就不能保持原来的形状而发生流动，这说明液体不像固体那样能保持固定的形状，而是很容易变形的。

从力学观点来说，固体在一定的切力作用下能够保持固定的形状，液体则一受到剪切（尽管切力很小）就会连续变形（即流动），液体的这种特性称为易流性。这是液体与固体的物理性质之间的最大区别。

1.3.1.4 黏滞性——黏滞系数

液体具有易流动性，静止时不能承受切力抵抗剪切变形，但在运动状况下，液体就具有抵抗剪切变形的能力，这就是黏滞性。

设在液体中有两个相邻的上下液层，如图 1.2 所示。上层流速大于下层流速，由于液层间有相对运动，其接触面上就会出现摩擦阻力。流得快的流层对流得慢的流层起拖动其向前运动的作用，因而快层作用于慢层的摩擦阻力与流动方向一致；反之，慢层对快层起阻止其向前运动的作用，则慢层作用于快层的摩擦阻力与流动方向相反。这一对大小相等、方向相反的摩擦阻力（切力）对液层间的相对运动（即变形）起阻滞作用，就是说，液体具有在运动状态下抵抗剪切变形的能力，这就是液体的黏滞性。

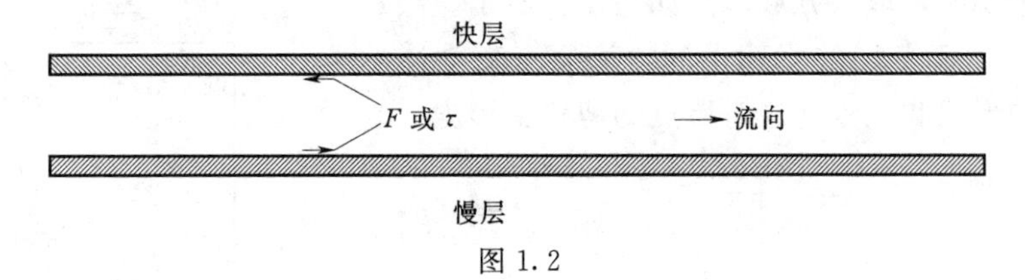

图 1.2

在剪切变形过程中，液体质点之间存在着相对运动，使液体内部出现成对的切力，称为内摩擦阻力。内摩擦阻力的作用是抗拒液体内部的相对运动，从而影响着液体的运动状况。由于黏滞性的存在，液体在运动过程中因克服内摩擦阻力必然要做功，所以液体的黏滞性也是液体中发生机械能量损失的根源。

下面阐述牛顿内摩擦阻力定律。

牛顿内摩擦阻力定律是由牛顿（Newton）在1686年根据实验提出来的。后人大量的实验验证了这一定律。

设液体沿某一固体表面做平行直线运动，沿固体表面的方向为 x 方向，与 x 垂直的方向为 y 方向，如图1.3所示。因为紧靠渠底的第一层液体由于附着力的作用而黏附在底面上不动，该层水流的流速为零。而且该水层通过黏滞作用而影响第二水层的流速，第二水层又通过黏滞作用而影响第三水层的流速……这样逐渐影响的结果，就形成了图1.3所示的不均匀的流速分布状态。由此流速分布可以看出，液体中是存在黏滞性的，液体的黏滞性是液体与固体物理性质之间的另一个重要区别。

当液体流过固体边界时，由于紧贴边界的极薄层液体与边界之间无相对运动，则液体与固体之间不存在摩擦力。这样液体中的摩擦力均表现为液体内各流层之间的摩擦力，故称为液体的内摩擦阻力。

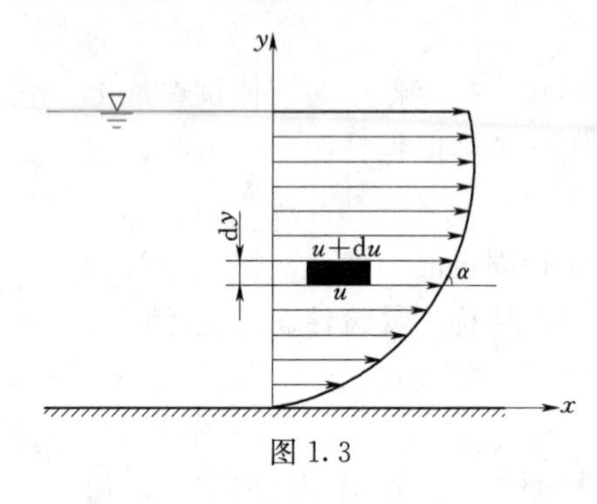

图1.3

设图1.3所示的液体沿某一固体表面做平行直线运动，液体中的内摩擦力（或称切力）为 F，其大小与液体的性质有关，并与流速梯度 $\mathrm{d}u/\mathrm{d}y$ 和接触面积 A 成正比，而与接触面上的压力无关，即

$$F=\mu A\frac{\mathrm{d}u}{\mathrm{d}y} \tag{1.9}$$

式中：μ 为比例系数，称为动力黏滞系数；在国际单位制中，动力黏滞系数的单位为牛顿·秒/米^2（$\mathrm{N\cdot s/m^2}$），即帕·秒（Pa·s），或千克/(米·秒)［kg/(m·s)］。

设 τ 代表单位面积上的内摩擦力，即黏滞切应力，则

$$\tau=\frac{F}{A}=\mu\frac{\mathrm{d}u}{\mathrm{d}y} \tag{1.10}$$

作用在两相邻液层之间的黏滞切应力 τ 和内摩擦力 F 都是成对出现的，数值相等，方向相反。运动较慢的液层作用于运动较快的液层上的切力，其方向与运动方向相反，运动较快的液层作用于运动较慢的液层上的切力，其方向与运动方向相同（图1.2）。

为了便于说明，取一方形质点如图1.4所示。经过 $\mathrm{d}t$ 时间以后，由于各层的流速不同，该质点变为图示的虚线所示的形状和位置，这时质点的剪切变形为

$$\mathrm{d}\alpha=\frac{\mathrm{d}u\,\mathrm{d}t}{\mathrm{d}y}$$

变换上式为

$$\frac{\mathrm{d}\alpha}{\mathrm{d}t}=\frac{\mathrm{d}u}{\mathrm{d}y} \tag{1.11}$$

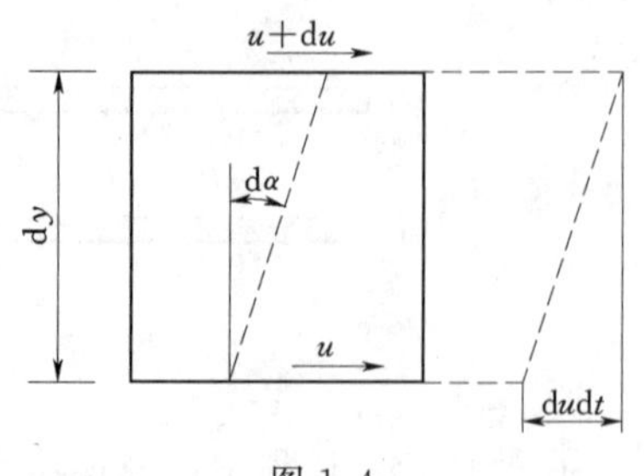

图1.4

式中：$\mathrm{d}\alpha/\mathrm{d}t$ 为单位时间的剪切变形，即剪切变形速度

或剪切变形率。

由此可以得出一个有关液体的重要性质：即液体中的切应力与剪切变形速度成比例。由式（1.11）可知，变形越快，引起的切应力越大，而固体的切应力只与剪切变形的大小成比例，而与剪切变形的速度无关。

上面已经讲过，液体的黏滞性可以用动力黏滞系数 μ 来表示，μ 越大，黏滞性作用越强，μ 的数值随流体的种类不同而各不相同，并随压强和温度的变化而变化。对于常见的水、空气和气体等，μ 随压强的变化不大，一般可以忽略；温度是影响 μ 的主要因素，温度升高时，液体的 μ 值降低，而气体的 μ 值反而增大。水的 μ 值可由表 1.1 查算，也可用式（1.12）计算：

$$\mu=\frac{0.00179}{1+0.0357T+0.00018T^2} \tag{1.12}$$

式中：T 为水的温度，以℃计；μ 的单位为 $N \cdot s/m^2$。

水力学中常用 μ 与密度 ρ 的比值来反映液体黏滞性的大小，即 $\nu=\mu/\rho$，ν 与温度的关系为

$$\nu=\frac{0.000001775}{1+0.0337T+0.000221T^2} \tag{1.13}$$

式中：ν 称为运动黏滞系数，m^2/s。

由式（1.12）和式（1.13）可以看出，μ 的量纲中含有力的量纲，而力是属于动力学的量，故称 μ 为动力黏滞系数，ν 的量纲是由运动学的物理量的量纲组成的，所以称为运动黏滞系数。

牛顿内摩擦定律可以说明以下几个问题。

（1）当流速梯度 $du/dy=0$ 时，切应力 $\tau=0$，说明如果液体内部没有相对运动，就不存在切应力，或者说，液体的切应力与相对运动是同时存在的。

（2）当 $du/dy=\infty$ 时，$\tau=\infty$，这种情况实际上是不可能出现的，因此 du/dy 只能是有限值，即液体内部各质点的流速不能有突变，而应是连续变化的，要保证这一点，则液体运动必须是连续的。另外，为了保证 $du/dy\neq\infty$，流速分布曲线（图 1.3）下端不应与固体边界相切，否则就会在液体的边界上出现无穷大的切应力。

（3）式（1.9）中未出现压力一项，说明液层之间的内摩擦力与接触面上的压力无关，而固体之间的摩擦力是与接触面上的正压力有关的。

以 τ 为纵坐标，du/dy 为横坐标，可得 τ 与 du/dy 的关系，如图 1.5 所示。由图 1.5 中可以看出，牛顿内摩擦定律的 $\tau-du/dy$ 为直线分布，当温度一定时，图中直线的斜率即为 μ，且当 $du/dy=0$ 时，$\tau=0$。所以，凡符合牛顿内摩擦定律的液体称为牛顿液体。一般的液体，如水和各种油类多属于牛顿液体。可见牛顿内摩擦定律的适应条件为牛顿液体。

除牛顿液体外，还有一些具有特殊性质的液体，它们不符合牛顿内摩擦定律，统称为非牛顿液体。例如伪塑性液体、膨胀性液体、宾汉塑性液体等。

伪塑性液体（或称剪切稀薄液体）其黏滞系数 μ 随 du/dy 的增大而减小，如图 1.5 所示中的 b 线。尼龙、橡胶、颜料、绝缘清漆、牛奶、血液、水泥浆、纸浆等属于这类液体。

膨胀性液体（或称剪切浓厚液体）其黏滞系数 μ 随 du/dy 的增大而增大，如图1.5所示中的 c 线。浓糖浆、悬胶溶液、浓淀粉糊、生面团等属于这种液体。

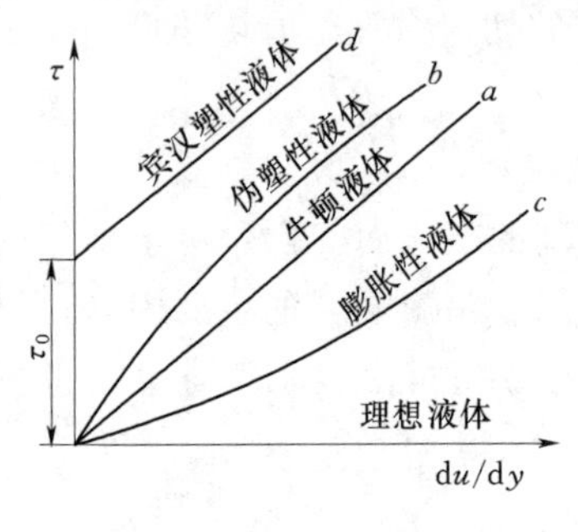

图1.5

宾汉塑性液体（或称理想塑性液体），当切应力达到某一起始值 τ_0 时液体才开始发生剪切变形，但其 μ 值不随 du/dy 而变化，如图1.5中的 d 线。塑胶、油漆、泥浆、血浆、牙膏等属于这种液体。

另外，还有一些液体的黏滞系数 μ 随剪切变形的时间 t 而变化，μ 随 t 的增大而减小的液体称为触变性液体；μ 随 t 的增大而增大的液体称为流变性液体。

非牛顿液体的研究属于流变学的范畴；水力学研究的对象仅限于牛顿液体。

由于液体内部存在内摩擦阻力（亦称液体阻力），在流动过程中，内摩擦阻力做功而不断消耗液体的机械能，即液体的部分机械能通过其内部的摩擦作用不断转化为热能而散逸，这种液体机械能的散耗称为液流的能量损失。因此，黏滞性是引起液流能量损失的主要根源。

由于黏滞性的存在，使液体的运动情况变得异常复杂（如液流流速分布不均匀，引起液体机械能损失等）。在分析水力学问题时，为了简化，有时不考虑液体黏滞性的存在，这种假想的没有黏滞性的液体称为理想液体；而具有黏滞性的液体称为实际液体。

【例题1.1】 有一平板在水面上以 $u=2\text{m/s}$ 的速度做水平运动。已知水深 $h=0.01\text{m}$，水温为20℃，由于平板带动水流速度按直线分布，求水作用于平板底面的切应力。

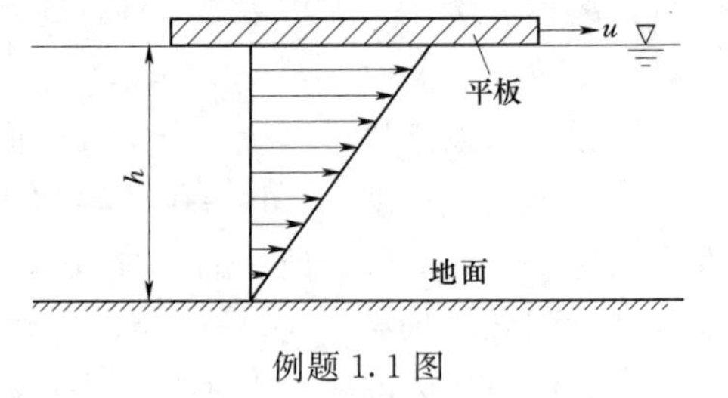

例题1.1图

解：

由水温为20℃，查表1.1得水的动力黏滞系数 $\mu=1.005\times10^{-3}\text{N}\cdot\text{s/m}^2$，平板与地面的速度差为 $du=2-0=2$（m/s），$dy=h=0.01$（m），则

$$\tau=\mu(du/dy)=1.005\times10^{-3}\times(2/0.01)=0.2(\text{N/m}^2)$$

1.3.1.5 压缩性——体积压缩系数或弹性系数

物体在外力作用下产生变形，在除去外力后能恢复原有状态消除变形的性质称为弹性。由于液体只能承受压力，抵抗体积压缩变形，并在除去外力后能够恢复原有状态，因此，这种性质称为压缩性，实际上也可以称为弹性。简言之，液体的体积随所受压力的增大而减小的特性称为液体的压缩性。

液体压缩性的大小可以用体积压缩系数来表示。设液体原状体积为 V，当所受压强（单位面积上的压力）的增量为 dp 时，体积增量为 dV，则体积压缩系数为

$$\beta=-(dV/V)/dp \tag{1.14}$$

式中：dV/V 称为液体体积的相对压缩值。

β 的物理意义是压强增量为一个单位时单位体积液体的压缩量。β 值越大，表示液体越易压缩。因为液体体积总是随压强增大而减小，即 dV 为负值，为使 β 为正值，故式（1.14）右边取负号。β 的单位为 m^2/N。

在工程界，往往用体积弹性系数 K 来表示压缩性，β 的倒数称为体积弹性系数，即

$$K=-dp/(dV/V) \tag{1.15}$$

K 值越大，表示液体越难压缩。K 的单位为 N/m^2。

又由于质量为密度与体积的乘积，液体压强的增加伴随着密度的增加，β 也可看作液体密度的相对增加值与液体压强增值 dp 之比，即

$$\beta=(d\rho/\rho)/dp \tag{1.16}$$

体积弹性系数亦可表示为

$$K=dp/(d\rho/\rho)=1/\beta \tag{1.17}$$

液体的种类不同，压缩性也不同。同一种液体的压缩性也随温度和压强而变化，但变化甚微。水的压缩系数 β 和体积弹性系数 K 值随温度而变化的关系见表 1.1。

【例题 1.2】 当水温为 20℃时，使作用于 $1.0m^3$ 的水的压强增加一个标准大气压强，求其体积缩减的百分率。

解：

已知水的体积为 $V=1.0m^3$，压强增量为 dp = 一个大气压 $=101.3kN/m^2$，由水温为 20℃，查表 1.1 得体积压缩系数 $\beta=0.455\times10^{-9}m^2/N$，由式（1.14）得

$$dV=-\beta Vdp=-0.455\times10^{-9}\times1.0\times101.3\times1000=-0.461\times10^{-4}(m^3)$$

体积缩减百分率为

$$dV/V=0.461\times10^{-4}/1.0=0.00461\%$$

由上例可以看出，当普通水温时，每增加一个标准大气压强，水的体积仅比原体积缩减约二万分之一。可见液体的压缩性是很小的。在实用中，一般认为液体是不可压缩的，即认为液体的体积和密度不随压力而变化。水的体积弹性系数 K 按国际单位制可采用 $2.1\times10^9N/m^2$。

液体不可压缩，在实用上是足够精确的。但在压强变化过程非常迅速的运动现象中，例如管道内发生水击时就要考虑液体的压缩性。

对于气体，因分子间距比液体的大得多，分子之间的吸引力很小，可以自由运动，所以有很大的压缩性，且无固定的体积，能够充满任何大小的容器。可见液体不可压缩的特性是液体与气体物理性质之间的重要区别。

1.3.1.6 表面张力特性——表面张力系数

从物理学知道，任何物质的分子与分子之间都存在着吸引力（简称分子引力），其大小随分子间距的增大而减小。当分子间距大于某一值 R 时，分子引力趋于零。R 称为分子的作用半径，其数量级约为 $10^{-9}m$。

当液体和气体相接触时，在液面以下厚度为 R 的液层称为液体的表面层，如图 1.6 所示。表面层内的分子既受到液体内部分子的作用，又受到外部气体分子的作用。在分界面上，由于分界

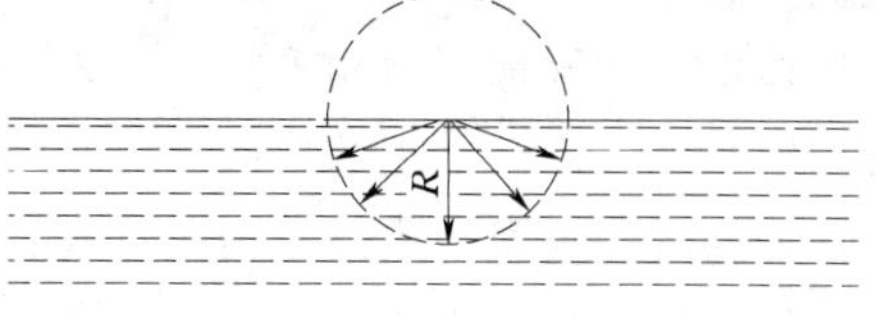

图 1.6

面两侧作用力的不平衡，常使作用面上的液体分子受到微小的分子引力，由于分子引力大于斥力，在表层沿表面方向产生张力，这种张力称为表面张力。表面张力使液体表面就像一张绷紧的弹性薄膜，有拉紧收缩的趋势。

表面张力亦存在于液体与固体或另一种液体相接触的表面上。

液体表面张力的大小可用表面张力系数 σ 来量度。σ 表示液体表面单位长度上所受的拉力，单位为 N/m。

σ 随液体种类和温度而变化。水的 σ 值随温度变化见表 1.1，在水温为 20℃时，水的表面张力系数 $\sigma=0.0736\text{N/m}$，水银的表面张力系数 $\sigma=0.54\text{N/m}$。

因表面张力是沿液体表面作用的拉力，当液体表面为水平时，表面张力的方向也是水平的。

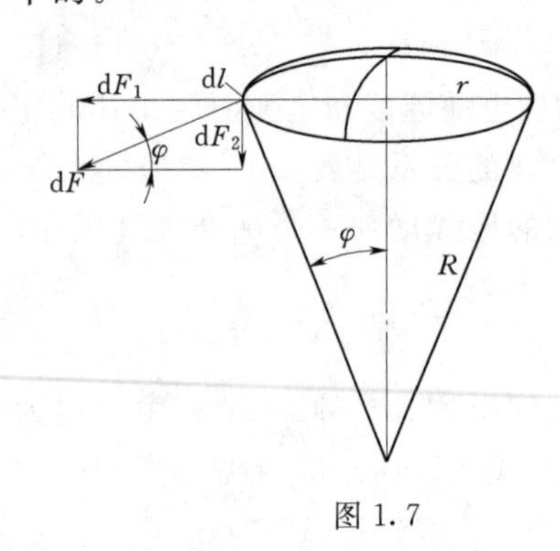

图 1.7

下面分析球形液面产生的附加压强。

图 1.7 所示为一球帽状微小液块，设液块表面曲率半径为 R，液块底面积为圆，其半径为 r，周长为 $L=2\pi r$，设液块微小周长 $\mathrm{d}l$ 上的表面张力 $\mathrm{d}F=\sigma\mathrm{d}l$，其水平和垂直分力分别为 $\mathrm{d}F_1$ 和 $\mathrm{d}F_2$，由图知

$$\mathrm{d}F_2=\mathrm{d}F\sin\varphi=\sigma\mathrm{d}l\ \frac{r}{R}$$

则由表面张力在液块底面产生的附加压力为

$$F_2=\int\mathrm{d}F_2=\int_L\sigma\mathrm{d}l\ \frac{r}{R}=\sigma\ \frac{r}{R}\int_L\mathrm{d}l=\sigma\ \frac{r}{R}\times2\pi r=\frac{2\pi\sigma r^2}{R}$$

液块底面的附加压强为

$$\Delta p=\frac{F_2}{\pi r^2}=\frac{2\sigma}{R} \tag{1.18}$$

由式（1.18）知，附加压强与表面张力系数成正比，与液面的曲率半径成反比。式（1.18）适用于凸形液面。对于凹形液面，表面张力有向上拉的作用，则表面张力为负值，即

$$\Delta p=-\frac{2\sigma}{R} \tag{1.19}$$

因表面张力的数值不大，在一般工程问题中可以忽略，只有当液体表面曲率较大，由表面张力引起的附加压强较大时才须考虑，例如微小水滴运动，大曲率薄层水舌运动，小尺度水力模型中的水流及液体在土壤孔隙中的渗流等。

如果一根玻璃管插入盛液体的容器中，则在附加压力作用下，管中和容器中的液面将不在同一水平面，这就是毛细管现象，如图 1.8 所示。对于内聚力小于附着力的水，管中液面呈凹形，在负的（向上的）附加压力的作用下，管中液面将沿管上升，直至升高部分的液体重量与附加压力相平衡为止，如图 1.8（a）所示；对于内聚力大于附着力的水银，管中液面呈凸形，在正的（向下的）附加压力的作用下，管中液面将沿管下降，直至管中被排开的液体重量与附加压力相平衡为止，如图 1.8（b）所示。

设细管的半径为 r，管中液面的曲率半径为 R，如图 1.8（c）所示，则液面升高（或

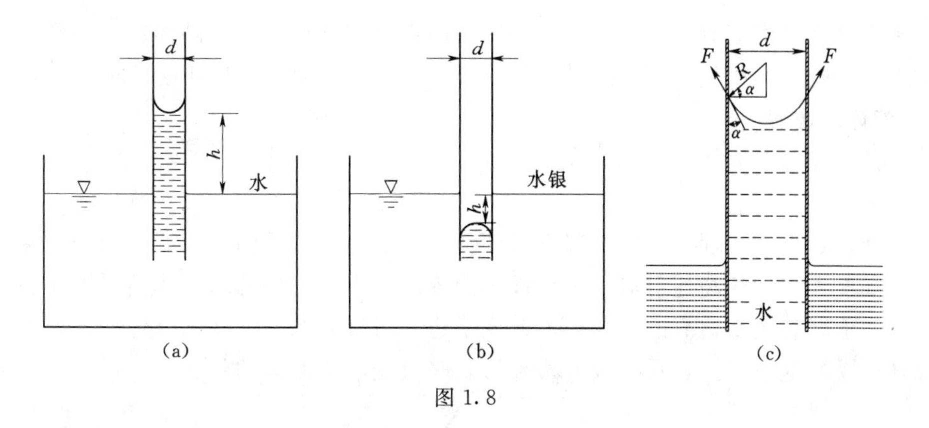

图 1.8

降级）值可按下列静力平衡关系求得

$$\Delta p \pi r^2 = h \pi r^2 \gamma$$

式中：Δp 为附加压强；γ 为液体的重度。

因为 $\Delta p = 2\sigma / R$，$R = r/\cos\alpha$（α 为液体与固体壁面的接触角），则 $\Delta p = 2\sigma\cos\alpha / r$，于是得

$$h = 2\sigma\cos\alpha/(r\gamma) \tag{1.20}$$

由式（1.20）可见，h 与管半径 r 成反比，r 越小，h 越大。水与玻璃的接触角 $\alpha \approx 0$，水银与玻璃的接触角 $\alpha \approx 140°$。

【例题 1.3】 设水的温度为 20℃，测压管的半径 $r = 0.01\text{m}$，重度 $\gamma = 9782.4\text{N/m}^3$，查表 1.1 得表面张力系数 $\sigma = 0.0736\text{N/m}$，$\alpha \approx 0°$，求测压管中由于毛细现象使水面升高的高度。

解：

$$h = 2\sigma\cos\alpha/(r\gamma) = 2 \times 0.0736 \times 1.0/(0.01 \times 9782.4)$$
$$= 1.505 \times 10^{-3}(\text{m}) = 1.505(\text{mm})$$

1.3.1.7 汽化、空化与空蚀

液体分子逸出液面向空中扩散的过程称为汽化，液体汽化为蒸汽。因为在任何温度下液体中都存在一部分高速分子，当处于液体表面的高速分子一旦克服了附近分子的引力而逸出液面时，即发生汽化。液体的汽化与温度有关，当温度升高时，液体分子运动加剧，逸出液面的分子增多，汽化速度加快。当温度升高到某一数值时，汽化不仅在液面进行，而且在液体内部会涌现出大量气泡，这就是沸腾。液体沸腾时的温度称为沸点。不同种类的液体有不同的沸点。同一种液体，其沸点又与液面压强有关，压强越大，液体分子越不易逸出液面，则沸点越高；反之，压强越小，沸点越低。液体沸腾时相应的液面压强称为蒸汽压强，用 p_v 表示。液体的蒸汽压强随液体的种类和温度而变化，水的蒸汽压强随温度变化情况见表 1.1。

液体在常温情况下，当某一局部区域的压强降低到某一临界值（一般情况下为液体的蒸汽压强）以下时，该区域液体的内部将产生一定数量的气体空泡，这种现象称为空化。当液体中发生空化时，液流的连续性遭到破坏，连续介质的假设以及建立在这一假设基础上得到的各种液体运动规律的结论将不能适用。不仅如此，在发生空化以后，当气体空泡

随液流流至高压区溃灭时，常常会引起该区域附近固体边界的剥蚀破坏，这种现象称为空蚀。空蚀会影响水力机械的正常运转，降低其效率；也会对水工建筑物造成破坏。

1.3.2　液体的边界

液体的边界分为固体边界和气体边界。

1. 固体边界

因为液体具有易流性，一般情况下必须在一定的固体边界约束下而流动；特殊情况下的液体，如射入空中的高速射流，不受固体边界的约束，边界的约束作用体现在边界对液流的作用力上。若改变边界的形状，就改变了边界对液体的运动状态。各种水利工程都是利用液体运动的这个特点，通过改变边界形状来改变液体的运动状态。

2. 气体边界

液体与气体接触的边界称为气体边界。一般情况下，气体边界对液体运动的影响比固体边界的影响小得多。但在某些情况下，气体边界对液体运动有显著影响，例如，表面与空气接触的高速水流，由于有大量空气掺入水中，形成掺气水流，从而改变了原来纯水的运动状态。

1.4　作用于液体上的力和液体的机械能

1.4.1　作用于液体上的力

从力学观点看，影响液体运动的因素是作用于液体上的力。按力的作用范围，作用于液体上的力可以分为面积力和质量力两类。

1. 面积力（包括液体的表面积和内部截面积）

面积力也称为表面力，作用于液体表面上，并与受作用的液体表面积成比例。表面力可以分为垂直于作用面的压力和平行于作用面的切力，如图 1.9 所示。至于拉力（指向受力面的外法线方向）一般在液体中都是可以忽略的。

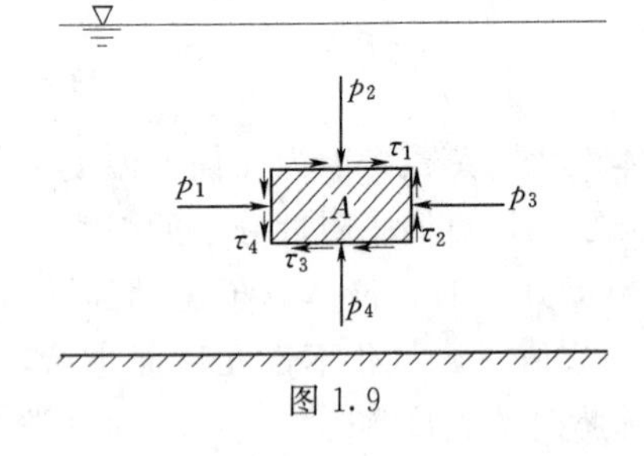

图 1.9

设液体的面积为 A，作用的压力为 P，切力为 F，则作用在单位面积上的平均压应力（又称平均压强）$p=P/A$，作用于单位面积上的平均切应力 $\tau=F/A$。根据连续性假设，可以取其极限，引入点应力的概念，则作用于微小面积 ΔA 上的压应力和切应力分别为

$$p=\lim_{\Delta A\to 0}\Delta P/\Delta A \tag{1.21}$$

$$\tau=\lim_{\Delta A\to 0}\Delta F/\Delta A \tag{1.22}$$

压应力（压强）和切应力的单位为 N/m^2，即 Pa。

一般说，液体是不能承受拉力的，但液体的压缩性很小，能够承受很大的压力，包括作用于静止液体的静水压力和作用于流动液体的动水压力。作用于液体的切力即为液体的内摩擦力。可见，作用于液体的面积力主要是静水压力、动水压力和内摩擦力。

2. 质量力

作用于液体的每一质点上并与液体的质量成正比的力称为质量力。在均质液体中，质量力与体积成比例，所以又称为体积力。

单位质量液体上所受的质量力称为单位质量力或单位体积力，其单位为 m/s^2，与加速度的单位相同。如果液体的质量为 m，所受的质量力为 F，则单位质量力为 $f=F/m$。

设 F 在各个坐标轴上的分力分别为 F_x、F_y、F_z，则单位质量力 f 在各个坐标轴上的分力分别为 X、Y、Z，即

$$X=F_x/m \quad Y=F_y/m \quad Z=F_z/m \tag{1.23}$$

在水力学中常出现的质量力有惯性力和重力，当液体做曲线运动时，惯性力就是离心力，即 $F=m\dfrac{v^2}{R}$，如图 1.10 所示。

如坐标轴与铅垂方向一致，并规定向上为正，则在重力场中，作用于单位质量液体上的重力在各坐标轴上的分力为 $X=Y=0$，$Z=-mg/m=-g$。

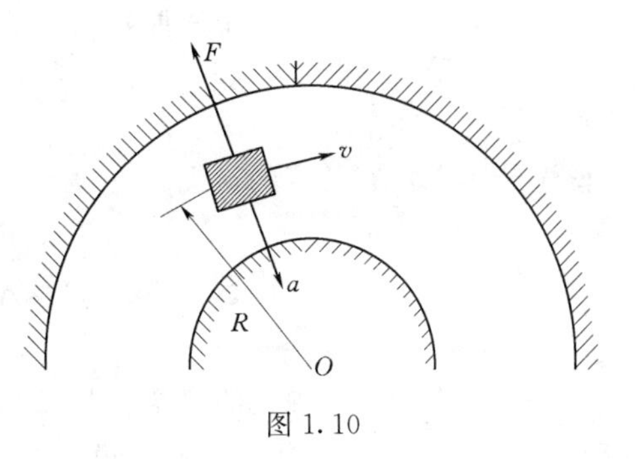

图 1.10

1.4.2 液体的机械能

从物理学中知道，固体的机械能有动能和势能两种，而势能又分为重力势能和弹性势能。液体的机械能同样具有动能和势能两种，而液体的势能又分为位置势能和压力势能。位置势能即重力势能，压力势能实质上就是液体的弹性势能。在实际问题中，由于液体不像固体那样有固定的形状，故常用单位重量液体的机械能来衡量液体机械能的大小。

1. 动能

图 1.11 所示为管道内的流动，设在点 A 处取一微小液块，其体积为 dV，密度为 ρ，质量 $m=\rho dV$，重量为 γdV，流速为 u，根据动能定理，动能为$\frac{1}{2}mu^2=\frac{1}{2}\rho dVu^2$，则点 A 处单位重量液体的动能（简称单位动能）为

$$\frac{(1/2)\rho u^2 dV}{\gamma dV}=\frac{\rho u^2}{2\gamma}=\frac{u^2}{2g} \tag{1.24}$$

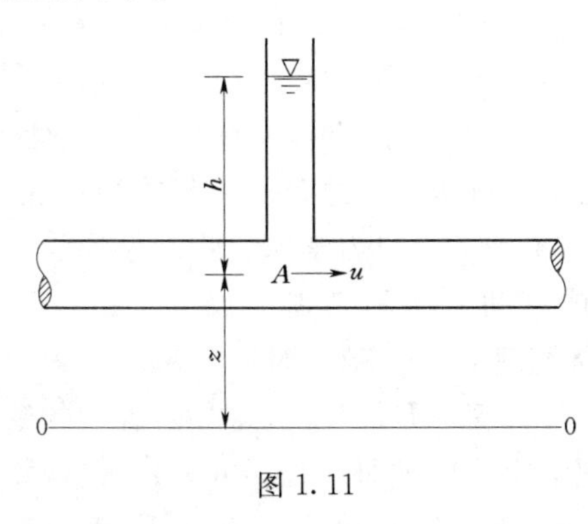

图 1.11

单位动能具有长度的量纲。

2. 位置势能

如图 1.11 所示，任意取一水平面 0—0 作为计算位置高度的起点，该水平面称为基准面。设 A 点的位置高度为 z，则对基准面而言，点 A 处微小液块的位置势能（即重力势能）为 γdVz，点 A 处单位重量液体的位置势能（简称单位位能）为

$$\frac{\gamma dVz}{\gamma dV}=z \tag{1.25}$$

单位位能亦具有长度的量纲。

3. 压力势能

无论是静止或运动的液体，对与其相接触的液体或固体都有压力作用。如图 1.11 所示，在点 A 处的管壁上开一小孔，在小孔上装一玻璃直管，则在液体压力的作用下，点 A 处的微小液块将沿玻璃管上升某一高度 h，这说明点 A 处的液体具有做功的能力，即具有一定的压力势能。显然，点 A 处微小液体具有的压力势能为 $\gamma\mathrm{d}Vh$，点 A 处单位重量液体的压力势能（简称单位压能）为

$$\frac{\gamma\mathrm{d}Vh}{\gamma\mathrm{d}V}=h \tag{1.26}$$

单位压能同样具有长度的量纲。

1.5　水力学发展简史及研究方法

水力学作为一门独立的科学，是人们在认识自然和改造自然的实践中逐渐发展和完善起来的。早在 3000 多年前，我国就有大禹治水的传说。公元前 486 年，隋朝修建了举世闻名的京杭大运河，全长 1797km，是迄今为止世界上最长的运河。公元前 246—前 214 年，秦朝修建了郑国渠、灵渠和都江堰三大水利工程。公元前 250 年，希腊数学家和力学家阿基米德（Archimedes）提出了著名的浮体定律。古代劳动人民在工程实践中积累的丰富经验，为水力学的发展奠定了实践基础。

近代水力学的理论是在以牛顿（Newton）三大定律为核心的经典力学的基础上发展起来的。经典水力学运用严密的数学分析，建立了水力学的基本方程。经典水力学的奠基人是瑞士数学家伯努利（Daniel Bernoulli）和欧拉（Leonhard Euler），1738 年，伯努利建立了著名的伯努利方程，1755 年，欧拉建立了理想液体的欧拉方程。1827—1845 年，法国科学家纳维埃（Navier）和英国物理学家斯托克斯（Stokes）建立了著名的纳维埃-斯托克斯方程，为流体动力学的发展奠定了基础。1883 年，英国力学家、物理学家、工程师雷诺（Osborne Reynolds）通过实验提出了液体流动形态的判别准数——雷诺数；1895 年，又建立了著名的雷诺方程，为紊流的理论研究建立了基础。对经典水力学做出过重要贡献的还有意大利的美术家、科学家兼工程师达芬奇（Da Vinci），法国著名的数学家、物理学家帕斯卡（Pascal），法国数学家、物理学家拉格朗日（Lagrange），法国物理学家和天文学家拉普拉斯（Laplace），德国数学家、物理学家、天文学家高斯（Gosse），法国物理学家、数学家达兰贝尔（Jean le Rond d'Alembert）等。

尽管经典水力学建立了水力学的基本方程，但这些方程在求解上遇到了很大的困难。因此采用实验手段以解决工程实际问题的工程水力学得以迅速发展。早在 1769 年，法国工程师谢才（Antoine Chézy）就建立了计算均匀流的经验公式。1771 年，法国工程师毕托（Henri Pitot）发明了测流速的仪器毕托管。1791 年，意大利物理学家文丘里（Gottvanni Battista Venturi）发明了测量流量的文丘里管。1839 年和 1841 年，德国水利工程师哈根（Hagan）和法国医生泊肃叶（Poiseuille）在实验的基础上，通过理论分析得到了圆管层流的哈根-泊肃叶流动。1855 年，英国船舶设计师、实验水利学家弗劳德（W. Froude）提出了模型试验的重力相似准则。1889 年，法国工程师巴赞（Henri Emile

Bazin）提出了流量系数的经验公式。1890 年，爱尔兰工程师曼宁（Robert Manning）建立了粗糙系数的计算公式。在工程水力学方面做出重要贡献的还有法国工程师达西（Darcy）、德国水力学家魏斯巴赫（Weisbach）等。

1904 年，德国工程师普朗特（Ludwig Prandtl）提出了边界层理论，使纯理论的经典水力学开始与实际工程相结合，形成了一门理论与实验并重的现代水力学，普朗特也被誉为现代水力学之父。美国籍的匈牙利人冯·卡门（Von *Kármán*）、英国物理学家泰勒（Taylor G I）等对边界层理论和湍流理论都有很大的发展。德国科学家尼古拉兹（Nikuradse）1933 年对人工粗糙管道、科勒布鲁克（Colebrook）1939 年对自然粗糙管道、苏联人蔡克士达（A. Пзегжла）1935 年对明渠的阻力系数进行了实验研究，为现代水力学的发展做出了杰出的贡献。现代水力学已经产生了一些新的学科分支，例如生物水力学、物理化学水力学、多相流水力学、电磁水力学等。

随着计算技术和大型高速计算机的迅速发展，为解决复杂流动问题提供了新的方法和手段，使得有严密理论的经典水力学的数值解成为可能。1963 年，美国的哈洛（F. H.）和弗罗姆（J. E.）用当时的 IBM7090 计算机，进行了二维长方形柱体绕流问题的数值计算并获得成功，1965 年，他们又发表了"流体动力学的计算机实验"，从此，形成了水力学的一个新的分支——计算水力学。计算水力学一经问世，就显示了巨大的应用前景。目前，计算水动力学、计算空气动力学、计算燃烧学、计算传热学、计算化学反应流动学、计算数值天气预报学等的数值计算取得了飞速发展，给工业界带来了革命性的变化。

经典水力学、工程水力学和计算水力学的完美结合，形成了水力学研究的三大支柱，也形成了水力学的 3 种研究方法，即理论分析方法、科学试验方法和数值计算方法。理论分析方法是在经典水力学的基础上，利用物理学的普遍规律来建立水流运动的基本方程，如连续性方程、能量方程和动量方程等，通过对这些方程的数学分析来获得水流运动的基本规律。科学试验方法是通过试验寻求水流运动的一些经验性的规律，以满足实际工程的需要；科学试验方法主要有 3 种形式，即原型观测、模型试验和系统试验；科学试验方法的理论基础是理论分析、量纲分析和数理分析。数值计算方法是把描述水流运动的控制方程离散成代数方程组通过计算机求解的方法；数值计算的理论基础是经典水力学和计算数学。

理论分析、科学试验和数值计算各有利弊，互为补充、相互促进。理论分析对简单的流动边界可以给出精确解，而对复杂的流动边界求其精确解是困难的；但理论分析是研究水流运动的理论基础，可以指导科学试验和数值计算。科学试验是研究水流运动的重要手段，可以检验理论分析和数值计算的正确性和可靠性。数值计算能对一些复杂边界流动问题近似求解，具有灵活、经济、节约时间等优点，但仍存在解的稳定性、收敛性问题；数值计算是对理论分析的补充和完善。因此，理论分析、科学试验和数值计算相互结合、互为补充是促进水力学研究和发展的方向。

习　　题

1.1　已知煤油的密度 $\rho=850\mathrm{kg/m^3}$，求它的重度。

1.2 将以下用工程单位表示的量改用国际单位表示。

(1) 一个大气压下，4℃时的水的重度为 $1000kgf/m^3$。

(2) 质量为 $1kgf \cdot s^2/m$（工程质量单位）的物质。

(3) 作用在某物体上的力为 102kgf。

(4) 0℃时的水的动力黏滞系数为 $182.3\times10^{-6}kgf \cdot s/m^2$。

(5) 压强为 $1kgf/cm^2$。0℃时的空气的动力黏滞系数为 $1.75\times10^{-6}kgf \cdot s/m^2$。

1.3 水的重度 $\gamma=9.71kN/m^3$，动力黏滞系数 $\mu=0.599\times10^{-3}N \cdot s/m^2$，求其密度和运动黏滞系数 ν。空气的重度 $\gamma_{空气}=11.5N/m^3$，运动黏滞系数 $\nu=0.167cm^2/s$，求其动力黏滞系数 μ。

1.4 水的体积弹性系数 $K=1.962\times10^9Pa$，问压强改变多少时，它的体积相对压缩1%？这个压强相当于多少个工程大气压？

1.5 容积为 $4m^3$ 的水，温度不变，当压强增加 4.905×10^5Pa 时，容积减小 $1000cm^3$，求该水的体积压缩系数 β 和弹性系数 K，若采用工程单位，其值又如何？

1.6 图示一平板在油面上做水平运动，已知运动速度为 $u=1.0m/s$，板与固定边界的距离 $\delta=1mm$，油的动力黏滞系数 $\mu=1.15N \cdot s/m^2$，由平板带动的油层的运动速度呈直线分布，如图所示。求作用在平板单位面积上的黏滞阻力为多少？

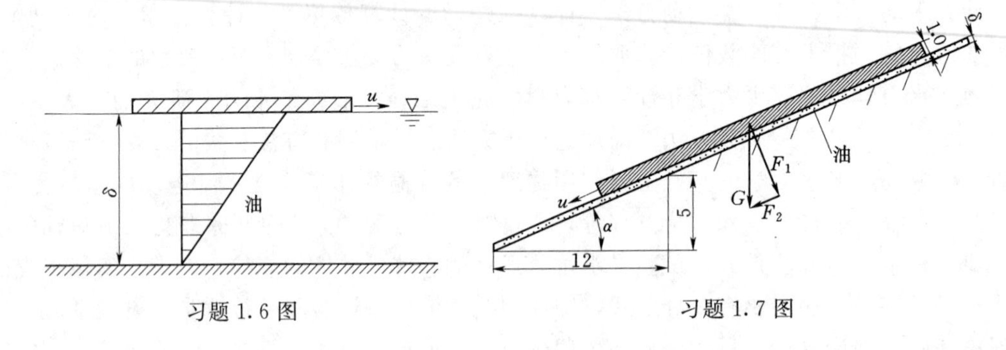

习题 1.6 图　　习题 1.7 图

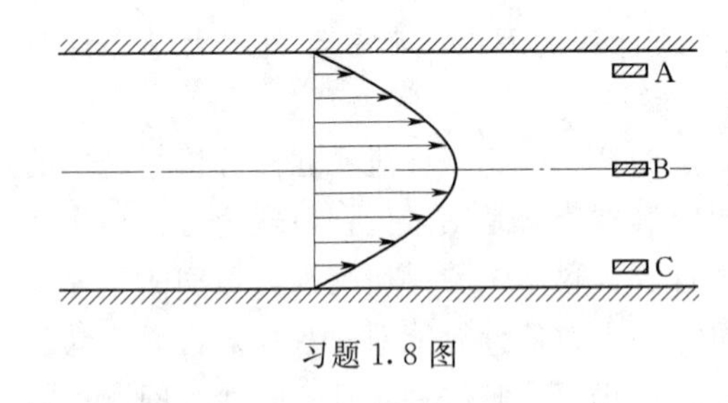

习题 1.8 图

1.7 一底面为 40cm×45cm，高为 1cm 的木块，质量为 5kg，沿着涂有润滑油的斜面向下等速运动，如图所示。已知木块运动的速度 $u=1.0m/s$，油层厚度 $\delta=1mm$，由木块带动的油层的运动速度呈直线分布，求油的黏滞系数。

1.8 在两平行壁面之间流动的液体的流速分布如图所示。试说明：

(1) 最大最小切应力的位置和最小切应力的值。

(2) 作用于各微小矩形块 A、B、C 上下两面的内摩擦力的方向。

(3) 经微小时段 dt 后，各液块将变成什么形状？

1.9 有一面积为 $1.6m^2$ 的薄板在水面上以 $u=1.5m/s$ 的速度运动，已知水深 $h=0.05m$，水温为10℃，水流速度按直线分布，求薄板的拖曳力 F。

1.10　有一矩形断面的宽渠道，其水流流速分布为 $u=0.002\dfrac{\gamma}{\mu}(hy-0.5y^2)$。式中：$\gamma=9807\mathrm{N/m^3}$ 为水的重度；μ 为动力黏滞系数；h 为渠中水深，如图所示。已知 $h=0.5\mathrm{m}$，求 $y=0$、$y=0.25\mathrm{m}$、$y=0.5\mathrm{m}$ 处的水流切应力 τ，并绘出沿垂线的切应力分布图。

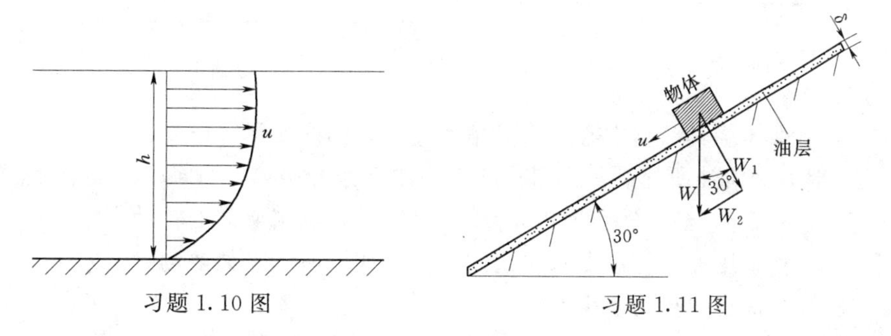

习题 1.10 图　　　　习题 1.11 图

1.11　在倾角 $\theta=30°$ 的斜坡上有一厚度 $\delta=0.5\mathrm{mm}$ 的油层，如图所示。油的动力黏滞系数 $\mu=0.011\mathrm{N\cdot s/m^2}$，当一重量 $W=25\mathrm{N}$，底面积为 $0.15\mathrm{m^2}$ 的方形物体沿油面向下做等速滑动时，求物体的速度 u（设物体下面油层运动的速度按直线分布）。

1.12　有一极薄平板在厚度分别为 3cm 的两种油层中以 $u=0.5\mathrm{m/s}$ 的速度运动，如图所示。已知上油层的动力黏滞系数为 μ_1，下油层的动力黏滞系数为 μ_2，且 $\mu_1=2\mu_2$，两油层在平板上产生的总切应力 $\tau=25\mathrm{N/m^2}$，求 μ_1 和 μ_2。

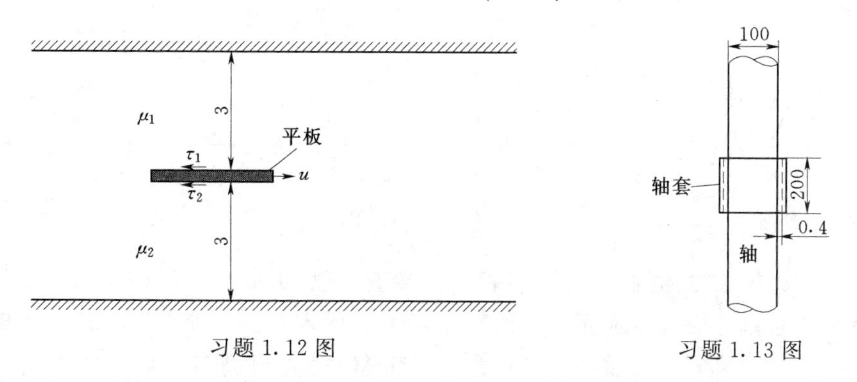

习题 1.12 图　　　　习题 1.13 图

1.13　有一轴在轴套中做上下运动，如图所示。已知轴的直径为 100mm，轴套高 200mm，轴与轴套之间的缝隙宽度 $\delta=0.4\mathrm{mm}$。缝隙间充满了润滑油，油的重度 $\gamma=8.6\mathrm{kN/m^3}$，其运动黏滞系数 $\nu=5\times10^{-6}\mathrm{m^2/s}$，当轴以 $u=20\mathrm{m/s}$ 的速度运动时，求油对轴的阻力。

1.14　一油缸内的活塞直径 $d=11.96\mathrm{cm}$，长 $L=20\mathrm{cm}$，油缸内径 $D=12\mathrm{cm}$，如图所示。油缸侧壁与活塞的间隙中充以润滑油，其动力黏滞系数为 $\mu=0.065\mathrm{N\cdot s/m^2}$，若以力 $F=9.8\mathrm{N}$ 推拉活塞，问活塞移动的速度 u 为多少？

1.15　水流通过一半径 $r_0=0.1\mathrm{m}$ 的圆管时，测得管壁处切应力 $\tau=0.32\mathrm{N/m^2}$，管道横断面流速分布为 $u=1397.2\ (r_0{}^2-r^2)$，式中 r 为圆管的径向坐标，如图所示。求水的动力黏滞系数 μ，并画出切应力沿管径的分布图。（提示：$\mathrm{d}u/\mathrm{d}y=-\mathrm{d}u/\mathrm{d}r$，$y$ 为从管壁

算起的横向坐标）。

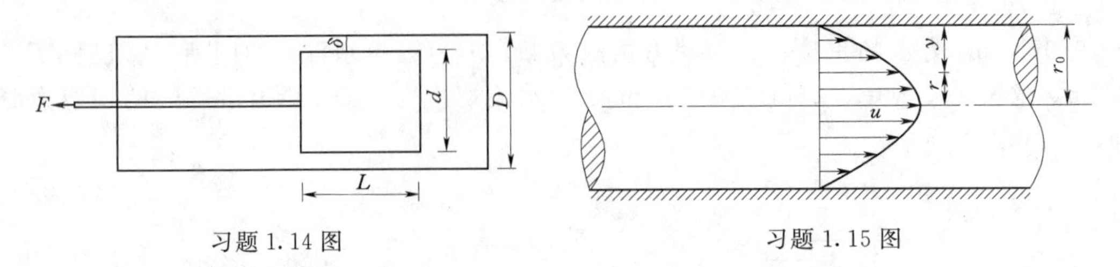

习题 1.14 图　　　　　　　　　　　　　习题 1.15 图

1.16　一圆锥体绕其铅垂中心轴作等角速旋转，如图所示。已知锥体与固定壁的间距 $\delta=1\text{mm}$，全部为润滑油所充满。润滑油的动力黏滞系数 $\mu=0.1\text{Pa}\cdot\text{s}$，锥体底部半径 $R=0.3\text{m}$，高 $h=0.5\text{m}$，当旋转角速度 $\omega=16\text{rad/s}$ 时，试求所需的转动力矩。

1.17　某实验室用玻璃管量测水箱内的水位，如图所示。如要测量误差不大于 3mm，问选用的玻璃管的最小内径为多少？

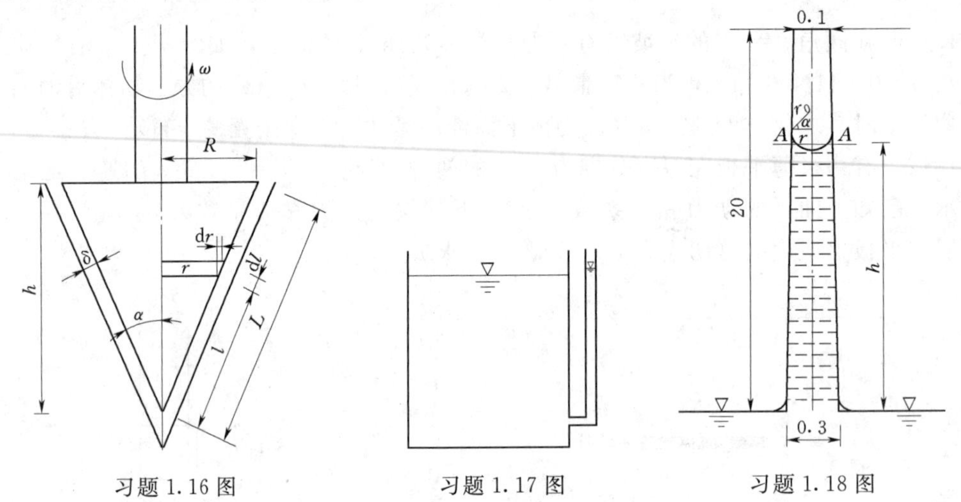

习题 1.16 图　　　　　　习题 1.17 图　　　　　　习题 1.18 图

1.18　一直径按线性缩小的玻璃管，下端直径为 0.3cm，上端直径为 0.1cm，长 20cm，现将该管垂直安放在水面上，使其下端刚刚侵入水面，如图所示。如水的表面张力系数 $\sigma=8\times10^{-2}\text{N/m}$，并设其接触角为零，问管中水面升高多少？

1.19　一直径为 5mm 的玻璃管铅直插在 20℃ 的水银槽内，试问管内液面较槽中液面低多少？为使水银测压管的误差控制在 1.2mm 之内，测压管的最小直径为多大？

1.20　水滴直径为 0.05mm，温度为 20℃，水滴外部为一个大气压，求水滴内部的压强为多少。

第2章 水 静 力 学

2.1 概　　述

水静力学研究液体在静止或相对静止状态下的力学规律及其在工程实际中的应用。

所谓静止，是指液体对于所选定的坐标系无相对运动，例如，如果把坐标系选在地球上，液体相对于地球没有运动，就说液体处于静止状态。则实际上，地球本身是处于运动之中，如果把坐标系放在其他星球上，则静止的液体是随着地球一起运动的。所以，把液体质点之间没有相对运动，液体整体对于地球也没有相对运动就叫作静止。

相对静止，是指液体质点之间没有相对运动，但液体整体相对于地球有相对运动，例如容器中的液体随着容器在运动，而液体与容器之间没有相对运动，则对于固定在容器上的坐标系来说，容器中的液体也是静止的，这就是通常所说的相对静止或相对平衡。

由于静止液体中没有任何相对位移，它和“刚体”一样，因此，可以把静止液体假想地“刚化”，即可以作为“刚体”考虑。这样，液体静力学的全部论述完全采用了研究刚体平衡规律的原理和方法，即理论力学中静力学的有关部分。

工程实际中的水静力学问题：设计水闸、挡水坝、码头和船闸，必须先计算静水对它们的作用力；设计浮码头、船舶等不仅要计算它们的浮力，还要计算其稳定性；另外，水压机和量测液体压强仪表的工作原理等都涉及水静力学方面的知识。

由液体的物理性质可知，在静止或相对静止的液体中不存在切力，同时液体又不能承受拉力，因此，静止液体中相邻两部分之间以及液体与相邻的固体壁面之间的作用力只有静水压力。

水静力学的核心问题是根据平衡条件来求解静水中的压强分布，并根据静水压强的分布规律，进而确定各种情况下的静水总压力。

本章先从点、再到面，然后对整个物体确定静水压力的方向、大小和作用点。

2.2 静水压强及其特性

2.2.1 静水压强

在静止的液体中任取一点 m，围绕 m 点取一微小面积 ΔA，作用在该面积上的静水压力为 ΔP，如图 2.1 所示。面积 ΔA 上的平均压强为

$$\bar{p}=\Delta P/\Delta A$$

如果面积 ΔA 围绕 m 点无限缩小，当 $\Delta A\to 0$ 时，比值 $\Delta P/\Delta A$ 的极限称为 m 点的静水压强，即

$$p=\lim_{\Delta A\to 0}\Delta P/\Delta A$$

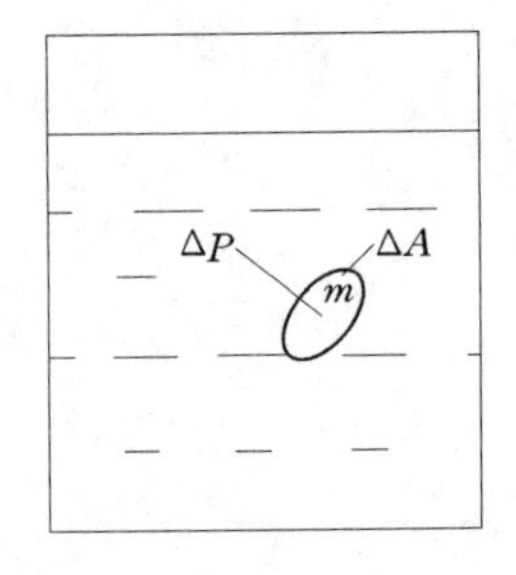

图 2.1

在国际单位制中，压强的单位为帕（Pa），$1Pa=1N/m^2$；气压的单位用巴、毫巴，1 巴=1000 毫巴=10^5 帕。

2.2.2 静水压强的特性

（1）静水压强垂直于作用面，并指向作用面的内部。

在平衡的液体中取出一块液体 M，现用 $N—N$ 面将 M 分为Ⅰ、Ⅱ两部分，如图 2.2（a）所示。若取出第Ⅱ部分作为脱离体，为保持平衡，在分割面 $N—N$ 上，须添上适当的力，以代替原周围接触液体对它的作用。

设Ⅱ部分某点 K 所受的静水压强为 p，围绕 K 点所取的微分面积 dA 上作用的压强为 dp。如果静水压强 dp 不垂直于作用面，则可将 dp 分解为两个力：一个力垂直于作用面，而另一个力与作用面平行，如图 2.2（b）所示。这个与作用面平行的力即为切力，由于静止液体不能承受切力，所以平行于作用面的切力为零，由此可知，静水压强应垂直于作用面。

同样，如果垂直分力的方向是向外的，即拉力，如图 2.2（c）所示。因为液体不能承受拉力，因而静水压强的方向是指向作用面的。

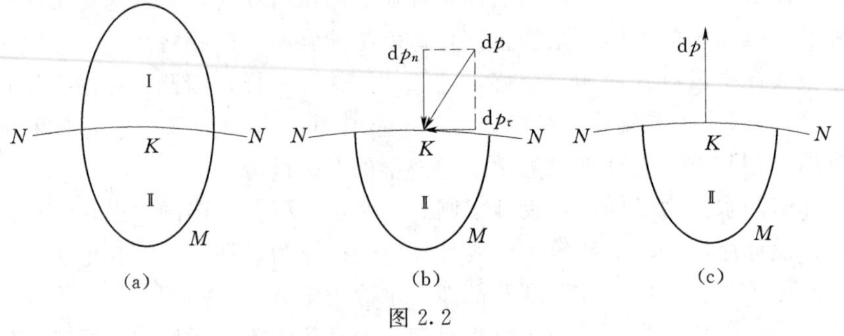

图 2.2

（2）静止液体中任一点处各个方向的静水压强大小相等，即任一点处的压强数值与该压强作用面的方位无关。

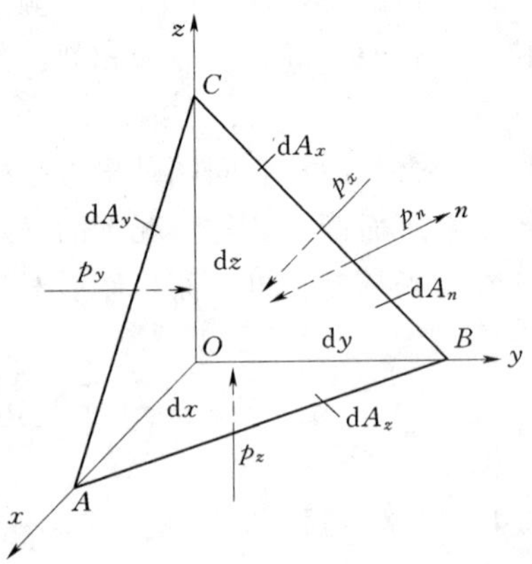

图 2.3

证明：如图 2.3 所示，设在静止的液体中任取一点 O，以 O 为定点，取一微小四面体 $OABC$，为方便起见，三个正交面与坐标平面一致，棱长分别为 dx、dy 和 dz，三个相互垂直的面的面积分别为 dA_x、dA_y 和 dA_z，任意方向倾斜面的面积为 dA_n，其外法线 n 的方向余弦为 $\cos(n,x)$、$\cos(n,y)$ 和 $\cos(n,z)$，则

$$dA_n\cos(n,x)=\frac{1}{2}dydz$$

$$dA_n\cos(n,y)=\frac{1}{2}dxdz$$

$$dA_n\cos(n,z)=\frac{1}{2}dxdy$$

下面分析四面体所受的力：

1）面积力：由于静止液体中不存在切力，所以作用于微小四面体各个面上的力只有压力。设作用于四面体各面上的平均压强为 p_x、p_y、p_z 和 p_n，则作用于四面体各面上的静水压力分别等于各个面上的平均静水压强和相应面积的乘积，即

$$P_x = p_x \mathrm{d}A_x = p_x \frac{1}{2}\mathrm{d}y\mathrm{d}z$$

$$P_y = p_y \mathrm{d}A_y = p_y \frac{1}{2}\mathrm{d}x\mathrm{d}z$$

$$P_z = p_z \mathrm{d}A_z = p_z \frac{1}{2}\mathrm{d}x\mathrm{d}y$$

$$P_n = p_n \mathrm{d}A_n$$

2）质量力：四面体的体积为$\frac{1}{6}\mathrm{d}x\mathrm{d}y\mathrm{d}z$，质量为$\frac{1}{6}\rho\mathrm{d}x\mathrm{d}y\mathrm{d}z$，设各单位质量的质量力在 x、y、z 轴上的投影分别为 X、Y、Z，则质量力在各坐标轴上的分量为

$$F_x = \frac{1}{6}\rho\mathrm{d}x\mathrm{d}y\mathrm{d}z \cdot X$$

$$F_y = \frac{1}{6}\rho\mathrm{d}x\mathrm{d}y\mathrm{d}z \cdot Y$$

$$F_z = \frac{1}{6}\rho\mathrm{d}x\mathrm{d}y\mathrm{d}z \cdot Z$$

根据平衡条件，四面体处于静止状态下各个方向的作用力之和均分别为零，以 x 方向为例：

$$P_x - P_n\cos(n,x) + F_x = 0$$

将上面的公式代入得

$$p_x \frac{1}{2}\mathrm{d}y\mathrm{d}z - p_n \frac{1}{2}\mathrm{d}y\mathrm{d}z + \frac{1}{6}\rho\mathrm{d}x\mathrm{d}y\mathrm{d}z \cdot X = 0$$

整理上式得

$$p_x - p_n + \frac{1}{3}\rho\mathrm{d}x \cdot X = 0$$

当四面体各边趋近于零，即当四面体缩小到一点时，p_x、p_y、p_z 和 p_n 就是 O 点各个方向的静水压强，此时四面体各边边长趋近于零，则上式变为

$$p_x = p_n$$

同理，对 y、z 方向分别列出平衡方程，可得 $p_y = p_n$，$p_z = p_n$，所以有

$$p_x = p_y = p_z = p_n$$

因为 n 方向是任意选定的，故上式表明，静水中同一点上各方向的静水压强相等，与作用面的方向无关。可以把各个方向的压强写成 p，因为 p 只是位置的函数，在连续介质中，它是点的坐标的函数，即

$$p = p(x,y,z) \tag{2.1}$$

2.3 液体的平衡微分方程——欧拉(Euler)平衡微分方程及其积分

2.3.1 液体平衡微分方程

在静止或相对静止的液体中取一微小六面体，其中心点为 $m(x,y,z)$，各边分别与坐标轴平行，边长分别为 $\mathrm{d}x$、$\mathrm{d}y$ 和 $\mathrm{d}z$，如图 2.4 所示。下面分析作用于六面体上的力。

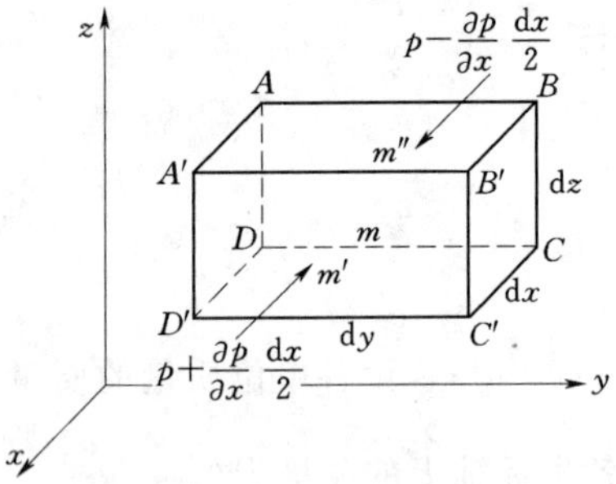

图 2.4

2.3.1.1 面积力

因为静止或相对静止的液体中不存在摩擦力，所以作用于六面体各面上的面积力只有周围液体对它的压力，先分析 x 方向的作用力。

设六面体中心点 $m(x,y,z)$ 处的压强为 p，且 $p=p(x,y,z)$，当坐标位置变化时，压强也发生变化，用泰勒级数展开为

$$p=p(x+\mathrm{d}x,y+\mathrm{d}y,z+\mathrm{d}z)=p(x,y,z)+\left(\frac{\partial p}{\partial x}\mathrm{d}x+\frac{\partial p}{\partial y}\mathrm{d}y+\frac{\partial p}{\partial z}\mathrm{d}z\right)$$
$$+\frac{1}{2!}\left(\frac{\partial^2 p}{\partial x^2}\mathrm{d}x^2+\frac{\partial^2 p}{\partial y^2}\mathrm{d}y^2+\frac{\partial^2 p}{\partial z^2}\mathrm{d}z^2+2\frac{\partial^2 p}{\partial x\partial y}\mathrm{d}x\mathrm{d}y+2\frac{\partial^2 p}{\partial y\partial z}\mathrm{d}y\mathrm{d}z+2\frac{\partial^2 p}{\partial z\partial x}\mathrm{d}z\mathrm{d}x\right)+\cdots$$

先考虑 x 方向的表面力，如忽略二阶微量以上各项，则 $ABCD$ 面的中心点 $m''\left(x-\frac{\mathrm{d}x}{2},y,z\right)$的压强是 $p-\frac{\partial p}{\partial x}\frac{\mathrm{d}x}{2}$，$A'B'C'D'$面的中心点 $m'\left(x+\frac{\mathrm{d}x}{2},y,z\right)$的压强是 $p+\frac{\partial p}{\partial x}\frac{\mathrm{d}x}{2}$，这样，$x$ 方向的表面力为

$ABCD$ 面： $$P_{m''}=\left(p-\frac{1}{2}\frac{\partial p}{\partial x}\mathrm{d}x\right)\mathrm{d}y\mathrm{d}z$$

$A'B'C'D'$面： $$P_{m'}=\left(p+\frac{1}{2}\frac{\partial p}{\partial x}\mathrm{d}x\right)\mathrm{d}y\mathrm{d}z$$

其中$\frac{\partial p}{\partial x}$是压强沿 x 方向的变化率。同样可以得出压强沿 y 方向的变化率$\frac{\partial p}{\partial y}$和 z 方向的变化率$\frac{\partial p}{\partial z}$，并可写出这两个方向的表面力。

2.3.1.2 质量力

设单位质量的质量力在各坐标轴上的投影分别为 X、Y 和 Z，则作用于微小液体的质量力在 x 方向的投影为 $\rho\mathrm{d}x\mathrm{d}y\mathrm{d}z\cdot X$，同样，$y$ 方向的质量力为 $\rho\mathrm{d}x\mathrm{d}y\mathrm{d}z\cdot Y$，$z$ 方向的质量力为 $\rho\mathrm{d}x\mathrm{d}y\mathrm{d}z\cdot Z$。根据平衡条件，静水中六面体上各个方向的作用力之和均应分别为零，对于 x 方向可以写出

$$\left(p-\frac{1}{2}\frac{\partial p}{\partial x}\mathrm{d}x\right)\mathrm{d}y\mathrm{d}z-\left(p+\frac{1}{2}\frac{\partial p}{\partial x}\mathrm{d}x\right)\mathrm{d}y\mathrm{d}z+\rho X\mathrm{d}x\mathrm{d}y\mathrm{d}z=0$$

用 $\rho\mathrm{d}x\mathrm{d}y\mathrm{d}z$ 除以上式，可以得出

$$\frac{1}{\rho}\frac{\partial p}{\partial x}-X=0$$

同理可得 y、z 方向的类似结果，从而可得液体平衡微分方程组为

$$\left.\begin{aligned}\frac{1}{\rho}\frac{\partial p}{\partial x}-X=0\\ \frac{1}{\rho}\frac{\partial p}{\partial y}-Y=0\\ \frac{1}{\rho}\frac{\partial p}{\partial z}-Z=0\end{aligned}\right\} \tag{2.2}$$

式（2.2）即为液体平衡微分方程，它表示了处于平衡状态的液体中压强的变化率和单位质量力之间的关系，是欧拉（Euler）于1775年导出的，所以又称欧拉方程。

式（2.2）表明，处于平衡状态的液体中，静水压强沿某一方向的变化率与该方向单位质量力相等。或者说，在平衡液体中，对于单位质量力来说，质量力分量（X,Y,Z）和表面力分量$\left(\frac{1}{\rho}\frac{\partial p}{\partial x},\frac{1}{\rho}\frac{\partial p}{\partial y},\frac{1}{\rho}\frac{\partial p}{\partial z}\right)$是对应相等的。

2.3.2 液体平衡微分方程的积分

为了求得平衡液体中任一点的静水压强 p，需将欧拉方程进行积分。将方程组（2.2）中的第一式乘以 $\mathrm{d}x$，第二式乘以 $\mathrm{d}y$，第三式乘以 $\mathrm{d}z$，然后相加得

$$X\mathrm{d}x+Y\mathrm{d}y+Z\mathrm{d}z=\frac{1}{\rho}\left(\frac{\partial p}{\partial x}\mathrm{d}x+\frac{\partial p}{\partial y}\mathrm{d}y+\frac{\partial p}{\partial z}\mathrm{d}z\right)$$

因为静水压强 $p=p(x,y,z)$，所以上式的右边括号内为 p 的全微分，则上式可以写成

$$\mathrm{d}p=\rho(X\mathrm{d}x+Y\mathrm{d}y+Z\mathrm{d}z) \tag{2.3}$$

对于不可压缩液体，$\rho=$常数。式（2.3）的左端是 p 的全微分，右端括号内各项之和也应是某一函数 $W=W(x,y,z)$ 的全微分，即

$$\mathrm{d}W=\left(\frac{\partial W}{\partial x}\mathrm{d}x+\frac{\partial W}{\partial y}\mathrm{d}y+\frac{\partial W}{\partial z}\mathrm{d}z\right)$$

于是得

$$\mathrm{d}p=\rho\mathrm{d}W=\rho\left(\frac{\partial W}{\partial x}\mathrm{d}x+\frac{\partial W}{\partial y}\mathrm{d}y+\frac{\partial W}{\partial z}\mathrm{d}z\right)$$

将上式与式（2.3）比较得

$$X=\frac{\partial W}{\partial x}\quad Y=\frac{\partial W}{\partial y}\quad Z=\frac{\partial W}{\partial z}$$

上式表明，函数 $W=W(x,y,z)$ 对某坐标的偏导数等于单位质量力在该坐标上的投影。由于 W 与质量力之间存在着这种函数关系，函数 W 称为力函数，而满足这种函数关系的力称为有势力。由以上讨论可知，只有当质量力是有势力时，液体才处于平衡状态。引进力函数 W 后，式（2.3）可以写成

$$\mathrm{d}p=\rho\mathrm{d}W \tag{2.4}$$

对式（2.4）积分得

$$p=\rho W+C$$

式中：C 为积分常数，由边界条件决定。

如已知液体表面或内部任一点的压强 p_0 及该点的力函数 W_0，则 $c=p_0-\rho W_0$，代入上式得

$$p=\rho W+p_0-\rho W_0=p_0+\rho(W-W_0) \tag{2.5}$$

式（2.5）表明平衡液体在具有力函数 W 的某种质量力的作用下，当力函数 W_0 和压强 p_0 为已知时，可以用式（2.5）求解平衡液体内任一点的压强 p。由式（2.5）也可以得出：平衡液体中，边界上的压强 p_0 将等值地传递到液体内的一切点上，即当 p_0 增大或减小时，液体内任意点的压强也相应地增大或减小同样的数值，这就是著名的帕斯卡（Pascal）定律。

2.3.3 等压面

静止液体中压强相等的点所组成的面称为等压面。在等压面上，$p=$常数，则 $\mathrm{d}p=0$，于是由式（2.3）得等压面的方程为

$$X\mathrm{d}x+Y\mathrm{d}y+Z\mathrm{d}z=0 \tag{2.6}$$

由等压面方程可以得到等压面的重要性质。

（1）等压面也是等势面。由于等压面上的压强 $p=$常数，$\mathrm{d}p=\rho\mathrm{d}W=0$，因为 $\rho\neq0$，所以必然有 $\mathrm{d}W=0$，即 $W=$常数，所以等压面就是等势面，反之，等势面必为等压面。这是等压面的一个重要特性。

（2）等压面与质量力的方向正交。证明如下：设单位质量力 $\vec{f}=X\vec{i}+Y\vec{j}+Z\vec{k}$，它与等压面上任意微小线段 $\mathrm{d}\vec{l}=\mathrm{d}x\vec{i}+\mathrm{d}y\vec{j}+\mathrm{d}z\vec{k}$ 的点积为

$$\vec{f}\cdot\mathrm{d}\vec{l}=(X\vec{i}+Y\vec{j}+Z\vec{k})\cdot(\mathrm{d}x\vec{i}+\mathrm{d}y\vec{j}+\mathrm{d}z\vec{k})=X\mathrm{d}x+Y\mathrm{d}y+Z\mathrm{d}z$$

由式（2.6）可知，上式等于零，即 $\vec{f}\cdot\mathrm{d}\vec{l}=X\mathrm{d}x+Y\mathrm{d}y+Z\mathrm{d}z=0$，由于矢量 $\vec{f}$ 和 $\mathrm{d}\vec{l}$ 都不为零，要想乘积等于零，只有一种可能，就是力与线段垂直。所以又得到等压面的另一个重要性质，即单位质量力 $\vec{f}$ 与等压面上任一微小线段 $\mathrm{d}\vec{l}$ 互相垂直，质量力垂直于等压面。根据这一性质，可以确定等压面的形状，或者反过来在已知等压面的形状后去确定质量力的方向。例如，当质量力只有重力时，由于重力的方向是铅直向下的，所以等压面是水平的；当除重力外还有其他质量力同时作用时，等压面与质量力的合力垂直。

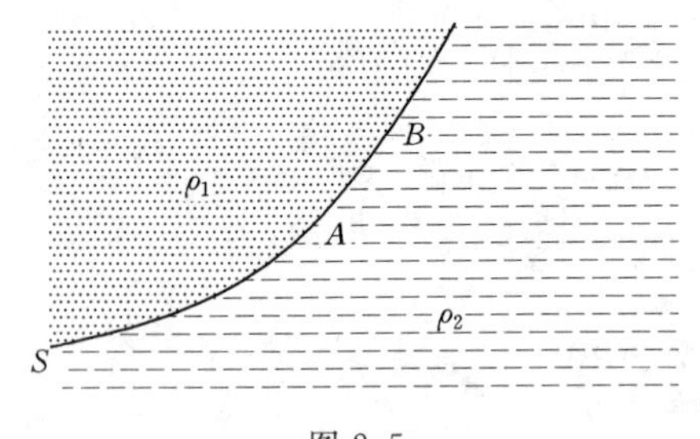

图 2.5

（3）两种不相混合的静止液体的分界面必为等压面。图 2.5 所示为两种不相混合的液体，密度分别为 ρ_1 和 ρ_2，其分界面为 S，设 A、B 分别为 S 上相邻的两点，两点间压强差为 $\mathrm{d}p$，势函数值之差为 $\mathrm{d}W$，写出 A、B 两点压强差公式，对第一、二两种液体分别为

$$\mathrm{d}p=\rho_1(X\mathrm{d}x+Y\mathrm{d}y+Z\mathrm{d}z)=\rho_1\mathrm{d}W$$

$$\mathrm{d}p=\rho_2(X\mathrm{d}x+Y\mathrm{d}y+Z\mathrm{d}z)=\rho_2\mathrm{d}W$$

由此得

$$\rho_1\mathrm{d}W=\rho_2\mathrm{d}W$$

因为 $\rho_1\neq\rho_2$，要使上式相等，必有 $\mathrm{d}W=0$，由此说明沿 S 面任意两邻近点（A 与 B）的势函数值之增量皆为零，由式（2.6）可知，S 面为等势面。由等压面的性质（1）可知，S 面也必为等压面。

常见的等压面有液体的自由表面，其上一般作用的是大气压强 p_a，平衡液体中不相混合的两种液体的交界面等。

【例题 2.1】 指出下图画线部分是等压面还是非等压面。

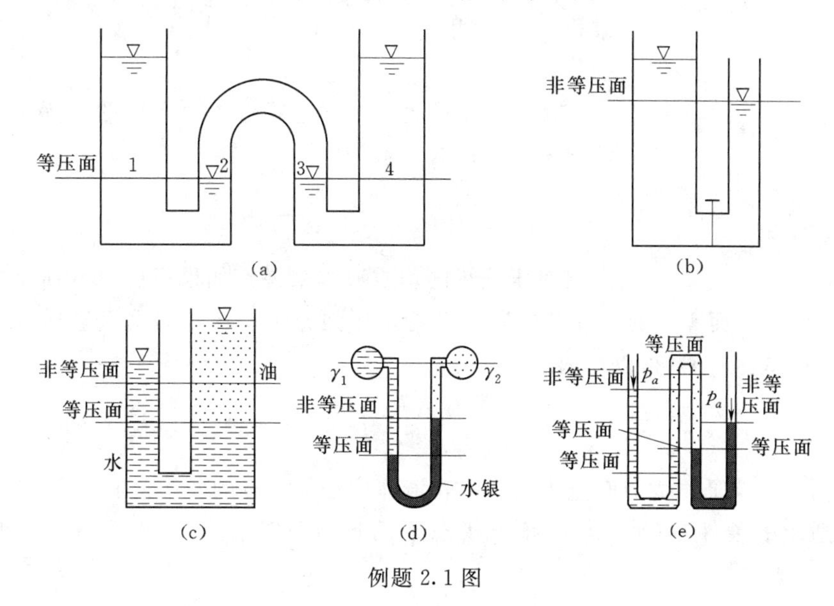

例题 2.1 图

解：

上图的等压面和非等压面已标在图中。

2.4　重力作用下的液体平衡

2.4.1　水静力学基本方程

在工程实际中，很多的液体平衡是指液体相对于地球是静止的，这种静止为绝对静止。在这种情况下，作用于液体的质量力只有重力，取 z 轴铅直向上为正，则单位质量力（重力）在各坐标轴上的投影分别为 $X=0$，$Y=0$，$Z=-\dfrac{mg}{m}=-g$，负号表示重力的方向与 z 的方向相反，将它们代入式（2.3）得

$$dp=\rho(X\,dx+Y\,dy+Z\,dz)=-\rho g\,dz$$

积分上式得

$$p=-\rho gz+C=-\gamma z+C$$

式中：C 为积分常数，由边界条件决定。

如在液面上，$z=z_0$，$p=p_0$，则 $C=p_0+\gamma z_0$，代入上式得

$$p=p_0+\gamma(z_0-z)$$

式中：z_0-z 是由液面到液体中任一点的深度，用 h 表示。

则上式可以写成

$$p=p_0+\gamma h \tag{2.7}$$

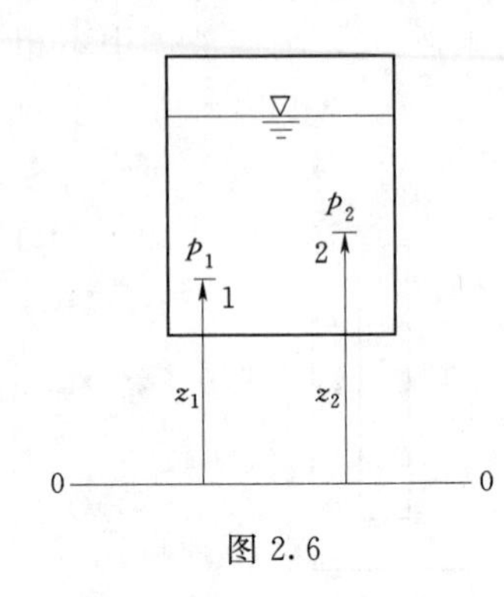

图 2.6

式（2.7）是重力作用下的液体平衡方程，称为水静力学方程。它表明在重力作用下静止液体中任一点的静水压强 p 等于液面压强 p_0 加上该点在液面下的深度 h 与液体重度 γ 的乘积之和。用式（2.7）可以计算静止液体中任一点的压强值。

水静力学的另一个表达式可以由上面的方程 $p=-\gamma z+C$ 得来，对该式变形为

$$z+\frac{p}{\gamma}=C \tag{2.8}$$

对于静止的均质液体来说，如果取图 2.6 所示的液体中的任意两点 1、2，而 1 点的垂直坐标为 z_1，静水压强为 p_1，2 点的垂直坐标为 z_2，静水压强为 p_2，则式（2.8）可以写成

$$z_1+\frac{p_1}{\gamma}=z_2+\frac{p_2}{\gamma} \tag{2.9}$$

式（2.9）表明，当质量力只有重力时，静止液体中任何一点的两项之和 $z+p/\gamma$ 都相等，式（2.9）适应的条件是处于绝对静止状态下的连续均质液体，对于不连续的液体式（2.9）是不能成立的。

压强的单位表示方法如下：

（1）用单位面积上的力表示。

（2）还可用大气压强的倍数、液柱高度（如水柱高度或水银柱高度）来表示。一个标准大气压相当于 76cm 高的水银柱在其底部所产生的压强，水银的重度为 133280N/m^3，则

$$一个标准大气压=133280\times0.76=101293(\text{N/m}^2)$$

又 1N=1/9.8kgf，所以

$$一个标准大气压=101293\times(1/9.8)=10331.9(\text{kgf/m}^2)$$

工程中常采用一个大气压的值为 1kgf/cm^2 作为大气压的计量单位，称为工程大气压(at)，由于一个工程大气压 $p_{at}=9.8\times10^4\text{N/m}^2$，水的重度 $\gamma=9800\text{N/m}^3$，所以一个工程大气压相当的水柱高度为 $h=p_{at}/\gamma=9.8\times10^4/9800=10(\text{m})$，相当于水银柱高度为

$$h_{汞}=p_{at}/\gamma_{汞}=9.8\times10^4/133280=0.736(\text{m})$$

【例题 2.2】 已知液面压强 $p_0=60\text{kN/m}^2$，液体的重度 $\gamma=8.5\text{kN/m}^3$，求水深 $h=2\text{m}$ 处的压强。

解：

由式（2.7）得　$p=p_0+\gamma h=60+8.5\times2=77(\text{kN/m}^2)$

【例题 2.3】 在大气中有一敞口连通容器，盛了重度分别为 γ_1 和 γ_2 的两种液体，如例题 2.3 图所示。如果 $\gamma_1=7840\text{N/m}^3$，$\gamma_2=11760\text{N/m}^3$，液面高差 $h=0.3\text{m}$，求高度 h_1 和 h_2。

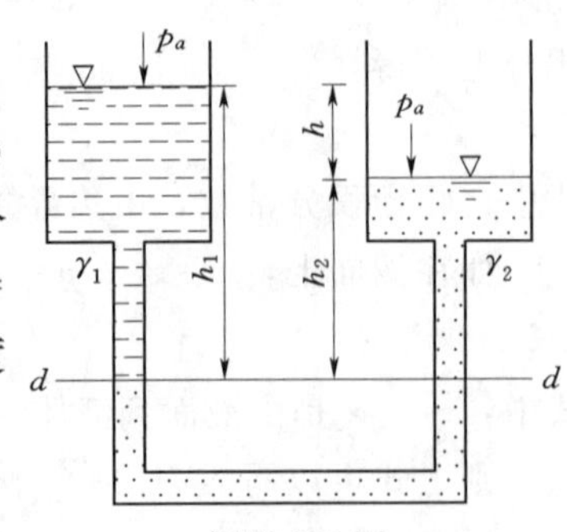

例题 2.3 图

解：

（1）先找等压面，由等压面的性质可知，两种液体的

交界面是等压面，如图中的 $d-d$ 面。

（2）在等压面上左、右容器的压强分别为

$$p_d = p_a + \gamma_1 h_1, p_d = p_a + \gamma_2 h_2$$

$$p_a + \gamma_1 h_1 = p_a + \gamma_2 h_2$$

由图中可以看出，$h_1 = h + h_2$，则

$$\gamma_1 (h + h_2) = \gamma_2 h_2$$

由上式解出

$$h_2 = \frac{\gamma_1 h}{\gamma_2 - \gamma_1} = \frac{7840 \times 0.3}{11760 - 7840} = 0.6(\text{m})$$

$$h_1 = h + h_2 = 0.3 + 0.6 = 0.9(\text{m})$$

2.4.2　绝对压强、相对压强和真空压强

从不同的基点（即计算起点）来计算压强，压强分为绝对压强和相对压强。

以设想没有气体存在的绝对真空为零来计算的压强，称为绝对压强，以 p_{abs} 表示；以当地大气压强为零来计算的压强称为相对压强，以 p 表示。由此可见，绝对压强和相对压强是按两种不同基准（即零点）计算的压强，它们之间相差一个当地大气压强。二者的关系如图 2.7 所示。

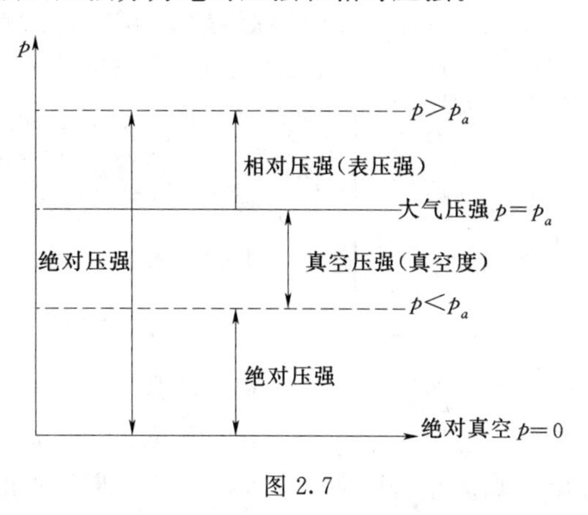

图 2.7

由物理学知道，大气也有压强，它是地面以上高达 200 多公里的大气层的重量在单位面积上造成的压力，其值由托里拆利（E. Torricelli）实验测定。一个标准大气压相当于高为 760mm 的水银柱底面所产生的压强。水银柱顶上没有任何气体，所以水银面上的压强 $p_0 = 0$，一个标准大气压强 p_a 的数值为

$$p_a = p_0 + \gamma_{汞} h = 0 + 133.33 \times 0.76 = 101.33(\text{kN/m}^2) = 10.133(\text{N/cm}^2)$$

大气压强随高程及温度而变，不同地点的大气压强并不相同，故称为当地大气压。

相对压强与绝对压强之间的关系为

$$p = p_{abs} - p_a \tag{2.10}$$

当液体中某点的绝对压强小于大气压强时，则称该点存在着真空。其真空压强 p_v 的大小以标准大气压强和绝对压强之差来量度，即

$$p_v = p_a - p_{abs} \tag{2.11}$$

在水工建筑物中，水流和建筑物表面均受大气压强的作用，在计算建筑物受力时，不需考虑大气压强的作用，因此常用相对压强来表示。在今后的讨论和计算中，一般都是指相对压强，若用绝对压强则加以注明。如果自由表面上的压强 $p_0 = p_a$，则相对压强为

$$p = \gamma h \tag{2.12}$$

绝对压强总是正值。但是，它与大气压强比较，可以大于大气压强，也可以小于大气压强。相对压强可正可负，取决于绝对压强值是大于还是小于大气压强。如果 $p_{abs} > p_a$，

则 $p>0$，如果 $p_{abs}<p_a$，则 $p<0$。把相对压强的正值称为正压，负值称为负压，也称为真空。由式（2.11）知，真空压强是指液体中的绝对压强小于大气压强的部分，不是指该点的绝对压强本身，而是大气压强的不足，例如某点的真空度为 0.7 个大气压（7m 水柱），则其绝对压强实际上就是 0.3 个大气压（3m 水柱），也就是说，该点相对压强的绝对值就是真空压强。若用液柱高度来表示真空压强的大小，则真空度 h_v 为

$$h_v=\frac{p_v}{\gamma}=\frac{p_a-p_{abs}}{\gamma} \tag{2.13}$$

因为一个工程大气压相当于 10m 水柱高，所以完全真空时 $p_{abs}=0$，则最大真空度 $h_v=(p_{at}-0)/\gamma=10(\text{m})$ 水柱高。

为方便计，本书的大气压强采用工程大气压强，并用 p_a 代替 p_{at}，如果用标准大气压强，则加以说明。

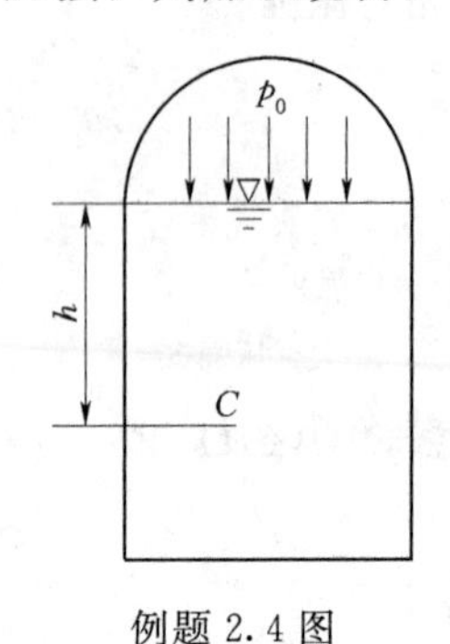

例题 2.4 图

【例题 2.4】 一封闭水箱，如图所示。液面上气体压强 $p_0=85\text{kN/m}^2$，求液面下淹没深度为 1m 处点 C 的绝对压强、相对压强和真空压强。如果已知点 C 处的相对压强为 9.8kN/m^2，问 C 点在液面下的淹没深度为多少？

解：

由式（2.10）和式（2.12），C 点的绝对压强为

$$p_{abs}=p_0+\gamma h=85+9.8\times1=94.8(\text{kN/m}^2)$$

相对压强为　　$p=p_{abs}-p_a=94.8-98=-3.2(\text{kN/m}^2)$

真空压强为　　$p_v=p_a-p_{abs}=98-94.8=3.2(\text{kN/m}^2)$

已知 C 点的相对压强为 9.8kN/m^2，求 C 点的淹没深度：

$$p=p_{abs}-p_a=p_0+\gamma h-p_a=85+9.8\times h-98=9.8(\text{kN/m}^2)$$

$$h=(9.8+98-85)\ /9.8=2.327(\text{m})$$

【例题 2.5】 有一底部水平侧壁倾斜的水槽，如图所示。侧壁倾角为 30°，被油淹没部分壁长 $L=6\text{m}$，自由液面上的压强 $p_a=98\text{kN/m}^2$，油的重度 $\gamma=8\text{kN/m}^3$，问槽底板上的压强是多少？

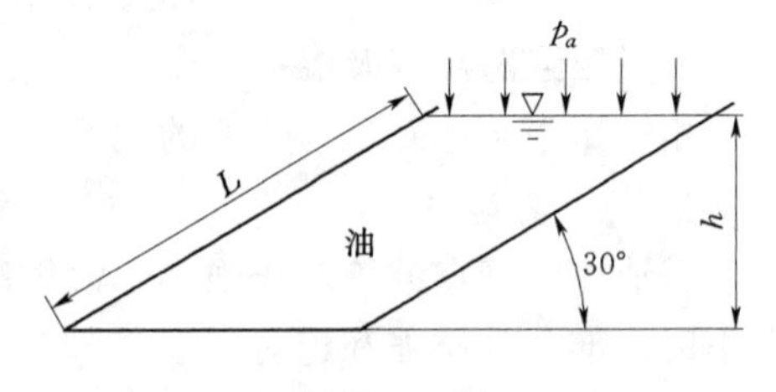

例题 2.5 图

解：

槽底板为水平面，故为等压面，底板上各处的压强相等，底板在液面下的深度为

$$h=L\sin30^\circ=6\times0.5=3(\text{m})$$

底板上的绝对压强为　　$p_{abs}=p_0+\gamma h=98+8\times3=122(\text{kN/m}^2)$

底板上的相对压强为　　$p=p_{abs}-p_a=122-98=24(\text{kN/m}^2)$

因为底板外侧也同样受到大气压强的作用，故底板上的实际压强只有相对压强部分。

【例题 2.6】 某水库的溢洪道用平板闸门控制水流，如图所示。闸门关闭时，水库水

位为70m，门顶和门底高程分别为67m和60m，求门顶和门底的静水压强。

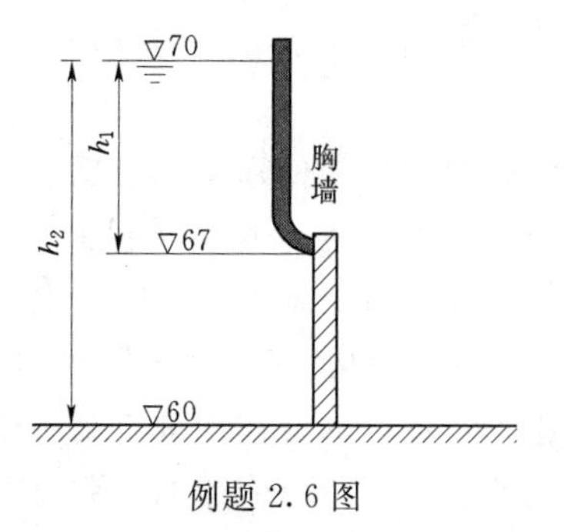

例题2.6图

解：

(1) 求门顶的静水压强：

$$p_{门顶}=\gamma h_1=9.8\times(70-67)=29.4(\text{kN/m}^2)$$

(2) 求门底的静水压强：

$$p_{门底}=\gamma h_2=9.8\times(70-60)=98(\text{kN/m}^2)$$

【例题2.7】 某点的绝对压强 $p_{abs}=73.5\text{kN/m}^2$，试求其相对压强和真空压强。

解：

相对压强为 $p=p_{abs}-p_a=73.5-98=-24.5(\text{kN/m}^2)$

真空压强为 $p_v=p_a-p_{abs}=98-73.5=24.5(\text{kN/m}^2)$

真空高度为 $h_v=\dfrac{p_v}{\gamma}=\dfrac{24.5}{9.8}=2.5\ (\text{m})$

2.4.3 位置水头、压强水头和测压管水头

在重力作用下静止液体的基本方程为式(2.8)，即 $z+p/\gamma=C$。此式表明，在重力作用下，静止液体内各点的 $z+p/\gamma$ 为一常数。下面对 $z+p/\gamma$ 的意义作做一步的说明：

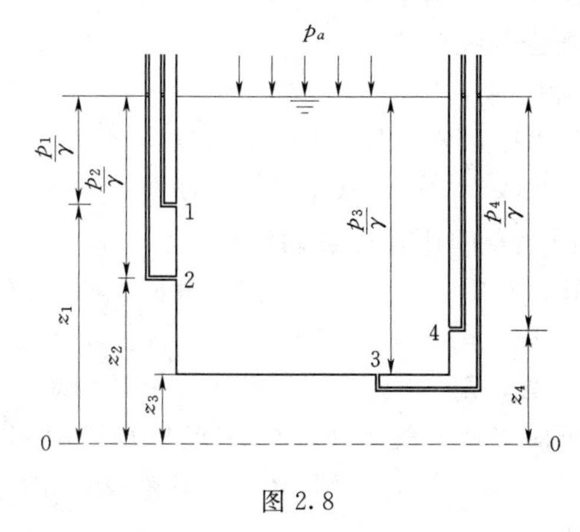

图2.8

图2.8所示为一盛有静止液体的容器，液体的重度为 γ，表面压强为 p_a。在容器的侧壁上开一小孔，并接一根上端开口的细玻璃管，形成测压管。无论小孔开在侧壁或底部的哪一点上，测压管中的液面都与容器内的液面齐平，如图所示。如果取某一水平面为基准面，测压管液面到基准面的高度由 $z+p/\gamma$ 组成，z 表示该点位置到基准面的高度，p/γ 表示该点压强的液柱高度，在水力学中常用"水头"代替高度，所以 z 又叫位置水头，p/γ 叫压强水头，$z+p/\gamma$ 叫测压管水头。

由图2.8可以看出

$$z_1+p_1/\gamma=z_2+p_2/\gamma=z_3+p_3/\gamma=z_4+p_4/\gamma=C \tag{2.14}$$

式(2.14)说明，在连续静止的液体内各点的测压管水头线都相等。

如果容器是封闭的，且液体表面上的压强 p_0 大于或小于大气压强 p_a，则测压管中的液面就高于或低于容器内的液面，但不同点的测压管水头线仍在同一水平面上，即各测点的测压管水头线仍为常数。

如果选择的基准面不同，则位置水头 z 不同，因此测压管水头线的大小与所选基准面的位置有关，而压强水头则与所选基准面的位置无关。

下面说明水静力学方程式（2.14）的物理意义和几何意义。

物理意义：

由物理学可知，把重量为 G 的物体从基准面移到高度 z 后，该物体所具有的位能为 $Gz=mgz$，对于单位重量液体来说，位能就是 $Gz/G=z$，所以 z 的物理意义是：单位重量液体从某一基准面算起所具有的位能，因为是对单位重量而言，所以称为单位位能。再讨论 p/γ 项。如图 2.8 所示的点 1 液体重量为 G，承受的静水压强为 p_1，在该压强的作用下，该处的液体即被升高一个高度 $h_1=p_1/\gamma$，由此可知，作用在液体上的压强也有做功的能力，所以作用的压强亦可视为该液体的一种能力，叫压能。压能的大小为 $Gh_1=mgh_1$，而 $p_1/\gamma=h_1=Gh_1/G$，所以 p/γ 的物理意义是：单位重量液体所具有的压能，称为单位压能。因此，液体静力学基本方程的物理意义是：在静止液体中任一点的单位位能与单位压能之和为一常数，即单位势能为常数。

几何意义：

液体静力学基本方程中的各项，从量纲来看都是长度的量纲，可以用几何高度或水头来表示它的意义。所以液体静力学基本方程的几何意义是：在静止液体中，任一点的位置水头 z 和压强水头 p/γ 之和为一常数，即测压管水头 $z+p/\gamma$ 为常数。

2.4.4　静水压强分布图

静水压强与水深成线性函数关系。把某一受压面上压强随水深的这种函数关系表示成图形，该图形称为静水压强分布图。静水压强分布图的绘制原则如下。

（1）按一定比例，用线段长度代表该点静水压强的大小。

（2）用箭头表示静水压强的方向，其方向垂直指向作用面。

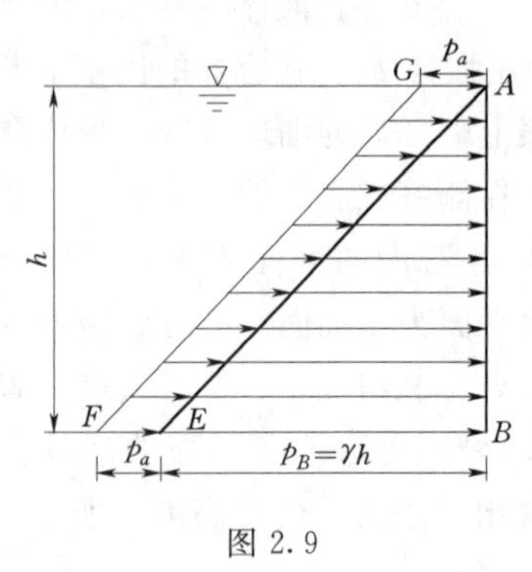

图 2.9

图 2.9 为一静水压强分布图，因为压强 p 与水深 h 为线性函数关系，故在深度方向静水压强系直线分布，所以在图中只要绘出两个点的压强即可确定此直线。图中 A 点在自由液面，其相对压强 $p_A=0$，B 点在液面下的淹没深度为 h，其相对压强 $p_B=\gamma h$，用带箭头的线段 EB 表示 p_B，连接直线 AE，则 AEB 即表示 AB 面上的相对压强分布图。如果考虑当地大气压强，在 A 点和 B 点分别加上当地大气压强 p_a 得 GF 点，则 $AGFB$ 即为 AB 面上的绝对压强分布图。

在实际工程中，建筑物的迎水面和背水面均受有大气压强，其作用可互相抵消，故一般只需绘制相对压强分布图。

图 2.10（a）所示为一矩形平面闸门，一侧挡水，水面为大气压强，所以只需确定闸门顶、底两点的压强值，并连以直线，即可得到该剖面的压强分布图。在 A 点，水深为零，$p_A=0$，在 B 点，水深为 h，$p_B=\gamma h$。

图 2.10（b）所示为一平面闸门，两侧有水，水面均为大气压强。当水深分别为 h_1 和 h_2 时，闸门上任一铅垂剖面两侧的静水压强分布图分别为三角形 ABC 和 DBE，因闸门两侧的静水压强方向相反，将两侧压强分布图相减而得到的梯形压强分布图 $AFGB$ 即为静水压强分布图。压强方向如图 2.10 所示。

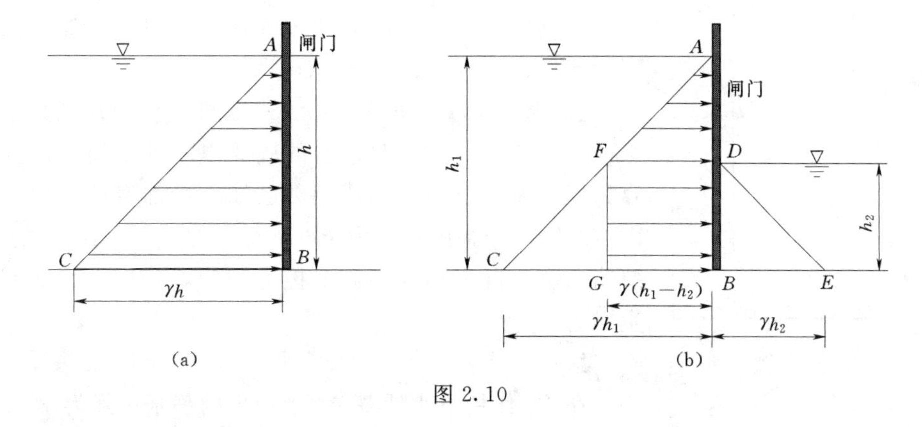

图 2.10

【例题 2.8】 如图所示为某坝体内的放水洞，在洞的进口处设有矩形平板闸门，试绘出闸门上的静水压强分布图。

解：

根据静水压强分布的特点，在 A 点，压强 $p_A=\gamma h_1$，在 B 点，压强 $p_B=\gamma h_2$，压强的方向指向闸门并与闸门板相垂直。绘制的静水压强分布如图所示。

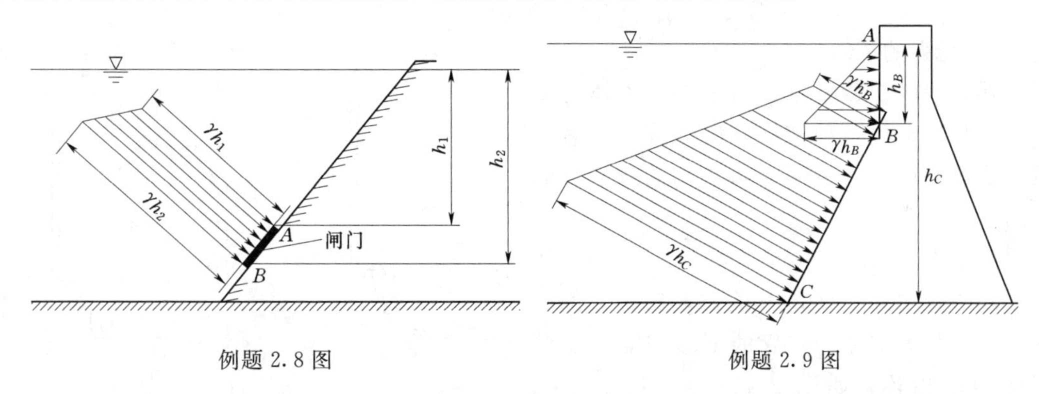

例题 2.8 图　　例题 2.9 图

【例题 2.9】 有一混凝土重力坝如图所示。试绘制挡水面上的静水压强分布图。

解：

绘制步骤如下：

(1) 压强分布图中压强的方向应垂直于作用面。

(2) 折线上的压强分布图要以转折点 B 为界分段绘制。转折点 B 点的压强为 $p_B=\gamma h_B$，但 p_B 对 AB 面和 BC 面的作用方向不同，对 AB 面而言，$p_B\perp AB$ 面，对 BC 面而言，$p_B\perp BC$ 面。

(3) C 点的压强为 $p_C=\gamma h_C$，且 $p_C\perp BC$。

挡水面上的静水压强分布图如图所示。

2.4.5 静水压强的传递规律

由式 (2.7) 可知，液面压强 p_0 如有增减，则静止液体中所有各点的压强也都随之有同样大小的改变，即作用在静止液体表面上的压强将均匀地传递到液体中所有各点而不改变其值，这就是静水压强传递规律，也称帕斯卡定律。

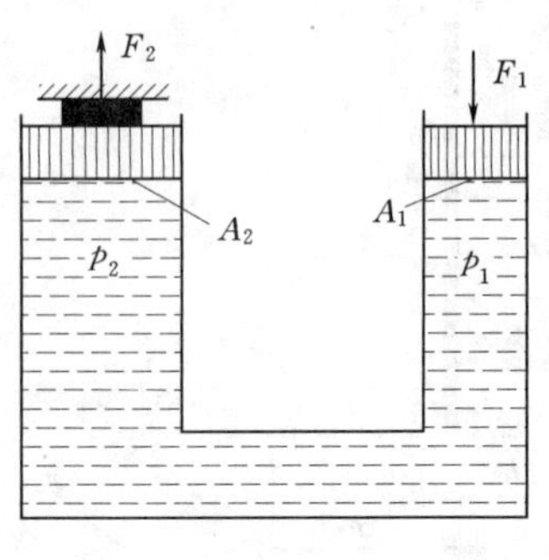

例题 2.10 图

根据这个定律，可以制成各种水力机械，如闸门的油压启闭机、水压机、油压千斤顶等。

【例题 2.10】 如图所示为水压机工作原理图。水压机由两个尺寸不同而彼此连通的圆筒以及置于筒内的一对活塞组成，筒内充满着水或油。已知大小活塞的面积分别为 A_2 和 A_1。如果施加外力 F_1 于面积为 A_1 的小活塞上，并忽略活塞的自重和与圆筒摩擦力的影响，试求大活塞所产生的力 F_2。

解：

在 F_1 作用下小活塞 A_1 上产生的静水压强为

$$p=F_1/A_1$$

根据帕斯卡定律，p 将不变地传递到 A_2 上，所以

$$p=F_2/A_2$$

由以上两式可得

$$F_2=\frac{A_2}{A_1}F_1$$

2.4.6 压强的量测

在工程或实验室中，为了测量液体中某点的压强，常用各种液柱测压计或压力表来测量该点的压强。下面介绍常用的测压计和压力表。

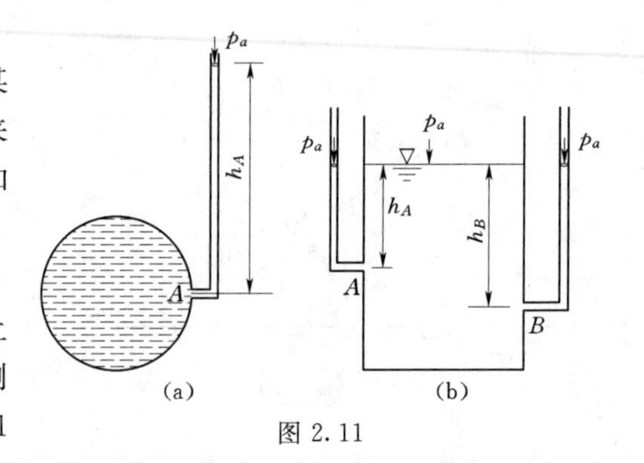

图 2.11

1. 测压管

测压管实际上就是一根玻璃管，管的上端开口，与大气相通，管的下端与需要量测压强的点相连，如图 2.11（a）和图 2.11（b）中的 A 点与 B 点所示。

如果要测量 A 点和 B 点的压强，只要将测压管与 A 点和 B 点相连，玻璃管中的液柱高度 h_A 和 h_B 即表示容器中 A 点和 B 点的压强水头，A 点和 B 点的压强用式（2.15）计算，即

$$p_A=\gamma h_A \quad p_B=\gamma h_B \tag{2.15}$$

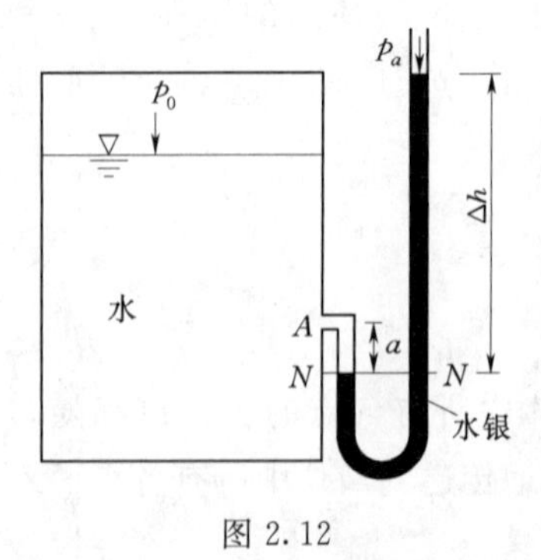

图 2.12

测压管的直径一般为 10mm 左右。

测压管只适应测量较小的压强，要测量较大的压强，测压管过长，应用不方便，所以经常采用 U 形水银测压计测量较大的压强。

2. U 形水银测压计

U 形水银测压计内盛装水银，它的一端与大气相通，另一端与测点连接，如图 2.12 所示。如容器中 A 点的液体压强大于大气压强，则点 A 的压强为

$$p_A+\gamma a=\gamma_{汞}\Delta h$$

$$p_A=\gamma_{汞}\Delta h-\gamma a \tag{2.16}$$

3. 压差计

有时需要测量的只是液体中两点的压强差，可用压差计（也称比压计或差压计）直接测量，压差计可分为空气压差计、油压差计和水银压差计。

图 2.13 所示为一种空气压差计，U 形管上部充以空气，下部两端用橡皮管连接到容器中需要测量压强差的 1、2 两点。如果 1、2 两点的压强不相等，则 U 形管中的液面高度不同，形成液面差 Δh，因空气的重量很小，可以认为两管的液面压强相等，都是 p_0，于是有

$$p_1=p_0+\gamma(\Delta h+y-a)$$

$$p_2=p_0+\gamma y$$

由以上两式得

$$p_1-p_2=\gamma(\Delta h-a) \tag{2.17}$$

在测得 Δh 和 a 后，即可求出 1、2 两点的压强差。

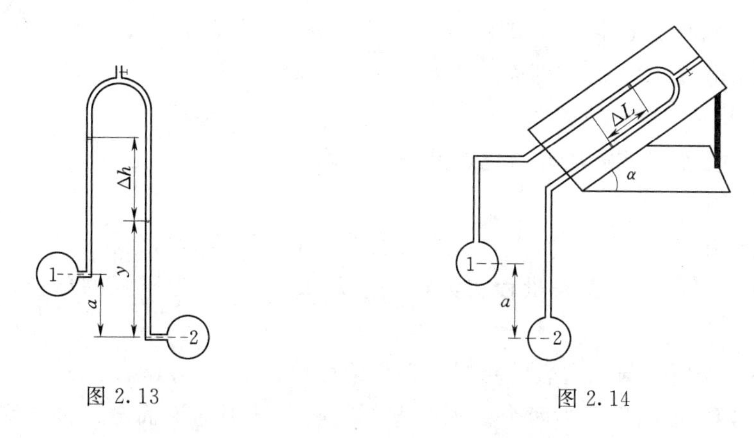

图 2.13　　图 2.14

当测量的压强差较小时，为了提高量测精度，可将压差计倾斜放置某一角度 α，如图 2.14 所示。用倾斜压差计测量两点的压强差为

$$p_1-p_2=\gamma(\Delta L\sin\alpha-a) \tag{2.18}$$

为了测量更小的压强差，可将图 2.13 所示的压差计内的空气换成重度更小的另一种液体（如油类），则按同样的方法可求得 1、2 两点的压强差为

$$p_1-p_2=(\gamma-\gamma')\Delta h-\gamma a \tag{2.19}$$

式中：γ'为另一种液体的重度。

当所测量的压差较大时，可用 U 形水银压差计，如图 2.15 所示。在 U 形管中充以水银，根据等压面原理，断面 1—1 为等压面，可得

左面：$$p_1=p_A+\gamma z_A+\gamma\Delta h=p_A+\gamma(z_A+\Delta h)$$

右面：$$p_1=p_B+\gamma z_B+\gamma_{汞}\Delta h$$

$$p_A-p_B=\gamma(z_B-z_A)+(\gamma_{汞}-\gamma)\Delta h \tag{2.20}$$

如果 A、B 两点在同一水平面上，则

$$p_A-p_B=(\gamma_{汞}-\gamma)\Delta h \tag{2.21}$$

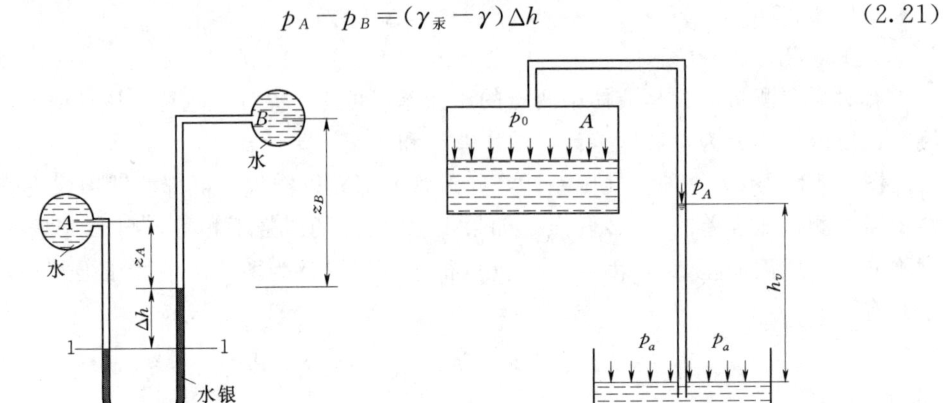

图 2.15　　图 2.16

4. 真空计

真空计是测量真空值的仪器，如图 2.16 所示。如果容器 A 中液面压强小于大气压强，由于真空作用而将容器 B 内的水吸上一高度 h_v，则液面压强 $p_0=p_A=p_{abs}-\gamma h_v=p_a-\gamma h_v$，由此得式（2.13），即 $h_v=(p_a-p_0)/\gamma$。

5. 压力表和真空表

以上介绍的是液柱式测压计，优点是测量精确度较高，缺点是量测范围较小，携带不便，多在实验室中使用。

除液柱式测压计外，还有压力表。压力表是利用待测压力与金属弹性元件变形成比例的原理来测量压力的。压力表量程较大，一般用 kN/m^2 作为压强的单位，其值为相对压强。

真空表的工作原理与压力表的相同，表盘读数单位常用 N/m^2 表示。

【例题 2.11】 如图所示为两个盛水容器，其测压管中的液面分别高于和低于容器中液面高度 $h=2m$，试求这两种情况下的液面绝对压强 p_0。

解：

（1）对于图（a），有

$$p_0=p_a+\gamma h=98+9.8\times 2=117.6(kN/m^2)$$

（2）对于图（b），有

$$p_0=p_a-\gamma h=98-9.8\times 2=78.4(kN/m^2)$$

【例题 2.12】 有两个盛水容器如图所示，今要测量两容器中同高的 1、2 两点的压强差，为此，将水银压差计与两容器接通，由于压强不等，使两个水银面呈高差 Δh。已知水的重度为 $\gamma_w=9.8kN/m^3$，水银的重度为 $\gamma_{汞}=133.28kN/m^3$，$\Delta h=0.12m$，试求 1、2 两点的压强差 $\Delta p=p_1-p_2$。

解：

由图中可以看出，N—N 面为等压面。则左面

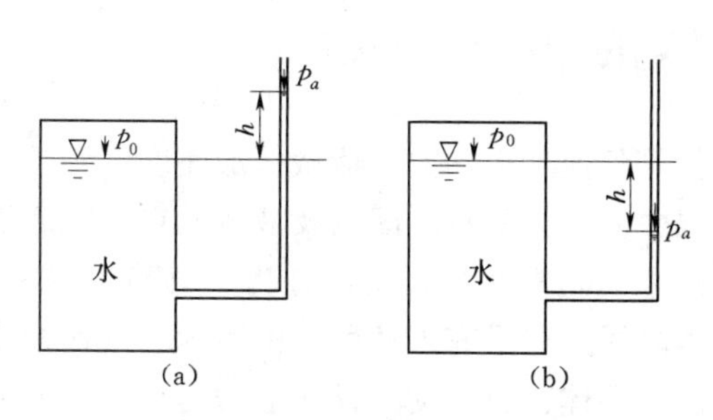

例题 2.11 图

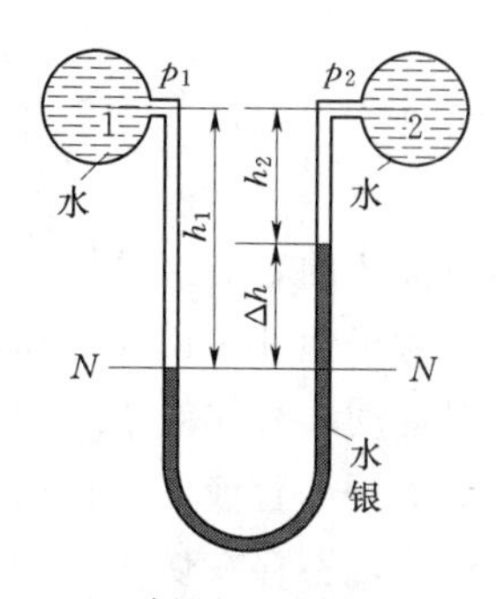

例题 2.12 图

$$p_N = p_1 + \gamma h_1$$

右面：
$$p_N = p_2 + \gamma h_2 + \gamma_{汞}\Delta h$$

由以上两式得
$$p_1 - p_2 = \gamma(h_2 - h_1) + \gamma_{汞}\Delta h$$

又因为
$$\Delta h = h_1 - h_2$$

所以 $\Delta p = p_1 - p_2 = (\gamma_{汞} - \gamma)\Delta h = (133.28 - 9.8) \times 0.12 = 14.82(\mathrm{kN/m^2})$

【例题 2.13】 如图所示为两个容器 A 和 B，由一倒形压差计连接。已知左边管内液体的重度为 γ_1，右边管内液体的重度为 γ_2，压差计中液体的重度为 γ_3，试建立 A 和 B 两点间压差的计算公式。如果左管内液体的比重 $S_1=0.9$，右管内液体的比重 $S_2=1$，差压计中液体的比重 $S_3=0.8$，两容器之间的高差 $z=0.05\mathrm{m}$，$h_A=0.25\mathrm{m}$，$h_B=0.45\mathrm{m}$，$\Delta h=0.25\mathrm{m}$，试求 A 和 B 两点间的压强差。

例题 2.13 图

解：

（1）建立 A 和 B 两点间压差的计算公式。由图中可以看出，$N—N$ 为等压面，左面有

$$p_N = p_A - \gamma_1 h_A - \gamma_3 \Delta h \tag{1}$$

右面：
$$p_N = p_B - \gamma_2 h_B \tag{2}$$

由以上两式得
$$p_B - p_A = \gamma_2 h_B - \gamma_1 h_A - \gamma_3 \Delta h \tag{3}$$

由图中可以看出
$$h_A + \Delta h = h_B + z \tag{4}$$

由上式解出
$$h_A = h_B + z - \Delta h \tag{5}$$

将式（5）代入式（3）得
$$p_B - p_A = (\gamma_2 - \gamma_1)h_B + (\gamma_1 - \gamma_3)\Delta h - \gamma_1 z \tag{6}$$

当 $\gamma_2 = \gamma_1$ 时，
$$p_B - p_A = (\gamma_1 - \gamma_3)\Delta h - \gamma_1 z \tag{7}$$

当 $\gamma_2 = \gamma_1$，$z=0$ 时，
$$p_B - p_A = (\gamma_1 - \gamma_3)\Delta h \tag{8}$$

（2）求 A 和 B 两点间的压强差。已知 $\gamma_1 = \gamma S_1 = 9.8 \times 0.9 = 8.82(\mathrm{kN/m^3})$，$\gamma_2 = \gamma S_2 = 9.8 \times 1 = 9.8(\mathrm{kN/m^3})$，$\gamma_3 = \gamma S_3 = 9.8 \times 0.8 = 7.84(\mathrm{kN/m^3})$，$h_A=0.25\mathrm{m}$，$z=0.05\mathrm{m}$，$h_B=0.45\mathrm{m}$，$\Delta h=0.25\mathrm{m}$，代入式（6）得

$$\begin{aligned} p_B - p_A &= (\gamma_2 - \gamma_1)h_B + (\gamma_1 - \gamma_3)\Delta h - \gamma_1 z \\ &= (9.8 - 8.82) \times 0.45 + (8.82 - 7.84) \times 0.25 - 8.82 \times 0.05 \\ &= 0.245(\mathrm{kN/m^2}) \end{aligned}$$

2.5 液体的相对平衡

当盛有液体的容器绕其铅垂中心轴作等角速度运动或容器做等加速度直线运动时，液体随容器相对于地球来说在运动，但容器中的液体质点之间以及液体质点与容器壁面之间都没有相对运动，液体对于运动着的容器来说是静止的，所以称为相对静止或相对平衡。在这种情况下，尽管液体是在运动，液体的质点也具有加速度，但因为液体各相邻层之间没有相对运动，不存在切应力，液体就像"固体"在运动一样，应用理论力学中的达朗伯(J. le. Rond)原理，可以假想把惯性力加在运动的液体上，而将这种运动问题作为静止问题来处理。

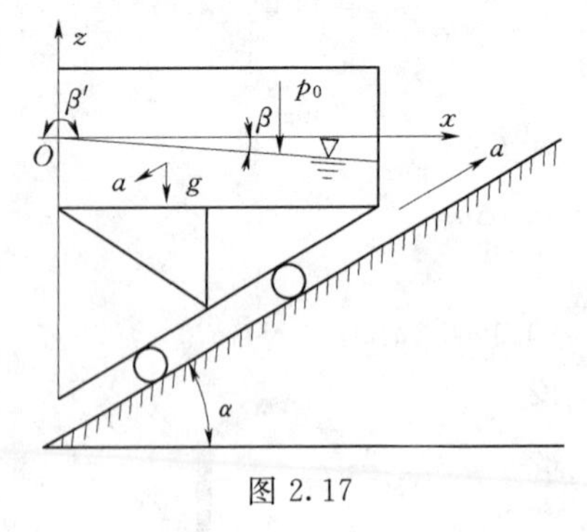

图 2.17

液体相对静止状态的典型情况有两种：一为等加速度做直线运动的容器内的静止液体；二为以等角速度绕铅垂轴旋转的容器内的静止液体。

2.5.1 等加速直线运动

设有一水箱，沿着与水平面成 α 角的斜面以等加速度 a 做直线运动，设作用于液面的压强为 p_0，为了分析方便，取与容器一起运动的坐标系，并将坐标原点选在容器内壁上，如图 2.17 所示。对于这个坐标系，静止液体中的单位质量力除重力外，还有与加速度方向相反的惯性力 $-a$。下面分析其压强分布规律。

设单位质量力在三个坐标轴上的投影为

$$X=-a_x=-a\cos\alpha$$

$$Y=0$$

$$Z=-a_z-g=-(a\sin\alpha+g)$$

代入式 (2.3) 得

$$\begin{aligned}\mathrm{d}p&=\rho(X\mathrm{d}x+Y\mathrm{d}y+Z\mathrm{d}z)=\rho[-a\cos\alpha\mathrm{d}x-(a\sin\alpha+g)\mathrm{d}z]\\&=\frac{\gamma}{g}[-a\cos\alpha\mathrm{d}x-(a\sin\alpha+g)\mathrm{d}z]\end{aligned}$$

对上式积分得 $$p=-\frac{\gamma}{g}[a\cos\alpha x+(a\sin\alpha+g)z]+c$$

下面确定积分常数，在坐标原点处，$x=y=z=0$ 时，$p=p_0$，代入上式得 $c=p_0$，于是得压强的表达式为

$$p=p_0-\frac{\gamma}{g}[a\cos\alpha x+(a\sin\alpha+g)z] \tag{2.22}$$

由式 (2.22) 解出

$$z=\frac{g(p_0-p)/\gamma-ax\cos\alpha}{a\sin\alpha+g} \tag{2.23}$$

令 p=常数，上式给出了等压面方程。在等压面上，$p_0-p=\mathrm{const}$，对式 (2.23) 求导得

等压面的斜率为

$$\tan\beta'=\frac{dz}{dx}=-\frac{a\cos\alpha}{a\sin\alpha+g} \tag{2.24}$$

由式（2.24）可以看出，等压面是一簇与水平面成β角的平行平面。令$p=p_0$，可得自由液面方程为

$$z=-\frac{a\cos\alpha}{a\sin\alpha+g}x \tag{2.25}$$

【例题 2.14】 一L形容器，充满重度为$\gamma_0=7.85\text{kN/m}^3$的油，沿水平方向以加速度$a=4.9\text{m/s}^2$作等加速运动。容器尺寸如图所示，其顶部A点处有一小孔，运动过程中油不溢出，试求：

（1）B、C、D点的压强；

（2）若令$p_B=0$，则所需加速度为多少？

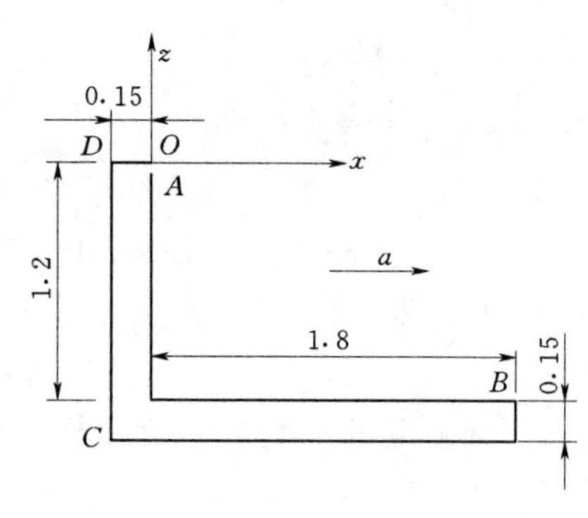

例题 2.14 图

解：

以A点为坐标原点，$p_A=p_a$，加速度的方向与x方向一致，由此知在x方向惯性力的方向与加速度的方向相反，单位质量力在三个方向的投影为

$$X=-a \quad Y=0 \quad Z=-g$$

由公式（2.3）得

$$dp=\rho(Xdx+Ydy+Zdz)=\rho(-adx-gdz)$$

对上式积分得

$$p=-\rho(ax+gz)+c$$

下面确定积分常数c，在A点，$x=z=0$，$p_A=p_a$，用相对压强，$p_A=0$，所以$c=0$，代入上式得

$$p=-\rho(ax+gz)$$

将$a=4.9\text{m/s}^2$，$g=9.8\text{m/s}^2$，$\rho=\gamma_0/g=7.85/9.8$代入上式得

$$p=-\frac{7.85}{9.8}(4.9x+9.8z)=-0.801(4.9x+9.8z)$$

B、C、D点的压强分别为

B点：$x=1.8\text{m}$，$z=-1.2\text{m}$

$$p_B=-0.801\times[4.9\times1.8+9.8\times(-1.2)]=2.355(\text{kN/m}^2)$$

C点：$x=-0.15\text{m}$，$z=-1.35\text{m}$

$$p_C=-0.801\times[4.9\times(-0.15)+9.8\times(-1.35)]=11.186(\text{kN/m}^2)$$

D点：$x=-0.15\text{m}$，$z=0$

$$p_D=-0.801\times[4.9\times(-0.15)+9.8\times0]=0.589(\text{kN/m}^2)$$

若令$p_B=0$，则所需加速度为

$$p_B=-0.801\times[a\times1.8+9.8\times(-1.2)]=0$$

则

$$a=6.533(\text{m/s}^2)$$

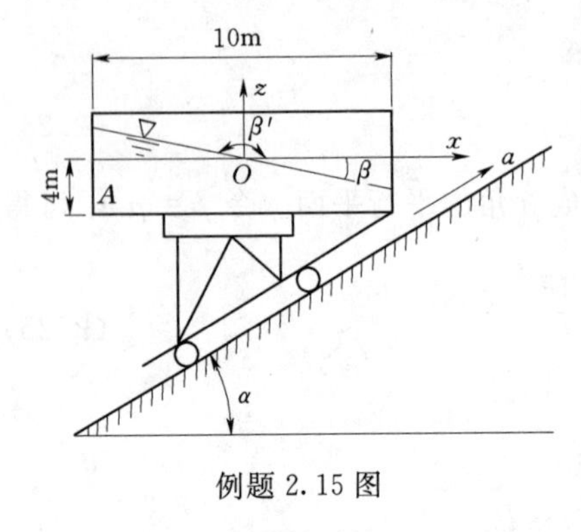

例题 2.15 图

【例题 2.15】 图示为一升船机，整体以 3m/s^2 的等加速度沿 $\alpha=30°$ 的倾斜轨道向上运动，试求自由液面方程及其与水平面所成的角度，并求 A 点的压强。

解：

选坐标系如图所示。已知加速度的方向沿斜坡向上，所以惯性力方向与加速度的方向相反。则单位质量力在三个坐标轴上的投影为

$$X=-a\cos\alpha, Y=0, Z=-a\sin\alpha-g \tag{1}$$

由式（2.3）得

$$\mathrm{d}p=\rho(X\mathrm{d}x+Y\mathrm{d}y+Z\mathrm{d}z)=\rho[-a\cos\alpha\mathrm{d}x-(a\sin\alpha+g)\mathrm{d}z] \tag{2}$$

对上式积分得

$$p=-\rho[a\cos\alpha x+(a\sin\alpha+g)z]+c$$

下面确定积分常数 c，在坐标原点，$x=z=0$，$p=p_a$，所以 $c=p_a$，代入上式得

$$p=p_a-\rho[a\cos\alpha x+(a\sin\alpha+g)z] \tag{3}$$

在自由液面上，$p=p_a$，由上式可得自由液面方程

$$z=-\frac{a\cos\alpha}{a\sin\alpha+g}x \tag{4}$$

下面求等压面方程。在等压面上，$p=$常数，由式（3）得

$$z=\frac{(p_a-p)/\rho-ax\cos\alpha}{a\sin\alpha+g} \tag{5}$$

这是一簇平行的平面，由上式可以看出，自由液面也是等压面，在此液面上，$p=p_a$。它们对水平面倾斜了一个角度 β，此值可以通过式（5）求解，即

$$\tan\beta'=\frac{\mathrm{d}z}{\mathrm{d}x}=-\frac{a\cos\alpha}{a\sin\alpha+g}$$

则

$$\tan\beta=\tan(180°-\beta')=-\tan\beta'=\frac{a\cos\alpha}{a\sin\alpha+g} \tag{6}$$

可见，自由液面及其他等压面均系倾斜面。

下面求 A 点的压强：已知 $a=3\text{m/s}^2$，$\alpha=30°$，在 A 点，$x=-5\text{m}$，$z=-4\text{m}$，$\rho=\frac{\gamma}{g}=\frac{9.8\text{kN/m}^3}{9.8\text{m/s}^2}=1.0\text{kN}\cdot\text{s}^2/\text{m}^4$，则由式（3）得 A 点的绝对压强为

$$p_{abs}=98-1.0\times[3\times\cos30°\times(-5)+(3\times\sin30°+9.8)\times(-4)]=156.19(\text{kN/m}^2)$$

相对压强为

$$p=156.19-98=58.19(\text{kN/m}^2)$$

水面倾斜角度为

$$\tan\beta=\frac{a\cos\alpha}{a\sin\alpha+g}=\frac{3\times\cos30°}{3\times\sin30°+9.8}=0.23$$

$$\beta=\arctan\beta=\arctan0.23=12.95°$$

2.5.2　等角速旋转运动

图 2.18 所示为盛有液体的开口圆桶，设圆桶以等转速绕其铅垂轴旋转，则由于液体的黏性作用，与容器壁面接触的液体层首先被带动而旋转，并逐渐向中心发展，使所有的液体质点都绕该轴旋转，待运动稳定后，各液体质点都具有相同的角速度，液面形成一个漏斗形的旋转面。将坐标系取在运动着的容器上，原点取在旋转轴与自由面的交点上，z 轴垂直向上。

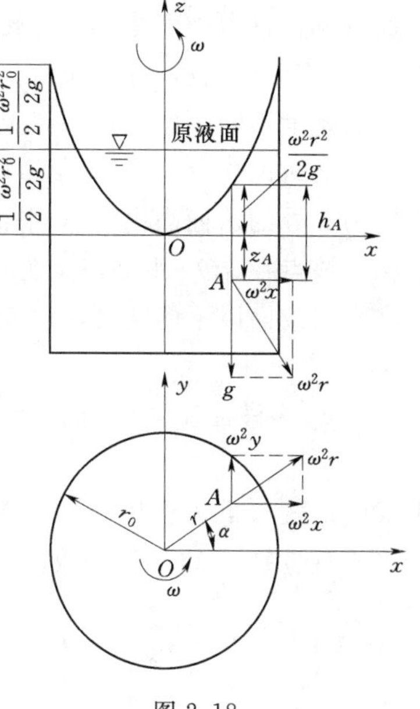

图 2.18

作为平衡问题来处理，则作用于每一液体质点上的质量力除重力外，还要考虑惯性力，其数值等于运动物体的质量与加速度的乘积。根据达朗伯原理，将惯性力加在液体质点上，方向与加速度的方向相反。对于等速圆周运动来说，液体中任一质点 $A(x,\ y,\ z)$ 处的加速度为向心加速度 v^2/r，则离心惯性力 F 为

$$F=m\frac{v^2}{r}=\frac{m}{r}(\omega r)^2=m\omega^2 r$$

式中：m 为液体质点的质量；ω 为角速度，即圆桶的转速；r 为该点所在位置的半径，$r=\sqrt{x^2+y^2}$。

单位质量的离心力 F/m 在 x 轴、y 轴和 z 轴的投影为

$$X=\omega^2 r\cos\alpha=\omega^2 x$$
$$Y=\omega^2 r\sin\alpha=\omega^2 y$$
$$Z=-g$$

将以上各式代入静止液体的平衡方程式（2.3）得

$$dp=\rho(\omega^2 x dx+\omega^2 y dy-g dz)$$

对上式积分得

$$p=\rho\left(\frac{1}{2}\omega^2 x^2+\frac{1}{2}\omega^2 y^2-gz\right)+C$$

因为 $r^2=x^2+y^2$，代入上式得

$$p=\rho\left(\frac{1}{2}\omega^2 r^2-gz\right)+C$$

由边界条件，在原点处，$x=y=z=0$，$p=p_a$，则 $C=p_a$，由此得

$$p=p_a+\rho\left(\frac{1}{2}\omega^2 r^2-gz\right)=p_a+\gamma\left(\frac{\omega^2 r^2}{2g}-z\right)\tag{2.26}$$

以相对压强表示，则

$$p=\rho\left(\frac{1}{2}\omega^2 r^2-gz\right)=\gamma\left(\frac{\omega^2 r^2}{2g}-z\right)\tag{2.27}$$

如 p 为某一常数，则等压面方程为

$$z=-\frac{p}{\gamma}+\frac{\omega^2 r^2}{2g}\tag{2.28}$$

在自由液面，$p=0$，故自由液面方程为

$$z=\frac{\omega^2 r^2}{2g} \tag{2.29}$$

由此可见，自由液面是一个旋转抛物面。在等速旋转时，质量力为垂直方向的$-g$与离心惯性力$\omega^2 r$所合成，方向倾斜。随着r的变化，离心惯性力改变，垂直力不变，各点质量力倾斜角度不同，但在每一点上它都是与等压面互相垂直的。

下面讨论式（2.26）的意义：从自由液面方程（2.29）可以看出，$\omega^2 r^2/(2g)$表示半径为r处的水面高出xOy平面的铅直距离，而在式（2.27）中，z表示任一点的垂直坐标，该点在xOy平面以上为正，在xOy平面以下为负，故$[\omega^2 r^2/(2g)-z]$表示任一点在自由液面以下的深度，以h表示，则式（2.26）可以写成

$$p=p_0+\gamma h$$

其中，p_0为液面压强，当$p_0=p_a$时，相对压强为

$$p=\gamma h$$

上式的形式与重力作用下的水静力学方程式（2.7）相同，所不同的是p不仅是z的函数，而且也是x和y的函数。

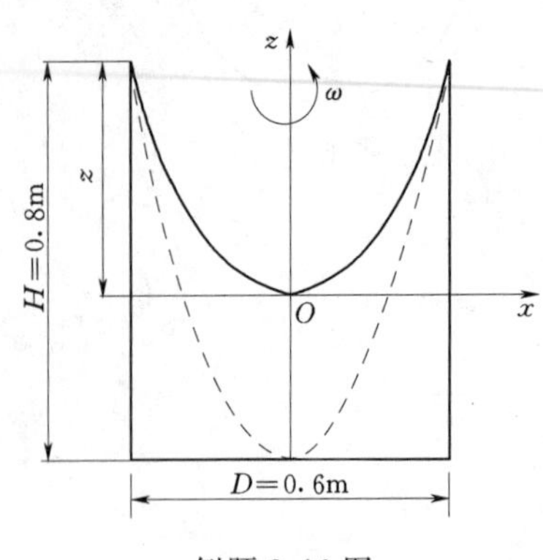

例题 2.16 图

【例题 2.16】 如图所示的圆桶，设直径为0.6m，高0.8m，圆桶内盛满水。当圆桶以60r/min的等角速度绕其铅垂轴旋转时，求从圆桶内溢出的水量；若是桶底中心刚刚露出水面，求其角速度。

解：

已知转速为$n=60\text{r/min}$，$r_0=0.6/2=0.3(\text{m})$，则

$$\omega=\frac{2\pi n}{60}=\frac{2\pi\times 60}{60}=2\pi(\text{rad/s})$$

抛物线旋转体的高度为

$$z=\frac{\omega^2 r_0^2}{2g}=\frac{(2\pi)^2\times 0.3^2}{2\times 9.8}=0.18(\text{m})$$

旋转抛物面的体积为同底同高圆柱体积的一半，即

$$V=\frac{\pi D^2}{4}\frac{z}{2}=\frac{\pi\times 0.6^2}{4}\frac{0.18}{2}=0.0256(\text{m}^3)$$

所以从容器中溢出的水的体积为0.0256m^3。

当圆桶中心露出时，$z=0.8\text{m}$，即

$$z=\frac{\omega^2 r_0^2}{2g}=\frac{\omega^2\times 0.3^2}{2\times 9.8}=0.8(\text{m})$$

由上式解出$\omega=13.2\text{rad/s}$，此时转速为

$$n=\frac{60\omega}{2\pi}=\frac{60\times 13.2}{2\pi}=126(\text{r/min})$$

2.6 作用于平面上的静水总压力

水工建筑物常常与水体直接接触，所以计算某一受压面的静水压力是经常遇到的实际

问题。

2.6.1　作用于矩形平面上的静水压力

1. 静水压力的计算

平面上静水压力的大小，应等于分布在平面上各点静水压强的总和。因而，作用在单位宽度上的静水总压力，应等于静水压强分布图的面积；整个矩形平面上的静水总压力，则等于平面宽度乘以压强分布图的面积，对于垂直放置的矩形平面（图 2.10），当压强为三角形分布时，单位宽度上的静水总压力为 $P_{单宽}=\frac{1}{2}\gamma h^2$，整个矩形平面上的静水总压力 $P_{总}=\frac{1}{2}\gamma bh^2$。

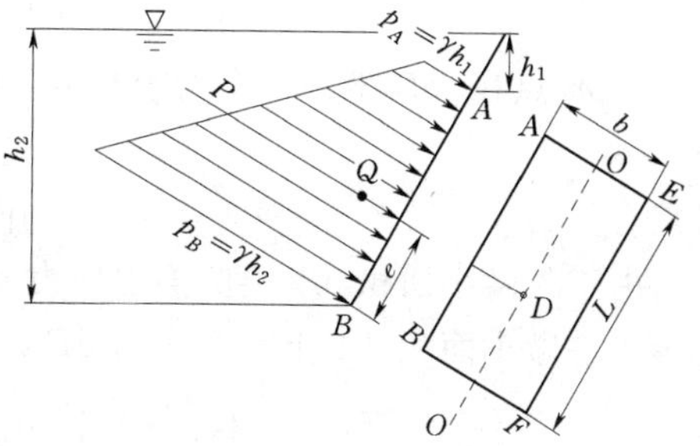

图 2.19

对于任意倾斜放置的矩形平面 $ABEF$，如图 2.19 所示。如果平面长为 L，宽为 b，压强分布图形的面积为 Ω，则作用于该矩形平面上的静水总压力为

$$P=b\Omega \tag{2.30}$$

因为压强分布图形为梯形，故 $\Omega=\frac{\gamma}{2}(h_1+h_2)L$，代入式（2.30）得

$$P=\frac{\gamma}{2}(h_1+h_2)bL \tag{2.31}$$

2. 压力的作用点

矩形平面有纵向对称轴，压力 P 的作用点 D（又称压力中心）必位于纵向对称轴 $O—O$ 上，总压力 P 的作用点还应通过压力分布图形的形心点 Q。

对于矩形断面，当压强为三角形分布时，压力中心 D 离底部的距离为

$$e=\frac{1}{3}L$$

当压强为梯形分布时，压力中心 D 离底部的距离为

$$e=\frac{2h_1+h_2}{3(h_1+h_2)}L$$

2.6.2　作用于任意平面上的静水总压力

当受压面为任意形状，即为无对称轴的不规则平面时，静水总压力的计算比较复杂。

图 2.20 所示为一任意形状平面 EF 倾斜置放于水中，与水平面的夹角为 α，平面面积为 A，平面形心点为 C。下面研究作用于该平面上的静水总压力的大小和压力中心的位置。为了分析方便，以平面 EF 的延长面与水面的交线 ob，以及与 ob 相垂直的 oL 为一组参考坐标系进行研究。

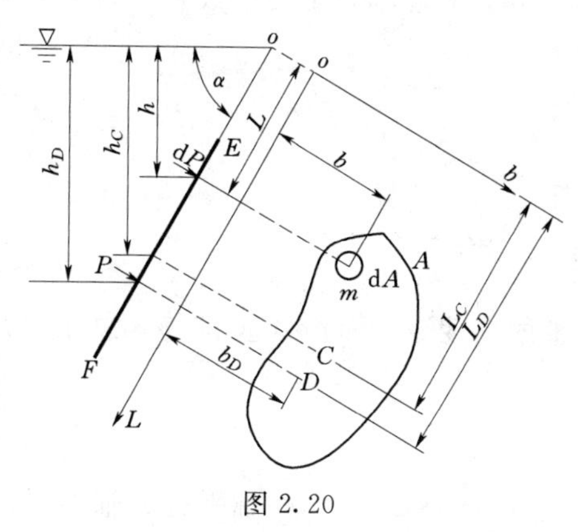

图 2.20

1. 总压力的大小

在面积 A 上任取一点 m，围绕点 m 取一微小面积 dA，设 m 点在水下的淹没深度为 h，故 m 点的静水压强为 $p=\gamma h$，微分面积 dA 上各点压强可视为与 m 点相同，则作用于 dA 上的静水压力为

$$dP=p\,dA=\gamma h\,dA$$

设 m 点在 boL 坐标系上的坐标为（b，L），由图知

$$h=L\sin\alpha$$

于是有

$$dP=\gamma L\sin\alpha\,dA$$

由于各微小面积 dA 上的静水压力 dP 的方向是相同的，故作用于面积 A 上的静水压力等于各微小面积 dA 上静水压力 dP 之和，即

$$\int_A dP=\int_A \gamma L\sin\alpha\,dA=\gamma\sin\alpha\int_A L\,dA$$

上式中 $\int_A L\,dA$ 表示平面 EF 的面积 A 对 ob 轴的静面矩，并且有

$$\int_A L\,dA=L_C A$$

L_C 表示平面 EF 形心点 C 距 ob 轴的距离，故

$$P=\gamma\sin\alpha L_C A \tag{2.32}$$

或

$$P=\gamma h_C A \tag{2.33}$$

式中：h_C 为平面 EF 形心点 C 在液面下的淹没深度，$h_C=L_C\sin\alpha$。而 γh_C 为形心点 C 的静水压强，故式（2.33）又可写成

$$P=p_C A \tag{2.34}$$

式（2.34）说明，作用于任意形状平面上的静水压力 P 等于该平面形心点的压强 p_C 与平面面积的乘积。

2. 静水总压力的方向

静水总压力的方向垂直指向受压面。

3. 静水总压力的作用点（压力中心）

设总压力的作用点的位置在点 D，它在 boL 坐标系中的坐标值为（b_D，L_D）。由理论力学的力矩定理可知，合力对任一轴的力矩等于各分力对该轴力矩的代数和。为了确定 L_D，可对 ob 轴求矩，任一分力对 ob 轴的力矩为

$$dPL=\gamma\sin\alpha L^2\,dA$$

各微小面积上的静水压力对 ob 轴的力矩的总和为

$$\int L\,dP=\int_A \gamma\sin\alpha L^2\,dA=\gamma\sin\alpha\int_A L^2\,dA=\gamma\sin\alpha I_b$$

式中：$I_b=\int_A L^2\,dA$，表示平面 EF 的面积 A 对 ob 轴的惯性矩。面积 A 上的静水总压力 P 对 ob 轴的力矩为

$$PL_D=\gamma\sin\alpha I_b \tag{2.35}$$

根据惯性矩平行移轴定理，如果面积 A 对通过它的形心 C 并与 ob 轴平行的轴的惯性

矩为 I_b，则 $I_b=I_C+L_C^2A$，式中 I_C 表示平面 EF 的面积 A 对通过其形心 C 并与 ob 轴平行的轴的惯性矩，故式（2.35）可写成

$$PL_D=\gamma\sin\alpha(I_C+L_C^2A) \tag{2.36}$$

$$L_D=\frac{\gamma\sin\alpha(I_C+L_C^2A)}{P}=\frac{\gamma\sin\alpha(I_C+L_C^2A)}{\gamma L_C A\sin\alpha}=L_C+\frac{I_C}{L_C A} \tag{2.37}$$

由式（2.37）可以看出，$L_D>L_C$，即总压力作用点 D 在平面形心点 C 之下。

同理，将静水压力对 oL 轴取矩，有

$$Pb_D=\int_A bp\,\mathrm{d}A=\int_A b\gamma L\sin\alpha\,\mathrm{d}A=\gamma\sin\alpha\int_A bL\,\mathrm{d}A$$

令 $I_{bL}=\int_A bL\,\mathrm{d}A$，$I_{bL}$ 称为平面 EF 的面积 A 对 ob 轴及 oL 轴的惯性积，由此得

$$b_D=\frac{\gamma\sin\alpha I_{bL}}{P}=\frac{\gamma\sin\alpha I_{bL}}{\gamma\sin\alpha L_C A}=\frac{I_{bL}}{L_C A} \tag{2.38}$$

由以上公式可以看出，只要根据式（2.37）和式（2.38）求出 L_D 及 b_D，则压力中心 D 的位置即可确定。很显然，若平面 EF 有纵向对称轴，则不必计算 b_D 值，因为 D 点必落在纵向对称轴上。为了使用方便，表 2.1 中列出了几种常见图形的面积 A、形心坐标 y_C 以及惯性矩 I_C 的计算式。

表 2.1　几种常见图形的 A、y_C 及 I_C 值

名称	平面图形	平面图形的面积 A	形心位置 y_C	惯性矩 I_C
矩形	L, C, y_C, b	bL	$\frac{1}{2}L$	$\frac{1}{12}bL^3$
三角形	L, C, y_C, b	$\frac{1}{2}bL$	$\frac{2}{3}L$	$\frac{1}{36}bL^3$
梯形	a, L, C, y_C, b	$\frac{1}{2}(a+b)L$	$\frac{L}{3}\frac{a+2b}{a+b}$	$\frac{1}{36}\frac{a^2+4ab+b^2}{a+b}L^3$
圆形	R, C, y_C	πR^2	R	$\frac{1}{4}\pi R^4$
半圆形	R, C, y_C	$\frac{1}{2}\pi R^2$	$\frac{4}{3}\frac{R}{\pi}$	$\frac{9\pi^2-64}{72\pi}R^4$
圆环	R, r, C, y_C	$\pi(R^2-r^2)$	R	$\frac{1}{4}(R^4-r^4)\pi$
椭圆形	a, C, y_C, b	πab	a	$\frac{1}{4}\pi a^3b$

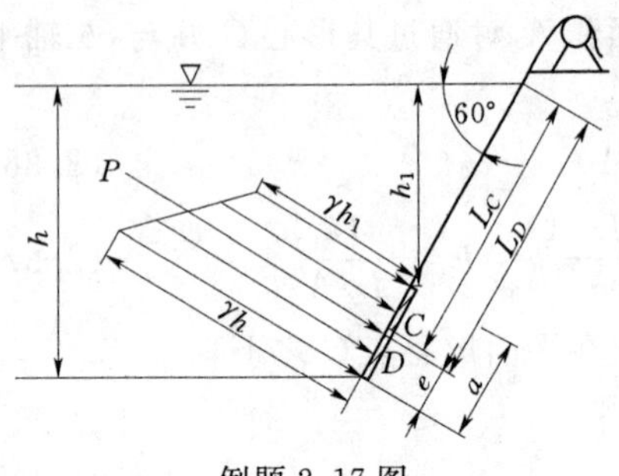

例题 2.17 图

【例题 2.17】 某干渠进口为一底孔引水洞，引水洞进口处设矩形闸门，其长度 $a=2.5\text{m}$，宽度 $b=2\text{m}$，闸门前水深 $h=7\text{m}$，闸门倾斜角为 60°，如图所示。求作用于闸门上的静水总压力的大小和压力作用点。

解：

（1）解析法：

$$h_1=7-2.5\sin 60°=4.8349(\text{m})$$

对于矩形平板门，形心为闸门垂直高度的1/2，即

$$h_C=(7+4.8349)/2=5.9175(\text{m})$$

静水总压力为 $P=\gamma h_C A=9.8\times 5.9175\times(2.5\times 2)=289.96(\text{kN})$

静水总压力的作用点为

$$I_C=\frac{ba^3}{12}=\frac{2\times 2.5^3}{12}=2.6042(\text{m}^4)$$

$$L_C=h_C/\sin 60°=5.9175/\sin 60°=6.8329(\text{m})$$

$$L_D=L_C+\frac{I_C}{L_C A}=6.8329+\frac{2.6042}{6.8329\times(2.5\times 2)}=6.9092(\text{m})$$

$$h_D=L_D\sin 60°=6.9092\sin 60°=5.9835(\text{m})$$

（2）图解法：

$$P=b\Omega$$

$$\Omega=\frac{\gamma}{2}(h_1+h)a=\frac{9.8}{2}\times(4.8349+7)\times 2.5=144.979(\text{kN/m})$$

$$P=b\Omega=2\times 144.979=289.96(\text{kN})$$

压力中心距闸底的距离为

$$e=\frac{1}{3}\frac{2h_1+h}{h_1+h}a=\frac{1}{3}\times\frac{2\times 4.8349+7}{4.8349+7}\times 2.5=1.1738(\text{m})$$

压力中心距水面的距离为

$h_D=h-e\sin 60°=7-1.1738\sin 60°=5.9835(\text{m})$

【例题 2.18】 某泄洪隧洞，在进口设置一矩形平板闸门，闸门进口倾角 $\alpha=60°$，门宽 $b=4\text{m}$，门长 $L=6\text{m}$，门顶在水面下的淹没深度 $h_1=10\text{m}$。若不计闸门自重时，问沿斜面拖动闸门所需的拉力为多少（已知闸门与门槽之间的摩擦系数 $f=0.25$）？门上静水总压力的作用点在哪里？

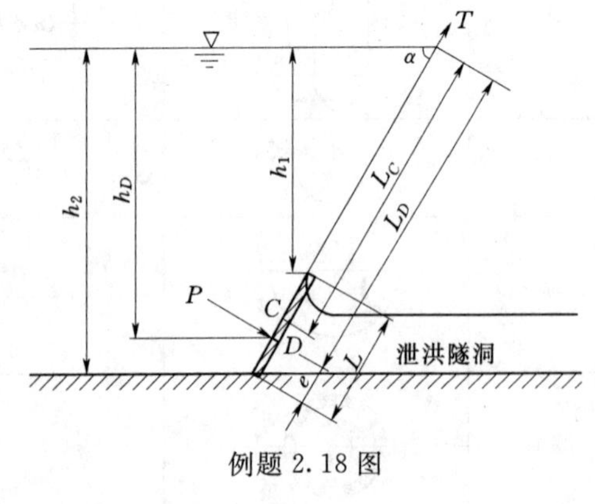

例题 2.18 图

解：

$$h_2=h_1+L\sin 60°=10+6\sin 60°=15.196(\text{m})$$

$$h_C=(h_1+h_2)/2=(10+15.196)/2=12.598(\text{m})$$

总压力为

$$P=\gamma h_C A=9.8\times12.598\times4\times6=2963.05(\text{kN})$$

$$I_C=bL^3/12=4\times6^3/12=72(\text{m}^4)$$

$$L_C=h_C/\sin60°=12.598/\sin60°=14.547(\text{m})$$

$$L_D=L_C+\frac{I_C}{L_C A}=14.547+\frac{72}{14.547\times4\times6}=14.753(\text{m})$$

总压力作用点距水面的距离为

$$h_D=L_D\sin60°=14.753\times\sin60°=12.777(\text{m})$$

沿斜面拖动闸门的拉力为

$$T=Pf=2963.05\times0.25=740.762(\text{kN})$$

【例题 2.19】 一垂直放置的圆形平板闸门如图所示。已知闸门半径 $R=1\text{m}$，形心在水面下的淹没深度为 $h_C=8\text{m}$，求作用于闸门上的静水总压力的大小及作用点的位置。

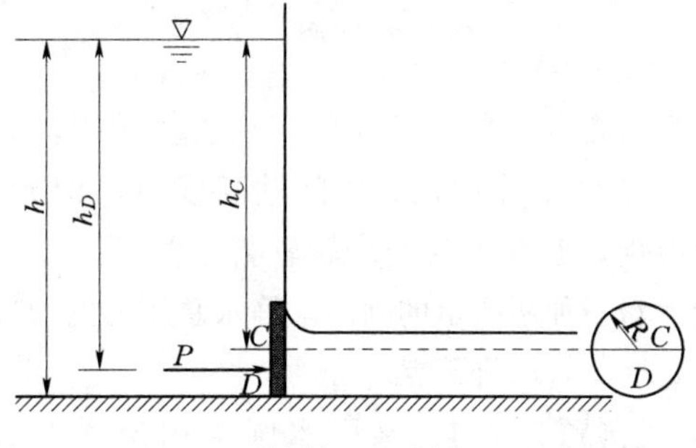

例题 2.19 图

解：

$$P=\gamma h_C A=\gamma h_C \pi R^2=9.8\times8\times\pi\times1^2$$

$$=246.3(\text{kN})$$

$$I_C=\pi R^4/4=\pi\times1^4/4=0.7854(\text{m}^4)$$

$$h_D=h_C+\frac{I_C}{h_C A}=8+\frac{0.7854}{8\times\pi\times1^2}=8.031(\text{m})$$

【例题 2.20】 如图所示，5 个容器的底面积均为 A，水深均为 h，放在桌面上，试问各容器底面上受的静水总压力为多少？

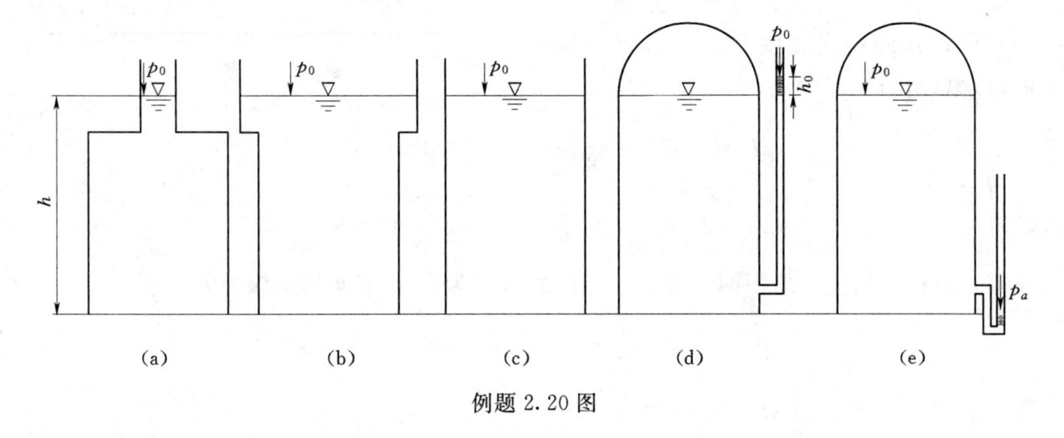

例题 2.20 图

解：

(a) $P=(p_0+\gamma h)A$　　(b) $P=(p_0+\gamma h)A$　　(c) $P=(p_0+\gamma h)A$

(d) $P=(p_0+\gamma h+\gamma h_0)A$　　(e) $p=p_0+\gamma h=p_a, P=p_a A$

由以上计算可以看出，静水总压力并不等于水重，这种现象称为静水奇象。

【例题 2.21】 如图所示为一利用静水压力自动开启的矩形翻板闸门，当上游水位超过工作水位 H 时，闸门即自动绕转轴向顺时针方向倾斜，如不计闸门重和摩擦力的影响，试求转轴的位置。

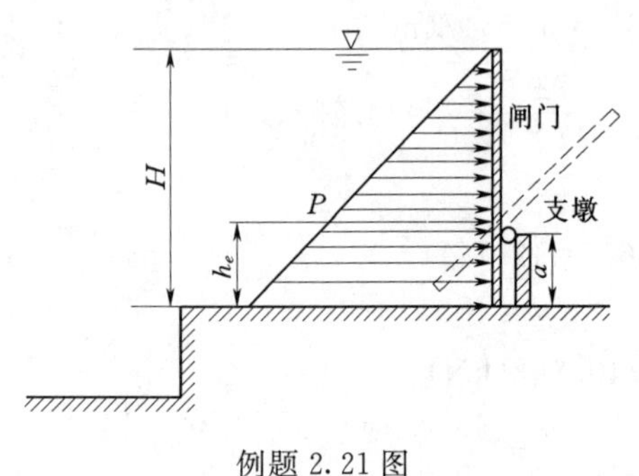

例题 2.21 图

解：

在不计闸门重量和摩擦力的影响下，外力对闸门转轴的力矩只有静水总压力 P 产生的力矩。设转轴的位置距闸底的高度为 a，静水总压力的位置离闸底的高度为 h_e，则

当 P 的作用点小于门轴高度时，即 $h_e<a$，因为对门轴的力矩为逆时针方向，为关闭力矩，此时闸门直立关闭。

当 P 的作用点等于门轴高度时，即 $h_e=a$，因为力矩等于零，此时闸门仍直立关闭，但已属临界状态。

当 P 的作用点大于门轴高度时，即 $h_e>a$，因为对门轴的力矩为顺时针方向，为开门力矩，此时闸门便绕转轴自动翻开。

对于如图所示的闸门，静水总压力的位置离闸门底的距离为 $(1/3)H$，所以只要 $(1/3)H>a$ 时，闸门即开启。

【例题 2.22】 某引水闸采用矩形平板闸门挡水，如图所示。闸门宽度 $b=4\text{m}$，上游水深 $H=2\text{m}$，水压力经过闸门面板传到两根横梁上，要求每根横梁所受荷载相等，试确定两根横梁的位置。

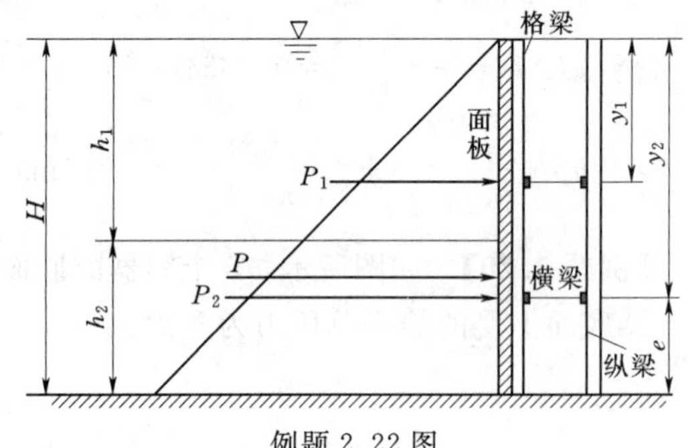

例题 2.22 图

解：

取闸门的单位宽度来分析，先作出压强分布图，其面积代表闸门单位宽度上所受的静水总压力，即

$$P=\frac{1}{2}\gamma H^2=\frac{1}{2}\times 9.8\times 2^2=19.6(\text{kN})$$

依题意

$$P_1=P_2=\frac{1}{2}P=\frac{1}{2}\times 19.6=9.8(\text{kN})$$

如果用水平线把压强分布图两等分，设上面的水深为 h_1，下面的水深为 h_2，则

$$P_1=\frac{1}{2}P=\frac{1}{2}\gamma h_1^2=\frac{1}{2}\times 9.8\times h_1^2=9.8(\text{kN})$$

由上式得 $h_1=\sqrt{2}=1.414(\text{m})$

下部分水深为 $h_2=2-\sqrt{2}=0.586(\text{m})$

两根横梁分别承受静水总压力 P_1 和 P_2，它们应该放在 P_1 和 P_2 的作用点上。由图可得，P_1 为 h_1 所示的三角形分布图的压力中心，P_2 为三角形底部和闸底部压强所组成的梯形分布图所形成的压力中心。

对于三角形分布图，P_1 作用在上面的横梁上，其压力中心距水面的距离为 y_1，则

$$y_1=\frac{2}{3}h_1=\frac{2}{3}\times1.414=0.94(\mathrm{m})$$

对于梯形分布图，P_2 作用在下面的横梁上，其压力中心距水面的距离为 y_2，P_2 的压力中心为

$$e=\frac{h_2}{3}\frac{2h_1+H}{h_1+H}=\frac{0.586}{3}\times\frac{2\times1.414+2}{1.414+2}=0.276(\mathrm{m})$$

$$y_2=H-e=2-0.276=1.724(\mathrm{m})$$

2.7 作用于曲面上的静水总压力

在工程中，受静水压力的面除平面外，还有曲面，如弧形闸门、拱坝坝面、弧形闸墩等。这些曲面多数为二向曲面，或称柱面，所以在这里着重分析二向曲面的静水压力。

作用在曲面上任意点的相对静水压强，其大小仍等于该点的淹没深度乘以液体的重度，即 $p=\gamma h$，其方向也是垂直指向作用面，如图 2.21 所示。

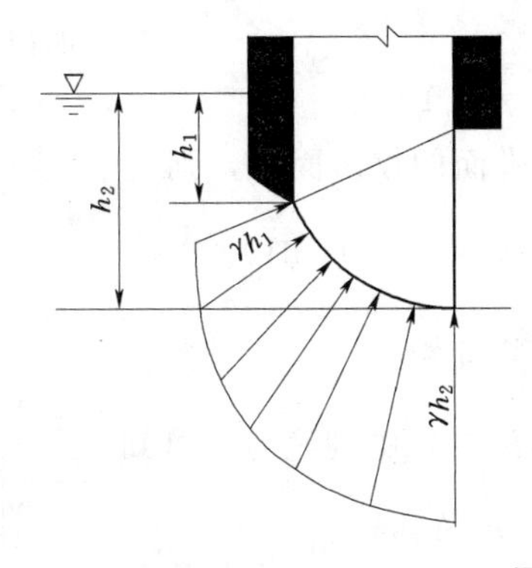

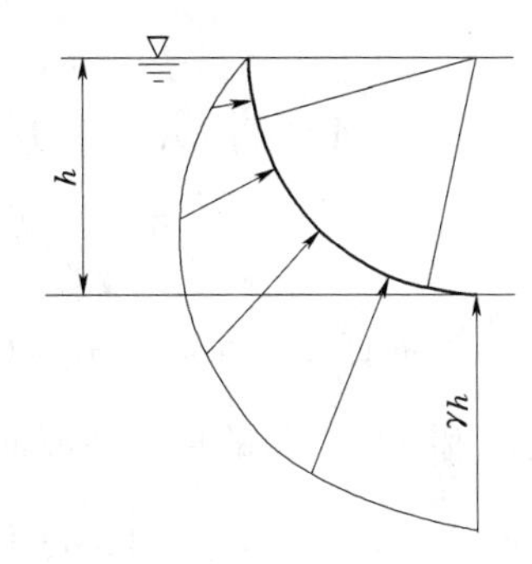

图 2.21

图 2.22 为一母线与 Oy 轴平行的二向曲面，母线长为 b，曲面在 xOz 面上的投影为曲线 EF，曲面左侧受静水压力的作用。

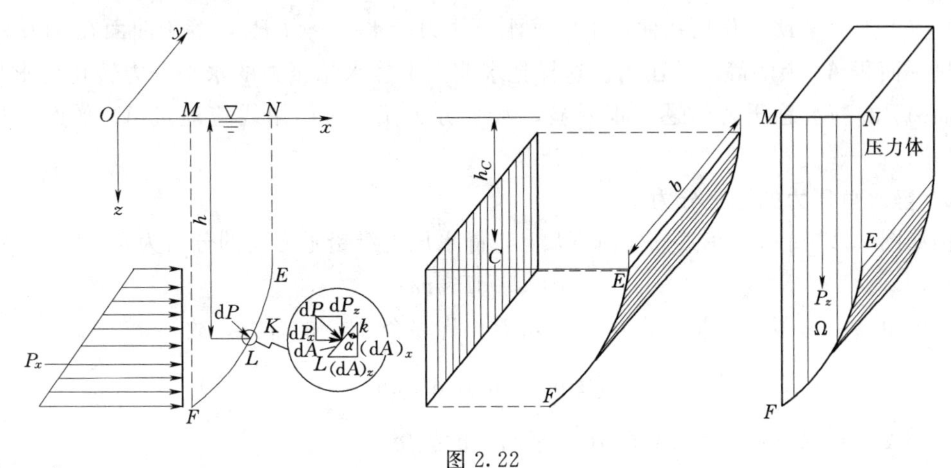

图 2.22

在计算曲面上的静水总压力时，由于曲面上各点的法线方向各不相同，彼此不平行，也不一定交于一点，因此求曲面上的合力就不能像平面总压力那样直接积分求其代数和。为了求解曲面上的静水总压力，通常的做法是将曲面总压力 P 分解成水平分力 P_x 和垂直分力 P_z，最后再将 P_x 和 P_z 合成为总压力 P。

2.7.1 静水总压力的水平分力

如图 2.22 所示，今在曲面 EF 上取一微分柱面 KL，其面积为 dA，对微分柱面 KL，可视为倾斜平面，设它与铅垂面的夹角为 α，作用于 KL 面上的静水压力为 dP，由图可见，dP 在水平方向的投影为

$$dP_x = dP\cos\alpha$$

总压力在水平方向的分力为

$$P_x = \int dP_x = \int dP\cos\alpha$$

根据平面静水压力计算公式

$$dP = p\,dA = \gamma h\,dA$$

式中：h 为 dA 面形心点在液面下的淹没深度。

由此得

$$dP_x = dP\cos\alpha = \gamma h\,dA\cos\alpha$$

令 $dA\cos\alpha = (dA)_x$，$(dA)_x$ 为 dA 在 yOz 坐标平面的投影面积，则

$$P_x = \int \gamma h\,dA\cos\alpha = \gamma\int_{A_x} h(dA)_x$$

式中：$\int_{A_x} h(dA)_x$ 为垂直投影面对水平轴 Oy 的静面矩。

如以 h_C 表示垂直投影面的形心在液面下的深度，由理论力学可知

$$\int_{A_x} h(dA)_x = h_C A_x$$

则

$$P_x = \gamma h_C A_x \tag{2.39}$$

式中：A_x 为 EF 面在 yOz 坐标面上的投影面积。

式（2.39）表明，作用在曲面上的静水总压力的水平分力 P_x，等于曲面在 yOz 平面上的投影面积 A_x 上的静水总压力。这样把求曲面上静水总压力的水平分力转化为求另一铅垂面 A_x 的静水总压力问题。很明显，水平分力 P_x 的作用线应通过 A_x 平面的压力中心。

2.7.2 静水总压力的垂直分力

仍如图 2.22 所示，在微分柱面 KL 上，静水压力沿铅垂方向的分力为

$$dP_z = dP\sin\alpha$$

整个 EF 曲面上总压力的垂直分力 P_z，可看作许多个 dP_z 的合力，故

$$P_z = \int dP_z = \int dP\sin\alpha = \int_A \gamma h\,dA\sin\alpha = \gamma\int_{A_z} h(dA)_z$$

式中：$(dA)_z = dA\sin\alpha$，为 dA 在 xOy 平面上的投影。

由图 2.22 可以看出，$h(\mathrm{d}A)_z$ 为 KL 面所托的水体体积，而 $\int_{A_z} h(\mathrm{d}A)_z$ 为 EF 面所托的水体体积 V，即

$$\int_{A_z} h(\mathrm{d}A)_z = V$$

由此得

$$P_z = \gamma V \tag{2.40}$$

式中：V 为代表以面积 $EFMN$ 为底、长为 b 的柱体体积，该柱体称为压力体。

式（2.40）表明，作用于曲面上静水总压力 P 的垂直分力 P_z 等于压力体内的水体重。

令压力体的底面积（即 $EFMN$ 的面积）为 Ω，则

$$V = b\Omega \tag{2.41}$$

2.7.3 压力体的概念

压力体是从曲面向自由液面或自由液面的延展面作投影而形成的柱状体积。它由下列周界所围成：①受压曲面本身；②自由液面或自由液面的延长面；③通过曲面的四个边缘向自由液面或自由液面的延长面所作的铅垂平面。因为压力体的体积 $V=\int_{A_z} h(\mathrm{d}A)_z$ 是一纯数学计算式，所以压力体只是作为计算曲面上垂直压力的一个数值当量，它与这个体积内是否充满液体无关。因而曲面上液体的垂直分力等于压力体内液体的重量这一结论，也就与压力体内是否充满液体毫无关系。

例如图 2.23 所示的容器内装满液体，曲面 ab 的压力体是引垂直线到液面而得到 $abcd$，而曲面 $a'b'$ 的压力体是引垂直线到液面的延长面而得到的 $a'b'c'd'$，这两个压力体的体积相等，因而作用在曲面 ab 及曲面 $a'b'$ 上的垂直压力的大小是相等的，即 $P_z=\gamma V_{abcd}=-\gamma V'_{a'b'c'd'}=-P'_z$，负号表示 P'_z 与 P_z 的方向相反。这就说明不管压力体内是否充满液体，而垂直分力的数值恒等于压力体的液重。

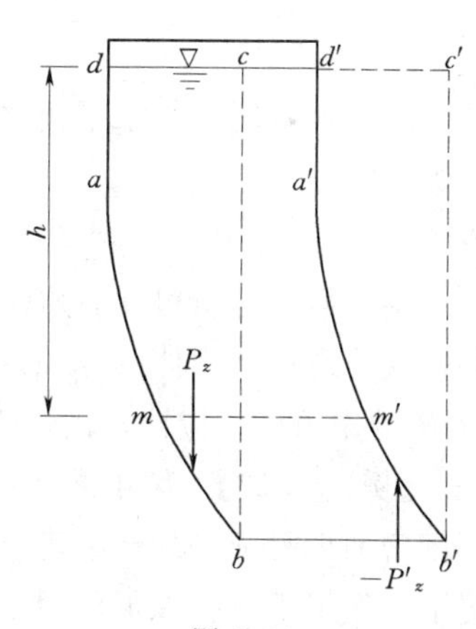

图 2.23

其实这一现象是很容易理解的，因为静水压强只与水深有关而与重量无关，例如图 2.23 曲面上的 m 点的静水压强为 γh，而 $a'b'$ 面上与之等高的点 m' 的静水压强亦等于 γh。两个曲面上各相应点的静水压强均相同，故由静水压强积分而得到的总垂直压力必然相等。

至于垂直分力 P_z 的方向，决定于液体及压力体与受压曲面的相互位置。

（1）当液体和压力体位于曲面同侧时，P_z 的方向向下，P_z 的大小等于压力体的水重，此时的压力体称为实压力体。

（2）当液体及压力体各在曲线一侧时，则 P_z 的方向向上，P_z 的大小等于压力体的水重，这个想象的压力体称为虚压力体。

（3）当曲面由凹凸相间的复杂柱面构成时，可在曲面与铅垂面相切处将曲面分开，分别绘出各部分的压力体，并定出各部分垂直水压力的方向，然后合起来就可得出总的垂直压力的方向。现以图 2.24 为例说明曲面由凹凸相间的复杂柱面构成时压力体的分析方法。

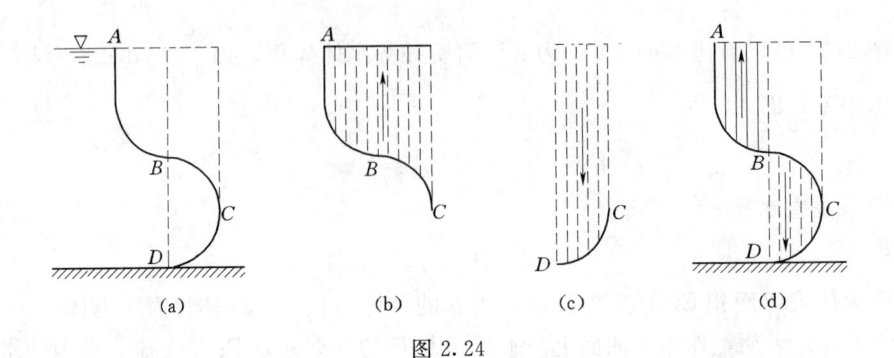

图 2.24

图 2.24 的曲面为 $ABCD$，可分成 AC 和 CD 两部分，其压力体及相应的 P_z 的方向如图中的（b）、（c）所示，合成后的压力体如图（d）所示。不难看出，曲面为 $ABCD$ 所受静水总压力的垂直分力 P_z 的大小及方向可由图（d）定出。

如果液体的重度在垂直方向上不相等，在计算垂直分力时，需找出不同液体的交界面，分别计算不同重度液体压力体的体积，则垂直分力为不同液体的重度与其相应压力体体积乘积的总和。

垂直分力 P_z 的作用线，应通过压力体的体积形心。

2.7.4 曲面上静水总压力的大小、方向及其作用点

有了水平分力 P_x 和垂直分力 P_z，由力的合成原理，曲面上静水总压力的大小为

$$P=\sqrt{P_x^2+P_z^2} \tag{2.42}$$

设静水总压力与水平面之间的夹角为 β，则静水总压力的方向为

$$\tan\beta=P_z/P_x$$

或

$$\beta=\arctan(P_z/P_x) \tag{2.43}$$

由上面的分析可知，水平分力 P_x 的作用线通过 A_x 平面的压力中心，垂直分力 P_z 的作用线通过压力体的体积形心，此二力合力 P 的作用线与曲面的交点，即为静水总压力 P 的作用点。应该指出，P_x 作用线与 P_z 作用线的交点不一定恰好落在曲面上。

【例题 2.23】 韶山灌区引水枢纽泄洪闸共装有 5 孔弧形闸门，每孔门宽 $b=10\text{m}$，弧形闸门的半径 $R=12\text{m}$，其余尺寸如图所示。试求当上游为正常水位 66.5m，闸门关闭情况下，作用于一孔弧形闸门上的静水总压力的大小及方向。

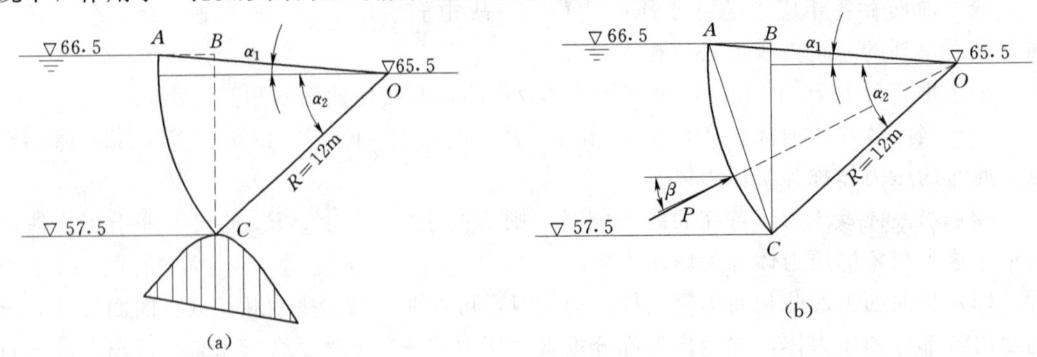

例题 2.23 图

解：

(1) 求水平分力 P_x。已知弧形闸门的高度为 $66.5-57.5=9(\mathrm{m})$，闸门形心到水面的距离为 $h_C=9/2=4.5(\mathrm{m})$，面积 $A_x=10\times9=90(\mathrm{m}^2)$，则

$$P_x=\gamma h_C A_x=9.8\times4.5\times90=3969(\mathrm{kN})$$

(2) 求垂直水压力。垂直水压力的压力体为压力体的底面积（即图中 ABC 的面积）Ω 乘以闸门宽度 b，即

$$V=b\Omega$$

弧形面积 Ω＝弓形面积 AC＋三角形面积 ABC。由图中可以看出

$$\alpha_1=\arcsin\frac{66.5-65.5}{12}=4.78°$$

$$\alpha_2=\arcsin\frac{65.5-57.5}{12}=41.81°$$

$$\alpha=\alpha_1+\alpha_2=4.78°+41.81°=46.59°$$

弓形面积 $A_{AC}=\dfrac{1}{2}R^2(\alpha-\sin\alpha)=\dfrac{1}{2}\times12^2\times\left(\dfrac{46.59\pi}{180}-\sin46.59°\right)=6.242(\mathrm{m}^2)$

由图中还可以看出，弓形的弦长为 $AC=2R\sin(\alpha/2)=2\times12\sin(46.59°/2)=9.491(\mathrm{m})$，$BC=66.5-57.5=9(\mathrm{m})$，$AB=\sqrt{AC^2-BC^2}=\sqrt{9.491^2-9^2}=3.013(\mathrm{m})$，三角形面积为

$$A_{ABC}=\frac{1}{2}AB\times BC=\frac{1}{2}\times3.013\times9=13.56(\mathrm{m}^2)$$

$$\Omega=6.242+13.56=19.802(\mathrm{m}^2)$$

压力体的体积为 $$V=b\Omega=10\times19.802=198.02(\mathrm{m}^3)$$

$$P_z=\gamma V=9.8\times198.02=1940.6(\mathrm{kN})$$

总压力为 $$P=\sqrt{P_x^2+P_z^2}=\sqrt{3969^2+1940.6^2}=4418.02(\mathrm{kN})$$

总压力与水平方向的夹角为 $\beta=\arctan(P_z/P_x)=\arctan(1940.6/3969)=26.055°$

压力中心位置：因为曲面为柱面的一部分，各点的压强均垂直于柱面并通过圆心，故总压力 P 也必通过圆心 O 点，如例题 2.23（b）图所示。

【例题 2.24】 有一薄金属压力管，管中受均匀水压力作用，其压强为 p，管内径为 D，当管壁允许拉应力为 $[\sigma]$ 时，求管壁厚度为多少（不考虑由于管道自重和水重而产生的应力）？如果压力管的内径 $D=0.1\mathrm{m}$，壁厚 $\delta=4\mathrm{mm}$，管壁允许拉应力 $[\sigma]=1.5\times10^5\mathrm{kN/m^2}$ 时，管中最大允许压强为多少？

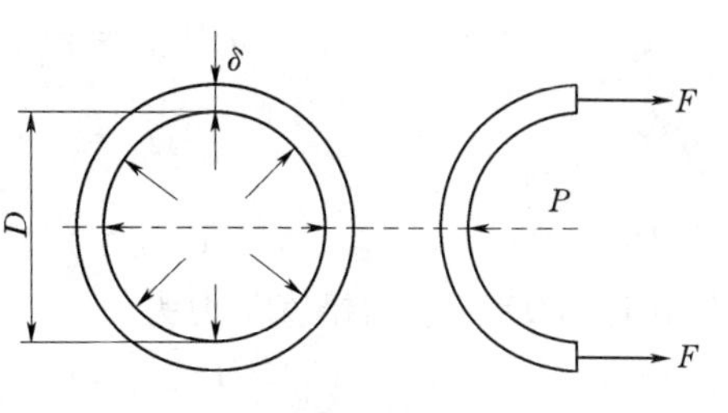

例题 2.24 图

解：

水管在内水压力的作用下，管壁将受到拉应力，此时外荷载为水管内壁（曲面）上的水压力。

为了分析水管内力与外荷载的关系，沿管轴方向取单位长度 $L=1\mathrm{m}$ 的管段。从直径

方向剖开，在该剖面上管壁所受的总内力为 $2F$，由材料力学知

$$2F=2\delta\times1\times\sigma=2\delta\sigma$$

其中 σ 为管壁的拉应力。

水压力按曲面压力分析，因为铅垂方向的水压力互相平衡，只有水平方向的水压力，设作用在水平方向的静水压强为 p，$A_x=DL=D\times1=D$，则作用于曲面内壁上总压力的水平分力为

$$P=pA_x=pD$$

外荷载与总内力应相等，即

$$2\delta\sigma=pD$$

若令管壁所受的拉应力恰好等于其允许拉应力 $[\sigma]$，则所需的管壁厚度为

$$\delta=\frac{pD}{2[\sigma]}$$

当管的内径 $D=0.1\text{m}$，壁厚 $\delta=4\text{mm}=4\times10^{-3}\text{m}$，管壁允许拉应力 $[\sigma]=1.5\times10^5\text{kN/m}^2$ 时，管中最大允许压强为

$$p=2\delta[\sigma]/D=2\times4\times10^{-3}\times1.5\times10^5/0.1=12000(\text{kN/m}^2)$$

【例题 2.25】 有一圆筒闸门挡水，圆筒与墙面之间光滑接触，圆筒长度为 $L=2\text{m}$，试求：(1) 圆筒的重量；(2) 圆筒作用于墙上的力。

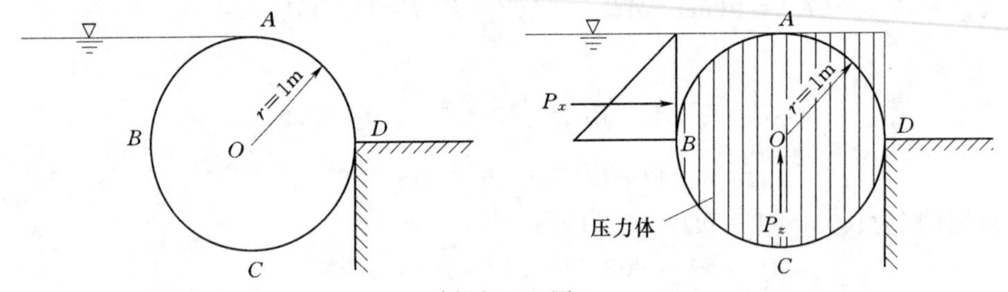

例题 2.25 图

解法 1：

(1) 求圆筒的重量。由于圆筒处于平衡状态，所以圆筒的重量必与水作用于圆筒的铅直力相等。作用于 AB 面上的铅直力为

$$P_{zAB}=\gamma V_1=\gamma L\Omega_1$$

$$\Omega_1=r^2-\frac{1}{4}\pi r^2=1^2-\frac{1}{4}\pi\times1^2=0.2146(\text{m}^2)$$

$$P_{zAB}=\gamma L\Omega_1=9.8\times2\times0.2146=4.21(\text{kN})$$

作用于 BCD 面上的铅直压力为

$$P_{zBCD}=\gamma V_2=\gamma L\Omega_2$$

$$\Omega_2=2r^2+\frac{1}{2}\pi r^2=2\times1^2+\frac{1}{2}\pi\times1^2=3.5708(\text{m}^2)$$

$$P_{zBCD}=\gamma L\Omega_2=9.8\times2\times3.5708=69.99(\text{kN})$$

圆筒的重量为

$$69.99-4.21=65.78(\text{kN})$$

(2) 求圆筒作用于墙上的力。作用于 BC 与 CD 面上的水平分力互相抵消，圆筒作用于墙上的水平分力为

$$P_x=\gamma h_C A_x=\gamma h_C rL=9.8\times\frac{1}{2}\times1\times2=9.8(\text{kN})$$

解法 2：

如右图所示压力体，则

$$V=L\Omega=L\left(\pi r^2+r^2-\frac{1}{4}\pi r^2\right)=L\left(\frac{3}{4}\pi r^2+r^2\right)$$

$$P_z=\gamma V=\gamma L\left(\frac{3}{4}\pi r^2+r^2\right)=9.8\times2\times\left(\frac{3}{4}\pi\times1^2+1^2\right)=65.78(\text{kN})$$

$$P_x=\frac{1}{2}\gamma r^2 L=\frac{1}{2}\times9.8\times1^2\times2=9.8(\text{kN})$$

【例题 2.26】❶ 盛水容器底部有一半径 $r=2.5\text{cm}$ 的圆形孔口，该孔口用半径 $R=4\text{cm}$、自重 $G=2.452\text{N}$ 的圆球封闭，如例题 2.26 图 (a) 所示。已知水深 $H=20\text{cm}$，试求球升起时所需的拉力 T。

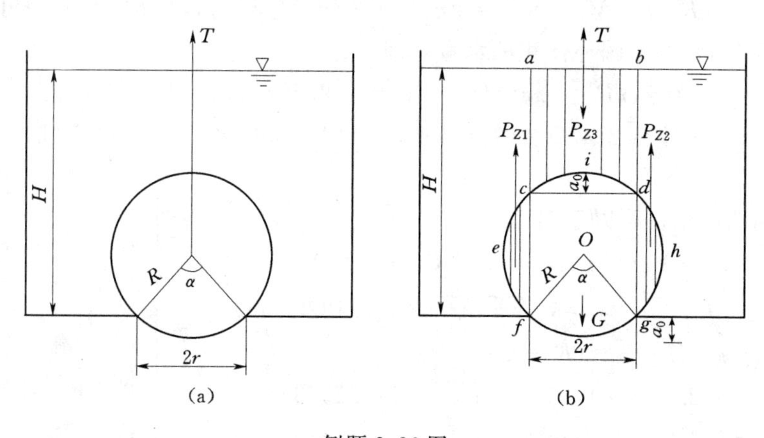

例题 2.26 图

解法 1：

用压力体求铅直方向的静水总压力。压力体如例题 2.26 图 (b) 所示。可以把压力体分为球的体积 V_1，圆球中的圆柱体 $cdfg$ 的体积 V_2，圆球侧面压力体的体积和圆球顶部压力体的体积 V_3 和 V_4，则

$$V_1=\frac{4}{3}\pi R^3=\frac{4}{3}\times4^3\pi=\frac{4^4}{3}\pi$$

圆球中的圆柱体 $cdfg$ 的体积为

$$V_2=\pi r^2(2\sqrt{R^2-r^2})=2\pi\times2.5^2\sqrt{4^2-2.5^2}=39.03124\pi$$

圆球侧面和顶部球冠的体积为 $\quad V_3=V_4=\pi a_0^2\left(R-\frac{a_0}{3}\right)$

❶ 该例题为《水力学习题解析》上册 70 页【例 84】，原解有误，在此更正。

其中　　$a_0=R-\sqrt{R^2-r^2}=4-\sqrt{4^2-2.5^2}=0.8775(\text{cm})$

$$V_3=V_4=\pi a_0^2\left(R-\frac{a_0}{3}\right)=0.8775^2\left(4-\frac{0.8775}{3}\right)\pi=2.8548\pi(\text{cm}^3)$$

球体四周压力向上压力体的体积为

$$V=V_1-V_2-2V_3=(4^4/3-39.03124-2\times 2.8548)\pi=127.52505(\text{cm}^3)$$

球体四周压力向下压力体的体积为

$$V_0=\pi r^2(H-2\sqrt{R^2-r^2})-V_4=2.5^2(20-2\sqrt{4^2-2.5^2})\pi-2.8548\pi=261.1102(\text{cm}^3)$$

$$P_z=(V_0-V)\gamma=(261.1102-127.52505)\times 9800/100^3=1.309135(\text{N})$$

$$T=G+P_z=2.452+1.309135=3.76114(\text{N})$$

解法 2：

设向下的压力 P_1 等于圆柱体的体积 $\pi R^2 H$ 中的水重减去体积 V_1-V_3 中的水重，即

$$P_1=\gamma(\pi R^2 H-V_1+V_3)=\gamma\pi(4^2\times 20-4^4/3+2.8548)=746.1963\gamma$$

从下向上的压力 P_2 等于圆环体积的水重，即

$$P_2=\gamma(\pi R^2-\pi r^2)H=\gamma\pi(4^2-2.5^2)\times 20=612.6106\gamma$$

$$T=G+P_1-P_2=2.452+(746.1963-612.6106)\times 9800/100^3=3.76114(\text{N})$$

解法 3：

压力体如图所示，可以看出

$$V_1-V_2=\pi r^2 H-\pi h^2(R-h/3)$$

$$h=R+\sqrt{R^2-r^2}=4+\sqrt{4^2-2.5^2}=7.1225(\text{cm})$$

$$\begin{aligned}V_1-V_2&=\pi r^2 H-\pi h^2(R-h/3)\\&=\pi[2.5^2\times 20-7.1225^2(4-7.1225/3)]\\&=133.585122(\text{cm}^3)\\T&=G+(V_1-V_2)\gamma\\&=2.452+133.585122\times 9800/100^3\\&=3.76114(\text{N})\end{aligned}$$

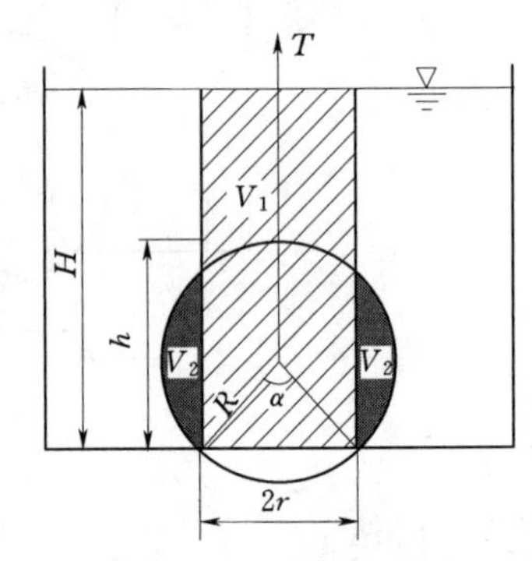

解法 3　压力体示意图

可以看出，第 3 种方法最为简单。现导出计算拉力 T 的一般公式，设 $H=mR$，$r=nR$，则

$$h=R+\sqrt{R^2-r^2}=R+\sqrt{R^2-n^2R^2}=R(1+\sqrt{1-n^2})$$

$$h^2(R-h/3)=R^2(1+\sqrt{1-n^2})^2\left[R-\frac{1}{3}R(1+\sqrt{1-n^2})\right]=\frac{R^3}{3}[2+(2+n^2)\sqrt{1-n^2}]$$

$$V_1-V_2=\pi r^2 H-\pi h^2(R-h/3)=\pi\{n^2 mR^3-\frac{R^3}{3}[2+(2+n^2)\sqrt{1-n^2}]\}$$

$$=\frac{\pi R^3}{3}[3n^2 m-2-(2+n^2)\sqrt{1-n^2}]$$

$$T=G+(V_1-V_2)\gamma=G+\frac{\gamma\pi R^3}{3}[3n^2 m-2-(2+n^2)\sqrt{1-n^2}]$$

习　　题

2.1　有一圆形容器，内装 3 种液体。上层为比重 $S_1=0.8$ 的油，中层为比重 $S_2=1$ 的水，下层为比重 $S_3=13.6$ 的水银。已知各层高度均为 $h=0.5\text{m}$，容器直径 $d=1\text{m}$，试求：

（1）A、B 点的相对压强（用 kN/m^2 表示）。

（2）A、B 点的绝对压强（用米水柱高度表示）。

（3）容器底面上的总压力（相对压力）。

2.2　如图所示为一封闭水箱，已知 $h_1=5\text{m}$，$h_2=2\text{m}$，其自由面上的压强 $p_0=25\text{kN/m}^2$，试问水箱中 A、B 两点的绝对压强、相对压强和真空度各为多少？

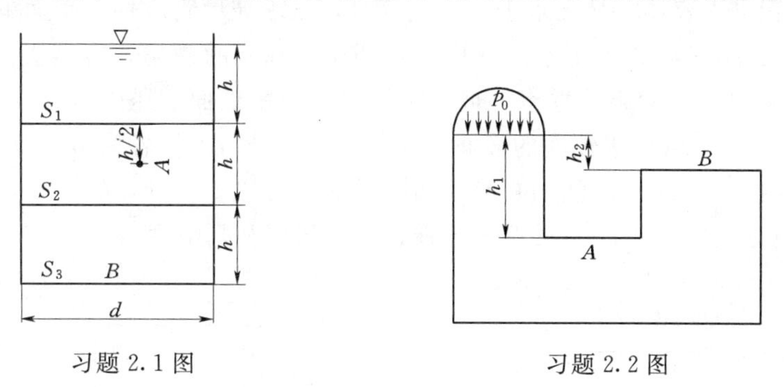

习题 2.1 图　　　　习题 2.2 图

2.3　如图所示为一供水系统。已知液面压强 $p_1=1.5\times10^6\text{Pa}$，$p_2=4\times10^4\text{Pa}$，$z_1=z_2=0.5\text{m}$，$z_3=2.3\text{m}$，闸门处于关闭状态，试求 A、C、D、B 各点的压强及点 A 与 C、C 与 D、B 与 D 的压强差值。

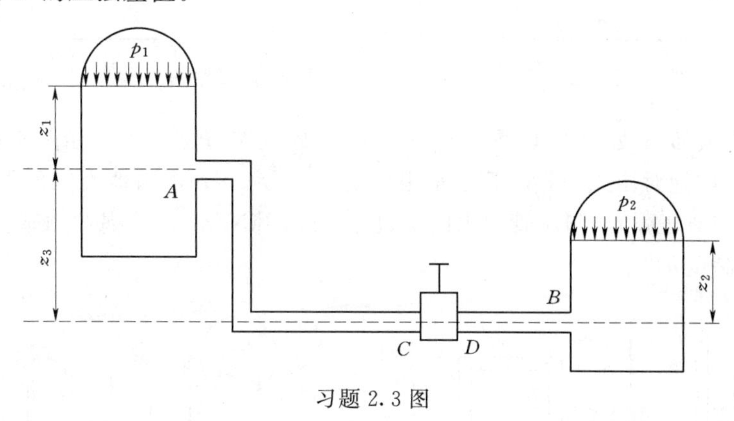

习题 2.3 图

2.4　如图所示的容器内盛有水，水面高程为 1.0m，两测压管的安装高程各为 0.5m 和 0.2m，当地大气压强 $p_a=100\text{kN/m}^2$（绝对压强），若：

（1）$p_0/\gamma=15\text{m}$ 水柱高（绝对压强），则两个测压管中液面高程各为多少？点 1 和点 2 的绝对压强、相对压强及测压管水头各为多少？

（2）$p_0/\gamma=6\text{m}$ 水柱高，则点 1 和点 2 的绝对压强、相对压强及测压管水头各为多少？真空度是多少？

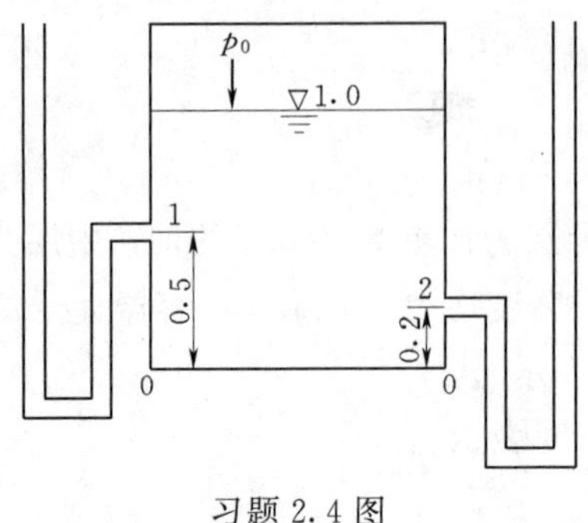

习题 2.4 图

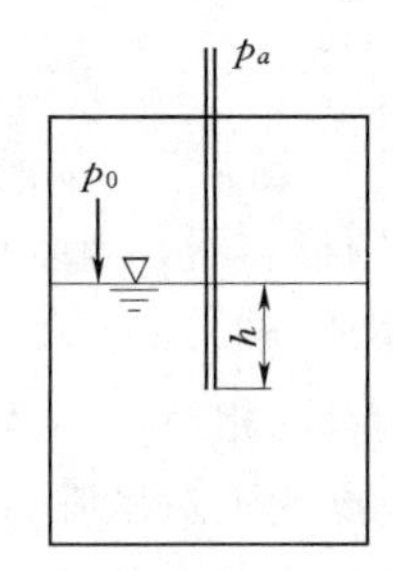

习题 2.5 图

2.5　一封闭容器水面的绝对压强 $p_0=85\text{kN/m}^2$，中间玻璃管两端是开口的，当既无空气通过玻璃管进入容器，又无水进入玻璃管时，试求玻璃管应伸入水面下的深度 h。

2.6　有一封闭容器如图所示。内盛有比重 $S=0.9$ 的酒精，容器上方有一压力表，其读数为 15.1kN/m^2，容器侧壁有一玻璃管接出，酒精液面上压强 $p_0=11\text{kN/m}^2$，大气压强 $p_a=98\text{kN/m}^2$，管中水银面的液面差 $h=0.2\text{m}$，求 x、y 各为多少？

2.7　测量容器中 A 点压强的真空计如图所示。已知 $z=1\text{m}$，$h=2\text{m}$，当地大气压强 $p_a=1\text{bar}$（绝对压强），求 A 点的绝对压强、相对压强和真空度。

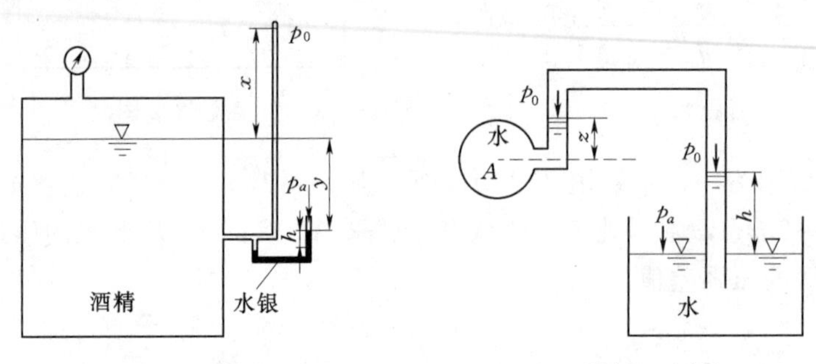

习题 2.6 图　　　　习题 2.7 图

2.8　锅炉顶部 A 处装有 U 形测压计，底部 B 处装有测压管，如图所示。测压计顶部封闭，设 p_0 的绝对压强为零，管中水银柱高差 $h_2=80\text{cm}$，当地大气压强 $p_a=750\text{mm}$ 水银柱高度（绝对压强），测压管中水的重度 $\gamma=9.78\text{kN/m}^3$，求锅炉内蒸汽压强 p 及测压管内的液柱高度 h_1。

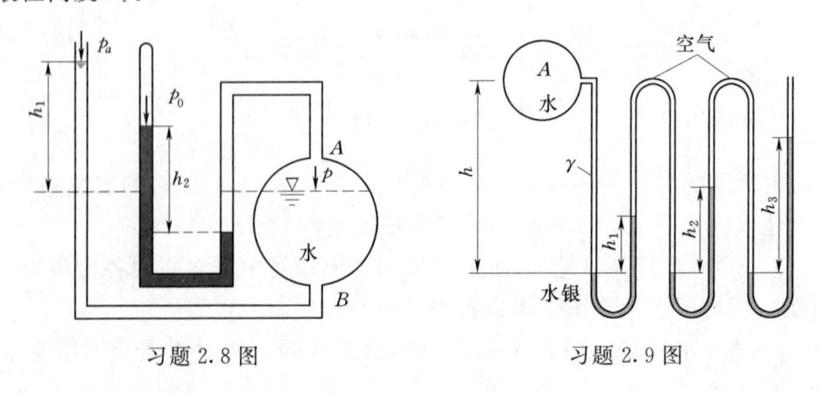

习题 2.8 图　　　　习题 2.9 图

2.9 如图所示，已知 $h_1=0.1\text{m}$，$h_2=0.2\text{m}$，$h_3=0.3\text{m}$，$h=0.5\text{m}$，U形测压管中为水银和气体，试计算水管中 A 点的压强。

2.10 为测定汽油库内液面的高度，在图示装置中将压缩空气充满 AB 管段，已知油的重度 $\gamma_{油}=6.87\text{kN/m}^3$，当 $h=0.8\text{m}$ 时，相应油库中汽油的深度 H 是多少？

2.11 图示水压机大活塞直径 $D=0.5\text{m}$，小活塞直径 $d=0.2\text{m}$，$a=0.25\text{m}$，$b=1.0\text{m}$，$h=0.4\text{m}$，求：

(1) 当外加压力 $F=200\text{N}$ 时，A 块受力为多大？

(2) 在小活塞上压强增加 Δp，大活塞上的压强及总压力增加多少？

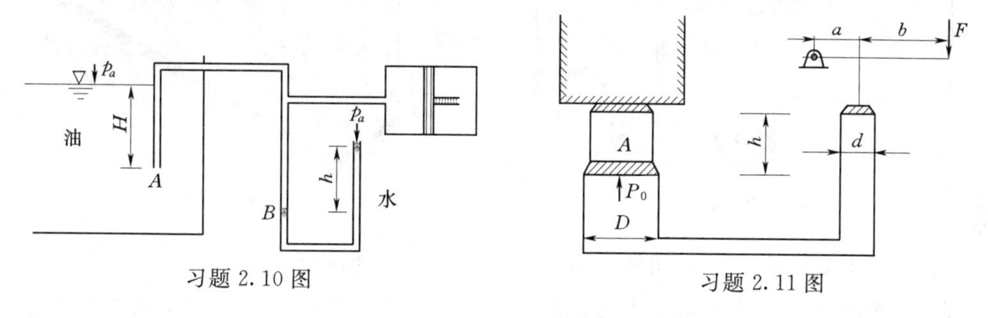

习题 2.10 图　　　　习题 2.11 图

2.12 用水银测压计量测容器中水的压强，测得水银柱高度为 h，如图所示。若将测压管下移到虚线位置，左侧水银面下降 Δz，如果容器内压强不变，问水银柱高度 h 是否变化？若容器内是气体，结果又如何？

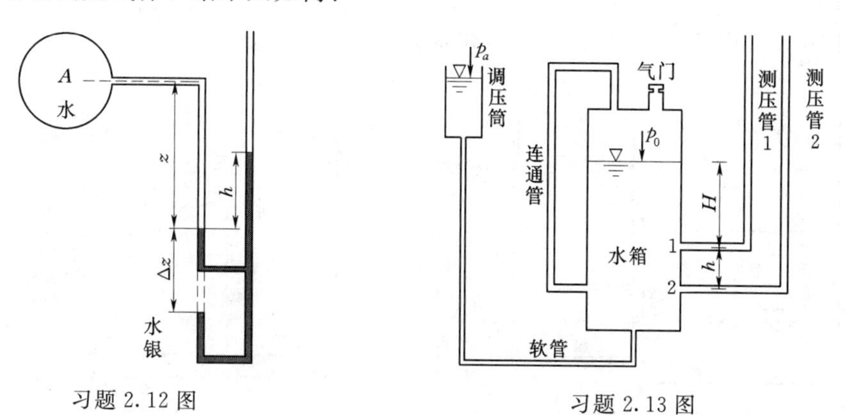

习题 2.12 图　　　　习题 2.13 图

2.13 有一盛水的密闭水箱，顶部装有气门，底部用软管与调压筒相连，如图所示。

(1) 当气门打开时，水箱水面作用的是什么压强，测压管 1、测压管 2 和连通管的水面如何变化。

(2) 当气门关闭时，将调压筒上升或下降，容器中的水面压强 p_0 是否变化？如有变化，分析其变化情况，并说明连通管和测压管中的水面是如何变化的。

(3) 已知 $H=0.1\text{m}$，$h=0.05\text{m}$，气门关闭，求：(a) 当调压筒中的水面高于水箱水面 0.1m 时，求水箱水面、测点 1 和测点 2 的绝对压强和相对压强；(b) 当调压筒中的水面低于水箱水面 0.1m 时，求水箱水面、测点 1 和测点 2 的绝对压强和相对压强，如有真空，求其真空压强。

2.14 两液箱具有不同的液面高程，液体的重度为 γ'，用两个测压计将液箱相连，测压计中液体的重度分别为 γ_1 和 γ_2，如图所示。试证 $\gamma'=(\gamma_1 h_1+\gamma_2 h_2)/(h_1+h_2)$。

2.15 一圆锥形开口容器，下接一弯管，当容器空着时读数如图所示。问圆锥内充满水后弯管上水银柱长度读数为多少？

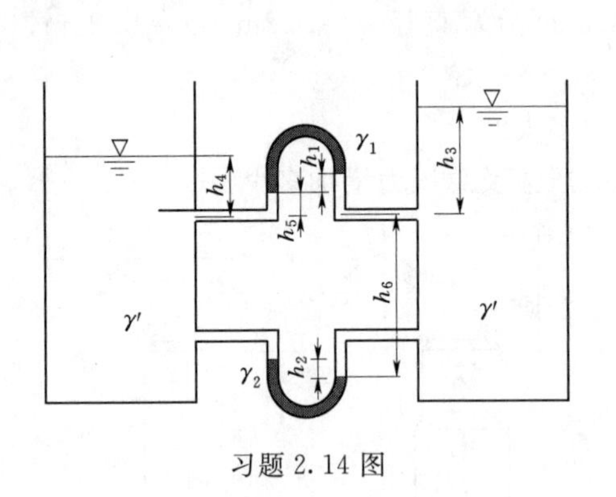

习题 2.14 图

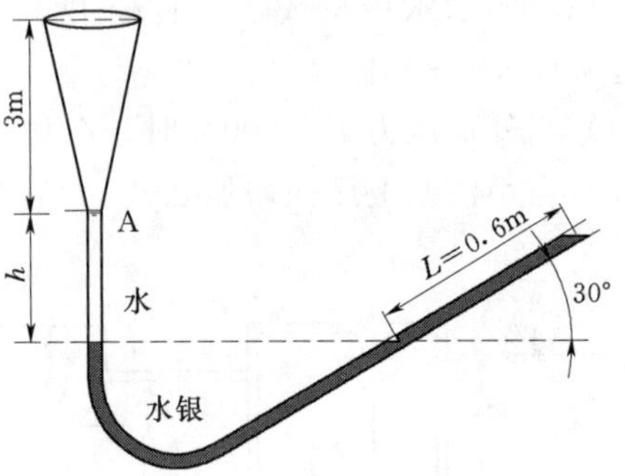

习题 2.15 图

2.16 一容器中有三种不同的液体，$\gamma_1<\gamma_2<\gamma_3$，如图所示。试求：

(1) 三根测压管中的液面是否与容器中的液面齐平，如不齐平，试比较各测压管中液面的高度？

(2) $\gamma_1=7.62\text{kN/m}^3$、$\gamma_2=8.561\text{kN/m}^3$、$\gamma_3=9.8\text{kN/m}^3$，$a_1=2.5\text{m}$、$a_2=1.5\text{m}$、$a_3=1.0\text{m}$ 时，求 h_1、h_2 和 h_3。

(3) 图中 1—1、2—2、3—3 三个水平面是否都是等压面？

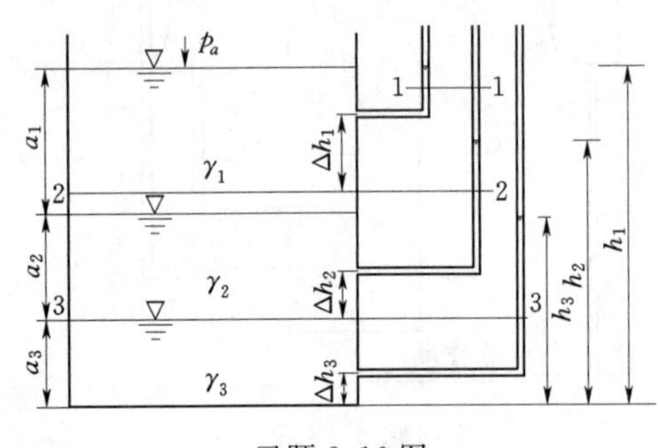

习题 2.16 图

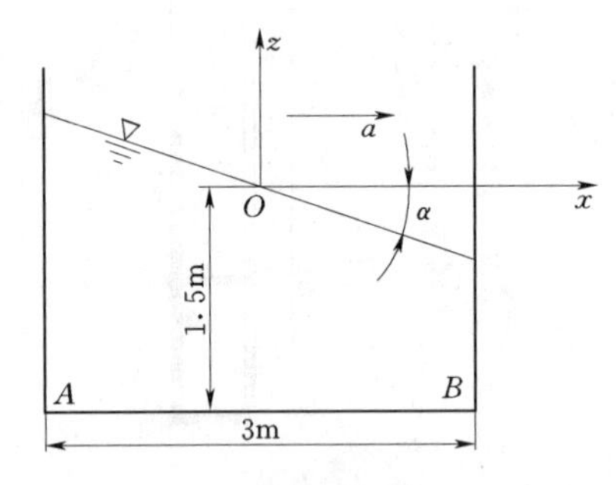

习题 2.17 图

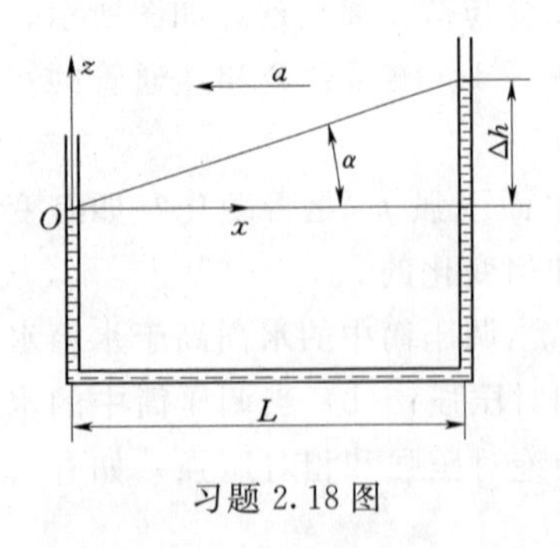

习题 2.18 图

2.17 矩形水箱长 3m，静止时液面离箱底 1.5m，现以 $a=3\text{m/s}^2$ 的加速度水平运动，试计算此时液面与水平面的夹角以及作用在箱底的最大压强与最小压强。

2.18 如图所示为一装在水平等加速运动上的 U 形管加速度测定仪，已测得两管中的液面高差 $\Delta h=5\text{cm}$，两管相距 $L=30\text{cm}$，求该物体的加速度。

2.19 设贮液容器在 (a)、(b)、(c) 三种情况下以加速度 a 做直线运动，求其等压面形状和压强分布规律。

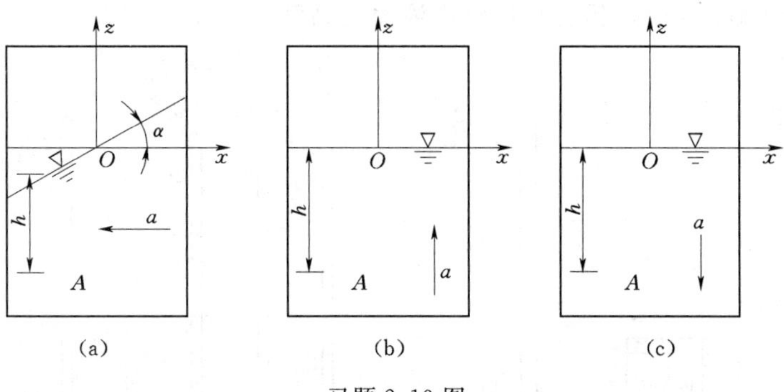

习题 2.19 图

2.20　某工地运水车以 30km/h 的速度行驶，车上装高 $h=1\text{m}$、宽 $b=2\text{m}$、长 $L=3\text{m}$ 的长方形的盛水箱，当车遇到特殊情况，要在 100m 水平段上刹住车（可以认为汽车是等减速运动），同时要求箱内一端的水面恰好到达水箱的上端，试确定箱内的盛水量。

2.21　如图所示为一圆柱形容器，其半径为 $R=0.15\text{m}$，当角速度 $\omega=21\text{rad/s}$ 时，液面中心恰好触底，试求：

（1）若使容器中水旋转时不会溢出，容器高度 H 为多少？

（2）容器停止旋转后，容器中的水深 h 为多少？

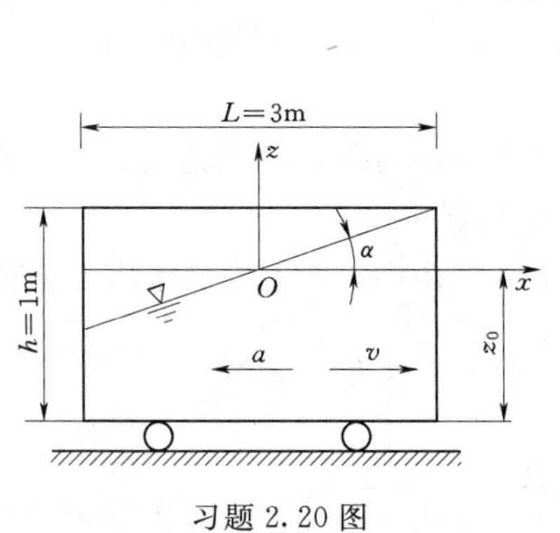

习题 2.20 图

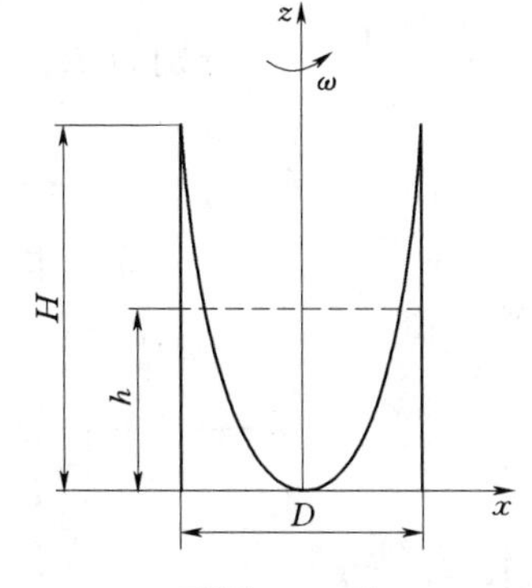

习题 2.21 图

2.22　设有一盛满水的容器，在盖板中心开一小孔，如图所示。已知容器的高度为 H，绕铅垂轴旋转的角速度为 ω，试求容器盖板及底部的压强分布，并求盖板上的静水总压力。

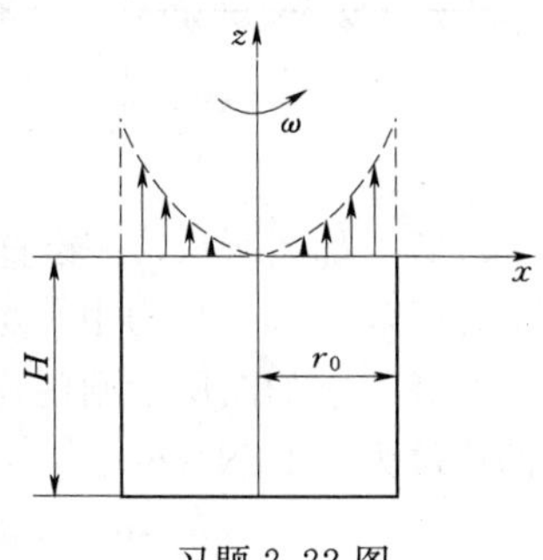

习题 2.22 图

2.23　如图所示的连通器内装有水银，中间粗管的直径 $d_1=30\text{mm}$，两边细管的直径 $d_2=10\text{mm}$，细管中心之间的距离 $L=100\text{mm}$，粗管处的液面离水平管中心的距离 $h_0=50\text{mm}$，连通器未转动时，细管液面距水平管中心线的距离为 h_1，活塞重 $W=5\text{N}$，现将此连通器绕其中心轴旋转，求：

（1）活塞下落的距离 h 与转速 ω 的关系。

（2）当 $\omega=25\text{rad/s}$ 时，活塞比起始位置下降多少？

（3）当 $\omega=25\text{rad/s}$ 时，粗管和细管中液面的高度 h_2、h_3。

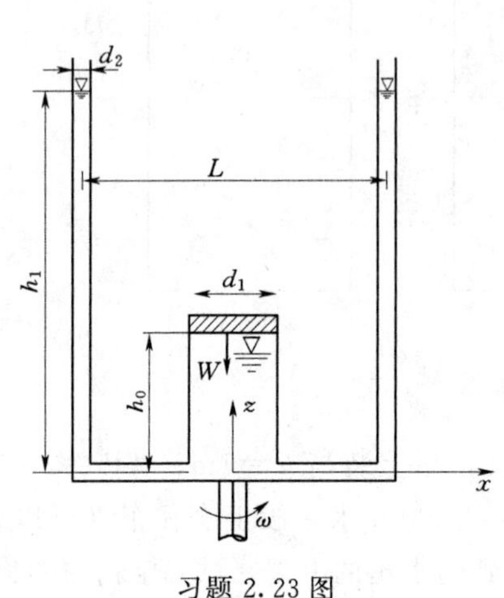

习题 2.23 图

习题 2.24 图

2.24　五根相互连通的开口管子，每根小管的半径均为 r_0，管子绕中心轴转动时自由表面如图所示，求其转速及静止时各管中的水深。

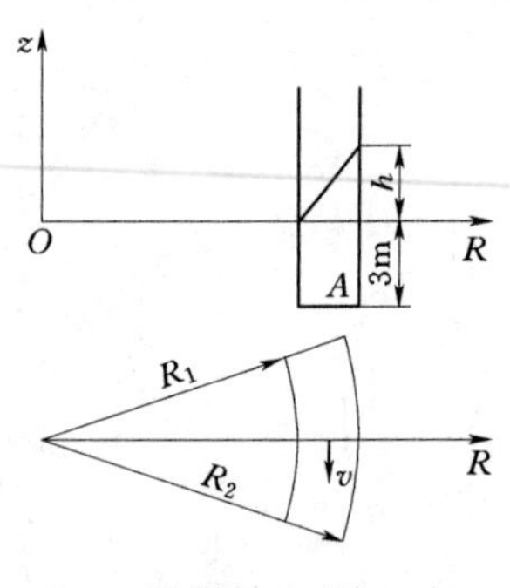

习题 2.25 图

2.25　如图所示为一弯道水流，已知：内外岸弯曲半径分别为 $R_1=40\text{m}$，$R_2=50\text{m}$，渠道中平均流速 $v=2\text{m/s}$，试求：

（1）推导内外岸水面高差 h 的表达式，并计算 h 值。

（2）求 A 点的压强。

2.26　绘出下列各图中边壁上的静水压强分布图。

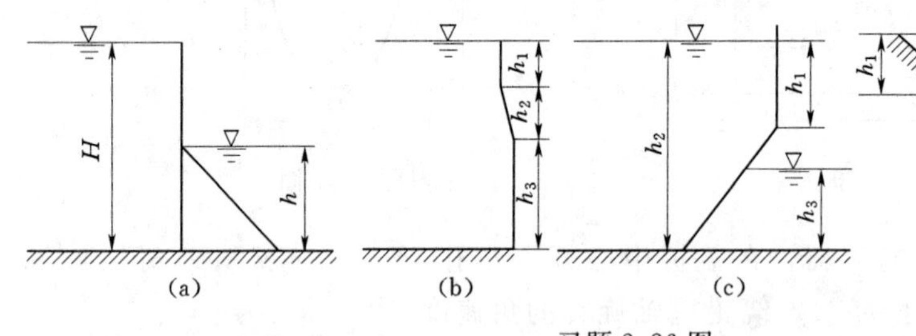

习题 2.26 图

2.27　如图所示，一铅直矩形闸门高为 h_2，其顶端在水面下 h_1 处，试求闸门上所受的静水总压力 P 及其压力中心点位置深度 h_D。已知 $h_1=1\text{m}$，$h_2=3\text{m}$，闸门宽度 $b=2\text{m}$。

2.28　求如图所示闸门逆时针打开时 Z 的最小值。闸门为圆形，直径 $D=1\text{m}$，压力表的读数为 2.94N/cm^2。

2.29　如图所示为一斜置矩形闸门，已知 $H=8\text{m}$，$\alpha=45°$，$h=2\text{m}$，$b=2\text{m}$，试求：

（1）矩形闸门上静水总压力及压力中心。

（2）其他条件不变，若改用斜置圆形闸门，其半径 $R=1\text{m}$，求圆形闸门上所受的静水压力及压力中心。

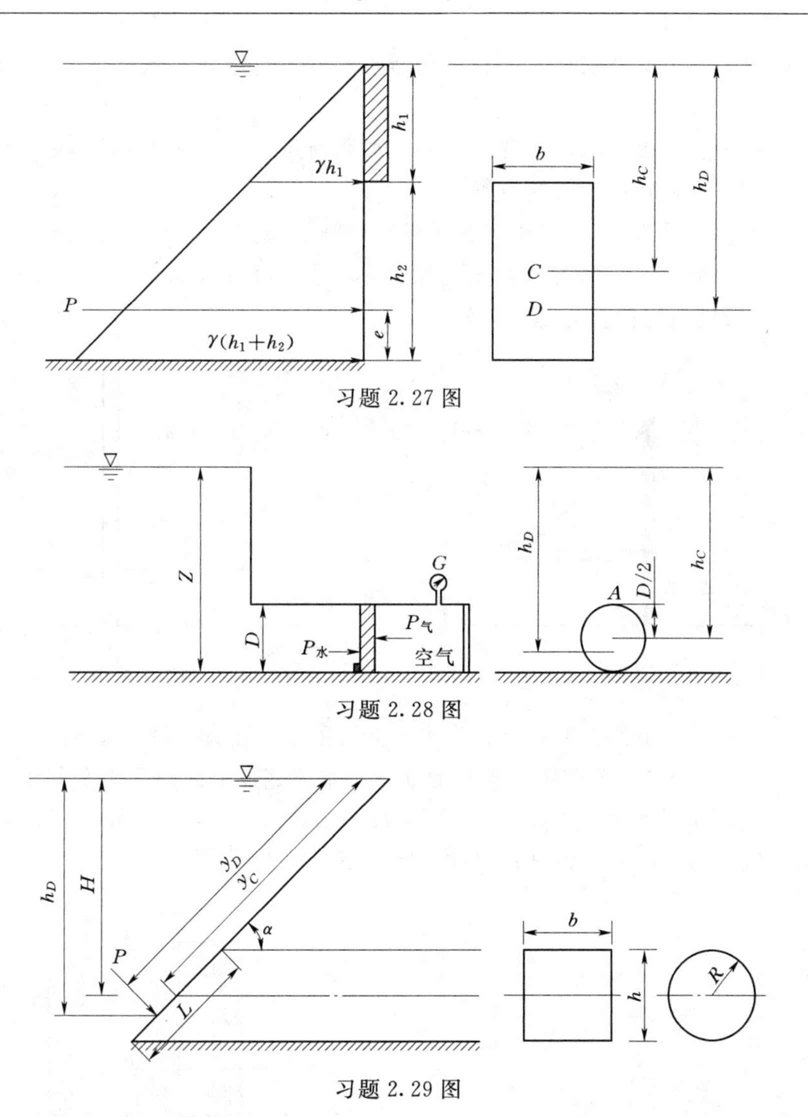

习题 2.27 图

习题 2.28 图

习题 2.29 图

2.30　有一混凝土重力坝如图所示，已知 $h_1=10\text{m}$、$h_2=40\text{m}$、$b_1=15\text{m}$、$b_2=40\text{m}$，试求坝每米所受的静水总压力及该力对 O 点的力矩（假定底部无水压力）。

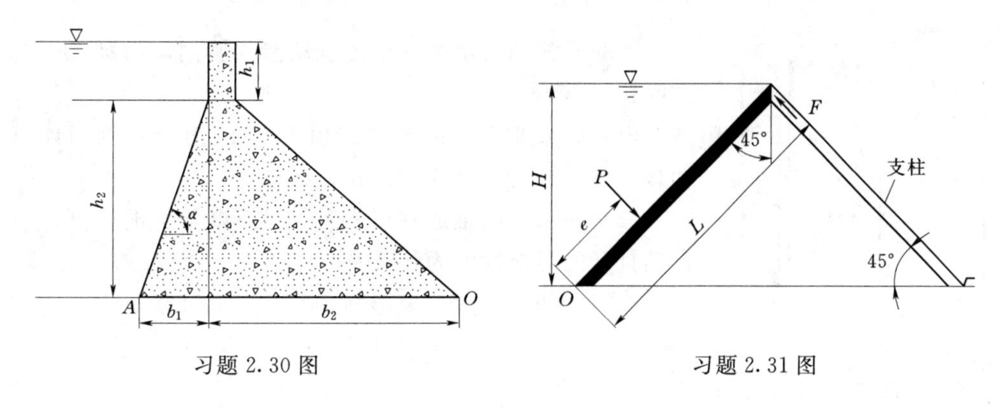

习题 2.30 图

习题 2.31 图

2.31　图示为一小型挡水坝，面板后每隔 3m 有一支柱，如水深 $H=2.5\text{m}$，求每根支柱所受的力。

2.32　有一矩形平板闸门，宽度 $b=2\text{m}$，如图所示。已知水深 $h_1=4\text{m}$，$h_2=8\text{m}$，求闸门上的静水总压力及其作用点的位置。

2.33　矩形闸门高 5m，宽 3m，下端有铰与闸底板连接，上端有铰链维持其垂直位置，如图所示。如果闸门一边海水高出门顶 6m，另一边海水高出门顶 1.0m，海水的比重为 1.025，问铰链所受的拉力是多少？

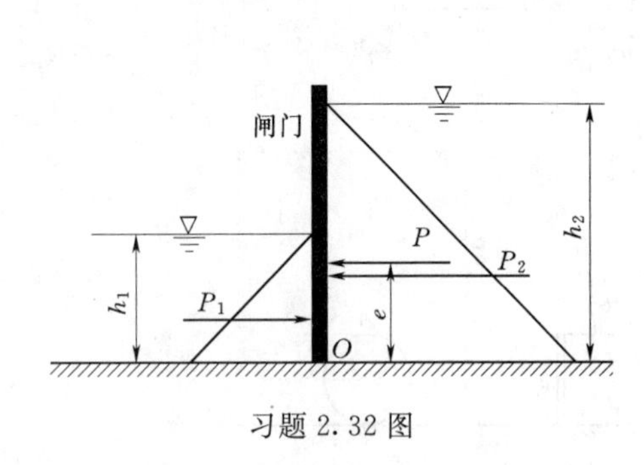

习题 2.32 图

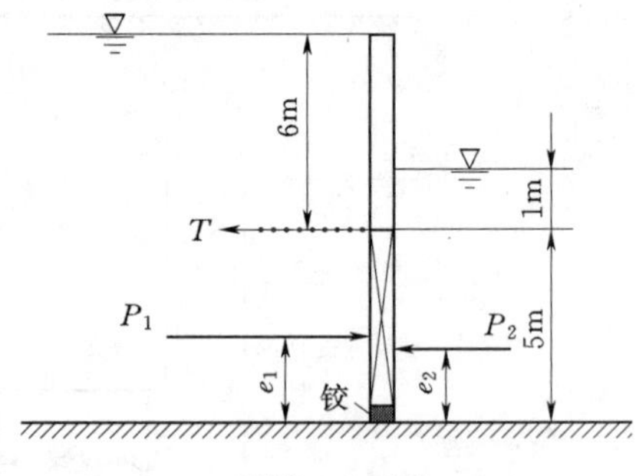

习题 2.33 图

2.34　有一容器，上部为油，下部为水，如图所示。已知 $h_1=1.0\text{m}$，$h_2=2.0\text{m}$，油的重度 $\gamma_{油}=7.84\text{kN/m}^3$，求作用于容器侧壁 AB 单位宽度上的作用力及其作用位置。

2.35　如图所示的平板闸门，已知水深 $H=2\text{m}$，门宽 $b=1.5\text{m}$，门重 $G=2000\text{N}$，门与门槽的摩擦系数 $f=0.25$，试求门的启闭力 F。

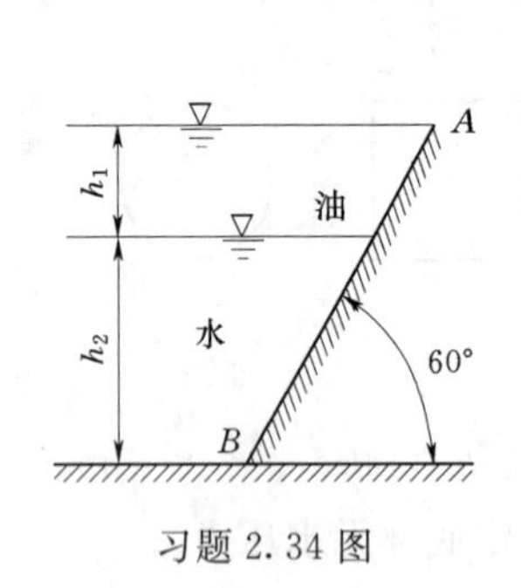

习题 2.34 图

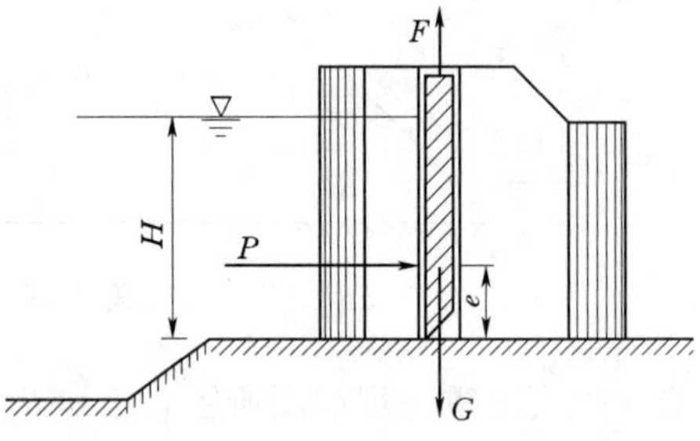

习题 2.35 图

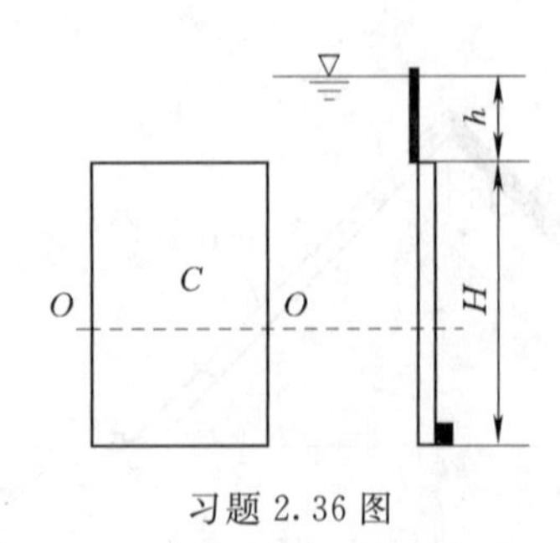

习题 2.36 图

2.36　如图所示为一矩形自动泄水闸门，门高 $H=3\text{m}$，试问：

(1) 如果要求水面超过门顶 $h=1\text{m}$ 时泄水闸门能够自动打开，门轴 $O—O$ 应该放在什么位置？

(2) 如果将门轴放在形心处，h 不断增大时，闸门有无自动打开的可能性？为什么？

2.37　如图所示的矩形闸门 AB，闸门宽 $b=3\text{m}$，门重 $G=9.8\text{kN}$，$\alpha=60°$，$h_1=1.0\text{m}$，$h_2=1.73\text{m}$，试求：

(1) 下游无水时闸门的启闭力 T。

(2) 下游水深为 $h_3=0.5h_2$ 时闸门的启闭力 T。

2.38　一可在 O 点旋转的自动矩形翻板闸门，其宽度 $b=1\text{m}$，如图所示。门重 $G=10\text{kN}$，求闸门打开时的水深 h。

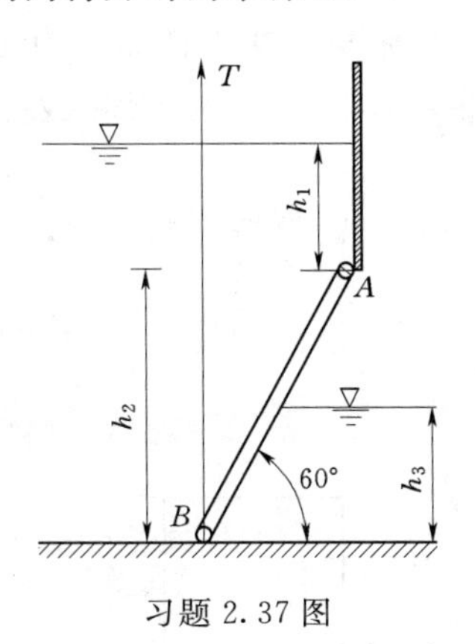

习题 2.37 图

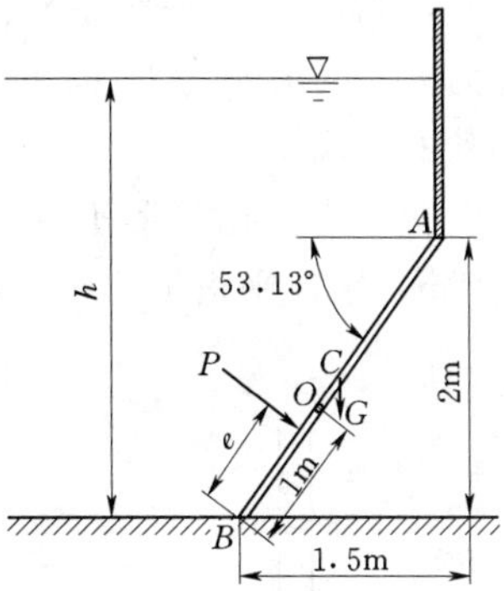

习题 2.38 图

2.39　在习题 2.39 图所示的翻板上，b、c 点是铰，只是 a 点放在槽中，如不计翻板的自重时，求翻板不翻倒时上游可能上升的最大水深 h。

2.40　如图所示的平板闸门，面板后布置三根横梁，各横梁受力相等，已知闸门上游水头 $H=4\text{m}$，试求：

(1) 每根横梁所受静水总压力的大小。

(2) 各横梁距水面的距离。

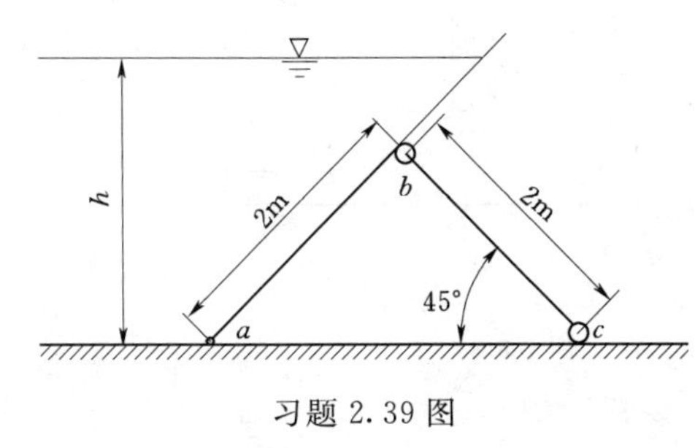

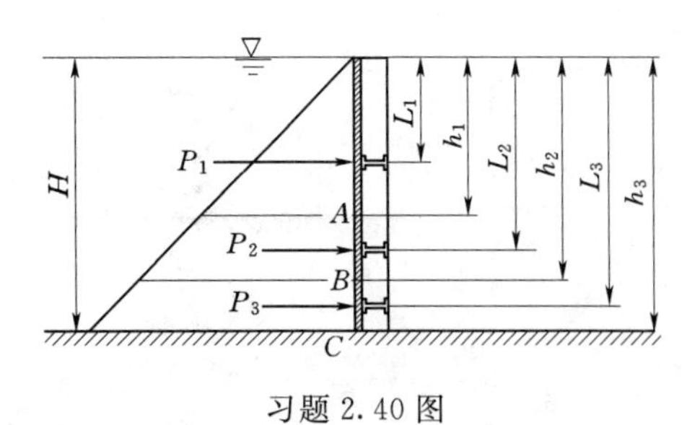

习题 2.39 图

习题 2.40 图

2.41　有一水深为 H 的矩形闸门，将这个闸门分割成 n 个水平带，使每个带所受到的静水压力相等，应怎样分割？

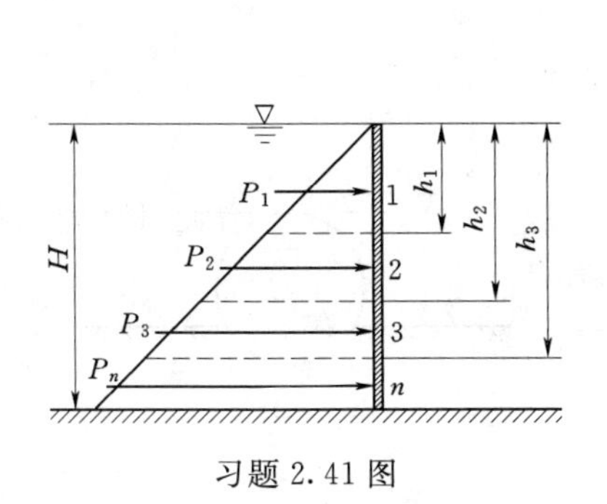

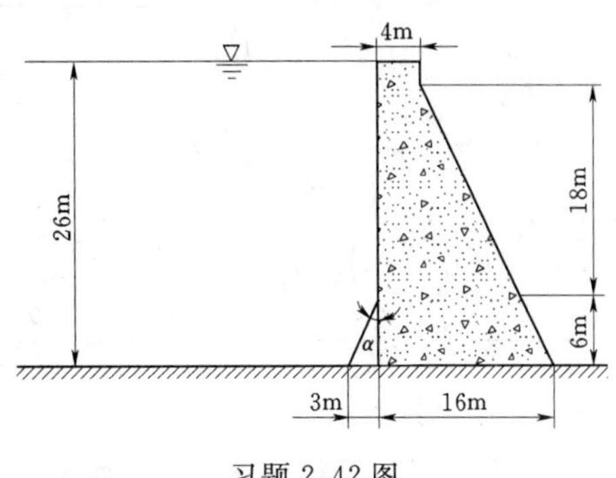

习题 2.41 图

习题 2.42 图

2.42 一混凝土重力坝尺寸如图所示，混凝土的比重为2.4，假设由于排水可以忽略坝基下的渗透压力作用，试校核该坝的倾覆稳定性。

2.43 水力变压器如图所示，已知两活塞的直径分别为D和d，两条测压管直径相同，液体均为水，当活塞处于平衡状态时，左测压管液面与活塞连杆高差为H，左右测压管液面高差为h，试求h与H的关系。此时，如果将体积为V的水加入左测压管，试求活塞向右移动的距离x。

2.44 如图所示为一正方形平板的边长为$b=1.0$m，置于静止的水中，为使压力中心低于形心0.1m，求此平板顶边距水面的距离x。

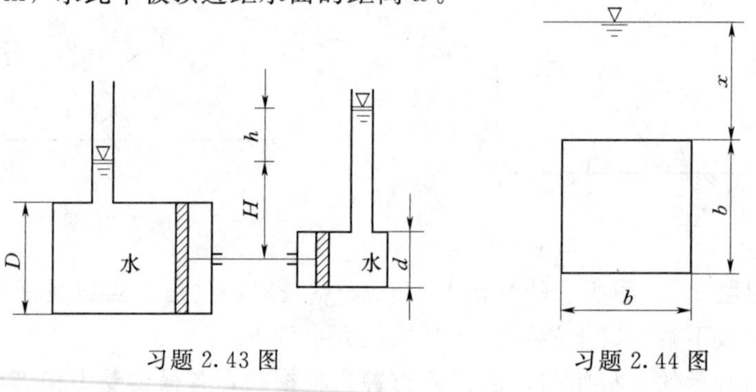

习题2.43图　　习题2.44图

2.45 绘出以下各图所示的压力体。

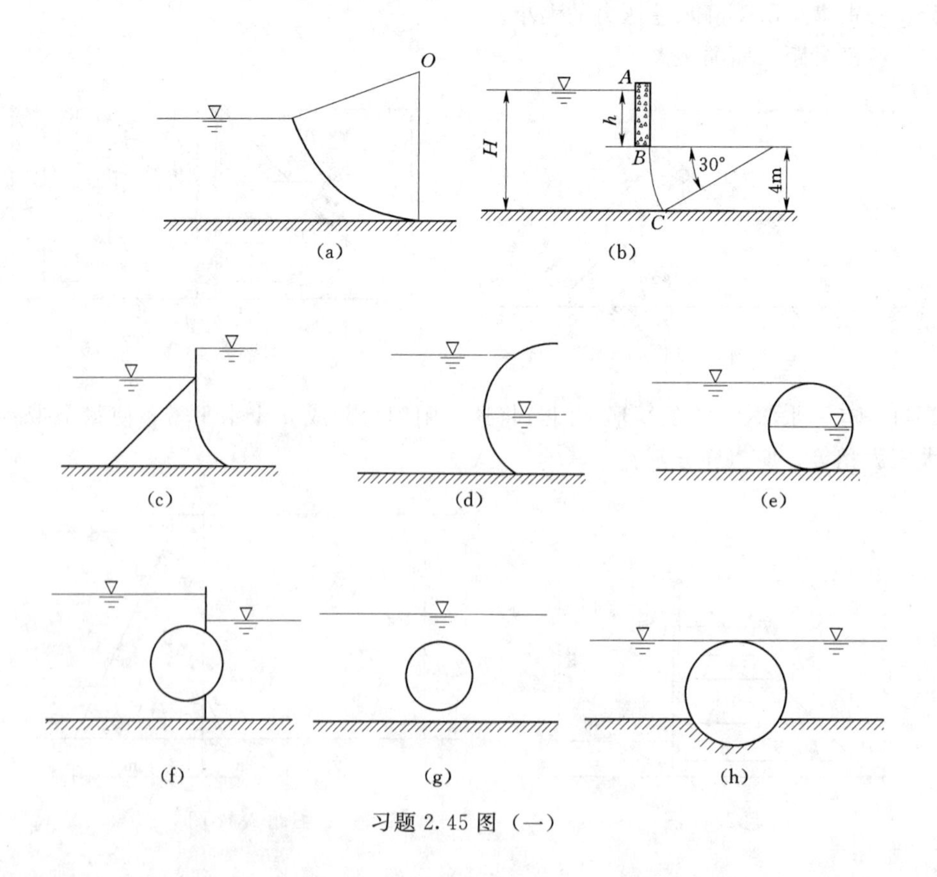

习题2.45图（一）

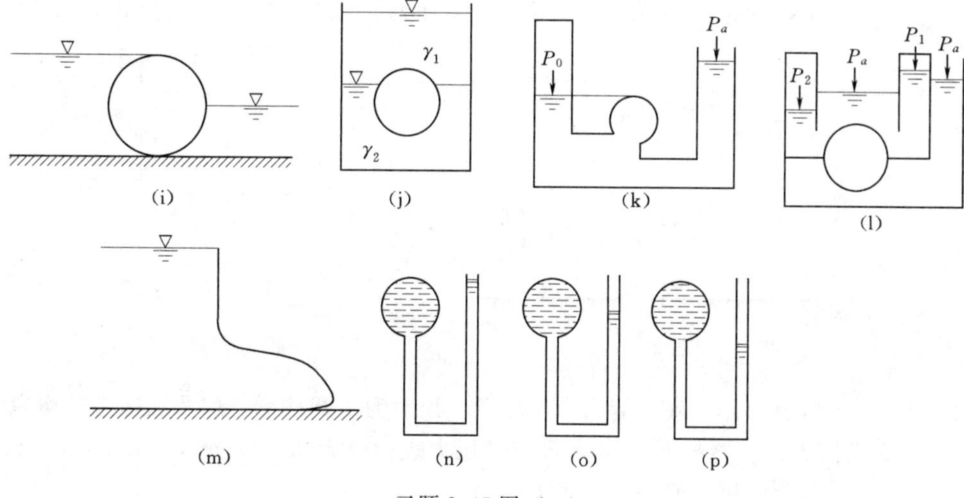

习题 2.45 图（二）

2.46　有一弧形闸门，圆心角 $\alpha=45°$，闸门宽度 $b=4\text{m}$，门前水深 $h=3\text{m}$，如图所示。求弧形闸门上的静水总压力及作用点。

2.47　计算某水库溢流坝顶弧形闸门所受的水压力。已知弧形闸门宽度 $B=12\text{m}$，高 $h=9\text{m}$，半径 $R=11\text{m}$，闸门转动中心高程为 177.25m，上游水位为 179.5m，溢流坝顶高程为 170.5m。

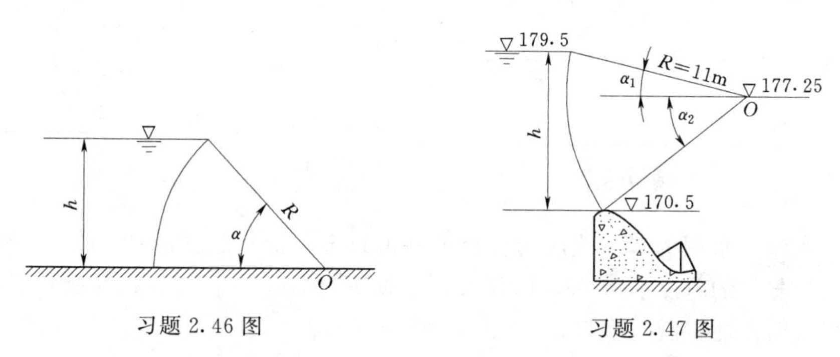

习题 2.46 图　　　　习题 2.47 图

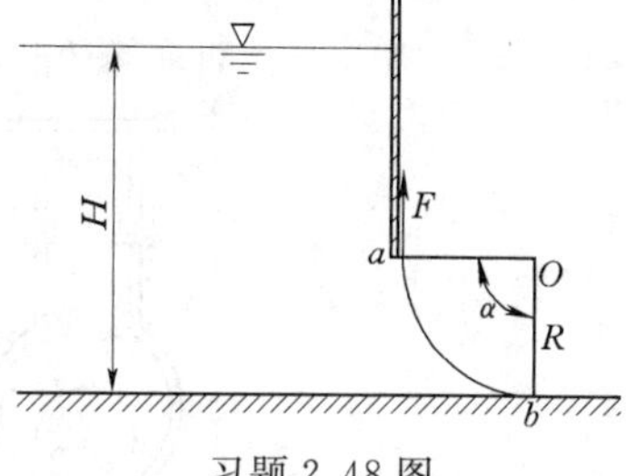

习题 2.48 图

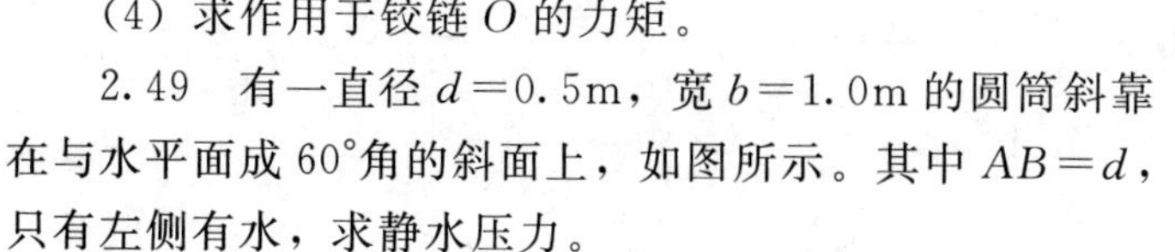

2.48　圆弧门如图所示，门宽 $b=2\text{m}$，圆弧半径 $R=2\text{m}$，圆心角 $\alpha=90°$，上游水深 $H=5\text{m}$，试求：

（1）作用在闸门上的水平总压力及作用线位置。

（2）作用在闸门上的铅直总压力及作用线位置。

（3）忽略门的重量，求开门所需的力 F。

（4）求作用于铰链 O 的力矩。

2.49　有一直径 $d=0.5\text{m}$，宽 $b=1.0\text{m}$ 的圆筒斜靠在与水平面成 60°角的斜面上，如图所示。其中 $AB=d$，只有左侧有水，求静水压力。

2.50　有一球形容器由两个半球铆接而成，下半球固定，容器中充满水，如图所示。已知 $h=1.0\text{m}$，球的直径 $D=2.0\text{m}$，如果下半球固定不动，求全部铆钉所受的力，如果上

半球的重量 $G=5\text{kN}$，求作用在铆钉上的拉力 T。如果上半球固定，求全部铆钉所受的力。

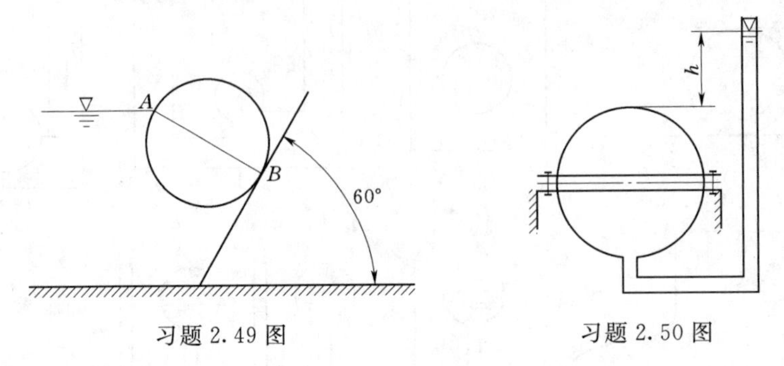

习题 2.49 图　　　　习题 2.50 图

2.51　如图所示的储水罐，侧面为半球形，顶面为半圆柱形，球及圆柱半径均为 $R=1.0\text{m}$，垂直纸面方向容器长 $L=2\text{m}$，E 点处压力表读数为 9.8N/cm^2，$h=2.0\text{m}$，试求：

（1）作用在顶盖 AB 上的静水总压力。

（2）作用在侧壁 CD 上静水总压力的水平分力和垂直分力。

2.52　在倾角为 α 的倾斜壁面上有一个半径为 R 的半圆柱形曲面，曲面的圆心 O 点至水面的高度为 h，曲面宽度为 L，如图所示。求曲面所受的静水总压力的水平分力和铅垂分力的大小及方向的表达式。

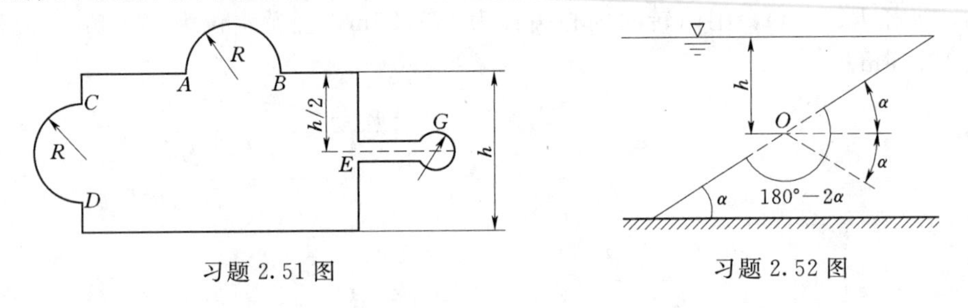

习题 2.51 图　　　　习题 2.52 图

2.53　水泵吸水阀的圆球式底阀直径 $D=0.15\text{m}$，装于直径 $d=0.1\text{m}$ 的阀座上，如图所示。圆球材料的重度 $\gamma_0=83.4\text{kN/m}^3$，已知 $h_1=4\text{m}$，$h_2=2\text{m}$，问吸水管内液面的真空度为多大时才能将阀门吸起。

2.54　由三个半圆弧联结成的曲面 $ABCD$，如图所示。其半径 $R_1=0.5\text{m}$，$R_2=1.0\text{m}$，$R_3=1.5\text{m}$，曲面宽 $b=2.0\text{m}$，试求该曲面所受的压力。

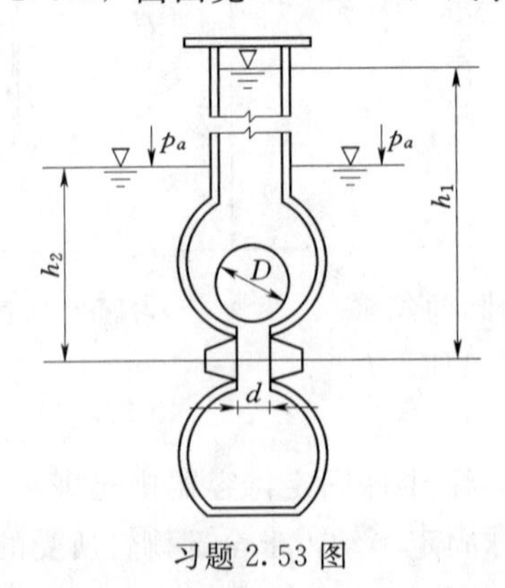

习题 2.53 图

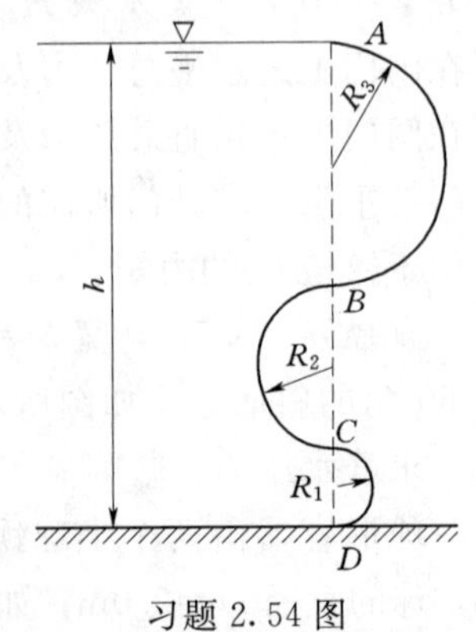

习题 2.54 图

第3章　水动力学的基本原理

上一章介绍了有关水静力学的基本原理及其应用。但在自然界和工程实践中，液体常处于运动状态。所谓运动，是指液体内部流层间以及液体与其周围边界间存在相对运动的流动。

液体物理性质的多变性以及液体边界的复杂性，使实际工程中液体运动千变万化，运动形式也异常复杂。不论液体的运动状态和运动形式如何变化，但总有其内在的规律。水流运动仍然遵守质量守恒、能量守恒和动量守恒定律。

液体的运动特性可以用流速、加速度、动水压强等物理量来表征，这些物理量统称为液体运动的要素。水动力学的基本任务就是研究这些运动要素随时间和空间的变化情况，以及建立这些运动要素之间的关系式，并用这些关系式解决工程上遇到的实际问题。

本章首先建立有关液体运动的基本概念，然后从流束理论出发，讨论一般液体运动所遵循的普遍规律并建立相应的方程式。

3.1　描述液体运动的两种方法

液体运动时，其运动要素一般都随时间和空间位置而变化，而液体又是由众多的质点所组成的连续介质，如何描述整个液体的运动规律呢？一般有两种方法，即拉格朗日(Lagrange)法和欧拉法。

3.1.1　拉格朗日法

拉格朗日法以液体中每一个质点为研究对象，通过对每个液体质点运动规律的研究来获得整个液体运动的规律性。所以这种方法又称为质点系法或“跟踪法”。

所谓液体质点，是指具有无限小体积和质量的液体“单元”，它既不是液体分子，也不同于数学上的空间点。液体质点占据一定的空间点，其大小在微观上足够大，在宏观上又无限小的液体分子团；空间点是一个几何概念，既无大小，也无质量。

如某一液体的质点 M 在 $t=t_0$ 时刻占有空间坐标为 (a,b,c)，该坐标称为起始坐标，在任意时刻 t 所占有的空间坐标为 (x,y,z)，该坐标称为运动坐标，如图3.1所示。则运动坐标应取决于所讨论的液体质点的起始坐标及其经历的时间，也就是说，运动坐标可表示为时间 t 与确定该点的起始坐标的函数，即

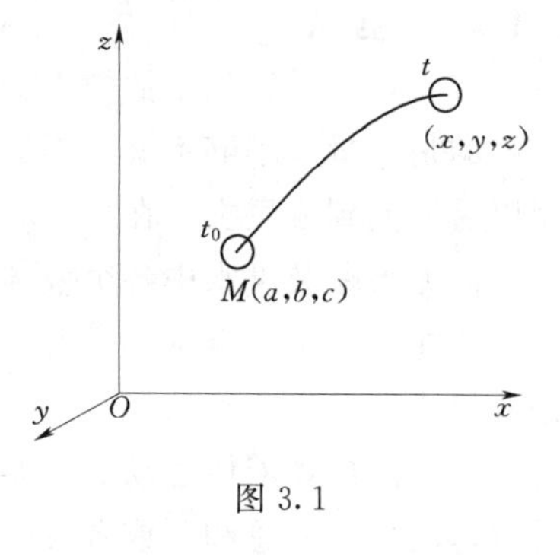

图3.1

$$\left.\begin{aligned} x&=x(a,b,c,t)\\ y&=y(a,b,c,t)\\ z&=z(a,b,c,t) \end{aligned}\right\} \tag{3.1}$$

式中：a，b，c，t 为拉格朗日变数。

若给定方程中的 a，b，c 值，就可以得到某一特定液体质点的轨迹方程。

如果令 (a,b,c) 为常数（即某一确定的液体质点），t 为变数，即可以得出这个确定的液体质点在任意时刻所处的位置，如果令 t 为常数，(a,b,c) 为变数，即可得出某一瞬时不同液体质点在空间的分布情况。

若要知道任一液体质点在任意时刻的速度，可对式（3.1）求导数得

$$\left.\begin{aligned}u_x&=\frac{\partial x}{\partial t}=\frac{\partial x(a,b,c,t)}{\partial t}\\u_y&=\frac{\partial y}{\partial t}=\frac{\partial y(a,b,c,t)}{\partial t}\\u_z&=\frac{\partial z}{\partial t}=\frac{\partial z(a,b,c,t)}{\partial t}\end{aligned}\right\}\tag{3.2}$$

同理对式（3.2）求导数，可得出液体质点运动的加速度，即

$$\left.\begin{aligned}a_x&=\frac{\partial u_x}{\partial t}=\frac{\partial^2 x}{\partial t^2}=\frac{\partial^2 x(a,b,c,t)}{\partial t^2}\\a_y&=\frac{\partial u_y}{\partial t}=\frac{\partial^2 y}{\partial t^2}=\frac{\partial^2 y(a,b,c,t)}{\partial t^2}\\a_z&=\frac{\partial u_z}{\partial t}=\frac{\partial^2 z}{\partial t^2}=\frac{\partial^2 z(a,b,c,t)}{\partial t^2}\end{aligned}\right\}\tag{3.3}$$

由以上分析可以看出，拉格朗日法适用的是熟知的物理学上研究质点运动的方法，该方法物理概念清楚，易于理解。但用此方法分析液体质点运动的历史情况是比较困难的，数学处理也十分复杂。这是因为拉格朗日法把液体的运动看成是无数液体质点运动的总和，以研究个别液体质点的运动过程为基础，通过研究足够多的液体质点的运动来掌握整个液体的运动情况。由于液体质点的运动轨迹非常复杂，要寻求为数众多的个别液体质点的运动规律，除较简单的个别运动情况外，将会在数学上导致难以克服的困难；另外，液体是连续介质，很难把它划分为这一块那一块，让它们互不相干的运动。

此外，实际工程中并无必要了解液体质点运动的详尽过程，因此这个方法使用不多，仅在个别情况，例如研究波浪运动时采用。

3.1.2　欧拉法

首先看一看实际生活中人们是如何着眼于水流运动的。当人们打开自来水龙头时，所关心的是水量大小够不够，不够再开大一点，绝少有人想到这些水是从哪里来的，经过使用以后又流到哪里去。在防汛时，人们关心的是城市附近河道水位及流量是否超过某一界限，而无须顾及洪水中各个液体质点的运动历程。这两件事的共同特点在于：人们注意的是水流在某些指定点（如水龙头、水位高低），而不是水流本身的运动历程。这实际上就是欧拉法的思想。

欧拉法描述液体运动的基本思想是：把液体的运动情况看作是各个空间点上不同液体质点运动情况的总和。或者说欧拉法是以考察不同液体质点通过固定的空间点的运动情况

来了解整个流动空间内的流动情况，即着眼于研究各种运动要素的分布场，所以这种方法又叫作流场法。

把表征液体运动状态的物理量称为运动要素或水力要素，例如流速、压强、密度、温度等。

采用欧拉法，可以把流场中任何一个运动要素表示为空间坐标和时间坐标的函数，例如，任一时刻 t 通过流场中任意点（x,y,z）的液体质点的流速在各坐标轴上的投影 u_x、u_y、u_z 可表示为

$$\left.\begin{aligned} u_x &= u_x(x,y,z,t) \\ u_y &= u_y(x,y,z,t) \\ u_z &= u_z(x,y,z,t) \end{aligned}\right\} \tag{3.4}$$

如果令式（3.4）中的 x、y、z 为常数，t 为变数，即可求得在某一固定空间点上，液体质点在不同时刻通过该点的流速变化情况。若令 t 为常数，x、y、z 为变数，就可求得在同一时刻、通过不同空间点上的液体质点的流速的分布情况（流速场）。

注意，在这两种情况下，根本无须考虑这些速度是属于哪些液体质点的。

同理动水压强 p 可写成

$$p = p(x,y,z,t) \tag{3.5}$$

以上各式中的坐标变量 x、y、z 称为欧拉变数。

对式（3.4）求导数，可得流场中任意点的加速度在各坐标轴上的投影，即

$$\left.\begin{aligned} a_x &= \frac{\mathrm{d}u_x}{\mathrm{d}t} \\ a_y &= \frac{\mathrm{d}u_y}{\mathrm{d}t} \\ a_z &= \frac{\mathrm{d}u_z}{\mathrm{d}t} \end{aligned}\right\} \tag{3.6a}$$

由于函数 $u=f(x,y,z)$ 的全微分为 $\mathrm{d}u=\frac{\partial u}{\partial x}\mathrm{d}x+\frac{\partial u}{\partial y}\mathrm{d}y+\frac{\partial u}{\partial z}\mathrm{d}z$，而 $\frac{\mathrm{d}x}{\mathrm{d}t}=u_x$、$\frac{\mathrm{d}y}{\mathrm{d}t}=u_y$、$\frac{\mathrm{d}z}{\mathrm{d}t}=u_z$，所以式（3.6a）又可以写成

$$\left.\begin{aligned} a_x &= \frac{\mathrm{d}u_x}{\mathrm{d}t} = \frac{\partial u_x}{\partial t} + u_x\frac{\partial u_x}{\partial x} + u_y\frac{\partial u_x}{\partial y} + u_z\frac{\partial u_x}{\partial z} \\ a_y &= \frac{\mathrm{d}u_y}{\mathrm{d}t} = \frac{\partial u_y}{\partial t} + u_x\frac{\partial u_y}{\partial x} + u_y\frac{\partial u_y}{\partial y} + u_z\frac{\partial u_y}{\partial z} \\ a_z &= \frac{\mathrm{d}u_z}{\mathrm{d}t} = \frac{\partial u_z}{\partial t} + u_x\frac{\partial u_z}{\partial x} + u_y\frac{\partial u_z}{\partial y} + u_z\frac{\partial u_z}{\partial z} \end{aligned}\right\} \tag{3.6b}$$

式（3.6b）可以写成一个简单的公式，即

$$\vec{a} = \frac{\partial \vec{u}}{\partial t} + (\vec{u} \cdot \nabla)\vec{u} \tag{3.6c}$$

式中：$\nabla=\frac{\partial}{\partial x}+\frac{\partial}{\partial y}+\frac{\partial}{\partial z}$称为哈米尔顿算子。

式（3.6b）中等式右边的$\frac{\partial u_x}{\partial t}$、$\frac{\partial u_y}{\partial t}$、$\frac{\partial u_z}{\partial t}$表示空间固定点上由于时间过程而引起的加速度，称为时变加速度或当地加速度，它是因流场的非恒定性而产生的加速度；等号右边的最后三项之和（如$u_x\frac{\partial u_x}{\partial x}+u_y\frac{\partial u_x}{\partial y}+u_z\frac{\partial u_x}{\partial z}$等），表示液体质点位置改变而产生的加速度，称为位变加速度或迁移加速度。两者之和称为全加速度。

在实际工程中，一般只需要搞清楚在某一空间位置上水流的运动情况，而并不去追究液体质点的运动轨迹。例如施测河流中某点的水流速度时，流速仪是放在某一位置（即测点）上的，在测量时段内，不知有多少水流的质点经过了这一位置，因此流速仪所测的并不是某一个液体质点的速度，而是该空间位置上测量时段内的平均流速。

3.2 恒定流与非恒定流

用欧拉法描述液体运动时，一般情况下，将各种运动要素都表示为空间坐标和时间的函数。

如果在流场中任何空间上所有运动要素都不随时间而变化，这种流动称为恒定流。在恒定流情况下，任一空间点上，无论哪个液体质点通过，其运动要素都是不变的，运动要素仅是空间坐标的连续函数，而与时间无关。对于流速而言，欧拉方程式（3.4）可以写成

$$\left.\begin{aligned}u_x&=u_x(x,y,z)\\u_y&=u_y(x,y,z)\\u_z&=u_z(x,y,z)\end{aligned}\right\}\tag{3.7}$$

因此所有的运动要素对时间的偏导数为零，即

$$\left.\begin{aligned}&\frac{\partial u_x}{\partial t}=\frac{\partial u_y}{\partial t}=\frac{\partial u_z}{\partial t}=0\\&\frac{\partial p}{\partial t}=0\end{aligned}\right\}\tag{3.8}$$

如果流场中任何空间点上有任何一个运动要素是随时间而变化的，这种流动称为非恒定流。非恒定流时，式（3.8）的各偏导数均不为零。

恒定流又称为稳定流、定常流；非恒定流又称为不稳定流、非定常流。

3.3 迹线与流线

3.3.1 迹线与流线的基本概念

某一液体质点在运动过程中，不同时刻所流经的空间点所连成的线称为迹线，即迹线

就是液体质点运动时所走过的轨迹线。例如江河中漂浮物从一处漂浮到另一处时所画的曲线便是迹线。

显然，迹线注重的是液体质点的运动轨迹，即个别液体质点在不同时刻的运动情况，这正是拉格朗日法所描述的液体的运动情况。

流线是流场中的瞬时光滑曲线，在这条曲线上所有各液体质点的流速矢量都和该曲线相切，如图 3.2（a）所示。显然，流线是同一时刻不同液体质点所组成的曲线，它给出该时刻不同液体质点的运动方向。流线的概念是从欧拉法引申出来的。在欧拉法中，液体质点的运动规律是以速度场来描述的，速度场是矢量场，可以用它的矢线来形象地描述它，矢线是这样的曲线，在它上面每一点处的切线方向与对应于该点的矢量方向相重合。速度场的矢线就是流线。

由以上分析可以看出，流线与迹线是完全不同的两个概念，前者是同一时刻由许多液体质点组成的并与各液体质点的流速方向相切的线，后者是某个液体质点在某一段时内所走过的轨迹线。

流线的绘制：设在某时刻 t_1，流场中有一点 A_1，该点的流速向量为$\vec{u}_1$，如图 3.2（b）所示，在这个流速向量$\vec{u}_1$ 上取与点 A_1 相距为 $\Delta\vec{S}_1$ 的点 A_2，在同一时刻，A_2 点的流速向量设为$\vec{u}_2$，在向量$\vec{u}_2$ 上取与 A_2 点相距为 $\Delta\vec{S}_2$ 的点 A_3，若该时刻 A_3 点上的流速向量为$\vec{u}_3$，在向量$\vec{u}_3$ 上取与 A_3 点相距为 $\Delta\vec{S}_3$ 的点 A_4，…，如此继续，可以得出一条折线 A_1、A_2、A_3、A_4，…，如让所取各点距离 $\Delta\vec{S}$趋近于零，则折线变为一条曲线，这条曲线就是 t_1 时刻通过空间点 A_1 的一条流线，如图 3.2（a）所示。

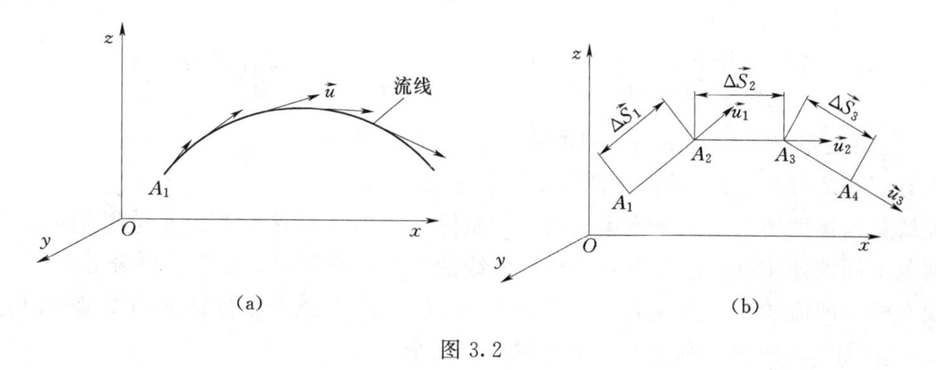

图 3.2

3.3.2 流线的基本特征

（1）恒定流时，因为整个流场内各点流速向量均不随时间而改变，所以流线的形状和位置不随时间而改变。但非恒定流时，由于流速场随时间而变化，因此非恒定流动中的流线具有瞬时性，不同瞬时的流线是不同的。

（2）恒定流时，流线与迹线相重合。而非恒定流时，不同时刻各点的流速方向均与原来的不同，此时迹线一般与流线不相重合。

（3）一般情况下，流线不能相交，这是因为每个液体质点在同一时刻只能有一个流动方向，而不能有两个流动方向。如果流线相交，那么在交点处的流速向量应同时与这两条流线相切，即一个液体质点同时将有两个流速向量，显然，这与流线的定义是相悖的，所以流线是不能相交的。但在某些特殊的情况下，例如在流场内速度为零的驻点和速度为无穷大的奇点，流线可以相交。因为在这些点上不会出现在同一点上存在不同流动方向的问题。

(4) 流线是连续的光滑曲线。根据连续介质假说，液体在空间是连续的，其运动参数在空间也必然是连续的，所以流线不能突然折转，只能是连续的光滑曲线。根据这个性质，如果将物体做成"流线型"，则适应了流线不能突然折转的特性，也改善了运动物体的动力特性。

(5) 流线的疏密程度代表了流速的大小。流线密集的地方，表示流场中该处的流速大；流线稀疏的地方，表示流场中该处的流速小。

3.3.3　迹线和流线方程

迹线是一个液体质点在一段时间内在空间运动的轨迹线，它给出同一液体质点在不同时刻的速度方向。从式 (3.1) 消去 t 后，即得在直角坐标中的迹线方程，为一迹线簇。给定 (a,b,c) 就可得到以 x，y，z 表示的该液体质点 (a,b,c) 的迹线。

如果知道流速场中三个坐标方向的流速，迹线方程也可以从欧拉方程得到。设在任一空间点 $A(x,y,z)$ 上的液体质点运动速度为$\vec{u}$，可以定义液体质点 M 沿着自己的轨迹移动了一个无限小的距离（弧长）$\mathrm{d}\vec{s}$，所经过的时间为 $\mathrm{d}t$，则速度向量$\vec{u}=\mathrm{d}\vec{s}/\mathrm{d}t$，设弧长 $\mathrm{d}\vec{s}$在三个坐标轴上的投影分别为 $\mathrm{d}x$、$\mathrm{d}y$、$\mathrm{d}z$，则速度向量在三个坐标轴上的投影为 $u_x=\mathrm{d}x/\mathrm{d}t$，$u_y=\mathrm{d}y/\mathrm{d}t$，$u_z=\mathrm{d}z/\mathrm{d}t$，从中解出时间 $\mathrm{d}t$，则得迹线的微分方程为

$$\frac{\mathrm{d}x}{u_x}=\frac{\mathrm{d}y}{u_y}=\frac{\mathrm{d}z}{u_z}=\mathrm{d}t$$

或

$$\frac{\mathrm{d}x}{u_x(x,y,z,t)}=\frac{\mathrm{d}y}{u_y(x,y,z,t)}=\frac{\mathrm{d}z}{u_z(x,y,z,t)}=\mathrm{d}t \tag{3.9}$$

式中：t 为自变量；x、y、z 为 t 的函数。

积分后在所得表示式中消去时间 t，即得迹线方程。

流线是以速度场来描述液体运动的。它是同一时刻不同液体质点所组成的曲线，它给出该时刻不同液体质点的速度方向。根据流线的定义，就可建立流线的微分方程。

设有一空间流线，若流线上某一点 M 的速度为$\vec{u}$，在三个坐标轴上的投影分别为 u_x、u_y、u_z，如图 3.3 所示。则速度与坐标轴的方向余弦为

$$\cos(u,x)=u_x/u$$
$$\cos(u,y)=u_y/u$$
$$\cos(u,z)=u_z/u$$

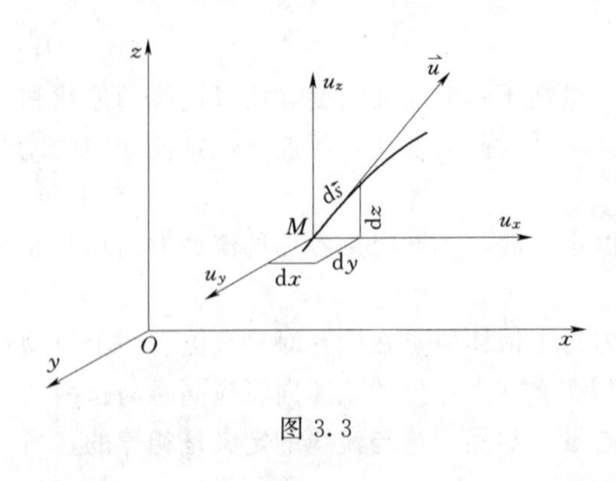

图 3.3

在流线上过 M 点取一微小流段 $\mathrm{d}\vec{s}$，它在坐标轴上的投影分别为 $\mathrm{d}x$、$\mathrm{d}y$、$\mathrm{d}z$，它与坐标轴的方向余弦为

$$\cos(s,x)=\mathrm{d}x/\mathrm{d}s$$
$$\cos(s,y)=\mathrm{d}y/\mathrm{d}s$$
$$\cos(s,z)=\mathrm{d}z/\mathrm{d}s$$

根据流线的定义，流线的切线和速度矢量相重合，对应的方向余弦应相等，即

$$\mathrm{d}x/\mathrm{d}s=u_x/u$$

$$\mathrm{d}y/\mathrm{d}s=u_y/u$$

$$\mathrm{d}z/\mathrm{d}s=u_z/u$$

由上式可得

$$\frac{\mathrm{d}x}{u_x}=\frac{\mathrm{d}y}{u_y}=\frac{\mathrm{d}z}{u_z}$$

或

$$\frac{\mathrm{d}x}{u_x(x,y,z,t)}=\frac{\mathrm{d}y}{u_y(x,y,z,t)}=\frac{\mathrm{d}z}{u_z(x,y,z,t)} \tag{3.10}$$

式（3.10）即为液体在空间运动时流线的微分方程，式中 u_x，u_y，u_z 都是变量 x、y、z 和 t 的函数。因为流线是某一指定时刻的曲线，所以时间 t 不应作为自变量，只能作为一个参变量出现。欲求某一指定时刻的流线，需要把时间 t 作为常数代入上式，然后进行积分，则得流线方程。

【例题 3.1】 已知液体质点的运动由拉格朗日变数表示为

$$x=a\cos\frac{\alpha(t)}{a^2+b^2}-b\sin\frac{\alpha(t)}{a^2+b^2}$$

$$y=b\cos\frac{\alpha(t)}{a^2+b^2}+a\sin\frac{\alpha(t)}{a^2+b^2}$$

式中：$\alpha(t)$ 为时间 t 的某一函数，试求液体质点的轨迹。

解：

对以上两式等号两边平方得

$$x^2=\left[a\cos\frac{\alpha(t)}{a^2+b^2}\right]^2-2b\sin\frac{\alpha(t)}{a^2+b^2}a\cos\frac{\alpha(t)}{a^2+b^2}+\left[b\sin\frac{\alpha(t)}{a^2+b^2}\right]^2$$

$$y^2=\left[b\cos\frac{\alpha(t)}{a^2+b^2}\right]^2+2b\cos\frac{\alpha(t)}{a^2+b^2}a\sin\frac{\alpha(t)}{a^2+b^2}+\left[a\sin\frac{\alpha(t)}{a^2+b^2}\right]^2$$

将以上两式相加得

$$x^2+y^2=a^2+b^2$$

上式表明，液体质点的迹线是一同心圆簇，圆心在原点（0,0），半径 $R=\sqrt{a^2+b^2}$，对于某一给定的（a,b）则为一确定的圆。

【例题 3.2】 设在流场中任一点的速度分量由欧拉变数给出为 $u_x=x+t$，$u_y=-y+t$，$u_z=0$，试求 $t=0$ 时通过点 $A(-1,\ -1)$ 的液体质点的轨迹。

解：

$$\mathrm{d}x/\mathrm{d}t=u_x=x+t \tag{1}$$

$$\mathrm{d}y/\mathrm{d}t=u_y=-y+t \tag{2}$$

$$\mathrm{d}z/\mathrm{d}t=u_z=0 \tag{3}$$

对 $\mathrm{d}x/\mathrm{d}t=x+t$ 积分，令 $t=0$ 得 $\mathrm{d}x/x=\mathrm{d}t$，对此式积分，$\int\mathrm{d}x/x=\int\mathrm{d}t$，得 $\ln x=t+c$，

解出

$$x=e^{t+c}=c_1e^t \tag{4}$$

对上式求微分得 $dx=e^t dc_1+c_1e^t dt$，将此式和式（4）代入式（1）得 $e^t dc_1+c_1e^t dt=(c_1e^t+t)dt$，化简得 $e^t dc_1=t dt$，则 $dc_1=(t/e^t)dt$，积分得

$$c_1=-(t/e^t)-1/e^t+c_2 \tag{5}$$

将式（5）代入式（4）得

$$x=-t-1+c_2e^t \tag{6}$$

对式（2）积分得

$$y=t-1+c_3e^{-t} \tag{7}$$

下面决定积分常数，当 $t=0$ 时，$x=-1$，$y=-1$，代入式（6）、式（7）得 $c_2=0$，$c_3=0$，由此得

$$x=-t-1$$

$$y=t-1$$

将以上两式相加得

$$x+y=-2$$

上式为直线方程，即迹线是一直线。

【例题 3.3】 已知液流中任一点的流速分量为 $u_x=kx$，$u_y=-ky$，$u_z=0$，其中 k 为常量，求流线方程，绘出流线图。

解：

因为 $u_z=0$，说明液流为 xOy 平面上的流动，由流线方程（3.10）得

$$\frac{dx}{kx}=\frac{dy}{-ky}$$

对上式积分得 $\ln x=-\ln y+\ln c$，求得

$$xy=c$$

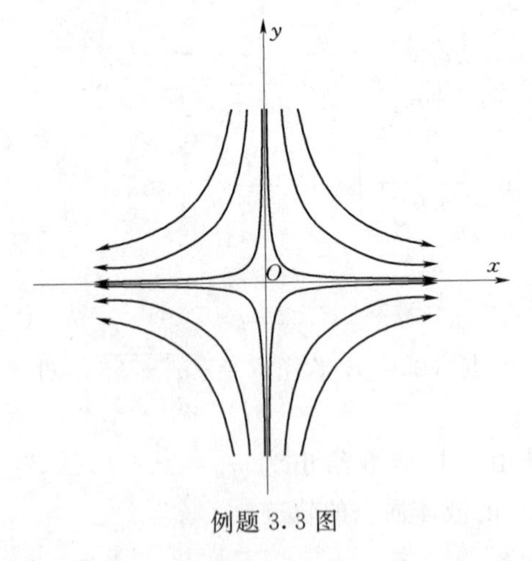

例题 3.3 图

上式即为所求的流线方程。可见流线是以 x 轴和 y 轴为渐近线的双曲线，如图所示。

【例题 3.4】 设在液体中任一点的速度分量由欧拉变数给出为 $u_x=x+t$，$u_y=-y+t$，$u_z=0$，试求 $t=0$ 时通过点 $A(-1,-1)$ 的液体质点的流线。

解：

由流线的微分方程（3.10）得

$$\frac{dx}{x+t}=\frac{dy}{-y+t}$$

因为 t 为参变数，设 t 为常量，对上式积分得 $\ln(x+t)=-\ln(-y+t)+\ln c$，则

$$(x+t)(-y+t)=c$$

由上式可知，液体的任一瞬时的流线是一双曲线簇。当 $t=0$ 时，$x=-1$，$y=-1$，代入上式得 $c=-1$，所以

$$xy=1$$

上式为一等边双曲线方程，即流线是一等边双曲线。因为通过点 $A(-1,\ -1)$，所以在第三象限。

【例题 3.5】 仍为上例，考虑的是恒定流，速度与时间无关，则 $u_x=x$，$u_y=-y$，$u_z=0$，试求 $t=0$ 时通过点 $A(-1,\ -1)$ 的液体质点的迹线。

解：

迹线的微分方程为式（3.9），将流速分量代入得 $\mathrm{d}x/x=\mathrm{d}t$，$\mathrm{d}y/(-y)=\mathrm{d}t$，消去 $\mathrm{d}t$ 后得

$$\frac{\mathrm{d}x}{x}=\frac{\mathrm{d}y}{-y}$$

对上式积分得 $xy=c$。当 $t=0$ 时，$x=-1$，$y=-1$，则 $c=1$，由此得

$$xy=1$$

比较以上两例可以看出，恒定流时流线与流线上液体质点的迹线相重合。

3.4　流管、元流、总流、过水断面、流量与断面平均流速

3.4.1　流管

在液体中任意取一微分面积 $\mathrm{d}A$，通过该面积周界 L（不是流线）的每一个点，均可做一根流线，这些流线所构成的封闭的管状曲面称为流管，如图 3.4 所示。根据流线的定义，在各个时刻，液体质点只能在流管内部或沿流管表面流动，而不能穿过流管。

3.4.2　元流

充满于流管中的液流称为元流，也叫微小流束，如图 3.5 所示。按照流线不能相交的特性。元流内的液体不会穿过流管的管壁向外流动，流管外的液体也不会穿过流管的管壁向流束内部流动。当元流的过水断面面积趋近于零时，元流达到它的极限——流线。当水流为恒定流时，元流的形状和位置不会随时间而改变。在非恒定流中，元流的形状和位置将随时间而改变。

由于元流的横断面面积是很微小的，一般在其横断面上各点的流速或动水压强可看作是相等的。

3.4.3　总流

由无数元流组成的整个液流称为总流。工程上和日常生活中所遇到的管流和河渠水流都是总流。总流的边界围成一个大流管，如图 3.6 所示。

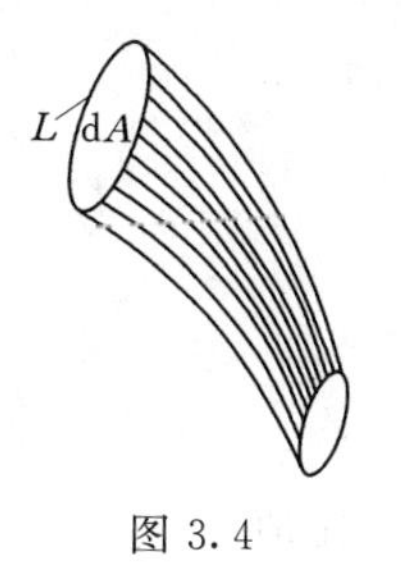

图 3.4

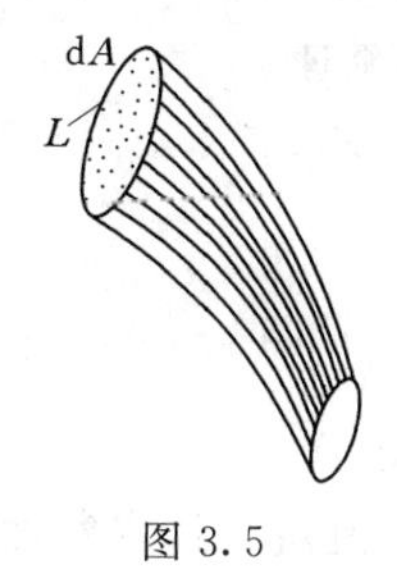

图 3.5

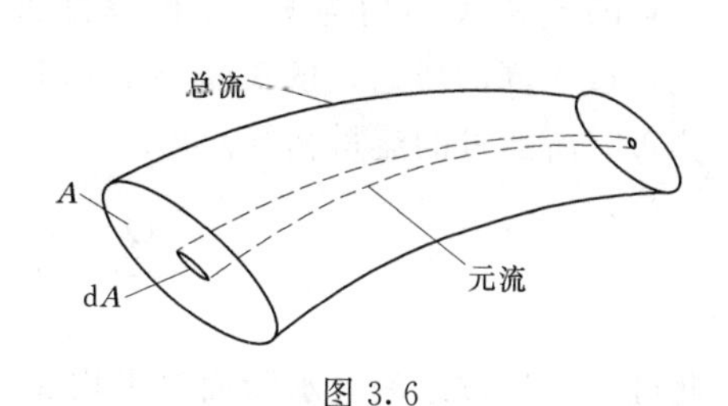

图 3.6

3.4.4　过水断面

与微小流束或总流的流线成正交的横断面称为过水断面。用 dA 表示微小流束的面积，A 表示总流的过水断面面积。如果水流的所有流线都是互相平行的，过水断面为平面，否则就是曲面，如图 3.7 所示。

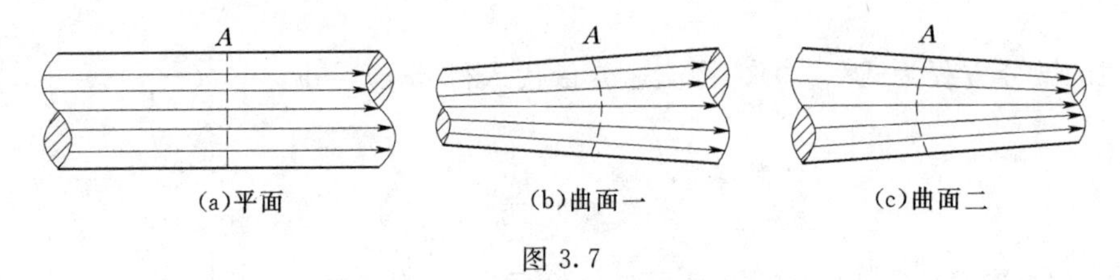

(a)平面　(b)曲面一　(c)曲面二

图 3.7

3.4.5　流量

单位时间内通过某一过水断面的液体的体积称为流量，用 Q 表示。流量是衡量过水断面过水能力大小的一个物理量，单位为 m^3/s 或 L/s。

设在总流中任取一微小流束，其过水断面面积为 dA，因 dA 上各点流速可以认为相等，均为 u，方向与过水断面垂直，在 dt 时段内通过断面 dA 的液体体积为 $udAdt$，则单位时间通过微小过水断面的液体体积为

$$dQ=udA \tag{3.11}$$

式中：dQ 为元流流量。

对于总流，通过过水断面 A 的流量应等于所有元流流量之和，即

$$Q=\int_Q dQ=\int_A udA \tag{3.12}$$

3.4.6　断面平均流速

总流的过水断面上的平均流速 v 是一个假想的流速。实际总流过水断面上各点的流速是不相同的，例如管道中的流速在靠近管壁处流速小，而中间流速大，如图 3.8 所示。但一般断面的流速分布规律极为复杂，因各种具体情况而异，流速分布的表达式不易确定，所以工程中常采用断面流速的平均值来代替各点的实际流速，称为断面平均流速。由此可知，所谓断面平均流速，就是将流速分布图形中各点的流速截长补短，使过水断面上各点的流速大小均为 v，v 就是断面平均流速。而此时过水断面所通过的流量与实际上流速为不均匀分布时所通过的流量相等。即

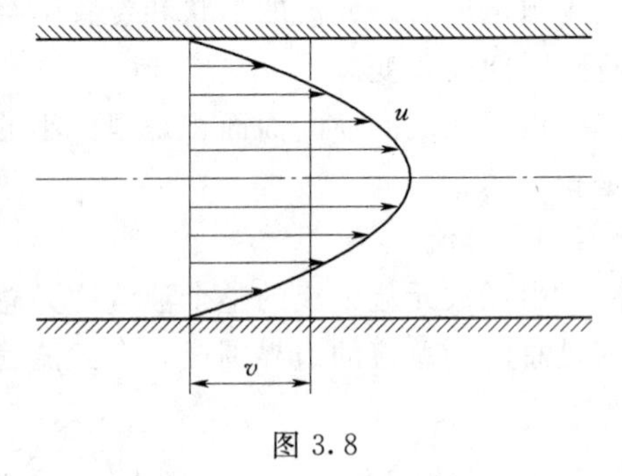

图 3.8

$$Q=\int_Q dQ=\int_A udA=vA$$

$$v=Q/A \tag{3.13}$$

由此可见，通过总流过水断面的平均流速等于流量与过水断面面积的比值。

【例题 3.6】　有一圆形断面涵管，洞径 $d=1.2\text{m}$，已知通过涵管的流量 $Q=3\text{m}^3/\text{s}$，

求涵洞内的断面平均流速。

解：

涵洞的过水断面面积为

$$A=\frac{\pi}{4}d^2=\frac{\pi}{4}\times1.2^2=1.131(\mathrm{m}^2)$$

由式（3.13）得断面平均流速为

$$v=Q/A=3/1.131=2.653(\mathrm{m/s})$$

3.5 一元流、二元流、三元流

凡液流中任一点的运动要素只与一个空间自变量（流程坐标 s）和时间 t 有关，这种液流称为一元流或一维流。例如元流的运动要素只与流程坐标 s（s 不一定是直线）有关，故为一元流。对于总流，若把过水断面上与点的坐标有关的运动要素（如流速、压强、动能和势能等）进行断面平均，求得不随断面上点的位置而变的断面平均值，这时总流也可视为一元流。

凡液流中任一点的运动要素与两个空间自变量和时间 t 有关，这种液流称为二元流或二维流。例如断面为矩形的顺直明渠，当渠道宽度很大，两侧边界对水流的影响可以忽略不计时，水流中任意点的流速与两个空间位置变量有关：一个是决定断面位置的流程坐标 s，另一个是该点在断面上距渠底的铅垂距离 z，如图 3.9 所示。而沿横向（y 方向）流速是没有变化的。

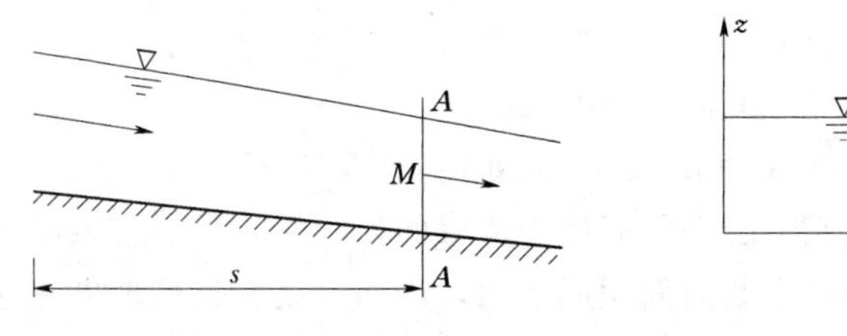

图 3.9

凡液流中任一点的运动要素与三个空间自变量和时间 t 有关，这种液流称为三元流或三维流。例如一矩形明渠，当宽度由 b_1 突然扩大为 b_2，在扩大以后的相当长范围内，水流中任意点的流速不仅与断面位置坐标 s 有关，还和该点断面上的坐标 y 及 z 均有关，如图 3.10 所示。

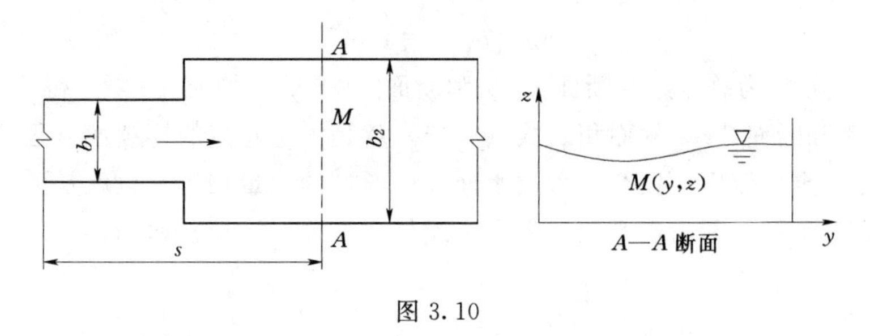

图 3.10

严格地讲，任何实际液体的运动都是三元流动。但用三元流来分析液流的运动状态使得问题非常复杂，所以在水力学上，往往从工程实际出发，结合具体液流情况，采用各种平均方法（常用的有断面平均法）把问题简化为一元流或二元流来处理。

3.6　恒定一元流的连续性方程

液体运动必须遵循质量守恒定律，液流的连续性方程就是质量守恒定律在水力学中的具体体现。

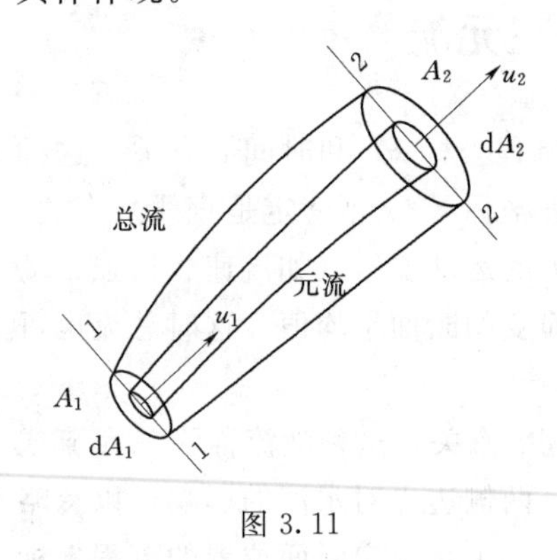

图 3.11

今在恒定流中任取一段微小流束来研究。设进口过水断面 1—1 的面积为 dA_1，流速为 u_1，出口过水断面 2—2 的面积为 dA_2，流速为 u_2，如图 3.11 所示。

由于恒定流中微小流束的形状和尺寸是不随时间而改变的，且通过微小流束的侧壁没有液体流入或流出，有质量流入和流出的只有两端的过水断面。在 dt 时段内，从断面 1—1 流入的液体质量为

$$m_1=\rho_1 u_1 dA_1 dt$$

从断面 2—2 流出的液体质量为

$$m_2=\rho_2 u_2 dA_2 dt$$

由于液体是不可压缩的连续介质，$\rho_1=\rho_2=\rho$，根据质量守恒定律，在 dt 时段内流入的液体质量与流出的液体质量相等，即

$$\rho_1 u_1 dA_1 dt=\rho_2 u_2 dA_2 dt$$

化简得

$$u_1 dA_1=u_2 dA_2$$

或写成

$$dQ=u_1 dA_1=u_2 dA_2 \tag{3.14}$$

式（3.14）就是不可压缩液流恒定一元流微小流束的连续性方程。它表明，对于恒定不可压缩液体，元流的流速与其过水断面面积成反比，因而流线密集的地方流速大，而流线稀疏的地方流速小。

总流是无数个元流之总和，所以将元流的连续性方程在总流过水断面面积上积分可得总流的连续性方程为

$$Q=\int_Q dQ=\int_{A_1} u_1 dA_1=\int_{A_2} u_2 dA_2$$

引入断面平均流速为

$$Q=v_1 A_1=v_2 A_2 \tag{3.15}$$

式中：v_1 和 v_2 分别为总流过水断面 1—1 和断面 2—2 的平均流速；A_1 和 A_2 分别为总流过水断面 1—1 和断面 2—2 的面积。式（3.15）就是恒定总流的连续性方程，它说明：在不可压缩液体恒定总流中，任意两个过水断面所通过的流量相等，也就是说，上游断面流入多少流量，下游任何断面也必然流出多少流量。将式（3.15）移项得

$$\frac{v_2}{v_1}=\frac{A_1}{A_2} \tag{3.16}$$

式(3.16)说明，在不可压缩液体恒定总流中，任意两个过水断面，其平均流速的大小与过水断面面积成反比，断面大的地方流速小，断面小的地方流速大。

【例题 3.7】 一输水管由两段直径不同的管子组成，已知 $d_1=0.4\text{m}$，$d_2=0.2\text{m}$，若在第一管段中的平均流速为 $v_1=1.0\text{m/s}$，试确定第二管段的平均流速。

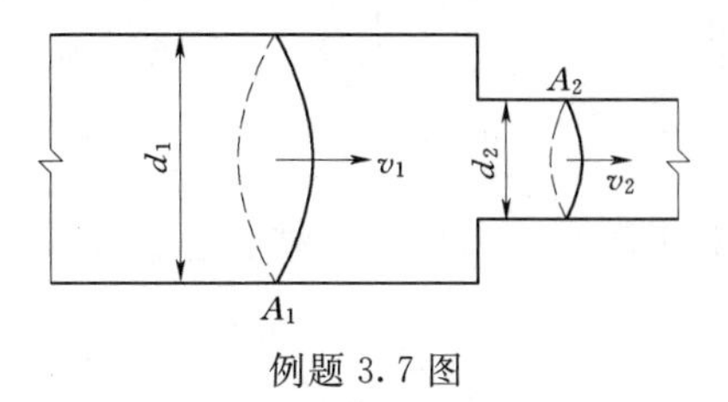

例题 3.7 图

解：

由总流的连续性方程 $v_1A_1=v_2A_2$ 得

$$v_2=v_1A_1/A_2=v_1\times\frac{\pi}{4}d_1^2\Big/\left(\frac{\pi}{4}d_2^2\right)=v_1\frac{d_1^2}{d_2^2}=1.0\times\frac{0.4^2}{0.2^2}=4(\text{m/s})$$

3.7 理想液体及实际液体恒定流微小流束的能量方程

能量的转化与守恒定律是自然界物质运动的普遍规律。液体运动也必然遵循这一规律。液体的能量方程则是这一普遍规律在液体运动中的具体体现。

3.7.1 理想液体恒定流微小流束的能量方程

在理想液体恒定流中取一微小流束，并截取断面 1—1 和断面 2—2 之间的 $\mathrm{d}s$ 流段来研究，如图 3.12 所示。流段 $\mathrm{d}s$ 可看作横断面积为 $\mathrm{d}A$ 的柱体，它沿着流轴 s 方向而运动。

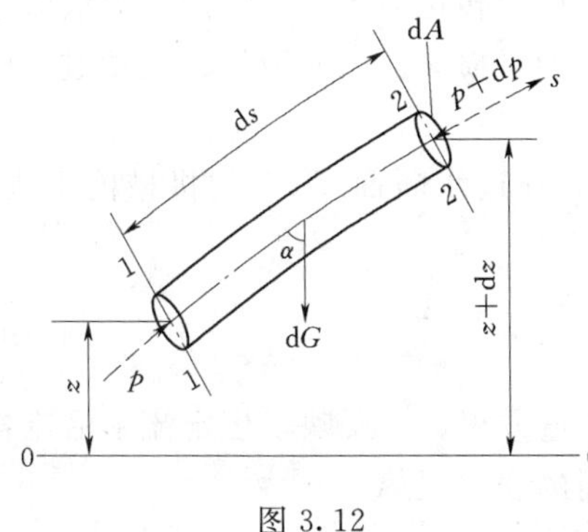

图 3.12

根据牛顿第二定律，作用在 $\mathrm{d}s$ 流段上的外力沿 s 方向的合力，应等于该流段质量 $\rho\mathrm{d}A\mathrm{d}s$ 与其加速度 $\mathrm{d}u/\mathrm{d}t$ 的乘积。

作用在微分流段沿 s 方向的外力有：过水断面 1—1 和过水断面 2—2 上的动水压力；重力沿 s 方向的分力 $\mathrm{d}G\cos\alpha=\gamma\mathrm{d}A\mathrm{d}s\cos\alpha$，流段侧壁上的动水压力在 s 方向没有分力，由于考虑的是理想液体，侧壁上的摩阻力为零。令在断面 1—1 上的动水压强为 p，其动水压力为 $p\mathrm{d}A$，断面 2—2 上的动水压强为 $p+\mathrm{d}p$，动水压力为 $(p+\mathrm{d}p)\mathrm{d}A$。若以 0—0 为基准面，断面 1—1 和断面 2—2 的形心点距基准面的距离分别为 z 和 $z+\mathrm{d}z$，则 $\cos\alpha=\mathrm{d}z/\mathrm{d}s$，故重力沿 s 方向的分力为 $\gamma\mathrm{d}A\mathrm{d}s\mathrm{d}z/\mathrm{d}s=\gamma\mathrm{d}A\mathrm{d}z$。对微分流段沿 s 方向应用牛顿第二定律有

$$p\mathrm{d}A-(p+\mathrm{d}p)\mathrm{d}A-\gamma\mathrm{d}A\mathrm{d}z=\rho\mathrm{d}A\mathrm{d}s\frac{\mathrm{d}u}{\mathrm{d}t}$$

对恒定一元流，$u=u(s)$，故 $\frac{\mathrm{d}u}{\mathrm{d}t}=\frac{\mathrm{d}u}{\mathrm{d}s}\frac{\mathrm{d}s}{\mathrm{d}t}=u\frac{\mathrm{d}u}{\mathrm{d}s}=\frac{\mathrm{d}}{\mathrm{d}s}\left(\frac{u^2}{2}\right)$，代入上式得

$$-\mathrm{d}p-\gamma\mathrm{d}z=\frac{\gamma}{g}\mathrm{d}s\frac{\mathrm{d}}{\mathrm{d}s}\left(\frac{u^2}{2}\right)$$

或
$$\frac{dz}{ds}+\frac{1}{\gamma}\frac{dp}{ds}+\frac{1}{g}\frac{d}{ds}\left(\frac{u^2}{2}\right)=\frac{dz}{ds}+\frac{1}{\gamma}\frac{dp}{ds}+\frac{d}{ds}\left(\frac{u^2}{2g}\right)=\frac{d}{ds}\left(z+\frac{p}{\gamma}+\frac{u^2}{2g}\right)=0$$

将上式沿 s 积分得

$$z+\frac{p}{\gamma}+\frac{u^2}{2g}=C \tag{3.17}$$

对于微小流束上任意两个过水断面有

$$z_1+\frac{p_1}{\gamma}+\frac{u_1^2}{2g}=z_2+\frac{p_2}{\gamma}+\frac{u_2^2}{2g} \tag{3.18}$$

式中：z 为单位重量液体的位能；p/γ 为单位重量液体的压能；$u^2/(2g)$ 为单位重量液体的动能，三者之和称为液体的全部机械能。

式（3.18）即为不可压缩理想液体恒定流微小流束的能量方程。此式是由瑞士科学家伯努利（Bernoulli）于 1738 年首先推导出来的，所以又称为理想液体恒定流微小流束的伯努利方程。

式（3.18）表明，在不可压缩理想液体恒定流情况下，微小流束内不同的过水断面上，单位重量液体所具有的全部机械能（位能、压能和动能）保持相等。

需要注意的是，理想液体中没有黏滞性，不需要克服内摩擦阻力消耗能量，故运动液体的机械能总是保持不变，但其中任何一项能量都是可以改变的，因为能量是可以相互转化的。

3.7.2　实际液体恒定流微小流束的能量方程

实际液体中存在着黏滞性，液体在流动过程中，因为要克服内摩擦阻力做功而消耗一部分能量。能量消耗是指液体内部部分机械能通过摩擦作用转化为热能而散逸，对液流来说就是损失了一定的机械能，这部分损失的机械能就是能量损失。因而液体在流动过程中由于能量损失机械能会沿程减小。

设 h'_w 为微小流束单位重量液体从过水断面 1—1 流到过水断面 2—2 的机械能损失，根据能量守恒原理，实际液体微小流束的能量方程应为

$$z_1+\frac{p_1}{\gamma}+\frac{u_1^2}{2g}=z_2+\frac{p_2}{\gamma}+\frac{u_2^2}{2g}+h'_w \tag{3.19}$$

式（3.19）就是不可压缩实际液体恒定流微小流束的能量方程。它反映了恒定流中沿流各点的位置高度 z、压强 p 和流速 u 这三个水力要素之间的变化规律。

3.7.3　恒定流微小流束能量方程的物理意义和几何意义

1. 物理意义

在第 2 章水静力学中已经知道，z 代表单位重量液体从某一基准面算起所具有的位置势能，简称单位位能；p/γ 为单位重量液体的压强势能，简称单位压能；$(z+p/\gamma)$ 反映了单位重量液体所具有的总势能。在液体流动的情况下，液体还具有动能，由动能定理可知，当流速为 u、质量为 m 的液体在运动时，它所具有的动能为 $\frac{1}{2}mu^2$，对于单位重量液体来说，应除以物体的重量 mg，所以单位重量液体所具有的动能应为 $\left(\frac{1}{2}mu^2\right)/(mg)=\frac{u^2}{2g}$，故能量方程中的 $\frac{u^2}{2g}$ 项代表单位重量液体所具有的动能。而 $z+\frac{p}{\gamma}+\frac{u^2}{2g}$ 代表单位重

量液体所具有的总机械能。h'_w为单位重量液体从过水断面 1—1 流到过水断面 2—2 的过程中，为了克服流动阻力做功而消耗的机械能，这部分机械能转化为热能而散失掉了，所以叫作阻力损失或水头损失。

综上所述，能量方程的物理意义是：微小流束上单位重量液体从一个断面流到另一个断面时，断面上各项能量（位能、压能和动能）在一定的条件下可以相互转化，但是前一个断面上的单位总机械能应等于后一个断面上的单位总机械能加上两断面之间的能量损失。它反映了机械能既转化又守恒的关系，体现了液体在流动时也必然遵守能量守恒定律。

2. 几何意义

能量方程中各项物理量都具有长度的量纲，因此可以用几何高度来表示，如图 3.13 所示。由图中可以看出，z 为微小流束过水断面上某点的位置高度，p/γ 为压强液柱高度，$u^2/(2g)$ 为流速水头高度。在水力学中，将 z 称为位置水头，p/γ 为压强水头，$u^2/(2g)$ 为流速水头。$z+\dfrac{p}{\gamma}$称为测压管水头，$z+\dfrac{p}{\gamma}+\dfrac{u^2}{2g}$称为过水断面的总水头。如把同一流线上各点的总水头顶端连成一条线即得到总水头线，各点的测压管水头的顶端连成一条线即为测压管水头线。

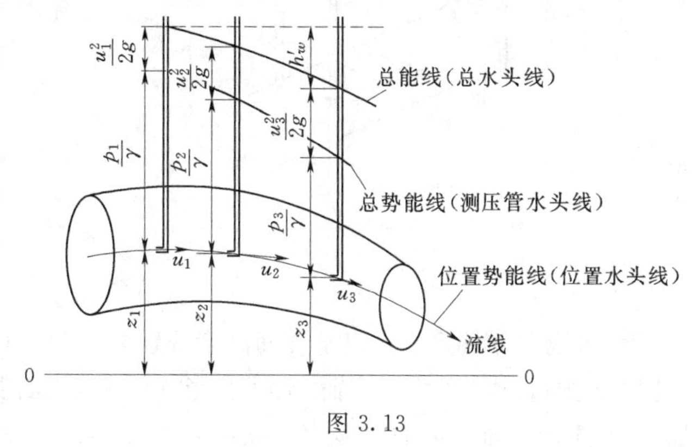

图 3.13

由此可见，能量方程的几何意义是：微小流束上单位重量液体从一个断面流到另一个断面时，断面上的位置水头、压强水头和流速水头在一定的条件下可以相互转化，但是前一个过水断面上的总水头应等于后一个过水断面上的总水头加上两断面之间的水头损失。对于理想液体，由于没有水头损失，总水头线为一水平线；对于实际液体，总水头线沿流程减小，两断面之间的总水头线之差即为液流从一个断面流到另一个断面的水头损失，而测压管水头线沿流程可以上升也可以下降。

3.8 均匀流与非均匀流

3.8.1 均匀流

液流的流线为互相平行的直线，流场中同一条流线各空间点上的流速相同时称为均匀流，如液体在直径不变的直线管道中的流动就是均匀流。均匀流有以下特点。

(1) 均匀流的过水断面为平面，且过水断面的形状和尺寸沿程不变。

(2) 均匀流中，同一流线上不同点的流速应相等，从而各过水断面上的流速分布相同，断面平均流速相等。

(3) 均匀流过水断面上的动水压强分布规律与静水压强分布规律相同，即在同一过水断面上各点的测压管水头 $z+p/\gamma$ 为一常数。但是，不同过水断面上这个常数不相同，它与流动的边界形状变化和水头损失等有关。

证明：如图 3.14 所示，在管道均匀流中，任意选取 1—1 及 2—2 两个过水断面，分别在两个过水断面上安装测压管，则同一断面上各测压管水面必上升至同一高程，即 $z+p/\gamma=C$，但不同断面上测压管水面所上升的高度是不相同的，对断面 1—1，$(z+p/\gamma)_1=C_1$，对断面 2—2，$(z+p/\gamma)_2=C_2$。为了证明这一特性，在均匀流过水断面上取一微分柱体，其轴线 n—n 与流线正交，并与铅垂线成夹角 α，如图 3.15 所示。

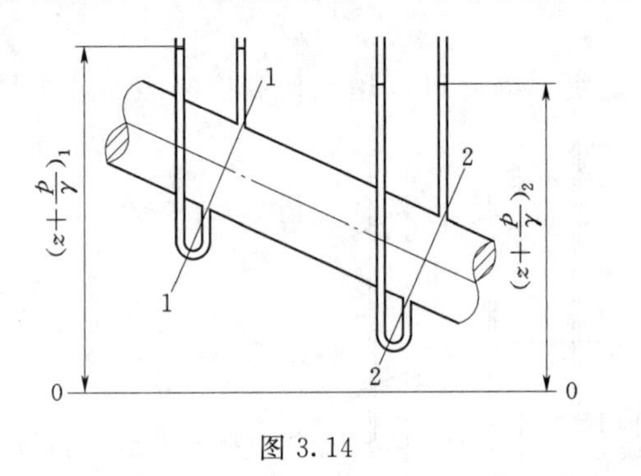

图 3.14

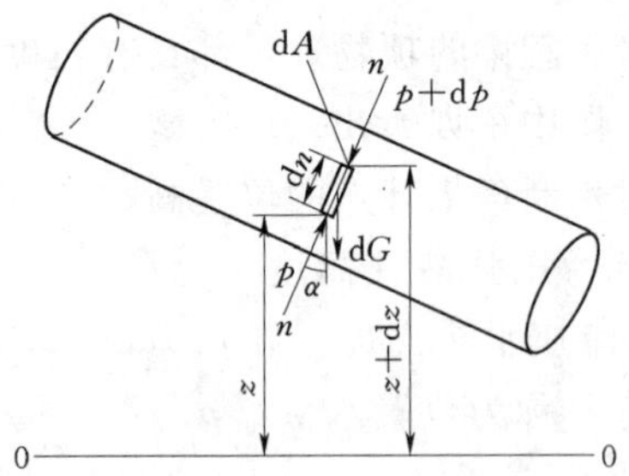

图 3.15

设微分液体两端面形心点离基准面高度分别为 z 和 $z+dz$，其动水压强分别为 p 和 $p+dp$，作用在微分柱体上的力在 n 轴方向的投影有柱体两端面上的动水压力 pdA 和 $(p+dp)dA$，以及柱体自重沿 n 轴方向的投影 $dG\cos\alpha=\gamma dA dn\cos\alpha=\gamma dA dz$。柱体侧面上的动水压力以及水流内摩擦力与 n 轴正交，故沿 n 轴方向的投影为零。在均匀流中，与流向成正交的 n 方向无加速度，所以无惯性力存在，上述各力在 n 方向投影的代数和为零，于是有

$$pdA-(p+dp)dA-\gamma dA dz=0$$

化简得

$$dz+dp/\gamma=0$$

对上式积分得

$$\int d(z+p/\gamma)=z+p/\gamma=C \tag{3.20}$$

式（3.20）表明，均匀流过水断面上的动水压强分布规律与静水压强分布规律相同。因而过水断面上任一点的动水压强或断面上的动水总压力都可以按静水压强以及静水总压力的公式来计算。

3.8.2　非均匀流

若液流的流线不是互相平行的直线，流场中同一条流线各空间点上的流速不相同时称为非均匀流。例如在边界不平直的流段，流线为彼此不平行的曲线，在这些流段中，因过水断面面积和流动方向沿流程变化，故同一条流线上各点流速的大小和方向都发生变化，这种流速和方向（或二者之一）都发生变化的液流就是非均匀流。根据流线的弯曲程度和彼此间夹角的大小又可将非均匀流分为渐变流和急变流。

1. 渐变流

在实际液流中，如果流线之间的夹角很小而接近于平行，或流线虽略有弯曲但曲率很小，这样沿流程的流速无论在大小或方向上的变化都是很缓慢的，这种流动称为渐变流动或渐变流。所以渐变流就是流速沿流程逐渐（缓慢）变化的流动，渐变流的极限情况就是

均匀流。

由以上定义可以看出，渐变流的流速沿流程变化较小，流线可能有以下三种情况。

(1) 流线之间虽然互相不平行，但由于夹角很小，流线接近于平行直线。

(2) 液流的流动也可能是曲线运动，但曲率半径很大，接近于直线。

(3) 上述两条兼而有之。如图 3.16 所示。因此，又可称渐变流为一种流线接近于平行直线的流动。

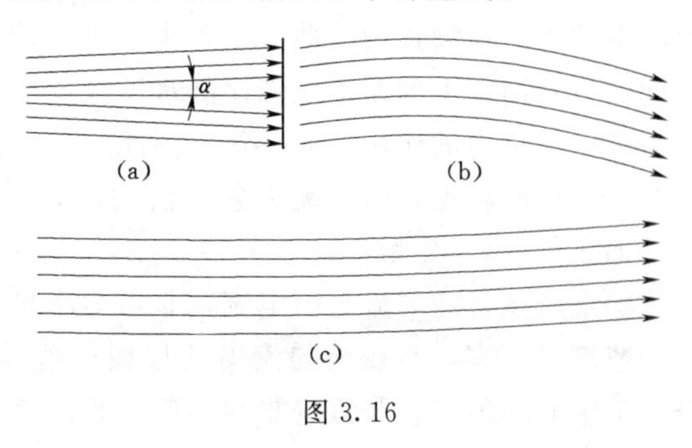

图 3.16

由于渐变流的流线近似于平行直线，在过水断面上的动水压强也可近似地看作与静水压强分布规律相同，即 $z+p/\gamma=C$。但须指出，均匀流与渐变流的过水断面上动水压强遵循静水压强分布规律的结论，必须是对于有固定边界约束的液流才适用，如由孔口或管道末端射入空气中的射流，虽然在出口断面处或距出口断面不远处，液流的流线也近似于平行的直线，可视为渐变流，但因该断面的周界上均与气体接触，断面上各点均为大气压强，从而过水断面上的动水压强分布规律不符合静水压强分布规律。

2. 急变流

如果液流的流线之间的夹角较大或者流线弯曲的曲率较大，则沿程的流速大小或方向变化急剧，这种流动称为急变流动，简称为急变流。在河渠上修建的建筑物附近或管道转弯、断面放大或缩小处，都会形成急变流动，如图 3.17 和图 3.18 所示。

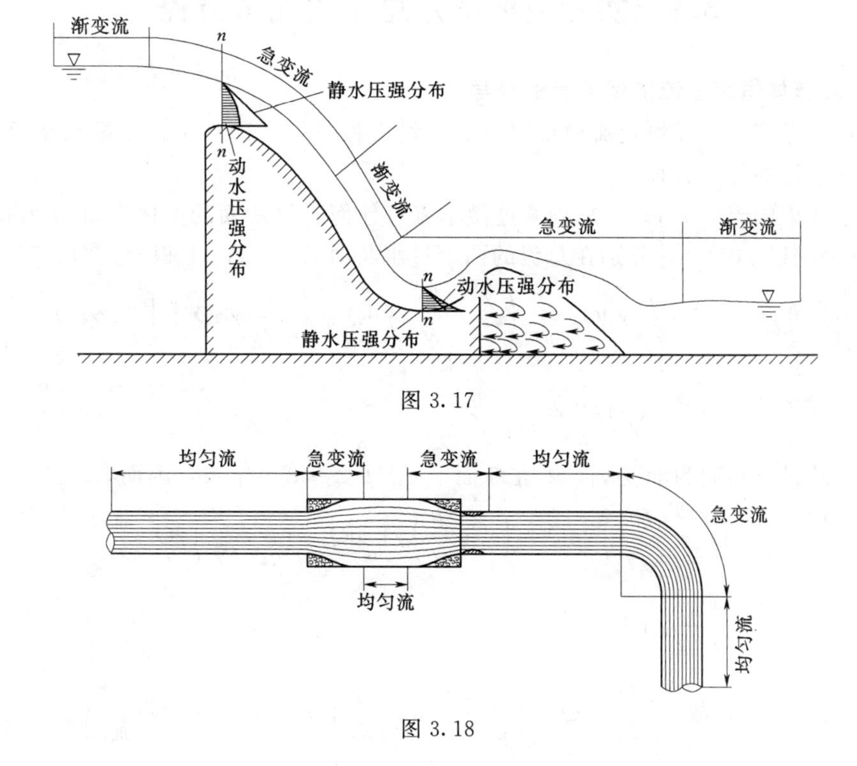

图 3.17

图 3.18

现在来分析在急变流情况下过水断面的动水压强分布规律。图 3.17 所示为一溢流坝溢流的情况。在坝顶处为流线上凸的急变流动，在反弧段为曲线下凹的急变流动。在急变流动中，液流不仅受重力作用，还要受离心惯性力的影响，所以在平衡方程中，多了一个离心惯性力。在坝顶的凸曲面上，离心惯性力的方向与重力沿 $n—n$ 线方向的分力相反，因此使过水断面上的动水压强比静水压强要小。而在反弧段，由于液体质点所受的离心惯性力方向与重力的作用方向一致，因此过水断面上的动水压强比按静水压强计算所得的数值要大。由此可见，当液流为急变流动时，其动水压强分布规律与静水压强分布规律不同，即 $z+p/\gamma\neq$常数。

综上所述，均匀流与恒定流，非均匀流与非恒定流是两个不同的概念。在恒定流时当地加速度等于零，而在均匀流中迁移加速度等于零。所以，液体的流动可分为恒定均匀流、恒定非均匀流、非恒定非均匀流、非恒定均匀流四种情况。在明渠中，由于存在自由液面，一般不会存在非恒定均匀流的情况。

在恒定均匀流中，当地加速度和迁移加速度均为零。在渐变流中，由于加速度很小，因而惯性力也很小，在计算中可以忽略不计，均匀流和渐变流的动水压强分布规律可以按照静水压强分布规律处理。在急变流中，有加速度，惯性力的影响不可忽略，动水压强分布规律不符合静水压强分布规律。但目前关于渐变流与急变流的定量区别还没有一个判别标准，在工程实际中，需视精度要求进行具体分析。一般情况下，当固体边界为近于平行的直线时，液流往往作为渐变流来处理；当水流转弯、断面扩大或缩小以及明渠中由于建筑物的存在使液面发生急剧变化时的液流都按急变流处理。

3.9　实际液体恒定总流的能量方程

3.9.1　实际液体恒定总流能量方程的推导

对不可压缩实际液体恒定流微小流束的能量方程式（3.19）在总流过水断面上积分，便可推广为总流的能量方程。

若微小流束的流量为 $\mathrm{d}Q$，每秒通过微小流束任何过水断面的液体重量为 $\gamma\mathrm{d}Q$，对式（3.19）各项乘以 $\gamma\mathrm{d}Q$，并分别在总流的两个过水断面 A_1 及 A_2 上积分，即

$$\int_Q\left(z_1+\frac{p_1}{\gamma}\right)\gamma\mathrm{d}Q+\int_Q\frac{u_1^2}{2g}\gamma\mathrm{d}Q=\int_Q\left(z_2+\frac{p_2}{\gamma}\right)\gamma\mathrm{d}Q+\int_Q\frac{u_2^2}{2g}\gamma\mathrm{d}Q+\int_Q h_w'\gamma\mathrm{d}Q \tag{3.21}$$

1. 第一类积分 $\int_Q\left(z+\frac{p}{\gamma}\right)\gamma\mathrm{d}Q$

若所取的过水断面为渐变流，则在断面上 $z+p/\gamma=C=$常数，因而有

$$\int_Q\left(z+\frac{p}{\gamma}\right)\gamma\mathrm{d}Q=\left(z+\frac{p}{\gamma}\right)\gamma\int_Q\mathrm{d}Q=\left(z+\frac{p}{\gamma}\right)\gamma Q \tag{3.22}$$

2. 第二类积分 $\int_Q\frac{u^2}{2g}\gamma\mathrm{d}Q$

因为 $\mathrm{d}Q=u\mathrm{d}A$，故 $\int_Q\frac{u^2}{2g}\gamma\mathrm{d}Q=\int_A\gamma\frac{u^3}{2g}\mathrm{d}A=\frac{\gamma}{2g}\int_A u^3\mathrm{d}A$ ，它为每秒通过过水断面 A

的液体动能的总和。若采用断面平均流速 v 代替 u，显然 $\int_A u^3 \mathrm{d}A \neq \int_A v^3 \mathrm{d}A$，故不能直接把动能积分符号内的 u 转化为 v，而需要一个修正系数 α 才能使之相等，因此

$$\int_Q \frac{u^2}{2g}\gamma \mathrm{d}Q = \frac{\gamma}{2g}\int_A u^3 \mathrm{d}A = \frac{\gamma}{2g}\alpha v^3 A = \gamma Q \frac{\alpha v^2}{2g} \tag{3.23}$$

$$\alpha = \frac{\int_A u^3 \mathrm{d}A}{v^3 A} \tag{3.24}$$

式中：α 为动能修正系数，其值大小取决于过水断面上流速分布情况，流速分布越均匀，α 越接近于 1.0，不均匀分布时，$\alpha>1$，在渐变流中，一般取 $\alpha=1.05\sim1.1$。

3. 第三类积分 $\int_Q h_w' \gamma \mathrm{d}Q$

假定各个微小流束单位重量液体所损失的能量 h_w' 都用某一个平均值 h_w 来代替，则第三类积分变为

$$\int_Q h_w' \gamma \mathrm{d}Q = \gamma h_w \int_Q \mathrm{d}Q = \gamma h_w Q \tag{3.25}$$

把三种类型的积分结果代入式（3.21），各项同除以 γQ，可得

$$z_1 + \frac{p_1}{\gamma} + \frac{\alpha_1 v_1^2}{2g} = z_2 + \frac{p_2}{\gamma} + \frac{\alpha_2 v_2^2}{2g} + h_{w1-2} \tag{3.26}$$

式中：h_{w1-2} 为总流单位重量液体由一个断面流到另一个断面的平均水头损失。

式（3.26）即为不可压缩实际液体恒定总流的能量方程，它反映了总流中不同过水断面上测压管水头与断面平均流速的变化规律及其相互关系，是水力学中一个非常重要的公式，它与微小流束的能量方程（3.19）不同之处在于：总流能量方程中的流速 v 为断面平均流速，能量损失采用平均值 h_{w1-2} 表示。

恒定总流能量方程的物理意义和几何意义类似于实际液体微小流束的能量方程中的对应项，不同的是在总流中各项均指断面平均值。所以，恒定总流能量方程的物理意义是：总流各过水断面上单位重量液体所具有的总机械能沿程减小，液流在运动过程中部分机械能转化为热能而损失；同时，亦表示了各项能量之间可以相互转化的关系。几何意义是：总流各过水断面上平均总水头沿流程下降，所下降的高度即为平均水头损失；同时，亦表示了各项水头之间可以相互转化的关系。

3.9.2 实际液体恒定总流能量方程的图示——水头线

总流能量方程与元流能量方程一样，方程中的各项都具有长度的量纲，因而可用图示法表示。现以图 3.19 所示的管道流动为例，说明图示法绘制的步骤。

先画出基准面 0—0，以水头为纵坐标，按一定比例沿流程将各断面的位置水头 z、压强水头 p/γ 和流速水头 $\alpha v^2/(2g)$ 分别绘于图上，而且每个过水断面的 z、p/γ 及 $\alpha v^2/(2g)$ 是由基准面开始沿铅垂线向上依次连接。

对于管流，一般选取管道断面形心点到基准面的距离来表示过水断面上的位置水头 z。从断面形心点沿铅垂线向上量取高度等于 p/γ 的线段，得到测压管水头（$z+p/\gamma$），连接各断面的测压管水头（$z+p/\gamma$），就是测压管水头线，它反映了液流中势能沿程的变

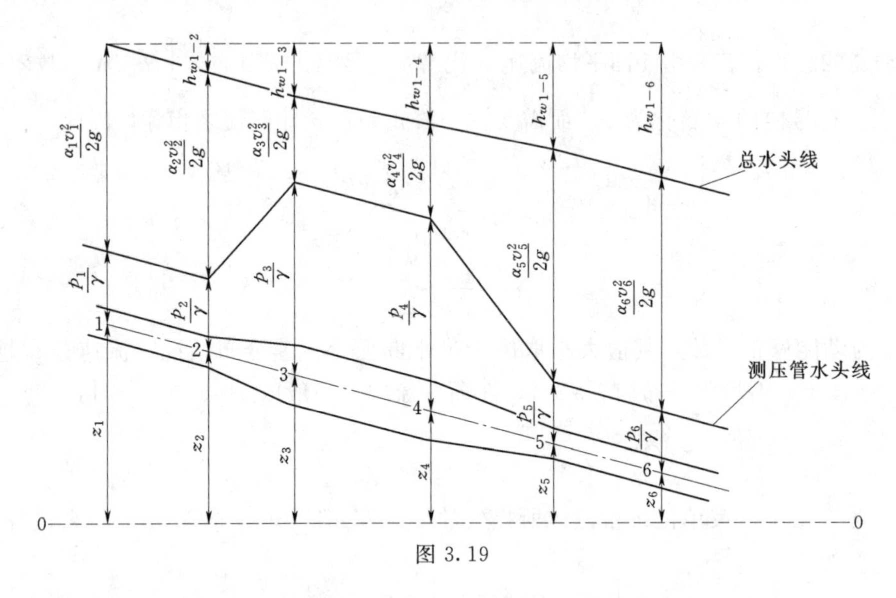

图 3.19

化规律。测压管水头线在位置水头线以上，压强为正，反之为负。

从过水断面的测压管水头沿铅垂线再向上量取高度等于 $\alpha v^2/(2g)$ 的线段，就得到该断面的总水头 $H=z+p/\gamma+\alpha v^2/(2g)$，连接各断面的总水头 H，就是总水头线，它反映了液流中总机械能沿流程的变化规律。总水头线与测压管水头线之间的铅垂距离反映了各断面流速水头的沿程变化。两个断面之间的总水头线之差就是液流在流动过程中两个过水断面之间的水头损失。

对于实际液体，随着流程的不断增加，水头损失不断增加，所以实际液体的总水头线一定是沿流程下降的。由于势能和动能是可以互相转化的，所以测压管水头线可能下降，也可能在某一段上升，甚至可能是一条水平线，这要看总流的几何边界变化情况而做具体分析。

总水头线的坡度称为水力坡度，以 J 表示，它代表单位长度上的水头损失。如果总水头线为斜直线时，水力坡度为

$$J=\frac{H_1-H_2}{L}=\frac{h_w}{L} \tag{3.27}$$

如果总水头线为曲线时，其水力坡度为变值，在某一断面处水力坡度可表示为

$$J=-\frac{\mathrm{d}H}{L}=\frac{\mathrm{d}h_w}{L} \tag{3.28}$$

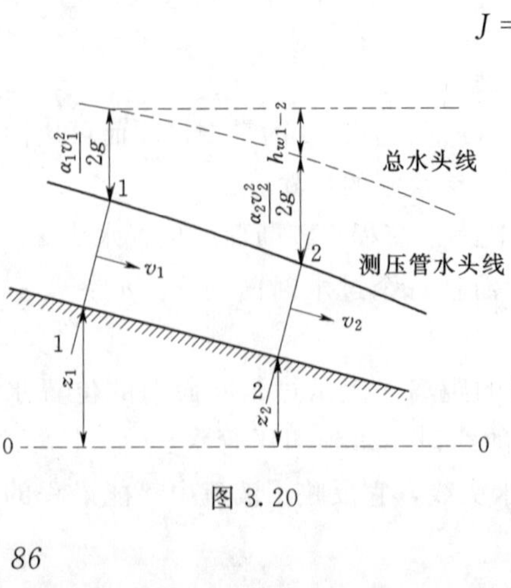

因总水头增量 $\mathrm{d}H$ 始终为负值，为使 J 为正值，故在式（3.28）中加一负号。

对于河渠中的渐变流动，其测压管水头线就是水面线，如图 3.20 所示。

图 3.20

3.9.3　能量方程的应用条件及注意点

从上面能量方程的推导过程可以看出，应用能量方程时应满足以下条件。

（1）液流必须是恒定流。

（2）作用于液体上的力只有重力。

（3）在所选取的两个过水断面上，液流应符合渐变流条件，但在所选取的两个断面之间，液流可以不是渐变流。

（4）在所选取的两个过水断面之间，流量保持不变，其间没有流量加入或分出。

这里需要指出的是，虽然在能量方程的推导中使用了流量保持不变的条件，但总流能量方程中各项都是指单位重量液体的能量，所以在液流有分支或汇合的情况下，仍可分别对每支液流建立能量方程。

如图 3.21（a）所示，有两支汇合的水流，其每支流量分别为 Q_1 和 Q_2，根据能量守恒原理，从断面 1—1 和断面 2—2 在单位时间内输入的液体总能量，应等于断面 3—3 输出的液体总能量加上两支水流的能量损失，即

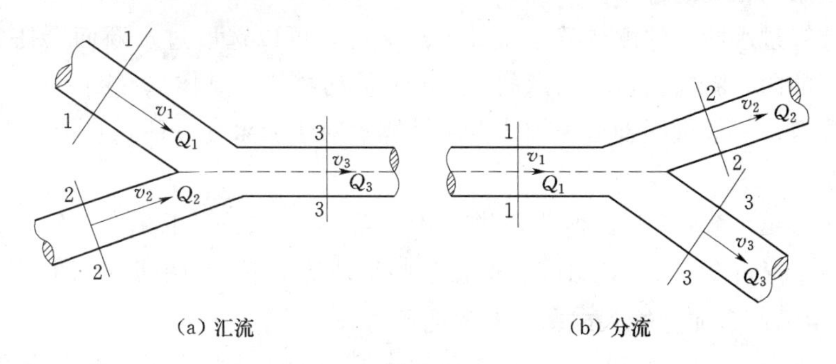

(a) 汇流　　(b) 分流

图 3.21

$$\gamma Q_1\left(z_1+\frac{p_1}{\gamma}+\frac{\alpha_1 v_1^2}{2g}\right)+\gamma Q_2\left(z_2+\frac{p_2}{\gamma}+\frac{\alpha_2 v_2^2}{2g}\right)=\gamma Q_3\left(z_3+\frac{p_3}{\gamma}+\frac{\alpha_3 v_3^2}{2g}\right)+\gamma Q_1 h_{w1-3}+\gamma Q_2 h_{w2-3}$$

因为 $Q_3=Q_1+Q_2$，代入上式整理得

$$Q_1\left[\left(z_1+\frac{p_1}{\gamma}+\frac{\alpha_1 v_1^2}{2g}\right)-\left(z_3+\frac{p_3}{\gamma}+\frac{\alpha_3 v_3^2}{2g}\right)-h_{w1-3}\right]$$
$$+Q_2\left[\left(z_2+\frac{p_2}{\gamma}+\frac{\alpha_2 v_2^2}{2g}\right)-\left(z_3+\frac{p_3}{\gamma}+\frac{\alpha_3 v_3^2}{2g}\right)-h_{w2-3}\right]=0$$

上式中，要使左端两项之和等于零，必须是要求各自分别为零，因为根据其物理意义，它的每一项是表示该支水流的输入总能量与输出总能量之差，因此它不可能一项为正，另一项为负，故

$$Q_1\left[\left(z_1+\frac{p_1}{\gamma}+\frac{\alpha_1 v_1^2}{2g}\right)-\left(z_3+\frac{p_3}{\gamma}+\frac{\alpha_3 v_3^2}{2g}\right)-h_{w1-3}\right]=0$$

$$Q_2\left[\left(z_2+\frac{p_2}{\gamma}+\frac{\alpha_2 v_2^2}{2g}\right)-\left(z_3+\frac{p_3}{\gamma}+\frac{\alpha_3 v_3^2}{2g}\right)-h_{w2-3}\right]=0$$

于是对每一支水流有

$$\left.\begin{aligned}z_1+\frac{p_1}{\gamma}+\frac{\alpha_1 v_1^2}{2g}=z_3+\frac{p_3}{\gamma}+\frac{\alpha_3 v_3^2}{2g}+h_{w1-3}\\ z_2+\frac{p_2}{\gamma}+\frac{\alpha_2 v_2^2}{2g}=z_3+\frac{p_3}{\gamma}+\frac{\alpha_3 v_3^2}{2g}+h_{w2-3}\end{aligned}\right\}\tag{3.29a}$$

对于图 3.21（b）的分流情况，仍可仿照汇流的推导方法得

$$\left.\begin{aligned} z_1+\frac{p_1}{\gamma}+\frac{\alpha_1 v_1^2}{2g}=z_2+\frac{p_2}{\gamma}+\frac{\alpha_2 v_2^2}{2g}+h_{w1-2} \\ z_1+\frac{p_1}{\gamma}+\frac{\alpha_1 v_1^2}{2g}=z_3+\frac{p_3}{\gamma}+\frac{\alpha_3 v_3^2}{2g}+h_{w1-3} \end{aligned}\right\} \tag{3.29b}$$

应用能量方程应注意以下几点。

（1）基准面的选择是任意的，但在计算不同断面的位置水头 z 时，必须选择同一基准面。

（2）能量方程中的压强水头 p/γ 一项，可以用相对压强，也可以用绝对压强，但对同一问题必须采用相同的标准。

（3）在计算过水断面的测压管水头 $z+p/\gamma$ 时，可以选取过水断面上任意点来计算，因为在渐变流的同一断面上，任何点的 $z+p/\gamma$ 值均相等，具体选择哪一点，以计算方便为宜；对于管道，一般可取管道中轴线点来计算；对于明渠，一般在自由表面上取一点来计算比较方便。

（4）动能修正系数 α_1 和 α_2，严格讲是不相等的，且不等于 1.0，实用上为了方便，对渐变流多数情况可令 $\alpha_1=\alpha_2=1.0$。但在某些特殊情况下，须根据具体情况而定。

3.9.4　流程中沿途有能量输入或输出时的能量方程

在实际工程中，有时会遇到沿程有能量输入或输出的情况，例如抽水管路系统中设置的水泵，通过水泵叶片的转动对水流做功，使水流能量增加，如图 3.22 所示；而水电站有压管路系统中安装的水轮机的水流对水轮机做功，使水流能量减小，如图 3.23 所示。

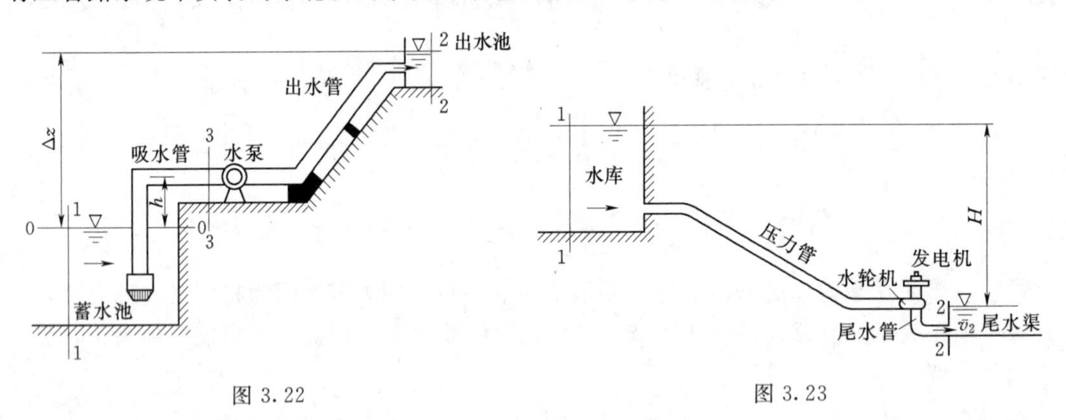

图 3.22　　　　图 3.23

对图 3.22 所示的水泵对水流做功使能量增加的情况，设单位重量液体从水泵获得的外加能量为 H_p，对断面 1—1 及断面 2—2 写能量方程，则总流的能量方程可以写成

$$z_1+\frac{p_1}{\gamma}+\frac{\alpha_1 v_1^2}{2g}+H_p=z_2+\frac{p_2}{\gamma}+\frac{\alpha_2 v_2^2}{2g}+h_{w1-2} \tag{3.30}$$

式中：H_p 为水泵的扬程；h_{w1-2} 为断面 1—1 及断面 2—2 之间全部水管的水头损失，但不包括水泵内部水流的能量损失。

对于图 3.23 所示的水流带动水轮机转动，使水流能量减少的情况，对断面 1—1 及断面 2—2 写能量方程，可得总流的能量方程为

$$z_1+\frac{p_1}{\gamma}+\frac{\alpha_1 v_1^2}{2g}-H_t=z_2+\frac{p_2}{\gamma}+\frac{\alpha_2 v_2^2}{2g}+h_{w1-2} \tag{3.31}$$

式中：H_t 为水轮机的作用水头；h_{w1-2} 为断面 1—1 及断面 2—2 之间全部水管的水头损失，但不包括水轮机系统内的损失。

如果设单位时间内动力机械给予水泵的功称为水泵的轴功率 N_p，单位时间内通过水泵的水流总重量为 γQ，所以水流在单位时间内由水泵获得的总能量为 γQH_p，称为水泵的有效功率。由于水流通过水泵时有水头损失和渗漏损失，再加上水泵本身的机械磨损，所以水泵的有效功率小于轴功率 N_p，两者的比值称为水泵的效率 η_p，则

$$\eta_p N_p=\gamma QH_p$$

故

$$H_p=\frac{\eta_p N_p}{\gamma Q} \tag{3.32}$$

如果水轮机主轴的出力为 N_q，单位时间内通过水轮机的水流重量为 γQ，所以单位时间内水流对水轮机作用的总能量为 γQH_t，由于通过水轮机时水流有水头损失和渗漏损失以及水轮机本身的机械磨损，所以水轮机的出力要小于水流给水轮机的功率，设水轮机与发电机的总效率为 η_q，则

$$N_q=\eta_q\gamma QH_t \tag{3.33}$$

式（3.32）和式（3.33）中：γ 的单位为 N/m³；流量 Q 的单位为 m³/s；H_p 和 H_t 的单位为 m；N_p 及 N_q 的单位为 N·m/s 或瓦特（W）；功率的单位为马力，1 马力=735W=0.735kW。

3.10 能量方程应用举例

3.10.1 毕托管测流速

毕托管是一种测量液体流速的仪器，它是亨利·毕托（Henri Pitot）在 1730 年首创的，所以称为毕托管。

欲测液流中某一点 A 的流速时，取一个与 A 点非常接近的 B 点，在 B 点安装一根细弯管，又称动压管，如图 3.24（a）所示。弯管的一端正对来流方向，且置于 B 点处，另一端垂直向上，当水流进入 B 点时，由于弯管的阻滞而使流速等于零，动能全部转化为压能，使得动压管中的液面上升至高度 p_B/γ，B 点称为驻点或滞止点。另一方面，在 B 点上游同一水平流线上相距很近的 A 点的侧壁上安装一根测压管，设 A 点的流速为 u，测压管中液面上升高度为 p_A/γ，由于 A 点和 B 点之间的距离很近，水头损失可忽略不计，若以通过 A 点的水平面为基准面，根据能量方程有

$$\frac{p_A}{\gamma}+\frac{u^2}{2g}=\frac{p_B}{\gamma}$$

由图 3.24 可以看出 $p_B/\gamma-p_A/\gamma=\Delta h$，$\Delta h$ 为动压管与测压管的液面差，代入上式得

$$u=\sqrt{2g\Delta h} \tag{3.34}$$

根据这个原理，可将测压管与动压管组合制成一种测定流速的仪器，这就是毕托管。毕托管是一根细弯管，如图 3.24（b）所示。其前面和侧面均开有小孔，前面小孔和侧面小孔分别由两个不同道的细管接到两根测压管上。前面小孔相当于驻点 B，侧面小孔的方

向与水流的方向垂直，相当于 A 点。当需要测量液体中某一点的流速时，将弯管前端置于该点，并正对来流方向，测量时只要测出动压管和测压管的液面差 Δh，即可由式（3.34）求得测点的流速。

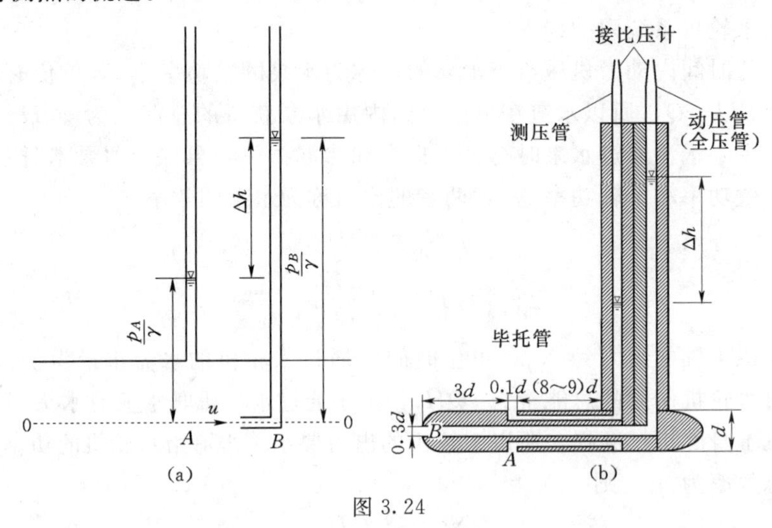

图 3.24

毕托管测流速物理意义明确，方法简单，因而是实验室测量流速的主要仪器。但缺点是毕托管放入液流中对流场有干扰作用，毕托管与测压管的进口之间有一段距离，有水头损失。所以在测流速时，应在式（3.34）中乘以系数 φ，式（3.34）变为

$$u=\varphi\sqrt{2g\Delta h} \tag{3.35}$$

φ 为毕托管流速校正系数，与毕托管的构造、尺寸、表面光洁度等因素有关，需通过专门的实验来确定，一般为 0.98～1.0。

3.10.2　文丘里流量计

文丘里（Venturi）流量计是一种量测管道中液体流量的设备，它由逐渐收缩段、喉道段和逐渐扩散段组成，安装在需要测定流量的管道当中。在收缩段进口前断面 1—1 和喉道段断面 2—2 上分别安装测压管，如图 3.25 所示。当液体通过文丘里管时，由于动能和势能相互转化，在断面 1—1 和断面 2—2 的测压管中就会形成液面差，只要测出测压管中的液面差 Δh，就可以运用能量方程求出文丘里管中通过的流量。

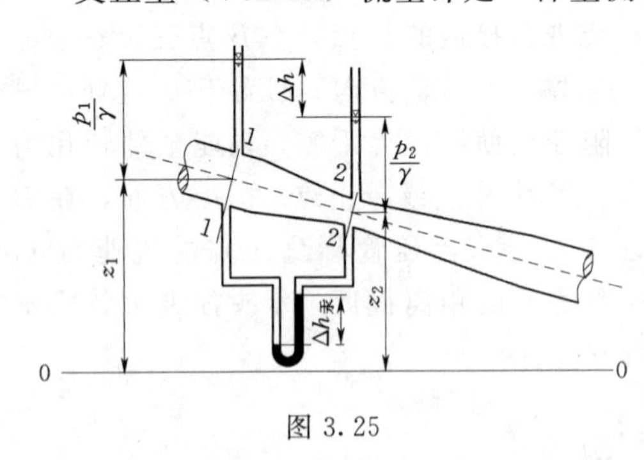

图 3.25

选择水平面 0—0 为基准面，计算点选在断面 1—1 和断面 2—2 的中心，设断面 1—1 和断面 2—2 处液体的位置高度、压强和流速分别为 z_1、z_2、p_1、p_2、v_1、v_2，暂不考虑水头损失，令 $h_{w1-2}=0$，并取动能修正系数 $\alpha_1=\alpha_2=1$，对断面 1—1 和断面 2—2 写能量方程得

$$z_1+\frac{p_1}{\gamma}+\frac{v_1^2}{2g}=z_2+\frac{p_2}{\gamma}+\frac{v_2^2}{2g}$$

将上式变形得

$$\left(z_1+\frac{p_1}{\gamma}\right)-\left(z_2+\frac{p_2}{\gamma}\right)=\frac{v_2^2}{2g}-\frac{v_1^2}{2g}$$

由图 3.25 可以看出$\left(z_1+\frac{p_1}{\gamma}\right)-\left(z_2+\frac{p_2}{\gamma}\right)=\Delta h$，$\Delta h$ 就是断面 1—1 和断面 2—2 间的测压管液面差，所以有

$$\frac{v_2^2-v_1^2}{2g}=\Delta h$$

由连续性方程 $A_1v_1=A_2v_2$，得 $v_1=\frac{A_2v_2}{A_1}=v_2\frac{d_2^2}{d_1^2}$，代入上式得

$$v_2=\frac{\sqrt{2g\Delta h}}{\sqrt{1-(d_2/d_1)^4}}$$

流量为

$$Q=A_2v_2=\frac{\pi d_2^2}{4}\frac{\sqrt{2g\Delta h}}{\sqrt{1-(d_2/d_1)^4}}$$

式中：d_1 为断面 1—1 的管径；d_2 为喉道段断面 2—2 的管径。

令

$$K=\frac{\pi d_2^2}{4}\frac{\sqrt{2g}}{\sqrt{1-(d_2/d_1)^4}}$$

则

$$Q=K\sqrt{\Delta h} \tag{3.36}$$

式（3.36）即为不考虑水头损失时通过文丘里管的理论流量。对于实际液体，流量将比式（3.36）计算的流量小，所以应在式（3.36）中乘以一个流量系数 μ 进行改正，则实际液体的流量公式为

$$Q=\mu K\sqrt{\Delta h} \tag{3.37}$$

μ 称为文丘里管的流量系数，当管中的雷诺数 $Re>2\times10^5$ 时，流量系数为一常数，其值一般为 0.94～0.98。

如果文丘里管上安装的是水银差压计，如图 3.25 下面的水银差压计，由差压计原理可得

$$\left(z_1+\frac{p_1}{\gamma}\right)-\left(z_2+\frac{p_2}{\gamma}\right)=\frac{\gamma_{汞}-\gamma}{\gamma}\Delta h_{汞}=12.6\Delta h_{汞}$$

$$Q=\mu K\sqrt{12.6\Delta h_{汞}} \tag{3.38}$$

3.10.3 水泵管路系统

有一如图 3.22 所示的水泵管路系统。已知水泵管路中通过的流量为 Q，由蓄水池水面到出水池水面高差为 Δz，中间的水头损失为 h_{w1-2}，水泵的效率为 η_p，吸水管的直径为 d，由蓄水池至水泵前断面 3—3 的水头损失为 h_{w1-3}，水泵的允许真空度为 h_v（水柱 m），试求：①水泵的安装高度 h；②水泵的扬程 H_p；③水泵的功率 N_p。

1. 求水泵的安装高度 h

吸水管中的流速为

$$v_3=\frac{Q}{A}=\frac{Q}{\pi d^2/4}=\frac{4Q}{\pi d^2}$$

以蓄水池水面为基准面，写断面 1—1 和断面 3—3 的能量方程：

$$z_1+\frac{p_1}{\gamma}+\frac{v_1^2}{2g}=z_3+\frac{p_3}{\gamma}+\frac{v_3^2}{2g}+h_{w1-3}$$

由图 3.22 可以看出，作用在断面 1—1 上的压强为大气压强，即 $p_1=p_a$，由于蓄水池一般较大，行近流速 v_1 与吸水管中的流速 v_3 相比可以忽略，设水泵的安装高度为 h，则$h=z_3-z_1$，代入上式变为

$$\frac{p_a-p_3}{\gamma}=h+\frac{v_3^2}{2g}+h_{w1-3}$$

根据水泵的工作原理，水泵叶轮的旋转使水泵进口断面 3—3 处形成负压或真空，而蓄水池水面为大气压，在压力差的作用下，蓄水池中的水被吸入水泵。因此，上式中的$(p_a-p_3)/\gamma$ 即为水泵的允许真空高度 h_v，变化上式得

$$h=\frac{p_a-p_3}{\gamma}-\frac{v_3^2}{2g}-h_{w1-3}=h_v-\frac{16Q^2}{2g\pi^2 d^4}-h_{w1-3} \tag{3.39}$$

2. 求水泵的扬程 H_p

水体进入水泵以后，在水泵旋转叶轮离心力的作用下，水泵对水流做功，使水流的能量增加，水泵中的水体被压入上水管，进入水塔。此问题属于有能量输入的情况，能量方程见式（3.30）。由于出水池的液面与蓄水池的液面一样作用的是大气压强，水塔中的流速 v_2 很小可以忽略，则水泵的扬程为

$$H_p=z_2-z_1+h_{w1-2}=\Delta z+h_{w1-2} \tag{3.40}$$

3. 求水泵的功率 N_p

水泵的功率为

$$N_p=\gamma QH_p/\eta_p=\gamma Q(\Delta z+h_{w1-2})/\eta_p \tag{3.41}$$

3.10.4　水轮机系统

水电站水轮机出口的尾水位与库水位的高差为 H，从进口到出口管路中的各种水头损失可表示为 $h_w=K\dfrac{v_2^2}{2g}$，如图 3.23 所示。假设管道的直径均为 d，通过的流量为 Q，水轮机的效率为 η_q，试求：①水轮机的有效水头 H_t；②水轮机的功率；③水轮机发出最大功率时的流速。

1. 求水轮机的有效水头 H_t

以图 3.23 所示水轮机出口下游的尾水位水面为基准面，写水库和水轮机出口断面的能量方程见式（3.31）。式中 $p_1=p_2=p_a$，由于上游水库流速很小，$v_1\approx 0$，$v=v_2=Q/A$，$z_1-z_2=H$，$h_{w1-2}=h_w$，令 $\alpha_2=1.0$，代入式（3.31）得水轮机的有效水头为

$$H_t=H-\frac{v^2}{2g}-K\frac{v^2}{2g}=H-(1+K)\frac{v^2}{2g}=H-(1+K)\frac{16Q^2}{2g\pi^2 d^4} \tag{3.42}$$

2. 求水轮机的功率

水轮机的功率为

$$N_q=\eta_q\gamma QH_t=\eta_q\gamma Av\left[H-(1+K)\frac{v^2}{2g}\right] \tag{3.43}$$

3. 求水轮机发出最大功率时的流速

要使水轮机的功率最大，令 $\frac{\mathrm{d}}{\mathrm{d}v}\left[Hv-(1+K)\frac{v^3}{2g}\right]=0$，得水轮机发出最大功率时的流速为

$$v=\sqrt{\frac{2gH}{3(1+K)}}$$

3.11 实际液体恒定总流的动量方程

运动的液体具有质量和流速，因而也就具有动量。和自然界的其他物体一样，水流运动也必然遵守动量守恒定律。动量方程就是自然界动量守恒定律在液体运动中的具体体现，反映了水流动量变化与作用力之间的关系，可用来求解急变流动中水流对边界的作用力问题，例如水流对弯管的作用力、水流作用于闸门上的动水总压力、射流的冲击力以及明渠中水跃的计算等问题。

连续性方程、能量方程和动量方程统称为水力学的三大方程。

单位时间内物体的动量变化等于作用于该物体上外力的总和，这就是物理学上的动量定律。动量是指物体的质量和物体运动速度的乘积。若以 m 表示物体的质量，$\vec{v}$表示物体运动的速度，$\sum\vec{F}$表示作用于物体上外力的总和，则上述动量定律可表示为

$$\sum\vec{F}=\frac{m\vec{v}_2-m\vec{v}_1}{\Delta t} \tag{3.44}$$

令 Δt 初瞬时的动量为$\vec{M}_1$，Δt 末瞬时的动量为$\vec{M}_2$，时段 Δt 中的动量增量为 $\Delta\vec{M}$，则式（3.44）可以写成

$$\sum\vec{F}\Delta t=\vec{M}_2-\vec{M}_1=\Delta\vec{M} \tag{3.45}$$

式（3.45）是动量方程的一般表达式，在液体总流中有其特殊的形式。现在推求适合于水流运动的动量方程，并限于恒定流的情况。

有一恒定总流如图 3.26 所示。今用两个过水断面 1—1 和断面 2—2 截取一个流段，以该流段为隔离体，分析它的动量变化和作用于其上的外力之间的关系。设两个断面的面积分别为 A_1 和 A_2，断面平均流速分别为 v_1 和 v_2。

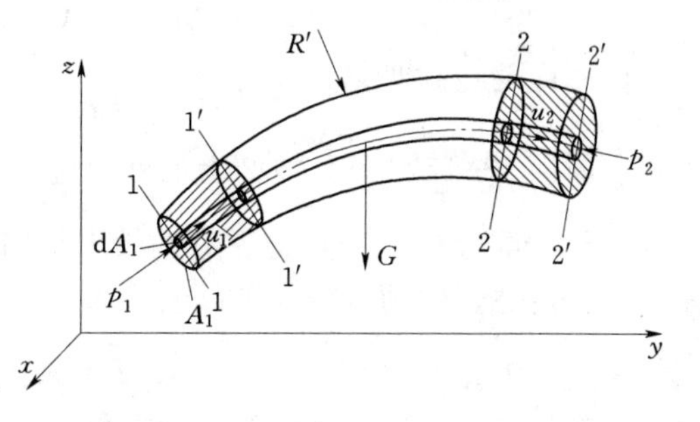

图 3.26

经过微小时段 $\mathrm{d}t$，原来在断面 1—1 和断面 2—2 之间的水体将流动到断面 1′—1′和断面 2′—2′之间，由于流动是不可压缩的恒定流，故在断面 1′—1′和断面 2—2 之间的水体，虽经 $\mathrm{d}t$ 时段，其几何形状和液体的质量、流速均保持不变，即动量不变。所以水体在 $\mathrm{d}t$ 时段内的动量变化实际上就是图 3.26

中阴影部分的动量差，也就是动量变化为（$\vec{M}_{2-2'}-\vec{M}_{1-1'}$）。

为了确定动量$\vec{M}_{2-2'}$和$\vec{M}_{1-1'}$，今在所取的总流中任意取一微小流束，令断面1—1上微小流束的面积为$\mathrm{d}A_1$，流速为u_1，则1—1′流段的长度为$u_1\mathrm{d}t$，图示微小体积的质量为$\rho u_1\mathrm{d}t\ \mathrm{d}A_1$，动量为$\rho u_1\mathrm{d}t\ \mathrm{d}A_1\ \vec{u}_1$，对面积$A_1$积分，可得总流1—1′流段内液体的动量$\vec{M}_{1-1'}$为

$$\vec{M}_{1-1'}=\int_{A_1}\rho\,\vec{u}_1u_1\mathrm{d}t\mathrm{d}A_1=\rho\mathrm{d}t\int_{A_1}\vec{u}_1u_1\mathrm{d}A_1 \tag{3.46}$$

同理可得2—2′流段内液体的动量为

$$\vec{M}_{2-2'}=\int_{A_2}\rho\,\vec{u}_2u_2\mathrm{d}t\mathrm{d}A_2=\rho\mathrm{d}t\int_{A_2}\vec{u}_2u_2\mathrm{d}A_2 \tag{3.47}$$

因为断面上的流速分布一般是不知道的，所以需要用断面平均流速v来代替流速u，所造成的误差以动量修正系数β来修正，则以上两式可以写成

$$\vec{M}_{1-1'}=\rho\mathrm{d}t\beta_1\,\vec{v}_1\int_{A_1}u_1\mathrm{d}A_1=\rho\mathrm{d}t\beta_1\,\vec{v}_1Q_1 \tag{3.48}$$

$$\vec{M}_{2-2'}=\rho\mathrm{d}t\beta_2\,\vec{v}_2\int_{A_2}u_2\mathrm{d}A_2=\rho\mathrm{d}t\beta_2\,\vec{v}_2Q_2 \tag{3.49}$$

比较式（3.46）和式（3.48）或式（3.47）和式（3.49），可知动量修正系数为

$$\beta=\frac{\int_A\vec{u}u\mathrm{d}A}{\vec{v}Q}$$

在渐变流断面上，流速u和断面平均流速v与动量投影轴夹角的方向是一致的，令该夹角为θ，则有$\vec{u}=u\cos\theta$，$\vec{v}=v\cos\theta$，故

$$\beta=\frac{\int_A\vec{u}u\mathrm{d}A}{\vec{v}Q}=\frac{\int_Au^2\mathrm{d}A}{v^2A} \tag{3.50}$$

动量修正系数β可理解为单位时间内通过同一过流断面上的实际动量与单位时间内以相应的断面平均流速通过的动量的比值。在一般渐变流中，其值为1.02～1.05，为简单起见，也常采用$\beta=1.0$。

因为$Q_1=Q_2=Q$，则动量差为

$$\Delta\vec{M}=\vec{M}_{2-2'}-\vec{M}_{1-1'}=\rho Q(\beta_2\vec{v}_2-\beta_1\vec{v}_1)\mathrm{d}t$$

单位时间内动量的变化为

$$\rho Q(\beta_2\vec{v}_2-\beta_1\vec{v}_1)$$

作用在断面1—1至断面2—2上的外力包括：作用在断面1—1和断面2—2上的动水压力P_1和P_2，重力G和四周边界对这段水流的总作用力R'。所有这些外力的合力以$\sum\vec{F}$表示，则恒定总流的动量方程可以表示为

$$\sum\vec{F}=\rho Q(\beta_2\vec{v}_2-\beta_1\vec{v}_1) \tag{3.51}$$

在直角坐标系中，恒定总流的动量方程可以写成

$$\left.\begin{aligned}\sum F_x&=\rho Q(\beta_2v_{2x}-\beta_1v_{1x})\\\sum F_y&=\rho Q(\beta_2v_{2y}-\beta_1v_{1y})\\\sum F_z&=\rho Q(\beta_2v_{2z}-\beta_1v_{1z})\end{aligned}\right\} \tag{3.52}$$

式中：v_{2x}、v_{2y}、v_{2z}为总流下游过水断面平均流速在直角坐标轴上的投影；v_{1x}、v_{1y}、v_{1z}为总流上游过水断面平均流速在直角坐标轴上的投影；$\sum F_x$、$\sum F_y$、$\sum F_z$为作用在断面1—1与断面2—2之间液体上的所有外力在直角坐标轴投影的代数和。

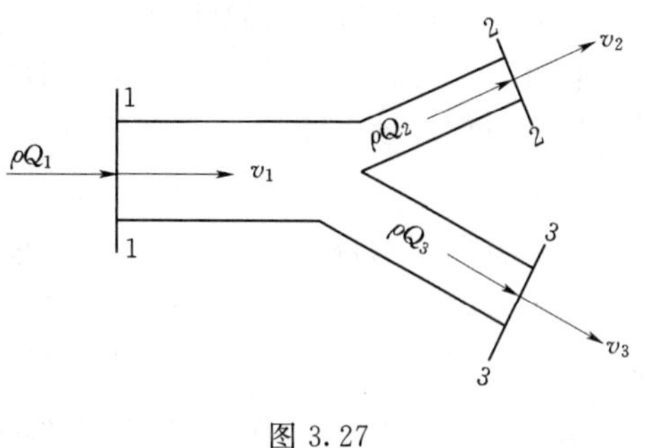

图 3.27

动量方程可以推广应用于流场中任意选取的封闭控制体，如图3.27所示的分叉管道，当对分叉段水流应用动量方程时，可以把沿管壁以及上下游过水断面所组成的封闭体作为控制体，在这种情况下，该封闭体的动量方程为

$$\sum \vec{F}=\rho Q_2\beta_2\vec{v}_2+\rho Q_3\beta_3\vec{v}_3-\rho Q_1\beta_1\vec{v}_1 \tag{3.53}$$

式中：$\vec{v}_1$、$\vec{v}_2$、$\vec{v}_3$为3个过水断面上的平均流速；$\sum \vec{F}$为作用于控制体上的合外力。

动量方程应用时须注意以下问题。

（1）水流必须是恒定流。

（2）控制体是可以任意选取的，但一般是取整个总流的边界为控制体边界，为计算方便，过流断面取在渐变流区域。

（3）动量方程式是向量式，式中的流速和作用力是有方向的，因此，写动量方程时，必须首先选定坐标轴，并标明投影轴的正方向。对于已知的外力和流速的方向，凡是与选定的坐标轴方向相同者取正号，反之取负号。对于未知待求的，则可先假定一个方向，并按上述原则取好正负号，代入动量方程中，如果求得的结果为正值，说明假定的方向与实际方向一致；如果为负值，则说明假定的方向与实际方向相反。

（4）在运用动量方程时，必须是输出的动量减去输入的动量，切不可颠倒。

（5）动量方程只能求解一个未知数，如方程中未知数多于一个时，须借助其他方程（如能量方程、连续性方程等）联合求解。

3.12 恒定总流动量方程应用举例

3.12.1 水流对弯管的作用力

垂直立面有一过水断面逐渐变小的弯管如图3.28所示。通过弯管的流量为Q，弯管两端过水断面1—1和断面2—2的面积分别为A_1和A_2，平均流速分别为v_1和v_2，压力分别为P_1和P_2，求水流对弯管的作用力。

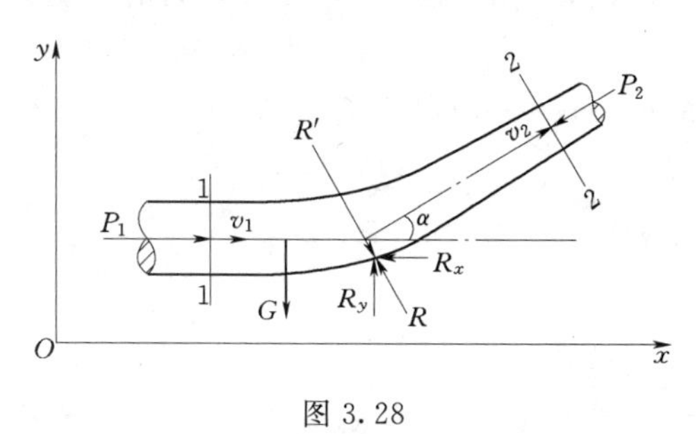

图 3.28

由于P_1和P_2已知，本题需要求解水流对弯管的作用力R'，R'与弯管对水流的作用力R是大小相等，方向相反。取弯管段水体作脱离体，选取坐标如图3.28所示。

作用在这一脱离体上的外力主要有 P_1、P_2、重力 G，弯管对水流的作用力 R，R 的方向未知，先假定如图所示的方向，可将 R 分解成 R_x、R_y。

在 x 方向，动量方程为

$$P_1-P_2\cos\alpha-R_x=\rho Q(\beta_2 v_2\cos\alpha-\beta_1 v_1)$$

在 y 方向，动量方程为

$$R_y-G-P_2\sin\alpha=\rho Q(\beta_2 v_2\sin\alpha-0)$$

因为 $P_1=p_1A_1$，$P_2=p_2A_2$，代入上式得

$$R_x=p_1A_1-p_2A_2\cos\alpha-\rho Q(\beta_2 v_2\cos\alpha-\beta_1 v_1)$$

$$R_y=G+p_2A_2\sin\alpha+\rho Q\beta_2 v_2\sin\alpha$$

可见，弯管对水流的作用力 R 为

$$R=\sqrt{R_x^2+R_y^2}$$

R 与 x 方向的夹角为

$$\tan\theta=\frac{R_y}{R_x}$$

水流对弯管的作用力 R' 的方向与 R 的方向相反，大小相等。

3.12.2　射流冲击固定壁面的作用力

水平射流从喷嘴射出，冲击着一个与之成 α 角的斜置固定平板，射流与平板在同一水平面如图 3.29 所示。忽略损失，要求确定沿 s 方向的分流量及射流对平板的冲击力。

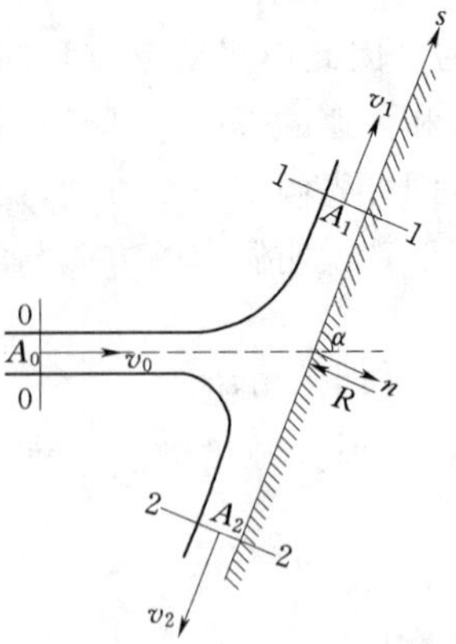

图 3.29

由于射流四周及冲击转向后的水流表面都是大气压强，所以断面 0—0、断面 1—1、断面 2—2 上的压强都可以认为是大气压强，即 $p_0=p_1=p_2=0$。

设平板离射流很近，可不考虑射流扩散，板面光滑，可不考虑面板阻力和空气阻力。以通过射流轴线的水平面为基准面，分别对断面 0—0 和断面 1—1，断面 0—0 和断面 2—2 列能量方程，由于 $z_1=z_2=z_3=0$，$p_0=p_1=p_2=0$，忽略水头损失得

$$\frac{\alpha_0 v_0^2}{2g}=\frac{\alpha_1 v_1^2}{2g} \text{ 及 } \frac{\alpha_0 v_0^2}{2g}=\frac{\alpha_2 v_2^2}{2g}$$

取 $\alpha_0=\alpha_1=\alpha_2$，则 $v_0=v_1=v_2=v$。

重力对射流的作用一般不考虑，令动量修正系数 $\beta_0=\beta_1=\beta_2=\beta$，写 s 方向的动量方程得

$$\sum F_s=\rho A_1 v_1\beta_1 v_1-\rho A_2 v_2\beta_2 v_2-\rho A_0 v_0\beta_0 v_0\cos\alpha=\rho\beta v(Q_1-Q_2-Q_0\cos\alpha)$$

又因为在 s 方向的作用力为零，即 $\sum F_s=0$，所以有

$$Q_1-Q_2=Q_0\cos\alpha$$

依题意

$$Q_1+Q_2=Q_0$$

由以上两式得

$$Q_1=\frac{Q_0}{2}(1+\cos\alpha)$$

$$Q_2=\frac{Q_0}{2}(1-\cos\alpha)$$

下面求射流对平板的作用力。写 n 方向的动量方程得

$$\sum F_n=\rho Q_0[0-v_0\cos(90°-\alpha)]=\rho Q_0(0-v_0\sin\alpha)=-\rho Q_0 v_0\sin\alpha$$

在 0—0 断面，由于 $p_0=0$，在 n 方向只有平板对水流的反作用力 R，即 $\sum F_n=-R$，代入上式得

$$-R=-\rho Q_0 v_0\sin\alpha$$

$$R=\rho Q_0 v_0\sin\alpha$$

射流冲击平板的力 R' 与 R 大小相等，方向相反。

如果 $\alpha=90°$，则 $R=\rho Q_0 v_0$

此时 $Q_1=Q_2=\dfrac{Q_0}{2}$

3.12.3 射流冲击凹面板

射流冲击凹面板如图 3.30 所示。取水流转向以前的断面 0—0 和完全转向以后的断面 1—1 和断面 2—2 之间的水流作为脱离体，写 n 方向的动量方程。

对于对称的凹面板，由能量方程得 $v_0=v_1=v_2$。$Q_1=Q_2=Q_0/2$。在 n 方向，作用力只有水流对壁面的冲击力 R'，壁面对水流的作用力 R。写 n 方向的动量方程得

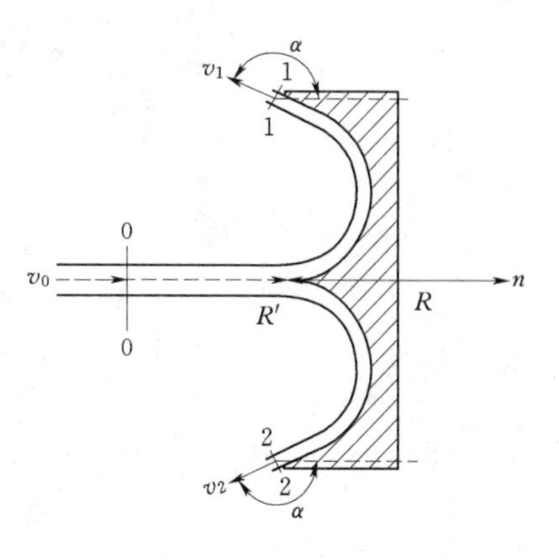

图 3.30

$$\sum F_n=\rho Q_1[-v_1\cos(180°-\alpha)]+\rho Q_2[-v_2\cos(180°-\alpha)]-\rho Q_0 v_0$$

整理上式得

$$\sum F_n=\rho Q_1 v_1\cos\alpha+\rho Q_2 v_2\cos\alpha-\rho Q_0 v_0$$

将 $v_0=v_1=v_2$，$Q_1=Q_2=Q_0/2$，$\sum F_n=-R$ 代入得

$$-R=\rho Q_0\left(\frac{v_0\cos\alpha}{2}+\frac{v_0\cos\alpha}{2}-v_0\right)=\rho Q_0 v_0(\cos\alpha-1)$$

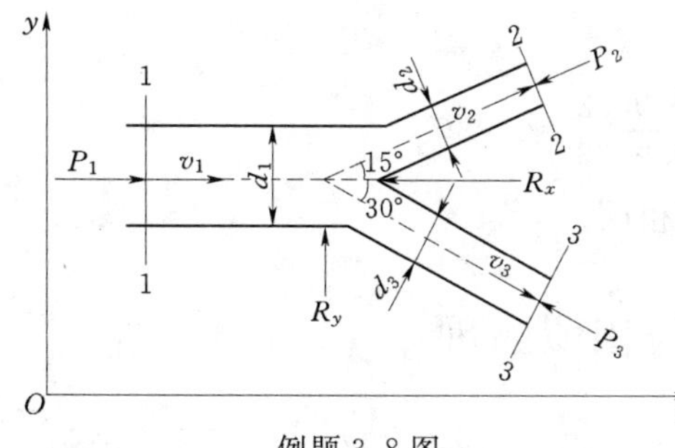

例题 3.8 图

由此得 $R=\rho Q_0 v_0(1-\cos\alpha)$

由于 $\alpha>\pi/2$，$\cos\alpha$ 为负值，所以作用在凹面板上的力大于作用在平板上的力。

【例题 3.8】 如图所示为一双喷嘴，两喷嘴射出的流速 $v_2=v_3=12\text{m/s}$，管道及两喷嘴的轴线处于水平面上，忽略水头损失，已知管道直径 $d_1=0.2\text{m}$，$d_2=0.1\text{m}$，$d_3=0.08\text{m}$，求水流作用于双喷嘴上的力。

解：

1. 求流量和流速 v_1

$$Q_2=\frac{\pi}{4}d_2^2 v_2=\frac{\pi}{4}\times0.1^2\times12=0.09425(\text{m}^3/\text{s})$$

$$Q_3=\frac{\pi}{4}d_3^2 v_3=\frac{\pi}{4}\times0.08^2\times12=0.06032(\text{m}^3/\text{s})$$

$$Q_1=Q_2+Q_3=0.09425+0.06032=0.15457(\mathrm{m^3/s})$$

$$v_1=\frac{4Q_1}{\pi d_1^2}=\frac{4\times 0.15457}{\pi\times 0.2^2}=4.920(\mathrm{m/s})$$

2. 求作用在断面1—1、断面2—2、断面3—3上的压强

在喷嘴出口，$p_2=p_3=p_a=0$，写断面1—1和断面2—2的能量方程，忽略两断面之间的水头损失得

$$0+\frac{p_1}{\gamma}+\frac{\alpha_1 v_1^2}{2g}=0+0+\frac{\alpha_2 v_2^2}{2g}$$

$$\frac{p_1}{\gamma}=\frac{\alpha_2 v_2^2}{2g}-\frac{\alpha_1 v_1^2}{2g}=\frac{1\times 12^2}{2\times 9.8}-\frac{1\times 4.92^2}{2\times 9.8}=6.112(\mathrm{m})$$

$$p_1=6.112\gamma=6.112\times 9.8=59.9(\mathrm{kN/m^2})$$

3. 写 x、y 方向的动量方程

$$\sum F_x=p_1A_1-R_x=\rho Q_2 v_2\cos 15°+\rho Q_3 v_3\cos 30°-\rho Q_1 v_1$$

$$R_x=p_1A_1-(\rho Q_2 v_2\cos 15°+\rho Q_3 v_3\cos 30°)+\rho Q_1 v_1$$

$$=59.9\times\frac{\pi}{4}\times 0.2^2-1\times(0.09425\times 12\cos 15°+0.06032\times 12\cos 30°-0.15457\times 4.920)$$

$$=0.9233(\mathrm{kN})$$

$$\sum F_y=R_y=\rho Q_2 v_2\sin 15°-\rho Q_3 v_3\sin 30°-0$$

$$=1\times(0.09425\times 12\sin 15°-0.06032\times 12\times\sin 30°)$$

$$=-0.0692(\mathrm{kN})$$

负号说明假定 R_y 的方向与实际方向相反，所以 R_y 的方向应向下。双喷嘴对水流的作用力为

$$R=\sqrt{R_x^2+R_y^2}=\sqrt{0.9233^2+0.0692^2}=0.9256(\mathrm{kN})$$

作用力与水平轴的夹角为

$$\theta=\arctan\frac{R_y}{R_x}=\arctan\frac{0.0692}{0.9233}=4.286°$$

水流对双喷嘴的作用力与 R 大小相等，方向相反。

3.13 量纲分析与相似原理

前面应用连续性方程、能量方程和动量方程可以解答一些水力学问题，但由于实际液流问题的复杂性，求解这些问题（方程）在数学上常常会遇到难以克服的困难，因而不得不采用其他分析途径和试验方法来解答水力学问题。量纲分析和相似原理就是指导分析和试验的重要方法。通过量纲分析和相似原理可以合理地、正确地组织、简化试验及整理成果。对于复杂的流动问题，量纲分析和相似原理还可以帮助寻找物理量之间的联系，建立关系式的结构形式。

3.13.1 量纲分析的概念

1. 量纲和单位

水力学研究中常用密度 ρ、动力黏滞系数 μ、长度 L、流速 v、时间 t 和力等物理量来表述水流现象及其运动规律。这些物理量按其性质的不同分为各种类别，各类别可以用量纲（或因次）来标志，例如用以量度长度的称为长度量纲，用以量度质量的称为质量量纲，用以量度力的称为力的量纲。

常用的表示量纲的方法是大写字母或置大写字母于一方括号内。例如长度的量纲用 L 或［L］表示，时间的量纲用 T 或［T］表示，质量的量纲用 M 或［M］表示，力的量纲用 F 或［F］来表示等。

量纲和单位是不同的概念，量纲是物理量的本质属性，单位是人为规定的量度各种物理量数值大小的标准。如长度为 1m 的管道，可以用 1m、100cm、1000mm、3 市尺或 3.28 英尺等不同的单位来表示，所选用的单位不同，数值也不同。但上述单位均属长度类，即所有测量长度的单位（米、厘米、毫米、市尺、英尺）均具有同一量纲，以［L］表示，所以同一类物理量只有一个量纲。

量纲可分为基本量纲和诱导量纲。如果把某些物理量取作基本量，而其他物理量的量纲由这些基本量的量纲按一定的方式组合而成，这些取定基本量的量纲称为基本量纲，而其他物理量的量纲则称为诱导量纲或导出量纲。

基本量纲必须具有独立性，即一个基本量纲不能从其他量纲推导出来，也就是不依赖于其他基本量纲，如［L］、［T］和［M］是相互独立的，因为不能从［L］、［T］中得出［M］，也不能从［T］、［M］中得出［L］，但［L］、［T］和速度的量纲［v］就不是互相独立的，因为［v］=［L/T］。

在各种力学问题中，任何一个力学量的量纲都可以由［L，T，M］导出，故一般取长度的量纲［L］、时间的量纲［T］、质量的量纲［M］为基本量纲。也有取长度、时间和力［L，T，F］为基本量纲的，视需要而定。

从这些基本量的量纲出发，所有其他物理量的量纲，诸如力、能量、速度、加速度等物理量的量纲可以用三个基本量纲的指数乘积来表示，如 X 为任一物理量，其量纲可用式（3.54）表示

$$[X]=[L^{\alpha}T^{\beta}M^{\gamma}] \tag{3.54}$$

式（3.54）称为量纲公式。量 X 的性质可由量纲指数 α、β、γ 来反映。如 α、β、γ 指数中有一个不等于零时，就可以说 X 为一有量纲的量。

从式（3.54）可得水力学中常见的有量纲的量如下：

（1）如 $\alpha\neq0$，$\beta=0$，$\gamma=0$，为一几何学的量。

（2）如 $\alpha\neq0$，$\beta\neq0$，$\gamma=0$，为一运动学的量。

（3）如 $\alpha\neq0$，$\beta\neq0$，$\gamma\neq0$，为一动力学的量。

例如面积 A 是由两个长度的乘积组成，则它的量纲为长度量纲的平方，即［A］=［L^2］或写成量纲公式为［A］=［$L^2T^0M^0$］。流速 v 的量纲为［v］=［L/T］，量纲公式为［v］=［$LT^{-1}M^0$］，加速度 a 的量纲公式为［a］=［$LT^{-2}M^0$］。由牛顿定律 $F=ma$，可知力 F 的量纲为质量 m 和加速度 a 的量纲的乘积，即［F］=［MLT^{-2}］。

又如动力黏滞系数 μ，由牛顿内摩擦定律知 $\mu=\dfrac{\tau}{du/dn}$，分子项 τ 为切应力，分母项 du/dn 为流速梯度，则 μ 的量纲为

$$[\mu]=[\frac{F}{L^2}]/[\frac{v}{L}]=\frac{[MLT^{-2}]}{[L^2]}/\frac{[LT^{-1}M^0]}{[L]}=\frac{[ML^{-1}T^{-2}]}{[T^{-1}]}=[ML^{-1}T^{-1}]$$

运动黏滞系数 $\nu=\mu/\rho$，$\rho=m/V$，V 为体积。故运动黏滞系数的量纲公式为

$$[\nu]=\frac{[\mu]}{[\rho]}=\frac{[ML^{-1}T^{-1}]}{[ML^{-3}]}=[L^2T^{-1}]$$

上面讨论的是以［L，T，M］为基本量纲的。在国际单位制中，长度单位用米（m）、时间的单位用秒（s）、质量的单位用千克或公斤（kg）。在以［L，T，F］为基本量纲时，力的单位为公斤力（kgf），质量的量纲可导出为

$$[m]=\frac{[F]}{[a]}=\frac{[F]}{[LT^{-2}]}=[FL^{-1}T^2]$$

各种和水力学有关的物理量的量纲和单位见表 3.1。

表 3.1　　水力学常用物理量的量纲及单位

物理量名称及符号		方程式	量纲		SI 单位制
			［L,T,M］	［L,T,F］	
1. 几何学量	长度 L		L	L	m(米)
	面积 A		L^2	L^2	m^2(米^2)
	体积 V		L^3	L^3	m^3(米^3)
2. 运动学量	时间 t		T	T	s(秒)
	速度 v	$v=dL/dt$	LT^{-1}	LT^{-1}	m/s(米/秒)
	加速度 a	$a=dv/dt$	LT^{-2}	LT^{-2}	m/s^2(米/秒^2)
	角速度 ω	$\omega=d\theta/dt$	T^{-1}	T^{-1}	1/s(1/秒)
	角加速度 $\bar{\omega}$	$\bar{\omega}=d\omega/dt$	T^{-2}	T^{-2}	$1/s^2$(1/秒^2)
	流量 Q	$Q=Av$	L^3T^{-1}	L^3T^{-1}	m^3/s(米^3/秒)
3. 动力学量	质量 m		M	FT^2L^{-1}	kg（千克）
	力 F	$F=ma$	MLT^{-2}	F	N（牛顿）
	压强 p	$p=F/A$	$ML^{-1}T^{-2}$	FL^{-2}	Pa(帕)
	切应力 τ	$\tau=F/A$	$ML^{-1}T^{-2}$	FL^{-2}	Pa(帕)
	动量、冲量 K、I	$K=mv$，$I=Ft$	MLT^{-1}	FT	kg·m/s（千克·米/秒）
	功、能 W、E	$W=FL$ $E=(1/2)mv^2$	ML^2T^{-2}	FL	J(焦耳)
	功率 N	$N=W/t$	ML^2T^{-3}	FLT^{-1}	W(瓦)

续表

物理量名称及符号		方程式	量纲		SI单位制
			[L,T,M]	[L,T,F]	
4. 流体的特征量	密度 ρ	$\rho=m/V$	ML^{-3}	$FL^{-4}T^2$	kg/m^3(千克/米^3)
	重度 γ	$\gamma=G/V$	$ML^{-2}T^{-2}$	FL^{-3}	N/m^3(牛/米^3)
	动力黏滞系数 μ	$\mu=\tau/(du/dy)$	$ML^{-1}T^{-1}$	$FL^{-2}T$	Pa·s(帕·秒)
	运动黏滞系数 ν	$\nu=\mu/\rho$	L^2T^{-1}	L^2T^{-1}	m^2/s (米^2/秒)
	表面张力系数 σ	$\sigma=F/L$	MT^{-2}	FL^{-1}	N/m (牛/米)
	弹性系数 E	$E=-dp/(dV/V)$	$ML^{-1}T^{-2}$	FL^{-2}	Pa(帕)

2. 无量纲数

某些物理量可简化为1，即式（3.54）中各指数 $\alpha=\beta=\gamma=0$，或

$$[X]=[L^0T^0M^0]=[1] \tag{3.55}$$

称此物理量 X 为无量纲数，也称纯数，它具有数值的特性。

国标 GB 3100—3102—1993 将无量纲数称为“量纲一的量”，本书仍沿用无量纲数。

无量纲数可以是两个相同量的比值。例如坡度 J 是高差与流程长度的比值，$J=\Delta h/L$，量纲为 $[J]=[L/L]=[1]$，即为无量纲数。其他如应变 $\Delta L/L$ 和体积相对压缩值dV/V等均为无量纲数。

无量纲数也可以由几个有量纲的量通过乘除组合而成，即组合结果各个基本量纲的指数为零，满足式（3.55），如水力学中的雷诺数 Re 和弗劳德数 Fr：

$$Re=\frac{vd}{\nu}\qquad [Re]=\frac{[LT^{-1}][L]}{[L^2T^{-1}]}=[L^0T^0M^0]=[1]$$

$$Fr=\frac{v}{\sqrt{gh}}\qquad [Fr]=\frac{[LT^{-1}]}{[L^{1/2}T^{-1}L^{1/2}]}=\frac{[LT^{-1}]}{[LT^{-1}]}=[L^0T^0M^0]=[1]$$

由以上组合可以看出，雷诺数和弗劳德数为无量纲数。关于雷诺数和弗劳德数的概念将在第4章和下册第3章中介绍。

无量纲数有以下特点：

（1）无量纲数既无量纲也无单位，它的数值大小与所选用的单位无关。如某一流动状态的雷诺数 $Re=2000$，不论是采用公制还是采用英制单位，其数值均保持不变，如在原型和模型两种大小不同的流态中，其无量纲数是不变的。在模型试验中，为了模拟与原型流态相似的模型流态，常用同一个无量纲数（Re 或 Fr）作为相似判据，无量纲数在模型水流和原型水流中应保持不变。

（2）无量纲数能正确地反映事物的客观规律。一切有量纲的物理量都将因取不同的单位制而有不同的数值。如果用有量纲的物理量来表示一个客观规律的自变量，那么这个客观规律所表达的因变量也将随所选用的单位而有不同的数值，而单位是人们主观选用的，可是客观规律不应随主观意志而改变。所以要正确地反映客观规律，最好将物理量组合成无量纲数表示的形式，或者说，一个完整正确的力学方程式应是无量纲项组成的方程式。

量纲分析的目的之一就是找出正确的组合无量纲量的方法。

（3）在对数、指数、三角函数等函数运算中，都必须是对无量纲量来说的。如气体的等温压缩所做的功为 W，可写成对数形式：

$$W=p_1V_1\ln(V_2/V_1)$$

式中：V_2/V_1 为压缩后与压缩前的体积比，是无量纲数，故可以取对数。

对有量纲的某物理量取对数是无意义的。

3.13.2　量纲和谐原理

凡是正确反映客观规律的物理方程，其各项的量纲都必须是一致的，这称为量纲和谐原理，也就是说，一个方程式中各项的量纲必须是相同和一致的。但不同类型的物理量都可以相乘除（不能相加减），从而得到诱导量纲的另一个物理量。

量纲和谐的重要性包括以下几点。

（1）一个方程式在量纲上是和谐的，则方程的形式不随量度单位的改变而变化。量纲和谐原理可以用来检验新建方程或经验公式的正确性和完整性。例如能量方程

$$H=z+\frac{p}{\gamma}+\frac{\alpha v^2}{2g}$$

各项的量纲都是长度的量纲 [L]，因而该式量纲是和谐的。

如果一个方程式在量纲上是不和谐的，应检查一下方程式是不是完整，所用的单位是不是一致。

（2）量纲和谐原理可用来确定公式中物理量的指数。例如，当质量为 m 的物体沿半径为 R 做圆周运动时，作用于物体上的径向力是与质量 m、物体的运动速度 v 及半径 R 有关，试用量纲和谐原理证明 $F\propto mv^2/R$。

证：

采用 [L，T，M] 为基本量纲。已知各物理量的量纲为 $[F]=[\mathrm{MLT^{-2}}]$，$[m]=[\mathrm{M}]$，$[v]=[\mathrm{LT^{-1}}]$，$[R]=[\mathrm{L}]$，根据量纲和谐原理，$\propto$ 号两边相同量纲的指数应相等，即

式右端　　$[mv^2/R]=[\mathrm{M}][\mathrm{L^2T^{-2}}]/[\mathrm{L}]=[\mathrm{MLT^{-2}}]$

式左端　　$[F]=[\mathrm{MLT^{-2}}]$

由以上分析可以看出，公式两端的量纲相等，即量纲是和谐的，由此证得 $F\propto mv^2/R$。

又如，圆管中层流的流量 Q 与管段长 L 成反比，与两端的压强差 Δp 成正比，与圆管半径 r 的 n 次方成正比，与液体的动力黏滞系数 μ 成反比，即

$$Q\propto\frac{\Delta p r^n}{L\mu}$$

现由量纲和谐原理求未知指数 n。

采用 [L，T，F] 为基本量纲，各物理量的量纲为 $[Q]=[\mathrm{L^3T^{-1}}]$，$[\Delta p]=[\mathrm{FL^{-2}}]$，$[\mu]=[\mathrm{FTL^{-2}}]$，$[L]=[\mathrm{L}]$，$[r]=[\mathrm{L}]$，由此得

$$[\mathrm{L^3T^{-1}}]=\frac{[\mathrm{FL^{-2}}][\mathrm{L}^n]}{[\mathrm{L}][\mathrm{FTL^{-2}}]}=[\mathrm{L}^{n-1}\mathrm{T^{-1}}]$$

对比等式两边各相同量纲的指数得 $n-1=3$，求得 $n=4$。

(3) 量纲和谐原理可用来建立物理方程式。仍用上例，圆管中层流的流量 Q 与圆管半径 r、单位管长的压强差 $\Delta p/L$、液体的动力黏滞系数 μ 有关，现用量纲和谐原理来确定方程式的形式。

可先假定
$$[Q]=\left[\left(\frac{\Delta p}{L}\right)^{\alpha_1} r^{\alpha_2}\mu^{\alpha_3}\right]$$

将基本量纲 [L，T，F] 代入，则上式可写成

$$[L^3T^{-1}]=[FL^{-2}L^{-1}]^{\alpha_1}[L]^{\alpha_2}[FTL^{-2}]^{\alpha_3}=[F^{\alpha_1+\alpha_3}L^{-3\alpha_1+\alpha_2-2\alpha_3}T^{\alpha_3}]$$

使方程两边相同量纲的指数相等，得

$$F:\alpha_1+\alpha_3=0$$
$$L:-3\alpha_1+\alpha_2-2\alpha_3=3$$
$$T:\alpha_3=-1$$

联解以上三式得 $\alpha_1=1$，$\alpha_2=4$，$\alpha_3=-1$，由此得

$$[Q]=\left[\left(\frac{\Delta p}{L}\right)r^4\mu^{-1}\right]$$

上式可以写成

$$Q=K\frac{\Delta p r^4}{L\mu}$$

式中：K 为比例常数，为一无量纲系数，可由试验或分析求得。

必须指出，尽管正确的物理量应该是量纲和谐的，但过去一些常用的经验公式仍有量纲不和谐的，对这类量纲不和谐的公式，必须指明应采用的单位。量纲不和谐的公式正在逐渐被淘汰。

3.13.3 量纲分析法（一）雷列法

量纲分析有两种方法：一种适用于比较简单的问题，称为雷列（L. Rayleigh）法；另一种具有普遍性的方法，称为 π 定理。

雷列法的实质是应用量纲和谐原理建立物理方程。举例说明如下：

【例题 3.9】 设有弦长为 L 的单摆，摆端有质量为 m 的摆球，求单摆来回摆动一次的周期 t 的表达式。

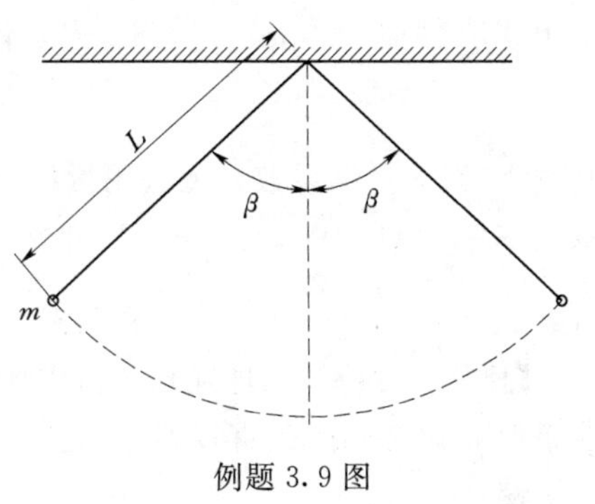

例题 3.9 图

解：

根据对对象的理解，认为周期 t 与弦长 L、质量 m、摆幅 β 和重力加速度 g 等因素有关，写成关系式为

$$t=f(L,m,\beta,g)$$

上面的函数关系可写成

$$t=KL^{\alpha_1}m^{\alpha_2}\beta^{\alpha_3}g^{\alpha_4}$$

式中：K 为无量纲常数；α_1、α_2、α_3、α_4 分别为待定指数。

把上式写成量纲关系式，用 [L，T，M] 为基本量纲，则

$$[T]=[L]^{\alpha_1}[M]^{\alpha_2}[1]^{\alpha_3}[LT^{-2}]^{\alpha_4}$$

根据量纲和谐原理得

$$L: \alpha_1+\alpha_4=0$$

$$M: \alpha_2=0$$

$$T: -2\alpha_4=1$$

由上式求得 $\alpha_1=1/2$，$\alpha_2=0$，$\alpha_4=-1/2$，代入原式得

$$t=K\sqrt{L/g}\,\beta^{\alpha_3}=K\sqrt{L/g}\,\varphi(\beta)$$

$\varphi(\beta)$ 是指 β 的某一函数。从物理实验知 $K\varphi(\beta)=2\pi$ 是一个常数，所以得单摆的关系为

$$t=2\pi\sqrt{L/g}$$

【例题 3.10】 已知水轮机的功率 N 与通过水轮机的流量 Q、水的重度 γ 以及单位重量液体通过水轮机时能提供的水头 H 等因素有关，试用雷列法写出功率 N 的表达式。

解：

写出 N 的函数关系式：

$$N=f(Q,\gamma,H)$$

将上式写成指数形式：

$$N=KQ^{\alpha_1}\gamma^{\alpha_2}H^{\alpha_3}$$

将上式写成量纲形式，用［L，T，M］为基本量纲，则

$$[ML^2T^{-3}]=[L^3T^{-1}]^{\alpha_1}[ML^{-2}T^{-2}]^{\alpha_2}[L]^{\alpha_3}$$

根据量纲和谐原理，有

$$L: 3\alpha_1-2\alpha_2+\alpha_3=2$$

$$M: \alpha_2=1$$

$$T: -\alpha_1-2\alpha_2=-3$$

由上式求得 $\alpha_1=1$，$\alpha_2=1$，$\alpha_3=1$，代入原式得

$$N=K\gamma QH$$

其中 K 为无量纲系数，无法用量纲分析法求得，需通过试验确定。对于水轮机，K 可以取效率 η，所以有

$$N=\eta\gamma QH$$

【例题 3.11】 圆球在均匀流中所受阻力与液体的密度 ρ，来流流速 v，液体的动力黏滞系数 μ 以及圆球的直径 D 有关，试用雷列法求阻力 F 的表达式。

解：

阻力 F 可以写成

$$F=f(D,v,\rho,\mu)$$

将上式写成指数形式：

$$F=KD^{\alpha_1}v^{\alpha_2}\rho^{\alpha_3}\mu^{\alpha_4}$$

将上式写成量纲形式，用［L，T，M］为基本量纲，则

$$[MLT^{-2}]=[L]^{\alpha_1}[LT^{-1}]^{\alpha_2}[ML^{-3}]^{\alpha_3}[ML^{-1}T^{-1}]^{\alpha_4}$$

根据量纲和谐原理，有

$$M: \alpha_3+\alpha_4=1$$
$$L: \alpha_1+\alpha_2-3\alpha_3-\alpha_4=1$$
$$T: -\alpha_2-\alpha_4=-2$$

由以上方程组可以看出，方程中有4个未知数，只有3个方程组，只能解3个未知数。这时只能保留1个未知数，若保留 α_4，则解得 $\alpha_1=2-\alpha_4$，$\alpha_2=2-\alpha_4$，$\alpha_3=1-\alpha_4$，代入原式得

$$F=KD^{2-\alpha_4}v^{2-\alpha_4}\rho^{1-\alpha_4}\mu^{\alpha_4}=K\left(\frac{\mu}{Dv\rho}\right)^{\alpha_4}\rho D^2v^2$$

雷列法的缺点，当自变量的个数多于3个时，存在保留哪个参数的选择问题，不同的参数得到不同形式的关系式。

3.13.4 量纲分析法（二）π 定理

量纲分析法更为普遍的理论就是著名的布金汉（Buckingham）π 定理。

任何一个物理过程，如包含有 n 个物理量，如果选择 m 个作为基本量纲，则这个物理过程可由（$n-m$）个无量纲量所组成的关系式来描述，因这些无量纲量用 π 来表示，就把这个定理称为 π 定理。

设影响物理过程的 n 个物理量为 x_1，x_2，x_3，…，x_n，则这个物理过程可用一完整的函数关系式表示为

$$f(x_1,x_2,x_3,\cdots,x_n)=0 \tag{3.56}$$

如果选择其中 m 个作为基本物理量，根据 π 定理，这个物理过程可用（$n-m$）个无量纲组合量 π 表示的关系式来描述，即

$$F(\pi_1,\pi_2,\pi_3,\cdots,\pi_{n-m})=0 \tag{3.57}$$

式中：π_1，π_2，π_3，…，π_{n-m} 叫作 π 参数。

π 参数可以按以下步骤找出：

（1）根据对所研究现象的认识，确定影响这个现象的各个物理量，写成式（3.56）的形式。有影响的物理量是指对所研究的现象起作用的所有各种独立的因素。对水流来说，主要包括水的物理特性、流动边界的几何特性和流动的运动特性等。

（2）从 n 个物理量中选取 m 个基本物理量，一般选三个。这三个基本物理量在量纲上是独立的，也就是说，其中任何一个物理量的量纲不能从其他两个物理量的量纲中诱导出来。或者更严格地讲，这三个物理量不能组合成一个无量纲数。

设所选择的物理量为 x_1、x_2、x_3，由量纲公式（3.54）可以写成

$$[x_1]=[L^{\alpha_1}T^{\beta_1}M^{\gamma_1}]$$
$$[x_2]=[L^{\alpha_2}T^{\beta_2}M^{\gamma_2}]$$
$$[x_3]=[L^{\alpha_3}T^{\beta_3}M^{\gamma_3}]$$

为使 x_1、x_2、x_3 互相独立，也就是要求上式中的指数行列式不等于零，即

$$\begin{vmatrix} \alpha_1 & \beta_1 & \gamma_1 \\ \alpha_2 & \beta_2 & \gamma_2 \\ \alpha_3 & \beta_3 & \gamma_3 \end{vmatrix} \neq 0 \tag{3.58}$$

（3）从三个基本物理量以外的物理量中，每次轮取一个，连同三个基本物理量一起组合成一个无量纲的 π 项，这样一共可以写出（$n-3$）个 π 项，即

$$\pi_1 = \frac{x_4}{x_1^{\alpha_1} x_2^{\beta_1} x_3^{\gamma_1}}$$

$$\pi_2 = \frac{x_5}{x_1^{\alpha_2} x_2^{\beta_2} x_3^{\gamma_2}}$$

$$\vdots$$

$$\pi_{n-3} = \frac{x_n}{x_1^{\alpha_{n-3}} x_2^{\beta_{n-3}} x_3^{\gamma_{n-3}}}$$

式中：α_i、β_i、γ_i 为各 π 项的待定指数。

（4）每个 π 项都是无量纲数，即 $[\pi]=[L^0T^0M^0]$，因此可根据量纲和谐原理，求出各 π 项的指数 α_i、β_i、γ_i。

（5）写出描述现象的关系式

$$F(\pi_1, \pi_2, \pi_3, \cdots, \pi_{n-3}) = 0$$

这样，就把一个具有 n 个物理量的关系式简化成（$n-3$）个无量纲的表达式。这里强调指出，只有无量纲数才具有描述自然规律的绝对意义。所以上式才是反映客观规律的正确形式。

【例题 3.12】 由试验观测得知，三角形薄壁堰的流量 Q 与堰上水头 H，堰口角度 θ，重力加速度 g，以及反映水流收缩和堰口阻力情况等的系数 m_0（无量纲数）有关，试用 π 定理导出三角形薄壁堰的流量公式。

解：

（1）根据上列影响因素，写出函数关系：

$$f(H, g, Q, \theta, m_0) = 0$$

（2）由上面 5 个物理量中选取两个基本物理量，选几何学的量 H，运动学的量 g 作为独立变量。因为其余变量中没有动力学的量，所以本例中只选取 2 个独立的变量。

$$[H]=[LT^0M^0]$$

$$[g]=[LT^{-2}M^0]$$

（3）写出 $n-2=5-2=3$ 个 π 项：

$$\pi_1 = \frac{Q}{H^{\alpha_1} g^{\beta_1}}$$

$$\pi_2 = \frac{\theta}{H^{\alpha_2} g^{\beta_2}}$$

$$\pi_3 = \frac{m_0}{H^{\alpha_3} g^{\beta_3}}$$

（4）根据量纲和谐原理，各 π 项的指数分别确定如下：对 π_1，其量纲为

$$[L^3T^{-1}]=[L]^{\alpha_1}[LT^{-2}]^{\beta_1}$$

$$L:\alpha_1+\beta_1=3$$

$$T:-2\beta_1=-1$$

解得 $\beta_1=1/2$，$\alpha_1=5/2$，则可得到

$$\pi_1=\frac{Q}{H^{5/2}g^{1/2}}$$

由于 θ 和 m_0 均为无量纲数，无量纲数的分析结果仍为无量纲数，所以 $\pi_2=\theta$，$\pi_3=m_0$。

（5）写出描述现象的关系式：

$$F(\pi_1,\pi_2,\pi_3)=F\left(\frac{Q}{\sqrt{g}H^{5/2}},\theta,m_0\right)=0$$

或写成

$$\frac{Q}{\sqrt{g}H^{5/2}}=F_1(\theta,m_0)$$

由上式可得三角堰的流量公式为

$$Q=F_1(\theta,m_0)\sqrt{g}H^{5/2}$$

如果令 $F_1(\theta,m_0)=m$，则上式可写成

$$Q=m\sqrt{g}H^{5/2}$$

式中：m 为流量系数，可由试验确定。

【例题 3.13】 求文丘里管的流量表达式。已知影响喉道处流速 v_2 的因素为：文丘里管进口断面直径 d_1，喉道断面直径 d_2，水流的密度 ρ，动力黏滞系数 μ 以及两个断面的压强差 Δp，试用 π 定理导出流量的表达式。

解：

（1）根据上列影响因素，写出函数关系：

$$f(v_2,d_1,d_2,\rho,\mu,\Delta p)=0$$

（2）从上面六个物理量中选取三个基本物理量，选几何学的量 d_2，运动学的量 v_2，水流的密度 ρ（代表水流的物理特性）。这三者包括了［L，T，M］三个基本量纲，三个基本物理量的量纲公式为

$$[d_2]=[L^1T^0M^0]$$

$$[v_2]=[L^1T^{-1}M^0]$$

$$[\rho]=[L^{-3}T^0M^1]$$

组成的指数行列式不为零，即

$$\begin{vmatrix}1 & 0 & 0\\ 1 & -1 & 0\\ -3 & 0 & 1\end{vmatrix}=-1\neq 0$$

所以上列三个基本物理量的量纲是独立的。

（3）写出 $n-3=6-3=3$ 个 π 项：

$$\pi_1=\frac{d_1}{d_2^{\alpha_1}v_2^{\beta_1}\rho^{\gamma_1}}$$

$$\pi_2=\frac{\mu}{d_2^{\alpha_2}v_2^{\beta_2}\rho^{\gamma_2}}$$

$$\pi_3=\frac{\Delta p}{d_2^{\alpha_3}v_2^{\beta_3}\rho^{\gamma_3}}$$

(4) 根据量纲和谐原理，各 π 项的指数分别确定如下：对 π_1，其量纲为

$$[L]=[L]^{\alpha_1}[LT^{-1}]^{\beta_1}[ML^{-3}]^{\gamma_1}$$

$$L:\alpha_1+\beta_1-3\gamma_1=1$$

$$T:-\beta_1=0$$

$$M:\gamma_1=0$$

由此求得 $\alpha_1=1$，$\beta_1=0$，$\gamma_1=0$，得

$$\pi_1=\frac{d_1}{d_2}$$

求 π_2，其量纲为

$$[ML^{-1}T^{-1}]=[L]^{\alpha_2}[LT^{-1}]^{\beta_2}[ML^{-3}]^{\gamma_2}$$

$$L:\alpha_2+\beta_2-3\gamma_2=-1$$

$$T:-\beta_2=-1$$

$$M:\gamma_2=1$$

求得 $\alpha_2=1$，$\beta_2=1$，$\gamma_2=1$，得

$$\pi_2=\frac{\mu}{d_2v_2\rho}$$

求 π_3，其量纲为

$$[ML^{-1}T^{-2}]=[L]^{\alpha_3}[LT^{-1}]^{\beta_3}[ML^{-3}]^{\gamma_3}$$

$$L:\alpha_3+\beta_3-3\gamma_3=-1$$

$$T:-\beta_3=-2$$

$$M:\gamma_3=1$$

求得 $\alpha_3=0$，$\beta_3=2$，$\gamma_3=1$，得

$$\pi_3=\frac{\Delta p}{v_2^2\rho}$$

(5) 写出描述现象的关系式：

$$F(\pi_1,\pi_2,\pi_3)=F\left(\frac{d_1}{d_2},\frac{\mu}{d_2v_2\rho},\frac{\Delta p}{v_2^2\rho}\right)=0$$

上式中的 π 项可根据需要取其倒数，而不改变它的无量纲性质。则

$$\frac{v_2^2\rho}{\Delta p}=F_1\left(\frac{d_2}{d_1},\frac{d_2v_2\rho}{\mu}\right)$$

由上式解得

$$v_2=\sqrt{\frac{\Delta p}{\rho}}F_2\left(\frac{d_2}{d_1},\frac{d_2v_2\rho}{\mu}\right)=\sqrt{2g\,\frac{\Delta p}{\gamma}}\frac{1}{\sqrt{2}}F_2\left(\frac{d_2}{d_1},\frac{d_2v_2\rho}{\mu}\right)$$

则通过文丘里管的流量为

$$Q=A_2v_2=\frac{\pi d_2^2}{4}\sqrt{2g\ \frac{\Delta p}{\gamma}}\frac{1}{\sqrt{2}}F_2\left(\frac{d_2}{d_1},\frac{d_2v_2\rho}{\mu}\right)=\frac{\pi d_2^2}{4}\sqrt{2g\Delta h}\frac{1}{\sqrt{2}}F_2\left(\frac{d_2}{d_1},\frac{d_2v_2\rho}{\mu}\right)$$

令 $K=\frac{\pi d_2^2}{4}\sqrt{2g}\frac{1}{\sqrt{2}}F_2\left(\frac{d_2}{d_1},\frac{d_2v_2\rho}{\mu}\right)$，则

$$Q=K\sqrt{\Delta h}$$

上式与用能量方程推导的公式完全一致。

【例题 3.14】 实验表明，液流中的壁面切应力 τ_0 与断面平均流速 v、水力半径 R、壁面粗糙度 Δ、液体的密度 ρ 和动力黏滞系数 μ 有关，试用 π 定理导出壁面切应力 τ_0 的表达式。

解：

（1）根据上列影响因素，写出函数关系式：

$$f(\tau_0,v,R,\Delta,\rho,\mu)=0$$

（2）从上面六个物理量中取出三个基本物理量，选几何学的量 R，运动学的量 v 和动力学的量 ρ 为基本物理量，这三者包括了［L，T，M］三个基本量纲。类比例题 3.13 可知，所选用的三个基本物理量的量纲组成的指数行列式不为零，所以三个基本物理量的量纲是独立的。

（3）写出 $n-3=6-3=3$ 个 π 项：

$$\pi_1=\frac{\tau_0}{R^{\alpha_1}v^{\beta_1}\rho^{\gamma_1}}$$

$$\pi_2=\frac{\Delta}{R^{\alpha_2}v^{\beta_2}\rho^{\gamma_2}}$$

$$\pi_3=\frac{\mu}{R^{\alpha_3}v^{\beta_3}\rho^{\gamma_3}}$$

（4）根据量纲和谐原理，各 π 项的指数分别确定如下：对 π_1，其量纲为

$$[ML^{-1}T^{-2}]=[L]^{\alpha_1}[LT^{-1}]^{\beta_1}[ML^{-3}]^{\gamma_1}$$

$$L：\alpha_1+\beta_1-3\gamma_1=-1$$

$$T：-\beta_1=-2$$

$$M：\gamma_1=1$$

由此求得 $\alpha_1=0$，$\beta_1=2$，$\gamma_1=1$，得

$$\pi_1=\tau_0/(v^2\rho)$$

同理求得 $\pi_2=\Delta/R$，$\pi_3=\mu/(Rv\rho)$。

（5）写出描述现象的关系式：

$$F(\pi_1,\pi_2,\pi_3)=F\left(\frac{\tau_0}{v^2\rho},\frac{\Delta}{R},\frac{\mu}{Rv\rho}\right)=0$$

对壁面切应力 τ_0 求解得

$$\frac{\tau_0}{v^2\rho}=F_1\left(\frac{\Delta}{R},\frac{\mu}{Rv\rho}\right)$$

因为 $\mu/(Rv\rho)=\nu/(vR)=1/(vR/\nu)=1/Re$，所以

$$\tau_0 = F_1\left(\frac{\Delta}{R}, \frac{1}{Re}\right)\rho v^2$$

上式即为壁面切应力 τ_0 与流速 v、水力半径 R、壁面粗糙度 Δ、液体的密度 ρ 和雷诺数 Re 的关系式。

3.13.5　相似原理

实际工程的水流现象是十分复杂的，液体黏性的存在和液流边界条件的多样性，使得许多水力学问题单纯依靠求解液体运动的基本方程是不能求得解答的，往往需要依靠模型试验来解决。所谓模型试验，就是将原型按一定的比尺缩小，在缩小的模型上观测其结果，以选择最合理的方案。

水力模型试验首先要解决的问题是如何设计模型才能使原型与模型的流动相似；其次是在模型中测到的流态和运动要素如何换算到原型中去。相似原理就是模型试验的理论基础，同时也是对液流现象进行理论分析的一个重要手段。

如两个流动的相应点上所有表征流动状况的相应物理量都维持各自的固定比例关系，则这两个流动称为相似流动。表征流动的量具有不同的性质，主要有三种：表征流场几何形状的，表征运动状态的和表征动力的物理量。要保持流动相似就要求模型与原型之间具有几何相似、运动相似和动力相似，以及初始条件和边界条件相似。

1. 几何相似

几何相似是指模型与原型两个流场的几何形状相似。要求两个流场中所有相应长度都维持一定的比例关系且相应的夹角相等，即

$$\lambda_l = l_p / l_m \tag{3.59}$$

式中：l_p 为原型某一部位的长度；l_m 为模型相应部位的长度；λ_l 为长度比尺。

几何相似的结果必然使任何两个相似流场相应的面积 A 和体积 V 也都维持一定的比例关系，即

$$\lambda_A = A_p / A_m = \lambda_l^2 \tag{3.60}$$

$$\lambda_V = V_p / V_m = \lambda_l^3 \tag{3.61}$$

可以看出，几何相似是通过长度比尺 λ_l 来表达的。只要任何一对相应长度都维持固定的比尺关系 λ_l，就保证了两个流动的几何相似。

2. 运动相似

运动相似是指液体质点的运动情况相似，即相应液体质点在相应瞬间里做相应的位移。所以运动状态的相似要求流速相似和加速度相似，或者两个流动的速度场和加速度场相似。换句话说，模型液流与原型液流中任何对应的液体质点的迹线是几何相似的，而且任何对应的液体质点流过相应线段所需的时间又是具有同一比例，即

$$\lambda_t = t_p / t_m \tag{3.62}$$

式中：t_p 和 t_m 分别为原型和模型中相应液体质点流经相应迹线所需的时间；λ_t 为时间比尺。

如以 u_p 代表原型流动的流速，u_m 代表模型流动的流速，则运动相似要求 u_p/u_m 维持一定的比例，即

$$\lambda_u = u_p / u_m \tag{3.63}$$

式中：λ_u 为流速比尺。若流速用断面平均流速 v 表示，则流速比尺为

$$\lambda_v=\frac{v_p}{v_m}=\frac{l_p/t_p}{l_m/t_m}=\frac{l_p/l_m}{t_p/t_m}=\frac{\lambda_l}{\lambda_t} \tag{3.64}$$

由式（3.64）可以看出，运动相似要求有固定的长度比尺和固定的时间比尺。

流速相似也就意味着相应点的加速度相似，因而加速度比尺也决定于长度比尺和时间比尺，即

$$\lambda_a=\frac{a_p}{a_m}=\frac{(\mathrm{d}v/\mathrm{d}t)_p}{(\mathrm{d}v/\mathrm{d}t)_m}=\frac{\mathrm{d}v_p/\mathrm{d}v_m}{\mathrm{d}t_p/\mathrm{d}t_m}=\frac{\lambda_v}{\lambda_t}=\frac{\lambda_l}{\lambda_t^2} \tag{3.65}$$

式中：λ_a 为加速度比尺。

作为加速度的特例，重力加速度 g 的比尺为

$$\lambda_g=g_p/g_m$$

如果原型流动和模型流动均在同一星球，则 $\lambda_g=1$。

3. 动力相似

动力相似是指作用于液流的各种作用力均维持一定的比例关系。以 F_p 代表原型流动中某点的作用力，以 F_m 代表模型流动中相应点的同样性质的作用力，则动力相似要求 F_p/F_m 为一常数，即

$$\lambda_F=F_p/F_m \tag{3.66}$$

式中：λ_F 为作用力比尺。

换句话说，原型与模型液流中任何对应点上作用着同名力，各同名力互相平行且具有同一比尺，则称该两流动为动力相似，即 $\lambda_{重力}=\lambda_{黏滞力}=\lambda_{表面张力}=\lambda_{弹性力}=\lambda_{压力}=\lambda_{惯性力}$。

以上三种相似是相互联系的，几何相似是运动相似和动力相似的前提和依据，动力相似是决定两个水流运动相似的主导因素，运动相似则是几何相似和动力相似的表现。

初始条件和边界条件相似是指两个流动的初始情况和边界形状在几何、运动和动力三方面都应满足上述相似条件。

3.13.6　相似准则

液体流动由于惯性而引起惯性力，惯性力是企图维持液体原有运动状态的力。除惯性力外，还有万有引力所产生的重力，液体黏滞性所产生的黏滞力，压缩性所产生的弹性力以及液体的表面张力等都是企图改变运动状态的力。液体运动状态的变化和发展则是惯性力和上述各种物理力相互作用的结果。完全的动力相似原理要求各种力的比例常数一样。实际上这是很难达到的，在液体流动中，占主导地位的力往往只有一种，因此在模型试验中只要让这种力满足相似条件即可，这种相似称为部分相似。实践证明，这样也可得到令人满意的结果。下面介绍只考虑一种主要作用力时的相似准则。

设对流动起作用的力为 F，这是改变运动状态的力；而企图维持液体原有状态的惯性力为 I。根据动力相似准则要求

$$\lambda_F=\lambda_I$$

已知惯性力等于质量 m 乘以加速度 a，而质量 m 等于密度 ρ 乘以体积 V，则

$$\frac{F_p}{F_m}=\frac{\rho_p V_p a_p}{\rho_m V_m a_m}$$

将式（3.61）、式（3.64）和式（3.65）代入上式得

$$\frac{F_p}{F_m}=\frac{\rho_p V_p a_p}{\rho_m V_m a_m}=\frac{\rho_p}{\rho_m}\lambda_l^3\frac{\lambda_l}{\lambda_t^2}=\frac{\rho_p}{\rho_m}\lambda_l^2\frac{\lambda_l^2}{\lambda_t^2}=\frac{\rho_p}{\rho_m}\lambda_l^2\lambda_v^2=\frac{\rho_p l_p^2 v_p^2}{\rho_m l_m^2 v_m^2}$$

把上式写成

$$\frac{F_p}{\rho_p l_p^2 v_p^2}=\frac{F_m}{\rho_m l_m^2 v_m^2} \tag{3.67}$$

称 $F/(\rho l^2 v^2)$ 为牛顿准数或牛顿数。式（3.67）表明，两相似流动对应的牛顿数应相等。这是流动相似的普遍准则，称为牛顿相似准则。

式（3.67）也可以写成

$$\lambda_F=\lambda_\rho\lambda_l^2\lambda_v^2 \tag{3.68}$$

式（3.68）表示原型与模型上的两个作用力之比等于两个惯性力的比值，这是牛顿第二定律（$F=ma$）所描述的两种相似流动现象应遵循的相似关系式。式（3.68）可以改写成

$$\frac{\lambda_F}{\lambda_\rho\lambda_l^2\lambda_v^2}=1$$

其中，$\frac{\lambda_F}{\lambda_\rho\lambda_l^2\lambda_v^2}=\frac{\lambda_F\lambda_l/\lambda_v}{\lambda_\rho\lambda_l^3\lambda_v}=\frac{\lambda_F\lambda_t}{\lambda_m\lambda_v}$，即

$$\frac{\lambda_F\lambda_t}{\lambda_m\lambda_v}=1 \tag{3.69}$$

式中：λ_m 为质量相似比尺。

式（3.69）也称为相似判据，是用来判别相似现象的重要标志。所以得出结论，对相似的现象，其相似判据为1，或相似流动的牛顿数必相等。

下面讨论作用力为重力、黏滞力、压力、表面张力、弹性力等时的相似准则。

1. 重力相似准则

当作用在液体上的外力主要为重力，其大小为 $\rho g l^3$，将它代入牛顿数中的 F 项，就得重力与惯性力的比例关系为

$$\frac{F}{\rho l^2 v^2}=\frac{\rho g l^3}{\rho l^2 v^2}=\frac{gl}{v^2}$$

这个数的倒数并开方称为弗劳德（Froude）数，用 Fr 表示为

$$Fr=\frac{v}{\sqrt{gl}}=\text{const} \tag{3.70}$$

如果原型和模型中的弗劳德数 $Fr_p=Fr_m$，即 $\frac{v_p^2}{g_p l_p}=\frac{v_m^2}{g_m l_m}$，或 $\frac{\lambda_v^2}{\lambda_g\lambda_l}=1$，称为重力相似准则，或称为弗劳德相似准则。

2. 阻力相似准则

第4章将要讨论液流的流动形态与液流的阻力问题，可知液流阻力分为黏性阻力和紊动阻力。二者的作用随着液流流动形态的不同而不同，所以它们的相似准则也是不同的。

（1）黏滞力相似准则。当液流的雷诺数较小，液流作层流运动或者紊动较弱，作用在液体上的力主要为黏滞力时，根据 $F=\mu A\frac{\mathrm{d}u}{\mathrm{d}n}$，黏滞力大小可用 $\mu l^2\frac{v}{l}=\mu l v$ 来衡量，代入

牛顿数中的 F 项，就得惯性力与黏滞力的比例关系为

$$\frac{\rho l^2 v^2}{F}=\frac{\rho l^2 v^2}{\mu l v}=\frac{\rho l v}{\mu}=\frac{l v}{\mu/\rho}=\frac{l v}{\nu}$$

这个数称为雷诺（Reynolds）数，以 Re 表示，即

$$Re=\frac{l v}{\nu} \tag{3.71}$$

如果原型和模型中雷诺数 $Re_p=Re_m$，即 $\frac{l_p v_p}{\nu_p}=\frac{l_m v_m}{\nu_m}$，或 $\frac{\lambda_l\lambda_v}{\lambda_\nu}=1$，称为黏滞力相似准则，或雷诺相似准则。

（2）紊动阻力相似准则。当液流的雷诺数大到一定程度，黏滞力对液流的影响很小，液流的作用力主要为紊动阻力时，可以采用紊动阻力相似准则。紊动阻力可表示为 $F_0=\tau_0\chi l$，将其代入牛顿数中的 F 项得

$$\frac{\rho l^2 v^2}{F_0}=\frac{\rho l^2 v^2}{\tau_0\chi l}$$

式中：τ_0 为壁面切应力；χ 为湿周，即水流湿润的边界。壁面切应力还可以写成 $\tau_0=\gamma RJ$，其中 γ 为液体的重度；R 为水力半径，即过水断面面积与湿周的比值；J 为水力坡度。将 $\tau_0=\gamma RJ$ 代入上式得

$$\frac{\rho l^2 v^2}{F_0}=\frac{\rho l^2 v^2}{\tau_0\chi l}=\frac{\rho l^2 v^2}{\gamma RJ\chi l}=\frac{\rho l^2 v^2}{\rho g RJ\chi l}$$

因为水力半径 R、湿周 χ 和 l 均为长度的量纲，所以由上式得

$$\frac{\rho l^2 v^2}{F_0}=\frac{v^2}{g l J} \tag{3.72}$$

如果原型和模型中的 $\frac{v_p^2}{g_p l_p J_p}=\frac{v_m^2}{g_m l_m J_m}$，或 $\frac{\lambda_v^2}{\lambda_g\lambda_l\lambda_J}=1$，称为紊动阻力相似准则。

式（3.72）还可以写成

$$Fr_p/J_p=Fr_m/J_m \tag{3.73}$$

由式（3.73）可以看出，紊动阻力相似除保证重力相似所要求的 Fr 相等外，还必须保证模型与原型中的水力坡度 J 相等。由此亦可得出，如果 $J_p=J_m$，则可以用重力相似准则设计紊动阻力相似的模型。

3. 压力相似准则

若作用力为压力时，压力可用 $P=pl^2$ 表征，可得表征液流运动的惯性力与压力之比为

$$\frac{\rho l^2 v^2}{P}=\frac{\rho l^2 v^2}{p l^2}=\frac{\rho v^2}{p}$$

上式称为欧拉（Euler）数，用 Eu 表示，即

$$Eu=\frac{\rho v^2}{p} \tag{3.74}$$

如果原型和模型中欧拉数 $Eu_p=Eu_m$，即 $\frac{\rho_p v_p^2}{p_p}=\frac{\rho_m v_m^2}{p_m}$，或 $\frac{\lambda_\rho\lambda_v^2}{\lambda_p}=1$，称为压力相似准则，或欧拉相似准则。

4. 表面张力相似准则

若作用力为表面张力时，表面张力可用 $S=\sigma l$ 表征，可得表征液流运动的惯性力与表面张力之比为

$$\frac{\rho l^2 v^2}{S}=\frac{\rho l^2 v^2}{\sigma l}=\frac{\rho l v^2}{\sigma}=\frac{v^2 l}{\sigma/\rho}$$

上式称为韦伯（Weber）数，用 We 表示，即

$$We=\frac{v^2 l}{\sigma/\rho} \tag{3.75}$$

如果原型和模型中韦伯数 $We_p=We_m$，即 $\frac{\lambda_v^2\lambda_l}{\lambda_\sigma/\lambda_\rho}=1$，称为表面张力相似准则，或韦伯相似准则。

5. 弹性力相似准则

若作用力为弹性力时，弹性力可用 $E=Kl^2$ 表征，可得表征液流运动的惯性力与弹性力之比为

$$\frac{\rho l^2 v^2}{E}=\frac{\rho l^2 v^2}{Kl^2}=\frac{\rho v^2}{K}=\frac{v^2}{K/\rho}$$

上式称为柯西（Cauchy）数，用 Ca 表示，即

$$Ca=\frac{v^2}{K/\rho} \tag{3.76}$$

如果原型和模型中柯西数 $Ca_p=Ca_m$，即 $\frac{\lambda_v^2}{\lambda_K/\lambda_\rho}=1$，称为弹性力相似准则，或柯西相似准则。

6. 流场中非恒定流的相似准则

在非恒定流中存在着时变加速度 $\partial v/\partial t$，如果把它视为单位质量的力，则时变惯性力与位变惯性力 $v\partial v/\partial s$ 之比为

$$\frac{\partial v/\partial t}{v\partial v/\partial s}=\frac{v/t}{v^2/l}=\frac{l}{vt}$$

上式称为斯特劳哈尔（Strouhal）数，用 Sr 表示，即

$$Sr=\frac{l}{vt} \tag{3.77}$$

如果原型和模型中斯特劳哈尔数 $Sr_p=Sr_m$，即 $\frac{\lambda_l}{\lambda_v\lambda_t}=1$，称为斯特劳哈尔相似准则。

3.13.7　模型试验基础

在实际工程中，例如水利工程、环境工程、土建工程、航天工程等，常需通过模型试验来验证和修改设计方案，以达到最合理的设计。

模型的设计，首先要解决的问题是模型和原型各种比尺的选择问题，即所谓的模型律问题。如前所述，如果液流受到多种力的作用，理论上，两个液流的相似除初始条件和边界条件相似外，还应满足流场的几何相似、运动相似和动力相似，其中动力相似则要求模型与原型的弗劳德数 Fr、雷诺数 Re、欧拉数 Eu、韦伯数 We、柯西数 Ca、斯特劳哈尔数 Sr 均一一对应相等。要做到完全相似是很难做到的，为此，必须选择对液流起决定影响的作用力来考虑原型与模型之间的相似条件，对不同的液流，因其主要作用力不同，相似

准则也相应不同。

在模型设计中，无论采用何种模型，均需保证几何相似，因此在模型设计中，先要选定长度比尺 λ_l。λ_l 的选择须根据模型的场地、动力设备等情况确定。在不损害试验结果正确的前提下，模型宜做得小一些，即长度比尺要选得大一些，以节省工程费用。几何比尺选定以后，可根据液流的作用力不同，选择相应的相似准则。

1. 重力相似模型

若形成液流的主要作用力为重力，例如恒定流的孔口自由出流、明渠流动、坝上溢流、桥墩绕流等都属于这种类型。根据式（3.70），液流相似只要求原型与模型的弗劳德数相等，即 $Fr_p = Fr_m$，这就是重力相似准则，即

$$\frac{v_m}{\sqrt{g_m l_m}} = \frac{v_p}{\sqrt{g_p l_p}}$$

已知在同一星球上，$g_p/g_m = 1$，所以上式变成 $v_p/v_m = (l_p/l_m)^{1/2}$，由此得流速比尺为

$$\lambda_v = \lambda_l^{1/2} \tag{3.78}$$

式（3.78）为重力相似情况下的流速比尺。同理有

流量比尺为
$$\lambda_Q = \frac{Q_p}{Q_m} = \frac{A_p v_p}{A_m v_m} = \lambda_l^2 \lambda_l^{1/2} = \lambda_l^{5/2} \tag{3.79}$$

时间比尺为
$$\lambda_t = \frac{t_p}{t_m} = \frac{l_p/v_p}{l_m/v_m} = \frac{l_p v_m}{l_m v_p} = \frac{\lambda_l}{\lambda_l^{1/2}} = \lambda_l^{1/2} \tag{3.80}$$

力的比尺为
$$\lambda_F = \frac{F_p}{F_m} = \frac{m_p a_p}{m_m a_m} = \frac{\rho_p V_p}{\rho_m V_m} \frac{(\mathrm{d}v/\mathrm{d}t)_p}{(\mathrm{d}v/\mathrm{d}t)_m} = \lambda_\rho \lambda_l^3 \frac{(\mathrm{d}v/\mathrm{d}t)_p}{(\mathrm{d}v/\mathrm{d}t)_m}$$

将式（3.65）和式（3.80）代入上式得

$$\lambda_F = \frac{F_p}{F_m} = \lambda_\rho \lambda_l^3 \frac{(\mathrm{d}v/\mathrm{d}t)_p}{(\mathrm{d}v/\mathrm{d}t)_m} = \lambda_\rho \lambda_l^3 \frac{\lambda_l}{\lambda_t^2} = \lambda_\rho \lambda_l^3 \frac{\lambda_l}{(\lambda_l^{1/2})^2} = \lambda_\rho \lambda_l^3 \tag{3.81}$$

如果原型和模型用的都是水，则 $\lambda_\rho = 1$，上式简化为

$$\lambda_F = \lambda_l^3 \tag{3.82}$$

压强比尺为
$$\lambda_p = \frac{\lambda_F}{\lambda_A} = \frac{\lambda_l^3}{\lambda_l^2} = \lambda_l \tag{3.83}$$

【例题 3.15】 溢流坝的最大下泄流量为 $1000\mathrm{m^3/s}$，用几何比尺 $\lambda_l = 50$ 的模型进行试验，试求模型中最大流量为多少？如在模型中测得坝上水头 $H_m = 8\mathrm{cm}$，测得模型坝角处收缩断面流速 $v_m = 1\mathrm{m/s}$，试求原型情况下相应的坝上水头和收缩断面的流速各为多少？

解：

按重力相似准则设计模型。已知 $\lambda_l = 50$，$Q_p = 1000\mathrm{m^3/s}$，则

$$\lambda_Q = \lambda_l^{5/2} = 50^{5/2} = 17677.67$$

模型最大流量为
$$Q_m = \frac{Q_p}{\lambda_l^{5/2}} = \frac{1000}{17677.67} = 0.0566(\mathrm{m^3/s})$$

几何比尺为
$$\lambda_l = \frac{l_p}{l_m} = \frac{H_p}{H_m}$$

原型的坝上水头为
$$H_p = \lambda_l H_m = 50 \times 8 = 400(\mathrm{cm}) = 4(\mathrm{m})$$

流速比尺为　　$\lambda_v=\sqrt{\lambda_l}=\sqrt{50}$

原型收缩断面处的流速为　　$v_p=\lambda_v v_m=\sqrt{50}\times1=7.07(\text{m/s})$

2. 黏滞力相似模型

若形成液流的主要作用力为黏滞力，例如压力管流，当其流速分布及沿程阻力主要取决于流层间的黏滞力（黏性阻力）而与重力无关时，则采用黏滞力相似模型。根据式(3.71)，液流相似只要求原型和模型中的雷诺数 $Re_p=Re_m$，这就是黏滞力相似准则，即

$$\frac{v_m l_m}{\nu_m}=\frac{v_p l_p}{\nu_p}$$

由上式得　　$\lambda_v\lambda_l=\lambda_\nu$

式中：λ_ν 为运动黏滞系数比尺。

由此得流速比尺为

$$\lambda_v=\frac{\lambda_\nu}{\lambda_l} \tag{3.84}$$

流量比尺为
$$\lambda_Q=\lambda_A\lambda_v=\frac{\lambda_l^2\lambda_\nu}{\lambda_l}=\lambda_l\lambda_\nu \tag{3.85}$$

时间比尺为
$$\lambda_t=\frac{\lambda_l}{\lambda_v}=\frac{\lambda_l}{\lambda_\nu/\lambda_l}=\frac{\lambda_l^2}{\lambda_\nu} \tag{3.86}$$

力的比尺为
$$\lambda_F=\frac{\rho_p V_p a_p}{\rho_m V_m a_m}=\lambda_\rho\lambda_l^3\frac{\lambda_l}{\lambda_t^2}=\lambda_\rho\lambda_l^3\frac{\lambda_l}{\lambda_l^4/\lambda_\nu^2}=\lambda_\rho\lambda_\nu^2 \tag{3.87}$$

压强比尺为
$$\lambda_p=\frac{\lambda_F}{\lambda_A}=\frac{\lambda_\rho\lambda_\nu^2}{\lambda_l^2} \tag{3.88}$$

若原型与模型都是同一种液体，如水（温度也相同），则 $\nu_p=\nu_m$，按照以上推导步骤可得

速度比尺为
$$\lambda_v=\frac{1}{\lambda_l}=\lambda_l^{-1} \tag{3.89}$$

流量比尺为
$$\lambda_Q=\lambda_A\lambda_v=\lambda_l^2\lambda_l^{-1}=\lambda_l \tag{3.90}$$

时间比尺为
$$\lambda_t=\frac{\lambda_l}{\lambda_v}=\frac{\lambda_l}{\lambda_l^{-1}}=\lambda_l^2 \tag{3.91}$$

力的比尺为
$$\lambda_F=\lambda_\rho=1 \tag{3.92}$$

压强的比尺为
$$\lambda_p=\frac{\lambda_F}{\lambda_A}=\frac{1}{\lambda_l^2}=\lambda_l^{-2} \tag{3.93}$$

【例题 3.16】 有一直径为 15cm 的输油管，管长 5m，管中通过的流量为 $0.18\text{m}^3/\text{s}$。现用水来做模型试验，当模型管径和原型一样，水温为 10℃（原型用油的运动黏滞系数 $\nu_p=0.13\text{cm}^2/\text{s}$），问水的模型流量应为多少才能达到相似？若测得 5m 长模型输水管两端的压强水头差为 3cm，试求在 100m 长输油管两端的压强差应为多少？

解：

因为圆管中流动主要受黏滞力作用，所以相似条件应满足雷诺相似准则。已知原型用油的运动黏滞系数 $\nu_p=0.13\text{cm}^2/\text{s}$，模型中水温为 10℃时水的运动黏滞系数为 $\nu_m=0.0131\text{cm}^2/\text{s}$，又原型圆管直径与模型圆管直径相同，则 $d_p=d_m=0.15\text{m}$，$\lambda_l=1$，由 $\frac{v_m l_m}{\nu_m}=\frac{v_p l_p}{\nu_p}$ 得

$$\lambda_\nu=\frac{\nu_p}{\nu_m}=\frac{0.13}{0.0131}=9.924$$

$$\lambda_v=\frac{\lambda_\nu}{\lambda_l}=\frac{9.924}{1}=9.924$$

$$\lambda_Q=\lambda_l\lambda_\nu=1\times9.924=9.924$$

$$Q_m=\frac{Q_p}{\lambda_Q}=\frac{0.18}{9.924}=0.0181(\mathrm{m^3/s})$$

$$\lambda_p=\frac{\lambda_\rho\lambda_\nu^2}{\lambda_l^2}$$

即

$$\frac{\Delta p_p}{\Delta p_m}=\frac{\gamma_p\lambda_\nu^2}{\gamma_m\lambda_l^2}=\frac{\gamma_p}{\gamma_m}\lambda_\nu^2$$

$$\frac{\Delta p_p}{\gamma_p}=\frac{\Delta p_m}{\gamma_m}\lambda_\nu^2=3\times9.924^2=295.5(\mathrm{cm})$$

上式是5m长输油管的原型压差油柱高，对于100m长输油管的原型压差油柱高为

$$(295.5/5)\times100=5910(\mathrm{cm})\ =59.1(\mathrm{m})$$

3. 紊动阻力相似模型

只要管道或明渠中的液流为充分紊流时，形成液流的主要作用力为紊动阻力，则采用紊动阻力相似模型。由例题3.14可以看出，对于充分紊流，壁面切应力与相对粗糙度Δ/R、雷诺数Re、液流的密度ρ和断面平均流速v有关，即$\tau_0=f(\Delta/R,\ 1/Re)\rho v^2$，则紊动阻力又可以写成

$$F=\tau_0\chi l=f(\Delta/R,\ 1/Re)\rho v^2\chi l \tag{3.94}$$

将式（3.94）代入式（3.67）得

$$\frac{f_p(\Delta/R,\ 1/Re)\rho_p v_p^2\chi_p l_p}{\rho_p l_p^2 v_p^2}=\frac{f_m(\Delta/R,\ 1/Re)\rho_m v_m^2\chi_m l_m}{\rho_m l_m^2 v_m^2}$$

由上式可得

$$\lambda_{f(\Delta/R,\ 1/Re)}=1$$

对于充分发展的紊流，雷诺数的影响可以忽略，得$\lambda_{f(\Delta/R)}=1$。由此知道，紊动阻力相似模型只要原型和模型的相对粗糙度相等就可以了，即

$$\Delta_p/R_p=\Delta_m/R_m \tag{3.95}$$

这就是说，当液流充分紊动时，只要模型和原型的相对粗糙度相等，就可以做到模型与原型流动的紊动阻力相似，可以用弗劳德相似准则设计模型。

在工程实际中，断面平均流速常采用谢才公式$v=C\sqrt{RJ}$，其中$C=R^{1/6}/n$，C为谢才系数，n为壁面的粗糙系数。流速v又可以写成$v=R^{2/3}\sqrt{J}/n$。

紊动阻力的比尺关系为

$$\lambda_v=\lambda_R^{2/3}\lambda_J^{1/2}/\lambda_n$$

根据紊动阻力相似关系式（3.73），紊动阻力相似要求原型和模型的水力坡度相等，即$J_p=J_m$，$\lambda_J=1$，又因为$\lambda_R^{2/3}=\lambda_l^{2/3}$，根据式（3.78），$\lambda_v=\lambda_l^{1/2}$，则

$$\lambda_n=\lambda_l^{1/6} \tag{3.96}$$

由式（3.96）可以看出，在紊流充分发展的情况下，由于阻力与雷诺数无关，因此，不论流动的雷诺数有多大，要使两种液流紊动阻力相似，只要保证其粗糙系数比尺$\lambda_n=\lambda_l^{1/6}$的关系即可。

若重力和黏滞力同时是液流的主要作用力，则液流相似要求保证原型和模型的弗劳德数和雷诺数一一对应相等。在这种情况下，若模型中用的与原型一样的液体，则由上面的

弗劳德相似准则和雷诺相似准则得

弗劳德相似准则　　　　$\lambda_v=\lambda_l^{1/2}$

雷诺相似准则　　　　$\lambda_v=1/\lambda_l$

显然，要同时满足以上两式，只有 $\lambda_l=1$ 时才有可能。即模型不能缩小，这就失去了模型试验的意义。

另一种办法是模型采用与原型不同的液体，则有

$$\frac{v_p}{\sqrt{g_p l_p}}/\frac{v_m}{\sqrt{g_m l_m}}=\frac{v_p l_p}{\nu_p}/\frac{v_m l_m}{\nu_m}=1$$

因为 $\lambda_g=1$，则由上式解出

$$\lambda_\nu=\lambda_l^{3/2} \tag{3.97}$$

满足式（3.97）的条件要求能找到一种模型试验用的液体，其运动黏滞系数 ν_m 应是原型流体 ν_p 的 $1/\lambda_l^{3/2}$ 倍，才能同时满足弗劳德相似准则和雷诺相似准则。而这个要求在实用上（小规模的试验水槽试验除外）是不易做到的。所以一般来说，要同时满足上述两个准则，在事实上几乎是不可能的，除非做成 $\lambda_l=1$ 的模型，这同样失去了模型试验的意义。

在工程实践中，为了解决这一问题，就要对黏滞力的作用和影响作具体深入地分析。在后面一章里可以知道，雷诺数是判别流动形态的准则，雷诺数不同，流动形态就不同。在不同的流动形态下，黏滞力对流动阻力的影响是不同的。当雷诺数较小时，流动为层流形态，此时黏滞力的影响是主要的，宜用雷诺相似准则；当雷诺数达到一定的程度，液流流动为充分紊流时，此时起决定作用的是管壁的相对粗糙度引起的阻力占主导地位，黏性阻力的影响已退居次要地位，此时只要满足几何相似，特别是原型与模型的相对粗糙度相似，即可自动满足力学相似，只要考虑弗劳德准则即可，但模型中的雷诺数要保持在充分紊流区，不必要求与原型雷诺数相等。

在具有自由液面的明渠中，一般用弗劳德相似准则。但在水面平稳，流动极慢，雷诺数处于层流区的明渠流动中，也用雷诺相似准则。

【例题 3.17】 有一处理废水的稳定塘，塘的长度 $l_p=100$m，塘的宽度 $b_p=25$m，水深 $h_p=2$m，塘中水温为 20℃，水力停留时间 $t_p=15$d（t_p 为水塘的容积与流量之比），水流呈缓慢的流动，设制作模型的长度比尺 $\lambda_l=20$，求模型尺寸及水在模型中的水力停留时间 t_m。（提示：雷诺数 $Re=\frac{v\times4R}{\nu}$，R 为水力半径，$R=\frac{A}{\chi}=\frac{bh}{b+2h}$，当雷诺数 $Re<$ 2000 时为层流。）

解：

当水温为 20℃时，水的运动黏滞系数 $\nu=1.003\times10^{-6}\text{m}^2/\text{s}$，原型中的水力半径为

$$R_p=\frac{A_p}{\chi_p}=\frac{25\times2}{25+2\times2}=1.724(\text{m})$$

原型中的流速为

$$v_p=\frac{Q}{A_p}=\frac{l_p b_p h_p/t_p}{b_p h_p}=\frac{l_p}{t_p}=\frac{100}{15\times24\times3600}=7.716\times10^{-5}(\text{m/s})$$

原型中的雷诺数为

$$Re_p=\frac{v_p\times4R_p}{\nu_p}=\frac{7.716\times10^{-5}\times4\times1.724}{1.003\times10^{-6}}=530.5<2000$$

为层流，可按雷诺相似准则设计模型。

模型长度 $l_m = l_p/\lambda_l = 100/20 = 5(\text{m})$

模型宽度 $b_m = b_p/\lambda_l = 25/20 = 1.25(\text{m})$

模型塘深 $h_m = h_p/\lambda_l = 2/20 = 0.1(\text{m})$

模型塘的水力半径 $R_m = R_p/\lambda_l = 1.724/20 = 0.0862(\text{m})$

模型流速，由于模型与原型用同样的水，所以 $\lambda_v = \dfrac{1}{\lambda_l} = \lambda_l^{-1}$；由此得

$$v_m = v_p\lambda_l = 7.716\times10^{-5}\times20 = 1.543\times10^{-4}(\text{m/s})$$

模型中的水力停留时间，时间比尺为 $\lambda_t = \lambda_l/\lambda_v = \lambda_l/\lambda_l^{-1} = \lambda_l^2$，则

$$t_m = t_p/\lambda_l^2 = 15/20^2 = 0.0375(\text{d}) = 0.9(\text{h})$$

4. 弹性力相似模型

弹性力相似要求原型和模型的柯西数相等，即

$$\frac{v_p^2}{K_p/\rho_p} = \frac{v_m^2}{K_m/\rho_m}$$

这个相似准则只对像水击现象那种液体压缩性起主要作用的流动才有用。因为声音在液体中的传播速度（音速）$c = \sqrt{K/\rho}$，所以柯西数实际上是流速与音速之比的平方。如把柯西数开方，则得马赫数 Ma：

$$Ma = \frac{v}{c} \tag{3.98}$$

在空气动力学中，当流速接近或超过音速时，要流动相似就要求马赫数相似。

5. 表面张力相似模型

表面张力相似要求原型与模型的韦伯数相等，即

$$\frac{v_p^2 l_p}{\sigma_p/\rho_p} = \frac{v_m^2 l_m}{\sigma_m/\rho_m} \tag{3.99}$$

这个相似准则只有在流动规模甚小，以致表面张力作用显著时才有用。在一般的水力学模型试验中，当水流表面流速大于 0.23m/s，水深大于 1.5cm 时，表面张力的影响可不予考虑。

6. 惯性力相似模型

在非恒定流动中，液流的相似要求斯特劳哈尔数相等，即

$$\frac{v_p t_p}{l_p} = \frac{v_m t_m}{l_m}$$

或

$$\lambda_t = \frac{t_p}{t_m} = \frac{l_p v_m}{l_m v_p} = \frac{\lambda_l}{\lambda_v}$$

如果 λ_v 由弗劳德相似准则确定，即 $\lambda_v = \sqrt{\lambda_l}$，则

$$\lambda_t = \frac{\lambda_l}{\lambda_v} = \frac{\lambda_l}{\sqrt{\lambda_l}} = \sqrt{\lambda_l} \tag{3.100}$$

在原型流动中，在时间 t_p 内发生的变化，在模型中必须在 $t_m = t_p/\lambda_t = t_p/\sqrt{\lambda_l}$ 时间内完成。

7. 压力相似模型

液流中压差的相似要求欧拉数相等，即

$$\frac{\Delta p_p}{\rho_p v_p^2}=\frac{\Delta p_m}{\rho_m v_m^2}$$

在相似流动中，压强场必须相似，但压强场相似是流动相似的结果。根据上述流动相似条件，可以得出压强场决定于流动边界的形状和性质以及条件准数的相等，可表示为

$$Eu=f(Fr,Re,We,Ca,Sr,\cdots) \tag{3.101}$$

一般情况下，表面张力、弹性力的影响可以忽略，在恒定流情况下，式（3.101）可表示为

$$Eu=f(Fr,Re) \tag{3.102}$$

上面简单介绍了模型试验的相似律问题，用此相似律进行模型试验，叫作正态模型试验。在模型试验中，有时由于场地限制，或动力设备的限制，模型不能做得太大时，还可以做成变态模型，以满足动力相似。另外，在模型设计中，还需满足模型设计的限制条件。因此，在进行模型试验时，须根据液流的具体流动情况和试验场地、动力设备，并考虑限制条件，选择合适的模型律。有关这方面的内容请参考有关专著。

习　题

3.1　流动场中速度沿流程均匀地增加，并随时间均匀地变化。A 点和 B 点相距 2m，C 点在中间，如图所示。已知 $t=0$ 时，$u_A=1\text{m/s}$，$u_B=2\text{m/s}$，$t=5\text{s}$ 时，$u_A=4\text{m/s}$，$u_B=8\text{m/s}$，写出 C 点加速度的表示式，并求 $t=0$ 时和 $t=5\text{s}$ 时 C 点的加速度。

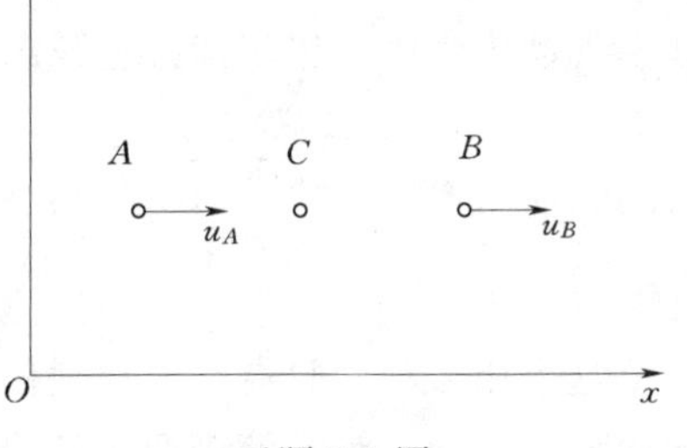

习题 3.1 图

3.2　在以原点为圆心，半径 $r\leqslant 2\text{m}$ 的区域内，流速场可以表示为 $u_x=x^2$，$u_y=y^2$，$u_z=z^2$，求各坐标方向的加速度分量和加速度的模，并求空间点（1，1，1）处的加速度，此流速场是否满足连续性方程。

3.3　已知平面不可压缩液体的流速分量为 $u_x=1-y$，$u_y=t$，试求：

（1）$t=0$ 时过点（0，0）的迹线方程。

（2）$t=1$ 时过点（0，0）的流线方程。

3.4　已知某液体质点做匀速直线运动，开始时刻位于点 A(3，2，1)，经 10s 后运动到点（4，4，4），试求该点液体质点的轨迹方程。

3.5　已知液体质点的轨迹方程为 $x=1+0.01t^2\sqrt{t}$，$y=2+0.01t^2\sqrt{t}$，$z=3$，试求点 A(10，11，3) 处的加速度 a。

3.6　如图所示某收缩管段长 $L=0.6\text{m}$，管径 $D=0.3\text{m}$，$d=0.15\text{m}$，通过流量 $Q=0.3\text{m}^3/\text{s}$。若逐渐关闭阀门，使流量在 30s 内直线的减小到零，并假设断面上的流速均匀分布，试求闸门关闭到第 20s 时，AB 两点的加速度。

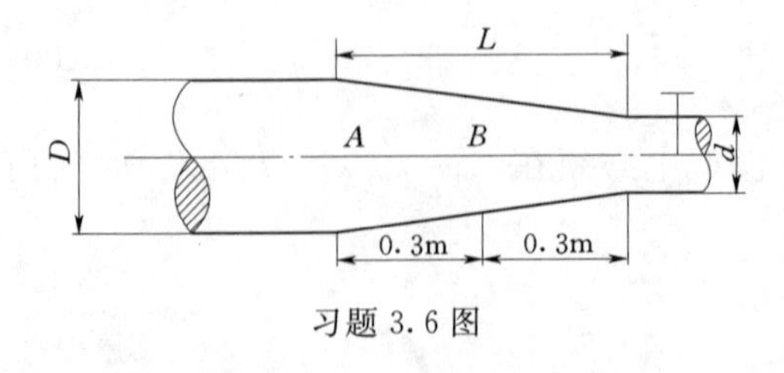

习题 3.6 图

3.7　已知平面不可压缩液体的流速分布为

$$\text{(a)}\ \begin{matrix} u_x=1 \\ u_y=t \end{matrix} \qquad \text{(b)}\ \begin{matrix} u_x=1+y \\ u_y=at \end{matrix} \qquad \text{(c)}\ \begin{matrix} u_x=x+\alpha t \\ u_y=-y+\alpha t \end{matrix}$$

式中：a、α 为常数。试求：

(1)(a)及(b)中，$t=0$ 时位于点(0，0)液体质点的迹线方程。$t=1$s 时过点(0，0)的流线方程。

(2)(c)中 $t=1$s 时过点(1，2)的迹线和流线方程。

3.8　已知液体质点的运动由拉格朗日变数表示为 $x=a\mathrm{e}^{kt}$，$y=b\mathrm{e}^{-kt}$，$z=C$，式中 k 为常数。试求液体质点的迹线、速度和加速度。

3.9　设液体运动的欧拉变数为 $u_x=-ky$，$u_y=kx$，$u_z=0$，其中 k 为常数。试转换到拉格朗日变数。

3.10　给出流速场 $\vec{u}=(6+2xy+t^2)i-(xy^2+10t)j+25k$，求空间点(3，0，2)在 $t=1$ 时的加速度。

3.11　已知流场 $u_x=xy^2$，$u_y=-\dfrac{1}{3}y^2$，$u_z=xy$，试求：

(1)(1，2，3)点的加速度。

(2)是几元流动？

(3)是恒定流还是非恒定流？

(4)是均匀流还是非均匀流？

3.12　已知流场 $\vec{u}=(4x^3+2y+xy)i+(3x-y^3+z)j$，试求：

(1)(2，2，3)点的加速度。

(2)是几元流动？

(3)是恒定流还是非恒定流？

(4)是均匀流还是非均匀流？

3.13　已知平面流动的流速分布为 $u_r=\left(1-\dfrac{1}{r^2}\right)\cos\theta$，$u_\theta=-\left(1+\dfrac{1}{r^2}\right)\sin\theta$，试求：

(1)计算点(1，2)处的加速度。

(2)是恒定流还是非恒定流？

(3)是均匀流还是非均匀流？

3.14　圆管中的流速为轴对称分布，如图所示。其分布函数为 $u=u_{\max}(1-r^2/r_0^2)$，u 为距管轴中心为 r 处的流速，若已知 $r_0=0.03$m，$u_{\max}=0.15$m/s，求通过水管的流量及断面平均流速。

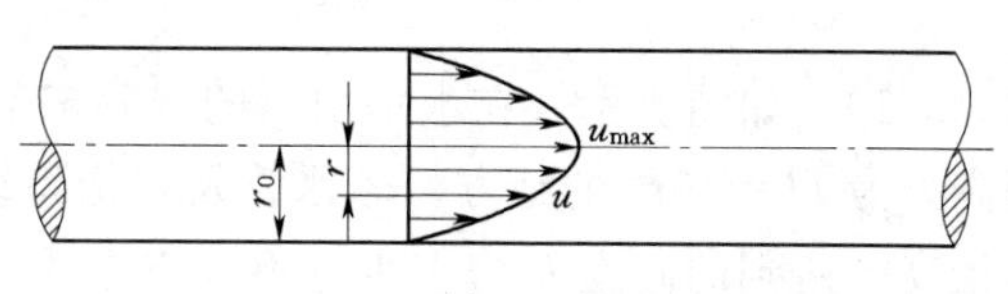

习题 3.14 图

3.15　如图所示管路系统，已知 $d_1=0.3$m，$d_2=0.2$m，$d_3=0.1$m，$v_3=10$m/s，$Q_1=0.05\text{m}^3/\text{s}$，$Q_2=0.02151\text{m}^3/\text{s}$，试求：

(1)各管段的流量。

(2)各管段的平均流速。

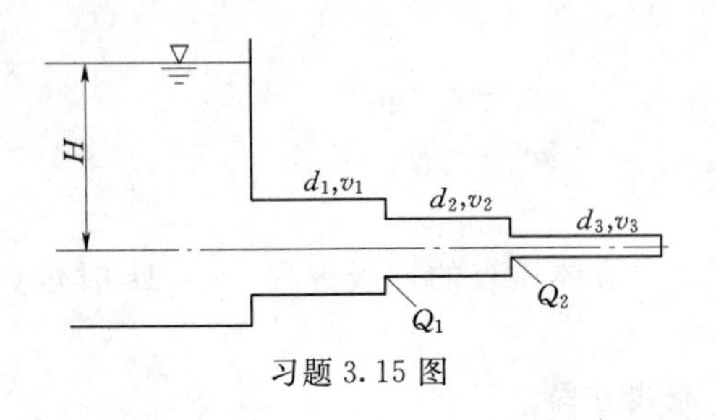

习题3.15图

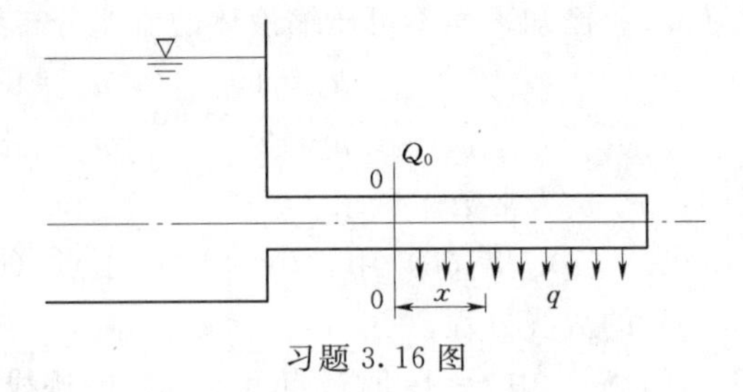

习题3.16图

3.16　如图所示为一沿程均匀出流管路，管径为 d，如果均匀出流开始断面的流量为 Q_0，沿程每米长均匀流出的流量为 q，试求任一断面 x 处的断面平均流速表达式。

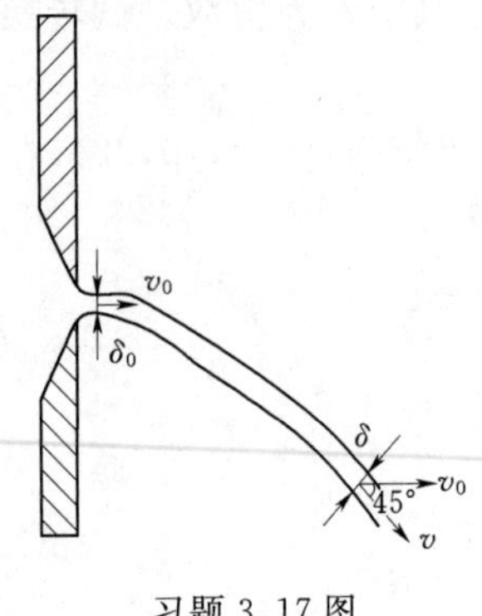

习题3.17图

3.17　如图所示一股水流自狭长的缝隙中水平射出，其厚度为 $\delta_0=0.03\text{m}$，平均流速为 $v_0=8\text{m/s}$。假设此水流受重力作用而向下弯曲，但其水平分速保持不变，试求：

(1) 在倾斜角 $\alpha=45°$ 处的平均流速 v。

(2) 该处的水股厚度 δ。

3.18　有一直径缓慢变化的锥形水管如图所示。断面1—1处的直径 $d_1=0.15\text{m}$，中心点 A 的相对压强为 7.2kN/m^2，断面2—2处的直径 $d_2=0.3\text{m}$，中心点 B 的相对压强为 6.1kN/m^2，断面平均流速 $v_2=1.5\text{m/s}$，A、B 两点高差为1m，试判断管中水流的方向，并计算断面1—1和断面2—2间的水头损失。

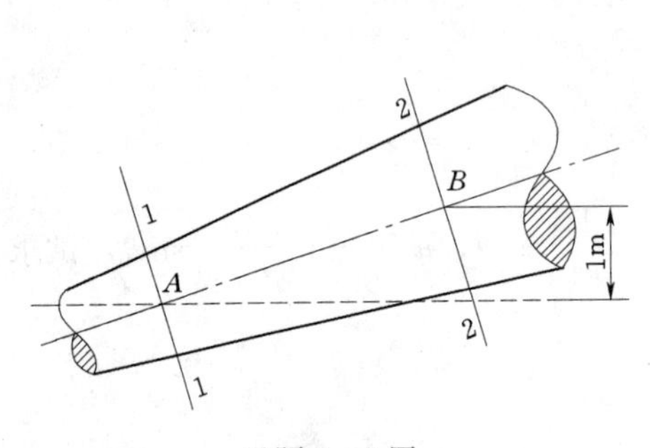

习题3.18图

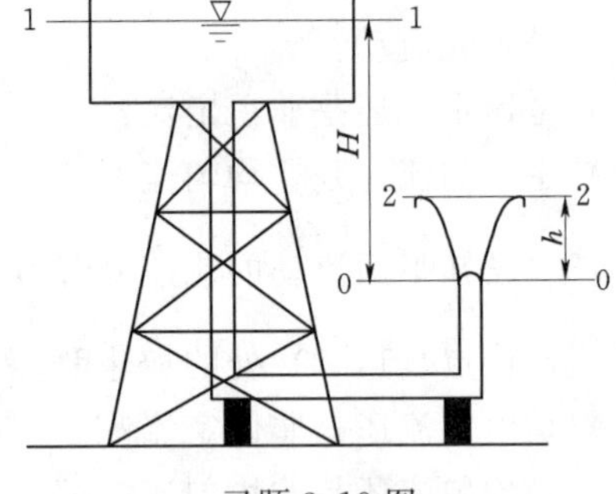

习题3.19图

3.19　如图所示，在水塔引出的水管末端连接一个消防喷水枪，将水枪置于和水塔液面高差为 $H=10\text{m}$ 的地方。若水管及水枪系统的水头损失为3m，试求喷水枪所喷出的液体最高能达到的高度 h 为多少（不计空中的能量损失）？

3.20　在水轮机的垂直锥形尾水管中，已知断面1—1的直径 $d_1=0.6\text{m}$，断面平均流速 $v_1=6\text{m/s}$，出口断面2—2的直径 $d_2=0.9\text{m}$，两断面之间的水头损失 $h_w=0.2755\text{m}$，试求：

(1) 当 $z=5\text{m}$ 时断面1—1的真空度。

(2) 当断面1—1处的允许真空度为5m水柱高度时，断面1—1的最高位置 z_{max}。

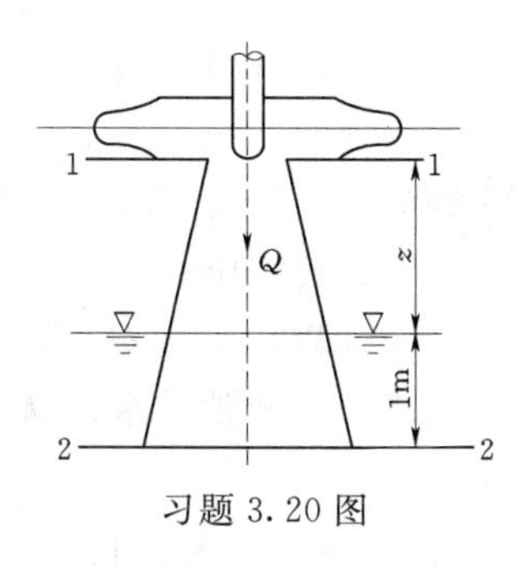

习题 3.20 图

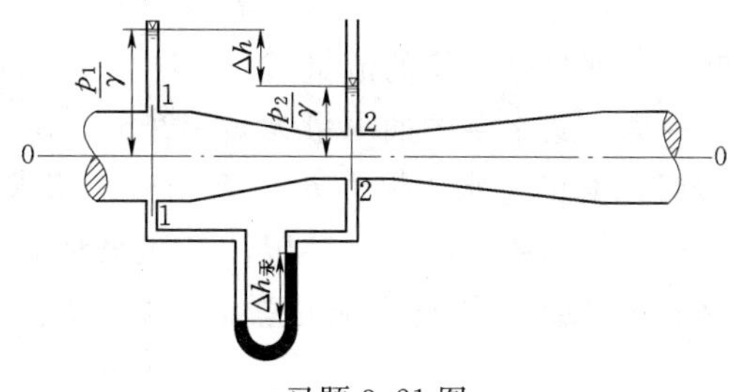

习题 3.21 图

3.21　有一水平安装的文丘里管流量计，已测得 $p_1/\gamma=1\text{m}$，$p_2/\gamma=0.4\text{m}$，水管的断面面积 $A_1=0.002\text{m}^2$，文丘里管喉道的面积 $A_2=0.001\text{m}^2$，水头损失 $h_w=0.05v_1^2/(2g)$，求通过的流量 Q 和流量系数。如果在文丘里管下面装一水银压差计，试求压差计的压差 $\Delta h_{汞}$。

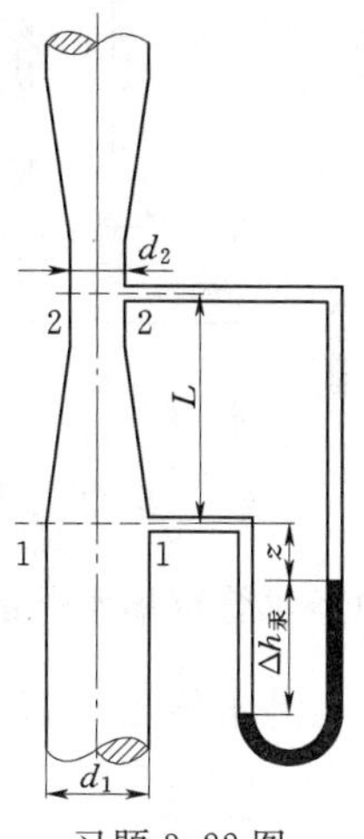

习题 3.22 图

3.22　如图所示为一文丘里管，已知水银压差计读数为 $\Delta h_{汞}=36\text{cm}$，管径 $d_1=30\text{cm}$，喉道直径 $d_2=15\text{cm}$，渐变段长 $L=75\text{cm}$，如不计两断面间的水头损失，求管中通过的流量 Q。

3.23　如图（a）所示，在倒 U 形管比压计中，油的重度 $\gamma'=8.16\text{kN/m}^3$，水油界面高差 $\Delta h_{油}=20\text{cm}$。求 A 点的流速 u。如在图（b）所示的比压计中装入水银，水银与水界面高差 $\Delta h_{汞}=20\text{cm}$。求 A 点的流速。

3.24　从水渠引出一直径 $d=0.1\text{m}$ 的水管，已知从进口至管道出口之间的水头损失为 $h_w=0.8v^2/(2g)$，其中 v 为管道断面平均流速，求通过管道的流量。

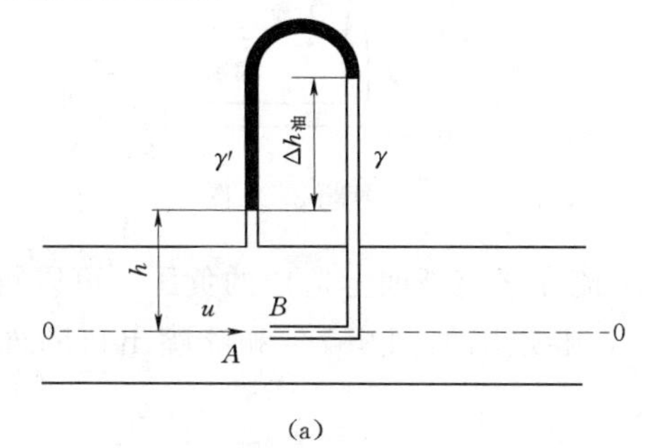

(a)

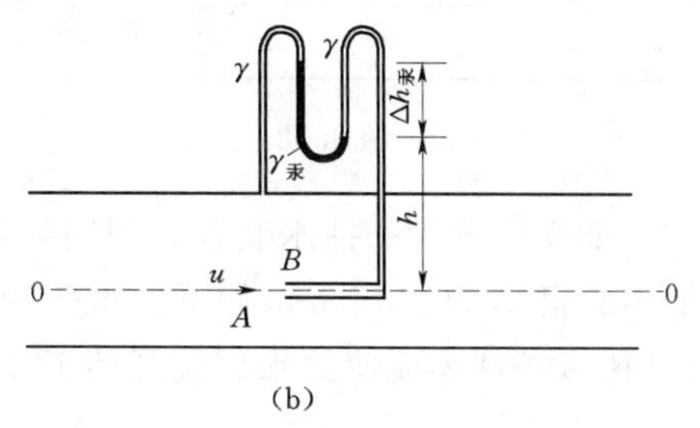

(b)

习题 3.23 图

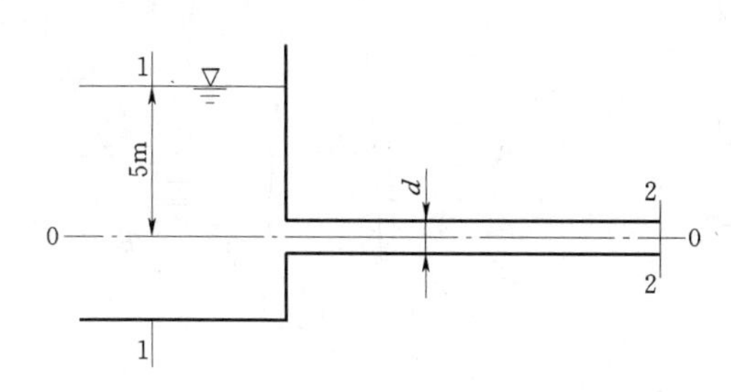

习题 3.24 图

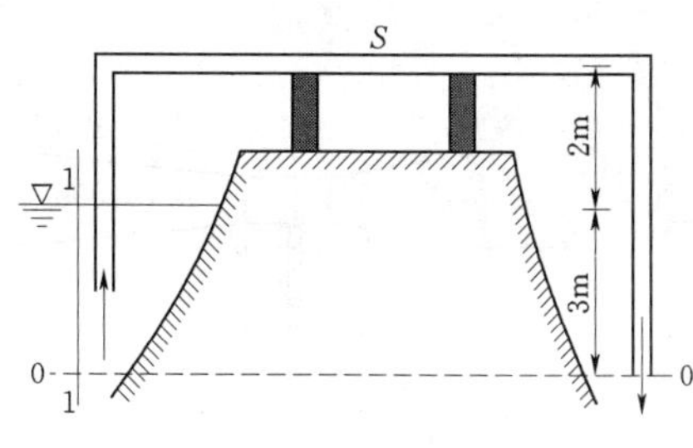

习题 3.25 图

3.25　为将水库中的水引至堤外灌溉，安装了一根直径 $d=15\text{cm}$ 的虹吸管。当不计水头损失时，问通过虹吸管的流量 Q 为多少？在虹吸管顶点 S 处的压强为多少？

3.26　一离心式水泵的抽水量为 $Q=20\text{m}^3/\text{h}$，安装高度 $h_s=5.5\text{m}$，吸水管管径 $d=100\text{mm}$，若吸水管的总水头损失 $h_w=0.25\text{m}$，试求水泵进口处的真空压强 p_v。

3.27　有一如图所示的水泵装置，已知水泵的功率 $N_p=28\text{kW}$，流量 $Q=100\text{m}^3/\text{h}$，水泵的效率 $\eta_p=70\%$，管路系统的总能量损失 $h_w=22\text{m}$，试求出口水池的水位高程。

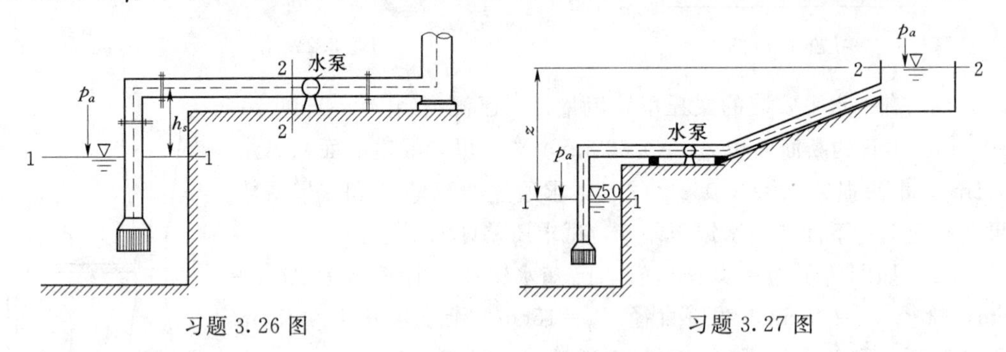

习题 3.26 图　　习题 3.27 图

3.28　某自来水厂用管径 $d=0.5\text{m}$ 的水管将河道中的水引进集水井，假定水流从河中经水管至集水井的总水头损失为 $h_w=\dfrac{6v^2}{2g}$（其中包括出口突然扩大的水头损失），河水位与井水位之差 $H=2\text{m}$，求通过管道的流量。

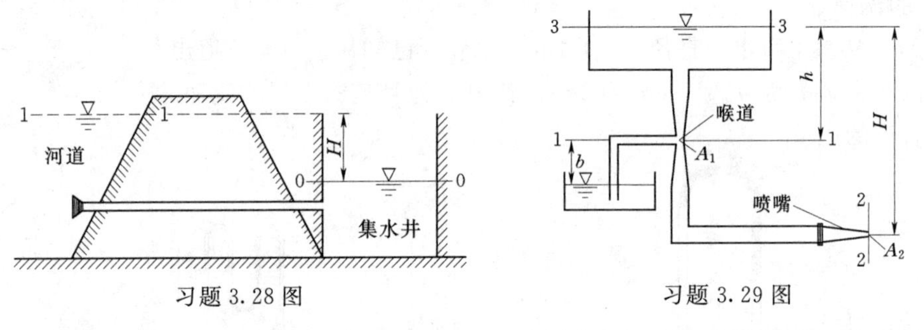

习题 3.28 图　　习题 3.29 图

3.29　如图所示为一抽水装置，利用喷射水流在喉道断面上造成的负压，可以将容器中的水抽出。已知 H、b、h，如不计水头损失，喉道断面面积 A_1 和喷嘴出口断面面积 A_2 应满足什么条件才能使抽水装置开始工作？

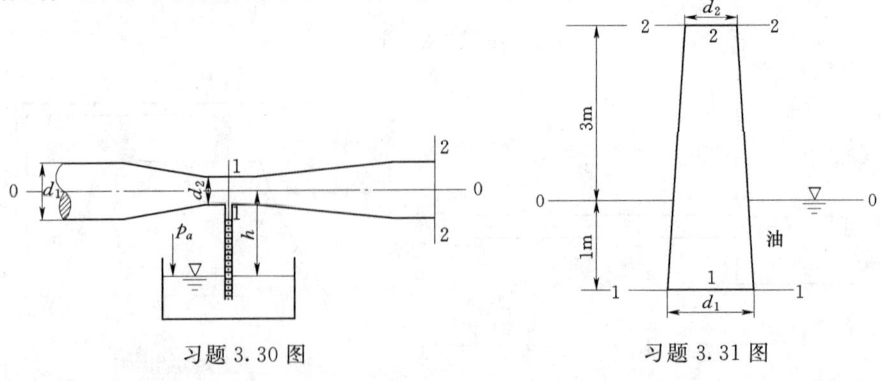

习题 3.30 图　　习题 3.31 图

3.30　如图所示的文丘里管流量计，已知直径 $d_1=0.1\text{m}$，$d_2=0.05\text{m}$，$h=2\text{m}$，水头损失为 $0.05\dfrac{v_2^2}{2g}$，欲抽出基坑中的水，管中流量应为多大？

3.31　油泵的吸油管如图所示。已知 $p_2/\gamma=-4.08\text{m}$（油柱高），吸油管底部直径 $d_1=1\text{m}$，顶部直径 $d_2=0.5\text{m}$，管内能量损失不计，油的比重为 0.85，求管内流量及 1 点处的压强。

3.32　如图所示为一引水式电站，用管路末端的管嘴喷出的高速射流冲击水轮机叶轮后流入大气中，已知：水库水位与管嘴中心线的高差 $H=100\text{m}$，管嘴直径 $d=0.1\text{m}$，引水管中的水头损失 $h_w=10\text{m}$，水轮机的效率 $\eta_q=90\%$，试求水轮机的输出功率 N_q。

3.33　如图所示的虹吸管，由河道 A 向河道 B 引水。已知管径 $d=0.1\text{m}$，虹吸管最高断面中心点高出河道水位 $z=2\text{m}$，点 1 至点 2 的水头损失为 $10\dfrac{v^2}{2g}$，由点 2 至点 3 的水头损失为 $2\dfrac{v^2}{2g}$，若点 2 的真空度限制在 7m 水柱高度以内，试问：

（1）虹吸管的最大流量有无限制，如有限制，应为多少？

（2）出水管到水库水面的高差 h 有无限制，如有限制，应为多大？

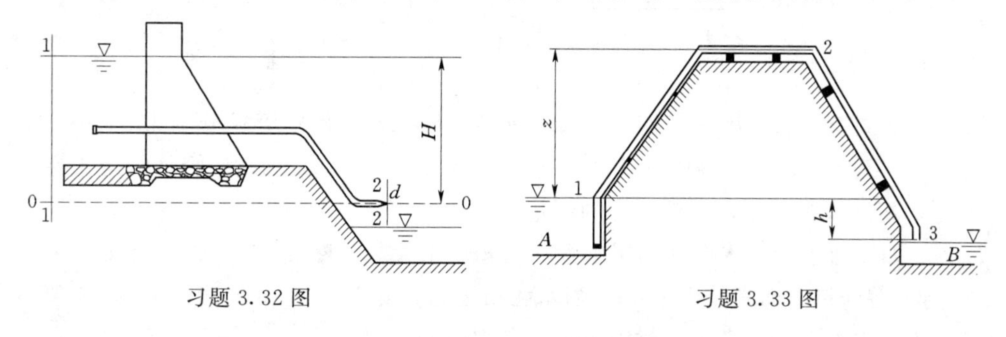

习题 3.32 图　　　　习题 3.33 图

3.34　如图所示的水箱充水深度为 H，在水箱侧壁开一小孔，试证明，使射流射程最远的开孔位置为 $H/2$。

3.35　如图所示混凝土溢流坝，已知上游水位高程为 35m，挑流鼻坎高程为 20m，挑射角 $\alpha=30°$，水流经过坝面的水头损失为 $0.1\dfrac{v^2}{2g}$，溢流单宽流量 $q=25\text{m}^3/(\text{s}\cdot\text{m})$，试求：

（1）鼻坎断面的流速。

（2）鼻坎断面的水深。

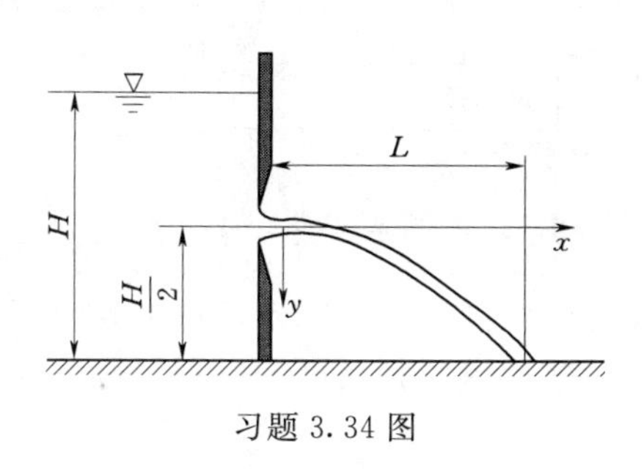

习题 3.34 图

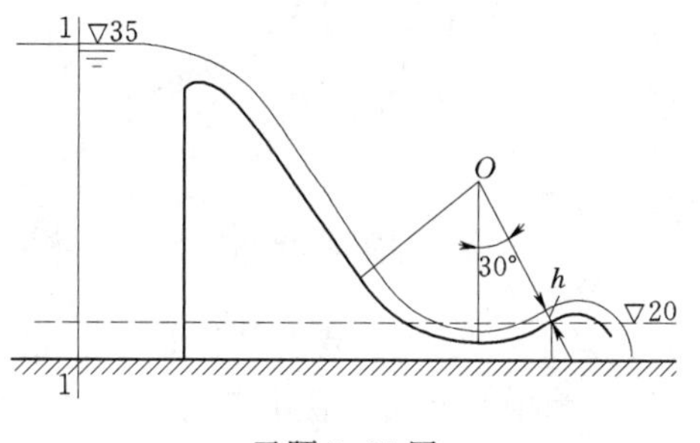

习题 3.35 图

3.36　如图所示某自来水厂自水库引水，已知 $d=0.5\text{m}$，当闸门关闭时，闸门前断面 2—2 的压强为 $p_2/\gamma=50\text{m}$；闸门开启后，当流量 $Q=4000\text{m}^3/\text{h}$ 时，$p_2/\gamma=38\text{m}$；当流量 $Q=8000\text{m}^3/\text{h}$ 时，$p_2/\gamma=0$。试求：

（1）当流量 $Q=4000\text{m}^3/\text{h}$ 时的水头损失 h_{w1}。

（2）流量 $Q=8000\text{m}^3/\text{h}$ 时的水头损失 h_{w2}。

3.37　如图所示分叉管路，已知断面 1—1 处的过水断面面积 $A_1=0.1\text{m}^2$，高程 $z_1=75\text{m}$，流速 $v_1=3\text{m/s}$，压强 $p_1=98\text{kN/m}^2$，断面 2—2 处面积 $A_2=0.05\text{m}^2$，高程 $z_2=72\text{m}$，断面 3—3 处 $A_3=0.08\text{m}^2$，高程 $z_3=60\text{m}$，压强 $p_3=196\text{kN/m}^2$，断面 1—1 至断面 2—2 和断面 3—3 的水头损失分别为 3m 和 5m，试求：

（1）断面 2—2 和断面 3—3 处的流速 v_2 和 v_3。

（2）断面 2—2 处的压强 p_2。

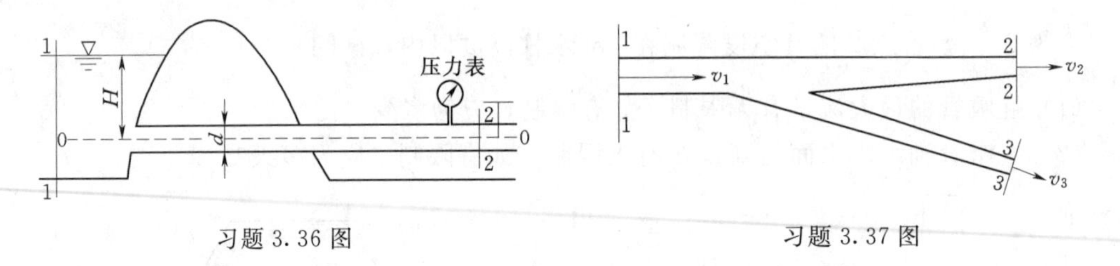

习题 3.36 图　　　　习题 3.37 图

3.38　如图所示为一串联管路，已知：水深 $H=2\text{m}$，各段管径分别为 $d_1=0.06\text{m}$，$d_2=0.03\text{m}$，$d_3=0.04\text{m}$，各段管长度相等，$L_1=L_2=L_3=L=1\text{m}$。管轴线与水平线夹角 $\alpha=30°$，不计水头损失，试求管中的流量。

3.39　如图所示为一水电站的尾水管，已知尾水管起始断面 1—1 的直径 $d=1\text{m}$，断面 1—1 与下游河道水面高差 $h=5\text{m}$，当水轮机通过流量为 $Q=1.5\text{m}^3/\text{s}$ 时，尾水管（包括出口）的水头损失 $h_w=1.5\text{m}$，求断面 1—1 的压强。

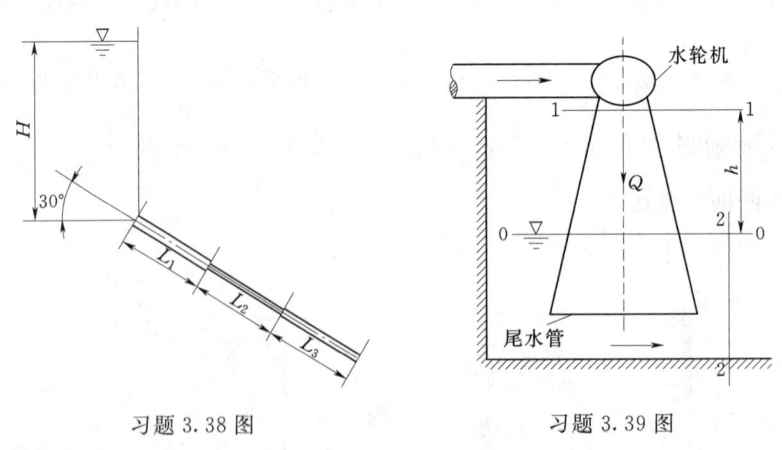

习题 3.38 图　　　　习题 3.39 图

3.40　有一压力喷水装置如图所示。已知活塞筒直径 $D=20\text{cm}$，喷水管直径 $d=5\text{cm}$，若活塞筒中心至喷水管出口的高差 $H=5\text{m}$，当喷水高度 $h=20\text{m}$ 时，求作用于活塞上的力 P（不计水头损失）。

3.41　送风道断面为0.5m×0.5m，通过A、B、C、D四个0.4m×0.4m的送风口向室内输送空气，如图所示。当送风口要求风速为5m/s时，求通过送风管1—1、2—2、3—3各断面的平均流速及流量。

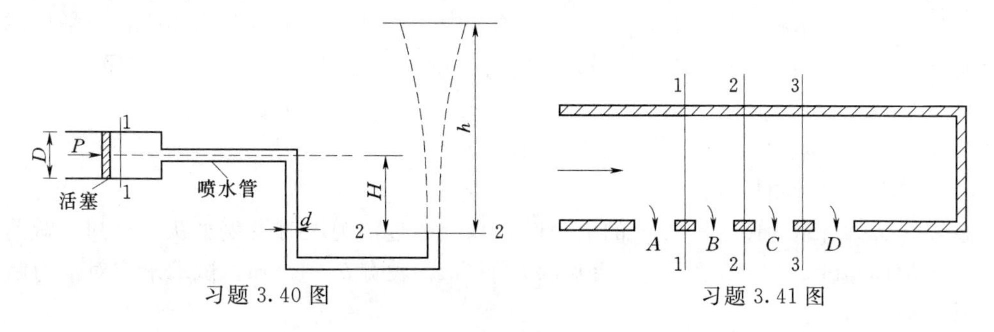

习题3.40图　　习题3.41图

3.42　如图所示为一直径$d_1=24$cm的钢管，水平放置。为了提高出口的速度，在出口接一收缩管段，收缩段法兰用4个螺栓与钢管连接，收缩段出口直径$d_2=8$cm，已知管中流速$v_1=5$m/s，不计水头损失，试求每个螺栓所受的力。

3.43　管道泄水针阀全开，位置如图示。已知管道直径$d_1=35$cm，出口水股直径$d_2=15$cm，流速$v_2=30$m/s，测得针阀拉杆受力$F=0.49$kN，若不计水头损失，求连接管道出口段的螺栓群所受的水平总作用力。

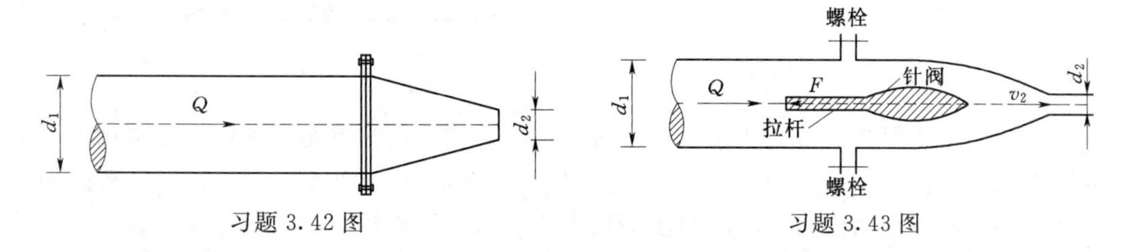

习题3.42图　　习题3.43图

3.44　有一沿铅垂直立墙壁敷设的弯管如图所示。弯管转角为90°，起始断面1—1与终止断面2—2间的轴线长度$L=3.14$m，两断面中心高程差$\Delta z=2$m，已知断面1—1中心处的压强$p_1=117.6\text{kN/m}^2$，两断面之间的水头损失$h_w=0.1$m，管径$d=0.2$m，试求当管中通过流量$Q=0.06\text{m}^3/\text{s}$时，水流对弯管的作用力。

3.45　一射流水股直径为d，以流速v射向斜置平板，射流轴线与平板法线成夹角α，射到平板后的射流在水平面内沿平板分成两股，如图所示。设水流与平板的摩擦力忽

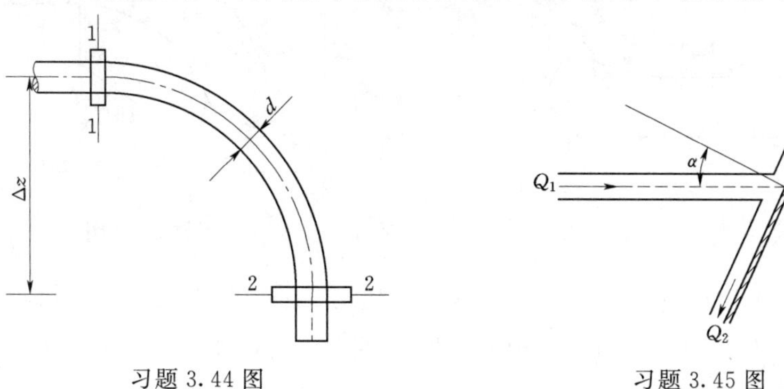

习题3.44图　　习题3.45图

略不计，试求：

（1）平板静止时水流对平板的作用力以及分支流量 Q_2、Q_3 与总流量 Q_1 之比值。

（2）平板以速度 u 与射流同方向运动时水流对平板的作用力。

3.46　如图所示将一平板放置在自由射流之中，并且垂直于射流的轴线，该平板截取射流流量的一部分 Q_1，射流的其余部分偏转一角度 α，已知 $v=30\text{m/s}$，$Q=0.036\text{m}^3/\text{s}$，$Q_1=0.012\text{m}^3/\text{s}$，试求：

（1）不计摩擦阻力时射流对平板的作用力。

（2）射流的偏转角度 α。

3.47　如图所示为闸下底板上的消力墩，水流通过消力墩时发生水跃。已知：跃前水深 $h'=0.6\text{m}$，流速 $v'=15\text{m/s}$，跃后水深 $h''=4\text{m}$，墩宽 $b=1.6\text{m}$，试求水流对消力墩的作用力。

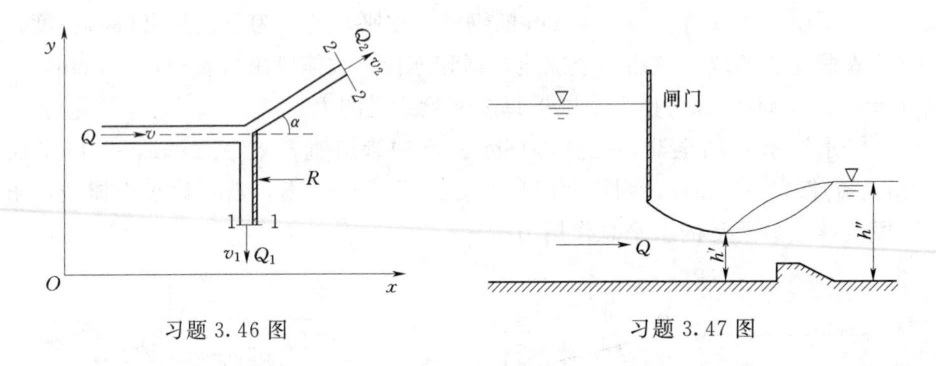

习题 3.46 图　　习题 3.47 图

3.48　如图所示为一溢流式水电站厂房的挑流鼻坎，已知挑角 $\alpha=30°$，反弧半径 $r=20\text{m}$，单宽流量 $q=80\text{m}^3/(\text{s}\cdot\text{m})$，反弧起始断面的流速 $v_1=30\text{m/s}$，反弧出口断面的流速 $v_2=29\text{m/s}$，不计坝面与水流间的水头损失，试求水流对挑流鼻坎的作用力。

3.49　某水电站的引水钢管在某处水平方向转 60°的弯，如图所示。已知钢管直径 $d=0.5\text{m}$，引水流量 $Q=1\text{m}^3/\text{s}$，$p_1/\gamma=18\text{m}$，$p_2/\gamma=17.7\text{m}$，求水流对弯管的作用力。

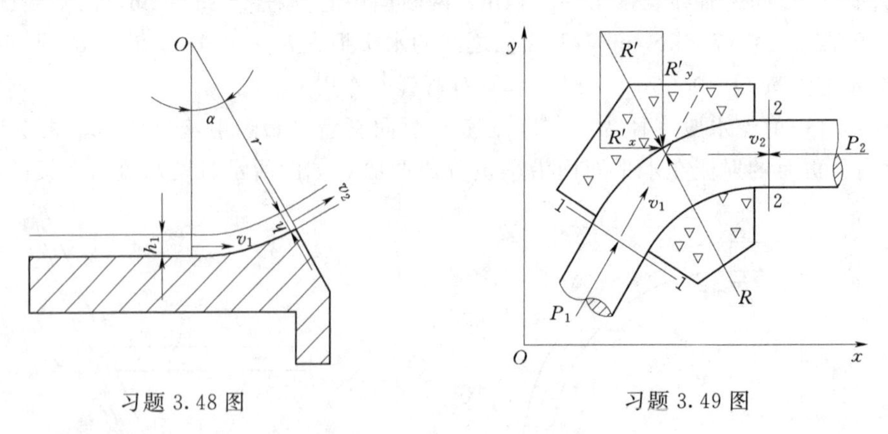

习题 3.48 图　　习题 3.49 图

3.50　某矩形平坡渠道上有座滚水坝，坝高 $P=0.9\text{m}$，坝上水头 $H=0.6\text{m}$，坝下水深 $h=0.4\text{m}$，不计水流阻力，曲线形坝面上所受水平方向的水压力不计，求过坝水流对单位坝宽的水平推力 F。

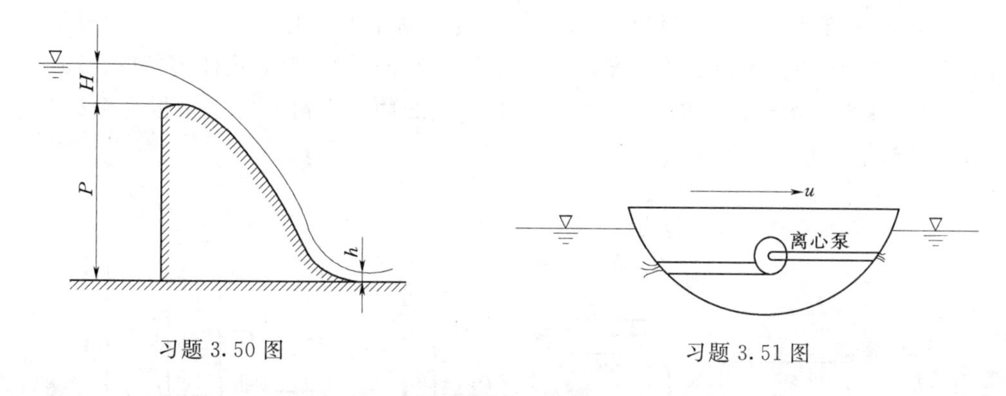

习题 3.50 图　　　　习题 3.51 图

3.51　如图所示为一射流推进船的简图，用离心水泵将水从船头吸入，再由船尾喷出。已知：相对于船喷出的速度 $w_{射}=9\mathrm{m/s}$，船的前进速度 $u=5\mathrm{m/s}$，离心泵的输水流量 $Q=0.9\mathrm{m^3/s}$，忽略水流在吸水管和出水管的水头损失，试求船的推进力 R 和船的推进效率 η。

3.52　混凝土建筑物中的引水分叉管如图所示。各管中心线在同一水平面上，主管直径 $D=3\mathrm{m}$，分叉管直径 $d=2\mathrm{m}$，转角 $\alpha=60°$，通过的总流量 $Q=35\mathrm{m^3/s}$，断面 1—1 的压强水头 $p_1/\gamma=30\mathrm{m}$ 水柱，如不计水头损失，求水流对建筑物的作用力。

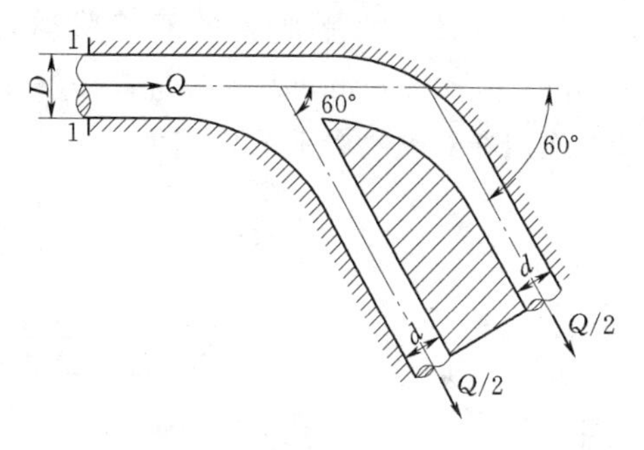

习题 3.52 图

3.53　射流以相同的速度 v 和流量 Q 分别射在三块形状不同的挡水板上，然后分成两股沿板的两侧射出，如图所示。如不计板面对射流的摩阻力，试比较三块板上作用力的大小，如欲使板上的作用力达到最大，问挡水板应具有什么形状？最大作用力为平面板上作用力的几倍？

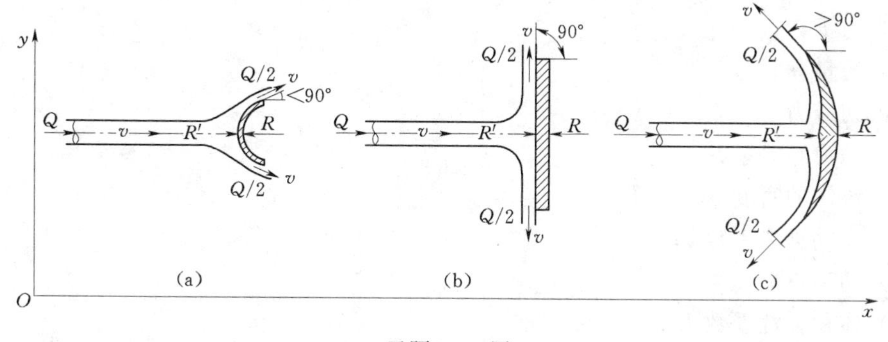

习题 3.53 图

3.54　如图所示为一两股速度大小相同、方向相反的水射流，其速度为 v，两股射流汇合后呈伞状体散开，已知射流 1 的直径为 $d_1=0.05\mathrm{m}$，射流 2 的直径为 $d_2=0.035\mathrm{m}$，不计重力，试求散开角 α。

3.55　如图所示，水从水深为 h_1 的水箱经过管嘴流出，射向一块无重的平板，该平板盖住另一个密闭的盛水容器的管嘴，两个管嘴的直径相同。已知密闭容器的表面压强为 $p-p_a=19.6\text{kPa}$，水深 $h_1=4\text{m}$，如果射流对平板的冲击力恰好等于平板受到的静水压力，试求密闭容器中的水深 h_2。

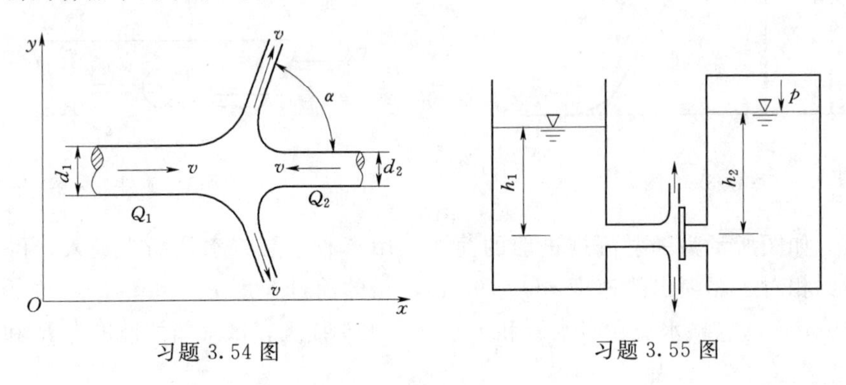

习题 3.54 图　　　　习题 3.55 图

3.56　设一水平放置的双喷嘴管，射出的水流流入大气，如图所示。已知 $d_1=0.25\text{m}$，$d_2=0.15\text{m}$，$d_3=0.1\text{m}$，$v_2=v_3=15\text{m/s}$，$\alpha_1=15°$，$\alpha_2=30°$。若不计能量损失，试求作用在双喷嘴管上的作用力。

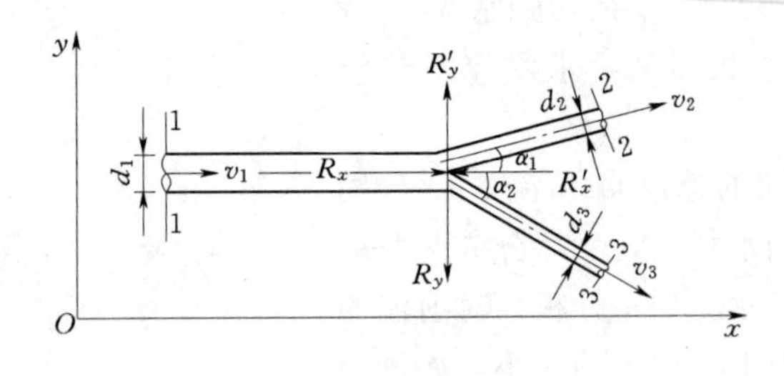

习题 3.56 图

3.57　试写出下列各物理量分别在 [L，T，M] 和 [L，T，F] 系统中的量纲。

(1) 力 F；

(2) 质量 m；

(3) 切应力 τ；

(4) 动力黏滞系数 μ；

(5) 流体的密度 ρ；

(6) 运动黏滞系数 ν；

(7) 功率 N；

(8) 体积弹性系数 K；

(9) 表面张力系数 σ；

(10) 角速度 ω；

(11) 能量 E；

(12) 动量 M。

3.58　试用雷列法求水泵功率 N 的关系式，假设水泵功率与水的重度 γ，水头 H 和流量 Q 有关。

3.59　求圆形孔口出流的流量公式。根据对其孔口出流现象的认识，影响孔口出流流速 v 的因素有：作用于孔口上的水头 H，孔口直径 d，重力加速度 g，水流的密度 ρ，动力黏滞系数 μ 及表面张力系数 σ。试用 π 定理求孔口流量公式。

3.60　试用 π 定理分析曲线形实用堰的单宽流量 q 的表达式。假设单宽流量 q 与堰上水头 H，堰高 P，重力加速度 g，水流的密度 ρ，动力黏滞系数 μ 及表面张力系数 σ 有关。

3.61　某溢流坝欲按 $\lambda_l=20$ 的比例尺进行模型试验，试求：

(1) 已知原型堰上水头 $H_p=4$m，计算模型堰上水头。

(2) 如果在模型上测得流量 $Q_m=200$L/s，计算原型上的流量。

(3) 如果在模型上测得收缩断面处的流速 $v_{cm}=4$m/s，计算原型上收缩断面处的流速。

(4) 如果在模型坝顶测得真空度 $(p_v/\gamma)_m=0.2$m 水柱，求原型坝顶的真空度。

3.62　某弧形闸门下出流，今以比例尺 $\lambda_l=10$ 做模型试验，试求：

(1) 已知原型上游水深 $H_p=5$m，计算模型上游水深。

(2) 已知原型流量 $Q_p=30\text{m}^3/\text{s}$，计算模型中的流量。

(3) 在模型上测得水流对闸门的作用力 $P_m=400$N，求原型上水流对闸门的作用力。

(4) 在模型上测得水跃中损失的功率 $N_m=0.2$kW，计算原型中水跃损失的功率。

3.63　某溢流坝泄流量为 $Q_p=250\text{m}^3/\text{s}$，现按重力相似准则设计模型，如实验室供水流量为 $0.08\text{m}^3/\text{s}$，试求：

(1) 试为这个模型选取几何比尺。

(2) 若原型坝高 $P_p=30$m，坝上水头 $H_p=4$m，问模型场地最低应为多少？

3.64　有一直径为 15cm 的输油管，管中通过的流量 $Q_p=0.18\text{m}^3/\text{s}$，原型上的运动黏滞系数 $\nu_p=0.13\text{cm}^2/\text{s}$，油的密度 $\rho_p=800\text{kg/m}^3$。现用水来做模型试验，当模型管径与原型一样，水温为 10℃时，问水的模型流量应为多少才能达到相似？若测得 10m 长模型输水管的压强水头差为 6cm，试求在 100m 长输油管两端的压强差应为多少油柱高？

3.65　某溢洪道陡槽长 $l_p=200$m，宽度 $b_p=15$m，底坡 $i=1/10$，下泄流量 $Q_p=300\text{m}^3/\text{s}$，混凝土陡槽的粗糙系数 $n_p=0.014$，已知试验场地为 10×5m，水泵的供水流量为 100L/s，欲做模型试验，试求：

(1) 选择模型长度比尺 λ_l；

(2) 选择模型材料；

(3) 设计模型尺寸。

第4章 液流形态和水头损失

4.1 概　　述

在恒定总流的能量方程中，有一项水头损失 h_w。水头损失 h_w 的确定是一个比较复杂的问题，它与液体的物理性质、流动形态及边界条件等因素有关，因此，本章着重阐述液流的两种流动形态，层流和紊流的物理现象及水头损失计算等问题。

引起液流能量损失的根本原因是液体具有黏滞性。实际液体运动时，由于横断面上的流速分布不均匀，各液层之间有相对运动，从而要产生内摩擦阻力。液流克服这种阻力做功而引起的机械能损失即为液流的能量损失，单位重量液体的能量损失称为水头损失。

需要注意的是，由于液流与固体边界间无相对滑动，因而摩擦阻力并不是在液流与固体边界之间产生的，而是黏附于固体边界上的液体质点与其相邻的具有一定流速的液体质点之间产生的，因此，这个摩擦阻力称为内摩擦阻力。

虽然液流阻力不是液流与固体边界的摩擦力，但这并不是说固体边界对液流阻力没有影响，相反，固体边界会影响液流的结构，从而影响液流阻力与水头损失的大小。当液流通过凹凸不平的边壁或边界急剧改变的物体时，液流将会脱离壁面或凸体，形成回流旋涡区，旋涡在产生、衰减过程中，也将消耗一部分机械能产生水头损失。

由此可以说，液流产生水头损失必须具备两个条件：一是液体具有黏滞性；二是由于固体边界的影响。

水力学中根据液流边界状况的不同，将水头损失分为两类：

(1) 沿程水头损失。发生在边界沿程不变的流道中，例如管道或河渠的直线段。这种阻力主要是由液层间摩擦作用而引起的，其大小与流动的距离成正比，故称沿程阻力。单位重量液体克服沿程阻力做功而引起的水头损失称为沿程水头损失，以 h_f 表示，如图4.1所示的渐变流段。

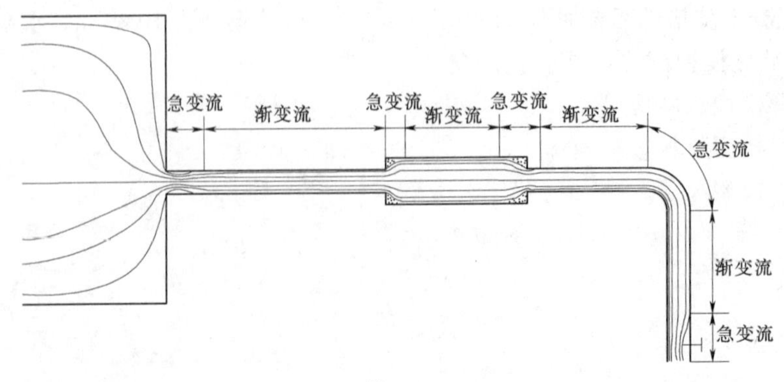

图 4.1

（2）局部水头损失。发生在边界形状或尺寸急剧改变的区域，例如发生在管渠进口段、弯道段、扩大段、收缩段及闸门等处的水流流动。这种阻力主要是液体流过边界条件急剧变化的物体时，液体相应的发生急剧变形，加剧了液体质点间的摩擦和碰撞，从而引起了附加阻力，因这种阻力产生在边界急剧改变的区域，故称局部阻力。单位重量液体克服局部阻力做功而引起的水头损失称为局部水头损失，以 h_j 表示，如图 4.1 所示的急变流段。

对于某一液流系统，其全部水头损失 h_w 等于各流段的沿程水头损失与局部水头损失之和，即

$$h_w=\sum h_f+\sum h_j \tag{4.1}$$

4.2 恒定均匀流的切应力

4.2.1 均匀流切应力公式

由于沿程水头损失主要是液流克服内摩擦阻力做功而引起的，为此，先建立沿程水头损失 h_f 与切应力 τ 之间的关系。现以管道恒定均匀流为例进行分析，其结论也适应于明渠恒定均匀流。

在管道或明渠均匀流的总流中取出一段控制体 1—2，如图 4.2 所示。流段长度为 L，过水断面面积为 A，湿周为 χ，管轴线与水平线的夹角为 α，取基准面 0—0，断面 1—1 和断面 2—2 的形心点位置高度和动水压强分别为 z_1、z_2 和 p_1、p_2，断面 1—1 和断面 2—2 的平均流速分别为 v_1 和 v_2，流段 1—2 侧表面上的平均切应力为 τ_0，作用在流段上的外力有：

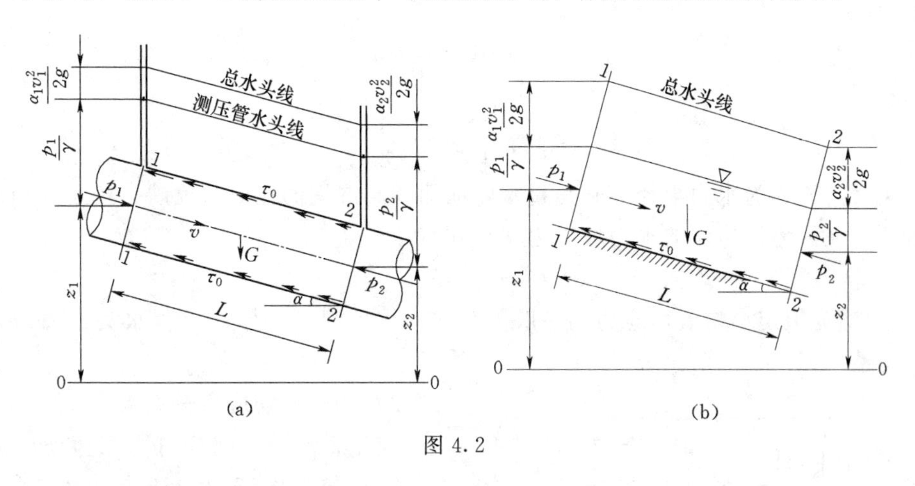

图 4.2

（1）断面 1—1 和断面 2—2 的动水压力 $P_1=p_1A$ 和 $P_2=p_2A$。

（2）流段侧面的动水压力 P，其方向与流动方向垂直。

（3）流段的重力 $G=\gamma AL$。

（4）流段侧面的摩擦阻力（切力），因为作用在各个流束之间的内摩擦力是成对出现彼此相等而方向相反，因此不必考虑。需要考虑的仅为不能抵消的总流与黏在壁面上的液体质点之间的内摩擦力。令 τ_0 为总流边界上的平均切应力，则总摩擦力为

$$T=L\chi\tau_0$$

式中：χ 为总流过水断面与壁面接触的周界长度，称为湿周。

对于恒定均匀流，加速度为零，作用于流段的外力处于平衡状态，各力沿流动方向的动力平衡方程为

$$P_1-P_2-T+G\sin\alpha=0$$

即

$$p_1A-p_2A-L\chi\tau_0+\gamma AL\sin\alpha=0$$

给上式除以 γA，则

$$\frac{p_1}{\gamma}-\frac{p_2}{\gamma}-\frac{L\chi\tau_0}{\gamma A}+L\sin\alpha=0$$

由图中可以看出，$\sin\alpha=\dfrac{z_1-z_2}{L}$，代入上式得

$$\left(z_1+\frac{p_1}{\gamma}\right)-\left(z_2+\frac{p_2}{\gamma}\right)-\frac{L\chi\tau_0}{\gamma A}=0 \tag{4.2}$$

再对断面 1—1 和断面 2—2 写能量方程，有

$$z_1+\frac{p_1}{\gamma}+\frac{\alpha_1v_1^2}{2g}=z_2+\frac{p_2}{\gamma}+\frac{\alpha_2v_2^2}{2g}+h_w$$

对于均匀流，断面 1—1 和断面 2—2 的流速分布和平均流速完全相同，故 $v_1=v_2$，$\alpha_1=\alpha_2$，且水头损失只有沿程水头损失，既 $h_w=h_f$，上式简化为

$$\left(z_1+\frac{p_1}{\gamma}\right)-\left(z_2+\frac{p_2}{\gamma}\right)-h_f=0 \tag{4.3}$$

比较式（4.2）和式（4.3）得

$$\frac{L\chi\tau_0}{\gamma A}=h_f$$

由上式解出

$$\tau_0=\gamma\frac{Ah_f}{L\chi}=\gamma\frac{A}{\chi}\frac{h_f}{L}$$

设 $R=A/\chi$，R 称为水力半径，它是过水断面面积与湿周的比值，反映了过水断面形状的长度特征。又因为均匀流的水力坡度为 $J=h_f/L$，于是有

$$\tau_0=\gamma RJ \tag{4.4}$$

式（4.4）即为恒定均匀流切应力的一般关系式，它反映了均匀流沿程水头损失与切应力之间的关系。

4.2.2 均匀流切应力分布

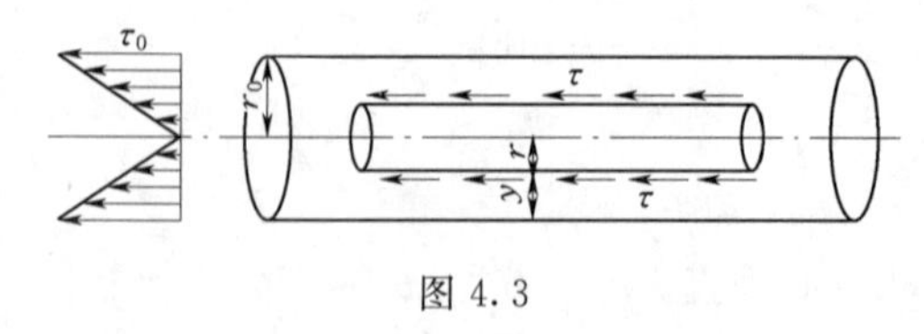

图 4.3

液流各流层之间均有内摩擦切应力 τ 存在，在均匀流中任取一流束如图 4.3 所示。每一圆筒形液层上各点的切应力均相等，根据式（4.4），任一点的切应力 τ 可以写成

$$\tau=\gamma R'J'$$

将上式与管壁处的切应力公式（4.4）相比得

$$\frac{\tau}{\tau_0}=\frac{\gamma R'J'}{\gamma RJ}=\frac{R'J'}{RJ}$$

式中：R'和 J'分别为所取圆筒形液层的水力半径和水力坡度。

在均匀流中，由于$\left(z_1+\frac{p_1}{\gamma}\right)-\left(z_2+\frac{p_2}{\gamma}\right)=h_f$，且在同一断面各点的测压管水头$\left(z+\frac{p}{\gamma}\right)$为常数，因此在同一流段中各圆筒液层的沿程水头损失相等，即有$h_f=h'_f$，所以$J'=J$，而上式变为

$$\frac{\tau}{\tau_0}=\frac{R'}{R}$$

由上面的定义可知，水力半径$R=A/\chi$，对于圆管，$A=\pi r_0^2$，$\chi=2\pi r_0$，$R=r_0/2$，同理有$A'=\pi r^2$，$\chi'=2\pi r$，$R'=r/2$，代入上式得

$$\frac{\tau}{\tau_0}=\frac{r}{r_0}$$

或

$$\tau=\frac{r}{r_0}\tau_0$$

设管壁至任一圆筒液层的距离为y，则$r=r_0-y$，代入上式得

$$\tau=\left(1-\frac{y}{r_0}\right)\tau_0 \tag{4.5}$$

式（4.5）表明，圆管恒定均匀流断面上的切应力随y呈线性变化，在管壁处，$y=0$，$\tau=\tau_0$，在管轴处，$y=r_0$，$\tau=0$，如图4.3所示。

对于二元明渠恒定均匀流，设其水深为h，距渠底任一点的水深为y，其过水断面如图4.4所示。对于宽浅明渠，可近似地认为湿周$\chi=B$，由图4.4可得，$A=Bh$，$\chi=B, R=A/\chi=h$，同理，$A'=B(h-y)$，$\chi'=B$，$R'=A'/\chi'=h-y$，则

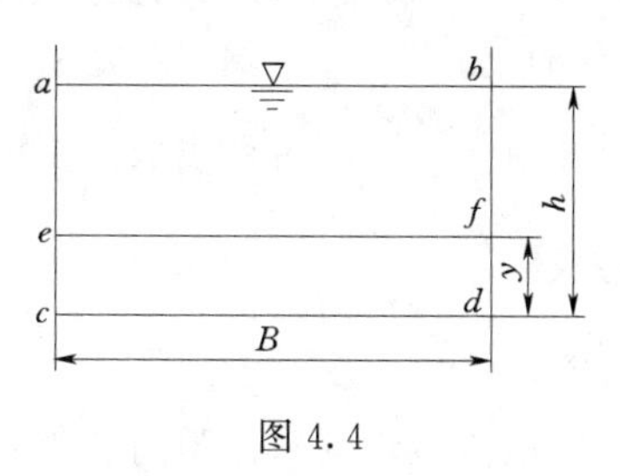

图4.4

$$\frac{\tau}{\tau_0}=\frac{R'}{R}=\frac{h-y}{h}=1-\frac{y}{h}$$

$$\tau=\left(1-\frac{y}{h}\right)\tau_0 \tag{4.6}$$

式（4.6）表明，二元恒定均匀流断面上的切应力亦随y呈直线变化。在水面，$y=h$，切应力为零。在渠底，$y=0$，$\tau=\tau_0$。

可见，不论是管道恒定均匀流还是明渠恒定均匀流，过水断面上的切应力均呈直线分布。

要用上述公式求切应力τ，或求沿程水头损失h_f，必须先知道壁面切应力τ_0，因此，下面的问题就归结为讨论液流的阻力规律了。

4.3 沿程水头损失的计算

试验表明，壁面切应力τ_0与下列因素有关：断面平均流速v，水力半径R，液体的密度ρ，液体的动力黏滞系数μ及粗糙表面的凸出高度Δ，即

$$\tau_0 = f(v, R, \rho, \mu, \Delta)$$

对上式进行量纲分析，例题 3.14 已求得

$$\tau_0 = \rho v^2 F\left(\frac{1}{Re}, \frac{\Delta}{R}\right)$$

令 $\lambda = 8F\left(\frac{1}{Re}, \frac{\Delta}{R}\right)$，代入上式得

$$\tau_0 = \frac{\lambda}{8}\rho v^2 \tag{4.7}$$

式中：λ 为沿程阻力系数，也称沿程水头损失系数，它是表征沿程阻力大小的一个无量纲系数。

λ 的函数关系式为

$$\lambda = f\left(Re, \frac{\Delta}{R}\right) \tag{4.8}$$

由式（4.4）知，$\tau_0 = \gamma RJ$，$J = h_f / L$，代入式（4.7）得

$$h_f = \frac{\lambda L}{8R\gamma}\rho v^2 = \frac{\lambda L}{8R\gamma}\frac{\gamma}{g}v^2 = \lambda\frac{L}{4R}\frac{v^2}{2g} \tag{4.9}$$

式（4.9）就是计算均匀流沿程水头损失的基本公式，也称达西-魏斯巴赫（Darcy - Weisbach）公式。

对于圆管，直径为 d，水力半径 $R = \frac{A}{\chi} = \frac{\pi d^2/4}{\pi d} = \frac{d}{4}$，即 $4R = d$，故式（4.9）可以写成

$$h_f = \lambda\frac{L}{d}\frac{v^2}{2g} \tag{4.10}$$

液流运动的水流阻力和沿程水头损失都与液流的形态有关，所以无论求解 τ_0，还是求解 λ 或 h_f，都必须研究液流的形态。

影响沿程水头损失的因素包括以下几点。

（1）流段长度 L。随着 L 的增加，沿程阻力和沿程水头损失亦相应增大，故 $h_f \propto L$。

（2）水力半径 R。无论是管道还是明渠中的液流，都是在固体边界的约束下流动的。对于管道，管径越小，管壁对液流的约束越大，液流阻力和水头损失也越大，故 $h_f \propto 1/d$。因管道的水力半径 $R = d/4$，故 h_f 随着 R 的增大而减小。

（3）平均流速 v。根据无滑动条件，流速在固壁为零，离固壁越远流速越大。在一定的过水断面下，流量越大，平均流速越大，则流速梯度 $\mathrm{d}u/\mathrm{d}y$ 越大，液层间相对运动越剧烈，引起的液流阻力和水头损失亦越大，即 $h_f \propto v$。

（4）运动黏滞系数 ν。已知切应力公式为 $\tau = \mu\frac{\mathrm{d}u}{\mathrm{d}y}$，即 τ 与 μ 成正比，而 $\nu = \mu/\rho$，故知 h_f 亦随 μ 或 ν 的增大而增大。

（5）边界粗糙度 Δ。一般说，边界越粗糙，对液流的阻力越大，水头损失也越大，但对粗糙度相同的边界，如水力半径（或 d）较大，边界粗糙对远离边界的液流运动的影响较小，因此，一般应考虑粗糙度的相对值对液流的影响。以 Δ 表示绝对粗糙度，则 Δ/R（或 Δ/d）称为相对粗糙度，即认为 $h_f \propto \Delta/R$（或 Δ/d）。

4.4　液流运动的两种形态——层流和紊流

4.4.1　雷诺实验

1839年，哈根（Hagan）就注意到，在一圆柱形管中当液流的速度超过一定限度时，流动模式就会改变。当速度低于这一速度时，射流表面光滑的就像一根玻璃棒，高于这一速度时，射流表面就变得粗糙并发生振荡，这实际上就是液流中的两种流动形态——层流和紊流。

1883年，雷诺通过实验清楚地演示了这两种流动形态，并提出一个参数作为确定何种形态的准则，这就是以雷诺名字冠名的雷诺数。从而揭示了层流与紊流的不同本质，这就是著名的雷诺实验。

图4.5所示为雷诺实验装置图。该装置由水箱、直径不变的玻璃管道、两根测压管、装颜色的水箱、通过颜色水的针头，调节流量的出水阀门 K_1、调节颜色水的阀门 K_2 组成。

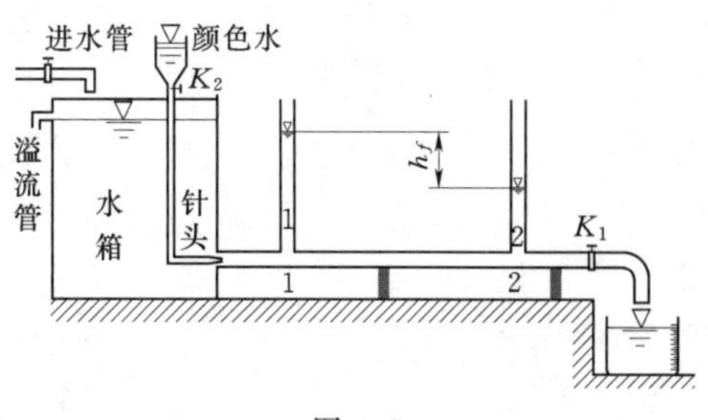

图4.5

实验时，由进水管给水箱充满水，并利用溢流管使水箱中的液面保持恒定。然后略微打开出水阀门 K_1，使水从玻璃管中流出，然后再打开颜色水阀门 K_2，使颜色水沿针头流入玻璃管中。当玻璃管中的水流速度保持很小时，就可以看到在玻璃管中有一条细而鲜明的着色纤流，着色纤流保持着笔直的条纹，并不与周围的水流相混掺，表明水流呈平行流线或称薄层流动，这种流动形态称为层流。调节出水阀门 K_1，使玻璃管中的流速逐渐增大，就可看到着色纤流开始颤动并弯曲，具有波形轮廓，然后在其个别流段上开始破裂，因而失掉了着色流束的清晰形状。再开大出水阀门 K_1，当玻璃管中的流速增加到一定程度时，弯曲的颜色水破裂成不规则的漩涡，然后横向混掺，遍及整个管道断面，说明此时液体质点在沿管轴方向流动过程中做不规则的运动，这种流动形态称为紊流。

如果将出水阀门 K_1 逐渐关小，水流速度逐渐减小，则开始时玻璃管内的水流仍为紊流，当水流速度减小到某一数值时，液体又会变成层流，颜色水又呈一明显的平行直线。

以上试验表明，同一液体在同一管道中流动，当流速不同时，液体有以下两种不同形态的运动。

（1）当流速较小时，各流层的液体质点做有条不紊的运动，相邻液体层做相对运动时，形成光滑的平直流线，无宏观混掺，这种形态的流动叫层流，如图4.6（a）所示。

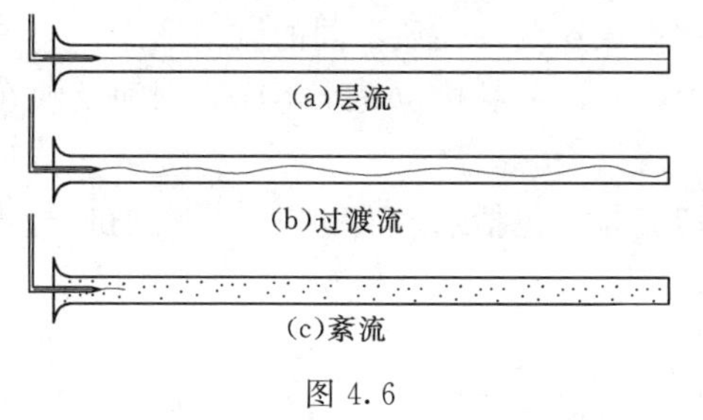

(a)层流

(b)过渡流

(c)紊流

图4.6

（2）当流速较大时，液体质点有不规则的近乎随机的脉动运动，相邻液体层做相对运动时，在管中形成涡体，各流层的液体质点互相混掺，液体做杂乱无章的运动，这种流动形态叫紊流，如图4.6（c）所示。

在层流和紊流之间的流动形态称作层流向紊流的过渡，如图 4.6（b）所示。

4.4.2　能量损失与平均流速的关系

如果将两根测压管接在雷诺实验装置的玻璃管上，如图 4.5 所示，就可以测出两断面之间的水头损失。以玻璃管的管轴线为基准面，列两根测压管断面的能量方程，则

$$z_1+\frac{p_1}{\gamma}+\frac{\alpha_1 v_1^2}{2g}=z_2+\frac{p_2}{\gamma}+\frac{\alpha_2 v_2^2}{2g}+h_f$$

因为 $z_1=z_2$，管径相等，$v_1=v_2$，取 $\alpha_1=\alpha_2$，于是上式可以写成

$$h_f=\frac{p_1}{\gamma}-\frac{p_2}{\gamma}$$

可见，两根测压管中的水柱高的差值即为断面 1—1 至断面 2—2 间的沿程水头损失。

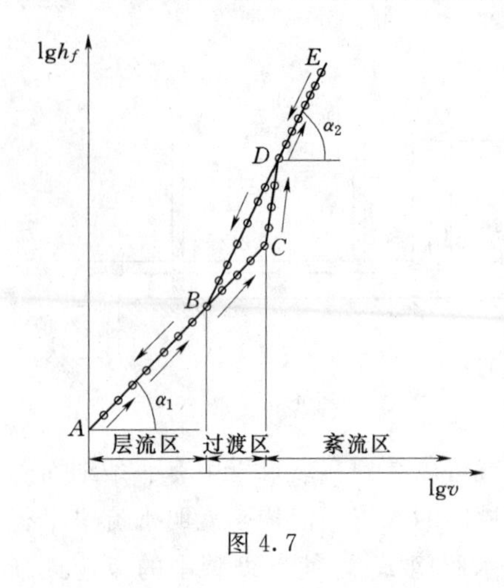

图 4.7

将测得的管道断面的平均流速和相应的沿程水头损失点绘在对数坐标纸上，如图 4.7 所示。

可以看出，图 4.7 中有两条曲线，这是由于出水阀门开启顺序不同得到的两条曲线。先做层流到紊流的实验，当出水阀门逐渐开启、流速逐渐增加时，h_f 与 v 成正比，则得到图中的 A—B—C—D—E 曲线，可以看出，层流维持至 C 点才转变为紊流，C 点所对应的流速称为上临界流速 $v_{k上}$。当出水阀门逐渐从大关小时，则 h_f 与 v 的关系曲线沿 E—D—B—A 线下降，紊流维持到 B 点才转变为层流，B 点所对应的流速称为下临界流速 $v_{k下}$。BC 之间的液流形态依实验的程序而定，可能为层流也可能为紊流，称为过渡区，线段 AC 和 ED 都是直线，可用下面的方程表示：

$$\lg h_f=\lg k+n\lg v$$

式中：$\lg k$ 为截距；n 为直线的斜率。

上式还可以表示为

$$h_f=kv^n \tag{4.11}$$

根据实验结果，层流时，直线 AC 与水平面的夹角为 $\alpha_1=45°$，其斜率 $n_1=1$，所以层流时沿程水头损失与流速的一次方成比例；紊流时，直线 DE 与水平面的夹角为 $\alpha_2>45°$，$\alpha_2=60.25°\sim63.47°$，其斜率 $n_2=1.75\sim2.0$，所以沿程水头损失与流速的 1.75～2.0 次方成比例。

由以上分析可以看出，雷诺实验揭示了层流和紊流这两种性质不同的流动形态，它表明了这两种流动形态不仅液体质点的运动轨迹不同，其内部结构也完全不同，因而反映在能量损失或扩散规律上也各不相同。

从雷诺实验中所看到的这两种流动形态是一切流体（包括水、油和空气）流动时的基本现象。

4.4.3　液流流动形态的判别

由雷诺实验可以看出，液流中的沿程水头损失与液流的流动形态有关，在层流区和紊

流区，式（4.11）中的 n 值随液流形态的不同而有不同的值，所以在计算沿程水头损失时，首先要判别流动形态。

雷诺实验发现，圆管中流态转换的临界流速 v_k 与液体的密度 ρ、动力黏滞系数 μ 及管径 d 有关，可表示为

$$f(v_k, d, \rho, \mu)=0$$

对上式进行量纲分析，取 v_k、d、ρ 为基本量纲，应用 π 定理可得 $F\left(\frac{\mu}{v_k d\rho}\right)=F\left(\frac{\nu}{v_k d}\right)=0$，也就是 $\frac{v_k d}{\nu}=c$，定义

$$Re=\frac{vd}{\nu} \tag{4.12}$$

式（4.12）就是以雷诺名字命名的雷诺数。相应于流态转变时的临界流速 v_k 对应的雷诺数称为临界雷诺数。相应于下临界流速 $v_{k下}$ 的雷诺数称为下临界雷诺数，记为 $Re_{k下}$，相应于上临界流速的雷诺数称为上临界雷诺数，记为 $Re_{k上}$。

雷诺实验表明，圆管中液流的下临界雷诺数是一个比较稳定的数值，对于非常光滑、均匀一致的直圆管，下临界雷诺数 $Re_{k下}=2320$，但对于一般程度的粗糙壁管，$Re_{k下}$ 值稍小，约为 2000，所以在工业管道中通常取下临界雷诺数 $Re_{k下}=2000$；但上临界雷诺数是一个不稳定的数值，它与液流的平静程度及来流有无干扰有关，其变化范围一般为 $Re_{k上}=12000\sim20000$，有时甚至高达 40000～50000，例如依克曼（Ekman）在 1910 年利用雷诺实验的同一仪器，在实验前将水箱中的液体静止几天后再做实验，测得上临界雷诺数高达 50000。当流动的雷诺数 Re 介于上临界雷诺数和下临界雷诺数之间时，可能是层流也可能是紊流，但当层流受到外界干扰后也会变为紊流。而实际上液流总是不可避免地会受到外界干扰的，也就是说，下临界雷诺数以上的液流最终总是紊流，下临界雷诺数以下的液流总是层流，所以一般都用下临界雷诺数作为判别流动形态的标准。以后，将下临界雷诺数简写成 Re_k，当实际雷诺数 Re 大于下临界雷诺数 Re_k 时就是紊流，小于下临界雷诺数 Re_k 时一定是层流。

对于非圆形管道及河渠中的液流雷诺数可写成

$$Re=\frac{vR}{\nu} \tag{4.13}$$

式中：R 为水力半径。

对于明渠及天然河道的液流，$Re_k=500$，对于平行固体壁面之间的液流，$Re_k=vb/\nu=1000$，式中：b 为两壁面之间的距离。

4.4.4 雷诺数的物理意义

雷诺数可解释为液流的惯性力与黏滞力之比。这可以从惯性力与黏滞力的量纲进行分析。

设液体的体积为 V，质量为 m，流速为 v，加速度为 a，则液体的惯性力为 $F=ma$，有

$$F=ma=\rho V\frac{dv}{dt}$$

惯性力的量纲为

$$[F]=[ma]=[\rho V\frac{dv}{dt}]=[\rho][L]^3\frac{[v]}{[t]}=[\rho][L]^2\frac{[L]^2}{[T]^2}=[\rho][L]^2[v]^2$$

由牛顿内摩擦定律，液体的黏滞力为

$$T=\tau A=\mu A\frac{dv}{dy}$$

黏滞力的量纲为

$$[T]=[\tau A]=[\mu A\frac{dv}{dy}]=[\mu][L]^2\frac{[L/T]}{[L]}=[\mu][L][v]$$

惯性力与黏滞力的量纲之比为

$$\frac{[F]}{[T]}=\frac{[\rho][L]^2[v]^2}{[\mu][L][v]}=\frac{[v][L]}{[\nu]}=[Re]$$

式中：v 和 L 为液流中的特征流速和特征长度；ν 为液体的运动黏滞系数。

上式表明，雷诺数可以看作液流的惯性力与黏滞力的比值。雷诺数的大小表示了液体在流动过程中惯性力与黏滞力所占的比重。当雷诺数较小时，表明作用在液体上的黏滞力起主导作用，对液体运动起控制作用使液体质点受到约束而保持层流运动状态，当雷诺数较大时，表明作用在液体上的惯性力起主导作用，黏滞力再也控制不住液体的质点，液体质点在惯性力作用下可以互相混掺而呈紊流运动状态，这就是用雷诺数作为判别液流形态的理由。

【例题 4.1】 已知某输水管道的直径 $d=5$cm，通过的流量 $Q=2.5$L/s，水温为20℃，试判别管中的流动形态。

解：

$$v=\frac{Q}{A}=\frac{4Q}{\pi d^2}=\frac{4\times2.5\times1000}{\pi\times5^2}=127.324(\text{cm/s})$$

$$\nu=\frac{0.01775}{1+0.0337t+0.000221t^2}=\frac{0.01775}{1+0.0337\times20+0.000221\times20^2}=0.01007(\text{cm}^2/\text{s})$$

$$Re=\frac{vd}{\nu}=\frac{127.324\times5}{0.01007}=63210.1$$

因为 $Re>Re_k=2000$，所以管中的水流为紊流。

4.5　层流的水力特性及沿程水头损失的计算

由雷诺实验可知，液流中存在层流和紊流两种流动形态。本节主要讨论层流的水力特性及沿程水头损失。

4.5.1　圆管均匀层流

圆管均匀层流的理论是由哈根和泊肃叶（Poiseuille）分别于1839年和1841年提出来的，因此圆管均匀层流又称为哈根-泊肃叶流动。

1. 圆管中的切应力

层流运动必须符合牛顿内摩擦定律，即

$$\tau=\mu\frac{du}{dy}$$

式中：y 为从壁面计算的横向坐标。

对于圆管，从管轴计算的任一点的横向距离为 r，如图 4.8 所示。则有 $y=r_0-r$，$\mathrm{d}y=-\mathrm{d}r$，于是可得圆管均匀层流的切应力公式为

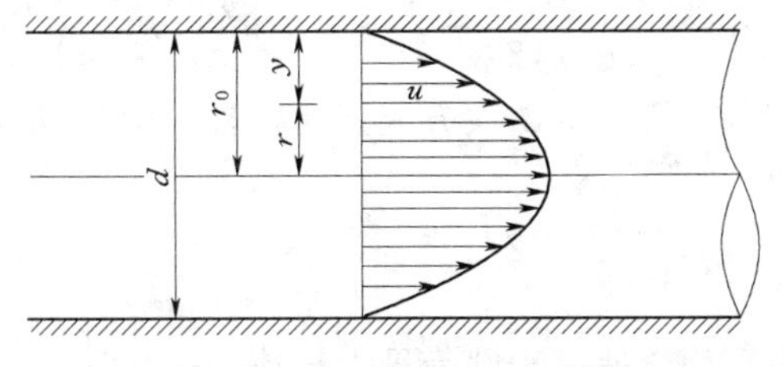

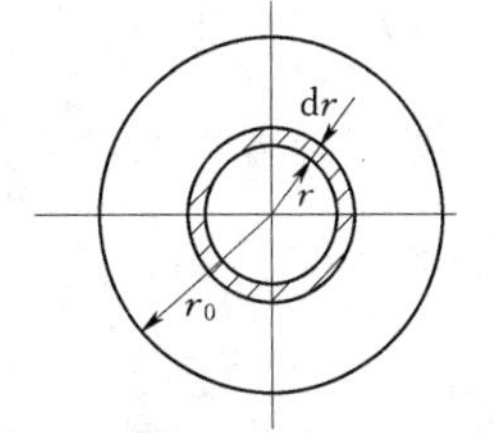

图 4.8

$$\tau=-\mu\frac{\mathrm{d}u}{\mathrm{d}r} \tag{4.14}$$

2. 圆管中的流速分布

对于圆管恒定均匀流，任一点的切应力可以写成

$$\tau=\gamma RJ$$

式中：水力半径 R 对于圆管为 $R=r/2$。

代入上式得

$$\tau=\gamma\frac{r}{2}J \tag{4.15}$$

将式（4.15）代入式（4.14）得

$$\mathrm{d}u=-\frac{\gamma J}{2\mu}r\mathrm{d}r$$

对上式积分得

$$u=-\frac{\gamma J}{4\mu}r^2+c$$

代入边界条件，当 $r=r_0$ 时，$u=0$，则 $c=\frac{\gamma J}{4\mu}r_0^2$，回代得

$$u=\frac{\gamma J}{4\mu}(r_0^2-r^2) \tag{4.16}$$

式（4.16）即为圆管均匀层流的流速表达式，从中可以看出，圆管均匀层流的流速分布为抛物线形分布。当 $r=0$ 时，可得管轴最大流速为

$$u_{\max}=\frac{\gamma J}{4\mu}r_0^2=\frac{\gamma J}{16\mu}d^2 \tag{4.17}$$

式中：d 为圆管的直径。

琼森（L. Jönsson）曾用激光流速仪测量了圆管均匀层流的流速分布，实测结果与用式（4.17）计算的结果极为吻合。

3. 流量和断面平均流速

设任一圆筒液层的流速为 u，半径为 r，液层厚度为 $\mathrm{d}r$，如图 4.8 所示。液层断面面积为 $\mathrm{d}A=2\pi r\mathrm{d}r$，则通过液层断面的流量为

$$dQ=u\,dA=\frac{\gamma J}{4\mu}(r_0^2-r^2)\times 2\pi r\,dr$$

通过圆管的流量为

$$Q=\int dQ=\frac{\gamma J\pi}{2\mu}\int_0^{r_0}(r_0^2-r^2)r\,dr=\frac{\gamma J\pi}{2\mu}\left(\frac{r_0^2r^2}{2}-\frac{r^4}{4}\right)\Bigg|_0^{r_0}=\frac{\gamma J\pi}{8\mu}r_0^4=\frac{\gamma J\pi}{128\mu}d^4 \tag{4.18}$$

式（4.18）表明，圆管均匀层流的流量与管径的四次方成正比，称为哈根-泊肃叶定律。

断面平均流速为

$$v=\frac{Q}{A}=\frac{\gamma J\pi}{128\mu}d^4\Bigg/\frac{\pi d^2}{4}=\frac{\gamma J}{32\mu}d^2=\frac{1}{2}u_{max} \tag{4.19}$$

式（4.19）表明圆管均匀层流的断面平均流速等于圆管最大流速的$\frac{1}{2}$。

4. 沿程水头损失

以 $J=h_f/L$，$\gamma=\rho g$，$\nu=\mu/\rho$ 代入式（4.19）得

$$h_f=\frac{32L\nu}{gd^2}v \tag{4.20}$$

式（4.20）称为哈根-泊肃叶方程，它表明圆管均匀层流的沿程水头损失与断面平均流速的一次方成正比，这与雷诺实验的结果一致。

将式（4.20）改写成

$$h_f=\frac{32L\nu}{gd^2}v=\frac{64}{vd/\nu}\frac{L}{d}\frac{v^2}{2g}=\frac{64}{Re}\frac{L}{d}\frac{v^2}{2g} \tag{4.21}$$

将式（4.21）与式（4.10）比较得圆管层流的沿程阻力系数为

$$\lambda=\frac{64}{Re}$$

5. 动能修正系数和动量修正系数

在第 3 章的水运动学和水动力学中，已得动能修正系数公式为

$$\alpha=\frac{\int_A u^3\,dA}{v^3A}$$

现在以 $u=\frac{\gamma J}{4\mu}(r_0^2-r^2)$，$dA=2\pi r\,dr$，$v=\frac{\gamma J}{32\mu}(2r_0)^2$，$A=\pi r_0^2$ 代入得

$$\alpha=\frac{\int_A u^3\,dA}{v^3A}=\frac{\int_0^{r_0}\left(\frac{\gamma J}{4\mu}\right)^3(r_0^2-r^2)^3\times 2\pi r\,dr}{\left(\frac{\gamma J}{32\mu}\right)^3[(2r_0)^2]^3\pi r_0^2}=\frac{16}{r_0^8}\int_0^{r_0}(r_0^2-r^2)^3r\,dr=2 \tag{4.22}$$

动量修正系数公式为

$$\beta=\frac{\int_A u^2\,dA}{v^2A}$$

将 u、dA、v、A 代入得

$$\beta=\frac{\int_0^{r_0}\left(\frac{\gamma J}{4\mu}\right)^2(r_0^2-r^2)^2\times 2\pi r\,dr}{\left(\frac{\gamma J}{32\mu}\right)^2[(2r_0)^2]^2\pi r_0^2}=\frac{8}{r_0^6}\int_0^{r_0}(r_0^2-r^2)^2r\,dr=\frac{4}{3} \tag{4.23}$$

6. 沿程水头损失所做的功

如果管中输送液体的流量为 Q，则管中液体的流动为层流时，沿程水头损失所做的功为

$$N=\gamma Qh_f=\gamma Q\frac{32L\nu}{gd^2}v=\gamma Q\frac{32\mu L}{\rho gd^2}\frac{4Q}{\pi d^2}=\frac{128\mu L}{\pi d^4}Q^2=\frac{128\nu\gamma L}{g\pi d^4}Q^2 \tag{4.24}$$

由式（4.24）可以看出，在一定的流量及一定的管径条件下，液体的黏性越小，则损失的功率越小。

7. 层流的起始段

实验证明，层流速度的抛物线规律并不是刚入管口就立即形成的，而是要经过一段距离。当液流未入管口前液体的速度相同，进入管口，则靠近管壁非常薄的一层液流因黏着在管壁上，故速度突降为零。此后往里深入，则靠进管壁的各层液流由于摩擦力的作用而逐渐滞缓下来，但各断面上的流量是一定的，所以靠近轴心处各点液流的速度必然增大，当深入到一定距离 L'以后，管轴液流的速度接近等于平均流速的 2 倍时，层流的抛物线规律才算完全形成。

尚未形成层流抛物线规律的这一段，叫作层流的起始段，L'叫作起始段长度。H. L. Langhaas 的实验证明

$$L'=0.058dRe \tag{4.25}$$

因为起始段内流速分布不是抛物线分布，所以起始段内的动能修正系数 $\alpha\neq2$，沿程阻力系数 $\lambda\neq64/Re$，而为 $\lambda=A_0/Re$，α 及 A_0 依入口后的距离 L 而异，试验数据见表 4.1。

表 4.1　　层流起始段的动能修正系数 α 和 A_0 值

$L/(dRe)\ \times10^{-3}$	2.5	5	7.5	10	12.5	15	17.5	20	25	28.75
α	1.405	1.552	1.642	1.716	1.779	1.820	1.866	1.906	1.964	2
A_0	122	105	96.66	88	82.4	79.16	76.41	74.375	71.5	69.56

一般情况下，管路长度 $L>L'$，能量损失为

$$h_f=\left(\frac{A_0}{Re}\frac{L'}{d}+\frac{64}{Re}\frac{L-L'}{d}\right)\frac{v^2}{2g} \tag{4.26}$$

如果管路长度 $L\gg L'$，则可不计起始段，能量损失仍按式（4.21）计算。如果管路长度 $L<L'$，则应按表 4.1 查出 A_0 值，水头损失的计算式为

$$h_f=\frac{A_0}{Re}\frac{L}{d}\frac{v^2}{2g} \tag{4.27}$$

4.5.2　二元明渠中的均匀层流

1. 二元明渠均匀层流的切应力

设二元明渠均匀层流的水深为 h，宽度 b 为无限，从渠底计算的竖向坐标为 y，如图 4.9 所示。

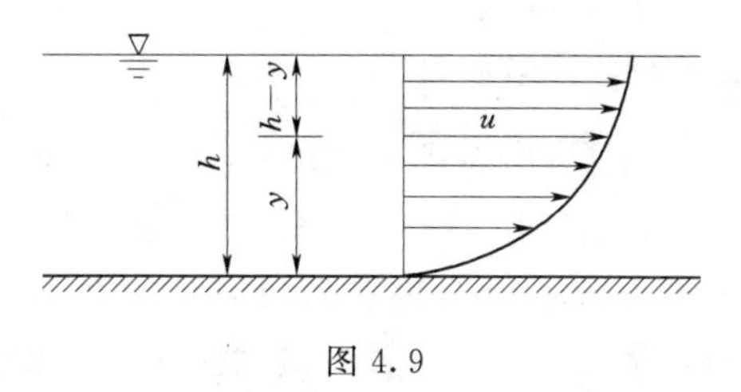

图 4.9

按牛顿内摩擦定律，任一点 y 处的切应力为

$$\tau=\mu\frac{\mathrm{d}u}{\mathrm{d}y}$$

由式（4.6）知，二元明渠均匀层流在水深 y 处的切应力 $\tau=\left(1-\dfrac{y}{h}\right)\tau_0$，将 $\tau_0=\gamma hJ$ 代入得

$$\tau=\gamma(h-y)J \tag{4.28}$$

2. 明渠中的流速分布

由以上二式得

$$\mathrm{d}u=\frac{\gamma(h-y)J}{\mu}\mathrm{d}y$$

对上式积分得

$$u=\frac{\gamma J}{\mu}\int(h-y)\mathrm{d}y=\frac{\gamma J}{\mu}\left(hy-\frac{y^2}{2}\right)+c$$

由边界条件，当 $y=0$ 时，$u=0$，则 $c=0$，由此得

$$u=\frac{\gamma J}{\mu}\left(hy-\frac{y^2}{2}\right) \tag{4.29}$$

式（4.29）即为二元明渠均匀层流的流速分布公式，可以看出，二元明渠均匀层流的断面流速按抛物线规律分布，在渠壁处，$y=0$，$u=0$，在水面处，$y=h$，$u_{\max}=\dfrac{\gamma J}{2\mu}h^2$。

3. 流量和断面平均流速

设通过微小液层 $\mathrm{d}y$ 的单宽流量为 $\mathrm{d}q=u\mathrm{d}y$，则二元均匀层流的单宽流量为

$$q=\int\mathrm{d}q=\int_0^h u\mathrm{d}y=\int_0^h\frac{\gamma J}{\mu}\left(hy-\frac{y^2}{2}\right)\mathrm{d}y=\frac{\gamma J}{3\mu}h^3 \tag{4.30}$$

断面平均流速为

$$v=\frac{q}{h}=\frac{\gamma J}{3\mu}h^2=\frac{2}{3}u_{\max} \tag{4.31}$$

式（4.31）表明，二元明渠均匀层流的断面平均流速为最大流速的 2/3 倍。

4. 沿程水头损失

以 $J=h_f/L$ 代入式（4.31）得

$$h_f=\frac{3\mu L}{\gamma h^2}v=\frac{3\mu L}{\rho g h^2}v=\frac{3\nu L}{gh^2}v \tag{4.32}$$

式（4.32）表明二元明渠均匀层流的沿程水头损失与断面平均流速的一次方成正比。将式（4.32）改写成

$$h_f=\lambda\frac{L}{4R}\frac{v^2}{2g} \tag{4.33}$$

因为渠宽为无限大，所以可以用 h 代替水力半径 R，比较式（4.32）和式（4.33）得 $\lambda=24/Re$。雷诺数为 $Re=\dfrac{vR}{\nu}$。

将流速分布式（4.29）代入式（3.24），得二元明渠均匀层流的动能修正系数为 $\alpha=1.543$。

【例题 4.2】 有一输油管道，管长 $L=50\mathrm{m}$，管径 $d=0.1\mathrm{m}$，已知油的密度 $\rho=930\mathrm{kg/m^3}$，动力黏滞系数 $\mu=0.072\mathrm{N\cdot s/m^2}$，通过的流量 $Q=0.003\mathrm{m^3/s}$，求输油管的沿程水头损失，管轴处最大流速 $u_{\max}$ 及管壁的切应力 τ_0。

解：

（1）先判断流态。断面平均流速为

$$v=\frac{4Q}{\pi d^2}=\frac{4\times 0.003}{\pi\times 0.1^2}=0.382(\text{m/s})$$

$$\nu=\mu/\rho=0.072/930=7.742\times 10^{-5}(\text{m}^2/\text{s})$$

雷诺数为

$$Re=\frac{vd}{\nu}=\frac{0.382\times 0.1}{7.742\times 10^{-5}}=493.42$$

因为，$Re<Re_k=2320$，所以圆管中的流动形态为层流。

（2）计算沿程水头损失：

$$\lambda=\frac{64}{Re}=\frac{64}{493.42}=0.13$$

$$h_f=\lambda\frac{L}{d}\frac{v^2}{2g}=0.13\times\frac{50}{0.1}\times\frac{0.382^2}{2\times 9.8}=0.484(\text{m})$$

（3）管轴处的最大流速：

$$u_{\max}=2v=2\times 0.382=0.764(\text{m/s})$$

（4）水力坡度：

$$J=h_f/L=0.484/50=0.00968$$

（5）管壁处切应力。在管壁处，$R=r_0/2=0.05/2=0.025(\text{m})$，管壁切应力为

$$\tau_0=\gamma RJ=930\times 9.8\times 0.025\times 0.00968=2.206(\text{N/m}^2)$$

【例题 4.3】 在 $L=5000\text{m}$，$d=0.3\text{m}$ 的管路内输送 $\gamma=950\text{kg/m}^3$ 的重油，质量流量 $G=242\text{t/h}$，求油温从 $t_1=10℃(\nu_1=25\text{cm}^2/\text{s})$ 变化到 $t_2=40℃(\nu_2=1.5\text{cm}^2/\text{s})$ 时损失功率的变化。

解：

先判断流态。流量和断面平均流速为

$$Q=\frac{G}{\gamma\times 3600}=\frac{242\times 1000}{950\times 3600}=0.0707(\text{m}^3/\text{s})$$

$$v=\frac{4Q}{\pi d^2}=\frac{4\times 0.0707}{\pi\times 0.3^2}=1.0(\text{m/s})$$

雷诺数为

$$Re_1=\frac{vd}{\nu_1}=\frac{100\times 30}{25}=120$$

$$Re_2=\frac{vd}{\nu_2}=\frac{100\times 30}{1.5}=2000$$

两者雷诺数都小于 2320，故皆为层流。

水头损失所做的功为

$$N_1=\frac{128\nu_1\gamma L}{g\pi d^4}Q^2=\frac{128\times 25\times 10^{-4}\times 950\times 5000}{9.8\pi\times 0.3^4}\times 0.0707^2$$

$$=30466(\text{kg}\cdot\text{m/s})=298.57(\text{kW})$$

$$N_2=\frac{128\nu_2\gamma L}{g\pi d^4}Q^2=\frac{128\times 1.5\times 10^{-4}\times 950\times 5000}{9.8\pi\times 0.3^4}\times 0.0707^2$$

$$=1828(\text{kg}\cdot\text{m/s})=17.91(\text{kW})$$

4.6　紊流的水力特性

紊流又称湍流、乱流。在实际工程中遇到的液体运动多属于此类运动。

4.6.1　紊流的产生

由雷诺实验可知，层流与紊流的主要区别在于紊流时各流层之间液体质点有不断的互相掺混的作用，而层流则无。液体从层流转变为紊流必须具备两个条件，即涡体的形成以及形成后的涡体脱离原来的流层掺入邻近的流层。所谓涡体，就是由许多大小不等的共同旋转的液体质点群所组成的漩涡，这些液体质点群就叫涡体。涡体的形成是混掺作用产生的根源。

涡体的形成也有两个必须的条件：一个是液体具有黏滞性；另一个是液体的波动。

由于液体的黏滞性和边界面的滞水作用，液流过水断面上的流速分布总是不均匀的，因此，相邻各流层之间的液体质点就有相对运动产生，使各流层之间产生内摩擦切应力。对于某一选定的流层来说，流速较快的流层加于它的切应力是顺流方向的，流速较慢的流层加于它的切应力是逆流方向的。如图 4.10 所示，下面一层液体对于上面一层液体作用了一个与流速方向相反的摩擦力，而上面一层液体对于下面一层液体则作用了一个与流速方向相同的摩擦力。因此，该选定的流层所承受的切应力，有构成力矩、使流层发生旋转的倾向。

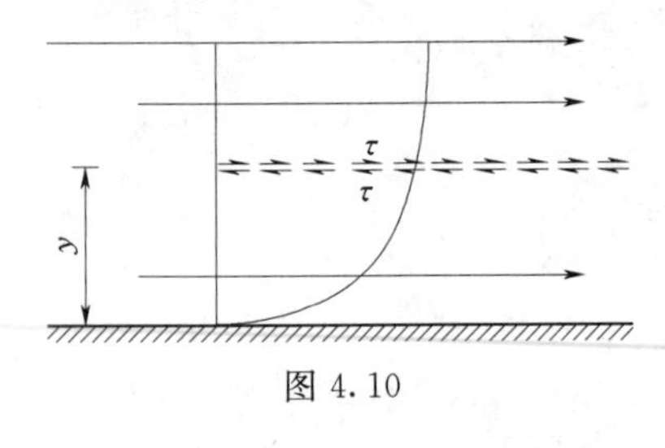

图 4.10

当液流受外界干扰或来流中存在着扰动时，流层将不可避免地会出现局部性的波动，如图 4.11（a）所示。随同这种波动而来的是局部流速和压强的重新调整。在波峰附近，由于流线间距的变化，使波峰上面的微小流束的过水断面减小，流速增大，由能量方程，压强要降低，而波峰下面，微小流束的过水断面变大，流速变小，压强就增大。在波谷附近，流速和压强也有相应的变化，但与波峰处的情况相反。这样就使发生微小波动的流层各段承受不同方向的横向压力 p。在波峰处出现了一个上举力 p，而在波谷处则产生了一个下降力。显然，这种横向压力使的波峰越凸，波谷越凹，波状起伏更加显著，波幅更加增大，如图 4.11（b）所示。当波幅增加到一定程度时，由于横向压力和切应力的综合作用，使波峰与波谷重叠，形成涡体，如图 4.11（c）所示。

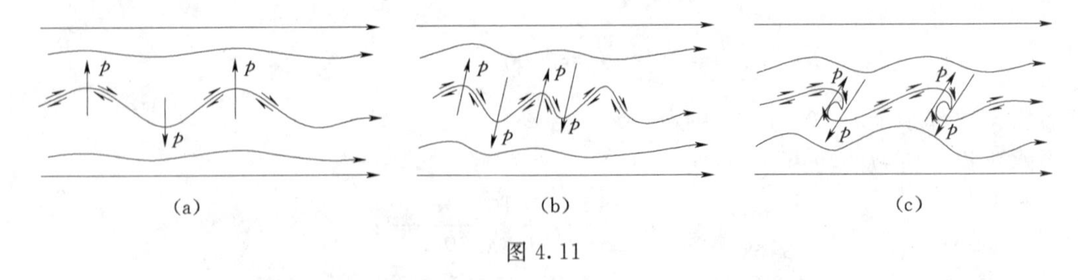

图 4.11

涡体形成以后，涡体旋转方向与液流方向一致的一边流速变大，相反的一边流速变小。使原来流速较快的流层的速度将更加增大，压强减小；原来流速较慢的流层的速度将更加减小，压强增大。这样就导致涡体两边有压差产生，形成作用于涡体的横向升力（或下沉力)，如图 4.12 所示。这种升力就有可能推动涡体脱离原来的流层掺入流速较快的流层，从而扰动邻层进一步产生新的涡体，如此发展下去，层流即转化为紊流。

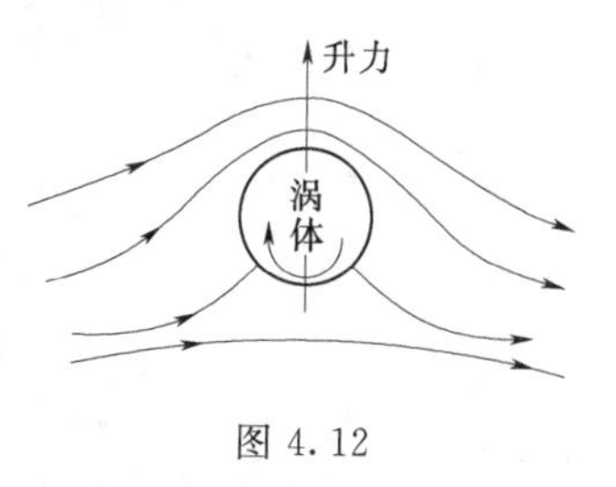

图 4.12

涡体形成并不一定就形成紊流，因为，一方面涡体由于惯性作用，有保持其本身运动的倾向；另一方面，液体具有黏滞性，对涡体运动有阻力作用，因而约束涡体的运动。所以涡体能否脱离原流层而掺入到邻层，就要看惯性作用与黏滞作用两者的对比关系。只有当促使涡体横向运动的惯性力超过黏滞力时，涡体才能脱离原来的流层而掺入到新的流层，从而变为紊流。雷诺数的物理意义是表征惯性力与黏滞力之比，黏滞力对涡体的产生、存在和发展具有决定性的作用，当雷诺数小到临界雷诺数以下时，由于黏滞阻力起主导作用，涡体就不能发展和移动，也就不会产生紊流，因而雷诺数可以用来判别液体的流动形态。因此可以看出，紊流发生的必要条件是涡体的形成，而其充分条件是雷诺数要达到一定的数值，当惯性力的作用足以克服黏滞力的作用时就会形成紊流。

如果液体非常平稳，没有任何扰动，涡体不易形成，则雷诺数虽然达到一定的数值，也不可能产生紊流，所以从层流转变为紊流时，上临界雷诺数是极不稳定的，要视扰动程度而定。反之，当紊流转变为层流时，只要雷诺数降低到某一数值，即使涡体继续存在，如果惯性力不足以克服黏滞力，混掺作用即行消失，所以不管有无扰动，下临界雷诺数是比较稳定的。

4.6.2 紊流的特征

1. *运动要素的脉动*

紊流的有涡性、不规则性、扩散性、三元性、耗能性和连续性等构成了紊流的基本特征。

紊流的有涡性和不规则性表现为紊流在运动过程中液体质点具有不断的互相混掺现象。这是由于液流中存在着很多大小不等的涡体，这些涡体除随液流的总趋势向某一方向运动外，还同时在各个方向上有不规则的运动。液体中的各质点，随着这些涡体的运行、旋转、振荡而做杂乱无章的运动。由于液体质点的互相掺混，使流区内各点的流速、压强等运动要素都在随时间和空间随机地变化着。因此，当一系列参差不齐的涡体连续通过紊流中某一定点时，必然会反映出这一定点上流速的大小和方向，以及该点的压强等运动要素随时间发生波动的现象，这种现象就叫作运动要素的脉动。所谓脉动，是指某一点的运动要素以某一常数值为中心随时间作随机性的变化，例如图 4.5 所示的雷诺实验装置中，当水箱内的水流为恒定流时，玻璃管内某一点的流速在主流方向（x 方向）随时间的变化情况如图 4.13 (a) 所示。可以看出，玻璃管内某一点的瞬时流速以某一常数值为中心不断的跳动，这种跳动就叫作脉动。

紊流的扩散性是指涡体紊动具有传质、传热和传递动量等扩散性能。因此，通过紊动扩散可达到散热、冷却和掺混等效果。三元性也叫三维性，是液体无规则运动的必然结果，尽管液流有时可作为一元处理，但其中的紊动扩散仍是三元的。耗能性是由于紊动总要消耗能量，试验表明，紊流中的能量损失比同条件下的层流要大得多。连续性是指作为连续介质的紊动现象也要满足连续性方程，受连续性方程的制约。

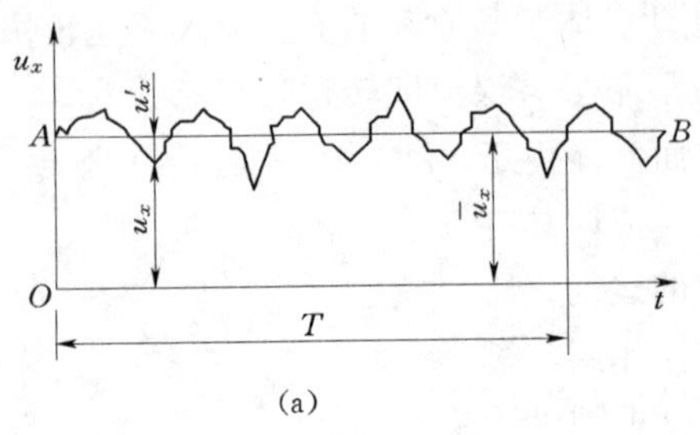

(a)

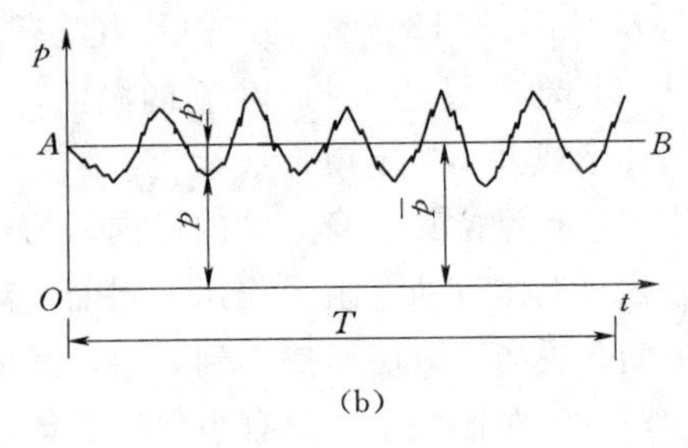

(b)

图 4.13

2. 紊流中物理量的表示方法

由图 4.13 可以看出，脉动现象十分复杂，脉动的幅度有大有小，变化频繁而无明显的规律性，为一种随机的波动。因此，紊流就实质而言，属于非定常流动。所以在分析紊流运动时，必须同时应用力学的方法和数理统计的方法。目前广泛采用的方法是时间平均法，即把紊流运动看作由两个流动叠加而成，一个是时间平均流动，另一个是脉动流动。这样把脉动流动分出来，便于处理和做进一步的探讨。

根据欧拉法，在恒定流中选定某一空间定点，观察液体质点通过该定点的运动情况，则在该点上，不同时刻就有不同的液体质点通过，各液体质点通过时的流速方向及大小都是不同的，某一瞬时通过该定点的液体质点的流速称为瞬时流速 u_s。如果用专门的仪器测出紊流中某点的瞬时流速的纵向分量 u_x 随时间 t 的变化，即 $u_x=f(t)$，则可以得到图 4.13（a）所示的图形，同样，动水压强也有类似的脉动现象，如图 4.13（b）所示。

如果在一个较长的时段 T 内观察瞬时流速 u_x 的变化，则可看到 u_x 值总是围绕某一平均值上、下跳动，这个平均值称为时间平均流速，简称时均流速，用$\overline{u}_x$ 来表示，则有

$$\overline{u}_x=\frac{1}{T}\int_0^T u_x\mathrm{d}t \tag{4.34}$$

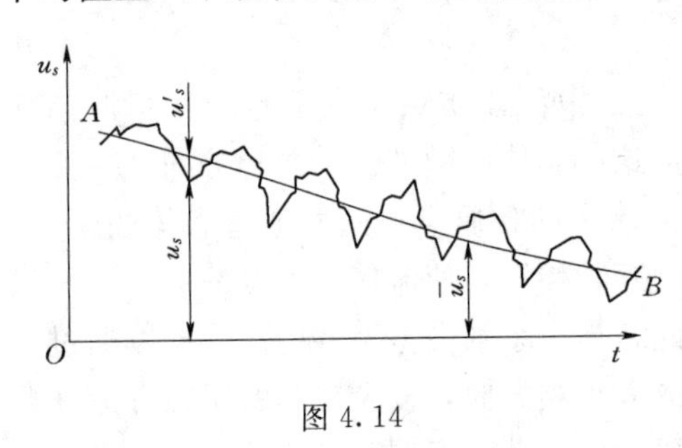

图 4.14

图 4.13（a）中所示的 AB 线即代表时间平均流速曲线，恒定流时，AB 线与时间 t 轴平行，即时间平均流速是不随时间而变化的。非恒定流时，AB 线是与时间 t 轴不平行的曲线，如图 4.14 所示，即时间平均流速是随时间而变化的。

由图 4.13（a）可知，瞬时流速 u_x 可以看作是由时均流速$\overline{u}_x$ 和脉动流速 u'_x之和，即

$$u_x=\overline{u}_x\pm u'_x \tag{4.35}$$

同理，可得时均压强为

$$\overline{p}=\frac{1}{T}\int_0^T p\,\mathrm{d}t \tag{4.36}$$

瞬时压强为

$$p=\overline{p}\pm p' \tag{4.37}$$

式中：p'为脉动压强。

时间平均值是这样的一个值，该值与曲线 $u_x=f(t)$ 之间以该值为界的上、下面积相等。在确定时均值时，时均值与所取时段长短有关，如取时段为 T_1，则得时均值为$\overline{u}_{x1}$，

取时段为 T，则得时均值为$\overline{u}_x$，但只要所取的时段足够长，则所得的时均值就变化不大了。所以在用仪器测量流速或压强的瞬时变化时，所取时段不应太短，应能包括各种变化为宜，这个时段目前尚无定论，一般可以取 100 个波形以上。

脉动值的时间平均值为零，例如对于脉动流速有

$$u'_x = u_x - \overline{u}_x$$

对上式进行时间平均，则

$$\overline{u}'_x = \frac{1}{T}\int_0^T u'_x \mathrm{d}t = \frac{1}{T}\int_0^T u_x \mathrm{d}t - \frac{1}{T}\int_0^T \overline{u}_x \mathrm{d}t$$

因为 $\overline{u}_x = \frac{1}{T}\int_0^T u_x \mathrm{d}t$ ，$\overline{u}_x$ 为常数，积分后仍为$\overline{u}_x$，故

$$\overline{u}'_x = \frac{1}{T}\int_0^T u'_x \mathrm{d}t = \overline{u}_x - \overline{u}_x = 0 \tag{4.38}$$

同理，脉动压强 p'的时均值为

$$\overline{p}' = \frac{1}{T}\int_0^T p' \mathrm{d}t = 0 \tag{4.39}$$

对紊流运动要素进行时均化处理后，对紊流的研究带来了很大的方便，在以前各章所讲的一些概念，对紊流仍可适用，例如紊流中的流线是指时均流线，流束是指时间平均流速的流束，恒定流是指运动要素的时均值不随时间而变化的液流，非恒定流是指时间平均的运动要素随时间而变化的液流等。

在研究液体的运动规律时，常用脉动流速的均方根来表示脉动幅度（脉动量）的大小，在数理统计中，此值常用符号 σ 表示，即

$$\sigma_x = \sqrt{\overline{u'^2_x}} = \left(\frac{1}{T}\int_0^T u'^2_x \mathrm{d}t\right)^{1/2} \tag{4.40}$$

对于 y、z 两个方向。同样有 $\sigma_y = \sqrt{\overline{u'^2_y}}$、$\sigma_z = \sqrt{\overline{u'^2_z}}$。

脉动流速的均方值 σ 与时均特征流速 v 的比值称为紊动强度，以 T_u 表示，即

$$T_u = \frac{\sigma}{v} = \frac{\sqrt{\overline{u'^2}}}{v} \tag{4.41}$$

式中：v 为时均特征流速，对明渠流或管流，时均特征流速常采用断面平均流速，对于绕流问题则用远离物体的时均流速。

图 4.15 所示为一明渠紊动强度的试验结果，图中 h 为水深，y 为距壁面的距离，T_{ux} 为 x 方向流速的紊动强度，T_{uy} 为 y 方向流速的紊动强度，由图可知，靠近槽底附近的紊动强度最大，靠近水面的紊动强度最弱。这是因为靠近槽底处流速梯度和切应力都比较大，加之槽壁粗糙度 Δ 干扰的影响也较强，所以靠近槽底附近最容易形成涡体，是涡体的发源地。

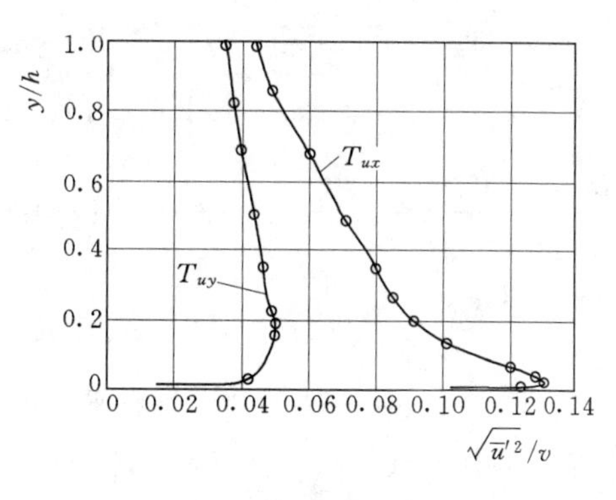

图 4.15

水流的脉动现象对工程的影响包括以下几点。

（1）增加了液流的水头损失。这是因为液体质点互相碰撞的缘故，这时水头损失与流速的 1.75～2.0 次方成比例。

（2）增加了作用荷载。因为脉动压强的瞬时值有时会大于时均压强值，使作用于建筑物上的瞬时荷载增大，而压强时大时小往复作用于建筑物上，还可能引起建筑物的振动，而且当动水压强的脉动频率与水工建筑物的自振频率一致或非常接近时，还可能引起共振。

（3）脉动流速可以加剧河底泥沙的运动，减小淤积。

（4）使流速分布趋于均化。液体质点之间的混掺和碰撞，使各液体质点的动量发生变化，动量大的液体质点将部分动量传递给动量小的液体质点，动量小的液体质点又影响动量大的液体质点，结果形成断面流速分布较为均匀的情况。

（5）引起建筑物的空蚀。当脉动压强的瞬时压强低于某一数值时，液流中放出空泡，空泡随液流带走，在高压区空泡突然溃灭，产生巨大的冲击力，引起建筑物的空蚀现象。

4.6.3　紊动产生的附加切应力

在层流运动中由于流层间的相互运动所引起的切应力称为黏滞切应力。但紊流运动则不同，各流层间除具有相对运动外，还有横向的液体质点交换。所以，在紊流中，除因黏滞性而存在的黏滞切应力 τ_1 外，还存在由于液体质点互相掺混碰撞而引起的切应力，这种切应力称为紊流的附加切应力，用 τ_2 表示，因此紊流的全部切应力 τ 为

$$\tau=\tau_1+\tau_2 \tag{4.42}$$

紊流切应力的计算，应引用时间平均的概念。紊流中因黏性引起的切应力用时均黏滞切应力$\overline{\tau}_1$ 表示，与层流时一样，其公式为

$$\overline{\tau}_1=\mu\frac{\mathrm{d}\overline{u}_x}{\mathrm{d}y} \tag{4.43}$$

研究由于脉动而产生的紊流的附加切应力，可应用普朗特的动量传递理论学说。普朗特假设，液体质点在横向脉动运移过程中瞬时流速保持不变，因而动量也保持不变，而到达新的位置后，动量即突然改变，并与新位置上原有液体质点所具有的动量一致。由动量定律，这种液体质点的动量变化，将产生附加切应力。下面讨论恒定均匀流情况下的紊流附加切应力的表达式。

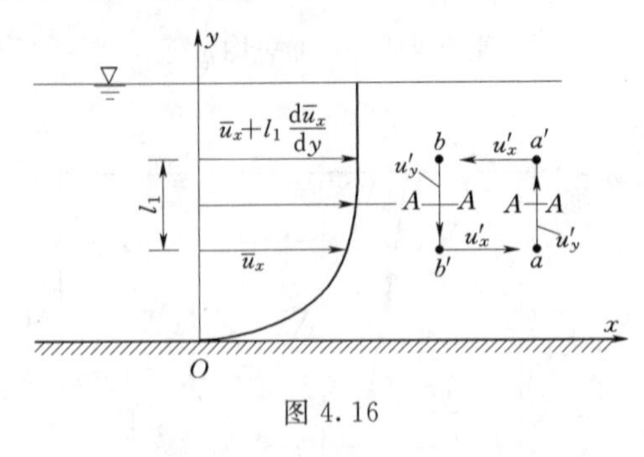

图 4.16

设有一在 xOy 平面上作恒定、均匀流动的紊流，如图 4.16 所示。这种流动的时均流速只有 x 方向的分量$\overline{u}_x=f(y)$，其脉动流速沿 x 及 y 方向的分量分别为 u'_x和 u'_y，从流速分布图可知，各流层沿 x 方向的时均流速分量 $\overline{u}_x$ 不相等，因此各流层的液体质点所具有的动量也不相等。由于紊流中存在脉动现象，因而各流层之间的液体质点不断地进行动量交换。

在图 4.16 中任取一与 x 轴相平行的微小截面 $A—A$，其面积为 $\mathrm{d}A_y$。设某瞬时处于低流速层中 a 点的液体质点，以垂直向上的脉动流速 u'_y向上运动，并穿越截面 $A—A$ 到达 a'点，则在 $\mathrm{d}t$ 时段内所通过的质量为

$$\Delta m=\rho u_y' \mathrm{d}A_y \mathrm{d}t$$

由于 a 点的时均流速小于 a' 点的时均流速，当 a 点处的液体质点到达 a' 点时，对该点处原有的液体质点起向后拖曳的作用，并在 a' 点产生沿 x 负方向的脉动流速 u_x'，由于液体质点原具有 x 方向的瞬时流速 u_x，若运移过程中 u_x 保持不变，则脉动流速 u_x' 等于 u_x 与原 a' 点时均流速的差值，因而发生动量的变化。$\mathrm{d}t$ 时段内 A—A 面上液体沿 x 方向的动量变化为

$$\Delta m u_x'=\rho u_x' u_y' \mathrm{d}A_y \mathrm{d}t$$

根据动量定理，在 x 方向的作用力 ΔF 的冲量为

$$\Delta F \mathrm{d}t=\rho u_x' u_y' \mathrm{d}A_y \mathrm{d}t$$

ΔF 为液体质点混掺所引起的在截面 $\mathrm{d}A_y$ 上的切力，故附加切应力为

$$\tau_2=\frac{\Delta F}{\mathrm{d}A_y}=\rho u_x' u_y'$$

同理，当某瞬时，原处于高流速层中 b 点的液体质点以脉动流速 u_y'(为负值）向下运动，并穿过截面 A—A 到达低流速层的 b' 点时，它对该点原有液体质点起向前推进的作用，产生一个沿 x 方向的脉动流速 u_x'(为正值）因而发生动量变化。用同样的方法亦可得到与上式相同的 τ_2 的表达式。

由以上分析可以看出，低速液层的液体质点由于惯性运动进入高速液层后，对高速液层起阻滞作用；相反，高速液层的液体质点进入低速液层后，对低速液层起推动作用，这就是质量交换形成了动量交换。由此可以看出，紊动混掺的结果总是流速快的液体带动流速慢的液体，流速慢的液体阻滞流速快的液体，其结果是使液体的流动在整个断面上趋于均匀化。

下面分析紊流附加切应力的方向。设流动的流速梯度 $\mathrm{d}\overline{u}_x/\mathrm{d}y$ 是正的，如图 4.16 所示，当质量从下层向上层流动，u_y' 为正值，而 u_x' 为负值，所以 $u_x'u_y'$ 为负值，相反，当质量从上层向下层流动，u_y' 为负值，而 u_x' 为正值，所以 $u_x'u_y'$ 仍为负值。因此，不论质量是从下层流向上层，还是从上层流向下层，$u_x'u_y'$ 总为负值，故在上式前加一负号，即

$$\tau_2=-\rho u_x' u_y' \tag{4.44}$$

式（4.44）即为紊流的附加切应力公式。根据式（4.44)，紊流附加切应力的时均值可写成

$$\overline{\tau}_2=-\rho\,\overline{u_x' u_y'} \tag{4.45}$$

式（4.45）说明，紊流附加切应力的大小与液流的密度和脉动流速有关。

上面推出了紊流附加切应力的表达式，求解此式目前主要有两种途径：一种途径是紊流统计理论，利用统计数学的方法及概念来描述流动，研究紊流内部结构与紊流的脉动规律；另一种途径是紊流的半经验理论，它根据一些假设与实验结果建立脉动与平均运动之间的关系，以求解流动。半经验理论虽在理论上有局限性，但在一定的条件下往往得出与实际相符的结果，因此在工程实际中得到广泛的应用。下面用紊流的半经验理论建立附加切应力与时均流动的运动要素之间的关系。

1925 年，普朗特（L. Prandtl）假定液体质点在脉动流速 u_y' 的作用下，经过纵向长度 l_1 到达新的位置后，它本身所具有的运动特性（如速度、动量等）全部在该处交换完毕，但在运动过程中却与周围的液体质点没有任何交换，这个距离 l_1 称为混合长度，如图 4.16 所示。若低流速层的时均流速为 $\overline{u}_x$，由于 l_1 很小，在 l_1 范围内的时均流速可看作线

性变化，则高流速层的时均流速为

$$\overline{u}_x+l_1\frac{d\overline{u}_x}{dy}$$

二者的时均流速差为

$$\Delta\overline{u}_x=\overline{u}_x+l_1\frac{d\overline{u}_x}{dy}-\overline{u}_x=l_1\frac{d\overline{u}_x}{dy}$$

再假定纵向脉动流速 u'_x 是两层液体的流速差引起的，其绝对值的时均值等于时均流速差，即

$$\overline{|u'_x|}=l_1\frac{d\overline{u}_x}{dy}$$

普朗特还假定横向脉动流速 u'_y 与 u'_x 为同一数量级，并与 u'_x 成正比，其绝对值的时均值为

$$\overline{|u'_y|}=k_1\overline{|u'_x|}=k_1l_1\frac{d\overline{u}_x}{dy}$$

式中：k_1 为比例常数。

又因为 $\overline{|u'_xu'_y|}$ 与 $\overline{|u'_x|}\cdot\overline{|u'_y|}$ 是不相等的，但应有一定的比例关系，即

$$\overline{|u'_xu'_y|}=k_2\ \overline{|u'_x|}\cdot\overline{|u'_y|}=k_1k_2l_1^2\left(\frac{d\overline{u}_x}{dy}\right)^2$$

将上式代入式（4.45）得

$$\overline{\tau}_2=-\rho k_1k_2l_1^2\left(\frac{d\overline{u}_x}{dy}\right)^2$$

将 k_1、k_2 并入参数 l_1 中，又因为 u'_x 与 u'_y 的乘积永远为负值，故 $-\rho\overline{u'_xu'_y}$ 必定为正值，所以上式中的负号应该取掉，化简上式得

$$\overline{\tau}_2=\rho l^2\left(\frac{d\overline{u}_x}{dy}\right)^2 \tag{4.46}$$

式中：l 为混合长度，但它已不像 l_1 那样有比较明确的物理意义。

因此，在紊流的时均运动中，时均黏滞切应力 $\overline{\tau}_1$ 和紊流的附加时均切应力 $\overline{\tau}_2$ 一起构成了紊流的全部切应力 $\overline{\tau}$，因为在以后的讨论中，各种紊流运动要素均指时均而言，为简便计，时均符号可以省去不写，所以紊流总切应力可写成

$$\tau=\mu\frac{du_x}{dy}+\rho l^2\left(\frac{du_x}{dy}\right)^2 \tag{4.47}$$

如果令 $\varepsilon=l^2\frac{du_x}{dy}$ 或 $\eta=\rho l^2\frac{du_x}{dy}$，代入式（4.46）得

$$\tau_2=\rho\varepsilon\frac{du_x}{dy}=\eta\frac{du_x}{dy} \tag{4.48}$$

式中：ε 为动量传递系数，也称紊流运动黏滞系数；η 为紊流动力黏滞系数。

关于混合长度 l，由于边界面上的液体质点无混掺运动，l 为零，离边界越远，混掺越剧烈，因此普朗特假定混合长度 l 与横向距离 y 成正比，即

$$l=ky \tag{4.49}$$

式中：k 为比例常数，称为卡门（Von. Kármán）常数，尼古拉兹（Nikuradse）的试验表明，圆管紊流中，$k=0.4$。

4.6.4 紊流的内部结构

4.6.4.1 紊流内部流区和流速分布公式

普朗特等的研究表明，在紊流同一过水断面的各处，质点混掺的程度是不相同的。紧靠壁面的液体质点因受壁面边界的限制，不能进行横向运动，无混掺现象，因而在边界附近有一很薄的做层流运动的液体，称为黏性底层或近壁层流层，其厚度为 δ；在黏性底层以外，还有一层由层流向紊流过渡的过渡层，其厚度为 δ_1；过渡层以外的液流才属于紊流，称为紊流核心。图 4.17 所示为圆管中的紊流结构示意图。

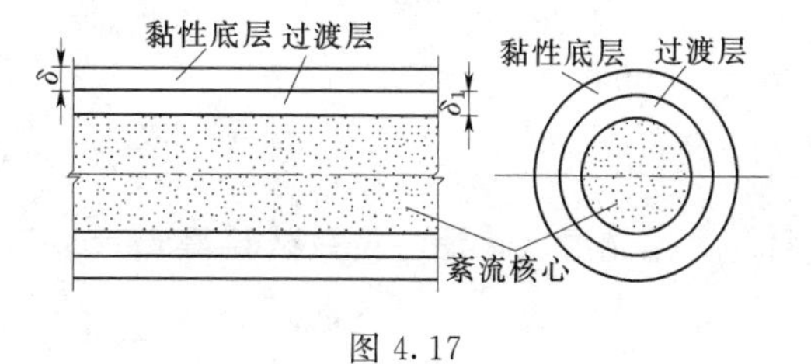

图 4.17

黏性底层内的液体作层流运动，其流速分布符合抛物线规律，但因其厚度很薄，可以近似认为该层内的流速按直线分布，则各点的流速梯度和切应力 τ 为常数，其切应力等于边界切应力 τ_0，即

$$\tau=\tau_0=\mu\frac{\mathrm{d}u}{\mathrm{d}y}=\mu\frac{u}{y}$$

式中：y 为从壁面计算的横向距离。

上式除以液体的密度 ρ 得

$$\frac{\tau_0}{\rho}=\frac{\mu}{\rho}\frac{u}{y}=\nu\frac{u}{y}$$

令 $u_*=\sqrt{\tau_0/\rho}$，其量纲与速度的量纲相同，故称阻力流速或摩阻流速，代入上式得

$$\frac{u}{u_*}=\frac{u_*y}{\nu} \tag{4.50}$$

式（4.50）即为黏性底层的相对流速关系式。

对于紊流核心区，普朗特根据动量传递理论，得出了流速分布的对数律公式。紊流的时均切应力公式为式（4.47），式中两部分切应力的大小是随流动情况而不同的。在雷诺数较小、紊动较弱时，前者占主导地位。随着雷诺数增加，紊动程度加剧，后者逐渐增大。到雷诺数很大时，紊流已充分发展之后，则后者占绝对优势，前者的影响可忽略不计，即

$$\tau=\rho l^2\left(\frac{\mathrm{d}u_x}{\mathrm{d}y}\right)^2 \tag{4.51}$$

对圆管来说，由式（4.5）知 $\tau=(1-y/r_0)\tau_0$，根据萨特柯维奇（A. A. Саткевич）的研究，圆管的混合长度为

$$l=ky\sqrt{1-\frac{y}{r_0}} \tag{4.52}$$

将式（4.5）和式（4.52）代入式（4.51）得

$$\frac{\mathrm{d}u}{\mathrm{d}y}=\frac{1}{ky}\sqrt{\frac{\tau_0}{\rho}}=\frac{u_*}{ky} \tag{4.53}$$

对式（4.53）积分得

$$u=\frac{u_*}{k}\ln y+c \tag{4.54}$$

将 $k=0.4$ 代入得

$$u=2.5u_*\ln y+C \tag{4.55}$$

式中：C 为积分常数，由边界条件决定。

式（4.55）表明，紊流核心区的断面流速按对数规律分布，比层流时按抛物线分布要均匀的多，这是因为紊流时由于液体质点的混掺作用，动量发生交换，使流速分布均匀化的结果。

如果令式（4.55）中的 $c=\frac{u_*}{k}\ln\frac{u_*}{\nu}+u_*c_1=2.5u_*\ln\frac{u_*}{\nu}+u_*c_1$，代入式（4.55）得

$$\frac{u}{u_*}=2.5\ln\frac{u_*y}{\nu}+c_1 \tag{4.56}$$

对于紊流光滑区，尼古拉兹试验得 $c_1=5.5$，因此得

$$\frac{u}{u_*}=2.5\ln\frac{u_*y}{\nu}+5.5 \tag{4.57}$$

将式（4.57）对圆管断面积分，可得断面平均流速公式为

$$\frac{v}{u_*}=2.5\ln\frac{u_*r_0}{\nu}+1.75 \tag{4.58}$$

对于紊流粗糙区，黏滞性的影响可以忽略，液流阻力和流速主要取决于壁面粗糙度。如令 $c=-\frac{u_*}{k}\ln\Delta+u_*c_2=-2.5u_*\ln\Delta+u_*c_2$，代入式（4.55）得

$$\frac{u}{u_*}=2.5\ln\frac{y}{\Delta}+c_2 \tag{4.59}$$

对于圆管，尼古拉兹试验得 $c_2=8.5$，因此得

$$\frac{u}{u_*}=2.5\ln\frac{y}{\Delta}+8.5 \tag{4.60}$$

将式（4.60）对圆管断面积分，可得紊流粗糙区的断面平均流速公式为

$$\frac{v}{u_*}=2.5\ln\frac{r_0}{\Delta}+4.75 \tag{4.61}$$

除了上面的对数律流速分布公式以外，普朗特还建议紊流流速分布亦可用下列的指数律分布形式，即

$$\frac{u}{u_{\max}}=\left(\frac{y}{r_0}\right)^n \tag{4.62}$$

式中：$u_{\max}$ 为管道中心线最大流速；y 为距壁面的距离；r_0 为圆管半径；指数 n 与雷诺数及壁面粗糙度有关，对于光滑紊流，指数仅与雷诺数有关，见表 4.2。

表 4.2　指数 n 与雷诺数的关系

Re	4.0×10^3	2.3×10^4	1.1×10^5	1.1×10^6	2.0×10^6	3.2×10^6
n	1/6.0	1/6.6	1/7.0	1/8.8	1/10	1/10

以上圆管流速分布公式也同样适应于明渠均匀流的情况。

上面推导出了紊流黏性底层的流速分布公式（4.50）和紊流核心区的流速分布公式（4.57）。将式（4.50）和式（4.57）分别在图 4.18 中绘出曲线①和直线③，并与尼古拉兹的试验资料相对比如图 4.18 所示。

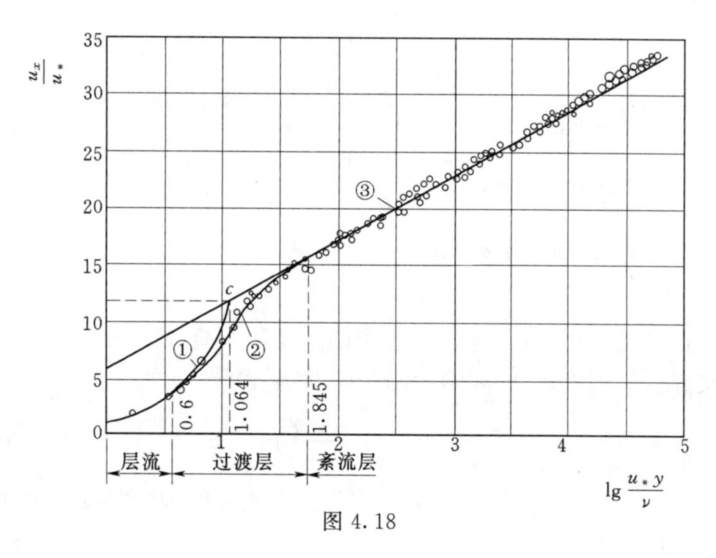

图 4.18

由图 4.18 可知：

当 $\lg(u_* y/\nu)<0.6$（即 $u_* y/\nu<4$）时，曲线①与试验点较为吻合，表明此区属于黏性底层区；

当 $\lg(u_* y/\nu)>1.845$（即 $u_* y/\nu>70$）时，直线③与试验点亦较吻合，表明此区属于紊流核心区；

当 $0.6<\lg(u_* y/\nu)<1.845$（即 $4<u_* y/\nu<70$）时，曲线①和直线③与试验点均有所偏差，而试验点落在曲线②上，表明此区既不属于黏性底层区，也不属于紊流核心区，而属于两者之间的过渡区。

因此紊流内部结构可按下列方法分区：

$$\left.\begin{array}{ll}\text{黏性底层区} & \dfrac{u_* y}{\nu}<4 \\ \text{过渡区} & 4<\dfrac{u_* y}{\nu}<70 \\ \text{紊流核心区} & \dfrac{u_* y}{\nu}>70\end{array}\right\} \tag{4.63}$$

4.6.4.2 圆管紊流黏性底层和过渡层的厚度

1. 黏性底层厚度 δ

由式（4.63）可知，黏性底层与过渡层的交界面处 $u_* y/\nu=4$，以交界面的坐标 $y=\delta$ 代入得 $\delta=4\nu/u_*$，或 $\nu/u_*=\delta/4$。

由式（4.7）得 $u_*=\sqrt{\dfrac{\lambda}{8}}v$，所以

$$\delta=\frac{4\nu}{u_*}=\frac{4\sqrt{8}\nu}{\sqrt{\lambda}v}=\frac{8\sqrt{2}}{\sqrt{\lambda}}\frac{d}{vd/\nu}=\frac{11.314d}{Re\sqrt{\lambda}} \tag{4.64}$$

式（4.64）表明黏性底层厚度 δ 随着雷诺数 Re 的增大而减小，这是因为 Re 越大，液流的紊动越剧烈，质点混掺的范围越向边壁发展，黏性底层就越薄。

2. 过渡层厚度 δ_1

由式（4.63）可知，过渡层与紊流核心区的交界面处 $u_* y/\nu=70$，以交界面坐标 $y=$

$\delta+\delta_1$ 代入得

$$\delta_1=\frac{70\nu}{u_*}-\delta=\frac{70\nu}{u_*}-\frac{4\nu}{u_*}=66\frac{\nu}{u_*}=66\times\frac{\delta}{4}=16.5\delta$$

所以
$$\delta_1=16.5\delta=16.5\times\frac{11.314d}{Re\sqrt{\lambda}}=\frac{186.68d}{Re\sqrt{\lambda}} \tag{4.65}$$

可见，过渡层的厚度 δ_1 亦随雷诺数 Re 的增大而减小。

3. 黏性底层的理论厚度 δ_0

如果不考虑过渡层的存在，以图 4.18 中的曲线①和直线③的交点 c 作为黏性底层与紊流核心区的交界点，则由式（4.50）和式（4.57）得

$$\frac{u_* y_c}{\nu}=2.5\ln\frac{u_* y_c}{\nu}+5.5$$

由上式解出 $u_* y_c/\nu=11.636$，令 $y_c=\delta_0$，称为黏性底层的理论厚度，由此得

$$\delta_0=\frac{11.636\nu}{u_*}=11.636\times\frac{\delta}{4}=2.909\delta=\frac{2.909\times11.314d}{Re\sqrt{\lambda}}=\frac{32.91d}{Re\sqrt{\lambda}} \tag{4.66}$$

4.6.5　紊流粗糙对流动的影响

边壁表面总是不平整的，粗糙的凸起高度叫作绝对粗糙度，常以 Δ 表示。黏性底层的理论厚度 δ_0 随雷诺数 Re 而变化，因此 δ_0 可能大于或小于 Δ。

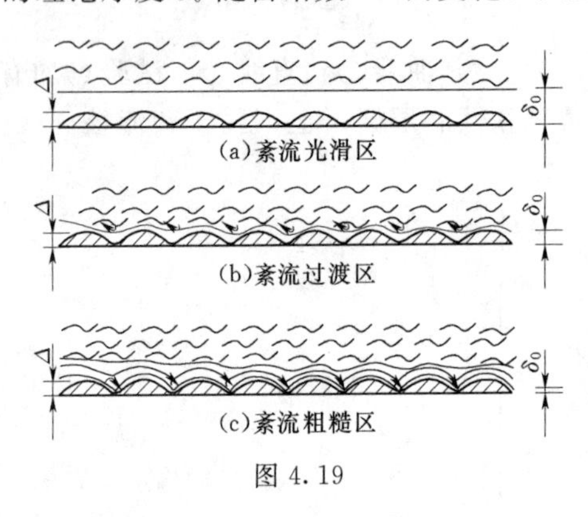

图 4.19

当 Re 很小时，δ_0 可能比 Δ 大很多，壁面凸起高度完全被黏性底层厚度所覆盖，如图 4.19（a）所示，黏性底层以外的紊流区，感受不到边壁粗糙的影响，也就是说，边壁粗糙对紊流的阻力损失、时均流速分布等完全没有影响，好像壁面完全光滑一样，这种情况称为紊流的光滑区。

当雷诺数 Re 很大时，δ_0 很小，凸起高度 Δ 可能比黏性底层厚度 δ_0 大很多，这时 Δ 的大小将对紊流核心区的时均流速分布与阻力损失产生很大的影响，这种情况称为紊流的粗糙区，如图 4.19（c）所示。

若黏性底层厚度 δ_0 与壁面粗糙度 Δ 对紊流影响相当时，即介于以上两个流区之间的情况称为紊流过渡区，如图 4.19（b）所示。

由上面的分析可知，绝对粗糙度小于黏性底层厚度，即 $\Delta<\delta$ 时为紊流光滑区，又由式（4.66）知 $\nu/u_*=\delta_0/11.636$，所以又有 $\Delta/\delta_0<4/11.636=0.34$，即 $\Delta<0.34\delta_0$。在紊流粗糙区，$u_*\Delta/\nu>70$，即 $\Delta>70\nu/u_*$，将黏性底层厚度公式代入得 $\Delta>17.5\delta$，同理可得 $\Delta/\delta_0>6$。在紊流过渡区，$4<u_*\Delta/\nu<70$，即 $\delta<\Delta<17.5\delta$，$0.34<\Delta/\delta_0<6$。由此得用粗糙度和黏性底层厚度表示的区分紊流各流区的界限值为

$$\left.\begin{array}{ll}\text{紊流光滑区} & \Delta/\delta<1\ \text{或}\ \Delta/\delta_0<0.34\\ \text{紊流过渡区} & 1<\Delta/\delta<17.5\ \text{或}\ 0.34<\Delta/\delta_0<6\\ \text{紊流粗糙区} & \Delta/\delta>17.5\ \text{或}\ \Delta/\delta_0>6\end{array}\right\} \tag{4.67}$$

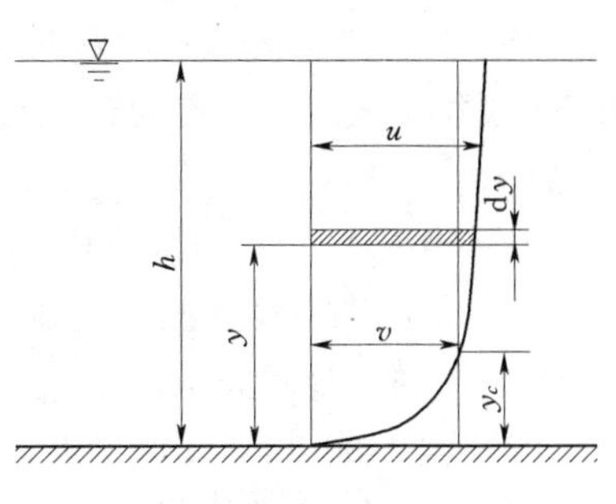

例题 4.4 图

【例题 4.4】 试用流速分布对数律公式，推求二元明渠均匀流流速分布曲线上与断面平均流速相等的点的位置。

解：

二元明渠流速分布如图所示。设平均流速为 v，流速分布曲线上与断面平均流速相等的点的位置距渠底的高度为 y_c，明渠流速分布公式为式（4.60），即

$$\frac{u}{u_*}=2.5\ln\frac{y}{\Delta}+8.5 \tag{1}$$

渠道所通过的流量为

$$Q=b\int_0^h u\,\mathrm{d}y=\Delta bu_*\left[\int_0^h\left(2.5\ln\frac{y}{\Delta}+8.5\right)\mathrm{d}\left(\frac{y}{\Delta}\right)\right]$$

$$=\Delta bu_*\left[2.5\left(\frac{y}{\Delta}\ln\frac{y}{\Delta}-\frac{y}{\Delta}\right)+8.5\frac{y}{\Delta}\right]_0^h$$

由上式得

$$Q=bhu_*\left(2.5\ln\frac{h}{\Delta}+6\right) \tag{2}$$

平均流速为

$$v=\frac{Q}{bh}=u_*\left(2.5\ln\frac{h}{\Delta}+6\right) \tag{3}$$

或

$$\frac{v}{u_*}=\left(2.5\ln\frac{h}{\Delta}+6\right) \tag{4}$$

因为 $u=v$ 时，$y=y_c$，代入式（1）得

$$\frac{v}{u_*}=2.5\ln\frac{y_c}{\Delta}+8.5 \tag{5}$$

由式（4）和式（5）得

$$y_c=\frac{h}{e}=0.3679h \tag{6}$$

4.7　圆管紊流的沿程水头损失

4.7.1　人工粗糙圆管阻力系数的尼古拉兹试验

上面已经推出了圆管沿程水头损失的计算公式（4.10），即

$$h_f=\lambda\frac{L}{d}\frac{v^2}{2g}$$

由式中可以看出，要计算沿程水头损失，必须知道沿程阻力系数 λ。对于圆管层流，已求得 $\lambda=64/Re$，对于二元明渠层流，$\lambda=24/Re$。但对于紊流，至今尚无求沿程阻力系数的理论公式。

1933 年，尼古拉兹曾用人工沙粒粗糙的办法进行过系统的试验，他用不同粒径的人工沙均匀的粘贴在不同管径的内壁上，用不同的流速进行试验。这个试验成果可以反映圆管流动中的全部情况，所得规律对明渠流动也是适应的。

设沙粒的高度为 Δ，圆管的半径为 r_0，尼古拉兹在整理试验结果时，把 Δ/r_0 称为相对粗糙度，而把 r_0/Δ 称为相对光滑度。尼古拉兹进行了 6 组试验，其相对光滑度分别为 $r_0/\Delta=15$、30.6、60、126、252、507，试验结果如图 4.20 所示。由图中可以看出：

(1) 当 $Re<2300$ 时，圆管中的流动为层流，沿程阻力系数 λ 与雷诺数的关系为直线Ⅰ，而与相对光滑度无关，直线Ⅰ即代表层流时沿程阻力系数的变化规律，其方程为 $\lambda=64/Re$，与理论公式完全一致。

(2) 当 $2300<Re<4000$ 时，为层流进入紊流的过渡区，λ 值仅与 Re 有关，而与相对光滑度无关，因为它的范围很窄，实用意义不大。

(3) 当 $Re>4000$ 时，液流形态已进入紊流区，沿程阻力系数决定于理论黏性底层厚度 δ_0 与绝对粗糙度 Δ 的关系。

1) 当 Re 较小时，理论黏性底层厚度 δ_0 可以淹没绝对粗糙度 Δ，即 $\Delta<\delta_0$。管壁为水力光滑管，其沿程阻力系数 λ 仅与雷诺数 Re 有关，与绝对粗糙度 Δ 无关。不管管壁的相对光滑度如何，所有试验点子都落在同一直线上，如图中的直线Ⅱ。

2) 在直线Ⅱ与直线Ⅲ之间的区域为水力光滑管过渡到水力粗糙管的过渡区。因为雷诺数增大，黏性底层厚度相对较薄，以至不能完全淹没 Δ，而管壁粗糙度已对沿程阻力发生影响，所以沿程阻力系数 λ 不仅与雷诺数有关，而且与绝对粗糙度 Δ 或相对光滑度有关，即 $\lambda=f(Re,r_0/\Delta)$。

3) 直线Ⅲ以后的区域 λ 仅与 r_0/Δ 有关，而与雷诺数 Re 无关，即 $\lambda=f(r_0/\Delta)$，属于水力粗糙管区。此时管壁粗糙度对沿程阻力系数起主要作用。在该区，沿程水头损失 $h_f\propto v^2$，所以水力粗糙管区又叫阻力平方区。

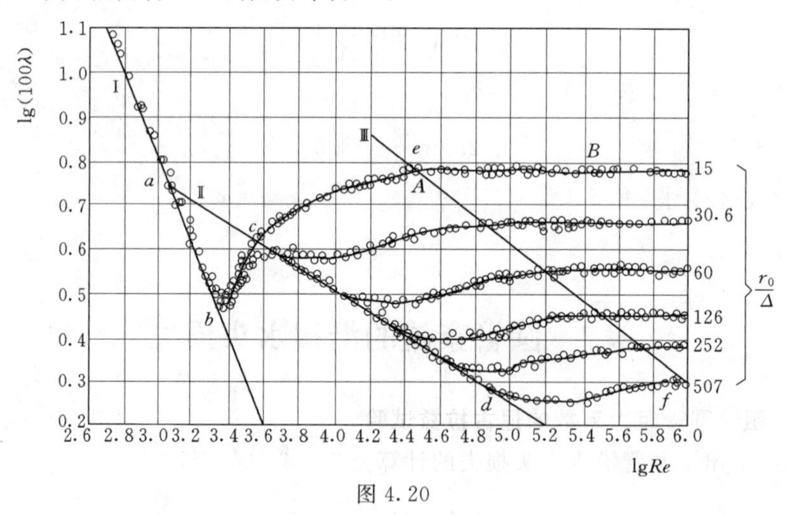

图 4.20

根据尼古拉兹等的试验结果，对紊流分区的标准及其求沿程阻力系数的经验公式归纳如下：

(1) 紊流光滑区。已知紊流光滑区的平均流速公式为式 (4.58)，由式 (4.7) 知，$\tau_0=\lambda\rho v^2/8$，变形为

$$\frac{v}{u_*}=\sqrt{\frac{8}{\lambda}}$$

将此式代入式 (4.58) 得紊流光滑区的阻力系数公式为

$$\frac{1}{\sqrt{\lambda}}=2\lg\left(\frac{vd}{\nu}\sqrt{\lambda}\right)-0.9$$

后来普朗特根据尼古拉兹的试验资料，对上式进行了修正，修正后的公式为

$$\frac{1}{\sqrt{\lambda}}=2\lg(Re\sqrt{\lambda})-0.8 \tag{4.68}$$

式（4.68）称为普朗特公式，式中雷诺数 $Re=vd/\nu$，由式（4.68）可以看出，紊流光滑区的沿程阻力系数 λ 只与液流的雷诺数有关，粗糙度不起作用。

1932 年，尼古拉兹根据自己的试验资料，提出了一个公式为

$$\lambda=0.0032+\frac{0.221}{Re^{0.237}} \tag{4.69}$$

1912 年，布拉修斯（H. Blasius）根据前人的试验资料提出的公式为

$$\lambda=\frac{0.3164}{Re^{1/4}} \tag{4.70}$$

如将式（4.70）代入式（4.10），可得

$$h_f=\frac{0.3164}{Re^{1/4}}\frac{L}{d}\frac{v^2}{2g}=\frac{0.3164}{(vd/\nu)^{1/4}}\frac{L}{d}\frac{v^2}{2g}=\frac{0.1582\nu^{1/4}}{g}\frac{L}{d^{5/4}}v^{1.75}$$

由上式可以看出，在紊流光滑区的沿程水头损失与平均流速的 1.75 次方成比例。

（2）紊流过渡区。在紊流过渡区，沿程阻力系数 $\lambda=f(Re,\ r_0/\Delta)$。阻力系数 λ 可用柯列布鲁克-怀特（Colebrook - White）的公式计算，即

$$\frac{1}{\sqrt{\lambda}}=-2\lg\left(\frac{2.51}{Re\sqrt{\lambda}}+\frac{\Delta}{3.7d}\right) \tag{4.71}$$

此式为 λ 的隐函数，阿里特苏里（Альтшуль）提出了一个简单的公式为

$$\lambda=0.11\left(\frac{\Delta}{d}+\frac{68}{Re}\right)^{0.25} \tag{4.72}$$

（3）紊流粗糙区。紊流粗糙区的沿程阻力系数仅与相对光滑度有关，即 $\lambda=f(r_0/\Delta)$，已知紊流粗糙区的流速公式为式（4.61），将 $v/u_*=\sqrt{8/\lambda}$ 代入得

$$\frac{1}{\sqrt{\lambda}}=2\lg\frac{r_0}{\Delta}+1.68$$

根据试验资料对上式修正的尼古拉兹公式为

$$\frac{1}{\sqrt{\lambda}}=2\lg\frac{r_0}{\Delta}+1.74=-2\lg\frac{\Delta}{3.7d} \tag{4.73}$$

在实际计算中，为了方便，也可采用希弗林松（Шифринсон）公式：

$$\lambda=0.11\left(\frac{\Delta}{d}\right)^{0.25} \tag{4.74}$$

4.7.2 自然粗糙圆管的阻力系数

尼古拉兹的试验对研究管流沿程阻力系数的规律做出了重要贡献，但是此研究是针对人工粗糙管进行的。而一般实际的商品管道（自然管道）的粗糙度、粗糙形状和分布状态都是不规律的，所以不能把人工粗糙管的研究成果直接应用到自然管道中去。有鉴于此，1939

年，柯列布鲁克（C. F. Colebrook）对自然粗糙管进行了研究。1944 年，莫迪（L. F. Moody）根据柯列布鲁克的试验，绘制了沿程阻力系数 λ 与相对粗糙度 Δ/d 的关系图，称为莫迪图，如图 4.21 所示。

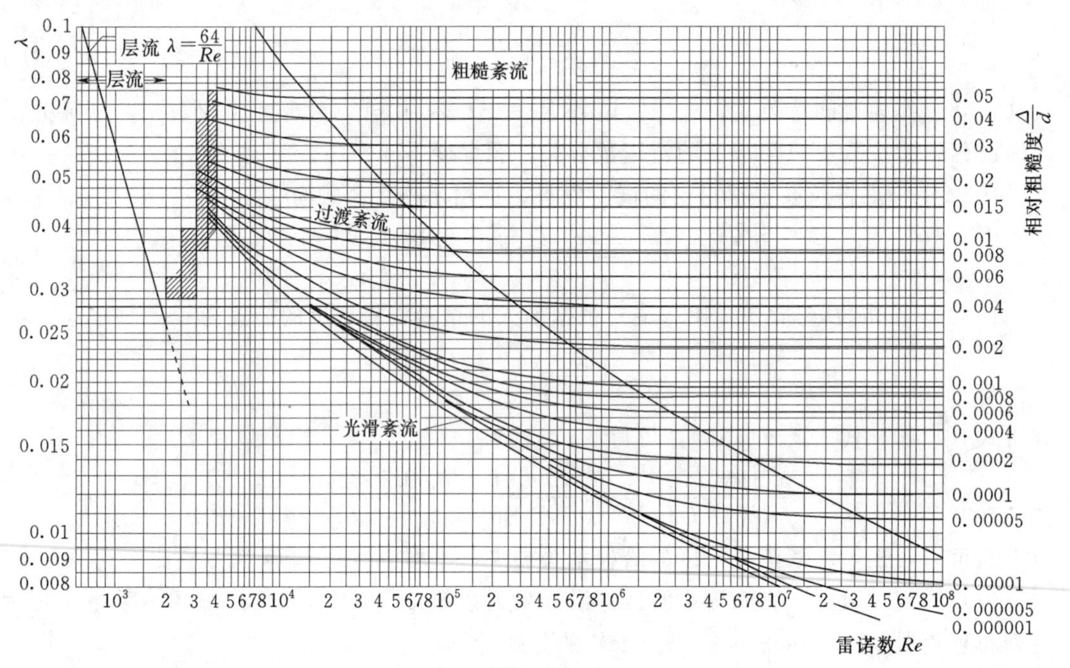

图 4.21

对比图 4.20 和图 4.21 可以看出，自然粗糙管同样可以分为五个区域，即层流区、层流向紊流的过渡区、紊流光滑区、紊流过渡粗糙区、紊流粗糙（阻力平方）区。与人工粗糙管的试验结果相比较，在层流区，λ 仍为 $64/Re$；在紊流光滑区和紊流的阻力平方区的定性规律也是一致的，其不同点在于过渡粗糙区的曲线形式不同。在自然管道中，该区的 λ 随 Re 的增加而减小；而人工管道中，该区的 λ 随 Re 的增加而增加。其原因之一可能是因为两者的粗糙情况有很大不同所造成的；但更进一步去解释其发生的力学原因，至今尚未得到满意的解答。

柯列布鲁克对自然粗糙管紊流三个区的 λ 提出了统一的计算公式，即

$$\frac{1}{\sqrt{\lambda}}=1.74-2\lg\left(\frac{2\Delta}{d}+\frac{18.7}{Re\sqrt{\lambda}}\right) \tag{4.75}$$

为了计算方便，齐恩（A. K. Jain）将式（4.75）写成了一个显式公式，即

$$\frac{1}{\sqrt{\lambda}}=1.14-2\lg\left(\frac{\Delta}{d}+\frac{21.25}{Re^{0.9}}\right) \tag{4.76}$$

式（4.75）和式（4.76）适应的条件为 $10^{-6}\leqslant\Delta/d\leqslant10^{-2}$，$5\times10^{3}\leqslant Re\leqslant10^{8}$，在此范围内，两者计算的结果相差在 1%以内。

对于自然粗糙管道，壁面粗糙物的凸起高度、形状和分布都是不规则的，其 Δ 值难以量测。目前的办法是将自然粗糙管道与人工粗糙管道的试验成果相比较，把具有同一 λ 值的人工粗糙管道的 Δ 值作为自然粗糙管道的绝对粗糙度，并称为自然粗糙管道的等效

粗糙度，亦称当量粗糙度。常用管道的当量粗糙度见表 4.3。

表 4.3　　管道的当量粗糙度 Δ 值

管道种类	加工及使用情况	Δ/mm	
		变化范围	平均值
玻璃管、铜管、铅管	新的、光滑的、整体拉制的	0.001～0.01	0.005
铝管	新的、光滑的、整体拉制的	0.0015～0.06	0.03
白铁皮管	一般		0.15
无缝钢管	1. 新的、清洁的、敷设良好的 2. 用过几年后加以清洗的；涂沥青的；轻微锈蚀的；污垢不多的	0.02～0.05 0.15～0.3	0.03 0.2
焊接钢管和铆接钢管	1. 小口径焊接钢管（只有纵向焊接的钢管） （1）新的、清洁的； （2）经清洗后锈蚀不显著的旧管； （3）轻度锈蚀的旧管； （4）中等锈蚀的旧管； （5）严重锈蚀的或污垢的旧管 2. 大口径钢管 （1）纵缝和横缝都是焊接的，但都不束狭断面； （2）纵缝焊接，横缝铆接，一排铆钉； （3）纵缝焊接，横缝铆接，二排或二排以上铆接； （4）纵横缝都是铆接，一排铆钉，且板厚 $\delta \leqslant 11$mm； （5）纵横缝都是铆接，二排或二排以上铆钉，或板厚 $\delta > 12$mm	 0.03～0.1 0.1～0.2 0.2～0.7 0.8～1.5 2.0～4.0 0.3～1.0 ≤1.8 1.2～2.8 0.9～2.8 1.8～5.8	 0.05 0.15 0.5 1.0 3.0 0.7 1.2 1.8 1.4 2.8
镀锌钢管	1. 镀锌面光滑洁净的新管 2. 镀锌面一般的新管 3. 用过几年后的旧管	0.07～0.1 0.1～0.2 0.4～0.7	 0.15 0.5
铸铁管	1. 新的 2. 涂沥青的新管 3. 涂沥青的旧管 4. 有锈蚀或污垢的旧管 5. 严重锈蚀和污垢的旧管	0.2～0.5 0.1～0.15 0.12～0.3 1.0～1.5 2.0～4.0	0.3 0.18
混凝土管及钢筋混凝土管	1. 无抹灰面层 （1）钢模板，施工质量良好，接缝平滑； （2）木模板，施工质量一般； （3）木模板，施工质量不佳，模板错缝跑浆 2. 有抹灰面层并经抹光 3. 有喷浆面层 （1）表面用钢丝刷刷过，并经仔细抹光； （2）表面用钢丝刷刷过，但未经抹光； （3）表面未用钢丝刷刷过，且未抹光 4. 离心法预制管	 0.3～0.9 1.0～1.8 3.0～9.0 0.25～1.8 0.7～2.8 ≥4.0 ≤36.0 0.15～0.45	 0.7 1.2 4.0 0.7 1.2 8.0 11.0 0.3
石棉水泥管	1. 新的 2. 旧的	0.05～0.1 0.6	0.09
木管	1. 仔细抛光 2. 一般加工 3. 未抛光	0.1～0.3 0.3～1.0 1.0～2.5	0.15 0.5 2.0
橡胶软管			0.03
岩石泄水管道	1. 未衬砌的岩石面 （1）表面经整修的； （2）表面未经整修 2. 部分衬砌的岩石面（部分有喷浆面层、抹灰面层或衬砌面层）	 60～320 1000 ≥30	 180 180

注　本表来自许荫椿、胡德保、薛朝阳主编的《水力学》（第三版），科学出版社，1990 年 8 月。

对于铸铁管和钢管，舍维列夫（Ф. А. Шевелев）提出了专用公式：

1. 旧铸铁管和旧钢管

（1）紊流过渡区，当 $v<1.2\text{m/s}$ 时

$$\lambda=\frac{0.0179}{d^{0.3}}\left(1+\frac{0.867}{v}\right)^{0.3} \tag{4.77}$$

（2）紊流粗糙区，当 $v>1.2\text{m/s}$ 时

$$\lambda=\frac{0.021}{d^{0.3}} \tag{4.78}$$

2. 新钢管和新铸铁管

新钢管：

$$\lambda=\frac{0.0159}{d^{0.226}}\left(1+\frac{0.684}{v}\right)^{0.226} \tag{4.79}$$

式（4.79）的适应条件为 $Re<2.4\times10^6 d$，d 以米计。

新铸铁管：

$$\lambda=\frac{0.0144}{d^{0.284}}\left(1+\frac{2.36}{v}\right)^{0.284} \tag{4.80}$$

式（4.80）的适应条件为 $Re<2.7\times10^6 d$，d 以米计。

式（4.79）和式（4.80）适应于紊流过渡区和紊流阻力平方区。

4.8　明渠紊流的沿程阻力系数

明渠均匀流中的沿程阻力系数 λ 的变化规律是蔡克士达（А. П. Зегжда）1934—1935 年通过试验得出来的，试验中相对光滑度定义为 R/Δ，R 为水力半径，试验结果如图 4.22 所示。由图中可以看出，明渠流动的沿程阻力系数 λ 的变化规律与圆管流动的情况基本相同。蔡克士达仿照尼古拉兹整理资料的方法，给出了 4 个阻力公式。

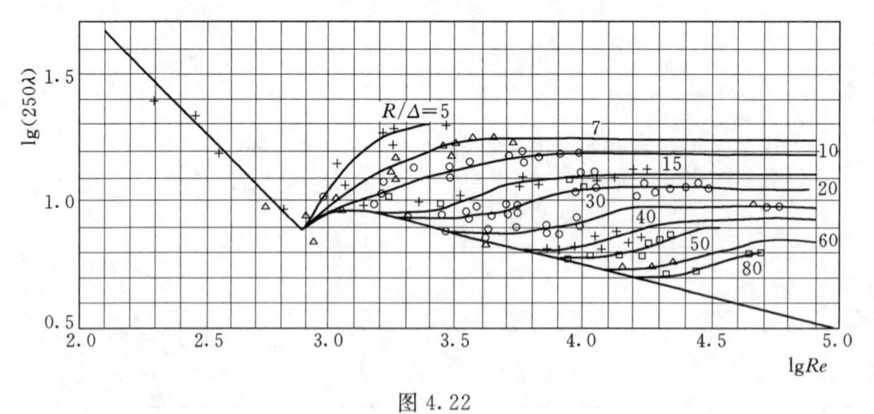

图 4.22

（1）紊流光滑区 $\left(\frac{\Delta u_*}{\nu}<0.8\right)$：

$$\frac{1}{\sqrt{\lambda}}=4\lg(Re\sqrt{\lambda})+2.0 \tag{4.81}$$

(2) 紊流过渡区 A 区 $\left(0.8<\frac{\Delta u_*}{\nu}<1.2\right)$：

$$\frac{1}{\sqrt{\lambda}}=4\lg\frac{R}{\Delta}+5.75 \tag{4.82}$$

(3) 紊流过渡区 B 区 $\left(1.2<\frac{\Delta u_*}{\nu}<1.65\right)$：

$$\frac{1}{\sqrt{\lambda}}=4\lg\frac{R}{\Delta}+9.65-4\lg\left(\frac{u_*\Delta}{\nu}\right)^{0.81} \tag{4.83}$$

(4) 紊流粗糙区 $\left(\frac{\Delta u_*}{\nu}>1.65\right)$：

$$\frac{1}{\sqrt{\lambda}}=4\lg\frac{R}{\Delta}+4.25 \tag{4.84}$$

对于明渠阻力系数研究的还有 Reinus (1961)，他对光滑矩形明渠的阻力系数提出下列关系：

$$\frac{1}{\sqrt{\lambda}}=2\lg(Re\sqrt{\lambda})-1.06 \tag{4.85}$$

Tracy 和 Lester (1961) 对宽深比为 7～40 的矩形明渠提出的阻力系数为

$$\frac{1}{\sqrt{\lambda}}=2.03\lg(Re\sqrt{\lambda})-1.30 \tag{4.86}$$

Myers (1982) 在光滑水槽的试验结果为

$$\frac{1}{\sqrt{\lambda}}=2.10\lg(Re\sqrt{\lambda})-1.56 \tag{4.87}$$

在用式 (4.81) ～式 (4.87) 计算沿程阻力系数时，应注意式中的雷诺数 $Re=\frac{4Rv}{\nu}$。

4.9 非圆形管道的沿程水头损失

非圆形管道沿程水头损失的表达式为

$$h_f=\lambda\frac{L}{d_0}\frac{v^2}{2g} \tag{4.88}$$

式中：d_0 为当量直径，可用水力半径表示，即 $d_0=4R$，对矩形断面，设边长分别为 a 和 b，则 $d_0=2ab/(a+b)$，对正方形断面，设边长为 a，则 $d_0=a$。

(1) 层流的阻力系数 λ。非圆形截面管道的阻力系数，可通过给圆形截面阻力系数加一个修正系数后得到，即

$$\lambda=K\frac{64}{Re_0} \tag{4.89}$$

式中：$Re_0=vd_0/\nu$；K 为形状系数，对于正方形渠道，$K=0.888$；对于等边三角形渠道，$K=5/6$；对于矩形渠道，K 值与高宽比 h/b 有关，见表 4.4。

表 4.4　**矩形截面的 K 值**

h/b	1	1.5	2	3	4	5	6	7	8	10
K	0.888	0.919	0.970	1.070	1.137	1.193	1.230	1.278	1.285	1.322

对于环形断面

$$K=\frac{1-(r_0/R_0)^2}{1+(r_0/R_0)^2+[1-(r_0/R_0)^2]/\ln(r_0/R_0)} \tag{4.90}$$

式中：r_0 为内圆半径；R_0 为外圆半径。

(2) 紊流的阻力系数。紊流的阻力系数有下面的通用公式，即

$$\frac{1}{\sqrt{\lambda}}=-2\lg\left[\left(\frac{6.8}{Re_0}\right)^{0.9}+\frac{\Delta}{3.7d_0}\right] \tag{4.91}$$

【例题 4.5】 圆管紊流的流速分布指数公式为

$$\frac{u}{u_{\max}}=\left(\frac{y}{r_0}\right)^n$$

试求圆管紊流的断面平均流速 v 与断面上的最大流速 $u_{\max}$ 及任意点流速的关系。

当雷诺数 $Re<10^5$ 时，为光滑管，其阻力系数可用布拉修斯公式 $\lambda=\dfrac{0.3164}{Re^{1/4}}$ 计算，此时流速分布公式中的指数 $n=1/7$，试求管壁切应力 τ_0 的公式。

解：

圆管通过的流量为

$$dQ=u\,dA=u_{\max}\left(\frac{y}{r_0}\right)^n\times 2\pi r\,dr$$

因为 $y=r_0-r$，$r=r_0-y$，代入上式得

$$dQ=-\frac{2\pi u_{\max}}{r_0^n}y^n\ (r_0-y)\ dy$$

对上式积分

$$Q=-\frac{2\pi u_{\max}}{r_0^n}\int_0^{r_0}y^n(r_0-y)dy=-\frac{2\pi u_{\max}}{r_0^n}\left[\frac{r_0y^{n+1}}{n+1}-\frac{y^{n+2}}{n+2}\right]\Bigg|_0^{r_0}$$

$$=-\frac{2\pi u_{\max}}{r_0^n}\left[\frac{r_0(r_0-r)^{n+1}}{n+1}-\frac{(r_0-r)^{n+2}}{n+2}\right]\Bigg|_0^{r_0}$$

由上式得　$$Q=\frac{2\pi r_0^2u_{\max}}{(n+1)(n+2)}$$

平均流速与最大流速的关系为　$$v=\frac{Q}{\pi r_0^2}=\frac{2u_{\max}}{(n+1)(n+2)}$$

当 $n=1/7$ 时，由上式得　$$v=\frac{49}{60}u_{\max}$$

又因为　$$u_{\max}=\frac{u}{(y/r_0)^n}$$

代入断面平均流速公式得

$$v=\frac{2}{(n+1)(n+2)}\left(\frac{r_0}{y}\right)^n u$$

管壁切应力为

$$\tau_0=\frac{\lambda}{8}\rho v^2$$

当 $Re<10^5$ 时，$\lambda=\frac{0.3164}{Re^{1/4}}$，代入上式整理得

$$\tau_0=\frac{\rho}{8}\frac{0.3164}{(vd/\nu)^{1/4}}v^2=0.0332\mu^{1/4}r_0^{-1/4}\rho^{3/4}v^{7/4}$$

【例题 4.6】 有一水管，直径 $d=20\text{cm}$，管壁绝对粗糙度 $\Delta=0.2\text{mm}$，已知液体的运动黏滞系数 $\nu=0.015\text{cm}^2/\text{s}$，试求流量为 $5000\text{cm}^3/\text{s}$、$20000\text{cm}^3/\text{s}$、$400000\text{cm}^3/\text{s}$ 时，管道的沿程阻力系数 λ 为多少？

解：

(1) 流量为 $5000\text{cm}^3/\text{s}$ 时：

过水断面流速为 $$v=\frac{4Q}{\pi d^2}=\frac{4\times5000}{\pi\times20^2}=15.915(\text{cm/s})$$

雷诺数为 $$Re=\frac{vd}{\nu}=\frac{15.915\times20}{0.015}=21220$$

因为 $Re>2320$，所以管内的水流流态为紊流。

判别属于哪个区域：

方法 1：假设沿程阻力系数 $\lambda=0.026$，理论黏性底层厚度为

$$\delta_0=\frac{32.91d}{Re\sqrt{\lambda}}=\frac{32.91\times20}{21220\sqrt{0.026}}=0.192(\text{cm})$$

$\Delta/\delta_0=0.02/0.192=0.104<0.34$，属于水力光滑区。

由布拉修斯公式计算阻力系数

$$\lambda=\frac{0.3164}{Re^{1/4}}=\frac{0.3164}{21220^{1/4}}=0.0262$$

与假设相符，故所求 $\lambda=0.0262$。

方法 2：由柯列布鲁克自然管道各流区的统一公式计算

$$\frac{1}{\sqrt{\lambda}}=1.74-2\lg\left(\frac{2\Delta}{d}+\frac{18.7}{Re\sqrt{\lambda}}\right)$$

将 $\Delta=0.2\text{mm}$，$d=20\text{cm}$，$Re=21220$ 代入上式得 $\lambda=0.0276$。

方法 3：由 $\Delta/d=0.02/20=0.001$，$Re=21220$，查莫迪图亦得 $\lambda=0.0276$。

(2) 流量为 $20000\text{cm}^3/\text{s}$ 时：

过水断面流速为 $$v=\frac{4Q}{\pi d^2}=\frac{4\times20000}{\pi\times20^2}=63.662(\text{cm/s})$$

雷诺数为 $$Re=\frac{vd}{\nu}=\frac{63.662\times20}{0.015}=84882.67$$

因为 $Re>2320$，所以管内的水流流态为紊流。

判别属于哪个区域：

方法 1：假设沿程阻力系数 $\lambda=0.022$，理论黏性底层厚度为

$$\delta_0=\frac{32.91d}{Re\sqrt{\lambda}}=\frac{32.91\times 20}{84882.67\sqrt{0.022}}=0.0548(\text{cm})$$

$\Delta/\delta_0=0.02/0.0548=0.365$，因为 $0.34<\Delta/\delta_0<6$，属于紊流过渡区。

将 $\Delta=0.2\text{mm}$，$d=20\text{cm}$，$Re=84882.67$ 代入柯列布鲁克自然管道各流区的统一公式，求得 $\lambda=0.0225$。

方法 2：由 $\Delta/d=0.02/20=0.001$，$Re=84882.67$，查莫迪图得 $\lambda=0.0224$。

(3) 流量为 $400000\text{cm}^3/\text{s}$ 时：

过水断面流速为 $$v=\frac{4Q}{\pi d^2}=\frac{4\times 400000}{\pi\times 20^2}=1273.24(\text{cm/s})$$

雷诺数为 $$Re=\frac{vd}{\nu}=\frac{1273.24\times 20}{0.015}=1697653.33$$

因为 $Re>2320$，所以管内的水流流态为紊流。

判别属于哪个区域：

方法 1：假设沿程阻力系数 $\lambda=0.022$，理论黏性底层厚度为

$$\delta_0=\frac{32.91d}{Re\sqrt{\lambda}}=\frac{32.91\times 20}{1697653.33\sqrt{0.02}}=0.00274(\text{cm})$$

$\Delta/\delta_0=0.02/0.00274=7.3>6$，属于紊流粗糙区。

将 $\Delta=0.2\text{mm}$，$d=20\text{cm}$，$Re=1697653.33$ 代入柯列布鲁克自然管道各流区的统一公式计算得 $\lambda=0.02$。

方法 2：由 $\Delta/d=0.02/20=0.001$，$Re=1697653.33$，查莫迪图亦得 $\lambda=0.02$。

4.10　计算沿程水头损失的经验公式

上面所讲的沿程阻力系数的变化规律是近 100 年的研究成果。早在 200 多年前，人们在生产实践中就总结出了一套计算沿程水头损失的经验公式，这些经验公式在一定范围内满足生产上的需要，至今仍在工程中广泛采用。

沿程水头损失的一般计算公式（4.9）可以写成

$$h_f=\lambda\frac{L}{4R}\frac{v^2}{2g}=\frac{\lambda}{8g}\frac{L}{R}v^2$$

因为 $J=h_f/L$，代入上式得 $$v=\sqrt{\frac{8g}{\lambda}RJ}$$

令 $C=\sqrt{8g/\lambda}$，则 $$v=C\sqrt{RJ} \tag{4.92}$$

式中：C 为谢才系数；$R=A/\chi$ 为水力半径；A 为过水断面面积；χ 为湿周；J 为水力坡度。

式（4.92）称为谢才公式，是 1769 年谢才（Chézy）总结了明渠均匀流的实测资料提出的计算均匀流的经验公式。由于谢才系数 C 与沿程阻力系数 λ 的关系为 $C=\sqrt{8g/\lambda}$，

所以谢才公式既可应用于明渠，也可应用于管流。由于λ是无量纲数，所以C是有量纲的，其量纲为［$L^{1/2}/T$］，单位为$m^{1/2}/s$。所以在计算水力半径R时的单位均采用米。谢才公式适应于不同的流态或流区，只是谢才系数的公式不同而已。

谢才系数C的经验公式有曼宁（Manning，1890）公式、巴甫洛夫斯基（H. H. Павловский，1925）公式以及美国陆军工程兵团水道实验站公式。

（1）曼宁公式：

$$C=\frac{1}{n}R^{1/6} \tag{4.93}$$

因为曼宁公式形式简单，计算方便，且应用于管道及较小的河渠可得到较满意的结果，故现为世界各国工程界采用。将式（4.93）代入式（4.92）得

$$v=\frac{1}{n}R^{2/3}J^{1/2} \tag{4.94}$$

（2）巴甫洛夫斯基公式：

$$C=\frac{1}{n}R^{y} \tag{4.95}$$

$$y=2.5\sqrt{n}-0.13-0.75\sqrt{R}(\sqrt{n}-0.10) \tag{4.96}$$

巴甫洛夫斯基公式适应于$0.1\text{m}\leqslant R\leqslant 3.0\text{m}$，$0.011\leqslant n\leqslant 0.04$。

曼宁公式和巴甫洛夫斯基公式是根据阻力平方区的大量试验资料求得的，所以只能适应于阻力平方区。

以上各式中的n为粗糙系数，简称为糙率。在初步设计时，粗糙系数可按表4.5和表4.6选取。

表4.5　　管道粗糙系数n值

管道种类	壁面状况	n		
		最小值	正常值	最大值
有机玻璃		0.008	0.009	0.010
玻璃管		0.009	0.010	0.013
黄铜管	光滑的	0.009	0.010	0.013
黑铁皮管		0.012	0.014	0.015
白铁皮管		0.013	0.016	0.017
铸铁管	1. 有护面层	0.010	0.013	0.014
	2. 无护面层	0.011	0.014	0.015
	3. 新制的		0.011	
生铁管	新制的，铺设平整，接缝光滑		0.011	
木管	由木板条拼成	0.010	0.011	0.012
钢管	1. 纵缝和横缝都是焊接的，但都不束狭断面	0.011	0.012	0.0125
	2. 纵缝焊接，横缝铆接，一排铆钉	0.0115	0.013	0.014
	3. 纵缝焊接，横缝铆接，二排或二排以上铆钉	0.013	0.014	0.015
	4. 纵横缝都是铆接，一排铆钉，且板厚$\delta\leqslant$11mm	0.0125	0.0135	0.015
	5. 纵横缝都是铆接（有垫层），二排或二排以上铆钉，或板厚$\delta>$12mm	0.014	0.015	0.017
水泥管	表面洁净	0.010	0.011	0.013

续表

管道种类	壁面状况	n		
		最小值	正常值	最大值
混凝土管及钢筋混凝土管	1. 无抹灰面层			
	(1) 钢模板，施工质量良好，接缝平滑；	0.012	0.013	0.014
	(2) 光滑木模板，施工质量良好，接缝平滑；		0.013	
	(3) 光滑木模板，施工质量一般；	0.012	0.014	0.016
	(4) 粗糙木模板，施工质量不佳，模板错缝跑浆	0.015	0.017	0.020
	2. 有抹灰面层并经抹光	0.010	0.012	0.014
	3. 有喷浆面层			
	(1) 表面用钢丝刷刷过，并经仔细抹光；	0.012	0.013	0.015
	(2) 表面用钢丝刷刷过，且无喷浆脱落体凝结于衬砌面上；		0.016	0.018
	(3) 仔细喷浆，但未用钢丝刷刷过，也未经抹光		0.019	0.023

注　本表来自许荫椿、胡德保、薛朝阳主编的《水力学》(第三版)，科学出版社，1990 年 8 月。

表 4.6　　**明渠粗糙系数 n 值**

序　号	边界种类及状况	n
1	仔细抛光的木板	0.011
2	未抛光的但连接很好的木板，很光滑的混凝土面	0.012
3	很好的砖砌	0.013
4	一般混凝土面，一般砖砌	0.014
5	陈旧的砖砌面，相当粗糙的混凝土面，光滑、仔细开挖的岩石面	0.017
6	坚实黏土中的土渠。有不连续泥层的黄土，或砂砾石中的土渠。维修良好的大土渠	0.0225
7	一般的大土渠，情况良好的小土渠，情况极其良好的天然河道（河床清洁顺直，水流通畅，没有浅滩深槽）	0.025
8	情况较坏的土渠（如有部分地区的杂草或砾石，部分的岸坡倒塌等），情况良好的天然河道	0.030
9	情况极坏的土渠（断面不规则、有杂草、块石、水流不顺畅等），情况比较良好的天然河道，但有不多的块石和野草	0.035
10	情况特别不好的土渠（杂草众多，渠底有大块石等）。情况不甚良好的天然河道（野草、块石较多，河床不甚规则而有弯曲，有不少的倒塌和深潭等）	0.040

注　本表来自清华大学水力学教研组编写的《水力学》(上册)(1980 年修订版)，高等教育出版社，1984 年 8 月。

(3) 美国陆军工程兵团水道实验站公式。美国陆军工程兵团水道实验站根据矩形和梯形断面混凝土明渠室内实验和实际工程观测资料，绘制了谢才系数 C 与雷诺数 Re 以及相对光滑度 R/Δ 的关系，如图 4.23 所示。

由图 4.23 可以看出，在矩形和梯形明渠中同样存在着紊流光滑区、紊流过渡区和紊流粗糙区。当 $\Delta\sqrt{Ri}/\nu<1.6$ 时（i 为明渠的底坡）属于紊流光滑区，其谢才系数 C 只与雷诺数 Re 有关，C 值可按式 (4.97) 计算：

$$C=18\lg(2.87Re/C) \tag{4.97}$$

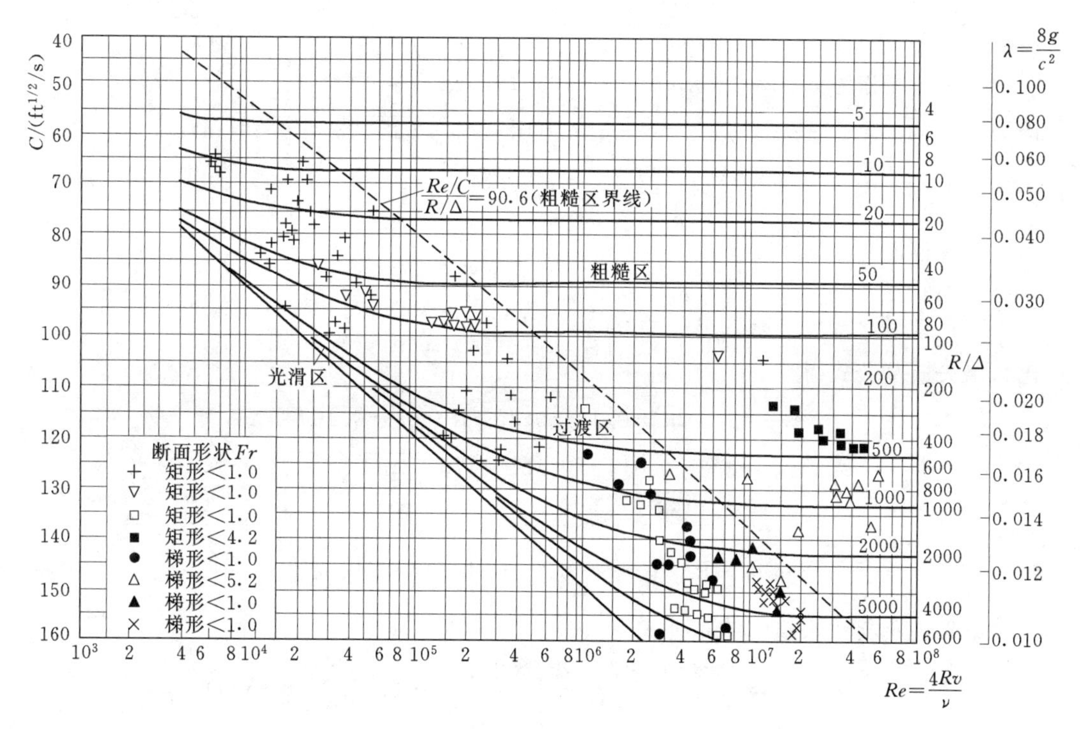

图 4.23

当 $1.6<\Delta\sqrt{Ri}/\nu<22.65$ 时，属于紊流过渡区，谢才系数 C 是相对光滑度 R/Δ 与雷诺数 Re 的函数，C 值可按式（4.98）计算：

$$C=-18\lg\left(\frac{C}{2.87Re}+\frac{\Delta}{12.2R}\right) \tag{4.98}$$

当 $\Delta\sqrt{Ri}/\nu>22.65$ 时，属于紊流粗糙区，其 C 值与相对光滑度 R/Δ 有关，C 值可按式（4.99）计算：

$$C=18\lg(12.2R/\Delta) \tag{4.99}$$

式（4.97）～式（4.99）中，R 为水力半径；雷诺数 $Re=4vR/\nu$；Δ 为等效粗糙度。

由于目前尚无详细的明渠 Δ 的资料，其 Δ 可由明渠的粗糙系数求得，如令曼宁公式（4.93）与式（4.99）相等，则

$$\Delta=\frac{12.2R}{10^{R^{1/6}/18n}} \tag{4.100}$$

式中：水力半径 R 和粗糙度 Δ 均以米计。

在应用上面的经验公式计算沿程水头损失时，必须注意粗糙系数 n 的选择。n 是反映边界各种因素的一个综合性系数，它的含义不像 Δ 那样单纯而明确，因此它的值也不易准确确定。尤其是天然河道的 n 值，更不易确定。但因为 n 沿用已久，且目前又无其他更好的代替方法，所以在工程中还继续采用，因而在设计中选用 n 值时要慎重。

【例题 4.7】 有一混凝土衬砌的梯形渠道，其底宽 $b=10$m，水深 $h=3$m，两岸边坡为 1∶1，粗糙系数 $n=0.014$，如流动在紊流粗糙区，试求谢才系数 C。

解：

过水断面面积为　$A=(b+mh)h=(10+1\times3)\times3=39(\mathrm{m^2})$

湿周为　$\chi=b+2\sqrt{1+m^2}h=10+2\sqrt{1+1^2}\times3=18.49(\mathrm{m})$

水力半径为　$R=\dfrac{A}{\chi}=\dfrac{39}{18.49}=2.11(\mathrm{m})$

由曼宁公式得

$$C=\frac{1}{n}R^{1/6}=\frac{1}{0.014}\times2.11^{1/6}=80.89(\mathrm{m^{1/2}/s})$$

由巴甫洛夫斯基公式得

$$\begin{aligned}y&=2.5\sqrt{n}-0.13-0.75\sqrt{R}(\sqrt{n}-0.10)\\&=2.5\sqrt{0.014}-0.13-0.75\sqrt{2.11}(\sqrt{0.014}-0.10)\\&=0.1458\end{aligned}$$

$$C=\frac{1}{n}R^{y}=\frac{1}{0.014}\times2.11^{0.1458}=79.64(\mathrm{m^{1/2}/s})$$

由美国陆军工程兵团水道实验站公式得

$$\Delta=\frac{12.2R}{10^{R^{1/6}/18n}}=\frac{12.2\times2.11}{10^{2.11^{1/6}/(18\times0.014)}}=8.251\times10^{-4}(\mathrm{m})$$

$$C=18\lg(12.2R/\Delta)=18\lg[12.2\times2.11/(8.251\times10^{-4})]=80.89(\mathrm{m^{1/2}/s})$$

4.11　局部水头损失

液流在流动过程中如过水断面形状、尺寸或流向等有所改变，则液流各点的流速和压强都将改变，而且往往会产生主流脱离固体边壁并形成漩涡的现象。漩涡的形成与破裂、漩涡间互相摩擦与冲击，漩涡与主流间进行动量交换、过水断面面积与流向的改变处流速和压强要进行重新调整，这样就改变了液流的内部结构。从能量的观点来看，液流各质点的机械能要进行转化，即势能与动能的相互转化，在能量转化过程中，将有一部分机械能转化为热能，造成机械能量的损失。由于这种能量损失发生在局部范围内，所以称为局部水头损失。当然，在产生局部水头损失的局部地区也有由于液体质点间和液体与管壁之间产生的沿程水头损失，但由于沿程水头损失相对于局部水头损失相比较小，所以一般不考虑沿程水头损失。

局部水头损失的形式是多种多样的，如在管路中的突扩、突缩、渐扩、渐缩、阀门、三通及转弯处均会产生局部水头损失。

对于局部水头损失，应用理论计算是有很大困难的，这主要是因为在该局部范围内水流状况是具有回流区的急变流动，它比发生沿程水头损失时的均匀流要复杂得多，很难用理论分析去确定固体边界上的动水压强和切应力，目前只有突然扩大等少数几种情况可以用理论分析求出解析解。现以圆管突然扩大的局部水头损失为例，引出局部水头损失的普遍表达式。

图4.24所示为一突然扩大的圆管流动，设细管和粗管的直径分别为 d_1 和 d_2，液流进入大断面后，脱离边界，产生回流区，回流区的长度 l 为 $(5\sim8)d_2$，断面1—1和断面

2—2为渐变流断面，流速分别为 v_1 和 v_2，形心点的压强分别为 p_1 和 p_2，断面面积分别为 A_1 和 A_2，由于断面1—1和断面2—2的距离较短，该段的沿程水头损失 h_f 可以忽略。写断面1—1和断面2—2的能量方程有

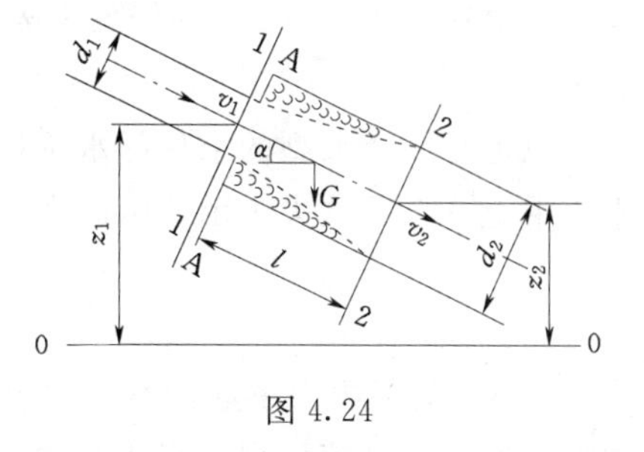

图 4.24

$$z_1+\frac{p_1}{\gamma}+\frac{\alpha_1 v_1^2}{2g}=z_2+\frac{p_2}{\gamma}+\frac{\alpha_2 v_2^2}{2g}+h_j$$

式中：h_j 为局部水头损失。

由上式求出

$$h_j=\left(z_1+\frac{p_1}{\gamma}+\frac{\alpha_1 v_1^2}{2g}\right)-\left(z_2+\frac{p_2}{\gamma}+\frac{\alpha_2 v_2^2}{2g}\right) \tag{4.101}$$

以断面A—A和断面2—2之间的水体为脱离体，忽略壁面切力，写出沿管轴方向的总流的动量方程，即

$$p_1A_1+P+G\sin\alpha-p_2A_2=\rho Q(\beta_2 v_2-\beta_1 v_1)=\rho A_2 v_2(\beta_2 v_2-\beta_1 v_1)$$

式中：P 为位于断面A—A而具有环形面积（A_2-A_1）的管壁反作用力。

因为不知道环形断面上各点的动水压强的大小，现假定此环形断面上的动水压强符合静水压强分布规律，这个假设已为试验所证实是正确的，因此有

$$P=p_1(A_2-A_1)$$

由图4.24可以看出

$$G\sin\alpha=\gamma A_2 l\,\frac{z_1-z_2}{l}=\gamma A_2(z_1-z_2)$$

将以上两式代入动量方程整理得

$$z_1+\frac{p_1}{\gamma}-\left(z_2+\frac{p_2}{\gamma}\right)=\frac{(\beta_2 v_2-\beta_1 v_1)v_2}{g}$$

取 $\beta_1=\beta_2=1$，$\alpha_1=\alpha_2=1$，将上式代入能量方程式（4.101）得

$$h_j=\frac{(v_1-v_2)^2}{2g} \tag{4.102}$$

根据连续性方程，$A_1v_1=A_2v_2$，解出 $v_1=A_2v_2/A_1$ 和 $v_2=A_1v_1/A_2$，分别代入式（4.102）得

$$h_j=\left(\frac{A_2}{A_1}-1\right)^2\frac{v_2^2}{2g} \tag{4.103}$$

或

$$h_j=\left(1-\frac{A_1}{A_2}\right)^2\frac{v_1^2}{2g} \tag{4.104}$$

如令 $\zeta_2=(A_2/A_1-1)^2$，$\zeta_1=(1-A_1/A_2)^2$，则式（4.103）和式（4.104）可以写成

$$h_j=\zeta_2\frac{v_2^2}{2g} \tag{4.105}$$

或

$$h_j=\zeta_1\frac{v_1^2}{2g} \tag{4.106}$$

式中：ζ_2 和 ζ_1 为管道突然扩大的局部阻力系数，也称局部水头损失系数。但前者以扩

大后的流速水头$v_2^2/(2g)$的倍数来表示，后者则以扩大前的流速水头 $v_1^2/(2g)$ 的倍数来表示。

以上是一个典型的求局部水头损失的例子。由该例子可以看出，局部水头损失以流速水头乘上一个系数去表示，由此得出局部水头损失的一般计算式为

$$h_j=\zeta\frac{v^2}{2g} \tag{4.107}$$

式中：ζ 为局部阻力系数，不同的边界条件有不同的 ζ 值，一般需通过试验确定，各种不同断面形式的 ζ 值已列于表 4.7 中，计算时可查表；v 一般指发生局部水头损失以后的断面平均流速，也会有例外，所以在查关于 ζ 的资料时，应特别注意在资料中所标明的 v 的位置，切不可以搞错。

表 4.7　　水流局部阻力系数表

名称	简　　图	局部阻力系数 ζ
断面突然扩大	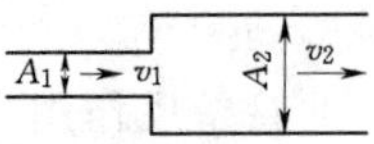	$\zeta_2=(A_2/A_1-1)^2$（用 v_2） $\zeta_1=(1-A_1/A_2)^2$（用 v_1）
断面突然缩小	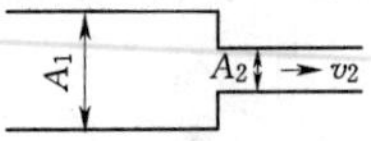	$\zeta=\frac{1}{2}\left(1-\frac{A_2}{A_1}\right)$
进口	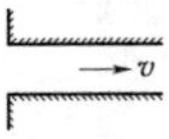	直角 $\zeta=0.5$
进口	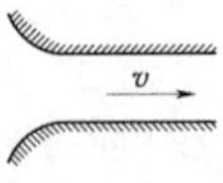	角稍加修圆 $\zeta=0.2$ 喇叭形 $\zeta=0.1$ 流线型（无分离绕流）$\zeta=0.05\sim0.06$
切角进口	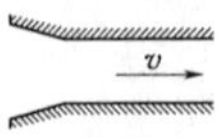	$\zeta=0.25$
斜角进口	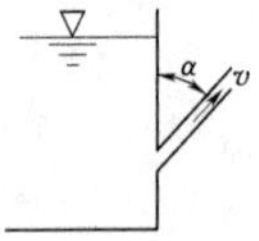	$\zeta=0.5+0.3\cos\alpha+0.2\cos^2\alpha$
出口	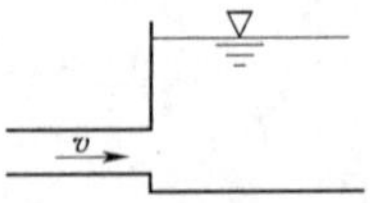	流入水库 $\zeta=1.0$
出口	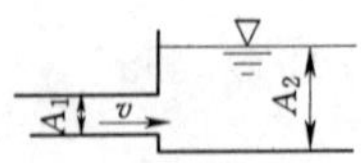	流入明渠 $\zeta=(1-A_1/A_2)^2$
圆形渐扩管	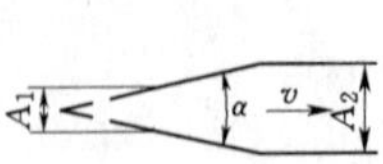	$\zeta=k(A_2/A_1-1)^2$

α/(°)	8	10	12	15	20	25
k	0.14	0.16	0.22	0.30	0.42	0.62

续表

<table>
<tr><th>名称</th><th>简图</th><th>局部阻力系数ζ</th></tr>
<tr><td>圆形渐缩管</td><td>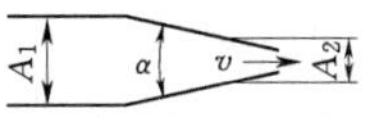</td><td>$\zeta=k_1k_2$
<table>
<tr><td>α/(°)</td><td>10</td><td>20</td><td>40</td><td>60</td><td>80</td><td>100</td><td>140</td></tr>
<tr><td>k_1</td><td>0.4</td><td>0.25</td><td>0.2</td><td>0.2</td><td>0.3</td><td>0.4</td><td>0.6</td></tr>
</table>
<table>
<tr><td>A_2/A_1</td><td>0</td><td>0.1</td><td>0.2</td><td>0.3</td><td>0.4</td><td>0.5</td></tr>
<tr><td>k_2</td><td>0.41</td><td>0.4</td><td>0.38</td><td>0.36</td><td>0.34</td><td>0.3</td></tr>
<tr><td>A_2/A_1</td><td>0.6</td><td>0.7</td><td>0.8</td><td>0.9</td><td>1.0</td><td></td></tr>
<tr><td>k_2</td><td>0.27</td><td>0.20</td><td>0.16</td><td>0.10</td><td>0</td><td></td></tr>
</table></td></tr>
<tr><td>矩形变圆形渐缩管</td><td>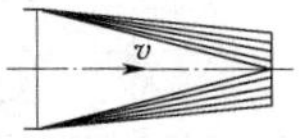</td><td>$\zeta=0.05$
（相应于中间断面的流速水头）</td></tr>
<tr><td>圆形变矩形渐缩管</td><td>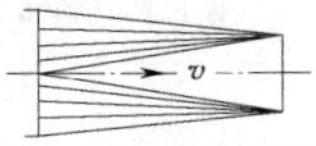</td><td>$\zeta=0.10$
（相应于中间断面的流速水头）</td></tr>
<tr><td>缓弯管</td><td></td><td>$\zeta=\left[0.131+0.1632\left(\frac{d}{r}\right)^{7/2}\right]\left(\frac{\alpha}{90°}\right)^{1/2}$</td></tr>
<tr><td>弯管</td><td>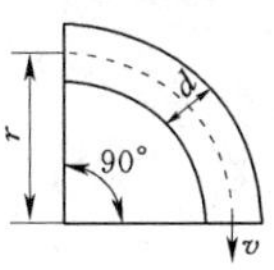</td><td>
<table>
<tr><td>d/r</td><td>0.2</td><td>0.4</td><td>0.6</td><td>0.8</td><td>1.0</td></tr>
<tr><td>ζ</td><td>0.132</td><td>0.138</td><td>0.158</td><td>0.206</td><td>0.294</td></tr>
<tr><td>d/r</td><td>1.2</td><td>1.4</td><td>1.6</td><td>1.8</td><td>2.0</td></tr>
<tr><td>ζ</td><td>0.440</td><td>0.660</td><td>0.976</td><td>1.406</td><td>1.975</td></tr>
</table></td></tr>
<tr><td>折角弯管</td><td>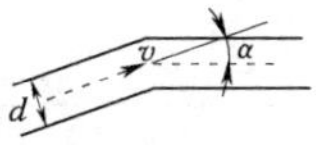</td><td>（圆管）$\zeta=0.946\sin^2\left(\frac{\alpha}{2}\right)+2.05\sin^4\left(\frac{\alpha}{2}\right)$
矩形管
<table>
<tr><td>α/(°)</td><td>15</td><td>30</td><td>45</td><td>60</td><td>90</td></tr>
<tr><td>ζ</td><td>0.025</td><td>0.11</td><td>0.26</td><td>0.49</td><td>1.20</td></tr>
</table></td></tr>
<tr><td rowspan="5">斜分岔</td><td>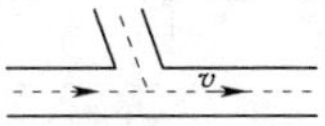</td><td>$\zeta=0.05$</td></tr>
<tr><td>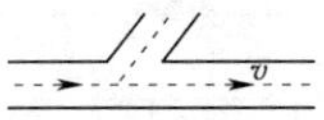</td><td>$\zeta=0.15$</td></tr>
<tr><td>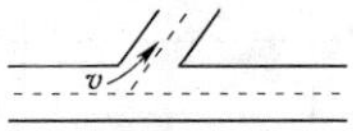</td><td>$\zeta=1.0$</td></tr>
<tr><td>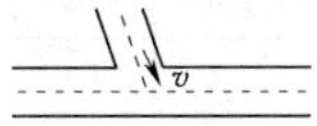</td><td>$\zeta=0.5$</td></tr>
<tr><td>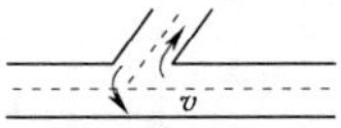</td><td>$\zeta=3.0$</td></tr>
<tr><td rowspan="2">直角分岔</td><td>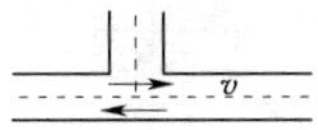</td><td>$\zeta=0.1$</td></tr>
<tr><td>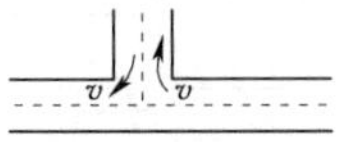</td><td>$\zeta=1.5$</td></tr>
</table>

续表

名称	简　图	局部阻力系数 ζ
叉管	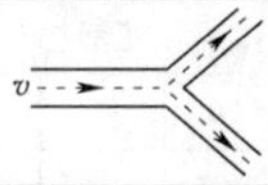	$\zeta=1.0$
叉管		$\zeta=1.5$
直角分流	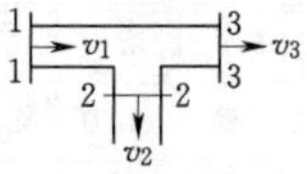	$\zeta_{1-2}=2, h_{f1-2}=2\dfrac{v_2^2}{2g}, h_{f1-3}=\dfrac{v_1^2-v_3^2}{2g}$
平板门		见下表
门槽		$\zeta=0.05\sim0.2$(一般用 0.1)
拦污栅		见下式及下表
闸阀		见下表

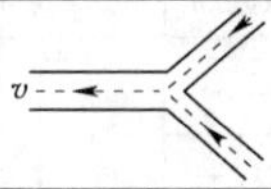

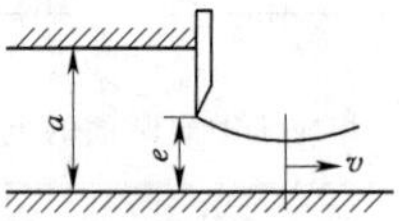

平板门：

e/a	0.1～0.7	0.8	0.9
ζ	0.05	0.04	0.02

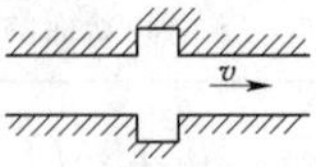

注　ζ 值相应于收缩断面的流速水头，不包括门槽损失。

拦污栅：

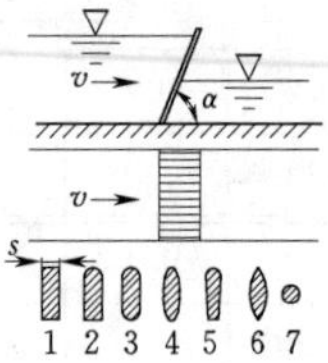

$$\zeta=\beta(s/b)^{4/3}\sin\alpha$$

式中：s 为栅条宽度；b 为栅条间距；α 为倾角；β 为栅条形状系数，见下表。

栅条形状	1	2	3	4	5	6	7
β	2.42	1.83	1.67	1.035	0.92	0.76	1.79

闸阀：

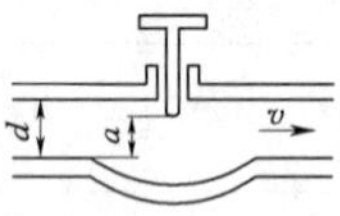

全开时(即 $a/d=1$)

d/mm	15	20～50	80	100	150
ζ	1.5	0.5	0.4	0.2	0.1
d/mm	200～250	300～450	500～800	900～1000	
ζ	0.08	0.07	0.06	0.05	

各种开度时

d/mm	开度(a/d)					
	1/8	1/4	3/8	1/2	3/4	1
12.5	450	60	22	11	2.2	1.0
19	310	40	12	5.5	1.1	0.28
20	230	32	9.0	4.2	0.90	0.23
40	170	23	7.2	3.3	0.75	0.18
50	140	20	6.5	3.0	0.68	0.16
100	91	16	5.6	2.6	0.55	0.14
150	74	14	5.3	2.4	0.49	0.12
200	66	13	5.2	2.3	0.47	0.10
300	56	12	5.1	2.2	0.47	0.07

续表

<table>
<tr><th>名称</th><th>简　图</th><th>局部阻力系数 ζ</th></tr>
<tr><td rowspan="2">截阀</td><td></td><td>$\zeta=3.0\sim5.5$</td></tr>
<tr><td></td><td>$\zeta=1.4\sim1.85$</td></tr>
<tr><td>蝶阀</td><td></td><td>
<table>
<tr><td>$\alpha/(^\circ)$</td><td>5</td><td>10</td><td>15</td><td>20</td><td>25</td></tr>
<tr><td>ζ</td><td>0.24</td><td>0.52</td><td>0.90</td><td>1.54</td><td>2.51</td></tr>
<tr><td>$\alpha/(^\circ)$</td><td>30</td><td>35</td><td>40</td><td>45</td><td>50</td></tr>
<tr><td>ζ</td><td>3.91</td><td>6.22</td><td>10.8</td><td>18.7</td><td>32.6</td></tr>
<tr><td>$\alpha/(^\circ)$</td><td>55</td><td>60</td><td>65</td><td>70</td><td>90</td></tr>
<tr><td>ζ</td><td>58.8</td><td>118</td><td>256</td><td>751</td><td>∞</td></tr>
</table>
</td></tr>
<tr><td>逆止阀</td><td></td><td>
<table>
<tr><td>d/mm</td><td>150</td><td>200</td><td>250</td><td>300</td></tr>
<tr><td>ζ</td><td>6.5</td><td>5.5</td><td>4.5</td><td>3.5</td></tr>
<tr><td>d/mm</td><td>350</td><td>400</td><td>500</td><td>≥600</td></tr>
<tr><td>ζ</td><td>3.0</td><td>2.5</td><td>1.8</td><td>1.7</td></tr>
</table>
</td></tr>
<tr><td>莲蓬头滤水阀</td><td>无底阀　有底阀</td><td>无底阀　$\zeta=2\sim3$
有底阀　$\zeta=5\sim8$</td></tr>
<tr><td>明渠渐变段进出口</td><td>(a)反弯扭曲面型
(b)1/4 圆弧型
(c)方头型
(d)直线扭曲面型</td><td>
进口　$h_{f1}=\zeta_1\left(\frac{v_2^2-v_1^2}{2g}\right)$
出口　$h_{f2}=\zeta_2\left(\frac{v_2^2-v_3^2}{2g}\right)$
<table>
<tr><td>渐变段形式</td><td>ζ_1</td><td>ζ_2</td></tr>
<tr><td>(a)</td><td>0.10</td><td>0.20</td></tr>
<tr><td>(b)</td><td>0.15</td><td>0.25</td></tr>
<tr><td>(c)</td><td>0.30</td><td>0.75</td></tr>
<tr><td>(d)</td><td>0.05～0.3</td><td>0.3～0.5</td></tr>
</table>
注　ζ_1、ζ_2 的大小还与水面的收敛角 α_1 或扩散角 α_2 有关，表中的(a)～(c)的 ζ_1、ζ_2 值适应于 $\alpha\leqslant12.5^\circ$，而(d)的 ζ_1 值适用于 $\alpha_1=15^\circ\sim37^\circ$，$\zeta_2$ 值适用于 $\alpha_2=10^\circ\sim17^\circ$。
</td></tr>
</table>

【例题 4.8】 测定管流中 90°弯头的局部阻力系数 ζ 的实验装置如图所示。已知管径 $d=50$mm，管长 $L=10$m，水的运动黏滞系数 $\nu=1.003\times10^{-6}\text{m}^2/\text{s}$，沿程阻力系数 $\lambda=0.03$，断面 1—1、断面 2—2 的测压管水头差 $h_w=0.629$m，流量 $Q=0.00274\text{m}^3/\text{s}$。试求弯管的局部阻力系数 ζ。

解：

管道的流速为　　$v=\frac{4Q}{\pi d^2}=\frac{4\times0.00274}{\pi\times0.05^2}=1.3955(\text{m/s})$

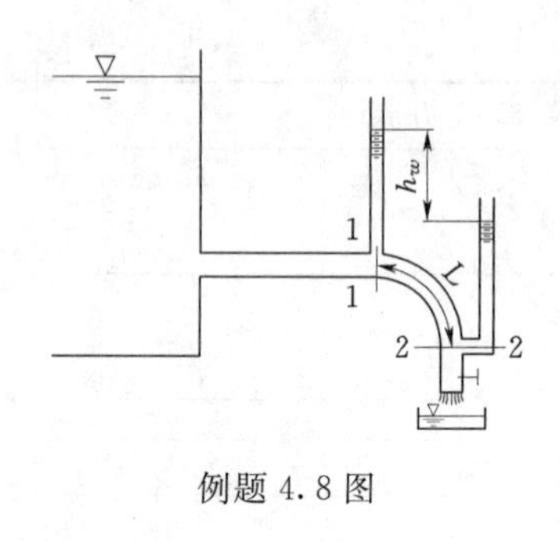

例题4.8图

雷诺数为　$Re=\frac{vd}{\nu}=\frac{1.3955\times0.05}{1.003\times10^{-6}}=69564.83>2320$

管中流态为紊流。沿程水头损失为

$$h_f=\lambda\frac{L}{d}\frac{v^2}{2g}=0.03\times\frac{10}{0.05}\times\frac{1.3955^2}{2\times9.8}=0.596(\text{m})$$

局部阻力为　$h_j=h_w-h_f=0.629-0.596=0.033(\text{m})$

因为 $h_j=\zeta\frac{v^2}{2g}$，所以

$$\zeta=2gh_j/v^2=2\times9.8\times0.033/1.3955^2=0.332$$

习　　题

4.1　做雷诺实验时，为了提高测量精度，采用如图所示的油水压差计量测断面1和断面2之间的水头损失 h_f，油水交界面的高差为 $\Delta h'$，设水的重度为 γ_w，油的重度为 γ_0，试证：

(1) 沿程水头损失 $h_f=\frac{p_1}{\gamma_w}-\frac{p_2}{\gamma_w}=\frac{\gamma_w-\gamma_0}{\gamma_w}\Delta h'$。

(2) 若 $\gamma_0=0.86\gamma_w$，问 $\Delta h'$ 是用普通测压管量测的 Δh 的多少倍。

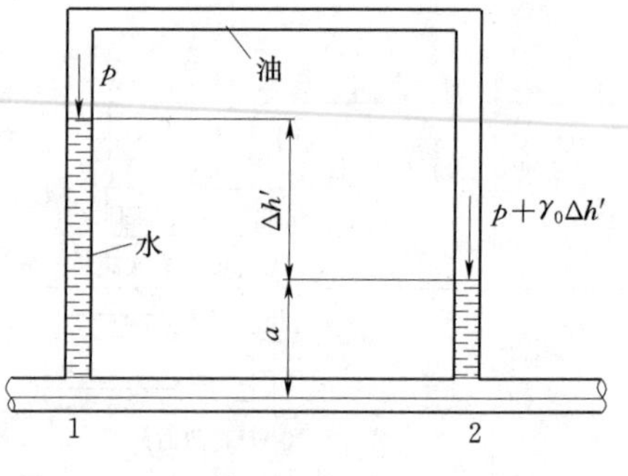

习题4.1图

4.2　水流经变断面管道，已知小管直径为 d_1，大管直径为 d_2，$d_2/d_1=2$，试问哪个断面的雷诺数大，两断面雷诺数的比值 Re_1/Re_2 是多少？

4.3　有一矩形断面的小排水沟，水深 $h=15\text{cm}$，渠宽 $b=15\text{cm}$，流速 $v=0.15\text{m/s}$，水温为15℃，试判断其水流的流动形态。

4.4　试判别水温为 $t=20℃$，以 $Q=4000\text{cm}^3/\text{s}$ 的流量通过直径 $d=10\text{cm}$ 的水管时的流动形态。如果保持管内液体为层流运动，流量应受怎样的限制？

4.5　(1) 某管路的直径 $d=10\text{cm}$，通过流量 $Q=0.004\text{m}^3/\text{s}$ 的水，水温 $t=20℃$。

(2) 条件与上相同，但管中流过的是重燃油，运动黏滞系数 $\nu=150\times10^{-6}\text{m}^2/\text{s}$。试判断以上两种情况下的流动形态。

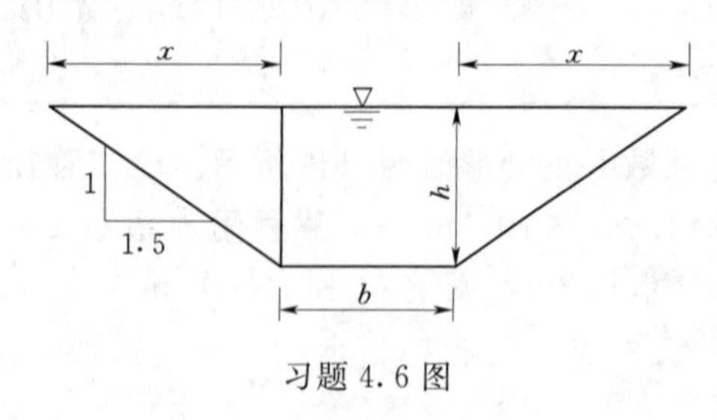

习题4.6图

4.6　(1) 一梯形断面的田间排水沟，已知底宽 $b=50\text{cm}$，边坡系数 $m=1.5$，水温 $t=20℃$，水深 $h=40\text{cm}$，流速 $v=10\text{cm/s}$，试判别流态。

(2) 如果水温及水深保持不变，流速减小到多大时变为层流。

4.7　有一均匀管流，直径 $d=0.2\text{m}$，长度 $L=100\text{m}$，水力坡度 $J=0.8\%$，试求：

（1）边壁上的切应力 τ_0。

（2）100m 长管路上的水头损失。

4.8　矩形断面明渠中流动为均匀流，已知底坡 $i=0.005$，水深 $h=3$m，底宽 $b=6$m，试求：

（1）渠底壁面上的切应力。

（2）距渠底水深 $h_1=1$m 处水流中的切应力。

4.9　有三条管道，其断面形状分别为圆形、正方形和矩形，它们的过水断面面积相等，水力坡度也相等，试求：

（1）三者边壁上的切应力之比。

（2）当沿程阻力系数 λ 相等时，三者的流量之比。

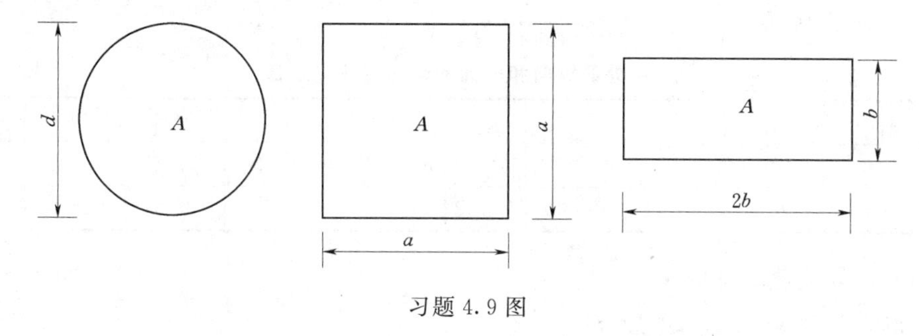

习题 4.9 图

4.10　设有一恒定均匀管流，已知直径 $d=20$mm，管中水流速度 $v=0.12$m/s，水温 $t=10$℃，试求管长 $L=50$m 的沿程水头损失 h_f。

4.11　动力黏滞系数 $\mu=0.035\text{N}\cdot\text{s/m}^2$，密度为 $\rho=830\text{kg/m}^3$ 的油，以流量 $Q=0.003\text{m}^3/\text{s}$ 在管内流动，管径 $d=0.05$m，试求：

（1）管长为 50m 的水头损失。

（2）距离壁面 1.5cm 处的点流速。

4.12　已知圆管层流的流速分布为

$$u=\frac{\gamma J}{4\mu}(r_0^2-r^2)$$

试证明：

（1）圆管层流时的动能修正系数 $\alpha=2$。

（2）圆管层流时的动量修正系数 $\beta=4/3$。

4.13　做沿程水头损失实验的管道直径 $d=1.5$cm，量测段长 $L=4$m，水温为 4℃，问：

（1）当流量为 0.02L/s 时，管道中是层流还是紊流？

（2）此时管道中的沿程阻力系数为多少？

（3）此时管道中的沿程水头损失为多少？

（4）为保持管中的层流，量测段两断面间的最大测压管水头差为多少？

4.14　有一圆管，半径 $r_0=30$mm，设流速分布公式为 $u=u_{\max}\left(1-\frac{r^2}{r_0^2}\right)$，已知 $u_{\max}=10$cm/s，问断面平均流速和流量为多少？如果水温为 20℃，流态是层流还是紊流？

4.15　试根据流速分布的指数律公式

$$\frac{u}{u_{\max}}=\left(\frac{y}{r_0}\right)^n$$

证明对于圆管和二元明渠中的断面平均流速公式分别为

圆管：
$$\frac{v}{u_{\max}}=\frac{2}{(n+1)(n+2)}$$

明渠：
$$\frac{v}{u_{\max}}=\frac{1}{n+1}$$

对于二元明渠，计算时用水深 h 代替 r_0。

4.16　用高度灵敏的流速仪每隔 0.5s 测得河流中某点 A 处的纵向和沿垂向的瞬时流速 u_x 和 u_y 如下表所示。

点 A 处的纵向和垂向的瞬时流速测量值　　单位：m/s

测次	1	2	3	4	5	6	7	8	9	10
u_x	1.88	2.05	2.34	2.30	2.17	1.74	1.62	1.91	1.98	2.19
u_y	0.10	−0.06	−0.21	−0.19	0.12	0.18	0.21	0.06	−0.04	−0.10

试求：(1) 时均流速 $\overline{u}_x$ 和 $\overline{u}_y$；

(2) 脉动流速 u_x' 和 u_y' 的均方根；

(3) 紊流的附加切应力 τ'；

(4) 若该点的流速梯度 $\mathrm{d}\overline{u}_x/\mathrm{d}y=0.26/\mathrm{s}$，求该点的混掺长度 l；

(5) 紊流运动黏滞系数 ε 和紊流动力黏滞系数 η，并同运动黏滞系数 ν 和动力黏滞系数 μ 比较，水温为 15℃。

4.17　已知圆管的半径为 r_0，紊流时圆管的切应力公式为

$$\tau_0=\rho l^2\left(\frac{\mathrm{d}u_x}{\mathrm{d}y}\right)^2$$

根据普朗特假说，$l=ky$，其中 $k=0.4$，y 为壁面到圆管内任一点的距离。试证圆管中流速差值公式为

$$\frac{u_{\max}-u}{u_*}=2.5\ln\frac{r_0}{y}$$

4.18　有一圆管，其直径 $d=0.1\mathrm{m}$，圆管中通过的流量 $Q=0.016\mathrm{m^3/s}$，水温 $t=20℃$，已知阻力系数 $\lambda=0.03$，当量粗糙度 $\Delta=0.19\mathrm{mm}$，试求黏性底层厚度 δ、过渡层厚度 δ_1 和理论黏性底层厚度 δ_0，并判别紊流的区域。

4.19　有甲乙两根输水管，甲管直径 $d=0.2\mathrm{m}$，当量粗糙度 $\Delta=0.86\mathrm{mm}$，流量为 $9.4\times10^{-4}\mathrm{m^3/s}$；乙管直径 $d=0.04\mathrm{m}$，当量粗糙度 $\Delta=0.19\mathrm{mm}$，流量为 $3.5\times10^{-3}\mathrm{m^3/s}$。水温均为 15℃，试判断甲乙两管那根是水力光滑管？

4.20　圆管紊流过水断面上的流速分布近似用指数分布规律表示，即

$$\frac{u}{u_{\max}}=\left(\frac{y}{r_0}\right)^n$$

式中：u_{max}为管轴中心处的最大流速，$n=1/7$。

试求流量、平均流速、动能修正系数α和动量修正系数β。

4.21　试说明管中的沿程阻力系数可表示为$\lambda=8u_*^2/v^2$。如果管道的流速分布公式为

$$\frac{u}{u_*}=2.5\ln\frac{u_* y}{\nu}+5.5$$

试说明沿程阻力系数的关系为

$$\frac{1}{\sqrt{\lambda}}=\frac{1}{\sqrt{8}}\left(2.5\ln\frac{u_* r_0}{\nu}+1.75\right)$$

4.22　如果管中的流速分布规律可以用指数律表示为

$$\frac{u}{u_{max}}=\left(1-\frac{r}{r_0}\right)^n$$

式中：u_{max}为管轴处最大流速；r_0为半径；u为半径为r处的流速；n为纯数。

求混合长度l的表达式。

4.23　一普通铸铁水管，直径$d=0.5$m，管壁的当量粗糙度$\Delta=0.5$mm，水温$t=15$℃，试求：当流量Q分别为5L/s、100L/s和2000L/s时的沿程阻力系数。

4.24　圆管直径$d=2.5$cm，当量粗糙度$\Delta=0.4$mm，管中水流的断面平均流速$v=2.5$m/s，水的运动黏滞系数$\nu=0.01\text{cm}^2/\text{s}$，求管壁的切应力$\tau_0$，并求其相应的摩阻流速$u_*$、实际黏性底层厚度$\delta$和理论黏性底层厚度$\delta_0$。

4.25　有一新的铸铁管，长$L=800$m，直径$d=0.1$m，通过的流量$Q=0.028\text{m}^3/\text{s}$，水温$t=10$℃，求管道的沿程水头损失、实际黏性底层厚度$\delta$、过渡层厚度$\delta_1$和理论黏性底层厚度$\delta_0$。

4.26　圆管直径$d=10$cm，粗糙高度$\Delta=2$mm，若测得2m长的管段的水头降落为0.3m，水温$t=10$℃，问此时是紊流光滑区还是紊流粗糙区，如管内流动属于紊流光滑区，问水头损失可减至多少？

4.27　一压力输水管，其管壁粗糙度$\Delta=0.3$mm，水温为15℃，试问：

(1) 若管长$L=5$m，管径$d=1.0$cm，通过的流量为0.05L/s，问水头损失为多少？

(2) 若管径改为7.5cm，其他条件同上，问水头损失为多少？

(3) 如管径为7.5cm，但流量增至20L/s，其他条件不变，水头损失又为多少？

(4) 比较上述三种情况所求得沿程阻力系数λ及水头损失的大小，并分析其影响因素。

4.28　有一旧的生锈的铸铁管，内径$d=0.3$m，长度$L=200$m，过水流量$Q=250$L/s，水温$t=10$℃，取当量粗糙度$\Delta=0.6$mm，试求其沿程水头损失。

4.29　某输水管中的流量$Q=0.027\text{m}^3/\text{s}$，在1000m长度上的沿程水头损失为20m，水温$t=20$℃，为一般铸铁管，当量粗糙度$\Delta=0.3$mm，试求管径$d$。

4.30　一输水管直径$d=0.3$m，测得管中的平均流速为$v=3.35$m/s，最大点流速$u_{max}=4$m/s，水温$t=20$℃，试求管道的当量粗糙度Δ。

4.31　有一梯形断面坚实的黏土渠道如图所示，已知底宽$b=10$m，均匀流水深$h=3$m，边坡系数$m=1$，土壤的粗糙系数$n=0.02$，通过的流量$Q=39\text{m}^3/\text{s}$，试求在1000m渠道长度上的水头损失。

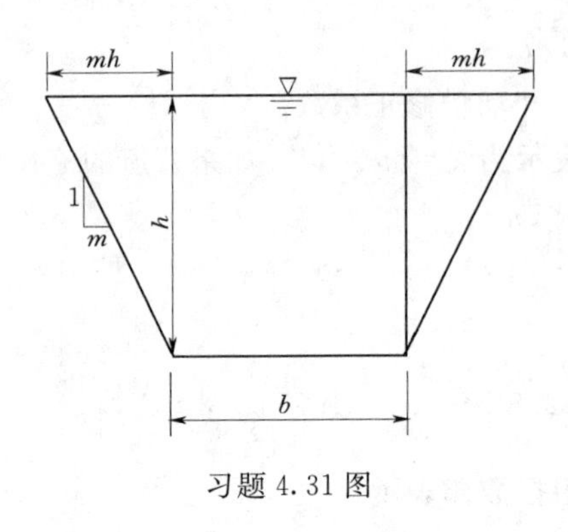

习题 4.31 图

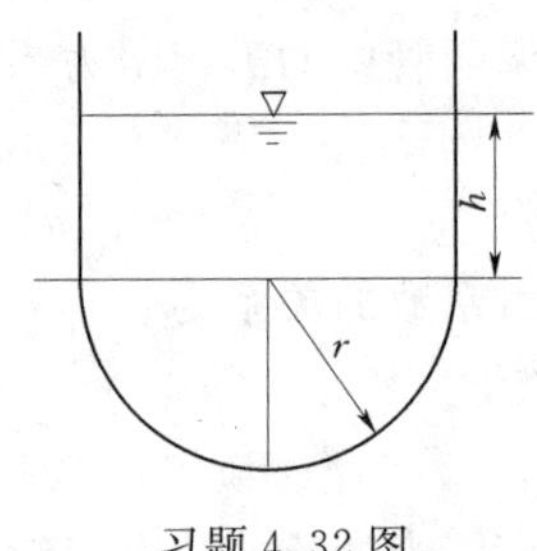

习题 4.32 图

4.32　一如图所示的钢筋混凝土渡槽，下部为半圆形，半径 $r=1\text{m}$，上部为矩形，$h=0.5\text{m}$，槽长 $L=200\text{m}$，进出口槽底高程差 $\Delta z=0.4\text{m}$，槽中为均匀流动，试求通过渡槽的流量。

4.33　某输水管长度的最后方案较其初设方案短 25%，假设两种情况下的水头不变，流动均在阻力平方区，管子均较长，试求输水能力变化的百分数。

4.34　水管直径 $d=305\text{mm}$，已知管壁切应力 $\tau_0=47.87\text{N/m}^2$，沿程阻力系数 $\lambda=0.04$，水温 $t=20℃$，试求摩阻流速、水力坡度、断面平均流速、雷诺数、谢才系数和管道的粗糙系数。

4.35　有一混凝土衬砌的梯形渠道，其底宽 $b=2\text{m}$，水深 $h=1.5\text{m}$，边坡系数 $m=1.5$，底坡 $i=0.001$，土壤的绝对粗糙度 $\Delta=2\text{mm}$，水温 $t=20℃$，渠中通过的流量 $Q=5.1\text{m}^3/\text{s}$，试求渠中的断面平均流速和 1000m 长渠道中的水头损失。

4.36　一直径 $d_1=15\text{cm}$ 的水管突然放大成直径 $d_2=30\text{cm}$，如图所示。如管内过水流量 $Q=0.22\text{m}^3/\text{s}$，求接在两管段上的水银比压计的压差值 h。

4.37　有一突然扩大管，已知细管的直径为 d_1，粗管的直径为 d_2，如果测得细管和粗管的测压管水头差为 h，试证明突然扩大管的测压管水头差 h 的表达式为

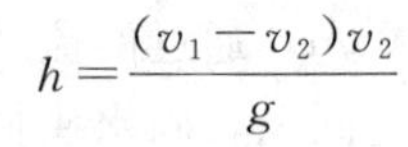

$$h=\frac{(v_1-v_2)v_2}{g}$$

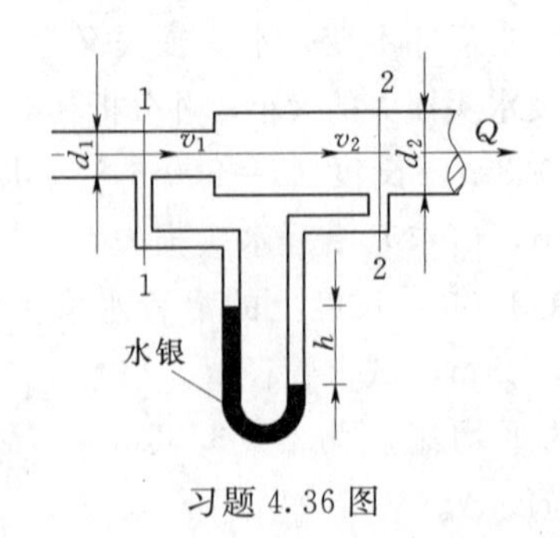

习题 4.36 图

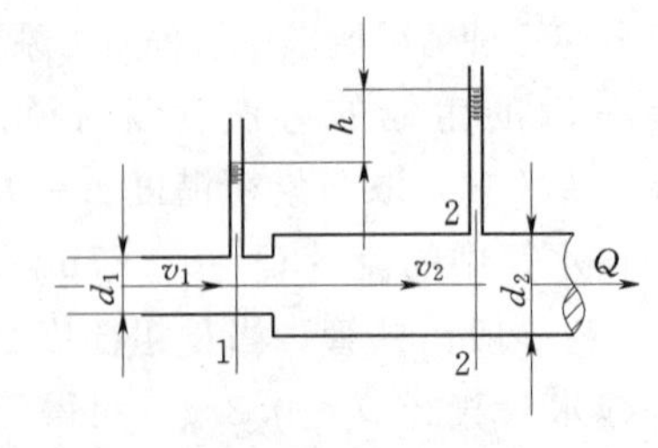

习题 4.37 图

4.38　如图所示为一圆形断面的管路，全长 $L=30\text{m}$，管壁粗糙度 $\Delta=0.5\text{mm}$，管径 $d=0.2\text{m}$，管中平均流速 $v=0.1\text{m/s}$，水温 $t=10℃$，若在管路中装两个阀门（开度均为

1/2)，一个 90°的弯头，进口为流线型，求管道的水头损失。当流速 $v=4\text{m/s}$，$L=300\text{m}$，其他条件不变时，求管道的水头损失。

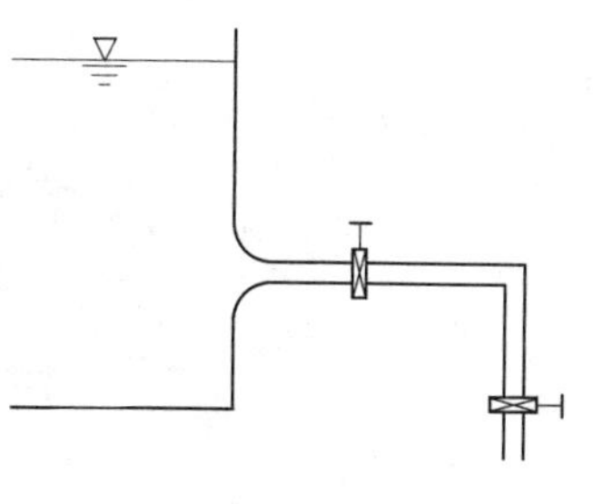

习题 4.38 图

4.39　如图所示，流速由 v_1 变为 v_2 的突然扩大管中，如果中间加一中等粗细管段使形成两次突然扩大，试求：

（1）中间管中流速取何值时总的局部水头损失最小？

（2）计算总的局部水头损失与一次扩大时局部水头损失的比值。

4.40　某铸铁管路，当量粗糙度 $\Delta=0.3\text{mm}$，管径 $d=0.2\text{m}$，通过的流量 $Q=60\text{L/s}$，管中有一个 90°折角弯头，今欲减小其水头损失，拟将 90°折角弯头换为两个 45°折角弯头，或者换为一个缓弯 90°角弯头（转弯半径 $r=1\text{m}$），水温为 20℃，试求：

（1）三种弯头的局部水头损失之比。

（2）每个弯头相应多少米长管路的沿程水头损失。

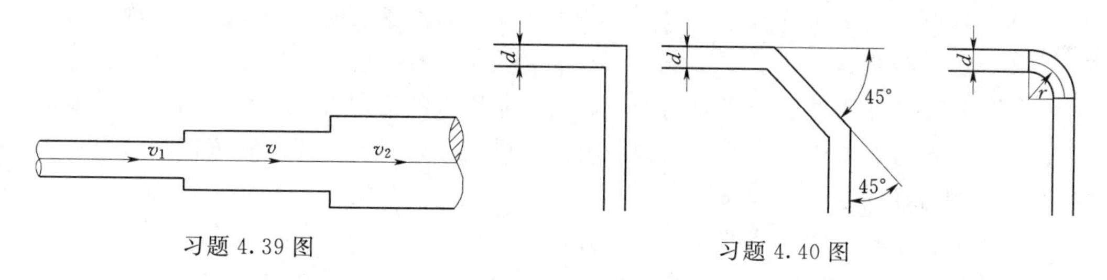

习题 4.39 图　　　　习题 4.40 图

4.41　一如图所示的钢筋混凝土衬砌隧洞喇叭形入口，入口前有一拦污栅，倾角 $\alpha=60°$，栅条为直径 $d_0=15\text{mm}$ 的圆钢筋，间距 $b=10\text{cm}$，设隧洞前明挖段中的流速为隧洞中流速的 1/4，平板闸门前后分别为圆变方和方变圆的渐变段，洞径 $d=2\text{m}$，洞长 $L=100\text{m}$，洞中通过的流量 $Q=40\text{m}^3/\text{s}$，下游出口处洞底高程为 50.00m，试求上游水库水位高程。

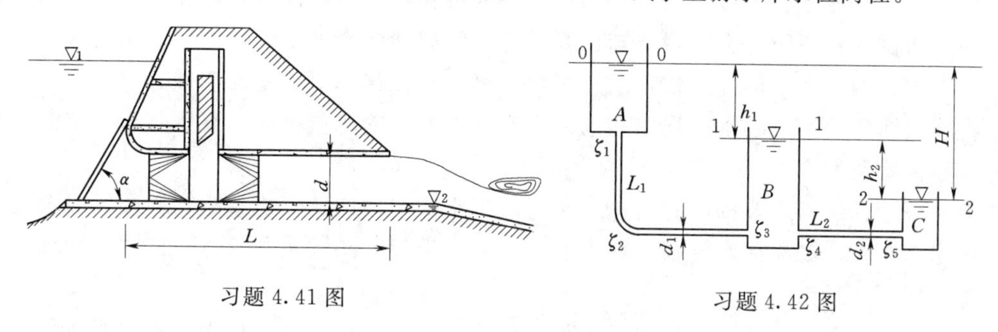

习题 4.41 图　　　　习题 4.42 图

4.42　如图所示 A、B、C 三个水箱由两段普通钢管相连接，经过调解，管中产生恒定流动。已知 A、C 水箱水面差 $H=10\text{m}$，$L_1=50\text{m}$，$L_2=40\text{m}$，$d_1=0.25\text{m}$，$d_2=0.20\text{m}$，$\zeta_2=0.25$，假设流动在阻力平方区，沿程阻力系数可近似的用公式 $\lambda=0.11(\Delta/d)^{1/4}$ 计算，管壁的当量粗糙度 $\Delta=0.2\text{mm}$，试求：

（1）管中的流量；

（2）图中 h_1 及 h_2 值。

第5章 有压管道恒定流

5.1 概 述

前面各章阐述了液体运动的基本规律以及研究液体运动的总流分析法，导出了水力学的三大基本方程——连续性方程，能量方程及动量方程，并阐述了水头损失的计算方法。本章主要应用这些基本理论与方法研究各种有压输水管道的流动计算问题。管中液体的动水相对压强不为零的管道称为有压管道，管中的水流称为有压管流。这类管道的断面形状多为圆形，整个断面均被液体充满，管内水流没有自由液面，管壁处处受到水压力的作用。

有压管流又分为恒定流和非恒定流。液体运动要素均不随时间变化的管流称为有压管道恒定流，否则称为有压管道非恒定流。本章主要讨论有压管道恒定流。

水利工程中的压力隧洞、压力钢管、城镇工业用水的给水管网、生活用水的自来水系统、各种水泵装置、虹吸管、涵洞、倒虹吸以及供热、供气、通风等管道都是工程中常见的有压管道的流动问题。

有压管道恒定流水力计算的问题主要有以下三个方面。

(1) 计算管道的输水能力，这是最主要的问题。这类问题是在给定作用水头、管线布置和断面尺寸的情况下，确定输送的流量；或在确定了管线布置、输送流量以及作用水头时，计算管道的断面尺寸。

(2) 已知管线布置和必需输送的流量，确定相应的作用水头。

(3) 确定了流量、作用水头和断面尺寸（或管径）计算沿管线各断面的压强。因为在工程中，如供水、消防等常常需要知道管线各处的压强能否满足工作需要，还要求了解是否会出现过大的真空，产生空穴，以致影响管道正常工作和引起壁面空蚀。

根据液体流动时沿程水头损失和局部水头损失所占的比重不同，有压管道恒定流又分为短管和长管两种。

(1) 短管：局部水头损失和流速水头与沿程水头损失相比不能忽略，必须同时考虑的管道，称为短管。如局部水头损失和流速水头大于沿程水头损失的5%～15%，计算时必须按短管计算。

(2) 长管：管道中的水头损失以沿程水头损失为主，局部水头损失和流速水头所占比重较小（一般小于5%），在计算中可予以忽略的管道。

必须指出，长管和短管不是简单地从长度上考虑的，它是一个水力学的概念。在没有忽略局部水头损失和流速水头的充分根据时，应先按短管计算，一般水泵的吸水管、虹吸管、倒虹吸管、坝内泄水管等均按短管计算；只有长度较长而局部水头损失较小的管道才可按长管计算。

根据管道的布置，又可分为简单管道和复杂管道。前者指管径不变且没有分支的管道，后者指有两根以上的管道组合成的管系。在管系中，又有串联管道、并联管道、枝状管网、环状管网等。

5.2 简单管道的水力计算

单一直径没有分支的管道称为简单管道。简单管道的水力计算分为自由出流和淹没出流两种。

5.2.1 自由出流

水流经管路出口流入大气，水股四周受大气压作用的情况为自由出流，如图 5.1 所示。

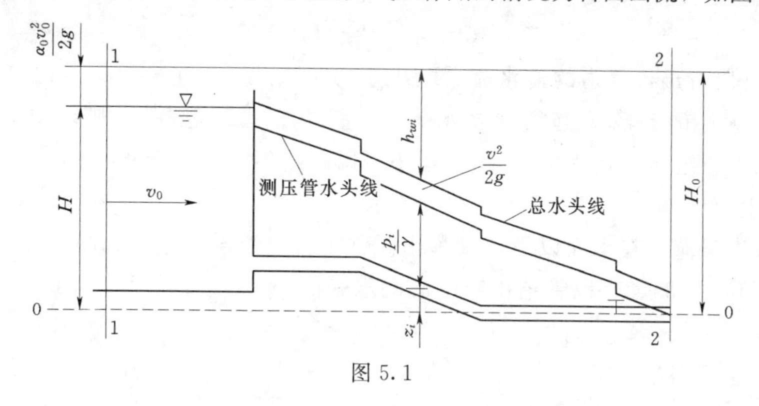

图 5.1

设有如图 5.1 所示的简单管道，管道长度为 L，管径为 d，以出口断面中心的水平面 0—0 为基准面，对渐变流断面 1—1 和断面 2—2 列出能量方程为

$$H+\frac{\alpha_0 v_0^2}{2g}=0+0+\frac{\alpha_2 v_2^2}{2g}+h_w$$

设总水头为 $H_0=H+\frac{\alpha_0 v_0^2}{2g}$，则

$$H_0=\frac{\alpha_2 v_2^2}{2g}+h_w$$

式中：v_0 为水池中断面 1—1 的平均流速，称为行近流速；H 为管道出口断面中心与水池水面的高差；v_2 为管道出口断面的平均流速，因为管道的直径不变，v_2 等于管道内断面的平均流速 v；H_0 为包括行近流速水头在内的总水头；h_w 为断面 1—1 至断面 2—2 之间的水头损失。

上式表明，管道中的总水头 H_0 的一部分转换为出口的流速水头，另一部分则在流动的过程中形成水头损失。h_w 包括沿程水头损失 h_f 和局部水头损失 $\sum h_j$，即

$$h_w=h_f+\sum h_j=\lambda\frac{L}{d}\frac{v^2}{2g}+\sum\zeta\frac{v^2}{2g} \tag{5.1}$$

代入上式，并取 $\alpha_2=\alpha$，$v_2=v$，得

$$H_0=\left(\alpha+\lambda\frac{L}{d}+\sum\zeta\right)\frac{v^2}{2g}$$

于是

$$v=\sqrt{\frac{2gH_0}{\alpha+\lambda\frac{L}{d}+\sum\zeta}}$$

式中：$\sum\zeta$ 为局部阻力系数之和。

管道流量为

$$Q=Av=A\sqrt{\frac{2gH_0}{\alpha+\lambda\frac{L}{d}+\sum\zeta}}$$

式中：A 为管道的过水断面面积。

令 $\mu=\frac{1}{\sqrt{\alpha+\lambda\frac{L}{d}+\sum\zeta}}$，$\mu$ 为管道系统流量系数，则管道自由出流时流量公式为

$$Q=\mu A\sqrt{2gH_0} \tag{5.2}$$

由式（5.2）可以看出，管道的输水流量取决于总水头 H_0、过水断面面积 A 和水头损失 h_w，A 由管径大小确定，h_w 按第4章水头损失计算方法确定，H_0 则取决于进口断面的边界条件，如果行近流速水头 $v_0^2/(2g)$ 很小可以忽略不计时，则 $H_0=H$。

5.2.2 淹没出流

如果管道出口淹没在水面以下，这种出流称为管道淹没出流，如图5.2所示。取渐变流断面1—1和断面2—2，以管道出口中心的水平面0—0为基准面写能量方程

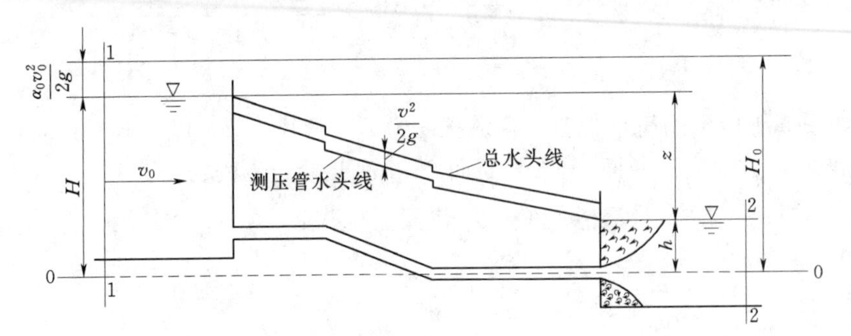

图5.2

$$h+z+0+\frac{\alpha_0 v_0^2}{2g}=h+0+\frac{\alpha_2 v_2^2}{2g}+h_w$$

式中：z 为上、下游水面差；h 为下游水深。

令 $z+\frac{\alpha_0 v_0^2}{2g}=z_0$，则

$$z_0=\frac{\alpha_2 v_2^2}{2g}+h_w$$

将式（5.1）代入上式得

$$z_0=\frac{\alpha_2 v_2^2}{2g}+\lambda\frac{L}{d}\frac{v^2}{2g}+\sum\zeta\frac{v^2}{2g}$$

由连续方程 $A_2v_2=Av$，$v_2=Av/A_2$，代入上式得

$$z_0=\left[\alpha_2\left(\frac{A}{A_2}\right)^2+\lambda\frac{L}{d}+\sum\zeta\right]\frac{v^2}{2g}$$

由上式得
$$v=\frac{1}{\sqrt{\alpha_2\left(\frac{A}{A_2}\right)^2+\lambda\frac{L}{d}+\sum\zeta}}\sqrt{2gz_0}$$

流量为
$$Q=vA=\frac{A}{\sqrt{\alpha_2\left(\frac{A}{A_2}\right)^2+\lambda\frac{L}{d}+\sum\zeta}}\sqrt{2gz_0}$$

令 $\mu_0=\frac{1}{\sqrt{\alpha_2\left(\frac{A}{A_2}\right)^2+\lambda\frac{L}{d}+\sum\zeta}}$，则

$$Q=\mu_0 A\sqrt{2gz_0} \tag{5.3}$$

式中：A 为管道面积；A_2 为断面 2—2 的面积；μ_0 为流量系数。

相对于管道面积来说，上、下游水池的过水断面面积一般都很大，这时$\frac{\alpha_0 v_0^2}{2g}$与$\frac{\alpha_2 v_2^2}{2g}$均可忽略，则

$$z=h_w \tag{5.4}$$

式（5.4）说明，淹没出流时，它的作用水头完全消耗在克服沿程水头损失和局部水头损失上。将式（5.1）代入式（5.4）整理得

$$Q=Av=\frac{A}{\sqrt{\lambda\frac{L}{d}+\sum\zeta}}\sqrt{2gz}=\mu A\sqrt{2gz} \tag{5.5}$$

比较式（5.2）和式（5.5）可以看出，淹没出流时的作用水头为上、下游水位差 z，而不是管道出口中心与上游水面的高差 H。其次，这两种情况下的管道流量系数是完全相同的，因为淹没出流时的流量系数中没有 α 一项，但$\sum\zeta$ 中却增加了出口局部水头损失$\zeta_{出口}$，对于如图 5.2 所示的情况，$\zeta_{出口}=1$，如果取 $\alpha=1$，则自由出流和淹没出流的流量系数值就相等了。

5.2.3　测压管水头和总水头线的绘制

根据以下步骤绘制管道的测压管水头和总水头。

（1）先根据总流的能量方程，求出通过管道的流量。

（2）根据已知管径和流量，求出各管段（包括进、出口）的流速和流速水头。

（3）根据流速水头，求出各管道的沿程水头损失和局部水头损失。

（4）计算各过水断面的总水头值：

$$H_i=z_i+\frac{p_i}{\gamma}+\frac{\alpha_i v_i^2}{2g}=H_0-h_{w1-i}$$

式中：h_{w1-i}为起始断面至断面 $i-i$ 之间的水头损失。

（5）计算各过水断面的测压管水头：

$$z_i+\frac{p_i}{\gamma}=H_0-\frac{\alpha_i v_i^2}{2g}-h_{w1-i}$$

有时，只需粗略的画出测压管水头线和总水头线，在这种情况下，可先画出总水头

线，各个断面的总水头等于起始断面的总水头减去该断面上游管段的全部水头损失。

绘制总水头线和测压管水头线应遵循以下几个原则。

(1) 局部水头损失可作为集中损失在突然变化的断面上。总水头线在局部水头损失的地方是突然下降的。

(2) 沿程水头损失则是沿程逐渐增加的，所以有沿程水头损失的管段中总水头线是逐渐下降的。

(3) 管道进口：当上游行近流速 $v_0 \approx 0$ 时，总水头线的起点在上游液面或略低于液面（因为从断面1—1到进口有水头损失）。当 $v_0 \neq 0$ 时，总水头线的起点比上游液面高出 $\alpha_0 v_0^2/(2g)$。

(4) 管道出口：当为自由出流时，测压管水头线应在出口断面的形心上。当为淹没出流时，且下游流速 $v_2 \approx 0$ 时，测压管水头线应落在下游液面上，如果 $v_2 \neq 0$，则

$$z+\frac{p}{\gamma}<h$$

证明如下：在出口断面水池中，水股已完全扩散，在水流已满足渐变流条件处取断面2—2，如图5.2所示。以0—0为基准面，对出口断面和断面2—2写能量方程，有

$$z+\frac{p}{\gamma}+\frac{\alpha v^2}{2g}=h+0+\frac{\alpha_2 v_2^2}{2g}+h_w$$

用断面突然扩大的能量损失关系

$$h_w=\frac{(v-v_2)^2}{2g}$$

代入上式，并取 $\alpha=\alpha_2=1$，整理得

$$z+\frac{p}{\gamma}=h-\frac{v_2(v-v_2)^2}{2g}$$

由于 $v_2 \neq 0$，$v > v_2$，所以 $z+\dfrac{p}{\gamma}<h$。

【例题5.1】 水电站内由油泵至主机组推力轴承的一条油管如图所示。油管总长度 $L=80\text{m}$，直径 $d=0.05\text{m}$，高程差 $z_2-z_1=4.5\text{m}$，油泵出口压强（表压强）$p_1=3.24\text{bar}$，站内最低温度为 $T=5℃$，油的重度 $\gamma_{油}=8830\text{N/m}^3$，运动黏滞系数 $\nu=3.87\text{cm}^2/\text{s}$，管路控制元件总的局部阻力系数 $\sum\zeta=5$，当要求流量 $Q=5\text{m}^3/\text{h}$ 时，问该油泵出口的压强是否满足输油要求？

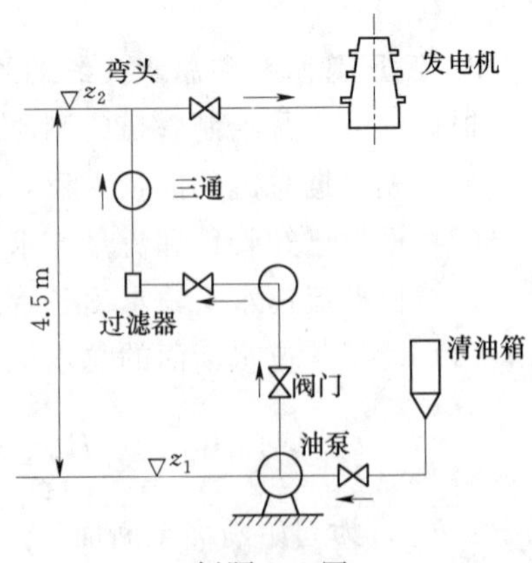

例题5.1图

解：

$$Q=5(\text{m}^3/\text{h})=5/3600=1.389\times10^{-3}(\text{m}^3/\text{s})$$

$$v=\frac{4Q}{\pi d^2}=\frac{4\times1.389\times10^{-3}}{\pi\times0.05^2}=0.7074(\text{m/s})$$

$$Re=\frac{vd}{\nu}=\frac{0.7074\times0.05}{3.87\times10^{-4}}=91.39<2320$$

管中为层流流动。由第4章知沿程阻力系数为

$$\lambda=\frac{64}{Re}=\frac{64}{91.39}=0.7003$$

管路中的水头损失为

$$h_w=h_f+h_j=\left(\lambda\frac{L}{d}+\sum\zeta\right)\frac{v^2}{2g}=\left(0.7003\times\frac{80}{0.05}+5\right)\times\frac{0.7074^2}{2\times9.8}=28.735[\text{m(油柱)}]$$

以油泵中心为基准面，列油泵中心和发电机出口的能量方程

$$z_1+\frac{p_1}{\gamma_{油}}+\frac{\alpha_1 v_1^2}{2g}=z_2+\frac{p_2}{\gamma_{油}}+\frac{\alpha_2 v_2^2}{2g}+h_w$$

因为$\frac{\alpha_1 v_1^2}{2g}=\frac{\alpha_2 v_2^2}{2g}$，$\frac{p_2}{\gamma_{油}}=0$，所以

$$p_1=\gamma_{油}(z_2-z_1+h_w)=8830\times(4.5+28.735)=293465.05(\text{N/m}^2)$$

因为$1\text{bar}=10^5\text{N/m}^2$，所以$p_1=293465.05\text{N/m}^2\approx2.935\text{bar}$。实际油泵出口压强（表压）$p_1=3.24\text{bar}>2.935\text{bar}$，油泵出口压强满足油泵输油要求。

【例题5.2】 某白铁皮风道，管径$d=0.3\text{m}$，管长$L=60\text{m}$，送风流量$Q=1.5\text{m}^3/\text{s}$，空气温度$T=20℃$，在标准大气压下，空气的重度$\gamma_a=11.4\text{N/m}^3$，运动黏滞系数$\nu=0.157\text{cm}^2/\text{s}$，风道局部阻力系数$\sum\zeta=3.5$，试初步确定选用风机的压强。

解：

查表4.3得白铁皮的绝对粗糙度$\Delta=0.15\text{mm}$。

$$v=\frac{4Q}{\pi d^2}=\frac{4\times1.5}{\pi\times0.3^2}=21.221(\text{m/s})$$

$$Re=\frac{vd}{\nu}=\frac{21.221\times0.3}{1.57\times10^{-5}}=4.055\times10^5>2320$$

风道中的流动形态为紊流。又$\Delta/d=0.15/300=0.0005$，查图4.21的莫迪图得沿程阻力系数$\lambda=0.0175$，水头损失为

$$h_w=h_f+h_j=\left(\lambda\frac{L}{d}+\sum\zeta\right)\frac{v^2}{2g}=\left(0.0175\times\frac{60}{0.3}+3.5\right)\times\frac{21.221^2}{2\times9.8}=160.83[\text{m(空气柱)}]$$

风道的压强为

$$p=\gamma_a h_w=11.4\times160.83=1833.462(\text{N/m}^2)$$

在上述压强的基础上，一般加大10%～15%的余量作为选择风机的计算值。

5.2.4　短管水力计算举例

5.2.4.1　虹吸管的水力计算

虹吸管是简单管道的一种，一般属于短管。其特点是有一段管道高出进水口的水面，如图5.3所示。虹吸管的工作原理是：当水流通过虹吸管时，先将管内空气排出，使管内形成一定的真空度，由于虹吸管进口处水流的压强大于大气压强，因此在管内外形成压强差，在此压强差的作用下，使水流由压强大的地方流向压强小的地方，上游的水便从管口上升到管的顶部，然后流向下游，只要保证在虹吸管中有一定的真空度以及一定的上、下游水位差，水就会不断地由上游通过虹吸管流向下游。虹吸管顶部的真空度一般限制在7～8m水柱以下。

虹吸管水力计算的主要任务是确定虹吸管的出流量和虹吸管顶部的允许安装高度。

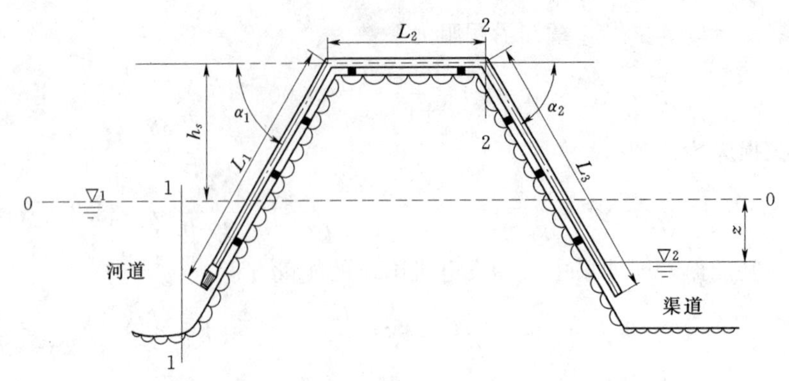

图 5.3

【例题 5.3】 利用虹吸管将河水引送至堤外供给灌溉，已知堤内外水位差为2.6m，选用铸铁管，直径 $d=0.35\text{m}$，局部阻力系数 $\zeta_2=\zeta_3=\zeta_5=0.2$，闸门局部阻力系数 $\zeta_4=0.15$，入口网罩的局部阻力系数 $\zeta_1=5.0$，出口淹没在水面以下，管线上游 AB 段长15m，下游 BC 段长20m，虹吸管安装高度5.0m，试确定虹吸管的输水量并校核管顶断面的安装高度 h_s。

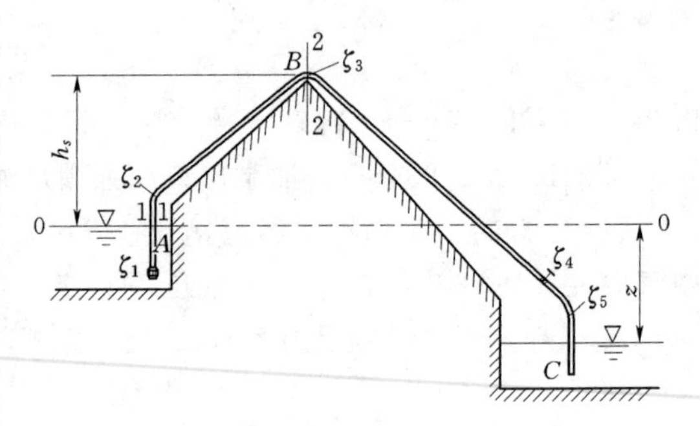

例题 5.3 图

解：

(1) 确定输水量。按短管计算。由图中可以看出，该流动为淹没出流。流量公式为

$$Q=\mu A\sqrt{2gz}$$

由于沿程阻力系数未知，对铸铁管，取粗糙系数 $n=0.0125$，则水力半径为

$$R=d/4=0.35/4=0.0875(\text{m})$$

谢才系数为

$$C=\frac{1}{n}R^{1/6}=\frac{1}{0.0125}\times0.0875^{1/6}=53.304$$

沿程阻力系数为

$$\lambda=\frac{8g}{C^2}=\frac{8\times9.8}{53.304^2}=0.0276$$

管道系统的流量系数为

$$\mu_0=\frac{1}{\sqrt{\lambda L/d+\sum\zeta}}=\frac{1}{\sqrt{0.0276\times(15+20)/0.35+5+3\times0.2+0.15+1}}=0.3243$$

流量为

$$Q=\mu_0 A\sqrt{2gz}=0.3243\,\frac{\pi\times0.35^2}{4}\sqrt{2\times9.8\times2.6}=0.2227(\text{m}^3/\text{s})$$

(2) 计算管顶断面的真空度。以上游水库水面为基准面，写断面1—1和断面2—2的能量方程得

$$\frac{p_a}{\gamma}=h_s+\frac{p_2}{\gamma}+\frac{\alpha_2 v_2^2}{2g}+h_{w1-2}$$

$$h_{w1-2}=(\lambda\frac{L_{AB}}{d}+\zeta_1+\zeta_2+\zeta_3)\frac{v^2}{2g}=(0.0276\times\frac{15}{0.35}+5+0.2+0.2)\times\frac{v^2}{2g}=6.583\frac{v^2}{2g}$$

$$v=\frac{4Q}{\pi d^2}=\frac{4\times 0.2227}{\pi\times 0.35^2}=2.315(\mathrm{m/s})$$

断面2—2的真空度为

$$h_v=\frac{p_a}{\gamma}-\frac{p_2}{\gamma}=h_s+\frac{\alpha_2 v_2^2}{2g}+h_{w1-2}=5+\frac{1\times 2.315^2}{2\times 9.8}+6.583\times\frac{2.315^2}{2\times 9.8}=7.073(\mathrm{m})$$

真空度在一般的允许限度以内。

5.2.4.2　水泵的水力计算

水泵是增加水流能量，把水从低处引向高处的一种水力机械。

水泵的工作原理是：当水泵转动时，在水泵入口端形成真空，使水流在水池池面大气压的作用下，沿水泵的吸水管进入泵壳，水流流经水泵时获得能量，再经压水管进入水塔或用水的地方。

水泵管路系统的吸水管一般属于短管，压水管则视管道具体情况而定。水泵管路系统水力计算的任务是：确定管道直径；确定水泵的安装高度和水泵的总扬程。

1. 管道直径的确定

图5.4所示为一水泵系统。由流量公式$Q=vA$可知，在同一流量下，如果选用的平均流速大，则可用较小的管径，反之则需采用较大的管径。管径小，管材造价低，但流速大，会增加水头损失，因而克服水头损失所需的动力设备要增大；如果选用较大的管径，管材费用大，但平均流速减小，水头损失减小，所需的动力设备费降低。因此在实际设计中就存在一个选择最经济的管径问题。通常根据经验给出水泵的允许流速$v_{允}$，再由式(5.6)确定管径d：

$$d=\sqrt{\frac{4Q}{\pi v_{允}}}\tag{5.6}$$

各种管道的$v_{允}$值可以从有关的规范或水力学手册查得。对于水泵的吸水管，$v_{允}=1.2\sim2.0\mathrm{m/s}$，对于水泵的压水管，$v_{允}=1.5\sim2.5\mathrm{m/s}$。

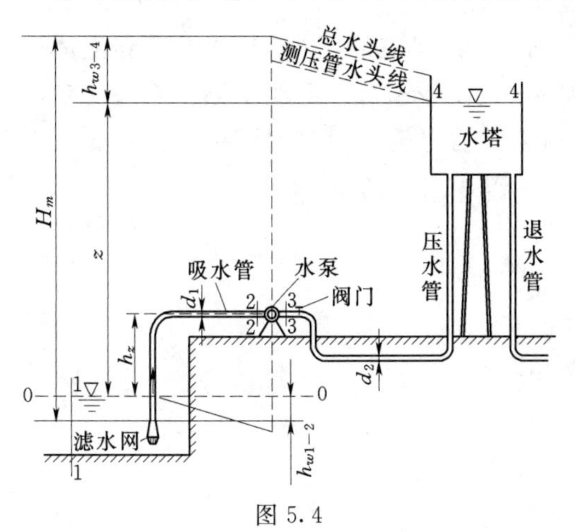

图5.4

2. 计算水泵的安装高度

水泵工作时，必须在它的进口形成一定的真空，才能把水池的水经吸水管吸入。如果水泵进口处的真空值超过规定的最大允许真空值$h_{v允}$（一般水泵说明书中有说明），则水泵便不能正常工作。要保证水泵的真空值不超过规定的允许值，就必须按水泵规定的最大允许真空值（一般不超过6～7m）计算水泵的安装高度h_z，即限制h_z值不能过大。

如图5.4所示，以水库水面为基准面，写断面1—1和断面2—2的能量方程：

$$0+\frac{p_a}{\gamma}+0=h_z+\frac{p_2}{\gamma}+\frac{\alpha_2 v_2^2}{2g}+h_{w1-2}$$

由上式得

$$h_z=\frac{p_a-p_2}{\gamma}-\frac{\alpha_2 v_2^2}{2g}-h_{w1-2}$$

因为$h_{v允}=\frac{p_a-p_2}{\gamma}$，即允许真空度，所以

$$h_z=h_{v允}-\left(\alpha_2+\sum\lambda\frac{l}{d}+\sum\zeta\right)\frac{v_2^2}{2g}$$

在实际安装时，要留有一定的余地，即

$$h_z\leqslant h_{v允}-\left(\alpha_2+\sum\lambda\frac{l}{d}+\sum\zeta\right)\frac{v_2^2}{2g} \tag{5.7}$$

3. 计算水泵的扬程

水泵的扬程又称水泵的总水头，也就是水泵传给单位重量液体的能量，或者说，单位重量液体从离心泵所获得的能量。

在第3章能量方程的应用中已经知道，有能量输出或输入的能量方程为

$$z_1+\frac{p_1}{\gamma}+\frac{\alpha_1 v_1^2}{2g}\pm H_m=z_2+\frac{p_2}{\gamma}+\frac{\alpha_2 v_2^2}{2g}+h_{w1-2}$$

式中：对有能量输入的水泵，H_m前应取+号。

以图5.4所示的水池水面为基准面，对断面1—1和断面4—4写能量方程：

$$0+0+0+H_m=z+0+0+h_{w1-4}$$

$$h_{w1-4}=h_{w1-2}+h_{w3-4}$$

式中：h_{w1-2}为吸水管中的水头损失；h_{w3-4}为压水管中的水头损失。

因而

$$H_m=z+h_{w1-2}+h_{w3-4}=z+h_{w吸}+h_{w压} \tag{5.8}$$

式（5.8）说明，水泵的扬程等于扬水高度加上吸水管和压水管中的水头损失。

4. 计算水泵的装机容量

水泵的装机容量就是水泵的动力机（如电动机）所具有的总功率。单位重量液体从水泵获得的能量为H_m，则单位时间内由水泵所做的功为$\gamma Q H_m$，称为水泵的有效功率，以N_H表示为$N_H=\gamma Q H_m$。由于传动时的能量损失，动力机的功率不可能全部转变为水泵的有效功率，要打一折扣，即动力机所需的功率N大于水泵的有效功率N_H，N_H与N之比称为水泵的总效率η，即

$$\eta=N_H/N \tag{5.9}$$

则水泵的装机容量为

$$N=\frac{\gamma Q H_m}{1000\eta} \tag{5.10}$$

式（5.10）中，N的单位为kW。

而水泵的总效率又等于动力机效率$\eta_{动}$与水泵效率$\eta_{泵}$的乘积，即

$$\eta=\eta_{动}\eta_{泵} \tag{5.11}$$

【例题 5.4】 有一水泵装置如图 5.4 所示。吸水管和压水管均为铸铁管，吸水管长度 $l_1=12\text{m}$，直径 $d_1=0.15\text{m}$，其中有一个 90°的弯头，进口有滤水网并附有底阀，压水管长 $l_2=100\text{m}$，管径 $d_2=0.15\text{m}$，其中有 3 个 90°的弯头，各弯头的转弯半径 $r=0.15\text{m}$，并设一阀门（$\zeta=0.1$），水塔水面与水池水面高差 $z=20\text{m}$，水泵的设计流量为 $Q=0.03\text{m}^3/\text{s}$，水泵进口处允许真空值 $h_{v允}=6\text{m}$，水泵的效率 $\eta_泵=0.75$，电动机的效率 $\eta_动=0.90$。试计算：(1) 水泵的扬程 H_m；(2) 水泵的安装高度 h_z；(3) 水泵的装机容量 N。

解：

(1) 计算水泵扬程。

1) 计算水头损失。查表 4.7，对于有底阀的滤水网，$\zeta_阀=6.0$；对于 90°的弯头，$d/r=0.15/0.15=1$，查表 4.7 得 $\zeta_弯=0.294$，阀门的局部阻力系数 $\zeta_{阀门}=0.1$，设水温 $T=20℃$，运动黏滞系数 $\nu=0.01007\text{cm}^2/\text{s}$，管道流速为

$$v=\frac{4Q}{\pi d^2}=\frac{4\times0.03}{\pi\times0.15^2}=1.698(\text{m/s})$$

雷诺数为
$$Re=\frac{vd}{\nu}=\frac{169.8\times15}{0.01007}=252877.76>2320(\text{为紊流})$$

对于铸铁管，查表 4.3 得绝对粗糙度 $\Delta=0.3\text{mm}$，$\Delta/d=0.3/150=0.002$，查图 4.21 的莫迪图得 $\lambda=0.024$。

$$h_{w吸}=\left(\lambda\frac{l_1}{d}+\zeta_阀+\zeta_弯\right)\frac{v^2}{2g}=\left(0.024\times\frac{12}{0.15}+6+0.294\right)\times\frac{1.698^2}{2\times9.8}=1.208(\text{m})$$

$$h_{w压}=\left(\lambda\frac{l_2}{d}+\zeta_{阀门}+3\zeta_弯+\zeta_出\right)\frac{v^2}{2g}=\left(0.024\times\frac{100}{0.15}+0.1+3\times0.294+1\right)\times\frac{1.698^2}{2\times9.8}$$
$$=2.645(\text{m})$$

2) 水泵扬程。由式 (5.8) 得

$$H_m=z+h_{w吸}+h_{w压}=20+1.208+2.645=23.853(\text{m})$$

(2) 计算水泵的安装高度。由式 (5.7) 得

$$h_z=h_{v允}-\left(\alpha_2+\lambda\frac{l_1}{d}+\sum\zeta\right)\frac{v_2^2}{2g}=6-\left(1+0.024\times\frac{12}{0.15}+6+0.294\right)\times\frac{1.698^2}{2\times9.8}=4.645(\text{m})$$

(3) 计算水泵的装机容量。由式 (5.11) 得水泵的总效率为 $\eta=\eta_动\eta_泵=0.9\times0.75=0.675$，由式 (5.10) 计算水泵的装机容量：

$$N=\frac{\gamma QH_m}{1000\eta}=\frac{9800\times0.03\times23.853}{1000\times0.675}=10.39(\text{kW})$$

5.2.4.3 倒虹吸管的水力计算

倒虹吸管是穿过道路、河渠等障碍物的一种输水管道，如图 5.5 所示。倒虹吸中的水流并无虹吸作用，由于它的外形像倒置的虹吸管，故称为倒虹吸管。倒虹吸管的水力计算主要是计算流量或管径。

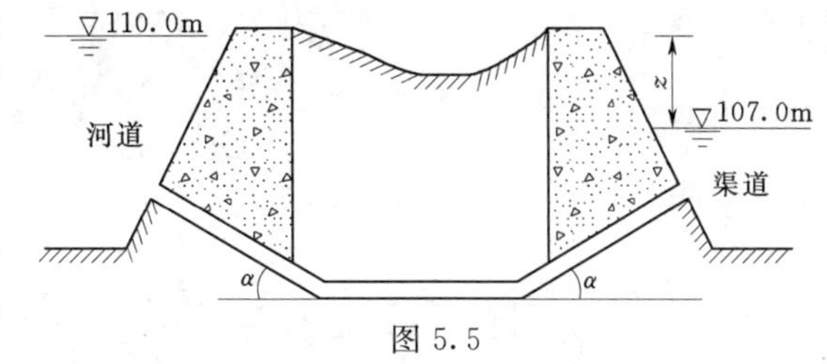

图 5.5

【例题 5.5】 某渠道与河道相交，用钢筋混凝土的倒虹吸管穿过河道与下游渠道相连接，如图 5.5 所示。已知管

长 $L=50$m，沿程阻力系数 $\lambda=0.025$，管道折角 $\alpha=30°$，上游水位为 110.0m，下游水位为 107.0m，通过的流量 $Q=3\text{m}^3/\text{s}$，求倒虹吸管的管径 d。

解：

已知直角进口、管道折角 $\alpha=30°$，查表 4.7 得 $\zeta_{进}=0.5$，$\zeta_{折}=0.073$，$\zeta_{出}=1.0$，管道系统的流量系数为

$$\mu=\frac{1}{\sqrt{\lambda L/d+\sum\zeta}}=\frac{1}{\sqrt{0.025\times50/d+0.5+0.073\times2+1.0}}=\frac{1}{\sqrt{1.646+1.25/d}}$$

$$Q=\mu A\sqrt{2gz}=\frac{1}{\sqrt{1.646+1.25/d}}\frac{\pi d^2}{4}\sqrt{2\times9.8(110.0-107.0)}$$

$$=\frac{6.023d^2}{\sqrt{1.646+1.25/d}}$$

将 $Q=3\text{m}^3/\text{s}$ 代入上式，解出 $d=0.928$m，工程中可根据市场管材的规格取管径 $d=0.95$m。

5.2.4.4 有压泄水道的水力计算

工程中为了了解有压泄水道内的流速和动水压强的变化情况，常需计算并绘制总水头线和测压管水头线，计算方法见例题 5.6。

【例题 5.6】 某水库泄洪压力隧洞如图所示。洞身断面为圆形，内径 $d=5.0$m，全长 $L=160$m，其中斜坡段长 80m，水平段长 80m。进口有渐变段及闸门槽，局部阻力系数 $\zeta_1=0.2$，中间有一弯管，局部阻力系数 $\zeta_2=0.15$，洞壁用混凝土衬砌，粗糙系数 $n=0.0125$，出口洞底高程为 200.0m，进口洞底高程为 215.0m。试计算：(1) 在上游库水位为 237.5m 时，设出口为自由出流，求泄流量；(2) 为减小洞内出现的负压，在出口选一收缩段，将出口断面缩小 20%，渐缩段的局部阻力系数 $\zeta_3=0.15$，在上、下游水位相同的条件下，问测压管水头线及泄流量如何变化。计算时忽略隧洞前断面 1—1 的行近流速水头。

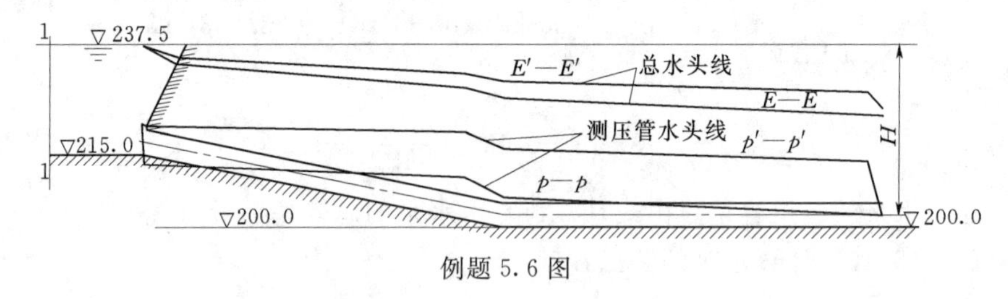

例题 5.6 图

解：

(1) 求泄流量。已知隧洞粗糙系数 $n=0.0125$，则水力半径为

$$R=d/4=5/4=1.25(\text{m})$$

曼宁系数为
$$C=\frac{1}{n}R^{1/6}=\frac{1}{0.0125}\times1.25^{1/6}=83.03$$

沿程阻力系数为
$$\lambda=\frac{8g}{C^2}=\frac{8\times9.8}{83.03^2}=0.0114$$

管道系统的流量系数为

$$\mu=\frac{1}{\sqrt{1+\lambda L/d+\sum\zeta}}=\frac{1}{\sqrt{1+0.0114\times160/5+0.2+0.15}}=0.764$$

隧洞的过水断面面积为　$A=\frac{\pi d^2}{4}=\frac{\pi\times5^2}{4}=19.635(\text{m}^2)$

$$Q=\mu A\sqrt{2gH}=0.764\times19.635\sqrt{2\times9.8[237.5-(200+2.5)]}=392.9(\text{m}^3/\text{s})$$

计算各段的水头损失

由于隧洞的直径不变，隧洞的流速为

$$v=Q/A=392.9/19.635=20.01(\text{m/s})$$

流速水头为　$v^2/(2g)=20.01^2/(2\times9.8)=20.43(\text{m})$

进口渐变段水头损失为　$h_{j1}=\zeta_1\frac{v^2}{2g}=0.2\times20.43=4.086(\text{m})$

斜坡段沿程水头损失为　$h_{f1}=\lambda\frac{l_1}{d}\frac{v^2}{2g}=0.0114\times\frac{80}{5}\times20.43=3.726(\text{m})$

弯管水头损失为　$h_{j2}=\zeta_2\frac{v^2}{2g}=0.15\times20.43=3.065(\text{m})$

平段沿程水头损失为　$h_{f2}=\lambda\frac{l_2}{d}\frac{v^2}{2g}=0.0114\times\frac{80}{5}\times20.43=3.726(\text{m})$

由以上数据，按一定的比例绘出总水头线 $E—E$，平行于 $E—E$ 线在其下面 20.43m 处绘出测压管水头线 $p—p$，如例题 5.6 图所示。

(2) 将出口断面缩小 20%，求泄流量并绘制总水头线和测压管水头线。

由以上计算可以看出，洞身进口有一段在 $p—p$ 线以上，此段处于负压状态，且负压较大。为了保证隧洞安全运行，对设计方案须进行修改。

现将隧洞出口断面缩小 20%，设洞内流速为 v_1，隧洞出口流速为 v_2，上游库水位保持不变，出口仍为自由出流。对隧洞进口前的断面 1—1 和出口断面写能量方程，有

$$H=\frac{v_2^2}{2g}+h_w$$

$$h_w=\left(\lambda\frac{l_1+l_2}{d}+\zeta_1+\zeta_2\right)\frac{v_1^2}{2g}+\zeta_3\frac{v_2^2}{2g}$$

$$\lambda\frac{l_1+l_2}{d}+\zeta_1+\zeta_2=0.0114\times\frac{80+80}{5}+0.2+0.15=0.7148$$

所以　$h_w=0.7148\frac{v_1^2}{2g}+0.15\frac{v_2^2}{2g}$

由连续性方程 $A_1v_1=A_2v_2$，$v_1=A_2v_2/A_1$，依题意，$A_2=0.8A_1$，所以 $v_1=0.8v_2$，代入上式得

$$h_w=0.7148\frac{v_1^2}{2g}+0.15\frac{v_2^2}{2g}=(0.7148\times0.8^2+0.15)\times\frac{v_2^2}{2g}=0.6075\times\frac{v_2^2}{2g}$$

由此得

$$H=\frac{v_2^2}{2g}+h_w=\frac{v_2^2}{2g}+0.6075\times\frac{v_2^2}{2g}=1.6075\times\frac{v_2^2}{2g}=35$$

由上式解得 $v_2=20.658\text{m/s}$。$v_1=0.8v_2=0.8\times20.658=16.526(\text{m/s})$，则流量为

$$Q=A_1v_1=\frac{\pi}{4}d^2v_1=\frac{\pi}{4}\times5^2\times16.526=324.49(\text{m}^3/\text{s})$$

流量比原来减少了

$$\frac{392.9-324.49}{392.9}=17.41\%$$

下面求各段的水头损失：

$$\frac{v_1^2}{2g}=\frac{16.526^2}{2\times 9.8}=13.935(\text{m}) \quad \frac{v_2^2}{2g}=\frac{20.658^2}{2\times 9.8}=21.773(\text{m})$$

隧洞进口渐变段水头损失为 $h_{j1}=\zeta_1\frac{v_1^2}{2g}=0.2\times 13.935=2.787(\text{m})$

斜坡段沿程水头损失为 $h_{f1}=\lambda\frac{l_1}{d}\frac{v_1^2}{2g}=0.0114\times\frac{80}{5}\times 13.935=2.542(\text{m})$

弯管水头损失为 $h_{j2}=\zeta_2\frac{v_1^2}{2g}=0.15\times 13.935=2.09(\text{m})$

平段沿程水头损失为 $h_{f2}=\lambda\frac{l_2}{d}\frac{v_1^2}{2g}=0.0114\times\frac{80}{5}\times 13.935=2.542(\text{m})$

出口段水头损失为 $h_{j3}=\zeta_3\frac{v_2^2}{2g}=0.15\times 21.773=3.266(\text{m})$

由以上计算结果绘制的测压管水头线和总水头线如例题5.6图中的 p'—p' 和 E'—E' 线所示。可以看出，隧洞出口缩小后，测压管水头线有明显的升高，进口处的负压也消失了，但同时隧洞的过流量也减少了17.41%。

5.3 简单管道长管的水力计算

简单管道长管的水力计算也分为自由出流和淹没出流。

5.3.1 自由出流

设有一简单管道如图5.6所示。一端与水池相连，另一端使水流流入大气中。管道的直径为 d，管长为 L。

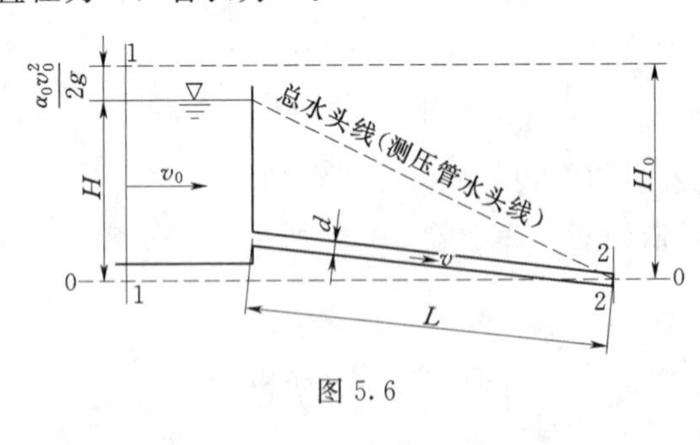

图5.6

以管道出口中心水平面为基准面，并选渐变流断面1—1和管道出口断面2—2列能量方程，对于长管，不计局部水头损失，则

$$H+\frac{\alpha_0 v_0^2}{2g}=\frac{\alpha_2 v_2^2}{2g}+h_f$$

对于长管，流速水头可以忽略，则上式简化为

$$H=h_f \tag{5.12}$$

式（5.12）表明，长管的全部水头 H 消耗于沿程水头损失上。由谢才公式

$$v=C\sqrt{RJ}=C\sqrt{Rh_f/L}$$

而 $h_f=\frac{v^2L}{C^2R}$，代入式（5.12）得

$$H=\frac{v^2L}{C^2R}=\frac{Q^2}{A^2C^2R}L=\frac{Q^2}{K^2}L \tag{5.13}$$

式中：$K=CA\sqrt{R}$为流量模数或特性流量，它综合反映了管道断面形状、大小和粗糙特性对输水能力的影响。对于粗糙系数n为定值的圆管，K值为管径的函数。

5.3.2　淹没出流

如果管道两端均与水池相连，如图5.7所示，则为长管的淹没出流。

以下游水面为基准面，列断面1—1和断面2—2的能量方程：

$$z+\frac{\alpha_0 v_0^2}{2g}=\frac{\alpha_2 v_2^2}{2g}+h_f$$

忽略$\frac{\alpha_0 v_0^2}{2g}$和$\frac{\alpha_2 v_2^2}{2g}$，则$z=h_f$，同样可得

$$z=\frac{Q^2}{K^2}L \tag{5.14}$$

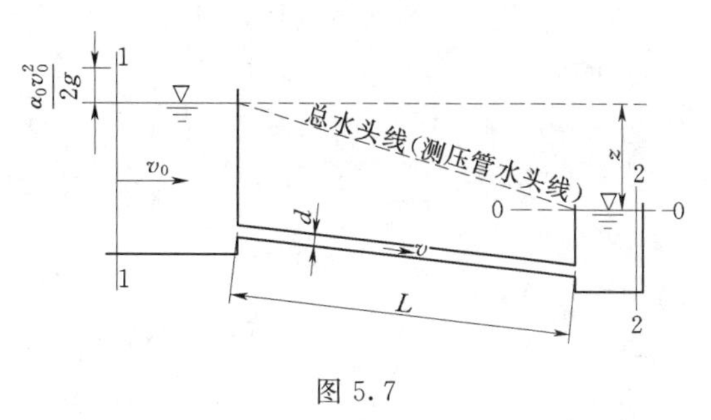

图5.7

式中：z为上下游水位差。

简单管道长管的水力计算问题有三种类型：①已知管径d、管长L、水头H（或z），求流量Q；②已知管径d、管长L、流量Q，求水头H（或z）；③已知流量Q、水头H、管长L，求管径d，但需注意，管径求出后，还须按照市场管材规格选择适应的管径。

在给水工程中，习惯上采用比阻法对长管进行水力计算，将式（5.12）改写成

$$H=h_f=\lambda\frac{L}{d}\frac{v^2}{2g}$$

将$v=\frac{4Q}{\pi d^2}$代入上式得

$$H=h_f=\frac{8\lambda}{g\pi^2 d^5}Q^2L$$

令$A_0=\frac{8\lambda}{g\pi^2 d^5}$，则有

$$H=A_0Q^2L \tag{5.15}$$

式中：A_0为单位流量通过单位长度管道损失的水头，称为管道的比阻，它决定于沿程阻力系数λ和管道直径d。

在环境、给排水工程中，管流多在紊流粗糙区或紊流过渡区，计算比阻的方法如下：

1. 按舍维列夫公式求比阻

对于旧铸铁管和旧钢管，舍维列夫公式见第4章的式（4.77）和式（4.78）。

将式（4.77）和式（4.78）分别代入比阻公式得

当$v>1.2$m/s时（阻力平方区）：

$$A_0=\frac{0.001736}{d^{5.3}} \tag{5.16}$$

当$v<1.2$m/s时（紊流过渡区）：

$$A_0=\frac{0.00148}{d^{5.3}}\left(1+\frac{0.867}{v}\right)^{0.3}=0.852\left(1+\frac{0.867}{v}\right)^{0.3}\frac{0.001736}{d^{5.3}} \tag{5.17}$$

令 $k=0.852\left(1+\frac{0.867}{v}\right)^{0.3}$，则

$$A_0=k\frac{0.001736}{d^{5.3}} \tag{5.18}$$

式（5.18）表明，过渡区的比阻可以用阻力平方区的比阻乘以修正系数 k 来计算。

对于新钢管和新的铸铁管，舍维列夫公式见第 4 章的式（4.79）和式（4.80）。将式（4.79）和式（4.80）分别代入比阻公式得

新钢管：

当 $Re<2.4\times10^6 d$ 时（d 以 m 计）

$$A_0=\frac{0.001315}{d^{5.226}}\left(1+\frac{0.684}{v}\right)^{0.226} \tag{5.19}$$

新铸铁管：

当 $Re<2.7\times10^6 d$ 时（d 以 m 计）

$$A_0=\frac{0.001191}{d^{5.284}}\left(1+\frac{2.36}{v}\right)^{0.284} \tag{5.20}$$

需要说明的是，舍维列夫的阻力系数是在水温为 10℃，运动黏滞系数 $\nu=1.3\times10^{-6}\mathrm{m^2/s}$ 的条件下得到的，式中 d 以 m 计，流速以 m/s 计。

2. 按曼宁公式求比阻

曼宁公式中，$C=R^{1/6}/n$，$\lambda=8g/C^2$，代入比阻公式得

$$A_0=\frac{64n^2}{\pi^2 R^{1/3} d^5} \tag{5.21}$$

对于圆管，水力半径 $R=d/4$，代入式（5.21）得

$$A_0=\frac{10.3n^2}{d^{16/3}} \tag{5.22}$$

3. 按水力坡度计算

水力坡度 $J=\frac{h_f}{L}=\frac{H}{L}=\frac{\lambda}{d}\frac{v^2}{2g}$，对于旧钢管和旧铸铁管，将舍维列夫公式（4.77）和式（4.78）代入得

当 $v>1.2\mathrm{m/s}$ 时（阻力平方区）

$$J=0.00107\frac{v^2}{d^{1.3}} \tag{5.23}$$

当 $v<1.2\mathrm{m/s}$ 时（紊流过渡区）

$$J=0.000912\frac{v^2}{d^{1.3}}\left(1+\frac{0.867}{v}\right)^{0.3} \tag{5.24}$$

对于钢筋混凝土管，采用谢才公式

$$J=\frac{v^2}{C^2 R} \tag{5.25}$$

【例题 5.7】 用铸铁管由水塔向工厂供水，已知管长 $L=2500\mathrm{m}$，管径 $d=0.4\mathrm{m}$，水塔处地形标高 $\nabla_1=61\mathrm{m}$，水塔水面距地表面 $H_1=18\mathrm{m}$，工厂地形标高 $\nabla_2=45\mathrm{m}$，管路末端需

要的自由水头 $H_2=25\text{m}$，试按长管计算通过管路的流量。

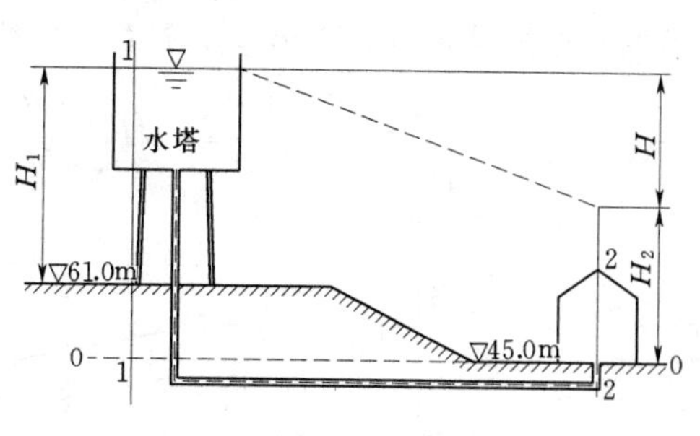

例题 5.7 图

解：

按长管计算，局部水头损失可以忽略，以下游地面为基准面，写断面 1—1 和断面 2—2 的能量方程：

$$\nabla_1-\nabla_2+H_1=H_2+h_f \tag{1}$$

$$h_f=\nabla_1-\nabla_2+H_1-H_2=61-45+18-25=9(\text{m})=H \tag{2}$$

假设管道中的流速 $v>1.2\text{m/s}$，由式（5.16）求比阻：

$$A_0=\frac{0.001736}{d^{5.3}}=\frac{0.001736}{0.4^{5.3}}=0.2232(\text{s}^2/\text{m}^6) \tag{3}$$

由式（5.15）知，$H=A_0Q^2L$，由此得

$$Q=\sqrt{\frac{H}{A_0L}}=\sqrt{\frac{9}{0.2232\times 2500}}=0.127(\text{m}^3/\text{s}) \tag{4}$$

验算：求流速 $v=\frac{4Q}{\pi d^2}=\frac{4\times 0.127}{\pi\times 0.4^2}=1.01(\text{m/s})<1.2(\text{m/s})$，与假设不符。重新假设流态在紊流过渡区，则由式（5.17）得

$$A_0=\frac{0.00148}{d^{5.3}}\left(1+\frac{0.867}{v}\right)^{0.3}=\frac{0.00148}{0.4^{5.3}}\left(1+\frac{0.867}{v}\right)^{0.3}=0.19026\left(1+\frac{0.867}{v}\right)^{0.3} \tag{5}$$

因为 $Q=Av=\frac{\pi d^2}{4}v$，代入式（4）整理得

$$\frac{\pi d^2}{4}v=\sqrt{\frac{H}{A_0L}} \tag{6}$$

由上式得

$$v^2A_0=\frac{16H}{\pi^2Ld^4} \tag{7}$$

将式（5）代入上式得

$$0.19026\left(1+\frac{0.867}{v}\right)^{0.3}v^2=\frac{16H}{\pi^2Ld^4}=\frac{16\times 9}{\pi^2\times 2500\times 0.4^4}=0.228 \tag{8}$$

将上式写成迭代形式，即

$$v=\left[\frac{1.19822}{\left(1+\frac{0.867}{v}\right)^{0.3}}\right]^{1/2}$$

由上式解出 $v=0.997\text{m/s}$，与假设相符，所以流量为

$$Q=\frac{\pi d^2}{4}v=\frac{\pi\times 0.4^2}{4}\times 0.997=0.125(\text{m}^3/\text{s})$$

5.4 复杂短管的水力计算

复杂短管是由几条不同直径、不同长度的管段组合而成的管道。图 5.8 所示为一串联

管道的复杂短管，以管道出口水平面为基准面，列断面1—1和断面2—2的能量方程：

$$H+\frac{\alpha_0 v_0^2}{2g}=\frac{\alpha_4 v_4^2}{2g}+h_w$$

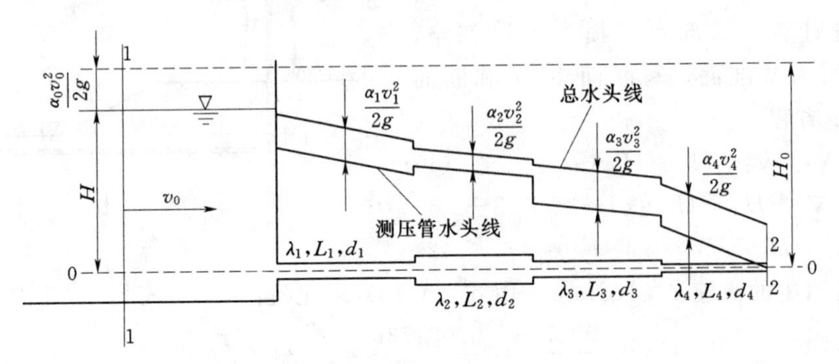

图5.8

由图5.8可以看出，$h_w=\sum\left(\lambda_i\frac{L_i}{d_i}\frac{v_i^2}{2g}\right)+\sum\zeta_i\frac{v_i^2}{2g}$，令$H+\frac{\alpha_0 v_0^2}{2g}=H_0$，代入上式得

$$H_0=\frac{\alpha_4 v_4^2}{2g}+\sum\left(\lambda_i\frac{L_i}{d_i}\frac{v_i^2}{2g}\right)+\sum\zeta_i\frac{v_i^2}{2g} \tag{5.26}$$

式（5.26）表明，管路中的总水头损失，等于所有各管段中的沿程水头损失和局部水头损失之和。对于图5.8所示的四段管路，有

$$\sum\left(\lambda_i\frac{L_i}{d_i}\frac{v_i^2}{2g}\right)=\lambda_1\frac{L_1}{d_1}\frac{v_1^2}{2g}+\lambda_2\frac{L_2}{d_2}\frac{v_2^2}{2g}+\lambda_3\frac{L_3}{d_3}\frac{v_3^2}{2g}+\lambda_4\frac{L_4}{d_4}\frac{v_4^2}{2g}$$

根据连续方程，$A_1v_1=A_4v_4$，有$v_1=\frac{A_4}{A_1}v_4$，同理，$v_2=\frac{A_4}{A_2}v_4$，$v_3=\frac{A_4}{A_3}v_4$，代入上式得

$$\sum\left(\lambda_i\frac{L_i}{d_i}\frac{v_i^2}{2g}\right)=\lambda_1\frac{L_1}{d_1}\left(\frac{A_4}{A_1}\right)^2\frac{v_4^2}{2g}+\lambda_2\frac{L_2}{d_2}\left(\frac{A_4}{A_2}\right)^2\frac{v_4^2}{2g}+\lambda_3\frac{L_3}{d_3}\left(\frac{A_4}{A_3}\right)^2\frac{v_4^2}{2g}+\lambda_4\frac{L_4}{d_4}\frac{v_4^2}{2g}$$

由此可得

$$\sum\left(\lambda_i\frac{L_i}{d_i}\frac{v_i^2}{2g}\right)=\sum\lambda_i\frac{L_i}{d_i}\left(\frac{A}{A_i}\right)^2\frac{v^2}{2g} \tag{5.27}$$

式中：A为末端管道的断面面积，$A=A_4$；v为管道出口断面的平均流速，$v=v_4$。

对于局部水头损失，有

$$\sum\left(\zeta_i\frac{v_i^2}{2g}\right)=\zeta_{进口}\frac{v_1^2}{2g}+\zeta_{扩}\frac{v_2^2}{2g}+\zeta_{缩}\frac{v_3^2}{2g}+\zeta_{缩}\frac{v_4^2}{2g}=\zeta_{进口}\left(\frac{A_4}{A_1}\right)^2\frac{v_4^2}{2g}+\zeta_{扩}\left(\frac{A_4}{A_2}\right)^2\frac{v_4^2}{2g}+\zeta_{缩}\left(\frac{A_4}{A_3}\right)^2\frac{v_4^2}{2g}+\zeta_{缩}\frac{v_4^2}{2g}$$

因此有

$$\sum\left(\zeta_i\frac{v_i^2}{2g}\right)=\sum\zeta_i\left(\frac{A}{A_i}\right)^2\frac{v^2}{2g} \tag{5.28}$$

将式（5.27）和式（5.28）代入式（5.26）得

$$H_0=\left[1+\sum\lambda_i\frac{L_i}{d_i}\left(\frac{A}{A_i}\right)^2+\sum\zeta_i\left(\frac{A}{A_i}\right)^2\right]\frac{v^2}{2g} \tag{5.29}$$

将式（5.29）整理后变为$v=\mu\sqrt{2gH_0}$，则

$$Q=Av=\mu A\sqrt{2gH_0} \tag{5.30}$$

$$\mu=\frac{1}{\sqrt{1+\sum\lambda_i\frac{L_i}{d_i}\left(\frac{A}{A_i}\right)^2+\sum\zeta_i\left(\frac{A}{A_i}\right)^2}} \tag{5.31}$$

式中：A_i 为第 i 段管道的断面面积；μ 为管道系统的流量系数。

【例题 5.8】 一水平输水管道各部尺寸如图所示。已知压力表读数 $M=4$（大气压），设水位高度 $h=5\text{m}$，$L_1=10\text{m}$，$L_2=40\text{m}$，$d_1=0.1\text{m}$，$d_2=0.2\text{m}$，$d=0.08\text{m}$，试确定流量为多少？假设 $\zeta_{进口}=0.5$，$\zeta_{阀}=4$，喷嘴的局部阻力系数 $\zeta_{喷嘴}=0.06$（喷嘴出口的水流没有收缩），$\lambda_1=0.038$，$\lambda_2=0.0304$。

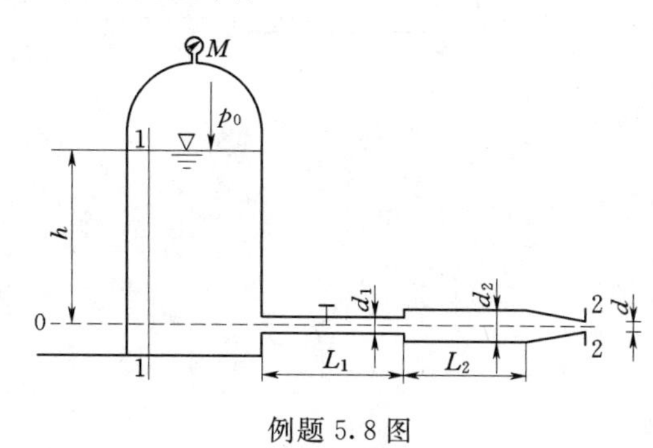

例题 5.8 图

解：

以管道出口中心线为基准面，写断面 1—1 和断面 2—2 的能量方程：

$$h+\frac{p_0}{\gamma}+\frac{\alpha_0 v_0^2}{2g}=\frac{p_a}{\gamma}+\frac{\alpha v^2}{2g}+h_w$$

$$\sum\lambda_i\frac{L_i}{d_i}\left(\frac{A}{A_i}\right)^2=\sum\lambda_i\frac{L_i}{d_i}\left(\frac{d^2}{d_i^2}\right)^2=0.038\times\frac{10}{0.1}\left(\frac{0.08^2}{0.1^2}\right)^2+0.0304\times\frac{40}{0.2}\left(\frac{0.08^2}{0.2^2}\right)^2=1.712$$

对于突然扩大管，局部阻力系数为

$$\zeta_{扩}=\left(\frac{A_2}{A_1}-1\right)^2=\left(\frac{d_2^2}{d_1^2}-1\right)^2=\left(\frac{0.2^2}{0.1^2}-1\right)^2=9$$

$$\sum\zeta_i\left(\frac{A}{A_i}\right)^2=\sum\zeta_i\left(\frac{d^2}{d_i^2}\right)^2=0.5\times\left(\frac{0.08^2}{0.1^2}\right)^2+4\times\left(\frac{0.08^2}{0.1^2}\right)^2+9\times\left(\frac{0.08^2}{0.2^2}\right)^2+0.06=2.1336$$

$$h_w=(1.712+2.1336)\frac{v^2}{2g}=3.8486\frac{v^2}{2g}$$

将上式代入能量方程

$$h+\frac{p_0}{\gamma}+\frac{\alpha_0 v_0^2}{2g}=\frac{p_a}{\gamma}+\frac{\alpha v^2}{2g}+3.8486\frac{v^2}{2g}$$

忽略行近流速水头，将上式变形，取 $\alpha=1$，则

$$h+\frac{p_0-p_a}{\gamma}=4.8486\frac{v^2}{2g}$$

依题意，$\dfrac{p_0-p_a}{\gamma}=40\text{m}$，$h=5\text{m}$，代入上式解出 $v=13.49\text{m/s}$，流量为

$$Q=Av=\frac{\pi d^2}{4}v=\frac{\pi\times0.08^2}{4}\times13.49=0.068(\text{m}^3/\text{s})$$

对于有流量输出的管道，如果沿线有几处供水，经过一段距离便有流量分出，则各管段流量就不相同。

如图5.9所示的管路系统，它由不同长度的管段与管径串联在一起，沿线有若干分支管路。设管路上游用水泵提供水头，将水打到各用水点 A、B、C、D，管线1、2、3、4叫作主干线。选定某一水平面为基准面后可列出断面1—1和断面 D—D 的能量方程

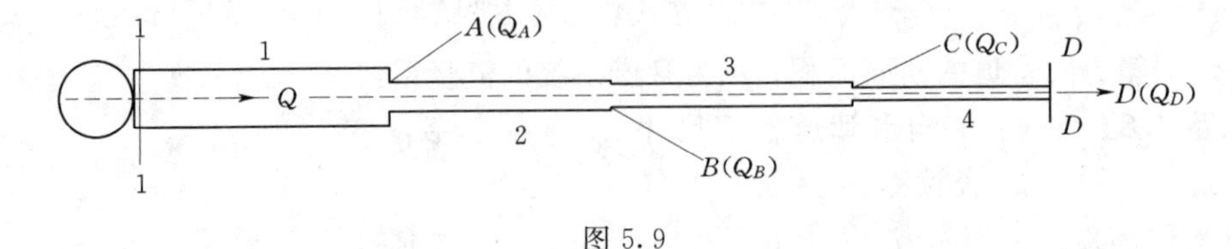

图5.9

$$z_1+\frac{p_1}{\gamma}+\frac{\alpha_1 v_1^2}{2g}=z_D+\frac{p_D}{\gamma}+\frac{\alpha_D v_D^2}{2g}+h_w$$

或
$$\left(z_1+\frac{p_1}{\gamma}\right)-\left(z_D+\frac{p_D}{\gamma}\right)=\frac{\alpha_D v_D^2}{2g}-\frac{\alpha_1 v_1^2}{2g}+h_w$$

令 $H=\left(z_1+\frac{p_1}{\gamma}\right)-\left(z_D+\frac{p_D}{\gamma}\right)$，则

$$H=\frac{\alpha_D v_D^2}{2g}-\frac{\alpha_1 v_1^2}{2g}+h_w \tag{5.32}$$

式中：h_w 为管路系统的总水头损失。

h_w 应包括沿程水头损失和局部水头损失，其中还必须考虑分支处的三通损失，即

$$h_w=\sum h_f+\sum h_j=\sum\lambda_i\frac{L_i}{d_i}\frac{v_i^2}{2g}+\sum\zeta_k\frac{v_k^2}{2g} \tag{5.33}$$

式中：i 为主干管上的管段数；k 为主干管上的所有局部阻力数目（包括三通）。

另外，若各供水点处的流量分别为 Q_A、Q_B、Q_C、Q_D，则

$$\left.\begin{aligned}Q_2&=Q-Q_A\\Q_3&=Q_2-Q_B=Q-Q_A-Q_B\\Q_4&=Q_3-Q_C=Q-Q_A-Q_B-Q_C\end{aligned}\right\} \tag{5.34}$$

式（5.32）～式（5.34）联解可得出此类管路的水力计算。

5.5　复杂长管的水力计算

5.5.1　串联管道

由直径不同的几段管段顺次连接而成的管道称为串联管道。如果串联管道沿程没有流量分出，则各管段通过的流量相同；如果沿程有流量分出，则各管段通过的流量可能不同。图5.10为一串联管道，设串联管道中任一管段的直径为 d_i，管长为 l_i，流量为 Q_i，管段末端由支管分出的流量为 q_i，因串联管道的每一管段都是简单管道，都可应用简单管道的水力计算式（5.13），即

$$h_{fi}=\frac{Q_i^2}{K_i^2}l_i$$

$$H=\sum h_{fi}=\sum \frac{Q_i^2}{K_i^2}l_i \qquad (5.35)$$

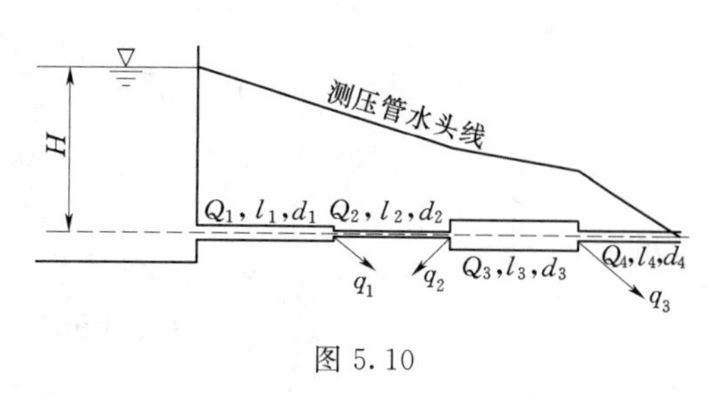

图 5.10

串联管道各管段的流量可用连续性方程，即

$$Q_{i+1}=Q_i-q_i \qquad (5.36)$$

如管道中各节点无流量分出，$q_i=0$，则管路各段的流量相同，式（5.35）简化为

$$H=\sum h_{fi}=Q^2\sum \frac{l_i}{K_i^2} \qquad (5.37)$$

以上所讲的方法也适合于串联短管的情况，只是在短管中要考虑局部水头损失的影响。

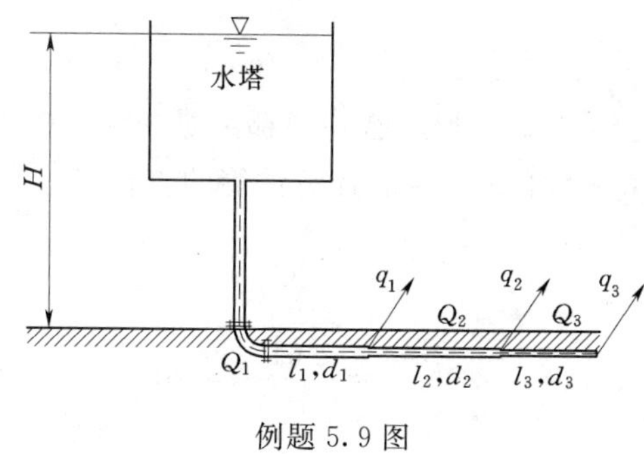

例题 5.9 图

【例题 5.9】 某工厂有 3 个车间，其用水量 $q_1=0.05\text{m}^3/\text{s}$，$q_2=0.04\text{m}^3/\text{s}$，$q_3=0.03\text{m}^3/\text{s}$，各车间水平敷设的铸铁管长分别为 $l_1=500\text{m}$，$l_2=400\text{m}$，$l_3=300\text{m}$，管径分别为 $d_1=0.4\text{m}$，$d_2=0.3\text{m}$，$d_3=0.2\text{m}$，如图所示。车间所需自由水头（即剩余水头）h 皆为 10m，因地势平坦，管道埋深较浅，地面高差可不考虑，试求水塔水面距地面的高度 H。

解：

（1）求各管段流量：

$$Q_3=q_3=0.03(\text{m}^3/\text{s})$$

$$Q_2=Q_3+q_2=0.03+0.04=0.07(\text{m}^3/\text{s})$$

$$Q_1=Q_2+q_1=0.07+0.05=0.12(\text{m}^3/\text{s})$$

（2）求各管段流速：

$$v_3=\frac{4Q_3}{\pi d_3^2}=\frac{4\times 0.03}{\pi\times 0.2^2}=0.955(\text{m/s})$$

$$v_2=\frac{4Q_2}{\pi d_2^2}=\frac{4\times 0.07}{\pi\times 0.3^2}=0.990(\text{m/s})$$

$$v_1=\frac{4Q_1}{\pi d_1^2}=\frac{4\times 0.12}{\pi\times 0.4^2}=0.955(\text{m/s})$$

（3）求各管段的沿程阻力系数。对于铸铁管，各管段的阻力系数可用舍维列夫公式计算，由于各管段的流速均小于 1.2m/s，则由第 4 章的式（4.77）得

$$\lambda_3=\frac{0.0179}{d_3^{0.3}}\left(1+\frac{0.867}{v_3}\right)^{0.3}=\frac{0.0179}{0.2^{0.3}}\left(1+\frac{0.867}{0.955}\right)^{0.3}=0.0352$$

$$\lambda_2=\frac{0.0179}{d_2^{0.3}}\left(1+\frac{0.867}{v_2}\right)^{0.3}=\frac{0.0179}{0.3^{0.3}}\left(1+\frac{0.867}{0.990}\right)^{0.3}=0.031$$

$$\lambda_1=\frac{0.0179}{d_1^{0.3}}\left(1+\frac{0.867}{v_1}\right)^{0.3}=\frac{0.0179}{0.4^{0.3}}\left(1+\frac{0.867}{0.955}\right)^{0.3}=0.0286$$

（4）求各管段的比阻和沿程水头损失：

$$A_{03}=\frac{8\lambda_3}{g\pi^2 d_3^5}=\frac{8\times0.0352}{9.8\pi^2\times0.2^5}=9.10(\mathrm{s^2/m^6})$$

$$h_{f3}=A_{03}Q_3^2 l_3=9.10\times0.03^2\times300=2.457(\mathrm{m})$$

$$A_{02}=\frac{8\lambda_2}{g\pi^2 d_2^5}=\frac{8\times0.031}{9.8\pi^2\times0.3^5}=1.055(\mathrm{s^2/m^6})$$

$$h_{f2}=A_{02}Q_2^2 l_2=1.055\times0.07^2\times400=2.068(\mathrm{m})$$

$$A_{01}=\frac{8\lambda_1}{g\pi^2 d_1^5}=\frac{8\times0.0286}{9.8\pi^2\times0.4^5}=0.231(\mathrm{s^2/m^6})$$

$$h_{f1}=A_{01}Q_1^2 l_1=0.231\times0.12^2\times500=1.663(\mathrm{m})$$

依题意，水塔水面距地面高度为 H，除应满足克服各管段沿程阻力之外，还须保证管道最远点所需自由水头 $h=10\mathrm{m}$，所以

$$H=h+h_{f3}+h_{f2}+h_{f1}=10+2.457+2.068+1.663=16.2(\mathrm{m})$$

【例题 5.10】 有一条用水泥砂浆涂衬内壁的铸铁输水管，已知粗糙系数 $n=0.012$，作用水头 $H=20\mathrm{m}$，管长 $L=2000\mathrm{m}$，通过流量 $Q=0.2\mathrm{m^3/s}$，选择铸铁管的直径 d。

解：

按长管计算。因为

$$H=h_f=A_0Q^2L=\frac{8\lambda}{g\pi^2 d^5}Q^2L=\frac{8\lambda}{9.8\pi^2 d^5}\times0.2^2\times2000=\frac{6.617\lambda}{d^5}=20$$

对于圆管，水力半径为 $R=d/4$，则

$$\lambda=\frac{8g}{C^2}=\frac{8g}{(R^{1/6}/n)^2}=\frac{8\times4^{1/3}n^2g}{d^{1/3}}=\frac{8\times4^{1/3}\times0.012^2\times9.8}{d^{1/3}}=\frac{0.01792}{d^{1/3}}$$

由此可得

$$\frac{6.617\lambda}{d^5}=\frac{6.617}{d^5}\times\frac{0.01792}{d^{1/3}}=\frac{0.1186}{d^{16/3}}=20$$

解得 $d=0.382\mathrm{m}$，根据市场管材，选 $d=0.4\mathrm{m}$。

现考虑另一种方案，既考虑要充分利用水头，又要节约的原则，在设计中采用两段直径不同的管道串联，选两段管道的直径分别为 $d_1=0.4\mathrm{m}$，$d_2=0.35\mathrm{m}$，长度分别为 l_1 和 l_2，各管段长度确定如下：

$$A_{01}=\frac{8\lambda_1}{g\pi^2 d_1^5}$$

$$A_{02}=\frac{8\lambda_2}{g\pi^2 d_2^5}$$

将 $C=\frac{1}{n}R^{1/6}=\frac{1}{n}\left(\frac{d}{4}\right)^{1/6}$，$\lambda=\frac{8g}{C^2}$代入以上两式得

$$A_{01}=\frac{64\times4^{1/3}n^2}{\pi^2 d_1^{16/3}}=\frac{64\times4^{1/3}\times0.012^2}{\pi^2\times0.4^{16/3}}=0.1965(\mathrm{s^2/m^6})$$

$$A_{02}=\frac{64\times4^{1/3}n^2}{\pi^2 d_2^{16/3}}=\frac{64\times4^{1/3}\times0.012^2}{\pi^2\times0.35^{16/3}}=0.4005(\mathrm{s^2/m^6})$$

$$H=h_{f1}+h_{f2}=A_{01}Q^2l_1+A_{02}Q^2l_2$$

因为 $L=l_1+l_2=2000$，$l_2=2000-l_1$，代入上式得

$$H=A_{01}Q^2l_1+A_{02}Q^2(2000-l_1)=Q^2l_1(A_{01}-A_{02})+2000A_{02}Q^2$$

$$l_1=\frac{H-2000A_{02}Q^2}{Q^2(A_{01}-A_{02})}=\frac{20-2000\times0.4005\times0.2^2}{0.2^2\times(0.1965-0.4005)}=1475.5(\mathrm{m})$$

$$l_2=2000-l_1=2000-1475.5=524.5(\mathrm{m})$$

5.5.2　并联管道

两条或两条以上的水管在同一处分出，以后又在另一处汇合，这样的管道称为并联管道。

如图 5.11 所示为一并联管道，A、B 两点分别为各管段管道的起点和终点，通过每段管道的流量可能不同，但每段管道的水头差 $H=H_A-H_B$ 是相等的。

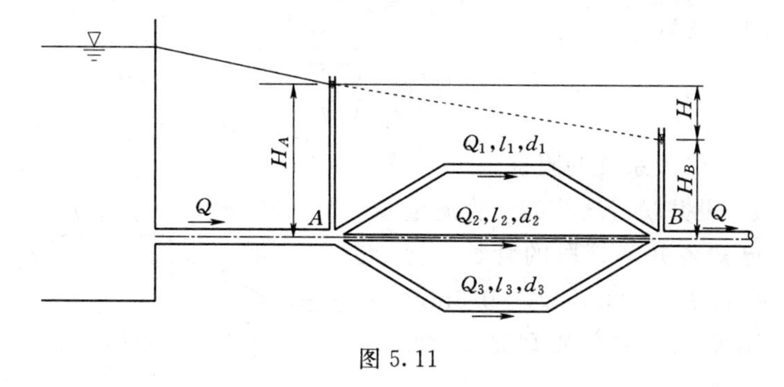

图 5.11

设并联管道由几段组成，因为每段管道都是简单管道，可列出简单管道的水力计算公式为

$$\left.\begin{aligned}H&=\frac{Q_1^2}{K_1^2}l_1\\H&=\frac{Q_2^2}{K_2^2}l_2\\&\vdots\\H&=\frac{Q_n^2}{K_n^2}l_n\end{aligned}\right\}\tag{5.38}$$

此外，几个并联管道的总流量应等于通过 A 点或 B 点的流量，即

$$Q=Q_1+Q_2+\cdots+Q_n\tag{5.39}$$

式（5.38）和式（5.39）共有 $n+1$ 个方程，联立解 $n+1$ 个方程组，可确定 $n+1$ 个未知数。此 $n+1$ 个未知数通常为水头 H 与每一管道的流量 Q_i。

如果用比阻来表示水头差，则

$$\left.\begin{aligned}H&=A_{01}Q_1^2l_1\\H&=A_{02}Q_2^2l_2\\H&=A_{03}Q_3^2l_3\\&\vdots\\H&=A_{0n}Q_n^2l_n\end{aligned}\right\}\tag{5.40}$$

则并联管道任一管段的流量 Q_i 为

$$Q_i=\sqrt{\frac{H}{A_{0i}l_i}} \tag{5.41}$$

在实际工程中，常常会遇到已知并联管道分流点前的干管总流量 Q，需求分流点后各并联管段中的流量 Q_i，为此设分流点 A 与汇流点 B 之间各并联管段流量总和 $Q=\sum Q_i$，则

$$Q=\sum Q_i=\sum\frac{\sqrt{H}}{\sqrt{A_{0i}l_i}}=\sqrt{H}\sum\frac{1}{\sqrt{A_{0i}l_i}}=Q_i\sqrt{A_{0i}l_i}\sum\frac{1}{\sqrt{A_{0i}l_i}} \tag{5.42}$$

令 $\sum\frac{1}{\sqrt{A_{0i}l_i}}=\frac{1}{\sqrt{A_{01}l_1}}+\frac{1}{\sqrt{A_{02}l_2}}+\frac{1}{\sqrt{A_{03}l_3}}+\cdots+\frac{1}{\sqrt{A_{0n}l_n}}=\frac{1}{\sqrt{A_{0p}l_p}}$，则可得干流 Q 与各并联管段流量 Q_i 的关系为

$$Q_i=Q\sqrt{\frac{A_{0p}l_p}{A_{0i}l_i}} \tag{5.43}$$

式中：$A_{0p}l_p$ 为并联管段系统的阻抗。

【例题 5.11】 设并联铸铁管的干管流量 $Q=0.23\text{m}^3/\text{s}$，已知各并联管段的管长、管径分别为 $l_1=300\text{m}$，$l_2=100\text{m}$，$d_1=0.3\text{m}$，$d_2=0.15\text{m}$，如图所示，求各管段流量 Q_1 和 Q_2。

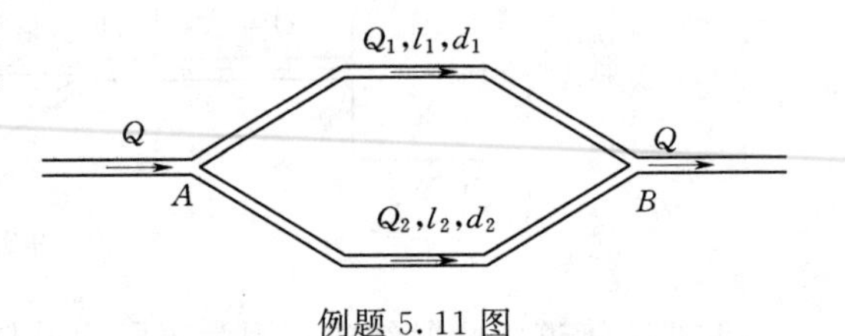

例题 5.11 图

解：

设水流处于阻力平方区，用式（5.41）计算流量，用式（5.16）计算比阻得

$$A_{01}=\frac{0.001736}{d_1^{5.3}}=\frac{0.001736}{0.3^{5.3}}=1.025(\text{s}^2/\text{m}^6)$$

$$A_{02}=\frac{0.001736}{d_2^{5.3}}=\frac{0.001736}{0.15^{5.3}}=40.39(\text{s}^2/\text{m}^6)$$

$$Q_1=\sqrt{\frac{H}{A_{01}l_1}}=\sqrt{\frac{H}{1.025\times300}}=\sqrt{\frac{H}{307.5}}$$

$$Q_2=\sqrt{\frac{H}{A_{02}l_2}}=\sqrt{\frac{H}{40.39\times100}}=\sqrt{\frac{H}{4039}}$$

$$Q_1+Q_2=Q=\sqrt{\frac{H}{307.5}}+\sqrt{\frac{H}{4039}}=0.23(\text{m}^3/\text{s})$$

解得 $H=10\text{m}$，则

$$Q_1=\sqrt{\frac{H}{307.5}}=\sqrt{\frac{10}{307.5}}=0.18(\text{m}^3/\text{s})$$

$$Q_2=\sqrt{\frac{H}{4039}}=\sqrt{\frac{10}{4039}}=0.05(\text{m}^3/\text{s})$$

校核：

$$v_1=\frac{4Q_1}{\pi d_1^2}=\frac{4\times 0.18}{\pi\times 0.3^2}=2.55(\mathrm{m/s})$$

$$v_2=\frac{4Q_2}{\pi d_2^2}=\frac{4\times 0.05}{\pi\times 0.15^2}=2.83(\mathrm{m/s})$$

各管段的流速均大于1.2m/s，水流处于紊流的阻力平方区，与假设相符。

如果用式（5.43）求解，则

$$\frac{1}{\sqrt{A_{0p}l_p}}=\frac{1}{\sqrt{A_{01}l_1}}+\frac{1}{\sqrt{A_{02}l_2}}=\frac{1}{\sqrt{1.025\times 300}}+\frac{1}{\sqrt{40.39\times 100}}=0.07276$$

$$\sqrt{A_{0p}l_p}=1/0.07276=13.744$$

$$Q_1=Q\sqrt{\frac{A_{0p}l_p}{A_{01}l_1}}=0.23\times\frac{13.744}{\sqrt{1.025\times 300}}=0.18(\mathrm{m^3/s})$$

$$Q_2=Q\sqrt{\frac{A_{0p}l_p}{A_{02}l_2}}=0.23\times\frac{13.744}{\sqrt{40.39\times 100}}=0.05(\mathrm{m^3/s})$$

【例题5.12】 设热水采暖系统的部分管道如图所示。4个散热器两两串联后又并联在A、B两节点间，其中管段1的管长$l_1=20\mathrm{m}$，管径$d_1=0.02\mathrm{m}$，局部阻力系数$\sum\zeta_1=15$，管段2的管长$l_2=10\mathrm{m}$，管径$d_2=0.02\mathrm{m}$，$\sum\zeta_2=15$，两管段的沿程阻力系数相同，$\lambda=0.025$，干管中的流量$Q=1\mathrm{L/s}$，热水的密度$\rho=980\mathrm{kg/m^3}$，求管段1、2的流量Q_1和Q_2。

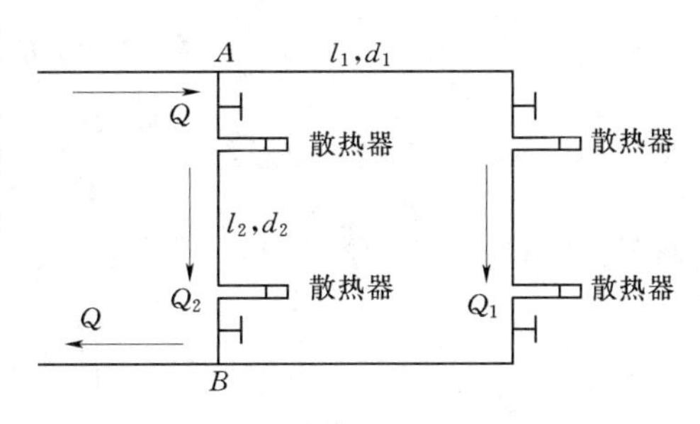

例题5.12图

解：

A、B两节点的水头损失相等，则

$$h_w=\left(\lambda\frac{l_1}{d_1}+\sum\zeta_1\right)\frac{v_1^2}{2g}=\left(0.025\times\frac{20}{0.02}+15\right)\frac{v_1^2}{2g}=40\times\frac{v_1^2}{2g}$$

$$h_w=\left(\lambda\frac{l_2}{d_2}+\sum\zeta_2\right)\frac{v_2^2}{2g}=\left(0.025\times\frac{10}{0.02}+15\right)\frac{v_2^2}{2g}=27.5\times\frac{v_2^2}{2g}$$

由此得$40\times\frac{v_1^2}{2g}=27.5\times\frac{v_2^2}{2g}$，求得$40v_1^2=27.5v_2^2$，则

$$40\left(\frac{4Q_1}{\pi d_1^2}\right)^2=27.5\left(\frac{4Q_2}{\pi d_2^2}\right)^2$$

因为$d_1=d_2$，代入上式得$40Q_1^2=27.5Q_2^2$，则

$$Q_1=\sqrt{\frac{27.5}{40}}Q_2$$

由题知，$Q_1+Q_2=Q=1\mathrm{L/s}$，代入上式得

$$Q=\left(1+\sqrt{\frac{27.5}{40}}\right)Q_2=1$$

求得 $Q_2=0.5467L/s$，$Q_1=Q-Q_2=1-0.5467=0.4533L/s$。

5.5.3 分叉管道

由主干管段分出两条或两条以上支管，分叉后不再汇合的管路称为分叉管道。

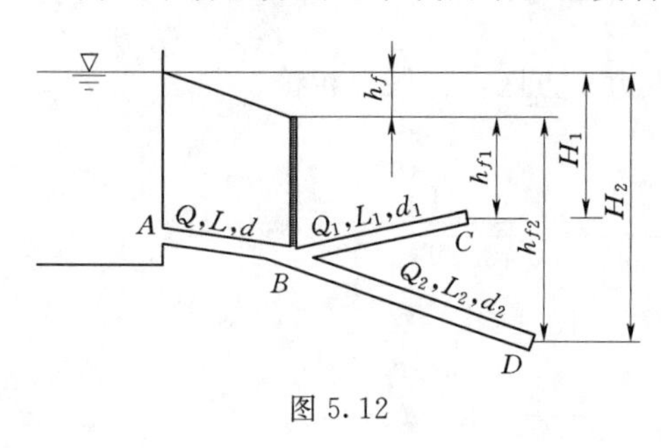

图 5.12

图5.12为一分叉管道，总管自水池引水后，在 B 点分叉，然后通过两根支管分别于 C、D 两点流入大气，C 点和水池水面的高差为 H_1，D 点和水池水面的高差为 H_2，当不计局部水头损失时，AB、BC、BD 各段的水头损失分别用 h_f、h_{f1}、h_{f2} 表示，流量用 Q、Q_1、Q_2 表示。显然，在此种情况下，由 A 点至任一分叉的支管都可看作为一串联管道，可按串联管道的方法计算。

对于串联管道 ABC 和管道 ABD，有

$$\left.\begin{aligned}H_1=h_f+h_{f1}=\frac{Q^2}{K^2}L+\frac{Q_1^2}{K_1^2}L_1\\H_2=h_f+h_{f2}=\frac{Q^2}{K^2}L+\frac{Q_2^2}{K_2^2}L_2\end{aligned}\right\}\tag{5.44}$$

根据连续条件，$Q=Q_1+Q_2$，代入上式得

$$Q=\sqrt{\left(H_1-\frac{Q^2}{K^2}L\right)\frac{K_1^2}{L_1}}+\sqrt{\left(H_2-\frac{Q^2}{K^2}L\right)\frac{K_2^2}{L_2}}\tag{5.45}$$

求出总流量后，代入式（5.44）即可求出支管的流量 Q_1 和 Q_2。如果总流量已知，也可求解其他未知水力要素。

【例题 5.13】 如图所示为旧铸铁管的分叉管路，已知：主管直径 $d=0.3m$，主管长 $L=200m$，支管1的直径 $d_1=0.2m$，管长 $L_1=300m$，支管2的直径 $d_2=0.15m$，管长 $L_2=200m$，主管中流量 $Q=0.1m^3/s$，试求：(1) 各支管中的流量 Q_1 和 Q_2；(2) 支管2出口的高程。

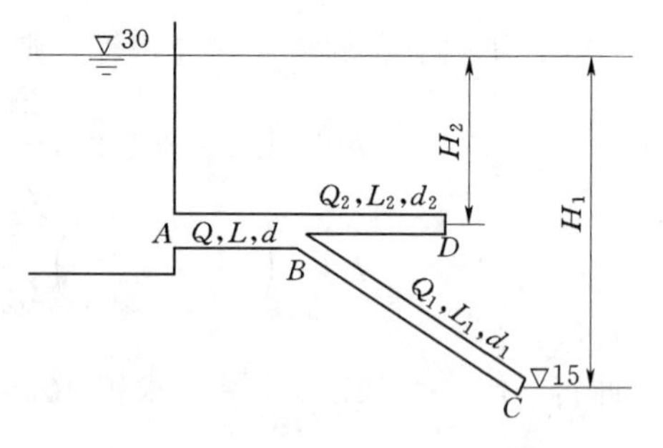

例题 5.13 图

解：

假设管道中的流速均大于1.2m/s，按舍维列夫公式计算沿程阻力系数：

$$\lambda=\frac{0.021}{d^{0.3}}=\frac{0.021}{0.3^{0.3}}=0.030$$

$$\lambda_1=\frac{0.021}{d_1^{0.3}}=\frac{0.021}{0.2^{0.3}}=0.034$$

$$\lambda_2=\frac{0.021}{d_2^{0.3}}=\frac{0.021}{0.15^{0.3}}=0.037$$

$$v=\frac{4Q}{\pi d^2}=\frac{4\times0.1}{\pi\times0.3^2}=1.415(\text{m/s})>1.2(\text{m/s})$$

$$H_1=h_f+h_{f1}=\lambda\frac{L}{d}\frac{v^2}{2g}+\lambda_1\frac{L_1}{d_1}\frac{v_1^2}{2g}=0.030\times\frac{200}{0.3}\times\frac{1.415^2}{2\times9.8}+0.034\times\frac{300}{0.2}\frac{v_1^2}{2g}$$

$$=2.043+51\frac{v_1^2}{2g}$$

由图中可以看出，$H_1=30-15=15\text{m}$，代入上式解出 $v_1=2.231\text{m/s}>1.2\text{m/s}$，则

$$Q_1=A_1v_1=\frac{\pi}{4}d_1^2v_1=\frac{\pi}{4}\times0.2^2\times2.231=0.070(\text{m}^3/\text{s})$$

$$Q_2=Q-Q_1=0.1-0.070=0.030(\text{m}^3/\text{s})$$

$$v_2=\frac{4Q_2}{\pi d_2^2}=\frac{4\times0.030}{\pi\times0.15^2}=1.698(\text{m/s})>1.2(\text{m/s})$$

$$H_2=h_f+h_{f2}=2.043+\lambda_2\frac{L_2}{d_2}\frac{v_2^2}{2g}=2.043+0.037\times\frac{200}{0.15}\times\frac{1.698^2}{2\times9.8}=9.3(\text{m})$$

支管 2 出口的高程为　$\nabla_2=30-H_2=30-9.3=20.70(\text{m})$

5.6 连续出流管道的水力计算

5.6.1 沿程连续均匀泄流

连续出流管道是指沿着管道的长度连续的有流量泄出，这种管道称为连续出流管道。

图 5.13 所示的管段 CD 是一段连续出流管道。C 点的流量为 Q，D 点的流量为 Q_T（过境流量），在 CD 管段中连续流出的流量为 Q_p，由连续性方程得

$$Q=Q_p+Q_T$$

式中：Q_T 称为过境流量，也叫贯通流量；Q_p 为沿程泄流量。

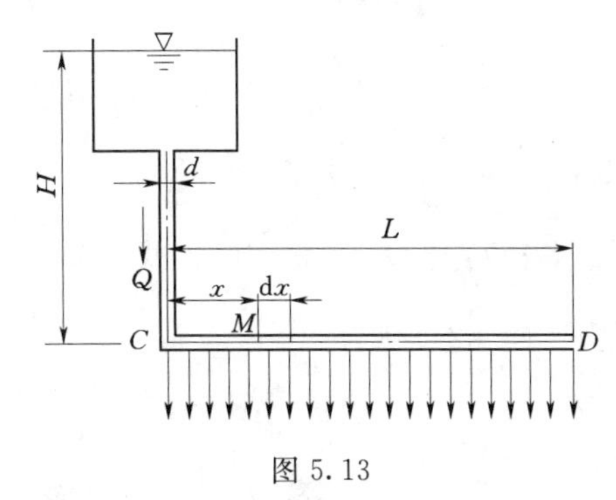

图 5.13

为简单起见，只研究沿程均匀泄流的情形，即流量是沿管道长度 L 均匀的泄出的，则单位长度上的泄流量为 Q_p/L。

在管道中取一断面 M，它与起点 C 相距为 x，研究通过 M 点的流量 Q_M，因为 C 点的流量为 $Q=Q_p+Q_T$，经过距离 x 的泄流量为 xQ_p/L，所以 M 点的流量为

$$Q_M=Q-\frac{Q_p}{L}x=Q_p+Q_T-\frac{Q_p}{L}x \tag{5.46}$$

在 M 点处取一微小管段 $\mathrm{d}x$，微小管段 $\mathrm{d}x$ 可以视为简单管道，在 $\mathrm{d}x$ 距离内的水头降落为

$$\mathrm{d}H=\frac{Q_M^2}{K^2}\mathrm{d}x=\frac{1}{K^2}\left(Q_p+Q_T-\frac{Q_p}{L}x\right)^2\mathrm{d}x$$

$$=\frac{1}{K^2}\left[(Q_p+Q_T)^2-\frac{2}{L}(Q_p+Q_T)Q_px+\frac{Q_p^2}{L^2}x^2\right]\mathrm{d}x$$

对上式积分得

$$H=\frac{L}{K^2}\left(Q_T^2+Q_pQ_T+\frac{1}{3}Q_p^2\right) \tag{5.47}$$

式（5.47）即为沿程均匀泄流的水头损失公式，当管道末端的贯通流量（过境流量）$Q_T=0$ 时

$$H=\frac{L}{3K^2}Q_p^2 \tag{5.48}$$

从式（5.48）可知，在相同的管道条件下，流量全部沿程均匀泄流的水头损失，只相当于全部泄量从管道末端一次泄出时的水头损失的1/3。这是因为沿程均匀泄流时，流速不断减小，故水头损失亦因此减小。

在式（5.47）中，令

$$Q_C^2=\left(Q_T^2+Q_pQ_T+\frac{1}{3}Q_p^2\right) \tag{5.49}$$

则式（5.47）可以写成

$$H=\frac{Q_C^2}{K^2}L \tag{5.50}$$

式中：Q_C 为折算流量。

由式（5.49）可知，折算流量 Q_C 大于贯通流量 Q_T，而小于管道的总流量 Q。考虑到这点，在实际计算时，可取折算流量 Q_C 等于过境流量 Q_T 加上部分的沿程泄流量，即

$$Q_C=Q_T+\alpha Q_p \tag{5.51}$$

式中，$\alpha<1$，将式（5.49）代入式（5.51）得

$$\alpha=\frac{1}{Q_p}\sqrt{\left(Q_T^2+Q_pQ_T+\frac{1}{3}Q_p^2\right)}-\frac{Q_T}{Q_p} \tag{5.52}$$

当 $Q_T=0$ 时，$\alpha=1/\sqrt{3}=0.58$。

当 Q_p 比 Q_T 小很多时，式（5.52）中的$\frac{1}{3}\frac{Q_p^2}{Q_T^2}$项可忽略，因它比$\left(1+\frac{Q_p}{Q_T}\right)$小得多，于是式（5.52）变为

$$\alpha=\frac{Q_T}{Q_p}\left(\sqrt{1+\frac{Q_p}{Q_T}}-1\right) \tag{5.53}$$

将式（5.53）根号用牛顿二项式展开，取前两项作为近似值，得

$$\left(1+\frac{Q_p}{Q_T}\right)^{1/2}=1+\frac{1}{2}\frac{Q_p}{Q_T}-\frac{1}{8}\frac{Q_p^2}{Q_T^2}\approx 1+\frac{1}{2}\frac{Q_p}{Q_T}$$

将上式代入式（5.53）得 $\alpha=0.5$。取 α 在 0.5～0.58 间的近似平均值，则折算流量为

$$Q_C=Q_T+0.55Q_p \tag{5.54}$$

因此，沿程连续均匀泄流管道的沿程水头损失公式可近似的写成

$$H=\frac{L}{K^2}(Q_T+0.55Q_p)^2 \tag{5.55}$$

也可以用比阻法求沿程连续均匀泄流，设距管道进口 x 处通过的流量为 Q_M，在 $\mathrm{d}x$

长度上的水头损失为

$$dh_f = A_0 Q_M^2 dx$$

将式（5.46）代入得

$$dh_f = A_0\left(Q_T + Q_p - \frac{Q_p}{L}x\right)^2 dx$$

全管的水头损失为

$$h_f = \int_0^L A_0\left(Q_T + Q_p - \frac{Q_p}{L}x\right)^2 dx$$

当管道的沿程阻力系数及管径不变时，比阻 A_0 为常数，积分上式得

$$h_f = A_0 L\left(Q_T^2 + Q_T Q_p + \frac{1}{3}Q_p^2\right) \tag{5.56}$$

由式（5.49）得

$$h_f = A_0 L Q_C^2 \tag{5.57}$$

由式（5.54）得

$$h_f = A_0 L (Q_T + 0.55 Q_p)^2 \tag{5.58}$$

当 $Q_T = 0$ 时，由式（5.56）得

$$h_f = \frac{1}{3} A_0 L Q_p^2 \tag{5.59}$$

【例题 5.14】 由水塔供水的铸铁管道如图所示。已知 $l_1 = 500\text{m}$，$d_1 = 0.2\text{m}$，$l_2 = 150\text{m}$，$d_2 = 0.15\text{m}$，$l_3 = 200\text{m}$，$d_3 = 0.125\text{m}$，节点 B 分出流量 $q = 0.01\text{m}^3/\text{s}$，沿程泄出流量 $Q_p = 0.015\text{m}^3/\text{s}$，贯通流量 $Q_T = 0.02\text{m}^3/\text{s}$，求其所需的作用水头 H。

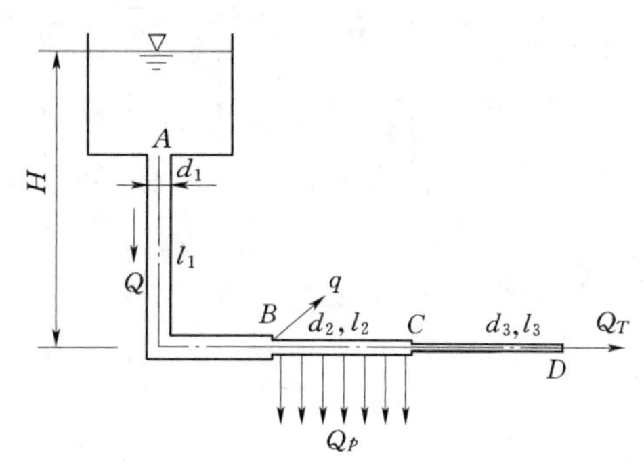

例题 5.14 图

解：

对于管段 AB，其流量为

$$Q = Q_p + Q_T + q = 0.015 + 0.02 + 0.01 = 0.045(\text{m}^3/\text{s})$$

$$v_1 = \frac{4Q}{\pi d_1^2} = \frac{4\times 0.045}{\pi \times 0.2^2} = 1.4324(\text{m/s}) > 1.2(\text{m/s})$$

$$A_{01} = \frac{0.001736}{d_1^{5.3}} = \frac{0.001736}{0.2^{5.3}} = 8.792(\text{s}^2/\text{m}^6)$$

$$h_{fA-B} = A_{01} Q^2 l_1 = 8.792 \times 0.045^2 \times 500 = 8.902(\text{m})$$

BC 管段：

$$Q_C^2 = \left(Q_T^2 + Q_T Q_p + \frac{1}{3}Q_p^2\right) = \left(0.02^2 + 0.02\times 0.015 + \frac{1}{3}\times 0.015^2\right) = 7.75\times 10^{-4}(\text{m}^6/\text{s}^2)$$

$$v_2 = \frac{4Q_C}{\pi d_2^2} = \frac{4\times\sqrt{7.75\times 10^{-4}}}{\pi \times 0.15^2} = 1.5754(\text{m/s}) > 1.2(\text{m/s})$$

$$A_{02}=\frac{0.001736}{d_2^{5.3}}=\frac{0.001736}{0.15^{5.3}}=40.39(\mathrm{s^2/m^6})$$

$$h_{fB-C}=A_{02}Q_C{}^2l_2=40.39\times7.75\times10^{-4}\times150=4.695(\mathrm{m})$$

CD 管段：

$$v_3=\frac{4Q_T}{\pi d_3^2}=\frac{4\times0.02}{\pi\times0.125^2}=1.63(\mathrm{m/s})>1.2(\mathrm{m/s})$$

$$A_{03}=\frac{0.001736}{d_3^{5.3}}=\frac{0.001736}{0.125^{5.3}}=106.152(\mathrm{s^2/m^6})$$

$$h_{fC-D}=A_{03}Q_T{}^2l_3=106.152\times0.02^2\times200=8.492(\mathrm{m})$$

$$H=h_{fA-B}+h_{fB-C}+h_{fC-D}=8.902+4.695+8.492=22.09(\mathrm{m})$$

5.6.2　沿程多孔口等间距等流量泄流

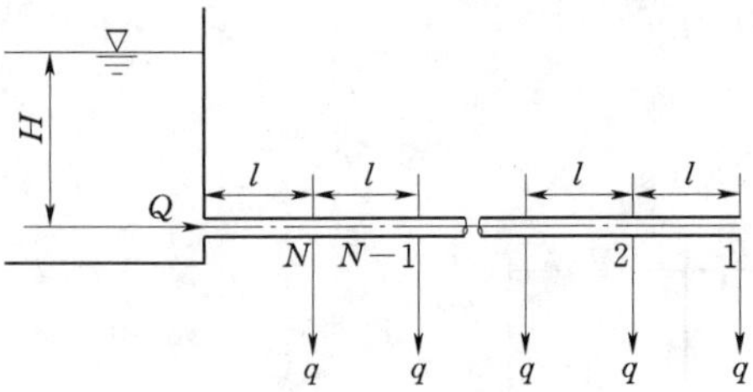

图 5.14

沿程多孔口等间距等流量出流管道如图5.14所示。这种管道实际上是一种等直径的串联管道，总水头损失等于各段水头损失之和。由于每一管段间距 l 及管径 d 均相等，若其流态在阻力平方区，则比阻 A_0 均相等。

设进口总流量为 Q，孔口总数为 N，每一孔口的流量 $q=Q/N$，孔口及管段编号自下游向上游递增，每一段的水头损失为

$$h_{f1}=A_0q^2l$$

$$h_{f2}=A_0(2q)^2l$$

$$h_{f3}=A_0(3q)^2l$$

$$\vdots$$

$$h_{fN-1}=A_0(N-1)^2q^2l$$

$$h_{fN}=A_0(Nq)^2l$$

整个管道的总水头损失为 H，因为 $q^2=Q^2/N^2$，则

$$H=\sum_{i=1}^{N}h_{fi}=[1+2^2+3^2+\cdots+(N-1)^2+N^2]A_0l\frac{Q^2}{N^2}$$

$$=\frac{N(N+1)(2N+1)}{6N^2}A_0lQ^2=\frac{(N+1)(2N+1)}{6N^2}A_0LQ^2\qquad(5.60)$$

式中：L 为管道总长度，$L=Nl$。

5.7　管网的水力计算

工程中常将各种类型的管道组合成的网称为管网。管网通常分为两类：一类是一些独立的直管共同连接在一根干管上所组成的管网，称为枝状管网，如图5.15（a）所示；另一类是用管道将枝状管网各尾端连接起来，组成闭合管网，称为环状管网，如图5.15（b）所示。

5.7.1　枝状管网的水力计算

枝状管网的水力计算主要是确定各管段直径和水塔的高度或水泵的扬程，一般有以下

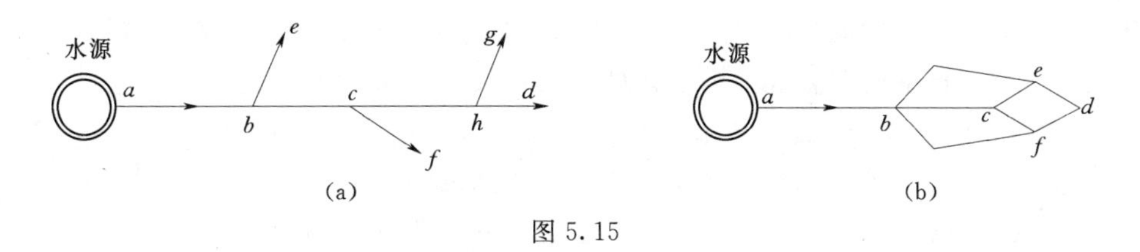

图 5.15

两类问题。

（1）已知管网的布置情况，各管段的直径和流量，求水源所需的水头。

为确定水源水头或水泵的扬程，首先要选定设计管线。一般选从水源到最远、最高、通过流量最大的管线作为设计管线，如图 5.16 中的 $PABCD$ 作为设计管线。

其次，要求出设计管线的总水头损失，为此，从终点开始，逐渐向水源方向计算各管段的水头损失。

$$h_{fi}=\frac{Q_i^2}{K_i^2}l_i$$

则水塔高度为

$$H_p=\sum h_{fi}+h_D-(z_p-z_D)=\sum h_{fi}+h_D+z_D-z_p \tag{5.61}$$

式中：$\sum h_{fi}$ 为从水塔至管网供水最远点 D 的各管段的水头损失的总和；h_D 为管网末端 D 处的自由水头；z_D 为管网末端 D 处的地面高程；z_p 为水塔处的地面高程。

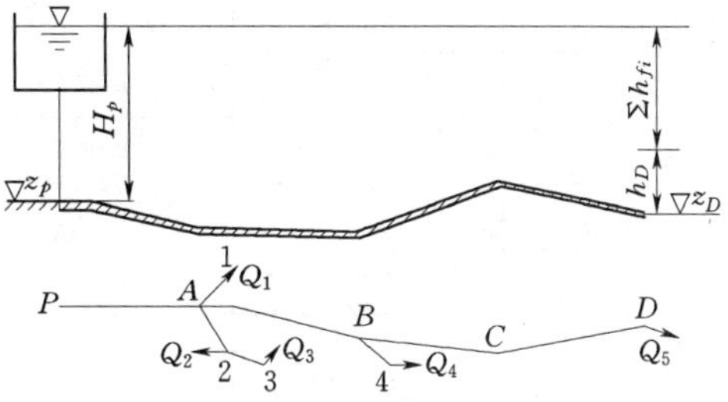

图 5.16

（2）已知管网的布置情况，各管段的长度、流量、管网两个端点的水头，要求确定各管段的管径。

仍用图 5.16 的设计管线 $PABCD$ 来说明计算方法。由 $J=Q^2/K^2$ 可知，只知道流量，J 和 K 都是未知数，就不能求各管段的直径，但是两端点的水头 z_p+H_p 和 z_D+h_D 都是已知的，可据此求出设计管线的平均水力坡度为

$$J_m=\frac{(z_p+H_p)-(z_D+h_D)}{l_{pA}+l_{AB}+l_{BC}+l_{CD}} \tag{5.62}$$

借助于平均水力坡度 J_m，求各管段的初步流量模数或比阻为

$$\left.\begin{aligned}K'^2_{pA}&=\frac{Q_{pA}^2}{J_m}\\K'^2_{AB}&=\frac{Q_{AB}^2}{J_m}\\K'^2_{BC}&=\frac{Q_{BC}^2}{J_m}\\K'^2_{CD}&=\frac{Q_{CD}^2}{J_m}\\&\vdots\end{aligned}\right\} \tag{5.63}$$

或

$$A_{0i}=J_m/Q_i^2 \tag{5.64}$$

用式（5.63）求得初步的流量模数，然后按照求得的 K' 或 A_{0i} 值就可以选择各管段的管径。管径算出后，再求所选管径的各管段的水头损失，如果满足下式：

$$h_{fPA}+h_{fAB}+h_{fBC}+h_{fCD}\leqslant(z_p+H_p)-(z_D+h_D) \tag{5.65}$$

就认为所选管径是合适的，但须注意，在选用管径时必须符合市场的产品规格。经验说明，应将上游一些管段选得大于计算管径，下游一些管段选得小于计算管径，并核算各管段水头损失之和是否满足式（5.65）。

在管网设计中，应作经济比较。采用一定的流速使得供水的总成本（包括铺设管道的建筑费、抽水机站建筑费、水塔建筑费及抽水经常运营费之和）最低，这种流速称为经济流速。

对于一般的给水管道，当直径 $d=100\sim400$mm 时，$v_{经}=0.6\sim1.0$m/s；当直径 $d>400$mm 时，$v_{经}=1.0\sim1.4$m/s。但这也要因地因时而略有不同。

在设计中，也可以采用经济管径及其相应的极限流速或极限流量，见表5.1，这样大大简化了管网的水力计算工作。

表5.1　钢管和铸铁管的极限流速和极限流量

d/m	v/(m/s)	Q/(m³/s)	d/m	v/(m/s)	Q/(m³/s)
0.06	0.70	0.002	0.40	1.25	0.157
0.10	0.75	0.006	0.50	1.40	0.275
0.15	0.80	0.014	0.60	1.60	0.453
0.20	0.90	0.028	0.80	1.80	0.905
0.25	1.00	0.049	1.00	2.00	1.571
0.30	1.10	0.073	1.10	2.20	2.093

在建筑物的设计中，建筑物的层数不同，所需的自由水头也不同。自由水头可由用户提出需要。对于楼房建筑物，可参照表5.2。

表5.2　楼房所需的自由水头

建筑物层数	1	2	3	4	5	6	7	8	10
自由水头/m	10	12	16	20	24	28	32	36	44

【例题5.15】 一枝状管网从水塔0沿0—1干线输送用水，各节点要求供水量如图所示。已知每一段管路长度为：$l_{01}=400$m，$l_{12}=200$m，$l_{23}=350$m，$l_{34}=350$m，$l_{15}=300$m，$l_{56}=200$m，$l_{67}=500$m。水塔处的地形标高和点4、点7的标高相同，点4和点7要求的自由水头均为 $h=12$m，求各管段的直径、水头损失和水塔高度。

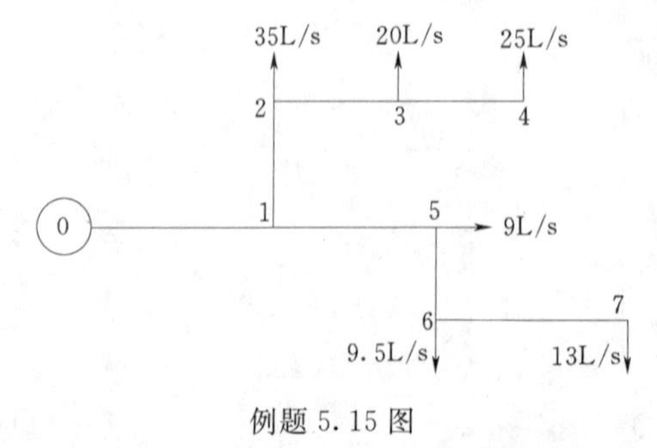

例题5.15图

解：

根据表5.1用极限流量选管径。注意在选

取管径时，前一段管径应大于后一段管径，且所选管径应为市场通用管材。

对于3—4段管段，已知，$Q_{34}=0.025\text{m}^3/\text{s}$，$l_{34}=350\text{m}$。查表5.1得$d_{34}=0.2\text{m}$，则

$$v_{34}=\frac{4Q_{34}}{\pi d_{34}^2}=\frac{4\times0.025}{\pi\times0.2^2}=0.796(\text{m/s})<1.2(\text{m/s})$$

按舍维列夫公式（5.17）求比阻：

$$A_{034}=\frac{0.00148}{d_{34}^{5.3}}\left(1+\frac{0.867}{v_{34}}\right)^{0.3}=\frac{0.00148}{0.2^{5.3}}\left(1+\frac{0.867}{0.796}\right)^{0.3}=9.35(\text{s}^2/\text{m}^6)$$

3—4管段的水头损失为

$$h_{f34}=A_{034}Q_{34}^2 l_{34}=9.35\times0.025^2\times350=2.045(\text{m})$$

其余各管段列表计算如下：

例题5.15计算表

已知数据			查表和计算所得数据				
支线	管段	管段长/m	流量/(L/s)	查表选管径/mm	流速/(m/s)	比阻 A_0/(s^2/m^6)	水头损失 h_f/m
左侧	3—4	350	25	200	0.796	9.35	2.045
	2—3	350	45	250	0.917	2.805	1.988
	1—2	200	80	300	1.132	1.037	1.327
右侧	6—7	500	13	150	0.736	43.493	3.675
	5—6	200	22.5	200	0.716	9.509	0.963
	1—5	300	31.5	250	0.642	2.969	0.884
分叉点	0—1	400	111.5	350	1.159	0.457	2.270

从水塔至最远点4和7的水头损失分别为：沿4—3—2—1—0线：

$$\sum h_f=2.045+1.988+1.327+2.270=7.63(\text{m})$$

沿7—6—5—1—0线：

$$\sum h_f=3.675+0.963+0.884+2.270=7.792(\text{m})$$

采用$\sum h_f=7.792\text{m}$，已知点0、4、7地形标高相同，4、7点要求的自由水头均为$h=12\text{m}$，所以水塔高度为

$$H_p=\sum h_f+h=7.792+12=19.792(\text{m})$$

采用水塔高度$H_p=20\text{m}$。

【例题5.16】 某枝状管网各节点的地面标高、建筑物层数及各管编号如图所示，设该管为铸铁管，各管长度、通过的流量列入下表，求各管段的管径及管网起点水塔水面距地面的高度H_p。

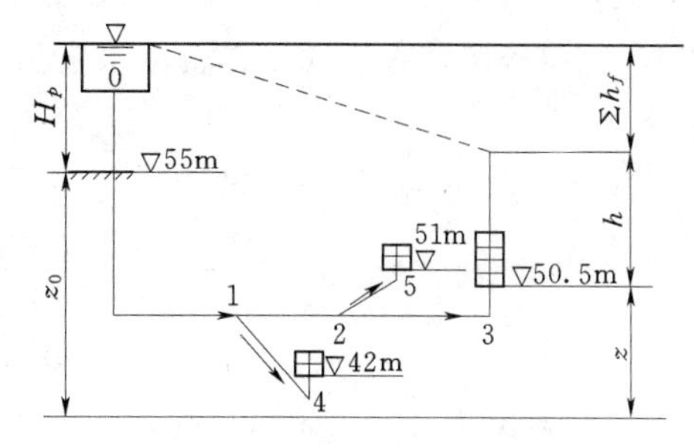

例题5.16图

解：

（1）求干线0—1—2—3各管段管径及水头

损失。按经济流速计算，当管径 $d>400$mm 时，取经济流速 $v=1.2$m/s，求 0—1 管段的管径

$$d_{01}=\sqrt{\frac{4Q_{01}}{\pi v_{01}}}=\sqrt{\frac{4\times 0.45}{\pi\times 1.2}}=0.691(\mathrm{m})=691(\mathrm{mm})$$

取 $d_{01}=700$mm。求流速：

$$v_{01}=\frac{4Q_{01}}{\pi d_{01}^{2}}=\frac{4\times 0.45}{\pi\times 0.7^{2}}=1.169(\mathrm{m/s})<1.2(\mathrm{m/s})$$

按舍维列夫公式（5.17）求比阻：

$$A_{01}=\frac{0.00148}{d_{01}^{5.3}}\left(1+\frac{0.867}{v_{01}}\right)^{0.3}=\frac{0.00148}{0.7^{5.3}}\left(1+\frac{0.867}{1.169}\right)^{0.3}=0.0116(\mathrm{s^2/m^6})$$

0—1 管段的水头损失为

$$h_{f01}=A_{01}Q_{01}^{2}l_{01}=0.0116\times 0.45^{2}\times 1500=3.524(\mathrm{m})$$

其余各管段的直径按表 5.1 选取，计算的水头损失见例题 5.16 计算表，但须注意，在计算比阻时，当 $v>1.2$m/s，$A_0=0.001736/d^{5.3}$。

例题 5.16 计算表

管线	已知值			计算值			
	编号	管长 /m	流量 /(L/s)	管径 /mm	流速 /(m/s)	比阻 /(s^2/m^6)	水头损失 /m
干管	0—1	1500	450	700	1.169	0.0116	3.524
	1—2	1000	350	600	1.238	0.0260	3.185
	2—3	3000	200	500	1.019	0.0701	8.416
支管	1—4	1000	100	250			
	2—5	650	150	300			

由表中可以看出，从干管 0—1—2—3 的水头损失为 3.524＋3.185＋8.416＝15.125(m)。对 4 层楼房，由表 5.2 查得自由水头 $h=20$m，由图中可以看出，水塔高度为

$$H_p=\sum h_f+h+z-z_0=15.125+20+50.5-55=30.625(\mathrm{m})$$

求干管各节点的水头：

节点 1：　$H_1=H_p+z_0-h_{f01}=30.625+55-3.524=82.101(\mathrm{m})$

节点 2：　$H_2=H_p+z_0-h_{f02}=30.625+55-3.524-3.185=78.916(\mathrm{m})$

（2）支管管径。支管 1—4，已知节点 1 的水头 $H_1=82.101$m，节点 4 的地面高程为 42m，二层楼房，查表 5.2 得自由水头为 12m。则 1—4 段的水力坡度为

$$J_{14}=\frac{H_1-H_4}{l_{14}}=\frac{82.101-(42+12)}{1000}=0.0281$$

$$J_{14}=\frac{h_{f14}}{l_{14}}=\frac{A_{014}Q_{14}^{2}l_{14}}{l_{14}}=A_{014}Q_{14}^{2}$$

$$A_{014}=J_{14}/Q_{14}^{2}=0.0281/0.1^{2}=2.81(\mathrm{s^2/m^6})$$

设管道的流速大于 1.2m/s，则 $A_{014}=0.001736/d_{14}^{5.3}=2.81(\mathrm{s^2/m^6})$，由此求得 $d_{14}=0.248$m，取管道直径 $d_{14}=0.25$m。校核：

$$v_{14}=\frac{4Q_{14}}{\pi d_{14}^{2}}=\frac{4\times 0.1}{\pi\times 0.25^{2}}=2.037(\text{m/s})>1.2(\text{m/s})$$

假设正确。

支管 2—5 管段：

$$J_{25}=\frac{H_{2}-H_{5}}{l_{25}}=\frac{78.916-(51+12)}{650}=0.0245$$

$$J_{25}=\frac{h_{f25}}{l_{25}}=\frac{A_{025}Q_{25}^{2}l_{25}}{l_{25}}=A_{025}Q_{25}^{2}$$

$$A_{025}=J_{25}/Q_{25}^{2}=0.0245/0.15^{2}=1.089(\text{s}^{2}/\text{m}^{6})$$

设管道的流速大于 1.2m/s，则 $A_{025}=0.001736/d_{25}^{5.3}=1.089(\text{s}^2/\text{m}^6)$，由此求得 $d_{25}=0.297\text{m}$，取管道直径 $d_{25}=0.3\text{m}$。校核：

$$v_{25}=\frac{4Q_{25}}{\pi d_{25}^{2}}=\frac{4\times 0.15}{\pi\times 0.3^{2}}=2.122(\text{m/s})>1.2(\text{m/s})$$

假设正确。所求得的支管 1—4 和支管 2—5 的管径分别为 $d_{14}=0.25\text{m}$，$d_{25}=0.3\text{m}$。

5.7.2 环状管网的水力计算

环状管网是由多条管段互相连成闭合形状的管道系统，或者说是将枝状管网的末端用附加管道连通而成的管网，如图 5.17 所示。

环状管网的特点是管网的任一点均可由不同方向供水。若管网内某一段损坏，可用闸门将其与其余管段隔开检修，水还可以由另一方向流向损坏管段下游的诸管道，这就提高了供水的可靠性。另外，环状管网还可减轻因水击现象而产生的危害。但因环状管网增加了管道的长度，使管网的造价增加。

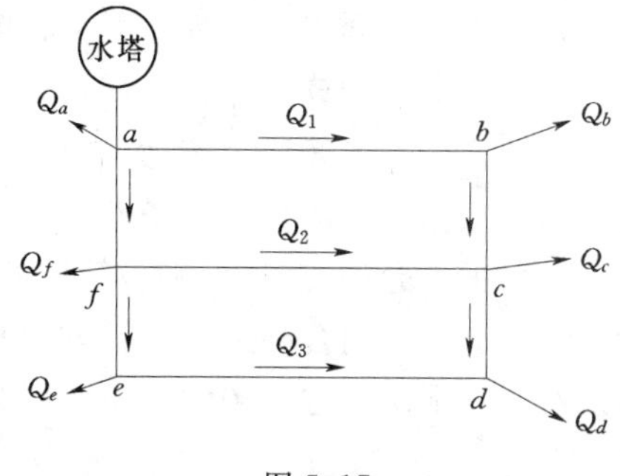

图 5.17

环状管网的设计，首先根据工程要求及当地条件进行整个管网的管线布置，确定各管段长度及各节点向外引出的流量。然后通过环状管网的水力计算确定各管段的流量 Q，管径 d 和相应各管段的水头损失，再从供水条件最不利点的地形标高和所需自由水头推求水塔水面高度或水泵的扬程。

由于环状管网的各管段是互相连通闭合的，相邻环具有共同管段及共同节点。研究任一环状管网，可以发现管网上管段数目 n_g 和环数 n_k 及节点数目 n_p 存在下列关系：

$$n_g=n_k+n_p-1 \tag{5.66}$$

管网中的每一段均有两个未知数 Q 和 d，因此，进行环状管网的水力计算时，未知数的总数为

$$2n_g=2(n_k+n_p-1)$$

根据环状管网的水流特点，其水力计算必须符合以下两个条件。

(1) 根据连续性方程，流入任一节点的流量应等于流出该节点的流量之和（包括节点流量），如以流向节点的流量为正值，离开节点的流量为负值，则两者的总和应等于零，

即在节点上有

$$\sum Q_i=0 \tag{5.67}$$

（2）对于任一闭合环路，从一个节点至另一个节点之间，沿不同管线计算的水头损失应相等，即任一闭合环路均可看成是在分流点与汇流点之间的并联管道。如规定顺时针方向水流所引起的水头损失为正，逆时针方向水流所引起的水头损失为负，则任一闭合环状管路中的水头损失之代数和等于零，即在各环内

$$\sum h_{wi}=0 \tag{5.68}$$

或

$$\sum A_{0i}Q_i^2 l_i=0$$

如图5.17中所示的环状管网，闭合管路 $abfc$ 的水头损失之和为 $h_{wab}+h_{wbc}-h_{waf}-h_{wfc}=0$，闭合管路 $fced$ 的水头损失之和为 $h_{wfc}+h_{wcd}-h_{wfe}-h_{wed}=0$。

仍以图5.17所示的环状管网为例，来说明其水力计算方法。图中共有6个节点，由式（5.67）可写出5个独立方程（其余一个节点的方程不是独立的，即最后一个节点），两个闭合环路可由式（5.68）写出两个独立的方程，共有7个方程。因此对环状管网可列出 n_k+n_p-1 个方程式，但未知数为 $2(n_k+n_p-1)$ 个，说明问题有任意解。因此在实际计算时，往往是用经济流速确定各管段直径，从而使所求未知数减少一半，这样，未知数与方程数目一致，方程就有确定解。

环状管网计算工作量大，因此，人们研究了环网方程的各种解法。一般有解管段方程、解节点方程和解环方程三类。如用手工计算，应用较多的是哈代-克罗斯法（Hardy - Croos），该法的计算步骤如下。

（1）先假定各管段的流动方向，在图上用箭头标出。

（2）根据节点流量平衡条件 $\sum Q_i=0$ 分配各管段的流量 Q_i。

（3）根据允许流速 $v_{允}$ 和各管段的流量 Q_i，求管径 d_i。

（4）求每一闭合环路顺时针方向和逆时针方向的水头损失，鉴别它是否满足 $\sum h_{wi}=0$ 的条件，若不满足这个条件，说明闭合管道的一支流量过大，另一支流量过小，这时需对流量进行修正，设修正流量为 ΔQ，流量修正后再计算各环的水头损失 $\sum h_{wi}$，使其 $\sum h_{wi}=0$ 为止。

现以图5.17为例，来说明修正流量 ΔQ 的近似公式。

设图5.17中的闭合环路为 $abcfa$，流入节点 a 的流量分成沿顺时针方向 abc 的流量 Q_1 和逆时针方向 afc 的流量 Q_2，若求得 $\sum h_{wi}\neq 0$，说明流量要重新分配，将流量偏大的减小，流量偏小的加大，即修正后的流量为

$$Q_1'=Q_1+\Delta Q \quad Q_2'=Q_2-\Delta Q$$

流量修正后应满足

$$\sum_{abc}h_w=\sum_{afc}h_w$$

因为

$$h_w=\frac{Q^2}{K^2}L$$

或

$$h_w=A_0Q^2L$$

所以有

$$\sum\frac{L_1}{K_1^2}(Q_1+\Delta Q)^2=\sum\frac{L_2}{K_2^2}(Q_2-\Delta Q)^2$$

将上式按二项式定理展开得

$$\sum\frac{L_1}{K_1^2}(Q_1^2+2Q_1\Delta Q+\Delta Q^2)=\sum\frac{L_2}{K_2^2}(Q_2^2-2Q_2\Delta Q+\Delta Q^2)$$

略去 ΔQ^2 项后得

$$\sum\frac{L_1}{K_1^2}Q_1^2\left(1+2\frac{\Delta Q}{Q_1}\right)=\sum\frac{L_2}{K_2^2}Q_2^2\left(1-2\frac{\Delta Q}{Q_2}\right)$$

将上式展开得

$$\sum\frac{L_1}{K_1^2}Q_1^2+2\sum\frac{L_1}{K_1^2}\frac{Q_1^2\Delta Q}{Q_1}=\sum\frac{L_2}{K_2^2}Q_2^2-2\sum\frac{L_2}{K_2^2}\frac{Q_2^2\Delta Q}{Q_2}$$

整理上式得

$$2\sum\frac{L_1}{K_1^2}\frac{Q_1^2\Delta Q}{Q_1}+2\sum\frac{L_2}{K_2^2}\frac{Q_2^2\Delta Q}{Q_2}=\sum\frac{L_2}{K_2^2}Q_2^2-\sum\frac{L_1}{K_1^2}Q_1^2$$

$$\Delta Q=\frac{\sum\frac{L_2}{K_2^2}Q_2^2-\sum\frac{L_1}{K_1^2}Q_1^2}{2\sum\frac{L_1}{K_1^2}Q_1+2\sum\frac{L_2}{K_2^2}Q_2}=\frac{\sum h_{w2}-\sum h_{w1}}{2\sum\frac{L_1}{K_1^2}Q_1+2\sum\frac{L_2}{K_2^2}Q_2} \tag{5.69}$$

式中：$\sum h_{w1}$和$\sum h_{w2}$分别为修正前两个分支上的水头损失，按照图 5.17，$\sum h_{w1}$为正，$\sum h_{w2}$为负。式（5.69）可写成

$$\Delta Q=-\frac{\sum h_{w2}+\sum h_{w1}}{2\sum\frac{L_1}{K_1^2}Q_1+2\sum\frac{L_2}{K_2^2}Q_2}=-\frac{\sum h_{w1}+\sum h_{w2}}{2\sum\frac{h_{w1}}{Q_1}+2\sum\frac{h_{w2}}{Q_2}}=-\frac{\sum h_{wi}}{2\sum\frac{h_{wi}}{Q_i}} \tag{5.70}$$

在式（5.70）的计算中，一定要注意，规定顺时针方向为正，逆时针方向为负。

【例题 5.17】 某环状管网，各管段的长度 l_i 和管径 d_i 见例题 5.17 计算表，各节点的供水流量如图所示，管道用铸铁管，粗糙系数 $n=0.0125$，试确定各管段的流量分配。

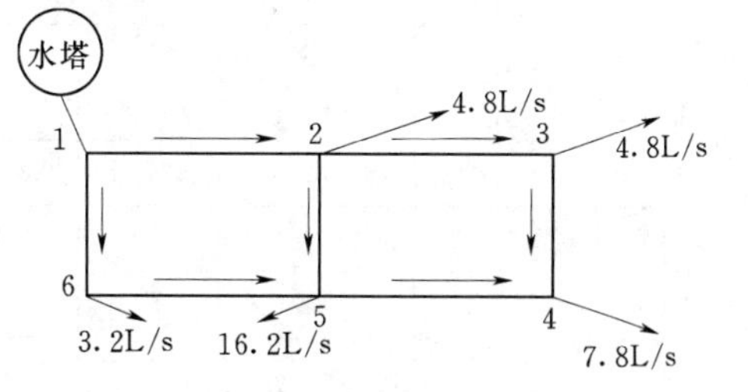

例题 5.17 图

解：

各节点流量如图所示，可以看出，管段 12561 和 23452 各组成一个环路，管段 2—5 是两个管环的共有管段，在修正 ΔQ 时需同时修正，各管段长度见例题 5.17 计算表，现以 12561 环为例，说明计算过程。

由图中可以看出，管路中的总流量为 4.8+4.8+7.8+16.2+3.2=36.8(L/s)。

设流入 1—2 管段的流量为 23.6L/s，流入 1—6 管段的流量为 36.8−23.6=13.2(L/s)。以顺时针方向为正，逆时针方向为负，此时流入 1—6 管段的流量为−13.2L/s，流入 2—5 管段的流量分配为 9.2L/s，流入 6—5 管段的流量为（−13.2+3.2）=−10(L/s)。

根据管环 12561 的流量分配，管环 23452 的管段 2—3 的流量为 23.6−9.2−4.8=9.6(L/s)，管段 3—4 的流量为 9.6−4.8=4.8(L/s)，管段 5—4 的流量为 13.2−3.2+

9.2−16.2=3(L/s)(取−3L/s)，管段2—5的流量取为−9.2L/s。

各管段的直径根据各管段的流量查极限流量表求得，流量模数、水头损失和修正流量的计算公式为

$$K=AC\sqrt{R}=\left(\frac{\pi d^2}{4}\right)\frac{1}{n}\left(\frac{d}{4}\right)^{2/3}=\frac{\pi}{4\times 4^{2/3}\times 0.0125}d^{8/3}=24.935d^{8/3}$$

$$h_{wi}=Q_i^2 l_i/K_i^2 \quad \Delta Q=-\sum h_{wi}/(2\sum h_{wi}/Q_i)$$

现列表计算如下。

例题5.17计算表

管环	管段	管长/m	初始流量分配					第一次修正			
			d_i/mm	Q_i/(L/s)	K_i/(m³/s)	h_{wi}/m	h_{wi}/Q_i/(s/m²)	ΔQ/(L/s)	Q_i/(L/s)	h_{wi}/m	h_{wi}/Q_i/(s/m²)
12561	1—2	500	200	+23.6	0.3411	2.39	101.3	1.06	24.66	2.61	105.84
	2—5	300	125	+9.2	0.0974	2.68	291.3	1.06+0.73	10.99	3.82	347.59
	6—5	500	125	−10	0.0974	−5.27	527.0	1.06	−8.94	−4.21	470.92
	1—6	300	150	−13.2	0.1584	−2.08	157.6	1.06	−12.14	−1.76	144.97
					Σ	−2.28	1077.2		Σ	0.46	1069.32
		$\Delta Q_0=-[-2.28/(2\times1077.2)]=1.06$(L/s)						$\Delta Q_1=-[0.46/(2\times1069.32)]=-0.215$(L/s)			
23452	2—3	400	125	+9.6	0.0974	3.88	404.17	−0.73	8.87	3.32	374.295
	3—4	300	100	+4.8	0.0537	2.40	500.00	−0.73	4.07	1.73	425.061
	5—4	400	100	−3.0	0.0537	−1.25	416.67	−0.73	−3.73	−1.93	517.426
	2—5	300	125	−9.2	0.0974	−2.68	291.30	−0.73−1.06	−10.99	−3.82	347.589
					Σ	2.35	1612.14		Σ	−0.70	1664.371
		$\Delta Q_0=-[2.35/(2\times1612.14)]=-0.73$(L/s)						$\Delta Q_1=-[-0.70/(2\times1664.371)]=0.21$(L/s)			

管环	管段	管长/m	第二次修正						第三次修正			
			d_i/mm	ΔQ/(L/s)	Q_i/(L/s)	K_i/(m³/s)	h_{wi}/m	h_{wi}/Q_i/(s/m²)	ΔQ/(L/s)	Q_i/(L/s)	h_{wi}/m	h_{wi}/Q_i/(s/m²)
12561	1—2	500	200	−0.215	+24.445	0.3411	2.57	105.13	0.0678	24.513	2.582	105.34
	2—5	300	125	−0.215−0.21	+10.565	0.0974	3.53	334.12	0.0678+0.0403	10.673	3.602	337.51
	6—5	500	125	−0.215	−9.155	0.0974	−4.42	482.80	0.0678	−9.087	−4.352	487.93
	1—6	300	150	−0.215	−12.355	0.1584	−1.825	147.73	0.0678	−12.287	−1.805	146.91
						Σ	−0.145	1069.78	Σ		0.027	1077.69
		$\Delta Q_2=-[-0.145/(2\times1069.78)]=0.0678$(L/s)							$\Delta Q_3=-[0.027/(2\times1077.69)]=-0.0125$(L/s)			
23452	2—3	400	125	0.21	+9.08	0.0974	3.476	382.82	−0.0403	9.0397	3.4455	381.15
	3—4	300	100	0.21	+4.28	0.0537	1.904	444.86	−0.0403	4.2397	1.8686	440.74
	5—4	400	100	0.21	−3.52	0.0537	−1.717	487.78	−0.0403	−3.5603	−1.757	493.49
	2—5	300	125	0.21+0.215	−10.565	0.0974	−3.530	334.10	−0.0403 −0.0678	−10.673	−3.602	337.52
						Σ	0.133	1649.56	Σ		−0.0449	1652.9
		$\Delta Q_2=-[0.133/(2\times1649.56)]=-0.0403$(L/s)							$\Delta Q_3=-[-0.0449/(2\times1652.9)]=0.01361$(L/s)			

续表

<table>
<tr><th rowspan="2">管环</th><th rowspan="2">管段</th><th rowspan="2">管长
/m</th><th colspan="6">第四次修正</th><th colspan="4">第五次修正</th></tr>
<tr><th>d_i
/mm</th><th>ΔQ
/(L/s)</th><th>Q_i
/(L/s)</th><th>K_i
/(m^3/s)</th><th>h_{wi}
/m</th><th>h_{wi}/Q_i
/(s/m^2)</th><th>ΔQ
/(L/s)</th><th>Q_i
/(L/s)</th><th>h_{wi}
/m</th><th>h_{wi}/Q_i
/(s/m^2)</th></tr>
<tr><td rowspan="5">12561</td><td>1—2</td><td>500</td><td>200</td><td>−0.0125</td><td>+24.501</td><td>0.3411</td><td>2.58</td><td>105.29</td><td>0.00374</td><td>24.505</td><td>2.5806</td><td>105.31</td></tr>
<tr><td rowspan="2">2—5</td><td rowspan="2">300</td><td rowspan="2">125</td><td>−0.0125</td><td rowspan="2">+10.647</td><td rowspan="2">0.0974</td><td rowspan="2">3.585</td><td rowspan="2">336.69</td><td>0.00374</td><td rowspan="2">10.654</td><td rowspan="2">3.5847</td><td rowspan="2">336.69</td></tr>
<tr><td>−0.0136</td><td>+0.00284</td></tr>
<tr><td>6—5</td><td>500</td><td>125</td><td>−0.0125</td><td>−9.100</td><td>0.0974</td><td>−4.364</td><td>479.59</td><td>0.00374</td><td>−9.096</td><td>−4.361</td><td>479.44</td></tr>
<tr><td>1—6</td><td>300</td><td>150</td><td>−0.0125</td><td>−12.300</td><td>0.1584</td><td>−1.809</td><td>147.06</td><td>0.00374</td><td>−12.296</td><td>−1.808</td><td>147.04</td></tr>
<tr><td></td><td></td><td colspan="7">Σ　−0.008　1068.63
$\Delta Q_4=-[-0.008/(2\times1068.63)]=0.00374$(L/s)</td><td colspan="4">Σ　−0.0037　1068.48
$\Delta Q_5=-[-0.0037/(2\times1068.48)]=0.00173$(L/s)</td></tr>
<tr><td rowspan="5">23452</td><td>2—3</td><td>400</td><td>125</td><td>0.0136</td><td>+9.0533</td><td>0.0974</td><td>3.457</td><td>381.77</td><td>−0.00284</td><td>9.0505</td><td>3.4537</td><td>381.60</td></tr>
<tr><td>3—4</td><td>300</td><td>100</td><td>0.0136</td><td>+4.2533</td><td>0.0537</td><td>1.881</td><td>442.25</td><td>−0.00284</td><td>4.2505</td><td>1.8795</td><td>442.18</td></tr>
<tr><td>5—4</td><td>400</td><td>100</td><td>0.0136</td><td>−3.5467</td><td>0.0537</td><td>−1.744</td><td>491.61</td><td>−0.00284</td><td>−3.5495</td><td>−1.748</td><td>492.46</td></tr>
<tr><td rowspan="2">2—5</td><td rowspan="2">300</td><td rowspan="2">125</td><td>0.0136</td><td rowspan="2">−10.647</td><td rowspan="2">0.0974</td><td rowspan="2">−3.585</td><td rowspan="2">336.69</td><td>−0.00284</td><td rowspan="2">−10.654</td><td rowspan="2">−3.589</td><td rowspan="2">336.87</td></tr>
<tr><td>+0.0125</td><td>−0.00374</td></tr>
<tr><td></td><td></td><td colspan="7">Σ　0.0094　1652.32
$\Delta Q_4=-[0.0094/(2\times1652.32)]=-0.00284$(L/s)</td><td colspan="4">Σ　−0.0038　1653.11
$\Delta Q_5=-[-0.0038/(2\times1653.11)]=0.00115$(L/s)</td></tr>
</table>

注　对于两个环状管网公用的2—5管段，在修正ΔQ时需同时修正，并须注意流动方向，如表中的12561环求得的$\Delta Q=1.06$L/s，23452环求得的$\Delta Q=-0.73$L/s，在第一次修正时，对于12561环，2—5管段的流动方向为正，所以在2—5管段的修正中加以（+0.73），而在23452环，2—5管段的流动方向为负，所以在2—5管段的修正中加以（−1.06）。

由以上计算可以看出，经过第四次和第五次修正，ΔQ已很小，计算结果如下。

管段1—2，$Q_{1-2}=24.505$L/s，管段2—5，$Q_{2-5}=10.654$L/s，管段6—5，$Q_{6-5}=9.096$L/s，管段1—6，$Q_{1-6}=12.296$L/s，管段2—3，$Q_{2-3}=9.0505$L/s，管段3—4，$Q_{3-4}=4.2505$L/s，管段5—4，$Q_{5-4}=3.5495$L/s。

习　　题

5.1　如图所示一供油短管管路。汽油由一油泵经一不太长的镀锌油管打入一装有浮子开关的油箱，中间要经过3个弯头和1个阀门。设油管的直径$d=15$mm，管长$L=4$m，管中流量$Q=0.141$L/s，油箱底与油泵轴线的高差$H=1.0$m，弯头与阀门的局部阻力系数分别为$\zeta_{弯}=0.2$，$\zeta_{阀}=4.0$，汽油的重度和运动黏滞系数分别为$\gamma_{油}=7500N/m^3$，$\nu=0.0073cm^2/s$。试问：如果开启针阀所需的压强$p_{针}=0.5$大气压时，油泵出口的压强应该多大？

5.2　如图所示水从水塔 A 经管道流出。已知管径 $d=10\text{cm}$，管长 $L=250\text{m}$，粗糙系数 $n=0.011$，局部阻力系数为：进口 $\zeta_1=0.5$，转弯 $\zeta_2=1.2$，当阀门全打开时，$\zeta_3=0$，管道出口流速 $v=1.6\text{m/s}$，取动能修正系数 $\alpha=1$，求管道的水头 H。

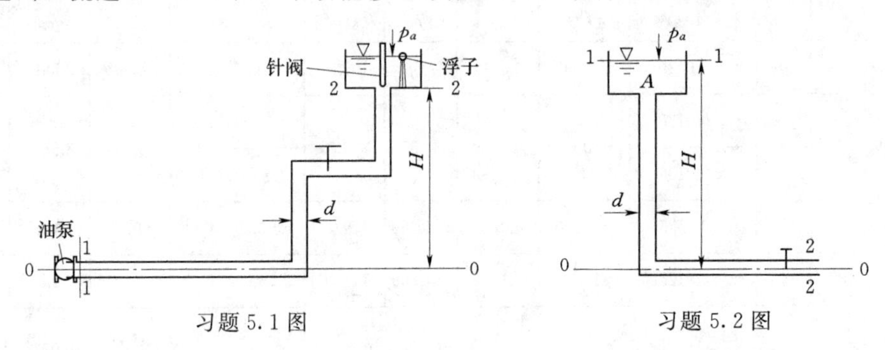

习题5.1图　　习题5.2图

5.3　如图所示混凝土坝内泄水管，已知管径 $d=0.5\text{m}$，管长 $L_1=10\text{m}$，$L_2=2\text{m}$，$H=10\text{m}$，沿程阻力系数 $\lambda=0.025$，进口为喇叭形，其后装一阀门，相对开度 $e/d=0.8$，试求：

（1）管中通过的流量。

（2）阀门后断面2—2处的压强水头。

5.4　如图所示混凝土坝内泄水钢管，已知管径 $d=0.5\text{m}$，管长 $L=10\text{m}$，$H=10\text{m}$，进口为喇叭形，其后装一阀门，相对开度 $e/d=0.75$，试求：

（1）管中通过的流量。

（2）水头 H 不变，要求管道距上游 $l=2\text{m}$ 的相对压强不超过6m水柱时，下游管轴线淹没在水面以下的距离 h 应为多少？

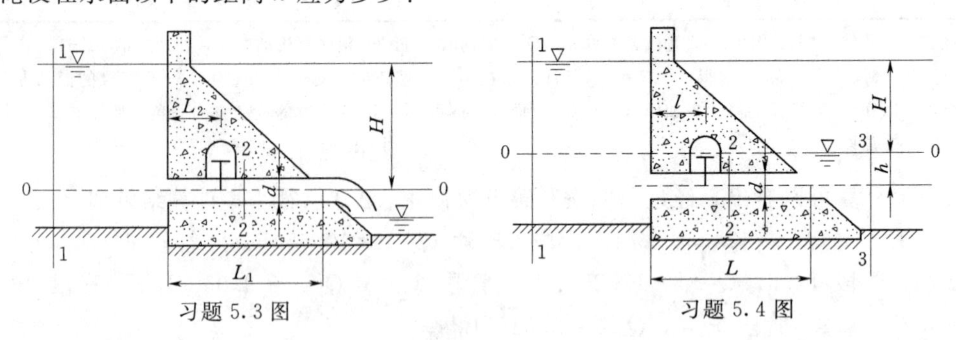

习题5.3图　　习题5.4图

5.5　如图所示为一从水箱引水的水平直管，已知管径 $d=0.2\text{m}$，管长 $L=40\text{m}$，局部阻力系数为：进口 $\zeta_{进口}=0.5$，阀门 $\zeta_{阀门}=0.6$，当通过的流量 $Q=0.2\text{m}^3/\text{s}$ 时，在相距 $\Delta L=10\text{m}$ 的断面1—1和断面2—2间装一水银压差计，其液面高差 $\Delta h_{汞}=0.04\text{m}$，求作用水头 H。

5.6　如图所示为一管路系统，每段管长均为5m，管径 $d=0.06\text{m}$，管道进口局部阻力系数 $\zeta_{进口}=0.5$，出口局部阻力系数 $\zeta_{出口}=1.0$，当水头 $H=12\text{m}$ 时，流量 $Q=0.015\text{m}^3/\text{s}$，试求管道的沿程阻力系数 λ 及两水箱的水位差 z。

5.7　如图所示虹吸管连接两水池，虹吸管为新铸铁管，已知虹吸管的直径 $d=0.15\text{m}$，上、下游水位差 $z=4.5\text{m}$，由进口至断面2—2管段长12m，断面2—2以后至出口段长 8m，虹吸管安装高度 $h_s=2.5\text{m}$，管顶部为圆弧形 90°转弯，转弯半径 $r=0.15\text{m}$，求虹吸管的流量和最大真空度。

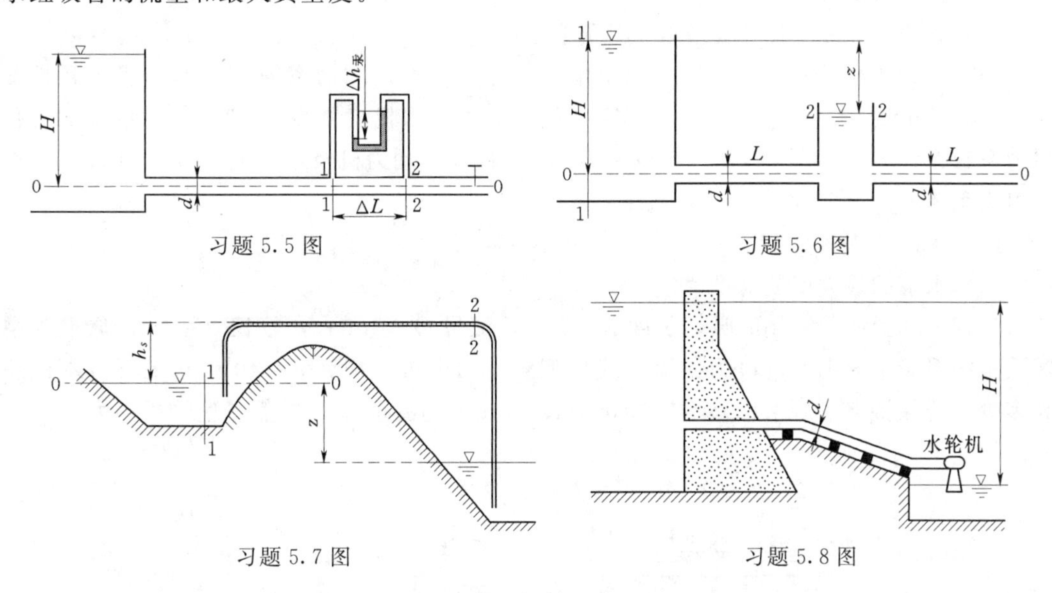

习题 5.5 图　习题 5.6 图

习题 5.7 图　习题 5.8 图

5.8　如图所示水轮机装置，已知水头 $H=180\text{m}$，引水钢管长度 $L=2200\text{m}$，直径 $d=1.2\text{m}$，水轮机效率 $\eta_q=88\%$，因管道较长，可不计局部水头损失，沿程阻力系数 $\lambda=0.02$，试求：

(1) 水轮机获得最大功率所需的相应流量。

(2) 水轮机获得最大功率 $N_{\max}$。

5.9　如图所示某水泵在自吸水井中抽水，吸水井与水池间用自流管相接，其水位均保持不变，水泵安装高度 $h_s=4.5\text{m}$，自流管长 $l=20\text{m}$，管径 $d=0.15\text{m}$，水泵吸水管长 $l_1=10\text{m}$。直径 $d_1=0.15\text{m}$，自流管和水泵吸水管的沿程阻力系数 $\lambda=0.028$，自流管滤网的局部阻力系数 $\zeta_{自网}=2$，水泵底阀的局部阻力系数 $\zeta_{阀}=6$，90°弯头的局部阻力系数 $\zeta_{弯}=0.3$，要求水泵进口的真空度不超过 6m 水柱，试求：

(1) 水泵的最大流量 Q。

(2) 在此流量下，水池与吸水井的水位差 z。

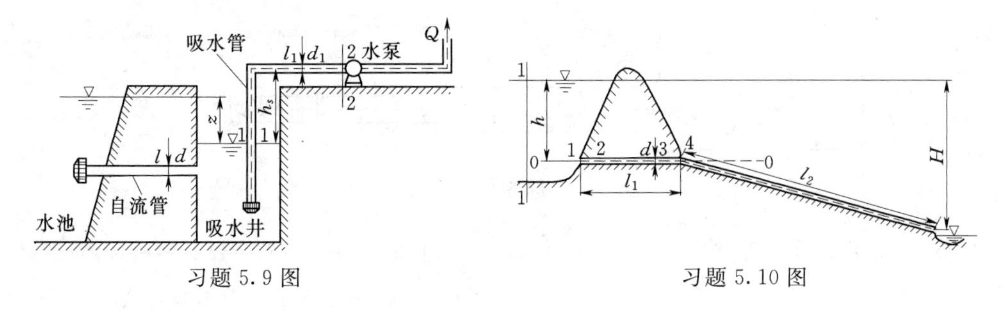

习题 5.9 图　习题 5.10 图

5.10　如图所示水库引水管路，出口流入大气中，已知水头 $H=49\text{m}$，管径 $d=1\text{m}$，管路进口管轴线距水面 $h=15\text{m}$，管长 $l_1=50\text{m}$，$l_2=200\text{m}$，沿程阻力系数 $\lambda=0.02$，

$\zeta_{弯}=0.5$，试求：

（1）引水流量 Q。

（2）管路中压强最低点位置及其压强值。

5.11　如图所示有一水泵将水抽至水塔，已知动力机的功率为 100kW，吸水管长度 $l_1=30\text{m}$，压水管长度 $l_2=500\text{m}$，管径 $d=0.3\text{m}$，抽水机流量 $Q=0.1\text{m}^3/\text{s}$，管道的沿程阻力系数 $\lambda=0.03$，水泵的允许真空度为 6m 水柱高，动力机及水泵的总效率为 0.75，局部阻力系数 $\zeta_{进口}=6$，$\zeta_{弯}=0.4$，试求：

（1）水泵的提水高度。

（2）水泵的最大安装高度。

5.12　如图所示一倒虹吸，长度 $L=50\text{m}$，流量 $Q=3\text{m}^3/\text{s}$，管径 $d=1\text{m}$，管壁为中等质量的混凝土衬砌，进口为光滑曲线形型式，两个折角均为 $\alpha=40°$，求上下游水位差为多少？若保持上下游水位差不超过 0.5m，通过上述流量 Q 时的管径应采用多大。

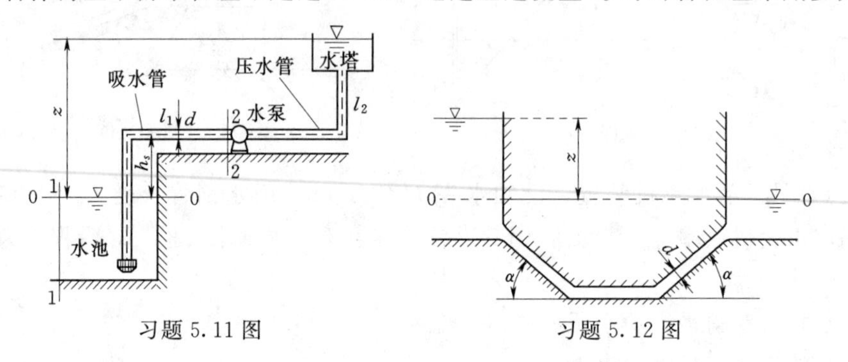

习题 5.11 图　　　　习题 5.12 图

5.13　如图所示有一串联铸铁管路，已知 $d_1=0.15\text{m}$，$d_2=0.125\text{m}$，$d_3=0.1\text{m}$，管长 $l_1=25\text{m}$，$l_2=10\text{m}$，沿程阻力系数 $\lambda_1=0.030$，$\lambda_2=0.032$，局部阻力系数 $\zeta_1=0.1$，$\zeta_2=0.15$，$\zeta_3=0.1$，$\zeta_4=2.0$，试求：

（1）通过流量 $Q=0.025\text{m}^3/\text{s}$ 时，需要的水头 H 为多少？

（2）若水头 H 不变，但不计水头损失，则流量将变为多少？

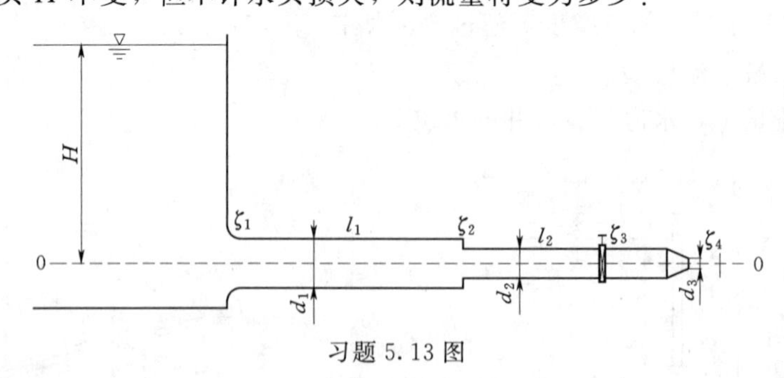

习题 5.13 图

5.14　如图所示一管路。已知 $d_1=5\text{cm}$，$d_2=10\text{cm}$，$d_3=d_4=d_5=7\text{cm}$，管长 $l_1=2\text{m}$，$l_2=3\text{m}$，$l_3=1.5\text{m}$，$l_4=1.5\text{m}$，$l_5=2.5\text{m}$，$\lambda_3=\lambda_4=\lambda_5=0.027$，$\Delta_1=0.4\text{mm}$，$\Delta_2=0.6\text{mm}$，折角 $\alpha=30°$，闸门半开，求管路维持最大流量 $Q=0.035\text{m}^3/\text{s}$ 所需之水头 H，并绘制总水头线和测压管水头线。

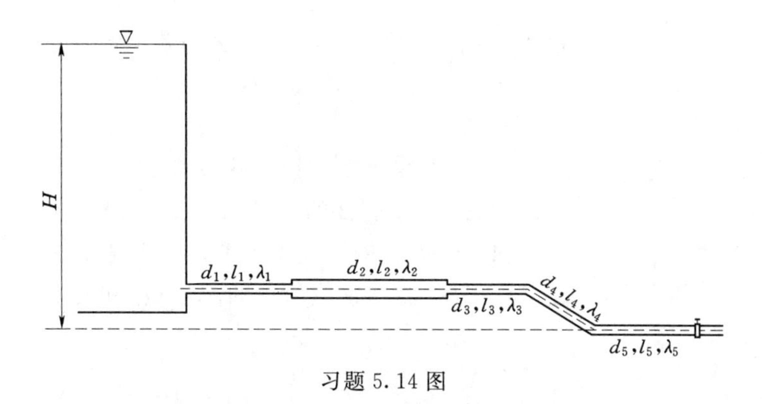

习题 5.14 图

5.15　如图所示，用一铸铁管将蓄水池中的水引入另一蓄水池，管长 $L=60\text{m}$，管径 $d=0.2\text{m}$，管上装一闸阀，开度为一半，管路中有一 90°弯管，其转弯半径 $r=2\text{m}$，设水流为恒定流，试问：

(1) 要使管中通过的流量 $Q=50\text{L/s}$，水头 H 是多少？

(2) 若水头 $H=3\text{m}$，管中流量将为多少？

5.16　如图所示 A、B 两管自水库引水，进口高程不同，出口高程相同，管径、管长和粗糙系数相同，以长管计算，两管流量是否相同，用公式证之。绘制两管的测压管水头线。其测压管水头线是否相同？距进口距离相同的断面上压强是否相同？

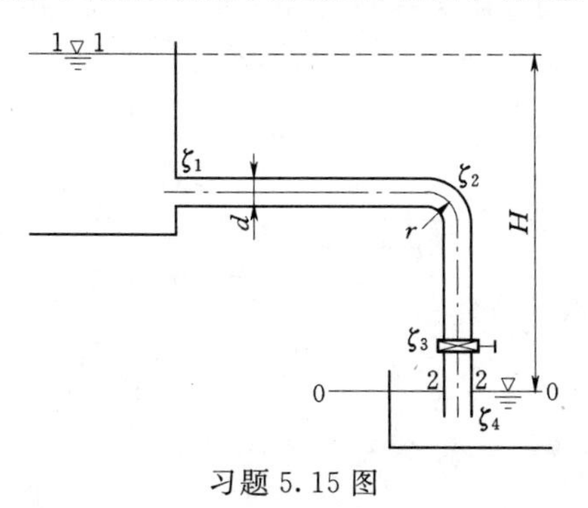

习题 5.15 图

习题 5.16 图

5.17　如图所示水由封闭容器沿垂直变直径管道流入下面的水池，容器内 $p_0=2\text{N/cm}^2$，且液面保持不变，若 $d_1=0.05\text{m}$，$d_2=0.075\text{m}$，容器内液面与水池液面的高差 $H=1\text{m}$（只计局部水头损失），试求：

(1) 管道的流量。

(2) 距水池液面 $h=0.5\text{m}$ 处的管道内 B 点的压强。

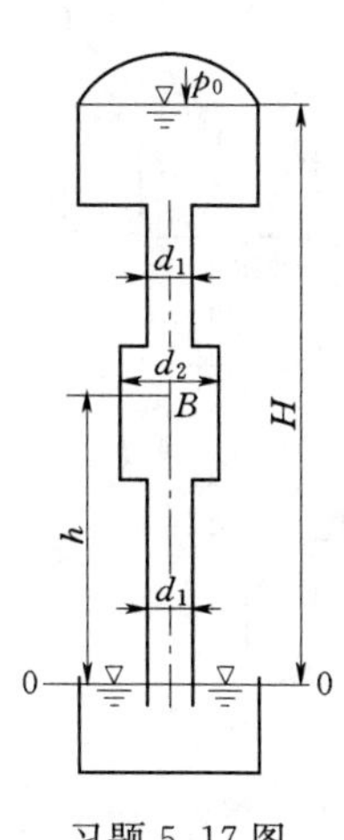

习题 5.17 图

5.18　如图所示某工程输水隧洞。$AKCE$ 为泄洪主洞，洞径 $D=6\text{m}$，长度 $L_{AK}=40\text{m}$，$L_{KC}=60\text{m}$，$L_{CE}=100\text{m}$。BC 为施工导流洞，也留其参加泄洪，其洞径 $d=4\text{m}$，长度 $L_{BC}=150\text{m}$，整个隧洞皆用混凝土衬砌，两洞之高差 $z_k=19\text{m}$，隧洞的局部阻力系数分别为 $\sum\zeta_{A-K}=1.14$，$\sum\zeta_{K-C}=0.23$（均相应于主洞中流速 v_{AC}），$\sum\zeta_{B-C}=4.47$（相

应于支洞流速)。问当总流量 $Q=600\text{m}^3/\text{s}$ 时，所需水头 H 为若干？假如要求洞口在水下的淹没深度为其直径的两倍，才能保证隧洞中为有压流时，上述条件下能否保证洞中为有压流。

5.19　如图所示为一分叉管路自水库取水，已知干管直径 $D=0.8\text{m}$，长 $L=150\text{m}$，支管 1 的直径 $d_1=0.6\text{m}$，长 $L_1=200\text{m}$，支管 2 的直径 $d_2=0.5\text{m}$，长 $L_2=250\text{m}$，三通的局部阻力系数 $\zeta_{三通}=1.5$，干管和支管均为钢筋混凝土管，其粗糙度 $\Delta=1.8\text{mm}$，进水口和出水口的高程如图示，水温为 20℃，试求两支管中的流量 Q_1 和 Q_2。

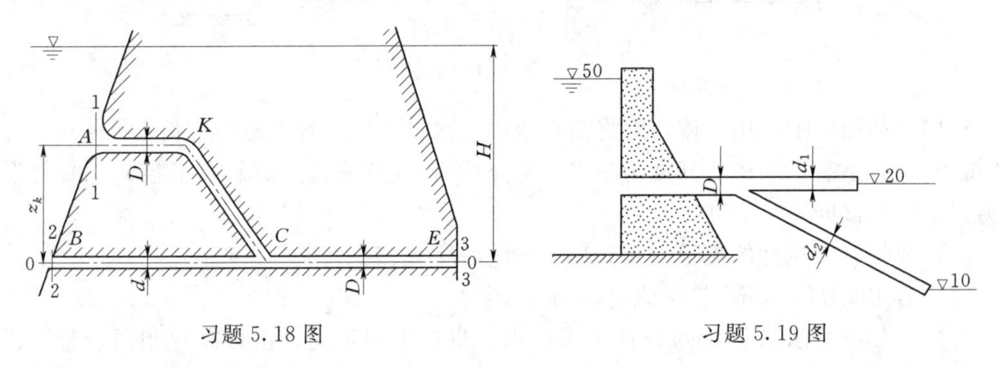

习题 5.18 图　　　　习题 5.19 图

5.20　如图所示水流为恒定流，设水泵的扬程为 13.6m，进口局部阻力系数 $\zeta_{进口}=0.5$，两个弯头的局部阻力系数 $2\zeta_{弯头}=0.37$，出口局部阻力系数 $\zeta_{出口}=1.0$，沿程阻力系数 $\lambda=0.02$，试求通过水泵的流量。

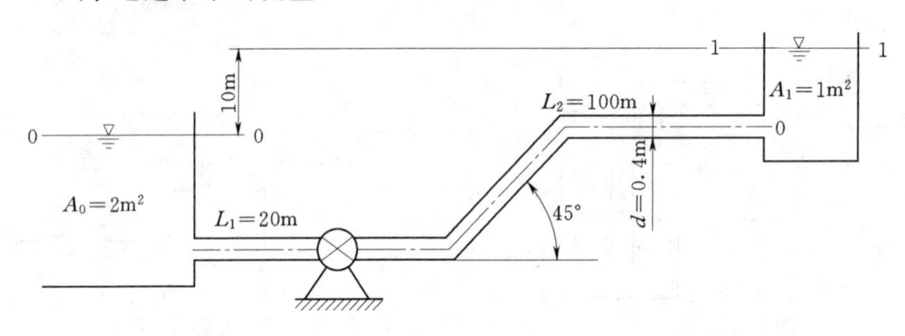

习题 5.20 图

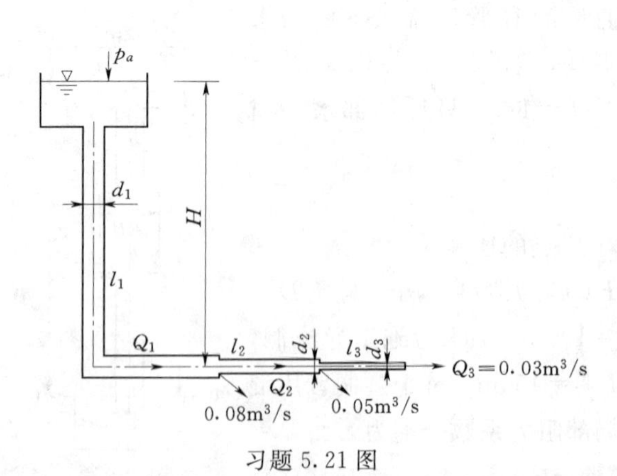

习题 5.21 图

5.21　如图所示串联供水管道，已知 $d_1=0.3\text{m}$，$l_1=150\text{m}$，$d_2=0.2\text{m}$，$l_2=100\text{m}$，$d_3=0.1\text{m}$，$l_3=50\text{m}$。管路为正常铸铁管，$n=0.0125$，试求水塔高度 H。

5.22　某工厂供水管道如图所示。由水泵 A 向 B、C、D 三处供水，已知 $Q_B=0.01\text{m}^3/\text{s}$，$Q_C=0.005\text{m}^3/\text{s}$，$Q_D=0.01\text{m}^3/\text{s}$，铸铁管直径 $d_1=0.2\text{m}$，$d_2=0.15\text{m}$，$d_3=0.1\text{m}$，管长

$l_1=350\text{m}$，$l_2=450\text{m}$，$l_3=100\text{m}$，整个场地水平，试求水泵出口处的水头。

5.23　如图所示由旧铸铁管组成的并联管路，已知通过的总流量 $Q_A=0.1\text{m}^3/\text{s}$，管径 $d_1=0.1\text{m}$，$d_2=0.15\text{m}$，$d_3=0.2\text{m}$，管长 $l_1=600\text{m}$，$l_2=500\text{m}$，$l_3=700\text{m}$，试用比阻法和流量模数法分别求：

(1) 节点 A、B 点的水头损失。

(2) 各管中的流量分配。

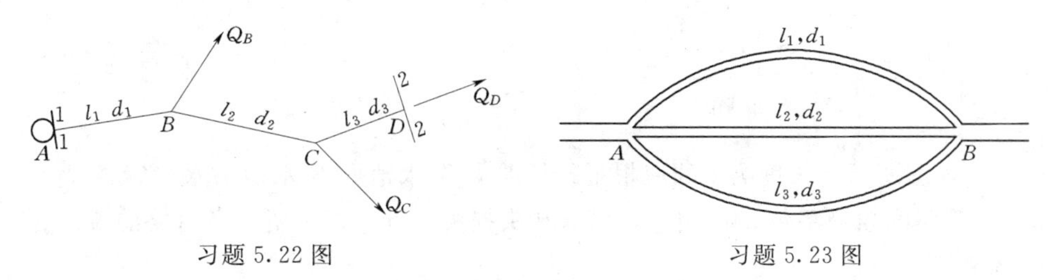

习题 5.22 图　　习题 5.23 图

5.24　如图所示管路系统，流量 $Q=0.12\text{m}^3/\text{s}$，各管长度分别为 $l_1=1000\text{m}$，$l_2=900\text{m}$，$l_3=300\text{m}$，各管直径分别为 $d_1=0.25\text{m}$，$d_2=0.3\text{m}$，$d_3=0.25\text{m}$，粗糙系数分别为 $n_1=0.011$，$n_2=0.0125$，$n_3=0.0143$，不计局部水头损失，试求：

(1) 节点 A、B 间的水头损失。

(2) 各支管中的流量分配。

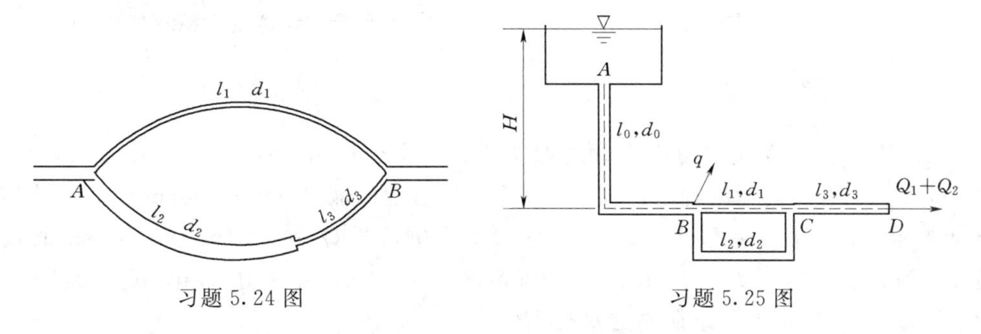

习题 5.24 图　　习题 5.25 图

5.25　如图所示为一水塔供水系统，管道为铸铁管，AB 段长 $l_0=1000\text{m}$，$d_0=0.25\text{m}$，并联支路 1 长 $l_1=2000\text{m}$，$d_1=0.15\text{m}$，支路 2 长 $l_2=5000\text{m}$，$d_2=0.15\text{m}$，CD 段长 $l_3=3000\text{m}$，$d_3=0.2\text{m}$，点 B 处有一流量为 $q=0.045\text{m}^3/\text{s}$ 的取水口，干管出口 D 的流量为 $0.02\text{m}^3/\text{s}$，试求：

(1) 并联支路中的流量 Q_1 和 Q_2。

(2) 水塔高度 H。

5.26　某水池 A 水面高程位于基准面以上 60m，通过一条直径为 $d=0.3\text{m}$，长度为 $l=1500\text{m}$ 的管道引水至一分叉接头，然后分别由两根直径 0.3m，长度 1500m 的管道引至水面高程分别为 30m 和 15m 的 B、C 两水池，各管的沿程阻力系数均为 $\lambda=0.04$，求引入每一水池的流量。

5.27　如图所示两水池联合供水，已知 $h=3\text{m}$，$H=7\text{m}$，$l_1=180\text{m}$，$l_2=70\text{m}$，$l_3=140\text{m}$，$d_1=0.1\text{m}$，$d_2=0.08\text{m}$，$d_3=0.12\text{m}$，各段沿程阻力系数均为 $\lambda=0.025$，不

计局部水头损失，试求供水量。

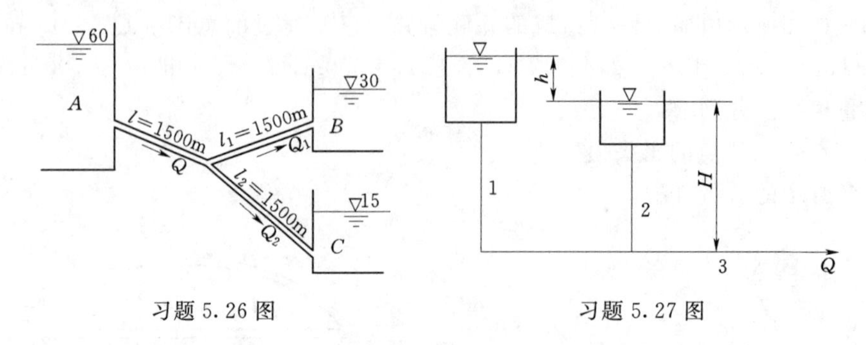

习题5.26图　　习题5.27图

5.28　如图所示用长度为 l 的三根平行管路由 A 水池向 B 水池引水，管径 $d_2=2d_1$，$d_3=3d_1$，管路的粗糙系数 n 均相等，局部水头损失不计，试分析三条管路的流量比。

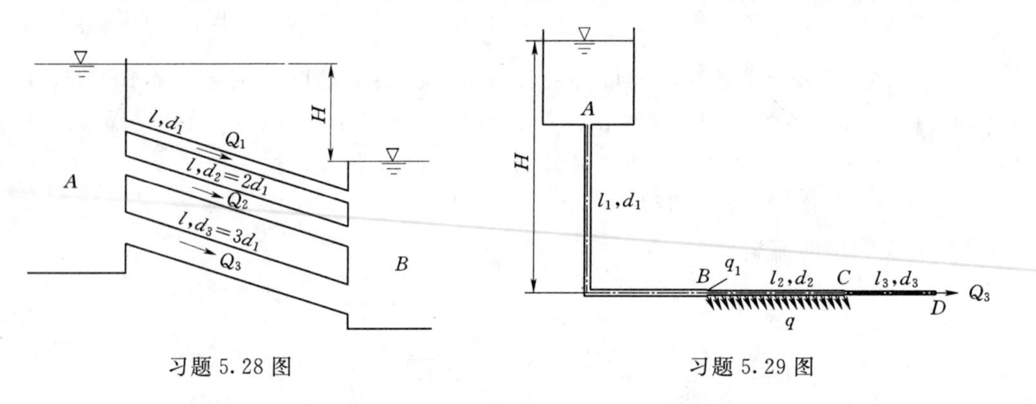

习题5.28图　　习题5.29图

5.29　有一由水塔供水的输水管道如图所示。全管道由 AB、BC 和 CD 三段组成，中间 BC 段为沿程均匀泄流管道，每米长度上连续分泄的流量 $q=0.0001\text{m}^3/\text{s}$，在管道接头 B 点要求分泄流量 $q_1=0.015\text{m}^3/\text{s}$，$CD$ 段末端的流量 $Q_3=0.01\text{m}^3/\text{s}$，各段的长度及直径分别为 $l_1=300\text{m}$，$l_2=200\text{m}$，$l_3=100\text{m}$，$d_1=0.2\text{m}$，$d_2=0.15\text{m}$，$d_3=0.1\text{m}$，管道为铸铁管，$n=0.0125$，求所需的水头 H。

5.30　如图所示的管路系统，已知干管长度 $L=1000\text{m}$，直径 $d=0.2\text{m}$，管道末端通过的流量 $Q_T=0.04\text{m}^3/\text{s}$，沿干线每隔 $l=50\text{m}$ 处有一出水流量 $Q_u=0.002\text{m}^3/\text{s}$ 的泄水孔，假设管段为普通铸铁管，$n=0.0125$，试求：

(1) 管中的水头损失。

(2) 上述流量全部为通过流量时（即 $Q_u=0$ 时）的水头损失。

(3) 上述流量全部为均匀出流时的水头损失。

5.31　如图所示管路，由水塔供水。B、C、D 位于同一水平面，BC 为并联管道，C 处有集中泄流量 $Q_c=0.008\text{m}^3/\text{s}$，$CD$ 段为沿程均匀泄流段，至 D 点全部泄完。已知 $l_1=200\text{m}$，$l_2=l_3=l_4=100\text{m}$，$d_1=0.125\text{m}$，$d_2=d_3=d_4=0.1\text{m}$，$Q_1=0.02\text{m}^3/\text{s}$，$Q_2=Q_3=0.01\text{m}^3/\text{s}$，$Q_p=0.012\text{m}^3/\text{s}$，管道全部用铸铁管，试确定水塔的高度 H。

5.32　如图所示长为 L、直径为 d 的沿程连续均匀泄流管道 AB，进口流量为 Q，单位长度沿程泄流量为 $q=$常量，末端流量尚剩一半，管道末端断面中心位于进水口前水面

以下 H 处，沿程阻力系数沿程不变，试证沿程水头损失为

$$h_f=\frac{7}{12}\lambda\ \frac{L}{d}\frac{v^2}{2g}$$

式中：v 为相当于流量 Q 时的平均流速。

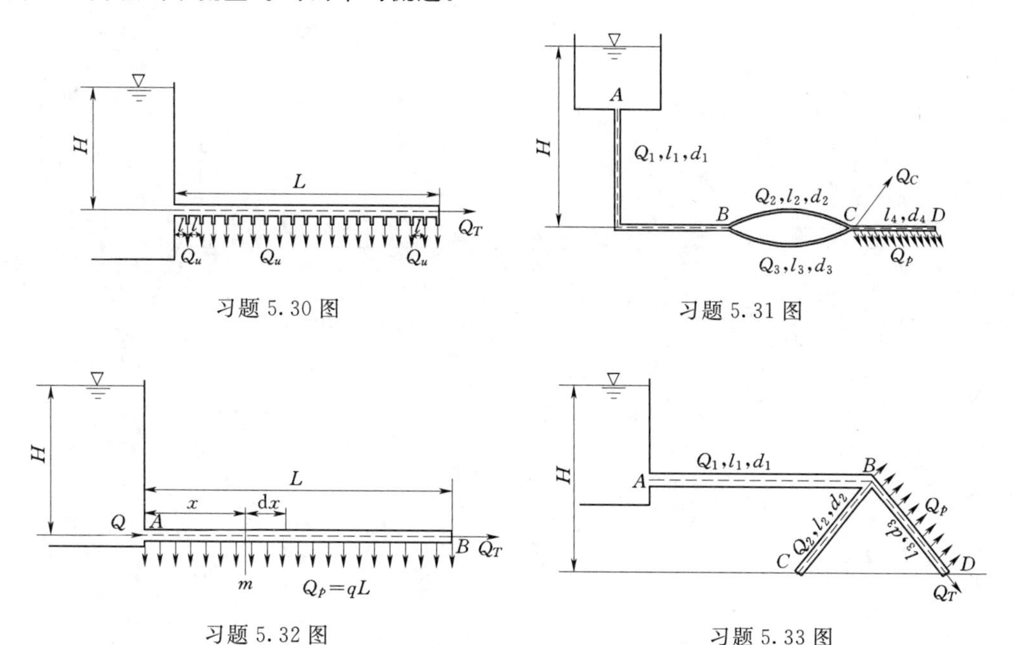

习题 5.30 图

习题 5.31 图

习题 5.32 图

习题 5.33 图

5.33　如图所示直径为 200mm，长度为 300m 的管道自水库引水，在 B 点分为两根直径 150mm，长度为 150m 的叉管，两根叉管均出流至大气，其中一根叉管有沿其全长均匀分布的泄水孔，进入此叉管的流量有一半从管道末端流出，另一半则通过泄水孔沿程泄出；两根叉管的出口均位于水库水面以下 15m。求各分叉管的流量，取沿程阻力系数 $\lambda=0.024$，不计局部水头损失。

5.34　如图所示枝状管网，已知管长 $l_{0-1}=400\text{m}$，$l_{1-2}=200\text{m}$，$l_{2-3}=350\text{m}$，$l_{1-4}=300\text{m}$，$l_{4-5}=200\text{m}$，5 点的地面标高为 5.00m，水塔处的地面标高为 0.00m，其他各点标高与水塔处相同，各点要求的自由水头均为 $h=10\text{m}$，各管段均采用普通铸铁管，各点的流量如图所示，试求：

(1) 用比阻法按极限流量设计各段管径。

(2) 求水塔的高度。

5.35　如图所示三角形管网，已知流入 A 点的流量 $Q_A=0.1\text{m}^3/\text{s}$，流出 B、C 点的流量 $Q_B=0.06\text{m}^3/\text{s}$，$Q_C=0.04\text{m}^3/\text{s}$，各管段长度均为 2m，管径 $d_1=0.2\text{m}$，$d_2=0.1\text{m}$，$d_3=0.15\text{m}$，粗糙系数 $n=0.012$，假设流动在阻力平方区，试求管网中的流量分配。

5.36　如图所示管网，A 为水塔，C、D 为用水点，各管段的管长、管径及用水点所需的流量如图所示。管壁粗糙系数 $n=0.0125$，要求用水点保持自由水头 $h=8\text{m}$，试求：

(1) 各管中的流量分配。

(2) 水塔高度。

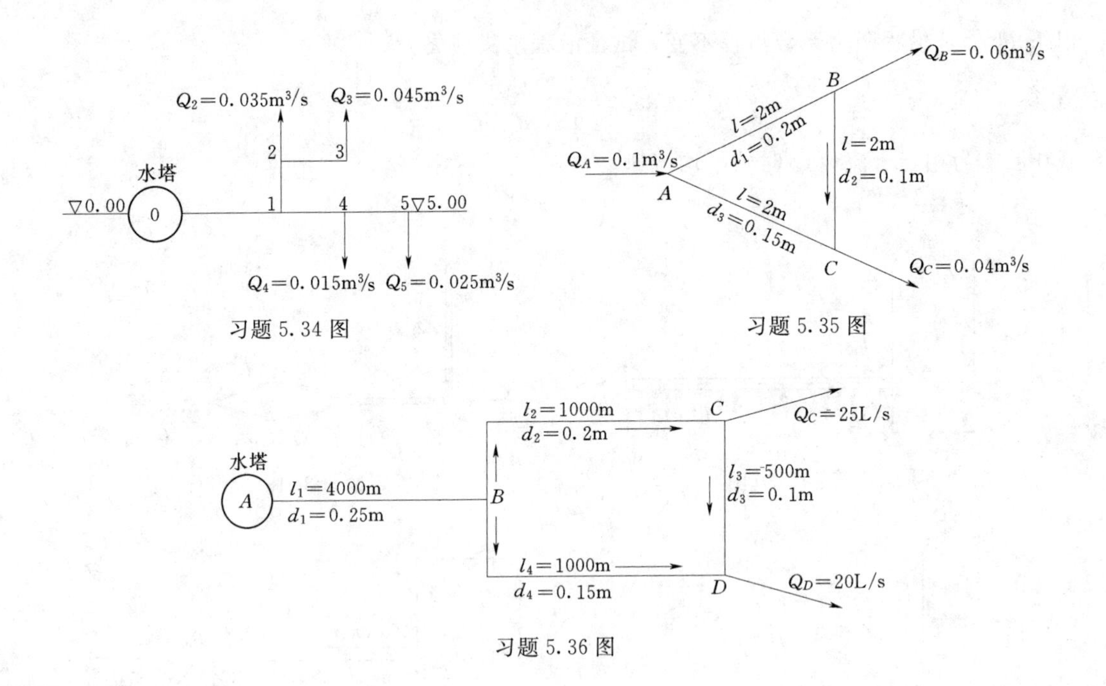

习题 5.34 图

习题 5.35 图

习题 5.36 图

第6章 有压管道非恒定流

6.1 概　　述

在水泵站或水电站的有压管道中，通常用阀门来调节流量。在阀门关闭或开启的过程中，有压管道中任一断面的水流运动要素随时间发生变化，因而形成管道的非恒定流动。

管道非恒定流动在工程中经常遇到，如停电时水泵突然停止运行，又如水电站运行过程中由于电力系统负荷的改变，使得导水叶或阀门迅速启闭等。这种管道阀门突然关闭或开启，使得有压管道中的流速发生急剧的变化，同时引起管内液体压强大幅度波动，产生迅速的交替升降现象，这种交替升降的压强作用在管壁、阀门或其他管路元件上，就像用锤子敲击一样，故称为水击或水锤。水击引起的压强升降可达管道正常工作压强的几十倍甚至几百倍，因而可能导致管道系统的强烈振动、噪声和空化，甚至使管道严重变形或爆裂。因此必须研究水击的发生和变化过程，以及计算可能出现的最大和最小的水击压强，防止和减弱水击对管道系统的破坏。

压力引水管道较长的水电站，常在引水系统中修建调压室，以减小水击作用的强度和范围。水击发生时，调压室系统中出现水体振荡现象，也属于非恒定流动。

在上述两类问题中，液体质点的运动要素不仅随空间位置变化，而且随时间过程变化，因此分析这类流动问题时，必须考虑由于运动要素随时间变化而引起的惯性力的作用；另外，由于水击引起的有压管道中流速和压强的急剧变化，致使液体和管道边壁犹如弹簧似的压缩和膨胀，故分析这种非恒定流动时，还必须考虑液体和管道的弹性。

6.2 水击现象及其传播过程

现以简单管道阀门突然关闭为例说明水击现象及水击产生的原因。图6.1所示为一简单管道，其长度为L，直径为d，阀门关闭前管中水流为恒定流，流速为v_0，压强为p_0。由于水击压强水头比水头损失和流速水头大的很多，故在水击计算中，通常不计水头损失和流速水头。认为在恒定流时，管道中的测压管水头线与静水头线重合。

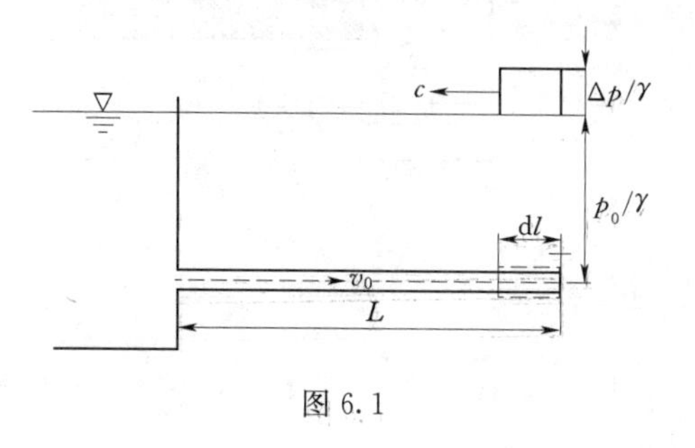

图6.1

如果管道末端阀门突然关闭，则紧靠阀门处长度为dl的一层水突然停止流动，流速由v_0骤变为零，根据动量定律，物体动量的变化等于作用于该物体上外力的冲量，这里的外力是阀门对水流的作用力。因外力作用，紧靠阀门这一层水的应力（即压强）突然升至$p_0+\Delta p$，

升高的压强 Δp 称为水击压强。由于水和管道都不是刚体，而是弹性体，因此在很大水击压强的作用下，该层液体受到压缩，密度增大，同时使周围的管壁发生膨胀，但在 $\mathrm{d}l$ 上游的水流仍以原来的流速 v_0 向下游流动，当碰到第一层液体时，也像碰到完全关闭的阀门一样，速度立即变为零，压强升高 Δp，液体被压缩，管壁膨胀。这样一层接一层的水体相继停止流动，直到水库为止，致使整个管道压强都增高了 Δp。这种现象实质上就是扰动波在弹性介质中的传播现象，阀门关闭就相当于产生一种扰动，这种扰动只能通过弹性波才能传播至各个断面，这种由于水击而引起的弹性波称为水击波。在上述情况下，水击波的传播使压强增高，而其传播方向又与恒定流时的流动方向相反，所以称为增压逆波。

现以图 6.2 为例，说明水击的传播过程。设水击波的传播速度为 c，管长为 L，管径为 d，水击波从阀门 a 处传播到管道进口 b 端的时间为 $t=L/c$。水击波传播过程可以分为四个阶段。

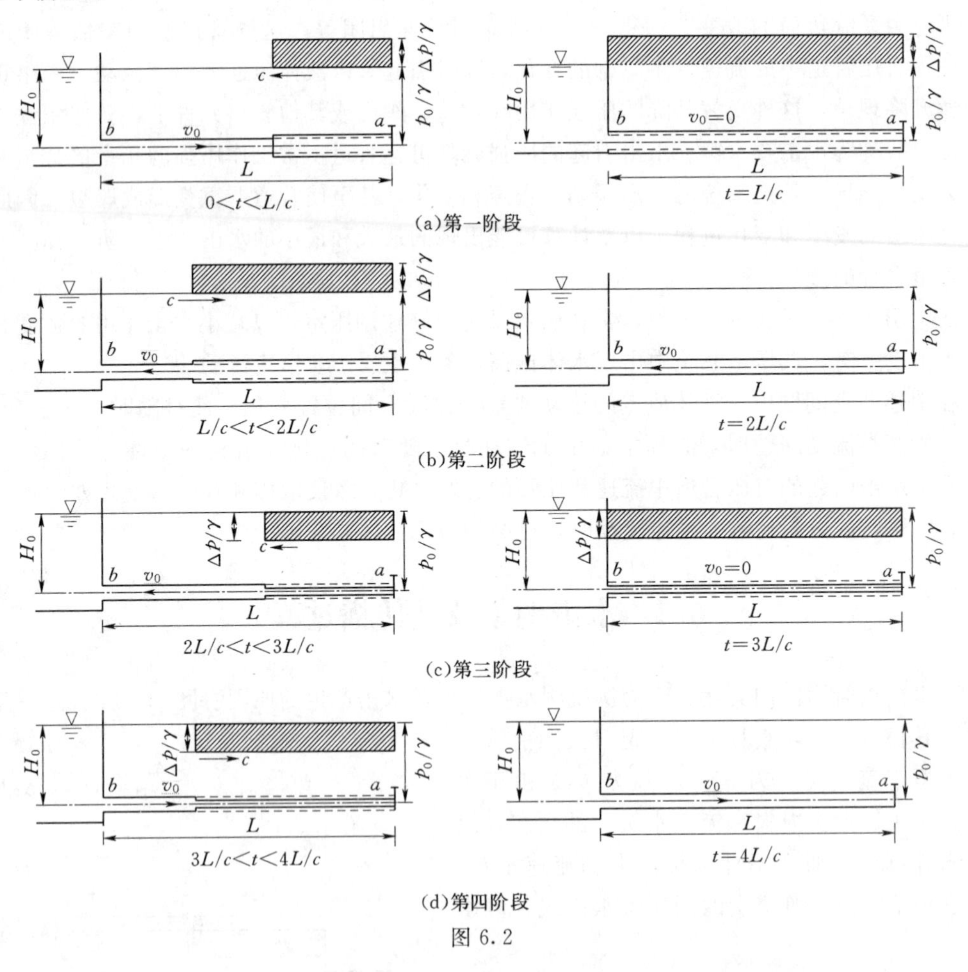

(a)第一阶段

(b)第二阶段

(c)第三阶段

(d)第四阶段

图 6.2

第一阶段：$0<t<L/c$，增压波从阀门 a 向管道进口 b 传播阶段，如图 6.2（a）所示。

当阀门突然关闭时，紧靠阀门的一层厚度为 $\mathrm{d}l$ 的液体立即停止运动，速度由原来的 v_0 立即变为零，相应压强升高 Δp。然而在 $\mathrm{d}l$ 段上游的水流仍以 v_0 速度向下游流动，于

是在 dl 段产生两种变形，即水体的压缩和管壁的膨胀，以容纳因为上、下游流速不同而积存的水量。之后，紧靠 dl 段的另一层的水体也停止流动，这样其他后面的水体都相继停下来，同时压强升高，水体受压，密度增加，管壁膨胀。这种减速增压的过程是以波速 c 自阀门向上游传播，经过 $t=L/c$ 后，水击波便传到水库，这时全管水体处于被压缩、管壁膨胀，所以称为增压逆波阶段。

第二阶段：$L/c<t<2L/c$，减压波从管道进口向阀门传播阶段，如图 6.2（b）所示。

在第一阶段末，第二阶段开始时刻 $t=L/c$，全管水体停止流动，压强增高，但这种状态只是瞬时的。由于上游水库体积很大，水库水位不受管道水体流动变化的影响，这时管道进口 b 点的左侧水库中仍保持静水压强 p_0，而在 b 点的右侧管道中的压强为 $p_0+\Delta p$，在这一压强差的作用下，水体不能保持平衡，转而由管道向水库方向流动，这时由 b 断面开始水体产生的反向流速其大小应等于第一阶段的流速 v_0，这是因为第一阶段压强增加量 Δp 是由流速差（$0-v_0$）产生的，根据动量定理，在同样的压强 Δp 的作用下，所产生的流速也应等于 v_0，但方向相反。反向流速 $-v_0$ 的产生，使 b 断面附近的液层压强马上恢复到原有压强 p_0，压缩的液体和膨胀的管壁也恢复原状。管道中的水便从进口处开始，以波速 c 向下游方向逐层解除受压状态，至 $t=2L/c$ 时到达阀门处的 a 断面，这时整个管道中的压强恢复到正常压强 p_0，水体和管壁也恢复至常态，并且都具有向水库方向的速度 v_0。这一阶段称为减压顺波阶段。

第三阶段：$2L/c<t<3L/c$，减压波从阀门向管道进口传播阶段，如图 6.2（c）所示。

在第二阶段末，第三阶段开始时刻 $t=2L/c$，虽然管壁和压强均恢复正常，但水击波传播现象并未停止，这是由于水流运动的惯性作用，管中的水体仍然向水库倒流，$-v_0$ 的存在是与阀门全部关闭而要求 $v_0=0$ 的边界条件不相容的，受该边界条件的制约，阀门断面的水体必须首先停止运动，速度由 $-v_0$ 变为零，引起压强由 p_0 减小 Δp，水体密度减小，管壁收缩。这个增速减压波由阀门向上游传播，在 $t=3L/c$ 时刻传至管道进口，全管处于瞬时低压状态，特点是在 $t=3L/c$ 时刻，全管流速为零，压强降为 Δp，液体膨胀，管壁处于收缩状态。这一阶段中的弹性波称为降压逆波。

第四阶段：$3L/c<t<4L/c$，增压波从管道进口向阀门传播阶段，如图 6.2（d）所示。

在第三阶段末，第四阶段开始时刻 $t=3L/c$，因管道进口处压强比水库的静水压强低 Δp，在此压强差的作用下，水流又以速度 v_0 向阀门方向流动，流动一经开始，压强立即恢复至 p_0，膨胀的水体和收缩的管壁都恢复正常。这时由水库反射回来的增压顺波又以波速 c 向阀门方向传播，至 $t=4L/c$ 时刻到达阀门 a 断面，这时整个管道中的水体又恢复到水击未发生前的状况。至此水击的传播完成了一个全过程。但由于惯性作用，水流仍具有一个向下游的流速 v_0，如阀门关闭，流动被阻止，于是和第一阶段开始时阀门突然关闭的情况一样，水击现象将重复上述四个阶段，周期性的循环下去。

现将上述四个阶段的水击现象归纳见表 6.1。

从阀门关闭 $t=0$ 时算起，至 $t=2L/c$ 时，称作第一相。由 $t=2L/c$ 至 $t=4L/c$ 又经过了一相，称为第二相。因为到 $t=4L/c$ 时，全管中压强、流速、水体及管壁都恢复到水击发生前的状态，所以把 $t=0$ 到 $t=4L/c$ 称为一个周期。

表6.1　水击传播过程

阶段	时程	流速方向	流速变化	水击传播方向	压强变化	水体状态	管壁状态
1	$0<t<L/c$	$b\rightarrow a$	$v_0\rightarrow 0$	$a\rightarrow b$	Δp 增高	压缩	膨胀
2	$L/c<t<2L/c$	$a\rightarrow b$	$0\rightarrow -v_0$	$b\rightarrow a$	$\rightarrow p_0$	恢复正常	恢复正常
3	$2L/c<t<3L/c$	$a\rightarrow b$	$-v_0\rightarrow 0$	$a\rightarrow b$	$-\Delta p$ 降低	膨胀	收缩
4	$3L/c<t<4L/c$	$b\rightarrow a$	$0\rightarrow v_0$	$b\rightarrow a$	$\rightarrow p_0$	恢复正常	恢复正常

到 $t=4L/c$ 时，全管虽然恢复常态，但水击现象仍不会停止，而是重复上述过程，周而复始的循环下去。但实际上，水在运动过程中因水的黏性作用及水和管壁的形变作用，能量不断损失，因而水击压强迅速衰减。

从上面的讨论可知，在阀门突然关闭的情况下，阀门断面产生一个单独的水击波，这个波在水库断面发生等值异号反射，即入射波和反射波的绝对值相等，符号相反。入射波是增压波，反射波则是降压波，反之亦然。在阀门断面则发生等值同号反射，入射波是增压波，反射波也是增压波，反之亦然。水击发展的整个过程就是这个水击波传播和反射的过程。管道任一断面在任一时刻的水击压强值即为通过该断面的水击顺波和逆波叠加的结果。

图6.3是阀门突然关闭时，阀门断面压强随时间变化的情况。从阀门突然关闭的 $t=0$ 时刻起，该断面压强即由原来的 p_0 增加为 $p_0+\Delta p$，直至降压顺波反射回来前夕（$t\leqslant 2L/c$），阀门断面始终保持压强为 $p_0+\Delta p$，在 $t=2L/c$ 的一瞬间，压强则由 $p_0+\Delta p$ 骤然下降至 p_0，再下降至 $p_0-\Delta p$，此后，在 $t=2L/c$ 到 $t=4L/c$ 期间，压强保持着 $p_0-\Delta p$，到 $t=4L/c$ 的一瞬时，该断面压强又由 $p_0-\Delta p$ 增加至 p_0，再增加至 $p_0+\Delta p$，就这样循环演变下去。但由于水的黏性以及管壁对水流的阻力作用，水击波的传播逐渐衰减，以至消失，如图6.4所示。

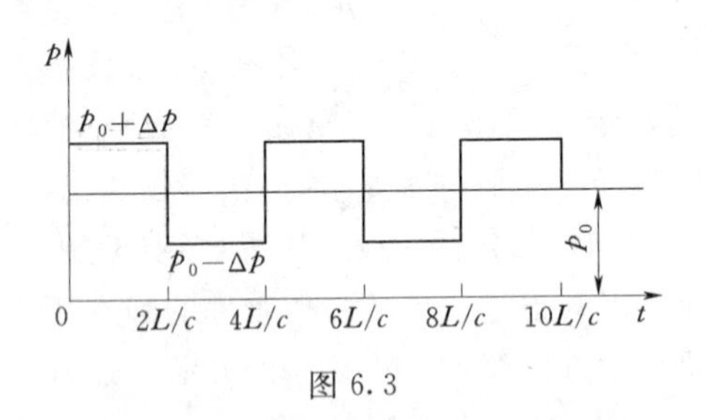

图6.3

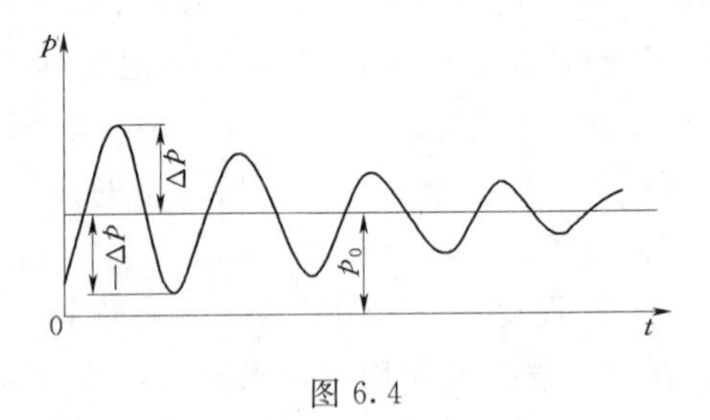

图6.4

【例题6.1】 试求如图所示的距阀门 a 为 x 断面的压强随时间的变化。

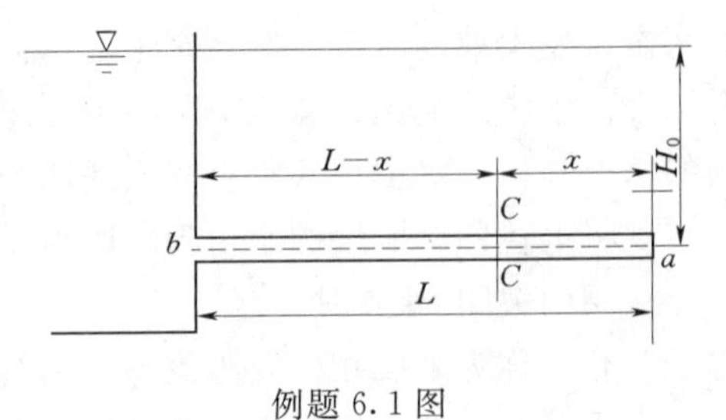

例题6.1图

解： 设阀门全开时的水头为 H_0，管长为 L，当阀门突然关闭时，水击波由阀门 a 向上游传播，现求距断面 a 为 x 的 C—C 断面的压强水头随时间的变化。

当 $0\leqslant t<x/c$ 时，$H=H_0$

当 $t=x/c$ 时，$H=H_0+\Delta H$

当 $t<x/c+(L-x)/c+(L-x)/c=(2L-$

$x)/c$ 时，$H=H_0+\Delta H$

当 $t=(2L-x)/c$ 时，$H=H_0$

当 $t<(2L-x)/c+x/c+x/c=(2L+x)/c$ 时，$H=H_0$

当 $t=(2L+x)/c$ 时，$H=H_0-\Delta H$

当 $t<(2L+x)/c+(L-x)/c+(L-x)/c=(4L-x)/c$ 时，$H=H_0-\Delta H$

当 $t=(4L-x)/c$ 时，$H=H_0$

当 $t<(4L-x)/c+x/c+x/c=(4L+x)/c$ 时，$H=H_0$

当 $t=(4L+x)/c$ 时，$H=H_0+\Delta H$

……

6.3 水击压强的计算和水击波的传播速度

6.3.1 水击压强的计算

阀门关闭引起流速的变化，是由于压强增量的作用，这个压强增量就是水击压强。因此可以用动量定律来推求压强增量 Δp 的计算公式。

今在管道中取出长为 Δl 的管段来进行研究，Δl 的两端为断面 1—1 和断面 2—2，并设管道中原有的流速为 v_0，压强为 p_0，水的密度为 ρ，管道的横断面面积为 A。当阀门部分关闭使管道中发生水击，水击发生后，水击波以波速 c 向上游传播，经 Δt 时段，水击波由断面 1—1 传至断面 2—2，则流段内的流速由 v_0 减到 v，压强由 p_0 增加到 $p_0+\Delta p$，水体被压缩，密度变为 $\rho+\Delta\rho$，管壁膨胀，横断面面积增加至 $A+\Delta A$，如图 6.5 所示。

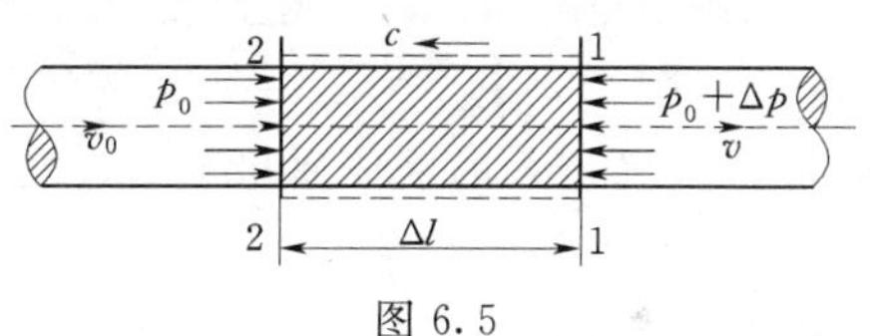

图 6.5

当水击波还未传到 Δl 段时，Δl 段的水体具有的动量为

$$\rho A v_0 \Delta l$$

水击波通过 Δl 段后的动量为

$$(\rho+\Delta\rho)(A+\Delta A)v\Delta l$$

因而 Δl 段水体受水击波影响前后的动量变化为

$$(\rho+\Delta\rho)(A+\Delta A)v\Delta l-\rho A v_0\Delta l=\rho A v\Delta l+A\Delta\rho v\Delta l+\rho\Delta A v\Delta l+\Delta\rho\Delta A v\Delta l-\rho A v_0\Delta l$$

略去二阶以上的微量得

$$\rho A\Delta l(v-v_0)$$

作用在 Δl 段水体两端的压差为

$$p_0A-(p_0+\Delta p)(A+\Delta A)=p_0A-p_0A-p_0\Delta A-A\Delta p-\Delta p\Delta A$$

略去二阶以上的微量，并注意到水击中 $p_0\Delta A$ 比 $A\Delta p$ 小得多，略去 $p_0\Delta A$ 后，得两端的压差为

$$-A\Delta p$$

所以，作用在 Δl 段水体上的外力，在 Δt 时段内两端压差的冲量为

$$-A\Delta p\Delta t$$

由动量定理，Δl 段水体的动量变化，应等于作用于该段水体外力的冲量，即

$$-A\Delta p\Delta t=\rho A\Delta l(v-v_0)$$

因为水击波的传播速度 $c=\Delta l/\Delta t$，$\Delta l=c\Delta t$，代入上式得

$$\Delta p=\rho c(v_0-v) \tag{6.1}$$

若用水柱高度表示压强的增量，则

$$\Delta H=\frac{\Delta p}{\gamma}=\frac{c}{g}(v_0-v) \tag{6.2}$$

当阀门突然完全关闭时，$v=0$，则相应的水头增量为

$$\Delta H=\frac{c}{g}v_0 \tag{6.3}$$

式（6.1）或式（6.2）常称为儒科夫斯基（H. E. Жуковский）公式，可以用来计算阀门突然关闭或突然开启时的水击压强。一般压力引水钢管内，水击波的传播速度 c 约为 1000m/s，设流速由 6m/s 减小到零时，由式（6.3）可求得阀门突然完全关闭时的水头增量为 $\Delta H\approx 600$m，这相当于 60 个大气压，是一个极大的压强，若设计中未加考虑，必将带来严重的后果。

6.3.2　水击波的传播速度

利用质量守恒原理，可以推导水击波的传播速度。

仍以图 6.5 中长为 $\Delta l=c\Delta t$ 的流段进行研究。根据质量守恒原理，在 Δt 时段内，通过断面 2—2 流入的液体质量与通过断面 1—1 流出的液体质量之差为

$$\rho v_0 A\Delta t-(\rho+\Delta\rho)(A+\Delta A)v\Delta t$$

略去二阶微量后得

$$[\rho A(v_0-v)-v(\rho\Delta A+\Delta\rho A)]\Delta t$$

在同一时段内，Δl 段内的水体，因水击波的通过使压强增加，密度增大，管壁膨胀所引起的质量增值为

$$(\rho+\Delta\rho)(A+\Delta A)\Delta l-\rho A\Delta l$$

不计二阶微量，则得

$$(\rho\Delta A+\Delta\rho A)\Delta l$$

根据质量守恒原理，通过断面 2—2 流入的液体质量与通过断面 1—1 流出的液体质量之差，应等于同一时段内该流段液体质量的增值，即

$$[\rho A(v_0-v)-v(\rho\Delta A+\Delta\rho A)]\Delta t=(\rho\Delta A+\Delta\rho A)\Delta l$$

因为 $\Delta l=c\Delta t$，代入上式整理得

$$\rho A(v_0-v)=(c+v)(\rho\Delta A+\Delta\rho A)$$

一般情况下，水击波的传播速度 c 远大于水流速度 v，略去右边的 v 后，上式变为

$$(v_0-v)=c\left(\frac{\Delta A}{A}+\frac{\Delta\rho}{\rho}\right)$$

将式（6.1）代入上式取极限后得

$$c=\frac{1}{\sqrt{\rho\left(\frac{1}{\rho}\frac{\mathrm{d}\rho}{\mathrm{d}p}+\frac{1}{A}\frac{\mathrm{d}A}{\mathrm{d}p}\right)}} \tag{6.4}$$

式中：$\frac{d\rho}{\rho dp}$反映了液体的压缩性，$\frac{dA}{Adp}$反映了管壁的弹性。

由第1章绪论可知

$$\frac{d\rho}{\rho dp}=\frac{1}{K} \tag{6.5}$$

式中：K 为液体的体积弹性系数，水的体积弹性系数 $K=19.6\times10^{8}\mathrm{N/m^2}$。

对于直径为 D，面积为 A 的管道，当压强增加 dp 时，管壁膨胀、管径增加 dD，相应的面积增量为 $dA=d\left(\frac{\pi D^2}{4}\right)=\frac{\pi}{2}DdD$，则

$$\frac{dA}{Adp}=\frac{1}{dp}\frac{dA}{A}=\frac{1}{dp}\frac{\pi DdD/2}{\pi D^2/4}=2\frac{dD}{D}\frac{1}{dp}$$

根据虎克定律，直径的增量 dD 与管壁应力增量 $d\sigma$ 之间的关系为

$$\frac{d\sigma}{E}=\frac{dD}{D} \tag{6.6}$$

式中：E 为管壁材料的弹性系数或弹性模量。

钢管、铸铁管、混凝土管和木管的弹性模量见表6.2。

表6.2　常用管壁材料的弹性模量

管壁材料	弹性模量 $E/(\mathrm{N/m^2})$	K/E	备注
钢管	19.6×10^{10}	0.01	水的体积弹性系数 $K=19.6\times10^{8}$ $(\mathrm{N/m^2})$
铸铁管	9.8×10^{10}	0.02	
混凝土管	19.6×10^{9}	0.1	
木管	9.8×10^{9}	0.2	

若管壁厚度为 δ，由水击压强使管壁产生的应力增量为 $\Delta\sigma$，取一单位长度的管段，并沿断面直径方向剖开，取 x、y 坐标如图6.6（b）所示。从该图中可以看出，在单位长度的管壁上，x 方向的内力为 $2\delta\Delta\sigma$，此内力应与该管段半圆管壁所受的 x 方向的外力相等，若水击压强 Δp 均匀地作用于管壁上，则根据第2章求曲面水压力的方法，作用于该管壁上的水击压力在 x 方向的投影为 $2r\Delta p=D\Delta p$，内力与外力相等，则 $D\Delta p=2\delta\Delta\sigma$，取其极限得

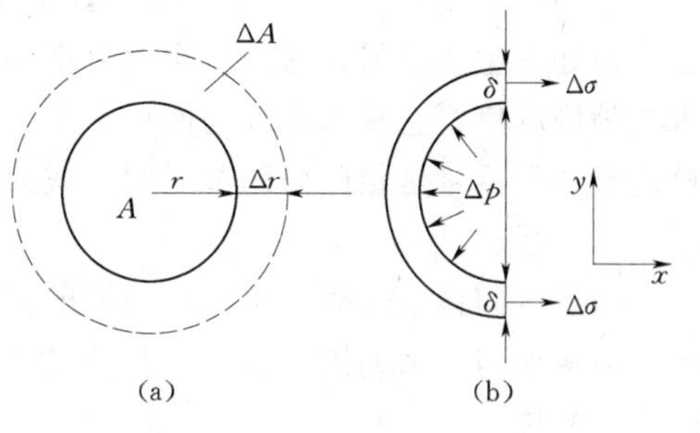

图6.6

$$Ddp=2\delta d\sigma$$

所以

$$\frac{dA}{Adp}=2\frac{dD}{D}\frac{1}{dp}=2\frac{dD}{D}\frac{1}{2\delta d\sigma/D}=\frac{dD}{\delta}\frac{1}{d\sigma}=\frac{dD}{\delta}\frac{1}{EdD/D}=\frac{D}{E\delta} \tag{6.7}$$

将式（6.5）和式（6.7）代入式（6.4）得

$$c=\frac{\sqrt{K/\rho}}{\sqrt{1+KD/(E\delta)}} \tag{6.8}$$

由式（6.8）可以看出，弹性波的传播速度 c 与液体的体积弹性系数及管壁材料的弹性系数 E 有关，E 越大，水击波的传播速度 c 也越大；当管壁为绝对刚体，即 $E=\infty$ 时，c 值最大，以 c_0 表示，即

$$c_0=\sqrt{K/\rho} \tag{6.9}$$

c_0 就是不受管壁影响的弹性波的传播速度，也就是声波在液体中的传播速度。当水温在10℃左右，压强为1～25个大气压时，$c_0=1435\text{m/s}$，则水击波的计算公式为

$$c=\frac{1435}{\sqrt{1+KD/(E\delta)}} \tag{6.10}$$

由式（6.10）可以看出，管径 D 及管壁厚度 δ 对水击波的传播速度也有影响。水电站引水管 D/δ 的平均值一般约为100，则水击波的速度约为1000m/s。

式（6.10）只能用于薄壁均质圆管，当压力管道的横断面不是圆形或管壁系非均质材料（如钢筋混凝土管或各种衬砌隧洞等）时，其水击波的计算可查阅有关文献。

6.4　直接水击和间接水击

从阀门开始关闭，水击波在管道中传播一个来回的时间为 $2L/c$，称为“相”。用 t_r 表示，即

$$t_r=2L/c \tag{6.11}$$

当阀门的关闭时间 T_s 等于或小于一相时，即 $T_s\leqslant 2L/c$ 或 $L\geqslant cT_s/2$，也就是由水库处反射回来的水击波尚未到达阀门之前，阀门已经关闭终止，这种水击称为直接水击，可按式（6.2）求水击压强值。直接水击所产生的压强升高值是相当巨大的，在水电站建筑物设计中，总是设法采取各种措施来防止或避免发生直接水击。

当阀门关闭过程中，$T_s>2L/c$，由水库反射回来的降压波已经到达阀门处，并可能在阀门处发生正反射，这样就会部分抵消了水击增压，使阀门处的水击压强不致达到直接水击的增压值，这种水击称为间接水击。在工程设计中，总是力图合理的选择参数，并在可能条件下尽量延长阀门调节时间，或通过设置调压室缩短受水击影响的管道长度，来降低水击压强。

当发生间接水击时，水击压力波的消减增加过程是十分复杂的，压力管道末端阀门处的压力增加与一系列因素有关，其中最主要的是阀门关闭（或开启）经历的时间及所依时间变化的规律。

直接水击和间接水击没有本质的区别，流动中都是惯性和弹性起主要作用。但随着阀门调节时间 T_s 的延长，弹性作用将逐渐减小，黏滞性作用（表现为阻力）将相对地增强。当 T_s 大到一定程度时，流动则主要受惯性和黏滞性的作用。其流动现象与弹性波的传播无关。

应该说明，当阀门由关到开时，所发生的水击现象与阀门关闭时水击的性质是一样的，所不同的是初生的弹性波是增速的减压波。而由进口反射回来的则是增速增压顺波，此后的传播及反射过程在性质上与阀门突然关闭时完全相同。计算水击压强增量公式（6.2）对阀门突然开启也完全适应，只不过阀门突然开启时 $v_0<v$，Δp 应为负值。

【例题 6.2】 有一压力管道，直径 $D=2.5\mathrm{m}$，壁厚 $\delta=2.5\mathrm{cm}$，钢管长度 $L=2000\mathrm{m}$，阀门全开时管道流速 $v_0=4\mathrm{m/s}$，阀门全部关闭时间为 $T_s=3\mathrm{s}$，求阀门处最大压强？

解：

由表 6.2 查出，钢管 $K/E=0.01$，波速为

$$c=\frac{1435}{\sqrt{1+KD/(E\delta)}}=\frac{1435}{\sqrt{1+0.01\times250/2.5}}=1010(\mathrm{m/s})$$

求相长 t_r $\qquad t_r=2L/c=2\times2000/1010=3.96(\mathrm{s})>T_s=3(\mathrm{s})$

发生直接水击，水击压强为

$$\Delta H=\frac{c}{g}v_0=\frac{1010}{9.8}\times4=412(\mathrm{m})$$

6.5 非恒定流的基本方程

6.5.1 连续性方程

利用质量守恒原理，可直接导出非恒定总流的连续性方程。

在产生非恒定流的有压管道中取出长为 $\mathrm{d}l$ 的微分段作为控制段，如图 6.7 所示。设断面 1—1 的面积为 A，流速为 v，液体的密度为 ρ，在 $\mathrm{d}t$ 时段内通过断面 1—1 流入的液体质量为

$$m_1=\rho Av\mathrm{d}t$$

与断面 1—1 相距为 $\mathrm{d}l$ 的断面 2—2，在同一时段内流出的液体质量为

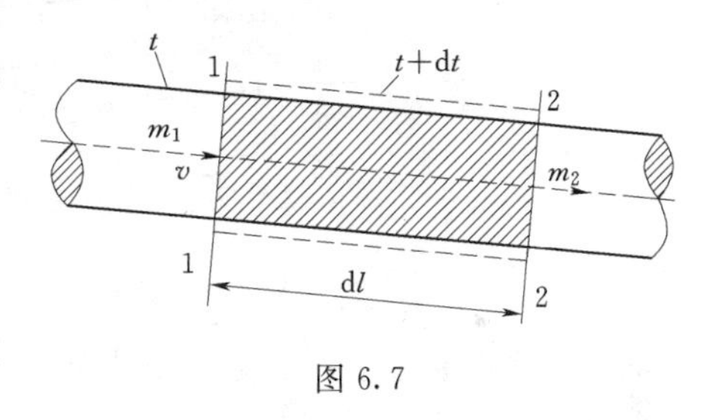

图 6.7

$$m_2=\rho Av\mathrm{d}t+\frac{\partial}{\partial l}(\rho Av\mathrm{d}t)\mathrm{d}l$$

流入和流出的质量差为

$$\mathrm{d}m_s=m_1-m_2=-\frac{\partial}{\partial l}(\rho Av\mathrm{d}t)\mathrm{d}l$$

在同一时段内，控制体中的液体质量从原有的 $\rho A\mathrm{d}l$ 改变为 $\rho A\mathrm{d}l+\frac{\partial}{\partial t}(\rho A\mathrm{d}l)\mathrm{d}t$，故质量变化为

$$\mathrm{d}m_t=\frac{\partial}{\partial t}(\rho A\mathrm{d}l)\mathrm{d}t$$

根据质量守恒原理，在 $\mathrm{d}t$ 时段内，流入和流出该体积的质量差等于同一时段内该体积内的质量变化，即

$$-\frac{\partial}{\partial l}(\rho Av\mathrm{d}t)\mathrm{d}l=\frac{\partial}{\partial t}(\rho A\mathrm{d}l)\mathrm{d}t$$

整理上式得非恒定流连续性方程的普遍形式为

$$\frac{\partial}{\partial l}(\rho Av)+\frac{\partial}{\partial t}(\rho A)=0 \tag{6.12}$$

式（6.12）将在以后分析水击时应用。

对于不可压缩液体，ρ=常数，式（6.12）变为

$$\frac{\partial}{\partial l}(Av)+\frac{\partial A}{\partial t}=0 \tag{6.13}$$

式（6.13）将在分析明渠非恒定流时应用。

对于不考虑液体压缩性，而且断面大小又保持恒定的管道非恒定流动问题，式（6.13）可进一步简化为

$$Av=f(t)$$

上式表明，流量只随时间而变，对于某一特定的瞬时，流量是沿程不变的，调压系统中的液面振荡问题就属于这一情况。

6.5.2　运动方程

应用牛顿第二定理，可导出非恒定流的运动方程。

取一段元流如图6.8所示。设元流的断面面积为 $\mathrm{d}A$，长为 $\mathrm{d}l$，流动方向为 l，管轴线与水平面的夹角为 θ，先分析作用在该元流段 l 方向的作用力。

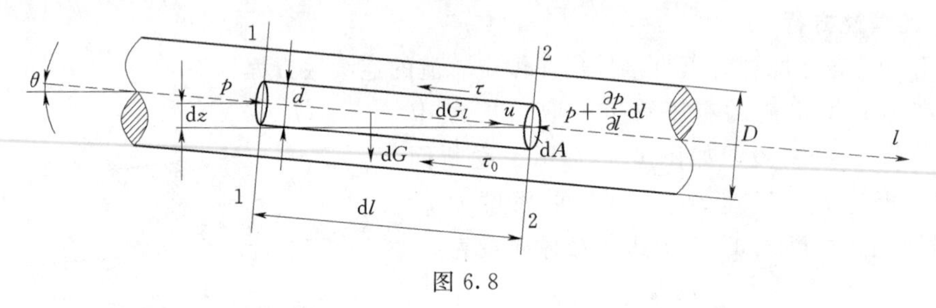

图6.8

元流段的重力在 l 方向的分量为

$$\mathrm{d}G_l=\gamma\mathrm{d}A\,\mathrm{d}l\sin\theta=-\gamma\mathrm{d}A\,\mathrm{d}l\,\frac{\partial z}{\partial l}$$

两端的压差为

$$p\mathrm{d}A-\left(p+\frac{\partial p}{\partial l}\mathrm{d}l\right)\mathrm{d}A=-\frac{\partial p}{\partial l}\mathrm{d}l\,\mathrm{d}A$$

设元流段断面直径为 d，作用在四周表面上的平均切应力为 τ，则在 $\mathrm{d}l$ 距离上的阻力为 $-\tau\pi d\cdot\mathrm{d}l$（负号是因为阻力方向与流动方向相反）。设 u 为 l 方向的流速，对于非恒定流动，由于 $u=u(l,t)$，则加速度为

$$a=\frac{\mathrm{d}u}{\mathrm{d}t}=\frac{\partial u}{\partial t}+u\,\frac{\partial u}{\partial l}$$

由牛顿第二定理，$\sum F=ma$，得

$$-\gamma\mathrm{d}A\,\mathrm{d}l\,\frac{\partial z}{\partial l}-\frac{\partial p}{\partial l}\mathrm{d}A\,\mathrm{d}l-\tau\pi d\,\mathrm{d}l=\rho\mathrm{d}A\,\mathrm{d}l\left(\frac{\partial u}{\partial t}+u\,\frac{\partial u}{\partial l}\right)$$

将上式两边同除以 $\gamma\mathrm{d}A\,\mathrm{d}l$，注意到 $\mathrm{d}A=\pi d^2/4$，即得单位重量液体非恒定元流的运动方程为

$$\frac{\partial z}{\partial l}+\frac{1}{\gamma}\frac{\partial p}{\partial l}+\frac{1}{g}\left(\frac{\partial u}{\partial t}+u\,\frac{\partial u}{\partial l}\right)+\frac{4\tau}{\gamma d}=0 \tag{6.14}$$

设所考虑的总流为渐变流动，忽略管道断面上流速分布不均匀的影响，把该元流扩大到总

流，则可得到一维非恒定渐变总流的运动方程为

$$\frac{\partial}{\partial l}\left(z+\frac{p}{\gamma}+\frac{v^2}{2g}\right)=-\frac{1}{g}\frac{\partial v}{\partial t}-\frac{4\tau_0}{\gamma D} \tag{6.15}$$

或写成

$$\frac{\partial z}{\partial l}+\frac{1}{\gamma}\frac{\partial p}{\partial l}+\frac{1}{g}\left(\frac{\partial v}{\partial t}+v\frac{\partial v}{\partial l}\right)+\frac{4\tau_0}{\gamma D}=0 \tag{6.16}$$

式中：z、p、v 分别为总流断面的平均高程、平均压强和断面平均流速；D 为总流断面的直径；τ_0 为总流流段 dl 四周的平均切应力。

式（6.16）常用来讨论有压管道中的水击问题。

对于不可压缩液体，γ 为常数，可将式（6.15）中的各项乘以 dl，并从断面 1—1 至断面 2—2 积分，可得非恒定总流的能量方程为

$$z_1+\frac{p_1}{\gamma}+\frac{v_1^2}{2g}=z_2+\frac{p_2}{\gamma}+\frac{v_2^2}{2g}+\int_1^2\frac{1}{g}\frac{\partial v}{\partial t}\mathrm{d}l+\int_1^2\frac{4\tau_0}{\gamma D}\mathrm{d}l \tag{6.17}$$

式中：$\int_1^2\frac{4\tau_0}{\gamma D}\mathrm{d}l$ 可理解为总流单位重量液体的平均阻力在断面 1—1 至断面 2—2 间所做的功，即能量损失，用 h_w 表示；$\int_1^2\frac{1}{g}\frac{\partial v}{\partial t}\mathrm{d}l$ 为水流由于当地加速度而引起的惯性力在断面 1—1 到断面 2—2 的距离上对单位重量液体所做的功，称为惯性水头，用 h_i 表示。

惯性水头表征着非恒定流动在能量关系上的特点，这也正是非恒定流动的能量不同于恒定流动之处。这样式（6.17）可写成

$$z_1+\frac{p_1}{\gamma}+\frac{v_1^2}{2g}=z_2+\frac{p_2}{\gamma}+\frac{v_2^2}{2g}+h_i+h_w \tag{6.18}$$

惯性水头 h_i 与水头损失 h_w 并不相同，h_w 是因为阻力损耗的水体能量，它转换为热能而消失；h_i 则蕴藏在水体中没有损耗。当$\frac{\partial v}{\partial t}$为正值时，流速随时间而增大，$h_i$ 为正值，表明水流从断面 1—1 到断面 2—2，为了提高整段水流的动能而必须提供给该段水流一部分能量，这部分能量只能从断面 1—1 的能量转换而来，这时，h_i 在能量平衡关系中处于和 h_w 相同的地位。当$\frac{\partial v}{\partial t}$为负值时，$h_i$ 也为负值，表明由于水流动能的降低，水体要释放一部分能量而转换成 2—2 断面的其他能量。所以非恒定流动的能量也可以看作由四部分组成：位置势能、压强势能、动能及惯性能。式（6.17）用来讨论调压系统中的液面振荡问题。

6.6 水击基本方程

对非恒定流的运动方程和连续性方程进行整理简化，可导出水击的基本微分方程组——运动方程和连续性方程。

6.6.1 水击的运动方程

将式（6.15）写成

$$\frac{\partial}{\partial l}\left(z+\frac{p}{\gamma}\right)+\frac{1}{g}\left(\frac{\partial v}{\partial t}+v\frac{\partial v}{\partial l}\right)+\frac{4\tau_0}{\gamma D}=0$$

令 $z+\frac{p}{\gamma}=H$，用 $\tau_0=\frac{\lambda}{8}\rho v^2$ 代入上式得

$$\frac{\partial H}{\partial l}+\frac{\lambda}{D}\frac{v^2}{2g}+\frac{1}{g}\left(\frac{\partial v}{\partial t}+v\frac{\partial v}{\partial l}\right)=0$$

将上式阻力项的 v^2 改写成 $v|v|$，以使摩阻力总是与流速方向相反，则上式变为

$$g\frac{\partial H}{\partial l}+\frac{\partial v}{\partial t}+v\frac{\partial v}{\partial l}+\frac{\lambda}{2D}v|v|=0 \tag{6.19}$$

式（6.19）即为考虑摩阻作用的水击运动微分方程。如果考虑到$\frac{\partial v}{\partial l}\ll\frac{\partial v}{\partial t}$，并略去阻力项，式（6.19）可简化为

$$\frac{\partial H}{\partial l}=-\frac{1}{g}\frac{\partial v}{\partial t} \tag{6.20}$$

6.6.2　水击的连续性微分方程

一维非恒定流的连续性方程为式（6.12），考虑到 $A=A(l,\ t)$，$\rho=\rho(l,\ t)$，则

$$\left.\begin{aligned}\frac{\mathrm{d}A}{\mathrm{d}t}&=\frac{\partial A}{\partial t}+v\frac{\partial A}{\partial l}\\ \frac{\mathrm{d}\rho}{\mathrm{d}t}&=\frac{\partial \rho}{\partial t}+v\frac{\partial \rho}{\partial l}\end{aligned}\right\} \tag{6.21}$$

式中：$v=\partial l/\partial t$。

将连续性方程式（6.12）展开得

$$\rho v\frac{\partial A}{\partial l}+\rho A\frac{\partial v}{\partial l}+vA\frac{\partial \rho}{\partial l}+\rho\frac{\partial A}{\partial t}+A\frac{\partial \rho}{\partial t}=0$$

由式（6.21）解出 $v\frac{\partial A}{\partial l}$和 $v\frac{\partial \rho}{\partial l}$代入上式得

$$\frac{1}{\rho}\frac{\mathrm{d}\rho}{\mathrm{d}t}+\frac{1}{A}\frac{\mathrm{d}A}{\mathrm{d}t}+\frac{\partial v}{\partial l}=0 \tag{6.22}$$

式（6.22）中第一项代表水的密度变化率，即水的压缩性，这是由弹性波的压强变化而引起的；第二项为管道断面的变化率，即代表管壁的弹性，也是由弹性波的压强变化而引起的。式（6.22）可以写成

$$\left(\frac{1}{\rho}\frac{\mathrm{d}\rho}{\mathrm{d}p}+\frac{1}{A}\frac{\mathrm{d}A}{\mathrm{d}p}\right)\frac{\mathrm{d}p}{\mathrm{d}t}+\frac{\partial v}{\partial l}=0$$

将上式与式（6.4）比较可得

$$\frac{1}{\rho}\frac{\mathrm{d}p}{\mathrm{d}t}+c^2\frac{\partial v}{\partial l}=0 \tag{6.23}$$

由式（6.8）可知，式（6.23）中的 c 就是水击波的传播速度。由于 $p=\gamma(H-z)=\rho g(H-z)$，$\rho$ 随 l 或 t 的变化远小于 H 随 l 或 t 的变化，可以忽略，即认为 ρ 为常数，则

$$\frac{\mathrm{d}p}{\mathrm{d}t}=\frac{\partial p}{\partial t}+v\frac{\partial p}{\partial l}=\rho g\left(\frac{\partial H}{\partial t}-\frac{\partial z}{\partial t}\right)+v\rho g\left(\frac{\partial H}{\partial l}-\frac{\partial z}{\partial l}\right)$$

其中管道高程不随时间而变化，$\partial z/\partial t=0$，$\partial z/\partial l=-\sin\theta$，$\theta$ 为管轴与水平线的夹角，代

入上式得

$$\frac{1}{\rho}\frac{\mathrm{d}p}{\mathrm{d}t}=g\ \frac{\partial H}{\partial t}+vg\left(\frac{\partial H}{\partial l}+\sin\theta\right)$$

将以上结果代入式（6.23）得

$$\frac{\partial H}{\partial t}+v\ \frac{\partial H}{\partial l}+v\sin\theta+\frac{c^2}{g}\frac{\partial v}{\partial l}=0 \tag{6.24}$$

考虑到高程的沿程变化$\partial z/\partial l$以及水头的沿程变化$\partial H/\partial l$都远小于水头的当地变化$\partial H/\partial t$，即$\partial z/\partial l \ll \partial H/\partial t$，$\partial H/\partial l \ll \partial H/\partial t$，则式（6.24）简化为

$$\frac{\partial H}{\partial t}=-\frac{c^2}{g}\frac{\partial v}{\partial l} \tag{6.25}$$

式（6.24）和式（6.25）为不同形式的水击连续性微分方程。

6.7 水击计算的方法

水击计算的方法有解析法、图解法和特征线法等。解析法物理意义明确，应用简便，但多用于不计阻力情况下的简单管道，并假定阀门出流现象类似于孔口或管嘴出流。对于复杂管道，尤其是复杂的边界条件则较难处理。图解法比解析法简单明了，但作图较繁。特征线法是近似解法，但精度较高，而且考虑了阻力的影响，并可以处理复杂的管道系统。以下分别说明解析法和特征线法。

6.7.1 水击计算的解析法

1. 水击连锁方程

为方便起见，以从阀门向上游计算的距离为 x 坐标，将$\partial/\partial l$ 用$-\partial/\partial x$ 代入式（6.20）和式（6.25）得

$$\frac{\partial H}{\partial x}=\frac{1}{g}\frac{\partial v}{\partial t}$$

$$\frac{\partial H}{\partial t}=\frac{c^2}{g}\frac{\partial v}{\partial x}$$

将该组方程分别对 x 和 t 进行一次微分，整理得

$$\left.\begin{aligned}\frac{\partial^2 H}{\partial x^2}=\frac{1}{c^2}\frac{\partial^2 H}{\partial t^2}\\ \frac{\partial^2 v}{\partial x^2}=\frac{1}{c^2}\frac{\partial^2 v}{\partial t^2}\end{aligned}\right\} \tag{6.26}$$

上式即为波动方程组，其一般解为

$$(H-H_0)=F\left(t-\frac{x}{c}\right)+f\left(t+\frac{x}{c}\right) \tag{6.27}$$

$$(v-v_0)=-\frac{g}{c}\left[F\left(t-\frac{x}{c}\right)-f\left(t+\frac{x}{c}\right)\right] \tag{6.28}$$

式中：H_0 和 v_0 为水击未发生前在恒定流时的测压管水头及断面平均流速；H 和 v 为水击发生后距阀门为 x 断面在 t 时刻的测压管水头及断面平均流速；函数 F 及 f 为两个未

知函数，称为波函数，它们决定于管道的边界条件。F 和 f 的意义如下。

设在一个简单的管道中发生水击，t_1 时刻在距阀门为 x_1 的断面有一逆波（向上游传播）通过该断面，则其波函数 F 为 $F(t_1-x_1/c)$，经 Δt 后，该逆波传至上游某断面，其坐标为

$$x_2=x_1+c\Delta t$$

相应的波函数为

$$F\left[(t_1+\Delta t)-\left(\frac{x_1+c\Delta t}{c}\right)\right]=F\left(t_1-\frac{x_1}{c}\right)$$

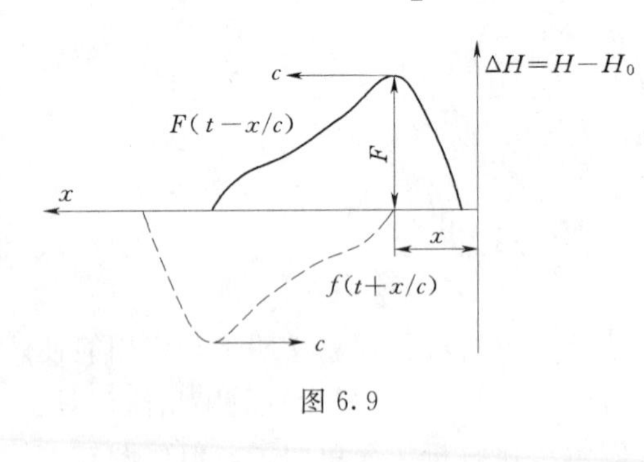

图 6.9

因为在简单管道中波速 c 为常数，在传播过程中不改变它的波形，故上式表明，函数 F 代表从阀门向上游传播的逆波，如图 6.9 所示，它是由阀门扰动产生的和由阀门反射的全部波叠加而形成的逆行波表达式。同样可以说明，$f(t+x/c)$ 是一个以速度 c 由水库向阀门方向传播的顺波，在传播过程中不改变其波形。函数 $f(t+x/c)$ 则为 t 时刻通过坐标为 x 之断面所有顺波叠加后的表达式。

由此可以看出，式（6.27）和式（6.28）的物理意义是：t 时刻坐标为 x 之断面的测压管水头增值 $\Delta H=H-H_0$ 及流速增值 $\Delta v=v-v_0$ 是同一时刻通过该断面的水击逆波及顺波叠加的结果。

波函数 F 及 f 虽然有明确的物理意义，但要确定它们的具体表达式仍然是困难的。实际计算时所需要的是管道各断面的水头及流速增值，而不是 F 和 f 的表达式。因此，可以通过以下变换，在计算式中消去 F 和 f。将式（6.27）和式（6.28）相减得

$$2F\left(t-\frac{x}{c}\right)=H-H_0-\frac{c}{g}(v-v_0)$$

由上述可知，函数 $F(t-x/c)$ 代表从阀门往上游传播的水击逆波。在管道中选取 a、b 两断面，a 断面的坐标为 x_1，b 断面的坐标为 x_2，如图 6.10 所示。若 t_1 时刻水击逆波传至 a 断面，其水头为 $H_{t_1}^a$，流速为 $v_{t_1}^a$，经 Δt 后，该逆波传至 b 断面，则 b 断面的坐标为 $x_2=x_1+c\Delta t$，b 断面在 $t_2=t_1+\Delta t$ 时刻的水头为 $H_{t_2}^b$，流速为 $v_{t_2}^b$。将 a 断面在 t_1 时刻的水头、流速及坐标值代入上式得

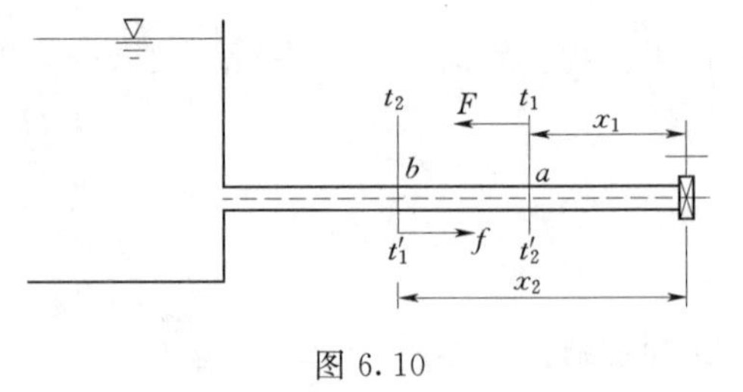

图 6.10

$$2F\left(t_1-\frac{x_1}{c}\right)=H_{t_1}^a-H_0-\frac{c}{g}(v_{t_1}^a-v_0)$$

同样，将 b 断面在 t_2 时刻的水头、流速及坐标值代入可得

$$2F\left(t_2-\frac{x_2}{c}\right)=H_{t_2}^b-H_0-\frac{c}{g}(v_{t_2}^b-v_0)$$

因为逆波在传播的过程中不改变波形，即

$$F\left(t_1-\frac{x_1}{c}\right)=F\left(t_2-\frac{x_2}{c}\right)$$

故由以上两式得

$$(H_{t_1}^a-H_0)-(H_{t_2}^b-H_0)=\frac{c}{g}(v_{t_1}^a-v_{t_2}^b) \tag{6.29}$$

或写成

$$\Delta H_{t_1}^a-\Delta H_{t_2}^b=\frac{c}{g}(v_{t_1}^a-v_{t_2}^b) \tag{6.30}$$

其中：$\Delta H_{t_1}^a=H_{t_1}^a-H_0$；$\Delta H_{t_2}^b=H_{t_2}^b-H_0$。

式（6.29）或式（6.30）给出了由水击逆波形成的 a 断面在 t_1 时刻及 b 断面在 t_2 时刻的流速与水头之间的关系。若已知 a 断面在 t_1 时刻的 $H_{t_1}^a$ 和 $v_{t_1}^a$，则可求得 b 断面在 t_2 时刻的 $H_{t_2}^b$ 和 $v_{t_2}^b$ 间的关系。

将式（6.27）和式（6.28）相加得

$$2f\left(t+\frac{x}{c}\right)=H-H_0+\frac{c}{g}(v-v_0)$$

式中：$f(t+x/c)$ 代表从水库往阀门传播的水击顺波。

设 t_1' 时刻顺波传至 b 断面，其水头及流速各为 $H_{t_1'}^b$ 和 $v_{t_1'}^b$，在 $t_2'=t_1'+\Delta t$ 时刻顺波传至 a 断面，相应的水头及流速各为 $H_{t_2'}^a$ 和 $v_{t_2'}^a$，将 b、a 两断面的水头及流速分别代入上式，并注意到顺波在传播过程中不变形，则得

$$(H_{t_1'}^b-H_0)-(H_{t_2'}^a-H_0)=-\frac{c}{g}(v_{t_1'}^b-v_{t_2'}^a) \tag{6.31}$$

或

$$\Delta H_{t_1'}^b-\Delta H_{t_2'}^a=-\frac{c}{g}(v_{t_1'}^b-v_{t_2'}^a) \tag{6.32}$$

其中：$\Delta H_{t_1'}^b=H_{t_1'}^b-H_0$，$\Delta H_{t_2'}^a=H_{t_2'}^a-H_0$。

式（6.31）和式（6.32）给出了由水击顺波传播所形成的 b 断面在 t_1' 时刻、a 断面在 t_2' 时刻的水头与流速之间的关系。若已知 b 断面在 t_1' 时刻的 $H_{t_1'}^b$ 和 $v_{t_1'}^b$，则可由式（6.32）求得在 t_2' 时刻的 $H_{t_2'}^a$ 和 $v_{t_2'}^a$ 间的关系。

联合应用式（6.30）和式（6.32），即可根据已知断面在特定时刻的水头及流速，求解另一断面在水击波传播到的相应时刻的水头及流速。逐步推演下去可得任意断面在任意时刻的水头及流速，故式（6.30）和式（6.32）称为水击的连锁方程。

如果令 $\xi=\dfrac{H-H_0}{H_0}$，$\eta=\dfrac{v}{v_m}$，其中 v_m 为闸门全开时管道中的最大流速，$\varphi=\dfrac{cv_m}{2gH_0}$ 为管道特征系数，它不随水击波的传播而变化，则式（6.30）和式（6.32）可以写成更普遍的无量纲形式，即

$$\xi_{t_1}^a-\xi_{t_2}^b=2\varphi(\eta_{t_1}^a-\eta_{t_2}^b)\ (\text{逆波}) \tag{6.33}$$

$$\xi_{t_1'}^b-\xi_{t_2'}^a=-2\varphi(\eta_{t_1'}^b-\eta_{t_2'}^a)\ (\text{顺波}) \tag{6.34}$$

式（6.33）和式（6.34）即为连锁方程的普遍形式，它适应于不考虑阻力和管道倾斜的简单管道。

2. 初始条件和边界条件

（1）初始条件。初始条件为水击发生前（恒定流时）管道中的水头 H_0 及流速 v_0，

可以通过恒定流的计算确定。

(2) 边界条件。对于如图6.2所示的简单管道，边界条件是指上游管道进口断面b及下游管道末端断面a的流动条件。

1) 管道进口断面b的边界条件。压力管道上游一般与水库连接，由于水库很大，库水位不会因管道流量的变化而涨落。所以上游的边界条件是水击波在传播过程中进口断面b的水头保持为常数，即

$$\left.\begin{aligned}\Delta H^b=H_t^b-H_0=0\\ \xi^b=0\end{aligned}\right\}\tag{6.35}$$

2) 管道末端断面a的边界条件。管道末端为调节流量的导水叶或阀门，阀门处断面a的流速变化与不同阀门的不同关闭规律有关，或者说与控制设备的类型及控制规律有关。在此仅讨论一种比较简单的管道末端与阀门相连的情况，阀门出口类似于孔口出流，在初始条件下，其出流量可近似表示为

$$Q_0=\mu\Omega_0\sqrt{2gH_0}\tag{6.36}$$

相应的管道流速为

$$v=Q_0/A\tag{6.37}$$

式中：Ω_0为初始时刻阀门的开启面积；Q_0为初始时刻通过阀门的流量；A为管道的断面面积；μ为流量系数。

假设$\mu=$常数，在同一水头下，阀门全开时通过的最大流量为

$$Q_m=\mu\Omega_m\sqrt{2gH_0}\tag{6.38}$$

$$v_m=Q_m/A\tag{6.39}$$

式中：Q_m、Ω_m、v_m为阀门全开时通过阀门的最大流量、阀门全开时的过水断面面积和管道中的最大流速。

对水击发生后的任意时刻t，设阀门的开启面积为Ω_t，管道末端断面a的水头为H_t^a，则通过阀门的流量为

$$Q_t=\mu\Omega_t\sqrt{2gH_t^a}\tag{6.40}$$

阀门末端a断面的相应流速为

$$v_t^a=Q_t/A_t\tag{6.41}$$

因为$H_t^a=H_0+\Delta H_t^a=H_0+\xi_t^aH_0=(1+\xi_t^a)H_0$，代入式(6.40)得

$$Q_t=\mu\Omega_t\sqrt{2g(1+\xi_t^a)H_0}$$

将上式与式(6.38)比较得

$$\eta_t^a=\frac{v_t^a}{v_m}=\frac{\Omega_t}{\Omega_m}\sqrt{\frac{(1+\xi_t^a)H_0}{H_0}}$$

或

$$\eta_t^a=\tau_t\sqrt{1+\xi_t^a}\tag{6.42}$$

式中：$\tau_t=\Omega_t/\Omega_m$为相对闸门开度。

式(6.42)即为末端断面a的边界条件。当已知闸门开度τ_t随时间t的变化规律$\tau_t=f(t)$，即可由式(6.42)求得任意时刻t时a断面的相对流速η_t^a与相对水头增值ξ_t^a间的关系。

必须指出，式(6.42)主要适用于针型阀控制流量的冲击式水轮机。对于反击式水轮

机，其流速变化不仅与导水叶开度和水头有关，同时还与转速有关，其边界条件必须由水轮机特性曲线确定，如仍用式（6.42）计算，只能是一种粗略的估计。

3. 连锁方程的应用

结合边界及初始条件，应用连锁方程式（6.33）和式（6.34），即可确定最大水击压强增高值或水击压强降低值。因为阀门处的 a 断面为水击的波源，a 断面的水击波传播至上游水库断面（及进口断面 b），再反射回来的减压波总是最后到达 a 断面，故最大压强增高值也总是发生在 a 断面。另外，水击波从 a 断面发生到反射回来的时间为一相（$t_r=T=2L/c$），所以 a 断面的水击压强在每相之末变幅最大。因此，只要算出 a 断面在各相末的水击值，即可求得最大水击压强增高值及水击压强降低值。

为了求得 a 断面在各相末的水击压强，在以下的讨论中，以相（$t_r=T=2L/c$）作为时间的计算单位。

a 断面产生的水击波，经 L/c 即半相的时间传至上游 b 断面，则可由逆波连锁方程式（6.33）根据 $t_1=0$ 时 a 断面的 ξ_0^a 及 η_0^a 求 b 断面在 $t_2=0.5$ 相时的 $\eta_{0.5}^b$，即

$$\xi_0^a-\xi_{0.5}^b=2\varphi(\eta_0^a-\eta_{0.5}^b)$$

当 $t_1=0$ 时，$\xi_0^a=(H_0-H_0)/H_0=0$，则由下游边界条件（6.42）式得 $\eta_0^a=\tau_0$，又根据上游边界条件式（6.35），$\xi_{0.5}^b=0$，将以上各式代入上式得

$$\eta_0^a=\eta_{0.5}^b=\tau_0$$

即

$$\frac{v_0^a}{v_m}=\frac{v_{0.5}^b}{v_m}$$

上式表明，在 $t_2=0.5$ 相时进口 b 断面保持恒定流量。

从 $t_2=0.5$ 相开始，水击波从 b 断面向下游反射，至 $t_r=1$ 相时到达 a 断面。应用顺波的连锁方程式（6.34），根据已知的 $\xi_{0.5}^b=0$ 及 $\eta_{0.5}^b=\tau_0$，可推求 a 断面在 $t_r=1$ 相时的相对水头增值 $\xi_{1.0}^a$，即

$$\xi_{0.5}^b-\xi_{1.0}^a=-2\varphi(\eta_{0.5}^b-\eta_{1.0}^a)$$

按下游的边界条件，$\eta_{1.0}^a=\tau_1\sqrt{1+\xi_{1.0}^a}$，代入上式得

$$\tau_1\sqrt{1+\xi_{1.0}^a}=\tau_0-\xi_{1.0}^a/2\varphi \tag{6.43}$$

同理，可由式（6.33）求 $\eta_{1.5}^b$，再由式（6.34）求 $\xi_{2.0}^a$ 得

$$\tau_2\sqrt{1+\xi_{2.0}^a}=\tau_0-\xi_{2.0}^a/2\varphi-\xi_{1.0}^a/\varphi$$

这样连续下去，可求得阀门关闭完毕的第 n 相末 a 断面相对增值的表达式：

$$\tau_n\sqrt{1+\xi_n^a}=\tau_0-\frac{\xi_n^a}{2\varphi}-\frac{1}{\varphi}\sum_{i=1}^{n-1}\xi_i^a \tag{6.44}$$

式（6.44）即为不计管道倾斜及摩阻影响时简单管道水击计算的普遍形式，对间接水击和直接水击都是适应的。在间接水击情况下，必须依次算出末端断面 a 在各相末的水击压强，此时在式（6.44）中依次取 $n=1$、2、3、…，才能确定最大水击压强增值。

对于直接水击，亦可由式（6.44）求出，设初始时刻（$t=0$）的开度为 τ_0，相应的流速为 v_0，末时刻（在第一相内）的开度为 τ_e，相应的流速为 v，由式（6.42）得

$$\eta^a=\tau_e\sqrt{1+\xi^a}=\frac{v}{v_m},\ \eta_0=\frac{v_0}{v_m}=\tau_0,\ \varphi=\frac{cv_m}{2gH_0}$$

代入式（6.43）整理得

$$\xi^a=\frac{\Delta H^a}{H_0}=\frac{c(v_0-v)}{gH_0}$$

或

$$\Delta H^a=\frac{c(v_0-v)}{g}$$

上式即为直接水击公式（6.2）。

以上研究的是关闭阀门所产生的水击，这种水击使阀门断面产生最大水击压强增高值，称为正水击；当开启阀门时，阀门断面将产生最大水击压强降低值，称为负水击。负水击与正水击主要区别在于：阀门开度加大时阀门断面首先产生压强（或水头）降低 $H_t<H_0$，如果令 $\xi_t=(H_t-H_0)/H_0$，则 ξ_t 取负值，故只需将有关正水击各公式中的 ξ_i 换成 $-\xi_i$，即可得到开启阀门时负水击压强的计算公式为

第一相末的计算公式：

$$\tau_1\sqrt{1-\xi^a_{1.0}}=\tau_0+\xi^a_{1.0}/2\varphi \tag{6.45}$$

第 n 相末的计算公式：

$$\tau_n\sqrt{1-\xi^a_n}=\tau_0+\frac{\xi^a_n}{2\varphi}+\frac{1}{\varphi}\sum_{i=1}^{n-1}\xi^a_i \tag{6.46}$$

间接水击压强也可根据有关文献近似用式（6.47）计算：

$$\Delta p=\rho v_0\frac{2L}{T_s} \tag{6.47}$$

式中：v_0 为水击发生前管中的平均流速；T_s 为阀门关闭的时间。

【例题 6.3】 某水电站引水钢管的长度 $L=316\text{m}$，管径 $D=4.6\text{m}$，管壁厚度 $\delta=0.02\text{m}$，如作用水头 $H_0=38.8\text{m}$，通过的最大流量 $Q=40\text{m}^3/\text{s}$，水轮机全部关闭时间为 $T_s=6\text{s}$，并设闸门开度为线性变化，求阀门 a 处第一相末和第三相末的水击压强。

解：

对于钢管，$E=19.6\times10^{10}\text{N/m}^2$，$K=19.6\times10^8\text{N/m}^2$，$K/E=0.01$，波速为

$$c=\frac{1435}{\sqrt{1+KD/(E\delta)}}=\frac{1435}{\sqrt{1+0.01\times4.6/0.02}}=790(\text{m/s})$$

求相长 t_r　　$t_r=2L/c=2\times316/790=0.8(\text{s})<T_s=6(\text{s})$

发生间接水击。

阀门全开时，管中最大流速为

$$v_m=\frac{4Q}{\pi D^2}=\frac{4\times40}{\pi\times4.6^2}=2.41(\text{m/s})$$

管道特征系数为

$$\varphi=\frac{cv_m}{2gH_0}=\frac{790\times2.41}{2\times9.8\times38.8}=2.5$$

根据阀门线性关闭规律，阀门相对开度与关闭时间关系如例题6.3图所示。

由图可得　　$\tau=1-t/T_s$

第一相末的相对开度为　　$\tau_1=1-t_r/T_s=1-0.8/6=0.867$

第二相末的相对开度为　　$\tau_2=1-2t_r/T_s=1-2\times0.8/6=0.734$

第三相末的相对开度为　　$\tau_3=1-3t_r/T_s=1-3\times0.8/6=0.6$

由式（6.43），第一相末的水击压强为 $\tau_1\sqrt{1+\xi_{1.0}^a}=\tau_0-\xi_{1.0}^a/2\varphi$，则

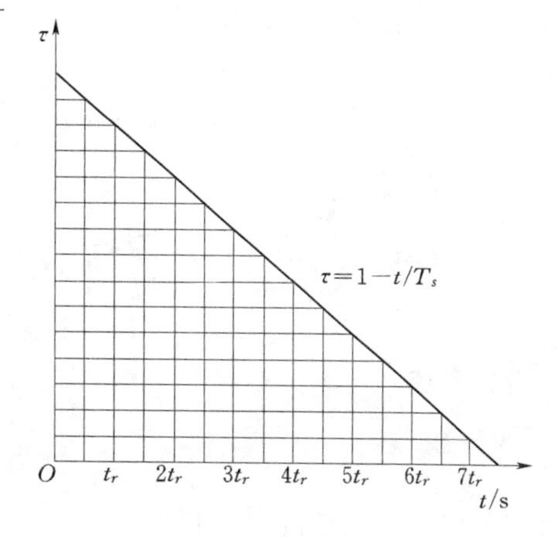

例题 6.3 图

$$0.867\sqrt{1+\xi_{1.0}^a}=1-\xi_{1.0}^a/(2\times2.5)$$

解上式得 $\xi_{1.0}^a=0.21$，即

$$\frac{\Delta H_1^a}{H_0}=\frac{H_1^a-H_0}{H_0}=\xi_{1.0}^a=0.21$$

$$\Delta H_1^a=\xi_{1.0}^a H_0=0.21\times38.8=8.15(\mathrm{m})$$

由式（6.44）求第二相末的水击压强：

$$\tau_2\sqrt{1+\xi_2^a}=\tau_0-\frac{\xi_2^a}{2\varphi}-\frac{1}{\varphi}\sum_{i=1}^{n-1}\xi_1^a$$

$$0.734\sqrt{1+\xi_2^a}=1-\frac{\xi_2^a}{2\times2.5}-\frac{0.21}{2.5}=0.916-\frac{\xi_2^a}{5}$$

解得 $\xi_2^a=0.33$，所以第二相末的水击压强为

$$\Delta H_2^a=\xi_2^a H_0=0.33\times38.8=12.8(\mathrm{m})$$

第三相末的水击压强为

$$0.6\sqrt{1+\xi_3^a}=\tau_0-\frac{\xi_3^a}{2\varphi}-\frac{\xi_2^a}{\varphi}-\frac{\xi_1^a}{\varphi}=1-\frac{\xi_3^a}{5}-\frac{0.33}{2.5}-\frac{0.21}{2.5}=0.784-\frac{\xi_3^a}{5}$$

解得

$$\xi_3^a=0.38694$$

$$\Delta H_3^a=\xi_3^a H_0=0.38694\times38.8=15.01(\mathrm{m})$$

实践证明，最大水击压强可能发生在第一相末，称为第一相水击，也可能发生在关闭时间的最后一相，称为末相水击。下面讨论如何确定末相水击压强。由式（6.44）得第 $n+1$ 相水击压强的计算式为

$$\tau_{n+1}\sqrt{1+\xi_{n+1}^a}=\tau_0-\frac{\xi_{n+1}^a}{2\varphi}-\frac{1}{\varphi}\sum_{i=1}^{n}\xi_i^a$$

第 n 相为

$$\tau_n\sqrt{1+\xi_n^a}=\tau_0-\frac{\xi_n^a}{2\varphi}-\frac{1}{\varphi}\sum_{i=1}^{n-1}\xi_i^a$$

其中，$\sum_{i=1}^{n-1}\xi_i^a+\xi_n^a=\sum_{i=1}^{n}\xi_i^a$，将以上两式相减得

$$\tau_{n+1}\sqrt{1+\xi_{n+1}^a}-\tau_n\sqrt{1+\xi_n^a}=-\frac{\xi_{n+1}^a-\xi_n^a}{2\varphi}-\frac{\xi_n^a}{\varphi}$$

由于末相水击类型在接近末相时，水击压强递增变化逐渐趋于平缓，故在阀门关闭时间 T_s 所包括的相数较多的情况下，可认为

$$\xi_n^a=\xi_{n+1}^a=\xi_m$$

则上式可改写成

$$(\tau_{n+1}-\tau_n)\sqrt{1+\xi_m}=-\frac{\xi_m}{\varphi}$$

设阀门为线性关闭，即

$$\Delta\tau=\tau_{n+1}-\tau_n=-\frac{t_r}{T_s}=-\frac{2L}{cT_s}$$

代入上式得
$$-\varphi\Delta\tau\sqrt{1+\xi_m}=\xi_m$$

令 $\sigma=-\varphi\Delta\tau=\varphi\frac{2L}{cT_s}=\frac{cv_m}{2gH_0}\frac{2L}{cT_s}=\frac{v_mL}{gH_0T_s}$，把 σ 代入上式得

$$\xi_m=\sigma\sqrt{1+\xi_m} \tag{6.48}$$

也可以写成

$$\xi_m=\frac{\sigma}{2}(\sqrt{4+\sigma^2}+\sigma) \tag{6.49}$$

对于阀门开启的情况，末相水击的计算公式为

$$\xi_m=\frac{\sigma}{2}(\sqrt{4+\sigma^2}-\sigma) \tag{6.50}$$

式（6.49）和式（6.50）称为阀门缓慢关闭或开启时的阿列维（Allievi）近似公式。

【例题6.4】 求例题6.3的最大水击压强。

解：

由例题6.3的计算可以看出，$\xi_3>\xi_2>\xi_1$，所以为末相水击类型。则

$$\sigma=\frac{v_mL}{gH_0T_s}=\frac{2.41\times316}{9.8\times38.8\times6}=0.3338$$

$$\xi_m=\frac{\sigma}{2}(\sqrt{4+\sigma^2}+\sigma)=\frac{0.3338}{2}(\sqrt{4+0.3338^2}+0.3338)=0.394$$

$$\Delta H_m=\xi_mH_0=0.394\times38.8=15.29(\text{m})$$

$$H_m=H_0+\Delta H_m=38.8+15.29=54.09(\text{m})$$

必须强调指出，上述两种情况并非普遍适用，最大水击有时也会出现在任何一相末，所以对重要的水电站工程，最好计算各相末的水击压强，择其大者作为设计依据。

6.7.2 间接水击的近似计算

在已导出的间接水击的计算式中均包含了$\sqrt{1+\xi^a}$项，将此项展开得

$$\sqrt{1+\xi^a}=1+\frac{1}{2}\xi^a-\frac{1}{2\times4}(\xi^a)^2+\frac{1\times3}{2\times4\times6}(\xi^a)^3-\frac{1\times3\times5}{2\times4\times6\times8}(\xi^a)^4+\cdots$$

因为 ξ^a 值小于1，且一般控制在0.2～0.4之间，故忽略掉展开式中的高次项，仅取第一、第二项，就可以达到足够的精度，即

$$\sqrt{1+\xi^a}=1+\frac{1}{2}\xi^a$$

将$\sqrt{1+\xi_1^a}=1+\frac{1}{2}\xi_1^a$ 代入第一相水击压力升高的式（6.43）中，有

$$\tau_1\left(1+\frac{1}{2}\xi_1^a\right)=\tau_0-\frac{1}{2\varphi}\xi_1^a$$

可求得
$$\xi_1^a=\frac{2\varphi(\tau_0-\tau_1)}{1+\varphi\tau_1}$$

因为 $\tau_1=\tau_0-\frac{t_r}{T_s}=\tau_0-\frac{2L}{cT_s}$，$\sigma=\frac{2L}{cT_s}\varphi$，代入上式整理得

$$\xi_1^a=\frac{2\varphi[2L/(cT_s)]}{1+\varphi\tau_0-2L\varphi/(cT_s)}=\frac{2\sigma}{1+\varphi\tau_0-\sigma} \tag{6.51}$$

用同样的方法，将式（6.48）中的$\sqrt{1+\xi_m^a}$展开为

$$\sqrt{1+\xi_m^a}=1+\frac{1}{2}\xi_m^a$$

将上式代入式（6.48）得

$$\xi_m^a=\sigma\left(1+\frac{1}{2}\xi_m^a\right)$$

由上式解出

$$\xi_m^a=\frac{2\sigma}{2-\sigma} \tag{6.52}$$

由式（6.51）和式（6.52）可以看出，当 $\varphi\tau_0<1.0$ 时，$\xi_1^a>\xi_m^a$，当 $\varphi\tau_0>1.0$ 时，$\xi_1^a<\xi_m^a$。可以用此方法判别水击的类型。

对于负水击，同样可得

$$\xi_1^a=\frac{2\sigma}{1+\varphi\tau_0+\sigma} \tag{6.53}$$

$$\xi_m^a=\frac{2\sigma}{2+\sigma} \tag{6.54}$$

6.7.3 水击压强沿管道长度的分布

为了进行管道压强计算，必须知道水击压强沿管道全长的分布情况。对于决定管道的线路布置来说，负水击压强降低值具有很重要的意义，因为受负水击的影响，管道的某些部位将产生真空，因而有可能被外压力压瘪。

（1）阀门突然关闭产生的直接水击。其压力升高沿管道的分布是最简单的，产生阀门处的水击压力沿管道全长传播着，在这种情况下，沿水管全长的最大压强升高是相同的，计算式为

$$\xi_{mp}=2\varphi\tau_0=\frac{cv_m}{gH_0}\tau_0 \tag{6.55}$$

（2）若水管的长度较长，$L>cT_s/2$，即 $t_r=2L/c>T_s$，如图 6.11 所示。发生在管道末端阀门处的直接水击升高传播到 D 点处就与从水库（或调压室、压力前池）反射回来的压力降低波相遇。相遇处的断面 D 与水库之间的距离等于 $cT_s/2$，这是因为在 T_s 时间内，水击波通过断面 D 与水库之间的距离又从水库回到了断面 D，因此，在断面 D 以上的水管前段中呈现出间接水击现象，而在断面 D 以下的管路后段呈现出直接水击现象，压力升高值为 ξ_{mp}。

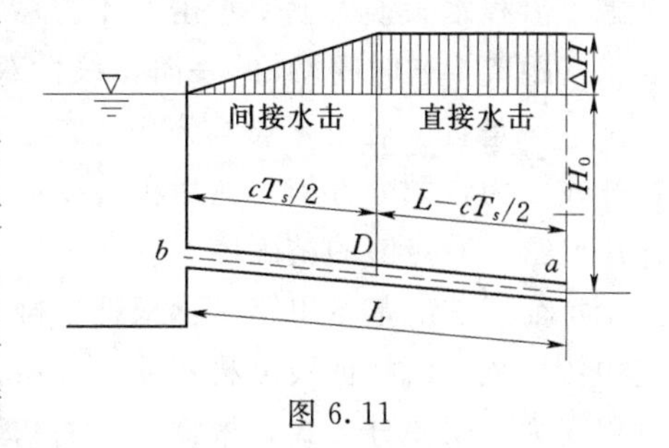

图 6.11

（3）若水管长度较短，$L<cT_s/2$，即 $t_r=2L/c<T_s$，则在水管的全长中均呈现为间接水击。水库（调压室或压力前池）端压力升高为零，水库以下的任一断面处从水库反射回来的负波与从下游传来的正波相遇，断面距水库越近，其相遇也就越早。因此距水库越近的断面，由下游传来的正波（正水击压力）越早的被负波（负水击压力）所减弱。因而

越接近水库的断面，其水击压力升高越小。

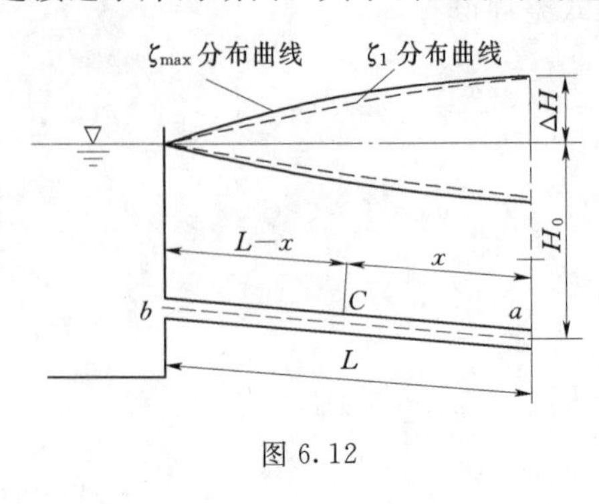

图 6.12

对于图6.12所示的简单管道，若已知末端a处各时刻的水击值，则可用连锁方程求出沿管道长度上任意一点任意时刻的水击值。现以求C断面的水击为例，说明如下：

设水击波到达a断面的时间为t，对于aC段采用逆行波的连锁方程为

$$\xi_t^a-\xi_{t+x/c}^C=2\varphi(\eta_t^a-\eta_{t+x/c}^C)$$

C断面在同一时刻由上游水库传来的顺行波的连锁方程为

$$\xi_{t+x/c-(L-x)/c}^b-\xi_{t+x/c}^C=-2\varphi[\eta_{t+x/c-(L-x)/c}^b-\eta_{t+x/c}^C]$$

对于上游水库，水位值恒定不变，则$\xi^b=0$，将以上两式相加得

$$2\xi_{t+x/c}^C=\xi_t^a+2\varphi(\eta_{t+x/c-(L-x)/c}^b-\eta_t^a) \tag{6.56}$$

对于ab段，采用逆行波的连锁方程，这里要注意，在a断面水击波传播的时间为

$$t+x/c-(L-x)/c-L/c=t+2x/c-2L/c$$

则

$$\xi_{t+2x/c-2L/c}^a-\xi_{t+x/c-(L-x)/c}^b=2\varphi[\eta_{t+2x/c-2L/c}^a-\eta_{t+x/c-(L-x)/c}^b]$$

因为$\xi^b=0$，则

$$\xi_{t+2x/c-2L/c}^a=2\varphi[\eta_{t+2x/c-2L/c}^a-\eta_{t+x/c-(L-x)/c}^b]$$

由上式解出$\eta_{t+x/c-(L-x)/c}^b$，代入式（6.56）得

$$\xi_{t+\frac{x}{c}}^C=\frac{1}{2}[\xi_t^a-\xi_{t-\frac{2(L-x)}{c}}^a+2\varphi(\eta_{t-\frac{2(L-x)}{c}}^a-\eta_t^a)] \tag{6.57}$$

6.7.4 水击计算的特征线方法

上面介绍了水击计算的解析法，解析法不考虑水流阻力的影响。但在长管和管径较小的管道系统中，特别是输送黏性较大的液体在阀门关闭时间较长的情况下，沿程水头损失的影响是不能忽略的。

目前计算非恒定流的沿程水头损失仍然借用恒定流中计算沿程水头损失的方法。因为考虑了沿程水头损失就使水击基本方程成为有两个因变量（速度v和水头H）和两个自变量（距离l和时间t）的一阶拟线性双曲型偏微分方程组。求解偏微分方程目前有两种方法：一是直接运用有限差分法；二是本节所介绍的特征线法。特征线法把偏微分方程沿特征线变为常微分方程，然后再转变成一阶有限差分方程求解。特征线法物理意义明确，方法严密，有足够的精确度。

特征线法的基本思路是：根据偏微分方程理论，双曲线型偏微分方程组有两簇不同的实的特征线，沿特征线可将双曲型偏微分方程组化为常微分方程——特征方程。再将特征方程变为有限差分形式，根据给定的初始条件和边界条件求特征线网格各节点上的近似数值解，便得到不同瞬时管道不同断面上的水力要素值。

6.7.4.1 特征方程

将水击运动方程式（6.19）和连续性方程式（6.24）中的$\frac{\partial}{\partial l}$用$\frac{\partial}{\partial x}$代替，并用$L_1$和$L_2$来表示：

$$L_1 = g\frac{\partial H}{\partial x} + \frac{\partial v}{\partial t} + v\frac{\partial v}{\partial x} + \frac{\lambda}{2D}v|v| = 0$$

$$L_2 = \frac{\partial H}{\partial t} + v\frac{\partial H}{\partial x} + v\sin\theta + \frac{c^2}{g}\frac{\partial v}{\partial x} = 0$$

两个方程用一任意的未知乘数 λ_1 进行线性组合为

$$L = L_1 + \lambda_1 L_2 = \left(g\frac{\partial H}{\partial x} + \frac{\partial v}{\partial t} + v\frac{\partial v}{\partial x} + \frac{\lambda}{2D}v|v|\right) + \lambda_1\left(\frac{\partial H}{\partial t} + v\frac{\partial H}{\partial x} + v\sin\theta + \frac{c^2}{g}\frac{\partial v}{\partial x}\right)$$

整理上式得

$$L = L_1 + \lambda_1 L_2 = \left[\frac{\partial v}{\partial t} + \frac{\partial v}{\partial x}\left(v + \lambda_1\frac{c^2}{g}\right)\right] + \lambda_1\left[\frac{\partial H}{\partial t} + \frac{\partial H}{\partial x}\left(v + \frac{g}{\lambda_1}\right)\right] + \lambda_1 v\sin\theta + \frac{\lambda}{2D}v|v| = 0 \tag{6.58}$$

设 $v=v(x, t)$，$H=H(x, t)$ 是式（6.58）的解，则它们的全导数为

$$\frac{\mathrm{d}v}{\mathrm{d}t} = \frac{\partial v}{\partial t} + \frac{\partial v}{\partial x}\frac{\mathrm{d}x}{\mathrm{d}t} \tag{6.59}$$

$$\frac{\mathrm{d}H}{\mathrm{d}t} = \frac{\partial H}{\partial t} + \frac{\partial H}{\partial x}\frac{\mathrm{d}x}{\mathrm{d}t} \tag{6.60}$$

将式（6.59）与式（6.58）的第一项、式（6.60）与式（6.58）的第二项括号［ ］内进行比较，如果满足

$$\frac{\mathrm{d}x}{\mathrm{d}t} = v + \lambda_1\frac{c^2}{g} \tag{6.61}$$

及

$$\frac{\mathrm{d}x}{\mathrm{d}t} = v + \frac{g}{\lambda_1} \tag{6.62}$$

则式（6.58）变为

$$\frac{\mathrm{d}v}{\mathrm{d}t} + \lambda_1\frac{\mathrm{d}H}{\mathrm{d}t} + \lambda_1 v\sin\theta + \frac{\lambda}{2D}v|v| = 0 \tag{6.63}$$

式（6.61）和式（6.62）相等，即

$$v + \lambda_1\frac{c^2}{g} = v + \frac{g}{\lambda_1}$$

由上式解出

$$\lambda_1 = \pm\frac{g}{c} \tag{6.64}$$

式（6.64）说明，λ_1 是两个不同的实数，把 λ_1 代回式（6.61）和式（6.62）得

$$\frac{\mathrm{d}x}{\mathrm{d}t} = v \pm c \tag{6.65}$$

式中：$\frac{\mathrm{d}x}{\mathrm{d}t} = v + c$ 称为正向特征线；而 $\frac{\mathrm{d}x}{\mathrm{d}t} = v - c$ 称为反向特征线。

将 $\lambda_1 = \pm\frac{g}{c}$ 代入式（6.63），并与式（6.65）对应组合，就得到两个常微分方程组，用 C^+ 和 C^- 来代表两个方程的特征线，则

沿 C^+

$$\left.\begin{aligned} &\frac{\mathrm{d}H}{\mathrm{d}t} + \frac{c}{g}\frac{\mathrm{d}v}{\mathrm{d}t} + v\sin\theta + \frac{c\lambda v}{2gD}|v| = 0 \\ &\frac{\mathrm{d}x}{\mathrm{d}t} = v + c \end{aligned}\right\} \tag{6.66}$$

沿 C^-
$$\left.\begin{aligned}&\frac{\mathrm{d}H}{\mathrm{d}t}-\frac{c}{g}\frac{\mathrm{d}v}{\mathrm{d}t}+v\sin\theta-\frac{c\lambda v}{2gD}|v|=0\\&\frac{\mathrm{d}x}{\mathrm{d}t}=v-c\end{aligned}\right\}\tag{6.67}$$

式（6.66）和式（6.67）中的第一式称为特征方程或特征关系式，第二式称为特征线方程或特征线方向。

须指出的是，$\frac{\mathrm{d}x}{\mathrm{d}t}=v\pm c$ 分别为正向水击和反向水击传播的绝对速度，所以这里 x 就是水击波所到达断面的位置坐标，它与水击波传播的时间 t 由该式相联系，如果从此解出函数 $x=F_1(t)$ 及 $x=F_2(t)$，则这两个函数表示了正向水击波之前峰的运动规律。在 x—t 平面上，它们各为一簇曲线，这两条曲线的斜率为$\frac{\mathrm{d}x}{\mathrm{d}t}=v+c$ 和$\frac{\mathrm{d}x}{\mathrm{d}t}=v-c$，如图 6.13 所示。当不计管中流速 v 时，特征线为直线，其斜率为$\frac{\mathrm{d}x}{\mathrm{d}t}=\pm c$。

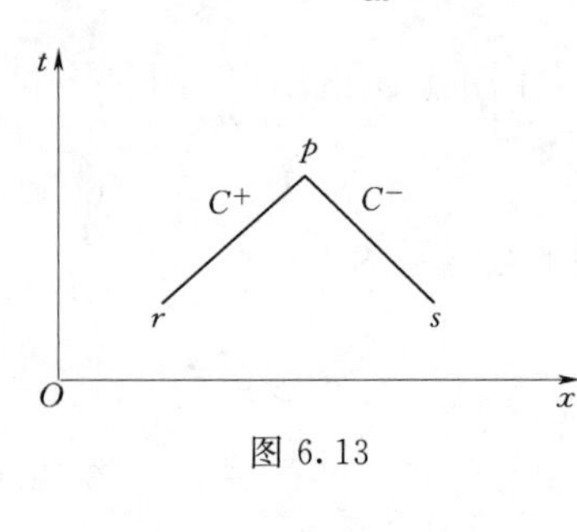

图 6.13

图 6.13 的意义是：在 x -t 平面上，过点 r 的一条特征线为 C^+，过点 s 的一条特征线为 C^-，这两条特征线交汇于点 p。如果已知 r、s 两点的坐标（x_r，t_r）和（x_s，t_s）以及相应点的（v_r，H_r）和（v_s，H_s）值，要求出 p 点的水力要素，则可先由特征线方程求出 C^+ 和 C^- 的交点（x_p，t_p），再由特征方程求出 p 点（v_p，H_p）值。这样，从已知的条件开始，沿特征线求解坐标、流速和水头。

6.7.4.2 特征方程的有限差分法

在 C^+ 特征线上，将方程（6.66）化为

$$\mathrm{d}v+\frac{g}{c}\mathrm{d}H+\frac{g}{c}v\sin\theta\mathrm{d}t+\frac{\lambda v}{2D}|v|\mathrm{d}t=0\tag{6.68}$$

同样，在 C^- 特征线上，将方程（6.67）化为

$$\mathrm{d}v-\frac{g}{c}\mathrm{d}H-\frac{g}{c}v\sin\theta\mathrm{d}t+\frac{\lambda v}{2D}|v|\mathrm{d}t=0\tag{6.69}$$

综上所述，对于正反水击波可写出如下两组方程：

沿 C^+
$$\left.\begin{aligned}&\mathrm{d}v+\frac{g}{c}\mathrm{d}H+\frac{g}{c}v\sin\theta\mathrm{d}t+\frac{\lambda v}{2D}|v|\mathrm{d}t=0\\&\mathrm{d}t-\frac{\mathrm{d}x}{v+c}=0\end{aligned}\right\}$$

沿 C^-
$$\left.\begin{aligned}&\mathrm{d}v-\frac{g}{c}\mathrm{d}H-\frac{g}{c}v\sin\theta\mathrm{d}t+\frac{\lambda v}{2D}|v|\mathrm{d}t=0\\&\mathrm{d}t-\frac{\mathrm{d}x}{v-c}=0\end{aligned}\right\}$$

如图 6.13 所示，沿特征线将以上各式写成差分形式为

沿 C^+
$$(t_p-t_r)-\frac{x_p-x_r}{(v+c)_r}=0\tag{6.70}$$

$$(v_p - v_r) + \frac{g}{c}(H_p - H_r) + \frac{g}{c}v_r \sin\theta(t_p - t_r) + \frac{\lambda v_r}{2D}|v_r|(t_p - t_r) = 0 \tag{6.71}$$

沿 C^-

$$(t_p - t_s) - \frac{x_p - x_s}{(v-c)_s} = 0 \tag{6.72}$$

$$(v_p - v_s) - \frac{g}{c}(H_p - H_s) - \frac{g}{c}v_s \sin\theta(t_p - t_s) + \frac{\lambda v_s}{2D}|v_s|(t_p - t_s) = 0 \tag{6.73}$$

式（6.70）～式（6.73）四个方程含有四个未知量 x_p、t_p、H_p 及 v_p，因此可以求解。式中各量的下标均为相应点的各该量的值。对于给定的 x_r、t_r、H_r、v_r 及 x_s、t_s、H_s、v_s 可以求出 x_p、t_p，然后求出 H_p 和 v_p。

由式（6.70）～式（6.73）求数值解可用不同的处理方法：一种是采用指定的时间间隔、距离等分的矩形网格，及特征线差分方法，这种方法的 r、s 点的 v、H 值必须内插才能求出，内插精度低；另一种是采用特征线网格，对于四个变量 x_p、t_p、H_p 及 v_p 可直接求解式（6.70）～式（6.73）。管道轴线可作为给定的初始曲线。计算时常将初始曲线分为等长的 N 段，得 $N+1$ 个分点，除边界点 1 和 $N+1$ 外，过每一点均可做两条特征线 C^+ 及 C^-。由于特征线交点的位置不固定（自由浮动），在 x—t 平面上特征线网格不是矩形而是曲线四边形。

6.7.4.3 初始条件和边界条件

1. 初始条件

管道非恒定流计算是从恒定流状态开始的，所以初始条件为

$$v|_{t=0} = v_0$$

$$H|_{t=0} = H_0 - \lambda \frac{L}{D}\frac{v_0^2}{2g}$$

2. 边界条件

（1）管道的上游端。该处适合于特征线 C^- 的方程式（6.73），见图 6.14（a），为便于处理，将式（6.73）改写为

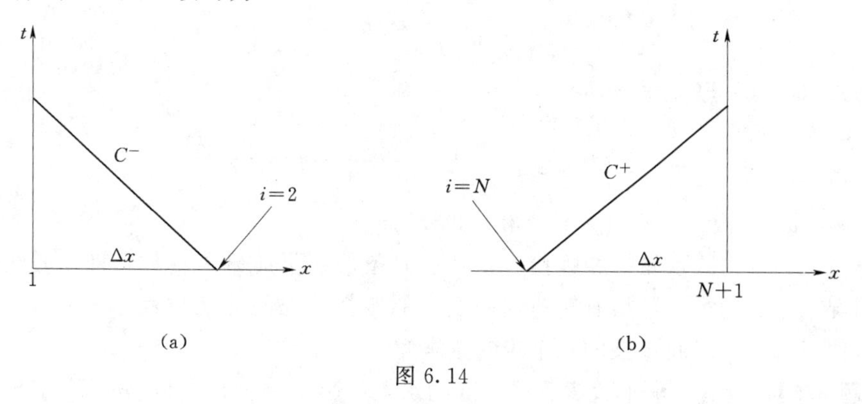

图 6.14

$$H_{p1} = C_M + C_H v_{p1} \tag{6.74}$$

其中 $C_H = c/g$，对于给定的管道为一常数；C_M 为

$$C_M = H_2 - v_2\left(C_H + \Delta t \sin\theta - \frac{\lambda c \Delta t}{2gD}|v_2|\right)$$

C_M 在计算中是一个变数，但只决定于前一时刻所求得的已知数值。

式（6.74）提供了含有 H_{p1} 和 v_{p1} 两个未知量的方程，还需要一个说明 v_{p1} 和 H_{p1} 两者关系的补充方程，这由边界条件确定。

1）当上游端为水库时，库水位不变，则边界条件为一常数值，即 $H_{p1}=H_0$，代入式（6.74）得

$$v_{p1}=(H_0-C_M)/C_H \tag{6.75}$$

若上游库水位（如调压室水位）为一变量，但给定为时间的函数，则可对已知时间计算 H_{p1}，然后代入式（6.74）求得 v_{p1}。

2）上游端与水泵连接时，边界条件可按一个变量（如流量）为给定的时间函数，作为补充方程与式（6.74）联立求解；也可给定两个变量（如水泵的水头与流量）的关系，提出其拟合曲线或将曲线列成表格储存于计算机中，用内插公式，再与式（6.74）联立求解。

（2）管道的下游端。该处适用于特征线 C^+ 的方程式（6.71），如图6.14（b）所示，为了方便将式（6.71）改写成

$$H_{p(N+1)}=C_p-C_H v_{p(N+1)} \tag{6.76}$$

其中
$$C_p=H_N+v_N\left(C_H-\Delta t\sin\theta-\frac{\lambda c\Delta t}{2gD}\left|v_N\right|\right)$$

当管道的下游端为阀门时，把它当作一个孔口，对于 $N+1$ 断面可以将式（6.42）写成

$$\eta_{p(N+1)}=\frac{v_{p(N+1)}}{v_m}=\tau_t\sqrt{1+\xi_{p(N+1)}}$$

其中 $1+\xi_{p(N+1)}=\dfrac{H_{p(N+1)}}{H_0}$，代入上式得

$$\frac{v_{p(N+1)}}{v_m}=\tau_t\sqrt{\frac{H_{p(N+1)}}{H_0}}$$

将此式改写为

$$v_{p(N+1)}=\frac{\tau_t v_m}{\sqrt{H_0}}\sqrt{H_{p(N+1)}}$$

将上式与式（6.76）联立得

$$v_{p(N+1)}=-\frac{v_m^2\tau_t^2C_H}{2H_0}+\sqrt{\left(\frac{v_m^2\tau_t^2C_H}{2H_0}\right)^2+\frac{v_m^2\tau_t^2C_p}{H_0}} \tag{6.77}$$

求得 $v_{p(N+1)}$ 后，再由式（6.76）求出相应的 $H_{p(N+1)}$。

当下游端与反击式水轮机相连接时，其边界条件还附加另一变数，即水轮机的转速。在这种情况下，必须列出包括有转速这一变量的两个独立的补充方程，与方程式（6.71）联立，以便对每一个时间步长的三个未知量求解。

【例题6.5】 设有一水平放置管径不变的水电站引水钢管，进口与水库相连，末端为阀门，如例题6.5图（一）所示。已知管长 $L=500$m，管径 $D=1.0$m，恒定流时管中流速 $v_0=5$m/s，静水头 $H_0=100$m，管壁厚度 $\delta=10$mm，管壁的弹性系数 $E=19.6\times10^{10}$ N/m²，水的弹性系数 $K=20.6\times10^8$N/m²，管道沿程阻力系数 λ 按下式计算：

$$\lambda=8gn^2(4/D)^{3/\sqrt{n}}$$

式中管壁粗糙系数 $n=0.013$，初始条件为

$$v|_{t=0}=v_0$$

$$H|_{t=0}=H_0-\lambda\frac{x}{D}\frac{v_0^2}{2g}$$

阀门启闭按线性变化。边界条件为

$$H|_{x=0}=H_0$$

$$v|_{x=L}=\left(1-\frac{t}{T_s}\right)\varphi_1\sqrt{2gH}$$

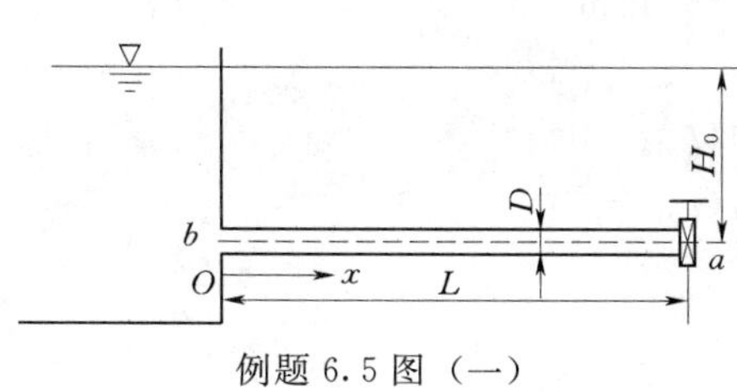

例题 6.5 图（一）

式中：T_s 为阀门的关闭时间；$\varphi_1=0.1209$ 为阀门的流速系数。

试求：当阀门关闭时间为 $T_s=1\text{s}$ 时，阀门处的最大压强。

解：

根据给定条件可计算下列特征量：

$$\lambda=8gn^2(4/D)^{3\sqrt{n}}=8\times9.8\times0.013^2(4/1)^{3\sqrt{0.013}}=0.0213$$

$$c=\frac{1435}{\sqrt{1+KD/(E\delta)}}=\frac{1435}{\sqrt{1+20.6\times10^8\times1/(19.6\times10^{10}\times0.01)}}=1002\approx1000(\text{m/s})$$

$$v|_{t=0}=v_0=5(\text{m/s})$$

$$H|_{t=0}=H_0-\lambda\frac{x}{D}\frac{v_0^2}{2g}$$

以 $x=0$、$x=250\text{m}$、$x=500\text{m}$，$v_0=5\text{m/s}$，$H_0=100\text{m}$ 代入上式分别得 $H_b=100\text{m}$、$H_C=93.21\text{m}$、$H_a=86.42\text{m}$。

当 $T_s=1\text{s}$ 时，将管长分为两等分，阀门断面为 a，水库端为 b，管道中间断面为 C，特征线法计算图如例题 6.5 图（二）所示。

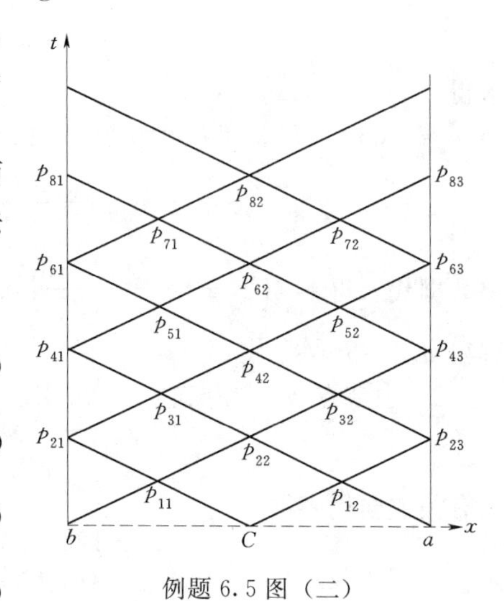

例题 6.5 图（二）

特征线方程的有限差分方程为

$$x_p-x_r=(v_r+c)(t_p-t_r) \quad (1)$$

$$(v_p-v_r)+\frac{\lambda v_r|v_r|}{2D}(t_p-t_r)=-\frac{g}{c}(H_p-H_r) \quad (2)$$

$$x_p-x_s=(v_s-c)(t_p-t_s) \quad (3)$$

$$(v_p-v_s)+\frac{\lambda v_s|v_s|}{2D}(t_p-t_s)=\frac{g}{c}(H_p-H_s) \quad (4)$$

（1）特征线内节点 p_{11}、p_{12}的计算。对于 b、C 两点，$x_r=0$，$t_r=0$，$x_s=250$，$t_s=0$，代入式（1）和式（3）得

$$x_{p11}-0=(5+1000)(t_{p11}-0)$$

$$x_{p11}-250=(5-1000)(t_{p11}-0)$$

由上式解得 $x_{p11}=125.625\text{m}$，$t_{p11}=0.125\text{s}$。

将已知的 b、C 两点值 $v_r=5\text{m/s}$、$v_s=5\text{m/s}$，$H_r=100\text{m}$，$H_s=H_C=93.21\text{m}$ 代入式（2）和式（4）得

$$(v_{p11}-5)+\frac{0.0213\times5^2}{2\times1}(0.125-0)=-\frac{9.8}{1000}(H_{p11}-100)$$

$$(v_{p11}-5)+\frac{0.0213\times5^2}{2\times1}(0.125-0)=\frac{9.8}{1000}(H_{p11}-93.21)$$

解以上两式得 $H_{p11}=96.605\text{m}$，$v_{p11}=5\text{m/s}$。

已知 a、C 两点的值为 $x_r=x_C=250\text{m}$，$t_r=0$，$v_r=v_C=5\text{m/s}$，$H_C=93.21\text{m}$，$x_s=x_a=500\text{m}$，$t_s=0$，$v_s=v_a=5\text{m/s}$，$H_a=86.42\text{m}$，$x_p=x_{p12}$，$t_p=t_{p12}$，代入式（1)和式（3）得

$$x_{p12}-250=(5+1000)(t_{p12}-0)$$

$$x_{p12}-500=(5-1000)(t_{p12}-0)$$

解方程得 $x_{p12}=375.625\text{m}$，$t_{p12}=0.125\text{s}$。

将已知 a、C 两点的值代入式（2）和式（4）得

$$(v_{p12}-5)+\frac{0.0213\times5^2}{2\times1}(0.125-0)=-\frac{9.8}{1000}(H_{p12}-93.21)$$

$$(v_{p12}-5)+\frac{0.0213\times5^2}{2\times1}(0.125-0)=\frac{9.8}{1000}(H_{p12}-86.42)$$

解得 $H_{p12}=89.815\text{m}$，$v_{p12}=5\text{m/s}$。

（2）特征线内节点 p_{22} 及边界点 p_{21}、p_{23} 的计算。

1）左边界点 p_{21}。已知 $x_{p21}=0$，由已知的 p_{11} 的值，沿特征线 C^-，利用式（3）得

$$x_{p21}-x_{p11}=(v_{p11}-c)(t_{p21}-t_{p11})$$

$$0-125.625=(5-1000)(t_{p21}-0.125)$$

求得 $t_{p21}=0.25126\text{s}$。

当 $x_{p21}=0$ 时，$H_{p21}=H_b=100\text{m}$，由点 p_{11} 的特征线 C^-，利用式（4）得

$$(v_{p21}-v_{p11})+\frac{\lambda v_{p11}^2}{2D}(t_{p21}-t_{p11})=\frac{g}{c}(H_{p21}-H_{p11})$$

将数据代入得　$$(v_{p21}-5)+\frac{0.0213\times5^2}{2\times1}(0.25126-0.125)=\frac{9.8}{1000}(100-96.605)$$

解得 $v_{p21}=5\text{m/s}$。

2）内节点 p_{22}。内节点 p_{22} 可由已知节点 p_{11} 和 p_{12} 求得。由式（1）和式（3）得

$$x_{p22}-x_{p11}=(v_{p11}+c)(t_{p22}-t_{p11})$$

$$x_{p22}-x_{p12}=(v_{p12}-c)(t_{p22}-t_{p12})$$

将有关数据代入得

$$x_{p22}-125.625=(5+1000)(t_{p22}-0.125)$$

$$x_{p22}-375.625=(5-1000)(t_{p22}-0.125)$$

求得 $t_{p22}=0.25\text{s}$，$x_{p22}=251.25\text{m}$

由式（2）和式（4）得

$$(v_{p22}-v_{p11})+\frac{\lambda v_{p11}^2}{2D}(t_{p22}-t_{p11})=-\frac{g}{c}(H_{p22}-H_{p11})$$

$$(v_{p22}-v_{p12})+\frac{\lambda v_{p12}^2}{2D}(t_{p22}-t_{p12})=\frac{g}{c}(H_{p22}-H_{p12})$$

代入数据得

$$(v_{p22}-5)+\frac{0.0213\times5^2}{2\times1}(0.25-0.125)=-\frac{9.8}{1000}(H_{p22}-96.605)$$

$$(v_{p22}-5)+\frac{0.0213\times5^2}{2\times1}(0.25-0.125)=\frac{9.8}{1000}(H_{p22}-89.815)$$

求得 $H_{p22}=93.21\text{m}$，$v_{p22}=5\text{m/s}$。

3）右边界点 p_{23}。已知右边界点 $x_{p23}=500\text{m}$，$\frac{\lambda}{2D}=\frac{0.0213}{2\times1}=0.01065$，由已知的 p_{12} 点沿特征线 C^+，利用式（1）和式（2）得

$$x_{p23}-x_{p12}=(v_{p12}+c)(t_{p23}-t_{p12})$$

$$(v_{p23}-v_{p12})+\frac{\lambda v_{p12}^2}{2D}(t_{p23}-t_{p12})=-\frac{g}{c}(H_{p23}-H_{p12})$$

代入数据得

$$500-375.625=(5+1000)(t_{p23}-0.125)$$

$$(v_{p23}-5)+0.01065\times5^2(t_{p23}-0.125)=-\frac{9.8}{1000}(H_{p23}-89.815)$$

解得 $t_{p23}=0.24876\text{s}$，$v_{p23}=-\frac{9.8}{1000}H_{p23}+4.0869$。在右边界点上，$v_{p23}$ 和 H_{p23} 满足边界条件

$$v_{p23}\big|_{x=500}=\left(1-\frac{t_{p23}}{T_s}\right)\varphi_1\sqrt{2gH_{p23}}=\left(1-\frac{0.24876}{1}\right)\times0.1209\sqrt{2\times9.8H_{p23}}$$

$$=0.4021\sqrt{H_{p23}}$$

即 $-\frac{9.8}{1000}H_{p23}+4.0869=0.4021\sqrt{H_{p23}}$，解得 $H_{p23}=129.5844\text{m}$，$v_{p23}=4.5773\text{m/s}$。

其他节点的计算过程与上面的计算过程相同，计算的各节点的 x_p、t_p、H_p 和 v_p 如例题 6.5 计算表所列。

例题 6.5 计算表

节点编号	x_p/m	t_p/s	H_p/m	v_p/(m/s)
p_{11}	125.625	0.125	96.605	5.0
p_{12}	375.625	0.125	89.815	5.0
p_{21}	0	0.25126	100	5.0
p_{22}	251.25	0.25	93.21	5.0
p_{23}	500	0.24876	129.5844	4.5773
p_{31}	125.623	0.37626	96.622	4.99982
p_{32}	375.6	0.373732	132.7055	4.580
p_{41}	0	0.5025	100	4.9993
p_{42}	249.946	0.499964	135.843	4.58255
p_{43}	500	0.497565	204.651	3.8472
p_{51}	124.3034	0.626185	138.945	4.58472
p_{52}	374.30	0.62375	207.3672	3.85393

续表

节点编号	x_p/m	t_p/s	H_p/m	v_p/(m/s)
p_{61}	0	0.751061	100	4.175104
p_{62}	248.6115	0.749926	210.0463	3.860227
p_{63}	500	0.74897	344.2278	2.4929
p_{71}	124.2375	0.874782	170.9274	3.45705
p_{72}	374.2264	0.875058	346.3255	2.505112
p_{81}	0	0.9994505	100	2.7461
p_{82}	249.7425	0.9998546	306.8081	2.1095
p_{83}	500	1.0	601.097	0.0

由以上计算结果可知，阀门处最大水击压强为

$$\Delta H = H_{p83} - H_a = 601.097 - 86.42 = 514.677(\mathrm{m})$$

当阀门关闭时间 $T_s=1\mathrm{s}$ 时，$t_r=2L/c=2\times500/1000=1(\mathrm{s})$，所以为直接水击。直接水击压强水头的儒科夫斯基公式计算的水击为

$$\Delta H = \frac{c}{g}v_0 = \frac{1000}{9.8}\times5 = 510.2(\mathrm{m})$$

但须注意，用特征线法考虑水头损失后阀门处的最大压强水头为601.097m，而用直接水击计算的不计水头损失的压强水头为100+510.2=610.2(m)。

6.8 调压系统中的水面振荡

6.8.1 调压系统中的水面振荡现象

压力引水道较长的水电站，为使电站运行安全，常在引水系统中修建调压室，以减小水击压强及缩小水击的影响范围。

调压室通常是一个具有自由水面和一定容积的建筑物。当机组流量改变或发生水击时，水击波由阀门（或导叶）传至调压室，具有自由表面并能储存一定水体的调压室将水击波反射回下游压力管道，使调压室上游的引水管道很少承受水击波的作用，这就大大缩短了水击波的传播长度，削减了水击压强。

在反射水击波的同时，调压室中的水面产生振荡现象，如图6.15所示。在恒定流情况下，调压室中水位为某一固定水位，此水位低于库水位的数值为$\left(h_w+\dfrac{\alpha v^2}{2g}\right)$，$h_w$ 为水库与调压室之间的水头损失；v 为上游引水道中的断面平均流速。当电站丢弃全部负荷，水轮机导叶关闭，水轮机引用流量为零时，调压室下游管道中的水流很快停止下来，而上游引水道中的水流因惯性作用仍会以原速度流动，遇到停止的水体后，被迫流入调压室，引起调压室水位的升高，使引水道首尾两端的水位差减小，引水道中水流的速度因而减慢。当调压室水位上升至库水位时，引水道首尾两端的水位差虽然变为零，但引水道中的水流由于惯性作用继续流入调压室，使调压室中的水位继续升高，一直到引水道中的水流流速等于零时，调压室水位达到最高。由于这时调压室中的水位高于库水位，在引水道两端又形成新的水位差，水流开始由调压室流向水库，即形成相反的流动，调压室水位开始

下降，这时在引水道中形成一反向流速，当反向流速为零时，调压室水位降至最低，并低于库水位。此后水流又在库水位与调压室最低水位差的作用下流向调压室，室内水位又重新回升……就是这样，伴随着上游引水道内水体的往返运动，调压室内水面在某一静水位线上、下振荡，只是由于摩阻损失的存在，调压室内水位波动逐渐减弱，经过多次波动后，最终停止在静水位上。

当水轮机增加负荷时，调压室内水位的波动过程与丢弃负荷时相反。由于水轮机需要增加的流量首先由调压室供给，室内水位开始下降，使引水道首尾两端的水位差增大，引水道内水流的流速随之增大。当调压室水位降低到某一最低水位时，由引水道来的流量已超过水轮机的引用流量，多余的水量储存于调压室中，室内水位开始升高。经过多次波动后，最终停止在某一相应流量的调压室水位上，如图 6.15 的虚线所示。

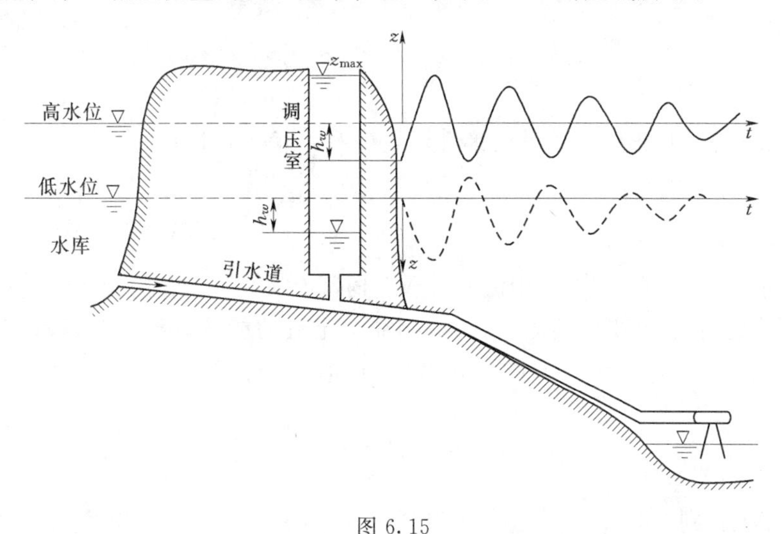

图 6.15

从上述的讨论可知，调压室及其上游引水道中的水体振荡和调压室下游压力管道中的水击，都属于非恒定流，而且都起源于下游流量的改变。但两者的运动特性是有区别的，下游压力管道中的水击波在传播过程中引起压强急剧变化，水体及管壁发生弹性变形，这时起主要作用的力是与当地加速度所对应的惯性力及弹性力，所以水击计算中必须考虑液体的压缩性及管壁的弹性。而调压系统中的水体振荡，伴随着水体的往返运动，压强只发生缓慢而不大的变化，液体不会遭到明显的压缩，管壁也不会发生显著的膨胀。这种非恒定流动的主要作用力是惯性力及摩阻力，液体及管壁的弹性可以忽略不计。

为了便于分析调压室及其上游引水道中水体振荡的规律，首先选择等直径的竖立 U 形管作为简化模型进行讨论，然后再结合调压系统的特点补充说明。

6.8.2 U 形管中的水面振荡

设一等直径的竖立 U 形管中盛水，平衡时管中水面处于 0—0 位置，如图 6.16 所示。在某种外力作用下，在 t 时刻 U 形管左、右两支形成图示的水位差，则在重力和惯性力的作用下，管中的水体将来回振荡，并由于摩阻力作用而逐渐衰减以至最终达到平衡。

利用非恒定流的能量方程可以导出这种振荡的振幅、周期以及水面位移、水流速度、加速度与时间的关系。

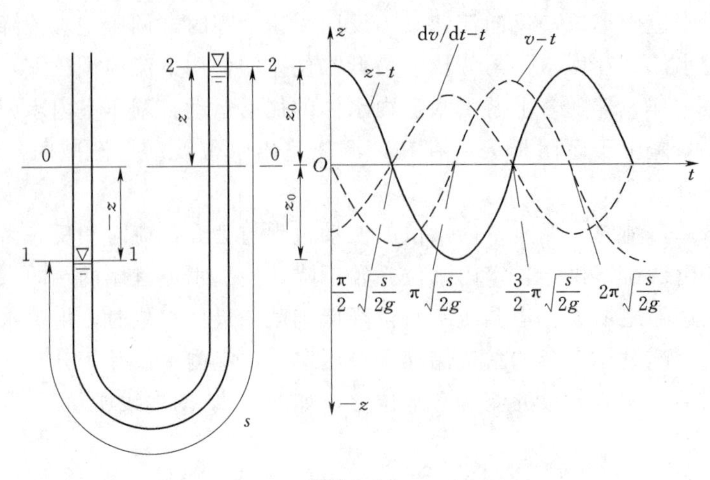

图 6.16

当不考虑水体的压缩性及管壁的弹性时，第 6.5 节已给出了非恒定流的连续性方程为

$$vA=f(t)$$

或

$$v=F(t)$$

上式表明，等直径的 U 形管中流速 v 仅与时间有关，而与位置无关。

对 U 形管的断面 1—1 及断面 2—2 应用非恒定流的能量方程（6.17），以 0—0 为基准面，并注意到 $p_1=p_2$、$v_1=v_2$，当不计阻力时有

$$-z=z+\int_1^2\frac{1}{g}\frac{\partial v}{\partial t}\mathrm{d}s$$

因为$\frac{\partial v}{\partial t}$与 s 无关，则$\frac{\partial v}{\partial t}=\frac{\mathrm{d}v}{\mathrm{d}t}$，代入上式得

$$\frac{\mathrm{d}v}{\mathrm{d}t}=-\frac{2g}{s}z$$

式中，s 为 U 形管中的水柱长度，由图 6.16 可知，$v=\mathrm{d}z/\mathrm{d}t$，故上式可改写成

$$\frac{\mathrm{d}v}{\mathrm{d}t}=\frac{\mathrm{d}^2z}{\mathrm{d}t^2}=-\frac{2g}{s}z \tag{6.78}$$

这是一个二阶常系数齐次常微分方程，它表明，水体振荡的加速度与位移 z 成正比，加速度的方向与位移的方向相反，即指向平衡位置。式（6.78）的一般解为

$$z=c_1\cos\sqrt{\frac{2g}{s}}t+c_2\sin\sqrt{\frac{2g}{s}}t$$

当 $t=0$ 时，断面 2—2 上 $z=z_0$，$v=\mathrm{d}z/\mathrm{d}t=0$，则上式中的积分常数 $c_1=z_0$，$c_2=0$，代入上式得

$$z=z_0\cos\sqrt{\frac{2g}{s}}t \tag{6.79}$$

式（6.79）表明，断面 2—2 位移 z 与时间 t 呈余弦函数关系，式中 z_0 为断面 2—2 的初

始位置，即振幅，$\sqrt{2g/s}$为角频率ω，所以振荡周期为

$$T=\frac{2\pi}{\omega}=2\pi\sqrt{\frac{s}{2g}}$$

由式（6.79）可得液面2—2的振荡速度为

$$v=\frac{\mathrm{d}z}{\mathrm{d}t}=-\sqrt{\frac{2g}{s}}z_0\sin\sqrt{\frac{2g}{s}}t \tag{6.80}$$

式（6.78）、式（6.79）和式（6.80）表达了2—2断面的加速度、位移和水面振荡速度与时间的关系。当$t=0$时，$z=z_0$，速度$v=0$，但具有向下的最大加速度$-2gz_0/s$；随着水面的下降，向下的速度增大，加速度减小，至$t=\frac{\pi}{2}\sqrt{\frac{s}{2g}}$时，液面降至平衡位置0—0，加速度减小至零，但向下速度最大；水面继续下降，速度逐渐减小，向上的加速度逐渐增大，至$t=\pi\sqrt{\frac{s}{2g}}$时，水面下降至$-z_0$，速度降为零，向上的加速度变为最大值。此后，在反向水位差作用下，水流做反向运动，水面回升……到$t=2\pi\sqrt{\frac{s}{2g}}$时，水位、流速及加速度都恢复到初始情况，如果不计摩阻力的影响，水面振荡将周而复始的进行下去，上述水面振荡过程见表6.3。

表6.3　U形管中水面振荡过程

时间(t)	$z=z_0\cos\sqrt{\frac{2g}{s}}t$	$v=-\sqrt{2g/s}z_0\sin\sqrt{\frac{2g}{s}}t$	$a=-2gz/s$
0	z_0	0	$-2gz_0/s$
$0.5\pi\sqrt{s/(2g)}$	0	$-\sqrt{2g/s}z_0$	0
$\pi\sqrt{s/(2g)}$	$-z_0$	0	$2gz_0/s$
$1.5\pi\sqrt{s/(2g)}$	0	$\sqrt{2g/s}z_0$	0
$2\pi\sqrt{s/(2g)}$	z_0	0	$-2gz_0/s$

实际计算时，必须计入摩阻损失才能与实际水面的振荡过程符合。对调压系统而言，调压室中的惯性水头可以略去，只需计入引水道的惯性水头$\frac{s}{g}\frac{\mathrm{d}v}{\mathrm{d}t}$，当计入摩阻损失并将基准面取在水库水面时，式（6.78）变为

$$z=-\left(h_w+\frac{s}{g}\frac{\mathrm{d}v}{\mathrm{d}t}\right) \tag{6.81}$$

$$h_w=\zeta\frac{v^2}{2g}$$

式中：z为水库与调压室之间的水位差，z轴向上为正；s为管道进口至调压室的距离；h_w为调压系统的水头损失；ζ为调压系统的水头损失系数。

为解调压系统的水面振荡，还必须结合调压系统的特点，建立调压系统水流的连续性方程式。设在非恒定流情况下，水轮机在任何时刻所需的流量为Q，流入调压室的流量为Q_F，上游引水道的流量为Q_T，对于不可压缩液体，其连续性方程为

$$Q_T=Q+Q_F$$

设调压室的横断面面积为 F，向上的流速为 $v_F=\mathrm{d}z/\mathrm{d}t$，上游引水道的横断面面积为 f，流速为 v，则连续性方程可以写成

$$fv=Q+F\frac{\mathrm{d}z}{\mathrm{d}t} \tag{6.82}$$

6.8.3 阻抗式和简单圆筒式调压室水面波动分析

调压室以其形状不同可以分为简单圆筒式调压室、阻抗式调压室、差动式调压室、溢流式调压室、水室式调压室、气垫式调压室等。这里仅介绍阻抗式和简单圆筒式调压室的水面波动分析方法。

简单圆筒式调压室的断面形式为一圆筒，且自上而下具有相同的断面。这种调压室结构简单、水击反射条件好，但波动振幅大、衰减慢。将简单圆筒式调压室的底部收缩成孔口或小于引水道断面的连接管，就成为阻抗式调压室，如图 6.15 所示。阻抗的作用在于减小调压室水位升高值和降低值，从而减小调压室的容积。与简单圆筒式调压室比较，阻抗式调压室波动的振幅小，但反射水击波较差。

1. 水轮机丢弃负荷的情况

当水轮机全部丢弃负荷时，水轮机的引用流量 $Q=0$，式（6.82）变为

$$fv=F\frac{\mathrm{d}z}{\mathrm{d}t} \tag{6.83}$$

设位移 z 向上为正，则调压室考虑水头损失影响的动力方程（6.81）可写成

$$\frac{L}{g}\frac{\mathrm{d}v}{\mathrm{d}t}=-z-h_w \tag{6.84}$$

式中：h_w 为从水库进口到调压室水面的水头损失；L 为引水道的长度。

如在调压室中设有附加阻抗（如阻抗式调压室），调压室还应加上阻抗的水头损失。设阻抗的水头损失为 h_c，则式（6.84）变为

$$\frac{L}{g}\frac{\mathrm{d}v}{\mathrm{d}t}=-z-h_w-h_c \tag{6.85}$$

设 Q_0、v_0 为水轮机固定出力时，在稳定情况下引水道的流量和流速，这时如果只考虑沿程水头损失，则 $h_w=h_{w0}$、$h_c=h_{c0}$，h_{w0} 和 h_{c0} 是当流量为 Q_0 时进入引水道内和进入调压室处的水头损失。当水轮机丢弃全部负荷后，在任何时间流经引水道断面和阻抗的流量将是相同的，并等于 Q，而引水道中的流速等于 v，这时有

$$h_w=h_{w0}\left(\frac{Q}{Q_0}\right)^2=h_{w0}\left(\frac{v}{v_0}\right)^2=\alpha v^2$$

$$h_c=h_{c0}\left(\frac{Q}{Q_0}\right)^2=h_{c0}\left(\frac{v}{v_0}\right)^2=\beta v^2$$

h_{c0} 可用下式近似计算：

$$h_{c0}=\frac{1}{2g}\left(\frac{Q_0}{\mu f_c}\right)^2$$

式中：f_c 为阻抗孔的断面面积；μ 为流量系数，其值为 0.6～0.85。

设 $h_{c0}/h_{w0}=\eta$，η 称为调压室的阻抗系数，则 $h_c/h_w=h_{c0}/h_{w0}=\eta$，$h_c=\eta h_w$，代入式（6.85）得

$$\frac{L}{g}\frac{\mathrm{d}v}{\mathrm{d}t}=-z-(1+\eta)h_w$$

将 $h_w=\alpha v^2$ 代入上式得

$$\frac{L}{g}\frac{\mathrm{d}v}{\mathrm{d}t}=-z-(1+\eta)\alpha v^2$$

如果考虑水流进入调压室的方向，则上式可以写成

$$\frac{L}{g}\frac{\mathrm{d}v}{\mathrm{d}t}=-z-(1+\eta)\alpha|v|v \tag{6.86}$$

将式（6.83）对 t 微分得 $\frac{\mathrm{d}v}{\mathrm{d}t}=\frac{F}{f}\frac{\mathrm{d}^2z}{\mathrm{d}t^2}$，又由式（6.83）得 $v=\frac{F}{f}\frac{\mathrm{d}z}{\mathrm{d}t}$，代入式（6.86）得

$$\frac{\mathrm{d}^2z}{\mathrm{d}t^2}+\frac{gf}{LF}z+\frac{g(1+\eta)\alpha}{Lf}F\left|\frac{\mathrm{d}z}{\mathrm{d}t}\right|\frac{\mathrm{d}z}{\mathrm{d}t}=0 \tag{6.87}$$

设 $\frac{gf}{LF}=\omega^2, K=\frac{2g(1+\eta)\alpha}{Lf}F$，$\bar{z}=\frac{\mathrm{d}z}{\mathrm{d}t}$，$\frac{\mathrm{d}^2z}{\mathrm{d}t^2}=\frac{\mathrm{d}}{\mathrm{d}t}\left(\frac{\mathrm{d}z}{\mathrm{d}t}\right)=\frac{\mathrm{d}\bar{z}}{\mathrm{d}t}=\frac{\mathrm{d}\bar{z}}{\mathrm{d}z}\cdot\frac{\mathrm{d}z}{\mathrm{d}t}=\bar{z}\frac{\mathrm{d}\bar{z}}{\mathrm{d}z}=\frac{1}{2}\frac{\mathrm{d}(\bar{z}^2)}{\mathrm{d}z}$，代入式（6.87）得

$$\frac{\mathrm{d}(\bar{z}^2)}{\mathrm{d}z}+K|\bar{z}|\bar{z}=-2\omega^2z \tag{6.88}$$

对于向上波动，速度为正，式（6.88）变为

$$\frac{\mathrm{d}(\bar{z}^2)}{\mathrm{d}z}+K\bar{z}^2=-2\omega^2z \tag{6.89}$$

式（6.89）为 $\bar{z}$ 的一阶线性微分方程，用 e^{Kz} 乘式中的每一项，积分得

$$\bar{z}^2\mathrm{e}^{Kz}=\frac{2\omega^2}{K^2}(1-Kz)\mathrm{e}^{Kz}+C \tag{6.90}$$

下面确定积分常数 C，对第一次向上波动，其初始条件为 $t=0$，$z=-\alpha v_0^2$，$\frac{\mathrm{d}z}{\mathrm{d}t}=v_0\omega\times\sqrt{\frac{2(1+\eta)\alpha}{K}}$，代入式（6.90）得

$$C=\frac{2\omega^2}{K^2}\mathrm{e}^{-K\alpha v_0^2}(\eta K\alpha v_0^2-1) \tag{6.91}$$

将式（6.91）代入式（6.90）得

$$\bar{z}^2=\frac{2\omega^2}{K^2}[1-Kz-(1-\eta K\alpha v_0^2)\mathrm{e}^{-K\alpha v_0^2}\mathrm{e}^{-Kz}] \tag{6.92}$$

当 $\bar{z}=0$ 时，z 上升到最高，可由式（6.92）解出调压室中水位第一次上升的最大值 $z_{\max1}$，也就是调压室中的最高涌浪为

$$(1-Kz_{\max1})\mathrm{e}^{Kz_{\max1}}=(1-\eta K\alpha v_0^2)\mathrm{e}^{-K\alpha v_0^2} \tag{6.93}$$

当 $\eta=0$ 时，即为简单圆筒式调压室，式（6.93）变为

$$(1-Kz_{\max1})\mathrm{e}^{Kz_{\max1}}=\mathrm{e}^{-K\alpha v_0^2} \tag{6.94}$$

当调压室水位第一次上升到最高点后，调压室中的水位开始下降，这时，式（6.88）可以写成

$$\frac{\mathrm{d}(\overline{z}^2)}{\mathrm{d}z}-K\,\overline{z}^2=-2\omega^2 z \tag{6.95}$$

将式（6.95）的两端乘以 e^{-Kz}，积分得

$$\overline{z}^2=\frac{2\omega^2}{K^2}[1+Kz-(1+Kz_{\max 1})\mathrm{e}^{-Kz_{\max 1}}\mathrm{e}^{Kz}] \tag{6.96}$$

当调压室水位下降到最低时，$\overline{z}=0$，由式（6.96）可解出

$$(1+Kz_{\min 1})\mathrm{e}^{-Kz_{\min 1}}=(1+Kz_{\max 1})\mathrm{e}^{-Kz_{\max 1}} \tag{6.97}$$

式中：$z_{\max 1}$ 为调压室水位第一次上升的最高值，可由式（6.93）求得；$z_{\min 1}$ 为调压室水位第一次下降的最低值，即第二振幅。

在用式（6.97）计算最低涌浪时，$z_{\min 1}$ 要用负值代入。

2. 水轮机丢弃负荷时水位波动的近似计算

上面推求了调压室最高和最低涌浪的计算式（6.93）和式（6.97），但这两个公式不能计算调压室水位波动与时间的关系。目前对调压室水位波动过程的求解一般用图解法或数值计算方法，计算比较繁琐。下面介绍一种水位波动的近似解法，有利于对水位波动过程的理解。

下面仍用式（6.92）求调压室水位上升与时间的关系，对式（6.92）开方得

$$\frac{\mathrm{d}z}{\mathrm{d}t}=\pm\frac{\omega}{K}\sqrt{2}[1-Kz-(1-\eta K\alpha v_0^2)\mathrm{e}^{-K\alpha v_0^2}\mathrm{e}^{-Kz}]^{1/2} \tag{6.98}$$

对于向上波动，$\mathrm{d}z/\mathrm{d}t>0$，所以式（6.98）右端取正号。令 $x=-Kz$，$\mathrm{d}z=-\mathrm{d}x/K$，$a_1=(1-\eta K\alpha v_0^2)\mathrm{e}^{-K\alpha v_0^2}$，代入式（6.98）得

$$\frac{\mathrm{d}x}{\mathrm{d}t}=-\sqrt{2}\,\omega[1+x-a_1\mathrm{e}^x]^{1/2} \tag{6.99}$$

式（6.99）中由于根号内有 e^x 项而无法积分，现将 e^x 项用泰勒级数展开为

$$\mathrm{e}^x=1+x+\frac{x^2}{2}+\cdots+\frac{x^n}{n!} \tag{6.100}$$

为了计算方便，取级数的前三项代入式（6.99）得

$$\frac{\mathrm{d}x}{\mathrm{d}t}=-\sqrt{a_1}\,\omega\left[\frac{2}{a_1}(1-a_1)(1+x)-x^2\right]^{1/2} \tag{6.101}$$

对式（6.101）积分，并将 $x=-Kz$ 代入得

$$\arcsin\frac{a_1-a_1Kz-1}{\sqrt{1-a_1^2}}=-\sqrt{a}\,\omega t+C \tag{6.102}$$

当 $t=0$ 时，$z=-\alpha v_0^2$，代入式（6.102）得

$$C=\arcsin\frac{a+a_K\alpha v_0^2-1}{\sqrt{1-a_1^2}} \tag{6.103}$$

将式（6.103）代入式（6.102）得

$$\arcsin\frac{a_1-a_1Kz-1}{\sqrt{1-a_1^2}}=\arcsin\frac{a_1+a_1K\alpha v_0^2-1}{\sqrt{1-a_1^2}}-\sqrt{a_1}\,\omega t \tag{6.104}$$

由式（6.104）解出 z，并将公式右端的第二项的弧度用角度表示，则

$$z=\frac{1}{Ka_1}\left[a_1-1-\sqrt{1-a_1^2}\sin\left(\arcsin\frac{a_1+a_1K\alpha v_0^2-1}{\sqrt{1-a_1^2}}-\frac{180°}{\pi}\sqrt{a_1}\omega t\right)\right] \tag{6.105}$$

式（6.105）即为水轮机瞬时全部甩荷时调压室中水位第一次向上波动时的水位与时间的关系，式中 a_1 用式（6.106）计算，对于阻抗式调压室

$$a_1=(1-\eta K\alpha v_0^2)\mathrm{e}^{-K\alpha v_0^2} \tag{6.106}$$

对于简单式调压室，$\eta=0$，则

$$a_1=\mathrm{e}^{-K\alpha v_0^2} \tag{6.107}$$

下面推求调压室水位第一次下降时的水位波动过程，对式（6.96）开方得

$$\frac{\mathrm{d}z}{\mathrm{d}t}=\pm\frac{\omega}{K}\sqrt{2}\left[1+Kz-(1+Kz_{\max1})\mathrm{e}^{-Kz_{\max1}}\mathrm{e}^{Kz}\right]^{1/2} \tag{6.108}$$

对于向下波动，$\mathrm{d}z/\mathrm{d}t<0$，式（6.108）右端取负号。

对式（6.108）分离变量，并将 e^{Kz} 项用泰勒级数展开重复向上波动的推导过程，可得

$$z=\frac{1}{Ka_2}\left\{1-a_2+\sqrt{1-a_2^2}\sin\left[\arcsin\frac{a_2-1+a_2Kz_{\max1}}{\sqrt{1-a_2^2}}-\frac{180°}{\pi}\sqrt{a_2}\omega(t-t_1)\right]\right\} \tag{6.109}$$

$$a_2=(1+Kz_{\max1})\mathrm{e}^{-Kz_{\max1}} \tag{6.110}$$

式中：t_1 为调压室水位上升到最高时所需的时间。

对于其他波动过程的计算见参考文献［37］。

3. 水轮机突然增荷时简单式调压室最低水位的计算

当负荷由零增至满荷时，Forchheimer 建议简单式调压室的最低涌浪用式（6.111）计算：

$$z_{\min}=0.178h_{w0}+\sqrt{(0.178h_{w0})^2+\frac{L}{g}\frac{f}{F}v_0^2} \tag{6.111}$$

以上简单地讨论了阻抗式调压室和简单式调压室水位波动的解析计算方法。由于调压室的形式各种各样，水轮机导叶的启闭方式也各不相同，又由于调压室水位波动的复杂性，所以除解析方法外，也常采用差分法、特征线法等计算调压室的水位波动过程，有兴趣的读者可查阅有关文献。

习　题

6.1　试求如图所示的距阀门 a 为 x 断面的压强随时间的变化。

6.2　设有一水电站压力钢管如图所示，长 $L=2500$m，水击波速 $c=1000$m/s，阀门关闭时间 $T_s=4$s，阀门全开时，管中流速 $v_0=2$m/s，$H_0=100$m，不计水头损失和流速水头，试绘制阀门断面 a、进口断面 b，管道中间断面 C 和距阀门 $L/4$ 处断面 D 的水击

压强随时间的变化。

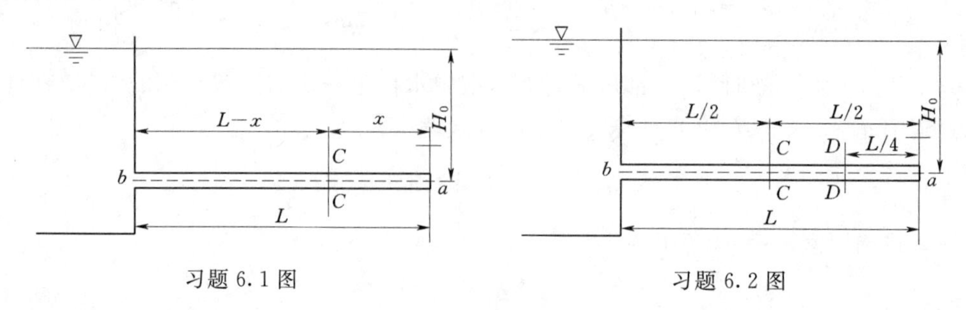

习题 6.1 图　　　　习题 6.2 图

6.3 某输水管为钢管，管径 $D=2\text{m}$，壁厚 $\delta=20\text{mm}$，管内有 100m 水头的内水压力，流速 $v=1.0\text{m/s}$，阀门突然完全关闭，试求：

(1) 水管中水击波的波速。

(2) 关闭前后管子的轴向应力变化。

(3) 所增加管子的面积百分数。

(4) 所增加水的密度的百分数。

6.4 水电站压力管道管径 $D=2\text{m}$，壁厚 $\delta=20\text{mm}$，水的体积弹性模量 $K=19.6\times 10^{8}\text{N/m}^2$，钢管的弹性模量 $E=19.6\times 10^{10}\text{N/m}^2$，试求：

(1) 若管长 $L=2000\text{m}$，管道末端阀门关闭的时间 $T_s=3\text{s}$ 时产生什么水击？

(2) 若阀门关闭的时间 $T_s=6\text{s}$ 时产生什么水击？

(3) 若阀门关闭的时间 $T_s=3\text{s}$，但在距阀门 500m 处设一调压室，这时又产生什么水击？

6.5 有一如图所示的水管，管长 $L=100\text{m}$，管径 $D=10\text{cm}$，粗糙系数 $n=0.0125$，水头 $H=9\text{m}$，开始时阀门全开，在 100s 的时段内缓慢地关小阀门，使管中流速均匀的减小为 0.75m/s，试求：

(1) 计算阀门关小前的恒定流流量和流速（按长管计算）；

(2) 计算关阀门后 50s 的瞬时流量，并计算该时刻管道中点（截面 1—1）及管道末端（截面 2—2）的惯性水头，流速水头和测压管水头。

6.6 如图所示的管道，直径为 D，长为 L，如果关闭的管道阀门突然打开，假定水池水面不变，试求：

(1) 管道中的流速 $v(t)$。

(2) 若 $L=500\text{m}$，$D=1.0\text{m}$，$H_0=1\text{m}$，$\lambda=0.025$，求 60s 时管中的速度。

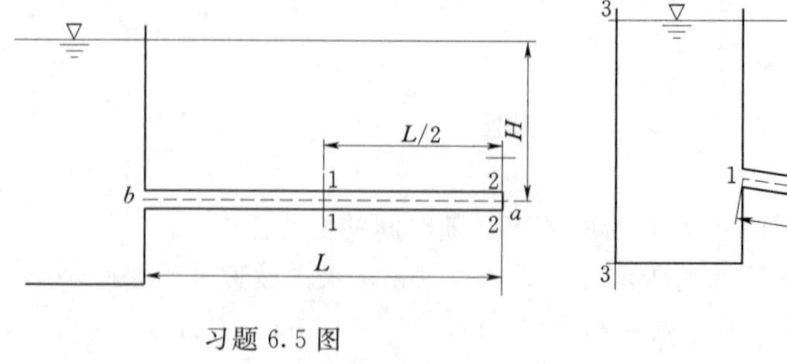

习题 6.5 图

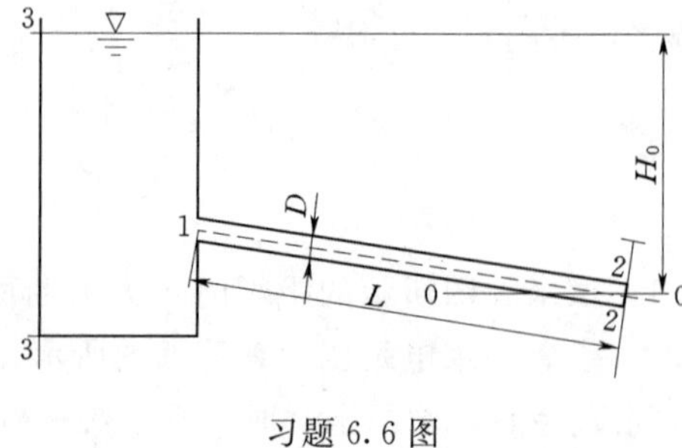

习题 6.6 图

6.7 如图所示管道，管道水流以流速 v_0 作恒定流动。管下游端阀门逐渐关闭，使管中流速在长时段 T 中线性的减小为零，求在关闭过程中断面 2—2 处的压强水头。

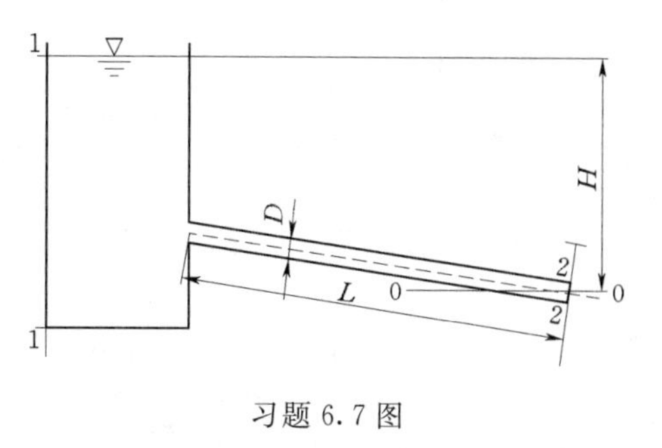

习题 6.7 图

6.8 如习题 6.7 图示管道，水流以流速 v_0 作恒定流动，管的出口阀门突然部分关闭，以致流速 $v_2=C\sqrt{2gp_2/\gamma}$（其中 C 为常数，p_2 为表压强）试证明

$$\frac{gH}{Lv_f}t=\frac{1}{2}\ln\frac{(v_0-v_f)(v+v_f)}{(v_0+v_f)(v-v_f)}$$

式中：v_f 为管中最终流速。

6.9 某水电站压力管道的长度 $L=500\text{m}$，静水头 $H=100\text{m}$，阀门全开时管中的最大流速 $v=4\text{m/s}$，水击波速 $c=1000\text{m/s}$，阀门从全开到全关的时间 $T_s=3\text{s}$，试求管道末端断面处各相末的水击压强水头。

6.10 有一长为 $L=600\text{m}$，内径 $d=2\text{m}$，管壁厚度 $\delta=0.02\text{m}$ 的钢管管道，通过的流量 $Q=8\text{m}^3/\text{s}$，当管道末端阀门的关闭时间为 1s、3s、5s 时，试求：

（1）压力波的传播速度。

（2）由于水击作用产生的最大压力。

（3）由此产生的管壁应力。已知阀门处的静水头 $H=40\text{m}$，水的体积弹性系数为 $2.24\times10^4\text{kg/cm}^2$，钢的体积弹性系数为 $2.1\times10^6\text{kg/cm}^2$，对于逐渐关闭的情况，可采用阿列维的近似公式。

6.11 某水电站压力钢管长 $L=400\text{m}$，管径 $D=2.5\text{m}$，初始时刻水头 $H_0=150\text{m}$，闸门全开时管中流量 $Q=20\text{m}^3/\text{s}$，水击波速 $c=1000\text{m/s}$，闸门由全开到全关的时间 $T_s=2.4\text{s}$，试判断水击类型，并利用近似公式计算闸门断面处的最大水击压强水头。

6.12 水电站压力钢管长 $L=950\text{m}$，管径 $D=3\text{m}$，初始时刻水头 $H_0=300\text{m}$，阀门全开时管中的最大流速 $v=4\text{m/s}$，管壁厚度 $\delta=25\text{mm}$，管道末端阀门按直线规律由全开至全关，要求产生首相水击，且最大水击压强水头不超过 $0.25H_0$，试求阀门全开至全关的时间。

6.13 某水电站引水钢管 $L=329\text{m}$，管径 $D=4\text{m}$，管壁厚度 $\delta=20\text{mm}$，作用水头 $H_0=100\text{m}$，闸门全开时管中通过最大流量 $Q=20\text{m}^3/\text{s}$，水轮机导叶全部关闭时间 $T_s=6\text{s}$，开度呈线性变化。试用连锁方程求管道末端第一、第二相末的水击压强水头。再用第 n 相末的水击压强计算第三、第四相的水击压强水头，并绘出水轮机导叶前 ξ^a 随时间的变化过程。

6.14 如图所示，水电站引水管长 $L=500\text{m}$，作用水头 $H_0=100\text{m}$，阀门全开时管中流速 $v_m=2\text{m/s}$，水击波速 $c=1000\text{m/s}$，阀门开度为直线变化，从全开到全关的时间 $T_s=2\text{s}$，试求在 1.5s 时阀门断面 a 处的压强水头。

6.15 如图所示管道，已知阀门 a 处任意时刻的水击压强值和流速值，试用连锁方程推导管道中距阀门 a 为 x 处任意时刻 t 的水击压强表示式 ξ_t^x。

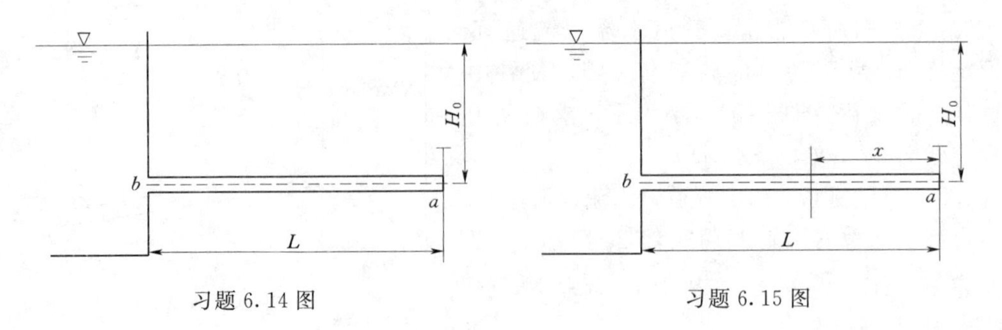

习题6.14图　　　　习题6.15图

6.16 如图所示为一斜U形管，其倾斜角度为θ，U形管中盛水长度为s，管径为d，受扰动后离开起始位置而产生振动。若忽略水头损失，求水面振荡$x=f(t)$的表达式，并找出其周期T的表达式。

6.17 一等直径U形管如图所示，已知水柱长$s=1$m，断面2—2的初始高度$z_0=0.1$m，不计摩阻影响，求断面2—2水位下降$z=-0.1$m的时间，并求该时刻的水面振荡速度及加速度。

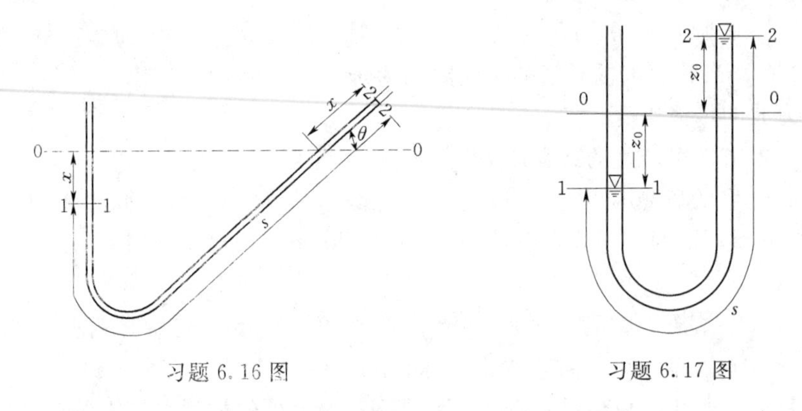

习题6.16图　　　　习题6.17图

6.18 已知调压室系统的能量方程和连续性方程为

$$z=\zeta_c\frac{v^2}{2g}+\frac{L}{g}\frac{dv}{dt}$$

$$v=\frac{1}{A}\left(Q_1-A_2\frac{dz}{dt}\right)$$

式中：Q_1为水轮机的引用流量；A_2为调压室的过水断面面积；z为水库与调压室之间的水位差；v为隧洞中的流速；ζ_c为阻力系数；L为隧洞长度。

试求以z为未知函数的常微分方程。

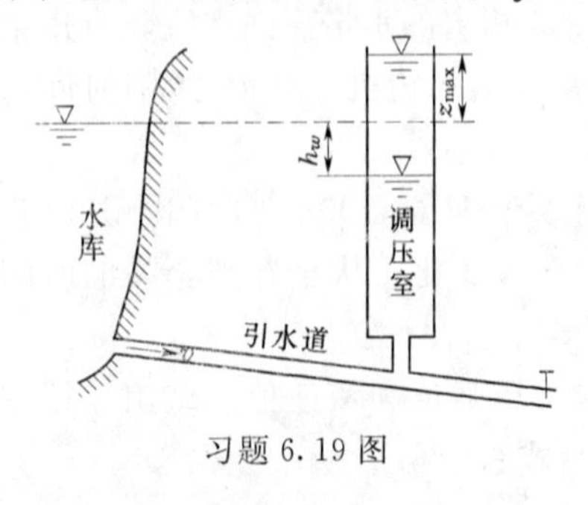

习题6.19图

6.19 某水电站管道直径为d，管长为L，上游为水库，下游为直径为D的调压室，通过的流量为Q。如果水轮机进口导叶瞬时关闭，则在管路和调压室之间产生振荡现象。

(1) 若不计管路的阻力，求振荡的振幅和周期。

(2) 已知管道直径$d=3$m，调压室的直径$D=$

15m，管长 $L=500$m，设计库水位为150m，水轮机引用流量 $Q=20\text{m}^3/\text{s}$，求调压室中水位升高的最大值和最高水位以及水位振荡的周期。

6.20　设有圆筒式调压室的某水电站引水系统，调压室上游为混凝土衬砌的有压隧洞，粗糙系数 $n=0.014$，洞长 $L=400$m，洞径 $d=4$m，调压室的横断面面积 $F=254.34\text{m}^2$。电站正常运行时洞中 $v=4\text{m/s}$，假设电站正常运行时瞬时丢弃负荷，试求调压室的最高涌浪和第二振幅，水位上升到最高和下降到最低时所需的时间。

6.21　某水电站引水道直径 $d=6$m，长 $L=203$m，圆筒式调压室直径 $D=18$m，电站正常运行时，最大引用流量 $Q_0=135\text{m}^3/\text{s}$，相应于最小粗糙系数的隧洞水头损失 $h_{w0}=1.1$m，已知水库正常高水位为115m，试计算调压室突然甩荷时调压室的最高涌浪水位。

6.22　具有调压室的引水系统同上题。电站正常运行时最大引用流量 $Q_0=135\text{m}^3/\text{s}$，相应于最大粗糙系数的引水隧洞的水头损失 $h_{w0}=1.7$m，若水库死水位为105.5m，试计算调压室工作期间可能发生的最低涌浪水位。

6.23　某水电站引水系统由直径 $d=2$m，长 $L=1000$m 的混凝土隧洞和直径 $D=12$m 的圆筒式调压室以及调压室下游的压力钢管组成。设库水位为105m，水轮机引用流量 $Q_0=15\text{m}^3/\text{s}$，隧洞粗糙系数 $n=0.014$，当水轮机导叶由关闭到突然打开时，试求调压室中的最低水位。

6.24　某阻抗式调压室，已知压力引水隧洞长 $L=4771.74$m，隧洞过水断面面积 $f=11.56\text{m}^2$，调压室面积 $F=113.1\text{m}^2$，水头损失 $h_{w0}=4.742$m，水轮机引用流量 $Q_0=33\text{m}^3/\text{s}$，引水隧洞的流速 $v_0=2.855\text{m/s}$，阻抗式调压室的阻抗系数 $\eta=0.621$，试求调压室在丢弃负荷时的最高和最低涌浪以及水位第一次上升到最高时的时间和第一次下降到最低时的时间。

第7章 液体三元流动基本理论

7.1 概　　述

前面几章所描述的一元总流分析法只有在横向速度和加速度可以忽略的情况下方可应用。或者说，它只能用于均匀流或渐变流，只解决断面上平均流速和压强沿主要流动方向的变化。实际液体质点运动多属三元流动，如海洋中的波浪运动、地下水运动、水质污染以及液体内部结构等，用一元总流分析法已无法解决这些问题，为此需要应用三元和二元运动的基本原理和有关概念。

7.2 液体微团运动的基本形式

研究流场中液体质点运动的变化可以从讨论一个微小质团内邻近两点速度的关系出发，而两点速度的关系又和该微团运动的形式有关。

液体微团是指由大量液体质点所组成的微小液体团，与液体质点不同，液体微团作为一个整体在流动过程中可能会发生体积的膨胀、形状的改变以及自身的旋转。

图7.1表示 xOy 平面上 a 点邻近的方形液体微团 $abcd$，经过某一瞬时 $\mathrm{d}t$ 之后，如液体微团运动到图7.1（a）中的 $a'b'c'd'$ 位置，其各边方位和形状都与原来一样，这就是一种单纯的平移运动；假如 $\mathrm{d}t$ 之后，原来的方形变成了矩形，而各边方位不变，a 点的位置也没有移动，如图7.1（b）所示，则液体微团发生了单纯的线变形；如 $\mathrm{d}t$ 之后，液体微团形状如图7.1（c）所示，a 点的位置不变，但原来互相垂直的两边各有转动，转动的方向相反，转角大小相等，则是一种单纯的角变形；如 $\mathrm{d}t$ 之后，液体微团形状如图7.1（d）所示，a 点的位置不变，各边长也不变，但两条垂直边都作方向相同、转角大小一样的转动，这是一种单纯的转动运动。

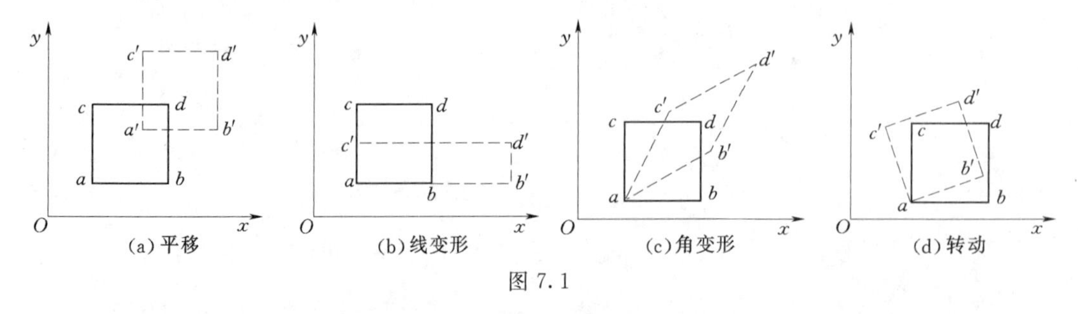

图7.1

如把线变形和角变形都归结为变形中，则液体微团的基本运动形式就可分为平移、转动和变形三种。实际的液体运动常常是上述三种基本形式或两种基本形式组合在一起运动。

现在分析这些运动形式和流速变化之间的关系。为了便于研究，把液体质点看成一个微小正六面体，每边的长度为 $\mathrm{d}x$，$\mathrm{d}y$，$\mathrm{d}z$，如 a 点的速度为$\vec{u}$，则 x，y，z 坐标轴上的分量为 u_x，u_y，u_z，如图 7.2（a）所示。根据泰勒级数展开、忽略高阶微量后，各点的速度均可用 a 点速度来表示，为便于说明，以液体质点在 xOy 平面上的投影面 $abcd$ 为例，则各点流速如图 7.2（b）所示。

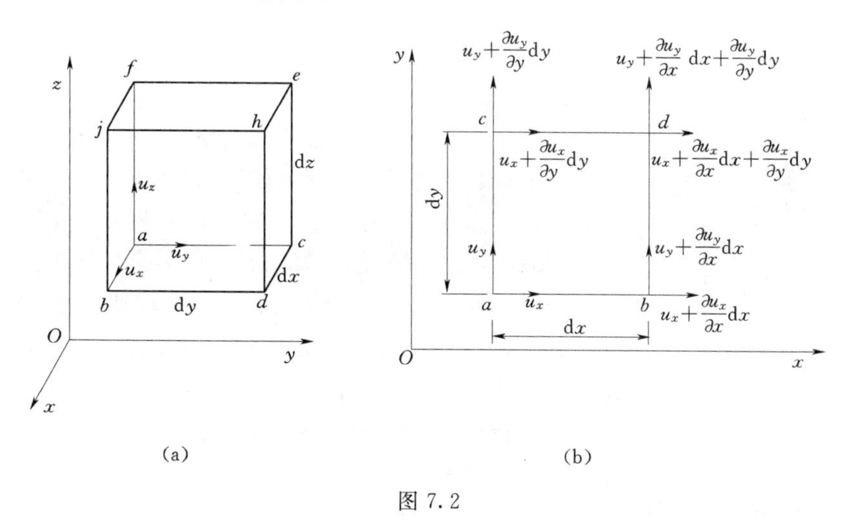

图 7.2

7.2.1　平移速度

平移就是指液体质点在运动过程中任一长度和方位均不变的运动，如图 7.3 所示。如微团 $abcd$ 经 $\mathrm{d}t$ 时段后，运动到 $a'b'c'd'$ 位置，液体微团上各点流速都包含 u_x 和 u_y，这两个分流速使液体微团上的各点具有沿 x 方向移动的距离 $u_x\mathrm{d}t$，沿 y 方向移动的距离 $u_y\mathrm{d}t$，u_x 和 u_y 表示液体微团平移运动的速度。

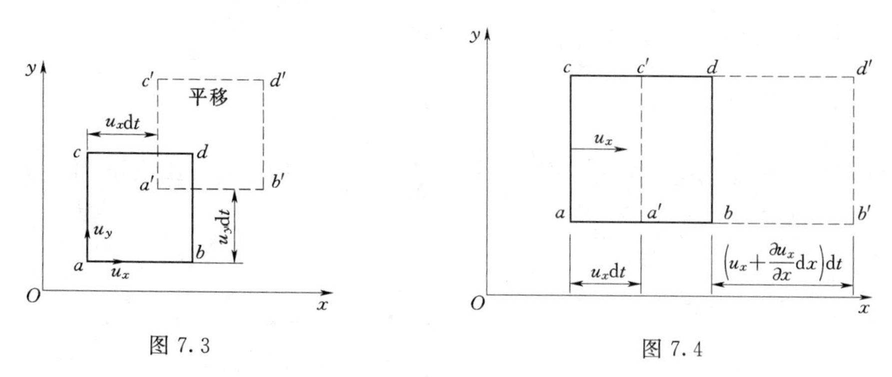

图 7.3　　　　图 7.4

7.2.2　变形速度

1. 线变形

线变形是指线段的伸长或缩短。由于 bd 边沿 x 方向速度比 ac 边快或慢 $(\partial u_x/\partial x)\mathrm{d}x$，故边长 ab 和 cd 在 $\mathrm{d}t$ 时刻后要伸长或缩短 $(\partial u_x/\partial x)\mathrm{d}x\mathrm{d}t$，如图 7.4 所示。则液体质点在 x 方向单位时间单位长度的线变形（简称线变率）为 $\varepsilon_{xx}=\dfrac{(\partial u_x/\partial x)\mathrm{d}x\mathrm{d}t}{\mathrm{d}x\mathrm{d}t}=\dfrac{\partial u_x}{\partial x}$，同理可得 y、z 方向的线变形，将其写在一起得

$$\left.\begin{aligned}\varepsilon_{xx}&=\frac{\partial u_x}{\partial x}\\ \varepsilon_{yy}&=\frac{\partial u_y}{\partial y}\\ \varepsilon_{zz}&=\frac{\partial u_z}{\partial z}\end{aligned}\right\}\tag{7.1}$$

2. 角变形

现在分析在 a 点原来互相垂直的两边 ab 和 ac 经过 $\mathrm{d}t$ 时段后方位的变化，如图 7.5 所示。在 a 点 y 方向的速度为 u_y，b 点在 y 方向的速度为 $u_y+(\partial u_y/\partial x)\mathrm{d}x$，$a$ 点和 b 点速度不等，$\mathrm{d}t$ 时段后，b 较 a 点多移动距离为 $bb'=(\partial u_y/\partial x)\mathrm{d}x\mathrm{d}t$，$ab$ 转动一个微小的角度 $\mathrm{d}\alpha$，同理 c 点在 x 方向速度比 a 点快 $(\partial u_x/\partial y)\mathrm{d}y$，$\mathrm{d}t$ 时段后，c 点移动距离为 $cc'=(\partial u_x/\partial y)\mathrm{d}y\mathrm{d}t$，$ac$ 边转动一个微小的角度 $\mathrm{d}\beta$，因 $\mathrm{d}\alpha$ 与 $\mathrm{d}\beta$ 很小，可用其正切表示：

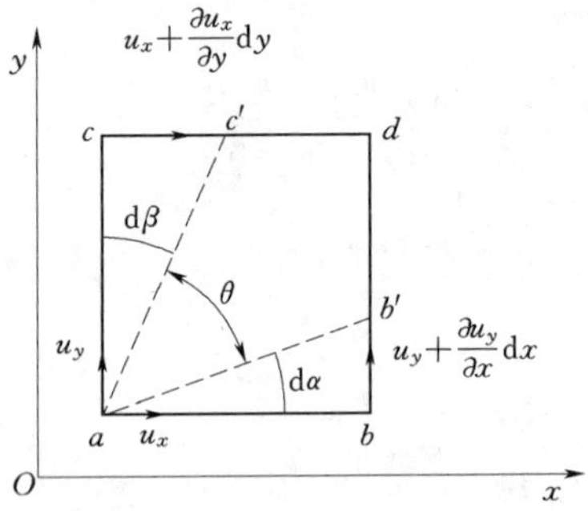

图 7.5

$$\mathrm{d}\alpha=\frac{(\partial u_y/\partial x)\mathrm{d}x\mathrm{d}t}{\mathrm{d}x}=\frac{\partial u_y}{\partial x}\mathrm{d}t\approx\tan(\mathrm{d}\alpha)$$

$$\mathrm{d}\beta=\frac{(\partial u_x/\partial y)\mathrm{d}y\mathrm{d}t}{\mathrm{d}y}=\frac{\partial u_x}{\partial y}\mathrm{d}t\approx\tan(\mathrm{d}\beta)$$

ab 及 ac 边的转动，使两边的夹角由 $\pi/2$ 变为 θ，则角度减小量为

$$\mathrm{d}\alpha+\mathrm{d}\beta=\frac{\pi}{2}-\theta=\frac{\partial u_y}{\partial x}\mathrm{d}t+\frac{\partial u_x}{\partial y}\mathrm{d}t$$

习惯上用角度减小值的一半来表示角变形 $\mathrm{d}\theta$，即

$$\mathrm{d}\theta=\frac{\mathrm{d}\alpha+\mathrm{d}\beta}{2}$$

则在 xOy 平面上角变形速度为 $\theta_{xy}=\frac{\mathrm{d}\theta}{\mathrm{d}t}=\frac{1}{2}\left(\frac{\partial u_y}{\partial x}+\frac{\partial u_x}{\partial y}\right)$，同理得 yOz 平面和 xOz 平面的角变形速度，写在一起得

$$\left.\begin{aligned}\theta_{yz}&=\theta_{zy}=\frac{1}{2}\left(\frac{\partial u_y}{\partial z}+\frac{\partial u_z}{\partial y}\right)\\ \theta_{xz}&=\theta_{zx}=\frac{1}{2}\left(\frac{\partial u_x}{\partial z}+\frac{\partial u_z}{\partial x}\right)\\ \theta_{xy}&=\theta_{yx}=\frac{1}{2}\left(\frac{\partial u_y}{\partial x}+\frac{\partial u_x}{\partial y}\right)\end{aligned}\right\}\tag{7.2}$$

3. 旋转角速度

若 $abcd$ 绕 z 轴转动，经 $\mathrm{d}t$ 时段后，ab 和 ac 边将发生变化，如图 7.6 所示。ab 和 ac 边均转动了一个角度 $\mathrm{d}\alpha$ 和 $\mathrm{d}\beta$，则它们的角转速分别为 $\omega_1=\mathrm{d}\alpha/\mathrm{d}t$，$\omega_2=\mathrm{d}\beta/\mathrm{d}t$。以反时针角转速为正，如 $\omega_1=\omega_2$，则液体质点只做单纯的转动。实际上，由于会同时发生角变形，两边转角不一定相等，习惯上以两边的角转速的平均值定义为液体质点绕 z 轴的转速，

以 ω_z 表示，即

$$\omega_z=(\omega_1+\omega_2)/2$$

而

$$\omega_1=\frac{\mathrm{d}\alpha}{\mathrm{d}t}=\frac{1}{\mathrm{d}t}\frac{(\partial u_y/\partial x)\mathrm{d}x\mathrm{d}t}{\mathrm{d}x}=\frac{\partial u_y}{\partial x}$$

$$\omega_2=\frac{\mathrm{d}\beta}{\mathrm{d}t}=-\frac{1}{\mathrm{d}t}\frac{(\partial u_x/\partial y)\mathrm{d}y\mathrm{d}t}{\mathrm{d}y}=-\frac{\partial u_x}{\partial y}$$

式中的负号是因为 u_x 向右边为正。将以上关系代入 $\omega_z=(\omega_1+\omega_2)/2$，得绕 z 轴的旋转角速度，同理得绕 x 轴和 y 轴的旋转角速度，写在一起得

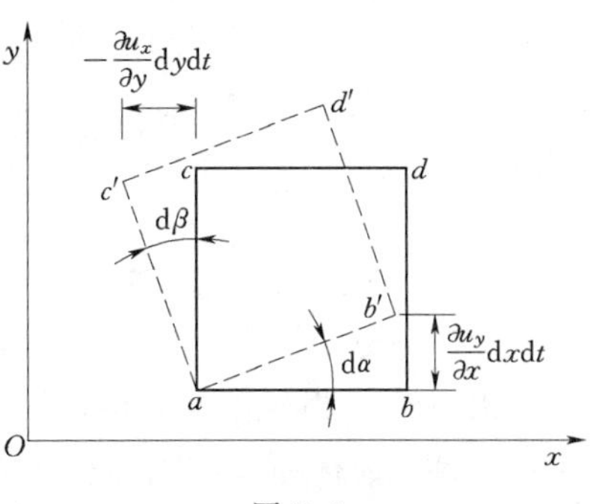

图 7.6

$$\left.\begin{aligned}\omega_x&=\frac{1}{2}\left(\frac{\partial u_z}{\partial y}-\frac{\partial u_y}{\partial z}\right)\\\omega_y&=\frac{1}{2}\left(\frac{\partial u_x}{\partial z}-\frac{\partial u_z}{\partial x}\right)\\\omega_z&=\frac{1}{2}\left(\frac{\partial u_y}{\partial x}-\frac{\partial u_x}{\partial y}\right)\end{aligned}\right\}\tag{7.3a}$$

将式（7.3a）以圆柱坐标表示为

$$\left.\begin{aligned}\omega_r&=\frac{1}{2}\left(\frac{\partial u_z}{r\partial\theta}-\frac{\partial u_\theta}{\partial z}\right)\\\omega_\theta&=\frac{1}{2}\left(\frac{\partial u_r}{\partial z}-\frac{\partial u_z}{\partial r}\right)\\\omega_z&=\frac{1}{2}\left[\frac{\partial(ru_\theta)}{r\partial r}-\frac{\partial u_r}{r\partial\theta}\right]\end{aligned}\right\}\tag{7.3b}$$

经过以上分析可以看出，液体质点的流速一般可以认为是由平移、变形及转动三部分所组成。因此可以把流场中邻近两点速度的变化关系用液体微团基本运动的组合加以表达。设流场中任一点 0 的流速分量分别为 u_{x0}、u_{y0}、u_{z0}，距 0 点 ds 处某点的流速分量分别为 u_x、u_y、u_z，而 $u_x=u_{x0}+\mathrm{d}u_x$、$u_y=u_{y0}+\mathrm{d}u_y$、$u_z=u_{z0}+\mathrm{d}u_z$。将 $\mathrm{d}u_x$ 根据泰勒级数展开有

$$\mathrm{d}u_x=\left(\frac{\partial u_x}{\partial x}\right)_0\mathrm{d}x+\left(\frac{\partial u_x}{\partial y}\right)_0\mathrm{d}y+\left(\frac{\partial u_x}{\partial z}\right)_0\mathrm{d}z$$

将上式进行配项整理代入 u_x 得

$$\begin{aligned}u_x=u_{x0}&+\left(\frac{\partial u_x}{\partial x}\right)_0\mathrm{d}x+\frac{1}{2}\left(\frac{\partial u_x}{\partial y}-\frac{\partial u_y}{\partial x}\right)_0\mathrm{d}y+\frac{1}{2}\left(\frac{\partial u_x}{\partial y}+\frac{\partial u_y}{\partial x}\right)_0\mathrm{d}y\\&+\frac{1}{2}\left(\frac{\partial u_x}{\partial z}-\frac{\partial u_z}{\partial x}\right)_0\mathrm{d}z+\frac{1}{2}\left(\frac{\partial u_x}{\partial z}+\frac{\partial u_z}{\partial x}\right)_0\mathrm{d}z\end{aligned}$$

将式（7.1）、式（7.2）、式（7.3）代入上式得

$$u_x=u_{x0}+\varepsilon_{xx}\mathrm{d}x-\omega_z\mathrm{d}y+\theta_{xy}\mathrm{d}y+\omega_y\mathrm{d}z+\theta_{xz}\mathrm{d}z$$

同理对其余两个速度分量也可以写出类似的关系式，因此某点的速度可表示为以下三个分量式，即

$$\left.\begin{aligned}u_x&=u_{x0}-\omega_z\mathrm{d}y+\omega_y\mathrm{d}z+\varepsilon_{xx}\mathrm{d}x+\theta_{xy}\mathrm{d}y+\theta_{xz}\mathrm{d}z\\u_y&=u_{y0}-\omega_x\mathrm{d}z+\omega_z\mathrm{d}x+\varepsilon_{yy}\mathrm{d}y+\theta_{yz}\mathrm{d}z+\theta_{yx}\mathrm{d}x\\u_z&=u_{z0}-\omega_y\mathrm{d}x+\omega_x\mathrm{d}y+\varepsilon_{zz}\mathrm{d}z+\theta_{zx}\mathrm{d}x+\theta_{zy}\mathrm{d}y\end{aligned}\right\}\tag{7.4}$$

各式右边第一项为平移速度；第二、第三项为转动产生的速度增量；第四、第五、第六项

分别为线变形和角变形引起的速度增量。所以流场中任一点的流速一般可以认为由平移、转动及变形三部分组成，即

$$u=u_{平移}+u_{转动}+u_{变形} \tag{7.5}$$

7.3　无涡流动和有涡流动

在水力学中常按液体质点本身有无旋转，将液体运动分为有涡流与无涡流两种。若液体流动时每个液体质点都不存在绕自身轴的旋转运动，即 $\omega_x=\omega_y=\omega_z=0$，则称此种流动为无涡流，若液体流动时有液体质点存在绕自身轴的旋转运动，则称此种运动为有涡流。这是两种不同性质的液体运动。

涡是指液体质点绕其自身轴旋转的运动，不要把涡与通常的旋转运动混淆起来。如图 7.7 (a) 所示的运动，液体质点相对于 o 点做圆周运动，其轨迹是一圆周，但仍是无涡的，因为液体质点本身并没有旋转运动，只是它的轨迹是圆罢了。图 7.7 (b) 所示的运动，液体质点除绕 o 点做圆周运动外，自身又有旋转运动，这种运动才是有涡的。所以液体运动是否有涡不能从液体质点运动的轨迹来看，而要看液体质点本身是否有旋转运动而定。

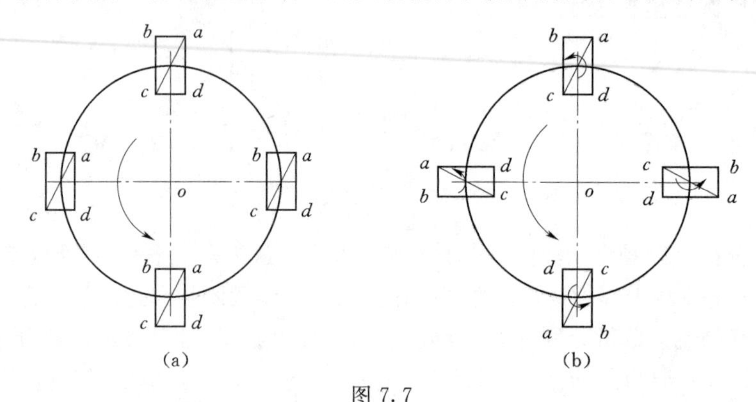

图 7.7

同时也要注意分清计算涡和物理涡的概念。现在所指的涡就是计算涡，计算涡是依据速度分布通过计算才可知是否有涡，因此称为计算涡；物理涡是指一群液体质点绕某瞬时轴像刚体一样旋转，这一群液体质点的运动轨迹与刚体转动规律相同，这种涡称为物理涡，如地面上的旋风，桥墩后的漩涡，旋转容器中相对平衡的液体等均属物理涡。计算涡是对个别液体质点而言的，物理涡是对一群液体质点而言的，这一群液体质点不但共同绕某一瞬时轴旋转，而且还绕自身轴旋转。

无涡流是液体质点没有绕自身轴旋转的运动（也叫有势流动），即流动应满足下列条件：

$$\left.\begin{aligned}\omega_x&=\frac{1}{2}\left(\frac{\partial u_z}{\partial y}-\frac{\partial u_y}{\partial z}\right)=0\\\omega_y&=\frac{1}{2}\left(\frac{\partial u_x}{\partial z}-\frac{\partial u_z}{\partial x}\right)=0\\\omega_z&=\frac{1}{2}\left(\frac{\partial u_y}{\partial x}-\frac{\partial u_x}{\partial y}\right)=0\end{aligned}\right\}$$

即
$$\left.\begin{aligned}\frac{\partial u_z}{\partial y}=\frac{\partial u_y}{\partial z}\\\frac{\partial u_x}{\partial z}=\frac{\partial u_z}{\partial x}\\\frac{\partial u_y}{\partial x}=\frac{\partial u_x}{\partial y}\end{aligned}\right\}\tag{7.6}$$

反之，如液体质点流速场形成微小质团的转动，即 ω_x、ω_y、ω_z 有不等于零的，则称为有涡流动，也叫有旋运动。

无涡流动的基本特征是流场必须满足式（7.6），设流动中任意一点的速度分量为 u_x、u_y 和 u_z 可以用某个函数 $\varphi(x、y、z)$ 在相应坐标轴上的偏导数来表示，即

$$\left.\begin{aligned}u_x=\frac{\partial\varphi}{\partial x}\\u_y=\frac{\partial\varphi}{\partial y}\\u_z=\frac{\partial\varphi}{\partial z}\end{aligned}\right\}\tag{7.7}$$

这个函数 $\varphi(x、y、z)$ 称为流速势函数。分别对式（7.7）求导数得

$$\frac{\partial u_x}{\partial y}=\frac{\partial^2\varphi}{\partial x\partial y},\frac{\partial u_y}{\partial x}=\frac{\partial^2\varphi}{\partial y\partial x},\frac{\partial u_y}{\partial z}=\frac{\partial^2\varphi}{\partial y\partial z},\frac{\partial u_z}{\partial y}=\frac{\partial^2\varphi}{\partial z\partial y},\frac{\partial u_z}{\partial x}=\frac{\partial^2\varphi}{\partial z\partial x},\frac{\partial u_x}{\partial z}=\frac{\partial^2\varphi}{\partial x\partial z}$$

因为函数的导数值与微分次序无关，所以，如果流速势函数存在，是能满足式（7.6）的。由此得出结论：如果流场中所有液体质点的旋转角速度都等于零，即无涡流，则必有流速势函数存在，所以无涡流又称势流。

依次对式（7.7）等号两边乘以 dx、dy、dz，然后相加得

$$\frac{\partial\varphi}{\partial x}\mathrm{d}x+\frac{\partial\varphi}{\partial y}\mathrm{d}y+\frac{\partial\varphi}{\partial z}\mathrm{d}z=u_x\mathrm{d}x+u_y\mathrm{d}y+u_z\mathrm{d}z\tag{7.8}$$

若时间 t 给定，式（7.8）左边是函数 φ 对变量 x、y、z 的全微分，故

$$\mathrm{d}\varphi=u_x\mathrm{d}x+u_y\mathrm{d}y+u_z\mathrm{d}z\tag{7.9}$$

若流速已知，利用式（7.9）即可求出势流的流速势函数。

【例题 7.1】 已知液体的运动可表示为

$$\left.\begin{aligned}u_x&=-ky\\u_y&=kx\\u_z&=0\end{aligned}\right\}$$

试分析液体质点的流动。

解：

由题给的条件可知流速与时间无关，故知是恒定流，流线与迹线重合。由流线方程得

$$\frac{\mathrm{d}x}{u_x}=\frac{\mathrm{d}y}{u_y}=\frac{\mathrm{d}z}{u_z}$$

因为 $u_z=0$，则
$$\frac{\mathrm{d}x}{-ky}=\frac{\mathrm{d}y}{kx}$$

对上式求解得 $x^2/2=-y^2/2+c$，即

$$x^2+y^2=2c=C$$

或
$$x^2+y^2=r^2$$

上式表明，流线为平行于 xoy 平面的同心圆簇，由于恒定流时流线与迹线重合，可知迹线也是同心圆簇，在液体流动时液体质点做圆周运动。

液体质点的线变形为

$$\varepsilon_{xx}=\frac{\partial u_x}{\partial x}=0,\varepsilon_{yy}=\frac{\partial u_y}{\partial y}=0,\varepsilon_{zz}=\frac{\partial u_z}{\partial z}=0$$

角变形为
$$\theta_{xy}=\theta_{yx}=\frac{1}{2}\left(\frac{\partial u_y}{\partial x}+\frac{\partial u_x}{\partial y}\right)=\frac{1}{2}(k-k)=0$$

$$\theta_{yz}=\theta_{zy}=\frac{1}{2}\left(\frac{\partial u_z}{\partial y}+\frac{\partial u_y}{\partial z}\right)=\frac{1}{2}(0+0)=0$$

$$\theta_{zx}=\theta_{xz}=\frac{1}{2}\left(\frac{\partial u_x}{\partial z}+\frac{\partial u_z}{\partial x}\right)=\frac{1}{2}(0+0)=0$$

角速度
$$\omega_x=\frac{1}{2}\left(\frac{\partial u_z}{\partial y}-\frac{\partial u_y}{\partial z}\right)=\frac{1}{2}(0-0)=0$$

$$\omega_y=\frac{1}{2}\left(\frac{\partial u_x}{\partial z}-\frac{\partial u_z}{\partial x}\right)=\frac{1}{2}(0-0)=0$$

$$\omega_z=\frac{1}{2}\left(\frac{\partial u_y}{\partial x}-\frac{\partial u_x}{\partial y}\right)=\frac{1}{2}[k-(-k)]=k\neq 0$$

因为 $\omega_z\neq 0$，所以液体质点是有旋流动。

【例题 7.2】 有一液流，已知

$$u_x=v\cos\alpha$$
$$u_y=v\sin\alpha$$
$$u_z=0$$

试分析液体运动的特征。

解：

由题给的条件可知流速与时间无关，故知是恒定流，流线与迹线重合。由流线方程得

$$\frac{\mathrm{d}x}{u_x}=\frac{\mathrm{d}y}{u_y}=\frac{\mathrm{d}z}{u_z}$$

$$\frac{\mathrm{d}x}{v\cos\alpha}=\frac{\mathrm{d}y}{v\sin\alpha}$$

对上式积分得
$$v\sin\alpha x-v\cos\alpha y=c$$

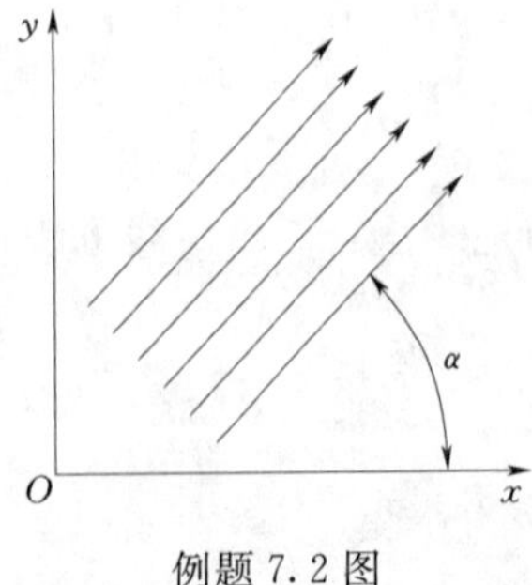

例题 7.2 图

或
$$y=x\tan\alpha+C$$

由上式可知，流线是一簇与 x 轴成 α 角的平行线，如例题 7.2 图所示。

液体质点的线变形为

$$\varepsilon_{xx}=\frac{\partial u_x}{\partial x}=0,\ \varepsilon_{yy}=\frac{\partial u_y}{\partial y}=0,\ \varepsilon_{zz}=\frac{\partial u_z}{\partial z}=0$$

角变形为
$$\theta_{xy}=\theta_{yx}=\frac{1}{2}\left(\frac{\partial u_y}{\partial x}+\frac{\partial u_x}{\partial y}\right)=0$$

$$\theta_{yz}=\theta_{zy}=\frac{1}{2}\left(\frac{\partial u_z}{\partial y}+\frac{\partial u_y}{\partial z}\right)=0$$

$$\theta_{zx}=\theta_{xz}=\frac{1}{2}\left(\frac{\partial u_x}{\partial z}+\frac{\partial u_z}{\partial x}\right)=0$$

角速度

$$\omega_x=\frac{1}{2}\left(\frac{\partial u_z}{\partial y}-\frac{\partial u_y}{\partial z}\right)=0$$

$$\omega_y=\frac{1}{2}\left(\frac{\partial u_x}{\partial z}-\frac{\partial u_z}{\partial x}\right)=0$$

$$\omega_z=\frac{1}{2}\left(\frac{\partial u_y}{\partial x}-\frac{\partial u_x}{\partial y}\right)=0$$

由以上计算可以看出，液体质点没有线变形和角变形，也没有旋转角速度，所以液体质点是有势流动。其流速势为

$$\mathrm{d}\varphi=u_x\mathrm{d}x+u_y\mathrm{d}y+u_z\mathrm{d}z=v\cos\alpha\mathrm{d}x+v\sin\alpha\mathrm{d}y+0\times\mathrm{d}z$$

$$\varphi=xv\cos\alpha+yv\sin\alpha+C=u_xx+u_yy+C$$

有涡流的基本特征是流场中有角速度 ω 存在，正如流速一样，角速度 ω 也是一个矢量。所以可以类似于流速场一样来描述液体的有旋流动。以前用流线、流管、元流、流量等表示液体运动情况，现在可以用涡线、涡管、元涡、涡通量等概念来描述涡场。

7.3.1 涡线、涡管、元涡、涡通量

设在有旋运动的流场中，某瞬时有一条几何曲线，该线上各点的旋转角速度的矢量都与该曲线相切，这条曲线称为涡线，如图 7.8 (a) 所示。设旋涡向量为 ω，类似于流线方程，涡线方程为

$$\frac{\omega_x(x,y,z,t)}{\mathrm{d}x}=\frac{\omega_y(x,y,z,t)}{\mathrm{d}y}=\frac{\omega_z(x,y,z,t)}{\mathrm{d}z} \tag{7.10}$$

对于非恒定流式 (7.10) 中的 t 为参数，恒定流时则不出现 t。

在涡场中通过某一闭曲线上各点的涡线所形成的管称为涡管，如图 7.8 (b) 所示。涡管内的液体称为元涡，也叫微小涡束。涡束断面上各点的旋转角速度可以认为是相等的。

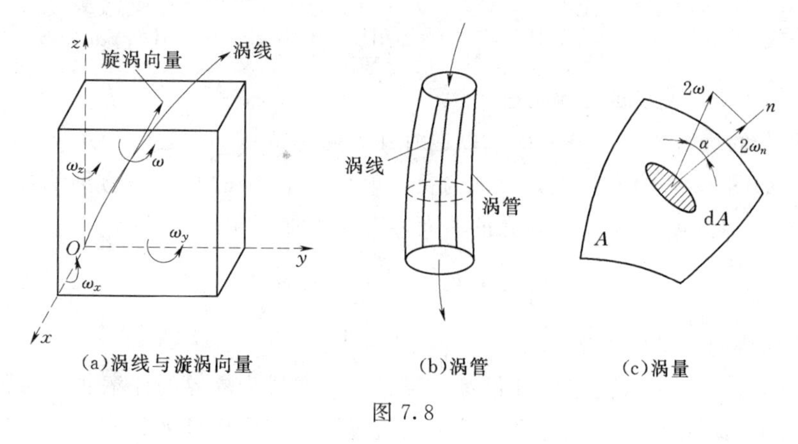

(a)涡线与旋涡向量　　(b)涡管　　(c)涡量

图 7.8

设涡管的横断面面积为 $\mathrm{d}A$，旋转角速度为 ω，类似于流量，将 $\omega\mathrm{d}A$ 定义为微小流束的涡旋通量，又称涡旋强度，如图 7.8 (c) 所示。类似于流管中流量的不变性，可以得出

涡管强度沿整个涡管为常量，即

$$\omega_1 \mathrm{d}A_1 = \omega_2 \mathrm{d}A_2 \tag{7.11}$$

也有将元涡的断面面积和2倍角转速的乘积叫涡通量，以 I 表示为

$$\mathrm{d}I = 2\omega \mathrm{d}A = \Omega \mathrm{d}A \tag{7.12}$$

$\Omega = 2\omega$ 称为旋度，也叫涡量，可以用矢量表示为

$$\mathrm{rot}\vec{u} = \nabla \times \vec{u} \tag{7.13}$$

由此可知，涡管断面大的地方，角速度就小，断面小的地方，角速度大。如果当涡管断面小到零时，角速度将成为无穷大，这在物理上显然是不可能的，所以涡管断面不能小到零，这表明涡管不能在液体内部中断，它只能起止于液体的自由表面或容器的边壁，或者也可以自己形成一个封闭的涡环，如图7.9所示。

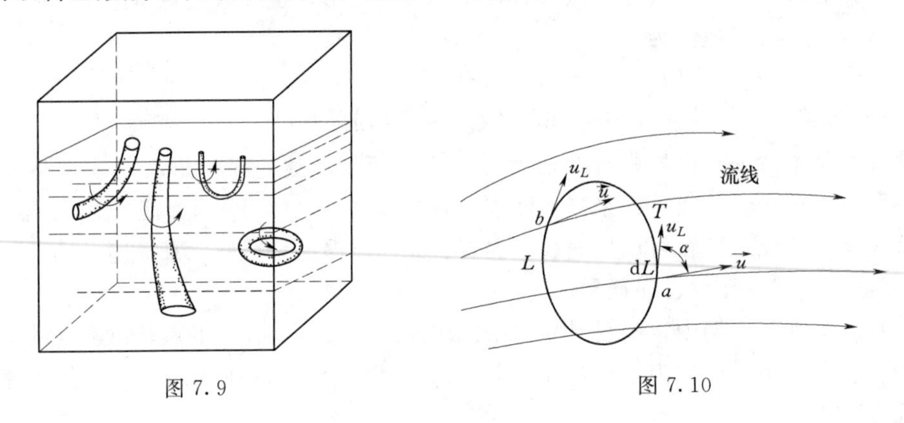

图7.9　　图7.10

7.3.2 速度环量

和旋涡有关的另一个重要概念是速度环量，速度环量表示旋涡的强弱。在运动液体中取一空间封闭周线 L，如图7.10所示。若曲线上某点 a 的速度为 $\vec{u}$，a 点处取微小弧长为 $\mathrm{d}L$，顺周线绕行方向的切线为 T，流速向量与周线之间的夹角为 α，则速度沿封闭曲线 L 的积分，称为沿曲线 L 的速度环量，用 Γ 表示，则

$$\Gamma = \oint \vec{u} \cdot \mathrm{d}\vec{L} = \oint_L u_L \mathrm{d}L = \oint_L u\cos\alpha \mathrm{d}L = \oint_L u_x \mathrm{d}x + u_y \mathrm{d}y + u_z \mathrm{d}z \tag{7.14}$$

式中：u_L 为沿曲线切线方向的分流速。

规定了积分的绕行方向后（习惯上以逆时针方向为正），u_L 是有正负号的，与绕行方向同向为正，如图7.10中的 a 点，反向为负，如图7.10中的 b 点。速度环量与涡量有密切关系，设 A 是以封闭周线 L 为周界的曲面，有（不加证明）

$$\Gamma = \oint \vec{u} \cdot \mathrm{d}\vec{L} = \iint_A \vec{\Omega} \cdot \vec{n} \mathrm{d}A \tag{7.15}$$

式中：$\vec{n}$ 为曲面法向的单位矢量。

这就是说，沿封闭曲线的速度环量等于穿过以该曲线为周界的任意曲面的涡通量，这个关系称为斯托克斯定理。根据这个关系可以通过分析速度环量来研究旋涡运动。

如果封闭曲线所包围的是有势流动，因为 $\omega = 0$，则沿该曲线的速度环量为零。将式（7.8）代入式（7.14）得

$$\Gamma = \oint_L \frac{\partial \varphi}{\partial x}\mathrm{d}x + \frac{\partial \varphi}{\partial y}\mathrm{d}y + \frac{\partial \varphi}{\partial z}\mathrm{d}z = \oint_L \mathrm{d}\varphi = \varphi_a - \varphi_a = 0 \tag{7.16}$$

因为从任一点 a 出发积分，绕行后仍回到 a 点，其积分上下限的流速势相同，所以 $\Gamma=0$。

【例题 7.3】 已知二元流场中流速分布为

$$\left.\begin{aligned} u_x &= -7y \\ u_y &= 9x \end{aligned}\right\}$$

试求绕 $x^2+y^2=1$ 的速度环量。

解：

$$\Gamma = \oint_L u_x \mathrm{d}x + u_y \mathrm{d}y = \oint_L -7y\mathrm{d}x + 9x\mathrm{d}y$$

因为 $x^2+y^2=1$，可知圆半径 $r=1$，则 $x=r\cos\alpha=\cos\alpha$，$y=r\sin\alpha=\sin\alpha$，$\mathrm{d}x=-\sin\alpha\mathrm{d}\alpha$，$\mathrm{d}y=\cos\alpha\mathrm{d}\alpha$，代入上式得

$$\Gamma = \int_0^{2\pi}(7\sin^2\alpha + 9\cos^2\alpha)\mathrm{d}\alpha$$

因为

$$\int_0^{2\pi}\sin^2\alpha\mathrm{d}\alpha = -\frac{\sin\alpha\cos\alpha}{2} + \frac{1}{2}\alpha\Big|_0^{2\pi} = \pi$$

$$\int_0^{2\pi}\cos^2\alpha\mathrm{d}\alpha = \frac{\sin\alpha\cos\alpha}{2} + \frac{1}{2}\alpha\Big|_0^{2\pi} = \pi$$

所以有

$$\Gamma = \int_0^{2\pi}(7\sin^2\alpha + 9\cos^2\alpha)\mathrm{d}\alpha = 7\pi + 9\pi = 16\pi$$

【例题 7.4】 一角速度 ω 绕垂直于纸面的轴线 O 像刚体一样旋转的液体，如例题 7.4 图所示，试问该液体运动是有涡流还是无涡流。

解：

对应于半径为 r_1 和 r_2 的圆周运动，其速度分别为 $u_1=\omega r_1$，$u_2=\omega r_2$，任取一圆心角 α，图中所画斜线部分沿周线的速度环量为

$$\Gamma = u_2 r_2\alpha - u_1 r_1\alpha = \omega\alpha(r_2^2 - r_1^2)$$

因所论区域的面积为

$$\Omega = \int_{r_1}^{r_2} r\alpha\mathrm{d}r = \frac{\alpha}{2}(r_2^2 - r_1^2)$$

可得

$$\Gamma = 2\omega\Omega = \omega\alpha(r_2^2 - r_1^2)$$

例题 7.4 图

由此可知，速度环量等于旋转角速度 ω 与所论区域面积 Ω 乘积的 2 倍。

7.4 液体三元流的连续性方程

在流场中取一微小的空间六面体，如图 7.11 所示。六面体的边长为 $\mathrm{d}x$、$\mathrm{d}y$ 和 $\mathrm{d}z$，控制体的密度为 ρ。先看 x 方向的流动，设液体从 $abcd$ 面流入六面体，从 $a'b'c'd'$ 面流出。设 $abcd$ 面上的流速为 u_x，在某一微小时段 $\mathrm{d}t$ 内，从 $abcd$ 面流入的液体质量为

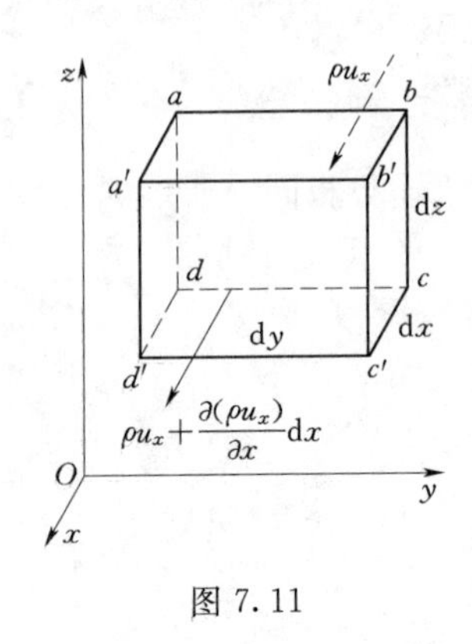

图 7.11

$$\rho u_x \mathrm{d}y\mathrm{d}z\mathrm{d}t$$

ρu_x 沿 x 方向的变化率为

$$\frac{\partial(\rho u_x)}{\partial x}$$

在 $\mathrm{d}x$ 距离的增量为

$$\frac{\partial(\rho u_x)}{\partial x}\mathrm{d}x$$

则在同一时段内，从 $a'b'c'd'$ 面流出的质量为

$$\left[\rho u_x+\frac{\partial(\rho u_x)}{\partial x}\mathrm{d}x\right]\mathrm{d}y\mathrm{d}z\mathrm{d}t$$

流入的质量和流出的质量之差为

$$-\frac{\partial(\rho u_x)}{\partial x}\mathrm{d}x\mathrm{d}y\mathrm{d}z\mathrm{d}t$$

同理，在 y 方向和 z 方向流入和流出的质量差为

$$-\frac{\partial(\rho u_y)}{\partial y}\mathrm{d}x\mathrm{d}y\mathrm{d}z\mathrm{d}t$$

$$-\frac{\partial(\rho u_z)}{\partial z}\mathrm{d}x\mathrm{d}y\mathrm{d}z\mathrm{d}t$$

式中：u_y 和 u_z 为 y 方向和 z 方向的流速。

根据质量守恒定律，流入六面体的质量比流出的质量多的部分必等于六面体内因介质密度加大所增加的质量，后者在 $\mathrm{d}t$ 时段内质量的增量为

$$\frac{\partial}{\partial t}(\rho\mathrm{d}x\mathrm{d}y\mathrm{d}z)\mathrm{d}t$$

所以

$$-\left[\frac{\partial(\rho u_x)}{\partial x}+\frac{\partial(\rho u_y)}{\partial y}+\frac{\partial(\rho u_z)}{\partial z}\right]\mathrm{d}x\mathrm{d}y\mathrm{d}z\mathrm{d}t=\frac{\partial}{\partial t}(\rho\mathrm{d}x\mathrm{d}y\mathrm{d}z)\mathrm{d}t$$

两边同除以 $\mathrm{d}x\mathrm{d}y\mathrm{d}z\mathrm{d}t$ 得

$$\frac{\partial\rho}{\partial t}+\frac{\partial(\rho u_x)}{\partial x}+\frac{\partial(\rho u_y)}{\partial y}+\frac{\partial(\rho u_z)}{\partial z}=0 \tag{7.17}$$

这就是可压缩流体的欧拉型连续性微分方程。对于不可压缩和等密度液体，$\rho=\text{const}$，得

$$\frac{\partial u_x}{\partial x}+\frac{\partial u_y}{\partial y}+\frac{\partial u_z}{\partial z}=0 \tag{7.18a}$$

将式（7.18a）用圆柱坐标表示为

$$\frac{\partial u_r}{\partial r}+\frac{u_r}{r}+\frac{1}{r}\frac{\partial u_\theta}{\partial\theta}+\frac{\partial u_z}{\partial z}=0 \tag{7.18b}$$

或写作 $\mathrm{div}\,\vec{u}=0$，式中 $\mathrm{div}\,\vec{u}$ 叫速度散量，是个标量。式（7.18）对恒定流动和非恒定流动都适用。

由式（7.1）可以看出，$\frac{\partial u_x}{\partial x}$、$\frac{\partial u_y}{\partial y}$、$\frac{\partial u_z}{\partial z}$分别表示微分平行六面体沿 x、y、z 各方向

的线变形速率，因此连续性方程（7.18a）表明液体微团在三个方向的线变率的总和必须等于零。即一个方向有拉伸，则另一个方向或两个方向必有压缩。

下面讨论式（7.18a）的物理意义。式（7.18a）的左边三项之和实际上是表示液体的体积膨胀率（或体积变形率）。体积为 $\mathrm{d}x\mathrm{d}y\mathrm{d}z$ 的六面体液体微团，经 $\mathrm{d}t$ 时段后，边长变为

$$\mathrm{d}x+\frac{\partial u_x}{\partial x}\mathrm{d}x\mathrm{d}t,\mathrm{d}y+\frac{\partial u_y}{\partial y}\mathrm{d}y\mathrm{d}t,\mathrm{d}z+\frac{\partial u_z}{\partial z}\mathrm{d}z\mathrm{d}t$$

体积变为

$$V_s=\left(\mathrm{d}x+\frac{\partial u_x}{\partial x}\mathrm{d}x\mathrm{d}t\right)\left(\mathrm{d}y+\frac{\partial u_y}{\partial y}\mathrm{d}y\mathrm{d}t\right)\left(\mathrm{d}z+\frac{\partial u_z}{\partial z}\mathrm{d}z\mathrm{d}t\right)$$

体积的膨胀量为

$$V_s'=\left(\mathrm{d}x+\frac{\partial u_x}{\partial x}\mathrm{d}x\mathrm{d}t\right)\left(\mathrm{d}y+\frac{\partial u_y}{\partial y}\mathrm{d}y\mathrm{d}t\right)\left(\mathrm{d}z+\frac{\partial u_z}{\partial z}\mathrm{d}z\mathrm{d}t\right)-\mathrm{d}x\mathrm{d}y\mathrm{d}z$$

将上式展开并略去高阶微量后得

$$\left(\frac{\partial u_x}{\partial x}+\frac{\partial u_y}{\partial y}+\frac{\partial u_z}{\partial z}\right)\mathrm{d}x\mathrm{d}y\mathrm{d}z\mathrm{d}t$$

所以单位体积在单位时间的膨胀量，即体积膨胀率就是

$$\frac{\partial u_x}{\partial x}+\frac{\partial u_y}{\partial y}+\frac{\partial u_z}{\partial z}=\mathrm{div}\ \vec{u}$$

所以 $\mathrm{div}\ \vec{u}=0$ 表示不可压缩液体体积变化率为零。故不可压缩液体的连续性方程（7.18）的物理意义就是液体的体积膨胀率为零，即它的体积不会发生变化。

下面导出一元流动的连续性方程，对不可压缩液体，可从连续性方程（7.18）得到

$$\iiint_V \mathrm{div}\ \vec{u}\,\mathrm{d}V=\iiint_V\left(\frac{\partial u_x}{\partial x}+\frac{\partial u_y}{\partial y}+\frac{\partial u_z}{\partial z}\right)\mathrm{d}x\mathrm{d}y\mathrm{d}z=0$$

式中：V 为控制体的体积。

根据高斯定理，上式的体积积分可用曲面积分来表示，即

$$\iiint_V \mathrm{div}\ \vec{u}\,\mathrm{d}V=\iint_A u_n\mathrm{d}A=0$$

式中：A 为控制面的面积；u_n 为流速在法线方向的投影。

对于总流的形状不随时间改变的流动，注意到总流侧面上的法向分速等于零，而过水断面上的流速即为法向流速，则上式成为

$$\iint_{A_2}u_2\mathrm{d}A_2-\iint_{A_1}u_1\mathrm{d}A_1=0$$

式中：A_1 为流管的流入断面积；A_2 为流管的流出断面积。

式中的第一项取正值是因为 u_2 与 $\mathrm{d}A_2$ 的外法向一致，而第二项取负值是因为 u_1 与 $\mathrm{d}A_1$ 的外法向相反，由此得

$$\iint_{A_2}u_2\mathrm{d}A_2=\iint_{A_1}u_1\mathrm{d}A_1$$

或 $Q_1=Q_2$，即

$$A_1v_1=A_2v_2$$

上式即为第 3 章讲的恒定总流的连续性方程式。

【例题 7.5】 已知液体运动可表示为 $u_x=kx$，$u_y=-ky$，$u_z=0$，式中 k 为常数，判别是否满足不可压缩液体的连续性方程。

解：

因为
$$\frac{\partial u_x}{\partial x}=k,\frac{\partial u_y}{\partial y}=-k,\frac{\partial u_z}{\partial z}=0$$

所以
$$\frac{\partial u_x}{\partial x}+\frac{\partial u_y}{\partial y}+\frac{\partial u_z}{\partial z}=k-k+0=0$$

说明液体运动满足连续性方程。

7.5　液体的运动微分方程

上面各节从运动学的角度分析了液体流动的规律，现在从动力学的角度来探讨液体流动的原理。

7.5.1　液体质点的应力分析

在理想液体中，因为忽略了黏性，表面力只有压力，液体中任一点的动水压力在各个方向上的大小都相等，只是位置和时间的函数。但在有黏性的实际液体中，则不但有压应力，而且有切应力存在。如在任一点取一个垂直于 x 轴的平面，则在这个平面上，作用有法向应力 $-p_{xx}$（负号表示压应力的方向与 x 轴的方向相反），切应力为 τ_{xy} 和 τ_{xz}，如图 7.12 所示。

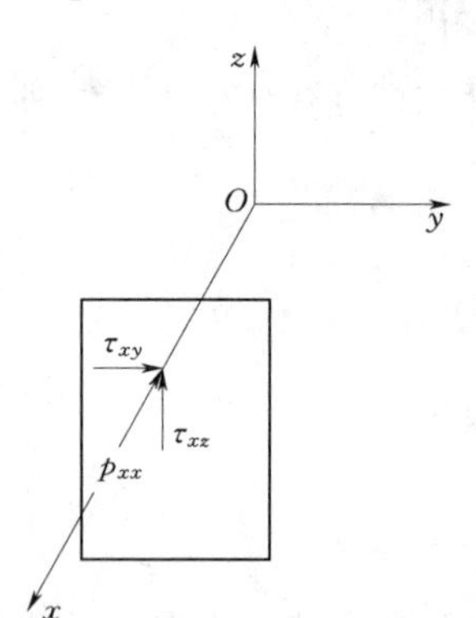

图 7.12

图中 p 和 τ 分别表示压应力和切应力，它们的第一个下标表示作用面的法向方向，第二个下标表示应力的作用方向。同样，在垂直于 y 轴的平面上，作用的应力有 $-p_{yy}$、τ_{yx} 和 τ_{yz}，在垂直于 z 轴的平面上作用的应力有 $-p_{zz}$、τ_{zx} 和 τ_{zy}。这样，任一点的三个互相垂直的作用面上的应力共有九个分量，可排列为下列形式，即

$$\begin{bmatrix} -p_{xx} & \tau_{xy} & \tau_{xz} \\ \tau_{yx} & -p_{yy} & \tau_{yz} \\ \tau_{zx} & \tau_{zy} & -p_{zz} \end{bmatrix}$$

在六个切应力中，$\tau_{xy}=\tau_{yx}$，$\tau_{xz}=\tau_{zx}$，$\tau_{yz}=\tau_{zy}$，证明如下：

在实际液体中取一微小六面体，边长为 $\mathrm{d}x$、$\mathrm{d}y$、$\mathrm{d}z$，各表面的应力如图 7.13 所示。各表面上的应力可以认为是均匀分布的，各表面力通过相应面的中心，现对通过六面体中心 A 且平行于 z 轴的轴线取力矩，则表面力中所有通过轴线或沿 z 方向的各力都不产生力矩，表面力的力矩和为

$$\tau_{xy}\mathrm{d}y\mathrm{d}z\ \frac{\mathrm{d}x}{2}+\left(\tau_{xy}+\frac{\partial\tau_{xy}}{\partial x}\mathrm{d}x\right)\mathrm{d}y\mathrm{d}z\ \frac{\mathrm{d}x}{2}-\tau_{yx}\mathrm{d}x\mathrm{d}z\ \frac{\mathrm{d}y}{2}-\left(\tau_{yx}+\frac{\partial\tau_{yx}}{\partial y}\mathrm{d}y\right)\mathrm{d}x\mathrm{d}z\ \frac{\mathrm{d}y}{2}$$

质量力通过中心 A 不产生力矩，所以力矩的总和 $\sum M$ 即为上式，根据转动定律

$$\sum M=Ja$$

式中：a 为角转动加速度；J 为物体的转动惯量，六面体的转动惯量为 $J=\rho\mathrm{d}x\mathrm{d}y\mathrm{d}zr^2$，$r$

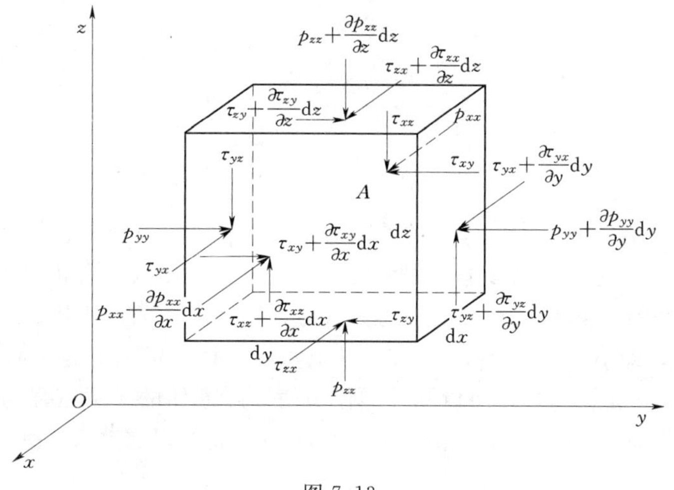

图 7.13

为回转半径，则 J 已属五阶微量，代入上式得

$$(\tau_{xy}-\tau_{yx})\mathrm{d}x\mathrm{d}y\mathrm{d}z+\left(\frac{\partial \tau_{xy}}{\partial x}\mathrm{d}x-\frac{\partial \tau_{yx}}{\partial y}\mathrm{d}y\right)\frac{\mathrm{d}x\mathrm{d}y\mathrm{d}z}{2}=\rho\mathrm{d}x\mathrm{d}y\mathrm{d}zr^2a$$

略去三阶以上的微量，则

$$(\tau_{xy}-\tau_{yx})\mathrm{d}x\mathrm{d}y\mathrm{d}z=0$$

于是得 $\tau_{xy}=\tau_{yx}$，同理可证 $\tau_{xz}=\tau_{zx}$，$\tau_{yz}=\tau_{zy}$。

因此在九个应力分量中，实际上只有六个是独立的。这六个应力分量为 p_{xx}、p_{yy}、p_{zz}、τ_{xy}、τ_{yz} 和 τ_{zx}。

现在来分析液体中的切应力和应变（变形）之间的关系。因变形和流速的变化有关，所以也就是要找出应力与流速变化之间的关系。

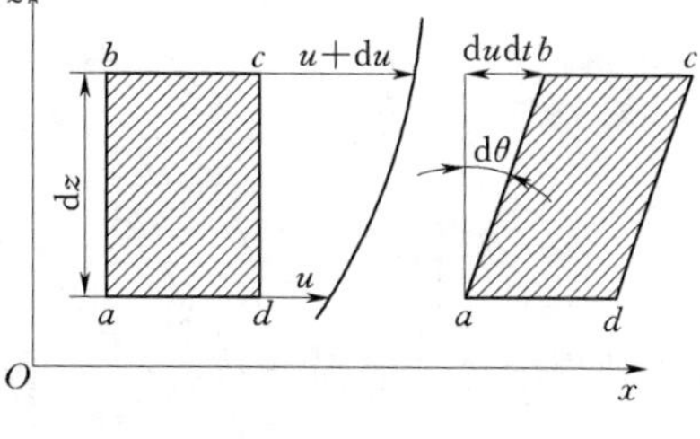

图 7.14

液体运动时由于各点的流速不同，故在液体内部有相对运动产生。有相对运动的两层液体间由于黏滞性必有切应力产生。如图 7.14 所示为一六面体的投影图，在时刻 t 为一矩形 $abcd$，ad 边的流速为 u，bc 边的流速为 $u+\mathrm{d}u$，经过时间 $\mathrm{d}t$ 后 ad 边沿 x 方向运动距离为 $u\mathrm{d}t$，同时 bc 边运动距离为 $(u+\mathrm{d}u)\mathrm{d}t$。因此矩形 $abcd$ 将改变形状，边长 ab 将偏转一个角度 $\mathrm{d}\theta$。由图 7.14 可知，$\tan(\mathrm{d}\theta)=\mathrm{d}u\mathrm{d}t/\mathrm{d}z$，当 $\mathrm{d}\theta$ 极小时，$\tan(\mathrm{d}\theta)\approx\mathrm{d}\theta$，因此 $\mathrm{d}\theta/\mathrm{d}t=\mathrm{d}u/\mathrm{d}z$，这就是说，在分层流动的实际液体中直角边的变形角速度与流速梯度相等。因此牛顿内摩擦定律可写成下列形式：

$$\tau=\mu\frac{\mathrm{d}u}{\mathrm{d}z}=\mu\frac{\mathrm{d}\theta}{\mathrm{d}t}$$

把上式扩大应用到实际液体的三元流中，由第 7.2 节可知，zOx 平面上的角变形为 $\frac{\mathrm{d}\theta}{\mathrm{d}t}=\left(\frac{\partial u_x}{\partial z}+\frac{\partial u_z}{\partial x}\right)=2\theta_{zx}$，切应力为 $\tau_{zx}=\mu\frac{\mathrm{d}\theta}{\mathrm{d}t}=\mu\left(\frac{\partial u_x}{\partial z}+\frac{\partial u_z}{\partial x}\right)=2\mu\theta_{zx}$，同理，对三个互相垂直的面均可得出

$$\left.\begin{aligned}\tau_{xy}=\tau_{yx}=\mu\left(\frac{\partial u_y}{\partial x}+\frac{\partial u_x}{\partial y}\right)=2\mu\theta_{xy}\\\tau_{zy}=\tau_{yz}=\mu\left(\frac{\partial u_z}{\partial y}+\frac{\partial u_y}{\partial z}\right)=2\mu\theta_{yz}\\\tau_{zx}=\tau_{xz}=\mu\left(\frac{\partial u_x}{\partial z}+\frac{\partial u_z}{\partial x}\right)=2\mu\theta_{zx}\end{aligned}\right\}\tag{7.19}$$

式（7.19）即为黏滞性液体中切应力的普遍表达式，称为广义牛顿内摩擦定律。

关于法向应力，对于理想液体，因为无黏性，虽液体质点间有相对运动，也不会有切应力，因此理想液体内部任一点处的应力只有沿内法线方向的动水压力，且同一点各方向的动水压强相等，即 $p_{xx}=p_{yy}=p_{zz}=p$；对于实际液体，因有黏性，致使动水压强与其方位有关，即 $p_{xx}\neq p_{yy}\neq p_{zz}$，所以黏性的作用使实际液体的动水压强与理想液体压强不同，但可以用理想液体压强 p 值与由于黏性作用而引起的附加动水压强之和来表示，即

$$\left.\begin{aligned}p_{xx}=p+\Delta p_x\\p_{yy}=p+\Delta p_y\\p_{zz}=p+\Delta p_z\end{aligned}\right\}\tag{7.20}$$

关于附加压强，已经证明（证明过程见相关文献），它与液体的黏性和流速梯度有关，附加动水压强可表示为

$$\left.\begin{aligned}\Delta p_x=-2\mu\frac{\partial u_x}{\partial x}\\\Delta p_y=-2\mu\frac{\partial u_y}{\partial y}\\\Delta p_z=-2\mu\frac{\partial u_z}{\partial z}\end{aligned}\right\}\tag{7.21}$$

将式（7.21）代入式（7.20）得

$$\left.\begin{aligned}p_{xx}=p-2\mu\frac{\partial u_x}{\partial x}\\p_{yy}=p-2\mu\frac{\partial u_y}{\partial y}\\p_{zz}=p-2\mu\frac{\partial u_z}{\partial z}\end{aligned}\right\}\tag{7.22}$$

对于理想液体，黏滞系数 $\mu=0$，由此得理想液体的压强为

$$p=p_{xx}=p_{yy}=p_{zz}\tag{7.23}$$

对于不可压缩液体，将式（7.22）中的三式相加得

$$p_{xx}+p_{yy}+p_{zz}=3p-2\mu\left(\frac{\partial u_x}{\partial x}+\frac{\partial u_y}{\partial y}+\frac{\partial u_z}{\partial z}\right)$$

由不可压缩液体的连续性方程知，$\frac{\partial u_x}{\partial x}+\frac{\partial u_y}{\partial y}+\frac{\partial u_z}{\partial z}=0$，由此得

$$p=\frac{1}{3}(p_{xx}+p_{yy}+p_{zz})\tag{7.24}$$

式（7.24）说明，任何三个互相垂直的面上的法向应力的平均值即为该点的动水压强。这样实际液体的动水压强也只是位置坐标和时间的函数，即 $p=f(x,y,z,t)$。

由以上的分析可知，任何一点的应力状态可由一个动水压强 p 和三个切应力 τ_{xy}、τ_{yz}

和τ_{zx}来表示。

7.5.2 以应力表示的液体运动方程

以图7.13所示的黏性液体中的微小六面体作为控制体，分析作用在控制体内的液体所受的力，先讨论x方向，作用于六面体表面沿x方向的表面力有：

前后面压力： $p_{xx}\mathrm{d}y\mathrm{d}z-\left(p_{xx}+\frac{\partial p_{xx}}{\partial x}\mathrm{d}x\right)\mathrm{d}y\mathrm{d}z$

左右面切力： $-\tau_{yx}\mathrm{d}x\mathrm{d}z+\left(\tau_{yx}+\frac{\partial \tau_{yx}}{\partial y}\mathrm{d}y\right)\mathrm{d}x\mathrm{d}z$

上下面切力： $-\tau_{zx}\mathrm{d}x\mathrm{d}y+\left(\tau_{zx}+\frac{\partial \tau_{zx}}{\partial z}\mathrm{d}z\right)\mathrm{d}x\mathrm{d}y$

相加得 $\left(-\frac{\partial p_{xx}}{\partial x}+\frac{\partial \tau_{yx}}{\partial y}+\frac{\partial \tau_{zx}}{\partial z}\right)\mathrm{d}x\mathrm{d}y\mathrm{d}z$

六面体的质量为$\rho\mathrm{d}x\mathrm{d}y\mathrm{d}z$。设$X$为作用于每单位质量液体沿$x$方向的质量力，则作用于六面体$x$方向的质量力为$\rho X\mathrm{d}x\mathrm{d}y\mathrm{d}z$，根据牛顿定律，$\sum F_x=ma=\rho\mathrm{d}x\mathrm{d}y\mathrm{d}z\ \frac{\mathrm{d}u_x}{\mathrm{d}t}$，可得

$$\rho X\mathrm{d}x\mathrm{d}y\mathrm{d}z+\left(-\frac{\partial p_{xx}}{\partial x}+\frac{\partial \tau_{yx}}{\partial y}+\frac{\partial \tau_{zx}}{\partial z}\right)\mathrm{d}x\mathrm{d}y\mathrm{d}z=\rho\mathrm{d}x\mathrm{d}y\mathrm{d}z\ \frac{\mathrm{d}u_x}{\mathrm{d}t}$$

化简得 $X+\frac{1}{\rho}\left(-\frac{\partial p_{xx}}{\partial x}+\frac{\partial \tau_{yx}}{\partial y}+\frac{\partial \tau_{zx}}{\partial z}\right)=\frac{\mathrm{d}u_x}{\mathrm{d}t}$。令$Y$、$Z$分别表示$y$、$z$方向作用的单位质量力，同理可得该两个方向的关系式，写在一起得

$$\left.\begin{aligned}X+\frac{1}{\rho}\left(-\frac{\partial p_{xx}}{\partial x}+\frac{\partial \tau_{yx}}{\partial y}+\frac{\partial \tau_{zx}}{\partial z}\right)=\frac{\mathrm{d}u_x}{\mathrm{d}t}\\ Y+\frac{1}{\rho}\left(\frac{\partial \tau_{xy}}{\partial x}-\frac{\partial p_{yy}}{\partial y}+\frac{\partial \tau_{zy}}{\partial z}\right)=\frac{\mathrm{d}u_y}{\mathrm{d}t}\\ Z+\frac{1}{\rho}\left(\frac{\partial \tau_{xz}}{\partial x}+\frac{\partial \tau_{yz}}{\partial y}-\frac{\partial p_{zz}}{\partial z}\right)=\frac{\mathrm{d}u_z}{\mathrm{d}t}\end{aligned}\right\} \tag{7.25}$$

式（7.25）就是以应力表示的液体运动方程。

7.5.3 黏滞性液体的运动方程——纳维埃-斯托克斯（Navier-Stokes）方程

将式（7.19）、式（7.22）代入式（7.25）的第一式得

$$X+\frac{1}{\rho}\left[-\frac{\partial}{\partial x}\left(p-2\mu\ \frac{\partial u_x}{\partial x}\right)+\mu\ \frac{\partial}{\partial y}\left(\frac{\partial u_y}{\partial x}+\frac{\partial u_x}{\partial y}\right)+\mu\ \frac{\partial}{\partial z}\left(\frac{\partial u_x}{\partial z}+\frac{\partial u_z}{\partial x}\right)\right]=\frac{\mathrm{d}u_x}{\mathrm{d}t}$$

整理得

$$X-\frac{1}{\rho}\frac{\partial p}{\partial x}+\frac{\mu}{\rho}\left(\frac{\partial^2 u_x}{\partial x^2}+\frac{\partial^2 u_x}{\partial y^2}+\frac{\partial^2 u_x}{\partial z^2}\right)+\frac{\mu}{\rho}\frac{\partial}{\partial x}\left(\frac{\partial u_x}{\partial x}+\frac{\partial u_y}{\partial y}+\frac{\partial u_z}{\partial z}\right)=\frac{\mathrm{d}u_x}{\mathrm{d}t}$$

由不可压缩液体的连续性方程$\frac{\partial u_x}{\partial x}+\frac{\partial u_y}{\partial y}+\frac{\partial u_z}{\partial z}=0$，则

$$X-\frac{1}{\rho}\frac{\partial p}{\partial x}+\frac{\mu}{\rho}\left(\frac{\partial^2 u_x}{\partial x^2}+\frac{\partial^2 u_x}{\partial y^2}+\frac{\partial^2 u_x}{\partial z^2}\right)=\frac{\mathrm{d}u_x}{\mathrm{d}t}$$

引入拉普拉斯符号$\nabla^2=\frac{\partial^2}{\partial x^2}+\frac{\partial^2}{\partial y^2}+\frac{\partial^2}{\partial z^2}$，又$\frac{\mathrm{d}u_x}{\mathrm{d}t}=\frac{\partial u_x}{\partial t}+u_x\ \frac{\partial u_x}{\partial x}+u_y\ \frac{\partial u_x}{\partial y}+u_z\ \frac{\partial u_x}{\partial z}$，$\mu/\rho=$

ν，依此可以写出三个方向的纳维埃-司托克斯方程为

$$\left.\begin{aligned}X-\frac{1}{\rho}\frac{\partial p}{\partial x}+\nu\nabla^2u_x=\frac{\partial u_x}{\partial t}+u_x\frac{\partial u_x}{\partial x}+u_y\frac{\partial u_x}{\partial y}+u_z\frac{\partial u_x}{\partial z}\\Y-\frac{1}{\rho}\frac{\partial p}{\partial y}+\nu\nabla^2u_y=\frac{\partial u_y}{\partial t}+u_x\frac{\partial u_y}{\partial x}+u_y\frac{\partial u_y}{\partial y}+u_z\frac{\partial u_y}{\partial z}\\Z-\frac{1}{\rho}\frac{\partial p}{\partial z}+\nu\nabla^2u_z=\frac{\partial u_z}{\partial t}+u_x\frac{\partial u_z}{\partial x}+u_y\frac{\partial u_z}{\partial y}+u_z\frac{\partial u_z}{\partial z}\end{aligned}\right\}\tag{7.26a}$$

将式（7.26a）用圆柱坐标表示为

$$\left.\begin{aligned}F_r-\frac{1}{\rho}\frac{\partial p}{\partial r}+\nu\left(\frac{\partial^2u_r}{\partial r^2}+\frac{\partial u_r}{r\partial r}-\frac{u_r}{r^2}+\frac{\partial^2u_r}{r^2\partial\theta^2}-\frac{2}{r^2}\frac{\partial u_\theta}{\partial\theta}+\frac{\partial^2u_r}{\partial z^2}\right)=\frac{\partial u_r}{\partial t}+u_r\frac{\partial u_r}{\partial r}+\frac{u_\theta}{r}\frac{\partial u_r}{\partial\theta}-\frac{u_\theta^2}{r}+u_z\frac{\partial u_r}{\partial z}\\F_\theta-\frac{1}{\rho r}\frac{\partial p}{\partial\theta}+\nu\left(\frac{\partial^2u_\theta}{\partial r^2}+\frac{\partial u_\theta}{r\partial r}-\frac{u_\theta}{r^2}+\frac{\partial^2u_\theta}{r^2\partial\theta^2}+\frac{2}{r^2}\frac{\partial u_r}{\partial\theta}+\frac{\partial^2u_\theta}{\partial z^2}\right)=\frac{\partial u_\theta}{\partial t}+u_r\frac{\partial u_\theta}{\partial r}+\frac{u_\theta}{r}\frac{\partial u_\theta}{\partial\theta}+\frac{u_ru_\theta}{r}+u_z\frac{\partial u_\theta}{\partial z}\\F_z-\frac{1}{\rho}\frac{\partial p}{\partial z}+\nu\left(\frac{\partial^2u_z}{\partial r^2}+\frac{\partial u_z}{r\partial r}+\frac{\partial^2u_z}{r^2\partial\theta^2}+\frac{\partial^2u_z}{\partial z^2}\right)=\frac{\partial u_z}{\partial t}+u_r\frac{\partial u_z}{\partial r}+\frac{u_\theta}{r}\frac{\partial u_z}{\partial\theta}+u_z\frac{\partial u_z}{\partial z}\end{aligned}\right\}\tag{7.26b}$$

式（7.26）即为不可压缩黏滞性液体的运动方程，也称为纳维埃-司托克斯方程。如将式（7.26）用矢量形式表示，则有

$$\vec{f}-\frac{1}{\rho}\nabla p+\frac{\mu}{\rho}\nabla^2\vec{u}=\frac{\partial\vec{u}}{\partial t}+(\vec{u}\cdot\nabla)\vec{u}\tag{7.27}$$

7.5.4　理想液体的运动方程——欧拉方程

理想液体没有黏性，动力黏滞系数 $\mu=0$，液体中没有切应力，运动方程（7.26）变为

$$\left.\begin{aligned}X-\frac{1}{\rho}\frac{\partial p}{\partial x}=\frac{\partial u_x}{\partial t}+u_x\frac{\partial u_x}{\partial x}+u_y\frac{\partial u_x}{\partial y}+u_z\frac{\partial u_x}{\partial z}\\Y-\frac{1}{\rho}\frac{\partial p}{\partial y}=\frac{\partial u_y}{\partial t}+u_x\frac{\partial u_y}{\partial x}+u_y\frac{\partial u_y}{\partial y}+u_z\frac{\partial u_y}{\partial z}\\Z-\frac{1}{\rho}\frac{\partial p}{\partial z}=\frac{\partial u_z}{\partial t}+u_x\frac{\partial u_z}{\partial x}+u_y\frac{\partial u_z}{\partial y}+u_z\frac{\partial u_z}{\partial z}\end{aligned}\right\}\tag{7.28}$$

写成矢量形式

$$\vec{f}-\frac{1}{\rho}\nabla p=\frac{\partial\vec{u}}{\partial t}+(\vec{u}\cdot\nabla)\vec{u}\tag{7.29}$$

理想液体的运动方程（7.28）也称欧拉方程。将此式与静止液体平衡的欧拉方程 $\frac{1}{\rho}\frac{\partial p}{\partial x}-X=0$，$\frac{1}{\rho}\frac{\partial p}{\partial y}-Y=0$，$\frac{1}{\rho}\frac{\partial p}{\partial z}-Z=0$ 相比较，可以看出，液体的运动方程只多了右边的加速度项。

运动方程是液体运动最基本的方程之一。黏滞性液体的运动方程和连续性方程，或者理想液体的运动方程和连续性方程分别组成的微分方程组，为求 4 个未知数 u_x、u_y、u_z 和 p 建立了必要和充分的条件。从理论上来看，只要满足问题的起始条件和边界条件，4 个方程可以解 4 个未知数。但由于实际问题的边界条件比较复杂，加之运动方程是非线性的偏微分方程，所以求解十分困难。但这并不减低这些基本方程的意义，运动方程和连续

性方程是水力学所必需的理论基础。

【例题 7.6】 试用纳维埃-斯托克斯方程求解圆管层流运动的流速分布、流量、平均流速和水头损失。

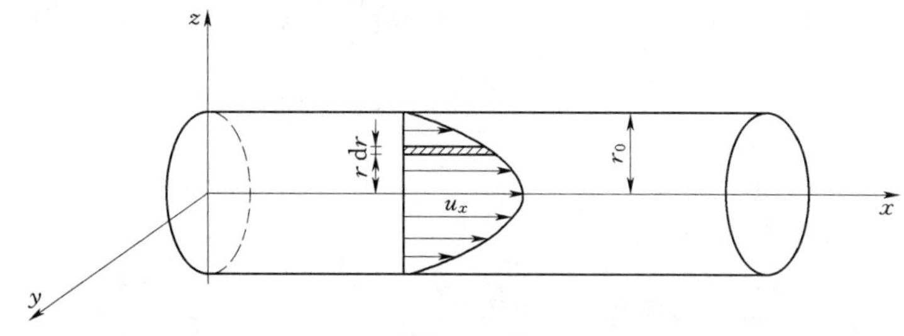

例题 7.6 图

解：

取圆管中心轴为 x 轴，故 $u_y=0$，$u_z=0$。纳维埃-斯托克斯方程为

$$X-\frac{1}{\rho}\frac{\partial p}{\partial x}+\frac{\mu}{\rho}\left(\frac{\partial^2 u_x}{\partial x^2}+\frac{\partial^2 u_x}{\partial y^2}+\frac{\partial^2 u_x}{\partial z^2}\right)=\frac{\partial u_x}{\partial t}+u_x\frac{\partial u_x}{\partial x}+u_y\frac{\partial u_x}{\partial y}+u_z\frac{\partial u_x}{\partial z}$$

恒定流时，$\frac{\partial u_x}{\partial t}=0$，质量力只有重力，$X=0$，$u_y=u_z=0$，$\frac{\partial u_y}{\partial y}+\frac{\partial u_z}{\partial z}=0$，由连续性方程得$\frac{\partial u_x}{\partial x}=0$，则$\frac{\partial^2 u_x}{\partial x^2}=0$，将以上关系代入纳维埃-斯托克斯方程得

$$-\frac{1}{\rho}\frac{\partial p}{\partial x}+\frac{\mu}{\rho}\left(\frac{\partial^2 u_x}{\partial y^2}+\frac{\partial^2 u_x}{\partial z^2}\right)=0$$

将上式写成

$$\frac{\partial p}{\partial x}=\mu\left(\frac{\partial^2 u_x}{\partial y^2}+\frac{\partial^2 u_x}{\partial z^2}\right)$$

上式等号右边是 y、z 的函数，左边是 x 的函数，由上式可知$\frac{\partial p}{\partial x}$与 x 无关，即动水压强沿 x 方向的变化率$\frac{\partial p}{\partial x}$是一个常数，可写成

$$\frac{\partial p}{\partial x}=\text{常数}=-\frac{\Delta p}{L}$$

式中：Δp 为沿 x 方向长度为 L 的管段上的压强降低，由于压强是沿程降低的，所以在 Δp 前面加一负号。

对于轴对称流动，$\frac{\partial^2 u_x}{\partial y^2}=\frac{\partial^2 u_x}{\partial z^2}$，所以

$$\frac{\partial p}{\partial x}=2\mu\frac{\partial^2 u_x}{\partial y^2}$$

而 y、z 坐标都是沿半径方向，故变数 y、z 可以换成半径 r。而且等直径圆管沿 x 方向的流速 u_x 并无变化，u_x 仅仅是 r 的函数，所以 u_x 对 r 的偏导数可以直接写成全导数，即

$$\frac{\partial^2 u_x}{\partial y^2}=\frac{\partial^2 u_x}{\partial z^2}=\frac{\partial^2 u_x}{\partial r^2}=\frac{\mathrm{d}^2 u_x}{\mathrm{d}r^2}$$

由此得

$$2\mu\frac{\mathrm{d}^2 u_x}{\mathrm{d}r^2}=-\frac{\Delta p}{L}$$

对上式积分一次得

$$\frac{\mathrm{d}u_x}{\mathrm{d}r}=-\frac{\Delta p}{2\mu L}r+C_1$$

利用轴心处的条件，$r=0$ 时，$\frac{\mathrm{d}u_x}{\mathrm{d}r}=0$，$C_1=0$，故$\frac{\mathrm{d}u_x}{\mathrm{d}r}=-\frac{\Delta p}{2\mu L}r$，再积分一次得

$$u_x=-\frac{\Delta p}{4\mu L}r^2+C_2$$

利用管壁处的条件，$r=r_0$ 时，$u_x=0$，$C_2=\frac{\Delta p}{4\mu L}r_0^2$，代入上式得

$$u_x=\frac{\Delta p}{4\mu L}(r_0^2-r^2)$$

流量为 $\mathrm{d}Q=u_x\mathrm{d}A=\frac{\Delta p}{4\mu L}(r_0^2-r^2)\times 2\pi r\mathrm{d}r$，积分得

$$Q=\int_0^{r_0}\frac{\Delta p}{4\mu L}(r_0^2-r^2)\times 2\pi r\mathrm{d}r=\frac{\Delta p\pi}{8\mu L}r_0^4$$

过水断面的平均流速为

$$v=\frac{Q}{\pi r_0^2}=\frac{\Delta p}{8\mu L}r_0^2$$

取 $\gamma=1$，$J=\frac{\Delta p}{L}$，水头损失为

$$h_w=JL=\frac{8\mu v}{r_0^2}L=\frac{32\mu}{d^2}vL=\frac{32v^2}{vd/\nu}\frac{L}{d}\frac{\gamma}{g}=\frac{64}{Re}\frac{L}{d}\frac{v^2}{2g}$$

【例题 7.7】 有一半径为 R 的圆柱形容器，内装有液体如图所示。若容器以等角速度 ω 绕通过中心的铅垂轴旋转，容器内的液体也随容器做等角速度旋转运动，其流速分布为 $u_x=-\omega y$，$u_y=\omega x$，$u_z=0$。试用欧拉方程求压强 p 的分布规律。

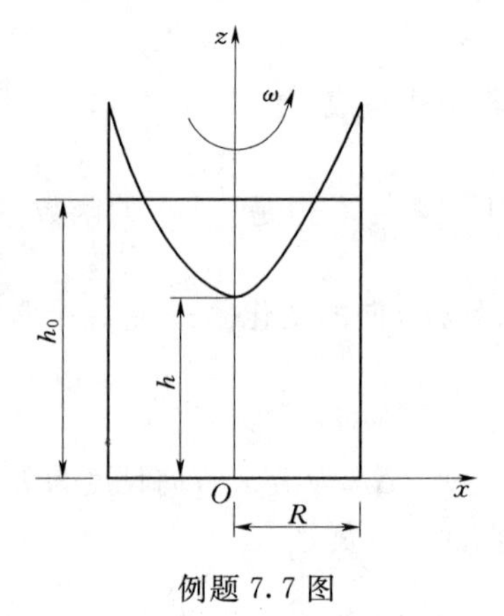

例题 7.7 图

解：

欧拉方程为

$$\left.\begin{aligned}X-\frac{1}{\rho}\frac{\partial p}{\partial x}&=\frac{\partial u_x}{\partial t}+u_x\frac{\partial u_x}{\partial x}+u_y\frac{\partial u_x}{\partial y}+u_z\frac{\partial u_x}{\partial z}\\Y-\frac{1}{\rho}\frac{\partial p}{\partial y}&=\frac{\partial u_y}{\partial t}+u_x\frac{\partial u_y}{\partial x}+u_y\frac{\partial u_y}{\partial y}+u_z\frac{\partial u_y}{\partial z}\\Z-\frac{1}{\rho}\frac{\partial p}{\partial z}&=\frac{\partial u_z}{\partial t}+u_x\frac{\partial u_z}{\partial x}+u_y\frac{\partial u_z}{\partial y}+u_z\frac{\partial u_z}{\partial z}\end{aligned}\right\}$$

质量力只有重力，$X=0$，$Y=0$，$Z=-g$，代入上式得

$$\left.\begin{aligned}-\frac{1}{\rho}\frac{\partial p}{\partial x}&=\omega x(-\omega)=-\omega^2 x\\-\frac{1}{\rho}\frac{\partial p}{\partial y}&=-\omega y\omega=-\omega^2 y\\-\frac{1}{\rho}\frac{\partial p}{\partial z}&=g\end{aligned}\right\}$$

给以上三式依次乘以 dx、dy、dz，然后相加得

$$dp=\rho(\omega^2 x dx+\omega^2 y dy-g dz)$$

对上式积分得

$$p=\rho\left(\frac{x^2}{2}\omega^2+\frac{y^2}{2}\omega^2-gz\right)+C=\rho\left(\frac{\omega^2 r^2}{2}-gz\right)+C$$

由边界条件，当 $r=0$，$z=h$ 时，$p=p_a=0$，$C=\rho gh$，代入上式整理得

$$p=\gamma\left(\frac{\omega^2 r^2}{2g}+h-z\right)$$

7.6 运动方程的积分

7.6.1 实际液体运动微分方程沿流线的积分

为便于积分，须对纳维埃-斯托克斯方程（7.26）进行改写。质量力一般是有势的，质量力的分量可以写成

$$X=\frac{\partial W}{\partial x},Y=\frac{\partial W}{\partial y},Z=\frac{\partial W}{\partial z} \tag{7.30}$$

式中：W 称为力势函数。

对于液体质点的加速度分量可以用液体质点旋转角速度 ω_x、ω_y、ω_z 来表示，x 方向的加速度为

$$\frac{du_x}{dt}=\frac{\partial u_x}{\partial t}+u_x\frac{\partial u_x}{\partial x}+u_y\frac{\partial u_x}{\partial y}+u_z\frac{\partial u_x}{\partial z}$$

由于
$$\frac{u^2}{2}=\frac{u_x^2+u_y^2+u_z^2}{2}$$

将上式对 x 求导得
$$\frac{\partial}{\partial x}\left(\frac{u^2}{2}\right)=\frac{\partial}{\partial x}\left(\frac{u_x^2+u_y^2+u_z^2}{2}\right)=u_x\frac{\partial u_x}{\partial x}+u_y\frac{\partial u_y}{\partial x}+u_z\frac{\partial u_z}{\partial x}$$

由上式得
$$u_x\frac{\partial u_x}{\partial x}=\frac{\partial}{\partial x}\left(\frac{u^2}{2}\right)-u_y\frac{\partial u_y}{\partial x}-u_z\frac{\partial u_z}{\partial x}$$

代入加速度公式得
$$\frac{du_x}{dt}=\frac{\partial u_x}{\partial t}+\frac{\partial}{\partial x}\left(\frac{u^2}{2}\right)-u_y\frac{\partial u_y}{\partial x}-u_z\frac{\partial u_z}{\partial x}+u_y\frac{\partial u_x}{\partial y}+u_z\frac{\partial u_x}{\partial z}$$

整理上式为
$$\frac{du_x}{dt}=\frac{\partial u_x}{\partial t}+\frac{\partial}{\partial x}\left(\frac{u^2}{2}\right)+u_z\left(\frac{\partial u_x}{\partial z}-\frac{\partial u_z}{\partial x}\right)-u_y\left(\frac{\partial u_y}{\partial x}-\frac{\partial u_x}{\partial y}\right)$$

由式（7.3）知
$$\frac{\partial u_x}{\partial z}-\frac{\partial u_z}{\partial x}=2\omega_y,\frac{\partial u_y}{\partial x}-\frac{\partial u_x}{\partial y}=2\omega_z$$

代入上式可得 x 方向加速度的表达式，同理也可以求得 y 方向和 z 方向的表达式，写在一起得

$$\left.\begin{aligned}\frac{du_x}{dt}&=\frac{\partial u_x}{\partial t}+\frac{\partial}{\partial x}\left(\frac{u^2}{2}\right)+2(\omega_y u_z-\omega_z u_y)\\\frac{du_y}{dt}&=\frac{\partial u_y}{\partial t}+\frac{\partial}{\partial y}\left(\frac{u^2}{2}\right)+2(\omega_z u_x-\omega_x u_z)\\\frac{du_z}{dt}&=\frac{\partial u_z}{\partial t}+\frac{\partial}{\partial z}\left(\frac{u^2}{2}\right)+2(\omega_x u_y-\omega_y u_x)\end{aligned}\right\} \tag{7.31}$$

将式（7.31）和式（7.30）代入式（7.26a）得

$$\left.\begin{aligned}\frac{\partial}{\partial x}\left(W-\frac{p}{\rho}-\frac{u^2}{2}\right)-\frac{\partial u_x}{\partial t}+\nu\nabla^2 u_x=2(\omega_y u_z-\omega_z u_y)\\\frac{\partial}{\partial y}\left(W-\frac{p}{\rho}-\frac{u^2}{2}\right)-\frac{\partial u_y}{\partial t}+\nu\nabla^2 u_y=2(\omega_z u_x-\omega_x u_z)\\\frac{\partial}{\partial z}\left(W-\frac{p}{\rho}-\frac{u^2}{2}\right)-\frac{\partial u_z}{\partial t}+\nu\nabla^2 u_z=2(\omega_x u_y-\omega_y u_x)\end{aligned}\right\}\tag{7.32}$$

如果给定瞬时 t，在实际液流中任一流线上取一微小长度 $\mathrm{d}\vec{l}$，它的三个分量分别为 $\mathrm{d}x=\mathrm{d}l\cos\alpha=u_x\mathrm{d}t$，$\mathrm{d}y=\mathrm{d}l\cos\beta=u_y\mathrm{d}t$，$\mathrm{d}z=\mathrm{d}l\cos\gamma=u_z\mathrm{d}t$，式中 α、β、γ 是流线的线段 $\mathrm{d}\vec{l}$ 分别与三个坐标轴 x、y、z 的夹角，也是流速向量 $\vec{u}$ 分别与 x、y、z 轴的夹角，即 $u_x=u\cos\alpha$，$u_y=u\cos\beta$，$u_z=u\cos\gamma$。将 $\mathrm{d}x$、$\mathrm{d}y$、$\mathrm{d}z$ 分别乘式（7.32）的第一式、第二式和第三式，则有

$$\left.\begin{aligned}\frac{\partial}{\partial x}\left(W-\frac{p}{\rho}-\frac{u^2}{2}\right)\mathrm{d}x-\frac{\partial(u\cos\alpha)}{\partial t}\mathrm{d}l\cos\alpha+\nu\nabla^2 u_x\mathrm{d}x=2(\omega_y u_z-\omega_z u_y)\mathrm{d}x\\\frac{\partial}{\partial y}\left(W-\frac{p}{\rho}-\frac{u^2}{2}\right)\mathrm{d}y-\frac{\partial(u\cos\beta)}{\partial t}\mathrm{d}l\cos\beta+\nu\nabla^2 u_y\mathrm{d}y=2(\omega_z u_x-\omega_x u_z)\mathrm{d}y\\\frac{\partial}{\partial z}\left(W-\frac{p}{\rho}-\frac{u^2}{2}\right)\mathrm{d}z-\frac{\partial(u\cos\gamma)}{\partial t}\mathrm{d}l\cos\gamma+\nu\nabla^2 u_z\mathrm{d}z=2(\omega_x u_y-\omega_y u_x)\mathrm{d}z\end{aligned}\right\}$$

将以上三式相加，右边等于零，则

$$\mathrm{d}\left(W-\frac{p}{\rho}-\frac{u^2}{2}\right)-\frac{\partial u}{\partial t}\mathrm{d}l+\nu(\nabla^2 u_x\mathrm{d}x+\nabla^2 u_y\mathrm{d}y+\nabla^2 u_z\mathrm{d}z)=0$$

下面分几种情况讨论如下：

1. 液体为非恒定流且质量力仅为重力时

这种情况下，$W=-gz$，可在给定的 t 瞬时沿流线 L 上任意两点 1 和 2 对上式积分得

$$z_1+\frac{p_1}{\gamma}+\frac{u_1^2}{2g}=z_2+\frac{p_2}{\gamma}+\frac{u_2^2}{2g}+\frac{1}{g}\int_1^2\frac{\partial u}{\partial t}\mathrm{d}l-\frac{1}{g}\int_1^2[\nu(\nabla^2 u_x\mathrm{d}x+\nabla^2 u_y\mathrm{d}y+\nabla^2 u_z\mathrm{d}z)]\tag{7.33}$$

式中：$\frac{1}{g}\int_1^2\frac{\partial u}{\partial t}\mathrm{d}l$ 代表单位重量液体沿流线 L 从点 1 到点 2 的惯性能，用 h_i 表示；$-\frac{1}{g}\int_1^2[\nu(\nabla^2 u_x\mathrm{d}x+\nabla^2 u_y\mathrm{d}y+\nabla^2 u_z\mathrm{d}z)]$ 代表作用于单位重量液体上的切应力分量从点 1 到点 2 沿流程所做功的总和，由于切应力的方向总是与液流流动方向相反，表现为一个阻力，因此这个阻力沿程所做的负功就等于液流流动时克服阻力所需消耗的能量，即液流机械能转化为热能的部分。

由第 4 章知，液流流动时单位重量液体所损失的机械能即为水头损失，用 h_w 表示，于是有

$$z_1+\frac{p_1}{\gamma}+\frac{u_1^2}{2g}=z_2+\frac{p_2}{\gamma}+\frac{u_2^2}{2g}+h_i+h_w\tag{7.34}$$

式（7.34）就是不可压缩实际液体非恒定元流的能量方程，也叫伯努利方程。

2. 液体为恒定流且质量力仅为重力时

对于实际液体的恒定流动，惯性能等于零，即 $h_i=0$，则

$$z_1+\frac{p_1}{\gamma}+\frac{u_1^2}{2g}=z_2+\frac{p_2}{\gamma}+\frac{u_2^2}{2g}+h_w \tag{7.35}$$

式（7.35）就是不可压缩实际液体恒定元流的能量方程。

3. 液体为理想液体时

对于理想液体，由于不考虑黏性，当液体流动为非恒定流时

$$z_1+\frac{p_1}{\gamma}+\frac{u_1^2}{2g}=z_2+\frac{p_2}{\gamma}+\frac{u_2^2}{2g}+h_i \tag{7.36}$$

当液体流动为恒定流时

$$z_1+\frac{p_1}{\gamma}+\frac{u_1^2}{2g}=z_2+\frac{p_2}{\gamma}+\frac{u_2^2}{2g} \tag{7.37}$$

由于理想液体运动可以是有旋运动，也可以是无旋运动，故式（7.36）和式（7.37）既适用于有旋运动，也适用于无旋运动，但必须是同一流线上任意两点（或同一元流上任意两个过水断面而言）。

7.6.2　理想液体无旋运动的拉格朗日-柯西（Lagrange-Cauchy）积分

对于理想液体的无旋运动，$\omega_x=\omega_y=\omega_z=0$，运动黏滞系数 $\nu=0$，式（7.32）变为

$$\left.\begin{aligned}\frac{\partial}{\partial x}\left(W-\frac{p}{\rho}-\frac{u^2}{2}\right)-\frac{\partial u_x}{\partial t}=0\\ \frac{\partial}{\partial y}\left(W-\frac{p}{\rho}-\frac{u^2}{2}\right)-\frac{\partial u_y}{\partial t}=0\\ \frac{\partial}{\partial z}\left(W-\frac{p}{\rho}-\frac{u^2}{2}\right)-\frac{\partial u_z}{\partial t}=0\end{aligned}\right\} \tag{7.38}$$

对式（7.38）积分是困难的，现将它改形，由于液体无旋，即为有势流动，流速势为 $u_x=\frac{\partial\varphi}{\partial x}$，$u_y=\frac{\partial\varphi}{\partial y}$，$u_z=\frac{\partial\varphi}{\partial z}$，代入式（7.38）得

$$\left.\begin{aligned}\frac{\partial}{\partial x}\left(W-\frac{p}{\rho}-\frac{u^2}{2}\right)-\frac{\partial}{\partial t}\left(\frac{\partial\varphi}{\partial x}\right)=0\\ \frac{\partial}{\partial y}\left(W-\frac{p}{\rho}-\frac{u^2}{2}\right)-\frac{\partial}{\partial t}\left(\frac{\partial\varphi}{\partial y}\right)=0\\ \frac{\partial}{\partial z}\left(W-\frac{p}{\rho}-\frac{u^2}{2}\right)-\frac{\partial}{\partial t}\left(\frac{\partial\varphi}{\partial z}\right)=0\end{aligned}\right\}$$

整理上式得

$$\left.\begin{aligned}\frac{\partial}{\partial x}\left(W-\frac{p}{\rho}-\frac{u^2}{2}-\frac{\partial\varphi}{\partial t}\right)=0\\ \frac{\partial}{\partial y}\left(W-\frac{p}{\rho}-\frac{u^2}{2}-\frac{\partial\varphi}{\partial t}\right)=0\\ \frac{\partial}{\partial z}\left(W-\frac{p}{\rho}-\frac{u^2}{2}-\frac{\partial\varphi}{\partial t}\right)=0\end{aligned}\right\} \tag{7.39}$$

式（7.39）即为理想无旋液体非恒定流无旋运动的微分方程。给式（7.39）依次分别乘以 dx、dy、dz，然后相加得

$$d\left(W-\frac{p}{\rho}-\frac{u^2}{2}-\frac{\partial \varphi}{\partial t}\right)=0$$

在质量力仅有重力时，$W=-gz$，代入上式得

$$d\left(z+\frac{p}{\gamma}+\frac{u^2}{2g}+\frac{\partial \varphi}{g\partial t}\right)=0$$

若在给定的瞬时无旋运动液体空间中的任意两点，对上式积分得

$$z_1+\frac{p_1}{\gamma}+\frac{u_1^2}{2g}+\frac{\partial \varphi_1}{g\partial t}=z_2+\frac{p_2}{\gamma}+\frac{u_2^2}{2g}+\frac{\partial \varphi_2}{g\partial t} \tag{7.40}$$

式（7.40）即为理想液体无旋非恒定流的能量方程。对于理想液体恒定无旋流动，式（7.40）变为

$$z_1+\frac{p_1}{\gamma}+\frac{u_1^2}{2g}=z_2+\frac{p_2}{\gamma}+\frac{u_2^2}{2g} \tag{7.41}$$

式（7.40）称为柯西积分。比较式（7.37）和式（7.41），两式在外形上完全相同，它们又都适应于不可压缩理想液体的恒定流，但它们之间却有着本质上的区别。式（7.37）只适用于理想液体有旋运动或无旋运动中同一根流线（或元流）上的任意两点，而式（7.41）适用于理想液体无旋运动空间中的任意两点，因为该两式是在不同的条件下得到的。

7.7　实际液体紊流的时均运动微分方程

在研究紊流的时均运动时，探求时均运动的运动方程和连续性方程是最基本的途径。

如果在紊流中取一微小六面体，作用于该六面体上的力的种类与层流中六面体上的作用力的种类一样，因此，尽管紊流运动极不规则，仍然应满足反映实际液体普遍运动规律的纳维埃-斯托克斯方程。

纳维埃-斯托克斯方程描述了液体运动的一切细节，但是实际工程中所关心的并不是紊流的一切细节，而是紊流的时均效应。因此，需要求出紊流的时均运动微分方程和连续性方程来研究实际液体的紊流时均运动。

7.7.1　雷诺时均运算法则

设 $f(x, y, z, t)$ 代表某瞬时流速分量或瞬时压强，$\overline{f}(x, y, z, t)$ 为时均值，$f'(x, y, z, t)$为脉动值。由第 4 章的第 4.6 节知：$f=\overline{f}+f'$，$\overline{f}=\frac{1}{T}\int_0^T f\mathrm{d}t$，$\overline{f'}=\frac{1}{T}\int_0^T f'\mathrm{d}t$。由此三式可证明有以下运算法则。

（1）常量和瞬时值乘积的时均值等于瞬时值的时均值与常数的乘积，即

$$\overline{Cf}=C\,\overline{f} \tag{7.42}$$

（2）时均值的时均值仍为时均值，即

$$\overline{\overline{f}}=\overline{f} \tag{7.43}$$

(3) 两个瞬时值乘积的时均值，等于它们的两个时均值的乘积加两个脉动值乘积的时均值，即

$$\overline{f_1 \cdot f_2} = \overline{f}_1 \cdot \overline{f}_2 + \overline{f_1' \cdot f_2'} \tag{7.44}$$

证明：

$$\overline{f_1 \cdot f_2} = \overline{(\overline{f}_1 + f_1') \cdot (\overline{f}_2 + f_2')} = \overline{\overline{f}_1\,\overline{f}_2 + f_1'\overline{f}_2 + f_2'\overline{f}_1 + f_1' f_2'} = \overline{\overline{f}_1\,\overline{f}_2} + \overline{f_1'\overline{f}_2} + \overline{f_2'\overline{f}_1} + \overline{f_1' f_2'}$$

由第4章知，脉动值的时均值为零，即

$$\overline{f}' = \frac{1}{T}\int_0^T f'\,\mathrm{d}t = 0$$

而 $\overline{\overline{f}_1 \cdot f_2'} = \frac{1}{T}\int_0^T \overline{f}_1 \cdot f_2'\,\mathrm{d}t = \frac{\overline{f}_1}{T}\int_0^T f_2'\,\mathrm{d}t = \overline{f}_1 \times 0 = 0$，同样 $\overline{f_1'\overline{f}_2} = 0$，所以 $\overline{f_1 \cdot f_2} = \overline{f}_1 \cdot \overline{f}_2 + \overline{f_1' \cdot f_2'}$。

(4) 两个瞬时值之和的时均值等于各瞬时值的时均值之和。

$$\overline{f_1 + f_2} = \overline{f}_1 + \overline{f}_2 \tag{7.45}$$

证明

$$\overline{f_1 + f_2} = \overline{\overline{f}_1 + f_1' + \overline{f}_2 + f_2'} = \overline{\overline{f}}_1 + \overline{f_1'} + \overline{\overline{f}}_2 + \overline{f_2'} = \overline{\overline{f}}_1 + \overline{\overline{f}}_2 = \overline{f}_1 + \overline{f}_2$$

(5) 两个时均值乘积的时均值，仍等于两个时均值的乘积，即

$$\overline{\overline{f}_1 \cdot \overline{f}_2} = \overline{\overline{f}}_1 \cdot \overline{\overline{f}}_2 = \overline{f}_1 \cdot \overline{f}_2 \tag{7.46}$$

(6) 时均值与脉动值乘积的时均值为零，即

$$\overline{\overline{f}_1 \cdot f_2'} = \overline{\overline{f}}_1 \cdot \overline{f_2'} = \overline{f} \times 0 = 0 \tag{7.47}$$

(7) 瞬时值的各阶导数的时均值等于时均值的各阶导数，现以一阶导数为例，即

1)
$$\overline{\frac{\partial f}{\partial \xi}} = \frac{\partial \overline{f}}{\partial \xi} \tag{7.48}$$

式中：ξ 为 x、y 或 z。

证明如下：

$$\overline{\frac{\partial f}{\partial \xi}} = \frac{1}{T}\int_0^T \frac{\partial f}{\partial \xi}\mathrm{d}t = \frac{\partial}{\partial \xi}\left(\frac{1}{T}\int_0^T f\,\mathrm{d}t\right) = \frac{\partial \overline{f}}{\partial \xi}$$

2)
$$\overline{\frac{\partial f}{\partial t}} = \frac{\partial \overline{f}}{\partial t} \tag{7.49}$$

证明：

$$\overline{\frac{\partial f}{\partial t}} = \frac{1}{T}\int_0^T \frac{\partial f}{\partial t}\mathrm{d}t = \frac{\partial}{\partial t}\left(\frac{1}{T}\int_0^T f\,\mathrm{d}t\right) = \frac{\partial \overline{f}}{\partial t}$$

7.7.2　紊流连续性方程的时均值

连续性方程为

$$\frac{\partial u_x}{\partial x} + \frac{\partial u_y}{\partial y} + \frac{\partial u_z}{\partial z} = 0$$

以 $u_x = \overline{u}_x + u_x'$，$u_y = \overline{u}_y + u_y'$，$u_z = \overline{u}_z + u_z'$ 代入上式得

$$\frac{\partial(\overline{u}_x+u'_x)}{\partial x}+\frac{\partial(\overline{u}_y+u'_y)}{\partial y}+\frac{\partial(\overline{u}_z+u'_z)}{\partial z}=0$$

根据以上运算法则，对连续性方程进行时间平均，因为各脉动流速的时间平均值为零，所以连续性方程的时均值为

$$\frac{\partial\overline{u}_x}{\partial x}+\frac{\partial\overline{u}_y}{\partial y}+\frac{\partial\overline{u}_z}{\partial z}=0 \tag{7.50}$$

7.7.3 紊流运动方程的时均值

以 x 方向为例，对纳维埃-斯托克斯方程式（7.26a）进行时间平均。式（7.26a）的等号左边为

$$X-\frac{1}{\rho}\frac{\partial p}{\partial x}+\nu\,\nabla^2 u_x$$

以 $X=\overline{X}+X'$，$p=\overline{p}+p'$，$u_x=\overline{u}_x+u'_x$ 代入上式得

$$\overline{X}+X'-\frac{1}{\rho}\frac{\partial(\overline{p}+p')}{\partial x}+\nu\,\nabla^2(\overline{u}_x+u'_x)$$

对上式进行时间平均得

$$\overline{\overline{X}+X'}-\frac{1}{\rho}\frac{\partial(\overline{\overline{p}+p'})}{\partial x}+\nu\,\nabla^2(\overline{\overline{u}_x+u'_x})=\overline{X}-\frac{1}{\rho}\frac{\partial\overline{p}}{\partial x}+\nu\,\nabla^2\overline{u}_x$$

式（7.26a）的等号右边为

$$\frac{\partial u_x}{\partial t}+u_x\frac{\partial u_x}{\partial x}+u_y\frac{\partial u_x}{\partial y}+u_z\frac{\partial u_x}{\partial z}$$

上式第一项当地加速度的时均值，由运算法则（7）得

$$\frac{1}{T}\int_0^T\frac{\partial u_x}{\partial t}\mathrm{d}t=\frac{\partial\overline{u}_x}{\partial t}$$

迁移加速度各项的时间平均可按下面的方法进行：

$$u_x\frac{\partial u_x}{\partial x}+u_y\frac{\partial u_x}{\partial y}+u_z\frac{\partial u_x}{\partial z}=\frac{\partial}{\partial x}(u_xu_x)+\frac{\partial}{\partial y}(u_yu_x)+\frac{\partial}{\partial z}(u_zu_x)-u_x\left(\frac{\partial u_x}{\partial x}+\frac{\partial u_y}{\partial y}+\frac{\partial u_z}{\partial z}\right)$$

由连续性方程知式中的$\left(\frac{\partial u_x}{\partial x}+\frac{\partial u_y}{\partial y}+\frac{\partial u_z}{\partial z}\right)=0$，所以

$$u_x\frac{\partial u_x}{\partial x}+u_y\frac{\partial u_x}{\partial y}+u_z\frac{\partial u_x}{\partial z}=\frac{\partial}{\partial x}(u_xu_x)+\frac{\partial}{\partial y}(u_yu_x)+\frac{\partial}{\partial z}(u_zu_x)$$

对上式进行时间平均，由运算法则（3）有

$$\frac{\partial}{\partial x}(\overline{u_xu_x})+\frac{\partial}{\partial y}(\overline{u_yu_x})+\frac{\partial}{\partial z}(\overline{u_zu_x})=\frac{\partial}{\partial x}(\overline{u}_x\,\overline{u}_x+\overline{u'_xu'_x})$$

$$+\frac{\partial}{\partial y}(\overline{u}_y\,\overline{u}_x+\overline{u'_yu'_x})+\frac{\partial}{\partial z}(\overline{u}_z\,\overline{u}_x+\overline{u'_zu'_x})$$

从而可写出 x 方向的时间平均后的方程为

$$\overline{X}-\frac{1}{\rho}\frac{\partial\overline{p}}{\partial x}+\nu\,\nabla^2\overline{u}_x=\frac{\partial\overline{u}_x}{\partial t}+\frac{\partial}{\partial x}(\overline{u}_x\,\overline{u}_x+\overline{u'_xu'_x})+\frac{\partial}{\partial y}(\overline{u}_y\,\overline{u}_x+\overline{u'_yu'_x})+\frac{\partial}{\partial z}(\overline{u}_z\,\overline{u}_x+\overline{u'_zu'_x})$$

将上式进行改写

$$\frac{\partial}{\partial x}(\overline{u}_x\overline{u}_x+\overline{u'_xu'_x})=\overline{u}_x\frac{\partial\overline{u}_x}{\partial x}+\overline{u}_x\frac{\partial\overline{u}_x}{\partial x}+\frac{\partial}{\partial x}(\overline{u'_xu'_x})$$

$$\frac{\partial}{\partial y}(\overline{u}_y\overline{u}_x+\overline{u'_yu'_x})=\overline{u}_y\frac{\partial\overline{u}_x}{\partial y}+\overline{u}_x\frac{\partial\overline{u}_y}{\partial y}+\frac{\partial}{\partial y}(\overline{u'_yu'_x})$$

$$\frac{\partial}{\partial z}(\overline{u}_z\overline{u}_x+\overline{u'_zu'_x})=\overline{u}_z\frac{\partial\overline{u}_x}{\partial z}+\overline{u}_x\frac{\partial\overline{u}_z}{\partial z}+\frac{\partial}{\partial z}(\overline{u'_zu'_x})$$

将以上三式相加后代入上式，并注意到$\frac{\partial\overline{u}_x}{\partial x}+\frac{\partial\overline{u}_y}{\partial y}+\frac{\partial\overline{u}_z}{\partial z}=0$，得

$$\overline{X}-\frac{1}{\rho}\frac{\partial\overline{p}}{\partial x}+\nu\nabla^2\overline{u}_x=\frac{\partial\overline{u}_x}{\partial t}+\overline{u}_x\frac{\partial\overline{u}_x}{\partial x}+\overline{u}_y\frac{\partial\overline{u}_x}{\partial y}+\overline{u}_z\frac{\partial\overline{u}_x}{\partial z}+\frac{\partial}{\partial x}(\overline{u'_xu'_x})+\frac{\partial}{\partial y}(\overline{u'_yu'_x})+\frac{\partial}{\partial z}(\overline{u'_zu'_x})$$

又因为$\frac{\partial^2\overline{u}_x}{\partial x^2}=\frac{\partial}{\partial x}\left(\frac{\partial\overline{u}_x}{\partial x}\right)$，$\frac{\partial^2\overline{u}_x}{\partial y^2}=\frac{\partial}{\partial y}\left(\frac{\partial\overline{u}_x}{\partial y}\right)$，$\frac{\partial^2\overline{u}_x}{\partial z^2}=\frac{\partial}{\partial z}\left(\frac{\partial\overline{u}_x}{\partial z}\right)$

$$\nu\nabla^2\overline{u}_x=\nu\left(\frac{\partial^2\overline{u}_x}{\partial x^2}+\frac{\partial^2\overline{u}_x}{\partial y^2}+\frac{\partial^2\overline{u}_x}{\partial z^2}\right)=\nu\left[\frac{\partial}{\partial x}\left(\frac{\partial\overline{u}_x}{\partial x}\right)+\frac{\partial}{\partial y}\left(\frac{\partial\overline{u}_x}{\partial y}\right)+\frac{\partial}{\partial z}\left(\frac{\partial\overline{u}_x}{\partial z}\right)\right]$$

整理以上各式得

$$\rho\overline{X}-\frac{\partial\overline{p}}{\partial x}+\mu\left[\frac{\partial}{\partial x}\left(\frac{\partial\overline{u}_x}{\partial x}\right)+\frac{\partial}{\partial y}\left(\frac{\partial\overline{u}_x}{\partial y}\right)+\frac{\partial}{\partial z}\left(\frac{\partial\overline{u}_x}{\partial z}\right)\right]$$

$$=\rho\left[\frac{\partial\overline{u}_x}{\partial t}+\overline{u}_x\frac{\partial\overline{u}_x}{\partial x}+\overline{u}_y\frac{\partial\overline{u}_x}{\partial y}+\overline{u}_z\frac{\partial\overline{u}_x}{\partial z}+\frac{\partial}{\partial x}(\overline{u'_xu'_x})+\frac{\partial}{\partial y}(\overline{u'_yu'_x})+\frac{\partial}{\partial z}(\overline{u'_zu'_x})\right]$$

对上式再改写整理，用同样的方法，也可以得到 y 方向和 z 方向的时间平均值的方程，将它们写在一起得

$$\left.\begin{aligned}
&\rho\overline{X}-\frac{\partial\overline{p}}{\partial x}+\frac{\partial}{\partial x}(\mu\frac{\partial\overline{u}_x}{\partial x}-\rho\overline{u'_xu'_x})+\frac{\partial}{\partial y}(\mu\frac{\partial\overline{u}_x}{\partial y}-\rho\overline{u'_yu'_x})+\frac{\partial}{\partial z}(\mu\frac{\partial\overline{u}_x}{\partial z}-\rho\overline{u'_zu'_x})\\
&=\rho\left[\frac{\partial\overline{u}_x}{\partial t}+\frac{\partial(\overline{u}_x\overline{u}_x)}{\partial x}+\frac{\partial(\overline{u}_y\overline{u}_x)}{\partial y}+\frac{\partial(\overline{u}_z\overline{u}_x)}{\partial z}\right]\\
&\rho\overline{Y}-\frac{\partial\overline{p}}{\partial y}+\frac{\partial}{\partial x}(\mu\frac{\partial\overline{u}_y}{\partial x}-\rho\overline{u'_yu'_x})+\frac{\partial}{\partial y}(\mu\frac{\partial\overline{u}_y}{\partial y}-\rho\overline{u'_yu'_y})+\frac{\partial}{\partial z}(\mu\frac{\partial\overline{u}_y}{\partial z}-\rho\overline{u'_yu'_z})\\
&=\rho\left[\frac{\partial\overline{u}_y}{\partial t}+\frac{\partial(\overline{u}_y\overline{u}_x)}{\partial x}+\frac{\partial(\overline{u}_y\overline{u}_y)}{\partial y}+\frac{\partial(\overline{u}_y\overline{u}_z)}{\partial z}\right]\\
&\rho\overline{Z}-\frac{\partial\overline{p}}{\partial z}+\frac{\partial}{\partial x}(\mu\frac{\partial\overline{u}_z}{\partial x}-\rho\overline{u'_zu'_x})+\frac{\partial}{\partial y}(\mu\frac{\partial\overline{u}_z}{\partial y}-\rho\overline{u'_zu'_y})+\frac{\partial}{\partial z}(\mu\frac{\partial\overline{u}_z}{\partial z}-\rho\overline{u'_zu'_z})\\
&=\rho\left[\frac{\partial\overline{u}_z}{\partial t}+\frac{\partial(\overline{u}_z\overline{u}_x)}{\partial x}+\frac{\partial(\overline{u}_z\overline{u}_y)}{\partial y}+\frac{\partial(\overline{u}_z\overline{u}_z)}{\partial z}\right]
\end{aligned}\right\}\tag{7.51}$$

式（7.51）即为紊流的基本方程，是雷诺于 1894 年首次提出的，所以又称为雷诺方程。

将雷诺方程与纳维埃-斯托克斯方程比较可以看出，在雷诺方程中多出了下列各项

$$\rho\overline{u'_xu'_x},\rho\overline{u'_yu'_y},\rho\overline{u'_zu'_z},\rho\overline{u'_xu'_y},\rho\overline{u'_yu'_z},\rho\overline{u'_zu'_x}$$

前面三项代表了由于脉动产生的法向应力，后三项为切应力，这些应力是由于紊流流

速的脉动，液体质点互相混掺而引起的应力，称为紊流附加应力，也称雷诺应力。因此可以得出结论：研究紊流的时均运动时，必须考虑脉动对时均流动的影响，在时均流动的质点上附加由于脉动产生的法向应力 $\rho\overline{u_x'u_x'}$、$\rho\overline{u_y'u_y'}$、$\rho\overline{u_z'u_z'}$ 和切应力 $\rho\overline{u_x'u_y'}$、$\rho\overline{u_y'u_z'}$、$\rho\overline{u_z'u_x'}$。

雷诺方程中时均流速所应满足的边界条件与普通层流运动的边界条件一样，在固体边界上液体质点与固体边界黏附在一起，无相对滑动，即所谓无滑动条件；而所有的脉动分量在边界上均为零，而在紧邻边界处这些脉动量数值都很小。因此，在边界上所有雷诺应力均为零，只有层流的黏滞切应力。

7.8 恒定平面有势流动

在7.3节中，曾根据液体运动过程中液质点有无转动把流动分为有势流动和有涡流动。严格来说，势流运动只是一种理想液体的运动，实际液体中，由于液体具有黏性，必有切应力，液体在流动过程中会产生力矩而转动，都不是有势流动，但在某些情况下，黏性作用甚微，可以忽略不计时，可以把流动近似地看作有势流动。例如宽阔河流中间部分的水流，溢流坝中段处的水流，从静止开始运动的波浪运动等，都可以近似地按势流求解。

7.8.1 恒定平面势流的流函数与流速势

如果液流在流动时，在互相平行的平面上液体质点运动情况皆相同，任何运动要素沿此平面垂直方向均无变化，则称这种流动为平面流动或称二元流动。

7.8.1.1 平面流动的流函数

对于平面不可压缩流动，连续性方程为

$$\frac{\partial u_x}{\partial x}+\frac{\partial u_y}{\partial y}=0$$

即

$$\frac{\partial u_x}{\partial x}=\frac{\partial}{\partial y}(-u_y)$$

从高等数学知，上式是使 $u_x\mathrm{d}y-u_y\mathrm{d}x$ 能成为某一函数 $\psi(x,y)$ 全微分的充分必要条件。函数 $\psi(x,y)$ 的全微分为

$$\mathrm{d}\psi(x,y)=u_x\mathrm{d}y-u_y\mathrm{d}x \tag{7.52}$$

另外，对于平面流动，流线方程为

$$\frac{\mathrm{d}x}{u_x}=\frac{\mathrm{d}y}{u_y}$$

即

$$u_x\mathrm{d}y-u_y\mathrm{d}x=0$$

比较上式与式（7.52）可见，沿流线

$$\mathrm{d}\psi(x,y)=u_x\mathrm{d}y-u_y\mathrm{d}x=0$$

$$\psi(x,y)=\int\mathrm{d}\psi=\int u_x\mathrm{d}y-u_y\mathrm{d}x=c \tag{7.53}$$

式中：c 为常数。

因为 $\psi(x,y)$ 的这一性质，因此称它为流函数。

流函数 $\psi(x,y)$ 的全微分又可以写成

$$d\psi(x,y)=\frac{\partial\psi}{\partial x}dx+\frac{\partial\psi}{\partial y}dy$$

比较上式与式（7.52），可得到流速分量与流函数之间的关系为

$$u_x=\frac{\partial\psi}{\partial y},u_y=-\frac{\partial\psi}{\partial x}$$

流函数具有以下性质。

（1）沿同一流线流函数为常值。此性质已由式（7.53）确定，对应于每一个常数，有一根确定的流线，在同一流线上各点的流函数值相等。

（2）两条流线的流函数值之差等于该两条流线间通过的单宽流量。如图 7.15 所示为二元平面流动中几条流线，每条流线有各自的流函数值，在 ψ 与 $\psi+d\psi$ 之间通过固定的单宽流量 dq，因为考虑的是平面问题，在 z 轴方向可取一单位长度，所以这个流量 dq 称为单宽流量。设 ab 为两流线间的过水断面，长度为 $d\vec{l}$，设 a 点的坐标为 $a(x,y)$，b 点的坐标为 $b(x-dx,y+dy)$，ab 断面的铅直和水平投影为 ac 及 bc，通过 ab 断面的流速 $\vec{u}$ 在水平面和铅直面的投影为 u_x 和 u_y，则

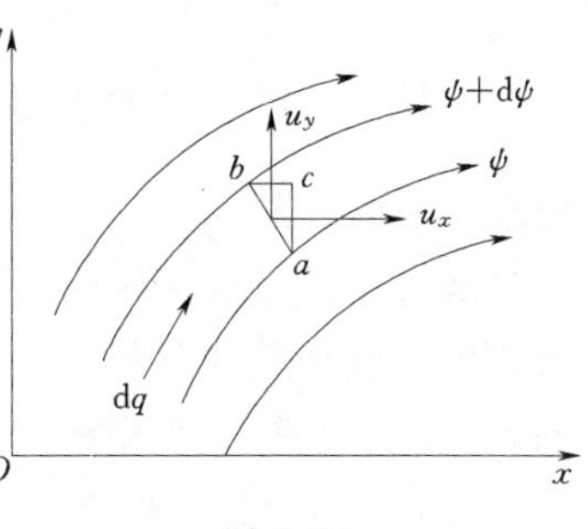

图 7.15

$$dq=u_xac+u_ybc=u_xdy+u_y(-dx)=u_xdy-u_ydx=d\psi$$

积分得

$$q=\int_{\psi1}^{\psi2}d\psi=\psi_2-\psi_1 \tag{7.54}$$

式（7.54）表明，任两条流线间的单宽流量等于该两条流线间的流函数之差，所以流函数 ψ 的单位为 m^2/s。

（3）在平面有势流动中，流函数是个调和函数。对于平面有势流动，旋转角速度为零，即

$$\omega_z=\frac{1}{2}\left(\frac{\partial u_y}{\partial x}-\frac{\partial u_x}{\partial y}\right)=0$$

由此得

$$\frac{\partial u_y}{\partial x}=\frac{\partial u_x}{\partial y}$$

将 $u_x=\frac{\partial\psi}{\partial y}$，$u_y=-\frac{\partial\psi}{\partial x}$代入上式得

$$\frac{\partial^2\psi}{\partial x^2}+\frac{\partial^2\psi}{\partial y^2}=0 \tag{7.55a}$$

用柱坐标表示为

$$\frac{\partial^2\psi}{\partial r^2}+\frac{1}{r}\frac{\partial\psi}{\partial r}+\frac{1}{r^2}\frac{\partial^2\psi}{\partial\theta^2}=0 \tag{7.55b}$$

式（7.55）说明，在势流条件下，流函数满足拉普拉斯（Laplace）方程，所以流函数是

个调和函数。

7.8.1.2　流速势函数

在势流中，液体质点的角速度为零，由式（7.7）知平面流动的流速势可以表示为

$$\left.\begin{aligned}u_x=\frac{\partial\varphi}{\partial x}\\u_y=\frac{\partial\varphi}{\partial y}\end{aligned}\right\}\tag{7.56}$$

函数 $\varphi(x,y)$ 的全微分为

$$\mathrm{d}\varphi=u_x\mathrm{d}x+u_y\mathrm{d}y=\frac{\partial\varphi}{\partial x}\mathrm{d}x+\frac{\partial\varphi}{\partial y}\mathrm{d}y\tag{7.57}$$

式（7.56）即为函数 φ 与流速的关系式。可以看出，对于无旋流动，只要能确定流速势 φ 一个未知量，就可方便的求得 u_x 和 u_y，再利用势流的伯努利方程 $z+\frac{p}{\gamma}+\frac{u^2}{2g}=$常数，就可求得压强分布。

势函数 φ 是标量，凡是一个标量函数的梯度等于某一矢量函数的都称为势函数，φ 称为流速势函数或称为流速势。必须明确，势函数是从数学上定义的，不像流函数那样有明确的意义，也不像力势函数那样具有势能的意义。

流速势函数有如下性质。

（1）等势线与流线正交，等势线就是过水断面。如将空间流速势函数相等的点连成的空间曲面称为等势面，等势面的微分方程式为 $\mathrm{d}\varphi=0$，对此式积分得

$$\varphi(x,y)=C$$

等势线的斜率为

$$\left(\frac{\mathrm{d}y}{\mathrm{d}x}\right)_\varphi=-\frac{u_x}{u_y}=-\frac{\partial\varphi/\partial x}{\partial\varphi/\partial y}$$

流线的斜率为

$$\left(\frac{\mathrm{d}y}{\mathrm{d}x}\right)_\psi=\frac{u_y}{u_x}=-\frac{\partial\psi/\partial x}{\partial\psi/\partial y}$$

两条曲线的斜率相乘得

$$\left(\frac{\mathrm{d}y}{\mathrm{d}x}\right)_\varphi\times\left(\frac{\mathrm{d}y}{\mathrm{d}x}\right)_\psi=-\frac{u_x}{u_y}\times\frac{u_y}{u_x}=-1$$

说明流线与等势线相正交，与流线正交的面是等势面，就是过水断面。

（2）流速势函数沿流程增加。任一方向流动的流速可表示为

$$u_s=\partial\varphi/\partial s$$

式中：s 代表流动方向，而流线上任一点切线方向就是该点的流速方向。

因此 s 方向就是流线方向，沿流线方向的流速为正值，这样分子分母必须同号，因而 $\partial\varphi$ 也应是正值，说明势函数沿流动方向增加。

（3）流速势函数满足拉普拉斯方程，是调和函数。液体运动必须满足连续性方程，将

$u_x=\frac{\partial \varphi}{\partial x}$，$u_y=\frac{\partial \varphi}{\partial y}$代入连续性微分方程得

$$\frac{\partial u_x}{\partial x}+\frac{\partial u_y}{\partial y}=\frac{\partial}{\partial x}\left(\frac{\partial \varphi}{\partial x}\right)+\frac{\partial}{\partial y}\left(\frac{\partial \varphi}{\partial y}\right)=0$$

即
$$\frac{\partial^2 \varphi}{\partial x^2}+\frac{\partial^2 \varphi}{\partial y^2}=0 \tag{7.58a}$$

用柱坐标表示为

$$\frac{\partial^2 \varphi}{\partial r^2}+\frac{1}{r}\frac{\partial \varphi}{\partial r}+\frac{1}{r^2}\frac{\partial^2 \varphi}{\partial \theta^2}=0 \tag{7.58b}$$

式（7.58）说明流速势函数满足拉普拉斯方程，为调和函数。

（4）势流中不存在速度环量，即速度环量为零。

证明：

$$\Gamma=\oint_L u_x \mathrm{d}x+u_y \mathrm{d}y=\oint_L \frac{\partial \varphi}{\partial x}\mathrm{d}x+\frac{\partial \varphi}{\partial y}\mathrm{d}y=\oint_L \mathrm{d}\varphi$$

从某点沿封闭长度 L 积分，则上式为

$$\Gamma=\oint_L \mathrm{d}\varphi=\varphi_A-\varphi_A=0$$

7.8.1.3 流函数与流速势函数满足共轭关系

由前面的分析可知，在平面势流中任一点都有一个流函数及流速势函数，且

$$\left.\begin{array}{ll} u_x=\frac{\partial \varphi}{\partial x} & u_x=\frac{\partial \psi}{\partial y} \\ u_y=\frac{\partial \varphi}{\partial y} & u_y=-\frac{\partial \psi}{\partial x} \end{array}\right\}$$

由此得
$$\left.\begin{array}{l} \frac{\partial \varphi}{\partial x}=\frac{\partial \psi}{\partial y} \\ \frac{\partial \varphi}{\partial y}=-\frac{\partial \psi}{\partial x} \end{array}\right\} \tag{7.59}$$

在高等数学中，满足这种关系的两个函数称为共轭函数。

7.8.1.4 流函数和流速势的极坐标表示法

如图 7.16 所示，设 c 点的坐标在 xOy 平面上为 (x,y)，在极坐标轴上为 (r,θ)，设 c 点流速沿 r 方向用 u_r 表示，与 r 正交方向用 u_θ 表示，直角坐标与极坐标的关系为

$$x=r\cos\theta,\ y=r\sin\theta,\ r=\sqrt{x^2+y^2},\ \theta=\arctan(y/x)$$

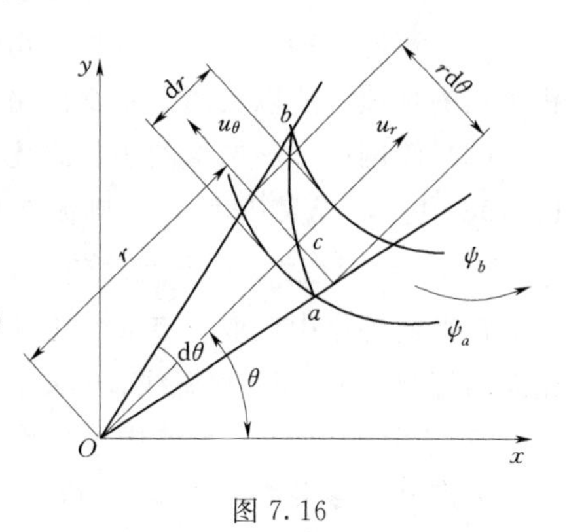

图 7.16

由图 7.16 可以看出，a 点的坐标为 $(r-\mathrm{d}r/2,\ \theta-\mathrm{d}\theta/2)$，其流函数为 ψ_a，b 点的坐标为 $(r+\mathrm{d}r/2,\ \theta+\mathrm{d}\theta/2)$，其流函数为 ψ_b。二流线之间流函数变化为

$$d\psi=\psi_b-\psi_a=\text{通过弧长}\widehat{ab}\text{的流量}$$

流速 u_r 沿 r 方向自弧长$\widehat{ab}$流出的流量为 $u_r r\mathrm{d}\theta$，流速 u_θ 沿与 r 正交方向向弧长$\widehat{ab}$流进的流量为 $-u_\theta \mathrm{d}r$，故上式可改写成

$$d\psi=\text{通过弧长}\widehat{ab}\text{的流量}=u_r r\mathrm{d}\theta-u_\theta \mathrm{d}r$$

又因为

$$d\psi=\frac{\partial\psi}{\partial\theta}\mathrm{d}\theta+\frac{\partial\psi}{\partial r}\mathrm{d}r=\frac{1}{r}\frac{\partial\psi}{\partial\theta}r\mathrm{d}\theta+\frac{\partial\psi}{\partial r}\mathrm{d}r$$

比较以上两式得

$$\left.\begin{aligned}u_r&=\frac{1}{r}\frac{\partial\psi}{\partial\theta}\\u_\theta&=-\frac{\partial\psi}{\partial r}\end{aligned}\right\}\tag{7.60}$$

同样对流速势可得

$$\left.\begin{aligned}u_r&=\frac{\partial\varphi}{\partial r}\\u_\theta&=\frac{1}{r}\frac{\partial\varphi}{\partial\theta}\end{aligned}\right\}\tag{7.61}$$

$$d\varphi=\frac{\partial\varphi}{\partial r}\mathrm{d}r+\frac{\partial\varphi}{\partial\theta}\mathrm{d}\theta=u_r\mathrm{d}r+ru_\theta\mathrm{d}\theta$$

由此得

$$\left.\begin{aligned}u_r&=\frac{\partial\varphi}{\partial r}=\frac{1}{r}\frac{\partial\psi}{\partial\theta}\\u_\theta&=\frac{1}{r}\frac{\partial\varphi}{\partial\theta}=-\frac{\partial\psi}{\partial r}\end{aligned}\right\}\tag{7.62}$$

7.8.1.5　流网法解平面势流

在平面势流中，$\varphi(x,y)=C_1$ 代表一簇等势线，$\psi(x,y)=C_2$ 代表一簇流线，等势线簇与流线簇交织组成的网格图形称为流网。

1. 流网的性质

(1) 流网是相互正交的网格。由前面流线与等势线的性质可知，流线与等势线具有互相正交的性质，所以流网是正交网格。

(2) 流网中每一网格的边长之比（$\mathrm{d}n/\mathrm{d}m$），等于速度势函数 φ 与流函数 ψ 的增值之比（$\mathrm{d}\varphi/\mathrm{d}\psi$），若取 $\mathrm{d}\varphi=\mathrm{d}\psi$，则流网为方格网。

2. 流网中流函数 ψ 与流速势函数 φ 的增值方向

在平面势流中任取一点 a，通过 a 点必可取出一根等势线 φ 和一根流线 ψ，并绘出其相邻的等势线 $\varphi+\mathrm{d}\varphi$ 和流线 $\psi+\mathrm{d}\psi$，令两等势线之间的距离为 $\mathrm{d}n$，两流线之间的距离为 $\mathrm{d}m$，如图 7.17 所示。由图中可以看出，a 点的流速$\vec{u}$的方向必为该点流线的切线方向，也一定是该点等势线的法线方向，若以流速$\vec{u}$的方向作为 n 的增值方向，将 n 的增值方向逆时针旋转 90°作为 m 的增值方向，则

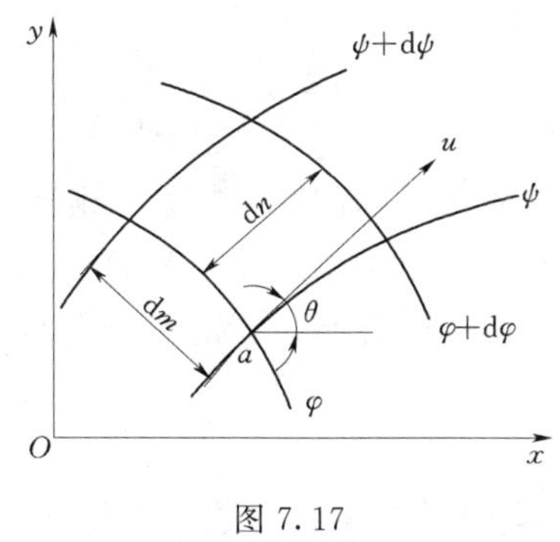

图 7.17

$u_x = u\cos\theta$，$u_y = u\sin\theta$，$dx = dn\cos\theta$，$dy = dn\sin\theta$。流速势为

$$d\varphi = u_x dx + u_y dy = u\cos^2\theta dn + u\sin^2\theta dn = u dn \tag{7.63}$$

由式（7.63）可知，当 dn 为正值时，$d\varphi$ 也为正值，即流速势 φ 的增值方向与 n 的增值方向是相同的。又由于

$$d\psi = u_x dy - u_y dx = u\cos\theta dm\cos\theta - u\sin\theta(-dm\sin\theta) = u dm \tag{7.64}$$

由式（7.64）可以看出，流函数 ψ 的增值方向与 m 的增值方向是相同的。

由此可以得出结论，在平面势流的流速场中，流速势 φ 的增值方向与流速 u 的方向一致；将流速方向逆转 90°的方向为流函数 ψ 的增值方向，这一法则叫作儒科夫斯基法则。

由流网的性质可知

$$d\psi = dq = u dm \tag{7.65}$$

比较式（7.63）和式（7.64）可得

$$\frac{d\varphi}{d\psi} = \frac{u dn}{u dm} = \frac{dn}{dm} \tag{7.66}$$

式（7.66）说明流网网格的相邻边长之比等于势函数增量与流函数增量之比。

3. 流网的绘制原则

由上面的讨论可知

$$u = \frac{d\varphi}{dn} = \frac{d\psi}{dm} \tag{7.67}$$

若绘制无数多的流线与等势线，并取每一根网眼相邻两流线间流函数的差值与相邻两等势线间流速势的差值相等，即 $d\psi = d\varphi$，则 $dm = dn$，即每个微小网眼是曲边正方形。需要说明的是，这里所说的正方形与几何上的正方形完全不同，只要网眼的对角线互相垂直且对边中点距相等，就可认为网眼是曲边正方形。在实际绘制流网时，不可能绘出无数条流线和等势线，故将上式改为差分形式：

$$u = \frac{\Delta\varphi}{\Delta n} = \frac{\Delta\psi}{\Delta m} \tag{7.68}$$

若取所有的 $\Delta\varphi = \Delta\psi =$ 常数，则 $\Delta n = \Delta m$，即每个网眼将成为正交曲线网格。根据流线的特性可以用流网表示流动情况，求得流场的流速和压强分布。

若取 $\Delta m = \Delta n$，则两条流线之间的单宽流量为

$$\Delta q = \Delta\psi = \Delta\varphi = u \cdot \Delta m = \text{常数} \tag{7.69}$$

则

$$u = \frac{\Delta q}{\Delta m} \tag{7.70}$$

在两条流线间任意选取两个过水断面，流速分别为 u_1 及 u_2，流线间距为 Δm_1 和 Δm_2，由于两条流线间 Δq 为常量，则 $\Delta q = u_1\Delta m_1 = u_2\Delta m_2$，或

$$\frac{u_1}{u_2}=\frac{\Delta m_2}{\Delta m_1} \tag{7.71}$$

Δm_1 和 Δm_2 可以直接在流网上量取，给定 u_1 可以由式（7.71）求得 u_2，逐个网格计算后，就可得到流场的流速分布。从式（7.71）可以看出，两条流线间的间距越大，则流速越小，反之，间距越小，流速越大，所以从流网图形可以清晰地表示出流速分布情况。

求出流场中的流速分布后，可以应用能量方程求得流场的压强分布。恒定平面势流中任意两点之间满足下列能量关系：

$$z_1+\frac{p_1}{\gamma}+\frac{u_1^2}{2g}=z_2+\frac{p_2}{\gamma}+\frac{u_2^2}{2g}$$

当两点的位置高度 z_1 及 z_2 已知，流速 u_1 和 u_2 通过流网求出时，如已知某一点压强后，即可由上式求得其他点的压强。

4. 流网的绘制

（1）有压平面势流流网的绘制。如图 7.18 所示为一有压平面势流，边界轮廓为已知，根据每个网眼接近于正交曲线方格的原则，试描几次即可绘出流网。

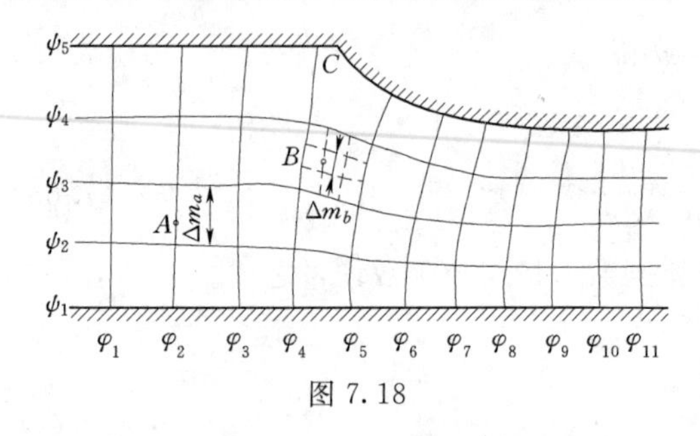

图 7.18

试描时一般均先描绘流线，然后再绘等势线。沿边界液体质点的流速方向必与边界相切，所以上下两边界都是流线，所有等势线应与边界正交。因流线不能折转，如图 7.18 中的 C 点必为驻点，此处网格并非方格（若网格分成无穷小时，则该处应为方格）。试描等势线时应先描 C 点两侧的等势线，然后再分别向上、下游描绘其他等势线。

若水流方向系自左向右，则根据儒科夫斯基法则，流速势的增值方向为自左至右，流函数的增值方向为自下向上。

如图 7.18 所示，流线有五根，流线之间的间距有四个，若流量为 q 时，$\Delta\psi=\Delta q=q/4$，故各流线的流函数的数值为

$$\psi_1=a$$

$$\psi_2=\psi_1+\Delta\psi=a+\frac{q}{4}$$

$$\psi_3=\psi_2+\Delta\psi=a+\frac{2q}{4}$$

$$\psi_4=\psi_3+\Delta\psi=a+\frac{3q}{4}$$

$$\psi_5=\psi_4+\Delta\psi=a+q$$

式中 a 可取任意数值，对绘制流网及解平面势流问题并无影响，显然令 $a=0$ 最为方便。

如果第一根等势线为

$$\varphi_1=b$$

式中 b 可取任意数值，其他各等势线的流速势的数值即可求出

$$\varphi_2=\varphi_1+\Delta\varphi=b+\Delta\psi=b+\frac{q}{4}$$

$$\varphi_3=\varphi_2+\Delta\varphi=\varphi_2+\Delta\psi=b+\frac{2q}{4}$$

$$\varphi_4=\varphi_3+\Delta\varphi=\varphi_3+\Delta\psi=b+\frac{3q}{4}$$

$$\cdots$$

用近似法绘制流网时并不需要将 φ 及 ψ 的值求出。流网绘出后，即可应用式（7.70）求任何点的流速，例如 A 点的流速

$$u_a=\frac{\Delta\psi_a}{\Delta m_a}=\frac{\Delta q}{\Delta m_a}=\frac{q}{4\Delta m_a}$$

式中，Δm_a 可由图中量出。又如欲求 B 点的流速，只要在 B 点所在的网眼中绘出更小的网眼，如虚线所示，则 B 点的流速为

$$u_b=\frac{\Delta\psi_b}{\Delta m_b}=\frac{q}{12\Delta m_b}$$

这样就可求出流速场，根据能量方程又可求出压强场，即可解整个平面势流问题。

（2）有自由表面的平面势流流网的绘制。有自由表面的平面势流流网的绘制关键在于自由表面边界的确定。如自由表面的边界能确定，则与有压平面势流解法完全一样。如图 7.19 所示的为二元矩形薄壁堰流，假设液体为理想液体，在自由表面未开始降落以前取一断面 0—0，在断面 0—0 上流速为均匀分布，该断面自由表面上的流速为 u_0（与断面平均流速相等）。在自由表面上任意一点的流速为 u，则由理想液体流线的能量方程可得

$$z_0+\frac{u_0^2}{2g}=z+\frac{u^2}{2g}$$

即

$$z_0-z+\frac{u_0^2}{2g}=\frac{u^2}{2g}$$

如令 $z_0-z+\frac{u_0^2}{2g}=h_u$，$h_u$ 为自由表面上任意点自总水头线降落的铅垂距离，如图 7.19 所示，则

$$u=\sqrt{2gh_u}$$

由流网原理可知 $u=\frac{\Delta\varphi}{\Delta n}$，且 $\Delta\varphi=u\Delta n=\sqrt{2gh_u}\,\Delta n=$常数。此常数应等于断面 0—0 处的 $\sqrt{2gh_{u0}}\,\Delta n_0$，式中 $h_{u0}=\frac{u_0^2}{2g}$，Δn_0 可由流网中量得。因此，只要先试描自由表面的边界，并绘出流网，在流网中量出 Δn_0，即可求出 $\sqrt{h_{u0}}\,\Delta n_0$ 的数值，然后检验自由表面上各点至总水头线的铅垂距离的平方根与 Δn 的乘积是否等于 $\sqrt{h_{u0}}\,\Delta n_0$，若不相等则需修正自由表面线直至符合为止。这样就可确定自由表面的边界并绘得流网，利用流网即可解得平面势流问题。

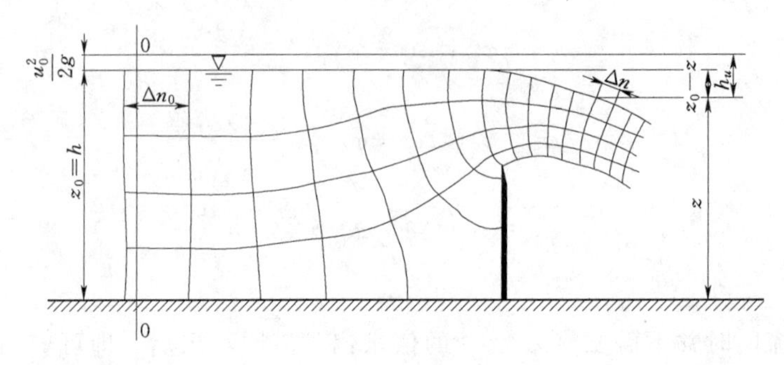

图 7.19

随着计算机和计算技术的发展，目前已不需要手绘流网，利用各种计算软件已能通过计算机绘制流网。这里之所以讲流网绘制的原则，主要是提高对流网绘制的感性认识。

【例题 7.8】 绘图表示 $\psi=x^2-y^2$ 的流线，等势线，流动方向，并找出在点（1，1）上的流速及方向。

解：

求流线：等流函数线即为流线，流线方程 $C=x^2-y^2$，零流线 $x=\pm y$，为Ⅰ、Ⅲ象限及Ⅱ、Ⅳ象限 45°等分线。对于 $C>0$ 的流线方程，$x=\pm\sqrt{y^2+C}$，分别为Ⅰ、Ⅳ象限及Ⅱ、Ⅲ象限内的曲线，对于 $C<0$ 的流线方程，$y=\pm\sqrt{x^2-C}$，分别为Ⅰ、Ⅱ象限及Ⅲ、Ⅳ象限内的曲线，如图所示。

流动方向：$u_x=\frac{\partial\psi}{\partial y}=-2y$，$u_y=-\frac{\partial\psi}{\partial x}=-2x$，当 x、y 为正值时，u_x、u_y 均为负值，当 x、y 为负值时，u_x、u_y 均为正值，流动方向如图所示。

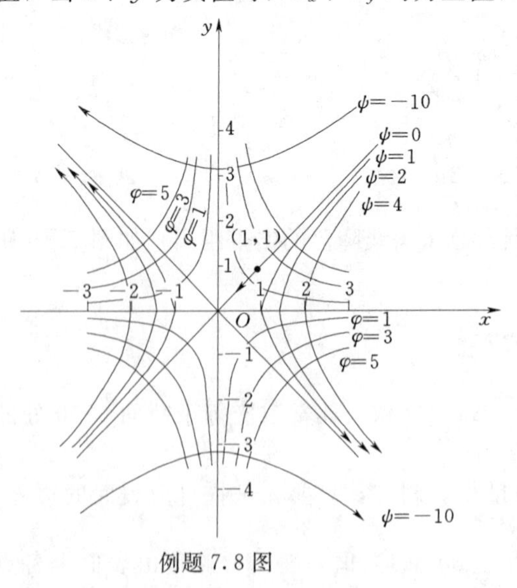

例题 7.8 图

求势函数：

$$u_x=\frac{\partial\psi}{\partial y}=-2y, u_y=-\frac{\partial\psi}{\partial x}=-2x$$

$$u_x=\frac{\partial\varphi}{\partial x}=-2y$$

积分得 $\varphi=-2xy+f(y)$，又因为

$$u_y=\frac{\partial\varphi}{\partial y}=-2x+f'(y)$$

因为 $u_y=-2x$，所以 $f'(y)=0$，即 $f(y)=C$，令其等于零，则

$$\varphi=-2xy$$

故等势线为等轴双曲线，如果 $\varphi<0$，则在Ⅰ、Ⅲ象限内，如 $\varphi>0$，则在Ⅱ、Ⅳ象限内。

在点（1，1）处，$u_x=-2$，$u_y=-2$，$u=\sqrt{u_x^2+u_y^2}=\sqrt{(-2)^2+(-2)^2}=2\sqrt{2}$，其斜率为 $\frac{dy}{dx}=\frac{u_y}{u_x}=\frac{x}{y}=1$，流速向量与 x 轴成 45°角。流动方向如图所示。

【例题 7.9】 有一二元闸孔出流，已知 $h_0=2.44\text{m}$，闸孔开度 $e=0.76\text{m}$，试求：(1) 通过闸孔的流量；(2) 闸孔出流的垂直收缩系数 h_c/e；(3) 绘出作用在闸门上的动水压强分布，并求出作用在闸门上的动水总压力。

解：

先绘出闸门上、下游的自由水面线，并近似绘出流网。假设 $u_0^2/(2g)=0.07\text{m}$，在断面 0—0 处网格上量出 $\Delta n_0=0.61\text{m}$，求得 $\sqrt{h_{u0}}\Delta n_0=\sqrt{0.07}\times 0.61=0.161$，然后检查自由表面上各网格中点的 $\sqrt{h_u}\Delta n$ 是否等于 0.161，调整自由水面线至完全符合为止。

(1) 量出闸孔出流收缩断面 $c-c$ 处的水深 $h_c=0.455\text{m}$，由理想液体的能量方程得

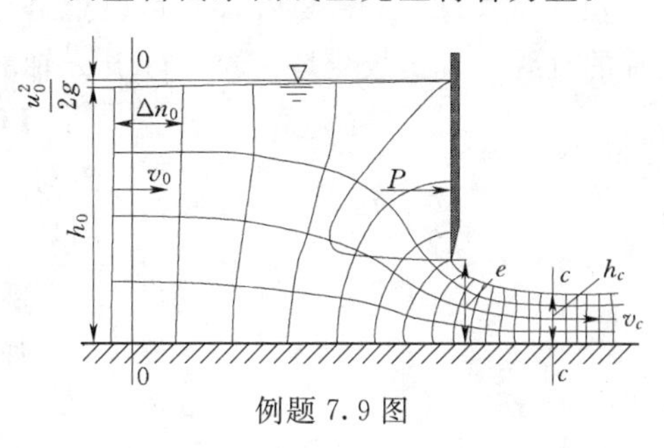

例题 7.9 图

$$z_0+\frac{u_0^2}{2g}=z_c+\frac{u_c^2}{2g}$$

式中：$z_0=h_0=2.44\text{m}$，$z_c=0.455\text{m}$。

又由连续方程，$u_0h_0=u_ch_c$，代入上式得

$$\frac{u_0^2}{2g}=\frac{z_0-z_c}{h_0^2/h_c^2-1}=\frac{1.985}{27.76}=0.0715(\text{m})$$

与假设基本相符。故 $u_0=\sqrt{0.0715\times 19.6}=1.184(\text{m/s})$。单宽流量为

$$q=u_0h_0=1.184\times 2.44=2.89[\text{m}^3/(\text{s}\cdot\text{m})]$$

(2) 闸孔出流的垂直收缩系数为

$$\varepsilon=h_c/e=0.455/0.76=0.6$$

(3) 根据流网求出沿闸门各点的流速 u，再根据能量方程 $z+\frac{p}{\gamma}+\frac{u^2}{2g}=h_0+\frac{u_0^2}{2g}$ 求出相应点的动水压强 p，闸门上的动水压强分布图如例题 7.9 图所示。由动水压强的压力图求得作用在闸门上的动水总压力 $P=13230\text{N}$。

7.8.2 简单势流及势流叠加原理

7.8.2.1 几种简单的平面势流

1. 平行流

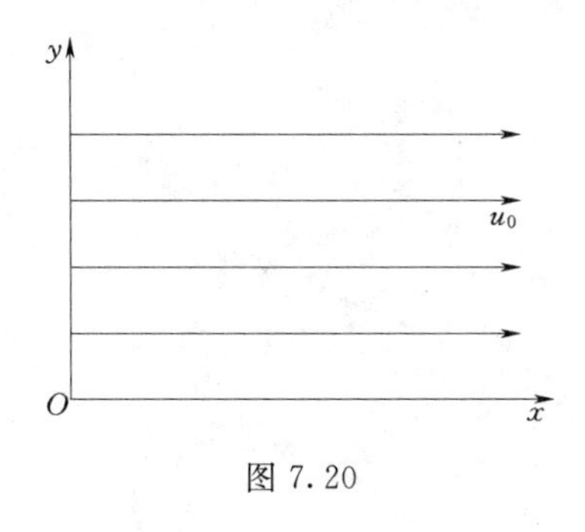

图 7.20

平行流也叫均匀直线流，其流线是一些平行的直线，流场中的速度分布为 $u_y=u_z=0$，$u_x=u_0=$ 常数。流线平行于 x 轴，如图 7.20 所示。

现在分析这种流动。因为 $u_x=u_0=$ 常数，所以是匀速直线流动，其旋转角速度 $\omega_x=\omega_y=0$

$$\omega_z=\frac{1}{2}\left(\frac{\partial u_y}{\partial x}-\frac{\partial u_x}{\partial y}\right)=0$$

因此流动是无旋流动，其流速势函数为

$$u_x=u_0=\frac{\partial\varphi}{\partial x}\ ,\ u_y=0=\frac{\partial\varphi}{\partial y}$$

$$\mathrm{d}\varphi=\frac{\partial\varphi}{\partial x}\mathrm{d}x+\frac{\partial\varphi}{\partial y}\mathrm{d}y=u_0\mathrm{d}x$$

积分得
$$\varphi = u_0 x + C_1 \tag{7.72}$$
又由于
$$u_x = u_0 = \frac{\partial \psi}{\partial y}\ ,\ u_y = 0 = -\frac{\partial \psi}{\partial x}$$
$$\mathrm{d}\psi = \frac{\partial \psi}{\partial x}\mathrm{d}x + \frac{\partial \psi}{\partial y}\mathrm{d}y = u_0 \mathrm{d}y$$
积分得
$$\psi = u_0 y + C_2 \tag{7.73}$$
式中：C_1、C_2 为任意积分常数。

由式（7.72）和式（7.73）可以绘出等势线和流函数线，可见，等势线是一簇平行于 y 轴的直线，流函数线是一簇平行于 x 轴的直线，如图 7.21 所示。

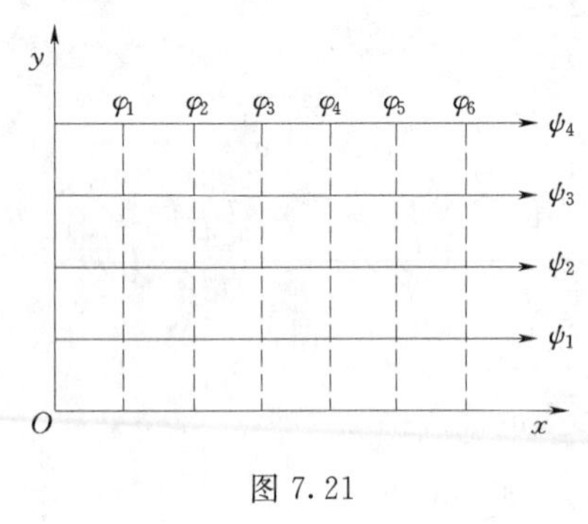

图 7.21

【例题 7.10】 设平面均匀流动的速度为 $\vec{u}$，均匀流与 x 轴的夹角为 α，如例题 7.10 图所示。试求流函数 ψ 和势函数 φ 以及压强分布 p。

解：

速度 $\vec{u}$ 在 x 和 y 方向的投影分别为
$$u_x = u\cos\alpha,\ u_y = u\sin\alpha$$
$$\mathrm{d}\varphi = \frac{\partial \varphi}{\partial x}\mathrm{d}x + \frac{\partial \varphi}{\partial y}\mathrm{d}y = u_x \mathrm{d}x + u_y \mathrm{d}y = u\cos\alpha\,\mathrm{d}x + u\sin\alpha\,\mathrm{d}y$$
积分得
$$\varphi = u(x\cos\alpha + y\sin\alpha) + C_1$$
$$\mathrm{d}\psi = \frac{\partial \psi}{\partial x}\mathrm{d}x + \frac{\partial \psi}{\partial y}\mathrm{d}y = -u_y \mathrm{d}x + u_x \mathrm{d}y = -u\sin\alpha\,\mathrm{d}x + u\cos\alpha\,\mathrm{d}y$$
积分得
$$\psi = u(-x\sin\alpha + y\cos\alpha) + C_2$$
令 $C_1 = C_2 = 0$，则得势函数和流函数为
$$\varphi = u(x\cos\alpha + y\sin\alpha)$$
$$\psi = u(-x\sin\alpha + y\cos\alpha)$$
上述的势函数和流函数都是单值函数，且都满足拉普拉斯方程。等流函数线和等势线如图所示。

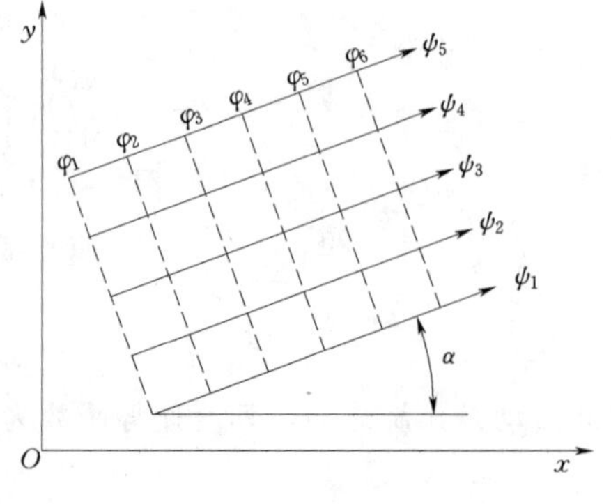

例题 7.10 图

由伯努利方程
$$z + \frac{p}{\gamma} + \frac{u^2}{2g} = 常数$$
由此可知，如果均匀流是在平面内，或者重力的影响可以忽略不计时，则压强 p = 常数，即在流场中压强处处都相等。

2. 源流和汇流

设在水平的无限平面内，液体从某一点 o 沿径向直线均匀对称的向四面八方流出，这种流动称为源流，o 点称为源点，如图 7.22（a）所示，例如泉眼向四面八方的流动就是源流的例子。

若液体沿径向直线均匀对称地从各方向流向某一点，这种流动称为汇流（或点汇），如图 7.22（b）所示，例如地下水向井中的流动就是汇流的例子。

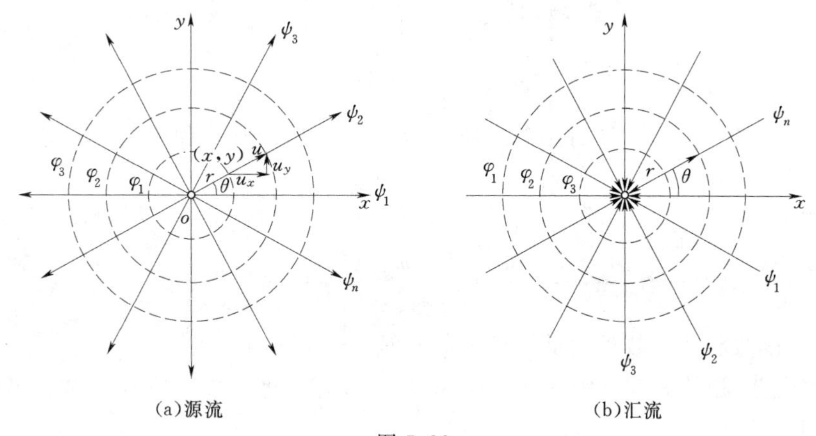

图 7.22

下面分析这两种流动的流速势与流函数。

将源点作为坐标原点，因为在源流中只有径向速度 u_r，所以

$$u_r=\frac{Q}{2\pi r}\quad u_\theta=0 \tag{7.74}$$

式中：Q 为每秒钟流过以源点为中心 r 为半径的圆周的流量，称为源流强度。

由式（7.62）得

$$u_r=\frac{\partial\varphi}{\partial r}=\frac{\mathrm{d}\varphi}{\mathrm{d}r}$$

故
$$\mathrm{d}\varphi=u_r\mathrm{d}r=\frac{Q}{2\pi r}\mathrm{d}r$$

积分得
$$\varphi=\frac{Q}{2\pi}\ln r+C_1 \tag{7.75}$$

由式（7.62）得
$$u_r=\frac{1}{r}\frac{\partial\psi}{\partial\theta}=\frac{1}{r}\frac{\mathrm{d}\psi}{\mathrm{d}\theta}$$

故
$$\mathrm{d}\psi=ru_r\mathrm{d}\theta=r\frac{Q}{2\pi r}\mathrm{d}\theta=\frac{Q}{2\pi}\mathrm{d}\theta$$

积分得
$$\psi=\frac{Q}{2\pi}\theta+C_2 \tag{7.76}$$

由此可知，等势线方程为

$$\frac{Q}{2\pi}\ln r=\text{常数}$$

即 $r=$常数，等势线为一组以源点为中心的同心圆。

流线方程为

$$\frac{Q}{2\pi}\theta=\text{常数}$$

即 $\theta=$常数，流线为一组通过原点的辐射线。

若用直角坐标来表示，则 $r^2=x^2+y^2$，$\theta=\arctan(y/x)$，代入式（7.75）和式

(7.76)，并令 $C_1=C_2=0$，得

$$\varphi=\frac{Q}{2\pi}\ln\sqrt{x^2+y^2}=\frac{Q}{4\pi}\ln(x^2+y^2) \tag{7.77}$$

$$\psi=\frac{Q}{2\pi}\arctan\frac{y}{x} \tag{7.78}$$

将式（7.75）和式（7.76）分别代入拉普拉斯方程式（7.55b）和式（7.58b）得

$$\frac{\partial^2\psi}{\partial r^2}+\frac{1}{r}\frac{\partial\psi}{\partial r}+\frac{1}{r^2}\frac{\partial^2\psi}{\partial\theta^2}=0+0+0=0$$

$$\frac{\partial^2\varphi}{\partial r^2}+\frac{1}{r}\frac{\partial\varphi}{\partial r}+\frac{1}{r^2}\frac{\partial^2\varphi}{\partial\theta^2}=-\frac{Q}{2\pi r^2}+\frac{Q}{2\pi r^2}=0$$

说明源流的流函数和势函数都满足拉普拉斯方程。

汇流的状态与源流相反，汇流的径向速度 u_r，速度势函数 φ 和流函数 ψ 的表达式与源流相同，但符号相反，即

$$u_r=-\frac{Q}{2\pi r} \tag{7.79}$$

$$\varphi=-\frac{Q}{2\pi}\ln r=-\frac{Q}{4\pi}\ln(x^2+y^2) \tag{7.80}$$

$$\psi=-\frac{Q}{2\pi}\theta=-\frac{Q}{2\pi}\arctan\frac{y}{x} \tag{7.81}$$

式中：Q 为汇流强度。

源流和汇流的流函数 ψ 并不是单值的，因为从 $\theta=0$ 出发回转一圈到起始点，这时 $\theta=2\pi$，因此流经包围源（或汇）点的任何封闭曲线上的流量并不等于零。

严格来说，源和汇的流动实际上不可能准确实现，因为在源点 $(r=0)u_r=\infty$，$\varphi=\infty$，这是不可能的，所以源点或汇点是奇点。因此速度势和速度的表达式只有在源点或汇点以外才能使用。由于源点或汇点是速度不连续的点，所以流经包围源点或汇点的任何封闭曲线上的流量都等于 Q。

源流或汇流的压强分布可以应用伯努利方程求得，当流动是在水平面内进行时，则

$$\frac{p}{\gamma}+\frac{u_r^2}{2g}=\frac{p_\infty}{\gamma} \tag{7.82}$$

式中：p_∞ 为 $r=\infty$，$u_r=\frac{Q}{2\pi r}=0$ 处的液体压强。

将 $u_r=\frac{Q}{2\pi r}$ 代入式（7.82）得

$$p=p_\infty-\frac{\gamma}{r^2}\frac{Q^2}{8\pi^2 g} \tag{7.83}$$

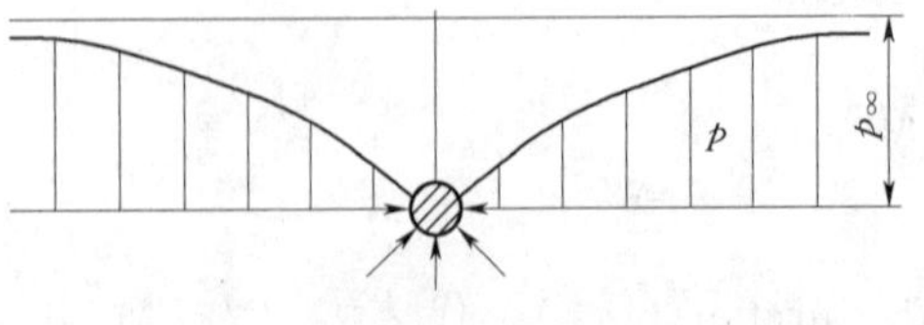

由式（7.83）可以看出，压强 p 随着半径 r 的减小而降低，当 $r=r_0=\left(\frac{\gamma}{p_\infty}\frac{Q^2}{8\pi^2 g}\right)^{1/2}$ 时，$p=0$。当 $r_0<r<\infty$ 和 $-\infty<r<-r_0$ 时，压强分布如图 7.23 所示，当 $r=0$ 时，$p=-\infty$，这

图 7.23

是不可能的，这亦说明源点或汇点是奇点。

【例题 7.11】 设源流强度 $Q=30\text{m}^2/\text{s}$，直角坐标原点与源点重合，试求通过点（0，3）的流线的流函数和该点的速度 u_x 和 u_y。

解：

已知源流流函数的公式为

$$\psi=\frac{Q}{2\pi}\theta=\frac{Q}{2\pi}\arctan\frac{y}{x}$$

当 $x=0$，$y=3$ 时

$$\psi=\frac{30}{2\pi}\times\frac{\pi}{2}=7.5(\text{m}^2/\text{s})$$

$$u_x=\frac{\partial\psi}{\partial y}=\frac{Q}{2\pi}\frac{x}{x^2+y^2}=0$$

$$u_y=-\frac{\partial\psi}{\partial x}=-\frac{Q}{2\pi}\frac{-y}{x^2+y^2}=\frac{Qy}{2\pi(x^2+y^2)}=\frac{30\times3}{2\pi(0+3^2)}=1.59(\text{m/s})$$

3. 环流（自由涡）

液体质点沿同心圆运动的现象称之为涡，以涡束旋转所诱导出的平面流动称为涡流。可以分为强迫涡与自由涡，旋转容器中相对平衡的液体运动是一种强迫涡，质点都绕某一个瞬时轴像刚体一样的旋转。而自由涡没有绕自身轴的旋转，所以是一种无旋运动，像大气中的旋风、龙卷风等，如图 7.24 所示。

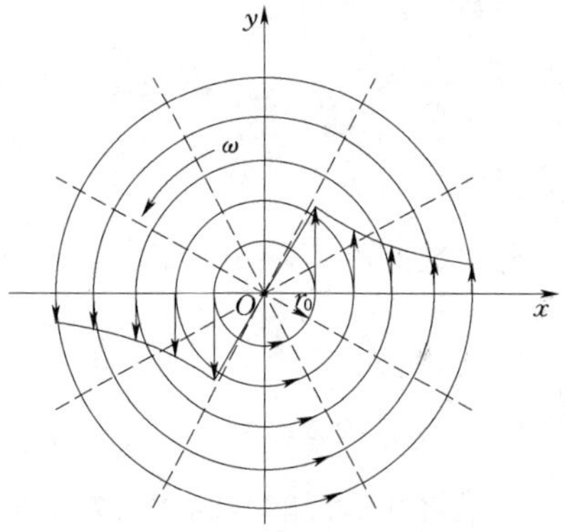

图 7.24

对于二元运动自由涡，用极坐标分析较为方便，因它们的流线是同心圆，径向速度 $u_r=0$，仅有 u_θ。

自由涡为无旋运动，应满足无旋条件

$$\omega_z=\frac{1}{2}\left(\frac{\partial u_y}{\partial x}-\frac{\partial u_x}{\partial y}\right)=0$$

写成极坐标为

$$\omega_z=\frac{1}{2}\left[\frac{\partial(ru_\theta)}{r\partial r}-\frac{\partial u_r}{r\partial\theta}\right]=0$$

即

$$\frac{\partial(ru_\theta)}{\partial r}=\frac{\partial u_r}{\partial\theta}$$

因为 $u_r=0$，所以上式可以写成

$$\frac{\text{d}(ru_\theta)}{\text{d}r}=0$$

积分得

$$ru_\theta=C$$

或

$$u_\theta=\frac{C}{r}\tag{7.84}$$

式中：C 是不为零的常数。

沿流线（r 为半径的同心圆）的速度环量为

$$\Gamma=\oint_L u\mathrm{d}l=\oint_L u_\theta r\mathrm{d}\theta=\int_0^{2\pi}\frac{C}{r}r\mathrm{d}\theta=2\pi C$$

上式表明，环量与半径无关，为一常数，说明在无旋流场中环量不为零。这是由于线积分曲线包围奇点在内的原因，因为涡的中心点为奇点，在此点，$r=0$，$u_\theta=\infty$，所以除中心点以外，自由涡才是无旋运动。

由上式得 $C=\frac{\Gamma}{2\pi}$，代入式（7.84）得

$$u_\theta=\frac{\Gamma}{2\pi r} \tag{7.85}$$

求流函数

$$\mathrm{d}\psi=\frac{\partial\psi}{\partial r}\mathrm{d}r+\frac{\partial\psi}{\partial\theta}\mathrm{d}\theta=u_r r\mathrm{d}\theta-u_\theta\mathrm{d}r=-\frac{\Gamma}{2\pi r}\mathrm{d}r$$

积分得

$$\psi=-\frac{\Gamma}{2\pi}\ln r+C_1$$

求势函数

$$\mathrm{d}\varphi=u_r\mathrm{d}r+ru_\theta\mathrm{d}\theta=r\frac{\Gamma}{2\pi r}\mathrm{d}\theta=\frac{\Gamma}{2\pi}\mathrm{d}\theta$$

积分得

$$\varphi=\frac{\Gamma}{2\pi}\theta+C_2$$

令积分常数 $C_1=C_2=0$，得

$$\psi=-\frac{\Gamma}{2\pi}\ln r \tag{7.86}$$

$$\varphi=\frac{\Gamma}{2\pi}\theta \tag{7.87}$$

如果将式（7.86）和式（7.87）换成直角坐标，则

$$\psi=-\frac{\Gamma}{4\pi}\ln(x^2+y^2) \tag{7.88}$$

$$\varphi=\frac{\Gamma}{2\pi}\arctan\frac{y}{x} \tag{7.89}$$

式（7.88）表明流线为同心圆。涡的符号决定于环量的正负，习惯以逆时针方向环量为正值。等势线是一簇从原点出发的径向射线，如图 7.24 所示。

环流的压强分布可用伯努利方程求得，当流动是在水平面内进行时，有

$$\frac{p}{\gamma}+\frac{u_\theta^2}{2g}=\frac{p_\infty}{\gamma} \tag{7.90}$$

式中：p_∞ 为 $r=\infty$，$u_\theta=\frac{\Gamma}{2\pi r}=0$ 处的液体压强。

将式（7.85）代入式（7.90）整理得

$$p=p_\infty-\frac{\gamma\Gamma^2}{8g\pi^2r^2} \tag{7.91}$$

由式（7.91）可以看出，环流的压强分布与源流或汇流的性质是相同的，所不同的是式（7.91）中为 Γ 而不是 Q。

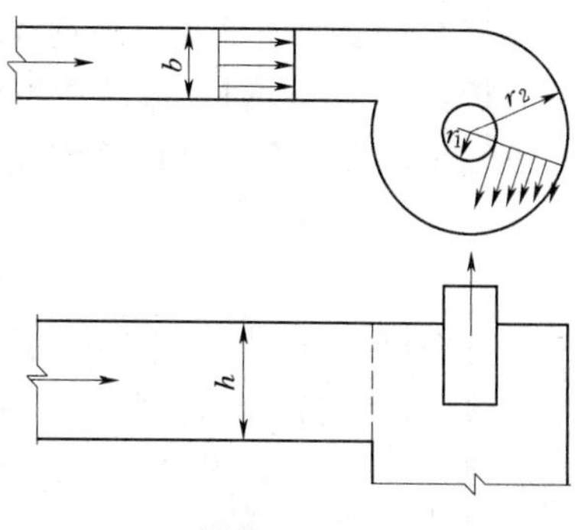

例题 7.12 图

【例题 7.12】 设有一离心式旋转除尘器，如例题 7.12 图所示。已知除尘器内筒半径 $r_1=0.4\text{m}$，外筒半径 $r_2=1.0\text{m}$，长方形切向引入管道的宽度 $b=0.6\text{m}$，高度 $h=1.0\text{m}$，液流沿管道流入除尘器，旋转后经内筒上部流出。管道内液流的平均速度 $v=10\text{m/s}$，试估计旋转液流中切向速度 u_θ 的分布。

解：

除尘器内旋转液流沿圆柱体半径方向的切向速度 u_θ，相当于环流中的势流旋转区的速度分布规律，即 $u_\theta=\dfrac{C}{r}$，式中 C 是不为零的常数，其值可由连续性方程确定，即

$$vb=\int_{r1}^{r2}u_\theta\text{d}r=\int_{r1}^{r2}\frac{C}{r}\text{d}r=C\ln\frac{r_2}{r_1}$$

由上式得
$$C=vb/\ln\frac{r_2}{r_1}=10\times0.6/\ln\frac{1}{0.4}=6.55(\text{m}^2/\text{s})$$

由此得
$$u_\theta=\frac{6.55}{r}$$

内筒外壁处：
$$u_\theta=\frac{6.55}{r}=\frac{6.55}{0.4}=16.37(\text{m/s})$$

外筒内壁处：
$$u_\theta=\frac{6.55}{r}=\frac{6.55}{1.0}=6.55(\text{m/s})$$

4. 直角内流动

设平面流动的流速势为

$$\varphi=a(x^2-y^2) \tag{7.92}$$

现求它的流函数并讨论该流速势所代表的流动。

$$\frac{\partial\psi}{\partial y}=\frac{\partial\varphi}{\partial x}=2ax$$

$$\psi=\int\frac{\partial\varphi}{\partial x}\text{d}y=\int2ax\text{d}y=2axy+C(x)$$

为确定 $C(x)$，将上式对 x 求偏导数：

$$\frac{\partial\psi}{\partial x}=2ay+C'(x)$$

因为
$$\frac{\partial\psi}{\partial x}=-\frac{\partial\varphi}{\partial y}=-(-2ay)=2ay$$

代入上式得 $C'(x)=0$，所以 $C(x)=C$（常数），则流函数为

$$\psi=2axy+C$$

取掉常数得
$$\psi=2axy$$

流线方程为
$$\psi=2axy=C \tag{7.93}$$

则
$$xy=D\ (\text{常数}) \tag{7.94}$$

因此，流线是以两坐标轴为渐近线的双曲线簇，如图 7.25 所示。

分析：当 $D>0$ 时，流动在Ⅰ、Ⅲ象限；当 $D<0$ 时，流动在Ⅱ、Ⅳ象限；当 $D=0$ 时，流线与两轴重合。下面确定流向，取正 x 轴上点 M（$x>0$，$y=0$），其流速为

$$u_M=\left(\frac{\partial\varphi}{\partial x}\right)_M=2ax_M>0$$

故流动方向沿正 x 方向，其他流线如图 7.25 所示。

等势线方程为 $\varphi=a(x^2-y^2)=C$，所以等势线是以坐标轴的等角分线为渐近线的一簇双曲线。

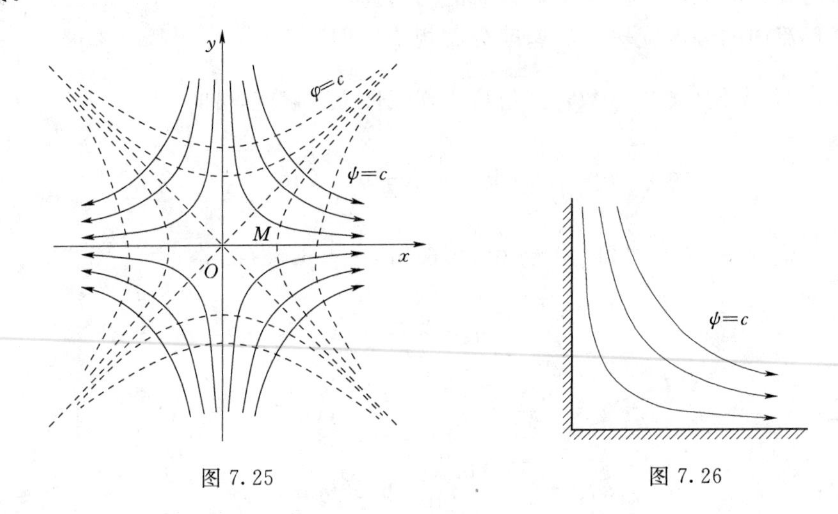

图 7.25　　　　图 7.26

如果把 $\psi=0$ 的零流线即 x，y 的正坐标轴部分当作固体壁面，在理想液体中，因不考虑黏滞性的影响，认为固体边界是流线之一，这样做不破坏流动的情况，则上述 φ、ψ 的函数形式（7.92）和式（7.93）便代表直角内的流动，如图 7.26 所示。

7.8.2.2　势流叠加原理及应用举例

势流的一个重要特性是可叠加性。几个简单势流叠加组合成的较为复杂的流动仍为势流（复合势流），它的流速势 φ 和流函数 ψ 等于被叠加的简单势流的流速势 φ 或流函数 ψ 之和，即

$$\left.\begin{aligned}\varphi=\varphi_1+\varphi_2+\varphi_3+\cdots+\varphi_k\\\psi=\psi_1+\psi_2+\psi_3+\cdots+\psi_k\end{aligned}\right\}\tag{7.95}$$

它的速度 $\vec{u}$ 等于被叠加势流的速度 $\vec{u}_1$，$\vec{u}_2$，…，$\vec{u}_k$ 的矢量和，即

$$\vec{u}=\vec{u}_1+\vec{u}_2+\vec{u}_3+\cdots+\vec{u}_k\tag{7.96}$$

上述势流叠加原理可证明如下：

设两个简单势流的流速势为 φ_1 和 φ_2，两者均满足拉普拉斯方程

$$\frac{\partial^2\varphi_1}{\partial x^2}+\frac{\partial^2\varphi_1}{\partial y^2}=0\ ,\ \frac{\partial^2\varphi_2}{\partial x^2}+\frac{\partial^2\varphi_2}{\partial y^2}=0$$

则两者之和 $\varphi=\varphi_1+\varphi_2$ 也必满足拉普拉斯方程

$$\frac{\partial^2\varphi}{\partial x^2}+\frac{\partial^2\varphi}{\partial y^2}=\frac{\partial^2(\varphi_1+\varphi_2)}{\partial x^2}+\frac{\partial^2(\varphi_1+\varphi_2)}{\partial y^2}=\frac{\partial^2\varphi_1}{\partial x^2}+\frac{\partial^2\varphi_1}{\partial y^2}+\frac{\partial^2\varphi_2}{\partial x^2}+\frac{\partial^2\varphi_2}{\partial y^2}=0$$

所以 φ 也是某一势流的流速势，势流相当于前两个势流叠加的结果。

同理，可证明叠加后的复合势流的流函数 ψ 等于被叠加势流的流函数 ψ_1、ψ_2 的代数和。

下面分析势流叠加后流速场的变化，因为

$$\frac{\partial\varphi}{\partial x}=\frac{\partial(\varphi_1+\varphi_2)}{\partial x}=\frac{\partial\varphi_1}{\partial x}+\frac{\partial\varphi_2}{\partial x}$$

而 $u_x=\frac{\partial\varphi}{\partial x}$，$u_{x1}=\frac{\partial\varphi_1}{\partial x}$，$u_{x2}=\frac{\partial\varphi_2}{\partial x}$，则

$$u_x=u_{x1}+u_{x2}$$

同理

$$u_y=u_{y1}+u_{y2}$$

故

$$\vec{u}=\vec{u}_1+\vec{u}_2$$

同理可推广到两个以上势流的叠加。

工程上常用势流叠加原理来解决一些较为复杂的势流问题，现举例说明如下：

1. 汇和势涡的组合

以极坐标表示的汇流的流速势与流函数为

$$\varphi_1=-\frac{Q}{2\pi}\ln r,\ \psi_1=-\frac{Q}{2\pi}\theta$$

它的径向及与之垂直的流速分量为

$$u_{r1}=\frac{\partial\varphi_1}{\partial r}=-\frac{Q}{2\pi r},u_{\theta1}=\frac{1}{r}\frac{\partial\varphi_1}{\partial\theta}=0$$

势涡的流速势、流函数以及流速分布为

$$\varphi_2=\frac{\Gamma}{2\pi}\theta,\ \psi_2=-\frac{\Gamma}{2\pi}\ln r$$

$$u_{r2}=\frac{\partial\varphi_2}{\partial r}=0,u_{\theta2}=\frac{1}{r}\frac{\partial\varphi_2}{\partial\theta}=\frac{\Gamma}{2\pi r}$$

两势流叠加，其结果为

$$\left.\begin{aligned}\varphi=\varphi_1+\varphi_2=-\frac{Q}{2\pi}\ln r+\frac{\Gamma}{2\pi}\theta\\ \psi=\psi_1+\psi_2=-\frac{Q}{2\pi}\theta-\frac{\Gamma}{2\pi}\ln r\end{aligned}\right\}\tag{7.97}$$

流速分量为

$$\left.\begin{aligned}u_r=u_{r1}+u_{r2}=-\frac{Q}{2\pi r}\\ u_\theta=u_{\theta1}+u_{\theta2}=\frac{\Gamma}{2\pi r}\end{aligned}\right\}\tag{7.98}$$

流速分量也可以由式（7.97）得到

$$\left.\begin{aligned}u_r=\frac{\partial\varphi}{\partial r}=-\frac{Q}{2\pi r}\\ u_\theta=\frac{1}{r}\frac{\partial\varphi}{\partial\theta}=\frac{\Gamma}{2\pi r}\end{aligned}\right\}$$

叠加得到的势流其流线图形如图 7.27 所示，由图中可以看出，当水流由容器底部小孔旋转流出时，容器内的流动即近似于上述流动。

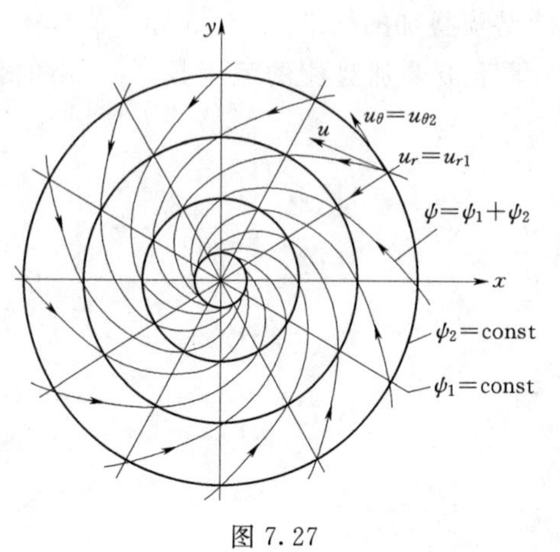

图 7.27

2. 源流与均匀等速流的组合

源流的流速势与流函数为

$$\varphi_1=\frac{Q}{2\pi}\ln r\ ,\psi_1=\frac{Q}{2\pi}\theta$$

它的径向及与之垂直的流速分量为

$$u_{r1}=\frac{\partial\varphi_1}{\partial r}=\frac{Q}{2\pi r},u_{\theta1}=\frac{1}{r}\frac{\partial\varphi_1}{\partial\theta}=0$$

均匀等速流的流速势、流函数以及流速分布为

$$\varphi_2=u_0x=u_0r\cos\theta,\psi_2=u_0y=u_0r\sin\theta$$

$$u_{r2}=\frac{\partial\varphi_2}{\partial r}=u_0\cos\theta,u_{\theta2}=\frac{1}{r}\frac{\partial\varphi_2}{\partial\theta}=-u_0\sin\theta$$

两者相加得到的势流的流速势与流函数为

$$\left.\begin{aligned}\varphi=\varphi_1+\varphi_2=\frac{Q}{2\pi}\ln r+u_0r\cos\theta\\ \psi=\psi_1+\psi_2=\frac{Q}{2\pi}\theta+u_0r\sin\theta\end{aligned}\right\}\tag{7.99}$$

流速分量为

$$\left.\begin{aligned}u_r=u_{r1}+u_{r2}=\frac{Q}{2\pi r}+u_0\cos\theta\\ u_\theta=u_{\theta1}+u_{\theta2}=-u_0\sin\theta\end{aligned}\right\}\tag{7.100}$$

叠加后的图形如图 7.28 所示。

现对方程讨论如下：

当 $\psi=0$ 时，流线（零流线）方程为

$$\frac{Q}{2\pi}\theta=-u_0r\sin\theta$$

对于 $\theta=0$，$\sin\theta=0$，则不论 r 取何值，方程都满足，故通过原点的水平线 OA 是零流线的一个解。

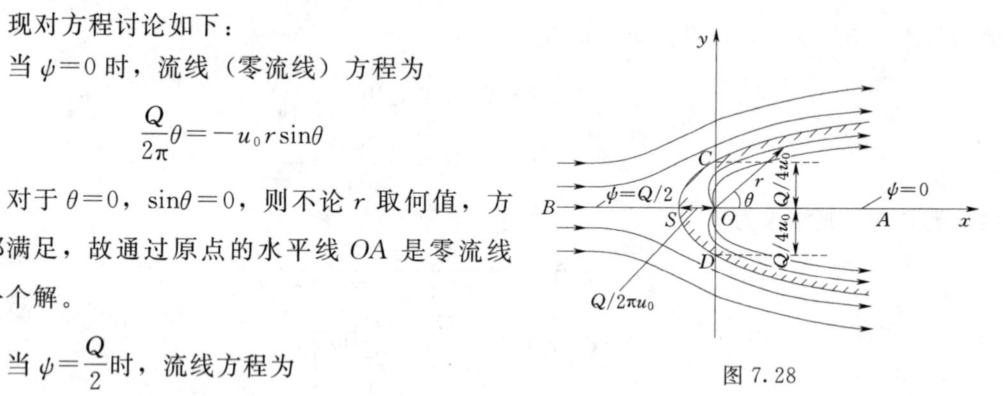

图 7.28

当 $\psi=\frac{Q}{2}$时，流线方程为

$$\frac{Q}{2\pi}\theta+u_0r\sin\theta=\frac{Q}{2}$$

对于 $\theta=\pi$，$\sin\theta=0$，上式对任何 r 值都满足，故水平线 BS 是 $\psi=\frac{Q}{2}$流线的一部分。

当 $\theta=+\frac{\pi}{2}$，$+\frac{3\pi}{2}$，$\psi=\frac{Q}{2}$时，流线上相应点的 r 值为

$$r=\frac{1}{u_0\sin\theta}\frac{Q}{2}\left(1-\frac{\theta}{\pi}\right)=+\frac{Q}{4u_0}$$

即图中的 C、D 两点。

对于流速等于零的驻点，其位置可确定如下：

$$u_r=\frac{\partial\varphi}{\partial r}=\frac{Q}{2\pi r}+u_0\cos\theta=0$$

求得

$$r=-\frac{Q}{2\pi}\frac{1}{u_0\cos\theta}$$

现 $\theta=\pi$，$\cos\theta=-1$，则

$$r=\frac{Q}{2\pi u_0}$$

可见这条流线通过驻点 S，与坐标原点距离为$\frac{Q}{2\pi u_0}$。

如图 7.28 所示，流线 CSD 将流场分为两部分，内部为源流，外部为原来的均匀流，两者互不相混，因此流线 CSD 可看作是一条分水线，若用固体边界来代替，就像平行流绕过一头部圆滑的固体壁面的流动，例如绕过桥墩、飞机机翼等的绕流情况。

3. 等强度源流与汇流的组合——偶极子

设有等强度 Q 的源和汇分别位于 A 点 $(-a,0)$ 和 B 点 $(a,0)$，已知源的流速势和流函数为

$$\varphi_1=\frac{Q}{2\pi}\ln r_1,\psi_1=\frac{Q}{2\pi}\theta_1$$

汇的流速势和流函数为

$$\varphi_2=-\frac{Q}{2\pi}\ln r_2,\psi_2=-\frac{Q}{2\pi}\theta_2$$

上述两个势流组合成的复合势流的流速势和流函数为

$$\left.\begin{aligned}\varphi&=\varphi_1+\varphi_2=\frac{Q}{2\pi}\ln r_1-\frac{Q}{2\pi}\ln r_2=\frac{Q}{2\pi}\ln\frac{r_1}{r_2}\\ \psi&=\psi_1+\psi_2=\frac{Q}{2\pi}\theta_1-\frac{Q}{2\pi}\theta_2=\frac{Q}{2\pi}(\theta_1-\theta_2)\end{aligned}\right\}\tag{7.101}$$

等流函数线 $\psi=$常数，即 $\theta_1-\theta_2=$常数，由几何学知，这是直径在 y 轴上的一簇共弦圆，等势线则为与它们正交的另一簇圆，如图 7.29 所示。

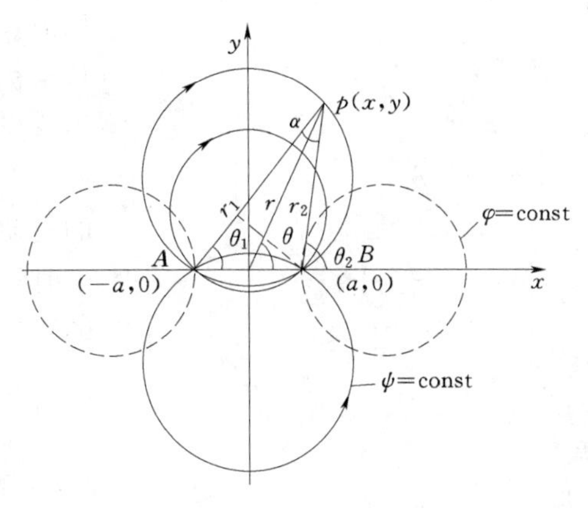

图 7.29

现在考虑源和汇之间的距离趋于零的极限情况，即 $a\to0$ 时所得的复合势流称为偶极流。当 $a\to0$ 时，源和汇两点将重合于原点，此时该源点称为偶极点，而其强度 $Q\to\infty$，以使 $2aQ=M=$常数，则 M 称为偶极距，也称为偶极强度，它是一矢量，其方向是由源流到汇流的方向。

偶极流的流函数的直角坐标表达式为

$$\psi=\frac{Q}{2\pi}(\theta_1-\theta_2)=\frac{Q}{2\pi}\left(\arctan\frac{y}{x+a}-\arctan\frac{y}{x-a}\right)=\frac{Q}{2\pi}\arctan\frac{-2ay}{x^2+y^2-a^2}$$

令$\frac{-2ay}{x^2+y^2-a}=z$，当 $a\to 0$ 时，$z\to 0$，将 $\arctan z$ 展开成级数，即 $\arctan z=z-\frac{z^3}{3}+\frac{z^5}{5}-\cdots$，取级数的第一项，则

$$\psi=\frac{Q}{2\pi}\arctan\frac{-2ay}{x^2+y^2-a^2}=-\frac{Q}{2\pi}\frac{2ay}{x^2+y^2-a^2}$$

因为$\lim\limits_{a\to 0}2aQ=M$，则

$$\psi=-\frac{M}{2\pi}\frac{y}{x^2+y^2-a^2}=-\frac{M}{2\pi}\frac{y}{x^2+y^2}=-\frac{M}{2\pi}\frac{\sin\theta}{r} \tag{7.102}$$

偶极流的速度势为

$$\varphi=\frac{Q}{2\pi}\ln\frac{r_1}{r_2}=\frac{Q}{2\pi}\ln\frac{r_2+2a\cos\theta_1}{r_2}=\frac{Q}{2\pi}\ln\left(1+\frac{2a\cos\theta_1}{r_2}\right)$$

将上式的对数项展开为级数形式，即

$$\ln\left(1+\frac{2a\cos\theta_1}{r_2}\right)=\frac{2a\cos\theta_1}{r_2}-\frac{1}{2}\left(\frac{2a\cos\theta_1}{r_2}\right)^2+\cdots$$

在极限时只取第一项，并考虑 $r_2\to r$ 时，$\theta_1\to\theta$，即得流速势为

$$\varphi=\frac{Q}{2\pi}\frac{2a\cos\theta}{r}=\frac{M}{2\pi}\frac{\cos\theta}{r}=\frac{M}{2\pi}\frac{x}{x^2+y^2} \tag{7.103}$$

等流函数线，即流线方程为

$$-\frac{M}{2\pi}\frac{y}{x^2+y^2}=C_1\text{（常数）}$$

改写成

$$x^2+\left(y+\frac{M}{4\pi C_1}\right)^2=\left(\frac{M}{4\pi C_1}\right)^2 \tag{7.104}$$

式（7.104）表明，流线是一簇圆心在 y 轴上$\left(0,\ -\frac{M}{4\pi C_1}\right)$，半径为$\frac{M}{4\pi C_1}$的圆簇。并在坐标原点与 x 轴相切，如图 7.30 中的实线所示。液体从坐标原点流出，沿着上述圆周重新又流入原点。因为这里讨论的是源在汇的左边，即在 x 轴负方向上的，汇在 x 轴的正方向上，所以在 x 轴上半部平面内的流动是顺时针方向，在 x 轴下半部平面内的流动是逆时针方向。显然，流经任何包围偶极点的封闭曲线的合流量等于零。

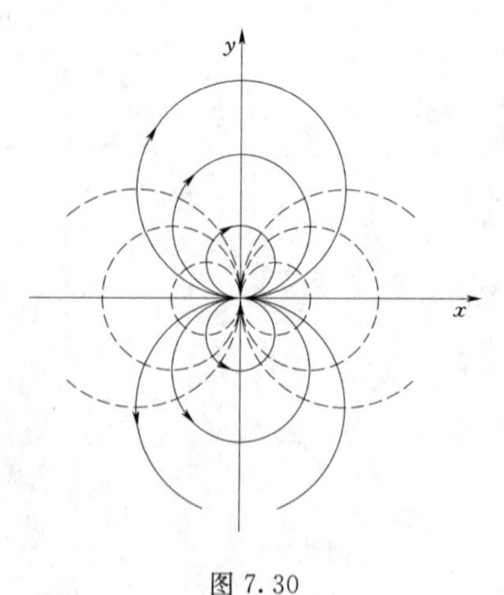

图 7.30

等势线方程为

$$\frac{M}{2\pi}\frac{x}{x^2+y^2}=C_2$$

改写成

$$\left(x-\frac{M}{4\pi C_2}\right)^2+y^2=\left(\frac{M}{4\pi C_2}\right)^2 \tag{7.105}$$

式（7.105）表明等势线是一簇圆心在 x 轴上$\left(\frac{M}{4\pi C_2},\ 0\right)$，半径为$\frac{M}{4\pi C_2}$的圆周簇，并在坐

标原点与 y 轴相切，如图 7.30 所示的虚线。

下面求偶极流的流速

$$\left.\begin{aligned} u_x &= \frac{\partial \varphi}{\partial x} = \frac{M}{2\pi} \frac{y^2 - x^2}{(x^2+y^2)^2} \\ u_y &= \frac{\partial \varphi}{\partial y} = -\frac{M}{2\pi} \frac{2xy}{(x^2+y^2)^2} \end{aligned}\right\} \tag{7.106}$$

以极坐标表示为

$$\left.\begin{aligned} u_r &= \frac{\partial \varphi}{\partial r} = -\frac{M}{2\pi} \frac{\cos\theta}{r^2} \\ u_\theta &= \frac{1}{r}\frac{\partial \varphi}{\partial \theta} = -\frac{M}{2\pi} \frac{\sin\theta}{r^2} \end{aligned}\right\} \tag{7.107}$$

当 $r \to 0$ 时，$u \to \infty$，因此原点是偶极流场的奇点。

4. 均匀等速流与偶极的组合——圆柱绕流

设均匀等速流沿 x 轴方向速度为 $u_x = u_0$，偶极流的偶极点置于坐标原点，如图 7.31 所示。

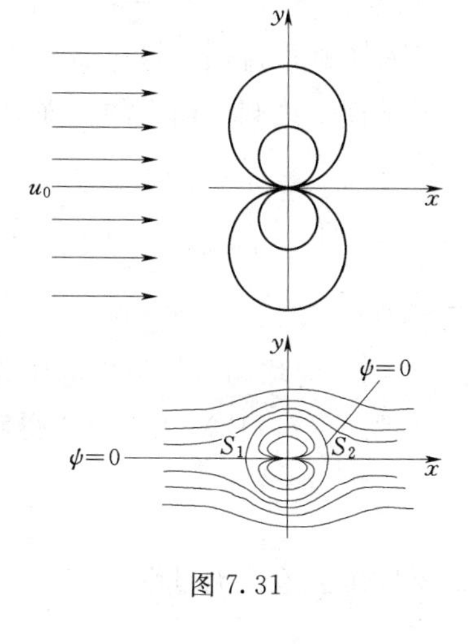

图 7.31

均匀等速流的流速势和流函数与偶极子的流速势和流函数叠加后的复势函数为

$$\left.\begin{aligned} \varphi &= u_0 r\cos\theta + \frac{M}{2\pi} \frac{\cos\theta}{r} = \left(u_0 r + \frac{M}{2\pi r}\right)\cos\theta \\ \psi &= u_0 r\sin\theta - \frac{M}{2\pi} \frac{\sin\theta}{r} = \left(u_0 r - \frac{M}{2\pi r}\right)\sin\theta \end{aligned}\right\} \tag{7.108}$$

速度分布为

$$\left.\begin{aligned} u_r &= \frac{\partial \varphi}{\partial r} = \left(u_0 - \frac{M}{2\pi r^2}\right)\cos\theta \\ u_\theta &= \frac{1}{r}\frac{\partial \varphi}{\partial \theta} = -\left(u_0 + \frac{M}{2\pi r^2}\right)\sin\theta \end{aligned}\right\} \tag{7.109}$$

下面讨论流线方程：

对于 $\psi = 0$ 时的流线，其方程为

$$\left(u_0 r - \frac{M}{2\pi r}\right)\sin\theta = 0$$

上式的解是 $\sin\theta = 0$，$\theta = 0$ 及 $\theta = \pi$，即 x 轴是流线。$u_0 r - M/(2\pi r) = 0$，则半径 $r = \sqrt{M/(2\pi u_0)} = a$ 的圆也是流线。以固体边界代替流线时，其外部的流动图形不变，以 $M/(2\pi) = a^2 u_0$ 代入式（7.108），则得到半径为 a 的圆柱在流速为 u_0 的均匀流场中绕流流场的流速势与流函数为

$$\left.\begin{aligned} \varphi &= u_0 r\cos\theta\left(1 + \frac{a^2}{r^2}\right) \\ \psi &= u_0 r\sin\theta\left(1 - \frac{a^2}{r^2}\right) \end{aligned}\right\} \tag{7.110}$$

相应的速度分布为

$$\left.\begin{aligned}u_r&=\frac{\partial\varphi}{\partial r}=u_0\cos\theta\left(1-\frac{a^2}{r^2}\right)\\u_\theta&=\frac{1}{r}\frac{\partial\varphi}{\partial\theta}=-u_0\sin\theta\left(1+\frac{a^2}{r^2}\right)\end{aligned}\right\}\tag{7.111}$$

由此可得圆柱表面的流速分布，当 $r=a$ 时

$$\left.\begin{aligned}u_r&=0\\u_\theta&=-2u_0\sin\theta\end{aligned}\right\}\tag{7.112}$$

由式（7.112）可以看出，在 $\theta=0$ 及 $\theta=\pi$ 的点上，$u_\theta=0$，即驻点的位置，如图 7.31 中的 S_1 和 S_2 点，而在 $\theta=\pm\pi/2$ 的点上，$\sin\theta=\pm1$，流速的绝对值达到最大，即 $|u_{\theta\max}|=2u_0$。

对于其他流线，可令 $\psi=C=$常数，对 C 取不同的值，可作出不同的流线。

下面讨论圆柱面上的压强分布，根据伯努利方程，当流动是在平面上进行时，有

$$\frac{p}{\gamma}+\frac{u_\theta^2}{2g}=\frac{p_\infty}{\gamma}+\frac{u_0^2}{2g}$$

或

$$p=p_\infty+\frac{\rho}{2}(u_0^2-u_\theta^2)$$

式中：p_∞ 为均匀直线流中的压强。

把式（7.112）代入上式得圆柱表面的压强分布为

$$p=p_\infty+\frac{\rho u_0^2}{2}(1-4\sin^2\theta)\tag{7.113}$$

或者以压强差的无量纲形式表示为

$$C_p=\frac{p-p_\infty}{\rho u_0^2/2}=1-4\sin^2\theta\tag{7.114}$$

式中：C_p 为压强系数。

图 7.32（a）表示圆柱表面的压强分布，图 7.32（b）表示圆柱表面压强系数 C_p 及无量纲流速比的变化曲线。可以看出：在驻点 S_1 和 S_2 处，$\theta=0$ 及 $\theta=\pi$，$\sin\theta=0$，$C_p=1$，压强最大，即 $p_{S1}=p_{S2}=p_\infty+\rho u_0^2/2$，在 $\theta=\pm\pi/2$ 处，$\sin\theta=\pm1$，$C_p=-3$，压强最小，这时圆柱上下点的压强为 $p=p_\infty-3\rho u_0^2/2$。

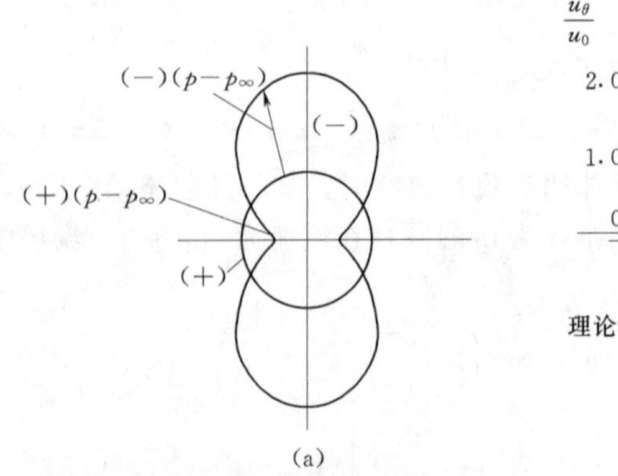

(a)

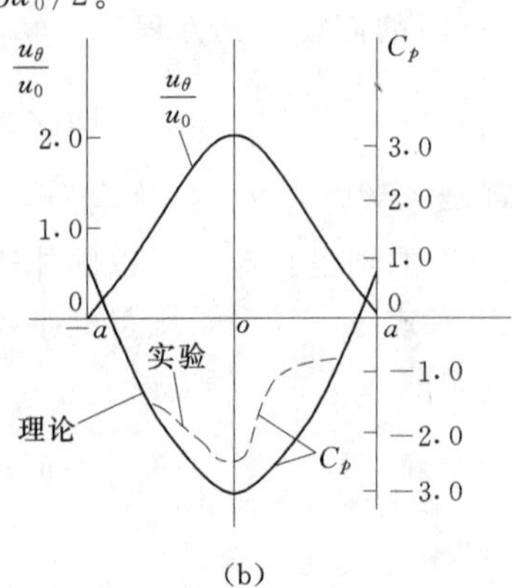

(b)

图 7.32

将 $0<\theta<\pi$ 及对应的 $\pi+\theta$ 分别代入式（7.114），所得压强系数值大小相等，即压强分布对称于 x 轴也对称于 y 轴，所以作用于圆柱表面上的压强在 x 轴和 y 轴方向的合力等于零，即 $p_x=0$，$p_y=0$。这个结论与实验结果并不吻合，原因是这里的分析是在理想液体的假定下进行的，在实际液体中由于黏性的作用，上、下游圆柱表面上的压强分布并不对称，其原因将在研究液体的边界层理论一章中加以阐述。

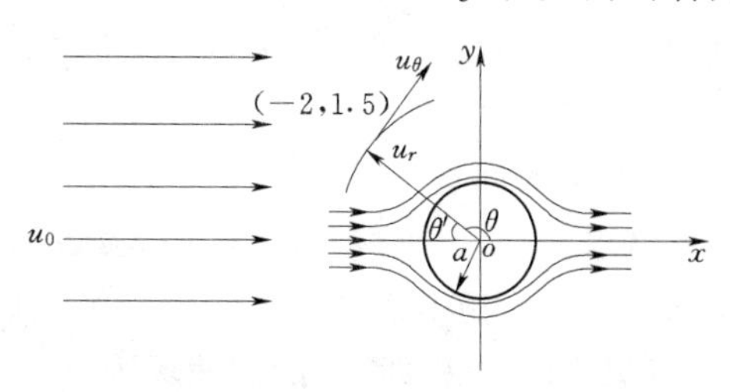

例题 7.13 图

【例题 7.13】 一半径 $a=1$m 的圆柱置于水流中，中心位于原点（0，0）。在无限远处有一平行于 x 轴的平行流，方向指向 x 增加的方向，已知：$u_0=3$m/s，试求 $x=-2$m，$y=1.5$m 点处的流速分量。

解：

这是圆柱绕流问题。由式（7.111）

$$u_r=\frac{\partial\varphi}{\partial r}=u_0\cos\theta\left(1-\frac{a^2}{r^2}\right)$$

$$u_\theta=\frac{1}{r}\frac{\partial\varphi}{\partial\theta}=-u_0\sin\theta\left(1+\frac{a^2}{r^2}\right)$$

其中 $r=\sqrt{x^2+y^2}=\sqrt{(-2)^2+1.5^2}=2.5$m，$\theta=\arctan\dfrac{y}{x}=\arctan\dfrac{1.5}{-2}=143.13°$

$$u_r=3\cos143.13°\left(1-\frac{1^2}{2.5^2}\right)=-2.016(\text{m/s})$$

$$u_\theta=-3\sin143.13°\left(1+\frac{1^2}{2.5^2}\right)=-2.088(\text{m/s})$$

如果用直角坐标表示，则

$$u_x=u_r\cos\theta-u_\theta\sin\theta=-2.016\cos143.13°-(-2.088\sin143.13°)=2.866(\text{m/s})$$

$$u_y=u_r\sin\theta+u_\theta\cos\theta=-2.016\sin143.13°+(-2.088\cos143.13°)=0.461(\text{m/s})$$

习　　题

7.1　已知液体运动时流速的三个分量为

$$u_x=\frac{\gamma J}{4\mu}(r_0^2-r^2)=\frac{\gamma J}{4\mu}[r_0^2-(y^2+z^2)]$$

$$u_y=0$$

$$u_z=0$$

试分析液体微团的运动。

7.2　有一液流，已知

$$\left.\begin{aligned}u_x&=v\cos\alpha\\u_y&=v\sin\alpha\\u_z&=0\end{aligned}\right\}$$

试分析液体运动的特征。

7.3　已知流速为

$$\left.\begin{aligned} u_x &= yz+t \\ u_y &= xz+t \\ u_z &= xy \end{aligned}\right\}$$

式中：t 为时间。

试求：(1) $t=2\mathrm{s}$ 时，点 (1，2，3) 处液体质点的加速度；(2) 该流动是否为有旋流动；(3) 流场中任一点的线变形和角变形速度。

7.4　已知液体运动的流速场为：

(1) 圆管紊流中，$u_x=u_{\max}(y/r_0)^n$，$u_y=0$，其中 $u_{\max}$、r_0、n 为常数。

(2) 强迫涡中，$u_x=-\omega r\sin\theta$，$u_y=\omega r\cos\theta$，ω 为旋转角速度、常数。

(3) 自由涡中，$u_x=-\dfrac{ky}{x^2+y^2}$，$u_y=-\dfrac{kx}{x^2+y^2}$。

试分别判别运动形式。

7.5　水桶中的水从桶底中心孔口流出时，可观察到桶中的水以通过孔口的铅垂轴为中心，做近似的圆周运动，如图所示。流速分布近似为 $u=k/r$（k 为常数），试分析其流动，并求速度环量。

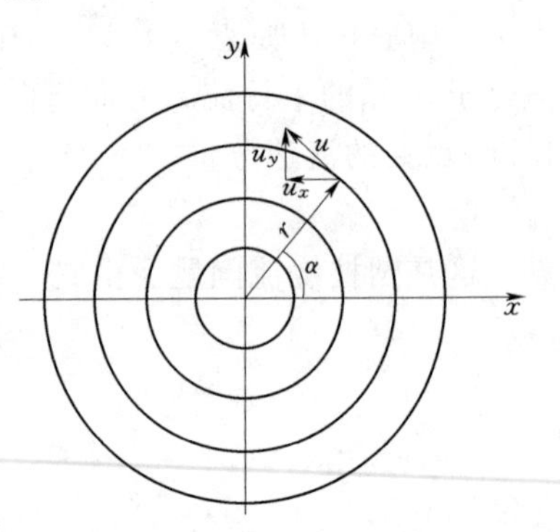

习题 7.5 图

7.6　已知流速场为 $u_x=-cyt/r^2$，$u_y=cxt/r^2$，

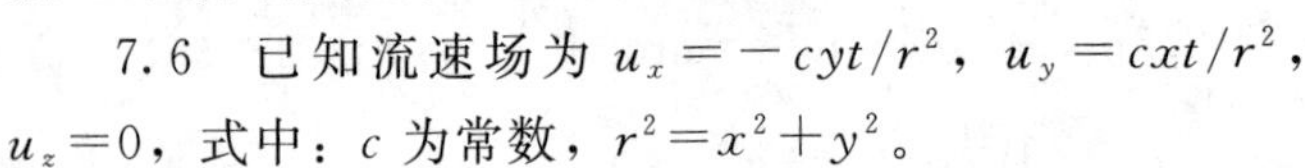
$u_z=0$，式中：c 为常数，$r^2=x^2+y^2$。

求流线方程，画出 $t=1$ 时，$x=1$，$y=0$ 的流线，绘出流场示意图，并说明其所代表的流动情况。

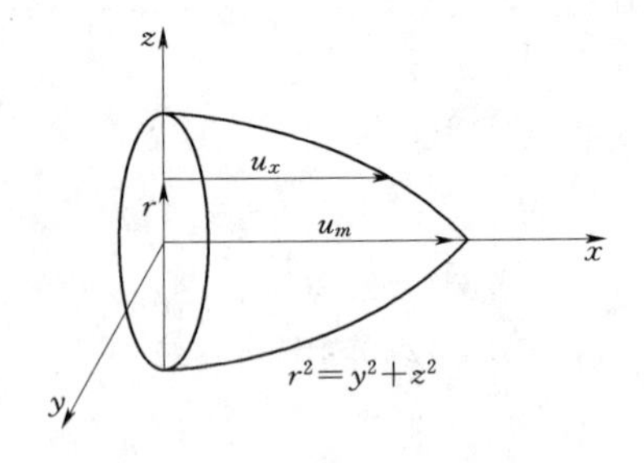

习题 7.7 图

7.7　当圆管中断面上的流速分布为 $u=u_m(1-r^2/r_0^2)$ 时，求角转速 ω_x、ω_y、ω_z 和角变形 θ_{xy}、θ_{yz}、θ_{zx}，并问该流动是否为有势流动？

7.8　若 $u_x=yzt$，$u_y=zxt$，$u_z=xyt$，证明所代表的流速场是一个不可压缩的有势流动，并求其势函数。

7.9　已知液体三元流动的流速场为

$$\left.\begin{aligned} u_x &= y+3z \\ u_y &= z+3x \\ u_z &= x+3y \end{aligned}\right\}$$

试求：

(1) 是否为有旋运动，如为有旋运动求涡线方程；

(2) 假设涡管的横断面面积 $A=0.005\mathrm{m}^2$，计算涡管强度。

7.10　设有一盛有液体的圆筒，绕其铅垂轴旋转，筒中的液体随着圆筒一起旋转，经过一定时间之后，运动可视为恒定的，且液体像固体一样的旋转，其速度分布为 $v=\omega r$，式中 r 为某处液体质点距圆筒旋转轴的距离，求速度环量。

7.11　(1) 已知速度场为 $u_x=2y$，$u_y=3x$，求椭圆 $4x^2+9y^2=36$ 周线上的速度环

量。椭圆方程可以写成 $(x/3)^2+(y/2)^2=1$，其长轴和短轴分别为 $a=3$，$b=2$。

(2) 已知速度场为 $u_x=-7y$，$u_y=9x$，求绕圆 $x^2+y^2=1$ 周线上的速度环量。

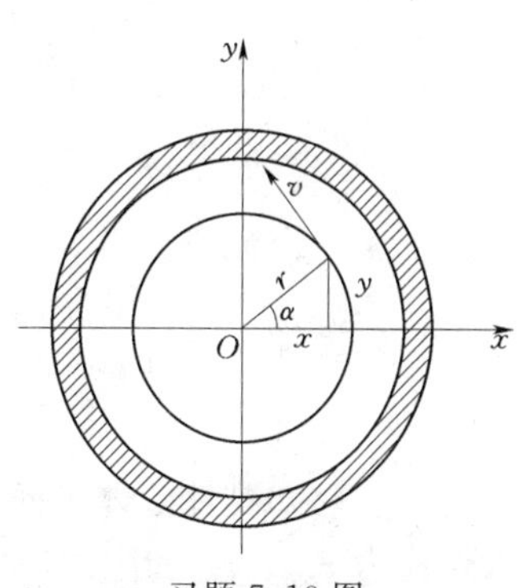

习题 7.10 图

7.12　已知速度场 $u_x=x^2yz$，$u_y=xy^2z$，$u_z=xyz^2$，求涡量场和涡线。

7.13　已知平面流动的流速场为 $u_x=2a\sqrt{y^2+z^2}$，$u_y=0$，其中 a 为常数，试求：

(1) 涡线方程；

(2) 沿闭曲线 $x^2+y^2=b^2$ 的速度环量 Γ。

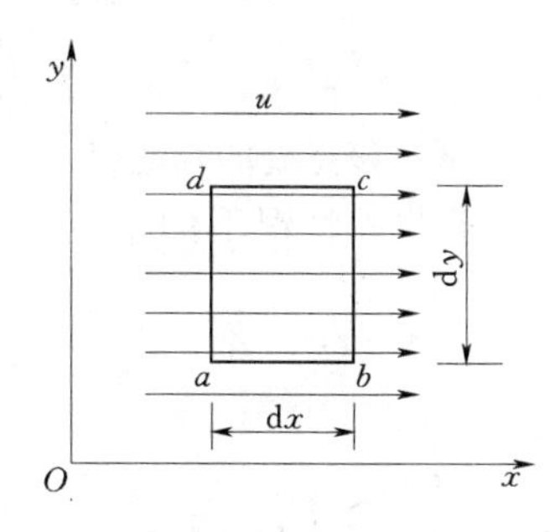

习题 7.14 图

7.14　设流速场中的速度分布为 $u_x=u=C=$常数，$u_y=0$，$u_z=0$ 的均匀直线流，如图所示。试证明该流动的速度环量等于零。

7.15　设平面流动的速度场在其坐标系中为 $u_r=0$，$u_\theta=\dfrac{\Gamma_0}{2\pi r}\left(1-e^{-\frac{r^2}{4\nu t}}\right)$，式中，$\Gamma_0$、$\nu$ 均为常数，t 为时间。试求：

(1) 液体的角速度 ω_z。

(2) 沿任一半径为 R 的圆周的速度环量 Γ。

(3) 通过全平面的旋涡总强度。

7.16　试证明在柱坐标系中，连续性微分方程式为

$$\frac{\partial u_r}{\partial r}+\frac{u_r}{r}+\frac{1}{r}\frac{\partial u_\theta}{\partial \theta}+\frac{\partial u_z}{\partial z}=0$$

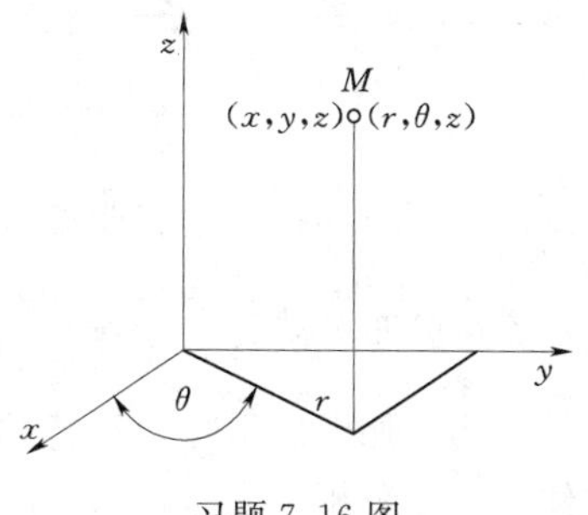

习题 7.16 图

7.17　试证明下列不可压缩均质液体中，哪些满足连续性方程，哪些不满足连续性方程。

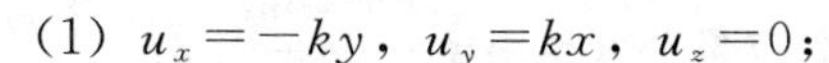

(1) $u_x=-ky$，$u_y=kx$，$u_z=0$；

(2) $u_x=kx$，$u_y=-ky$，$u_z=0$；

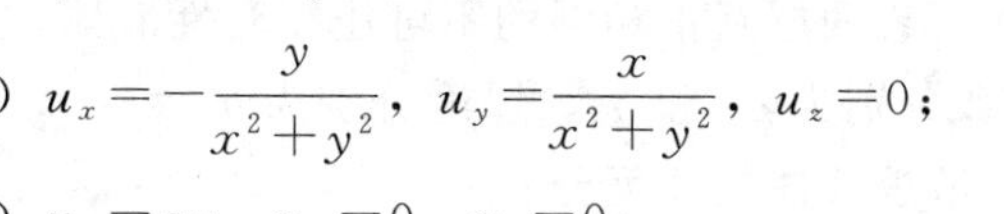

(3) $u_x=-\dfrac{y}{x^2+y^2}$，$u_y=\dfrac{x}{x^2+y^2}$，$u_z=0$；

(4) $u_x=ay$，$u_y=0$，$u_z=0$；

(5) $u_x=1$，$u_y=2$，$u_z=0$；

(6) $u_r=k/r$，$u_\theta=0$（k 为不等于零的常数）；

(7) $u_r=0$，$u_\theta=k/r$（k 为不等于零的常数）；

(8) $u_x=4x$，$u_y=0$，$u_z=0$；

(9) $u_x=4xy$，$u_y=0$，$u_z=0$。

7.18　已知空间流动的两个流速分量为

(1) $\begin{cases}u_x=7x\\u_y=-5y\end{cases}$；

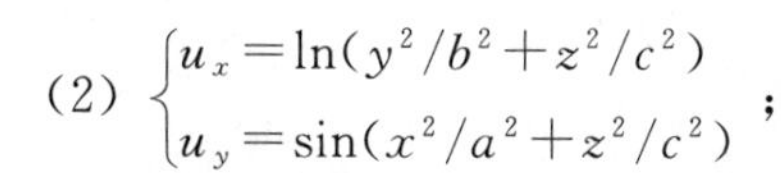

(2) $\begin{cases}u_x=\ln(y^2/b^2+z^2/c^2)\\u_y=\sin(x^2/a^2+z^2/c^2)\end{cases}$；

(3) $\begin{cases} u_x = x^2 + z^2 + 5 \\ u_y = y^2 + z^2 \end{cases}$；　　(4) $\begin{cases} u_x = xyzt \\ u_y = -xyzt^2 \end{cases}$。

式中：a、b、c 为常数。

试求第三个流速分量 u_z。假设 $z=0$ 时，$u_z=0$。

7.19　已知 $u_x = \frac{-2kxyz}{(x^2+y^2)^2}$，$u_y = \frac{k(x^2-y^2)z}{(x^2+y^2)^2}$，$u_z = \frac{ky}{x^2+y^2}$。试求流线方程，并判别连续性。

7.20　已知黏性液体平面流动的速度为 $u_x = 2ax$，$u_y = -2ay$，a 为实数，且 $a>0$，试求切应力 τ_{xy}、τ_{yx} 和附加应力 Δp_x、Δp_y 以及压应力 p_{xx}、p_{yy}。

7.21　已知三元流动的流速分量为 $u_x = 2y+3z$，$u_y = x+3z$，$u_z = 2x+4y$，动力黏滞系数 $\mu = 0.08\mathrm{N \cdot s/m^2}$，试求切应力分量 τ_{xy}、τ_{yz} 和 τ_{xz}。

7.22　已知某黏性不可压缩液体的流速场为 $\vec{u} = 5x^2y\,\vec{i} + 3xyz\,\vec{j} - 8xz^2\,\vec{k}$，液体的动力黏滞系数 $\mu = 0.003\mathrm{N \cdot s/m^2}$，在点(1，2，3)处的应力 $p_{yy} = 2\mathrm{N/m^2}$，试求该点处的其他应力。

7.23　有二平行静止平板，如图所示，平板的宽度为 b，试求此种情况下的切应力、流量、平均流速和能量损失。

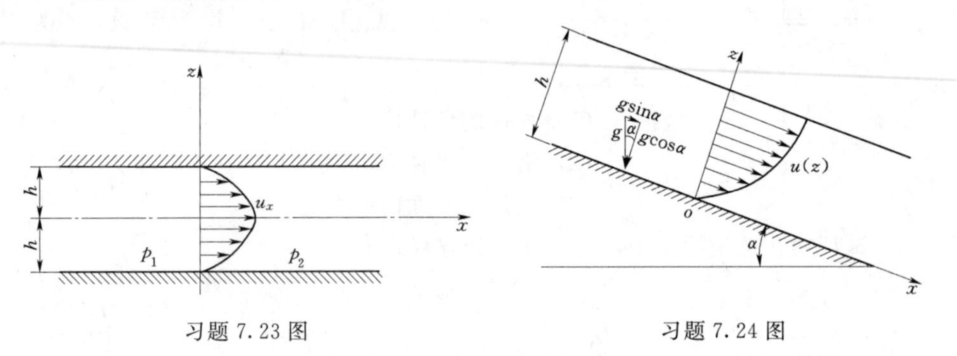

习题 7.23 图　　　　习题 7.24 图

7.24　有一恒定二元明渠均匀层流如图所示。试用纳维埃-斯托克斯方程证明该水流：(1) 流速分布公式为 $u_x = \frac{g\sin\alpha}{\nu}\left(zh - \frac{z^2}{2}\right)$；(2) 单宽流量公式为 $q = \frac{gh^3\sin\alpha}{3\nu}$。

7.25　如图所示，两平行的水平平板间有两层互不相混的不可压缩黏性液体，这两层液体的密度分别为 ρ_1 和 ρ_2，动力黏滞系数分别为 μ_1 和 μ_2，厚度分别为 h_1 和 h_2，设两板静止，液体在常压作用下发生层流运动，试求液体的速度分布。

7.26　试用纳维埃-司托克斯方程求解圆管层流运动的流速分布、流量、平均流速和水头损失。

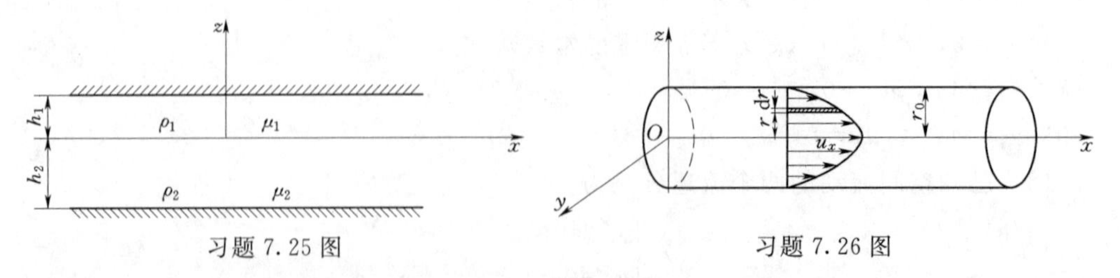

习题 7.25 图　　　　习题 7.26 图

7.27　有一盛着密度为 ρ 的小车，沿水平方向以定加速度 a 运动，如图所示。求出液面的形状。

7.28　在内径为 R 的圆筒中，原来的盛水深度为 h_0，当圆筒绕 z 轴以角速度 ω 旋转时，求稳定后的液面形状及压强 p 的分布规律。

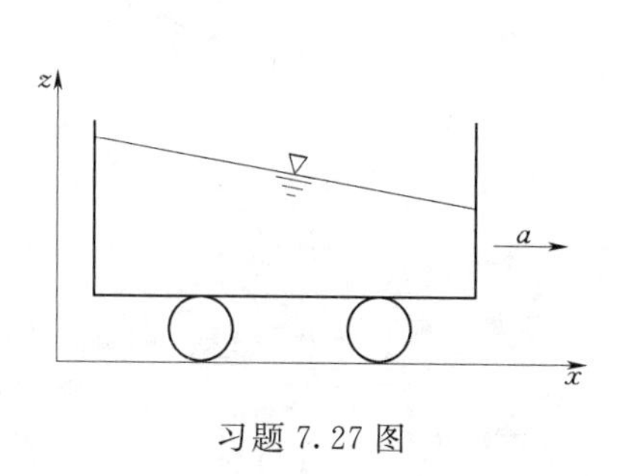

习题 7.27 图

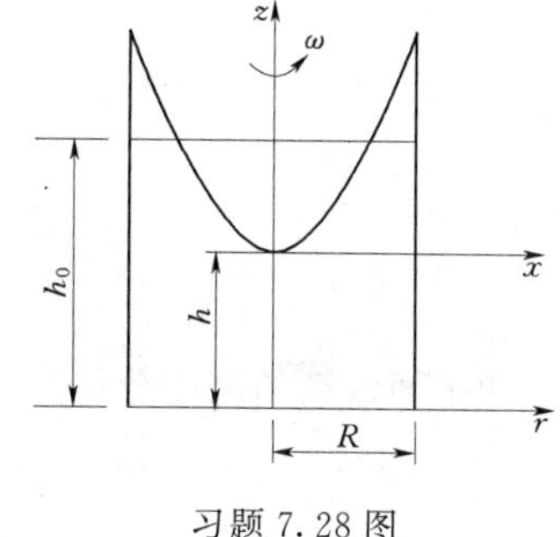

习题 7.28 图

7.29　已知理想不可压缩液体的速度分布为 $u_r=0$，$u_\theta=A/r$，A 为常数。试求忽略外力作用时的压强。假设 $r=\infty$ 时，$p=p_\infty$。

7.30　在等直径管中充满不可压缩的理想液体如图所示，此液体在按单摆变化规律的压力梯度 $\frac{\partial p}{\partial x}=A\cos\omega t$ 作用下沿管轴方向运动，ω、A 为常数，试求在不计外力作用时液体的运动速度 $u_x(t)$。

7.31　有一从水池中引出的等直径的水平水管如图所示，已知 $L=6\text{m}$，$H=3\text{m}$，管径 $d=0.15\text{m}$。今将末端闸门突然打开，由于水池较大，认为池中水位保持不变，不计水头损失，试求：

（1）证明管子出口流速随时间的变化规律为 $u=\sqrt{2gH}\tanh\left(\frac{t}{2L}\sqrt{2gH}\right)$。

（2）绘 $u-t$ 关系曲线。

提示：可根据非恒定流流线的伯努利方程求解。

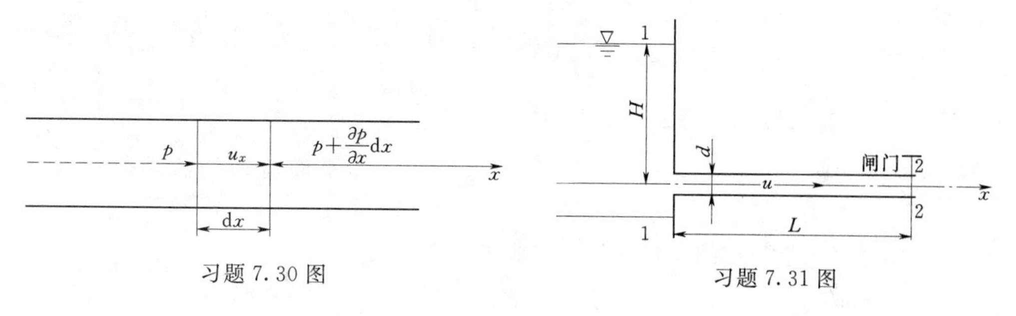

习题 7.30 图　　习题 7.31 图

7.32　有一如图所示的两端开口的 U 形管，管内充满液体，充满液体部分的管长为 L，试求：

（1）管内液体在重力作用下的振动方程式。

（2）振动周期 T。

7.33　平面流动的流速为线性分布，如图所示。若 $y_0=4\text{m}$ 处的流速 $u_0=100\text{m/s}$，求流函数的表达式，并问是否为有势流动？

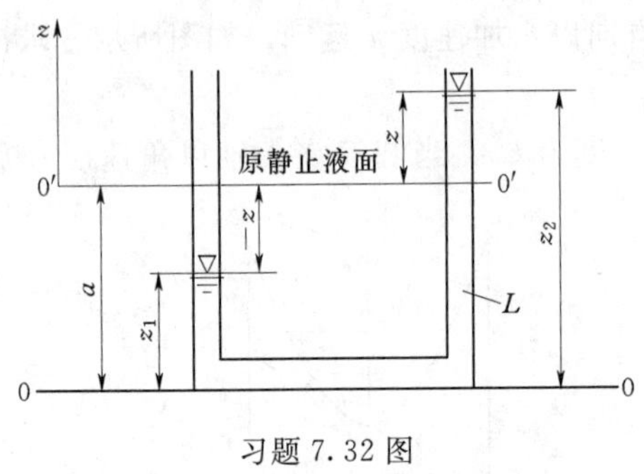

习题7.32图

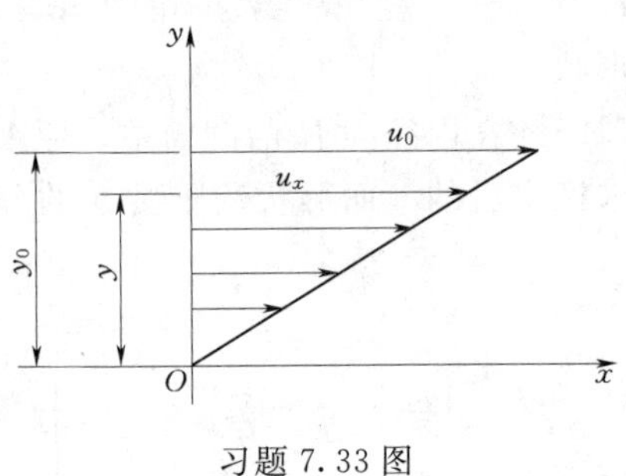

习题7.33图

7.34　已知平面流动的流速分量为

(1) $\begin{cases}u_x=5\\u_y=0\end{cases}$；(2) $\begin{cases}u_x=-\dfrac{mx}{x^2+y^2}\\u_y=-\dfrac{my}{x^2+y^2}\end{cases}$；(3) $\begin{cases}u_r=\dfrac{Q}{2\pi}\dfrac{1}{r}+u_0\cos\theta\\u_\theta=-u_0\sin\theta\end{cases}$；(4) $\begin{cases}u_r=u_0\cos\theta\left(1-\dfrac{a^2}{r^2}\right)\\u_\theta=-u_0\sin\theta\left(1+\dfrac{a^2}{r^2}\right)\end{cases}$。

式(1)中，当 $x=y=0$ 时，$\psi=0$；式(2)、式(3)、式(4)中 $\theta=0°$ 时，$\psi=0$。判断上述流动是否存在流函数 ψ，如果存在求流函数 ψ。

7.35　流速场为(1) $u_r=0$，$u_\theta=c/r$；(2) $u_r=0$，$u_\theta=\omega^2 r$。

求半径为 r_1 和 r_2 的两根流线之间流量的表达式。

7.36　已知平面流动的速度分布为 $u_x=x^2+2x-4y$，$u_y=-2xy-2y$，试确定流动。

(1) 是否满足连续性方程?

(2) 是否有旋?

(3) 如果存在流速势和流函数，求出它们。

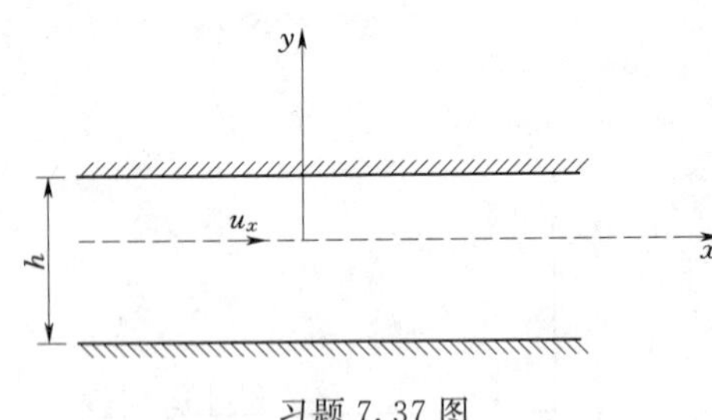

习题7.37图

7.37　已知两平行板间的流速场为 $u_x=A\left[\left(\dfrac{h}{2}\right)^2+y^2\right]$，$u_y=0$，式中 $A=250$，$h=0.2\text{m}$，当 $y=-h/2$ 时，$\psi=0$，试求：

(1) 流函数 ψ；

(2) 单宽流量 q。

7.38　已知平面流动的流函数 $\psi=3x^2y-y^3$。

(1) 证明速度大小与点的矢径 r 的平方成正比。

(2) 求势函数。

(3) 若在流场中点 $A(1,1)$ 处的绝对压强为 $p_A=1.5\times10^5\text{Pa}$，流体的密度为 $\rho=1.2\text{kg/m}^3$，求点 $B(3,5)$ 处的压强。

7.39　已知平面流动的流速分量为

(1) $\left.\begin{matrix}u_x=A+By\\u_y=0\end{matrix}\right\}$；(2) $\left.\begin{matrix}u_x=Ay\\u_y=Ax\end{matrix}\right\}$；(3) $\left.\begin{matrix}u_x=Ax\\u_y=-Ay\end{matrix}\right\}$。

试求：判别上述三种情况是否存在流速势 φ，如果存在，则求 φ 的表达式，假设 $x=$

$y=0$ 处 $\varphi=0$。

7.40　已知平面势流运动中的流函数为：

(1) $\psi=Ax+By$；

(2) $\psi=\dfrac{Q}{2\pi}\theta$；

(3) $\psi=m\ln r$；

(4) $\psi=U_0 r\sin\theta\left(1-\dfrac{a^2}{r^2}\right)$。

求相应的流速势函数。

7.41　已知平面流动的流速势函数 $\varphi=0.04x^3+axy^2+by^3$，$x$、$y$ 的单位为 m，φ 的单位为 m^2/s，试求：

(1) 常数 a 和 b；

(2) 点 $A(0,0)$ 和点 $B(3,4)$ 的压强差，设液体的密度 $\rho=1000kg/m^3$。

7.42　求下列流动的流函数：

(1) 速度为 5m/s 且平行于 x 轴正方向的均匀流动。

(2) 速度为 10m/s 且平行于 y 轴正方向的均匀流动。

(3) 由 (1) 和 (2) 组合的合成流动。

7.43　证明 $\varphi=\dfrac{1}{2}(x^2-y^2)+2x-3y$ 所示的流场和 $\psi=xy+3x+2y$ 所示的流场完全相同。

7.44　一平面流动的流函数 $\psi=2xy$，试确定流场中点 (1，2) 处的速度大小和方向。

7.45　已知流函数为 $\psi=x^2-y^2$，试求：(1) 流速势函数；(2) 不计质量力，求流场的压强分布。

7.46　已知对称流动的流函数为 $\psi=-\dfrac{u_0 r^2}{2}+\dfrac{\pi q}{4}\left(1+\dfrac{z}{\sqrt{z^2+r^2}}\right)$，试分析其流动。

7.47　矩形断面弯管的外半径为 r_1，内半径为 r_2，圆心在 M 点，如图所示。该直管中流速分布均匀，其值为 u_0，断面 0—0 上的动水压强为 p_0，弯管中水流对称于断面 $A—A$，该处流线为以 M 为圆心的圆弧，且符合有势流动的规律 $ur=C$，其中 C 为不为零的常数。试求断面 $A—A$ 上流速 u 及动水压强 p 的分布，弯管是水平放置。

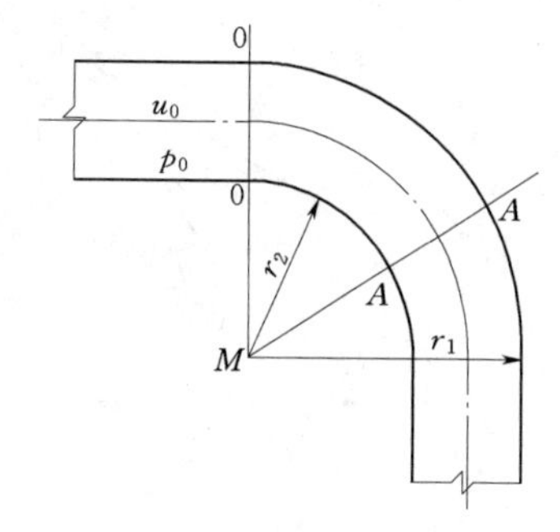

习题 7.47 图

7.48　某重力液体具有流速势 $\varphi=-\dfrac{2t}{\sqrt{x^2+y^2+z^2}}$，运动开始时点 $A(1,1,1)$ 处的压强 $p=117.7kN/m^2$，试求 20s 后点 A 的压强 p_A。

7.49　如图所示由水池引出一 $L=100m$ 长的等直径水平水管，水管进口处距水池水面 $H=12m$，要求在 1s 内关闭管路出口处的闸门，假设流速随时间均匀的减小，近似地认为流速在管内均匀分布，即为有势流动，计算中不考虑管中阻力及水和管壁的弹性，试求闸门处的压强。

7.50 一个源的强度为 $30\mathrm{m}^2/\mathrm{s}$，放在原点 (0,0)，另外一个源的强度为 $20\mathrm{m}^2/\mathrm{s}$，放置在点 (1,0)，如图所示。试求：

(1) 点 $A(-1,0)$ 处的流速分量 u_x 和 u_y。

(2) 假设无穷远处的压强为零，$\rho=2\mathrm{kg/m}^3$，计算 $A(-1,0)$ 点的压强 p_A。

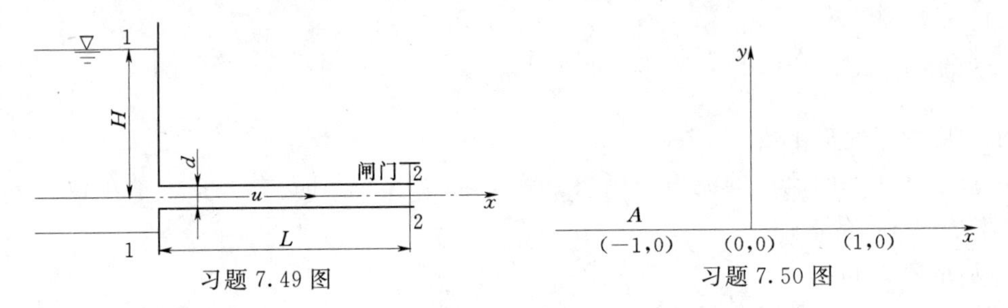

习题 7.49 图　　习题 7.50 图

7.51 在水深 $h=3\mathrm{m}$，流速 $u_0=2.4\mathrm{m/s}$ 的均匀流中，做一半径 $a=1\mathrm{m}$ 的圆柱形桥墩如图所示，试求 A、B、C 三点的流速及水深。

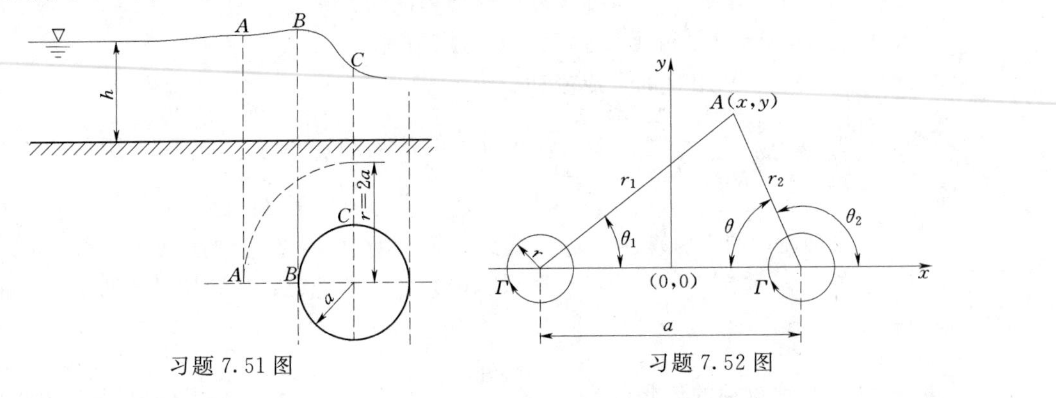

习题 7.51 图　　习题 7.52 图

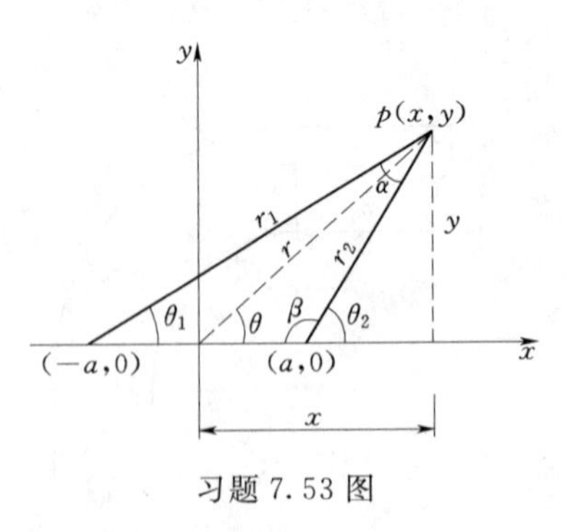

习题 7.53 图

7.52 有一对强度相等，方向相同的涡旋，相距 $a=2\mathrm{m}$，如图所示。环量 $\Gamma=3.14\mathrm{m}^2/\mathrm{s}$，半径 $r=0.5\mathrm{m}$，求在它们作用下的势函数和流函数。

7.53 源流和汇流的强度均为 $20\mathrm{m}^2/\mathrm{s}$，分别位于 x 轴的 $(-a,0)$ 和 $(a,0)$ 点，如图所示，$a=1\mathrm{m}$，试求：

(1) 坐标原点的流速；

(2) 计算通过 (0,4) 点的流线和流函数值，并求该点的流速。

7.54 设有一源流和环流，它们的中心均位于坐标原点。已知源流强度 $Q=0.5\mathrm{m}^2/\mathrm{s}$，环流强度 $\Gamma=1.2\mathrm{m}^2/\mathrm{s}$。试求上述源、环流的流速势函数和流函数以及在 $x=1\mathrm{m}$、$y=0.5\mathrm{m}$ 的速度分量。

第8章　边界层理论基础

8.1　边界层的概念

在实际流体中有两种流动形态，即层流和紊流。判断层流和紊流的准数是雷诺数。由于水和空气的黏滞性很小，所以雷诺数非常大。因此有理由期望把流体的流动视为理想流体的流动，因为理想流体已有大量的数学显解。

事实上，当流体通过管道或明渠流动时，理想流体的解往往与实际情况差异较大。例如二维圆柱绕流，图8.1（a）给出了理想流体的流线排列，根据对称性立即可以得出：沿运动方向的合力（阻力）等于零。然而实验结果表明，在前缘一定范围内用理想流体计算的压力分布与实测的压力分布相符，但在后缘，理论与测量结果之间的差异变得很大。图8.1（b）给出了圆柱绕流的实测结果，可见，在圆柱的后缘，流线并不像理想流体那样排列，而是脱离了壁面，在圆柱后形成了漩涡区。由此可见，用理想流体理论来计算实际流体运动是有差异的，这种差异主要表现如下。

（1）理想流体认为，流体在壁面上存在着滑移，而对于真实流体，即使在很小的黏滞系数时，固壁上的流体也是不滑移的，也就是说，理想流体不满足固壁上的无滑移条件。

（2）理想流体认为，当任意形状的物体在充满整个空间的静止流体中运动时，物体没受到作用在运动方向上的力，即物体的阻力为零。而实际流体在流动时，不仅流体内部有摩擦阻力，而且还会受到壁面阻力的作用。

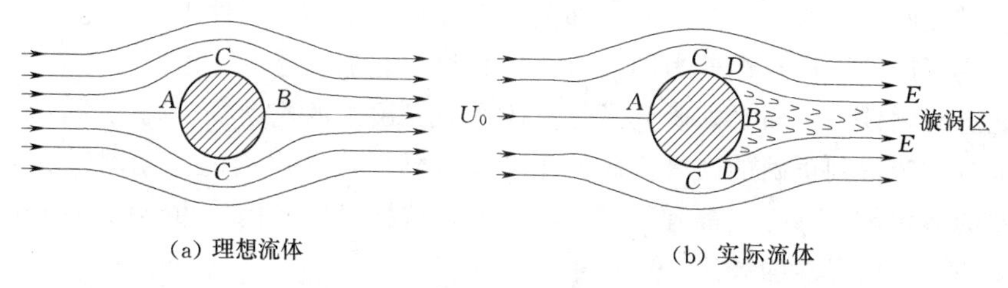

图8.1

正因为如此，当流体流过壁面时，根据无滑移条件，紧贴固壁的流体要黏附于固壁上，这就意味着摩擦力阻滞了固壁附近薄层内流体的运动，在这个薄层内，流体的速度从固壁处的零逐渐增加到相应的无摩擦外流的原有值，我们要研究的这一层称之为边界层。

边界层的概念是普朗特（L. Prandtl）1904年提出来的。普朗特认为，在实际流体中，紧贴固体壁面上的流体质点必然黏附在固壁边界上，与边界没有相对运动，不管流动的雷诺数多大，固壁边壁上的流速必然为零（即无滑移条件）。而在壁面附近沿其法线方向流体的流速从零迅速增大，这样在边界附近的流区存在相当大的流速梯度，在这个流区内黏滞性的影响不能忽视，边界附近的这个流区就叫边界层。不管雷诺数多大，这个流区总是存在的，雷诺数的大小只影响边界层的厚薄。在边界层以外的区域，黏滞性的影响可以忽略不计，可按理想流体来处理。这一划分流体的图案，在流体力学学科具有划时代的意义。

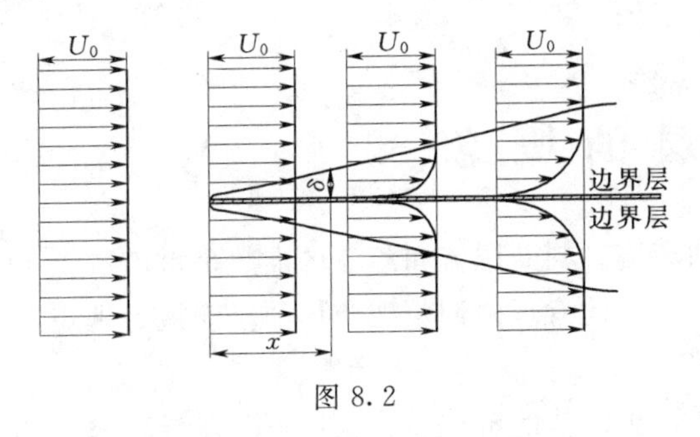

图 8.2

下面用一个实验来进一步阐明边界层的概念。将一平板放在风洞里吹风，假设雷诺数 Re 很大，用流速仪测量各个截面上的流速分布，测量结果如图 8.2 所示。从图中可以看出，整个流场可以明显分成性质很不相同的两个区域：一个是紧贴壁面非常薄的一层区域，即边界层区域；另一个是边界层外的流动区域，称为外部流动区域。

从实验结果可以看出，在边界层以外的流区中，固壁对流动的阻滞作用大大的削减，各个截面上 x 方向的流速分量基本不变，流速梯度$\partial u_x/\partial y$ 很小，因此黏滞切应力 $\tau=\mu\partial u_x/\partial y$在大雷诺数情况下，的确较惯性力小得多，所以可以将黏性力全部略去，把流体近似看成是理想流体，因为考虑的是均匀流体绕物体的运动，所以整个外部流区不仅理想，而且还是无旋的。从实验测出的流速分布可以看出，边界层以外流区流速分布与理想流体绕物体的流速分布十分接近，在平板情况下就是均匀来流的流速 U_0。

边界层内的情况恰好相反。实测结果表明，在边界层内流速分量 u_x 沿壁面的法向变化非常迅速，这是因为一方面流体必须黏附在物面上，它在物面上的相对速度等于零；另一方面，当流体离开物面很短一段距离到达边界层外部边界时，速度立即成为外部流动的势流值，速度从相当高的势流值连续降低到物面上的零是在非常狭窄的边界层内完成的，因此它的变化异常急剧，流速梯度$\partial u_x/\partial y$ 很大，黏滞切应力 $\tau=\mu\partial u_x/\partial y$ 仍然可以达到很高的数值。此时，黏滞力不是如同外部流动那样显著地小于惯性力，而是一个与惯性力同阶的量，它所起的作用与惯性力同等重要，必须一起加以考虑。由此不难看出，在边界层内绝不能忽略黏性力，而必须研究黏性流体在边界层内的流动，否则的话，就不符合实际情况，也难期望得到正确的结果。此外还可以看到，边界层内的流动因$\partial u_x/\partial y$ 很大将是一个强烈的剪切运动，每点都有很强烈的漩涡。这样可以确信，边界层内的流体不仅有黏性，而且还呈现出强烈的漩涡运动。

既然边界层内是黏性流动，因此边界层也有层流边界层和紊流边界层的区别。边界层内流动状态转变的典型情况如图 8.3 所示，这是平板在无穷远均匀来流中的绕流图形。可以看出，在平板的前面部分，边界层极薄，流速从零迅速增至 U_0，因此流速梯度很大，以致产生很大的内摩擦阻力，所以板端附近边界层内的流动往往是层流，这种边界层称为层流边界层。沿板端距离越远，边界层中流体的雷诺数 $Re_x=U_0x/\nu$ 增加，边界层厚度也在增加，流速梯度随边界层的增加而减小，内摩擦阻力也在减小，层流边界层将处于不稳定状态，并逐渐过渡为紊流边界层。当 Re_x 增加到一定数值后，边界层将完全处于紊流状态，边界层从层流转变为紊流的现象称为边界层的转捩。实验表明，边界层的转捩大致发生在 $Re_x=5\times10^5\sim3\times10^6$ 之间。在紊流边界层中，最靠近壁面的地方，$\partial u_x/\partial y$ 仍很大，黏滞切应力仍然起主要作用，使得流动形态仍为层流。所以在紊流边界层内有一个黏性底层（层流底层），黏性底层的厚度约占整个边界层厚度的 0.1%～1.0%。

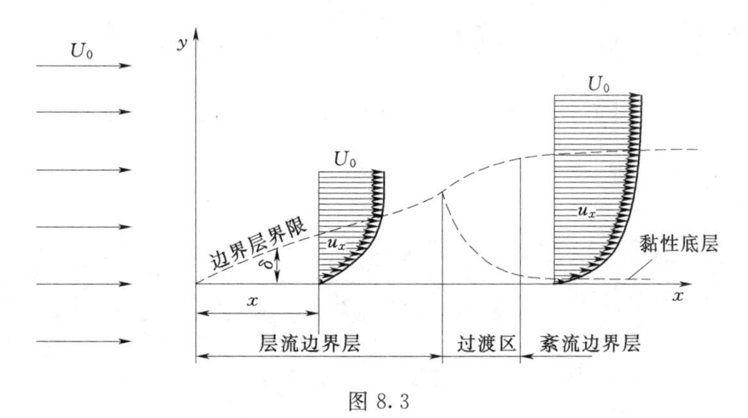

图 8.3

边界层的转捩是一个具有重要意义的问题。因为层流边界层和紊流边界层在边界层厚度、边界层内流速分布，特别是边界层内摩擦阻力的规律等方面均不相同。然而，影响边界层转捩的因素又很多，其中最重要的因素有边界层外流动的压力分布，固体边壁的壁面性质（壁面粗糙、不平整度），来流本身的紊流强度及其他各种对流体的扰动等。

边界层理论最主要的任务就是计算物体在流场中运动时所受的阻力和热传递率。同时阐明理想流体所不能解释的一些现象（如脱体现象）；阐明理想流体在压力分布、流速分布及举力等方面为什么和实验结果相当吻合等问题。

8.2 边界层几种厚度的定义

8.2.1 边界层厚度 δ

由上述边界层理论可知，在大雷诺数 Re 流动中，可以将流动分为边界层外的理想无旋流动和边界层内的黏性有旋流动两个区域，这两个区域在边界层边界上衔接起来。现在来研究这两个区域的衔接线，即边界层区域问题。

通常用边界层沿物体表面法线方向的距离即边界层厚度 δ 来表征边界层的区域。由于边界层内的流动趋于外部流动是渐近的而不是突变的，因此划分边界层和外部流动的边线也是不确定的，具有一定的任意性。为了唯一地定义边界层的厚度，一般人为地约定与来流速度相差 1.0%的地方就是外部边界。用这种规定计算出来的边界层厚度 δ 就是一个唯一确定的量了。应该指出，边界层边线不是流线，流线是速度矢量和切线方向重合的那种线，而边界层边线是与来流速度相差 1.0%的那些点的连线，两者性质不同，互不相关，实际上流线多与边界层边线相交，穿过它进入边界层。

下面分析边界层厚度 δ 随坐标 x、来流速度 U_0 与黏滞系数 ν 的变化关系。由前面的分析可知，在边界层外面，由于速度梯度很小，相对于惯性力而言，摩擦力可以忽略不计。但在边界层内，速度梯度很大，黏性力与惯性力相比不能忽略，而是具有相同的量级。

仍以图 8.3 所示的平板绕流进行分析。设来流速度为 U_0，平板在 z 方向的宽度为∞，

在 x 方向的长度为 L，边界层厚度为 δ，单位体积的惯性力为 $\rho u_x \dfrac{\partial u_x}{\partial x}$，它具有 $\rho \dfrac{U_0^2}{L}$ 的量级，单位体积流体的黏性力（摩擦力）为 $\dfrac{\partial \tau}{\partial y}=\mu \dfrac{\partial^2 u_x}{\partial y^2}$，在垂直于壁面的方向上，速度梯度 $\dfrac{\partial u_x}{\partial y}$ 的量级是 $\dfrac{U_0}{\delta}$，所以单位体积的黏性力的量级为 $\mu \dfrac{U_0}{\delta^2}$，从摩擦力与惯性力在边界层中具有同量级的条件，则

$$\mu \frac{U_0}{\delta^2} \sim \frac{\rho U_0^2}{L}$$

由此得

$$\delta \sim \sqrt{\frac{\mu L}{\rho U_0}}=\sqrt{\frac{\nu L}{U_0}}=\frac{L}{\sqrt{Re}} \tag{8.1}$$

其中

$$Re=\frac{U_0 L}{\nu}$$

如果将式（8.1）中的 L 换为 x，则可以得到绕平板任意点的边界层厚度的表达式为

$$\delta \sim \sqrt{\frac{\nu x}{U_0}}$$

由上式可以看出，边界层厚度 δ 和坐标 x 成正比，在物体前缘边界层厚度为零或取有限值，越往下游受到黏性阻力的流体越来越多，因此边界层厚度也就越来越厚；其次，边界层厚度还与 $\sqrt{\nu}$ 成正比，这是因为当运动黏滞系数 ν 大时，扩散速度就大，涡量分布范围也即边界层厚度也就越大；最后，边界层厚度与 $\sqrt{U_0}$ 成反比，说明 U_0 越大，来流就把边界层内的流体裹在更小的区域内，因此，边界层的厚度也就越小。

由式（8.1）还可以看出，边界层的厚度和物体的特征长度之比与 $\sqrt{Re}$ 成反比，即 $\delta/L \sim 1/\sqrt{Re}$，当雷诺数 Re 很大时，δ 比起特征长度 L 是一个非常小的值。例如，对于翼形剖面而言，当翼的弦长 $L=2\text{m}$，来流速度 $U_0=100\text{m/s}$，空气的运动黏滞系数 $\nu=0.133\text{cm}^2/\text{s}$ 时，其边界层厚度约为几厘米；对水轮机叶片因特征长度小，边界层厚度只有几毫米；对于长达数百米的轮船，边界层厚度可达 1.0m。

8.2.2 边界层的位移厚度 $\boldsymbol{\delta_1}$

单位时间内通过边界层某一截面的流体若为理想流体，则其质量流量为

$$\int_0^\delta \rho U_0 \mathrm{d}y$$

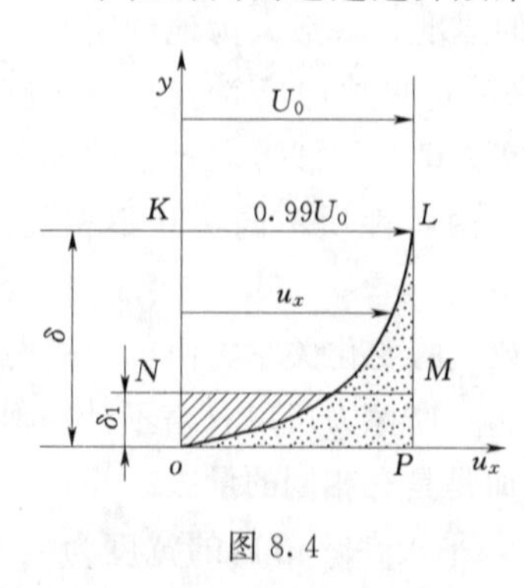

图 8.4

当固体壁面附近的阻滞使流速分布成为图 8.4 所示的光滑曲线 oL，而不是理想流体运动时的矩形 $oKLP$，也就是说，因边界层的存在，实际通过的流体质量流量为

$$\int_0^\delta \rho u_x \mathrm{d}y$$

上述两项之差就是因为黏性的存在而使这个区域内流过的流量面积减小了 oLP 所相当的流量，这部分流量可表示为

$$\int_0^{\delta}\rho(U_0-u_x)\mathrm{d}y$$

这个流量等于因边界层的影响被挤到边界层的外部去了，即相当于在主流区增加了厚度为 δ_1 的一层流体，这一层流体对应的质量流量 $\rho U_0\delta_1$ 就是边界层内减小的流量，即

$$\rho U_0\delta_1=\int_0^{\delta}\rho(U_0-u_x)\mathrm{d}y$$

即

$$\delta_1=\int_0^{\delta}(1-\frac{u_x}{U_0})\mathrm{d}y \tag{8.2}$$

由于边界层外 $u_x/U_0\approx1.0$，黏性流体渐进地趋于理想流体，故 $\int_{\delta}^{\infty}(1-\frac{u_x}{U_0})\mathrm{d}y\approx0$，因此式（8.2）又可以写成

$$\delta_1=\int_0^{\infty}(1-\frac{u_x}{U_0})\mathrm{d}y \tag{8.3}$$

式中：δ_1 为边界层的位移厚度；U_0 为边界层外主流的流速。

8.2.3　动量损失厚度 $\boldsymbol{\delta_2}$

流速的降低使得通过边界层区域水流的动量减小，实际动量为

$$\int_0^{\delta}\rho u_x u_x\mathrm{d}y$$

如为理想流体，则动量为

$$U_0\int_0^{\delta}\rho u_x\mathrm{d}y$$

这两项之差是由于黏性而产生的动量损失，这部分损失相当于以主流流速 U_0 通过厚度为 δ_2 的理想流体所具有的动量，即

$$\rho U_0^2\delta_2=\int_0^{\delta}\rho u_x(U_0-u_x)\mathrm{d}y$$

故有

$$\delta_2=\int_0^{\delta}\left(1-\frac{u_x}{U_0}\right)\frac{u_x}{U_0}\mathrm{d}y \tag{8.4}$$

或

$$\delta_2=\int_0^{\infty}\left(1-\frac{u_x}{U_0}\right)\frac{u_x}{U_0}\mathrm{d}y \tag{8.5}$$

式中：δ_2 为动量损失厚度。

8.2.4　能量损失厚度 $\boldsymbol{\delta_3}$

单位时间内通过边界层某截面的流体质量流量为 $\int_0^{\delta}\rho u_x\mathrm{d}y$ 。如为理想流体，则应具有的动能为

$$\frac{1}{2}U_0^2\int_0^{\delta}\rho u_x\mathrm{d}y$$

由于黏性的存在，实际具有的动能为

$$\frac{1}{2}\int_0^{\delta}\rho u_x u_x^2\mathrm{d}y$$

这两项之差是由于黏性而产生的动能损失，这部分损失相当于通过厚度为 δ_3 的主流区理想流体所具有的动能，即

$$\rho U_0 U_0^2 \delta_3 = \int_0^\delta \rho u_x (U_0^2 - u_x^2) \mathrm{d}y$$

故有

$$\delta_3 = \int_0^\delta \left(1 - \frac{u_x^2}{U_0^2}\right) \frac{u_x}{U_0} \mathrm{d}y \tag{8.6}$$

或

$$\delta_3 = \int_0^\infty \left(1 - \frac{u_x^2}{U_0^2}\right) \frac{u_x}{U_0} \mathrm{d}y \tag{8.7}$$

式中：δ_3 为动能损失厚度。

边界层中位移厚度与动量损失厚度之比称为形状系数，以 H 表示，即

$$H = \delta_1 / \delta_2 \tag{8.8}$$

8.3 边界层微分方程

现仅讨论恒定二元流情况。如无限空间中水平放置的平板，可不考虑质量力的作用，纳维埃-斯托克斯(N－S)方程可以写成

$$\left.\begin{aligned} u_x \frac{\partial u_x}{\partial x} + u_y \frac{\partial u_x}{\partial y} &= -\frac{1}{\rho}\frac{\partial p}{\partial x} + \nu\left(\frac{\partial^2 u_x}{\partial x^2} + \frac{\partial^2 u_x}{\partial y^2}\right) \\ u_x \frac{\partial u_y}{\partial x} + u_y \frac{\partial u_y}{\partial y} &= -\frac{1}{\rho}\frac{\partial p}{\partial y} + \nu\left(\frac{\partial^2 u_y}{\partial x^2} + \frac{\partial^2 u_y}{\partial y^2}\right) \end{aligned}\right\} \tag{8.9}$$

连续性方程为

$$\frac{\partial u_x}{\partial x} + \frac{\partial u_y}{\partial y} = 0$$

先对上述方程的各项进行数量级别的分析。

首先对式（8.9）中的各项无量纲化。长度均除以 x 方向的特征长度 L，流速均除以未扰动的来流流速 U_0，得下列无量纲数：

$$x^0 = \frac{x}{L}; y^0 = \frac{y}{L}; u_x^0 = \frac{u_x}{U_0}; u_y^0 = \frac{u_y}{U_0}, p^0 = \frac{p}{\rho U_0^2}, \rho = \text{const}, \mu = \text{const}, g = \text{const}$$

将以上关系代入式（8.9），得 x 方向方程式中各项为

$$u_x \frac{\partial u_x}{\partial x} = U_0 \left(\frac{u_x}{U_0}\right) \frac{\partial (u_x / U_0) U_0}{\partial (x/L) L} = U_0 u_x^0 \frac{\partial u_x^0}{\partial x^0} \frac{U_0}{L} = \frac{U_0^2}{L} u_x^0 \frac{\partial u_x^0}{\partial x^0}$$

$$u_y \frac{\partial u_x}{\partial y} = U_0 u_y^0 \frac{\partial u_x^0}{\partial y^0} \frac{U_0}{L} = \frac{U_0^2}{L} u_y^0 \frac{\partial u_x^0}{\partial y^0}$$

$$\frac{1}{\rho}\frac{\partial p}{\partial x} = \frac{1}{\rho}\frac{\partial (p^0 \rho U_0^2)}{\partial x^0 L} = \frac{U_0^2}{L}\frac{\partial p^0}{\partial x^0}$$

$$\nu \frac{\partial^2 u_x}{\partial x^2} = \frac{\mu}{\rho}\frac{\partial^2 (U_0 u_x^0)}{L^2 \partial x^{02}} = \nu \frac{U_0}{L^2}\frac{\partial^2 u_x^0}{\partial x^{02}}$$

$$\nu \frac{\partial^2 u_x}{\partial y^2} = \frac{\mu}{\rho}\frac{\partial^2 (U_0 u_x^0)}{L^2 \partial y^{02}} = \nu \frac{U_0}{L^2}\frac{\partial^2 u_x^0}{\partial y^{02}}$$

将以上各式代入式（8.9）中的第一式得

$$\frac{U_0^2}{L} u_x^0 \frac{\partial u_x^0}{\partial x^0} + \frac{U_0^2}{L} u_y^0 \frac{\partial u_x^0}{\partial y^0} = -\frac{U_0^2}{L}\frac{\partial p^0}{\partial x^0} + \nu \frac{U_0}{L^2}\left(\frac{\partial^2 u_x^0}{\partial x^{02}} + \frac{\partial^2 u_x^0}{\partial y^{02}}\right)$$

将上式各项均除以 U_0^2/L 得

$$u_x^0\frac{\partial u_x^0}{\partial x^0}+u_y^0\frac{\partial u_x^0}{\partial y^0}=-\frac{\partial p^0}{\partial x^0}+\frac{\nu}{U_0L}\left(\frac{\partial^2 u_x^0}{\partial x^{02}}+\frac{\partial^2 u_x^0}{\partial y^{02}}\right)$$

$$\frac{\nu}{U_0L}=\frac{1}{Re}$$

式中：Re 为雷诺数。

用同样的方法对式（8.9）中的第二式和连续性方程无量纲化，则得

$$\left.\begin{aligned}&u_x^0\frac{\partial u_x^0}{\partial x^0}+u_y^0\frac{\partial u_x^0}{\partial y^0}=-\frac{\partial p^0}{\partial x^0}+\frac{1}{Re}\left(\frac{\partial^2 u_x^0}{\partial x^{02}}+\frac{\partial^2 u_x^0}{\partial y^{02}}\right)\\&u_x^0\frac{\partial u_y^0}{\partial x^0}+u_y^0\frac{\partial u_y^0}{\partial y^0}=-\frac{\partial p^0}{\partial y^0}+\frac{1}{Re}\left(\frac{\partial^2 u_y^0}{\partial x^{02}}+\frac{\partial^2 u_y^0}{\partial y^{02}}\right)\\&\frac{\partial u_x^0}{\partial x^0}+\frac{\partial u_y^0}{\partial y^0}=0\end{aligned}\right\}\tag{8.10}$$

由于限于研究边界层内的流动，边界层很薄，无量纲的边界层厚度 $\delta^0=\delta/L$ 是一个小量，$\delta^0\ll 1$。可以建立下面系列的量级：

$$1/\delta^{02};1/\delta^0;1;\delta^0;\delta^{02}$$

用符号 $\sim o()$ 表示相当于某一量级，这样

$$x^0=\frac{x}{L}\sim o(1);y^0=\frac{y}{L}\sim o(\delta^0);u_x^0=\frac{u_x}{U_0}\sim o(1);\frac{\partial u_x^0}{\partial x^0}\sim o(1);\frac{\partial u_x^0}{\partial y^0}\sim o\left(\frac{1}{\delta^0}\right)$$

由无量纲连续性方程，$\frac{\partial u_x^0}{\partial x^0}+\frac{\partial u_y^0}{\partial y^0}=0$，可以得到 $\frac{\partial u_y^0}{\partial y^0}\sim o(1)$，即 u_y^0 与 y^0 为同一量级，$u_y^0\sim o(\delta^0)$。$\frac{\partial^2 u_x^0}{\partial x^{02}}$ 仍是 $\sim o$（1），$\frac{\partial^2 u_x^0}{\partial y^{02}}\sim o\left(\frac{1}{\delta^{02}}\right)$。

在边界层中假定纳维埃-斯托克斯方程的惯性项与黏性项具有同一量级，在黏性项中，如果是平板或曲率甚小的曲面，则 $\frac{\partial^2 u_x}{\partial x^2}$ 较之 $\frac{\partial^2 u_x}{\partial y^2}$ 项甚小，可以忽略 $\frac{\partial^2 u_x}{\partial x^2}$ 项，所以按量纲分析的惯性项 $\left(\frac{u^2}{L}\right)$ 与黏性项 $\left(\frac{\nu u}{\delta^2}\right)$ 成正比，即 $\frac{u}{\nu L}\propto\frac{1}{\delta^2}$，两端均乘以 L^2 得 $\frac{uL}{\nu}\propto\frac{1}{\delta^2/L^2}$，$\frac{uL}{\nu}\propto\frac{1}{\delta^{02}}$，即 $Re\sim o\left(\frac{1}{\delta^{02}}\right)$。这样可以把式（8.10）中每一项的量级注在它们的下面，即

$$\left.\begin{aligned}&u_x^0\frac{\partial u_x^0}{\partial x^0}+u_y^0\frac{\partial u_x^0}{\partial y^0}=-\frac{\partial p^0}{\partial x^0}+\frac{1}{Re}\left(\frac{\partial^2 u_x^0}{\partial x^{02}}+\frac{\partial^2 u_x^0}{\partial y^{02}}\right)\\&1\quad 1\qquad \delta^0\quad 1/\delta^0\qquad\qquad\qquad \delta^{02}\quad (1\qquad 1/\delta^{02})\\&u_x^0\frac{\partial u_y^0}{\partial x^0}+u_y^0\frac{\partial u_y^0}{\partial y^0}=-\frac{\partial p^0}{\partial y^0}+\frac{1}{Re}\left(\frac{\partial^2 u_y^0}{\partial x^{02}}+\frac{\partial^2 u_y^0}{\partial y^{02}}\right)\\&1\quad \delta^0\qquad \delta^0\quad 1\qquad\qquad\qquad \delta^{02}\,(\delta^0\qquad 1/\delta^0)\\&\frac{\partial u_x^0}{\partial x^0}+\frac{\partial u_y^0}{\partial y^0}=0\\&\quad 1\qquad 1\end{aligned}\right\}\tag{8.11}$$

需要指出，$\frac{\partial p^0}{\partial x^0}$在某些情况下可以忽略，例如水流绕平板的流动，而在某些情况下却不能忽略，这里予以保留。将式（8.11）中小于1的项忽略将不会引起太大的误差，因此得到下列方程：

$$\left.\begin{aligned}&u_x^0\frac{\partial u_x^0}{\partial x^0}+u_y^0\frac{\partial u_x^0}{\partial y^0}=-\frac{\partial p^0}{\partial x^0}+\frac{1}{Re}\frac{\partial^2 u_x^0}{\partial y^{02}}\\&\frac{\partial p^0}{\partial y^0}=0\\&\frac{\partial u_x^0}{\partial x^0}+\frac{\partial u_y^0}{\partial y^0}=0\end{aligned}\right\}\tag{8.12}$$

由 y 方向的方程，可得到$\frac{\partial p^0}{\partial y^0}\sim o(\delta^0)$，即$\frac{\partial p^0}{\partial y^0}$为 δ^0 级小量。将式（8.12）恢复为有量纲的物理量，得到普朗特边界层方程为

$$\left.\begin{aligned}&u_x\frac{\partial u_x}{\partial x}+u_y\frac{\partial u_x}{\partial y}=-\frac{1}{\rho}\frac{\partial p}{\partial x}+\nu\left(\frac{\partial^2 u_x}{\partial y^2}\right)\\&\frac{\partial p}{\partial y}=0\\&\frac{\partial u_x}{\partial x}+\frac{\partial u_y}{\partial y}=0\end{aligned}\right\}\tag{8.13}$$

边界条件为

$$y=0, u_x=0, u_y=0$$
$$y=\infty, u_x=U_0$$

也可以近似地写成 $y=\delta$，$u_x=U_0$，U_0 为边界层外边界处的势流流速。

由$\partial p/\partial y=0$ 可以得到边界层的一个重要性质，即沿着固体边界的外法线，边界层内的压强是基本不变的，它等于边界层外边界上的压强。而边界层外边界上的压强分布可由势流理论得到。另外，$\partial p/\partial y=0$ 又说明 p 仅为 x 的函数，即$\partial p/\partial x=\mathrm{d}p/\mathrm{d}x$。又由 $Re\sim o\left(\frac{1}{\delta^{02}}\right)$，可以得出 $U_0L/\nu\propto(L/\delta)^2$，所以 $\delta\propto L/\sqrt{Re}$，与前面边界层厚度的分析结果一致。

8.4 边界层的动量积分方程

上面推导的边界层微分方程虽然比纳维埃-斯托克斯方程简单，但仍是非线性的，只有少数几种情况如平板、楔形物体、源流等能得到精确解。然而工程中遇到的许多形体，直接积分边界层微分方程一般来说比较困难。为此人们不得不采用近似解，动量积分方程解法是其中的一种。

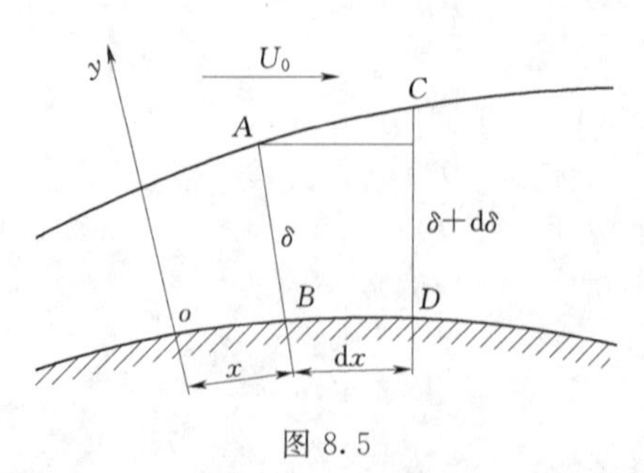

图 8.5

动量积分方程是卡门（Kaman）1921 年首先提出来的，由波尔豪森（Pohlhausen）具体地加以实现。

设流体绕固体边界流动，在高雷诺数情况下，

固体边界附近就会产生一层很薄的边界层。现取出一微段来进行研究，如图8.5所示。

应用动量定律于这一流段上，计算在 $\mathrm{d}t$ 时段内沿 x 轴方向的动量变化。显然，经过 AB 流入这一微分段的质量为 $\mathrm{d}t\int_0^\delta \rho u_x \mathrm{d}y$，经过 CD 流出的质量为 $\mathrm{d}t\int_0^\delta \left[\rho u_x + \frac{\partial(\rho u_x)}{\partial x}\mathrm{d}x\right]\mathrm{d}y$，二者相减，即在 $\mathrm{d}t$ 时段内经过 AB 流入和经过 CD 流出的质量差为

$$\mathrm{d}t\,\mathrm{d}x\int_0^\delta \frac{\partial(\rho u_x)}{\partial x}\mathrm{d}y = \mathrm{d}t\,\mathrm{d}x\,\frac{\partial}{\partial x}\int_0^\delta \rho u_x \mathrm{d}y$$

由不可压缩流体的连续条件可知，经边界层上边界流入此微分段的质量应与流出的质量相等。在边界层上边界处的 x 方向流速为 U_0，因此流入 AC 的质量所带入的动量为

$$U_0\,\mathrm{d}t\,\mathrm{d}x\,\frac{\partial}{\partial x}\int_0^\delta \rho u_x \mathrm{d}y$$

经 AB 流入的动量为

$$\mathrm{d}t\int_0^\delta \rho u_x u_x \mathrm{d}y = \mathrm{d}t\int_0^\delta \rho u_x^2 \mathrm{d}y$$

经 CD 流出的动量为

$$\mathrm{d}t\int_0^\delta \left[\rho u_x + \frac{\partial(\rho u_x)}{\partial x}\mathrm{d}x\right]\left(u_x + \frac{\partial u_x}{\partial x}\mathrm{d}x\right)\mathrm{d}y$$

忽略高阶微量，上式简化为

$$\mathrm{d}t\int_0^\delta [\rho u_x^2 + u_x\,\frac{\partial(\rho u_x)}{\partial x}\mathrm{d}x + \rho u_x\,\frac{\partial u_x}{\partial x}\mathrm{d}x]\mathrm{d}y$$

经 CD 流出和经 AB 流入的动量差为

$$\mathrm{d}t\int_0^\delta \left[\rho u_x^2 + u_x\,\frac{\partial(\rho u_x)}{\partial x}\mathrm{d}x + \rho u_x\,\frac{\partial u_x}{\partial x}\mathrm{d}x\right]\mathrm{d}y - \mathrm{d}t\int_0^\delta \rho u_x^2 \mathrm{d}y = \mathrm{d}t\,\mathrm{d}x\,\frac{\partial}{\partial x}\int_0^\delta \rho u_x^2 \mathrm{d}y$$

规定流出的动量为正，流入的动量为负，则 $\mathrm{d}t$ 时段内 $ABCD$ 微段中流体动量的变化为

$$\mathrm{d}t\,\mathrm{d}x\,\frac{\partial}{\partial x}\int_0^\delta \rho u_x^2 \mathrm{d}y - U_0\,\mathrm{d}t\,\mathrm{d}x\,\frac{\partial}{\partial x}\int_0^\delta \rho u_x \mathrm{d}y = \mathrm{d}t\,\mathrm{d}x\,\frac{\partial}{\partial x}\left(\int_0^\delta \rho u_x^2 \mathrm{d}y - U_0\int_0^\delta \rho u_x \mathrm{d}y\right)$$

下面计算在同一时段 $\mathrm{d}t$ 内作用在微段 $ABCD$ 上 x 方向的外力的冲量。作用在 AB、AC 和 CD 面上的压力为

AB 面：$p\delta$

AC 面：$p\,\mathrm{d}s\,\frac{\mathrm{d}\delta}{\mathrm{d}s} = p\,\mathrm{d}\delta$（$\mathrm{d}s$ 为 AC 的弧长，$\frac{\mathrm{d}\delta}{\mathrm{d}s}$ 为 AC 与水平轴夹角的正弦）

CD 面：$-\left(p+\frac{\partial p}{\partial x}\mathrm{d}x\right)\left(\delta+\frac{\mathrm{d}\delta}{\mathrm{d}x}\mathrm{d}x\right) = -\left(p+\frac{\partial p}{\partial x}\mathrm{d}x\right)(\delta+\mathrm{d}\delta)$

三者的总和为

$$p\delta + p\,\mathrm{d}\delta - \left(p+\frac{\partial p}{\partial x}\mathrm{d}x\right)(\delta+\mathrm{d}\delta)$$

忽略高阶微量得

$$-\delta\,\frac{\partial p}{\partial x}\mathrm{d}x$$

冲量为
$$-\delta\frac{\partial p}{\partial x}\mathrm{d}x\mathrm{d}t$$

沿 BD 边界的摩阻力，是逆水流运动方向的，以 τ_0 表示单位面积上的阻力大小（切应力），则摩阻力的冲量为

$$-\tau_0\mathrm{d}x\mathrm{d}t$$

由动量定律得

$$\mathrm{d}t\mathrm{d}x\frac{\partial}{\partial x}\left(\int_0^\delta\rho u_x^2\mathrm{d}y-U_0\int_0^\delta\rho u_x\mathrm{d}y\right)=-\delta\frac{\partial p}{\partial x}\mathrm{d}x\mathrm{d}t-\tau_0\mathrm{d}x\mathrm{d}t$$

由上式消去 $\mathrm{d}t\mathrm{d}x$，并以全微商代替偏微商，即得二维恒定流动的边界层动量积分方程为

$$\frac{\mathrm{d}}{\mathrm{d}x}\int_0^\delta\rho u_x^2\mathrm{d}y-U_0\frac{\mathrm{d}}{\mathrm{d}x}\int_0^\delta\rho u_x\mathrm{d}y=-\delta\frac{\mathrm{d}p}{\mathrm{d}x}-\tau_0 \tag{8.14}$$

式（8.14）中并未对 τ_0 加以任何限制，因此它既适用于层流边界层也适用于紊流边界层。但是在紊流时，以上各值都要用时均值代入，而且 τ_0 值要用紊流边壁的 τ_0 表达式。

式（8.14）可以进一步推导如下。由分布积分，左边第二项可写成

$$U_0\frac{\mathrm{d}}{\mathrm{d}x}\int_0^\delta\rho u_x\mathrm{d}y=\rho\frac{\mathrm{d}}{\mathrm{d}x}\int_0^\delta U_0u_x\mathrm{d}y-\rho\int_0^\delta u_x\frac{\mathrm{d}U_0}{\mathrm{d}x}\mathrm{d}y$$

又由于边界层外的流动可以认为是有势流动，应用伯努利方程得

$$z+\frac{p}{\gamma}+\frac{U_0^2}{2g}=\mathrm{const}$$

对上式求导得

$$\frac{\mathrm{d}z}{\mathrm{d}x}+\frac{1}{\gamma}\frac{\mathrm{d}p}{\mathrm{d}x}+\frac{2U_0}{2g}\frac{\mathrm{d}U_0}{\mathrm{d}x}=0$$

对于平板绕流或曲率甚小的固体边界的绕流运动，$\frac{\mathrm{d}z}{\mathrm{d}x}=0$，所以得

$$\frac{\mathrm{d}p}{\mathrm{d}x}=-\rho U_0\frac{\mathrm{d}U_0}{\mathrm{d}x}$$

将以上关系代入式（8.14）得

$$\rho\frac{\mathrm{d}}{\mathrm{d}x}\int_0^\delta u_x^2\mathrm{d}y-\rho\frac{\mathrm{d}}{\mathrm{d}x}\int_0^\delta U_0u_x\mathrm{d}y+\rho\int_0^\delta u_x\frac{\mathrm{d}U_0}{\mathrm{d}x}\mathrm{d}y=\rho U_0\delta\frac{\mathrm{d}U_0}{\mathrm{d}x}-\tau_0$$

因为 $\delta=\int_0^\delta\mathrm{d}y$，所以上式可以改写成

$$\rho\frac{\mathrm{d}U_0}{\mathrm{d}x}\int_0^\delta(U_0-u_x)\mathrm{d}y+\rho\frac{\mathrm{d}}{\mathrm{d}x}\int_0^\delta(U_0-u_x)u_x\mathrm{d}y=\tau_0$$

注意到

$$\rho U_0\delta_1=\int_0^\delta\rho(U_0-u_x)\mathrm{d}y$$

$$\rho U_0^2\delta_2=\int_0^\delta\rho u_x(U_0-u_x)\mathrm{d}y$$

代入上式得

$$\rho\frac{\mathrm{d}U_0}{\mathrm{d}x}U_0\delta_1+\rho\frac{\mathrm{d}}{\mathrm{d}x}(U_0^2\delta_2)=\tau_0$$

所以有

$$\rho U_0^2 \frac{d\delta_2}{dx}+\rho\delta_2(2U_0 \frac{dU_0}{dx})+\rho U_0\delta_1 \frac{dU_0}{dx}=\tau_0$$

将上式各项除以 ρU_0^2，得

$$\frac{d\delta_2}{dx}+\frac{2\delta_2}{U_0}\frac{dU_0}{dx}+\frac{\delta_1}{U_0}\frac{dU_0}{dx}=\frac{\tau_0}{\rho U_0^2} \tag{8.15}$$

式（8.15）就是边界层的动量积分方程。式（8.15）还可以写成

$$\frac{d\delta_2}{dx}+\frac{1}{U_0}\frac{dU_0}{dx}(2+H)\delta_2=\frac{C_f'}{2} \tag{8.16}$$

$$C_f'=\frac{\tau_0}{\frac{1}{2}\rho U_0^2}=\frac{2\tau_0}{\rho U_0^2} \tag{8.17}$$

$$H=\delta_1/\delta_2$$

式中：C_f'为壁面切应力系数。

8.5 平板层流边界层的解法

8.5.1 平板层流边界层的布拉修斯解

1908 年，布拉修斯（H. Blasius）首先应用普朗特边界层方程求解了绕流薄平板的层流边界层。

设想一极薄的平板顺流放置于二维恒定均匀流中，以平板上游端为坐标原点，x 轴方向如图 8.6 所示。来流平行于 x 轴，势流流速为 U_0，在这种情况下，势流的流速在整个流场中均为常数，由伯努利方程，$dp/dx=0$，边界层方程（8.13）可以写成

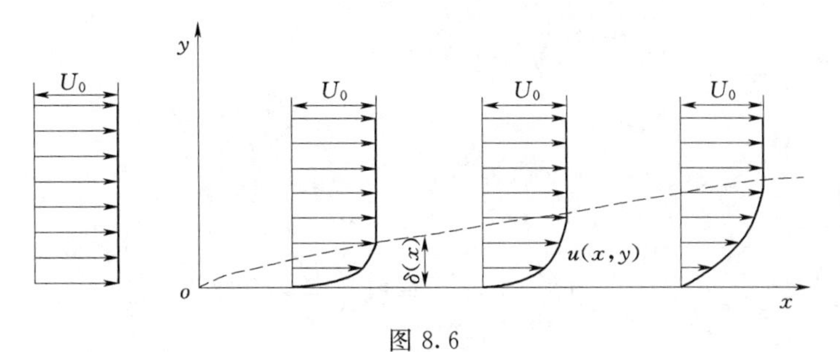

图 8.6

$$\left.\begin{aligned} u_x \frac{\partial u_x}{\partial x}+u_y \frac{\partial u_x}{\partial y}&=\nu \frac{\partial^2 u_x}{\partial y^2} \\ \frac{\partial u_x}{\partial x}+\frac{\partial u_y}{\partial y}&=0 \end{aligned}\right\} \tag{8.18}$$

边界条件为

$$y=0, u_x=0, u_y=0, y=\infty, u_x=U_0 \tag{8.19}$$

布拉修斯假定，在边界层内沿 x 轴各断面的垂线流速分布图形相似，即设

$$\frac{u_x}{U_0}=F\left(\frac{y}{\delta}\right) \tag{8.20}$$

函数 F 对于所有的 x 值均是相同的，即函数 F 与 x 坐标无关。

由上面的边界层厚度已知，$\delta \propto \frac{x}{\sqrt{Re_x}}$，则 $\frac{y}{\delta} \propto \frac{y}{x/\sqrt{Re_x}}$，令

$$\eta = \frac{y}{x/\sqrt{Re_x}} = y\sqrt{\frac{U_0}{x\nu}} \tag{8.21}$$

η 为一个新的无量纲的坐标，由一个自变量 η 代替 x、y 两个自变量，这样可以把偏微分方程变为常微分方程 。由式（8.21）得

$$\frac{\partial \eta}{\partial x} = -\frac{y}{2x}\sqrt{\frac{U_0}{x\nu}} = -\frac{\eta}{2x}$$

$$\frac{\partial \eta}{\partial y} = \sqrt{\frac{U_0}{x\nu}}$$

为了便于积分连续性方程，再引入一个流函数 $\psi(x,y)$，并取其值为 $\psi = \sqrt{\nu x U_0}\, f(\eta)$ 代替两个未知数 u_x、u_y，可以表示为

$$u_x = \frac{\partial \psi}{\partial y} = \frac{\partial \psi}{\partial \eta}\frac{\partial \eta}{\partial y} = \sqrt{\nu x U_0}\, f'(\eta)\sqrt{\frac{U_0}{\nu x}} = U_0 f'(\eta) \tag{8.22}$$

$$\begin{aligned} u_y &= -\frac{\partial \psi}{\partial x} = -\frac{\partial}{\partial x}\left[\sqrt{\nu x U_0}\, f(\eta)\right] \\ &= -\left[\frac{1}{2}\sqrt{\frac{\nu U_0}{x}} f(\eta) + \sqrt{\nu x U_0}\, f'(\eta)\frac{\partial \eta}{\partial x}\right] \\ &= -\left[\frac{1}{2}\sqrt{\frac{\nu U_0}{x}} f(\eta) + \sqrt{\nu x U_0}\, f'(\eta)\left(-\frac{\eta}{2x}\right)\right] \\ &= \frac{1}{2}\sqrt{\frac{\nu U_0}{x}}\left[\eta f'(\eta) - f(\eta)\right] \end{aligned} \tag{8.23}$$

由此可得

$$\frac{\partial u_x}{\partial x} = U_0 f''(\eta)\frac{\partial \eta}{\partial x} = -\frac{\eta}{2x}U_0 f''(\eta)$$

$$\frac{\partial u_x}{\partial y} = U_0 f''(\eta)\frac{\partial \eta}{\partial y} = U_0\sqrt{\frac{U_0}{\nu x}} f''(\eta)$$

$$\frac{\partial^2 u_x}{\partial y^2} = U_0\sqrt{\frac{U_0}{\nu x}} f'''(\eta)\frac{\partial \eta}{\partial y} = \frac{U_0^2}{\nu x} f'''(\eta)$$

将以上结果代入式（8.18）得

$$-\frac{U_0^2}{2x}\eta f'(\eta) f''(\eta) + \frac{U_0^2}{2x}\left[\eta f'(\eta) - f(\eta)\right] f''(\eta) = \frac{U_0^2}{x} f'''(\eta)$$

整理得

$$f(\eta) f''(\eta) + 2f'''(\eta) = 0 \tag{8.24}$$

式（8.24）即为布拉修斯所导得的平板边界层方程式，它是一个三阶非线性的常微分方程，其三个边界条件为

$$\left.\begin{aligned}\eta=0,f'(\eta)=0,f(\eta)=0\\ \eta=\infty,f'(\eta)=1\end{aligned}\right\}\tag{8.25}$$

式（8.24）形式上虽然十分简单，但却无法求得解析解。最早布拉修斯本人作了级数形式的近似解。其后托伯弗（Topfer）、哥斯丁（Goldstein）和豪华斯（Howarth）等分别用数值方法精确度不同地求出了式（8.24）的近似解，表 8.1 是豪华斯的计算结果。

表 8.1　　边界层函数 f（η）值

η	$f(\eta)$	$f'(\eta)=u_x/U_0$	$f''(\eta)$	η	$f(\eta)$	$f'(\eta)=u_x/U_0$	$f''(\eta)$
0	0	0	0.3321	4.2	2.4981	0.9670	0.0505
0.2	0.0066	0.0664	0.3320	4.4	2.6924	0.9759	0.0390
0.4	0.0266	0.1328	0.3315	4.6	2.8883	0.9827	0.0295
0.6	0.0597	0.1989	0.3301	4.8	3.0853	0.9878	0.0219
0.8	0.1061	0.2647	0.3274	5.0	3.2833	0.9915	0.0159
1.0	0.1656	0.3296	0.3230	5.2	3.4819	0.9942	0.0113
1.2	0.2379	0.3938	0.3166	5.4	3.6809	0.9962	0.0079
1.4	0.3230	0.4563	0.3079	5.6	3.8803	0.9975	0.0054
1.6	0.4203	0.5168	0.2967	5.8	4.0799	0.9984	0.0036
1.8	0.5295	0.5748	0.2829	6.0	4.2796	0.9990	0.0024
2.0	0.6500	0.6298	0.2667	6.2	4.4795	0.9994	0.0015
2.2	0.7812	0.6813	0.2483	6.4	4.6794	0.9996	0.0010
2.4	0.9223	0.7290	0.2281	6.6	4.8793	0.9998	0.0006
2.6	1.0725	0.7725	0.2065	6.8	5.0793	0.9999	0.0004
2.8	1.2310	0.8115	0.1840	7.0	5.2793	0.9999	0.0002
3.0	1.3968	0.8460	0.1614	7.2	5.4792	1.0000	0.0001
3.2	1.5691	0.8761	0.1391	7.4	5.6792	1.0000	0.0001
3.4	1.7470	0.9018	0.1179	7.6	5.8792	1.0000	0.0000
3.6	1.9295	0.9233	0.0981	7.8	6.0792	1.0000	0.0000
3.8	2.1160	0.9411	0.0801	8.0	6.2792	1.0000	0.0000
4.0	2.3058	0.9555	0.0642	8.8	7.0792	1.0000	0.0000

由表 8.1 可以得到以下结论。

1. 关于平板层流边界层的流速分布

平板层流边界层内的流速分布可根据表 8.1 给出的数值绘成曲线，如图 8.7 所示。由图中可以看出，不同的雷诺数 Re_x 的实验点与理论曲线几乎完全一致，这说明布拉修斯关于边界层内各处流速分布图形相似的假定是符合实际的。由表中的数值和式（8.22）、式（8.23）可以计算出边界层内任一点的流速 u_x 和 u_y，而当 $u_x/U_0=1.0$ 时，即当 $y\to\infty$时，垂向流速并不等于零而趋向一个有限值，其值为

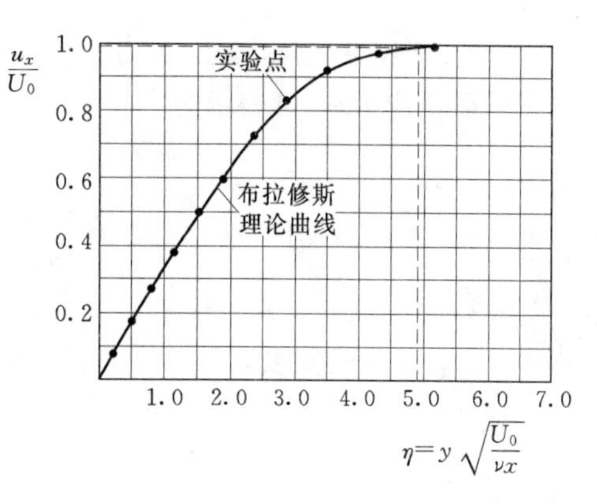

图 8.7

$$u_{y|y\to\infty}=0.8604U_0\sqrt{\frac{\nu}{U_0x}}=0.8604\frac{U_0}{\sqrt{Re_x}} \tag{8.26}$$

式（8.26）表明，在边界层外部边界有一向外流去的流体运动，它是由于板面黏性阻滞作用使边界层厚度增大，从而把流体从板面附近排挤出去所造成的，这就是边界层对外部势流的影响。还要指出的是，由于平板边界层没有逆压梯度，所以不会产生分离现象。

2. 边界层的各种厚度

（1）边界层厚度 δ。按照边界层厚度的定义，在边界层外缘速度比为 $u_x/U_0=0.99$，则该点的坐标值 $y=\delta$，由表 8.1，当 $u_x/U_0=0.99$ 时，$\eta=4.92$，于是由式（8.21）得

$$\delta=\frac{4.92}{\sqrt{U_0/(x\nu)}}=\frac{4.92x}{\sqrt{Re_x}} \tag{8.27}$$

（2）边界层的位移厚度 δ_1 为

$$\delta_1=\int_0^{\infty}\left(1-\frac{u_x}{U_0}\right)\mathrm{d}y$$

由式（8.22）可知，$u_x/U_0=f'(\eta)$，由式（8.21）得 $\mathrm{d}y=\sqrt{\frac{\nu x}{U_0}}\mathrm{d}\eta$，所以

$$\delta_1=\sqrt{\frac{\nu x}{U_0}}\int_{\eta=0}^{\infty}[1-f'(\eta)]\mathrm{d}\eta=\sqrt{\frac{\nu x}{U_0}}[\eta_1-f(\eta_1)]$$

式中：η_1 及 $f(\eta_1)$ 为边界层外一点处之值，此处 $\eta_1=4.92$。

由表 8.1 查得 $f(\eta_1)=3.18$，故平板层流边界层的位移厚度为

$$\delta_1=1.74\sqrt{\frac{\nu x}{U_0}}=\frac{1.74x}{\sqrt{Re_x}} \tag{8.28}$$

（3）边界层的动量损失厚度 δ_2。动量损失厚度为

$$\delta_2=\int_0^{\infty}(1-\frac{u_x}{U_0})\frac{u_x}{U_0}\mathrm{d}y=\sqrt{\frac{\nu x}{U_0}}\int_0^{\infty}[1-f'(\eta)]f'(\eta)\mathrm{d}\eta=\sqrt{\frac{\nu x}{U_0}}[f(\eta_2)-\int_0^{\infty}f'^2(\eta)\mathrm{d}\eta]$$

利用表 8.1 中数据，对上式进行数值积分得

$$\delta_2=0.664\sqrt{\frac{\nu x}{U_0}}=\frac{0.664x}{\sqrt{Re_x}} \tag{8.29}$$

3. 壁面切应力和切应力系数

壁面切应力 τ_0 可表示为

$$\tau_0(x)=\mu\left(\frac{\partial u_x}{\partial y}\right)_{y=0}$$

平板一边的阻力为

$$D=b\int_{x=0}^{L}\tau_0(x)\mathrm{d}x \tag{8.30}$$

式中：b 为平板的宽度；L 为平板的长度。

将式（8.22）对 y 偏微分代入壁面切应力公式得

$$\tau_0(x)=\mu\left(\frac{\partial u_x}{\partial y}\right)_{y=0}=\mu U_0\sqrt{\frac{U_0}{\nu x}}f''(0)$$

由表8.1查得，当$\eta=0$时，$f''(0)=0.332$，由此得

$$\tau_0(x)=0.332\mu U_0\sqrt{\frac{U_0}{\nu x}}=\frac{0.664}{\sqrt{Re_x}}\frac{1}{2}\rho U_0^2 \tag{8.31}$$

定义壁面切应力系数为C'_f，则

$$C'_f=\frac{\tau_0(x)}{\frac{1}{2}\rho U_0^2}=\frac{0.664}{\sqrt{Re_x}} \tag{8.32}$$

4. 壁面阻力与阻力系数

将式（8.31）代入式（8.30）积分得平板一侧的壁面（表面）阻力为

$$D=b\int_{x=0}^{L}\tau_0(x)\mathrm{d}x=b\int_{x=0}^{L}0.322\mu U_0\sqrt{\frac{U_0}{\nu}}\frac{\mathrm{d}x}{\sqrt{x}}$$

$$=2\times0.332bU_0\sqrt{\mu\rho LU_0}=0.664bU_0\sqrt{\mu\rho LU_0}$$

如果平板两侧均有流体流过，则阻力为$2D$，即

$$2D=2\times0.664bU_0\sqrt{\mu\rho LU_0}=1.328bU_0\sqrt{\mu\rho LU_0} \tag{8.33}$$

定义阻力系数为C_f，则

$$C_f=\frac{D}{\frac{1}{2}\rho AU_0^2}=\frac{0.664bU_0\sqrt{\mu\rho LU_0}}{\frac{1}{2}\rho AU_0^2} \tag{8.34}$$

$$A=bL$$

式中：A为浸润面积。

对于两面均淹没在流体中的平板，其阻力系数为

$$C_f=\frac{2D}{\frac{1}{2}\rho(2A)U_0^2}=\frac{2\times0.664bU_0\sqrt{\mu\rho LU_0}}{\frac{1}{2}\rho\times2bLU_0^2}=\frac{1.328bU_0\sqrt{\mu\rho LU_0}}{\rho bLU_0^2}=\frac{1.328}{\sqrt{Re_L}} \tag{8.35}$$

$$Re_L=\frac{U_0L}{\nu}$$

这个阻力定律是由布拉修斯首先导出的，适合于平板层流边界层，即$Re_L<(3\times10^5\sim10^6)$。对于$Re_L>10^6$，即紊流边界层情况，阻力将大大增加。

8.5.2　用动量积分方程解平板层流边界层

在顺流平板的情况下，边界层外的自由流流速$U_0=\mathrm{const}$，即$\mathrm{d}U_0/\mathrm{d}x=0$，则式（8.15）变为

$$\frac{\mathrm{d}\delta_2}{\mathrm{d}x}=\frac{\tau_0}{\rho U_0^2} \tag{8.36}$$

用动量积分方程求解平板层流边界层，边界层内的流速分布必须已知。由层流边界层的布拉修斯解可知，层流边界层各截面的速度剖面具有相似解的性质，其表达式为式（8.20）。因为u_x/U_0只依赖于组合变数$\eta_0=y/\delta$，所以就可以选取$f(\eta_0)$的逼近函数，使它尽量与真实剖面吻合。为此，必须尽可能多地满足边界上的条件，这些条件包括壁面条件和边界层外部边界上的条件。

设边界层内的流速分布为

$$u_x = a_0 + a_1 y + a_2 y^2 + a_3 y^3 + a_4 y^4 \tag{8.37}$$

式中：a_0、a_1、a_2、a_3、a_4 为待定常数，可由边界层的边界条件来确定。

边界条件为

$$y=0, u_x=0, u_y=0, \frac{\partial^2 u_x}{\partial y^2}=0; y=\delta, u_x=U_0, \frac{\partial u_x}{\partial y}=0, \frac{\partial^2 u_x}{\partial y^2}=0$$

下面确定式（8.37）中的待定常数，由 $y=0$，$u_x=0$ 得 $a_0=0$；由 $\left(\frac{\partial^2 u_x}{\partial y^2}\right)_{y=0}=0$ 得 $a_2=0$；由其他条件可得

$$a_1\delta + a_3\delta^3 + a_4\delta^4 = U_0$$

$$a_1 + 3a_3\delta^2 + 4a_4\delta^3 = 0$$

$$6a_3\delta + 12a_4\delta^2 = 0$$

由上式解出 $a_1=\frac{2U_0}{\delta}$，$a_3=-\frac{2U_0}{\delta^3}$，$a_4=\frac{U_0}{\delta^4}$，代入流速分布公式（8.37）得

$$\frac{u_x}{U_0} = 2\left(\frac{y}{\delta}\right) - 2\left(\frac{y}{\delta}\right)^3 + \left(\frac{y}{\delta}\right)^4 \tag{8.38}$$

又因为

$$\tau_0 = \mu\left(\frac{\partial u_x}{\partial y}\right)_{y=0} = 2\mu\frac{U_0}{\delta} \tag{8.39}$$

$$\begin{aligned}\delta_2 &= \int_0^\delta \left(1-\frac{u_x}{U_0}\right)\frac{u_x}{U_0}\mathrm{d}y \\ &= \int_0^\delta \left\{1-\left[2\left(\frac{y}{\delta}\right)-2\left(\frac{y}{\delta}\right)^3+\left(\frac{y}{\delta}\right)^4\right]\right\}\left[2\left(\frac{y}{\delta}\right)-2\left(\frac{y}{\delta}\right)^3+\left(\frac{y}{\delta}\right)^4\right]\mathrm{d}y = \frac{37}{315}\delta\end{aligned}$$

$$\frac{\mathrm{d}\delta_2}{\mathrm{d}x} = \frac{37}{315}\frac{\mathrm{d}\delta}{\mathrm{d}x}$$

将式（8.39）和上式代入式（8.36）得

$$\frac{37}{315}\frac{\mathrm{d}\delta}{\mathrm{d}x} = \frac{2\mu U_0}{\rho U_0^2\delta} = \frac{2\nu}{U_0\delta}$$

或

$$\delta\frac{\mathrm{d}\delta}{\mathrm{d}x} = \frac{630}{37}\frac{\nu}{U_0}$$

对上式分离变量并积分得

$$\delta = 5.8356\sqrt{\frac{\nu x}{U_0}} \tag{8.40}$$

或

$$\frac{\delta}{x} = \frac{5.8356}{\sqrt{Re_x}} \tag{8.41}$$

$$Re_x = \frac{U_0 x}{\nu}$$

由此可见，$\frac{\delta}{x}$ 与 $\sqrt{Re_x}$ 成反比。

将式（8.40）代入式（8.39）得

$$\tau_0=\frac{0.6854}{\sqrt{Re_x}}\times\frac{1}{2}\rho U_0^2 \tag{8.42}$$

壁面切应力系数为

$$C_f'=\frac{\tau_0}{\frac{1}{2}\rho U_0^2}=\frac{0.6854}{\sqrt{Re_x}} \tag{8.43}$$

对于宽度为 b、长度为 L、两面浸没的平板总阻力为

$$2D=2b\int_0^L\tau_0\mathrm{d}x=\frac{1.371}{\sqrt{Re_L}}\times 2bL\times\frac{1}{2}\rho U_0^2$$

阻力系数为

$$C_f=\frac{2D}{\frac{1}{2}\rho(2A)U_0^2}=\frac{2D}{\frac{1}{2}\rho\times 2bLU_0^2}=\frac{1.371}{\sqrt{Re_L}} \tag{8.44}$$

以上成果是采用流速分布的四级近似式（8.37）得到的。

对于流速分布的三级近似，即放弃 $\left(\frac{\partial^2 u_x}{\partial y^2}\right)_{y=\delta}=0$ 的条件，可得

$$\frac{u_x}{U_0}=\frac{3}{2}\left(\frac{y}{\delta}\right)-\frac{1}{2}\left(\frac{y}{\delta}\right)^3$$

重复式（8.39）～式（8.44）的求解过程得

$$\tau_0=\mu\left(\frac{\partial u_x}{\partial y}\right)_{y=0}=\frac{3}{2}\mu\frac{U_0}{\delta}$$

$$\delta=4.641\sqrt{\frac{\nu x}{U_0}}$$

或

$$\frac{\delta}{x}=\frac{4.641}{\sqrt{Re_x}}$$

将 δ 的表达式代入切应力公式得

$$\tau_0=\frac{0.6464}{\sqrt{Re_x}}\frac{1}{2}\rho U_0^2$$

$$C_f'=\frac{0.6464}{\sqrt{Re_x}}$$

$$C_f=\frac{1.293}{\sqrt{Re_L}}$$

用流速分布的四级近似和三级近似解与布拉修斯的精确解相比较可以看出，布拉修斯的理论介于三级近似与四级近似之间。

8.6　平板紊流边界层

8.6.1　概述

紊流边界层对于工程实际具有更大的实用价值，尤其是水利水电工程中遇到的水流边

界层问题大多是紊流边界层。一般情况下，只有在边界层开始形成的一个极短的距离内才是层流边界层。而平板紊流边界层的研究是紊流边界层最简单的情况，但它是紊流边界层研究的基础。

8.6.1.1 紊流边界层与层流边界层的比较

在紊流边界层中水流的各个物理量都随时间不断地脉动。紊流边界层与层流边界层比较，性质上有明显的差别，主要表现如下。

(1) 在层流边界层中，漩涡沿壁面法线向外扩散的速度主要取决于流体的运动黏滞系数 ν，而在紊流边界层中，除了与运动黏滞系数有关外，更重要的是取决于紊动传输的性质。因此在其他条件（如来流流速、流体种类和绕流物体形状等）相同的情况下，紊流边界层中漩涡向外扩散的速度比层流大得多。但是由于漩涡沿壁面向下游传播的速度远远大于其沿壁面向外扩散的速度，所以包含这些漩涡的流动（即紊流边界层）仍然仅限于贴近壁面的一个向下游伸展的薄层中，即仍然可以认为紊流边界层的厚度是一个小量。

(2) 在层流边界层中，流动呈层状的单一结构，但在紊流边界层中，由于漩涡的黏性扩散与紊动扩散的机理不同，使得在紊流边界层中呈现出多层结构的模式，在不同的层中存在着不同的流动状态、不同的速度分布和不同的尺度因子。

(3) 壁面粗糙度对层流边界层本身并不起作用，但是对层流向紊流的过渡以及对紊流边界层本身确有明显的影响，而且粗糙度的影响主要集中在内区。因此壁面摩阻受粗糙度的影响比较明显。紊流边界层中由于壁面粗糙凸起程度的不同，也存在有光滑区和粗糙区两种不同的水力状态。

(4) 紊流边界层的速度分布和层流边界层不一样，壁面切应力的表达式常采用经验或半经验的阻力公式。在紊流边界层中，流速分布要用时均值，即 $\bar{u}_x=\bar{u}_x(y)$。

(5) 层流边界层向紊流边界层转变的临界雷诺数 Re_k 的范围是

$$3\times10^5<Re_k=\left(\frac{U_0x}{\nu}\right)_k<3\times10^6 \tag{8.45}$$

具体数值取决于来流的紊动强度。来流紊动强度大，Re_k 取小值，反之取大值。一般取 $Re_k=3\times10^5$。当 $\mathrm{d}p/\mathrm{d}x<0$，则转捩点后移，$Re_k$ 可达 1×10^8 或更大。边壁粗糙则转捩点提前，Re_k 变小。

8.6.1.2 紊流边界层的分区

1. 黏性底层区（或层流底层）

在靠近固壁边界附近，$\mathrm{d}\bar{u}_x/\mathrm{d}y$ 非常接近常数，即时均流速 $\bar{u}_x$ 为线性分布，切应力可由 $\tau=\mu\mathrm{d}\bar{u}_x/\mathrm{d}y$ 表示。虽然近代量测资料表明，壁面附近的紊动情况仍然是强烈的，并可观测到周期性的猝发现象，说明在这个区域也不时地产生漩涡，但实用上脉动能量为零，可认为属于层流运动。这个区域就是黏性底层区，也称层流底层区。

2. 过渡区

紧贴黏性底层上部有一个很薄的过渡区，流动由层流向紊流过渡，紊动能量的最大值常发生在这个区域。

3. 紊流区

自过渡区至 $y=0.4\delta$ 这一层流动为紊流区。

4. 不稳定区

自 $y=0.4\delta$ 至 $y=1.2\delta$ 这一层流动中，虽然时均流速分布曲线自固体边界至边界层外部流动为一连续的光滑曲线，但在紊流区和边界层外的非紊流区之间的瞬时边界则是时刻变化并且是不规则的。在边界层的内部存在着一些非紊流带，而且边界层的外部也存在着一些紊流带，参差交错。

上述紊流边界层流动的四个区域如图 8.8 所示。该图表明，紊流流体突然超过了 δ 达到 1.2δ 的位置，非紊流体伸入边界层内深达 0.4δ，紊流—非紊流界面的平均位置为 0.78δ，比平均切应力所在处的距离短 22%。

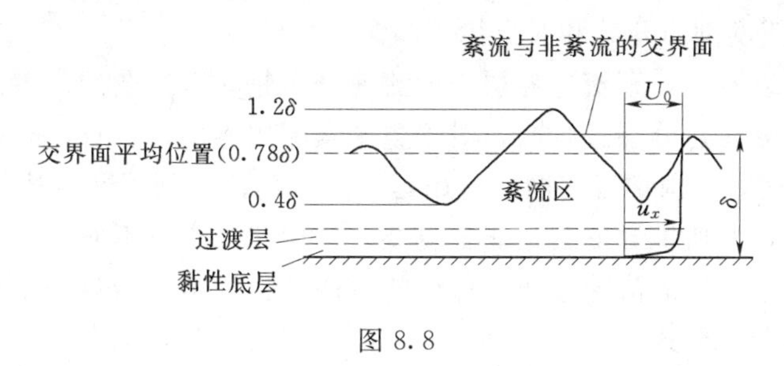

图 8.8

紊流边界层按其流速分布也可以分为内区和外区。黏性底层、过渡层和紊流层统称为内区，也称壁面区，此区在 $0<y<0.2\delta$ 之间；而 $0.2\delta<y<\delta$ 之间称为外区，外区也称紊流核心区。上述紊流边界的多层结构可以表示为

紊流边界层
- 内区（内层）
  - 黏性底层
  - 过渡层
  - 对数律层——完全紊流层
- 外区（外层）
  - 尾迹律层（紊流强度减弱，边界层流动接近尾声）
  - 间歇紊流层（不稳定层）

上述紊流边界层的多层结构中，在外区，即紊流的核心区，流体运动只是间接受壁面流动条件的影响，紊动切应力是主要特征因素，一般可分为尾迹律层和间歇紊流层。尾迹律层的含义是：尾迹律层中流体运动仍处于完全紊流状态，但与对数律层相比，紊流强度已明显减弱，边界层流动已接近尾声，所以称为尾迹律层。间歇紊流层就是上面讲的不稳定层。各层的厚度为：黏性底层厚度小于 $4\nu/u_*$；过渡层厚度为 $(4\sim30)\nu/u_*$；对数律层厚度为 $30\nu/u_*\sim0.2\delta$；尾迹律层的厚度为 $(0.2\sim0.4)\delta$；间歇紊流层厚度为 $(0.4\sim1.2)\delta$。

试验还表明，平板紊流边界层的内层结构与管流情况相似，但外层结构却不相同。这是因为边界层与外部势流相接触，从边界层中的紊流过渡为外部势流中的非紊流是一个渐近的连续的变化过程，它们之间不存在间断面，因而存在紊流与非紊流之间的相互作用和衔接问题，即存在从紊流到非紊流的过渡层——不稳定层。在管流中因四周壁面的限制不存在上述情况。

8.6.1.3 紊流边界层内的流速分布

紊流边界层内的速度剖面应选什么样子？这个问题的解决只有依靠实验。第 4 章的图 4.18 综合表示了紊流边界层中的流速分布，纵坐标为 u_x/u_*，横坐标为 $\lg(u_* y/\nu)$。由图中可以看出，在板面附近确实存在黏性底层，速度分布是线性的，其厚度为 $y/\delta<$

0.01，表达式为第4章的式（4.50），即

$$\frac{u_x}{u_*}=\frac{u_* y}{\nu}$$

在黏性底层后有一个很小的过渡层，紧接着就是紊流区。在紊流区的内侧（$0.01<y/\delta<0.2$）速度满足对数律，流速分布公式为第4章的式（4.57）。

对于平板上的紊流边界层，式（4.57）中的常数稍有不同，大量的试验资料表明

$$\frac{u_x}{u_*}=2.54\ln\frac{u_* y}{\nu}+5.56 \tag{8.46}$$

当 $y/\delta>0.2$ 时，速度剖面开始和对数律偏离。

由以上试验可以看出，紊流边界层内的流速分布是非常复杂的。以往对其时均流速分布规律的研究都是分区、分层进行的，对于整个紊流边界层，一直没有得出一个完整的公式。20世纪80年代，我国学者窦国仁应用紊流随机理论得到了紊流边界层内各流区流速分布的统一表达式，但所推导的公式非常复杂，应用起来十分不便。

目前研究紊流边界层的流速分布近似公式有两类：一类是指数分布公式；另一类是对数分布公式。指数分布公式为

$$\frac{u_x}{U_0}=\left(\frac{y}{\delta}\right)^{1/n} \tag{8.47}$$

式中指数 n 随着雷诺数的变化而变化，例如 $Re_x=4\times10^4$，$n=6$；$Re_x=10^5$，$n=7$；$Re_x=3.24\times10^6$，$n=10$。

对数律公式仍用式（8.46），式中当 $y=\delta$ 时，$u_x=U_0$，代入得

$$\frac{U_0}{u_*}=2.54\ln\frac{u_*\delta}{\nu}+5.56 \tag{8.48}$$

比较式（8.46）和式（8.48）得

$$\frac{u_x}{U_0}=\frac{2.54\ln\frac{u_* y}{\nu}+5.56}{2.54\ln\frac{u_*\delta}{\nu}+5.56} \tag{8.49}$$

对于粗糙壁面，流速分布公式由第4章的式(4.60)可得

$$\frac{u_x}{U_0}=\frac{2.5\ln\frac{y}{\Delta}+8.5}{2.5\ln\frac{\delta}{\Delta}+8.5} \tag{8.50}$$

8.6.1.4　平板紊流边界层的解法

从紊流的雷诺方程出发，忽略质量力，对各项进行数量级比较后就可得到二维恒定紊流边界层的微分方程组

$$\left.\begin{aligned}&\bar{u}_x\frac{\partial\bar{u}_x}{\partial x}+\bar{u}_y\frac{\partial\bar{u}_x}{\partial y}=U_0\frac{\mathrm{d}U_0}{\mathrm{d}x}+\nu\frac{\partial^2\bar{u}_x}{\partial y^2}-\frac{\partial}{\partial y}(\overline{u'_x u'_y})\\&\frac{\partial\bar{u}_x}{\partial x}+\frac{\partial\bar{u}_y}{\partial y}=0\end{aligned}\right\} \tag{8.51}$$

边界条件为

$$y=0,\bar{u}_x=0,\bar{u}_y=0;y=\infty,\bar{u}_x=U_0$$

因用式（8.51）求解紊流边界层是非常困难的，所以在实用上多用边界层的动量积分方程式（8.16）求解。

8.6.2 光滑平板上的紊流边界层

利用流速分布指数律求解光滑平板上的紊流边界层，需借助光滑管的阻力系数公式和管道壁面切应力公式。光滑管的布拉修斯阻力系数公式见第4章的式（4.70），管道壁面切应力公式见第4章的式（4.7），由式（4.7）和式（4.70），并注意 $Re=\dfrac{vd}{\nu}$，可得壁面切应力公式为

$$\tau_0=0.0322\rho\nu^{1/4}r_0^{-1/4}v^{7/4} \tag{8.52}$$

式中：r_0 为管道的半径，$r_0=d/2$；d 为管道的直径。

利用流速分布的指数律公式（8.47），取其指数 $n=7$。由第4章例题4.5知，当指数律中的指数 $n=7$ 时，断面平均流速与最大流速的关系为

$$v=\frac{49}{60}U_{\max}\approx 0.8U_{\max}$$

将上式代入式（8.52）得

$$\tau_0=0.0225\rho\nu^{1/4}r_0^{-1/4}U_{\max}^{7/4}=0.0225\rho U_{\max}^{7/4}\left(\frac{\nu}{r_0}\right)^{1/4}$$

根据实测资料，此式不仅适用于 $U_{\max}$ 和 r_0 处，而且对距管壁任何距离 y 的 $u(y)$ 也成立，则上式可写成

$$\tau_0=0.0225\rho U_{\max}^{7/4}\left(\frac{\nu}{y}\right)^{1/4} \tag{8.53}$$

根据试验研究，式（8.53）对于平板紊流边界层也很符合。将式（8.53）圆管中的 $U_{\max}$ 与 y 用势流速度 U_0 与边界层厚度 δ 代替，则有

$$\frac{\tau_0}{\rho U_0^2}=0.0225\left(\frac{\nu}{U_0\delta}\right)^{1/4} \tag{8.54}$$

下面求边界层的动量损失厚度：

$$\delta_2=\int_0^\delta\left(1-\frac{u_x}{U_0}\right)\frac{u_x}{U_0}\mathrm{d}y=\int_0^\delta\left[1-\left(\frac{y}{\delta}\right)^{1/7}\right]\left(\frac{y}{\delta}\right)^{1/7}\mathrm{d}y=\frac{7}{72}\delta \tag{8.55}$$

将式（8.55）和式（8.54）代入式（8.36）得

$$\frac{7}{72}\frac{\mathrm{d}\delta}{\mathrm{d}x}=0.0225\left(\frac{\nu}{U_0\delta}\right)^{1/4}$$

对上式分离变量并积分得

$$\frac{\delta}{x}=\frac{0.3707}{Re_x^{1/5}} \tag{8.56}$$

$$Re_x=\frac{U_0 x}{\nu}$$

将式（8.56）代入式（8.54）得

$$\tau_0=\frac{0.0577}{Re_x^{1/5}}\times\frac{1}{2}\rho U_0^2 \tag{8.57}$$

壁面切应力系数为

$$C'_f=\frac{\tau_0}{\frac{1}{2}\rho U_0^2}=\frac{0.0577}{Re_x^{1/5}} \tag{8.58}$$

对于宽度为 b，长度为 L，两面浸没在流体中的平板总阻力为

$$2D=2b\int_0^L\tau_0(x)\mathrm{d}x=\frac{2\times 0.0577b}{2}\rho U_0^2\int_0^L\frac{\mathrm{d}x}{(U_0/\nu)^{1/5}x^{1/5}}=\frac{0.0721}{Re_L^{1/5}}\times 2bL\times\frac{1}{2}\rho U_0^2 \tag{8.59}$$

阻力系数为

$$C_f=\frac{2D}{2bL\times\frac{1}{2}\rho U_0^2}=\frac{0.0721}{Re_L^{1/5}} \tag{8.60}$$

同试验数据相比较，如果将式（8.60）中的系数 0.0721 改为 0.074，这个关系式可进一步适用到 $3\times10^5<Re_L<10^7$，即

$$C_f=\frac{0.074}{Re_L^{1/5}} \tag{8.61}$$

下面将紊流边界层与层流边界层进行比较，比较结果见表 8.2。

表 8.2　　层流边界层与紊流边界层的比较

层流边界层	紊流边界层	层流边界层	紊流边界层
$\delta\propto x^{1/2}$	$\delta\propto x^{4/5}$	$C'_f\propto Re_x^{-1/2}$	$C'_f\propto Re_x^{-1/5}$
$\tau_0\propto x^{-1/2}$	$\tau_0\propto x^{-1/5}$	$C_f\propto Re_L^{-1/2}$	$C_f\propto Re_L^{-1/5}$
$\tau_0\propto U_0^{3/2}$	$\tau_0\propto U_0^{3.6/2}$		

由表 8.2 可以看出，紊流边界层比层流边界层厚得多，总阻力也大于层流边界层的总阻力。考虑到平板首端的层流段，阻力系数应有所减小，因而取

$$C_f = \frac{0.074}{Re_L^{1/5}} - \frac{A}{Re_L} \tag{8.62}$$

式中 A 用式（8.63）计算：

$$A = 0.074 Re_k^{4/5} - 1.328 Re_k^{1/2} \tag{8.63}$$

式中：Re_k 为临界雷诺数。

A 与 Re_k 的关系见表 8.3。

表 8.3　A 与 Re_k 的关系

Re_k	3×10^5	5×10^5	10^6	3×10^6
A	1050	1700	3300	8700

当 $Re>10^7$ 时，用流速分布的指数律就不太准确了。试验表明，对数流速分布公式的适应范围远较七分之一指数分布公式适应范围大得多，当雷诺数很大时，仍能给出与实际比较接近的结果。但对数流速分布推求的阻力系数公式远比使用指数流速分布公式时复杂。

对于光滑平板，令式（8.46）中的 $\frac{1}{k}=2.54$，常数项 $5.56=\frac{1}{k}\ln\alpha$，则式（8.46）可以写成

$$\frac{u_x}{u_*} = \frac{1}{k}\ln\alpha\frac{u_* y}{\nu} \tag{8.64}$$

当 $y=\delta$ 时，$u_x=U_0$，则式（8.64）变为

$$\frac{U_0}{u_*} = \frac{1}{k}\ln\alpha\frac{u_* \delta}{\nu} \tag{8.65}$$

由式（8.64）和式（8.65）得

$$\frac{u_x}{U_0} = \frac{\ln\alpha\frac{u_* y}{\nu}}{\ln\alpha\frac{u_* \delta}{\nu}} \tag{8.66}$$

因为 $\tau_0/\rho=u_*^2$，壁面切应力系数为

$$C_f' = \frac{\tau_0}{0.5\rho U_0^2} = 2\left(\frac{u_*}{U_0}\right)^2 \tag{8.67}$$

将式（8.65）代入式（8.67）得

$$C_f' = \frac{2}{\left(\frac{1}{k}\ln\alpha\frac{u_* \delta}{\nu}\right)^2} \tag{8.68}$$

由 $1/k=2.54$，$\frac{1}{k}\ln\alpha=5.56$ 得 $\alpha=8.926$，将 $\alpha=8.926$ 代入式（8.68）得光滑平板的壁面切应力系数为

$$C'_f=\frac{2}{\left(2.54\ln\frac{8.926u_*\delta}{\nu}\right)^2} \tag{8.69}$$

下面计算阻力系数，边界层的动量损失厚度为

$$\delta_2=\int_0^\delta\left(1-\frac{u_x}{U_0}\right)\frac{u_x}{U_0}\mathrm{d}y=\int_0^\delta\left(1-\frac{\ln\alpha\frac{u_*y}{\nu}}{\ln\alpha\frac{u_*\delta}{\nu}}\right)\frac{\ln\alpha\frac{u_*y}{\nu}}{\ln\alpha\frac{u_*\delta}{\nu}}\mathrm{d}y$$

上式的积分结果为

$$\delta_2=\frac{\delta}{\left(\ln\alpha\frac{u_*\delta}{\nu}\right)^2}\left(\ln\alpha\frac{u_*\delta}{\nu}-2\right) \tag{8.70}$$

将 $\alpha=8.926$ 代入式（8.70）得

$$\delta_2=\frac{\delta}{\left(\ln\frac{8.926u_*\delta}{\nu}\right)^2}\left(\ln\frac{8.926u_*\delta}{\nu}-2\right) \tag{8.71}$$

因为$\frac{\mathrm{d}\delta_2}{\mathrm{d}x}=\frac{\tau_0}{\rho U_0^2}$，所以平板一面的阻力为

$$D=b\int_0^L\tau_0\mathrm{d}x=b\rho U_0^2\int_0^L\frac{\mathrm{d}\delta_2}{\mathrm{d}x}\mathrm{d}x=b\rho U_0^2\delta_2=bL\times\frac{1}{2}\rho U_0^2\frac{2\delta_2}{L} \tag{8.72}$$

阻力系数为

$$C_f=\frac{D}{bL\times\frac{1}{2}\rho U_0^2}=\frac{2}{L}\frac{\delta}{\left(\ln\frac{8.926u_*\delta}{\nu}\right)^2}\left(\ln\frac{8.926u_*\delta}{\nu}-2\right) \tag{8.73}$$

式（8.73）即为光滑平板阻力系数的计算式。可以看出，要计算阻力系数，必须知道边界层厚度 δ。

根据试验结果，阻力系数 C_f 与雷诺数 $Re_L=\frac{U_0L}{\nu}$的关系如图 8.9 所示，根据图中的曲线③得出两个经验公式

$$C_f=\frac{0.455}{(\lg Re_L)^{2.58}} \tag{8.74}$$

$$C'_f=(2\lg Re_x-0.65)^{-2.3} \tag{8.75}$$

考虑到平板首部是层流边界层，阻力系数公式（8.73）和式（8.74）可以写成

$$C_f=\frac{2}{L}\frac{\delta}{\left(\ln\frac{8.926u_*\delta}{\nu}\right)^2}\left(\ln\frac{8.926u_*\delta}{\nu}-2\right)-\frac{A}{Re_L} \tag{8.76}$$

$$C_f=\frac{0.455}{(\lg Re_L)^{2.58}}-\frac{A}{Re_L} \tag{8.77}$$

由式（8.76）和式（8.77）可以计算出不同雷诺数和不同平板长度的阻力系数和边界层厚度。

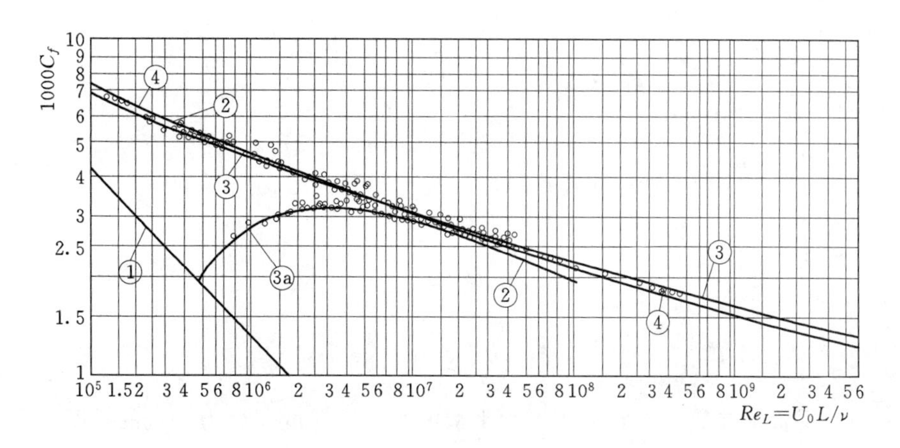

图 8.9

①—层流［布拉修斯式（8.35）］；②—紊流［式（8.61）］；③—紊流［式（8.74）］；
③a—层流到紊流的过渡［式（8.77），$Re_k = 5\times10^5$］；④$C_f = 0.427(\lg Re - 0.407)^{-2.64}$

8.6.3 粗糙平板上的紊流边界层

对于完全粗糙平板的紊流边界层，设其粗糙度为 Δ，当粗糙度 $\Delta = \Delta(x)$ 时，问题比较复杂。现研究一种最简单的情况，即认为粗糙度 Δ 的分布在平板上不随距离 x 而变化，也就是说，$\Delta = \text{const}$。这样就可以类似光滑平板的做法，推导出粗糙平板的阻力系数。

粗糙平板的流速分布公式为

$$\frac{u_x}{u_*} = \frac{1}{k}\ln\frac{y}{\Delta} + c \tag{8.78}$$

当 $u_x = U_0$ 时，式（8.78）变为

$$\frac{U_0}{u_*} = \frac{1}{k}\ln\frac{\delta}{\Delta} + c \tag{8.79}$$

式（8.78）和式（8.79）中，$1/k = 2.5$，$c = 8.5$，将式（8.79）代入式（8.67）得壁面切应力系数为

$$C'_f = \frac{2}{\left(2.5\ln\dfrac{\delta}{\Delta} + 8.5\right)^2} \tag{8.80}$$

令 $c = \dfrac{1}{k}\ln\beta = 8.5$，求得 $\beta = 30$，与光滑平板紊流边界层的推导步骤一样，可得

$$\delta_2 = \frac{\delta}{\left(\ln\dfrac{30\delta}{\Delta}\right)^2}\left(\ln\frac{30\delta}{\Delta} - 2\right) \tag{8.81}$$

阻力为

$$D = b\rho U_0^2 \delta_2 = bL \times \frac{1}{2}\rho U_0^2\,\frac{2}{L}\frac{\delta}{\left(\ln\dfrac{30\delta}{\Delta}\right)^2}\left(\ln\frac{30\delta}{\Delta} - 2\right) \tag{8.82}$$

阻力系数为

$$C_f=\frac{D}{bL\times\frac{1}{2}\rho U_0^2}=\frac{2}{L}\frac{\delta}{\left(\ln\frac{30\delta}{\Delta}\right)^2}\left(\ln\frac{30\delta}{\Delta}-2\right) \tag{8.83}$$

式（8.83）即为粗糙平板阻力系数与边界层厚度的关系。此外，希里其丁（Schlichting）根据尼古拉兹的均匀沙粒粗糙度试验，提出了紊流粗糙平板的壁面切应力系数和阻力系数的计算式为

$$C'_f=(1.58\lg\frac{x}{\Delta}+2.87)^{-2.5} \tag{8.84}$$

$$C_f=(1.62\lg\frac{L}{\Delta}+1.89)^{-2.5} \tag{8.85}$$

式中：x 为由平板前缘算起的距离；Δ 为平板的当量粗糙度；L 为平板的长度。

雅林（M. S. Yalin）曾令式（8.80）和式（8.84）相等，求得

$$\frac{x}{\delta}=0.0152\frac{\Delta}{\delta}e^{2.3(\ln 30.1\frac{\delta}{\Delta})^{4/5}} \tag{8.86}$$

或

$$\frac{\delta}{x}=0.0331\frac{\Delta}{x}e^{(\lg 66.1\frac{x}{\Delta})^{5/4}} \tag{8.87}$$

【例题 8.1】 今欲设计一玻璃水槽，已知槽宽 $b=0.4$m，槽底为无涂层合金板，水槽综合粗糙系数 $n=0.01$，当量粗糙度 $\Delta=(7.66n\sqrt{g})^6=(7.66\times0.01\times\sqrt{9.8})^6=1.9\times10^{-4}$(m)，底坡 $i=1/10000$，槽中通过的流量 $Q=0.03\text{m}^3/\text{s}$，槽后设尾门，尾门干扰段最长为 1.5m，若玻璃水槽中均匀流有效试验段最小应有 5.0m，问该玻璃水槽最短长度应为多少米？

解：

求均匀流水深：

$$h_0=\left(\frac{nQ}{b\sqrt{i}}\right)^{3/5}\left(1+\frac{2h_0}{b}\right)^{2/5}=\left(\frac{0.01\times0.03}{0.4\sqrt{1/10000}}\right)^{3/5}\left(1+\frac{2h_0}{0.4}\right)^{2/5}=0.2114(1+5h_0)^{2/5}$$

求得正常水深 $h_0=0.307$m。

玻璃水槽进口段边界层发展到水面后，沿程各断面的流速分布才是相同的，水流才为均匀流。所以玻璃水槽的最短长度等于进口边界层发展到水面的距离加有效均匀流试验段再加尾门干扰段。从均匀流的概念讲，只有正坡渠道才可能发生均匀流，但由于水槽底坡一般很缓，所以可近似的按平板紊流边界层计算。

（1）算法 1：用雅林公式计算。当边界层发展到水面时，边界层厚度 $\delta=0.307$m，$x=L$，由式（8.86）

$$L=0.0152\Delta e^{2.3(\ln 30.1\frac{\delta}{\Delta})^{4/5}}=0.0152\times1.9\times10^{-4}e^{2.3(\ln 30.1\frac{0.307}{1.9\times10^{-4}})^{4/5}}=14.43(\text{m})$$

（2）算法 2：由式（8.83）求阻力系数：

$$C_f=\frac{2}{L}\frac{\delta}{\left(\ln\frac{30\delta}{\Delta}\right)^2}\left(\ln\frac{30\delta}{\Delta}-2\right)=\frac{2}{L}\frac{0.307}{\left(\ln\frac{30\times0.307}{1.9\times10^{-4}}\right)^2}\left(\ln\frac{30\times0.307}{1.9\times10^{-4}}-2\right)=\frac{0.04636}{L}$$

将其代入式（8.85）得

$$\frac{0.04636}{L}=\left(1.62\lg\frac{L}{\Delta}+1.89\right)^{-2.5}=\left(1.62\lg\frac{L}{1.9\times10^{-4}}+1.89\right)^{-2.5}$$

由上式解出 $L=13.82\text{m}$。

水槽长度取较大值，即为 14.43+5+1.5=20.93(m)。

8.7 明 流 边 界 层

水利工程中经常遇到具有自由表面和有限水深的自由溢流，如坝面溢流、陡槽溢流等。为了区别于一般的绕流边界层，我们把流体在重力作用下具有自由表面的来流流经固体边壁形成的边界层，叫作明流边界层或溢流边界层。

明流边界层与一般的绕流边界层是不同的。绕流边界层通常指的是一无限流场中流体绕过固体结构壁面时所产生的，而明流边界层是具有自由表面的有限水深流经固体壁面所产生的，因而边界层厚度有可能发展至全部水深，在不少情况下，边界层厚度与水深同数量级。经典的绕流边界层，通常都是忽略质量力的作用，而明流边界层由于存在自由表面，质量力对明流边界层的发展有重要作用，例如坝面溢流的明流边界层，重力和离心力在边界层的形成和发展中都具有重要的作用。

由于以上两个特征，反映在流场上就有以下值得注意的特点。

(1) 明流边界层的形成和发展，不仅取决于当地固体边壁的作用，而且外流的流速分布又受边壁的形体作用。因此在研究边界层内部形体的同时，还必须研究外流的流场。

(2) 边界层内的流速分布沿程是变化的，作用在边界层上的压强，由于水深沿程是变化的，压强也是沿程变化的，压力梯度 $\mathrm{d}p/\mathrm{d}x\neq0$，特别是当曲率变化较大时，压力梯度就有更重要的作用。

研究明流边界层很有实用意义，例如，确定沿程水流的能量损失，确定边界层厚度发展到水深处的临界点的位置，以研究明渠水流的掺气发生点。研究紊流边界层中的紊流结构对研究水流脉动压力和空化现象也是十分重要的。

由以上所述可以看出，明流边界层远较平板绕流边界层复杂。由于明流边界形状各种各样，不同几何形状的固体壁面等都影响着边界层的流动，同时，边界层特性，如位移厚度的发展，也影响着自由表面的变动。

本节主要介绍陡槽中的紊流边界层。陡槽上的紊流边界层如图 8.10 所示。当水流进入陡槽时，从 A 点开始，水流受到壁面的影响，在壁面附近形成边界层，边界层厚度 δ 开始发展，沿流程边界层的流态由层流过渡到紊流。层流边界层的流速分布为抛物线分布；紊流边界层的流速分布为对数分布或指数分布。试验表明，在紊流边界层中，靠近固体边界壁面处，仍有一层黏性底层。在试验中可以看到，只要在明槽的入口处放置一些粗糙颗粒作为扰动源，则层流边界层即行消失，从陡槽进口即为紊流边界层。整个来

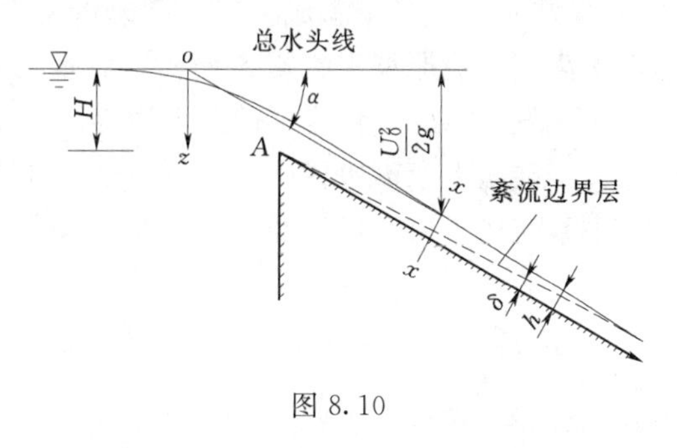

图 8.10

看，层流边界层在陡槽段的距离很短，实际工程中水流一般都是紊流状态，因此可以把边界层完全看成紊流边界层。

关于陡槽紊流边界层厚度的计算，国内外的研究者提出了很多公式，这些公式类型主要是经验公式，或者依据边界层内流速分布的指数律或对数律，利用动量积分方程推导的公式。

鲍叶（W. J. Bauer）曾进行过陡槽边界层的模型试验，通过试验认为，流量和陡槽底坡在一定的情况下对边界层的发展影响不大，而边界的粗糙作用，在决定紊流边界层厚度 δ 的发展中起最显著的作用。鲍叶提出了一个计算陡槽紊流边界层厚度的公式：

$$\frac{\delta}{x}=\frac{0.024}{(x/\Delta)^{0.13}} \tag{8.88}$$

陈椿庭总结了一些工程的原型资料，求得

$$\frac{\delta}{x}=\frac{0.082}{(x/\Delta)^{0.25}} \tag{8.89}$$

李建中根据边界层内流速分布的指数律和边界层外的势流流速 $U_0=\sqrt{2gx\sin\alpha}$（α 为陡槽的坡度），利用动量积分方程推导出了陡槽紊流边界层发展的一般计算式为

$$\frac{\delta}{x}=C\left(\frac{x}{\Delta}\right)^{-\beta} \tag{8.90}$$

$$C=\left\{\frac{(n+1)(n+2)^2}{A^2[a(n+2)(2n+3)+n^2]}\right\}^{\frac{n}{2+n}};\beta=\frac{2}{n+2}$$

式中：A、a 为待定系数。

李建中总结了各家经验公式中的 C 和 β 值，得出 $C=0.0506$，$\beta=0.186$，反算得$n=8.75$。

原型观测证明，流速分布指数律得到的紊流边界层厚度沿流程发展的公式由于指数的不同只能适用于某一范围。

明流边界层内的流速分布也可用对数律表示，即

$$\frac{u_x}{u_*}=A+B\ln\frac{y}{\Delta} \tag{8.91}$$

式（8.91）中，$B=2.5$，关于 A 值，近年来的研究发现，对数分布律中的 A 值是粗糙度和雷诺数的函数。对于完全粗糙区，劳斯（Rouse）给出的 A 值是 8.84，鲍叶给出的 A 值为 12.1，日本新成羽厂房高速水流原型观测实测资料给出的 A 值是 8.48，我国碧口泄槽高速水流原型观测资料证实，对紊流边界层发展到水面的充分紊流，A 值是 8.5，对于正在发展中的有势流层的紊流边界层，A 值是 12.1。

关于陡槽上紊流边界层的发展厚度，作者根据国内外 5 个工程的原型观测资料，求得陡槽中紊流边界层发展的经验公式为

$$\frac{\delta}{x}=0.191\left(\ln\frac{30x}{\Delta}\right)^{-1.238} \tag{8.92}$$

由式（8.92）求得的边界层相对厚度 δ/x 与 x/Δ 的关系见图 8.11，可以看出，此式与原

型观测资料吻合。

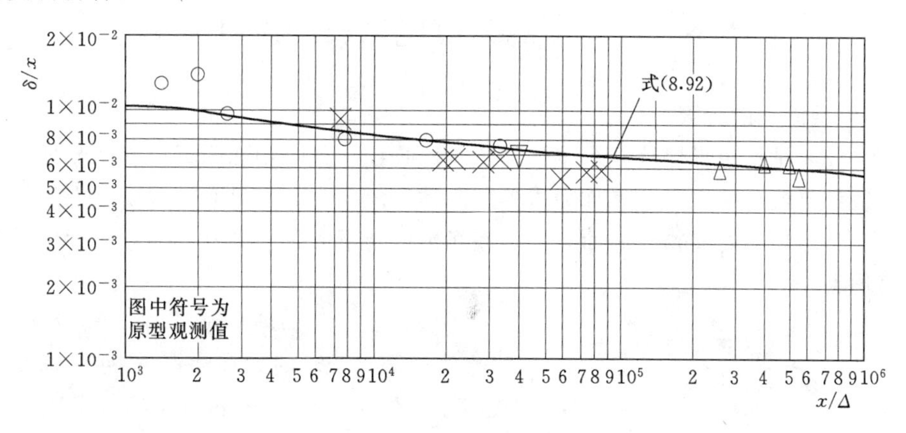

图 8.11

明渠水流的一个重要问题是沿程水头损失的计算。对于边界层发展到水面以后完全发展的紊流，目前多用谢才公式或其他明渠公式来计算沿程水头损失。但当紊流边界层正在发展时，就不能由这些公式得出正确的解答，对于这种情况，可以引用边界层能量损失厚度的概念，下面推导水头损失的表达式。

如图 8.10 所示的陡槽，由于流体在边界层外部的势流区中，能量损失很小，可忽略不计，大量的能量损失集中在边界层内部。如断面 $x—x$ 处的势流流速为 U_0，它是由水库上游水面至断面 $x—x$ 的水面落差 $x\sin\alpha$ 转化而来的，所以 $U_0^2/(2g)=x\sin\alpha$，势流区单位重量液体所具有的能量（即水头）与它们进入陡槽以前所具有的水头相同，没有能量损失。在边界层内的那一部分流体则不然，在单位宽度上这部分流体的流量是 $\int_0^\delta u_x\mathrm{d}y$，它所具有的动能为

$$\gamma\int_0^\delta u_x\left(\frac{u_x^2}{2g}\right)\mathrm{d}y=\frac{\rho}{2}\int_0^\delta u_x^3\mathrm{d}y$$

如果没有能量损失，这部分流体的动能应为

$$\gamma\int_0^\delta u_x\left(\frac{U_0^2}{2g}\right)\mathrm{d}y=\frac{\rho}{2}\int_0^\delta u_xU_0^2\mathrm{d}y$$

故水流流至断面 $x—x$ 处的能量损失为

$$\begin{aligned}\frac{\rho}{2}\int_0^\delta u_xU_0^2\mathrm{d}y-\frac{\rho}{2}\int_0^\delta u_x^3\mathrm{d}y&=\frac{\rho}{2}\int_0^\delta u_x(U_0^2-u_x^2)\mathrm{d}y\\&=\frac{\rho U_0^3}{2}\int_0^\delta\frac{u_x}{U_0}\left(1-\frac{u_x^2}{U_0^2}\right)\mathrm{d}y=\frac{\rho U_0^3}{2}\delta_3\end{aligned}$$

水头损失是单位重量液体的水头损失，在上式中除以 γq，即得水头损失的表达式为

$$h_{wx}=\frac{U_0^3}{2gq}\delta_3\tag{8.93}$$

这样，只要计算出动能损失厚度 δ_3，即可计算出水流流至该断面所损失的水头 h_{wx}。

8.8 边界层的分离现象及绕流阻力

8.8.1 边界层流动的分离

边界层分离是指边界层从某个位置开始脱离物面，此时物面附近出现回流现象，这种现象称为边界层流动的分离，又称为边界层脱体现象。在自然界和工程实际中经常可以看到液体绕过凸形物体时在物体后面有许多漩涡形成。下面以绕圆柱体的流动为例说明边界层的分离现象。

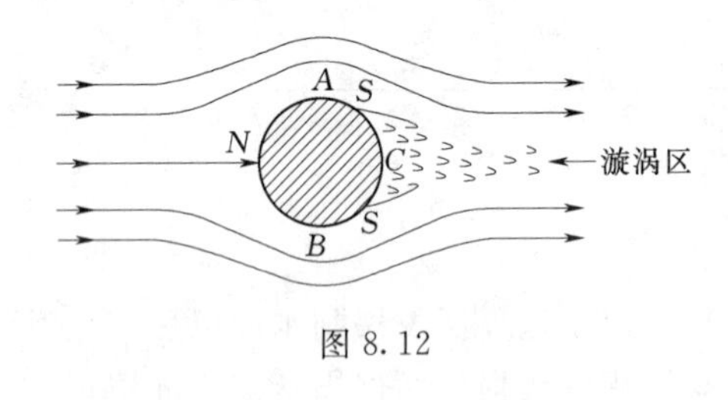

图 8.12

图 8.12 所示为液体绕圆柱体流动时的情况。当水流绕圆柱流动时，在驻点 N 处压强最大，在较高压强作用下，液体由此分道向圆柱体的两边流动。由于圆柱面的阻滞作用便形成了边界层。边界层内液体运动时有能量损失。从 N 点起至 A 点或 B 点以前，由于圆柱面的弯曲，使液流挤压，流速沿程增加，压强沿程减小，故沿边界层的外边界上，$\partial U_0/\partial x$ 为正值，$\partial p/\partial x$ 为负值，即在外边界上压强沿程下降，这种压强沿程下降称为顺压力梯度$\partial p/\partial x<0$。由此可知，在 NA 或 NB 一段边界层内的液体是处于加速减压状态的，这就是说，在该段边界层内，用压强下降来补偿能量损失外，尚有一部分压能变为动能，到 A 点或 B 点时压强减至最小，流速增至最大。再往下游，由于圆柱面的弯曲，又使液流变为扩散，流速沿程减小，即$\partial U_0/\partial x$ 为负值，故$\partial p/\partial x$ 为正值，外边界上压强沿程增加，因此边界层内压强也沿程增加，这种压强沿程增加称为逆压力梯度$\partial p/\partial x>0$。边界层内液流的有一部分动能用于克服摩擦阻力外，还有一部分动能转化为压能，所以在 A 点或 B 点以下边界层内液流是处于减速增压状态。越往下游动能越小，以至余下的动能不足以克服从 A 到 C 的逆压作用，在物面阻滞作用和逆压的综合作用下，最后终于在某一点 S 上停滞下来，速度为零，于是产生了脱体现象。

图 8.13 是曲面上液体的运动情况，图中表明了压强梯度的沿程变化。由图中可以看出，在 S 点以下，若压强继续增加，就无动能可以变为压能，因此主流只有离开曲面以减缓水流扩散，下游液体随即填补主流所空出的区域，形成漩涡，这种现象叫作边界层的分离，S 点叫作分离点。

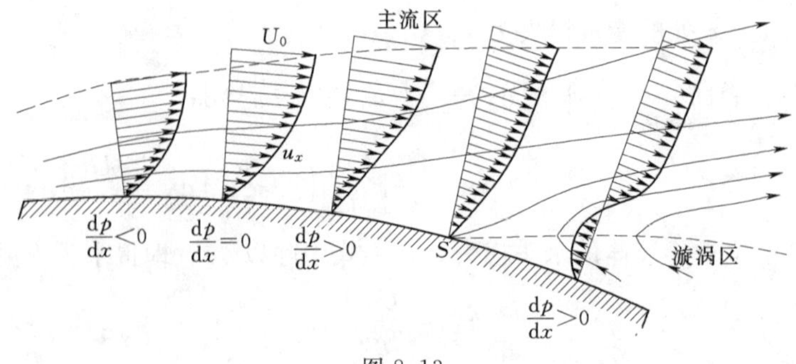

图 8.13

S 点的位置与物体形状、表面粗糙度及液体状态均有密切的关系，至今尚无一般方法可以确定。只有当固体表面有凸出的锐角时，往往就在锐角的尖端，如图 8.14 所示。

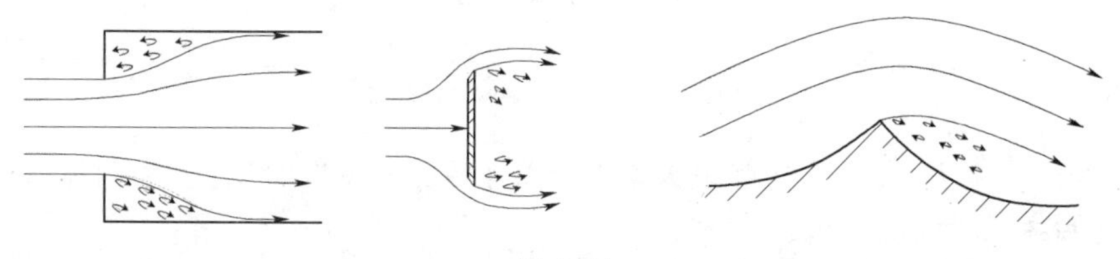

图 8.14

边界层分离后，在物体后面形成漩涡随流带走，由于液体的黏滞性和漩涡损失动能，漩涡经过一段距离后逐渐衰减，乃至消失。漩涡在产生与衰减过程中损失的能量称为漩涡损失，与此相应的阻力称为漩涡阻力，也叫尾涡阻力。漩涡阻力的大小与液体绕流物体时边界层的分离点在物体表面的位置有密切的关系，分离点越接近物体的尾部，漩涡区就越小，因而漩涡阻力也就越小，否则形成较大的阻力。在实际工程中，为了减小漩涡阻力和边界层的分离，常将物体做成流线型，如图 8.15 所示。当流体质点在流线型剖面边界层的逆压区中运动时，它受到较小的反推力，惯性力或剩余的动能能够克服逆压及黏滞性的联合作用流至后缘点而不至于在中途停步不前。由此可见，流线型物体在正常情况下尾涡阻力都很小，阻力主要取决于摩阻。

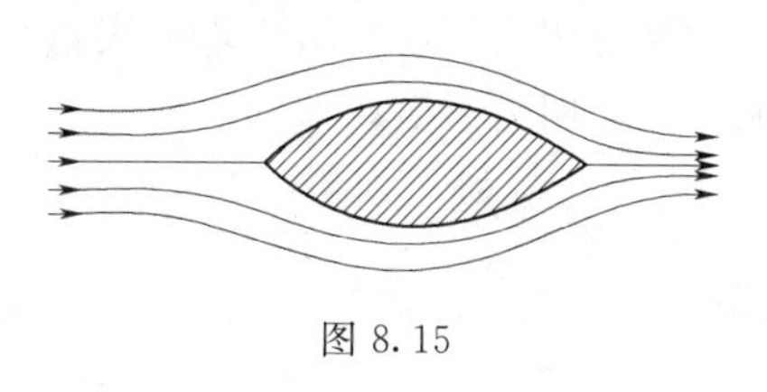

图 8.15

通过上面的讨论可以看出，有逆压不一定都有边界层的脱体，还要看逆压的大小，逆压越大，脱体的危险就越大。如果逆压比较小，也可以不产生或延迟脱体的产生，但是如果逆压很大，一般情况下一定会产生脱体现象。由此可以确信，边界层脱体是逆压和壁面附近黏性摩阻综合作用的结果，这两个要素缺一不可。但应强调指出，有了逆压和壁面滞止这两个因素并不一定产生边界层的分离，还要看逆压的大小，逆压小可以不产生分离，因此逆压和壁面存在乃是脱体的必要条件而非充分条件。

8.8.2 压差阻力

当流体流过物体，或物体在流体中运动时，通常会受到阻力作用。从力学观点看，流体作用在所绕流物体上的力可分成两类：作用方向与物体表面相切的切应力和作用方向与物体表面成法向的动水压强。如图 8.16 所示，沿一个潜没物体的表面将单位面积上的摩擦阻力即切应力和单位面积上的法向压力即压应力积分可得一合力向量，这个合力在水流流速 U_0 方向的分力就是水流对物体的阻力，而在与 U_0 垂直方向的分力即为水流对物体的升力（与流速正交方向的分力一般来说不一定是垂直向上的，但在空气动力学中，主要研究对翼形的上举作用，故习惯上就叫作升力）。阻力和升力都包括了表面切应力和压应力的影响。

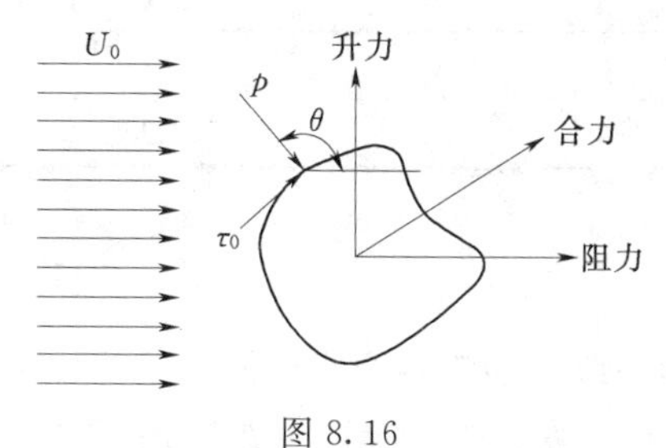

图 8.16

物体受到绕流物体的水流所给予的阻力 D 称为

绕流阻力，可表示为

$$F=D_f+D_p \tag{8.94}$$

$$D_f=\int_S \tau_0 \sin\theta \mathrm{d}s \tag{8.95}$$

$$D_p=-\int_S p\cos\theta \mathrm{d}s \tag{8.96}$$

式中：D_f 为摩擦阻力；D_p 为压强阻力；S 为固体壁面的总表面积；θ 为固体壁面上微元面积的法线与流速方向的夹角。

压强阻力主要取决于物体的形状，因此也称形状阻力。

摩擦阻力和压强阻力均可表示为单位体积来流的动能 $\rho U_0^2/2$ 与某一面积的乘积，再乘上一个阻力系数，即

$$D_f=A_f C_f \frac{1}{2}\rho U_0^2 \tag{8.97}$$

$$D_p=A_p C_p \frac{1}{2}\rho U_0^2 \tag{8.98}$$

式中：C_f 和 C_p 分别为摩擦阻力和压强阻力的阻力系数；A_f 为切应力作用的面积或者某一有代表性的投影面积；A_p 为物体与流速方向垂直的迎流投影面积。

总阻力可表示为

$$F=C_D A \frac{1}{2}\rho U_0^2 \tag{8.99}$$

式中：C_D 为绕流阻力系数，绕流阻力系数至今尚不能完全用理论计算，主要依靠试验来确定；A 为物体与流速垂直方向的迎流投影面积，因此 $A=A_p$。

在日常生活中，例如人们在大风中行走，往往有这样的一个概念，就是以为迎流面积越大，则阻力越大，其实这个概念是不完全的。因为阻力的大小与其说取决于物体的前部，不如说取决于物体的尾部。迎流面积相同的物体，如果把物体的尾部做得平顺细长，减少边界面上的顺流压强梯度，将边界层分离点尽量移向尾部，以减小尾流区，则阻力可大大降低。如两个迎流面积相同的圆柱体和流线型的翼体，其各自的阻力系数 C_D 分别为1.2和0.06，相差20倍之多；又如同样直径的圆盘和圆柱体，当圆柱体的轴与来流平行，来流雷诺数 $Re>10^3$ 时，圆柱的相对长度 L/d 对阻力系数的影响见表8.4，对于圆盘，$L/d=0$。

表8.4　　圆柱体的阻力系数

L/d	0	1	2	4	7
C_D	1.12	0.91	0.85	0.87	0.99

8.8.3 绕流阻力系数

1. 二维物体的绕流阻力系数

二维物体的绕流主要有来流垂直于平板的绕流、圆柱绕流和流线型物体的绕流等。

来流垂直于平板的绕流如图8.17所示。它的绕流阻力系数的大小，主要取决于平板

的长度 L 与高度 d 的比值和雷诺数的大小。平板绕流的阻力主要是压差阻力，是由上下游的压差而产生的。其阻力系数由理论分析得到 $C_D=2$，由试验得到 $C_D=1.95$。

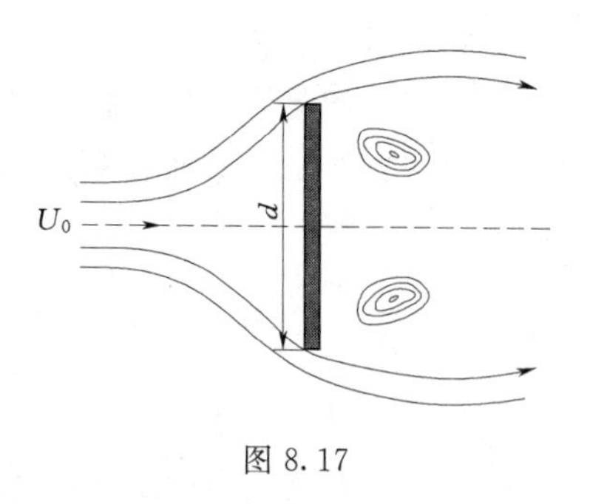

图 8.17

对于无限长的圆柱绕流（来流垂直于轴线，表面为光滑面），其绕流阻力系数主要取决于雷诺数，此外还与物面的粗糙度、来流的紊动强度有关。C_D 与雷诺数 Re 的关系如图 8.18 所示。为了便于比较，还绘出了摩擦阻力系数 C_f 曲线。由图 8.18 可以看出，当 Re 很小时（如 $Re<0.5$），惯性力与黏滞力相比可以忽略，阻力与来流流速 U_0 成正比，绕流阻力系数 C_D 与 Re 成反比，如图中的直线部分，这时的流动称为蠕动，在总的阻力中，摩擦阻力占主要地位。当 $Re\to0$ 时，摩擦阻力占总阻力的 2/3。当 Re 增加，在圆柱表面产生了层流边界层，在 $Re\approx5$ 时，发生边界层的分离，压差阻力大大增加，开始在总的阻力中占主要地位。当 $Re=200$ 时，发生卡门涡列，压差阻力此时占总阻力的 90%左右。当 $Re=2000$ 时，阻力系数达 0.95，然后又略有上升。当 $Re=3\times10^4$ 时，$C_D=1.2$。当 $Re\approx2\times10^5$ 时，分离点上游的边界层转变为紊流状态，这时分离点将向下游移动，使漩涡区尾流变窄，阻力大大降低，从而减少了压差阻力。当 $Re=5\times10^5$ 时，C_D 降至 0.3，其后在 $5\times10^5<Re<10^7$ 之间，C_D 值又略有提高。

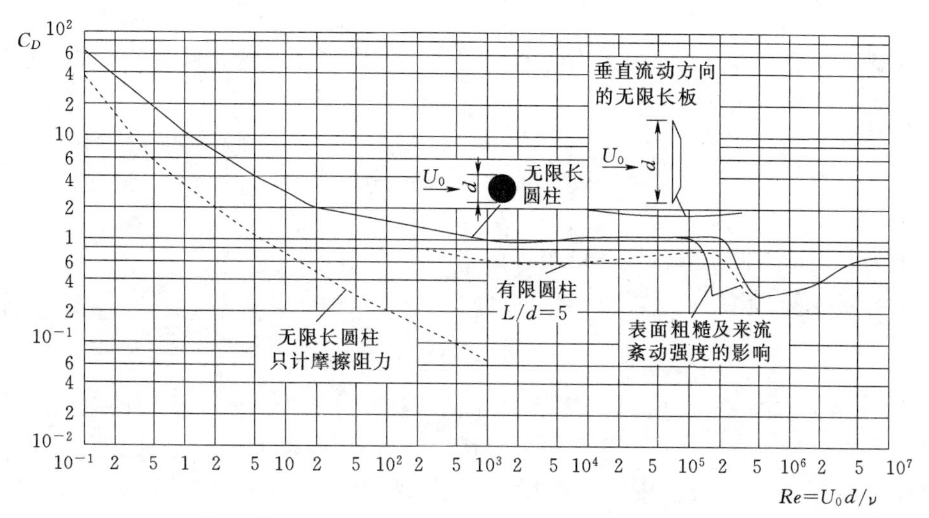

图 8.18

C_D 值突然降低时的 Re 值，因来流紊动强度和柱体表面粗糙程度不同而有所不同，表面越粗糙，来流紊动强度越高，则此 Re 值就越小。

2. 三维物体的阻力

各种球体的绕流属于三维物体的绕流问题。图 8.19 给出了圆球的阻力系数曲线。当雷诺数 $Re=\dfrac{U_0 d}{\nu}<1$（d 为圆球的直径）时，1851 年，斯托克斯对纳维埃-斯托克斯方程

进行简化，假定与黏滞力比较，惯性力可以忽略，也就是说雷诺数很小。此外，球体是刚体，在无限空间流体中运动，在球体边界上，由于黏滞性，流体质点与固体边界无相对滑动。利用这些假定，斯托克斯得到作用在球体上总的阻力为

$$F=3\pi\mu U_0 d \tag{8.100}$$

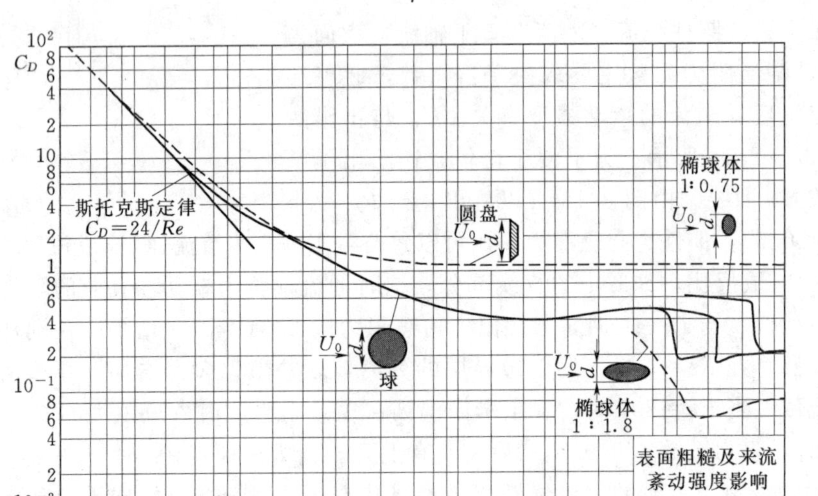

图 8.19

由斯托克斯公式可以看出，阻力与速度的一次方成正比，这是层流运动的一般特性，如果引进阻力系数公式（8.99），则

$$3\pi\mu U_0\, d = C_D A\, \frac{1}{2}\rho U_0^2$$

式中：A 为与流动方向垂直的物体的投影面积。

对于球体，$A=\pi d^2/4$，代入上式整理得

$$C_D=24/Re \tag{8.101}$$

当 Re 逐渐增加，黏滞性的影响逐渐缩小到只在物体表面的一个极薄的流层—边界层内，惯性力的影响逐渐增加，分离点向上游移动。当 $Re\approx1000$ 时，分离点稳定在自上游面驻点算起的约 80°的地方，压差阻力大大超过了摩擦阻力，C_D 逐渐与 Re 无关。当 $Re=3\times10^5$ 时，在分离点上游的边界层转变成紊流边界层，如前所述，分离点要向下游移动，从而大大减小了压差阻力，C_D 值突然下降。图 8.19 中还绘出了圆盘、椭球体的绕流阻力系数曲线。

对于圆球阻力，奥辛（C. W. Oseen）给出了阻力系数公式，即

$$C_D=\begin{cases}\dfrac{24}{Re}\left(1+\dfrac{3}{16}Re\right), & Re\leqslant5\\[2ex] \dfrac{24}{Re}+\dfrac{6}{1+\sqrt{Re}}+0.4, & 0\leqslant Re\leqslant2\times10^5\end{cases} \tag{8.102}$$

式（8.102）中第 1 个公式为理论公式，第 2 个公式为经验公式。

3. 悬浮速度

现在研究球体在静止流体中的运动情况。设直径为 d 的圆球，从静止开始在静止的流体中自由下落，由于重力的作用而加速，但加速以后由于速度的增大受到的阻力亦将增大。因此经过一段时间后，圆球的重量与所受的浮力和阻力达到平衡，圆球作等速沉降，其速度称为自由沉降速度，以 u_t 表示。圆球在介质中沉降时所受到的阻力与流体流过潜体的绕流阻力相同。现在计算圆球在静止流体中沉降时所受到的力，方向向上的力有绕流阻力 F、浮力 F_B，方向向下的力有圆球的重量（重力）G，即

$$F=C_DA\ \frac{1}{2}\rho u_t^2=C_D\ \frac{\pi d^2}{4}\times\frac{1}{2}\rho u_t^2=\frac{1}{8}C_D\pi d^2\rho u_t^2$$

$$F_B=\frac{1}{6}\pi d^3\rho g$$

$$G=\frac{1}{6}\pi d^3\rho_s g$$

式中：ρ 为流体的密度；ρ_s 为球体的密度。

圆球所受力的平衡关系为

$$\frac{1}{6}\pi d^3\rho_s g=\frac{1}{8}C_D\pi d^2\rho u_t^2+\frac{1}{6}\pi d^3\rho g$$

整理上式得圆球自由沉降速度为

$$u_t=\sqrt{\frac{4}{3}\left(\frac{\rho_s-\rho}{\rho}\right)\frac{gd}{C_D}} \tag{8.103}$$

式（8.103）中，绕流阻力系数 C_D 可由图 8.19 查算，亦可根据雷诺数的范围，近似地按式（8.101）和式（8.102）计算。

如果圆球被以速度为 u 的垂直上升的流体带走，则圆球的绝对速度为

$$u_{绝}=u-u_t \tag{8.104}$$

当 $u=u_t$ 时，$u_{绝}=0$，则圆球悬浮在流体中，呈悬浮状态，这时流速上升的速度 u 称为圆球的悬浮速度，它的数值与 u_t 相等，但意义不同。自由沉降速度 u_t 是圆球自由下落时所能达到的最大速度，而悬浮速度是流体上升速度能使圆球悬浮所需的最小速度。如果流体的上升速度大于圆球的自由沉降速度，圆球将被带走，反之，圆球则必然下降。

一般流体中所含的固体颗粒或液体微粒，如水中的泥沙，气体中的尘粒或水滴等，均可按小圆球进行计算。

习　　题

8.1　简述边界层内流体流动的特征。

8.2　试计算光滑平板边界层的位移厚度 δ_1、动量损失厚度 δ_2 和能量损失厚度 δ_3。已知层流边界层中的速度分布如下。

（1）$\dfrac{u_x}{U_0}=\dfrac{y}{\delta}$；

(2) $\frac{u_x}{U_0}=\frac{3}{2}\frac{y}{\delta}-\frac{1}{2}\left(\frac{y}{\delta}\right)^2$；

(3) $\frac{u_x}{U_0}=\sin\left(\frac{\pi y}{2\delta}\right)$。

8.3　试计算光滑平板的紊流边界层厚度 δ_1、δ_2 和 δ_3。已知紊流边界层中的流速分布为：

(1) $\frac{u_x}{U_0}=\left(\frac{y}{\delta}\right)^{1/n}$。

(2) $\frac{u_x}{u_*}=\left(A+B\ln\frac{u_* y}{\nu}\right)$。

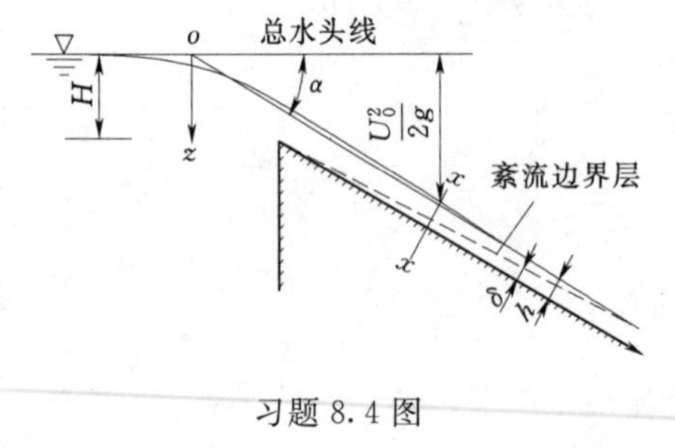

习题8.4图

8.4　如图所示的陡槽中，设在断面 $x—x$ 处边界层外的势流流速为 U_0。试证明水流自进口至断面 $x—x$ 处水头损失为 $h_{wx}=\frac{U_0^3}{2gq}\delta_3$。

8.5　已知层流边界层内的流速分布为 $\frac{u_x}{U_0}=\sin\left(\frac{\pi y}{2\delta}\right)$。试求边界层的厚度 δ、壁面切应力 τ_0、壁面切应力系数 C_f'、阻力系数 C_f。

8.6　已知层流边界层内的流速分布为 $\frac{u_x}{U_0}=1-e^{-y/\delta}$。试求边界层的厚度 δ、壁面切应力 τ_0、壁面切应力系数 C'_f、阻力系数 C_f。

8.7　用动量积分方程求解下列速度剖面的边界层厚度 δ、切应力 τ_0、壁面切应力系数 C_f' 和阻力系数 C_f。

(1) $\frac{u_x}{U_0}=a_0+a_1\frac{y}{\delta}$；

(2) $\frac{u_x}{U_0}=a_0+a_1\frac{y}{\delta}+a_2\left(\frac{y}{\delta}\right)^2$；

(3) $\frac{u_x}{U_0}=a_0+a_1\frac{y}{\delta}+a_2\left(\frac{y}{\delta}\right)^2+a_3\left(\frac{y}{\delta}\right)^3$。

8.8　矩形平板宽度 $b=0.6\text{m}$，长度 $L=50\text{m}$，以速度 $U_0=10\text{m/s}$ 在石油中滑动，转捩雷诺数 $Re_k=5\times10^5$，已知石油的动力黏滞系数 $\mu=0.0128\text{N}\cdot\text{s/m}^2$，密度 $\rho=850\text{kg/m}^3$。试确定：

(1) 层流边界层长度。

(2) 平板阻力 D。

8.9　有一平板，宽 $b=0.5\text{m}$，长 $L=1.0\text{m}$，顺流放置于水中。已知平板与水流的相对速度 $U_0=0.5\text{m/s}$，水温为20℃。求平板中间及尾端的边界层厚度及壁面切应力的大小。

8.10　长 $L=80\text{cm}$，宽 $b=10\text{cm}$ 的光滑平板在水中顺流放置。水流流速为 $U_0=0.3\text{m/s}$，水温为20℃，求板两面的阻力、阻力系数、平板末端的切应力及边界层厚度。

为保证在全平板上均为层流边界层，问流速最大可为多少？

8.11　有一平板上的层流边界层，当来流流速 $U_0=0.16\text{m/s}$。如 $Re_x=3\times10^5$，求 0.4δ 和 0.8δ 处的流速 u_x 和 u_y。

8.12　一光滑平板，长 $L=1.0\text{m}$，宽 $b=4\text{m}$，淹没在水中，与水的相对速度 $U_0=0.5\text{m/s}$。求平板中间和末端的壁面切应力系数、阻力系数和平板的总阻力。

8.13　水流以 $U_0=0.5\text{m/s}$ 的速度流过一极薄的平板，已知水温 $t=15°$。试求距平板前缘分别为 1.0m 和 5.0m 处的边界层厚度，并求该两点与平板表面的垂直距离为 1.0cm 处的水流速度。

8.14　某油液的密度 $\rho=920\text{kg/m}^3$，运动黏滞系数 $\nu=8\times10^{-5}\text{m}^2/\text{s}$，已知来流流速 $U_0=1.5\text{m/s}$。当水流流过宽为 1.5m，长为 1.0m 的薄板时，试求油液流过此平板时的总摩擦阻力。

8.15　如图所示一块高 $h=15\text{m}$，长 $L=60\text{m}$ 的广告牌（可视作平板）竖立在大风中，风速随高度 y 变化的关系可表示为

$$u=U_{\max}\left(\frac{y}{h}\right)^{1/7}$$

式中，$U_{\max}=20\text{m/s}$，空气的密度 $\rho=1.205\text{kg/m}^3$，运动黏滞系数 $\nu=15\times10^{-6}\text{m}^2/\text{s}$，平板边界层转捩雷诺数 $Re_k=6\times10^6$。试求广告牌两侧面的气流边界层的阻力。

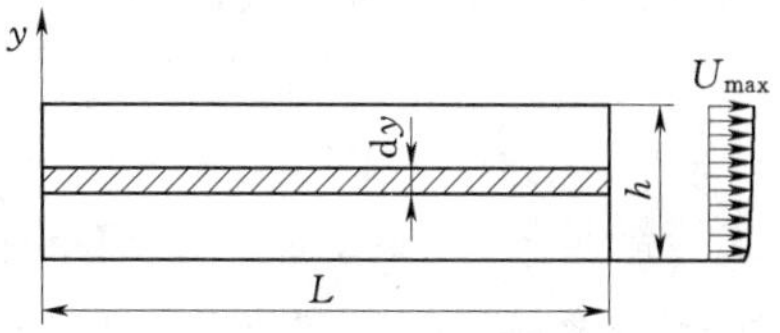

习题 8.15 图

8.16　水流通过一块长 $L=30\text{m}$，宽 $b=3\text{m}$ 的平板。已知 $U_0=6\text{m/s}$，水的运动黏滞系数 $\nu=10^{-6}\text{m}^2/\text{s}$，试求：

（1）平板前面 $x=3\text{m}$ 一段的摩擦阻力。

（2）$L=30\text{m}$ 长板的摩擦阻力。

8.17　若平板紊流边界层内的流速分布 $u=U_0\left(\frac{y}{h}\right)^{1/9}$，沿程阻力系数 $\lambda=0.185\left(\frac{U_0\delta}{\nu}\right)^{-0.2}$，试求边界层厚度的计算公式和阻力系数的计算公式。

8.18　有两块长、宽均相等的薄板，其中一块置于水流中，水温为 4℃，另一块置于气流中，气温为 20℃。若已知两平板上均为层流边界层，且置于水流中的薄板的雷诺数 $Re_{水}$ 为置于气流中薄板的雷诺数 $Re_{气}$ 的 1/2，求这两块板上的摩擦阻力之比。

8.19　高速列车以速度 $U_0=200\text{km/h}$ 行驶，空气的运动黏滞系数 $\nu_{气}=15\times10^{-6}\text{m}^2/\text{s}$，每节车厢可视为长 25m、宽 3.4m、高 4.5m 的立方体，试计算为了克服 10 节车厢的顶部和两侧面的边界层阻力所需的功率。设 $Re_k=5.5\times10^5$，$\rho_{气}=1.205\text{kg/m}^3$。

8.20　边长为 1.5m 的正方形平板放在速度 $U_0=0.9\text{m/s}$ 的水流中，分别按全板都是层流或者都是紊流两种情况计算边界层的最大厚度和摩擦阻力，并说明紊流边界层和层流边界层的关系。水的运动黏滞系数为 $\nu=10^{-6}\text{m}^2/\text{s}$。

8.21　一块平板，长 5m，宽 2m，此平板放入流速为 U_0 的水流中，水的运动黏滞系数 $\nu=10^{-6}\text{m}^2/\text{s}$，测得平板两个侧面的边界层阻力 $2D=48\text{N}$。试求平板紊流边界层的

厚度。

8.22　平行油液流过一块 2m 长的薄板，流速 $U_0=4\text{m/s}$，已知油液的运动黏滞系数 $\nu=10^{-5}\text{m}^2/\text{s}$，$\rho=850\text{kg/m}^3$。试确定离板前端分别为 0.5m、1.0m、1.5m 处的壁面切应力 τ_0，并作比较。

8.23　已知光滑平板紊流边界层内流速分布的对数律公式为

$$\frac{u_x}{u_*}=A+B\ln\frac{u_*y}{\nu}$$

令上式中的 $A=B\ln\alpha$，则

$$\frac{u_x}{u_*}=B\ln\frac{\alpha u_*y}{\nu}$$

由上式不难看出，当 $y=0$ 时，$u_x\neq0$ 而是等于∞，因而无法使用 $y=0$ 的边界条件，为了弥补这个缺陷，将上式改写成

$$\frac{u_x}{u_*}=B\ln\left(1+\frac{\alpha u_*y}{\nu}\right)$$

上式能满足 $y=0$ 时，$u_x=0$ 的条件，且在对数式中加 1 对流速影响很小。试用上式推求光滑平板紊流边界层厚度 $\delta(x)$、壁面切应力系数 C_f' 和阻力系数 C_f。

8.24　平板紊流边界层的速度分布为

$$\frac{u_x}{u_*}=5.56+2.54\ln\frac{u_*y}{\nu}$$

已知平板的长度 $L=5.47\text{m}$，宽度 $b=2\text{m}$，$U_0=5\text{m/s}$，沿程阻力系数 $\lambda=0.185\left(\frac{U_0\delta}{\nu}\right)^{-0.2}$，水的运动黏滞系数 $\nu=10^{-6}\text{m}^2/\text{s}$。试求平板末端的边界层厚度、阻力系数和阻力。

8.25　一平板宽 4m，长 1m，淹没于水中，与水的相对速度为 $U_0=0.5\text{m/s}$。如果平板首端受扰动，假设平板上完全是紊流边界层，求平板的阻力。若以平板中间的边界层的黏性底层厚度 δ' 为标准，分别求出光滑区、过渡区和粗糙区时所对应的绝对粗糙度 Δ。

8.26　有一人工粗糙平板置于大气中，已知气温为 15℃，平板长 $L=7\text{m}$，宽 $b=2\text{m}$，设平板外风速 $U_0=30\text{m/s}$，边界层转捩点的临界雷诺数 $Re_k=10^5$。试求：

（1）平板为一水力光滑平板时，边界粗糙的最大尺寸。

（2）平板为完全粗糙时，边界粗糙的最大尺寸。

8.27　有一船长 $L=90\text{m}$，湿润表面积 $A=1200\text{m}^2$，行进速度 $U_0=20\times10^3\text{m/h}$，水的运动黏滞系数 $\nu=1.01\times10^{-2}\text{cm}^2/\text{s}$。若船舶表面的当量粗糙度 $\Delta=0.05\text{cm}$，求此船舶受到水的摩擦阻力为多少（假设船舶近似按平板计算），并求船舶克服阻力所需的功率。

8.28　一块平板长 $L=10\text{m}$，宽 $b=2\text{m}$，淹没在水中。已知水流的速度 $U_0=5\text{m/s}$，水的运动黏滞系数 $\nu=1\times10^{-6}\text{m}^2/\text{s}$，壁面的当量粗糙度 $\Delta=0.05\text{cm}$，边界层转捩点的临界雷诺数 $Re_k=5\times10^5$，试求板末端的边界层厚度和平板的摩擦阻力。

8.29　用比较光滑板上边界层和沙粒加糙板上边界层的方法研究粗糙的作用。边界层是因水流流过此两平板而产生。就壁面切应力 τ_0 相同的条件进行比较。已知：光滑壁面

和粗糙壁面的流速分布分别为

光滑壁面　　$$\frac{u_x}{u_*}=5.5+2.5\ln\frac{u_* y}{\nu}$$

粗糙壁面　　$$\frac{u_x}{u_*}=8.5+2.5\ln\frac{y}{\Delta}$$

在两平板上，切应力均为 $\tau_0=2.368\text{kg/m}^2$。流经粗糙平板的流速为 $U_0=3.048\text{m/s}$，粗糙高度 $\Delta=3.048\times10^{-4}\text{m}$。在平板两侧水温相同，运动黏滞系数 $\nu=1.1613\times10^{-6}\text{m}^2/\text{s}$，水的密度为 $\rho=102\text{kg}\cdot\text{s}^2/\text{m}^4$。试求：

（1）由于粗糙引起的流速降低值 Δu；

（2）$y=2.1336\times10^{-3}\text{m}$ 处各板上的流速 u；

（3）粗糙板上的边界层厚度。

8.30　设平板上有一水温为20℃的紊流边界层。该板长 $L=6\text{m}$，在边界层外部的自由流流速 $U_0=10\text{m/s}$。假设平板是用沙粒进行人工粗糙的，粗糙高度 $\Delta=0.002\text{m}$，试求边界层的动量损失厚度 δ_2、边界层厚度 δ 和阻力系数 C_f。

8.31　某陡槽溢洪道的坡度为55°，宽度 $b=10\text{m}$，来流量 $Q=500\text{m}^3/\text{s}$，壁面粗糙度 $\Delta=0.0006\text{m}$。试求距溢洪道前缘50m处的边界层厚度和能量损失。已知边界层内的流速分布为

$$\frac{u_x}{u_*}=13.63\left(\frac{y}{\Delta}\right)^{1/8.75}$$

8.32　某陡槽溢洪道的坡度为55°，宽度为 $b=10\text{m}$，来流量 $Q=500\text{m}^3/\text{s}$，壁面粗糙度 $\Delta=0.0006\text{m}$，边界层内的流速分布为

$$\frac{u_x}{u_*}=12.1+2.5\ln\frac{y}{\Delta}$$

边界层厚度可用下式计算：

$$\frac{\delta}{x}=0.191\left(\ln\frac{30x}{\Delta}\right)^{-1.238}$$

试求距溢洪道前缘50m处的边界层厚度和能量损失，并与习题8.31的计算结果进行比较。

8.33　列车上的无线电天线总长为3.0m，由三节组成，每节长度均为1.0m，直径分别为 $d_1=0.015\text{m}$、$d_2=0.01\text{m}$、$d_3=0.005\text{m}$，列车速度 $U_0=16.667\text{m/s}$，空气的密度 $\rho=1.293\text{kg/m}^3$，圆柱体的阻力系数 $C_D=1.2$。试求空气阻力对天线根部产生的力矩。

8.34　有980kN的重物从飞机上投下，要求落地速度不超过5m/s，重物挂在一张阻力系数 $C_D=2$ 的降落伞下面，设空气的密度 $\rho=1.2\text{kg/m}^3$。求降落伞应有的直径。

8.35　宽度 $b=10\text{m}$，高度 $h=2.5\text{m}$ 的栅栏，它是由直径 $d=25\text{mm}$ 的杆所组成，杆与杆的中心距离为0.1m。若来流速度 $U_0=2.0\text{m/s}$，试计算此栅栏所承受的阻力。已知水的密度 $\rho=1000\text{kg/m}^3$，运动黏滞系数 $\nu=1.2\times10^{-6}\text{m}^2/\text{s}$。

8.36　直径为60cm的圆球，重200kg，投入温度为5°的湖水中。求圆球的下沉速度。

8.37　球形沙粒比重 $\rho_s/\rho=2.5$，在 20℃的水中等速自由下沉。若水流阻力可按斯托克斯阻力公式计算，试求沙粒最大直径 d 和自由沉降速度 u_t。

8.38　直径 $d=0.01\text{m}$ 的小球，在静水中以匀速 $u_t=0.4\text{m/s}$ 沉降，水温为 20℃。试求小球受到的阻力 F 和小球的比重 S。

8.39　使小钢球在油中自由沉降，以测定油的动力黏滞系数。已知油的密度 $\rho=900\text{kg/m}^3$，直径 $d=4\text{mm}$ 的小钢球密度 $\rho_s=7788\text{kg/m}^3$。若测得球的自由沉降速度 $u_t=0.12\text{m/s}$，试求油的动力黏滞系数 μ。

8.40　一次沙尘暴把平均直径 $d=10^{-4}\text{m}$ 的沙粒吹到 $H=1500\text{m}$ 的高空。当地的水平风速 $u=10\text{m/s}$，已知沙粒的密度 $\rho_s=2600\text{kg/m}^3$，当地的空气密度 $\rho=1.25\text{kg/m}^3$。试求沙尘落地时所漂移的水平距离。设气温为 20℃，空气的动力黏滞系数 $\mu=15\times10^{-5}\text{N}\cdot\text{s/m}^2$。

8.41　一圆形桥墩立于水中，桥墩直径 $d=0.4\text{m}$，水深 $h=3\text{m}$，水流的平均流速为 2m/s。试求桥墩所受到的水流作用力。水温为 20℃。

8.42　有一直径 $d=0.01\text{m}$，比重为 1.82 的小球在静止的水中下沉，达到等速沉降时速度 $u_0=0.463\text{m/s}$。试求：

（1）等速沉降时小球所受到的绕流阻力 F；

（2）绕流阻力系数 C_D 及雷诺数各为多少？（水温为 20℃）

8.43　球形水滴在 20℃的大气中等速自由沉降，若空气的阻力可按斯托克斯阻力公式计算，试求水滴的最大直径和自由沉降速度。

8.44　汽车以 80km/h 的时速行驶，其迎风面积 $A=2\text{m}^2$，阻力系数 $C_D=0.4$，空气的密度 $\rho=1.25\text{kg/m}^3$，试求汽车克服空气阻力所消耗的功率。

8.45　由六块宽度 $b=20\text{mm}$，长度 $L=150\text{mm}$ 的平板组成六角形蜂窝结构通道，通道中有水流通过，水的运动黏滞系数 $\nu=10^{-6}\text{m}^2/\text{s}$，进口流速 $U_0=2\text{m/s}$，试确定通过此通道进出口的测压管水头差和压强差。

第9章 紊动射流与紊动扩散理论基础

紊动射流分为自由射流和有限空间射流。射流流入无限空间，完全不受固体边界约束的称为自由射流；射流流入有限空间，多少受固体壁面约束的称为非自由射流或有限空间射流。常见的自由射流有两种形式：①射流，是指从孔口等较小的断面喷射而出的一股流体；②尾流，是指绕过物体的流动发生脱离后，在物体下游漩涡区的流动。常见的有限空间射流有附壁射流、表面射流、冲击射流等。

流体中的含有物质从含量高处向含量低处传输转移的现象称为扩散，包括分子扩散、移流扩散、紊动扩散等。

紊动射流和紊动扩散问题在通风、环境、给排水、交通运输、水利等工程中经常遇到。研究紊动射流所要解决的主要问题是：确定射流轴线的轨迹、紊流扩展的范围和射流中的流速分布以及流量沿程变化等；对于变密度、非等温和含有污染物质的射流，还要确定密度分布、温度分布和含有污染物质的浓度分布。

这一章主要介绍紊动射流和紊动扩散的一些基本概念和基本规律及其在工程中的应用。

9.1 射流的分类

射流是指从孔口或管嘴或缝隙中连续射出的一股具有有限尺度的流体。它的周围可以是同一种流体，也可以是另一种流体。

射流可以根据不同的特征进行分类。

(1) 按射流质点运动的形态，可以分为层流射流和紊动射流。因为实际工程中的射流多为紊动射流，所以本章主要介绍紊动射流。

(2) 按射流周围的介质（流体）性质，可以分为淹没射流和非淹没射流。若射流与其周围介质的物理性质相同，称为淹没射流；否则称为非淹没射流。

(3) 按射流周围固体边界的情况，可分为自由射流和非自由射流。射流在射出后流入无限空间，且完全不受固体边壁限制的称为自由射流或无限空间射流；多少受固体边壁限制的称为非自由射流或有限空间射流。若射流的部分边界贴附在固体边界上，则称为附壁射流。若射流沿下游水体的自由表面射出，称为表面射流。

(4) 按射流流出后继续流动的动力，可分为动量射流（简称射流）和浮力羽流（简称羽流）以及浮力射流（简称浮射流）。若射流的出口流速、动量较大，出流后继续运动的动力主要依靠这个动量，这种射流称为动量射流；若射流出口的流速、动量较小，出流后继续运动的动力主要依靠浮力，这种射流称为浮力羽流；若射流出流后继续运动的动力兼受动量和浮力两个方面的作用，这种射流称为浮力射流。浮力的产生主要是由密度差引起的，有两种可能：①由于射流流体的密度与其周围流体的密度不同而产生的密度差引起浮力；②由于射流的温度与周围流体的温度不同，即由于温度差引起的密度差而产生的浮力。

(5) 按射流出口的断面形状可分为圆形（轴对称）射流、平面（二维）射流、矩形（三维）射流等。

9.2 紊动射流的特性

9.2.1 紊动射流的分区

设射流从喷嘴射出，流入静止的相同种类的流体中，具有一定速度 u_0 的射流离开喷口边界后，与周围静止流体之间就形成一个速度不连续的间断面，如图 9.1 所示。这个间断面是不稳定的，面上的波动发展形成漩涡，产生强烈的紊动，发生紊流脉动现象，由于紊流的脉动，将邻近处原来静止的流体卷吸到射流中，两者掺混在一起共同向前运动。其结果是射流边界不断向外扩展，断面不断扩大，流速不断降低，流量则沿程逐渐增加。同时，由于静止流体掺入发生动量交换而产生滞阻作用，使得原射流边界部分的流速减低，这种掺混减速作用沿程逐渐向射流内部扩展，经一定距离即达到射流的中心轴线，以后整个射流都成为紊动射流。

射流在形成稳定的流动形态以后，整个流态可划分为图 9.1 所示的几个区域。由喷嘴出口开始，向内外扩展的混合区域，称为边界层混合区或射流边界层区域，它的外边界与静止流体相接触，内边界与射流的核心区相接触；射流的中心部分，未受掺混影响，仍保持原来出口流速的区域，称为射流核心区。

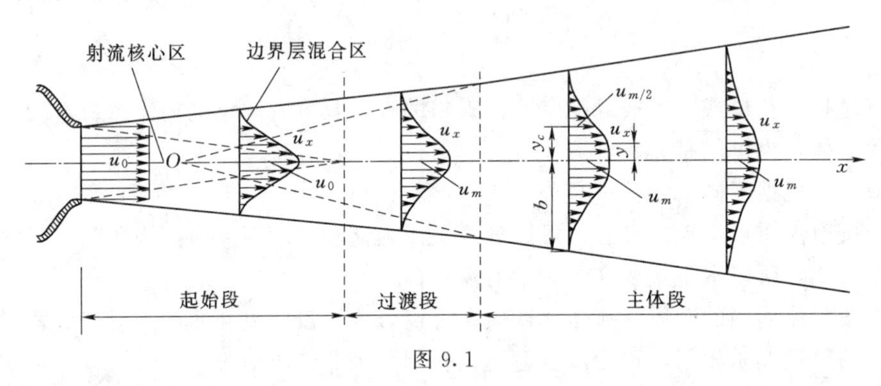

图 9.1

紊动射流一般可以分为 3 个区段，从出口至核心区终了的一段，称为射流的起始段或初始段；紊流充分发展以后的射流，称为射流的主体段；主体段和起始段之间有一过渡段，过渡段较短，在分析中为简化起见常予以忽略，只把射流分为起始段和主体段。在实际工程中，由于起始段很短，主要是解决主体段的问题。

因为紊动射流的发展不受固体边界的约束，因而不存在黏性底层，所以这种紊动射流又称为自由紊流。

9.2.2 紊动射流的特性

大量的实验观测表明，紊动射流有以下 3 个主要特性。

（1）射流各断面上纵向流速分布具有相似性。图 9.2 为平面射流中不同断面上流速分布的实验资料，可以看出，在射流的主体段，各断面的纵向流速分布有明显的相似性，也叫自模性。随着距离 x 的增加，轴线流速 u_m 逐渐减小，整个流速分布也趋于平坦。如果用无量纲参数 u_x/u_m 表示纵坐标，y/y_c 为横坐标（u_x 是坐标为 y 处的流速；y_c 是流速等于 $u_m/2$ 处的坐标），则所有断面的无量纲流速分布曲线基本是相同的，如图 9.3 所示。实验还表明，在射流起始段的边界层内，断面上的流速分布也具有这种相似性。对于圆形断面，射流的流速分布同样也具有这种相似性。

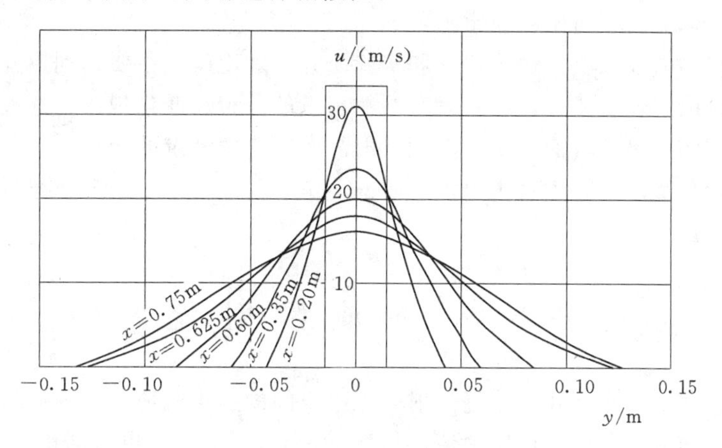

图 9.2 平面射流中不同断面上的流速分布
（Förthmann 实验资料）

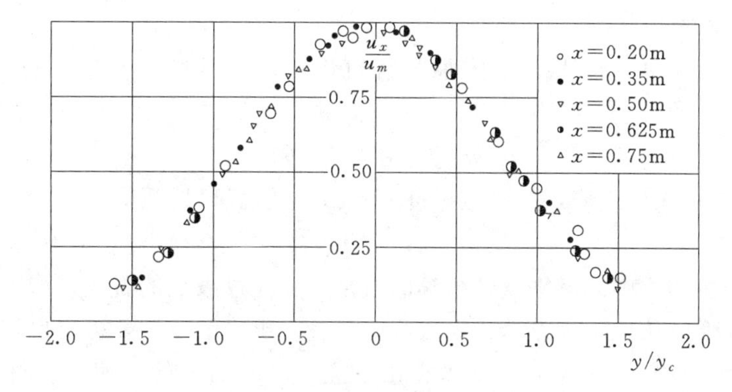

图 9.3 平面射流中各断面无量纲流速分布
（Förthmann 实验资料）

（2）射流边界层的直线扩散。由实验中得到射流的另一个重要性质是射流边界层的直线扩散。当主体段的外边界线延长交于轴线上 O 点，如图 9.1 所示，称为射流源或极点。为了以后分析方便，先对射流源给出说明。实验发现，射流源点与喷嘴出口断面中心点是不重合的，射流源点可位于对称轴上喷嘴出口断面中心点之前或之后。以 O 点为坐标原点，设外边界线与轴线所成的角度为 α，边界层的扩散厚度为 b，距坐标原点的距离为 x，则有

$$b/x=\text{const} \tag{9.1}$$

需要指出的是，实际射流的边界并不是很规则的，是一种有间歇性的复杂流动，射流边界实际上是交错组成的不规则面，所以上面所指的边界线只是统计意义上的平均线。

(3) 射流各断面上动量守恒。实验表明，射流内部的压强可认为等于周围介质的压强。这就是说，沿流压强梯度$\partial p/\partial x=0$。由此可得出一个很重要的结论：在自由射流的所有断面，单位时间内通过的流体的总动量，即动量通量是常数。即

$$\int_m u_x \mathrm{d}m = \int_A \rho u_x^2 \mathrm{d}A = \mathrm{const} \tag{9.2}$$

这个关系在以后的分析中起非常重要的作用。

对自由射流的研究主要有理论研究和实验研究。理论研究主要是利用各种紊流的半经验理论求解射流的边界层方程，以获得时均物理量的分布和变化规律，这些研究已得到了实验的验证。在实验研究方面，主要是测量射流的时均物理量的变化过程，特别是纵向时均流速的分布及衰减规律，为自由射流的研究奠定了基础。本章主要介绍自由射流的实验成果和理论分析成果。

9.3 平面淹没射流

流体从一条狭长的水平孔口或缝隙射入无限空间的静止流体中，这样的射流可作为平面（二维）淹没射流来分析。假定射流出口断面的流速为u_0，出口断面半高度为b_0，实验表明，平面淹没射流的出口雷诺数$Re=2b_0u_0/\nu>30$时为紊动射流。

9.3.1 平面淹没射流的动量积分方程

9.3.1.1 流速分布

将主体段的射流边界延长相交于轴线上的极点O，以O点为坐标原点，按射流断面上流速分布相似性的假定，则有

$$u_x/u_m=f_1(y/b)$$

由式（9.1）可知，边界层的扩散厚度$b\propto x$，故上式可以写成

$$u_x/u_m=f_2(y/x)$$

由此可知，主体段中无量纲速度相等的线是一簇通过极点的直线，如图 9.4 所示。则主体段的流动就像是从位于极点处的无限小的狭缝发出来的一样，极点也称平面射流源。

阿尔伯逊（Albertson）等通过实验得出了主体段断面上的流速分布符合高斯分布形式，即

$$u_x/u_m=f(y/x)=\exp(-y^2/b^2) \tag{9.3}$$

式中：b为射流的特征半厚度。

由于射流外边界的不规则，在实验中确定b是困难的，故常用其他方法给出射流的特征半厚度。有的学者定义$u_x/u_m=0.5$时的y值$b_{1/2}$作为特征半厚度，有的取$u_x/u_m=0.1$时的y值$b_{0.1}$作为特征半厚度。本书采用b_e作为特征半厚度。由式（9.3）知，当$y=b$时，$u_x/u_m=1/e$，$u_x=u_m/e$，取射流断面特征半厚度b_e为流速u_m/e处到x轴的距离，则式（9.3）可以写成

$$u_x/u_m=\exp(-y^2/b_e^2) \tag{9.4}$$

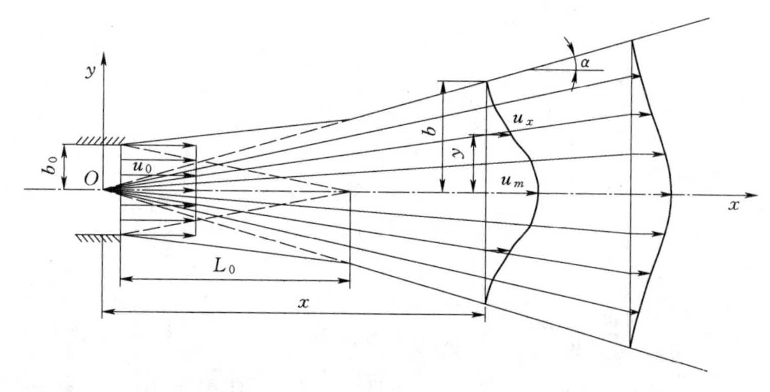

图 9.4

单位宽度射流在出口断面的动量通量为 $2\rho b_0 u_0^2$，由动量通量不变的式（9.2）得

$$2\rho b_0 u_0^2 = \int_{-\infty}^{+\infty} \rho u_x^2 \, dy \tag{9.5}$$

将式（9.4）代入式（9.5）得

$$\begin{aligned} 2\rho b_0 u_0^2 &= 2\rho u_m^2 \int_0^{\infty} \exp\left(-\frac{2y^2}{b_e^2}\right) dy \\ &= 2\rho u_m^2 b_e \int_0^{\infty} \exp\left[-\left(\frac{\sqrt{2}\,y}{b_e}\right)^2\right] d\left(\frac{y}{b_e}\right) \\ &= 2\rho u_m^2 b_e \frac{\sqrt{\pi}}{2\sqrt{2}} = \rho\sqrt{\frac{\pi}{2}}\, u_m^2 b_e \end{aligned}$$

整理上式得

$$2b_0 u_0^2 = \sqrt{\pi/2}\, u_m^2 b_e$$

因为射流厚度按直线扩展，设 $b_e = \varepsilon x$，代入上式整理得

$$u_m / u_0 = (\sqrt{2/\pi})^{1/2} \sqrt{2b_0/(\varepsilon x)}$$

根据阿尔伯逊等的实验，$\varepsilon = 0.154$，代入上式得平面淹没射流轴线流速沿程变化的关系为

$$\frac{u_{\mathrm{m}}}{u_0} = \left(\sqrt{\frac{2}{\pi}}\frac{1}{\varepsilon}\right)^{1/2} \sqrt{\frac{2b_0}{x}} = 2.28\sqrt{\frac{2b_0}{x}} \tag{9.6}$$

将式（9.6）代入式（9.4），且注意到 $b_e = \varepsilon x = 0.154x$，得断面上的流速分布为

$$\frac{u_x}{u_0} = 2.28\sqrt{\frac{2b_0}{x}} \exp\left(-42.17\frac{y^2}{x^2}\right) \tag{9.7}$$

起始段长度可由式（9.6）求得，令 $u_m = u_0$，且距离 x 从出口断面算起，则得

$$x = L_0 = 2.28^2 \times 2b_0 = 10.4b_0 \tag{9.8}$$

9.3.1.2 流量沿程变化

射流任意断面上的单宽流量 q 为

$$q = \int_{-\infty}^{+\infty} u_x \, dy = 2u_m \int_0^{\infty} \exp\left(-\frac{y^2}{\varepsilon^2 x^2}\right) dy$$

$$=2u_m\varepsilon x\int_0^{\infty}\exp\left[-\left(\frac{y}{\varepsilon x}\right)^2\right]\mathrm{d}\left(\frac{y}{\varepsilon x}\right)$$

$$=2u_m\varepsilon x\frac{\sqrt{\pi}}{2}=\sqrt{\pi}u_m\varepsilon x$$

出口单位宽度的流量为

$$q_0=2b_0u_0$$

由以上两式得

$$\frac{q}{q_0}=\frac{u_m\sqrt{\pi}\varepsilon x}{u_0\ 2b_0}=2.28\sqrt{\pi}\varepsilon\sqrt{\frac{x}{2b_0}}=0.622\sqrt{\frac{x}{2b_0}}\quad (x>L_0) \tag{9.9}$$

由式（9.9）可以看出，由于射流卷吸周围的流体，射流流量沿流增大。若射流为含有污染物质的流体时，q/q_0 则为任意断面上含有污染物质浓度的平均稀释度 S。稀释度 S 是指流体样品总体积与流体样品中所含有污染物质流体的体积之比。若 $S=1$，表明污染流体未得到任何稀释；若 $S=\infty$，表明流体样品中没有任何污染物。

9.3.1.3 示踪物质浓度分布

当射流中含有污染物质被作为示踪物质而存在时，它的浓度分布和流速分布规律可分开来单独考虑。实验表明，示踪物质浓度在各断面上的分布也具有相似性。浓度分布亦可采用高斯正态分布形式：

$$\frac{c}{c_m}=\exp\left[-\left(\frac{y}{\lambda b_e}\right)^2\right] \tag{9.10}$$

式中：c 为射流断面上任一点的浓度；c_m 为该断面轴线上的浓度。

根据质量守恒，射流任意断面上示踪物质的通量应等于射流出口断面的相应值，以单宽计则为

$$c_0u_0\times 2b_0=\int_{-\infty}^{\infty}cu_x\mathrm{d}y$$

式中：c_0 为出口断面的浓度。

将式（9.10）和式（9.4）代入上式的右边得

$$\int_{-\infty}^{\infty}cu_x\mathrm{d}y=2c_mu_m\int_0^{\infty}\exp\left[-\left(\frac{y}{\lambda b_e}\right)^2\right]\exp\left(-\frac{y^2}{b_e^2}\right)\mathrm{d}y=2c_mu_m\frac{\sqrt{\pi}\lambda^2}{2\sqrt{1+\lambda^2}}b_e$$

将 $b_e=\varepsilon x$ 代入上式，并由以上两式得

$$\frac{c_m}{c_0}=\left(\frac{1+\lambda^2}{\lambda^2\varepsilon}\frac{1}{\sqrt{2\pi}}\right)^{1/2}\left(\frac{2b_0}{x}\right)^{1/2}$$

已知 $\varepsilon=0.154$，由试验得 $\lambda=1.41$，代入上式得

$$c_m/c_0=1.97\,(2b_0/x)^{1/2} \tag{9.11}$$

将式（9.11）代入式（9.10）得射流断面上的浓度分布为

$$\frac{c}{c_0}=1.97\left(\frac{2b_0}{x}\right)^{1/2}\exp\left[-\left(\frac{y}{\lambda\varepsilon x}\right)^2\right]=1.97\left(\frac{2b_0}{x}\right)^{1/2}\exp\left[-21.21\left(\frac{y}{x}\right)^2\right] \tag{9.12}$$

上述诸公式中的 x 应从极点算起，但在实用上，因为出口到极点的距离很短，常从射流出口断面算起。

【例题 9.1】 设有空气射流从一长窄缝射入等温的大气中，在射流的主体段规定流速 $u_x=u_m/10$ 处为射流的边界，求射流出口的扩散角 θ。如射流出口流速 $u_0=1.5\text{m/s}$，窄缝高为 10cm，问全部流速降低至 0.5m/s 以下的最小距离为多少？

解：

(1) 求射流的扩散角。

设流速分布公式为

$$u_x/u_m=\exp(-y^2/b_c^2)=\exp[-y^2/(\varepsilon^2x^2)]$$

由题意知 $u_x/u_m=1/10$，即

$$\exp[-y^2/(\varepsilon^2x^2)]=1/10$$

由上式得 $y^2/(\varepsilon x)^2=\ln 10$，已知 $\varepsilon=0.154$，所以

$$\tan\theta=y/x=\sqrt{\varepsilon^2\ln 10}=\sqrt{0.154^2\times\ln 10}=0.234$$

$$\theta=\arctan 0.234=13.17°$$

(2) 求全部流速降低至 0.5m/s 以下的最小距离 x。

断面上轴线流速最大，故要求 $u_m\leqslant 0.5\text{m/s}$，由式 (9.6) 得

$$u_m/u_0=2.28\sqrt{2b_0/x}=0.5/1.5=1/3$$

由上式得 $x=(3\times 2.28)^2\times 2b_0=6.84^2\times 2\times 0.05=4.68(\text{m})$

【例题 9.2】 设某排污管出口为狭长的矩形孔口，孔口断面高度 $2b_0=0.2\text{m}$，排污管将生活污水排入湖泊，射流出口流速 $u_0=4\text{m/s}$，出口污水浓度 $c_0=1200\text{mg/L}$，出口平面位于湖面下 24m 处，出流方向垂直向上，污水与湖水密度基本相同。试求污水到达湖面处的最大流速 u_m，最大浓度 c_m 和断面平均稀释度 S。

解：

$$u_m=2.28u_0\sqrt{2b_0/x}=2.28\times 4\sqrt{0.2/24}=0.833(\text{m/s})$$

$$c_m=1.97c_0\sqrt{2b_0/x}=1.97\times 1200\times\sqrt{0.2/24}=215.8(\text{mg/L})$$

$$S=q/q_0=0.622\sqrt{x/(2b_0)}=0.622\times\sqrt{24/0.2}=6.814$$

9.3.2 平面淹没射流的阿勃拉莫维奇计算方法

20 世纪 40 年代，阿勃拉莫维奇（Г. Н. Абрамович）就提出了计算紊动射流的方法。该方法在采暖通风、热能动力等设计中常采用，现将阿勃拉莫维奇计算射流的方法介绍如下。

9.3.2.1 射流的几何特征

阿勃拉莫维奇有关紊动射流的几何特征如图 9.5 所示。图中 s_0 为射流极点距射流出口的距离；L_0 仍为射流出口到射流核心区末端的距离；L 为射流任意断面距射流出口的距离；x 为射流任意断面到射流极点的距离；b 为射流的半宽度；α 为射流扩散角。比较图 9.5 和图 9.4 可以看出，图 9.5 中的射流边界线是通过射流出口边缘与极点相连的一条射线，即 $\tan\alpha=b_0/s_0$。

阿勃拉莫维奇认为，射流的扩散角在一定的条件下是不会改变的，扩散角可表示为

$$\tan\alpha=ka$$

式中：k 为出流断面的系数，对于圆形断面 $k=3.4$，对于平面 $k=2.44$；a 为紊流系数，

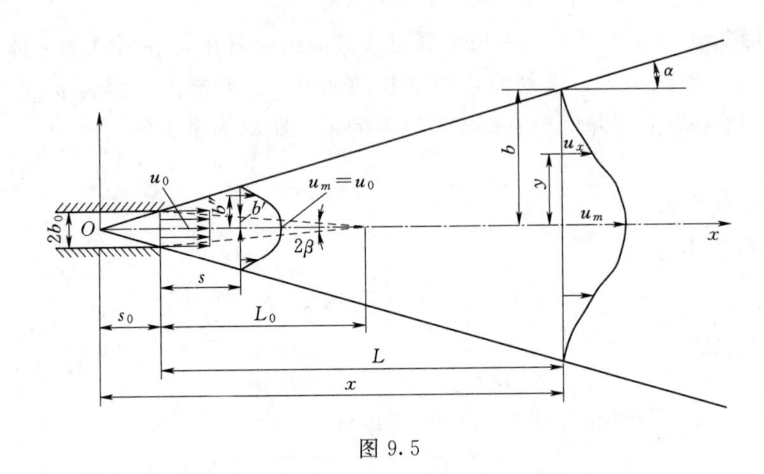

图 9.5

也称卷吸系数，表示射流对周围流场的卷吸能力。

紊流系数与出口断面的紊流强度成正比，紊流强度大，紊流系数大，扩散角 α 大；紊流系数还与射流出口断面流速分布的均匀性有关，如果流速分布均匀，a 就小，反之 a 就大。各种不同形状喷嘴的紊流系数见表 9.1。

表 9.1　　**紊流系数 a 值表**

喷嘴种类	a	2α	喷嘴种类	a	2α
收缩喷嘴	0.066	25°20′	带金属网的轴流风机	0.24	78°40′
	0.071	27°10′	收缩极好的平面喷嘴	0.108	29°30′
圆柱管嘴（出口断面流速分布均匀）	0.076	29°00′	平壁锐缘狭缝	0.118	32°10′
圆柱管嘴（出口断面流速分布不均匀）	0.080				
带导流板的轴流通风机	0.12	44°30′	带导叶的磨圆边口风道上纵向缝隙	0.155	41°20′
带导流板的直角弯管	0.20	68°30′			

如图 9.5 所示，对于出口射程为 s 的断面，扩散角为

$$\tan\alpha=b/(s_0+L)$$

给上式两边同除以 b_0 整理得

$$b/b_0=(s_0/b_0)\tan\alpha+(L/b_0)\tan\alpha$$

因为 $\tan\alpha=b_0/s_0$，$\tan\alpha=ka$，代入上式得

$$b_0=b-kaL \tag{9.13}$$

对于平面射流，$k=2.44$，代入式（9.13）得

$$b/b_0=1+2.44aL/b_0=2.44(0.41+aL/b_0) \tag{9.14}$$

9.3.2.2　射流的流速分布

阿勃拉莫维奇对射流区的流速分布进行了研究，研究结果表明射流区的流速分布具有相似性，并给出了流速分布的公式为

$$u_x/u_m=[1-(y/b)^{1.5}]^2 \tag{9.15}$$

为了下面讨论方便，首先给出两个积分的积分修正结果，设

$$B_n=\int_0^b\left(\frac{u_x}{u_m}\right)^n\left(\frac{y}{b}\right)\mathrm{d}\left(\frac{y}{b}\right)=\int_0^b\left[1-\left(\frac{y}{b}\right)^{1.5}\right]^{2n}\left(\frac{y}{b}\right)\mathrm{d}\left(\frac{y}{b}\right)$$

$$C_n=\int_0^b\left(\frac{u_x}{u_m}\right)^n\mathrm{d}\left(\frac{y}{b}\right)=\int_0^b\left[1-\left(\frac{y}{b}\right)^{1.5}\right]^{2n}\mathrm{d}\left(\frac{y}{b}\right)$$

阿勃拉莫维奇对以上两个公式进行了积分，根据实验对积分结果进行了修正，其修正值见表 9.2。

表 9.2　B_n 和 C_n 积分修正值

n	1.0	1.5	2.0	2.5	3.0
B_n	0.0985	0.0640	0.0464	0.0359	0.0286
C_n	0.4105	0.3310	0.2847	0.2500	0.2315

由射流各断面的动量守恒，可得

$$\rho 2b_0u_0^2=2\int_0^b\rho u_x^2\mathrm{d}y$$

将式（9.15）代入上式的右边积分得

$$2\int_0^b\rho u_x^2\mathrm{d}y=2\rho u_m^2b\int_0^b\left[1-\left(\frac{y}{b}\right)^{1.5}\right]^4\mathrm{d}\left(\frac{y}{b}\right)=2\times0.2847\rho u_m^2b$$

由以上两式和式（9.14）得

$$\frac{u_m}{u_0}=\sqrt{\frac{b_0}{0.2847b}}=\frac{1.2}{\sqrt{0.41+aL/b_0}}\tag{9.16}$$

9.3.2.3　主体段流量的沿程变化

射流主体段任意断面的单宽流量为

$$q=2\int_0^b u_x\mathrm{d}y=2u_mb\int_0^b\left[1-\left(\frac{y}{b}\right)^{1.5}\right]^2\mathrm{d}\left(\frac{y}{b}\right)=2\times0.4105bu_m$$

$$q_0=2b_0u_0$$

由以上两式和式（9.16）、式（9.14）得

$$\frac{q}{q_0}=\frac{2\times0.4105bu_m}{2b_0u_0}=0.4105\frac{u_m}{u_0}\frac{b}{b_0}=1.2\sqrt{0.41+aL/b_0}\tag{9.17}$$

9.3.2.4　主体段断面平均流速沿程变化

设射流主体段任意断面的平均流速为 v，则由式（9.17）和式（9.14）得

$$\frac{v}{u_0}=\frac{q/b}{q_0/b_0}=\frac{q}{q_0}\frac{b_0}{b}=\frac{1.2\sqrt{0.41+aL/b_0}}{2.44(0.41+aL/b_0)}=\frac{0.492}{\sqrt{0.41+aL/b_0}}\tag{9.18}$$

9.3.2.5　主体段质量平均流速沿程变化

断面平均流速是射流断面上的流速算术平均值。由式（9.18）和式（9.16）可得 $v=0.411u_m$。但在通风、空调等工程中，通常使用的是射流轴线附近流速较高的区域，因此断面平均流速不能恰当的反映被使用区域的流速，为此引入质量平均流速 v_m，用 v_m 乘以质量即得真实动量。根据射流各断面上动量守恒的特性，得

$$\rho q_0u_0=\rho qv_m$$

由此得

$$\frac{v_m}{u_0}=\frac{q_0}{q}=\frac{0.831}{\sqrt{0.41+aL/b_0}} \tag{9.19}$$

将式（9.19）与式（9.16）比较，得 $v_m=0.693u_m$。

9.3.2.6 起始段长度及核心收缩角

起始段长度为喷嘴出口距射流主体段起始断面的距离 L_0，令式（9.16）中的 $u_m=u_0$，$L=L_0$，则得

$$L_0=1.03b_0/a \tag{9.20}$$

设核心收缩角为 β，由图 9.5 可以看出，核心收缩角为 $\tan\beta=b_0/L_0=a/1.03=0.971a$。

9.3.2.7 起始段流量变化

起始段的流量可以分为两部分：一是核心区截面上的流量 q_1，二是初始段外边界线与内边界线之间的边界层流量 q_2，起始段流量为这两部分流量之和，即 $q_{12}=q_1+q_2$。

在起始段内，轴心速度 u_m 等于喷口出口速度 u_0，设在起始段内任一点距射流出口的距离为 s，核心区边界距轴线的距离为 b'，混合区任一点距轴线的距离为 b''，由图 9.5 可以看出，$b_0/L_0=b'/(L_0-s)$，则 $b'/b_0=1-s/L_0=1-s/(1.03b_0/a)=1-0.971as/b_0$，流量 q_1 为

$$q_1=2u_0b'=2u_0b_0(1-0.971as/b_0)$$

在剪切混合层任一断面的流量为

$$q_2=2\int_0^{b-b'}u_x\mathrm{d}y=2u_0(b-b')\int_0^{b-b'}\left[1-\left(\frac{y}{b-b'}\right)^{1.5}\right]^2\mathrm{d}\left(\frac{y}{b-b'}\right)=2\times0.4105(b-b')u_0$$

将式（9.14）中的 L 改为 s，并和 $b'/b_0=1-0.971as/b_0$ 代入上式得

$$q_2=2\times0.4105\times3.411asu_0=2.80043asu_0$$

喷嘴出口流量为 $q_0=2b_0u_0$，则

$$\frac{q_{12}}{q_0}=\frac{q_1+q_2}{q_0}=\frac{2u_0b_0(1-0.971as/b_0)+2.80043asu_0}{2b_0u_0}=1+0.43\frac{as}{b_0} \tag{9.21}$$

9.3.2.8 起始段的平均流速

$$\frac{v_{起始}}{u_0}=\frac{q_{12}/(2b)}{u_0}=\frac{2b_0u_0(1-0.971as/b_0)+2.80043asu_0}{2(1+2.44as/b_0)b_0u_0}=\frac{1+0.43as/b_0}{1+2.44as/b_0} \tag{9.22}$$

9.3.2.9 起始段质量平均流速

由质量平均流速的定义 $\rho u_0q_0=\rho v_{m起始}q_{12}$，则有

$$\frac{v_{m起始}}{u_0}=\frac{q_0}{q_{12}}=\frac{1}{1+0.43as/b_0} \tag{9.23}$$

【例题 9.3】 有一两面收缩的均匀矩形喷嘴，断面为 0.05m×2m，出口速度为 10m/s，求距喷嘴出口 2m 处的射流参数。

解：

已知 $b_0=0.05/2=0.025$m，$u_0=10$m/s，对于均匀矩形喷嘴，查表 9.1 得紊流系数 $a=0.108$。$Q_0=q_0\times2.0=2b_0u_0\times2.0=2\times0.025\times10\times2=1.0(\mathrm{m^3/s})$，喷嘴出口到所求断面的距离为 $L=2.0$m。

无量纲参数为$\sqrt{0.41+aL/b_0}=\sqrt{0.41+0.108\times2/0.025}=3.0$

$$L_0=1.03b_0/a=1.03\times0.025/0.108=0.2384(\mathrm{m})$$

射流在主体段内，因此有

$$u_m=1.2u_0/\sqrt{0.41+aL/b_0}=1.2\times10/3.0=4.0(\mathrm{m/s})$$

$$Q=1.2\sqrt{0.41+aL/b_0}Q_0=1.2\times3.0\times1.0=3.6(\mathrm{m^3/s})$$

$$v=0.492u_0/\sqrt{0.41+aL/b_0}=0.492\times10/3.0=1.64(\mathrm{m/s})$$

$$v_m=0.831u_0/\sqrt{0.41+aL/b_0}=0.831\times10/3.0=2.77(\mathrm{m/s})$$

$$\tan\beta=0.971a=0.971\times0.108=0.1049$$

$$\beta=5.988^\circ$$

9.3.3 平面淹没射流计算方法的改进

20世纪60年代，阿勃拉莫维奇对上述计算射流的方法做了改进，称为射流计算的新方法。新计算方法的射流结构如图9.6所示。对比图9.5可以看出，新计算方法的起始段与主体段的外边界线不再是一条直线，而是由两条直线组成折线形的外边界，主体段的扩散角与起始段的扩散角不再一致，主体段的扩散角是个定值$\alpha=12.42^\circ$，它的外边线延长交于轴线上O点，称为极点，极点位置与前面介绍的也不同。起始段的扩展角α_0由极点的位置x_0与起始段的长度L_0以及出口高度b_0来决定，由图9.6可以看出，α_0可表示为

$$\tan\alpha_0=[(x_0+L_0)\tan\alpha-b_0]/L_0 \tag{9.24}$$

式中x_0和L_0取决于喷口断面上的流速分布情况。当喷嘴出口断面流速分布均匀时，动量修正系数$\beta_0=1.0$，$x_0/b_0\approx0$。

在新的计算方法中，对B_n和C_n的积分值不再修正，而是取实际积分值。

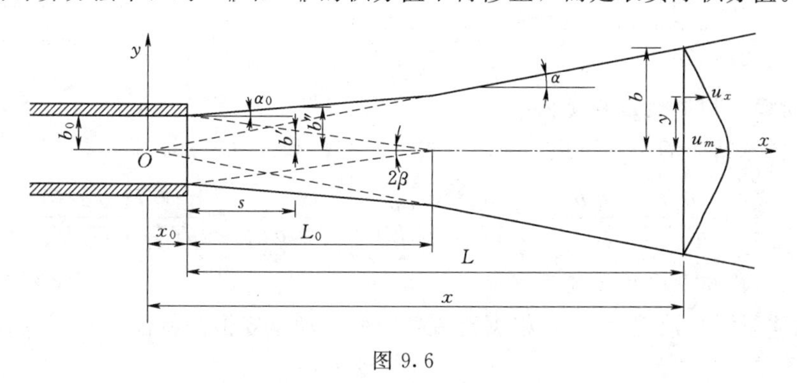

图9.6

为了表示出口断面上流速分布的不均匀程度，在新的计算方法中引入了出口断面动量修正系数β_0。β_0表示出口断面上的真实动量与以出口断面平均流速v_0表示的动量之比，即

$$\beta_0=\int_A\rho u^2\mathrm{d}A/(\rho Av_0^2) \tag{9.25}$$

由图9.6可以看出，主体段射流断面的半厚度$b=(x_0+L)\tan\alpha$，因此有

$$b/b_0=(x_0+L)\tan\alpha/b_0=0.22(x_0+L)/b_0 \tag{9.26}$$

9.3.3.1　射流主体段轴线最大流速分布和起始段长度

射流主体段上的流速分布仍为式（9.15）。由射流各断面的动量守恒，可得

$$\beta_0\rho 2b_0v_0^2=2\int_0^b\rho u_x^2\mathrm{d}y$$

将式（9.15）代入上式的右边积分得

$$2\int_0^b\rho u_x^2\mathrm{d}y=2\rho u_m^2b\int_0^b\left[1-\left(\frac{y}{b}\right)^{1.5}\right]^4\mathrm{d}\left(\frac{y}{b}\right)=2\times 0.316\rho u_m^2b$$

由以上两式得

$$u_m/v_0=1.78\sqrt{\beta_0}(b_0/b)^{1/2}$$

将式（9.26）代入上式得

$$\frac{u_m}{v_0}=3.8\sqrt{\beta_0}\left(\frac{b_0}{x_0+L}\right)^{1/2} \tag{9.27}$$

起始段长度可由式（9.27）求出，令 $u_m=v_0$，$L=L_0$ 可得

$$L_0=14.4\beta_0b_0-x_0 \tag{9.28}$$

当 $\beta_0=1.0$，$x_0/b_0\approx 0$，则 $L_0=14.4b_0$。

9.3.3.2　主体段流量沿程变化

射流主体段任意断面的单宽流量为

$$q=2\int_0^b u_x\mathrm{d}y=2u_mb\int_0^b\left[1-\left(\frac{y}{b}\right)^{1.5}\right]^2\mathrm{d}\left(\frac{y}{b}\right)=0.9bu_m$$

$$q_0=2b_0v_0$$

由以上两式得

$$\frac{q}{q_0}=\frac{0.9}{2}\frac{u_m}{v_0}\frac{b}{b_0}=\frac{0.45\times 3.8\sqrt{\beta_0}\times 0.22(x_0+L)/b_0}{\sqrt{(x_0+L)/b_0}}=0.376\sqrt{\beta_0}\sqrt{\frac{x_0+L}{b_0}} \tag{9.29}$$

9.3.3.3　断面平均流速沿程变化

设射流任意断面的平均流速为 v，由式（9.26）和式（9.29）得

$$\frac{v}{v_0}=\frac{q/b}{q_0/b_0}=\frac{q}{q_0}\frac{b_0}{b}=\frac{0.376\sqrt{\beta_0}}{0.22(x_0+L)/b_0}\sqrt{\frac{x_0+L}{b_0}}=\frac{1.71\sqrt{\beta_0}}{\sqrt{(x_0+L)/b_0}} \tag{9.30}$$

9.3.3.4　主体段质量平均流速沿程变化

主体段质量平均流速为 v_m，根据射流各断面上动量守恒的特性 $\rho q_0v_0=\rho qv_m$ 得

$$\frac{v_m}{v_0}=\frac{q_0}{q}=\frac{2.66}{\sqrt{\beta_0}\sqrt{(x_0+L)/b_0}} \tag{9.31}$$

将式（9.31）与式（9.27）比较，当 $\beta_0=1.0$ 时 $v_m=0.7u_m$。

9.3.3.5　起始段的流量变化

起始段的流量为 $q_{12}=q_1+q_2$。

在起始段内，轴心速度 u_m 等于喷嘴出口速度 u_0，仍设起始段内任一点距射流出口的距离为 s，核心区边界距轴线的距离为 b'，混合区边界距轴线的距离为 b''，由图 9.6 可以看出，$b'/b_0=1-s/L_0$，流量 q_1 为

$$q_1=2u_0b'=2u_0b_0(1-s/L_0)\qquad(0\leqslant s\leqslant L_0) \tag{9.32}$$

在剪切混合层流量 q_2 为

$$q_2=2\int_0^{b''-b'}u_x\mathrm{d}y=2u_0(b''-b')\int_0^{b''-b'}\left[1-\left(\frac{y}{b''-b'}\right)^{1.5}\right]^2\mathrm{d}\left(\frac{y}{b''-b'}\right)=2\times0.45(b''-b')u_0$$

由图 9.6 的关系可得

$$b''-b'=s(x_0+L_0)\tan\alpha/L_0$$

因为 $\tan\alpha=0.22$，由此得

$$q_2=2\times0.45\times0.22u_0s(x_0+L_0)/L_0=0.198u_0s(x_0+L_0)/L_0 \tag{9.33}$$

$$q_{12}=q_1+q_2=2u_0b_0(1-s/L_0)+0.198u_0s(x_0+L_0)/L_0 \tag{9.34}$$

喷嘴出口流量为 $q_0=2b_0u_0$，则

$$\frac{q_{12}}{q_0}=1-\frac{s}{L_0}\left(1-0.099\frac{x_0}{b_0}\right)+0.099\frac{s}{b_0} \tag{9.35}$$

对于流速出口均匀，$\beta_0=1.0$，$x_0=0$，$L_0=14.4b_0$，则

$$\frac{q_{12}}{q_0}=1-\frac{s}{14.4b_0}+0.099\frac{s}{b_0}=1+0.0296\frac{s}{b_0} \tag{9.36}$$

9.3.3.6 起始段的平均流速

对于起始段，$b''=b_0+s\tan\alpha_0$，则

$$\frac{v_{起始}}{u_0}=\frac{q_{12}/(2b'')}{u_0}=\frac{2b_0(1-s/L_0)+0.198s(x_0+L_0)/L_0}{2(b_0+s\tan\alpha_0)} \tag{9.37}$$

9.3.3.7 起始段质量平均流速

由质量平均流速的定义 $\rho u_0q_0=\rho v_{m起始}q_{12}$ 得

$$\frac{v_{m起始}}{u_0}=\frac{q_0}{q_{12}}=\frac{1}{1-(s/L_0)(1-0.099x_0/b_0)+0.099s/b_0} \tag{9.38}$$

【例题 9.4】 某锅炉喷燃气的矩形喷嘴，$2b_0=0.5\text{m}$，喷嘴风速 $v_0=30\text{m/s}$，试求离喷嘴出口 2m、2.5m 和 5m 处的轴线流速，离喷嘴出口 2m 处断面平均流速和质量平均流速。设喷嘴断面流速分布均匀，$\beta_0=1.0$。

解：

因为 $\beta_0=1.0$，$x_0=0$，所以矩形断面淹没射流起始段长度为

$$L_0=14.4\beta_0b_0=14.4\times1\times0.5/2=3.6(\text{m})$$

因为离喷嘴出口 2m 和 2.5m 处于射流的核心区，所以射流轴线流速均为 $u_m=30\text{m/s}$。

离喷嘴出口 5m 处的轴线流速为

$$u_m=3.8\sqrt{\beta_0}[b_0/(x_0+L)]^{1/2}v_0=3.8\times\sqrt{1.0}\times(0.25/5)^{1/2}\times30=25.49(\text{m/s})$$

离喷嘴出口 2m 处属于射流的起始段，其断面平均流速计算如下：

$$\tan\alpha_0=[(x_0+L_0)\tan\alpha-b_0]/L_0=[(0+3.6)\tan12.42°-0.25)]/3.6=0.1506$$

$$\frac{v_{起始}}{v_0}=\frac{2b_0(1-s/L_0)+0.198s(x_0+L_0)/L_0}{2(b_0+s\tan\alpha_0)}$$

$$=\frac{2\times0.25\times(1-2/3.6)+0.198\times2\times(0+3.6)/3.6}{2(0.25+2\times0.1506)}=0.5608$$

$$v_{起始}=0.5608v_0=0.5608\times30=16.824(\text{m/s})$$

当 $x_0=0$ 时，离喷嘴出口 2m 处的质量流速为

$$v_{m起始}/v_0=1/(1-s/L_0+0.099s/b_0)=1/(1-2/3.6+0.099\times2/0.25)=0.8088$$

$$v_{m起始}=0.8088v_0=0.8088\times30=24.263(\mathrm{m/s})$$

9.4　圆形断面淹没射流的动量积分方程

和平面射流一样，圆形断面淹没射流的主体段也可以看作是从一个极点发射出来的流动。这个极点称为轴对称射流源，如图 9.7 所示。实验表明，圆形断面的出口雷诺数 $Re=2r_0u_0/\nu>2000$ 时为紊动射流。

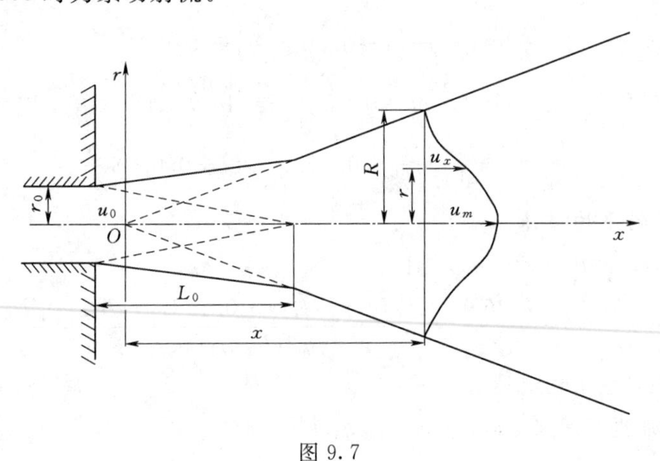

图 9.7

假定射流出口断面上的流速为 u_0，出口断面半径为 r_0，射流的半厚度为 R，根据各断面流速分布的相似性，有

$$u_x/u_m=f(r/R)$$

根据阿尔伯逊等的试验，认为射流主体段流速分布仍可用高斯正态分布来表示，即

$$u_x/u_m=\exp(-r^2/R^2) \tag{9.39}$$

式中：R 为射流特征半厚度；r 为断面径向坐标。

和平面淹没射流一样，取射流断面特征半径厚度 R_e 为流速 u_m/e 处到 x 轴的距离。则式（9.39）可以写成

$$u_x/u_m=\exp(-r^2/R_e^2) \tag{9.40}$$

9.4.1　圆形断面淹没射流的流速、流量和示踪物的分布规律

9.4.1.1　流速分布

主体段的流速分布，包括轴线流速 u_m 的沿程变化和射流断面上的速度分布两个问题。

由射流各断面上的动量守恒，可得

$$\rho u_0^2\pi r_0^2=\int_0^\infty \rho u_x^2\times2\pi r\,\mathrm{d}r$$

将式（9.40）代入上式右边得

$$\int_0^{\infty} \rho u_x^2 \times 2\pi r \mathrm{d}r = 2\pi\rho u_m^2 \int_0^{\infty} \mathrm{e}^{-2r^2/R_e^2} r \mathrm{d}r$$

$$= 2\pi\rho u_m^2 \frac{R_e^2}{4} \int_0^{\infty} \mathrm{e}^{-2r^2/R_e^2} \mathrm{d}\left(\frac{2r^2}{R_e^2}\right) = \frac{\rho}{2}\pi u_m^2 R_e^2$$

由以上两式得

$$u_0^2 r_0^2 = u_m^2 R_e^2 / 2 \tag{9.41}$$

因射流厚度可按直线扩展，设

$$R_e = \varepsilon x \tag{9.42}$$

将式（9.42）代入式（9.41）得

$$\frac{u_m}{u_0} = \frac{\sqrt{2}}{\varepsilon}\left(\frac{r_0}{x}\right) \tag{9.43}$$

由阿尔伯逊等的实验得 $\varepsilon = 0.114$，代入式（9.43）得圆形断面淹没射流轴线流速沿程变化的关系为

$$u_m / u_0 = 12.4 r_0 / x \tag{9.44}$$

式（9.44）表明，轴线处流速与离极点的距离（极点距）x 成反比。

将式（9.44）和 $R_e = \varepsilon x = 0.114x$ 代入式（9.40）得流速分布为

$$\frac{u_x}{u_0} = 12.4 \frac{r_0}{x} \exp\left(-76.95 \frac{r^2}{x^2}\right) \tag{9.45}$$

起始段长度 L_0 可由式（9.44）确定。当 $u_m = u_0$ 时，得 $x = 12.4 r_0$。由试验得出口断面到极点的距离为 $1.2 r_0$，所以

$$L_0 = (12.4 + 1.2) r_0 = 13.6 r_0 \tag{9.46}$$

9.4.1.2 流量的沿程变化

射流任意断面上的流量 Q 为

$$Q = \int_0^{\infty} u_x 2\pi r \mathrm{d}r = 2\pi u_m \frac{R_e^2}{2} \int_0^{\infty} \mathrm{e}^{-r^2/R_e^2} \mathrm{d}\left(\frac{r^2}{R_e^2}\right) = \pi u_m R_e^2$$

圆形断面出口的流量为

$$Q_0 = u_0 \pi r_0^2$$

由以上两式得断面稀释度为

$$s = \frac{Q}{Q_0} = \frac{\pi u_m R_e^2}{\pi u_0 r_0^2} = \frac{u_m \varepsilon^2 x^2}{u_0 r_0^2} = 12.4 \frac{r_0}{x} \frac{0.114^2 x^2}{r_0^2} = 0.16 \frac{x}{r_0} \tag{9.47}$$

式（9.47）表明，流量与极点距 x 成正比，与喷嘴出口半径成反比。

9.4.1.3 示踪物质浓度分布

实验表明，在没有示踪物质的静止流体中，射流的流速分布与浓度分布存在下列关系：

$$c / c_m = \sqrt{u_x / u_m} \tag{9.48}$$

圆形断面淹没射流的浓度分布也可用高斯正态分布形式，即

$$\frac{c}{c_m} = \exp\left[-\left(\frac{r}{\lambda R_e}\right)^2\right] \tag{9.49}$$

因为示踪物质的质量守恒，射流任意断面上示踪物质的通量应等于射流出口断面相应

的量，即

$$c_0 u_0 \pi r_0^2 = \int_0^\infty c u_x \times 2\pi r \mathrm{d}r \tag{9.50}$$

将式（9.49）和式（9.40）代入式（9.50）的右边积分得

$$\int_0^\infty c u_x \times 2\pi r \mathrm{d}r = 2\pi c_m u_m \frac{\lambda^2 R_e^2}{2(1+\lambda^2)} \int_0^\infty \exp\left[-\frac{(1+\lambda^2) r^2}{\lambda^2 R_e^2}\right] \mathrm{d}\left[\frac{(1+\lambda^2) r^2}{\lambda^2 R_e^2}\right] = \pi c_m u_m \frac{\lambda^2 R_e^2}{1+\lambda^2}$$

将上式代入式（9.50）得

$$\frac{c_m}{c_0} = \frac{u_0 r_0^2 (1+\lambda^2)}{u_m \lambda^2 R_e^2}$$

由实验得 $\lambda=1.12$，将式（9.44）和 $R_e = 0.114x$ 代入上式得

$$\frac{c_m}{c_0} = 11.15 \frac{r_0}{x} \tag{9.51}$$

射流断面上的浓度分布为

$$\frac{c}{c_0} = 11.15 \frac{r_0}{x} \exp\left[-\left(\frac{r}{\lambda R_e}\right)^2\right] = 11.15 \frac{r_0}{x} \exp\left[-\left(7.832 \frac{r}{x}\right)^2\right] \tag{9.52}$$

因为出口到极点的距离很短，上述诸公式中的 x 仍近似地从射流出口断面算起。

【例题 9.5】 设某排污圆管将生活污水排入湖泊，射流出口半径 $r_0=0.1\mathrm{m}$，出口流速 $u_0=4\mathrm{m/s}$，出口污水浓度 $c_0=1200\mathrm{mg/L}$，出口平面位于湖面下 24m 处，出流方向垂直向上，污水与湖水密度基本相同。试求污水到达湖面处的最大流速 u_m、最大浓度 c_m 和断面平均稀释度 S。

解：

$$L_0 = 13.6 r_0 = 13.6 \times 0.1 = 1.36(\mathrm{m}) < 24\mathrm{m}$$

所以湖面在射流的主体段内，污水到达湖面处的最大流速 u_m 为

$$u_m = 12.4 u_0 r_0 / x = 12.4 \times 4 \times 0.1/24 = 0.207(\mathrm{m/s})$$

$$c_m = 11.15 c_0 (r_0/x) = 11.15 \times 1200 \times 0.1/24 = 55.75(\mathrm{mg/L})$$

$$S = Q/Q_0 = 0.16 x / r_0 = 0.16 \times 24/0.1 = 38.4$$

9.4.2　圆形断面淹没射流阿勃拉莫维奇的计算方法

阿勃拉莫维奇有关圆形断面紊动射流的特征如图 9.8 所示。对于圆形断面射流，$\tan\alpha = r_0/s_0$。$\tan\alpha = ka = 3.4a$，扩散系数 a 可根据表 9.1 查算。与平面射流的推导方法一样可得

$$R/r_0 = 1 + 3.4aL/r_0 = 3.4(0.294 + aL/r_0) \tag{9.53}$$

9.4.2.1　射流的流速分布

圆形断面的流速分布为

$$u_x/u_m = [1-(r/R)^{1.5}]^2 \tag{9.54}$$

式中：R 为射流半厚度。

由射流各断面的动量守恒公式（9.2），可得

$$\rho \pi r_0^2 u_0^2 = \int_0^R \rho u_x^2 \times 2\pi r \mathrm{d}r$$

将式（9.54）代入上式的右边积分得

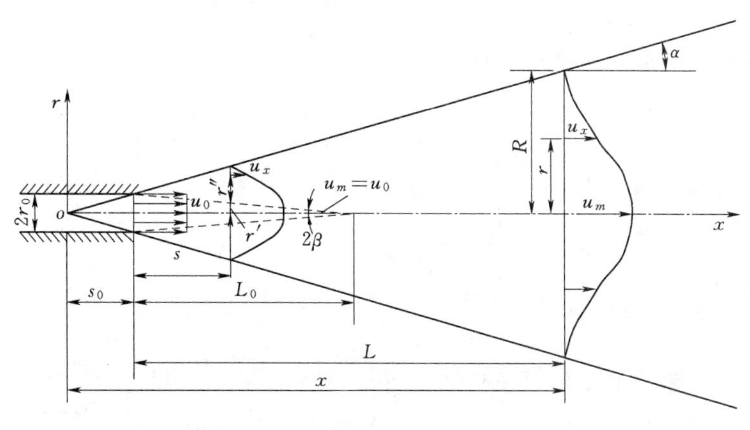

图 9.8

$$2\pi\rho\int_0^R u_x^2 r\,\mathrm{d}r = 2\pi\rho u_m^2 R^2\int_0^R\left[1-\left(\frac{r}{R}\right)^{1.5}\right]^4\left(\frac{r}{R}\right)\mathrm{d}\left(\frac{r}{R}\right) = 2\times 0.0464\pi\rho u_m^2 R^2$$

由以上两式和式（9.53）得

$$u_m/u_0 = 0.965/(0.294+aL/r_0) \tag{9.55}$$

9.4.2.2　主体段流量的沿程变化

射流主体段任意断面的流量为

$$Q = 2\pi\int_0^R u_x r\,\mathrm{d}r = 2\pi u_m R^2\int_0^R\left[1-\left(\frac{r}{R}\right)^{1.5}\right]^2\left(\frac{r}{R}\right)\mathrm{d}\left(\frac{r}{R}\right) = 2\pi\times 0.0985R^2 u_m$$

$$Q_0 = \pi r_0^2 u_0$$

由以上两式和式（9.55）、式（9.53）得

$$Q/Q_0 = 2.2(0.294+aL/r_0) \tag{9.56}$$

9.4.2.3　主体段断面平均流速沿程变化

设射流主体段任意断面的平均流速为 v，则由式（9.56）和式（9.53）得

$$\frac{v}{u_0} = \frac{Q/(\pi R^2)}{Q_0/(\pi r_0^2)} = \frac{Q}{Q_0}\frac{r_0^2}{R^2} = \frac{2.2(0.294+aL/r_0)}{3.4^2(0.294+aL/r_0)^2} = \frac{0.19}{0.294+aL/r_0} \tag{9.57}$$

比较式（9.57）和式（9.55）得 $v=0.197u_m$。

9.4.2.4　主体段质量平均流速沿程变化

$$\frac{v_m}{u_0} = \frac{Q_0}{Q} = \frac{1}{2.2(0.294+aL/r_0)} = \frac{0.455}{0.294+aL/r_0} \tag{9.58}$$

将式（9.58）与式（9.55）比较得 $\nu_m=0.471u_m$。

9.4.2.5　起始段长度及核心收缩角

起始段长度为喷嘴出口距射流主体段起始断面的距离 L_0，令式（9.55）中的 $u_m=u_0$，$L=L_0$，则得

$$L_0 = 0.671r_0/a \tag{9.59}$$

设核心收缩角仍为 β，由图 9.8 可以看出，核心收缩角为 $\tan\beta = r_0/L_0 = a/0.671 = 1.49a$。

9.4.2.6 起始段流量变化

起始段的流量仍分为两部分，即核心区的流量 Q_1 和边界层流量 Q_2，起始段总流量为 $Q_{12}=Q_1+Q_2$。

由图 9.8 可以看出，在射流核心区，任一断面距喷嘴出口的距离为 s，$0\leqslant s\leqslant L_0$，轴线距核心区外边界的距离为 r'，则 $\tan\beta=r_0/L_0=r'/(L_0-s)$，$r'=r_0(1-s/L_0)$，将式 (9.59) 代入得 $r'/r_0=1-1.49as/r_0$。

$$Q_1=u_0\pi r'^2=u_0\pi r_0^2(1-1.49as/r_0)^2=u_0\pi r_0^2[1-2.98as/r_0+2.22(as/r_0)^2]$$

在剪切混合层，流量为

$$Q_2=\int_0^{R-r'}u_x\times 2\pi r\mathrm{d}r=2\pi\int_0^{R-r'}u_x(r'+r'')\mathrm{d}(r'+r'')$$

式中 r''为断面上任一点距核心区外边界的距离。因为 $\mathrm{d}(r'+r'')=\mathrm{d}r''$，将式 (9.54) 变形代入上式得

$$Q_2=2\pi u_0(R-r')^2\int_0^{R-r'}\left[1-\left(\frac{r''}{R-r'}\right)^{1.5}\right]^2\left(\frac{r'+r''}{R-r'}\right)\mathrm{d}\left(\frac{r''}{R-r'}\right)$$

上式的积分可以分为两部分，即

$$\int_0^{R-r'}\left[1-\left(\frac{r''}{R-r'}\right)^{1.5}\right]^2\left(\frac{r'}{R-r'}\right)\mathrm{d}\left(\frac{r''}{R-r'}\right)=0.4105\left(\frac{r'}{R-r'}\right)$$

$$\int_0^{R-r'}\left[1-\left(\frac{r''}{R-r'}\right)^{1.5}\right]^2\left(\frac{r''}{R-r'}\right)\mathrm{d}\left(\frac{r''}{R-r'}\right)=0.0985$$

$$\begin{aligned}Q_2&=2\pi u_0(R-r')^2\left(0.4105\times\frac{r'}{R-r'}+0.0985\right)\\&=2\pi u_0r_0^2\left[0.4105\left(\frac{R-r'}{r_0}\right)\frac{r'}{r_0}+0.0985\left(\frac{R-r'}{r_0}\right)^2\right]\end{aligned}$$

将式 (9.53) 中的 L 改为 s，因为 $r'/r_0=1-1.49as/r_0$，则

$$(R-r')/r_0=1+3.4as/r_0-1+1.49as/r_0=4.89as/r_0$$

代入 Q_2 公式得

$$Q_2=\pi u_0r_0^2[4.015(as/r_0)-1.271(as/r_0)^2]$$

$$Q_{12}=Q_1+Q_2=\pi u_0r_0^2[1+1.035(as/r_0)+0.949(as/r_0)^2]$$

$$\frac{Q_{12}}{Q_0}=1+1.035\frac{as}{r_0}+0.949\left(\frac{as}{r_0}\right)^2\tag{9.60}$$

9.4.2.7 起始段的平均流速

起始段的平均流速为 $Q_{12}/\pi R^2$，由式 (9.53) 和式 (9.60) 得

$$\frac{v_{起始}}{u_0}=\frac{Q_{12}/(\pi R^2)}{u_0}=\frac{1+1.035(as/r_0)+0.949(as/r_0)^2}{1+6.8(as/r_0)+11.56(as/r_0)^2}\tag{9.61}$$

9.4.2.8 起始段质量平均流速

$$\frac{v_{m起始}}{u_0}=\frac{Q_0}{Q_{12}}=\frac{1}{1+1.035as/r_0+0.949(as/r_0)^2}\tag{9.62}$$

【例题 9.6】 采用压缩机空气罐系统的压缩空气来清洁工件表面，压缩空气的密度为 3.1kg/m³，由软管和圆形管嘴引出，已知圆形管嘴半径 $r_0=10$mm，要求工作面处的射

流半径 $R=30\text{mm}$，质量平均流速 $v_m=3\text{m/s}$，喷嘴射流的紊流卷吸系数 $a=0.078$，求圆形喷嘴离工作面的距离、喷嘴出口流量、平均流速和压缩空气的消耗量。

解：

已知 $R=30\text{mm}$，$r_0=10\text{mm}$，$v_m=3\text{m/s}$，$a=0.078$。

$$R/r_0=1+3.4as/r_0=0.03/0.01=3$$

$$s=\frac{(3-1)r_0}{3.4a}=\frac{2\times0.01}{3.4\times0.078}=0.0754(\text{m})$$

$$L_0=0.671r_0/a=0.671\times0.01/0.078=0.086(\text{m})$$

因为 $s<L_0$，工件表面位于射流的起始段，$as/r_0=0.078\times0.0754/0.01=0.588$，则

$$\begin{aligned}u_0&=v_{m起始}[1+1.035as/r_0+0.949(as/r_0)^2]\\&=3\times(1+1.035\times0.588+0.949\times0.588^2)=5.81(\text{m/s})\end{aligned}$$

圆形喷嘴出口流量为

$$Q_0=\pi r_0^2u_0=\pi\times0.01^2\times5.81=0.00183(\text{m}^3/\text{s})$$

$$\begin{aligned}Q_{12}&=\pi u_0r_0^2[1+1.035(as/r_0)+0.949(as/r_0)^2]\\&=0.00183\times(1+1.035\times0.588+0.949\times0.588^2)=0.003544(\text{m}^3/\text{s})\end{aligned}$$

起始段断面平均流速为

$$\begin{aligned}v_{起始}&=u_0\frac{1+1.035(as/r_0)+0.949(as/r_0)^2}{1+6.8(as/r_0)+11.56(as/r_0)^2}\\&=5.81\times\frac{1+1.035\times0.588+0.949\times0.588^2}{1+6.8\times0.588+11.56\times0.588^2}=1.251(\text{m/s})\end{aligned}$$

压缩空气的消耗量为

$$Q_w=\rho\pi r_0^2u_0=3.1\times\pi\times0.01^2\times5.81=0.005658(\text{kg/s})$$

9.4.3　圆形断面淹没射流计算方法的改进

阿勃拉莫维奇对圆形断面紊动射流的计算方法做了改进。改进后的射流结构如图 9.9 所示。与平面射流一样，主体段的扩散角 α 仍为 12.42°，主体段射流断面半径 $R=(x_0+L)\tan\alpha$，由图 9.9 可得

$$R/r_0=(x_0+L)\tan\alpha/r_0=0.22(x_0+L)/r_0 \tag{9.63}$$

$$\tan\alpha_0=[(x_0+L_0)\tan\alpha-r_0]/L_0 \tag{9.64}$$

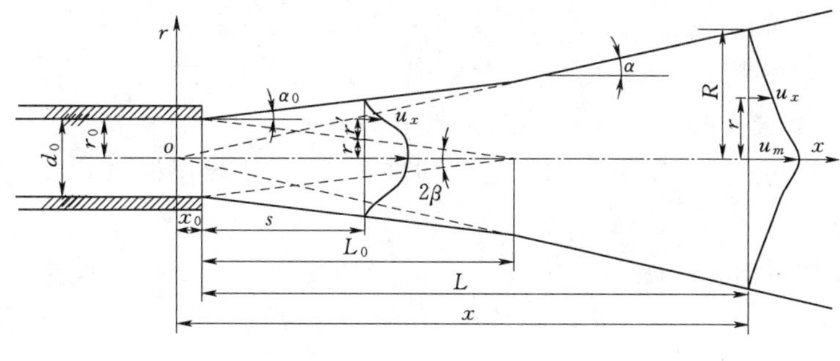

图 9.9

与平面射流一样，在新的计算方法中，B_n 和 C_n 的积分取实际积分值。

圆形断面淹没射流新计算方法的推导过程与平面淹没射流新计算方法完全相同。射流主体段上的流速分布仍为公式（9.54），射流出口的流速为 u_0，出口断面动量修正系数为 β_0，略去推导过程，可得圆形断面淹没射流的计算公式如下。

9.4.3.1　主体段的流速分布

断面最大流速的沿程变化为

$$\frac{u_m}{u_0}=\frac{12.44\sqrt{\beta_0}}{(x_0+L)/r_0} \tag{9.65}$$

起始段长度 L_0 可由式（9.65）求出，令 $u_m=u_0$，$L=L_0$ 代入式（9.65）得

$$L_0=12.44r_0\sqrt{\beta_0}-x_0 \tag{9.66}$$

实验表明，当射流出口流速均匀时，$\beta_0=1.0$，$x_0/r_0=0.6$，如果取 $x_0\approx 0$，则 $L_0/r_0=12.44$；当流速不均匀，断面上全部被边界层所充满时，$x_0/r_0=3.45$，$L_0/r_0=6.3$，起始段的长度缩短了。

设核心收缩角仍为 β，由图 9.9 可以看出，核心收缩角为 $\tan\beta=r_0/L_0=1/(12.44\sqrt{\beta_0}-x_0/r_0)$。

9.4.3.2　主体段流量沿程变化

射流主体段任一断面的流量为

$$Q/Q_0=0.257(u_m/u_0)(R/r_0)^2$$

将式（9.65）和式（9.63）代入上式得

$$Q/Q_0=0.155\sqrt{\beta_0}(x_0+L)/r_0 \tag{9.67}$$

9.4.3.3　主体段断面平均流速沿程变化

设射流任意断面的平均流速为 v，则

$$\frac{v}{u_0}=\frac{Q/(\pi R^2)}{Q_0/(\pi r_0^2)}=\frac{Q}{Q_0}\frac{r_0^2}{R^2}=\frac{3.2\sqrt{\beta_0}}{(x_0+L)/r_0} \tag{9.68}$$

将式（9.68）与式（9.65）比较，当 $\beta_0=1.0$ 时，$v=0.257u_m$。

9.4.3.4　主体段质量平均流速沿程变化

根据射流各断面上动量守恒的特性，即 $\rho Q_0u_0=\rho Qv_m$，得

$$\frac{v_m}{u_0}=\frac{Q_0}{Q}=\frac{1}{0.155\sqrt{\beta_0}(x_0+L)/r_0}=\frac{6.452}{\sqrt{\beta_0}(x_0+L)/r_0} \tag{9.69}$$

将式（9.69）与式（9.65）比较，当 $\beta_0=1.0$ 时，$v_m=0.52u_m$。

9.4.3.5　起始段流量变化

起始段的流量仍分为两部分，即核心区的流量 Q_1 和边界层流量 Q_2，起始段总流量为 $Q_{12}=Q_1+Q_2$。

由图 9.9 可以看出，$\tan\beta=r_0/L_0=r'/(L_0-s)$，$r'=r_0(1-s/L_0)$，则

$$Q_1=u_0\pi r'^2=u_0\pi r_0^2(1-s/L_0)^2$$

在剪切混合层，流量为

$$Q_2=2\pi u_0(R-r')^2\int_0^{R-r'}\left[1-\left(\frac{r''}{R-r'}\right)^{1.5}\right]^2\left(\frac{r'+r''}{R-r'}\right)\mathrm{d}\left(\frac{r''}{R-r'}\right)$$

上式的积分可以分为两部分，即

$$\int_0^{R-r'}\left[1-\left(\frac{r''}{R-r'}\right)^{1.5}\right]^2\left(\frac{r'}{R-r'}\right)\mathrm{d}\left(\frac{r''}{R-r'}\right)=0.45\left(\frac{r'}{R-r'}\right)$$

$$\int_0^{R-r'}\left[1-\left(\frac{r''}{R-r'}\right)^{1.5}\right]^2\left(\frac{r''}{R-r'}\right)\mathrm{d}\left(\frac{r''}{R-r'}\right)=0.1286$$

$$Q_2=2\pi u_0(R-r')^2\left(0.45\frac{r'}{R-r'}+0.1286\right)$$

$$=\pi u_0 r_0^2\left[0.9\left(\frac{R-r'}{r_0}\right)\frac{r'}{r_0}+0.2572\left(\frac{R-r'}{r_0}\right)^2\right]$$

由图 9.9 可以看出，在射流起始段，$R=r_0+s\tan\alpha_0$，将式（9.64）代入得

$$R=r_0+s\tan\alpha_0=r_0+s[(x_0+L_0)\tan\alpha-r_0]/L_0 \tag{9.70}$$

$$r'=r_0(1-s/L_0)$$

$$\frac{R-r'}{r_0}=\frac{s}{L_0}\frac{x_0+L_0}{r_0}\tan\alpha=0.22\frac{s}{L_0}\frac{x_0+L_0}{r_0}$$

$$\frac{R-r'}{r_0}\frac{r'}{r_0}=0.22\frac{s}{L_0}\frac{x_0+L_0}{r_0}\left(1-\frac{s}{L_0}\right)\qquad(0\leqslant s\leqslant L_0)$$

将以上各式代入 Q_2 公式得

$$Q_2=\pi u_0 r_0^2\left[0.198\frac{s}{L_0}\frac{x_0+L_0}{r_0}\left(1-\frac{s}{L_0}\right)+0.01245\left(\frac{s}{L_0}\frac{x_0+L_0}{r_0}\right)^2\right]$$

$$Q_{12}=Q_1+Q_2=\pi u_0 r_0^2\left[\left(1-\frac{s}{L_0}\right)^2+0.198\frac{s}{L_0}\frac{x_0+L_0}{r_0}\left(1-\frac{s}{L_0}\right)+0.01245\left(\frac{s}{L_0}\frac{x_0+L_0}{r_0}\right)^2\right]$$

$$\frac{Q_{12}}{Q_0}=\left(1-\frac{s}{L_0}\right)^2+0.198\frac{s}{L_0}\frac{x_0+L_0}{r_0}\left(1-\frac{s}{L_0}\right)+0.01245\left(\frac{s}{L_0}\frac{x_0+L_0}{r_0}\right)^2 \tag{9.71}$$

9.4.3.6 起始段的平均流速

起始段的平均流速为 $Q_{12}/\pi R^2$，由式（9.71）和式（9.70）得

$$\frac{v_{起始}}{u_0}=\frac{Q_{12}/(\pi R^2)}{u_0}=\frac{\left(1-\frac{s}{L_0}\right)^2+0.198\frac{s}{L_0}\frac{x_0+L_0}{r_0}\left(1-\frac{s}{L_0}\right)+0.01245\left(\frac{s}{L_0}\frac{x_0+L_0}{r_0}\right)^2}{\left[1+\frac{s}{L_0}\left(0.22\frac{x_0+L_0}{r_0}-1\right)\right]^2} \tag{9.72}$$

9.4.3.7 起始段质量平均流速

$$\frac{v_{m起始}}{u_0}=\frac{Q_0}{Q_{12}}=\frac{1}{\left(1-\frac{s}{L_0}\right)^2+0.198\frac{s}{L_0}\frac{x_0+L_0}{r_0}\left(1-\frac{s}{L_0}\right)+0.01245\left(\frac{s}{L_0}\frac{x_0+L_0}{r_0}\right)^2} \tag{9.73}$$

上面介绍了平面和圆形断面紊动射流的动量积分方程和阿勃拉莫维奇的两种计算方法，在计算中必须注意，使用的方法不同，计算的结果也有差异，在计算中各方法不可以互换。对于阿勃拉莫维奇给出的两种算法，旧方法有比较可靠的紊流系数 a 值的实验成果，新方法虽然引进了动量修正系数 β_0，但缺乏 β_0 和距离 x 在不同管嘴情况下的实验数据，应用起来反而不便。所以还不能完全替代旧方法。

【例题 9.7】 某体育馆的圆柱形送风口直径 $d_0=0.6\text{m}$，风口断面上风速均匀分布，$\beta_0=1.0$，风口至比赛区距离 $L=60\text{m}$，要求比赛区起始段质量平均流速 v_m 不超过 0.3m/s，试求送风流量 Q_0。

解：

$\beta_0=1.0$，$r_0=0.6/2=0.3\text{m}$，$x_0=0.6r_0=0.6\times0.3=0.18\text{m}$，则核心区长度 L_0 为

$$L_0=12.44r_0\sqrt{\beta_0}-x_0=12.44\times0.3\times\sqrt{1.0}-0.18=3.5523(\text{m})$$

比赛区在射流的主体段内。

$$(x_0+L)/r_0=(0.18+60)/0.3=200.6$$

$$u_0=\frac{v_m\sqrt{\beta_0}(x_0+L)/r_0}{6.452}=\frac{0.3\times\sqrt{1.0}\times200.6}{6.452}=9.33(\text{m/s})$$

$$Q_0=\pi r_0^2u_0=\pi\times0.3^2\times9.33=2.637(\text{m}^3/\text{s})$$

【例题 9.8】 已知空气淋浴区域要求射流断面半径 $R=1.2\text{m}$，质量平均流速 $v_m=3\text{m/s}$，圆形断面喷嘴半径 $r_0=0.15\text{m}$，试求喷嘴至工作区域的距离 L、Q、喷嘴出口流量 Q_0 和距喷嘴 L_0 处的流量 Q_{12} 和射流半径 R_{12}。该出口断面流速分布均匀，$\beta_0=1.0$。

解：

$$R=0.22(x_0+L)=0.22(0.6r_0+L)=0.22(0.6\times0.15+L)=0.0198+0.22L$$

因为 $R=1.2\text{m}$，所以

$$L=(R-0.0198)/0.22=(1.2-0.0198)/0.22=5.365(\text{m})$$

$$L_0=12.44r_0\sqrt{\beta_0}-x_0=12.44\times0.15\times\sqrt{1.0}-0.6\times0.15=1.776(\text{m})$$

工作区在射流的主体段内。

$$u_0=\frac{v_m}{6.452}\sqrt{\beta_0}\frac{x_0+L}{r_0}=\frac{3}{6.452}\times\sqrt{1.0}\times\frac{0.6\times0.15+5.365}{0.15}=16.910(\text{m/s})$$

$$Q_0=u_0\pi r_0^2=16.910\times\pi\times0.15^2=1.195(\text{m}^3/\text{s})$$

$$\begin{aligned}Q&=0.155Q_0\sqrt{\beta_0}(x_0+L)/r_0\\&=0.155\times1.195\times\sqrt{1.0}\times(0.6\times0.15+5.365)/0.15=6.736(\text{m}^3/\text{s})\end{aligned}$$

求距喷嘴出口 L_0 处的流量，因为 $s=L_0$，所以式（9.71）中的前两项为零，则

$$\begin{aligned}Q_{12}&=0.01245\left(\frac{s}{L_0}\frac{x_0+L_0}{r_0}\right)^2Q_0\\&=0.01245\left(\frac{1.776}{1.776}\frac{0.6\times0.15+1.776}{0.15}\right)^2\times1.195=2.302(\text{m}^3/\text{s})\end{aligned}$$

射流半径 R_{12} 为

$$\begin{aligned}R_{12}&=r_0+s[(x_0+L_0)\tan\alpha-r_0]/L_0\\&=0.15+1.776[(0.6\times0.15+1.776)\times0.22-0.15]/1.776=0.4105(\text{m})\end{aligned}$$

9.5　平面附壁紊动射流

从缝隙或孔口喷出的射流，一部分在无限空间做自由扩散运动，而另一部分的流动则受到固体壁面的约束，称为平面附壁紊动射流，简称平面附壁射流。图 9.10 为平面附壁

射流在半无限静止流体中的运动情况。当射流从喷口射出后，上部边界向自由射流一样卷吸周围的流体，产生掺混作用向下发展，下部边界受固体壁面摩阻形成壁面边界层而向上发展，中间也有一个势流核心区，核心区的长度为 x_0。在势流核心区以后的主体段，按断面最大流速 u_m 将流动分为两个区域，在最大流速以下的区域为壁面边界层区，其边界层厚度为 δ，最大流速以上的区域为自由混合区。

表示附壁射流的特征参数除了最大流速 u_m、势核区长度 x_0 和边界层厚度 δ 以外，还有 b、h_0、v_0。b 为最大流速之半 $u_m/2$ 处距壁面的距离，称为特征厚度；h_0 为射流出口的流体深度；v_0 为射流出口的断面平均流速。

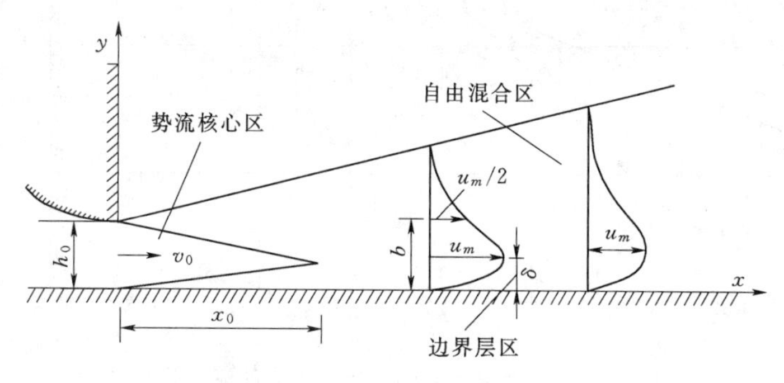

图 9.10 平面附壁紊动射流

9.5.1 平面附壁射流区边界层内的流速分布

1961 年，Myers 等测量了平面附壁射流边界层区域的流速分布，结果见图 9.11。由图 9.11 可以看出，平面附壁射流区边界层内的流速分布与平板紊流边界层一样，也分为黏性底层区、过渡区和紊流核心区。仿照平板紊流边界层的分区方法，得

$$\left.\begin{aligned}&\text{黏性底层区}\frac{v_* y}{\nu}<4\\&\text{过渡区}\ 4<\frac{v_* y}{\nu}<35\\&\text{紊流核心区}\frac{v_* y}{\nu}>35\end{aligned}\right\}\tag{9.74}$$

可以看出，黏性底层区的范围与平板紊流边界层一样，但过渡区的范围比平板紊流边界层小（平板紊流边界层为 $4<v_* y/\nu<70$）。

对图 9.11 中的直线③进行拟合，可得平面附壁射流区边界层内的流速分布为

$$u_x/v_*=4.67\lg(v_* y/\nu)+5.98\tag{9.75}$$

当 $y=\delta$ 时，$u_x=u_m$，则

$$u_m/v_*=4.67\lg(v_*\delta/\nu)+5.98\tag{9.76}$$

对于黏性底层区，流体作层流运动，仍可近似的表示为

$$u_x/v_*=v_* y/\nu\tag{9.77}$$

如果不考虑过渡层的存在，以图 9.11 中的曲线①和直线③的交点作为黏性底层与紊流核心区的交界点，令式（9.76）和式（9.77）相等，则可得平面附壁射流区边界层内的理论黏性底层厚度 $\delta_0=10.81\nu/v_*$。与平板紊流边界层的理论黏性底层厚度 $\delta_0=11.636\nu/v_*$

相比略小。

边界层内的流速分布亦可以采用指数律，即

$$u_x/u_m=(y/\delta)^{1/n} \tag{9.78}$$

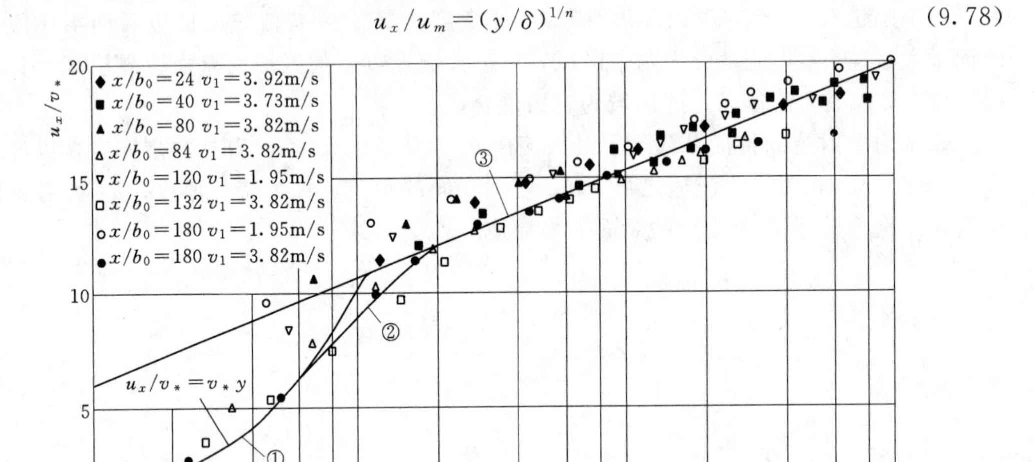

图 9.11　平面附壁射流区边界层内的流速分布

式中的指数 n，根据 Myers 和 Schwarz 等的研究 $n=14$，但 Rajaratnam 认为 $n=7$ 已足够准确。

9.5.2　平面附壁射流区的断面流速分布

1963 年，Verhoff 测量了平面附壁射流区主体段的流速分布，结果如图 9.12 所示。由图 9.12 可得主体段射流断面的流速分布为

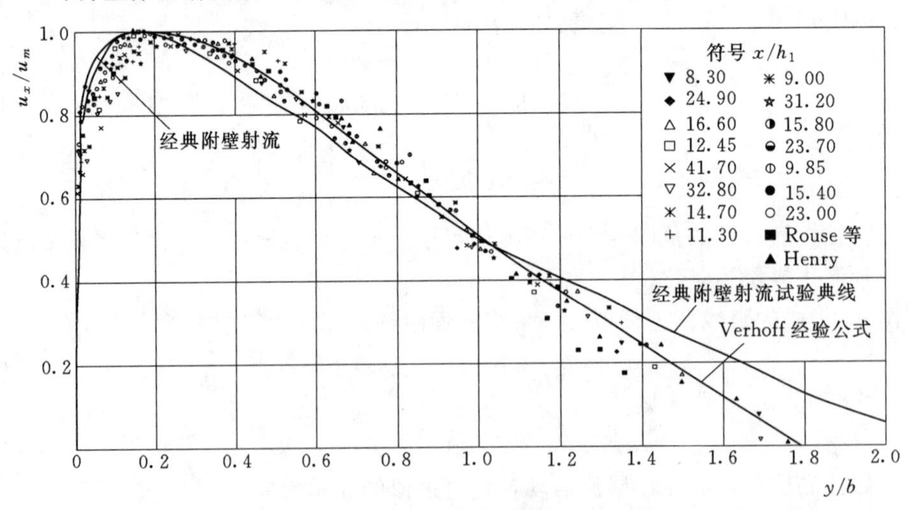

图 9.12　平面附壁射流区主体段的流速分布

$$\frac{u_x}{u_m}=1.48\eta^{1/7}\left(1-\frac{2}{\sqrt{\pi}}\int_0^{0.68\eta}\mathrm{e}^{-\zeta^2}\mathrm{d}\zeta\right) \tag{9.79}$$

式中：$\eta=y/b$。

由式（9.79）可得，当 $y/b=0.16754$ 时，$u_x=u_m$，$y=\delta$，δ 为边界层厚度；当 $y/b=1.795$ 时，$u_x=0$。

附壁射流区的最大流速与平板紊流边界层不一样，最大流速沿程逐渐减小，其位置沿程增加，如图 9.10 所示。1967 年，Rajaratnam 整理各家的试验资料，得到了 u_m/v_0 与 x/h_0 的关系如图 9.13 所示，并给出了最大流速的计算公式为

$$u_m/v_0=3.5\sqrt{x/h_0} \tag{9.80}$$

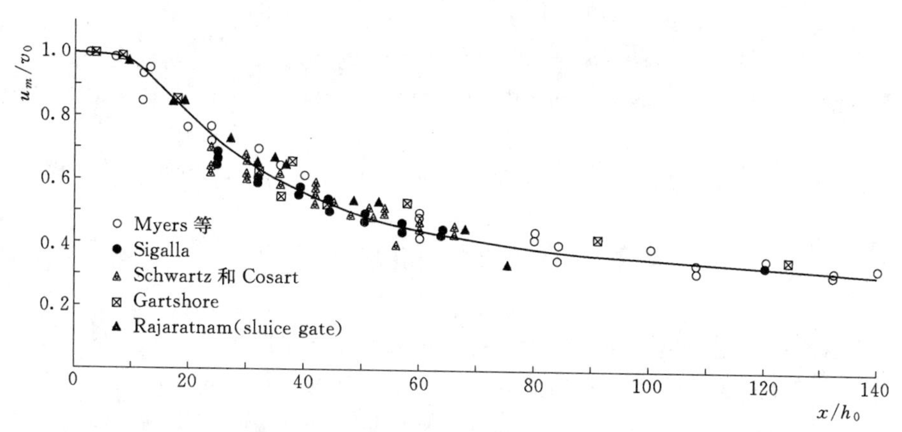

图 9.13 附壁射流区最大流速沿程变化

Rajaratnam 还得到射流特征厚度 b 的扩展公式为

$$b/x=0.068 \tag{9.81}$$

9.5.3 流量沿程变化

附壁射流区的主体段任意断面的单宽流量为

$$q=\int_0^\infty u_x\mathrm{d}y=u_m b\int_0^\infty (u_x/u_m)\mathrm{d}\eta \tag{9.82}$$

将式（9.79）代入式（9.82）求出单宽流量 q，并利用式（9.80）和式（9.81）的关系和射流出口断面的单宽流量 $q_0=h_0v_0$，Rajaratnam 给出了单宽流量比（稀释度）的公式为

$$q/q_0=0.248\sqrt{x/h_0} \tag{9.83}$$

对式（9.83）求导数可得卷吸速度 v_e 为

$$v_e=\mathrm{d}q/\mathrm{d}x=0.124q_0/\sqrt{h_0x} \tag{9.84}$$

将 $q_0=h_0v_0$ 和式（9.80）代入式（9.84）得

$$v_e=0.0354u_m \tag{9.85}$$

9.5.4 平面附壁射流区势流核心区的长度

对于势流核心区，Rajaratnam 认为边界层内的流速分布可以用指数律表示，并取指数为 1/7，第 8 章已求得边界层厚度的发展公式为

$$\delta/x=0.37/(u_0x/\nu)^{1/5} \tag{9.86}$$

如果射流混合区的向内扩展角为 5°，则有

$$x_0 \tan 5° + 0.37 x_0 / (u_0 x_0 / \nu)^{1/5} = h_0$$

整理上式得

$$0.0875 \frac{x_0}{h_0} + 0.37 \left(\frac{x_0}{h_0}\right)^{4/5} \frac{1}{(u_0 h_0 / \nu)^{1/5}} = 1.0 \tag{9.87}$$

当 $Re = u_0 h_0 / \nu = 10^4 \sim 10^5$ 时，求得 $x_0 / h_0 = 6.1 \sim 6.7$。

9.5.5　平面附壁射流区的壁面切应力系数

对于起始段的单宽流量和卷吸速度，Rajaratnam 给出的公式为

$$q / q_0 = 1 + 0.04 x / h_0 + 0.0046 (x / h_0)^{0.8} \tag{9.88}$$

$$v_e / u_0 = 0.04 + 0.0037 / (x / h_0)^{0.2} \tag{9.89}$$

平面附壁射流区的壁面切应力系数由 Sigalla 给出，即

$$c'_f = \frac{\tau_0}{\rho u_m^2 / 2} = \frac{0.0565}{(u_m \delta / \nu)^{1/4}} \tag{9.90}$$

9.6　分子扩散的基本方程

流体中含有的其他物质（如各种污染物等）或流体本身的属性（如热量、动量、能量等）由于分子运动和流体微团的紊动而输送（传递）到另一部分流体中去的现象，称为扩散，扩散也称迁移或传输过程。扩散的量可以是标量，如盐分或污染物，泥沙的浓度、热量等；也可以是矢量，如动量。

扩散有分子扩散、移流（或称对流或迁移）扩散、紊动（或称紊流或脉动）扩散。由于流体的分子热运动而产生的扩散称为分子扩散，分子扩散在静止的流体和运动的流体中均存在；由于流体质点的运动而产生的扩散称为移流扩散，在层流和紊流中都存在；由于流体质点脉动而产生的扩散称为紊动扩散，在紊流中存在。

9.6.1　分子扩散

分子扩散的基本现象是费克（Fick）在 1855 年首先提出来的。他认为，盐分子在容器中的扩散现象可与物理学中的热传导类比，由此提出了分子扩散定律。费克定律说明，含有物质的扩散通量，即在给定方向单位时间内通过单位面积的含有物质的数量与该方向含有物质的浓度梯度成正比，其表达式为

$$q_A = -D_{AB} (\partial c_A / \partial n) \tag{9.91}$$

式中：q_A 为物质 A 在单位时间内沿单位面积法线方向的通量；c_A 为物质 A 的质量浓度，其量纲为［M/L］；n 为单位面积外法线矢量；D_{AB} 为两相混合流体中，物质 A 在物质 B 中的扩散系数，其量纲为［L^2/T］，它取决于物质 A 和物质 B 以及它们的相对浓度、两相混合流体的温度和压强。

表 9.3 列出了一些物质在水中的扩散系数值。因为扩散方向总是与浓度梯度的方向相反，所以在式（9.91）中加一负号。式（9.91）是由费克提出来的，所以称为费克第一定律。

为了书写方便，常将式（9.91）写成

$$q = -D (\partial c / \partial n) \tag{9.92}$$

表 9.3　　水温为 20℃时一些物质在水中的扩散系数值

物质	扩散系数/(cm^2/s)	物质	扩散系数/(cm^2/s)
O_2	1.80×10^{-5}	食盐	1.35×10^{-5}
CO_2	1.50×10^{-5}	醋酸	0.88×10^{-5}
H_2	5.13×10^{-5}	甘油	0.72×10^{-5}
H_2S	1.41×10^{-5}	尿素	1.06×10^{-5}
NH_3	1.76×10^{-5}	蔗糖	0.45×10^{-5}

9.6.2 扩散方程——费克第二定律

费克第一定律建立了扩散质的质量通量与浓度梯度的关系，但没有反映浓度随时间的变化规律。下面根据质量守恒原理来建立浓度随时间和空间的变化关系。

设在静止的流体空间中，取一任意点 M 为中心的微小平行六面体，如图 9.14 所示。六面体的各边分别与直角坐标轴平行，各边的边长分别为 dx、dy、dz。设点 M 的坐标为 x、y、z，浓度为 c(x、y、z、t)，在 3 个坐标轴上的扩散通量分别为 q_x、q_y、q_z。

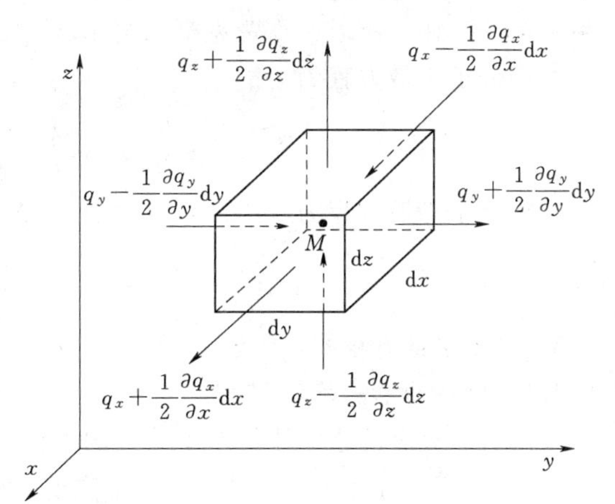

图 9.14

在 x 轴方向，同一微小时段 dt 内，流入和流出六面体的扩散通量为

$$\left(q_x-\frac{1}{2}\frac{\partial q_x}{\partial x}dx\right)dydzdt \text{ 和 } \left(q_x+\frac{1}{2}\frac{\partial q_x}{\partial x}dx\right)dydzdt$$

同理，在 y、z 方向，在该 dt 时段内，流入、流出六面体的扩散通量分别为

y 方向：
$$\left(q_y-\frac{1}{2}\frac{\partial q_y}{\partial y}dy\right)dxdzdt \text{ 和 } \left(q_y+\frac{1}{2}\frac{\partial q_y}{\partial y}dy\right)dxdzdt$$

z 方向：
$$\left(q_z-\frac{1}{2}\frac{\partial q_z}{\partial z}dz\right)dxdydt \text{ 和 } \left(q_z+\frac{1}{2}\frac{\partial q_z}{\partial z}dz\right)dxdydt$$

在 dt 时段内由于浓度 c 的变化，六面体内扩散物质的增加量为

$$\frac{\partial c}{\partial t}dxdydzdt$$

根据质量守恒定律，流入、流出微小六面体的扩散质之差的总和，应等于在该时段内微小六面体中因浓度变化而引起的扩散质的增量，即

$$\frac{\partial c}{\partial t}dxdydzdt=-\left(\frac{\partial q_x}{\partial x}+\frac{\partial q_y}{\partial y}+\frac{\partial q_z}{\partial z}\right)dxdydzdt$$

整理得

$$\frac{\partial c}{\partial t}+\frac{\partial q_x}{\partial x}+\frac{\partial q_y}{\partial y}+\frac{\partial q_z}{\partial z}=0 \tag{9.93}$$

由费克第一定律知，$q_x=-D_x(\partial c/\partial x)$，$q_y=-D_y(\partial c/\partial y)$，$q_z=-D_z(\partial c/\partial z)$，代入式（9.93）得

$$\frac{\partial c}{\partial t}=D_x\frac{\partial^2 c}{\partial x^2}+D_y\frac{\partial^2 c}{\partial y^2}+D_z\frac{\partial^2 c}{\partial z^2} \tag{9.94}$$

当扩散质在流体中的扩散为各向同性时，$D_x=D_y=D_z=D$，式（9.94）变为

$$\frac{\partial c}{\partial t}=D\left(\frac{\partial^2 c}{\partial x^2}+\frac{\partial^2 c}{\partial y^2}+\frac{\partial^2 c}{\partial z^2}\right) \tag{9.95}$$

式（9.95）即为分子扩散浓度时空关系的基本方程式，称为分子扩散方程。因为它基于费克第一定律，所以又称费克第二定律。

二维分子扩散方程为

$$\frac{\partial c}{\partial t}=D_x\frac{\partial^2 c}{\partial x^2}+D_y\frac{\partial^2 c}{\partial y^2} \tag{9.96}$$

一维分子扩散方程为

$$\frac{\partial c}{\partial t}=D\frac{\partial^2 c}{\partial x^2} \tag{9.97}$$

9.6.3　分子扩散方程的解析解

9.6.3.1　瞬时面源一维扩散

设想有一充满静止流体的水平放置的单位面积的无限长管，在其中间断面瞬时投放与流体重度相同的扩散质，如图 9.15 所示。由于管壁的限制，扩散质只能沿管轴方向扩散，虽然扩散质分布在管子横断面的平面上，但它所代表问题的性质与点源一维扩散相同。

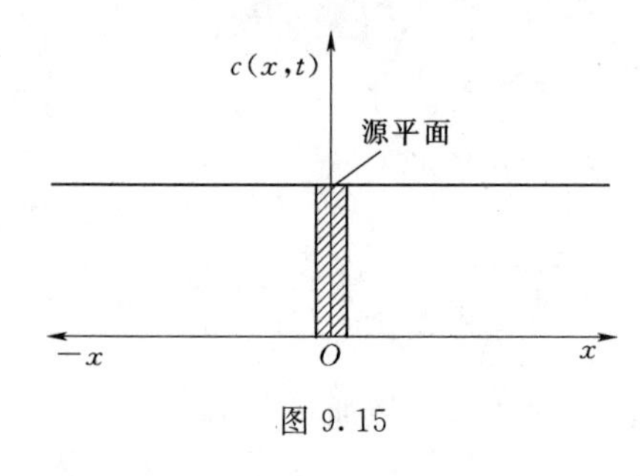

图 9.15

设投放扩散质的断面与坐标原点 O 重合，横坐标 x 轴与管轴线平行，现求解任意时刻沿 x 轴方向的浓度分布。

一维分子扩散方程为式（9.97），其初始条件和边界条件为

初始条件：$t=0$；$c=0$（$x>0$）

边界条件：$x=0$，c 为有限值，$x\to\infty$，$c=0$（$t>0$）

另外，瞬时投放扩散物质的质量为 m，根据质量守恒定律，有

$$\int_{-\infty}^{\infty} c\,\mathrm{d}x=m \tag{9.98}$$

在上面的微分方程和边界条件中，涉及 5 个物理量，即 c、t、D、x、m，而浓度 c 是 t、D、x、m 的函数。已知 c 的量纲为［M/L］，扩散系数 D 的量纲为［L^2/T］，可采用$\sqrt{Dt}$为特征长度，其量纲为$[(L^2/T)T]^{1/2}=[L]$，通过量纲分析得到浓度 c 解的形式为

$$\frac{c}{m/\sqrt{Dt}}=f\left(\frac{x}{\sqrt{Dt}}\right)$$

或

$$c=\frac{m}{\sqrt{4\pi Dt}}f\left(\frac{x}{\sqrt{4Dt}}\right) \tag{9.99}$$

式中：4π 和 4 是为了以后计算方便而加上的。

令 $\eta=x/\sqrt{4Dt}$，则式（9.99）变为

$$c=\frac{m}{\sqrt{4\pi Dt}}f(\eta) \tag{9.100}$$

式中：$f(\eta)$ 为待定函数。

将式（9.100）分别对 t 和 x 求偏导数，可得

$$\frac{\partial c}{\partial t}=-\frac{1}{2}\frac{m}{\sqrt{4\pi Dt}}\frac{1}{t}\left[\eta\frac{\partial f(\eta)}{\partial\eta}+f(\eta)\right]$$

$$\frac{\partial^2 c}{\partial x^2}=\frac{m}{\sqrt{4\pi Dt}}\frac{1}{4Dt}\frac{\partial^2 f(\eta)}{\partial\eta^2}$$

将以上两式代入式（9.97）得

$$\frac{\partial c}{\partial t}-D\frac{\partial^2 c}{\partial x^2}=2f(\eta)+2\eta\frac{\mathrm{d}f(\eta)}{\mathrm{d}\eta}+\frac{\mathrm{d}^2 f(\eta)}{\mathrm{d}\eta^2}=0$$

即
$$\frac{\mathrm{d}}{\mathrm{d}\eta}\left[\frac{\mathrm{d}f(\eta)}{\mathrm{d}\eta}+2\eta f(\eta)\right]=0 \tag{9.101}$$

式（9.101）的通解为
$$\frac{\mathrm{d}f(\eta)}{\mathrm{d}\eta}+2\eta f(\eta)=常数 \tag{9.102}$$

特解为
$$\frac{\mathrm{d}f(\eta)}{\mathrm{d}\eta}+2\eta f(\eta)=0 \tag{9.103}$$

解上面的常微分方程可得
$$f(\eta)=A_0\mathrm{e}^{-\eta^2} \tag{9.104}$$

式中：A_0 为积分常数。

将式（9.104）代入式（9.100）得

$$c=\frac{m}{\sqrt{4\pi Dt}}A_0\mathrm{e}^{-\eta^2} \tag{9.105}$$

将式（9.105）代入式（9.98）积分得

$$m=\int_{-\infty}^{\infty}\frac{m}{\sqrt{4\pi Dt}}A_0\mathrm{e}^{-\eta^2}\mathrm{d}x=\int_{-\infty}^{\infty}\frac{m}{\sqrt{\pi}}A_0\exp\left(-\frac{x^2}{4Dt}\right)\mathrm{d}\left(\frac{x}{\sqrt{4Dt}}\right)=\frac{m}{\sqrt{\pi}}A_0\sqrt{\pi}=mA_0 \tag{9.106}$$

由式（9.106）可知，积分常数 $A_0=1$。因此瞬时面源一维扩散方程的解为

$$c(x,t)=\frac{m}{\sqrt{4\pi Dt}}\exp\left(-\frac{x^2}{4Dt}\right) \tag{9.107}$$

由式（9.107）可求解任意时刻沿 x 轴方向的浓度分布。不难看出，该式与高斯正态分布形式相同，其分布形态见图 9.16。由图中可以看出，随着时间的增长，扩散范围变宽，而峰值浓度变低，曲线越趋偏平。在 t 接近于零时，峰值浓度最大。

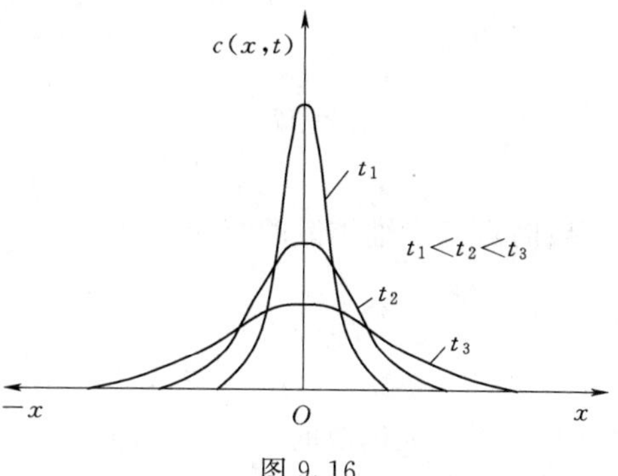

图 9.16

浓度分布也可以用均方差 σ 来表示，令

$\sigma=\sqrt{2Dt}$，将 σ 的表达式代入式（9.107）可得

$$c(x,t)=\frac{m}{\sigma\sqrt{2\pi}}\exp\left(-\frac{x^2}{2\sigma^2}\right) \tag{9.108}$$

9.6.3.2　瞬时点源二维扩散和三维扩散

二维扩散，相当于从 z 轴方向的一条线源均匀投放的扩散质在 xOy 平面上的扩散。可设想为有一条水平放置的无限长、宽的平板，其上有一极薄的静止流体，在平板平面中心点瞬时投放与流体重度相同的扩散质，扩散质沿平面扩散。

设投放扩散质的点源与坐标原点重合，平面的 x、y 轴分别与直角坐标的 x、y 轴重合，如图 9.17 所示。卡斯诺（Carslaw）等认为在不同方向的扩散没有相互影响。设 xOy 平面上任意点的浓度为 $c(x,y,t)$，它由两部分浓度 $c_1(x,t)$ 和 $c_2(y,t)$ 的乘积组成，即

$$c(x,y,t)=c_1(x,t)c_2(y,t) \tag{9.109}$$

式中：c_1 与 y 无关，c_2 与 x 无关。

将式（9.109）代入二维扩散方程式（9.96）得

$$\frac{\partial c}{\partial t}=\frac{\partial(c_1c_2)}{\partial t}=c_2\frac{\partial c_1}{\partial t}+c_1\frac{\partial c_2}{\partial t}=D_xc_2\frac{\partial^2c_1}{\partial x^2}+D_yc_1\frac{\partial^2c_2}{\partial y^2} \tag{9.110}$$

或

$$c_1\left(\frac{\partial c_2}{\partial t}-D_y\frac{\partial^2c_2}{\partial y^2}\right)+c_2\left(\frac{\partial c_1}{\partial t}-D_x\frac{\partial^2c_1}{\partial x^2}\right)=0 \tag{9.111}$$

式（9.111）只有当两个括号内的量分别等于零时才能成立，即 $c_1(x,t)$ 和 $c_2(y,t)$ 应各自满足瞬时面源一维扩散方程的解。

将上述两个解相乘，并注意到二维扩散质的总质量 m 为

$$m=\int_{-\infty}^{\infty}\int_{-\infty}^{\infty}c(x,y,t)\mathrm{d}x\mathrm{d}y \tag{9.112}$$

则瞬时点源二维扩散方程的解为

$$c(x,y,t)=\frac{m}{4\pi t\sqrt{D_xD_y}}\exp\left(-\frac{x^2}{4D_xt}-\frac{y^2}{4D_yt}\right) \tag{9.113}$$

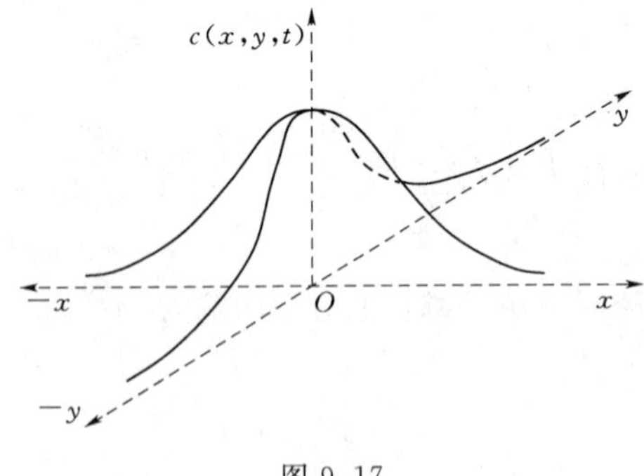

图 9.17

由式（9.113）可以求解任何时刻在 xOy 平面上的浓度分布。瞬时点源二维扩散的浓度分布呈一簇钟形体，当某一时刻 $t_1>0$ 时，如图 9.17 所示。源点处浓度最大，随着距源点距离的增加，浓度呈负指数函数衰减。俯视图 9.17，可见其等浓度线为同心圆。

应用类似于求解瞬时点源二维扩散的方法，可得瞬时点源三维扩散的解为

$$c(x,y,z,t)=\frac{m}{8(\pi t)^{3/2}\sqrt{D_xD_yD_z}}\exp\left(-\frac{x^2}{4D_xt}-\frac{y^2}{4D_yt}-\frac{z^2}{4D_zt}\right) \tag{9.114}$$

式中：m 为三维扩散的总质量，即

$$m=\int_{-\infty}^{\infty}\int_{-\infty}^{\infty}\int_{-\infty}^{\infty}c(x,y,z,t)\mathrm{d}x\mathrm{d}y\mathrm{d}z \tag{9.115}$$

式（9.113）和式（9.114）也可以用均方差表示，这时 $\sigma_x=\sqrt{2D_xt}$，$\sigma_y=\sqrt{2D_yt}$，$\sigma_z=\sqrt{2D_zt}$。

9.6.3.3 时间连续点源三维扩散

现研究投放的扩散质集中在一点上，但不是瞬时投放，而是投放持续一定的时间且单位时间投放的扩散质质量保持不变的时间连续点源的三维扩散。

设单位时间投放的扩散质的质量为 m，且不随时间而改变。若把连续时间 τ 看作由无数时间单元 $\mathrm{d}\tau$ 所组成，时段 $\mathrm{d}\tau$ 内投放的扩散质质量则为 $m\mathrm{d}\tau$。时间连续点源可视为由无数多个 $m\mathrm{d}\tau$ 瞬时点源的叠加，每一个 $m\mathrm{d}\tau$ 产生一个浓度场，在空间任意一点处就有一个相应的浓度，该点的总浓度即为无数多个瞬时相应浓度的叠加，或看作是无数多个瞬时点源在该点产生的浓度积分。

当扩散质在流体中扩散为各向同性时，三维分子扩散方程为式（9.95），初始条件和边界条件为

$$\begin{aligned}
&t=0,c=0 && (|x|>0)\\
&t\geqslant 0,c=c_0 && (x=0)\\
&t>0,c=c(x,y,z,t) && (|x|>0)\\
&t<0,c=0 && (x=0)
\end{aligned}$$

根据瞬时点源三维扩散方程式（9.114），τ 时刻 $\mathrm{d}\tau$ 时段内投放的扩散质导致的浓度分布为

$$\mathrm{d}c=\frac{m\mathrm{d}\tau}{(\sqrt{2\pi})^3[\sqrt{2D(t-\tau)}]^3}\exp\left[-\frac{r^2}{4D(t-\tau)}\right] \tag{9.116}$$

对式（9.116）积分得

$$c(r,t)=\int_0^t\frac{m}{(\sqrt{2\pi})^3[\sqrt{2D(t-\tau)}]^3}\exp\left[-\frac{r^2}{4D(t-\tau)}\right]\mathrm{d}\tau \tag{9.117}$$

式中：$r^2=x^2+y^2+z^2$；$(t-\tau)$ 为时间间隔。

令 $\eta=r/\sqrt{4D(t-\tau)}$，则

$$\mathrm{d}\eta=\frac{r}{\sqrt{4D}}\frac{1}{2}(t-\tau)^{-3/2}\mathrm{d}\tau$$

当 $\tau=0$ 时，$\eta=r/\sqrt{4Dt}$，当 $\tau=t$ 时，$\eta=\infty$，将以上各式代入式（9.117）得

$$c(r,t)=\frac{m}{8(\pi D)^{3/2}}\frac{4\sqrt{D}}{r}\int_{r/\sqrt{4Dt}}^{\infty}\exp(-\eta^2)\mathrm{d}\eta \tag{9.118}$$

因 $\frac{2}{\sqrt{\pi}}\int_x^{\infty}\mathrm{e}^{-z^2}\mathrm{d}z=\mathrm{erfc}(x)$，称为余误差函数，则式（9.118）积分后得

$$c(r,t)=\frac{m}{4\pi Dr}\mathrm{erfc}\left(\frac{r}{\sqrt{4Dt}}\right) \tag{9.119}$$

式（9.119）即为时间连续点源三维扩散方程的解。

因为 $\mathrm{erfc}(x)=1-\mathrm{erf}(x)$，误差函数 $\mathrm{erf}(0)=0$，所以当 $t\to\infty$ 时，$\mathrm{erfc}(r/\sqrt{4Dt})=1$，式（9.119）变为

$$c(x,y,z,\infty)=\frac{m}{4\pi Dr} \tag{9.120}$$

9.6.3.4　瞬时点源一侧有边界的一维扩散

前面讨论的都是扩散质在无限（一维、二维、三维）空间中的扩散。在实际问题中，常有固体边界。污染物扩散到边界时，有 3 种可能：①到达边界后被边界完全吸收或黏结在边界上，呈完全吸收；②到达边界后完全反射回去，称完全反射；③介于上述两种状态间的不完全吸收和不完全反射。显然吸收或反射与污染物质、边界性质有关，而大多数情况下属于第 3 种情况。最不利的情况是发生完全反射，现就这种情况讨论如下。

由于在固体边界上污染物不能通过，成为扩散方程的边界条件，不易求得严格的解析解。对于简单的直线边界，可以用像源法，即加对称于边界的虚拟源代替固体边界，以满足边界条件来近似求解。

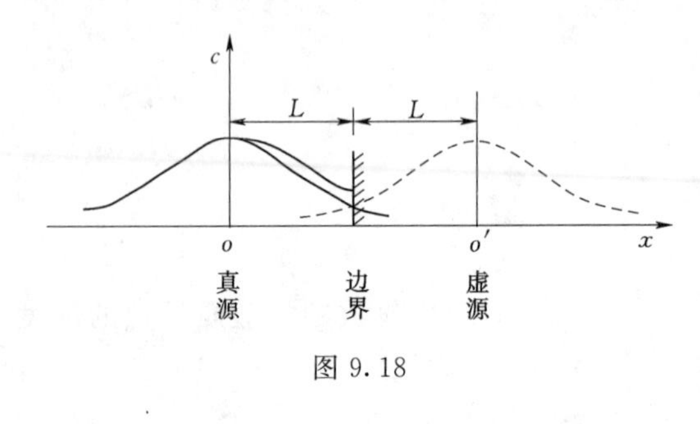

图 9.18

设有一瞬时点源，扩散质的质量为 m，沿 x 轴方向一维扩散，如图 9.18 所示。在距离点源（称真源）右侧距离为 L 处有一固体边界。点源向左可扩散到无穷远，向右扩散到边界，扩散质不能通过，净通量为零，即 $\partial c/\partial x=0$，成为扩散应满足的边界条件。虚拟在边界右侧距离为 L 处，有一与真源完全对称、扩散质质量亦为 m 的瞬时点源（称虚源），以代替边界条件。虚源成为实际对称于边界的映像。取消边界后，虚源与真源的扩散浓度大小相等，方向相反，仍能保持上述的边界条件。按照叠加原理，可认为实际上是有边界的瞬时点源解和虚拟没有边界时真源加虚源的解是等价的。

真源与虚源之间的距离为 $2L$，任何时刻沿 x 轴上任意点的浓度，应为真源和虚源产生的浓度之和。由式（9.107）可得

$$c(x,t)=\frac{m}{\sqrt{4\pi Dt}}\left\{\exp\left(-\frac{x^2}{4Dt}\right)+\exp\left[-\frac{(x-2L)^2}{4Dt}\right]\right\} \tag{9.121}$$

当 $x=L$ 时，即固体边界上，式（9.121）变为

$$c(L,t)=\frac{2m}{\sqrt{4\pi Dt}}\exp\left(-\frac{L^2}{4Dt}\right) \tag{9.122}$$

9.7　移流扩散的基本方程

上面讨论的是静止流体中的分子扩散问题。由流体的平均运动而引起的迁移现象，称为随流输移或移流扩散，这里的平均不仅指时间平均，而且也指空间平均。例如在层流运动中，流体质点的瞬时流速就等于时均流速，所谓的“流体的平均运动”指的就是空间平均运动，物质的迁移就是分子扩散和移流扩散的叠加。又如在紊流运动中，流体质点的瞬

时流速等于时均流速与脉动流速之和，所谓“流体的平均运动”不仅是空间平均运动，而且还是时间平均运动，物质迁移主要是紊动扩散和移流扩散的叠加。本节只讨论做层流运动的移流扩散和分子扩散问题。

9.7.1 层流运动的移流扩散和分子扩散方程

设在运动的流体空间中，取一任意点 M 为中心的微小平行六面体，如图 9.19 所示。六面体的各边分别与直角坐标轴平行，各边的边长分别为 $\mathrm{d}x$、$\mathrm{d}y$、$\mathrm{d}z$。设点 M 的坐标为 x、y、z，浓度为 $c(x,y,z,t)$，流速分量分别为 u_x、u_y、u_z，在 3 个坐标轴上的移流质量通量分别为 cu_x、cu_y 和 cu_z。

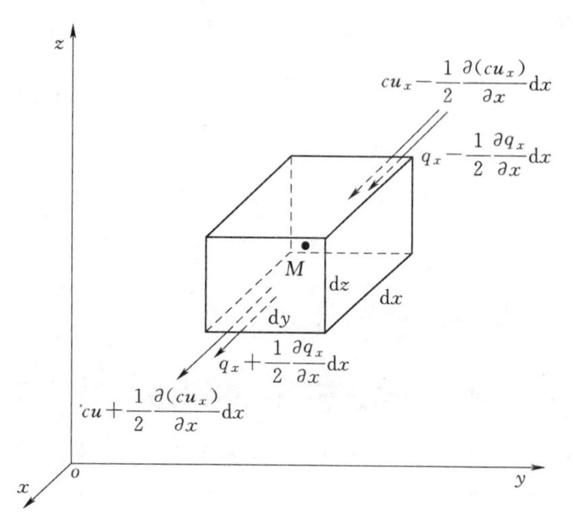

图 9.19

在 x 轴方向，同一微小时段 $\mathrm{d}t$ 内，流入和流出六面体移流质量的通量分别为

$$\left[cu_x-\frac{1}{2}\frac{\partial(cu_x)}{\partial x}\mathrm{d}x\right]\mathrm{d}y\mathrm{d}z\mathrm{d}t \text{ 和 } \left[cu_x+\frac{1}{2}\frac{\partial(cu_x)}{\partial x}\mathrm{d}x\right]\mathrm{d}y\mathrm{d}z\mathrm{d}t$$

同理在 y 和 z 方向，同一微小时段 $\mathrm{d}t$ 内，流入和流出六面体移流质量的通量分别为

y 方向：$$\left[cu_y-\frac{1}{2}\frac{\partial(cu_y)}{\partial y}\mathrm{d}y\right]\mathrm{d}x\mathrm{d}z\mathrm{d}t \text{ 和 } \left[cu_y+\frac{1}{2}\frac{\partial(cu_y)}{\partial y}\mathrm{d}y\right]\mathrm{d}x\mathrm{d}z\mathrm{d}t$$

z 方向：$$\left[cu_z-\frac{1}{2}\frac{\partial(cu_z)}{\partial z}\mathrm{d}z\right]\mathrm{d}x\mathrm{d}y\mathrm{d}t \text{ 和 } \left[cu_z+\frac{1}{2}\frac{\partial(cu_z)}{\partial z}\mathrm{d}z\right]\mathrm{d}x\mathrm{d}y\mathrm{d}t$$

在微小时段 $\mathrm{d}t$ 内，流入和流出六面体移流质量的通量之差的总和为

$$-\left[\frac{\partial(cu_x)}{\partial x}+\frac{\partial(cu_y)}{\partial y}+\frac{\partial(cu_z)}{\partial z}\right]\mathrm{d}x\mathrm{d}y\mathrm{d}z\mathrm{d}t$$

由分子扩散理论已知，在该 $\mathrm{d}t$ 时段内，由于扩散质分子扩散，流入、流出微小六面体的扩散质之差的总和为

$$-\left(\frac{\partial q_x}{\partial x}+\frac{\partial q_y}{\partial y}+\frac{\partial q_z}{\partial z}\right)\mathrm{d}x\mathrm{d}y\mathrm{d}z\mathrm{d}t$$

在一般稀释的混合物中，各向的分子扩散系数基本上为常量，设为 D，由费克第一定律知，$q_x=-D(\partial c/\partial x)$，$q_y=-D(\partial c/\partial y)$，$q_z=-D(\partial c/\partial z)$，代入上式得扩散质之差的总和为

$$D\left(\frac{\partial^2 c}{\partial x^2}+\frac{\partial^2 c}{\partial y^2}+\frac{\partial^2 c}{\partial z^2}\right)\mathrm{d}x\mathrm{d}y\mathrm{d}z\mathrm{d}t$$

在该 $\mathrm{d}t$ 时段内，微小六面体中扩散质的增量为

$$\frac{\partial c}{\partial t}\mathrm{d}x\mathrm{d}y\mathrm{d}z\mathrm{d}t$$

根据质量守恒定律，流入、流出微小六面体的扩散质之差的总和，应等于在该时段内

微小六面体中扩散质的增量，由叠加原理得

$$-\left[\frac{\partial(cu_x)}{\partial x}+\frac{\partial(cu_y)}{\partial y}+\frac{\partial(cu_z)}{\partial z}\right]\mathrm{d}x\mathrm{d}y\mathrm{d}z\mathrm{d}t+D\left(\frac{\partial^2 c}{\partial x^2}+\frac{\partial^2 c}{\partial y^2}+\frac{\partial^2 c}{\partial z^2}\right)\mathrm{d}x\mathrm{d}y\mathrm{d}z\mathrm{d}t=\frac{\partial c}{\partial t}\mathrm{d}x\mathrm{d}y\mathrm{d}z\mathrm{d}t$$

整理上式得

$$\frac{\partial c}{\partial t}+\frac{\partial(cu_x)}{\partial x}+\frac{\partial(cu_y)}{\partial y}+\frac{\partial(cu_z)}{\partial z}=D\left(\frac{\partial^2 c}{\partial x^2}+\frac{\partial^2 c}{\partial y^2}+\frac{\partial^2 c}{\partial z^2}\right) \tag{9.123}$$

式（9.123）可进一步写成

$$\frac{\partial c}{\partial t}+u_x\frac{\partial c}{\partial x}+u_y\frac{\partial c}{\partial y}+u_z\frac{\partial c}{\partial z}=D\left(\frac{\partial^2 c}{\partial x^2}+\frac{\partial^2 c}{\partial y^2}+\frac{\partial^2 c}{\partial z^2}\right) \tag{9.124}$$

式（9.123）和式（9.124）称为层流的移流扩散方程，也叫费克扩散方程。

二维移流扩散方程为

$$\frac{\partial c}{\partial t}+u_x\frac{\partial c}{\partial x}+u_y\frac{\partial c}{\partial y}=D\left(\frac{\partial^2 c}{\partial x^2}+\frac{\partial^2 c}{\partial y^2}\right) \tag{9.125}$$

一维移流扩散方程为

$$\frac{\partial c}{\partial t}+u_x\frac{\partial c}{\partial x}=D\frac{\partial^2 c}{\partial x^2} \tag{9.126}$$

若流体没有运动，为静止流体时，式（9.124）、式（9.125）和式（9.126）即为三维、二维和一维分子扩散方程。

9.7.2　移流扩散方程几个简单的解析解

9.7.2.1　瞬时点源移流扩散

瞬时点源移流扩散如图 9.20 所示。设一运动坐标系随流体速度 u 一起运动，对于该运动的坐标系，流体的速度为零，这样就把移流扩散问题转换成单纯的分子扩散问题，只要用新坐标 $x'=x-ut$ 代替原来分子扩散解析解中的 x 坐标，即可得各向同性的瞬时点源移流扩散方程的解。

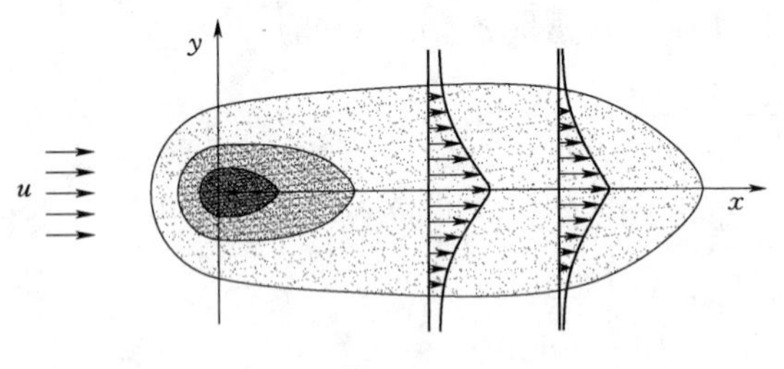

图 9.20

一维移流扩散的解为

$$c(x,t)=\frac{m}{\sqrt{4\pi Dt}}\exp\left[-\frac{(x-ut)^2}{4Dt}\right] \tag{9.127}$$

二维移流扩散的解为

$$c(x,y,t)=\frac{m}{4\pi Dt}\exp\left[-\frac{(x-ut)^2+y^2}{4Dt}\right] \tag{9.128}$$

三维移流扩散的解为

$$c(x,y,z,t)=\frac{m}{8(\pi Dt)^{3/2}}\exp\left[-\frac{(x-ut)^2+y^2+z^2}{4Dt}\right] \tag{9.129}$$

9.7.2.2 时间连续点源移流扩散

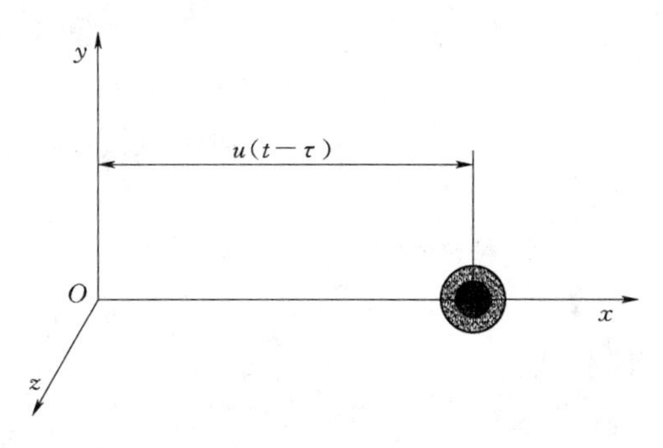

图 9.21

设单位时间内投放扩散质的质量为 m，且不随时间而改变的恒定的时间连续点源，若把连续时间 τ 看作由无数的时间单元 $d\tau$ 所组成，则在时段 $d\tau$ 内投放的扩散质的质量为 $md\tau$，时间连续点源可视为由无数多个 $md\tau$ 瞬时点源的叠加。现在考察这一系列点源中的一个，如图 9.21 所示。当发生移流扩散时，质量也会随着流体向下游迁移，在时间 t 内，空间任一点 (x,y,z) 处由于这个瞬时点源所引起的浓度可按式（9.129）写为

$$dc=\frac{md\tau}{8[\pi D(t-\tau)]^{3/2}}\exp\left\{-\frac{[x-u(t-\tau)]^2+y^2+z^2}{4D(t-\tau)}\right\} \tag{9.130}$$

式中：$(t-\tau)$ 为扩散质的质量 $md\tau$ 所经过的时间。

令 $r^2=x^2+y^2+z^2$，$\lambda=r/\sqrt{4D(t-\tau)}$，$d\lambda=[r/(4\sqrt{D})](t-\tau)^{-3/2}d\tau$，则

$$d\tau=(4\sqrt{D}/r)(t-\tau)^{3/2}d\lambda$$

将式（9.130）展开，并将上式和 $r^2=x^2+y^2+z^2$、$\lambda=r/\sqrt{4D(t-\tau)}$ 代入式（9.130）得

$$\begin{aligned}dc&=\frac{md\lambda}{2\sqrt{\pi^3}Dr}\exp\left\{-\lambda^2+\frac{ux}{2D}-\frac{[ru/(4D)]^2}{\lambda^2}\right\}\\&=\frac{m}{2\sqrt{\pi^3}Dr}\exp\left(\frac{ux}{2D}\right)\exp\left\{-\lambda^2-\frac{[ru/(4D)]^2}{\lambda^2}\right\}d\lambda\end{aligned} \tag{9.131}$$

当 $\tau=0$ 时，$\lambda=r/\sqrt{4Dt}$，当 $\tau=t$ 时，$\lambda=\infty$，代入式（9.131）积分得

$$c(x,y,z,\infty)=\frac{m}{4\pi Dr}\exp\left[-\frac{u(r-x)}{2D}\right] \tag{9.132}$$

由于随流迁移的作用，空间的等浓度线会在 x 方向上被拖得很长，即 $x^2\gg y^2+z^2$，式（9.132）小括号中的 r 可近似的写成

$$r=\sqrt{x^2+y^2+z^2}\approx\left(1+\frac{y^2+z^2}{2x^2}\right)x$$

将上式代入式（9.132）得

$$c(x,y,z,\infty)=\frac{m}{4\pi Dx}\exp\left[-\frac{u(y^2+z^2)}{4xD}\right] \tag{9.133}$$

如果扩散不是各向同性，扩散系数分别为 D_y、D_z，则式（9.133）可以写成

$$c(x,y,z,\infty)=\frac{m}{4\pi\sqrt{D_yD_z}x}\exp\left[-\frac{u}{4x}\left(\frac{y^2}{D_y}+\frac{z^2}{D_z}\right)\right] \tag{9.134}$$

沿 x 方向的时间连续点源二维移流扩散方程的近似解为

$$c(x,y,t)=\frac{m}{\sqrt{4\pi xuD}}\exp\left(-\frac{uy^2}{4xD}\right) \tag{9.135}$$

式中：m 为铅垂线源上单位长度单位时间投放的扩散质的质量。

9.8　紊流扩散的基本方程

9.8.1　紊流扩散方程

在紊流运动中，扩散质不仅有分子扩散，移流扩散还有紊流扩散。在紊流中，不仅流速有脉动现象，所含扩散物质的浓度也有脉动现象，即浓度 c 也随时间做不规则的变化。设和流速一样，任一点浓度的瞬时值 c 可表示为时间平均值 $\overline{c}$ 与脉动值 c' 之和，即

$$c=\overline{c}+c' \tag{9.136}$$

将之与 $u_x=\overline{u}_x+u'_x$，$u_y=\overline{u}_y+u'_y$，$u_z=\overline{u}_z+u'_z$ 一并代入扩散方程式（9.123）得

$$\frac{\partial}{\partial t}(\overline{c}+c')+\frac{\partial}{\partial x}[(\overline{c}+c')(\overline{u}_x+u'_x)]+\frac{\partial}{\partial y}[(\overline{c}+c')(\overline{u}_y+u'_y)]+\frac{\partial}{\partial z}[(\overline{c}+c')(\overline{u}_z+u'_z)]$$
$$=D\left[\frac{\partial^2(\overline{c}+c')}{\partial x^2}+\frac{\partial^2(\overline{c}+c')}{\partial y^2}+\frac{\partial^2(\overline{c}+c')}{\partial z^2}\right] \tag{9.137}$$

将各项展开并对时间取平均后加以简化，仿照第 7 章从纳维埃－斯托克斯方程推导雷诺方程的过程，并考虑到连续性方程 $\frac{\partial\overline{u}_x}{\partial x}+\frac{\partial\overline{u}_y}{\partial y}+\frac{\partial\overline{u}_z}{\partial z}=0$，最后可得

$$\frac{\partial\overline{c}}{\partial t}+\overline{u}_x\frac{\partial\overline{c}}{\partial x}+\overline{u}_y\frac{\partial\overline{c}}{\partial y}+\overline{u}_z\frac{\partial\overline{c}}{\partial z}$$
$$=-\frac{\partial}{\partial x}(\overline{u'_xc'})-\frac{\partial}{\partial y}(\overline{u'_yc'})-\frac{\partial}{\partial z}(\overline{u'_zc'})+D\left(\frac{\partial^2\overline{c}}{\partial x^2}+\frac{\partial^2\overline{c}}{\partial y^2}+\frac{\partial^2\overline{c}}{\partial z^2}\right) \tag{9.138}$$

式（9.138）左边的后三项 $\overline{u}_x(\partial\overline{c}/\partial x)$、$\overline{u}_y(\partial\overline{c}/\partial y)$ 和 $\overline{u}_z(\partial\overline{c}/\partial z)$ 为时均运动产生的移流扩散项；等式右边的前三项 $-\partial(\overline{u'_xc'})/\partial x$、$-\partial(\overline{u'_yc'})/\partial y$ 和 $-\partial(\overline{u'_zc'})/\partial z$ 为脉动引起的紊动扩散项，与式（9.124）相比较，正是多出了这三项。$\overline{u'_xc'}$、$\overline{u'_yc'}$、$\overline{u'_zc'}$ 项的物理意义是紊流中通过分别垂直于 x、y、z 轴的单位面积在单位时间输送的紊流扩散量（可与前面第 7 章的 $\overline{u'_xu'_y}$ 的意义类比）。

式（9.138）中包含了 $\overline{c}$、$\overline{u'_xc'}$、$\overline{u'_yc'}$、$\overline{u'_zc'}$ 4 个未知数，方程不封闭，为了求解 $\overline{c}$，必须对这 3 个紊动扩散量加以模化，最常用的方法是将紊动扩散与分子扩散相类比，采用费克第一定律的模式，即设

$$\left.\begin{aligned}\overline{u'_xc'}&=-E_x\frac{\partial\overline{c}}{\partial x}\\ \overline{u'_yc'}&=-E_y\frac{\partial\overline{c}}{\partial y}\\ \overline{u'_zc'}&=-E_z\frac{\partial\overline{c}}{\partial z}\end{aligned}\right\} \tag{9.139}$$

式中：E_x、E_y 和 E_z 分别为 x、y、z 轴方向的紊流扩散系数。

在一般情况下，不同方向的紊流扩散系数具有不同的值，且可能是空间坐标的函数。

将式（9.139）代入式（9.138），得三维紊流扩散方程为

$$\frac{\partial \overline{c}}{\partial t}+\overline{u}_x\frac{\partial \overline{c}}{\partial x}+\overline{u}_y\frac{\partial \overline{c}}{\partial y}+\overline{u}_z\frac{\partial \overline{c}}{\partial z}$$
$$=\frac{\partial}{\partial x}\left(E_x\frac{\partial \overline{c}}{\partial x}\right)+\frac{\partial}{\partial y}\left(E_y\frac{\partial \overline{c}}{\partial y}\right)+\frac{\partial}{\partial z}\left(E_z\frac{\partial \overline{c}}{\partial z}\right)+D\left(\frac{\partial^2 \overline{c}}{\partial x^2}+\frac{\partial^2 \overline{c}}{\partial y^2}+\frac{\partial^2 \overline{c}}{\partial z^2}\right) \tag{9.140}$$

二维紊流扩散方程为

$$\frac{\partial \overline{c}}{\partial t}+\overline{u}_x\frac{\partial \overline{c}}{\partial x}+\overline{u}_y\frac{\partial \overline{c}}{\partial y}=\frac{\partial}{\partial x}\left(E_x\frac{\partial \overline{c}}{\partial x}\right)+\frac{\partial}{\partial y}\left(E_y\frac{\partial \overline{c}}{\partial y}\right)+D\left(\frac{\partial^2 \overline{c}}{\partial x^2}+\frac{\partial^2 \overline{c}}{\partial y^2}\right) \tag{9.141}$$

一维紊流扩散方程为

$$\frac{\partial \overline{c}}{\partial t}+\overline{u}_x\frac{\partial \overline{c}}{\partial x}=\frac{\partial}{\partial x}\left(E_x\frac{\partial \overline{c}}{\partial x}\right)+D\frac{\partial^2 \overline{c}}{\partial x^2} \tag{9.142}$$

在紊流运动中，紊动的尺度远大于分子运动的尺度，所以紊流扩散系数远大于分子扩散系数。除壁面附近紊流受到限制的区域以外，分子扩散项一般可以略去不计。如略去分子扩散项，且紊流扩散系数沿流不变，则三维紊流扩散方程为

$$\frac{\partial \overline{c}}{\partial t}+\overline{u}_x\frac{\partial \overline{c}}{\partial x}+\overline{u}_y\frac{\partial \overline{c}}{\partial y}+\overline{u}_z\frac{\partial \overline{c}}{\partial z}=E_x\frac{\partial^2 \overline{c}}{\partial x^2}+E_y\frac{\partial^2 \overline{c}}{\partial y^2}+E_z\frac{\partial^2 \overline{c}}{\partial z^2} \tag{9.143}$$

二维紊流扩散方程为

$$\frac{\partial \overline{c}}{\partial t}+\overline{u}_x\frac{\partial \overline{c}}{\partial x}+\overline{u}_y\frac{\partial \overline{c}}{\partial y}=E_x\frac{\partial^2 \overline{c}}{\partial x^2}+E_y\frac{\partial^2 \overline{c}}{\partial y^2} \tag{9.144}$$

一维紊流扩散方程为

$$\frac{\partial \overline{c}}{\partial t}+\overline{u}_x\frac{\partial \overline{c}}{\partial x}=E_x\frac{\partial^2 \overline{c}}{\partial x^2} \tag{9.145}$$

9.8.2 紊流扩散方程解析解举例

下面介绍在均匀流场中，各点处的流速分量 $u_x=\overline{u}$，$u_y=0$，$u_z=0$，且假定流速$\overline{u}$并没有由于源的存在而受到扰动情况下的紊流扩散方程的解析解。

9.8.2.1 时间连续点源三维紊流扩散（高斯模式）

时间连续点源紊流扩散如图 9.22 所示。时间连续点源三维紊流扩散方程的解析解（当 $t\to\infty$，且扩散不是各向同性的），类比于式（9.134）可知简化后的解为

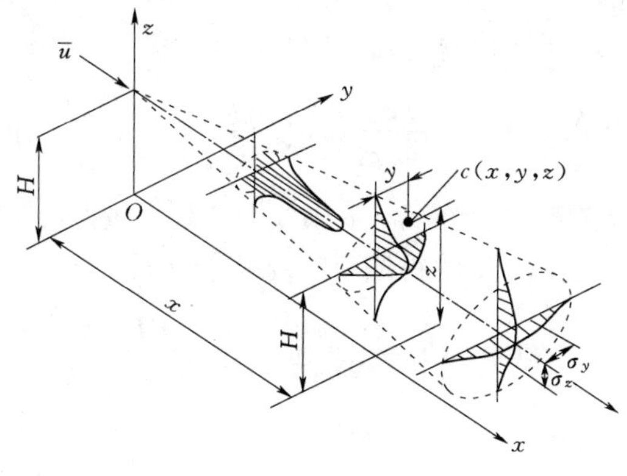

图 9.22

$$c(x,y,z,\infty)=\frac{m}{4\pi\sqrt{E_yE_z}\,x}\exp\left[-\frac{\overline{u}}{4x}\left(\frac{y^2}{E_y}+\frac{z^2}{E_z}\right)\right] \tag{9.146}$$

或

$$c(x,y,z,\infty)=\frac{m}{2\pi\,\overline{u}\sigma_y\sigma_z}\exp\left[-\left(\frac{y^2}{2\sigma_y^2}+\frac{z^2}{2\sigma_z^2}\right)\right] \tag{9.147}$$

式中：m 为单位时间投放扩散质的质量；$\overline{u}$为时均流速；$\sigma_y=\sqrt{2E_yx/\overline{u}}$；$\sigma_z=\sqrt{2E_zx/\overline{u}}$。

9.8.2.2　时间连续点源一侧有边界的紊流扩散

在实际问题中，污染物质扩散常遇固体边界，例如污染大气从烟囱排出后的扩散，在其下方受地面的限制，一般假定污染物质扩散到地面时发生完全反射。时间连续点源一侧有边界的发生完全反射的紊流扩散如图 9.23 所示。真源距边界的铅垂距离为 H，坐标位置为（0,0,H）。这可用 9.6.3.4 一节中所介绍的像源法来近似计算。虚拟在边界（地面）下部距离为$-H$ 处，坐标位置为（0,0,$-H$）有一与真源完全对称的、单位时间扩散质的质量亦为 m 的且不随时间变化的时间连续点源（虚源），以代替边界条件。这样，任何时刻边界上部任意点的浓度应为真源与虚源产生的浓度之和。由式（9.147）可得

$$\begin{aligned}c(x,y,z)&=\frac{m}{2\pi\,\overline{u}\sigma_y\sigma_z}\left\{\exp\left[-\frac{y^2}{2\sigma_y^2}-\frac{(z-H)^2}{2\sigma_z^2}\right]+\exp\left[-\frac{y^2}{2\sigma_y^2}-\frac{(z+H)^2}{2\sigma_z^2}\right]\right\}\\&=\frac{m}{2\pi\,\overline{u}\sigma_y\sigma_z}\exp\left(-\frac{y^2}{2\sigma_y^2}\right)\left\{\exp\left[-\frac{(z-H)^2}{2\sigma_z^2}\right]+\exp\left[-\frac{(z+H)^2}{2\sigma_z^2}\right]\right\}\end{aligned} \tag{9.148}$$

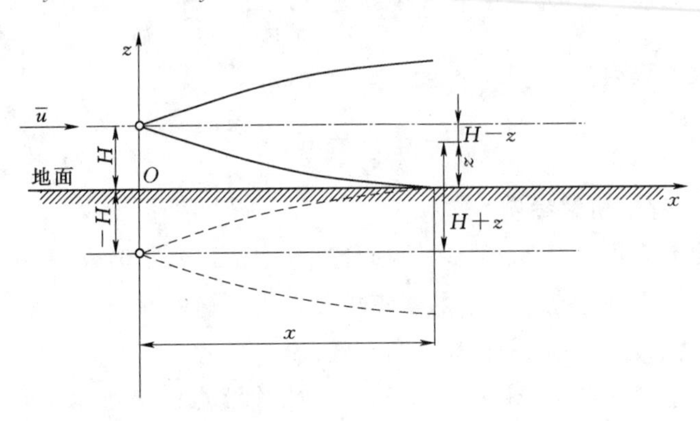

图 9.23

由式（9.148）知，当 $z=0$ 时得地面浓度为

$$c(x,y,0)=\frac{m}{\pi\,\overline{u}\sigma_y\sigma_z}\exp\left(-\frac{y^2}{2\sigma_y^2}\right)\exp\left(-\frac{H^2}{2\sigma_z^2}\right) \tag{9.149}$$

地面浓度是以 x 轴为对称轴分布的，x 轴线上的浓度最大，向两侧（y 轴方向）逐渐减小。由式（9.149）知，当 $y=0$ 时得地面轴线浓度为

$$c(x,0,0)=\frac{m}{\pi\,\overline{u}\sigma_y\sigma_z}\exp\left(-\frac{H^2}{2\sigma_z^2}\right) \tag{9.150}$$

若有效源高 $H=0$，由式（9.148）得地面时间连续点源紊流扩散方程为

$$c(x,y,z)=\frac{m}{\pi\,\overline{u}\sigma_y\sigma_z}\exp\left[-\left(\frac{y^2}{2\sigma_y^2}+\frac{z^2}{2\sigma_z^2}\right)\right] \tag{9.151}$$

【例题 9.9】 火力发电厂烟囱的有效高度 $H=38\text{m}$，连续排出的 SO_2 源强 $m=0.27\text{kg/s}$，大气风速 $\overline{u}=2.1\text{m/s}$，试求离烟囱下风向 600m 处的地面轴线浓度 c，已知 $\sigma_y=34\text{m}$，$\sigma_z=14\text{m}$。

解：

由式（9.150）得

$$c(x,0,0)=\frac{m}{\pi\,\overline{u}\sigma_y\sigma_z}\exp\left(-\frac{H^2}{2\sigma_z^2}\right)=\frac{0.27}{\pi\times2.1\times34\times14}\exp\left(-\frac{38^2}{2\times14^2}\right)=2.16\times10^{-6}(\text{kg/m}^3)$$

9.8.3 一维流动中的纵向移流分散

实际工程中的管道、明槽流动中的扩散问题，可以简化为一维问题来处理。这就要采用断面上的平均流速 v 和浓度的平均值 c_n 来计算。但管道、明渠中的流动都是剪切流动，断面上流速分布不均匀，流速梯度的存在使得在流动的过程中，扩散物质沿纵向扩散的快慢，在断面不同位置相差很大。图 9.24 表示在 $x=0$ 的断面瞬时加入扩散物质，并设浓度在断面上均匀分布，经过一定时间后的扩散情况。在匀速分布时其扩散情况如图 9.24（a）所示，在有流速梯度时其扩散情况如图 9.24（b）所示。可见后者比前者的扩散速率快得多。如果初始浓度分布也不均匀，则情况就更加复杂些。由于断面上移流速度的差异而引起的纵向分散作用称为移流分散或离散，这种分散与由于分子运动或流体微团紊动引起的扩散在概念上是不同的。

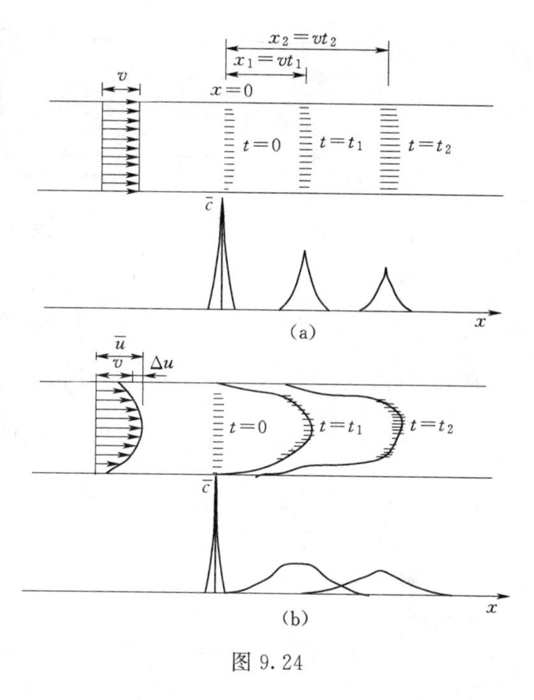

图 9.24

设 Δu 表示断面上任一点的时均流速 $\overline{u}$ 与断面平均流速 v 之差，Δc 表示断面上任一点的时均浓度 $\overline{c}$ 与断面平均浓度 c_n 之差，即

$$\overline{u}=v+\Delta u$$
$$\overline{c}=c_n+\Delta c$$

则瞬时流速和瞬时浓度为

$$u=\overline{u}+u'=v+\Delta u+u'$$
$$c=\overline{c}+c'=c_n+\Delta c+c' \tag{9.152}$$

忽略分子扩散，通过垂直于 x 轴的单位面积在单位时间内的浓度通量的时均值为

$$\overline{uc}=\overline{(v+\Delta u+u')(c_n+\Delta c+c')}=(v+\Delta u)(c_n+\Delta c)+\overline{u'c'} \tag{9.153}$$

再对断面 A 平均，并以符号 $<\cdots>$ 表示各项的断面平均值，根据积分运算法则可得

$$\frac{1}{A}\int_A \overline{uc}\,\text{d}A=<(v+\Delta u)(c_n+\Delta c)+\overline{u'c'}>$$
$$=<vc_n>+<v\Delta c>+<\Delta u c_n>+<\Delta u\Delta c>+<\overline{u'c'}>$$

因为$<\Delta u>=<\Delta c>=0$，$<v>=v$，$<c_n>=c_n$，上式变为

$$\int_A \overline{uc}\,\mathrm{d}A = A(vc_n + <\Delta u\Delta c> + <\overline{u'c'}>) \tag{9.154}$$

如图 9.25 所示，单位时间内通过断面 1—1 单位面积的扩散质通量（或浓度通量）为 uc，它的时均值为$\overline{uc}$，单位时间内通过该断面的扩散量的时均值为$\int_A \overline{uc}\,\mathrm{d}A$。在 x 轴方向，同一微小流段内，流入、流出断面 1—1 和断面 2—2 的微小控制体的扩散质之差为

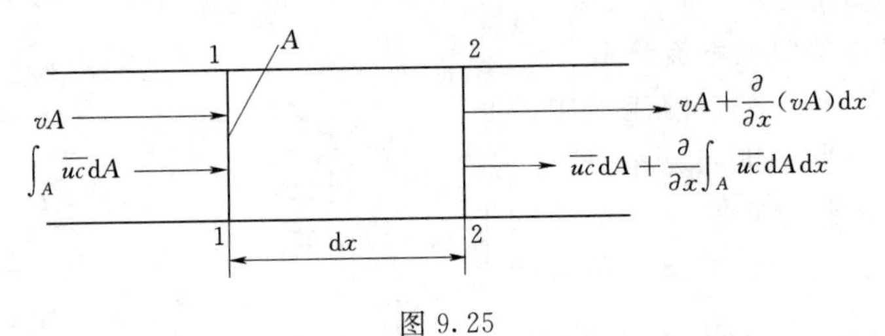

图 9.25

$$-\frac{\partial}{\partial x}\int_A \overline{uc}\,\mathrm{d}A\,\mathrm{d}x\,\mathrm{d}t = -\frac{\partial}{\partial x}[(vc_n + <\Delta u\Delta c> + <\overline{u'c'}>)A]\mathrm{d}x\,\mathrm{d}t$$

在 $\mathrm{d}t$ 时段内，微小控制体内扩散质的增量为

$$\frac{\partial}{\partial t}(c_n A\,\mathrm{d}x)\mathrm{d}t$$

根据质量守恒定律，二者应相等，则

$$\frac{\partial}{\partial t}(c_n A) = -\frac{\partial}{\partial x}[(vc_n + <\Delta u\Delta c> + <\overline{u'c'}>)A] \tag{9.155}$$

因为

$$\frac{\partial}{\partial t}(c_n A) = A\frac{\partial c_n}{\partial t} + c_n\frac{\partial A}{\partial t}$$

$$-\frac{\partial}{\partial x}(Avc_n) = -c_n\frac{\partial (Av)}{\partial x} - Av\frac{\partial c_n}{\partial x}$$

另外，由流入、流出微小控制体的流量差，应等于内部体积的变化，即

$$-\frac{\partial (Av)}{\partial x}\mathrm{d}x\,\mathrm{d}t = \frac{\partial (A\,\mathrm{d}x)}{\partial t}\mathrm{d}t$$

即

$$\frac{\partial A}{\partial t} = -\frac{\partial (Av)}{\partial x}$$

将这些关系式代入式（9.155）得

$$\frac{\partial c_n}{\partial t} + v\frac{\partial c_n}{\partial x} = -\frac{1}{A}\frac{\partial}{\partial x}[A(<\Delta u\Delta c> + <\overline{u'c'}>)] \tag{9.156}$$

将式（9.156）与紊流扩散方程式（9.142）比较可以看出，式（9.156）的等式右边的第一项是由于过流断面流速、浓度分布不均匀引起的离散，第二项是由于流速、浓度脉动引起的扩散。实践表明，在管流或明渠流中，离散占有很重要的地位，不可忽略；而在很多情况下，紊流扩散却可忽略不计。

紊流扩散有下列的关系式

$$<\overline{u'c'}>=-E_x\frac{\partial c_n}{\partial x} \tag{9.157}$$

式中：E_x 为断面平均紊流扩散系数，简称紊流扩散系数。

类比于紊流扩散，可令

$$<\Delta u\Delta c>=-E_L\frac{\partial c_n}{\partial x} \tag{9.158}$$

式中：E_L 称为剪切流纵向离散系数，简称离散系数。

将式（9.157）和式（9.158）代入式（9.156）得

$$\frac{\partial c_n}{\partial t}+v\frac{\partial c_n}{\partial x}=\frac{1}{A}\frac{\partial}{\partial x}\left[A(E_L+E_x)\frac{\partial c_n}{\partial x}\right] \tag{9.159}$$

式（9.159）即为剪切流的离散方程。

对于直径不变的管流或明渠均匀流来说，过水断面面积 A 为常数，式（9.159）变为

$$\frac{\partial c_n}{\partial t}+v\frac{\partial c_n}{\partial x}=\frac{\partial}{\partial x}(E_L+E_x)\frac{\partial c_n}{\partial x} \tag{9.160}$$

在实用上，有时将 E_L 和 E_x 结合在一起，令 $K=E_L+E_x$，则有

$$\frac{\partial c_n}{\partial t}+v\frac{\partial c_n}{\partial x}=K\frac{\partial^2 c_n}{\partial x^2} \tag{9.161}$$

式中：K 为综合扩散系数或混合系数。

根据泰勒（Taylor）的研究，对半径为 r_0 的圆管流动，离散系数和紊动扩散系数分别为

$$E_L=10.06r_0u_*,E_x=0.052r_0u_*,K=10.1r_0u_*$$

对于水深为 h 的二维明渠，艾尔德（Eider）给出的系数为

$$E_L=5.86hu_*,E_x=0.068hu_*,K=5.93hu_*$$

实验表明，艾尔德给出的系数偏小，实验得到的系数 $E_x=0.23hu_*$，$K\approx 6.1hu_*$。

式中：u_* 为摩阻流速，$u_*=\sqrt{\tau_0/\rho}=\sqrt{gRJ}$；$R$ 为水力半径；J 为水力坡度；h 为明渠水深。

方程（9.161）的解取决于初始条件和边界条件。对于在起始断面（$x=0$）恒定加入浓度为 c_0 的扩散物质，即 $t\geqslant 0$，$c_n=c_0$ 的所谓连续源的情况，如下游在初始时没有扩散物质，即 $x>0$，$c_n=0$，因扩散是逐渐向下游伸展的，则任何时刻（$t>0$）在无限远处，$x=+\infty$，$c_n=0$，在这些条件下，可求得式（9.161）的解为

$$\frac{c_n}{c_0}=\frac{1}{2}e^{vx/K}\operatorname{erfc}\left(\frac{x+vt}{2\sqrt{Kt}}\right)+\frac{1}{2}\operatorname{erfc}\left(\frac{x-vt}{2\sqrt{Kt}}\right) \tag{9.162}$$

式中：函数 $\operatorname{erfc}(x)=1-\operatorname{erf}(\alpha)$，$\operatorname{erf}(\alpha)$ 为 α 的误差函数，$\operatorname{erf}(\alpha)=\frac{2}{\sqrt{\pi}}\int_x^{\infty}e^{-z^2}dz$，可由数学函数表查算。

对于 $v=0$ 的特殊情况，式（9.162）简化为

$$\frac{c_n}{c_0}=\operatorname{erfc}\left(\frac{x}{2\sqrt{Kt}}\right)=1-\operatorname{erf}\left(\frac{x}{2\sqrt{Kt}}\right) \tag{9.163}$$

对于在起始断面瞬时加入扩散物质，即所谓瞬时源的情况，则式（9.161）的解为

$$\frac{c_n}{c_0}=\frac{1}{\sqrt{4\pi Kt}}\exp\left[-\frac{(x-vt)^2}{4Kt}\right] \tag{9.164}$$

在运用式（9.164）时，须以断面平均值 c_n、c_0、v 代入计算。

习　题

9.1　二维平面射流初始宽度 $b_0=0.1\text{m}$，初始流速 $u_0=20\text{m/s}$，试用动量积分方程和阿勃拉莫维奇的新方法计算射流射程 $x=2\text{m}$ 处的射流断面轴心流速 u_m、单宽流量 q、断面平均流速 v 和质量流速 v_m。

9.2　设某排污管出口为狭长的矩形孔口，孔口断面高度 $2b_0=0.2\text{m}$，排污管将生活污水排入湖泊，射流出口流速 $u_0=4\text{m/s}$，出口污水浓度 $c_0=1200\text{mg/L}$，出口平面位于湖面下24m处，出流方向垂直向上，污水与湖水密度基本相同。试求污水到达湖面处的单宽流量 q、特征宽度 b_e。

9.3　某锅炉喷燃气的矩形喷口，$b_0=0.25\text{m}$，喷口风速为 $v_0=30\text{m/s}$，试求离喷口2m、3m和10m处的轴线流速。离喷口10m处的断面平均流速和质量流速。设喷口断面流速分布均匀，$\beta_0=1$。

9.4　有一两面收缩的矩形孔口，断面为 $0.05\times2.0\text{m}^2$，出口速度为10m/s，已知紊流系数 $a=0.108$，求距出口2m处和 L_0 处的射流参数。

9.5　出口断面为 $A_0=0.1\text{m}^2$ 的均匀收缩矩形孔口，射流出口速度 $u_0=10\text{m/s}$，射流的紊流系数 $a=0.086$，求距孔口0.2m处射流断面的流量、断面平均流速、质量平均流速和轴线最大流速。

9.6　清除沉降室中灰尘的吹吸系统如图所示。已知室长 $L=6\text{m}$，室宽 $B=5\text{m}$，吹风口高度 $h_1=0.15\text{m}$，宽度等于室宽。由于贴附底板，射流可近似为以底板为中轴线的半个平面射流。试求吸风口高度 h_2（宽度等于室宽）和要求吸风口速度 $v_2=4\text{m/s}$ 时的吹风口风量 Q_0 以及吸风口的风量 Q。设风口断面上的风速均匀分布，$\beta_0=1$。如果已知紊流系数 $a=0.11$，试按阿勃拉莫维奇的方法计算吸风口高度 h_2，吹风口风量 Q_0 以及吸风口的风量 Q。

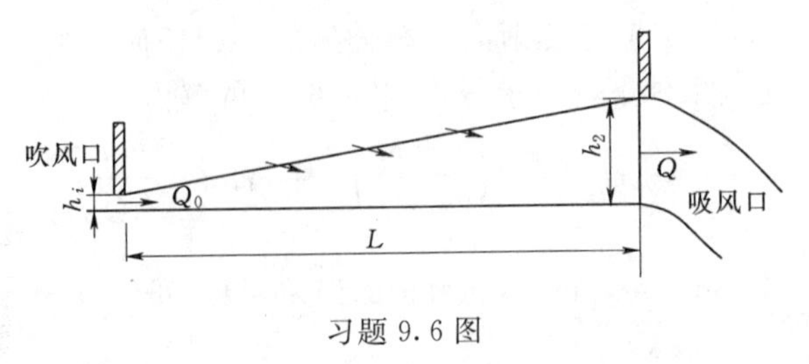

习题9.6图

9.7　设污水排放口直径 $d_0=0.15\text{m}$，出口流速 $v_0=15\text{m/s}$，从湖底垂直向上泄入湖水内。污水出口时含有污染物质的浓度为 c_0，如要求湖水面的污染物质平均浓度降低为 $c_0/50$，试求排放口处最小水深 h，忽略污水与湖水比重差的影响（注：如果射流水平射

入大气中，其计算方法也完全一样）。

9.8　有一直径 $d_0=0.6$m 的管道出口淹没于水下，沿水平方向将废水泄入相同密度的清洁水中，泄水流量 $Q_0=0.5\text{m}^3/\text{s}$，试计算 $x=10$m 处断面上的轴线流速，并点绘距出口 $x=10$m 断面上的流速分布（忽略极点到出口的距离）。

9.9　某体育馆的圆柱形送风口，直径 $d_0=0.6$m，风口距比赛区距离 $L=60$m，要求比赛区质量风速不得超过 0.2m/s，射流的紊流系数 $a=0.08$，试求比赛区的流量 Q、断面平均流速 v 和风口的送风量 Q_0。

9.10　圆形射流的流量 $Q_0=0.6\text{m}^3/\text{s}$，从 $r_0=0.15$m 的管嘴中喷出，求距喷口 3m 处的射流断面的直径 D，轴心流速 u_m，断面平均流速 v 和质量平均流速 v_m。假设管嘴出口射流流速分布均匀，$\beta_0=1.0$。

9.11　设有距地面高度为 4m 的送风口，风口向下，要求在距地面 1.5m 的工作区平面造成直径为 1.5m 的射流，限定轴心流速为 2.0m/s，紊流系数 $a=0.08$，求圆柱形喷嘴直径及出风口流量。

9.12　圆形射流喷口半径为 0.2m，今要求射程 12m 处距轴线 1.5m 的地方流速为 3m/s，求喷口流量。

9.13　为保证距出口中心 $x=20$m，$r=2.0$m 处的流速 $u_x=5$m/s 及起始段长度 $L_0=1.0$m，假定喷口流速分布均匀，求喷口的初始风量 Q_0。

9.14　在断面面积为 25m^2 的均匀长槽中，盛满静止的液体，在坐标 $x=0$ 的断面，时刻 $t=0$ 时，瞬时释放质量 $m=1000$kg 的污染物，其分子扩散系数 $D=10^{-9}\text{m}^2/\text{s}$，试求 $x=0$，$t=4$ 日、30 日的浓度以及 $x=1$m 时，$t=365$ 日时的浓度。

9.15　在无限长管道某断面上以平面源方式投放 $m=1.0\text{kg/m}^2$ 的示踪剂，计算投放后 3min 和 15min 时沿管道的浓度分布。已知扩散系数 $D=1.5\times10^{-6}\text{m}^2/\text{s}$。

9.16　在水槽中进行扩散试验，设水槽的右端封闭，左端很长，在水槽距右端 10m 处的断面 1—1 上以平面源方式瞬时投放示踪剂，投放量 $m=1.0\text{kg/m}^2$，扩散系数 $D=0.02\text{m}^2/\text{s}$，试计算投放后 10min 在断面 2—2 和断面 3—3 上的浓度。

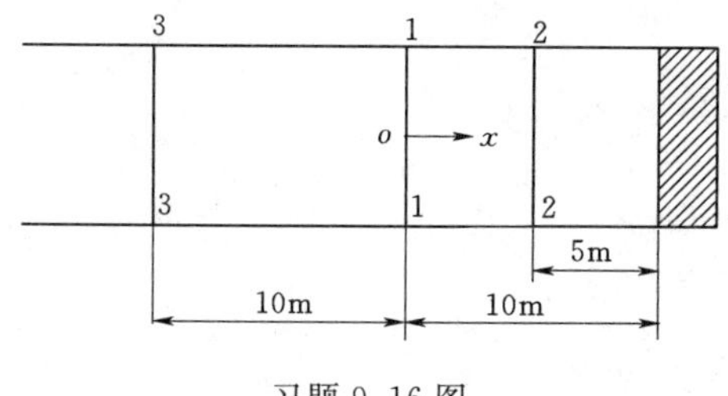

习题 9.16 图

9.17　设一烟囱离地面的高度 $H=50$m，大气流速 $\overline{u}=5$m/s，且与 x 轴平行，当忽略大气边界层影响时，可视气体为均匀流。气体垂向紊动扩散系数 $E_z=4\text{m}^2/\text{s}$，横向紊动扩散系数 $E_y=4\text{m}^2/\text{s}$，烟囱恒定连续排出的废气中含有固体微粒为 250g/s，假定微粒全部被动地由大气携带，降落速度忽略不计，微粒接触地面后便沉积起来。若在顺风方向下游 1200m 处地面上设置有面积 $A=1\text{m}^2$ 的积尘器，试求集尘器每小时收集微粒的重

量 G。

9.18　现有一有效源高 $H=40\text{m}$，连续排出的源强 $m=0.25\text{kg/s}$，大气风速 $\overline{u}=2\text{m/s}$，试求离源强下风方向 500m 处的地面轴线最大浓度和垂直于轴线距离 $y=100\text{m}$ 处的浓度 c，已知 $\sigma_y=30\text{m}$，$\sigma_z=12\text{m}$。

9.19　高架连续点源紊流扩散模式中的 σ_y 和 σ_z 是时间的函数，因 $t=x/\overline{u}$，所以亦是距离 x 的函数，且随着距离 x 的增大而增大。时间连续点源一边有边界的紊流扩散方程 $c(x,0,0)=m\exp[-H^2/(2\sigma_z^2)]/(\pi\overline{u}\sigma_y\sigma_z)$ 中，$m/(\pi\overline{u}\sigma_y\sigma_z)$ 随着 x 的增大而减小，而 $\exp[-H^2/(2\sigma_z^2)]$ 则随着 x 的增大而增大，两项共同作用的结果，必然会在某距离上出现浓度最大值 $c_{\max}$，常为评价的依据。试求当 $\sigma_y/\sigma_z=a$（a 为不为零的常数）时，地面最大浓度 $c_{\max}$ 的表达式。

9.20　某水管直径 $d=0.5\text{m}$，断面平均流速 $v=0.5\text{m/s}$，纵向综合系数 $K=E_L+E_x=0.4\text{m}^2/\text{s}$，在初始时刻，$t=0$ 时，在 $x=0$ 的源点断面，瞬时投放 $m=1\text{kg}$ 的盐，求在 $t>0$ 的任一时刻的最大浓度 $c_{\max}$ 的表达式和 $t=60\text{s}$ 时的 $c_{\max}$ 以及同一时刻 $x=20\text{m}$ 处的浓度 c_n。

9.21　根据实测某河段资料，过流断面面积 $A=12.258\text{m}^2$，断面平均流速 $v=0.779\text{m/s}$，纵向离散系数 $E_L=48.96\text{m}^2/\text{s}$，有一汽车通过该河段上游处的桥梁时，因不慎将示踪剂罐落入河中，罐内 90.8kg 的示踪剂均匀释放于河流全断面。试求离桥下游距离为 6436m 和 9654m 处断面上的最大示踪剂浓度。

第10章 波浪理论基础

10.1 概　　述

波浪是海洋、湖泊和水库等宽阔水面常见的一种水体运动形式。波浪运动影响船舶舰只的航行和停泊的安全；波浪是堤防、码头、堤坝、闸门、进水塔和采油平台等水工建筑物设计必须考虑的外力之一。波浪的动力作用将引起近岸浅水区的泥沙运动，淘刷岸坡和护岸建筑物的基础，致使岸滩发生崩塌，港口和航道发生淤积，水深减小，影响船泊舰只的通航和停泊。因此，研究波浪运动的规律以及与建筑物的相互关系是水力学的重要课题之一。

波浪就是液体质点振动的传播现象。波浪的特征是水体的自由液面作有规律的起伏波动，水的质点则做有规则的周期性往复振荡运动。实质上，由于水位及水流质点速度均随时间不断变化，故波浪运动是一种非恒定运动。

10.1.1 波浪的分类和波浪要素

1. 波浪的分类

（1）按主要的作用力可将波浪分为表面张力波、重力波和潮汐波。当作用力主要是表面张力时称为表面张力波或毛细波，这种波的波长一般小于3cm，波的周期小于0.1s。表面张力波也称为涟波。当作用力主要是重力时称为重力波，重力波的波长和波高均比较大。由太阳、月球及其他天体引力引起的波称为潮汐波。

（2）按波浪发生的原因分为风成波、航行波和地震波。由风吹拂水面引起水面压强变化及空气与水面的摩擦引起的波浪称为风成波。由于船舶航行引起的波浪称为航行波。由于海底地震引起的波浪称为地震波。

（3）按冲击力作用的连续性可分为自由波和强迫波。引起波浪的外力消除以后，波形可以自由运动和发展的波浪称为自由波或余波，例如投石入水激起的波浪。当波浪产生后，引起波浪的力仍继续作用称为强迫波，例如潮汐波。有的波在前期为强迫波，而在后期为自由波，例如风成波，在风作用期间风成波具有强迫波的特点，当风停止后或在风区以外继续传播的波则为自由波，也称余波。

（4）按液体波动时质点移动的性质可分为位移波、推进波和立波。质点除沿着封闭的轨迹运动外还有向前的运动，称为位移波。质点以一定的速度沿着封闭的轨迹向前运动的波称为推进波。波形固定在原地，仅做上下周期性起伏的波称为立波或驻波。

（5）按波动传播的性质分为二向波和三向波。

（6）按波浪的几何尺寸分为长波和短波。

（7）按水底对波浪的影响分为深水波和浅水波。水深很大，波浪不受水底影响，水质点的运动轨迹接近于圆形的称为深水波。相反，水深较浅，水底影响水质点的运动，轨迹为扁椭圆形的波浪称为浅水波。

(8) 按波浪要素是否随时间变化分为规则波和不规则波。

2. 波浪要素

图10.1所示为波浪运动，波浪在静水面以上的部分称为波峰，波峰的最高点称为波顶，静水面以下的部分称为波谷，波谷的最低点称为波底，波顶与波底之间的垂直距离 h 称为波高，两个相邻的波顶或波谷之间的水平距离 λ 称为波长。波高与波长的比值 h/λ 称为波陡。平分波高的水平线称为波浪中线。一般由于波峰比较尖突，波谷比较平坦，静水面至波峰的距离大于静水面至波谷的距离，因此波浪中线位于静水面之上，其超出的高度 ζ_0 称为超高。重复一个完整的波动过程所经历的时间 T 称为波周期。对于推移波来说，波周期也就等于波顶或波谷沿水平方向移动一个波长的距离所经历的时间，波峰沿水平方向移动的速度称为波速 c，故波速等于波长除以周期 $c=\lambda/T$。波高、波长、波陡、波速和波周期是决定波浪形态的主要尺度，总称为波浪要素。

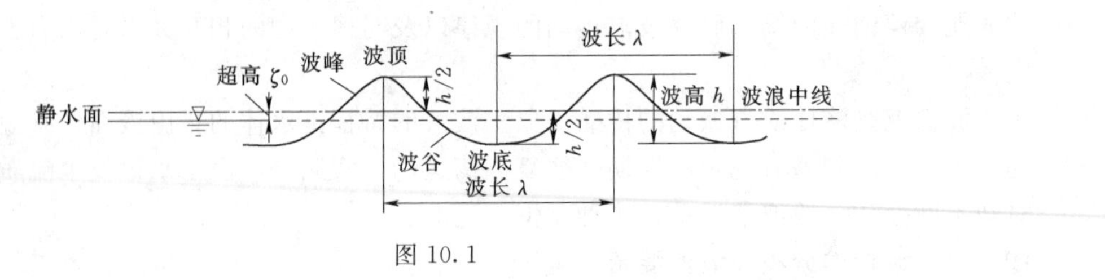

图10.1

10.1.2 水深对波浪传播的影响

水深对波浪的传播会有影响。海洋中水深较大，波浪运动不受海底影响，水质点的运动轨迹接近于圆，其半径随水深增加而迅速减小，运动达不到海底，这种波浪称为深水推进波。当波浪推进到浅水地带，由于受海底的影响，波浪的特性便会有所改变。当水深小于半个波长时（$H/\lambda<0.5$），海底开始对波浪产生影响，水质点运动轨迹趋于扁平，接近于椭圆，近底水质点则只做前后摆动，这种波浪称为浅水推进波。浅水推进波因波能集中于较小的水深内，虽然海底的摩阻会消耗部分波能，但一般说来波高有所增加，波陡也往往比深水波大，波峰趋于尖突，水深和波长之比很小称浅水波，例如当 $H/\lambda<0.04$ 时，底部水质点的运动已相当可观，则称为长波或深层波。水深继续减小，波陡增大到一定程度后，终于不能维持平衡而使波峰发生破碎，发生破碎处的水深称为破碎水深或临界水深，用 H_c 表示。对于来自深水的不同波长和波高的波浪，其临界水深也不同，又受海面涨落等影响，临界水深的位置也有所变更。因此，岸滩波浪往往在一个相当宽的范围内破碎，称为破碎带。浅水推进波破碎后，又重新组成新的波浪向前推进，由于破碎后波能消耗较多，其波长和波高比原波显著减小，但在水深变化缓慢，波陡很小的情况下，也可能没有破碎带。一般来说，破碎后的波浪，仍包含着一定的能量，同时，由于水浅，受海底摩阻影响，表层波浪传递速度大于底层部分，使前波比后波更为陡峻，波高显著增大，波谷更加坦长，此时水质点不再是做近似的封闭曲线运动，而是有明显的向前运动，并逐渐形成一股水流向前推动，而底层则产生回流，这种波浪的性质已不同于推进波，称为击岸波或涌波。击岸波蓄有较大的能量，能掀起海底泥沙，冲击岸滩，对海边的水工建筑物有

较大的破坏作用。击岸波在海岸最后一次破碎后，形成一股强烈的冲击水流，顺着岸滩上涌到一定高度后，又形成一股回流，回归大海，在这区域内波形已不复存在，称为上涌带。

综上所述，海上波浪可按不同水深划分为深水波带、浅水波带、击岸波带和上涌带四个区段，如图 10.2 所示。

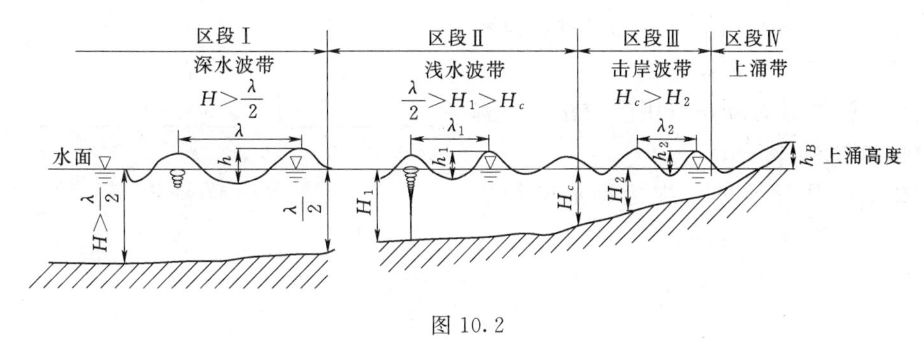

图 10.2

区段Ⅰ：在 $H>\lambda/2$ 的区段中，形成深水推进波，称为深水波带。

区段Ⅱ：在 $H_c<H<\lambda/2$ 的区段中，形成浅水推进波，称为浅水波带。

区段Ⅲ：在 $H<H_c$ 的区段中，形成击岸波，称为击岸波带。

区段Ⅳ：波浪冲击在岸滩或建筑物的表面上，水流上涌，波形不再存在，这个区段称为上涌带。

这四个波带的具体分界位置，取决于原始推进波的波浪要素、水面位置、海底坡度和粗糙度、风力大小等因素。

波浪在其运动过程中会遇到各种形状的固体边界，这些边界均会使波浪的运动特性发生改变，例如，当波浪遇到垂直平壁面时，波浪就会发生反射或折射；遇到曲面时，波浪就会产生绕射（曲率半径为零的尖角情况）和散射（曲率半径不规则的曲面情况）。因此研究波浪运动时必须要结合具体的边界条件。

实际观测表明，海洋中的波浪能够传播到很远的地方去，经过相当长的时间也不会消失。这说明水的黏滞性对波浪的传播过程影响很小，所以在研究大多数波浪问题时可以忽略水的黏性作用，而将水视为不可压缩的理想液体。这在一定的条件下其结果不致引起重大的偏差。在本章对波浪性质的讨论中，水体的内摩擦力均略去不计。

波浪运动可以看作是一种随机性的波动，可以应用随机函数理论进行研究。为了便于阐明波浪运动的基本特性，本章将主要探讨比较简单的二维自由波的运动规律，包括波浪要素之间的内在联系、水质点的运动方式、波浪水体内部的压强分布规律及波能量等问题。

10.2 势 波 理 论

10.2.1 势波理论的基本方程、边界条件和初始条件

10.2.1.1 势波理论的基本方程

考虑不可压缩、均匀无黏性液体、质量力仅有重力的情况下产生的波动，假设液体的

底面和四周均为固定边界，液体表面为自由液面，在初始时刻，自由液面处于静止状态，由于某种原因（如水面上突然刮过一阵风）液体受外力作用使得该初始时刻的平衡状态遭到破坏，失去平衡状态的液体质点，在重力和惯性力作用下，有恢复初始平衡状态的趋势，于是就形成了液体质点的运动，这种液体内各个质点的运动即为波浪。

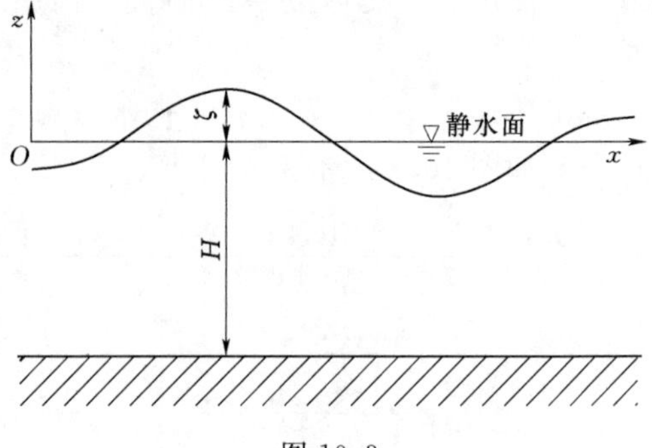

图 10.3

现仅讨论二维波动，应用欧拉法，所选取的坐标如图 10.3 所示。

理想不可压缩液体二维运动的欧拉方程为

$$\left.\begin{aligned}X-\frac{1}{\rho}\frac{\partial p}{\partial x}&=\frac{\partial u_x}{\partial t}+u_x\frac{\partial u_x}{\partial x}+u_z\frac{\partial u_x}{\partial z}\\Z-\frac{1}{\rho}\frac{\partial p}{\partial z}&=\frac{\partial u_z}{\partial t}+u_x\frac{\partial u_z}{\partial x}+u_z\frac{\partial u_z}{\partial z}\end{aligned}\right\}\tag{10.1}$$

将式（10.1）的两边同时乘以 $\mathrm{d}t$，并在 $0\sim\tau$ 内积分得

$$\left.\begin{aligned}\int_0^\tau X\mathrm{d}t-\frac{1}{\rho}\int_0^\tau\frac{\partial p}{\partial x}\mathrm{d}t&=\int_0^\tau\frac{\partial u_x}{\partial t}\mathrm{d}t+\int_0^\tau u_x\frac{\partial u_x}{\partial x}\mathrm{d}t+\int_0^\tau u_z\frac{\partial u_x}{\partial z}\mathrm{d}t\\\int_0^\tau Z\mathrm{d}t-\frac{1}{\rho}\int_0^\tau\frac{\partial p}{\partial z}\mathrm{d}t&=\int_0^\tau\frac{\partial u_z}{\partial t}\mathrm{d}t+\int_0^\tau u_x\frac{\partial u_z}{\partial x}\mathrm{d}t+\int_0^\tau u_z\frac{\partial u_z}{\partial z}\mathrm{d}t\end{aligned}\right\}\tag{10.2}$$

外力开始作用时，液体处于静止状态，即起始速度等于 0，于是有

$$\left.\begin{aligned}\int_0^\tau\frac{\partial u_x}{\partial t}\mathrm{d}t&=u_x\big|_0^\tau=u_x\\\int_0^\tau\frac{\partial u_z}{\partial t}\mathrm{d}t&=u_z\big|_0^\tau=u_z\end{aligned}\right\}\tag{10.3}$$

式中：u_x、u_z 分别为液体质点在 τ 时段的速度分量，也就是说液体质点有 u_x 和 u_z 就是外力作用的结果。

对于不可压缩液体，液体的密度 ρ 为常数，当 $\tau\to0$ 时，式（10.2）中的质量力和右端的第二、第三项都是有限值，极限都等于 0，因此有

$$\left.\begin{aligned}-\frac{1}{\rho}\int_0^\tau\frac{\partial p}{\partial x}\mathrm{d}t&=\int_0^\tau\frac{\partial u_x}{\partial t}\mathrm{d}t=u_x\\-\frac{1}{\rho}\int_0^\tau\frac{\partial p}{\partial z}\mathrm{d}t&=\int_0^\tau\frac{\partial u_z}{\partial t}\mathrm{d}t=u_z\end{aligned}\right\}\tag{10.4}$$

式（10.4）可以写成

$$\left.\begin{aligned}\frac{\partial}{\partial x}\left(-\frac{1}{\rho}\int_0^\tau p\,\mathrm{d}t\right)&=u_x\\\frac{\partial}{\partial z}\left(-\frac{1}{\rho}\int_0^\tau p\,\mathrm{d}t\right)&=u_z\end{aligned}\right\}\tag{10.5}$$

令

$$\varphi(x,z,t)=-\frac{1}{\rho}\int_0^\tau p\,\mathrm{d}t\tag{10.6}$$

式中：$\varphi(x,z,t)$ 为波浪运动的流速势。

式（10.5）可以写成

$$\left.\begin{aligned}\partial\varphi/\partial x=u_x\\ \partial\varphi/\partial z=u_z\end{aligned}\right\}\tag{10.7}$$

由以上推导过程可以看出，由于有限的压力冲量对液体自由液面作用而产生的运动，当质量力和位移加速度均忽略不计时，存在流速势 $\varphi(x,z,t)$。把式（10.7）代入连续性方程$\frac{\partial u_x}{\partial x}+\frac{\partial u_z}{\partial z}=0$，得流速势的拉普拉斯方程为

$$\frac{\partial^2\varphi}{\partial x^2}+\frac{\partial^2\varphi}{\partial z^2}=0\tag{10.8}$$

理想液体运动方程在非恒定流动情况下的柯西积分为

$$W-\frac{p}{\rho}-\frac{u^2}{2}-\frac{\partial\varphi}{\partial t}=F(t)$$

因为质量力仅为重力，故 $W=-gz$，代入上式得

$$\frac{p}{\rho}+gz+\frac{u^2}{2}+\frac{\partial\varphi}{\partial t}+F(t)=0\tag{10.9}$$

由式（10.7）～式（10.9）可以看出，当外力作用时间很短时，出现的波浪运动将存在流速势，这种波浪运动称为势波。

势波理论只有在波高和波长之比 h/λ 很小（此时的波高和水质点的运动速度也很小）的情况下才能得出较为简单的解答。在这样的条件下得出的波浪理论通常称为微波（或微幅波）理论。微波理论因为局限于波高很小的情况，在工程上受到局限。但微波理论得出的波的特性是研究较复杂的有限振幅波以及不规则波的基础。下面介绍一种微波理论的典型解来说明波的一些重要概念和结论。

在微波的基本假定下，式（10.9）中的 $u^2/2$ 项可以忽略，同时设

$$\varphi_1=\varphi+\int_0^t F(t)\mathrm{d}t$$

则
$$\partial\varphi_1/\partial t=\partial\varphi/\partial t+F(t)$$

将上式代入式（10.9），为简单计，在下文书写时均去掉 φ_1 的下标 1，仍将其写成 φ，则

$$p/\rho+gz+\partial\varphi/\partial t=0\tag{10.10}$$

10.2.1.2 边界条件和初始条件

对于二维规则波浪问题，求解式（10.8）时应考虑自由液面和水底的边界条件。

(1) 在自由液面上的边界条件。设任意断面上波浪表面超出静水位的高度 $z=\zeta$，在自由液面上，$p=p_a=0$，由式（10.10）得

$$\zeta=-\frac{1}{g}\left(\frac{\partial\varphi}{\partial t}\right)_{z=\zeta=0}\tag{10.11}$$

对式（10.11）求导得

$$\frac{\partial \zeta}{\partial t}=-\frac{1}{g}\left(\frac{\partial^2 \varphi}{\partial t^2}\right)_{z=0} \tag{10.12}$$

又
$$\frac{\mathrm{d}z}{\mathrm{d}t}=\frac{\mathrm{d}\zeta}{\mathrm{d}t}=\frac{\partial \zeta}{\partial t}+\frac{\partial \zeta}{\partial x}\frac{\mathrm{d}x}{\mathrm{d}t}=\frac{\partial \zeta}{\partial t}+u_x\frac{\partial \zeta}{\partial x}$$

因为 ζ 很小，质点的速度也很小，上式中 $u_x(\partial\zeta/\partial x)$ 是高阶微量可以略去，而 $\mathrm{d}z/\mathrm{d}t=u_z$，所以近似地取 $u_z=\partial\zeta/\partial t$，代入式（10.12）得

$$u_z=-\frac{1}{g}\left(\frac{\partial^2 \varphi}{\partial t^2}\right)_{z=0} \tag{10.13}$$

由式（10.7）知，$u_z=\partial\varphi/\partial z$，因此有

$$\frac{\partial \varphi}{\partial z}=-\frac{1}{g}\left(\frac{\partial^2 \varphi}{\partial t^2}\right)_{z=0} \tag{10.14}$$

（2）在固定边界（水底）上的边界条件。在水底，液体质点只有平行于底面方向的速度，而法向速度为0，即 $u_z=0$，由式（10.7）得

$$u_z=(\partial\varphi/\partial z)_{z=-H}=0 \tag{10.15}$$

在深水情况下，$H\rightarrow\infty$，则有

$$u_z=(\partial\varphi/\partial z)_{z=-\infty}=0 \tag{10.16}$$

（3）初始条件。在初始时刻，液体表面上的流速势 φ 及 $\partial\varphi/\partial t$ 为已知，因此当 $t=0$、$z=0$ 时有

$$\left.\begin{aligned}\varphi&=F(x)\\ \partial\varphi/\partial t&=f(x)\end{aligned}\right\} \tag{10.17}$$

求解波浪问题的方法有两种，一种方法是根据给定的边界条件和初始条件求解适合拉普拉斯方程的 φ 函数，这种方法称为正问题；另一种方法是给定一种波浪问题，使其正好适合边界条件和初始条件，这种方法称为逆问题，一般均采用后者。在实际问题中往往是需要研究风停以后的波浪运动（余波），这种波浪是一种有规则的周期性运动，因此可以不考虑初始条件，从而设定一个反映周期性运动的流速势或水面波动方程来分析，例如余弦推进波就是其中的一种。

10.2.2 余弦推进波

水面出现的简单波动有两个明显的现象，一个是波面具有周期性，即在同一位置上，每隔一定的时间即出现波峰或波谷；另一个是波面沿着某一个方向传播出去。实际观测表明，这种周期性的传播在自由液面和液体内部同样发生，只不过随水深的增加迅速减小。

10.2.2.1 流速势

二维微波运动的流速势可用式（10.18）表示：

$$\varphi=P(z)\sin(kx-\sigma t) \tag{10.18}$$

式中：$P(z)$ 为变数 z 的函数；k、σ 均为常数，k 为波数，σ 为圆频率。

分别对式（10.18）中的 x 和 z 求二次偏导数代入拉普拉斯方程式（10.8）得

$$P''(z)-k^2P(z)=0$$

上式即为波动方程，其解为

$$P(z)=C_1 e^{kz}+C_2 e^{-kz}$$

将上式代入式（10.18）得

$$\varphi=(C_1 e^{kz}+C_2 e^{-kz})\sin(kx-\sigma t) \tag{10.19}$$

式中：常数 C_1 和 C_2 须由边界条件确定。

对式（10.19）求导得

$$\frac{\partial\varphi}{\partial z}=(kC_1 e^{kz}-kC_2 e^{-kz})\sin(kx-\sigma t)$$

10.2.2.2 浅水推进波

由图 10.3 可以看出，当水深 H 为有限值，z 轴与水底的边界垂直时，利用边界条件式（10.15），当 $z=-H$ 时，由上式得 $C_2=C_1 e^{-2kH}$，代入式（10.19）得

$$\varphi=C_1 e^{-kH}[e^{k(z+H)}+e^{-(k+H)}]\sin(kx-\sigma t)$$

将上式写成双曲余弦函数的形式，即

$$\varphi=2C_1 e^{-kH}\mathrm{ch}[k(z+H)]\sin(kx-\sigma t)=C\mathrm{ch}[k(z+H)]\sin(kx-\sigma t) \tag{10.20}$$

对式（10.20）分别求出$\partial\varphi/\partial z$ 和$\partial^2\varphi/\partial t^2$，即

$$\left.\begin{aligned}\partial\varphi/\partial z&=Ck\,\mathrm{sh}[k(z+H)]\sin(kx-\sigma t)\\ \partial\varphi/\partial t&=-\sigma C\mathrm{ch}[k(z+H)]\cos(kx-\sigma t)\\ \partial^2\varphi/\partial t^2&=-\sigma^2 C\mathrm{ch}[k(z+H)]\sin(kx-\sigma t)\end{aligned}\right\} \tag{10.21}$$

将式（10.21）的第一式和第三式代入自由液面的边界条件式（10.14）得

$$Ck\,\mathrm{sh}[k(z+H)]\sin(kx-\sigma t)=\frac{1}{g}\sigma^2 C\mathrm{ch}[k(z+H)]\sin(kx-\sigma t)$$

在自由液面，$z=0$，代入上式解出

$$\sigma^2=gk\,\mathrm{th}(kH) \tag{10.22}$$

（1）波面方程。将式（10.21）的第二式代入式（10.11）可以得到自由液面的波动形状的表达式为

$$\zeta=-\frac{1}{g}\left(\frac{\partial\varphi}{\partial t}\right)_{z=0}=\frac{\sigma}{g}C\mathrm{ch}(kH)\cos(kx-\sigma t)=h'\cos(kx-\sigma t) \tag{10.23}$$

其中

$$h'=\sigma C\mathrm{ch}(kH)/g \tag{10.24}$$

由式（10.23）可以看出，波浪的外形是余弦曲线，所以称为余弦推进波。

令 $2h'=h$，h 为波高，常数 C 为

$$C=gh/[2\sigma\mathrm{ch}(kH)] \tag{10.25}$$

由式（10.23）可以看出，当 t 不变而 kx 增减 2π 时，超高 ζ 值不变，根据定义，此时水平距离的差值为波长 λ，故波长为

$$\lambda=2\pi/k,\text{或 } k=2\pi/\lambda \tag{10.26}$$

同理，当 x 不变时，σt 增加 2π 时，超高 ζ 值也不变，此时时间 t 的差值为一个周期 T，故周期为

$$T=2\pi/\sigma,\text{或 } \sigma=2\pi/T \tag{10.27}$$

由此得波速为

$$c=\lambda/T=\sigma/k \tag{10.28}$$

将式（10.22）代入式（10.28）得

$$c=\sqrt{gk\,\text{th}(kH)}/k=\sqrt{g\,\text{th}(kH)/k} \tag{10.29}$$

再将式（10.26）代入式（10.29）得

$$c=\sqrt{\frac{g\lambda}{2\pi}\text{th}\frac{2\pi H}{\lambda}} \tag{10.30}$$

$$T=\frac{\lambda}{c}=\sqrt{\frac{2\pi\lambda}{g}\text{cth}\frac{2\pi H}{\lambda}} \tag{10.31}$$

（2）长波与短波。由式（10.30）和式（10.31）可以看出，波速 c 和周期 T 是波长和水深的函数，当水深很大时，$\text{th}(kH)=\text{th}(2\pi H/\lambda)\to 1$，则

$$c=\sqrt{g\lambda/(2\pi)} \tag{10.32}$$

$$T=\sqrt{2\pi\lambda/g} \tag{10.33}$$

事实上，由双曲函数可知，当 $2\pi H/\lambda=2.3$ 时，$\text{th}(2\pi H/\lambda)=0.98$，故在 $2.3\leqslant 2\pi H/\lambda\leqslant\infty$ 范围内，取 $2\pi H/\lambda=1$，其误差不大于 2%，对于一般的计算已足够准确，当 $2\pi H/\lambda\geqslant 2.3$ 时，即相当于

$$\lambda/H\leqslant 2\pi/2.3=2.5 \text{ 或 } \lambda\leqslant 2.5H \tag{10.34}$$

此时，其波速和周期可以用式（10.32）和式（10.33）计算，满足式（10.34）条件的波浪通常称为短波。也称深水推进波。

一个极限情况是，在 $0\leqslant 2\pi H/\lambda\leqslant 2.3$ 范围内，取 $\text{th}(2\pi H/\lambda)\approx 2\pi H/\lambda$ 时，其误差也不大于 2%，此时有

$$\lambda/H\geqslant 2\pi/0.25\approx 25 \text{ 或 } \lambda\geqslant 25H \tag{10.35}$$

这样，式（10.30）和式（10.31）变成

$$\left.\begin{aligned} c&=\sqrt{gH}\\ T&=\lambda/\sqrt{gH}\end{aligned}\right\} \tag{10.36}$$

满足式（10.35）条件的波浪称为长波，它是浅水推进波的一种，长波的波长和周期用式（10.36）计算。

由以上分析可以看出，对于 $\lambda/H\leqslant 2.5$ 的短波，波速和周期用式（10.32）和式（10.33）计算；对于 $\lambda/H\geqslant 25$ 的长波，波速和周期用式（10.36）计算；而对于 $2.5<\lambda/H<25$ 的中等波，波速和周期用式（10.30）和式（10.31）计算。还可以看出，短波的波速取决于波长，与水深无关；长波的波速取决于水深，与波长无关；而中等波的波速不仅与波长有关，而且与水深有关。

（3）质点的运动速度和轨迹。有限水深中余弦推进波质点的运动速度可以根据式（10.20）的流速势来推求：

$$u_x=\frac{\partial\varphi}{\partial x}=Ck\,\text{ch}[k(z+H)]\cos(kx-\sigma t) \tag{10.37}$$

$$u_z=\frac{\partial\varphi}{\partial z}=Ck\,\text{sh}[k(z+H)]\sin(kx-\sigma t) \tag{10.38}$$

式中 Ck 可根据式（10.22）和式（10.25）求出：

$$Ck=\frac{gh}{2\sigma\,\text{ch}(kH)}\frac{\sigma^2}{g\,\text{th}(kH)}=\frac{\sigma}{2}\frac{h}{\text{sh}(kH)} \tag{10.39}$$

又因为 $u_x=\mathrm{d}x/\mathrm{d}t$，$u_z=\mathrm{d}z/\mathrm{d}t$，结合式（10.39）可得

$$u_x=\frac{\mathrm{d}x}{\mathrm{d}t}=\frac{\sigma h}{2}\frac{\mathrm{ch}[k(z+H)]}{\mathrm{sh}(kH)}\cos(kx-\sigma t) \tag{10.40}$$

$$u_z=\frac{\mathrm{d}z}{\mathrm{d}t}=\frac{\sigma h}{2}\frac{\mathrm{sh}[k(z+H)]}{\mathrm{sh}(kH)}\sin(kx-\sigma t) \tag{10.41}$$

要求得质点的轨迹方程，须对式（10.40）和式（10.41）进行积分。但以上两式中的 x 和 z 均是时间 t 的函数，积分比较困难。考虑到波高和质点的速度均很小，因此式（10.40）和式（10.41）中的 x 和 z 近似地用它们的初始坐标 x_0 和 z_0 来代替，而不致引起双曲正弦、正弦、双曲余弦、余弦诸函数的较大变化，故式（10.40）和式（10.41）可近似地写成

$$\frac{\mathrm{d}x}{\mathrm{d}t}=\frac{\sigma h}{2}\frac{\mathrm{ch}[k(z_0+H)]}{\mathrm{sh}(kH)}\cos(kx_0-\sigma t) \tag{10.42}$$

$$\frac{\mathrm{d}z}{\mathrm{d}t}=\frac{\sigma h}{2}\frac{\mathrm{sh}[k(z_0+H)]}{\mathrm{sh}(kH)}\sin(kx_0-\sigma t) \tag{10.43}$$

对式（10.42）和式（10.43）积分得

$$x=-\frac{\sigma h}{2\sigma}\frac{\mathrm{ch}[k(z_0+H)]}{\mathrm{sh}(kH)}\sin(kx_0-\sigma t)+c_1=-\frac{h}{2}\frac{\mathrm{ch}[k(z_0+H)]}{\mathrm{sh}(kH)}\sin(kx_0-\sigma t)+c_1$$

$$z=\frac{\sigma h}{2\sigma}\frac{\mathrm{sh}[k(z_0+H)]}{\mathrm{sh}(kH)}\cos(kx_0-\sigma t)+c_2=\frac{h}{2}\frac{\mathrm{sh}[k(z_0+H)]}{\mathrm{sh}(kH)}\cos(kx_0-\sigma t)+c_2$$

令 $c_1=x_0$，$c_2=z_0$，则

$$\left.\begin{aligned}x&=x_0-\frac{h}{2}\frac{\mathrm{ch}[k(z_0+H)]}{\mathrm{sh}(kH)}\sin(kx_0-\sigma t)\\ z&=z_0+\frac{h}{2}\frac{\mathrm{sh}[k(z_0+H)]}{\mathrm{sh}(kH)}\cos(kx_0-\sigma t)\end{aligned}\right\} \tag{10.44}$$

由以上两式中消去时间 t，得质点的运动轨迹方程为

$$\frac{(x-x_0)^2}{a^2}+\frac{(z-z_0)^2}{b^2}=1 \tag{10.45}$$

式中

$$\left.\begin{aligned}a&=\frac{h}{2}\frac{\mathrm{ch}[k(z_0+H)]}{\mathrm{sh}(kH)}\\ b&=\frac{h}{2}\frac{\mathrm{sh}[k(z_0+H)]}{\mathrm{sh}(kH)}\end{aligned}\right\} \tag{10.46}$$

可以看出，质点的运动轨迹为椭圆。椭圆的长半轴 a 和短半轴 b 值与 x_0 无关，而与水深 H 和初始位置的深度 z_0 有关。即初始位置在同一水平面上的各水质点在波动时具有相同的轨迹椭圆。

在自由液面上，$z_0=0$，则

$$\left.\begin{aligned}a_0&=\frac{h}{2}\frac{\mathrm{ch}(kH)}{\mathrm{sh}(kH)}=\frac{h}{2}\mathrm{cth}(kH)\\ b_0&=\frac{h}{2}\frac{\mathrm{sh}(kH)}{\mathrm{sh}(kH)}=\frac{h}{2}\end{aligned}\right\} \tag{10.47}$$

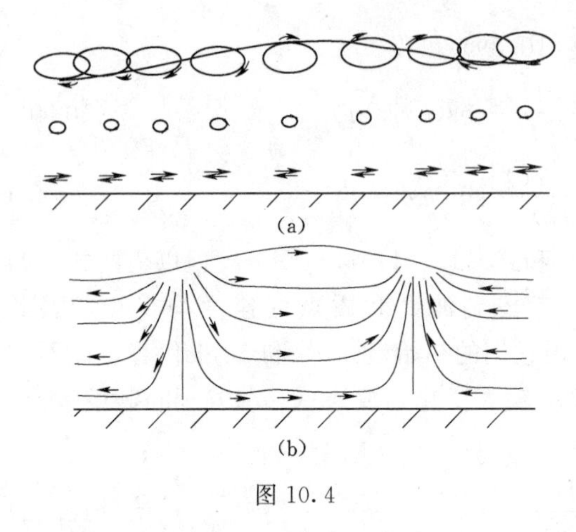

(a)

(b)

图 10.4

在水底的质点，$z_0=-H$，则

$$\left.\begin{aligned}a_H&=\frac{h}{2\mathrm{sh}(kH)}\\b_H&=0\end{aligned}\right\}\tag{10.48}$$

可见在水面上，椭圆的垂直轴恰好等于波高；在水底，椭圆的垂直轴等于 0，质点只作水平向的振动。

图 10.4 是在有限水深中余弦波质点运动的描绘，其中图 10.4（a）是拉格朗日法表示的质点运动轨迹图像，图 10.4（b）是欧拉法表示的质点运动轨迹图像。

（4）波浪中的压强分布。由式（10.10）得

$$p=-\gamma z-\rho(\partial\varphi/\partial t)\tag{10.49}$$

将式（10.21）的第 2 式代入式（10.49）得

$$p=-\gamma z+\rho\sigma C\,\mathrm{ch}[k(z+H)]\cos(kx-\sigma t)$$

将式（10.25）代入上式得

$$p=-\gamma z+\gamma\frac{h}{2}\frac{\mathrm{ch}[k(z+H)]}{\mathrm{ch}(kH)}\cos(kx-\sigma t)\tag{10.50}$$

由式（10.50）可以看出，波动压强由两部分组成，第一项$-\gamma z$ 为静水压强（负号是因为 z 轴铅直向上为正），第二项呈周期变化，是由波动水面引起的，称为净波压强。

将式（10.24）、式（10.23）代入式（10.50），利用 $z=z_0$ 的条件，并使 $z_0=0$ 得

$$p=-\gamma z+\gamma\zeta=\gamma(\zeta-z)\tag{10.51}$$

式（10.51）说明波浪中的压强分布仍然近似地符合静水压强分布规律。

（5）波能量。波浪本身也具有能量，波能量是指波动时水体较静止时增加的能量，并且这种能量也随着波浪向前传播而传播。波能量的研究是人类解决能源问题的重要课题之一。

波能可分为动能和势能两部分，动能由水质点的运动速度所引起，势能则是因为水质点在运动时其位置与其平衡位置不一致所引起的。

波浪运动中任一水质点具有的合速度可用流速势函数来表示，即

$$u^2=u_x^2+u_z^2=\left(\frac{\partial\varphi}{\partial x}\right)^2+\left(\frac{\partial\varphi}{\partial z}\right)^2$$

在一个波长 λ 范围内，假设液体厚度等于 1，则总动能为

$$E_K=\frac{\rho}{2}\iint\limits_S\left[\left(\frac{\partial\varphi}{\partial x}\right)^2+\left(\frac{\partial\varphi}{\partial z}\right)^2\right]\mathrm{d}x\,\mathrm{d}z\tag{10.52}$$

式中：S 为图 10.5 中波面与水底及一个波长的两端垂线间的面积。

应用格林公式，可将式（10.52）改写为线积分的形式：

$$E_K=\frac{\rho}{2}\oint_L\varphi\frac{\partial\varphi}{\partial n}\mathrm{d}S\tag{10.53}$$

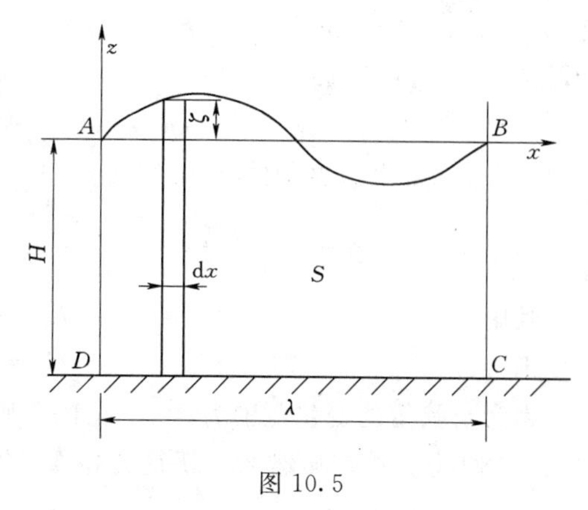

图 10.5

式中：L 为 S 面积的边界长度；n 为边界 L 的外法线方向。

由边界条件可知，在水底 CD 面上$\partial\varphi/\partial n=0$，所以在 CD 面上的积分为 0。由波的周期性可知，在 AD 和 CB 上，每一对相应点上的 φ 值必相等，但其$\partial\varphi/\partial n$ 的方向正好相反，因而在 AD 与 BC 上的积分会相互抵消。最后式（10.53）中的线积分只剩下沿波面 AB 的积分。

由于波高很小，故可用 z 方向来代表 AB 线的外法线方向，而 dS 可用 dx 代表，这样，动能方程可写成

$$E_K=\frac{\rho}{2}\int_0^{\lambda}\varphi\,\frac{\partial\varphi}{\partial z}\mathrm{d}x \tag{10.54}$$

将式（10.20）和$\frac{\partial\varphi}{\partial z}$代入式（10.54）得

$$E_K=\frac{\rho}{2}C^2k\,\mathrm{ch}[k(z+H)]\mathrm{sh}[k(z+H)]\int_0^{\lambda}\sin^2(kx-\sigma t)\mathrm{d}x \tag{10.55}$$

对式（10.55）积分，积分限 $t=0$ 时，$x=0$，$z=0$；$t=2\pi/\sigma$ 时，$x=\lambda=2\pi/k$，$z=0$，则

$$E_K=\frac{\rho}{4}C^2k\,\mathrm{ch}(kH)\mathrm{sh}(kH)\lambda \tag{10.56}$$

将式（10.25）、式（10.22）代入式（10.56）得

$$E_K=\frac{\rho g}{4}\left(\frac{h}{2}\right)^2\lambda=\frac{\gamma}{4}\left(\frac{h}{2}\right)^2\lambda \tag{10.57}$$

势能可用以下方法求得：在一个波长范围内任意做两条相距为 dx 的垂直线，这两个垂直线间 x 轴以上的水体重量为 $\gamma\zeta\mathrm{d}x$，其重心距 x 轴为 $\zeta/2$。因此，重力产生的位能为 $(\gamma\zeta^2/2)\mathrm{d}x$，在一个波长范围内，取液体厚度等于 1，则总势能为

$$E_p=\frac{\gamma}{2}\int_0^{\lambda}\zeta^2\mathrm{d}x \tag{10.58}$$

将式（10.23）和式（10.25）代入式（10.58）得

$$E_p=\frac{\gamma}{2}\int_0^{\lambda}\left(\frac{h}{2}\right)^2\cos^2(kx-\sigma t)\mathrm{d}x=\frac{\gamma}{4}\left(\frac{h}{2}\right)^2\lambda \tag{10.59}$$

由式（10.57）和式（10.59）可以看出，在一个波长范围内，动能和势能是一个常数，而且相等。则总能量为

$$E=E_K+E_p=\frac{\gamma}{2}\left(\frac{h}{2}\right)^2\lambda \tag{10.60}$$

10.2.2.3 深水推进波

对于水深为无限的情况，因为当 $z=-\infty$时，式（10.19）中的 $C_2\mathrm{e}^{-kz}\rightarrow\infty$，因此，

$\partial\varphi/\partial z=k(C_1e^{kz}-C_2e^{-kz})\sin(kx-\sigma t)\to\infty$，显然不满足边界条件$\partial\varphi/\partial z=0$，为避免这一点，应该在式（10.19）中取$C_2=0$，于是得到

$$\varphi=C_1e^{kz}\sin(kx-\sigma t) \tag{10.61}$$

式中：常数C_1由边界条件（10.11）定出，即

$$\zeta=-\frac{1}{g}\left(\frac{\partial\varphi}{\partial t}\right)_{z=0}=\frac{\sigma}{g}C_1\cos(kx-\sigma t)=h_0\cos(kx-\sigma t) \tag{10.62}$$

其中
$$h_0=\sigma C_1/g \tag{10.63}$$

则
$$C_1=gh_0/\sigma \tag{10.64}$$

因为余弦值的变化范围为［－1，1］，则$-h_0\leqslant\zeta\leqslant h_0$，当$\zeta=h_0$时出现波顶，而当$\zeta=-h_0$时为波谷，显然$2h_0$就是波高$h$，故式（10.64）为

$$C_1=gh/(2\sigma) \tag{10.65}$$

将式（10.65）代入式（10.61），得到了无限水深情况下波浪的流速势为

$$\varphi=\frac{gh}{2\sigma}e^{kz}\sin(kx-\sigma t) \tag{10.66}$$

将式（10.66）代入式（10.14）得到一个重要的关系式：

$$\sigma^2=kg$$

将上面的关系式代入式（10.26）和式（10.27）得

$$\lambda=gT^2/(2\pi)\text{或 }T=\sqrt{2\pi\lambda/g} \tag{10.67}$$

波速为

$$c=\lambda/T=\sigma/k=\sqrt{kg}/k=\sqrt{g/k} \tag{10.68}$$

或由式（10.67）和式（10.68）得

$$c=\lambda/T=gT/(2\pi)=\sqrt{g\lambda/(2\pi)} \tag{10.69}$$

由式（10.66）和$\sigma^2=kg$可得质点的运动速度为

$$u_x=\frac{\partial\varphi}{\partial x}=\frac{dx}{dt}=\frac{\sigma h}{2}e^{kz}\cos(kx-\sigma t) \tag{10.70}$$

$$u_z=\frac{\partial\varphi}{\partial z}=\frac{dz}{dt}=\frac{\sigma h}{2}e^{kz}\sin(kx-\sigma t) \tag{10.71}$$

与处理浅水推进波的方法相同，将式（10.70）和式（10.71）中的x和z近似地用它们的初始坐标x_0和z_0来代替，积分式（10.70）和式（10.71），将所得结果平方后相加，得质点的轨迹方程为

$$(x-x_0)^2+(z-z_0)^2=(he^{kz_0}/2)^2 \tag{10.72}$$

显然深水推进波的轨迹方程是半径为r的圆，圆半径为

$$r=\frac{h}{2}e^{kz_0}=\frac{h}{2}e^{\frac{2\pi}{\lambda}z_0} \tag{10.73}$$

在用式（10.73）计算半径r时，需注意坐标的方向，z向下为负，所以计算时应取负的z值代入。由式（10.73）可以看出，在自由液面上，$z_0=0$，r等于半波高$h/2$，随着z_0的增大，即随着质点位置深度的加大，其半径将迅速减小。在深度为一个波长的地方（$z_0=\lambda$），质点轨迹半径已减小到仅为水面处质点轨迹半径的1/535.5，故通常认为在

无限水深时，水深在一个波长以下的液体质点已基本上不运动了。

波浪中的压强分布为

$$p=\gamma(\zeta-z)=\gamma\left[\frac{h}{2}e^{kz}\cos(kx-\sigma t)-z\right] \tag{10.74}$$

【例题 10.1】 已知水深为 6.2m 的海域中，观测波高为 1.2m，周期为 5s，试求：(1) 波浪的波长、波速；(2) 波浪产生的海底流速最大值与波动压强变动的最大值。海水的重度为 $\gamma'=1.03\gamma$。

解：

(1) 波浪的波长、波速。

波速为

$$c=\lambda/T$$

或

$$c=\sqrt{\frac{g\lambda}{2\pi}\text{th}\frac{2\pi H}{\lambda}}$$

由以上两式得

$$\frac{\lambda}{T^2}=\frac{g}{2\pi}\text{th}\frac{2\pi H}{\lambda}$$

将 $T=5\text{s}$、$H=6.2\text{m}$、$g=9.8\text{m/s}^2$ 代入上式，试算得 $\lambda=32.5\text{m}$。波速为

$$c=\lambda/T=32.5/5=6.5(\text{m/s})$$

(2) 波浪产生的海底流速最大值与波动压强变动的最大值为

$$\sigma=2\pi/T=2\pi/5=1.25664$$

$$k=2\pi/\lambda=2\pi/32.5=0.19333$$

$$u_x=\frac{\sigma h}{2}\frac{\text{ch}[k(z+H)]}{\text{sh}(kH)}\cos(kx-\sigma t)$$

将 $\sigma=1.25664$、$k=0.19333$、$H=6.2\text{m}$、$z=-6.2\text{m}$、$h=1.2\text{m}$ 代入上式，并取 $\cos(kx-\sigma t)=1$，得海底最大流速为

$$\begin{aligned}u_x&=\pm\frac{\sigma h}{2}\frac{\text{ch}[k(z+H)]}{\text{sh}(kH)}\cos(kx-\sigma t)\\&=\pm\frac{1.25664\times1.2}{2}\frac{\text{ch}[0.19333\times(-6.2+6.2)]}{\text{sh}(0.19333\times6.2)}\times1.0=\pm0.5(\text{m/s})\end{aligned}$$

$$p=-\gamma'z+\rho'\sigma C\,\text{ch}[k(z+H)]\cos(kx-\sigma t)=-\gamma'z+\rho'\sigma\frac{gh}{2\sigma}\frac{\text{ch}[k(z+H)]}{\text{ch}(kH)}\cos(kx-\sigma t)$$

波动压强最大值为

$$p_{\max}=\pm\gamma'\frac{h}{2}\frac{\text{ch}[k(z+H)]}{\text{ch}(kH)}=\pm1.03\times9.8\times\frac{1.2}{2}\frac{1}{\text{ch}(0.19333\times6.2)}=\pm3.35(\text{kN/m}^2)$$

【例题 10.2】 已知波高 $h=2\text{m}$，波长 $\lambda=28\text{m}$，水深 $H=8\text{m}$，试求出现波顶时静水位以下 $H/2$ 处及水底的压强和净波压强，并作出净波压强分布图。海水的重度为 $\gamma'=10.06\text{kN/m}^3$。

解：

波浪压强为

$$p=-\gamma'z+\gamma'\frac{h}{2}\frac{\text{ch}[k(z+H)]}{\text{ch}(kH)}\cos(kx-\sigma t)$$

在波顶时，$p=p_a=0$，在静水面处，$z=0$，静水压强等于0，出现波顶时，净波压强为

$$p=\gamma'\frac{h}{2}=10.06\times\frac{2}{2}=10.06(\text{kN/m}^2)$$

在静水位以下 $z=H/2=-4\text{m}$ 处，静水压强 $p=-\gamma'z=-10.06\times(-4)=40.24\text{kN/m}^2$。

$$k=2\pi/\lambda=2\pi/28=\pi/14=0.22440$$

净波压强为

$$p=\gamma'\frac{h}{2}\frac{\text{ch}[k(z+H)]}{\text{ch}(kH)}=10.06\times\frac{2}{2}\times\frac{\text{ch}[0.22440\times(-4+8)]}{\text{ch}(0.22440\times8)}=4.653(\text{kN/m}^2)$$

在水底，$z=-H=-8\text{m}$，静水压强 $p=-\gamma'z=-10.06\times(-8)=80.48\text{kN/m}^2$，净波压强为

$$p=\gamma'\frac{h}{2}\frac{\text{ch}[k(z+H)]}{\text{ch}(kH)}=10.06\times\frac{2}{2}\times\frac{\text{ch}[0.22440\times(-8+8)]}{\text{ch}(0.22440\times8)}$$

$$=10.06\times1\times\frac{1}{\text{ch}(1.79520)}=3.252(\text{kN/m}^2)$$

压强分布如例题10.2图所示。

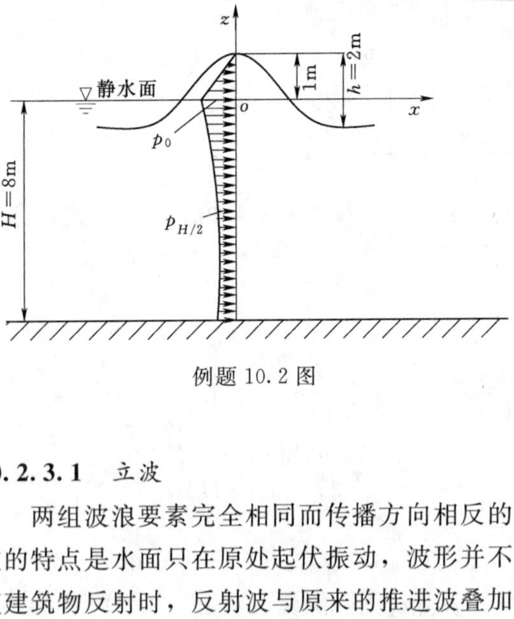

例题10.2图

10.2.3 势波的叠加

按照势流理论，几个有势流动叠加所产生的合成运动仍然是有势的。因此，几个势波叠加形成的新的流动可以通过叠加它们的流速势函数来获得。设有若干个势波，分别为 φ_1，φ_2，φ_3，…，合成后的流速势为

$$\varphi=\varphi_1+\varphi_2+\varphi_3+\cdots$$

下面介绍两个势波叠加的有关重要概念。

10.2.3.1 立波

两组波浪要素完全相同而传播方向相反的推进波叠加后产生的波动现象称为立波。立波的特点是水面只在原处起伏振动，波形并不向前推进，故又称驻波。例如推进波遇到垂直建筑物反射时，反射波与原来的推进波叠加即可产生立波。

现以有限水深中要素相同而方向相反的两组余弦推进波叠加来说明立波现象。

设两势波的流速势函数分别为

$$\varphi_1=\frac{gh}{2\sigma}\frac{\text{ch}[k(z+H)]}{\text{ch}(kH)}\sin(kx-\sigma t)$$

$$\varphi_2=\frac{gh}{2\sigma}\frac{\text{ch}[k(z+H)]}{\text{ch}(kH)}\sin(kx+\sigma t)$$

叠加后的流速势为

$$\varphi=\varphi_1+\varphi_2=\frac{gh}{\sigma}\frac{\operatorname{ch}[k(z+H)]}{\operatorname{ch}(kH)}\sin(kx)\cos(\sigma t) \tag{10.75}$$

水面波动方程为

$$\zeta=-\frac{1}{g}\left(\frac{\partial\varphi}{\partial t}\right)_{z=0}=h\sin(kx)\sin(\sigma t) \tag{10.76}$$

式中：h 为原来推进波的波高。

对于给定的时间 t，式（10.76）可写成

$$\zeta=A\sin(kx),A=h\sin(\sigma t) \tag{10.77}$$

式中：A 为波幅。

叠加后的水面轮廓为正弦曲线，如图10.6所示。图10.6（c）中所示的驻波是图10.6（a）和图10.6（b）中所示推进波叠加的结果。$\zeta=0$ 的点相当于 $x=m\pi/k$（$m=0,\pm1,\pm2,\cdots$），且对应于不同的时刻 t，这些点的 ζ 均为0。如图中的 N'，N''，N'''，…，这些点称为节点。合成后的波浪，其水面只在节点之间起伏振动。在不同的时刻 t，波幅 A 值是变化的，最大的 A 值等于 h，因此立波的最大波高为 $h'_{\max}=2h$，等于原来推进波波高的2倍。对于波长和周期，仍然是 $\lambda=2\pi/k$，$T=2\pi/\sigma$，与原来推进波的波长和周期相同。

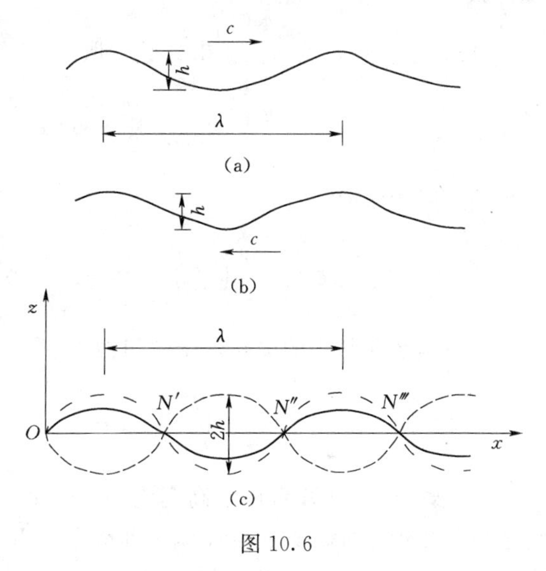

图10.6

立波质点运动的轨迹用式（10.78）计算，即

$$z-z_0=(x-x_0)\operatorname{th}[k(z_0+H)]\tan(kx_0) \tag{10.78}$$

式中：x_0、z_0 为质点初始位置的坐标。

故立波的质点轨迹是与 ox 轴成倾角的直线，如图10.7所示，其斜率决定于质点的初始位置。

在立波的节点上，水质点沿水平方向振动；在波腹中间，水质点沿垂直方向振动。

10.2.3.2 波速群

波浪叠加的结果常出现由波长、波高不同的若干波合成一组向前推进的现象，如图10.8所示，称为波群。整组波向前推进的速度称为波速群。

设有两组推进方向相同，振幅相同而波长和周期略有差别的有限水深余弦波，其各自的流速势分别为

$$\varphi_1=\frac{gh}{2\sigma}\frac{\operatorname{ch}[k(z+H)]}{\operatorname{ch}(kH)}\sin(kx-\sigma t)$$

$$\varphi_2=\frac{gh}{2\sigma'}\frac{\operatorname{ch}[k'(z+H)]}{\operatorname{ch}(k'H)}\sin(k'x-\sigma' t)$$

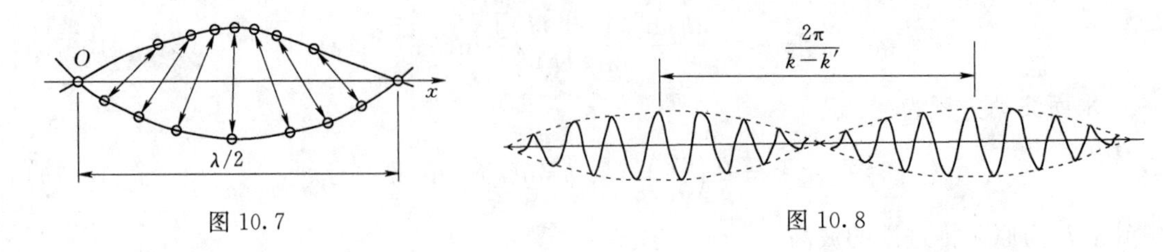

图 10.7　　　　图 10.8

叠加后的流速势为

$$\varphi=\frac{gh}{2\sigma}\frac{\mathrm{ch}[k(z+H)]}{\mathrm{ch}(kH)}\sin(kx-\sigma t)+\frac{gh}{2\sigma'}\frac{\mathrm{ch}[k'(z+H)]}{\mathrm{ch}(k'H)}\sin(k'x-\sigma' t) \tag{10.79}$$

对式（10.79）的时间 t 求导数并取 $z=0$ 得

$$\left(\frac{\partial\varphi}{\partial t}\right)_{z=0}=-\frac{gh}{2}\cos(kx-\sigma t)-\frac{gh}{2}\cos(k'x-\sigma' t)$$

叠加后的水面方程为

$$\zeta=-\frac{1}{g}\left(\frac{\partial\varphi}{\partial t}\right)_{z=0}=\frac{h}{2}[\cos(kx-\sigma t)+\cos(k'x-\sigma' t)]$$

根据三角函数和与积的关系，上式可改写成

$$\zeta=h\cos\left(\frac{k-k'}{2}x-\frac{\sigma-\sigma'}{2}t\right)\cos\left(\frac{k+k'}{2}x-\frac{\sigma+\sigma'}{2}t\right) \tag{10.80}$$

可将式（10.80）看作波高变化的一组余弦推进波群，在任一瞬时，当两个原始的推进波相角相近之处，合成波面就得到增高，当两个原始的推进波相角相差很多时，由于波高相互抵消而使合成波面减低。图 10.8 中虚线即为这样一组有大波也有小波的包络线，或可看作一组虚拟的波。这样变化的波高可由式（10.81）表示，即

$$a=h\cos\left(\frac{k-k'}{2}x-\frac{\sigma-\sigma'}{2}t\right) \tag{10.81}$$

对于波的传播速度，已知波速 $c=\sigma/k$，由式（10.80）可看出有两个速度，一个波速是

$$c=\frac{(\sigma+\sigma')/2}{(k+k')/2}\approx\frac{\sigma}{k}\approx\frac{\sigma'}{k'} \tag{10.82}$$

这个波速与原来两个原始推进波波速基本相同。

另一个波速是波群的波速，即图 10.8 中包络线的推进速度，其大小为

$$U=(\sigma-\sigma')/(k-k')=\mathrm{d}\sigma/\mathrm{d}k \tag{10.83}$$

以 $\sigma=ck$ 代入式（10.83）得

$$U=\mathrm{d}(ck)/\mathrm{d}k=c+k(\mathrm{d}c/\mathrm{d}k) \tag{10.84}$$

而

$$k=2\pi/\lambda, k\lambda=2\pi$$

微分上式，得 $\lambda \mathrm{d}k + k \mathrm{d}\lambda = 0$，故

$$k/\mathrm{d}k = -\lambda/\mathrm{d}\lambda$$

将上式代入式（10.84）得

$$U = c - \lambda(\mathrm{d}c/\mathrm{d}\lambda) \tag{10.85}$$

因为 $\mathrm{d}c/\mathrm{d}\lambda$ 为正值，所以 $U<c$。由此可知，波群速度永远小于它所包括的各个单波的速度，这样各单波便在波群中移动，而且总是比波群移动得快。

在深水波（短波）的情况下，已知深水波的波速为

$$c = \sqrt{g\lambda/(2\pi)}$$

对上式微分得

$$\mathrm{d}c/\mathrm{d}\lambda = 0.5\sqrt{g/(2\pi\lambda)} \tag{10.86}$$

将式（10.86）代入式（10.85）得

$$U = c - 0.5\lambda\sqrt{g/(2\pi\lambda)} = c - c/2 = c/2 \tag{10.87}$$

在这种情况下，波速群只等于原波速的一半。

【例题 10.3】 已知一个深水推进波的速度势为 $\varphi_1 = 2\dfrac{\sigma}{k}e^{kz}\cos(\sigma t - kx)$，当遇到与推进波方向垂直的直立墙后完全反射形成驻波，试求合成波的速度势及自由液面方程。

解：

由题意知，反射后的波动，其波动要素与入射波完全相同，但传播方向相反，因此速度势为

$$\varphi_2 = 2\frac{\sigma}{k}e^{kz}\cos(\sigma t + kx)$$

$$\varphi = \varphi_1 + \varphi_2 = 2\frac{\sigma}{k}e^{kz}[\cos(\sigma t - kx) + \cos(\sigma t + kx)] = 4\frac{\sigma}{k}e^{kz}\cos(kx)\cos(\sigma t)$$

$$\frac{\partial\varphi}{\partial t} = -4\frac{\sigma^2}{k}e^{kz}\cos(kx)\sin(\sigma t)$$

$$\zeta = -\frac{1}{g}\left(\frac{\partial\varphi}{\partial t}\right)_{z=0} = \frac{4}{g}\frac{\sigma^2}{k}\cos(kx)\sin(\sigma t)$$

因为深水推进波时，$\sigma^2 = kg$，所以上式可写成

$$\zeta = 4\cos(kx)\sin(\sigma t)$$

10.2.4 波能量的传递

推进波的水质点在波动时虽然没有向前移动，但波能却随着水质点的运动而顺着波浪传播方向向前传递，如图 10.9 所示。取一垂直于波浪传播方向的平面 AB，设波浪自左向右传播，每一个穿越平面 AB 的水质点在一个波的周期内必将两次通过这个平面，一次自左向右流出，另一次为自右向左流入，若波浪为深水推进波，那么水质点在波动时具有的动能是常数，流出、流入平面 AB 时的动能相等，但势能则不相等。由图 10.9 可以看出，流出平面 AB 时的位置 M_1 总是高于流入时的位置 M_2，这就是说水质点总是以较大的势能流出平面 AB 而以较小的势能流入该面。水质点每通过平面 AB 往返一次，就有一部分势能留在这个平面的右侧，因此波能不断地通过水质点的运动向前传递，这种现象就称为波能传递。单位时间内波能的传递量称为波能流量，记为 Φ。

设

$$\Phi = En/T = Ecn/\lambda \tag{10.88}$$

式中：n 为波能传递率；E 为一个波长范围内单位宽度水体的波能总值，可以由式（10.60）计算。

可以证明，对于有限水深，$n=0.5[1+2kH/\text{sh}(2kH)]$，对于无限水深，$n=1/2$。

利用波能流量的概念，可以计算当波浪由深水向岸边浅水推进时，波浪要素因水深改变而引起的变化，如图10.10所示。

设深水处水深、波长、波高分别为 H_0、λ_0、h_0 的波浪向岸边传播，当到达水深为 H 处时的波长、波高分别为 λ 和 h，在深水处单位时间内流进区域 D 内的波能流量为

$$\Phi = E_0 n_0 / T$$

在浅水处单位时间内流出区域 D 内的波能流量为

$$\Phi = En/T$$

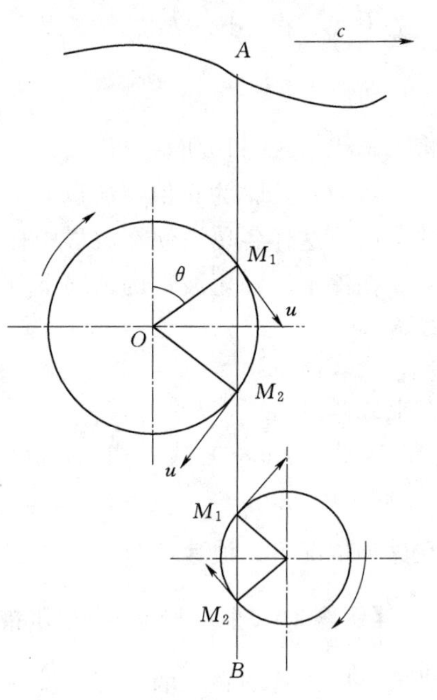

图10.9

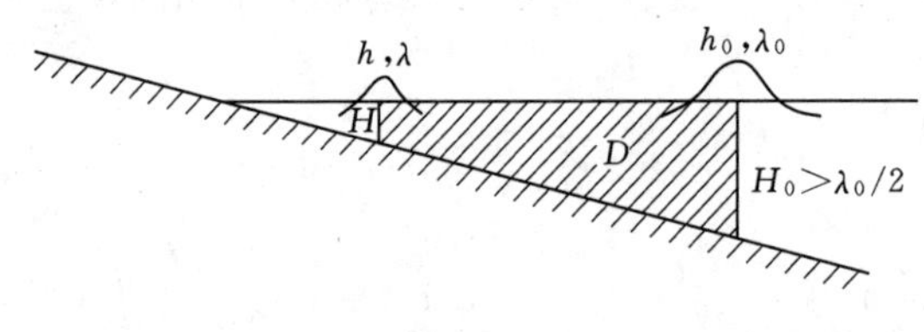

图10.10

假设波周期在波浪传播过程中保持不变，且不考虑波能的损失，则有 $E_0 n_0 = En$。因为波能量为 $E_0 = \gamma h_0^2 \lambda_0 / 8$，$E = \gamma h^2 \lambda / 8$，则

$$h/h_0 = \sqrt{n_0 \lambda_0 / (n\lambda)}$$

在深水微幅波中，$\lambda_0 = gT^2/(2\pi)$，在浅水微幅波中，$\lambda = gT^2/(2\pi)\text{th}(kH) = \lambda_0 \text{th}(kH)$，将 $n_0 = 1/2$，$n = 0.5[1+2kH/\text{sh}(2kH)]$ 代入上式得

$$\frac{h}{h_0} = \sqrt{\frac{2\text{ch}^2(kH)}{2kH + \text{sh}(2kH)}} \tag{10.89}$$

10.3 有限振幅推进波

在海洋、水库等广阔水面上所发生的波浪，波高常达数米甚至更大，波陡 h/λ 一般为1/10～1/30，因此水质点波动的振幅是有限的，这种波浪称为有限振幅波。而余波是一种有限振幅的推进波，其波形相对于静止水面不对称，波峰部分较尖陡，波谷部分较缓坦，波浪中线超出静止水面。

考虑到水底边界条件对波浪运动的影响，有限振幅推进波可分为无限水深和有限水深

两种情况。当水深 H 为无限时，波浪运动不受水底影响，这种有限振幅推进波称为深水推进波。事实上，当水深 $H \geqslant \lambda/2$ 时，水底对波浪的运动几乎无影响，可以认为 $H \geqslant \lambda/2$ 时为深水推进波；当 $H < \lambda/2$ 时为浅水推进波。对于有限水深推进波的研究采用拉格朗日方法。参考文献［1］给出了由拉格朗日法导出的连续性方程和运动方程为

连续性方程为

$$\frac{\partial}{\partial t}\left(\frac{\partial x}{\partial x_0}\frac{\partial z}{\partial z_0}-\frac{\partial x}{\partial z_0}\frac{\partial z}{\partial x_0}\right)=0 \tag{10.90}$$

运动方程为

$$\left.\begin{aligned}\frac{\partial}{\partial x_0}\left(gz-\frac{p}{\rho}\right)=\frac{\partial^2 x}{\partial t^2}\frac{\partial x}{\partial x_0}+\frac{\partial^2 z}{\partial t^2}\frac{\partial z}{\partial x_0}\\ \frac{\partial}{\partial z_0}\left(gz-\frac{p}{\rho}\right)=\frac{\partial^2 x}{\partial t^2}\frac{\partial x}{\partial z_0}+\frac{\partial^2 z}{\partial t^2}\frac{\partial z}{\partial z_0}\end{aligned}\right\} \tag{10.91}$$

式中：x_0 和 z_0 分别为水质点在起始时刻的位置。

10.3.1 深水推进波

10.3.1.1 深水推进波的基本特性

1802年，盖司特耐（F. Gerstner）提出了深水推进波余摆线理论，由于解答简明，与实际观测又相当符合，所以至今仍得到广泛应用。

盖司特耐的余摆线理论研究的对象是二维余波，分析时做了以下假定：①水体是理想液体，内摩擦力可以忽略；②水深无限大，波浪运动不受海底影响；③水质点在垂直平面上作等速圆周运动，如图10.11所示，圆心位于质点静止时的位置之上一定距离；④静止时位于同一水平面上的水质点，波动时形成的曲面称为波动面，而同一波动面上的水质点，具有相等的圆周运动半径 r，在水面 $r=r_0=h/2$，而在垂直方向，自水面向下 r 值则急剧减小；⑤做圆周运动时，质点径线与向上垂线的交角称为相角 θ，在同一瞬时，同一波动面上，相角顺波浪行进方向随距离增加而成比例地减小，同一瞬时圆心位于同一垂线上的各个水质点的相角相等。

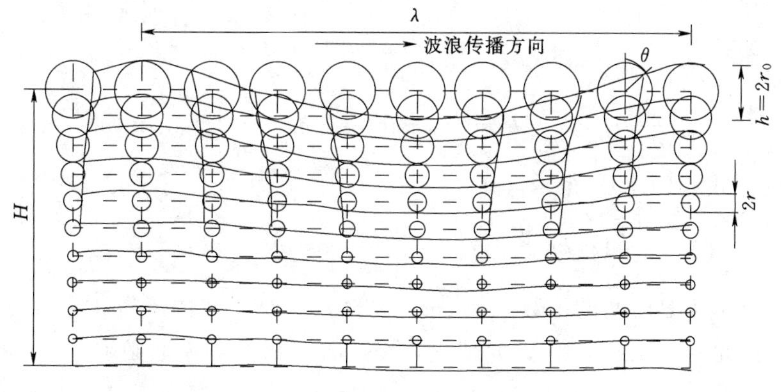

图 10.11

按以上假定，取波浪中心线为 x 轴，沿波浪推进方向为正，取垂线为 z 轴，向下为正，如图10.12所示。水质点 m 的轨迹圆的圆心坐标为（x_0，z_0），水质点 m 的运动可

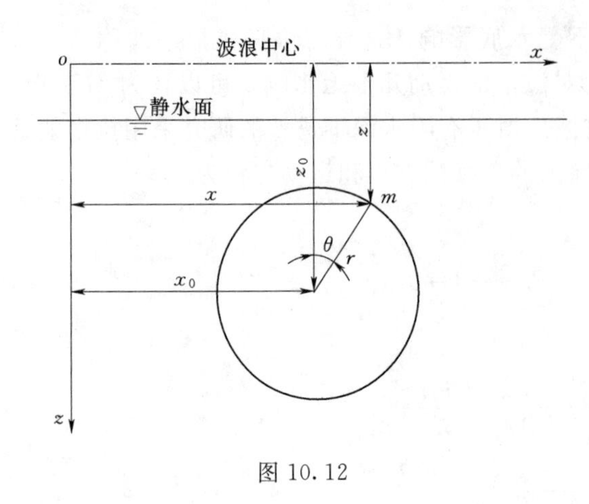

图 10.12

用式（10.92）表示，即

$$\left.\begin{aligned}x&=x_0+r\sin\theta\\z&=z_0-r\cos\theta\end{aligned}\right\}\tag{10.92}$$

其中 $r=f(z_0)$

相角 θ 可以写成

$$\theta=\sigma t-kx_0$$

式中：σ 为质点的角速度；k 为转圆曲率。

t 每增加一个周期 T，水质点便旋转一周，即相角 θ 增加 2π，故 $\sigma=2\pi/T$，在同一瞬时，x_0 每增加一个波长 λ，水质点和轨迹圆圆心的相对位置仍相同，而相角则减小了 2π，故 $k=2\pi/\lambda$，这样式（10.92）可改写成

$$\left.\begin{aligned}x&=x_0+r\sin(\sigma t-kx_0)=x_0+r\sin(2\pi t/T-2\pi x_0/\lambda)\\z&=z_0-r\cos(\sigma t-kx_0)=z_0-r\cos(2\pi t/T-2\pi x_0/\lambda)\end{aligned}\right\}\tag{10.93}$$

式（10.93）为深水推进波水质点运动的基本方程。当波长和周期一定时，由这个方程可以确定任一质点在任何瞬时所在的位置。水面上各水质点 $z_0=0$，而 x_0 不相同。取 $z_0=0$，以 x_0 为参变数所描绘出的曲线就是某一瞬时 t 的波形曲线。

下面检验该方程是否满足拉格朗日的连续性方程、运动方程和边界条件。

首先，检验是否满足连续性方程，为此对式（10.93）各项求偏导数，在求导数时，因为 $r=f(z_0)$，所以 $\partial r/\partial x_0=0$，则

$$\frac{\partial x}{\partial x_0}=1+\frac{\partial r}{\partial x_0}\sin(\sigma t-kx_0)-kr\cos(\sigma t-kx_0)=1-kr\cos(\sigma t-kx_0)$$

$$\frac{\partial z}{\partial z_0}=1-\frac{\partial r}{\partial z_0}\cos(\sigma t-kx_0)$$

$$\frac{\partial x}{\partial z_0}=\frac{\partial r}{\partial z_0}\sin(\sigma t-kx_0)$$

$$\frac{\partial z}{\partial x_0}=-\left[\frac{\partial r}{\partial x_0}\cos(\sigma t-kx_0)+kr\sin(\sigma t-kx_0)\right]=-kr\sin(\sigma t-kx_0)$$

将以上四式代入式（10.90）得

$$\frac{\partial}{\partial t}\left[1+kr\frac{\partial r}{\partial z_0}-\left(kr+\frac{\partial r}{\partial z_0}\right)\cos(\sigma t-kx_0)\right]=0\tag{10.94}$$

式中：k、r、σ 都不是时间的函数，但 $\cos(\sigma t-kx_0)$ 是时间的函数，它对时间 t 的偏导数不等于 0。因此，要使式（10.94）成立，$\cos(\sigma t-kx_0)$ 项系数必须等于 0，即

$$kr+\partial r/\partial z_0=0\text{ 或 }\partial r/\partial z_0=-kr$$

则 $$\mathrm{d}r/r=-k\mathrm{d}z_0$$

积分后得 $$\ln r=-kz_0+C$$

在水面，$z_0=0$，$r=r_0=h/2$，故 $C=\ln r_0$，代入上式得

$$r=r_0 e^{-kz_0}=\frac{h}{2}e^{-kz_0} \tag{10.95}$$

式（10.95）与前面在波高为微小的无限水深势波中得到的式（10.73）相同，但需注意在用式（10.95）计算 r 时，坐标向下为正。

由上面的推导可知，只有当水质点轨迹圆的半径满足式（10.95）时，水流的连续性才能满足。即对深水推进波来说，水质点的轨迹圆半径在垂直方向上应按对数律减小，并且可以看出波长越小时，轨迹圆半径的减小越迅速。通常认为，在无限水深情况下，水深在一个波长以下的液体质点是不运动的，有时在实际运算中，常把水深 $H>\lambda/2$ 以下的液体质点即认为是静止的。

下面分析式（10.93）是否满足运动方程式（10.91）。

对式（10.93）的时间 t 求二阶导数，则

$$\frac{\partial^2 x}{\partial t^2}=\frac{\partial}{\partial t}[r\sigma\cos(\sigma t-kx_0)]=-r\sigma^2\sin(\sigma t-kx_0)$$

$$\frac{\partial^2 z}{\partial t^2}=\frac{\partial}{\partial t}[r\sigma\sin(\sigma t-kx_0)]=r\sigma^2\cos(\sigma t-kx_0)$$

将以上两式连同 $\partial x/\partial x_0$、$\partial x/\partial z_0$、$\partial z/\partial x_0$、$\partial z/\partial z_0$ 一起代入式（10.91），并注意 $\partial r/\partial z_0=-kr$，整理得

$$\left.\begin{aligned}\frac{\partial}{\partial x_0}\left(gz-\frac{p}{\rho}\right)&=-\sigma^2 r\sin(\sigma t-kx_0)\\\frac{\partial}{\partial z_0}\left(gz-\frac{p}{\rho}\right)&=k\sigma^2 r^2+\sigma^2 r\cos(\sigma t-kx_0)\end{aligned}\right\} \tag{10.96}$$

将式（10.96）分别乘以 $\mathrm{d}x_0$ 和 $\mathrm{d}z_0$，相加后可以化为全导数，即

$$\mathrm{d}\left(gz-\frac{p}{\rho}\right)=-\mathrm{d}\left[\frac{\sigma^2 r}{k}\cos(\sigma t-kx_0)+\frac{1}{2}\sigma^2 r^2\right]$$

对上式积分，并将 $z=z_0-r\cos(\sigma t-kx_0)$ 代入得

$$\frac{p}{\rho}=g[z_0-r\cos(\sigma t-kx_0)]+\frac{\sigma^2}{k}r\cos(\sigma t-kx_0)+\frac{1}{2}\sigma^2 r^2+C \tag{10.97}$$

在水面，$z_0=0$，$r=r_0$，$p=p_0$，所以

$$\frac{p_0}{\rho}=\left(\frac{\sigma^2}{k}-g\right)r_0\cos(\sigma t-kx_0)+\frac{1}{2}\sigma^2 r_0^2+C \tag{10.98}$$

式中：p_0 为大气压强，无风时，在水面上各点应为常数。

而等号右边的第二项和第三项均为常数，故只有随时间变化的第一项系数为 0 时，式（10.98）才能成立，这样得出

$$\sigma^2/k-g=0 \quad 或 \quad \sigma^2=kg \tag{10.99}$$

由式（10.99）可以看出，深水推进波的角速度平方值和转圆曲率的比值应等于重力加速度。将 $\sigma=2\pi/T$，$k=2\pi/\lambda$ 代入式（10.99）得

波速
$$c=\lambda/T=\sqrt{g\lambda/(2\pi)} \tag{10.100}$$

波周期
$$T=\sqrt{2\pi\lambda/g} \tag{10.101}$$

由以上两式可以看出，波速和波周期与前面的式（10.69）和式（10.67）相同。

上面从满足两个基本方程所要求的条件出发得到了深水推进波的两个基本特性，这两个特性和实际观测是较为吻合的。现在再进一步推求深水推进波的其他特性。

10.3.1.2　波动水面的形状

波动水面就是在某一瞬时 t 水面上各水质点所在位置的连线。为简明计，取 $t=0$，此时 $z_0=0$，$r=r_0=h/2$，又由式 $\theta=\sigma t-kx_0$ 得 $x_0=-\theta/k=-\lambda\theta/2\pi$，因此式（10.92）可以写成

$$\left.\begin{aligned}x&=-\frac{\lambda}{2\pi}\theta+\frac{h}{2}\sin\theta\\ z&=-\frac{h}{2}\cos\theta\end{aligned}\right\}\tag{10.102}$$

这就是水面的波动方程，其中 θ 是参变量。这个方程表示的曲线是圆余摆线，圆余摆线是指每一个圆沿其切线滚动时圆内某点所描绘的曲线。设在波浪中线以上 $\lambda/2\pi$ 处画一平行直线，取半径为 $R=1/k=\lambda/2\pi$ 的转圆沿此线滚动，如图 10.13 所示。由图中可以看出，在圆内距圆心 $h/2$ 的 A 点所描绘的圆余摆线正好满足波形方程式（10.102）。圆余摆线在波峰处较陡而在波谷处较坦，上下并不对称，r_0 越大，则其不对称性也越显著，极限时 $r_0=R$ 就成为圆摆线。圆摆线在顶峰处斜率不连续，如 r_0 更大则水质点在波顶处将脱离水体，发生破碎，因此深水推进波的波高在理论上不能大于 λ/π，天然情况下波高还未达到这一极限值以前波已开始破碎。

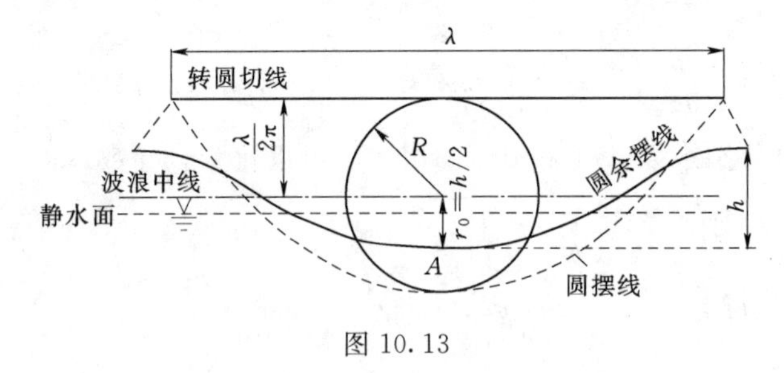

图 10.13

与上面的求法相同，可以得到水面以下各波动面曲线的方程为

$$\left.\begin{aligned}x&=-\frac{\lambda}{2\pi}\theta+\frac{h}{2}e^{-kz_0}\sin\theta\\ z&=z_0-\frac{h}{2}e^{-kz_0}\cos\theta\end{aligned}\right\}\tag{10.103}$$

式（10.103）表示的也是圆余摆线，其转圆半径与水面的转圆半径相等，只是曲线的振幅按指数函数减小。

10.3.1.3　波浪中线的位置

由于深水推进波的水质点只做圆周运动，而没有向前推移，则在一个波长范围内，波动时水的体积应与静止时的相等，即在波浪的纵剖面上，静水面以上波峰部分的面积应等于静水面以下波谷部分的面积。但是圆余摆线中心线（即波浪中线）以下的面积大于中心线以上的面积，如图 10.14 所示。波浪中线位于静水面之上，在一个波长范围内圆余摆线中心线上、下的面积差为

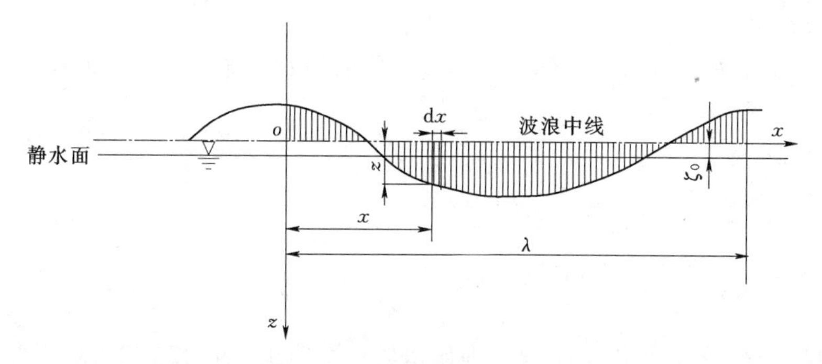

图 10.14

$$A=\int_0^{\lambda} z\,\mathrm{d}x$$

由式（10.102）可知，当 $z_0=0$ 时，$z=-r_0\cos\theta=-\frac{h}{2}\cos\theta$，$x=-\frac{\lambda}{2\pi}\theta+r_0\sin\theta=-\frac{\lambda}{2\pi}\theta+\frac{h}{2}\sin\theta$，$\mathrm{d}x=-\frac{\lambda}{2\pi}\mathrm{d}\theta+r_0\cos\theta\mathrm{d}\theta$，$\theta$ 的取值范围为 $0\sim-2\pi$，则

$$A=\int_0^{2\pi}-r_0\cos\theta\left(-\frac{\lambda}{2\pi}+r_0\cos\theta\right)\mathrm{d}\theta=\int_0^{2\pi}\frac{\lambda}{2\pi}r_0\cos\theta\mathrm{d}\theta-r_0^2\int_0^{2\pi}\cos^2\theta\mathrm{d}\theta$$
$$=\frac{\lambda}{2\pi}r_0\sin\theta\ |_0^{-2\pi}-r_0^2\left(\frac{1}{2}\theta+\frac{1}{4}\sin2\theta\right)_0^{-2\pi}=\pi r_0^2 \tag{10.104}$$

πr_0^2 是自由液面上水质点轨迹圆的面积。由于 πr_0^2 永为正值，故波浪中线必位于静水面之上。设波浪中线与静水面之间的距离（即超高）为 ζ_0，而在一个波长范围内波浪中线和静水面之间的面积为 $\zeta_0\lambda$，由图 10.14 可以看出，$\zeta_0\lambda$ 必等于圆余摆线中心线上、下的面积差，即

$$\zeta_0\lambda=\pi r_0^2$$
$$\zeta_0=\pi r_0^2/\lambda=\pi h^2/(4\lambda) \tag{10.105}$$

同理，水面下任一波动面的中线超高 ζ 也可按类似方法求得

$$\zeta=\pi r^2/\lambda \tag{10.106}$$

10.3.1.4 水质点的运动速度

深水推进波的圆质点做等速的圆周运动，其切线速度为

$$u=r\sigma=\frac{2\pi r}{T}=r\sqrt{\frac{2\pi g}{\lambda}}=\frac{h}{2}\mathrm{e}^{-kz_0}\sqrt{\frac{2\pi g}{\lambda}} \tag{10.107}$$

由此可见，水质点的运动速度与波高成正比，与波长的平方根成反比，与轨迹圆半径一样，当深度 z_0 增大时，水质点的运动速度按对数律迅速递减。

比较式（10.106）和式（10.107）得

$$u^2/(2g)=\zeta \tag{10.108}$$

式（10.108）说明，波动时水质点平均位置超出静止时位置的高度等于该水质点的速度水头。

10.3.1.5　波压强

将式（10.99）代入式（10.98），并注意在液面相对压强 $p_0=0$，则得

$$C=-\frac{1}{2}\sigma^2 r_0^2$$

将上式和式（10.99）代入式（10.97）得

$$\frac{p}{\gamma}=z_0+\frac{\sigma^2}{2g}(r^2-r_0^2)=z_0-\frac{k}{2}(r_0^2-r^2)=z_0-\zeta_0+\zeta \tag{10.109}$$

由图10.15可以看出，$z_0-\zeta_0+\zeta=z$，即该水质点在静止时的水下深度，因此

$$p=\gamma z \tag{10.110}$$

这说明波动时水质点所受的压强不变，其大小等于该水质点在静止时所受的静水压强。故任一个波动面都是等压面。同时必须指出，对空间任一固定点来说，由于它在不同时刻被不同的水质点所占据，所以这一点的压强大小就时刻在改变着，当波顶通过这点的垂线时该点的压强最大，当波底通过该点时，该点的压强最小。由此可以画出无限水深时圆余摆线波沿着垂线上的波压分布图，如图10.16所示。

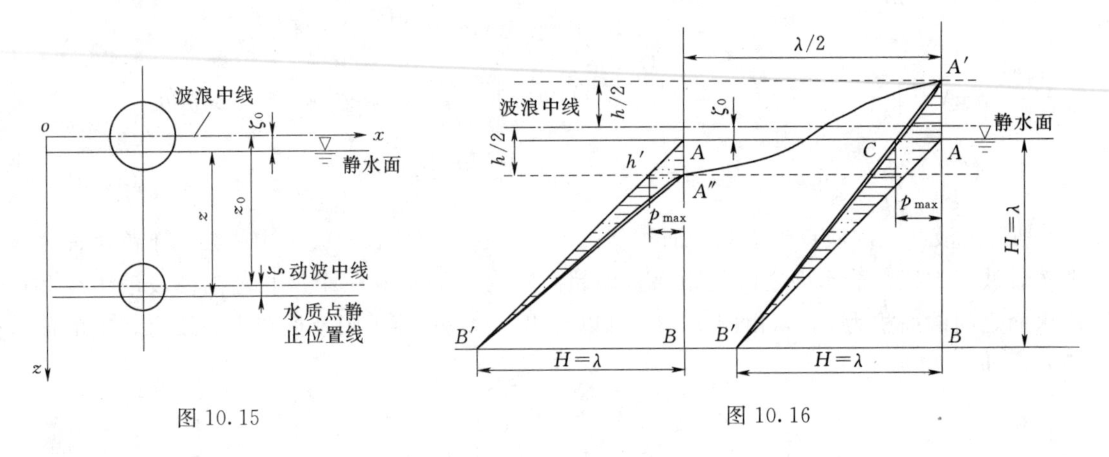

图10.15　　　　图10.16

10.3.1.6　波能量

深水推进波动能的增加表现为水质点作圆周运动；势能的增加表现为波动时水质点平均位置的提高。因为水质点沿圆周做等速运动，从位置的对称性可见，在一个周期中，它的平均位置是轨迹圆心，故单位重量水体势能的平均值等于轨迹圆心高出水质点静止位置的距离，即超高 ζ_0；动能则是常数，由式（10.108）可见单位重量水体的动能等于平均势能 ζ_0。

在一个波长范围内，深度为 z_0 的单位宽度水体的势能 E_p 和动能 E_K 也必相等，其值为

$$E_p=E_K=\gamma\int_0^{z_0}\zeta\lambda\,\mathrm{d}z_0$$

将式（10.106）和式（10.95）代入上式得

$$E_p=E_K=\gamma\int_0^{z_0}\lambda\,\frac{\pi r_0^2}{\lambda}\mathrm{e}^{-2kz_0}\,\mathrm{d}z_0=\frac{\gamma h^2\lambda}{16}(1-\mathrm{e}^{-2kz_0}) \tag{10.111}$$

波能总值为

$$E=E_p+E_K=\frac{\gamma h^2\lambda}{8}(1-e^{-2kz_0}) \tag{10.112}$$

从式（10.112）可见，波能量随深度 z_0 的增加而增大，但当水深越大时增加的值越小，即波能大部分集中在水体的表层，当 $z_0=\lambda/2$ 时，$e^{-2kz_0}=0.0018$，可认为深度在半波长以下的波能已很小，可略去不计，当水深为无限时，$e^{-2kz_0}=0$，则可认为在一个波长范围内单宽水体所含的平均总波能为

$$E=\gamma h^2\lambda/8 \tag{10.113}$$

10.3.2 浅水推进波

10.3.2.1 浅水推进波的基本特性

对于浅水推进波，鲍辛耐司克（J. Boussinesq）提出了椭圆余摆线理论。

椭圆余摆线理论的假设与圆余摆线理论相似，其不同点在于水质点做椭圆运动，如图 10.17所示。椭圆的水平轴为长轴，垂直轴为短轴，椭圆的大小在水平方向相同，沿铅垂方向向下逐渐变成扁平。水质点在椭圆轨迹上做等角速的旋转运动，而在轨迹椭圆上的切向速度已不再是等速的。

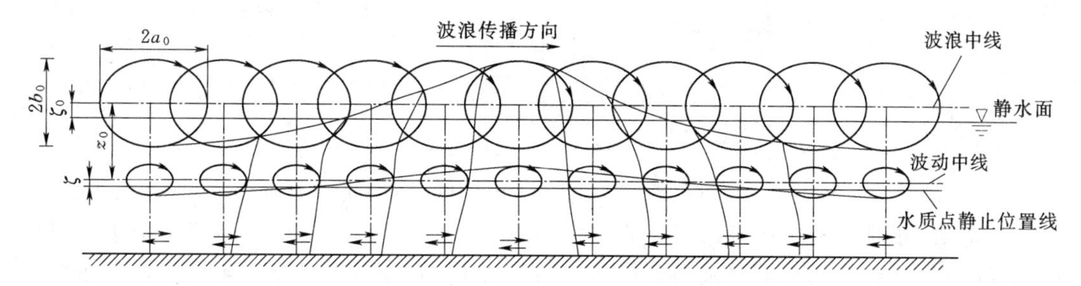

图 10.17

根据上述假设，取波浪中线为 x 轴，如图 10.18 所示，则水质点 M 的运动可以用下面的关系来表示：

$$\left.\begin{aligned}x&=x_0+a\sin\theta=x_0+a\sin(\sigma t-kx_0)\\ z&=z_0-b\cos\theta=z_0-b\cos(\sigma t-kx_0)\end{aligned}\right\} \tag{10.114}$$

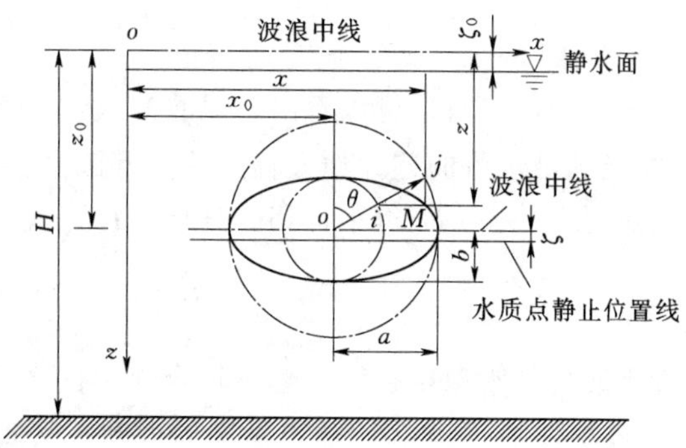

式中：a、b 分别为椭圆的长半轴和短半轴；θ 为相角，但 θ 角并不是 M 点与轨迹中心连线和垂线的夹角，而是内外辅助圆的径线和垂线的夹角。

图 10.18

从径线与内外辅助圆的交点 i、j 分别引水平和垂直线，其交点即为水质点 M 所在的位置。$\theta=\sigma t-kx_0$，σ 和 k 的表示方法与深水推进波相同。

和研究深水推进波一样，也要检验式（10.114）是否符合拉格朗日的连续性方程和运动方程，并确定符合基本规律所应满足的附加条件。

将式（10.114）代入连续性方程式（10.90），求得满足连续性方程所需的条件为

$$k^2(a^2-b^2)=0 \tag{10.115}$$

$$kb+\partial a/\partial z_0=0 \tag{10.116}$$

由此得出长半轴和短半轴的表达式为

$$\left.\begin{aligned} a&=\frac{h}{2}\frac{\mathrm{ch}[k(H-z_0)]}{\mathrm{sh}(kH)} \\ b&=\frac{h}{2}\frac{\mathrm{sh}[k(H-z_0)]}{\mathrm{sh}(kH)} \end{aligned}\right\} \tag{10.117}$$

式中：z_0 为水质点轨迹椭圆中心的坐标，而不是水质点在静止时初始位置的坐标。

从式（10.117）可以求得，在自由液面上，$z_0=0$，长半轴和短半轴为

$$\left.\begin{aligned} a_0&=\frac{h}{2}\frac{\mathrm{ch}(kH)}{\mathrm{sh}(kH)}=\frac{h}{2}\mathrm{cth}(kH) \\ b_0&=\frac{h}{2}\frac{\mathrm{sh}(kH)}{\mathrm{sh}(kH)}=\frac{h}{2} \end{aligned}\right\} \tag{10.118}$$

在水底处，$z_0=H$，半长轴和短半轴为

$$\left.\begin{aligned} a_H&=\frac{h}{2}\frac{1}{\mathrm{sh}(kH)} \\ b_H&=0 \end{aligned}\right\} \tag{10.119}$$

椭圆的焦距为

$$f=2\sqrt{a_H^2-b_H^2}=h/\mathrm{sh}(kH)=2a_H \tag{10.120}$$

所以，浅水推进波水质点的轨迹椭圆是随其中心纵坐标 z_0 的增加而趋于扁平，但焦距保持不变。在水底边界上，水质点沿水平方向在长轴 $2a_H$ 范围内作往复运动，如果把 a、b 和 $k=2\pi/\lambda$ 代入式（10.115）可得

$$k^2(a^2-b^2)=\left(\frac{h}{\lambda}\right)^2\frac{\pi^2}{\mathrm{sh}^2(kH)}=0 \tag{10.121}$$

由式（10.121）可以看出，只有当波高和波长的比值无限小时式（10.121）才等于0，才能满足水流的连续性方程，这是椭圆余摆线理论的不足之处。因为一般发生浅水波时水深较小，当 kH 很小，$\mathrm{sh}(kH)\approx kH$，式（10.121）可以写成

$$k^2(a^2-b^2)\approx\frac{1}{4}\left(\frac{h}{H}\right)^2 \tag{10.122}$$

这说明波高与水深比越大，越不符合连续性方程，这是椭圆余摆线理论的基本缺陷。假如 h/H 极小，则 $a\approx b$，水质点做圆周运动，又属于深水推进波的范畴了。

从式（10.114）中消去参数 t，可得水质点的轨迹方程为

$$\frac{(x-x_0)^2}{a^2}+\frac{(z-z_0)^2}{b^2}=1 \tag{10.123}$$

即有限振幅浅水推进波的水质点的运动轨迹为一封闭椭圆。

再研究浅水推进波的式（10.114）满足液流运动方程的条件。和深水推进波的求法相似，可以得到

$$\frac{p}{\rho}=gz_0-\left(gb-\frac{\sigma^2 a}{k}\right)\cos\theta+\frac{1}{2}\sigma^2 a^2+C \tag{10.124}$$

由边界条件，在水面上，$z_0=0$ 时 $a=a_0=h\operatorname{cth}(kH)/2$，$b=b_0=h/2$，$p=p_0=0$，则积分常数

$$C=\left(gb_0-\frac{\sigma^2 a_0}{k}\right)\cos\theta-\frac{1}{2}\sigma^2 a_0^2 \tag{10.125}$$

因式中 $\cos\theta$ 是随时间而变的变量，故式（10.125）只有在

$$gb_0-\sigma^2 a_0/k=0 \tag{10.126}$$

的条件下才是正确的，才能满足液流的运动方程，将 $\sigma=2\pi/T$，$k=2\pi/\lambda$ 代入式（10.126）得浅水推进波的周期为

$$T=\sqrt{\frac{2\pi\lambda}{g}\frac{a_0}{b_0}}=\sqrt{\frac{2\pi\lambda}{g}\operatorname{cth}(kH)} \tag{10.127}$$

波速为

$$c=\lambda/T=\sqrt{\frac{g\lambda}{2\pi}\operatorname{th}(kH)} \tag{10.128}$$

可见浅水推进波的周期和波速不仅与波长有关，而且随水深变化。因为 $\operatorname{th}(kH)=\operatorname{th}(2\pi H/\lambda)<1$，故 $\operatorname{cth}(kH)>1$，所以当波长相同时，浅水推进波的波速小于深水推进波的波速，而周期则大于深水推进波的周期。

当 $H/\lambda\geqslant 1/2$ 时，$\operatorname{th}(kH)\approx 1$，于是有 $T=\sqrt{2\pi\lambda/g}$，$c=\sqrt{g\lambda/(2\pi)}$，与深水推进波相同。因此在实际工程计算中，深水推进波和浅水推进波的界限可定为 $H/\lambda=1/2$。

又当 $H/\lambda\leqslant 1/25$ 时，$\operatorname{th}(kH)\approx kH$，于是有

$$c=\sqrt{g\lambda/(2\pi)}\sqrt{\operatorname{th}(kH)}=\sqrt{gH} \tag{10.129}$$

$$T=\lambda/c=\lambda/\sqrt{gH} \tag{10.130}$$

波速只与水深有关，这种浅水推进波的波长为水深的 25 倍以上，故称为长波，潮汐波等一类属于这个范畴。

当 $\lambda\leqslant 2.5H$ 时，$2\pi H/\lambda\geqslant 2.5$，$\operatorname{th}(2\pi H/\lambda)\approx 1$，于是有

$$c=\sqrt{g\lambda/(2\pi)}$$

$$T=\sqrt{2\pi\lambda/g}$$

此时浅水推进波的波速和周期与水深无关，仅与波长有关，与深水推进波的波速和周期有相同的关系式，这种波浪由于波长小于水深的 2.5 倍，故称为短波。

10.3.2.2 波面形状

根据式（10.114），当 $t=0$ 时，$z_0=0$，$a=a_0=0.5h\operatorname{cth}(kH)$，$b=b_0=h/2$，可得自由液面的波面方程为

$$\left.\begin{aligned}x&=-\frac{\lambda}{2\pi}\theta+a_0\sin\theta=-\frac{\lambda}{2\pi}\theta+\frac{h}{2}\operatorname{cth}(kH)\sin\theta\\ z&=-b_0\cos\theta=-\frac{h}{2}\cos\theta\end{aligned}\right\} \tag{10.131}$$

式（10.131）表示的曲线为椭圆余摆线，如图 10.19 所示。其转圆半径 $R=\lambda/(2\pi)$，设在

波浪中线以上 $\lambda/(2\pi)$ 处作一平行线，取半径 $R=\lambda/(2\pi)$ 的转圆沿此线滚动，转圆内按半径 a_0、b_0 作两个辅助圆，则当 A 转至 A' 时，辅助圆上 I、J 两点分别移至 I'、J' 处。从 I' 作水平线，从 J' 作铅垂线，两线相交于 M' 点，M' 点即为水面液体质点所在位置，如此连续描绘各 M' 点，所构成的曲线就是波形曲线。椭圆余摆线的波峰部分比圆余摆线的波峰更为尖锐，而波谷部分更为坦长。

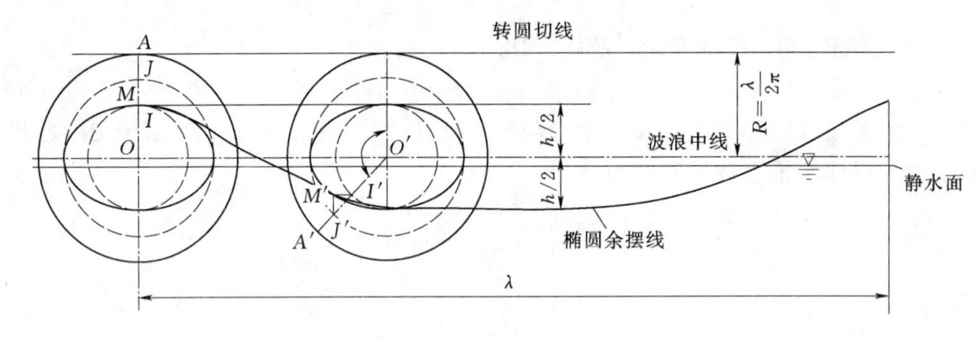

图 10.19

同样可以求出自由液面以下各波动面的波面曲线方程为

$$\left.\begin{aligned} x&=-\frac{\lambda}{2\pi}\theta+\frac{h}{2}\frac{\mathrm{ch}[k(H-z_0)]}{\mathrm{sh}(kH)}\sin\theta \\ z&=z_0-\frac{h}{2}\frac{\mathrm{sh}[k(H-z_0)]}{\mathrm{sh}(kH)}\cos\theta \end{aligned}\right\} \tag{10.132}$$

由式（10.132）可知自由液面以下各波动面的波面曲线也是椭圆余摆线，其转圆半径仍为 $R=\lambda/(2\pi)$，而水质点轨迹椭圆的长半轴和短半轴比自由液面上的小，波形较平坦。

在水底处，$z_0=H$，则 $\mathrm{sh}[k(H-z_0)]=0$，$\mathrm{ch}[k(H-z_0)]=1$，式（10.132）变为

$$\left.\begin{aligned} x&=-\frac{\lambda}{2\pi}\theta+\frac{h}{2}\frac{1}{\mathrm{sh}(kH)}\sin\theta \\ z&=H \end{aligned}\right\} \tag{10.133}$$

式（10.133）表明波形为直线。

10.3.2.3 波浪中线的位置

和深水推进波的计算方法相同，可以求出中线超高 ζ 为

$$\zeta=\pi ab/\lambda \tag{10.134}$$

在自由液面上（$z_0=0$）的波动中线超高为

$$\zeta_0=\frac{\pi a_0 b_0}{\lambda}=\frac{\pi h^2}{4\lambda}\mathrm{cth}(kH) \tag{10.135}$$

因为 $\mathrm{cth}(kH)>1$，故浅水推进波的中线超高较深水推进波为大，水深越浅则超高越大。

10.3.2.4 水质点的运动速度

和深水推进波不同，浅水推进波的水质点在椭圆轨道上的运动速度随时间变化，是时间 t 的函数。对式（10.114）中的时间 t 求导数可求得其水平分速度 u_x 和垂直分速度 u_z 为

$$\left.\begin{aligned} u_x&=\mathrm{d}x/\mathrm{d}t=a\sigma\cos\theta=a\sigma\cos(\sigma t-kx_0) \\ u_z&=\mathrm{d}z/\mathrm{d}t=b\sigma\sin\theta=b\sigma\sin(\sigma t-kx_0) \end{aligned}\right\} \tag{10.136}$$

则水质点沿轨迹椭圆的运动速度为

$$u=\sqrt{u_x^2+u_z^2}=\sigma\sqrt{a^2\cos^2\theta+b^2\sin^2\theta} \tag{10.137}$$

在波顶点和波底点的垂线上，$\theta=n\pi$，$\sin\theta=0$，$\cos\theta=\pm1$，水平分速最大为

$$u_{\max}=u_{x\max}=\pm\sigma a=\pm\frac{h}{2}\frac{\mathrm{ch}[k(H-z_0)]}{\mathrm{sh}(kH)}\sqrt{\frac{2\pi g}{\lambda}\mathrm{th}(kH)} \tag{10.138}$$

在自由液面上（$z_0=0$），得

$$u_{0\max}=u_{0x\max}=\pm\sigma a_0=\pm\frac{h}{2}\sqrt{\frac{2\pi g}{\lambda}\mathrm{cth}(kH)} \tag{10.139}$$

在水底处（$z_0=H$），则

$$u_{H\max}=u_{Hx\max}=\pm\sigma a_H=\pm\frac{\pi h}{\sqrt{\pi\lambda\,\mathrm{sh}(2kH)/g}} \tag{10.140}$$

当 $\theta=n\pi+\pi/2$ 时（n 为整数），水质点位于轨迹椭圆长轴的两端，这时 $\sin\theta=\pm1$，$\cos\theta=0$，水平分速度为 0，垂直分速度最大，而其沿轨迹椭圆的运动速度为最小并等于其垂直分速，这时有

$$u_{\min}=u_{z\min}=\pm\sigma b=\pm\frac{h}{2}\frac{\mathrm{sh}[k(H-z_0)]}{\mathrm{sh}(kH)}\sqrt{\frac{2\pi g}{\lambda}\mathrm{th}(kH)} \tag{10.141}$$

10.3.2.5　波压强

和深水推进波不同，浅水推进波除自由液面之外，任一波动面都不是等压面，在某一瞬时同一波动面上各水质点所受的压强是不同的。在波动过程中任一水质点所受的压强是变化的，是时间 t 的函数，将式（10.125）代入式（10.124），并注意 $gb_0-\sigma^2a_0/k=0$，得

$$\frac{p}{\gamma}=z_0-\frac{\sigma^2a_0^2}{2g}+\frac{\sigma^2a^2}{2g}+\left(\frac{\sigma^2a}{kg}-b\right)\cos\theta \tag{10.142}$$

将 σ、a、b、a_0 各值代入式（10.142）得

$$\frac{p}{\gamma}=z_0-\frac{\pi h^2}{4\lambda}\mathrm{cth}(kH)\left\{1-\frac{\mathrm{ch}^2[k(H-z_0)]}{\mathrm{ch}^2(kH)}\right\}+\frac{h}{2}\left\{\frac{\mathrm{ch}[k(H-z_0)]}{\mathrm{ch}(kH)}-\frac{\mathrm{sh}[k(H-z_0)]}{\mathrm{sh}(kH)}\right\}\cos\theta \tag{10.143}$$

式中含有 $\cos\theta$ 项，说明波压强是时间的函数，水质点所受的压强作周期性变化。

在自由液面上，$z_0=0$，$p/\gamma=0$，这说明浅水推进波的自由面为等压面，其相对压强为 0，自由液面上是大气压强，满足边界条件。

因为 $\cos\theta$ 在 ±1 之间变化，通过波峰点的铅垂线上 $\cos\theta=+1$，通过波谷点的铅垂线上 $\cos\theta=-1$，如果只研究波峰点和波谷点的铅垂线上的波压强分布，则在水底，$z_0=H$，水质点的波压强为

$$\begin{aligned}\frac{p}{\gamma}&=H-\frac{\pi h^2}{4\lambda}\mathrm{cth}(kH)\left[1-\frac{1}{\mathrm{ch}^2(kH)}\right]\pm\frac{h}{2\mathrm{ch}(kH)}\\&=H-\zeta_0\left[1-\frac{1}{\mathrm{ch}^2(kH)}\right]\pm\frac{h}{2\mathrm{ch}(kH)}\end{aligned} \tag{10.144}$$

一般情况下，$\zeta_0[1-1/\mathrm{ch}^2(kH)]$ 值很小，可以略去不计，则

$$\frac{p}{\gamma}=H\pm\frac{h}{2\mathrm{ch}(kH)}=H\pm f \tag{10.145}$$

$$f=h/[2\mathrm{ch}(kH)]$$

式中：f 为净波压强，当通过水质点的铅垂线上出现波峰时净波压强为正值，当出现波谷时净波压强为负值。

浅水推进波压强的绘制如图 10.20 所示。通过波峰点的 A_1B_1 铅垂线上在波峰点 A_1' 处的压强为 0，$A_1'A_1=h/2+\zeta_0=h/2+\pi h^2\mathrm{cth}(kH)/(4\lambda)$，在水底 $z_0=H$ 处，$C_1D_1=p_H=\gamma h/[2\mathrm{ch}(kH)]$，$B_1C_1=\gamma H$；如果近似地假定压强按直线分布，则连线 $A_1'D_1$ 即为通过波峰点的 A_1B_1 铅垂线上的波压强分布图。通过波峰点沿铅垂线上的波压强大于静水压强，图上超过静水压强的阴影部分即为净波压强。

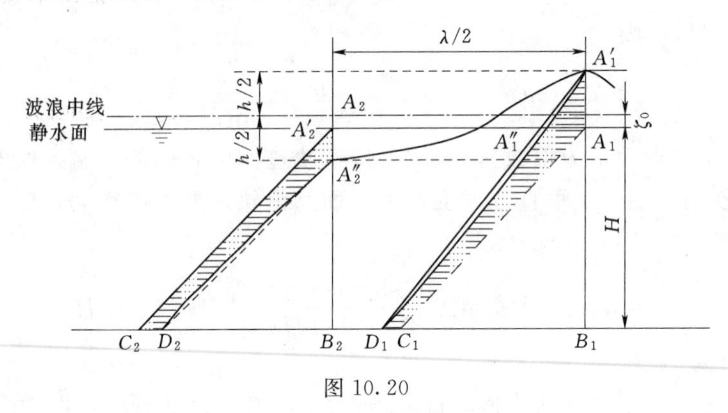

图 10.20

10.3.2.6　波能量

浅水推进波的波能也是由动能和势能两部分组成。由于水质点作椭圆运动，在一个周期中水质点的平均位置在轨迹椭圆的中心，故单位重量水体的势能平均值等于中线超高 ζ；而动能平均值为

$$\frac{1}{2\pi}\int_0^{2\pi}\frac{u^2}{2g}\mathrm{d}\theta=\frac{1}{2\pi}\int_0^{2\pi}\frac{\sigma^2(a^2\cos^2\theta+b^2\sin^2\theta)}{2g}\mathrm{d}\theta=\frac{\pi ab}{\lambda}$$

由式（10.134）可知，$\zeta=\pi ab/\lambda$，可见，在一个周期内平均动能等于平均势能。

在一个波长和整个水深范围内，单位宽度水体内的势能和动能也是相等的，其值为

$$E_K=E_p=\int_0^H\gamma\lambda\left(\frac{\pi ab}{\lambda}\right)\mathrm{d}z_0=\frac{\gamma h^2\lambda}{16} \tag{10.146}$$

故一个波长范围内的波能总值为

$$E=E_K+E_p=\gamma h^2\lambda/8 \tag{10.147}$$

浅水推进波单位宽度的波能流量为

$$\Phi=nEc=0.5Ec[1+2kH/\mathrm{sh}(2kH)] \tag{10.148}$$

由上式可得浅水推进波的波能传递率为

$$n=0.5[1+2kH/\mathrm{sh}(2kH)] \tag{10.149}$$

由式（10.149）可以看出，当 $H=\lambda/2$ 时，$2kH/\mathrm{sh}(2kH)=2\pi/\mathrm{sh}(2\pi)=0.012$，则 $n\approx 1/2$。当水深很小时，$H<\lambda/20$，$n\approx 1$，则单位宽度水体的波能流量为

$$\Phi=Ec \tag{10.150}$$

这时波能传播速度等于波浪传播速度。

10.3.2.7 波的破碎和临界水深

当椭圆余摆线波的波高达到极限情况，即当表面水质点的轨迹椭圆的长半轴 a_0 等于转圆半径 R 时，在峰顶处摆线斜率就出现不连续，此时水质点就处于要脱离水体的极限情况，也就是要发生波的破碎。相应地把波浪破碎时的水深称为临界水深。根据式（10.118)可知，此时

$$\frac{h}{2}\text{cth}(kH)=\frac{\lambda}{2\pi}$$

所以

$$h=\frac{\lambda}{\pi}\text{th}(kH) \tag{10.151}$$

由式（10.151）算出的 h 为波高的最大极限值。波发生破碎时的临界水深 H_c 由式（10.151)解出

$$H_c=\frac{1}{k}\text{arcth}\left(\frac{\pi h}{\lambda}\right)=\frac{\lambda}{4\pi}\ln\left(\frac{\lambda+\pi h}{\lambda-\pi h}\right) \tag{10.152}$$

观测表明，实际临界水深往往比用式（10.152）计算的临界水深大得多，影响临界水深的因素很多，一般说来与波高、波陡、水底坡度、糙率和地形、风及水流的方向等均有关系。根据实测，临界水深大体处于下列范围内

$$H_c=(0.75\sim2.5)h \tag{10.153}$$

10.4 有限振幅立波

当波浪向前传播遇到各种类型的建筑物时，会受到建筑物的反作用，并发生波的反射、破碎、绕流等复杂现象而改变原来波浪的运动性质。当水深大于临界水深时，行进波的波浪遇到直墙式建筑物时发生反射现象。波浪的反射和一般横波的反射原理相同。反射波以与原始推进波和建筑物的交角相等的反射角从建筑物的直墙面上反射出来，在建筑物前反射波系与原始推进波系叠加而成的波系称为干涉波。波浪与较陡的斜墙相遇或波浪越过直墙顶时墙面也要产生局部反射现象。如果推进波属于二向自由波的规则波，波浪行进的方向又和建筑物直墙面相垂直，则原始推进波系和反射波系叠加形成完整的立波。因此，立波是干涉波的一种特殊典型情况。立波是建筑物设计时必须考虑的重要情况之一。

有限振幅推进波和反射波相互叠加形成立波，这种立波的主要特性与势波叠加后形成的立波特性相同，两个波系应该有相同的波高、波长和周期，叠加后立波的最大振幅（即波高）为原始推进波的 2 倍，而波长和周期不变，如图 10.21 所示。在直墙面上和离直墙 $\lambda/2$，λ，$3\lambda/2$，…处波面反复升降交替出现波峰和波谷，这些点称为波腹，离直墙 $\lambda/4$，$3\lambda/4$，$5\lambda/4$，…处，波面几乎没

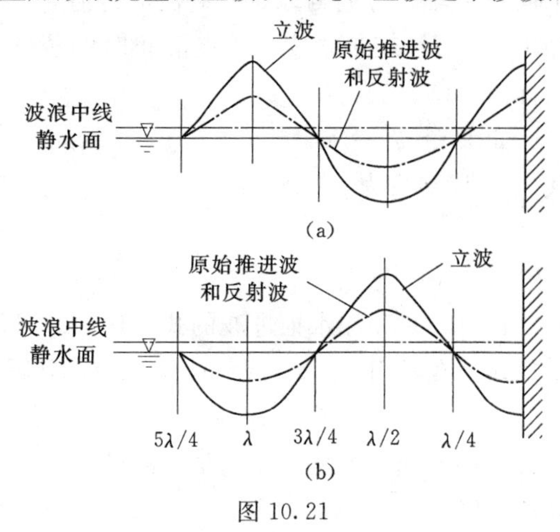

图 10.21

有升降，只是波面的倾斜度发生周期性的变化，这些点称为波节。立波的波形并不向前传播，而是在波节之间波面呈上下升降的振荡运动。

立波的水质点运动轨迹不再是封闭的曲线而是抛物线，抛物线的主轴铅直，线形弯曲向上。每个水质点只在抛物线的一段距离上往复摆动，如图10.22所示。设墙前波面通过静水面时，某水质点的位置为 o，则当墙前波峰到达最大值时，该质点上升至最高位置 o'，波谷达最大值时，该质点下降至最低位置 o''。

图10.23表示在一个波动周期内水质点的速度 u，加速度 du/dt 和波面位置间的关系，由图可见，质点在平衡位置时其速度最大，加速度为0；在最高或最低位置时，其速度为0而加速度最大。

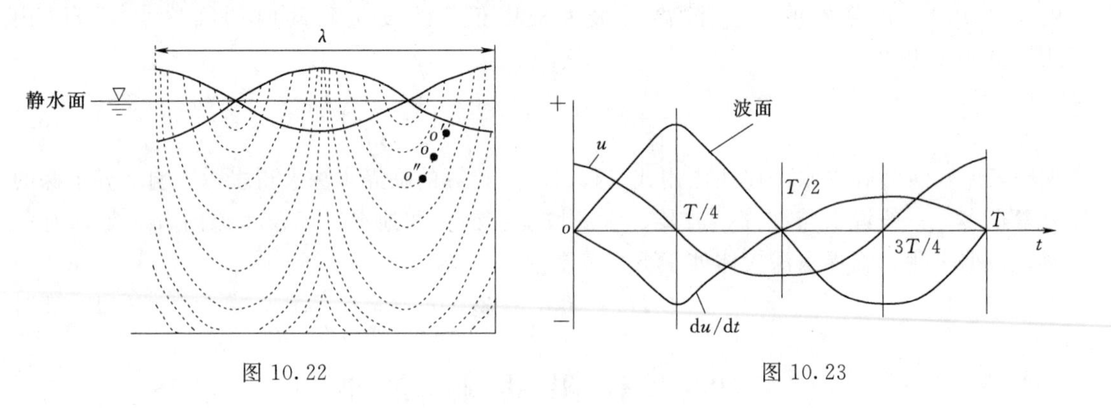

图10.22　　　　图10.23

10.4.1 深水立波

10.4.1.1 水质点的运动规律

在水深无限的情况下，鲍辛耐司克提出深水立波水质点的运动方程为

$$\left.\begin{aligned} x &= x_0 + 2r\sin(\sigma t)\cos(kx_0) \\ z &= z_0 - 2r\sin(\sigma t)\sin(kx_0) - 2kr^2\sin^2(\sigma t) \end{aligned}\right\} \tag{10.154}$$

式中：r 为深水推进波水质点的轨迹圆半径，$r=r_0e^{-kz_0}$；$\sigma^2=kg$。

立波的波周期与波长和原始推进波相同，$T=2\pi/\sigma$，$\lambda=2\pi/k$。式（10.154）中取静水面为 x 轴，方向与原始推进波的传播方向相同，z 轴取通过某一波节点的铅垂线，向下为正。x_0 及 z_0 是立波水质点静止时的位置坐标，而不是深水推进波的水质点波动中心坐标。

如果令 $\theta'=\pi/2-kx_0$，$r'=2r\sin(\sigma t)$，$x'_0=x_0$，$z'_0=z_0-2kr^2\sin^2(\sigma t)$，则式（10.154）变为

$$\left.\begin{aligned} x &= x'_0 + r'\sin\theta' \\ z &= z'_0 - r'\cos\theta' \end{aligned}\right\} \tag{10.155}$$

式（10.155）和深水推进波的式（10.92）形式相同，可见深水推进波的波形曲线也是圆余摆线。在水面，$r'=r'_0=2r_0\sin(\sigma t)$，其瞬时波高为

$$h'=2r'_0=4r_0\sin(\sigma t) \tag{10.156}$$

由式（10.156）可见，波高是时间的函数，最大波高为 $h'_{max}=4r_0$，恰为原深水推进波波高的2倍。

因为深水立波的波形为圆余摆线，和深水推进波同样的分析方法，可得其瞬时波浪中线超高 ζ_0' 为

$$\zeta_0'=\frac{\pi r_0'^2}{\lambda}=\frac{4\pi r_0^2}{\lambda}\sin^2(\sigma t)=4\zeta_0\sin^2(\sigma t) \tag{10.157}$$

可见，ζ_0' 也为时间的函数，其最大值为 $\zeta_{0\max}'=4\pi r_0^2/\lambda$，为原深水推进波中线超高的 4 倍。

由式（10.154）消去时间 t 即得深水立波水质点的轨迹方程为

$$z=z_0-(x-x_0)\tan(kx_0)-\frac{k(x-x_0)^2}{2\cos^2(kx_0)} \tag{10.158}$$

可见深水立波水质点的轨迹是一段抛物线。

下面检验鲍辛耐司克的深水立波理论是否满足拉格朗日连续性方程和运动方程。对式（10.154）求出有关偏导数，然后代入连续性方程式（10.90）中进行检验，得

$$\frac{\partial}{\partial t}[1-8k^3r^3\ \sin^3(\sigma t)\sin(kx_0)]=0$$

由上式可见，只有 $8k^3r^3=(2kr)^3=(4\pi r/\lambda)^3=[(4\pi r/\lambda)e^{-kz_0}]^3=0$ 时，才能满足连续性方程。而这个条件只有当波陡 $h/\lambda\approx 0$ 时才能近似满足，因此，鲍辛耐司克的理论只能是近似的，波陡越大，误差也越大。

10.4.1.2 波压强

对式（10.154）求出各相应偏导数代入式（10.91）的第二式，再考虑 $8k^3r^3=0$ 的近似条件，结合自由液面的边界条件，$z=0$ 时，$r=r_0$，$p=0$，确定出积分常数后可得

$$\frac{p}{\gamma}=z_0-2k(r^2-r_0^2)\cos(2\sigma t) \tag{10.159}$$

由式（10.159）可以看出，立波的波压强是时间的函数，当直墙前波峰和波谷为最大值时（$t=T/4$，$t=3T/4$），此时 $\cos(2\sigma t)=-1$，则直墙上水质点的波压强为

$$\frac{p}{\gamma}=z_0+2k(r^2-r_0^2)=z_0+\frac{4\pi}{\lambda}(r^2-r_0^2)=z_0+\zeta_{\max}'-\zeta_{0\max}' \tag{10.160}$$

式中：z_0 为水质点在静止时的纵坐标值，即静水压强；$\zeta_{0\max}'=h_s$ 为直墙前出现最大波峰、波谷时波浪中线超高；$\zeta_{\max}'$ 为纵坐标为 z_0 时的水质点在相应时刻的波动中线超高。

根据水质点在直墙上的位置和由式（10.160）算出的波压强可绘制直墙上空间点的压强分布图。严格讲这样得出的压强分布线是一条曲线，但实用上为计算方便可近似地假定为直线。同时，因深水立波是深水推进波与其反射波叠加的结果，故和深水推进波一样，实用上在水深 $H=\lambda/2$ 处，水质点可看作已无运动，该处压强等于静水压强 $p/\gamma=\lambda/2$。因此直墙上的波压强分布如图 10.24 所示。$A'C$ 为墙前出现最大波峰时的波压强分布，$A''C'$ 为出现最大波谷时的波压强分布。波压强与静水压强之差的净波压强，如图中阴影部分所示。

由图 10.24 可见，当墙前出现最大波峰和波谷时，直墙面上的正总净波压力和负总净波压力分别为

$$\left.\begin{aligned}P_e&=\frac{\gamma}{2}H\left(\frac{h_{\max}'}{2}+\zeta_{0\max}'\right)=\frac{\gamma}{4}h(\lambda+\pi h)\\P_i&=\frac{\gamma}{2}H\left(\frac{h_{\max}'}{2}-\zeta_{0\max}'\right)=\frac{\gamma}{4}h(\lambda-\pi h)\end{aligned}\right\} \tag{10.161}$$

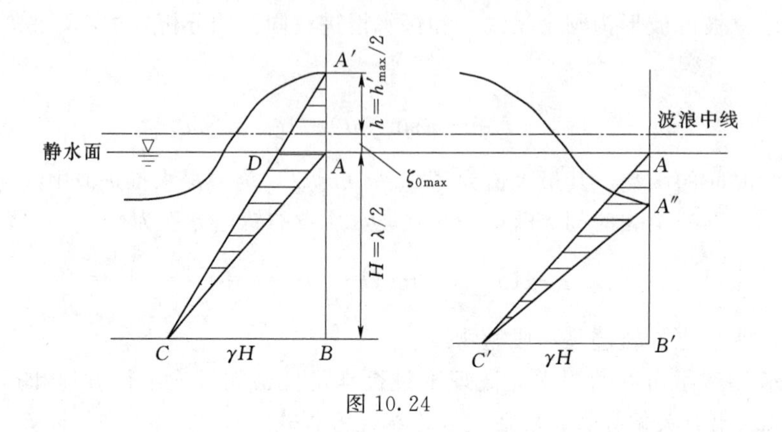

图 10.24

其中
$$h'_{max}=2h=4r_0$$

当墙前出现最大波峰时，最大净波压强发生在静水面 A 点时，由相似三角形 $A'AD$ 和 $A'BC$ 可得

$$p_{1max}=\frac{1}{2}\gamma\lambda\left(\frac{h+\zeta'_{0max}}{h+\zeta'_{0max}+\lambda/2}\right)=\frac{1}{2}\gamma\lambda\left(\frac{h+\pi h^2/\lambda}{h+\pi h^2/\lambda+\lambda/2}\right) \tag{10.162}$$

当墙前出现最大波谷时，负的最大净波压强发生在波底 A''处，其值为

$$p_{2max}=-\gamma(h'_{max}/2-\zeta'_{0max})=-\gamma(h-\pi h^2/\lambda)=-\gamma h(1-\pi h/\lambda) \tag{10.163}$$

10.4.2 浅水立波

10.4.2.1 水质点的运动规律

浅水立波为浅水推进波与其反射波叠加所形成。计算浅水推进波对建筑物作用的波压力是实际工程设计中常遇到的。1928年，森弗罗（G. Sainfiou）采用拉格朗日法建立了浅水立波水质点的运动方程为

$$\left.\begin{aligned}x&=x_0+2a\sin(\sigma t)\cos(kx_0)\\z&=z_0-2b\sin(\sigma t)\sin(kx_0)-2kab\sin^2(\sigma t)\end{aligned}\right\} \tag{10.164}$$

式中：a 和 b 为相应的原浅水推进波水质点运动轨迹椭圆的长半轴和短半轴。

$$\left.\begin{aligned}a&=\frac{h}{2}\frac{\text{ch}[k(H-z_0)]}{\text{sh}(kH)}\\b&=\frac{h}{2}\frac{\text{sh}[k(H-z_0)]}{\text{sh}(kH)}\end{aligned}\right\}$$

而
$$\sigma^2=kg\,\text{th}(kH)$$

式中：h 为浅水推进波的波高；H 为水深；x_0 和 z_0 为立波水质点静止时的位置坐标，而不是推进波的水质点波动中心坐标。

如果令 $\theta'=\pi/2-kx_0$，$a'=2a\sin(\sigma t)$，$b'=2b\sin(\sigma t)$，$x'_0=x_0$，$z'_0=z_0-2kab\sin^2(\sigma t)$，则式（10.164）变为

$$\left.\begin{aligned}x&=x'_0+a'\sin\theta'\\z&=z'_0-b'\cos\theta'\end{aligned}\right\} \tag{10.165}$$

式（10.165）和浅水推进波的式（10.114）形式相同，可见浅水立波的波形曲线也是椭圆余摆线。其椭圆长半轴 a'和短半轴 b'均为时间的函数。

水面上瞬时波高为

$$h'=2b_0'=4b_0\sin(\sigma t) \tag{10.166}$$

最大波高 $h'_{max}=4b_0=2h$ 为原推进波波高的 2 倍。

自由液面上瞬时中线超高为

$$\zeta_0'=\frac{4\pi a_0 b_0}{\lambda}\sin^2(\sigma t)=\frac{\pi h^2}{\lambda}\mathrm{cth}(kH)\sin^2(\sigma t) \tag{10.167}$$

可见，瞬时中线超高也是时间的函数，其最大值为 $\zeta'_{0max}=4\pi a_0 b_0/\lambda=(\pi h^2/\lambda)\mathrm{cth}(kH)$，与式（10.135）相比可知，$\zeta'_{0max}$为原推进波中线超高的 4 倍。

由式（10.164）消去时间 t 即得浅水立波水质点的轨迹方程为

$$z=z_0-\frac{b}{a}(x-x_0)\tan(kx_0)-\frac{kb(x-x_0)^2}{2a\cos^2(kx_0)} \tag{10.168}$$

可见浅水立波水质点的运动轨迹也是抛物线。抛物线的主轴是通过波节点的铅垂线。由式（10.164）可以看出，相应于 $\cos(kx_0)=0$ 各点，$x=x_0$，而 z 只随时间变化，即水质点轨迹只围绕着振荡中心垂直上下摆动，其摆动范围近于 $4b$，这种情况是相应于波腹处的质点运动，反之，相应于 $\cos(kx_0)=\pm1$ 的各点，其水流质点运动范围的水平投影等于 $4a$，这种情况则是相应于波节处的质点运动。

以下检验森弗罗浅水立波理论是否满足连续性方程和运动方程。为此，对式（10.164）求出有关偏导数，再代入连续性方程式（10.90）整理得

$$\frac{\partial}{\partial t}[1+k^2(a^2-b^2)\sin(\sigma t)\cos(2kx_0)]=0$$

由上式可见，只有当 $k^2(a^2-b^2)=0$ 或 $k^2(a^2-b^2)=\left(\frac{\pi h}{\lambda}\right)^2\left\{\frac{\mathrm{ch}^2[k(H-z_0)]}{\mathrm{sh}^2(kH)}-\frac{\mathrm{sh}^2[k(H-z_0)]}{\mathrm{sh}^2(kH)}\right\}=0$ 时，才能满足连续性方程，这就是说，森弗罗的浅水立波理论也是一种近似理论，只有当 $h/\lambda\approx0$ 时才能近似满足，事实上，自然界中经常作用在建筑物上的波陡多为 1/10～1/30，所以这是森弗罗理论的一个重要缺点。

10.4.2.2 波压力

对式（10.164）求出有关的偏导数，代入运动方程式（10.91），在对公式整理的过程中，略去了含有 $\pi^2(a^2-b^2)/\lambda^2$、$\pi^2 abg/\lambda^2$、a/λ 和 b/λ 的三次方各项，这样得到的浅水立波中任意水质点在波动时的相对压强公式为

$$\frac{p}{\gamma}=z_0+h\sin(\sigma t)\sin(kx_0)\left\{\frac{\mathrm{ch}[k(H-z_0)]}{\mathrm{ch}(kH)}-\frac{\mathrm{sh}[k(H-z_0)]}{\mathrm{sh}(kH)}\right\} \tag{10.169}$$

工程设计中最常需要知道的是作用在直墙面上的最大和最小波压。在直墙面上水质点只能上下移动，因此对任何 z_0 值总是 $x=x_0$，如前所述，这是相应于波腹处 $\cos(kx_0)=0$ 的情况，该处 $\sin(kx_0)=1$，所以直墙面上浅水立波压强公式便成为

$$\frac{p}{\gamma}=z_0+h\sin(\sigma t)\left\{\frac{\mathrm{ch}[k(H-z_0)]}{\mathrm{ch}(kH)}-\frac{\mathrm{sh}[k(H-z_0)]}{\mathrm{sh}(kH)}\right\} \tag{10.170}$$

当墙前出现最大波峰和波谷时，$\sin(\sigma t)=\pm1$，则

$$\frac{p}{\gamma}=z_0\pm h\left\{\frac{\mathrm{ch}[k(H-z_0)]}{\mathrm{ch}(kH)}-\frac{\mathrm{sh}[k(H-z_0)]}{\mathrm{sh}(kH)}\right\} \tag{10.171}$$

在水底，$z_0=H$，波压强为

$$p/\gamma=H\pm h/\mathrm{ch}(kH)=H\pm p_H/\gamma=H\pm h_H \tag{10.172}$$

式中：$p_H/\gamma=h/\mathrm{ch}(kH)$ 为水底的净波压强。

将式（10.172）与式（10.145）比较，可知浅水立波在直墙面水底处的最大净波压强为浅水推进波在水底处的净波压强的2倍。

下面说明浅水立波的波压强分布图的画法。当墙前出现最大波峰时，直墙面上的波压强分布如图10.25（a）所示，波压强分布曲线为 $ab'c$，波压强比静水压强为大，除去静水压强后，净波压强为正值，其分布曲线为 $ab'c'$。当墙前出现最大波谷时，直墙面上的波压强分布如图10.25（b）所示，波压强分布曲线为 $en'f$，波压强比静水压强为小，净波压强为负值，其分布曲线为 $de'f'$。

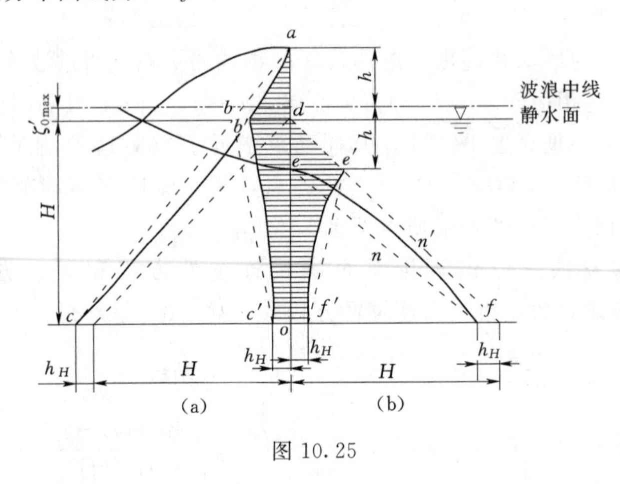

图10.25

为了简化计算，森弗罗建议沿水深的波压强为直线分布，当墙前出现最大波峰和波谷时，其波压强分布如图10.25中的 abc 及 enf 所示。于是当墙前出现最大波峰时，直墙面上的正总净波压力为

$$P_e=\frac{1}{2}\gamma(H+h+\zeta'_{0\max})(H+h_H)-\frac{1}{2}\gamma H^2 \tag{10.173}$$

这时，最大净波压强发生在静水面 d 点，其值可按相似三角形求得为

$$p_{1\max}=\frac{\gamma(h+\zeta'_{0\max})(H+h_H)}{H+h+\zeta'_{0\max}} \tag{10.174}$$

当墙前出现最大波谷时，直墙面上的负总净波压力为

$$P_i=\frac{1}{2}\gamma H^2-\frac{1}{2}\gamma(H-h+\zeta'_{0\max})(H-h_H) \tag{10.175}$$

这时，绝对值最大的净波压强发生在波底 e 点，其值为

$$p_{2\max}=-\gamma(h-\zeta'_{0\max}) \tag{10.176}$$

以上各式中的 h 为原浅水推进波的波高。

10.4.2.3 临界水深

由 10.4.2.2 小节的讨论可知，浅水推进波的波高达到极限情况而发生波的破碎时，表面水质点轨迹椭圆的长半轴 a_0 等于转圆半径 $R=\lambda/2\pi$，浅水立波的波长 λ 与浅水推进波相同，但立波的椭圆长轴为推进波的 2 倍，所以理论上浅水立波破碎时的条件为 $2a_0=\lambda/2\pi$。在水面上 $a_0=(h/2)\mathrm{cth}(kH)$，则可得浅水立波的临界水深为

$$H_c=\frac{1}{k}\mathrm{arcth}\left(\frac{2\pi h}{\lambda}\right)=\frac{\lambda}{2\pi}\mathrm{arcth}\left(\frac{2\pi h}{\lambda}\right)=\frac{\lambda}{4\pi}\ln\left(\frac{\lambda+2\pi h}{\lambda-2\pi h}\right) \tag{10.177}$$

10.4.2.4 关于浅水立波理论的讨论

森弗罗的浅水立波理论包含下列两个基本特性：

(1) 直墙面上各点波压强的周期性变化规律和墙前水波面周期性的波动规律是一致的，例如由式（10.170）可以看出，墙面上各点波压强随时间的变化是正弦曲线，因 $T=2\pi/\sigma$，故当 $t=T/4+nT(n=0,1,2,\cdots)$，即墙前出现最大波峰时，$\sin(\sigma t)=1$，此时相应的净波压强为正的最大值，当 $t=3T/4+nT(n=0,1,2,\cdots)$，墙前出现最大波谷时，$\sin(\sigma t)=-1$，净波压强为负的最大值，当波面通过静水面时，$t=nT/2(n=0,1,2,\cdots)$，$\sin(\sigma t)=0$，净波压强为 0。

但是，室内和现场的实测资料均证明，上述结论并不完全符合实际情况。实测资料说明，在立波作用下，当墙前波面通过静水面时，直墙面上各点的净波压强并不等于 0，当墙前出现最大波峰时，各点的净波压强也不一定是最大值，尤其是当波陡 h/λ 较大时，在墙前出现波峰的时段里，各点波压强的时间过程线出现明显的马鞍形，如图 10.26所示，波压强的最大值并不发生在 $t=T/4+nT$，而是出现在 $t=T/4+\Delta t$，即与墙前出现最大波峰的瞬时有一个相位差。这是因为森弗罗是把微幅波线性理论的结果推广到有限振幅波的情况，在波压力公式推导过程中忽略了含有 h/λ 二次方以上各项，因而计算公式是一次近似解。这样，实际上是认为立波水质点在波动时只沿着抛物线轨迹中的极小一段距离作微量的往返摆动，可视为直线运动，这显然是与通常工程中所要加以考虑的实际情况不相符合。

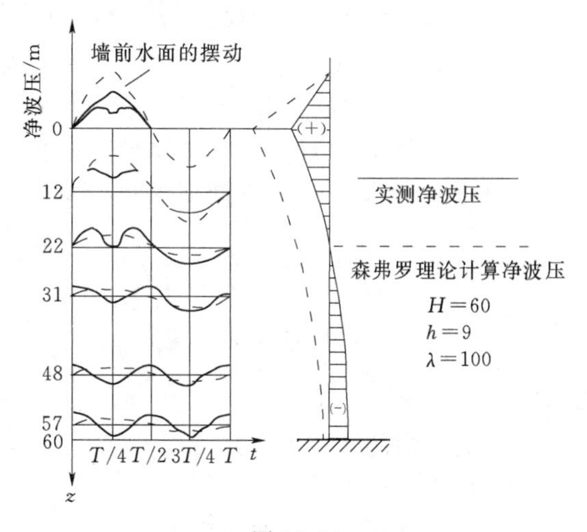

图 10.26

(2) 随着水深的增加，净波压强迅速减小，至水深 $H=\lambda/2$，净波压强已趋近于 0。但实验表明，在水深较大的水底，波压强变化频率为水波表面波动频率的 2 倍，在水深达到 $\lambda/2$ 以下仍能得出明显的波压强记录，其净波压强并不为 0。

当波陡 $h/\lambda\geqslant1/30$，水工建筑物前相对水深 $H/\lambda=0.1\sim0.2$ 时，立波的波压强均按森弗罗方法计算。但当 H/λ 较小时，按森弗罗方法算出波峰时的净波压强均应乘以表 10.1 中的校正系数。

但当相对水深 $H/\lambda>0.2$ 时，采用森弗罗法计算墙前出现波峰情况，所得的总净波压力和净波压强显著偏大，所以这种情况的波压力计算宜采用其他高阶近似解，或通过模型试验或数值计算加以确定。

表 10.1

h/λ	H/λ		
	1/20	1/25	1/30
0.08	1.33	1.30	1.27
0.10	1.09	1.07	1.07
0.12	0.97	0.97	0.97

当墙前出现最大波谷时，如相对水深 $H/\lambda=0.1\sim0.5$，波陡 $h/\lambda=1/15\sim1/30$，森弗罗的简化结果虽然略偏大，但可建议采用。

习　题

10.1　已知波长 $\lambda=40\text{m}$，试求当水深 $H=30\text{m}$ 时的波速与波周期。

10.2　已知波面方程 $\zeta=h\cos(kx+\sigma t)$，证明波速 $c=-\sigma/k$。

10.3　已知水深 $H=10\text{m}$，波高 $h=2\text{m}$，波长 $\lambda=30\text{m}$，试求位于静水位以下 2m 处，当波顶通过时水质点的速度水平分量和垂直分量。

10.4　已知波高 $h=2\text{m}$，波长 $\lambda=30\text{m}$，水深 $H=10\text{m}$，当出现波顶时，试求静水位以下 5m 及水底的净波压强，并作出净波压强分布图。海水的重度为 $\gamma'=10.06\text{kN/m}^3$。

10.5　在海水深 $H=10\text{m}$ 的水域，在水深 9m 处设置压力式浪高仪，测得平均最大总波压强 $p=100\text{kN/m}^2$，周期 $T=8\text{s}$，试求其波高和波长。

10.6　已知波动流速势 $\varphi=2a\dfrac{\sigma}{k}e^{kz}\sin(kx)\cos(\sigma t)$，试求波势能、动能和总能量。

10.7　已知深水推进波的流速势 $\varphi_1=\dfrac{h}{2}\dfrac{\sigma}{k}e^{kz}\cos(kx-\sigma t)$，$\varphi_2=\dfrac{h}{2}\dfrac{\sigma}{k}e^{kz}\cos(kx+\sigma t)$，试求：

（1）合成后的流速势函数。

（2）波面方程。

10.8　已知深水微幅波的流速场为

$$u_x=\frac{h}{2}\sigma e^{kz}\cos(kx-\sigma t)$$

$$u_z=\frac{h}{2}\sigma e^{kz}\sin(kx-\sigma t)$$

式中：h、σ、k 为常数。

试求：

（1）此流动是否是势流。

（2）如果是势流，求流速势函数 φ。

(3) 证明此流动为余弦波。

10.9　在某深海海面上观测到浮标在 1min 内上下 20 次，试求波动周期、波长和波速。

10.10　已知深水波的波长 $\lambda_0=70$m，波高 $h_0=4$m，试求波浪行进到 $H=8$m 处的周期与波高 h。

10.11　在深水区测得周期 $T=4$s，试求波长 λ_0，波速 c_0 及推进到水深 $H=8$m 处的波长与波速。

10.12　在水深 $H=60$m 的海面上，测得推进波的波高 $h=5$m，波长 $\lambda=80$m，试求：

(1) 波浪中线在静水面上的超高 ζ_0。

(2) 周期 T。

(3) 波速 c。

(4) 在一个波长范围内单宽水体所含的波能量 E。

(5) 单宽波能流量 Φ。

10.13　在水深 $H=45$m 的海面上有一个推进波，波高 $h=4$m，波长 $\lambda=80$m，试求：

(1) 水面下 7m 深处水质点所受的压强。

(2) 用图表示该质点在波动时的最高位置和最低位置。

10.14　在水深 $H=40$m 的海面上有一个推进波，波高 $h=5$m，波长 $\lambda=70$m，试求：

(1) 波浪的传播速度和周期。

(2) 水深 $H=25$m 处水质点的速度。

(3) 绘制波峰，波谷处铅垂面上的波压强分布。

10.15　已知 $h=3$m，波长 $\lambda=31.4$m，按圆余摆线波理论确定：

(1) 自由液面的波动中心线超高。

(2) 静止时位于水面以下 5m 的水质点在波动时的运动轨迹圆心位置 z_0 及振动圆的半径 r。

(3) 静止时位于水面以下 5m 处的水质点波动时的总压强值（$\gamma=10.05\text{kN/m}^3$）。

(4) 静止时位于水面以下 5m 处的水质点波动时的轨迹运动速度和加速度。

10.16　在水深 $H=10$m 的浅水海域上，测得推进波的波高 $h=2$m，波长 $\lambda=40$m，试求：

(1) 波浪传播速度和周期。

(2) 水面上水质点运动轨迹的椭圆长、短半轴值。

(3) 波浪中线超高 ζ_0。

(4) 水面及海底上水质点的最大速度。

(5) 海底面上的点压强。

(6) 单宽波能流量。

10.17　已知浅水推进波的波高 $h=3.2$m，波长 $\lambda=50.26$m，水深 $H=8$m，试按椭圆余摆线波浪理论确定：

(1) 自由液面波动中线超高。

(2) 做出波峰、波谷时的静波压强垂线分布图（按直线分布计算）。

10.18　如图所示的直立墙防浪堤，已知：外海推进波的波高 $h_1=2.5\text{m}$，波长 $\lambda_1=50\text{m}$；内港波高 $h_2=0.8\text{m}$，波长 $\lambda_2=10\text{m}$。防浪堤内外水深均为 $H=10\text{m}$，防浪堤底宽 $b=10\text{m}$，试求：

（1）当堤外出现波峰、堤内出现波谷时，作用在 1m 长防浪堤上的附加总正波压力。

（2）当堤外出现波谷、堤内出现波峰时，作用在 1m 长防浪堤上的附加负总波压力。

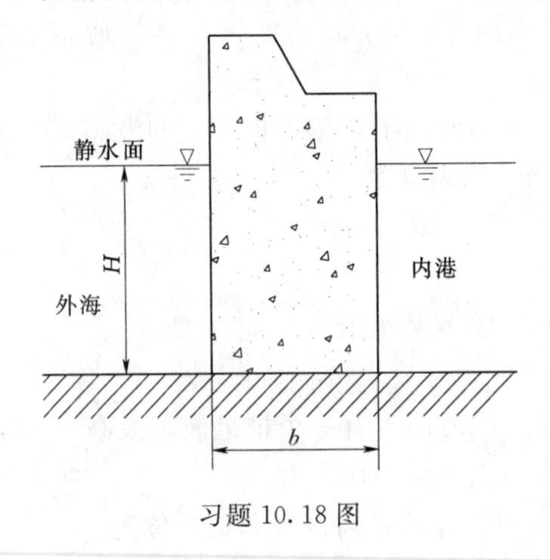

习题 10.18 图

参 考 文 献

［1］ 清华大学水力学教研组．水力学［M］．北京：高等教育出版社，1983.
［2］ 吴持恭．水力学［M］．2版．北京：高等教育出版社，1983.
［3］ 徐正凡．水力学［M］．北京：高等教育出版社，1987.
［4］ 许荫椿，胡德保，薛朝阳．水力学［M］．北京：科学出版社，1990.
［5］ 闻德荪，魏亚东，李兆年，等．工程流体力学（水力学）［M］．北京：高等教育出版社，1992.
［6］ 华东水利学院．水力学［M］．北京：科学出版社，1979.
［7］ 华东水利学院．水力学［M］．北京：科学出版社，1984.
［8］ 刘润生，李家星，王培莉．水力学［M］．南京：河海大学出版社，1992.
［9］ 西南交通大学水力学教研室．水力学［M］．北京：高等教育出版社，1993.
［10］ 武汉水利电力学院水力学教研室．水力学［M］．北京：人民教育出版社，1974.
［11］ 李建中．水力学［M］．西安：陕西科学技术出版社，2002.
［12］ 刘亚坤．水力学［M］．北京：中国水利水电出版社，2008.
［13］ 于布．水力学［M］．广州：华南理工大学出版社，2001.
［14］ 裴国霞，唐朝春．水力学［M］．北京：机械工业出版社，2007.
［15］ 周云龙，洪文鹏．工程流体力学［M］．北京：中国电力出版社，2006.
［16］ 武汉水利电力学院，华东水利学院．水力学［M］．北京：人民教育出版社，1979.
［17］ 李鉴初，杨景芳．水力学教程［M］．北京：高等教育出版社，1995.
［18］ 夏震寰．现代水力学［M］．北京：高等教育出版社，1990.
［19］ ［美］李文雄．水资源工程流体力学［M］．黄景祥，刘忠朝，译校．武汉：武汉水利电力大学出版社，1995.
［20］ 刘天宝，程兆雪．流体力学与叶栅理论［M］．北京：机械工业出版社，1990.
［21］ 北京工业学院，西北工业学院．水力学及水力机械［M］．北京：人民教育出版社，1961.
［22］ 清华大学水力学教研组．天津大学水利系水力学教研室，译．水力学［M］．北京：商务印书馆，1954.
［23］ 窦国仁．紊流力学［M］．北京：高等教育出版社，1987.
［24］ 沙玉清．泥沙运动学引论［M］．沙际德，校订．西安：陕西科学技术出版社，1996.
［25］ 张瑞瑾．河流泥沙动力学［M］．北京：中国水利水电出版社，2002.
［26］ 王昌杰．河流动力学［M］．北京：人民交通出版社，2001.
［27］ 王树人，董毓新．水电站建筑物［M］．北京：清华大学出版社，1996.
［28］ 王树人．调压室水力计算理论与方法［M］．北京：清华大学出版社，1983.
［29］ 泄水建筑物消能防冲论文集编审组．泄水建筑物消能防冲论文集［C］．北京：水利出版社，1980.
［30］ ISO标准手册16．明渠水流测量［M］．水利电力部水文局，等译．北京：中国标准出版社，1986.
［31］ 武汉水利电力学院水力学教研室．水力计算手册［M］．北京：水利电力出版社，1983.
［32］ 中华人民共和国水利部．水工建筑物测流规范：SL 20—92［M］．北京：水利电力出版社，1992.
［33］ 张志昌．水力学实验［M］．北京：机械工业出版社，2006.
［34］ 张志昌．明渠测流的理论和方法［M］．西安：陕西人民出版社，2004.
［35］ 张志昌．U形渠道测流［M］．西安：西北工业大学出版社，1997.

[36] 格拉夫·阿廷拉卡. 河川水力学 [M]. 赵文谦，万兆惠，译. 成都：成都科技大学出版社，1997.
[37] 张志昌，刘松舰. 阻抗式和简单调压室甩荷时水位波动的显式计算方法 [J]. 应用力学学报，2004，21 (1)：50-55.
[38] 薛禹群，朱学愚. 地下水动力学 [M]. 北京：地质出版社，1979.
[39] 薛禹群. 地下水动力学原理 [M]. 北京：地质出版社，1986.
[40] 郭东平. 地下水动力学 [M]. 西安：陕西科学技术出版社，1994.
[41] 李建中，宁利中. 水流边界层理论 [M]. 北京：水利电力出版社，1994.
[42] 华东水利学院. 水工设计手册　第六卷　泄水与过坝建筑物 [M]. 北京：水利电力出版社，1987.
[43] 华东水利学院. 水工设计手册　第七卷　水电站建筑物 [M]. 北京：水利电力出版社，1989.
[44] 李建中，宁利中. 高速水力学 [M]. 西安：西北工业大学出版社，1994.
[45] 刘士和. 高速水流 [M]. 北京：科学出版社，2005.
[46] 陈椿庭. 高坝大流量泄洪建筑物 [M]. 北京：水利电力出版社，1988.
[47] 大连工学院水力学教研室. 水力学解题指导及习题集 [M]. 北京：高等教育出版社，1966.
[48] 张志昌，李郁侠，朱岳钢. U 形渠道水跃的试验研究 [J]. 西安理工大学学报，1998，14 (4)：377-381.
[49] [英] P 阿克尔斯，等. 测流堰槽 [M]. 北京市水利科学研究所，译. 北京：北京市水利科技情报站，1984.
[50] 张志昌，赵莹. 梯形断面明渠水跃共轭水深新的迭代方法 [J]. 西安理工大学学报，2014，30 (1)：67-72.
[51] 张志昌，赵莹，傅铭焕. 矩形平底明渠水跃长度公式的分析与应用 [J]. 西北农林科技大学学报，2014，42 (11)：188-198.
[52] 张志昌，傅铭焕，赵莹，等. 平底渐扩式消力池深度的计算 [J]. 武汉大学学报，2013，46 (3)：295-299.
[53] 张志昌，李若冰. 基于动量方程的挖深式消力池深度的计算 [J]. 西北农林科技大学学报，2012，40 (12)：214-218.
[54] 张志昌，李若冰，赵莹，等. 消力坎式消力池淹没系数和坎高的计算 [J]. 长江科学院院报，2013，30 (11)：50-54.
[55] 张志昌，李若冰，赵莹，等. 综合式消力池深度和坎高的计算 [J]. 西安理工大学学报，2013，29 (1)：81-85.
[56] 张志昌，魏炳乾，李国栋. 水力学及河流动力学实验 [M]. 北京：中国水利水电出版社，2016.
[57] 张志昌，张巧玲. 明渠恒定急变流和渐变流水力特性研究 [M]. 北京：科学出版社，2016.
[58] 张建丰，张志昌，李涛. 土壤水动力过程物理模拟 [M]. 北京：中国水利水电出版社，2020.
[59] John D，Anderson J R. 计算流体力学入门 [M]. 姚朝辉，周强，译. 北京：清华大学出版社，2010.
[60] 陶文铨. 数值传热学 [M]. 西安：西安交通大学出版社，1988.
[61] 周雪漪. 计算水力学 [M]. 北京：清华大学出版社，1995.
[62] 高学平. 高等流体力学 [M]. 天津：天津大学出版社，2005.
[63] 许唯临，杨永全，邓军. 水力学数学模型 [M]. 北京：科学出版社，2010.